KB139765

최신 KS 기계제도 규격에 따른

mechapia
NO.1 Mechapia Technical knowledge portal

일반기계기사
기계설계산업기사

건설기계설비기사/산업기사 작업형 실기

메카피아

일반기계기사 · 기계설계산업기사

건설기계설비기사/산업기사 작업형 실기

인 쇄 2019년 4월 5일 초판 1쇄 인쇄
발 행 2019년 4월 10일 초판 1쇄 발행
지 은 이 메카피아
발 행 처 메카피아
발 행 인 노수황, 최영민

대표전화 1544-1605
주 소 (본점) 경기도 파주시 신촌2로 24번지
(서울지점) 서울특별시 금천구 서부샛길 606
대성디폴리스지식산업센터 비동 제3층 제331호
전자우편 mechapia@mechapia.com, pnpbook@naver.com
교육문의 02-861-9042
영 업 부 (서울) 02-861-9044 (파주) 031-8071-0088
팩 스 (서울) 02-861-9040 (파주) 031-942-8688

인쇄제작 미래피앤피
제작관리 유종원
기 획 메카피아 교육사업부
교정교열 이자영
마 케 팅 이정훈
영업관리 김순영
독자지원 이예진 · 박상우
편집디자인 포인기획
표지디자인 Design M
출판등록 2015년 3월 27일
등록번호 제2014-000036호
등록일자 2010년 02월 01일
정 가 34,000원
I S B N 979-11-6248-031-1 13550

국립중앙도서관 출판시도서목록(CIP)

이 도서의 국립중앙도서관 출판예정도서목록(CIP)은 서지정보유통지원시스템 홈페이지(http://seoji.nl.go.kr)와
국가자료종합목록시스템(http://www.nl.go.kr/kolisnet)에서 이용하실 수 있습니다.
(CIP제어번호 : CIP2019008625)

일반기계기사 · 기계설계산업기사

건설기계설비기사/산업기사 작업형 실기

머리말

F O R W A R D

산업계에서는 실무 감각을 갖춘 기술자를 원하고 일선 교육 기관에서는 현장 맞춤형 기술 교육을 통한 인재 양성을 목표로 부단히 노력하고 있지만 아직까지 산업 현장에서 요구하는 기술인력의 배출과 취업으로 바로 연계되기에는 조금은 부족하고 아쉽게 생각하는 부분들이 적지 않은 편입니다.

실제 산업현장에서는 2D와 3D 설계 능력 외에도 기계제도, 기계재료, 공차론, 역학 지식 등 기본적인 기술자로서의 소양을 원하고 있지만 교육계의 현실은 현장의 요구사항에 제대로 부응하지 못하고 있다고 해도 무리가 없을 것입니다.

이 교재는 전산응용기계제도(CAD)를 이용한 기계설계산업기사 및 기사, 일반기계기사, 건설기계설비산업기사, 생산자동화산업기사 등 2D & 3D CAD 작업형 실기를 필요로 하는 국가기술 자격증 취득을 목적으로 집필한 교재입니다.

해마다 많은 사람들이 산업기사 및 기사 자격증 필기와 실기 시험에 도전하고 있지만 한국산업인력공단에서 고시하는 최종 합격률은 3~40%대로 그리 높지 않은 편입니다.

그 이유로는 여러 가지가 있겠지만 KS규격에 의한 기계제도법을 정확히 이해하고 도면을 작도하여 제출해야 하는데 비전공자들에게는 주어진 문제도면의 해독이나 올바른 치수 기입, 공차 및 끼워맞춤, 기하공차, 표면거칠기, 부품의 재료 선택과 열처리 선정, KS규격의 도면 적용 등에 있어서 결코 만만하지는 않은 시험이기 때문일 것입니다.

기계제도 부분은 어찌보면 3D CAD로 모델링 작업하는 것이나 2D CAD로 도면 작업하는 것보다 더 어려운 부분일 수도 있을 것이라고 생각하며, 본 서에서는 비전공자도 단기간에 이해할 수 있도록 반드시 알아야 하는 부분들에 대해 집중적으로 기술하였습니다.

실제 제작도 수준의 실기를 필요로 하는 기계설계산업기사나 일반기계기사같은 자격증은 현장 실무의 적응에 있어서도 꼭 필요한 자격 분야라고 생각하고 있으며 실무를 하고 있는 저자들의 견해나 기업 인사담당자들의 입장에서 보아도 자격증이 있는 사람과 없는 사람의 입사 선택에 있어 분명 차이점이 날 것이라고 생각합니다.

어려운 필기에 합격하고 나서 절대 실기시험을 포기하지 마시고 도전하여 가치있는 자격증을 취득하시길 바라는 바이며, 합격의 기쁨에 본 서가 작은 도움이라도 될 수 있기를 바라며 독자 여러분들의 건승을 기원합니다.

끝으로 본서가 출간이 되기까지 많은 노력을 함께 해주신 출판 관계자 모든 분들께 깊은 감사의 인사를 드리며, 독자 여러분들의 아낌없는 조언과 건의를 받아들여 더욱 훌륭한 교재가 될 수 있도록 개선해 나가도록 하겠습니다.

2019년 4월 저자 올림

• 이메일 : mechapia@mechapia.com

인벤터 실기 무료 동영상 강의 지원 안내

연습은 실전처럼!
실전은 연습처럼!

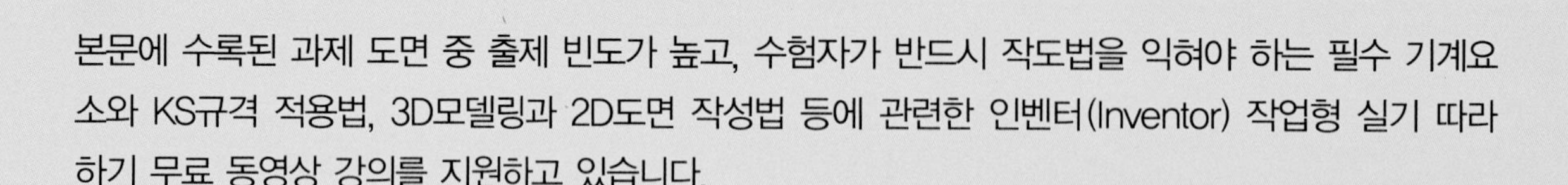

본문에 수록된 과제 도면 중 출제 빈도가 높고, 수험자가 반드시 작도법을 익혀야 하는 필수 기계요소와 KS규격 적용법, 3D모델링과 2D도면 작성법 등에 관련한 인벤터(Inventor) 작업형 실기 따라하기 무료 동영상 강의를 지원하고 있습니다.

언제 어디서나 시간과 장소에 구애받지 않고 학습할 수 있도록 유튜브와 네이버 TV 메카피아 채널에서 확인하시기 바랍니다.

메카피아 무료 동영상 강의 사이트 URL

NAVER TV 메카피아

https://tv.naver.com/mechapia

YouTube KR #메카피아

https://www.youtube.com/user/mechapia

독자 기술 지원 안내

도서출판 메카피아에서 운영하는 네이버 카페 메카북스(mechabooks)에 오시면, 학습 중 궁금한 사항이나 도면 검도, 첨삭 지도 요청 등 다양한 서비스를 제공해 드리고 있습니다.

https://cafe.naver.com/mechabooks#

과제도면 작업형 실기 무료 지원 **동영상 강의 파트**

목 차

CONTENTS

PART 01 자격증 실기 수험용 AutoCAD 환경설정 및 주요 명령어 16

PART 02 끼워맞춤 공차, 치수기입, 치수공차 적용 기법 62

PART 03 기하공차 적용 테크닉

자주 출제되는 KS규격의 활용 테크닉

PART 05 부품별 기계재료의 선정

PART 06 주석문의 예와 해석 및 도면의 검도 요령

PART 07 표면 거칠기의 이해 및 적용

작업형 실기 대비 2D 도면 작성 및 3D 모델링 도면

PART 09 출제 빈도가 높은 일반기계기사 · 기계설계산업기사 실기도면

과제 분석 방법과 실기시험 출제 기준

PART 01

자격증 실기 수험용 AutoCAD 환경설정 및 주요 명령어

CAD의 대명사인 오토데스크사의 오토캐드는 국가기술자격 수험장에 가장 많이 설치되어 있는 설계 프로그램으로 이 장에서는 기능사/산업기사/기사 작업형 실기 수험시에 요구되는 CAD의 환경설정과 도면 작성시에 사용 빈도가 높은 주요 명령어를 위주로 기술하였다. 설계자에게 있어 실과 바늘과 같은 기계제도와 AutoCAD는 반드시 마스터해야 하는 필수적인 항목이며 국가기술자격 실기시험시 요구사항에서 지정하는 도면의 한계설정이나 선굵기 구분을 위한 색상 및 사용 문자의 크기, 도면양식 등에 관한 사항은 반드시 숙지하고 따라야 한다. 또한 수험자가 미리 작성해 둔 도면 템플릿이나 블록은 시험장에서 사용할 수 없으니 유의하기 바란다.

■ 주요 학습내용 및 목표

- 작업형 실기 수험용 오토캐드 환경설정
- 도면 양식 및 표제란 설정
- 오토캐드 주요 명령어 이해와 활용
- 치수공차 및 기하공차 작성

Lesson 01 LIMITS(한계)

• 도면을 작성할 영역을 설정한다.

■ 참고 : 도면의 형식 및 KS규격 도면의 크기 [KS B ISO 5457] [단위 : mm]

크기	재단한 용지		제도 공간	
	a_1 (1)	b_1 (1)	a_2 ±0.5	b_2 ±0.5
A0	841	1189	821	1159
A1	594	841	574	811
A2	420	594	400	564
A3	297	420	277	390
A4	210	297	180	277

[비고] 1) A0 크기보다 클 경우에는 KS M ISO 216 참조
2) 기타 도면 양식은 KS B ISO 5457 참조
3) 표제란의 크기와 양식은 KS A ISO 7200 참조
[주] (1) 공차는 KS M ISO 216 참조

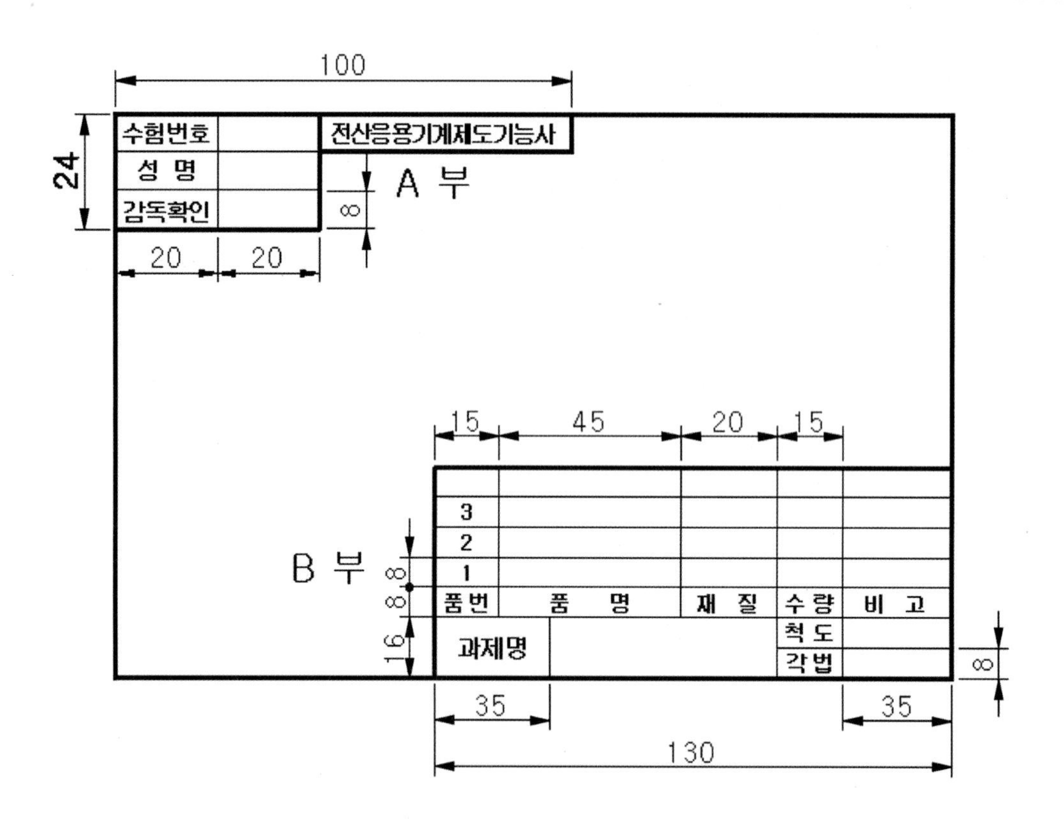

명령 : limits (명령어 입력 후 Enter)

모형 공간 한계 재설정 :

왼쪽 아래 구석 지정 또는 [켜기(ON)/끄기(OFF)] 〈0.0000,0.0000〉 : **0,0**

(설정할 영역의 좌측 하단의 좌표를 입력 후 Enter)

오른쪽 위 구석 지정 〈420.0000,297.0000〉 : **594,420**

(설정할 영역의 우측 상단의 좌표를 입력 후 Enter)

명령 :

테두리선 설정

• 도면을 작성할 테두리를 설정한다.

■ 참고 : KS규격 도면 테두리 사이즈 [단위 : mm]

도면사이즈	A0	A1	A2	A3	A4
A × B	1189×841	841×594	594×420	420×297	297×210

■ KS규격에 따른 직사각형 작도 사이즈 [단위 : mm]

사이즈	A0	A1	A2	A3	A4
A × B	1179×831	831×584	584×410	410×287	287×200

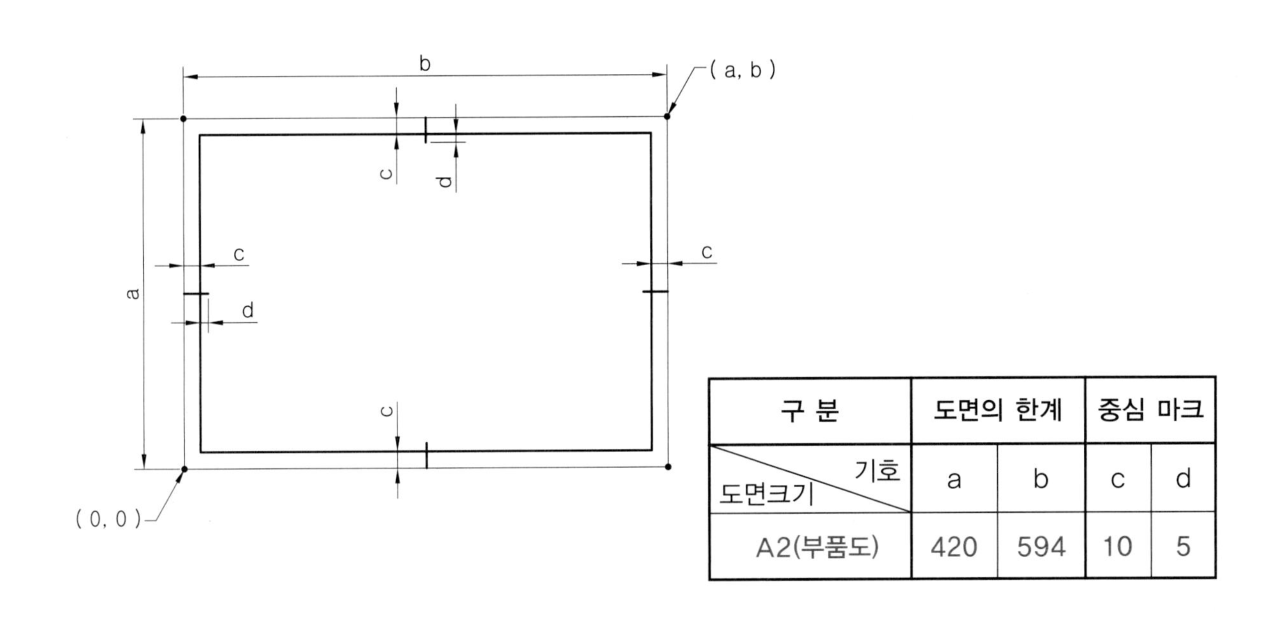

구 분	도면의 한계		중심 마크	
도면크기 \ 기호	a	b	c	d
A2(부품도)	420	594	10	5

도면 양식에서 테두리 선의 굵기는 0.7mm(하늘색)으로 하고 테두리와 함께 중심마크도 굵은선으로 작도한다.

RECTANG (단축키 REC) – 대각선상의 두 점의 좌표를 입력하여 사각형을 그린다.

명령 : **rec** (명령어 입력 후 Enter)

RECTANG (직사각형 그리기)

첫 번째 구석점 지정 또는 [모따기(C)/고도(E)/모깎기(F)/두께(T)/폭(W)] : **10,10**

(시작점 입력 후 Enter)

다른 구석점 지정 또는 [영역(A)/치수(D)/회전(R)] : **584,410**

(대각에 있는 점 입력 후 Enter)

명령 : **l** (명령어 입력 후 Enter)

LINE 첫 번째 점 지정 : **mid** (OSNAP(중간점) 명령 입력 후 Enter)

<– (왼쪽 선을 마우스 왼쪽 버튼으로 클릭)

다음 점 지정 또는 [명령 취소(U)] : **@–10,0** (선의 좌표 입력 후 Enter)

다음 점 지정 또는 [명령 취소(U)] : (Enter)

명령 :

LINE명령을 반복하여 중심마크를 완성한다.

오른쪽 선 : @10,0

윗 선 : @0,10

아래 선 : @0,-10

Lesson

03 STYLE(문자 스타일, 단축키 ST)

• 문자의 글꼴 스타일이나 크기, 높이, 기울기 각도 등을 설정한다.

■ 문자 스타일 이름 설정

명령 : st (명령어 입력 후 Enter)

STYLE

(문자 스타일창이 나타난다. 우측에 있는 새로 만들기 버튼을 마우스 왼쪽 버튼으로 클릭한다)

(새 문자 스타일창이 나타나면 문자 스타일 이름을 입력한 후 확인을 마우스 왼쪽 버튼으로 클릭)

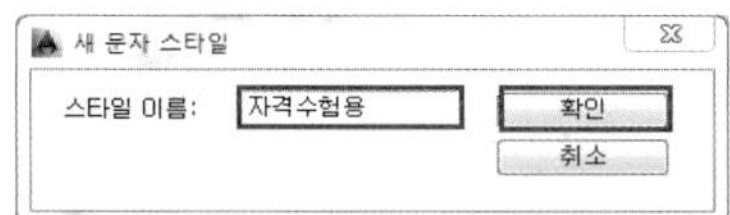

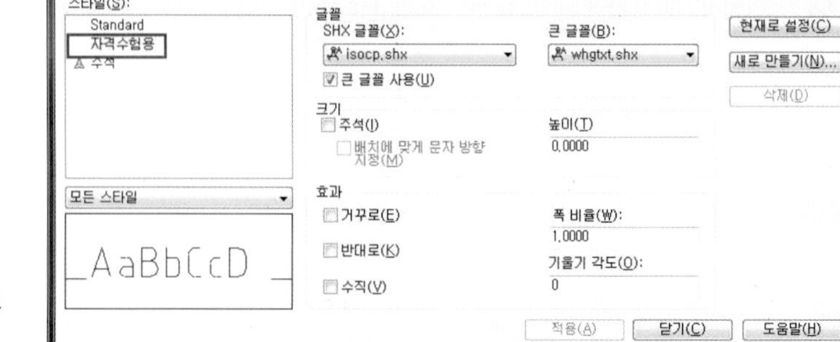

(좌측 상단에 설정한 스타일 이름을 마우스 왼쪽 버튼으로 클릭한다)

■ 글꼴 설정

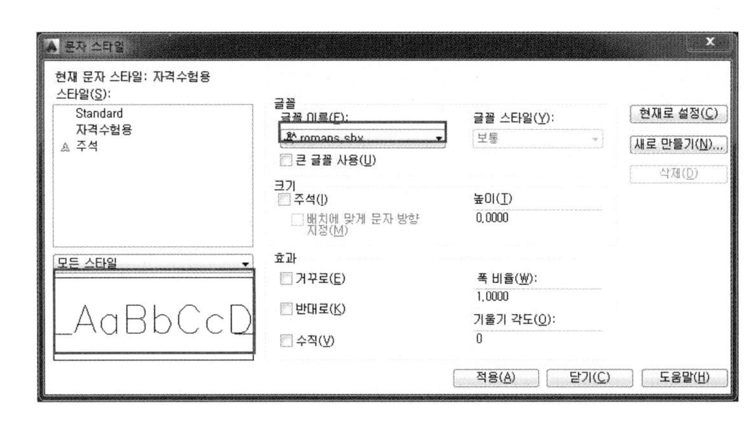

(문자 스타일창의 중앙에 있는 글꼴의 **글꼴 이름**을 romans.shx로 설정한다. 좌측 하단에 설정한 글꼴이 나타난다)

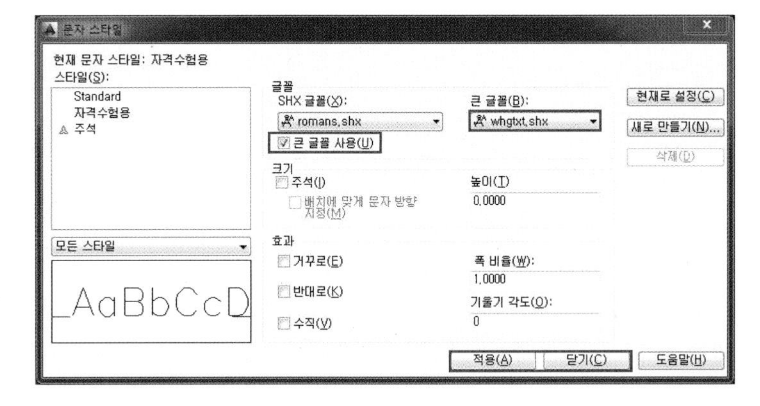

(글꼴 이름 아래 **큰 글꼴 사용**의 좌측에 있는 박스를 체크하면 큰 글꼴이 활성화 되는데 whgtxt.shx로 설정한 후에 하단의 **적용**, **닫기** 버튼을 순서대로 마우스 왼쪽 버튼으로 클릭한다.

■ KS규격 STYLE 설정

문자 스타일	영문 글꼴	한글 글꼴	높이
Standard	isocp. shx, romans. shx	whgtxt. shx, 굴림체	0

Lesson 04 DIMSTYLE(치수 스타일, 단축키 D)

• 치수에 관한 스타일을 설정한다.

아래의 그림과 설명을 보고 전산응용 실기시험에서 지정하는 표준에 맞게 치수 스타일을 지정해 보자.

■ 새 치수 스타일 이름 설정

명령 : d (명령어 입력 후 Enter)

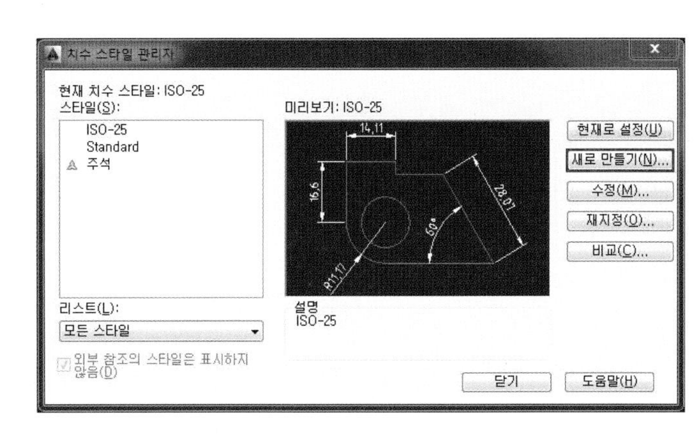

(치수 스타일 관리자 창이 열리면 **새로 만들기** 버튼을 마우스 왼쪽 버튼으로 클릭한다)

(새 치수 스타일 이름을 입력한 후 **계속** 버튼을 마우스 왼쪽 버튼으로 클릭한다)

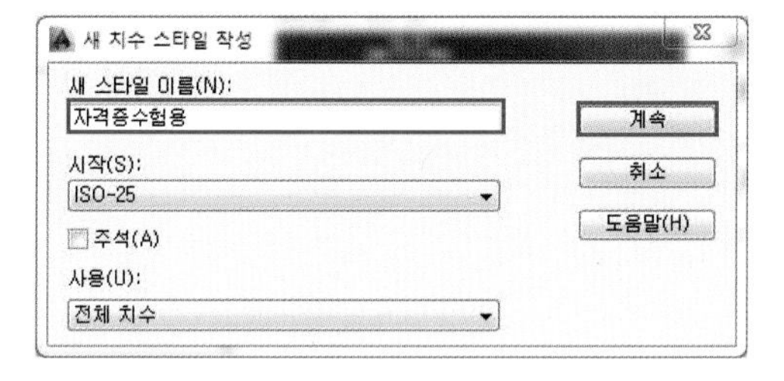

■ 선 탭

- **치수선**
  ❶ 색상 : 빨간색
  ❷ 기준선 간격 : 8
- **치수 보조선**
  ❸ 색상 : 빨간색
  ❹ 치수선 너머로 연장 : 2
  ❺ 원점에서 간격띄우기 : 1

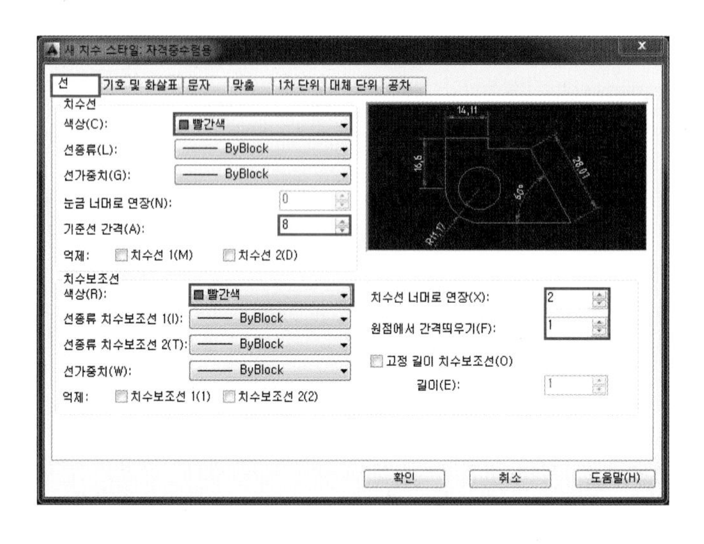

■ 기호 및 화살표 탭

- **화살촉**
  ❶ 첫번째 : 닫고 채움
  두번째 : 닫고 채움
  지시선 : 닫고 채움
  ❷ 화살표 크기 : 3.5
- **중심 표식**
  ❸ 없음
- **호 길이 기호**
  ❹ 위의 치수 문자

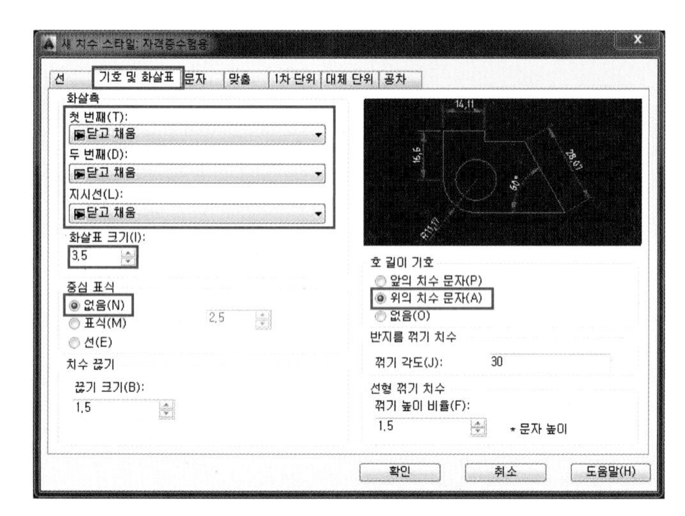

■ 문자 탭

- **문자 모양**
  ❶ 문자 스타일 : 메카피아 문자(설정한 문자 스타일을 선택한다)
  ❷ 문자 색상 : 노란색
  ❸ 문자 높이 : 3.5
- **문자 배치**
  ❹ 수직 : 위
  ❺ 수평 : 중심
  ❻ 뷰 방향 : 왼쪽에서 오른쪽으로
  ❼ 치수선에서 간격 띄우기 : 0.8
- **문자 정렬**
  ❽ 치수선에 정렬

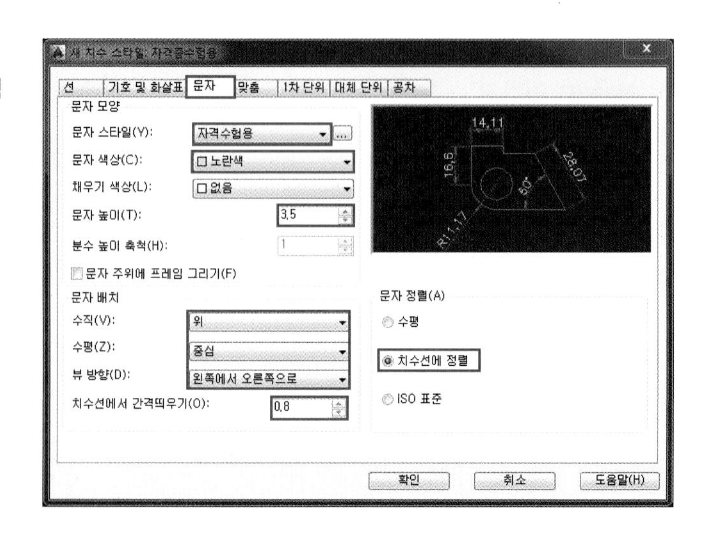

■ 맞춤 탭

• **맞춤 옵션**
  ❶ 문자 또는 화살표(최대로 맞춤)

• **문자 배치**
  ❷ 치수선 옆에 배치

• **치수 피쳐 축척**
  ❸ 전체 축척 사용 : 1

• **최상으로 조정**
  ❹ 치수보조선 사이에 치수선 그리기

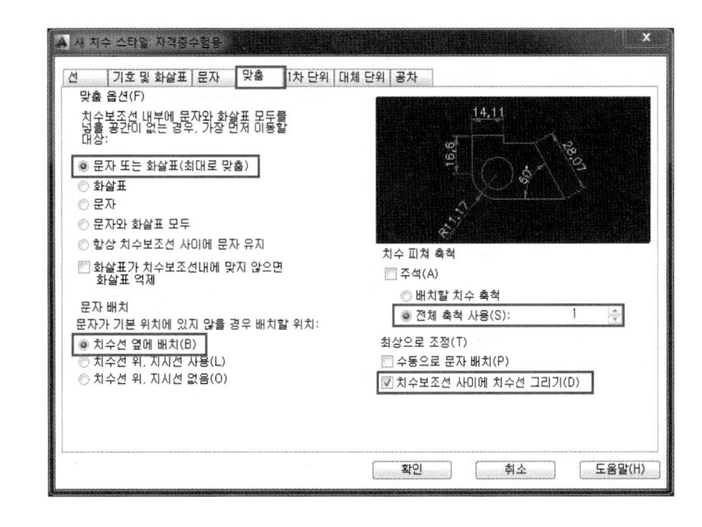

■ 1차 단위 탭

• **선형 치수**
  ❶ 단위 형식 : 십진
  ❷ 정밀도 : 0.00
  ❸ 소수 구분 기호 : ‘,’ (쉼표)
  ❹ 반올림 : 0.5
  ❺ 축척 비율 : 1
  ❻ 0억제 : 후행

• **각도 치수**
  ❼ 단위 형식 : 십진 도수
  ❽ 정밀도 : 0
  ❾ 0억제 : 후행

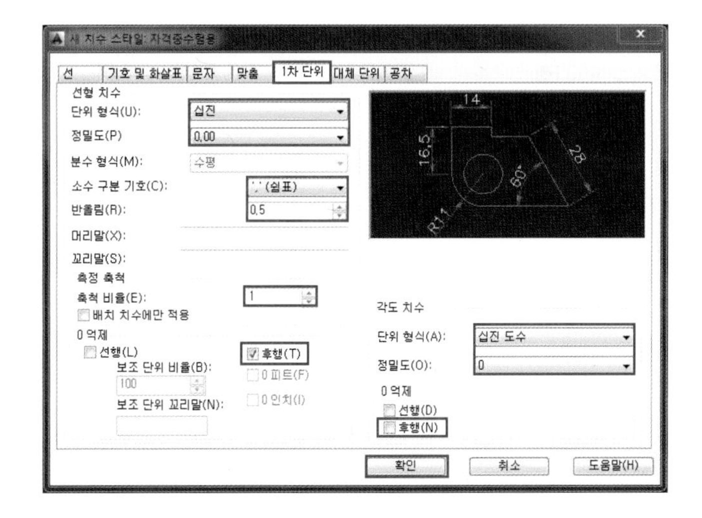

(새 치수 스타일 : 메카피아 치수 창 하단의 **확인** 버튼을 마우스 왼쪽 버튼으로 클릭한 다음 **닫기** 버튼을 클릭한다)

DIMSTYLE

명령 :

LAYER(도면층 특성 관리자, 단축키 LA)

• 도면층 객체 특성 명령

도면층을 설명할 땐 항상 셀로판 종이를 예로 든다. 여러 장의 셀로판 종이 각각에 어떤 객체를 그려 넣고 합치면 한 장의 도면이 되는 것이다. 도면층을 구분하는 이유는 도면의 정리가 수월해지고 출력할 때에도 유리하기 때문이다. 예를 들어 복잡한 도면에서 치수는 제외하고 그림만 복사를 하려는데 도면에서 그림 도면층하고 치수 도면층이 구분되어 있으면 치수 도면층을 숨기고 그림을 복사한 다음 다시 치수 도면층을 보이게 하면 된다.

도면을 출력할 때에 선의 굵기는 캐드 상에서 선의 색상으로 정하기 때문에 도면층을 설정할 때 유의해야 한다.

명령: la (명령어 입력 후 Enter)

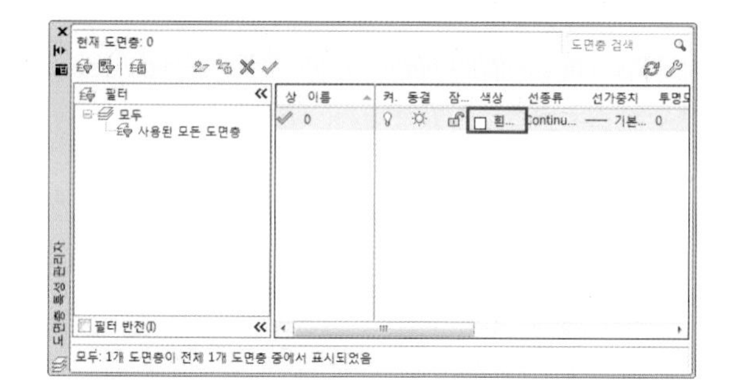

❶ 처음에 있는 도면층 이름은 수정할 수가 없다.
❷ 색상 밑의 조그만 사각형을 마우스 왼쪽 버튼으로 클릭한다.

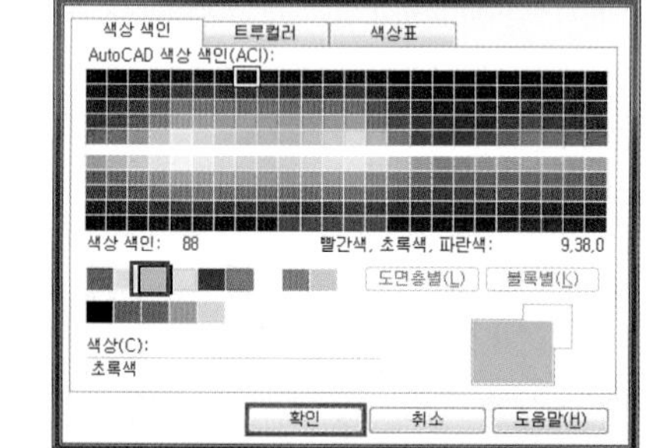

❸ 색상 선택 창이 나타나면 우측 그림과 같이 초록색을 마우스 왼쪽 버튼으로 클릭한 후 하단의 **확인** 버튼을 마우스 왼쪽 버튼으로 클릭한다.

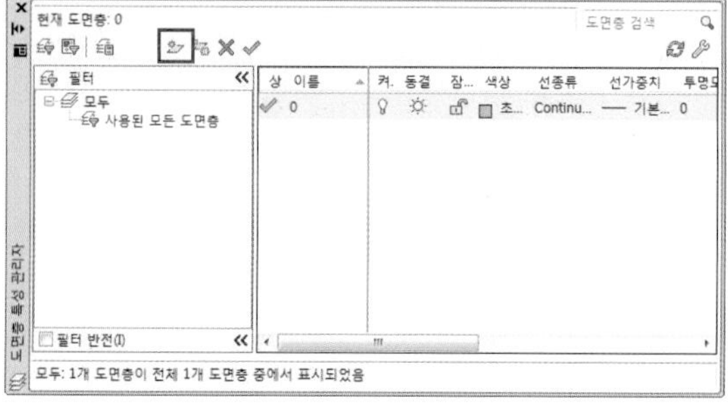

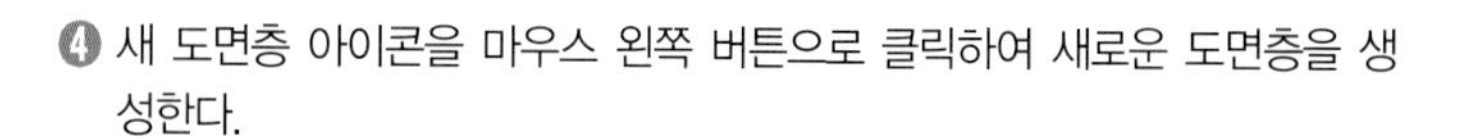

❹ 새 도면층 아이콘을 마우스 왼쪽 버튼으로 클릭하여 새로운 도면층을 생성한다.

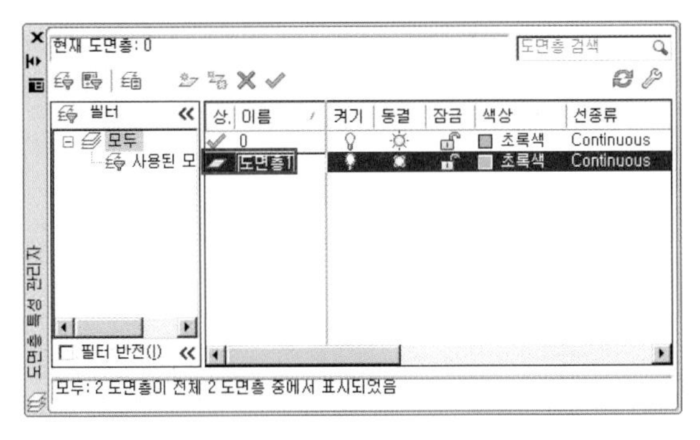

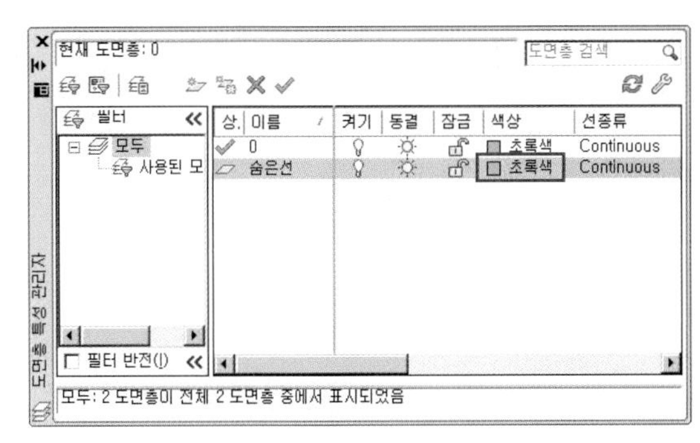

❺ 새 도면층 이름을 숨은선으로 수정한다.

❻ 색상 밑의 조그만 사각형을 마우스 왼쪽 버튼으로 클릭한다.

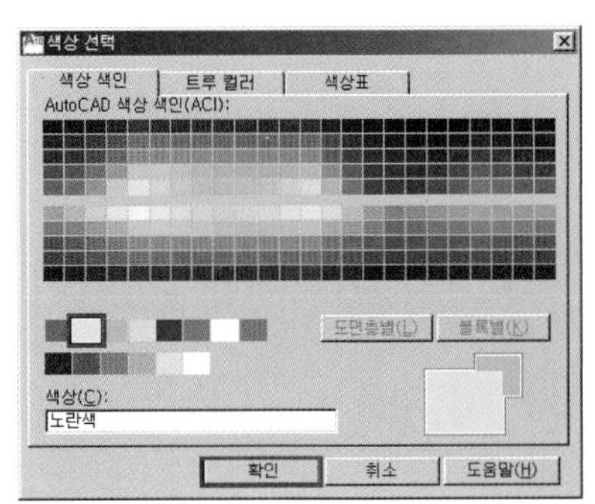

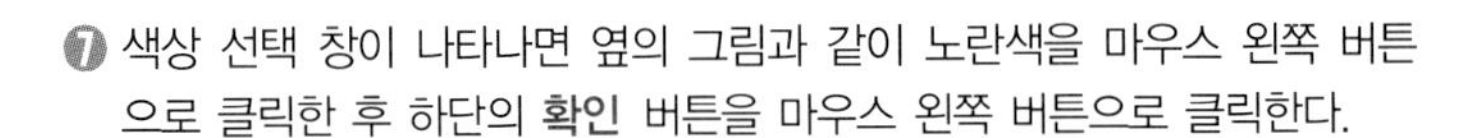

❼ 색상 선택 창이 나타나면 옆의 그림과 같이 노란색을 마우스 왼쪽 버튼으로 클릭한 후 하단의 **확인** 버튼을 마우스 왼쪽 버튼으로 클릭한다.

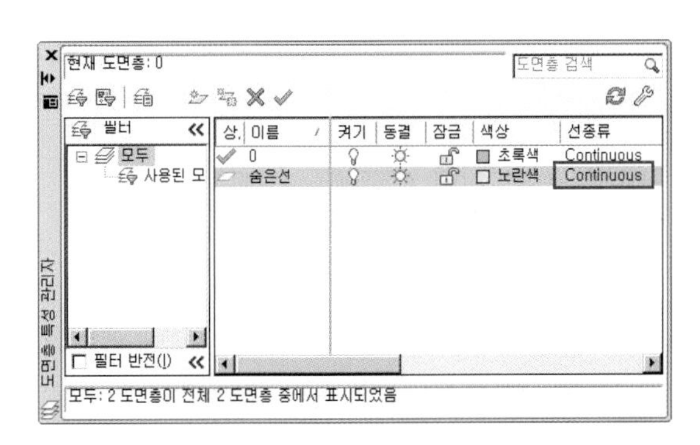

❽ 선종류 밑의 선 이름을 마우스 왼쪽 버튼으로 클릭

❾ 선종류 선택 창이 나타나면 하단의 **로드** 버튼을 마우스 왼쪽 버튼으로 클릭한다.

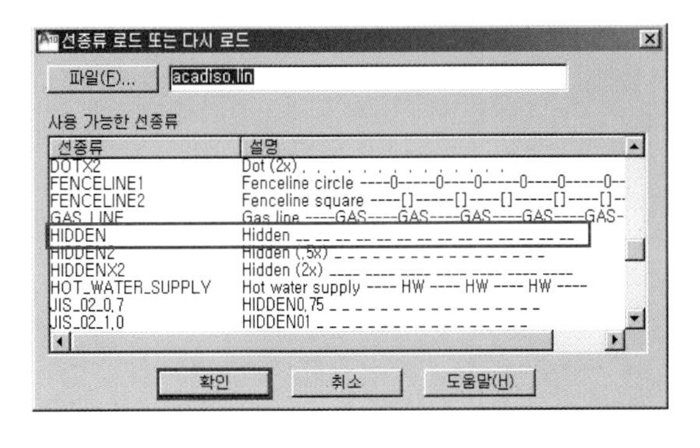

❿ 선종류 로드 또는 다시 로드 창이 나타나면 HIDDEN을 마우스 왼쪽 버튼으로 클릭한 후에 하단의 **확인** 버튼을 마우스 왼쪽 버튼으로 클릭한다.

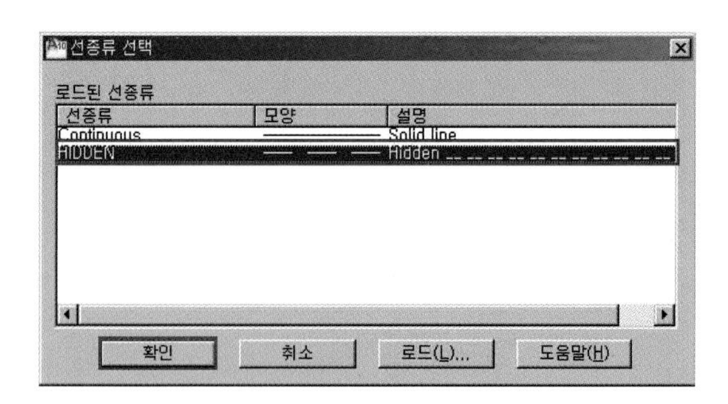

⑪ HIDDEN이 추가되어 있는 것을 확인할 수 있다. HIDDEN을 마우스 왼쪽 버튼으로 클릭한 후에 하단의 확인 버튼을 마우스 왼쪽 버튼으로 클릭한다.

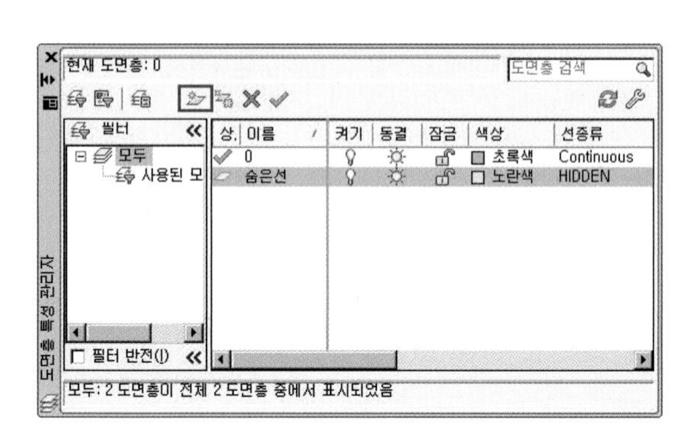

⑫ 새 도면층 아이콘을 마우스 왼쪽 버튼으로 클릭하여 새로운 도면층을 생성한다.

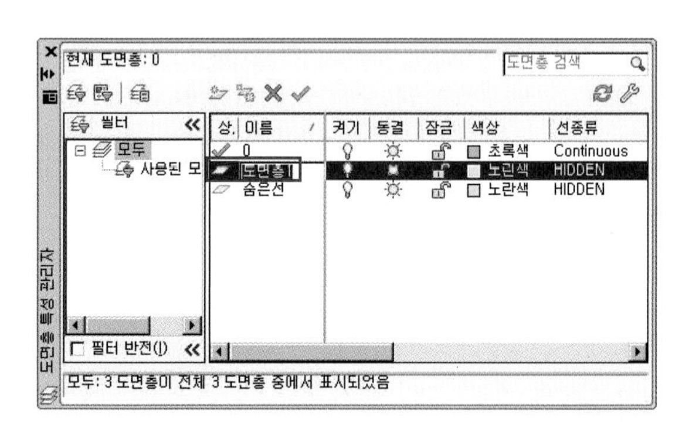

⑬ 새 도면층 이름을 중심선으로 수정한다.

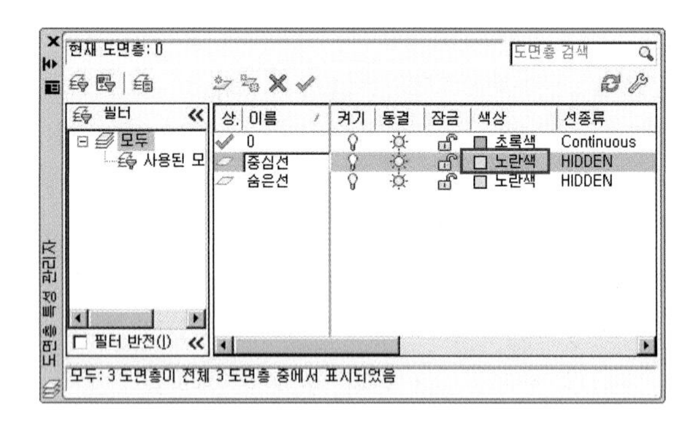

⑭ 색상 밑의 조그만 사각형을 마우스 왼쪽 버튼으로 클릭한다.

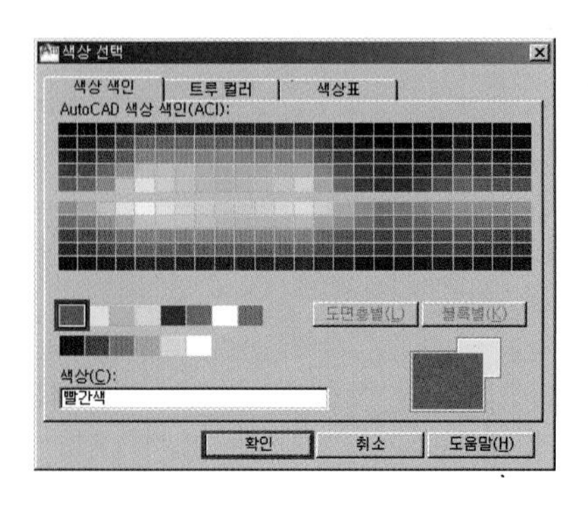

⑮ 색상 선택 창이 나타나면 옆의 그림과 같이 빨간색을 마우스 왼쪽 버튼으로 클릭한 후 하단의 확인 버튼을 마우스 왼쪽 버튼으로 클릭한다.

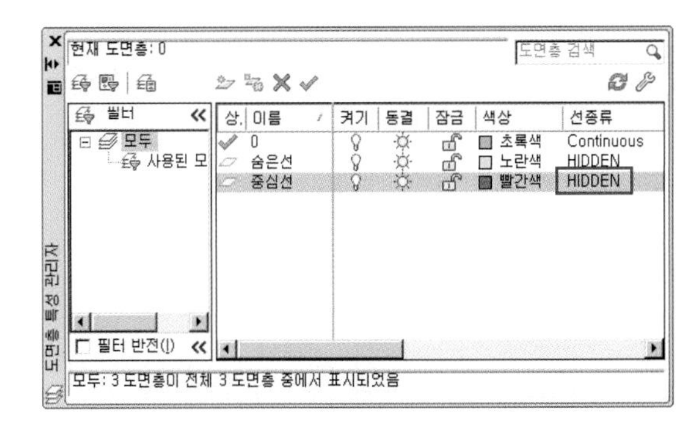

⑯ 선종류 밑의 선 이름을 마우스 왼쪽 버튼으로 클릭

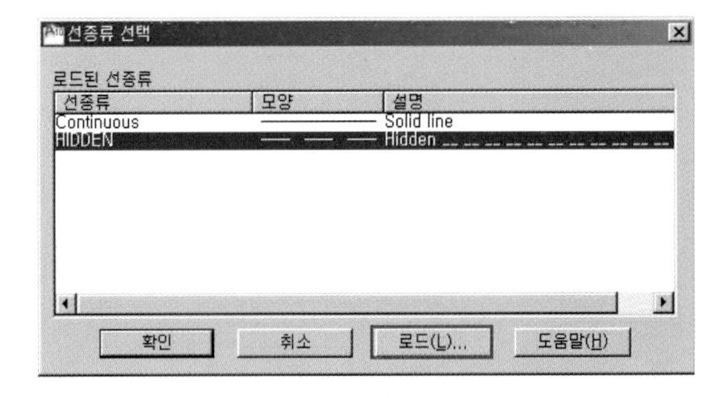

⑰ 선종류 선택 창이 나타나면 하단의 **로드** 버튼을 마우스 왼쪽 버튼으로 클릭한다.

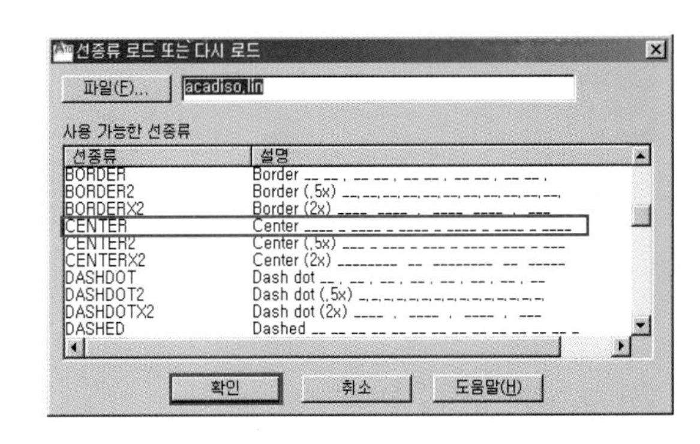

⑱ 선종류 로드 또는 다시 로드 창이 나타나면 CENTER를 마우스 왼쪽 버튼으로 클릭한 후에 하단의 **확인** 버튼을 마우스 왼쪽 버튼으로 클릭한다.

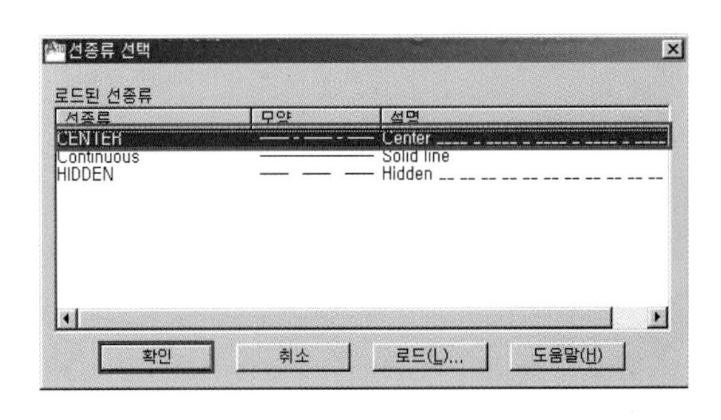

⑲ CENTER가 추가되어 있는 것을 확인할 수 있다. CENTER를 마우스 왼쪽 버튼으로 클릭한 후에 하단의 **확인** 버튼을 마우스 왼쪽 버튼으로 클릭한다.

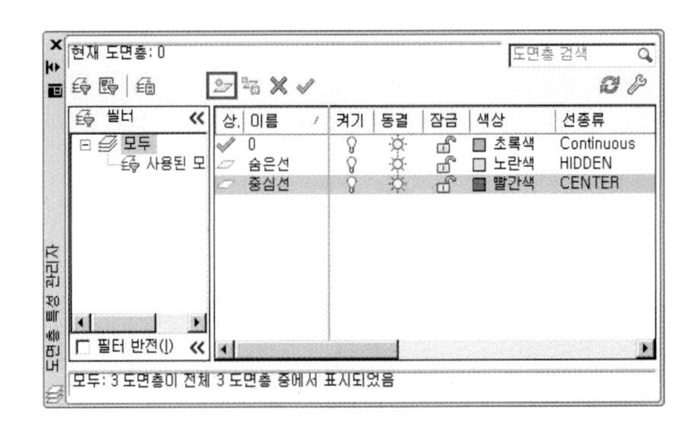

⑳ 새 도면층 아이콘을 마우스 왼쪽 버튼으로 클릭하여 새로운 도면층을 생성한다.

㉑ 새 도면층 이름을 가상선으로 수정한다.

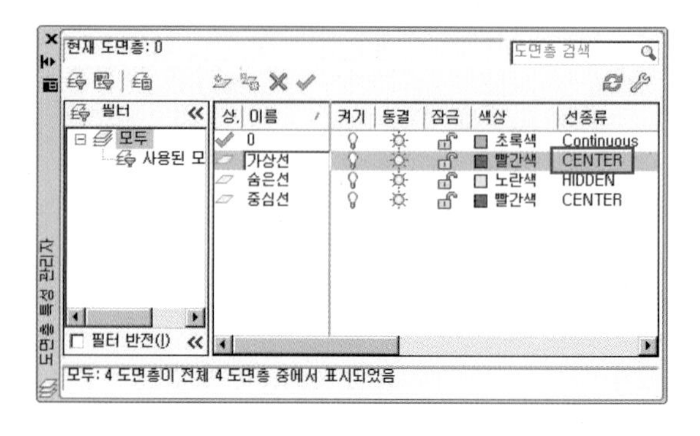

㉒ 선종류 밑의 선 이름을 마우스 왼쪽 버튼으로 클릭

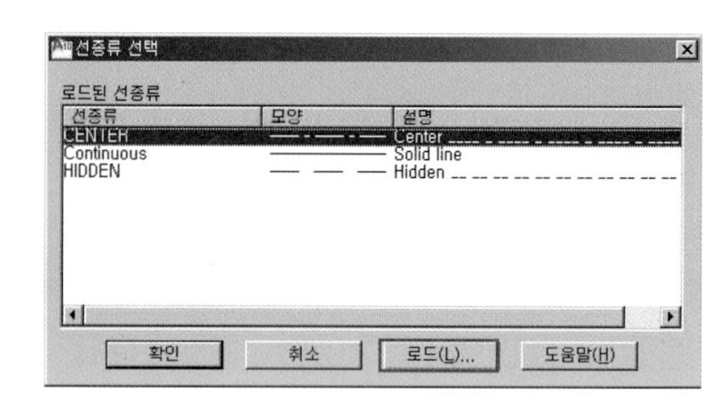

㉓ 선종류 선택 창이 나타나면 하단의 **로드** 버튼을 마우스 왼쪽 버튼으로 클릭한다.

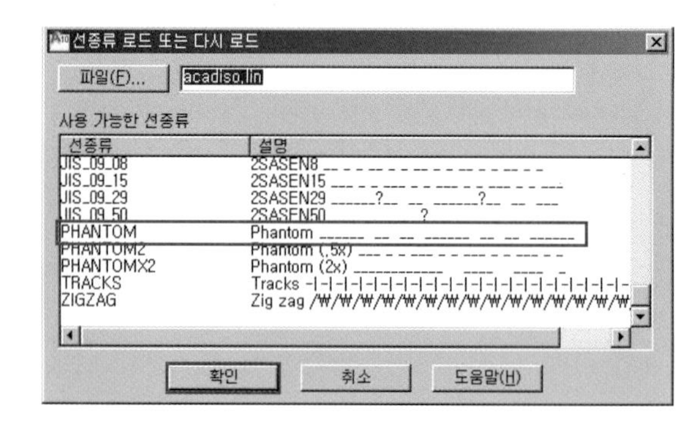

㉔ 선종류 로드 또는 다시 로드 창이 나타나면 PHANTOM를 마우스 왼쪽 버튼으로 클릭한 후에 하단의 **확인** 버튼을 마우스 왼쪽 버튼으로 클릭한다.

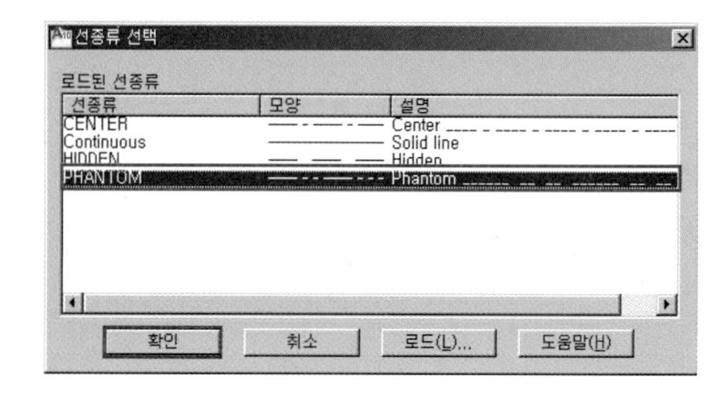

㉕ PHANTOM이 추가되어 있는 것을 확인할 수 있다. PHANTOM을 마우스 왼쪽 버튼으로 클릭한 후에 하단의 **확인** 버튼을 마우스 왼쪽 버튼으로 클릭한다.

㉖ 도면층 특성 관리자 창 좌측 상단에 X를 마우스 왼쪽 버튼으로 클릭한다.

명령 : '_ Layer
명령 :

Lesson

06 LTSCALE(선종류 축척 비율, 단축키 LTS)

• 선의 크기(비율)를 조정한다.

선의 굵기나 길이를 조정하는 것은 아니다.

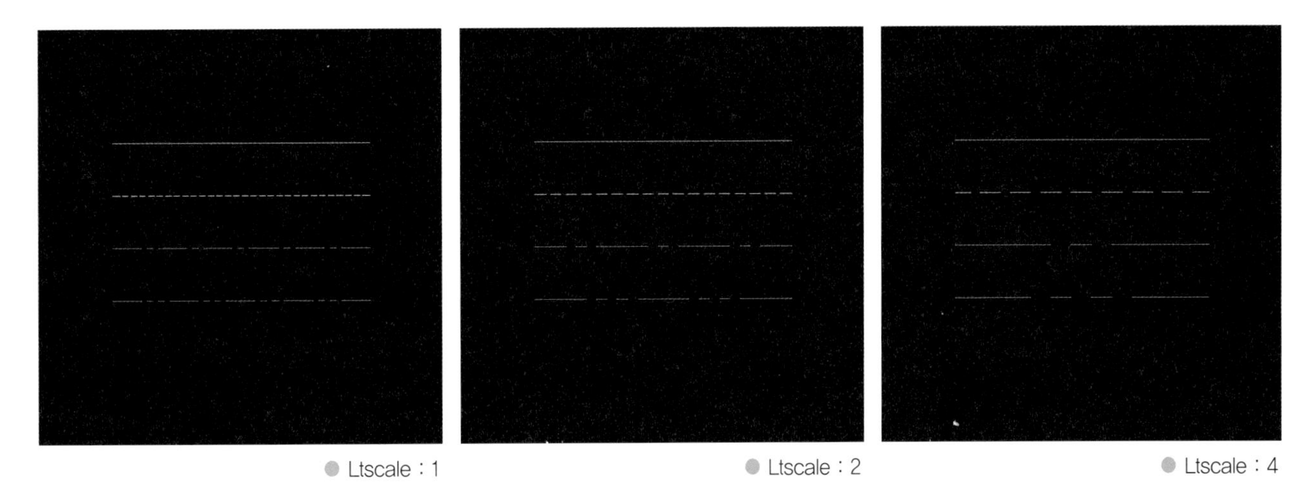

● Ltscale : 1 ● Ltscale : 2 ● Ltscale : 4

명령 : **lts** (명령어 입력 후 Enter)
LTSCALE 새 선종류 축척 비율 입력 ⟨0.0250⟩ : **1** (선의 축척 입력 후 Enter)
모형 재생성 중
명령 : **lts** (명령어 입력 후 Enter)
LTSCALE 새 선종류 축척 비율 입력 ⟨1.0000⟩ : **2** (선의 축척 입력 후 Enter)
모형 재생성 중
명령 : **lts** (명령어 입력 후 Enter)
LTSCALE 새 선종류 축척 비율 입력 ⟨2.0000⟩ : **4** (선의 축척 입력 후 Enter)
모형 재생성 중
명령 :

Lesson

07 PLOT (플롯, 단축키 PO)

• 작업한 내용을 인쇄한다.

프린터, 용지 크기, 출력 횟수와 범위를 설정한다.

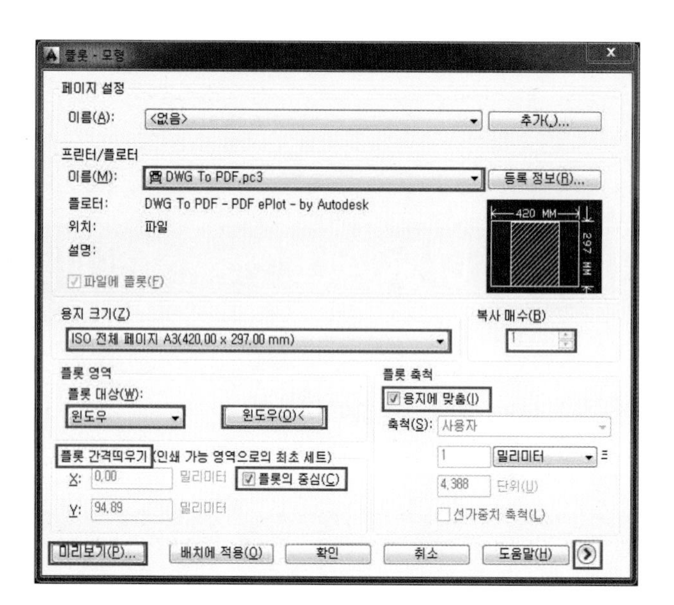

❶ 프린터/플로터 : 출력할 프린터/플로터를 설정한다.
❷ 용지 크기 : 출력할 용지의 크기를 설정한다.
❸ 복사 매수 : 출력 횟수를 설정한다.
❹ 플롯 영역 : 플롯 대상
- 범위 : 모든 객체를 한 번에 출력한다.
- 윈도우 : 윈도우< 버튼을 마우스 왼쪽 버튼으로 클릭한 후 출력할 범위를 설정한다.
- 한계 : 한계로 설정한 영역을 출력한다.
- 화면표시 : 현재 화면 그대로 출력한다.

❺ 플롯 축척 : 용지에 맞춤
❻ 플롯 간격띄우기 : 플롯의 중심
❼ 미리보기 : 인쇄하기 전 미리보기로 확인할 수 있다.
❽ ⊙ 마우스 왼쪽 버튼으로 클릭하면 숨겨져 있던 부분이 나타난다.

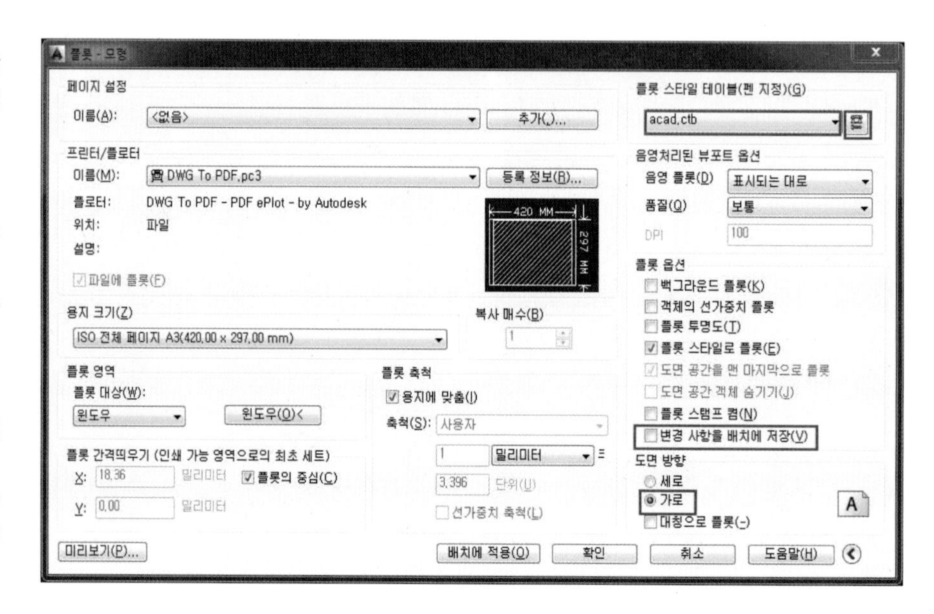

• 플롯 옵션

변경 사항을 배치에 저장 : 변경사항을 저장하면 다음 인쇄시 재설정할 필요가 없다.

• 도면 방향

❶ 세로 : 인쇄 대상을 세로방향으로 출력한다.
❷ 가로 : 인쇄 대상을 가로방향으로 출력한다.

• 플롯 스타일 테이블

출력물의 색상과 선의 굵기 등 세부적인 옵션을 설정한다.

❶ acad.ctb를 선택하고 우측의 아이콘을 마우스 왼쪽 버튼으로 클릭한다.

• 형식 보기

❶ 색상 : 인쇄할 때의 색을 정한다.

❷ 선가중치 : 선의 굵기를 정한다.

플롯 스타일 (화면상의 색)	색상 (인쇄할 때의 색)	선가중치 (인쇄할 때의 선의 굵기)
흰색, 빨강	검은색	0.18mm ~ 0.25mm
황(노란)색	검은색	0.20mm ~ 0.35mm
초록, 갈색	검은색	0.35mm ~ 0.50mm
청(파란)색	검은색	0.50mm ~ 0.70mm
검은색 색상 7	검은색	0.18mm ~ 0.25mm

저장 및 닫기 버튼을 마우스 왼쪽 버튼으로 클릭한다.

[주] 색상별 선가중치는 실기수험시 요구하는 굵기로 지정해야 한다.

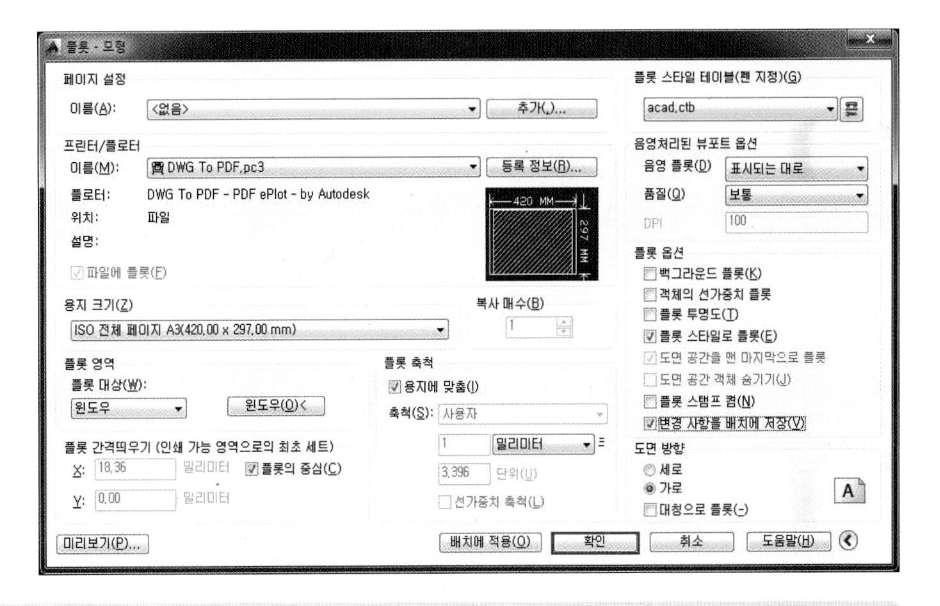

설정이 끝나면 확인 버튼을 마우스 왼쪽 버튼으로 클릭한다.

[주] AutoCAD의 환경설정 중에서 플롯(PLOT)의 설정은 AutoCAD 2010~2014 버전까지 커다란 차이점이 없으나 실기 고사장에 설치된 프로그램을 사용하여 응시하는 경우 사전에 프로그램 버전도 알아두는 것이 유리하다.

OPTION(옵션, 단축키 OP)

• 기본 옵션을 설정한다.

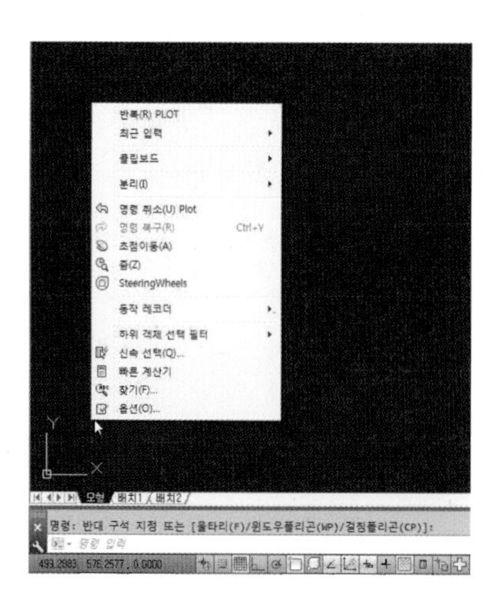

명령어 입력창에서 마우스 오른쪽 버튼을 누르고 **옵션**을 클릭하면 옵션창이 나타난다.

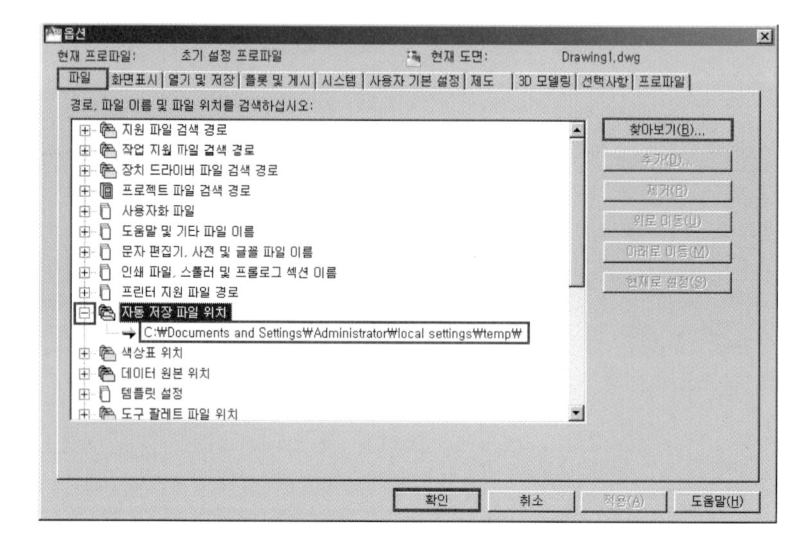

■ 자동 저장 파일 위치 설정

파일 탭에서 자동 저장 파일 위치 왼쪽의 +버튼을 마우스 왼쪽 버튼으로 클릭한다.
바로 아래에 폴더 경로가 나타난다. 이 경로가 현재 자동저장 되고 있는 폴더 경로이다.
자동저장 폴더를 변경할 때에는 이 경로를 마우스 왼쪽 버튼으로 더블 클릭하거나 **찾아보기** 버튼을 클릭한다. 폴더 찾아보기 창이 나타나면 원하는 폴더를 마우스 왼쪽 버튼으로 클릭한 후 하단의 **확인** 버튼을 마우스 왼쪽 버튼으로 클릭한다.
자동저장 폴더가 변경된 것을 확인할 수 있다.

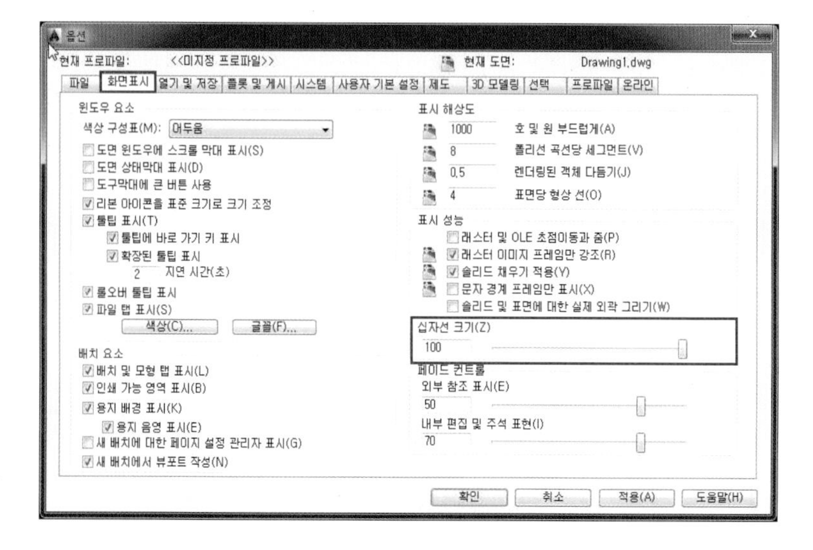

■ 십자선 크기 조절 방법

화면표시 탭에서 십자선 크기를 100으로 설정하면 십자선이 화면 끝까지 이어진다.

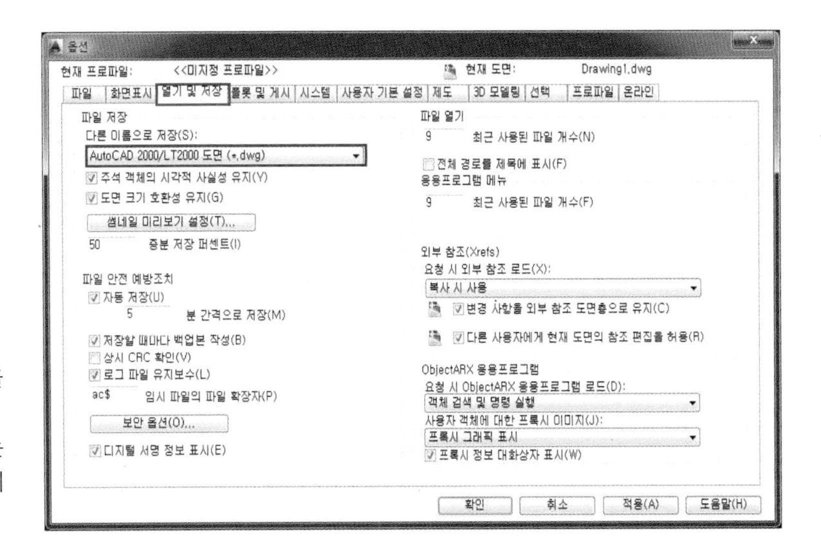

■ 저장 파일의 버전 설정

열기 및 저장 탭에서 **다른 이름으로 저장** 버전을 낮은 버전으로 설정한다.
(낮은 버전의 오토캐드 사용자에게 파일을 전달하는 경우에 낮은 버전으로 다시 저장해 보내야 하는 시간낭비를 방지할 수 있다)

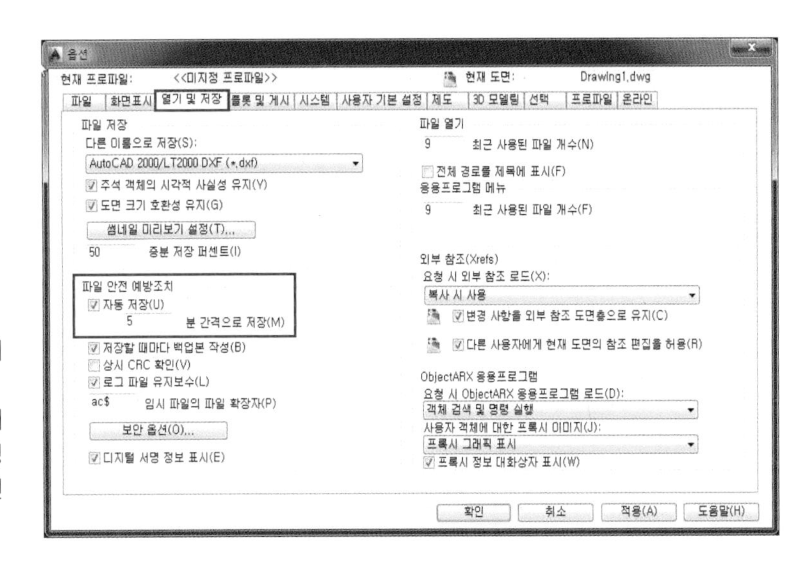

■ 자동 저장 시간 설정

열기 및 저장 탭에서 **자동 저장** 옆의 네모 칸에 체크를 한 후에 자동 저장 시간을 입력한다.
(작업을 하다 보면 뜻하지 않게 프로그램이 종료되는 상황이 발생한다. 컴퓨터가 다운되거나 재부팅되는 상황도 생기는데 자동 저장 시간을 설정하면 돌발 상황에 피해를 최소화 할 수 있다)

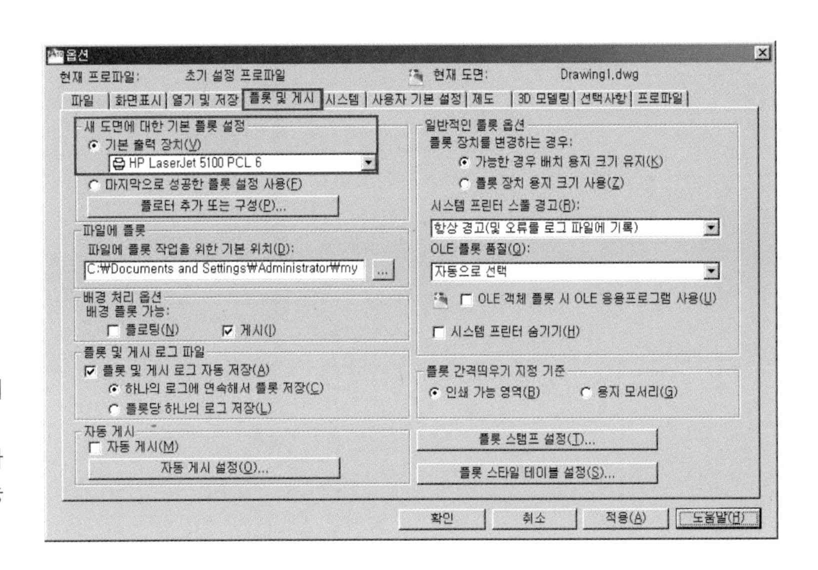

■ 플롯 및 게시

새 도면에 대한 기본 플롯 설정에 **기본 출력 장치**를 설정한다.
PLOT 기본 출력 장치는 연결된 프린터나 PDF 파일 출력, 출판용 이미지(EPS) 파일 출력 등이 가능하다.

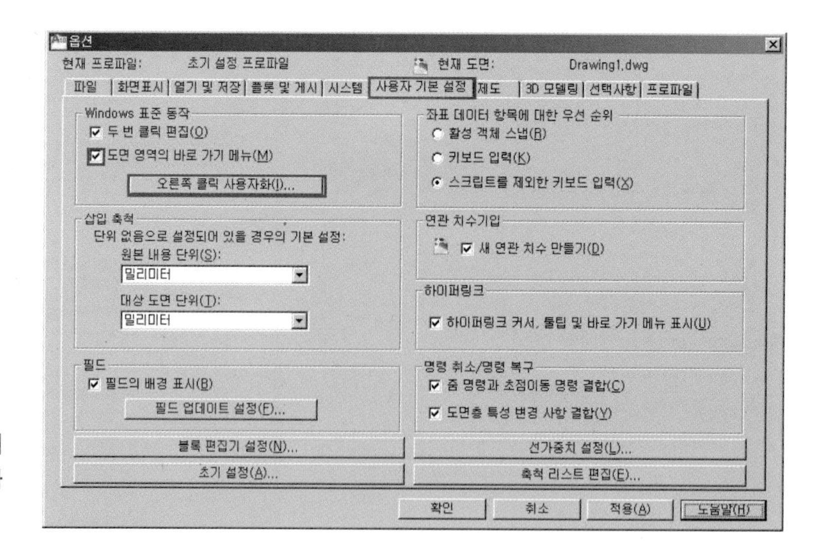

■ 마우스 오른쪽 버튼 설정

사용자 기본 설정 탭에서 도면 영역의 바로가기 메뉴 네모 칸에 체크를 한 후 **오른쪽 클릭 사용자화** 버튼을 마우스 왼쪽 버튼으로 클릭한다.

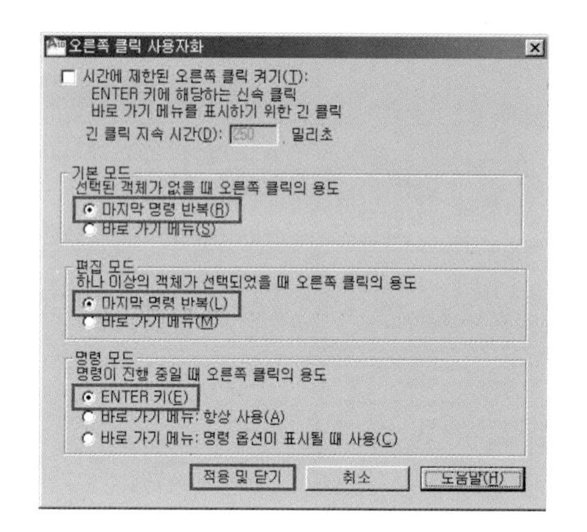

우측 그림과 같이 설정한 후 **적용 및 닫기** 버튼을 마우스 왼쪽 버튼으로 클릭한다.
어떤 명령이 끝난 후에 마우스 오른쪽 버튼을 클릭하면 마지막으로 실행했던 명령이 실행된다. (Enter키나 스페이스바를 누르는 것도 마우스 오른쪽 버튼과 같은 기능을 한다)

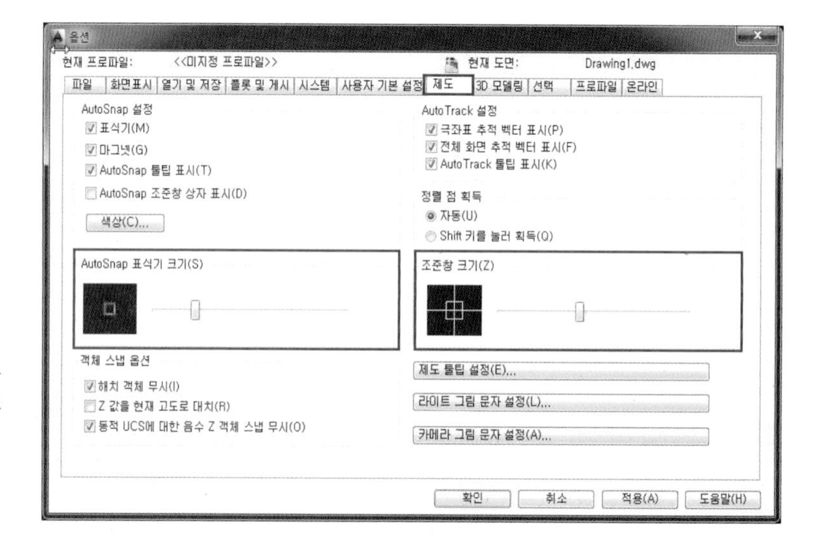

■ AutoSnap 표식기와 조준창의 크기 설정

제도 탭에서 **AutoSnap 표식기 크기**를 적당한 크기로 조절한다.(객체 스냅이 적용될 때 나타나는 표식기의 크기를 설정한다)

우측의 **조준창의 크기**를 적당한 크기로 조절한다.

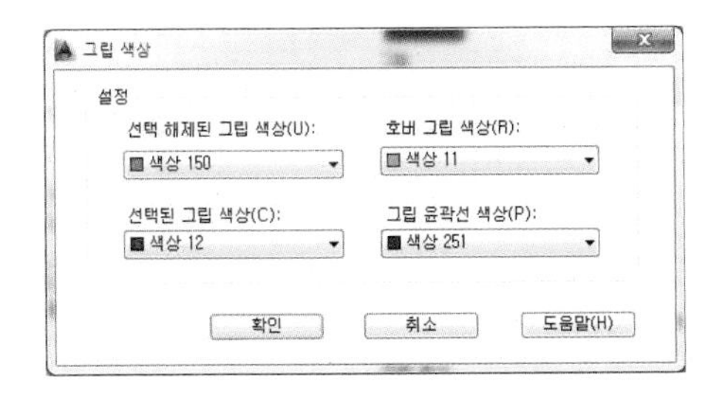

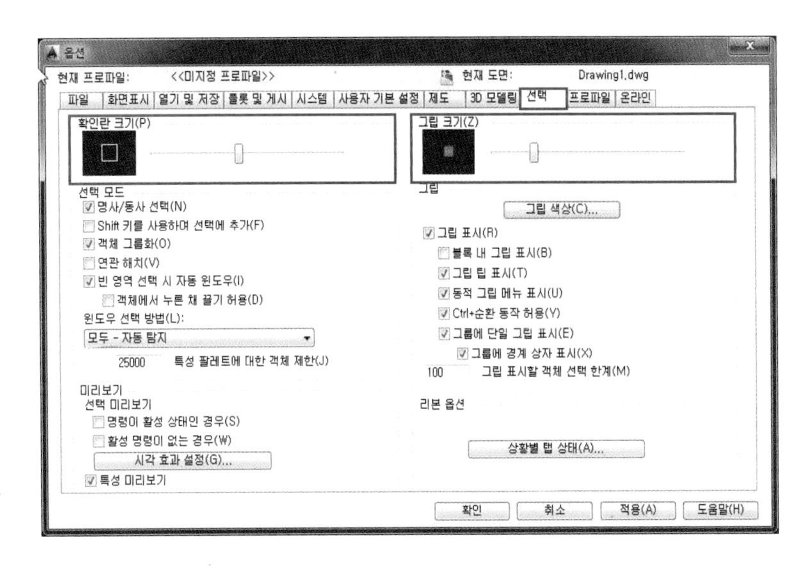

■ 확인란과 그립 크기 조절

선택 탭에서 **확인란 크기**와 **그립 크기**를 적당한 크기로 조절한다.

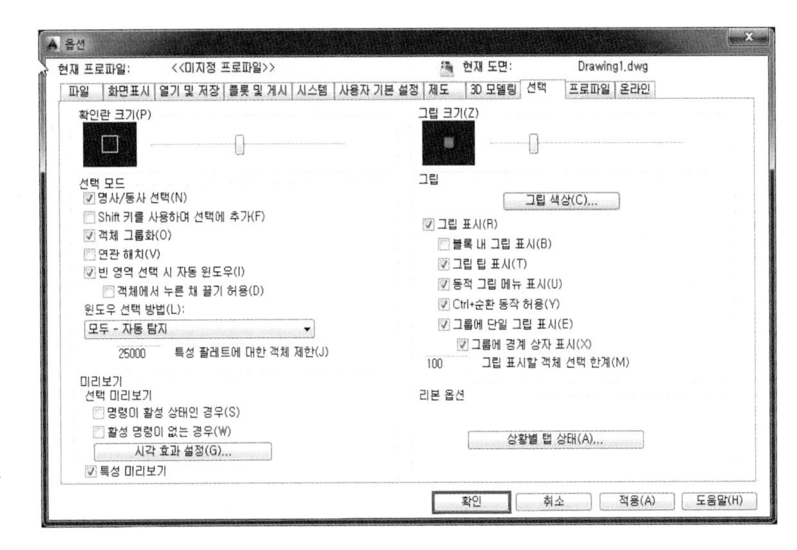

설정이 끝나면 옵션창 하단에 있는 **확인** 버튼을 마우스 왼쪽 버튼으로 클릭한다.

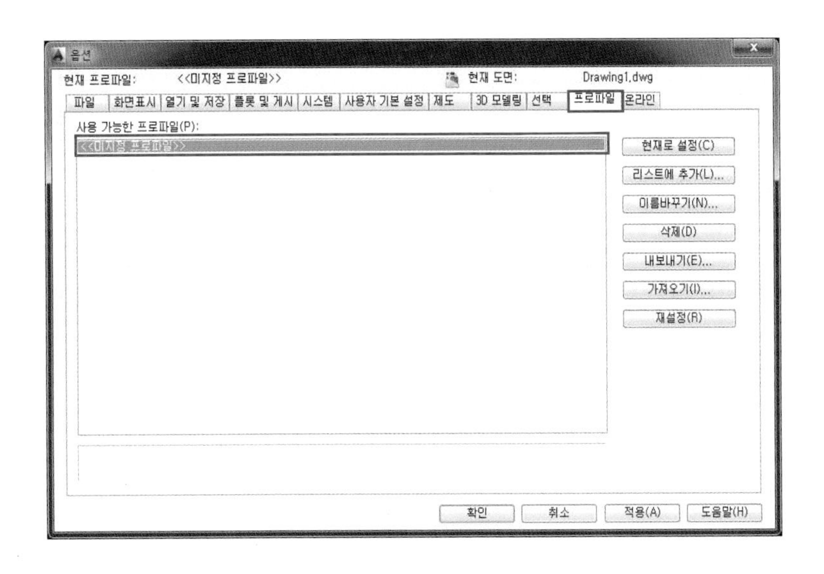

■ 프로파일 탭

프로파일 사용을 조정한다.
프로파일 사용자가 정의하는 구성이다.

Lesson 09 OSNAP(객체 스냅, 단축키 OS)

• 객체의 특성과 위치에 따라 객체 간 정확하고 매끄러운 연결이 되도록 하는 기능이다.

객체 스냅(OSNAP)은 객체의 어느 특정 지점(끝점, 중심점, 중간점 등)을 정확하게 찾을 수 있도록 하는 유용한 도구로 미리 설정을 통해 필요한 객체 스냅을 체크해 편리하고 정확하게 작도할 수 있다.

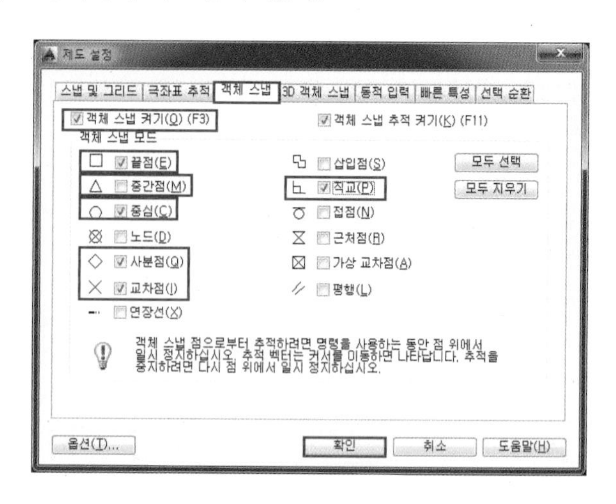

명령 : os (명령어 입력 후 Enter)
OSNAP
(제도 설정 창이 나타나면 우측 그림과 같이 설정 후 하단의 **확인** 버튼을 마우스 왼쪽 버튼으로 클릭한다)
명령 :

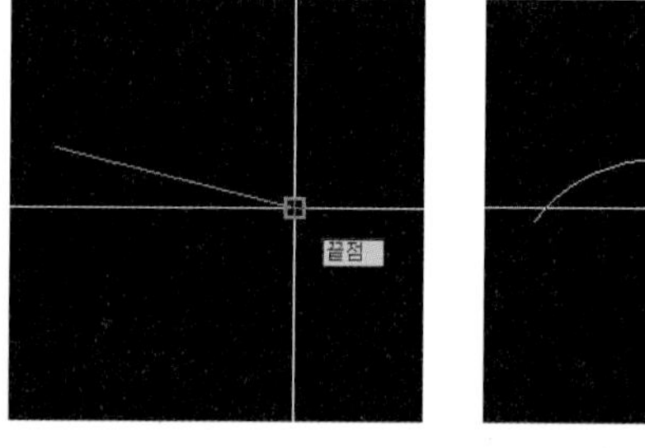

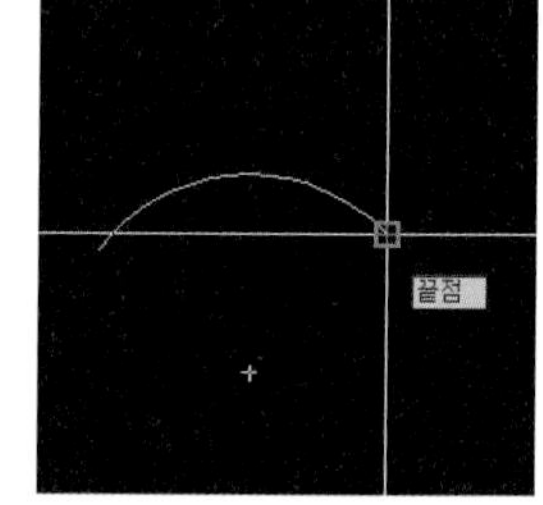

❶ 끝점 : 선, 호, 타원형 호, 폴리선, 스플라인, 영역 또는 광선의 끝점을 스냅한다.

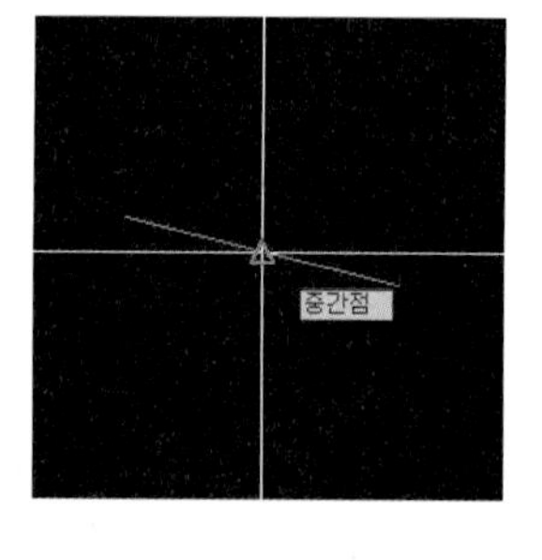

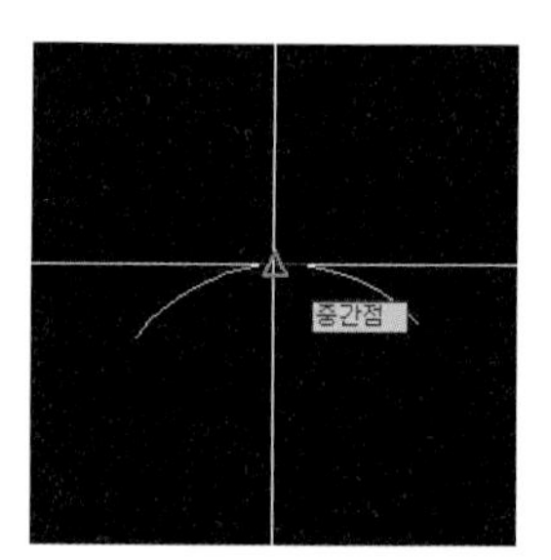

❷ 중간점 : 선, 호, 타원형 호, 폴리선, 스플라인, 영역, 솔리드 또는 X선의 중간점으로 스냅한다.

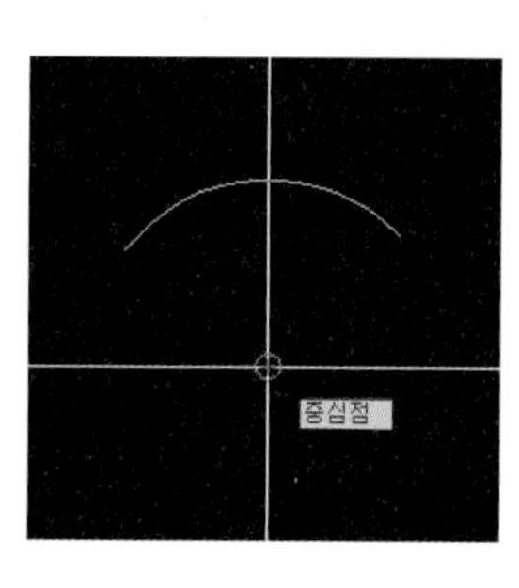

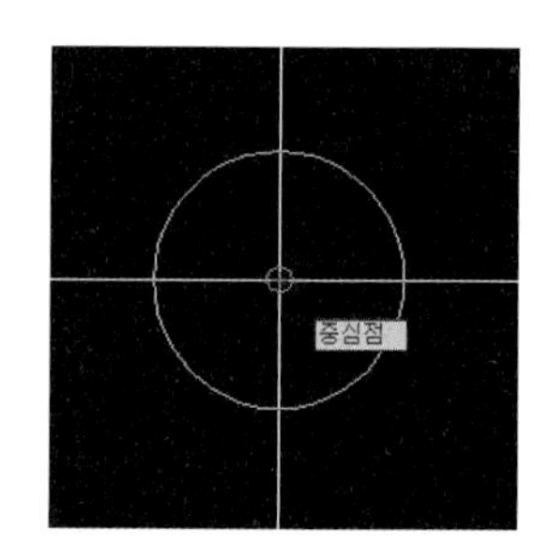

❸ 중심 : 원, 호 또는 타원형 호의 중심점으로 스냅한다.

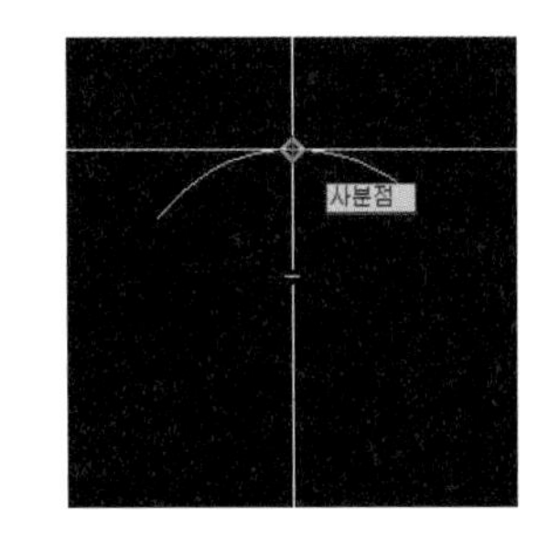

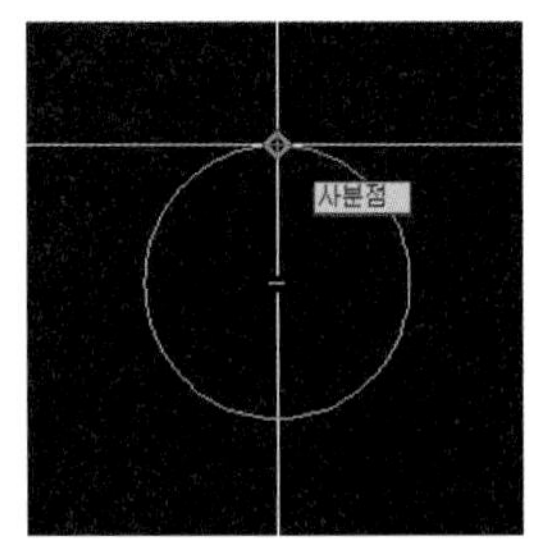

❹ 사분점 : 원, 호, 타원 또는 타원형 호의 사분점으로 스냅한다.

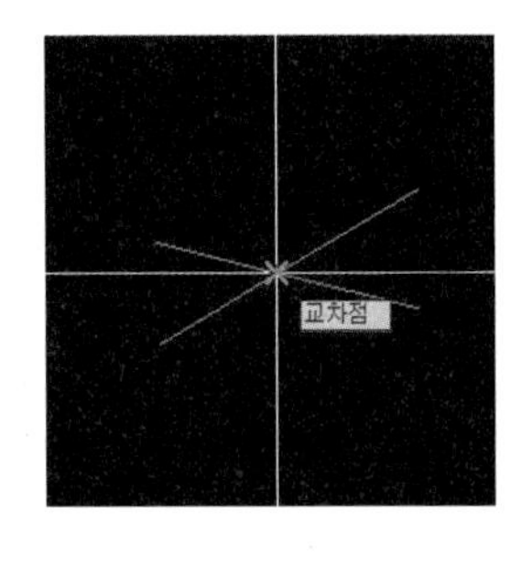

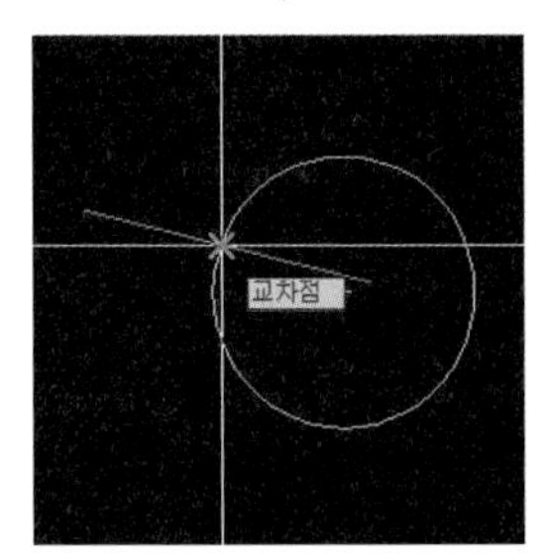

❺ 교차점 : 원, 호, 타원형 호, 선, 여러 줄, 폴리선, 광선, 영역, 스플라인 또는 X선의 교차점으로 스냅한다.

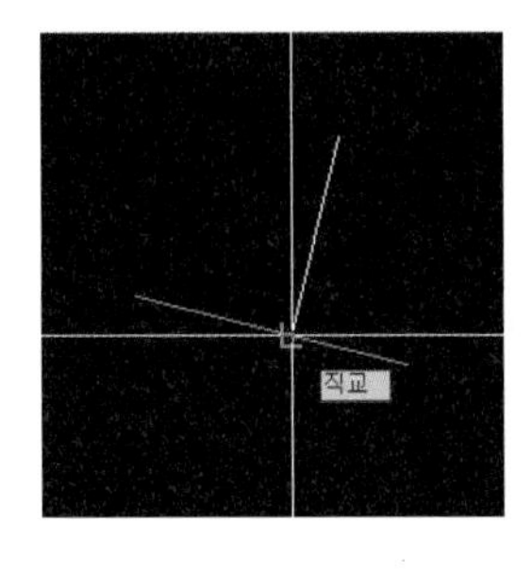

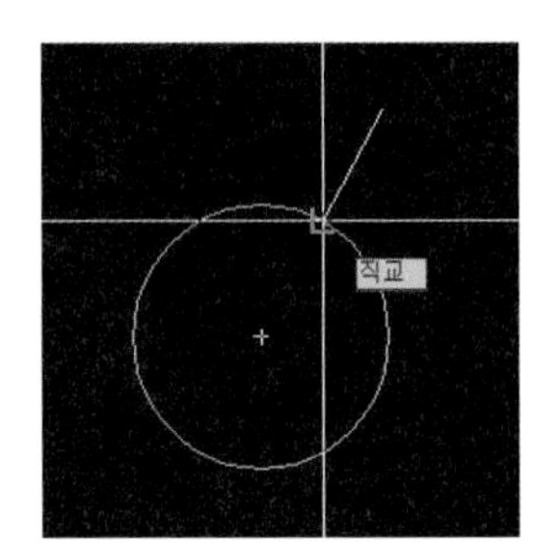

❻ 직교 : 원, 호, 타원, 타원형 호, 선, 다중선, 폴리선, 광선, 영역, 솔리드, 스플라인 또는 X선에 수직인 점으로 스냅한다.

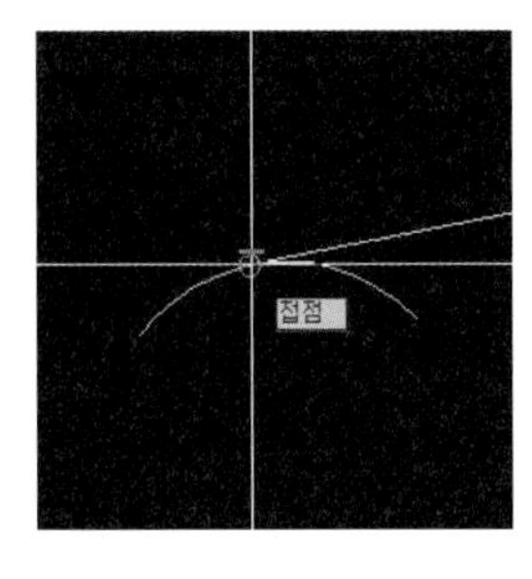

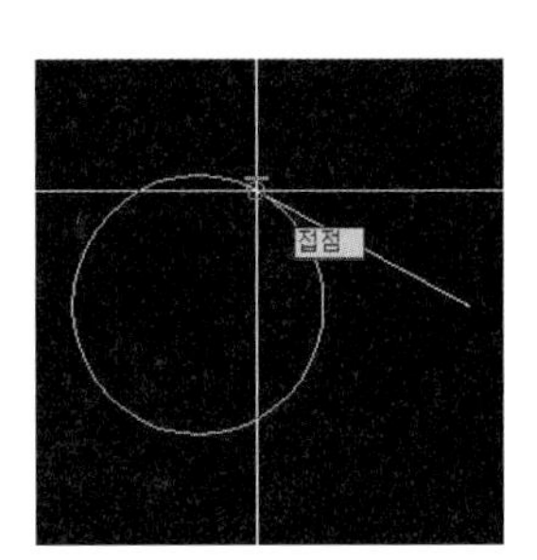

❼ 접점 : 원, 호, 타원형 호 또는 스플라인의 접점으로 스냅한다.

Shift 키 (또는 Ctrl 키)를 누른 상태에서 마우스 우측 버튼을 클릭하면 객체 스냅 바로가기 메뉴가 나타나는데 이것은 일회성으로 사용 가능하다.

Lesson 10 VTENABLE(부드러운 뷰 전환이 사용되는 시점을 조정하는 시스템 변수)

• ZOOM 속도 설정

속도를 설정할 때 0~7중 선택한다.
숫자가 낮을수록 ZOOM 속도는 빨라진다.

명령 : **vtenable** (명령어 입력 후 Enter)
VTENABLE에 대한 새 값 입력 〈3〉 : **0** (ZOOM 속도 입력 후 Enter)
명령 :

Lesson 11 기능키

키보드 상단에 있는 F1 ~ F12 의 키는 각각의 단축키 역할을 한다.

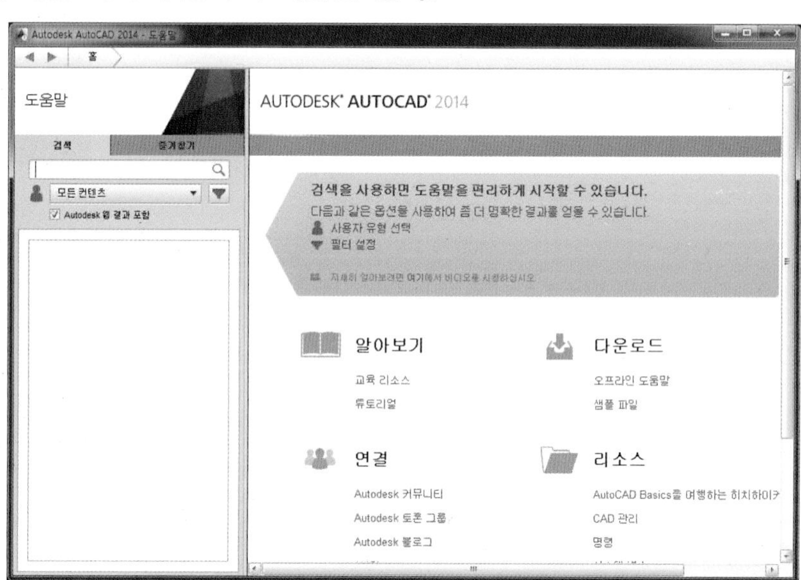

F1

도움말을 보여준다.

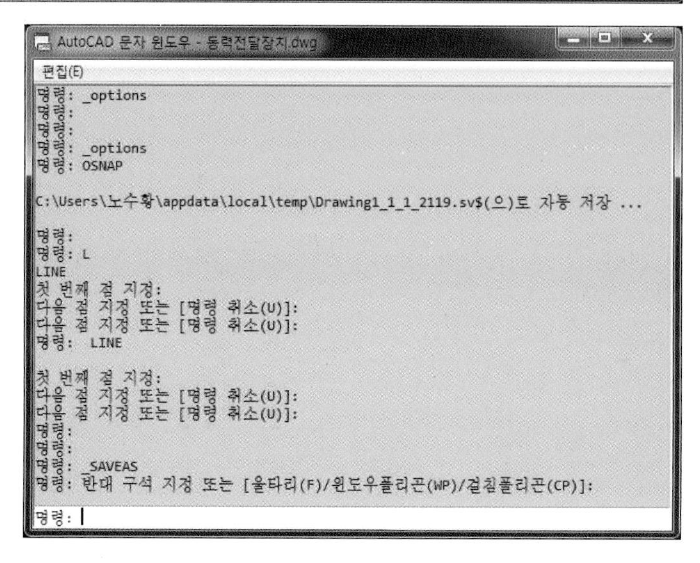

작업한 내용이 저장되어 있는 창을 연다.

객체 스냅(Ctrl + F)

객체 스냅을 On/Off 시킨다.
객체의 어떤 특정 지점(끝점, 중심점, 중간점 등)을 정확하게 찾을 수 있는 유용한 도구이다.

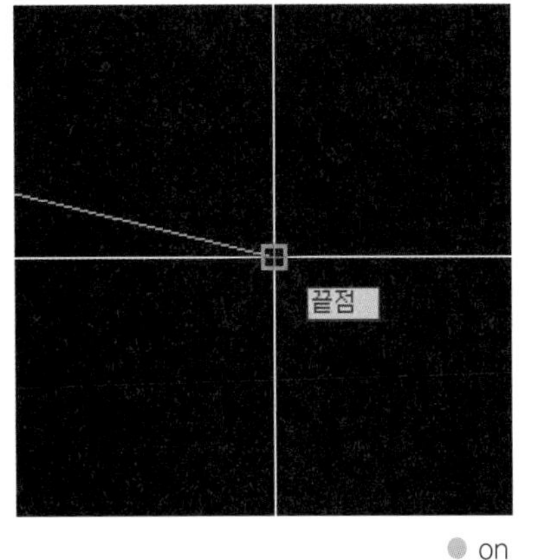

on

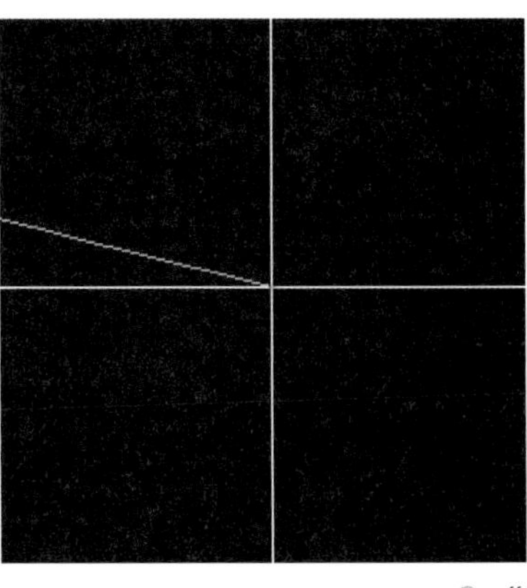

off

그리드 표시(Ctrl + G)

그리드(가상의 눈금)을 On/Off 시킨다.
그리드는 도면한계(LIMITS)에 의해 지정된 영역 위에 펼쳐져 있는 점들의 패턴이다.
모눈 종이를 사용해서 작도하는 느낌과 유사하다고 할 수 있다.

on

off

직교 모드(Ctrl + L)

직교기능을 On/Off 시킨다.
선을 작도하거나 어떤 객체를 이동 또는 복사하는 과정에서 마우스 커서의 움직임을 수평 또는 수직으로 제어하기 위한 도구이다.

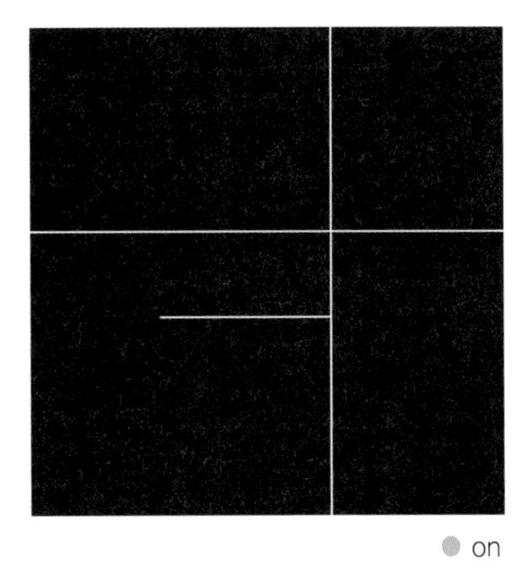

on

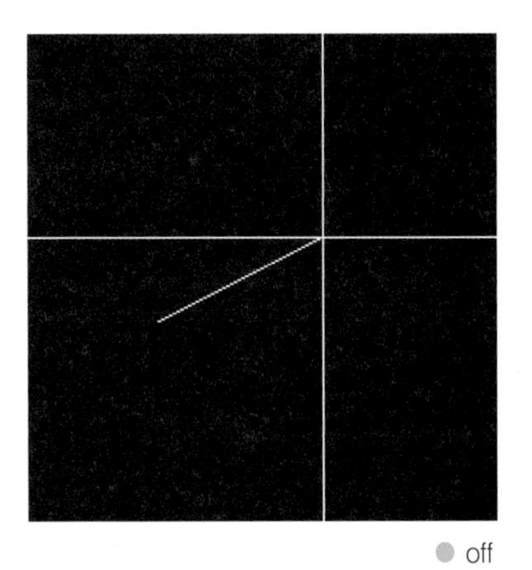

off

F9

스냅 모드(Ctrl + B)

스냅을 On/Off 시킨다.
스냅 모드는 사용자가 정의한 간격으로 십자선의 이동을 제어하는 도구이다.

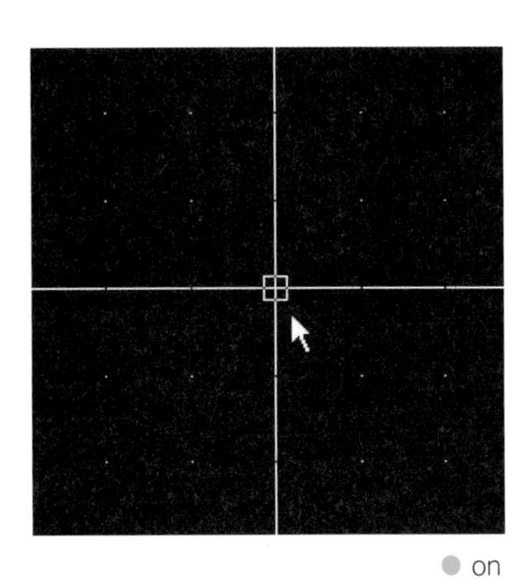

on

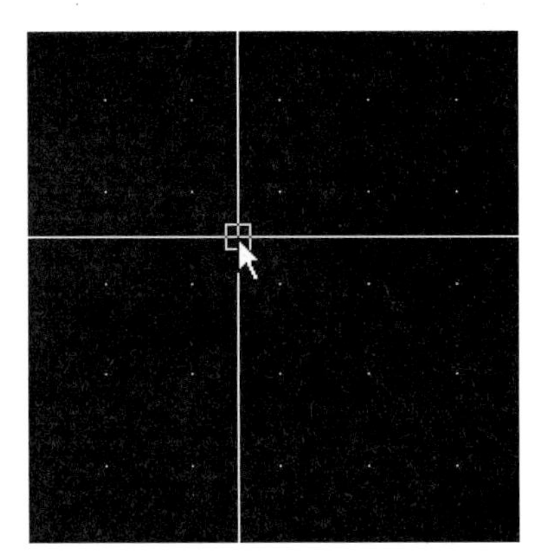

off

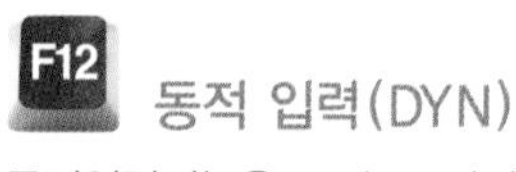

동적 입력(DYN)

동적입력기능을 On/Off 시킨다.
동적 입력은 명령 입력행에 입력되는 값을 십자 커서 근처에 툴팁으로 나타내 주는 도구이다. 항상 명령행이 커서를 따라서 이동한다.

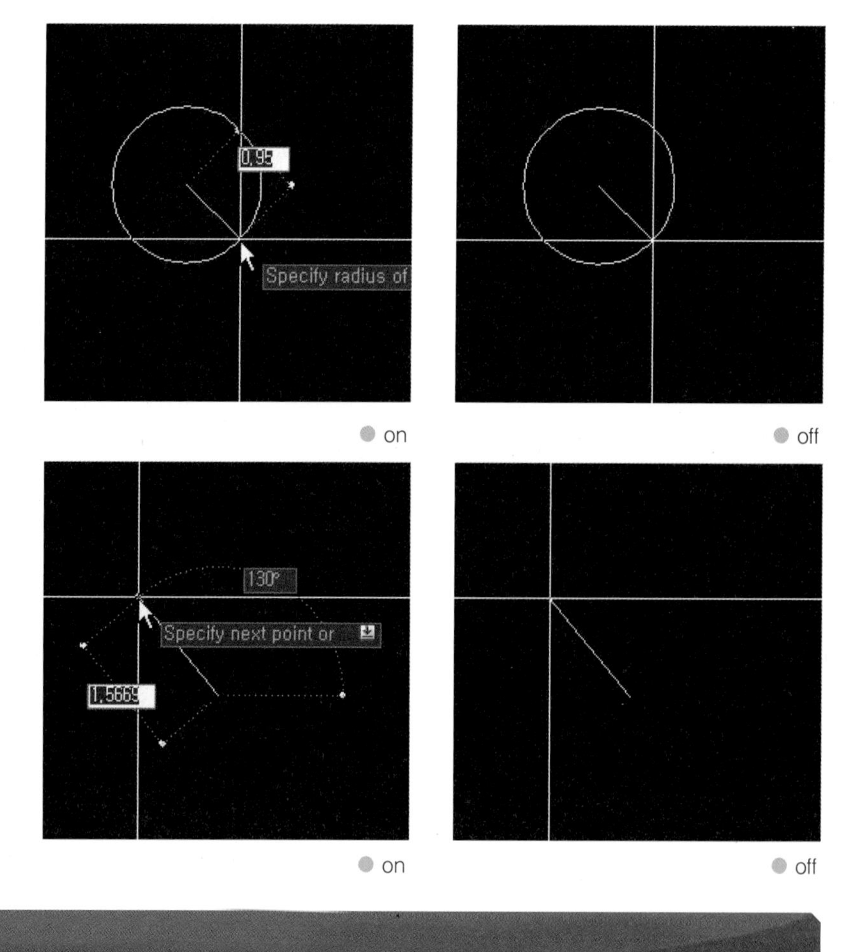

● on ● off

● on ● off

Lesson 12 단축키 만들기

기본적으로 단축키가 정해져 있지만 사용자가 원하는 단축키로 변경할 수 있다.
(단축키를 사용하면 편리할 뿐만 아니라 작업속도 향상에도 도움이 된다)

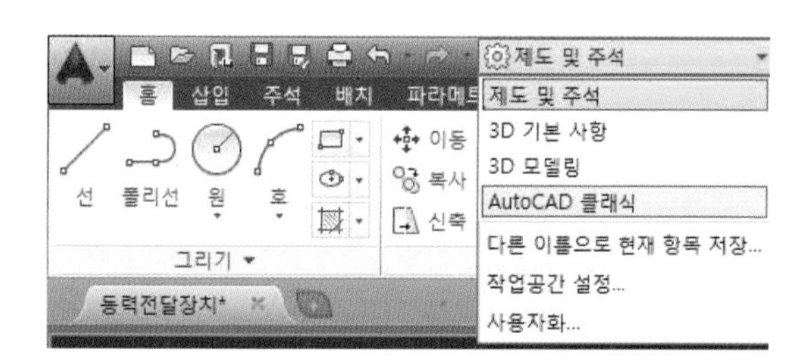

AutoCAD 클래식을 선택하면 우측과 같이 선택할 수 있다.

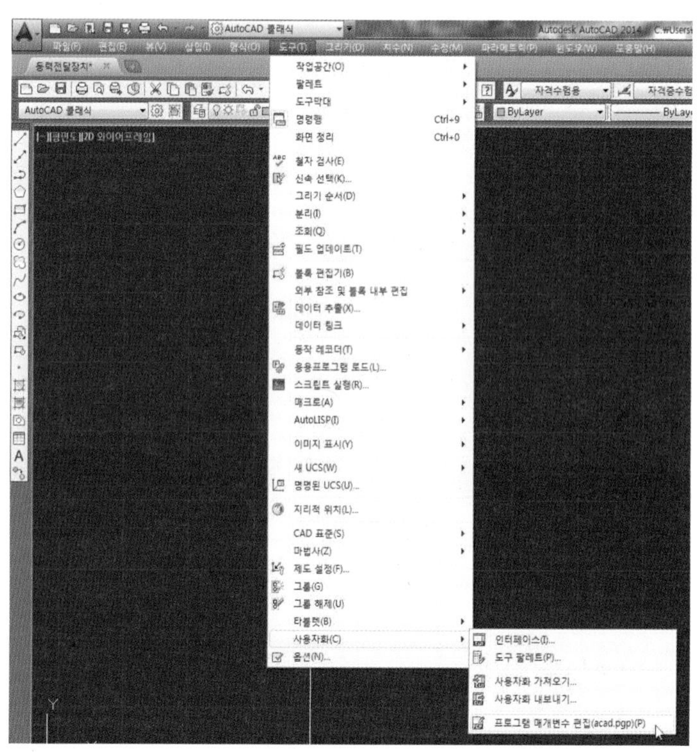

(그림과 같이 풀다운 메뉴에서
도구 → 사용자화 → 프로그램 매개변수 편집(acad.pgp)을
마우스 왼쪽 버튼으로 클릭)

```
acad.pgp - 메모장
파일(F) 편집(E) 서식(O) 보기(V) 도움말(H)
;
;
;  Program Parameters File For AutoCAD 2006
;  External Command and Command Alias Definitions

;  Copyright (C) 1997-2005 by Autodesk, Inc.  All Rights Reserved.

;  Each time you open a new or existing drawing, AutoCAD searches
;  the support path and reads the first acad.pgp file that it finds.

;  -- External Commands --
;  While AutoCAD is running, you can invoke other programs or utilities
;  such Windows system commands, utilities, and applications.
;  You define external commands by specifying a command name to be used
;  from the AutoCAD command prompt and an executable command string
;  that is passed to the operating system.

;  -- Command Aliases --
;  The Command Aliases section of this file provides default settings for
;  AutoCAD command shortcuts.  Note: It is not recommended that  you directly
;  modify this section of the PGP file., as any changes you make to this section of the
;  file will not migrate successfully if you upgrade your AutoCAD to a
;  newer version.  Instead, make changes to the new
```

(그림과 같이 acad.pgp – 메모장이 열린다)

(밑으로 내리면 단축키가 정리되어 있는 것을 볼 수 있다)

```
acad.pgp - 메모장
파일(F) 편집(E) 서식(O) 보기(V) 도움말(H)
3F,        *3DFACE
3P,        *3DPOLY
A,         *ARC
AC,        *BACTION
ADC,       *ADCENTER
AA,        *AREA
AL,        *ALIGN
AP,        *APPLOAD
AR,        *ARRAY
-AR,       *-ARRAY
ATT,       *ATTDEF
-ATT,      *-ATTDEF
ATE,       *ATTEDIT
-ATE,      *-ATTEDIT
ATTE,      *-ATTEDIT
-B,        *-BLOCK
BC,        *BCLOSE
BE,        *BEDIT
BH,        *HATCH
BO,        *BOUNDARY
-BO,       *-BOUNDARY
B,         *BREAK
BS,        *BSAVE
C,         *CIRCLE
CH,        *PROPERTIES
-CH,       *CHANGE
CHA,       *CHAMFER
CHK,       *CHECKSTANDARDS
CLI,       *COMMANDLINE
```

단축키,　＊명령어
단축키,　＊명령어
단축키,　＊명령어

사용자가 설정하고 싶은 단축키를 입력한 다음에 ,(콤마)를 붙이고 그 뒤에 ＊(별표)를 입력한 후 해당 명령어를 입력한다. 단축키를 변경한 후에 키보드에 있는 한/영키를 눌러 한글로 변환하고 동일한 명령어의 단축키를 입력하면 가끔 한글 입력 후 영문으로 변환하지 않아 단축키 에러가 발생하는 경우를 방지할 수 있다.

예 : L,　＊LINE
ㅣ,　＊LINE
C,　＊CIRCLE
ㅊ,　＊CIRCLE

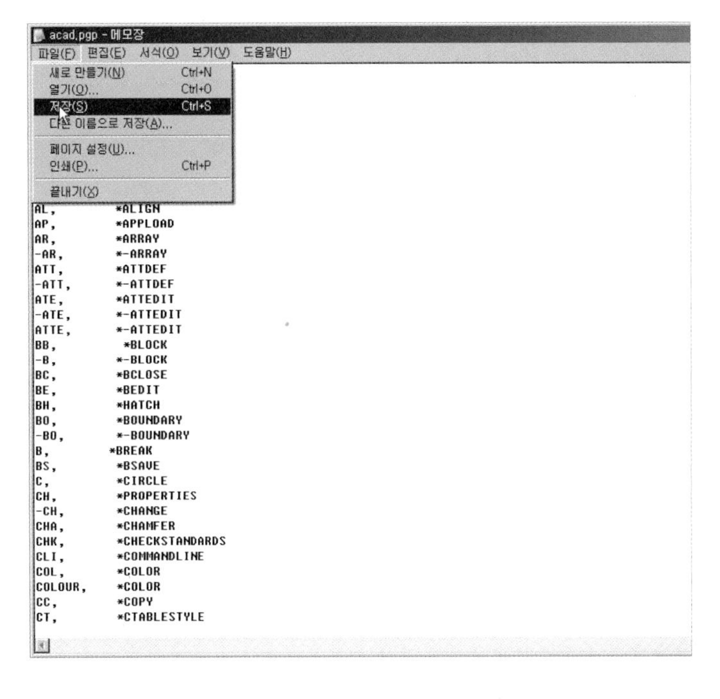

```
acad.pgp - 메모장
파일(F) 편집(E) 서식(O) 보기(V) 도움말(H)
새로 만들기(N)          Ctrl+N
열기(O)...              Ctrl+O
저장(S)                 Ctrl+S
다른 이름으로 저장(A)...
페이지 설정(U)...
인쇄(P)...              Ctrl+P
끝내기(X)
AL,        *ALIGN
AP,        *APPLOAD
AR,        *ARRAY
-AR,       *-ARRAY
ATT,       *ATTDEF
-ATT,      *-ATTDEF
ATE,       *ATTEDIT
-ATE,      *-ATTEDIT
ATTE,      *-ATTEDIT
BB,        *BLOCK
-B,        *-BLOCK
BC,        *BCLOSE
BE,        *BEDIT
BH,        *HATCH
BO,        *BOUNDARY
-BO,       *-BOUNDARY
B,         *BREAK
BS,        *BSAVE
C,         *CIRCLE
CH,        *PROPERTIES
-CH,       *CHANGE
CHA,       *CHAMFER
CHK,       *CHECKSTANDARDS
CLI,       *COMMANDLINE
COL,       *COLOR
COLOUR,    *COLOR
CC,        *COPY
CT,        *CTABLESTYLE
```

(단축키 설정 후 메모장을 저장하고 닫는다)

※ 캐드를 종료하고 다시 시작해야 설정한 단축키가 적용된다.

Lesson

13 ICON TOOLBAR(아이콘 툴바)

그림과 같이 아이콘 툴바 옆의 빈 공간을 마우스 오른쪽 버튼으로 클릭한다.

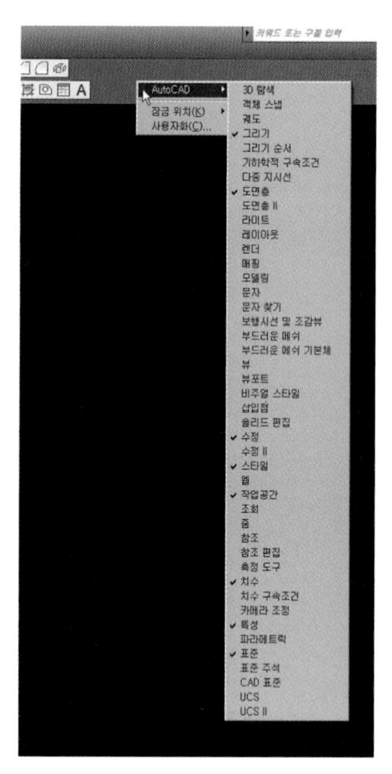

위의 그림과 같이 AutoCAD에 마우스포인더를 이동하면 아이콘 툴바 목록이 나타난다.
툴바 이름 좌측의 v표시가 있으면 현재 캐드화면에 툴바가 보이는 것이고 v표시가 없으면 캐드화면에서 툴바는 보이지 않는다. 작업 시간 단축을 위해 사용자가 사용하기 편한 위치로 배열한다.

많이 사용되는 아이콘 툴바는 다음과 같다.

■ 그리기 툴바

선, 다각형, 사각형, 호, 원 등 그리기 아이콘들이 모여 있는 툴바이다.

■ 수정 툴바

지우기, 복사, 대칭, 옵셋, 배열 등 편집 아이콘들이 모여 있는 툴바이다.

■ 치수 툴바

자격증수험용

가로, 세로, 지름, 반지름, 각도, 지시선 등 치수기입 아이콘들이 모여 있는 툴바이다.

■ 도면층 툴바

미리 설정한 도면층으로 신속하게 변경할 수 있는 툴바이다.

■ 특성 툴바

객체의 색깔, 선종류 등을 신속하게 변경할 수 있는 툴바이다.

■ 표준 툴바

새파일, 열기, 저장, 인쇄, 잘라내기, 복사하기, 붙여넣기, 화면이동, 화면확대, 화면축소 등 기본적인 명령 아이콘들이 모여 있는 툴바이다.

Lesson 14 BLOCK (블록, 단축키 B)

• 객체를 그룹으로 묶어서 관리한다.

표면거칠기를 블록으로 작성하여 사용하면 편리하고 도면작업 시간이 단축된다.

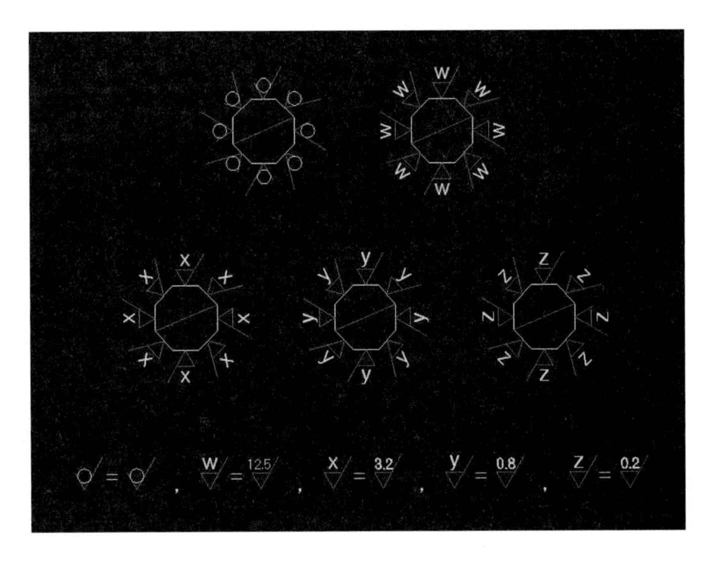

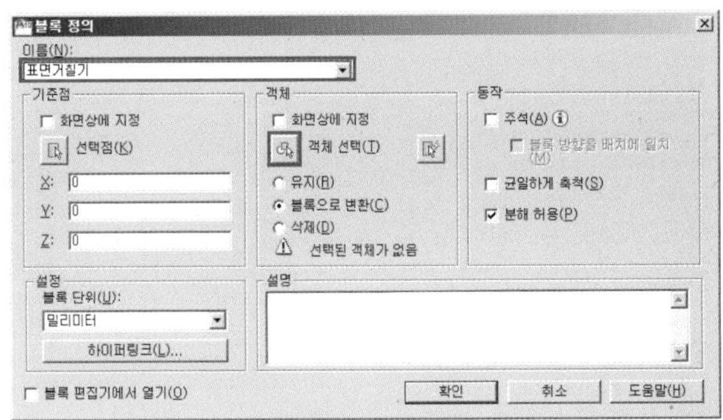

명령 : b (명령어 입력 후 Enter)

(위의 그림과 같이 블록이름을 입력하고 블록으로 묶을 객체들을 선택하기 위해 객체선택 버튼을 마우스 왼쪽 버튼으로 클릭한다)

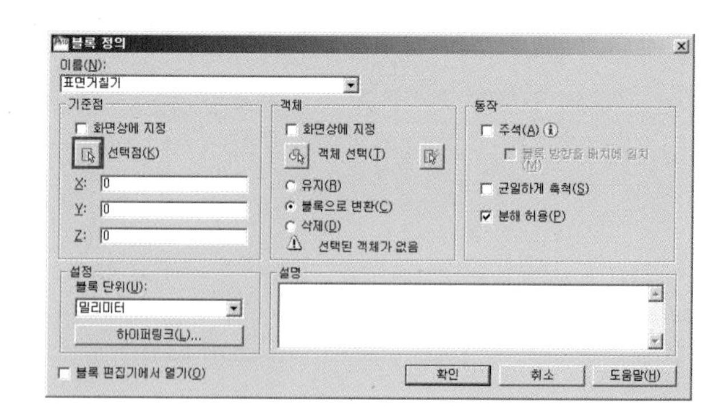

BLOCK

객체 선택 : 반대 구석 지정 : 209개를 찾음 (객체를 선택한다)

객체 선택 : (Enter)

(BLOCK의 기준점을 정하기 위해 선택점 버튼을 마우스 왼쪽 버튼으로 클릭한다)

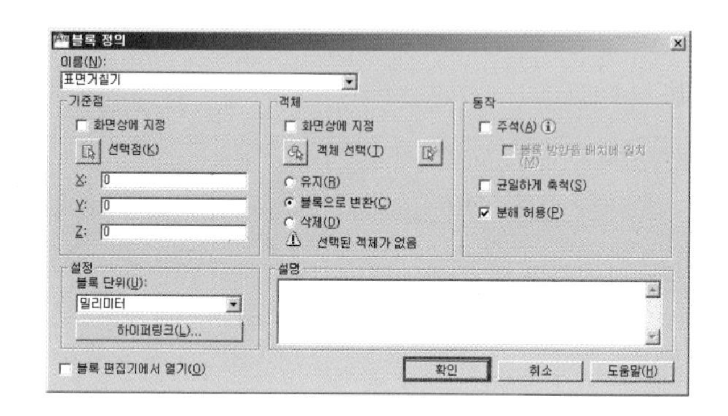

삽입 기준점 지정 : (마우스 왼쪽 버튼으로 기준점을 클릭한다)

(확인 버튼을 마우스왼쪽 버튼으로 클릭한다)

명령 :

Lesson

15 INSERT (삽입, 단축키 I)

• BLOCK을 불러낸다.

BLOCK을 INSERT할 때 현재 열려있는 파일에서 사용하고 있는 BLOCK과 동일한 이름의 BLOCK을 INSERT하면 현재 사용하고 있는 파일의 BLOCK으로 바뀌어서 INSERT된다.
실무에서도 간혹 실수가 있을 수 있는 부분이라 주의해야 한다.

명령 : i (명령어 입력 후 Enter)

(위의 그림과 같이 블록이름을 입력하고 확인 버튼을 마우스 왼쪽 버튼으로 클릭한다)

INSERT

삽입점 지정 또는 [기준점(B)/축척(S)/X/Y/Z/회전(R)] : (블록의 기준점을 마우스 왼쪽 버튼으로 클릭)

명령 :

EXPLODE(분해, 단축키 X)

• 그룹으로 묶여있는 객체를 분해한다.

BLOCK, HATCH, DIM, POLYGON 등은 분해가 가능하고 TEXT, CIRCLE 등은 분해가 불가능하다.

● EXPLODE 전

● EXPLODE 후

명령 : x (명령어 입력 후 Enter)

객체 선택 : 1개를 찾음 (BLOCK을 마우스 왼쪽 버튼으로 클릭)

객체 선택 : (Enter)

명령 :

● **BLOCK 수정하기**

- **방법 ❶** BLOCK을 EXPLODE한 다음에 수정 후 다시 BLOCK으로 변환하는 방법
- **방법 ❷** BLOCK을 직접 수정하는 방법

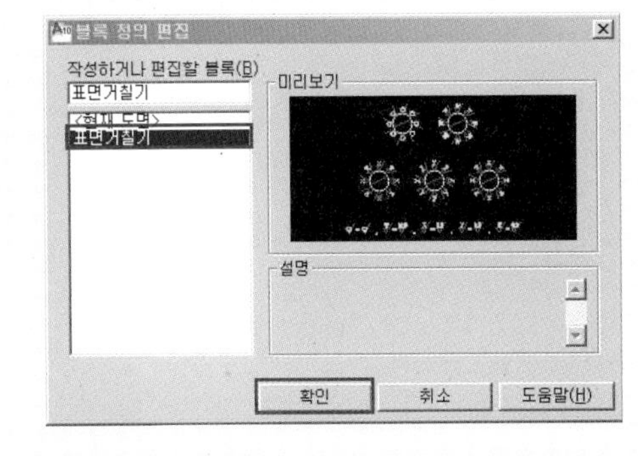

(블록을 마우스 왼쪽 버튼으로 더블 클릭한다. '블록 정의 편집'창이 나타나면 수정 할 블록 이름을 선택한 후 확인 버튼을 클릭한다)

(블록 수정 후 화면 상단에 '블록 편집기 닫기'를 마우스 왼쪽 버튼으로 클릭한다)

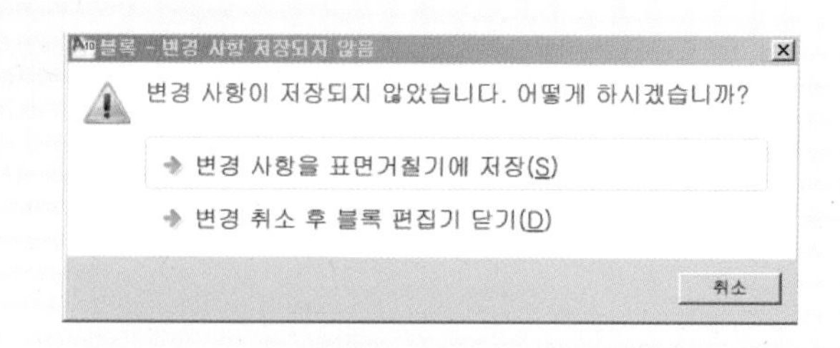

(변경 사항을 표면거칠기에 저장을 마우스 왼쪽 버튼으로 클릭한다)

※ 방법1과 방법2의 차이를 정확히 이해하고 적절히 사용해야 한다.
블록을 수정하면 같은 이름의 블록들도 동일하게 수정이 되기 때문에 주의가 필요하다.
같은 이름의 블록 5개중 1개만 수정을 할 경우에는 방법1을 사용해야 하고 5개 전부 수정할 경우에는 방법2를 사용해야 한다. 방법1과 방법2의 차이를 정확히 이해하고 적절히 사용해야 한다.

Lesson 17 DIM(치수)

• 치수를 기입한다.

■ 치수기입 연습예제

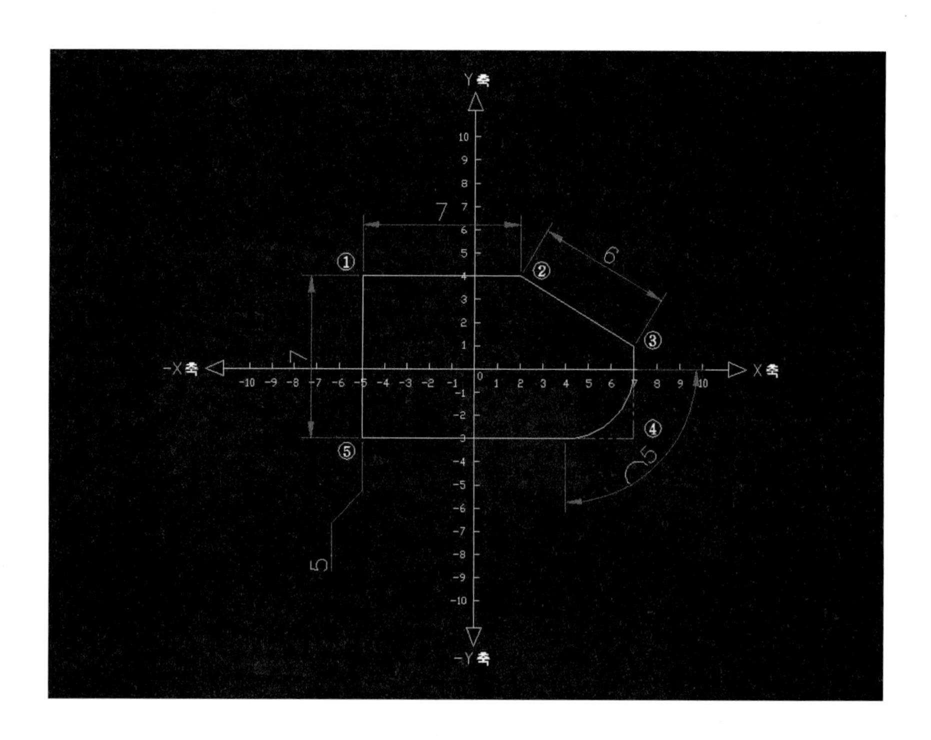

명령 : l (명령어 입력 후 Enter)

LINE 첫 번째 점 지정 : **2,4** (시작점 입력 후 Enter)

다음 점 지정 또는 [명령 취소(U)] : **@-7,0** (다음 점 입력 후 Enter)

다음 점 지정 또는 [명령 취소(U)] : **@0,-7** (다음 점 입력 후 Enter)

다음 점 지정 또는 [닫기(C)/명령 취소(U)] : **@12,0** (다음 점 입력 후 Enter)

다음 점 지정 또는 [닫기(C)/명령 취소(U)] : **@0,4** (다음 점 입력 후 Enter)

다음 점 지정 또는 [닫기(C)/명령 취소(U)] : **c** (닫기 c 입력 후 Enter)

명령 : **f** (명령어 입력 후 Enter)

FILLET

현재 설정 : 모드 = TRIM, 반지름 = 10.0000

첫 번째 객체 선택 또는 [명령 취소(U)/폴리선(P)/반지름(R)/자르기(T)/다중(M)] : **r**

(반지름을 정하기 위해 r입력 후 Enter)

모깎기 반지름 지정 〈10.0000〉 : **3** (반지름 입력 후 Enter)

첫 번째 객체 선택 또는 [명령 취소(U)/폴리선(P)/반지름(R)/자르기(T)/다중(M)] : (선③④를 마우스 왼쪽 버튼으로 클릭)

두 번째 객체 선택 또는 Shift 키를 누른 채 선택하여 구석 적용 : (선④⑤를 마우스 왼쪽 버튼으로 클릭)

명령 :

■ Dimlinear(선형 치수, 단축키 DLI)

수평, 수직 치수를 기입한다.

명령 : **dli** (명령어 입력 후 Enter)

DIMLINEAR

첫 번째 치수보조선 원점 지정 또는 〈객체 선택〉 : (①번 점을 마우스 왼쪽 버튼으로 클릭)

두 번째 치수보조선 원점 지정 : (②번 점을 마우스 왼쪽 버튼으로 클릭)

치수선의 위치 지정 또는 [여러 줄 문자(M)/문자(T)/각도(A)/수평(H)/수직(V)/회전(R)] : (적당한 위치에서 마우스 왼쪽 버튼으로 클릭)

치수 문자 = 7

명령 : **dli** (명령어 입력 후 Enter)

DIMLINEAR

첫 번째 치수보조선 원점 지정 또는 〈객체 선택〉 : (①번 점을 마우스 왼쪽 버튼으로 클릭)

두 번째 치수보조선 원점 지정 : (⑤번 점을 마우스 왼쪽 버튼으로 클릭)

치수선의 위치 지정 또는 [여러 줄 문자(M)/문자(T)/각도(A)/수평(H)/수직(V)/회전(R)] : (적당한 위치에서 마우스 왼쪽 버튼으로 클릭)

치수 문자 = 7

명령 :

■ Dimaligned(정렬 치수, 단축키 DAL)

경사진 치수를 기입한다.

명령 : **dal** (명령어 입력 후 Enter)

DIMALIGNED

첫 번째 치수보조선 원점 지정 또는 〈객체 선택〉 : (②번 점을 마우스 왼쪽 버튼으로 클릭)

두 번째 치수보조선 원점 지정 : (③번 점을 마우스 왼쪽 버튼으로 클릭)

치수선의 위치 지정 또는 [여러 줄 문자(M)/문자(T)/각도(A)] : (적당한 위치에서 마우스 왼쪽 버튼으로 클릭)

치수 문자 = 6

명령 :

■ Dimarc(호 길이 치수, 단축키 DAR)

호의 치수를 기입한다.

명령: **dar** (명령어 입력 후 Enter)

DIMARC

호 또는 폴리선 호 세그먼트 선택 : (④번 호를 마우스 왼쪽 버튼으로 클릭)

호 길이 치수 위치 지정 또는 [여러 줄 문자(M)/문자(T)/각도(A)/부분(P)] : (적당한 위치에서 마우스 왼쪽 버튼으로 클릭)

치수 문자 = 5

명령 :

■ Dimordinate(세로 좌표 치수, 단축키 DOR)

0점으로 부터의 수평, 수직 치수를 기입한다.

명령 : **dor** (명령어 입력 후 Enter)

DIMORDINATE

피쳐 위치를 지정 : (⑤번 점을 마우스 왼쪽 버튼으로 클릭)

지시선 끝점을 지정 또는 [X데이텀(X)/Y데이텀(Y)/여러 줄 문자(M)/문자(T)/각도(A)] : (적당한 위치에서 마우스 왼쪽 버튼으로 클릭)

치수 문자 = 5

명령 :

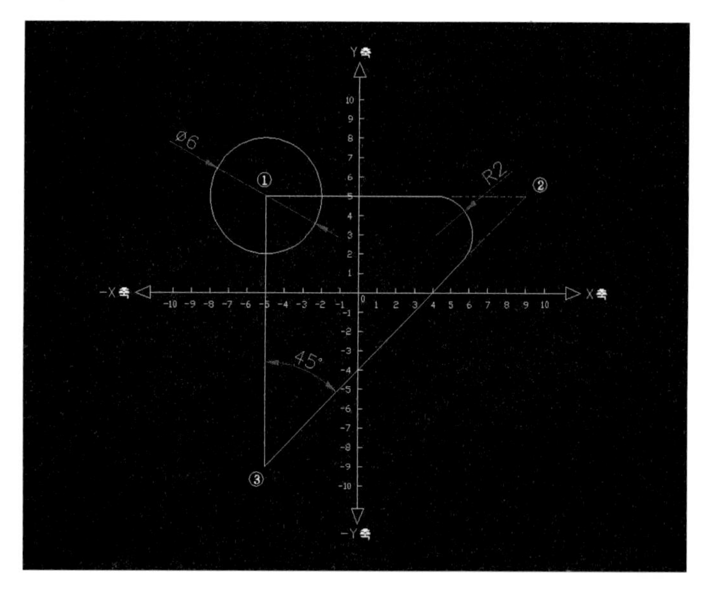

명령 : **l** (명령어 입력 후 Enter)

LINE 첫 번째 점 지정 : **-5,5** (다음 점 입력 후 Enter)

다음 점 지정 또는 [명령 취소(U)] : **@0,-14** (다음 점 입력 후 Enter)

다음 점 지정 또는 [명령 취소(U)] : **@14,14** (다음 점 입력 후 Enter)

다음 점 지정 또는 [닫기(C)/명령 취소(U)] : **c** (닫기 c 입력 후 Enter)

명령 : **c** (명령어 입력 후 Enter)

CIRCLE 원에 대한 중심점 지정 또는 [3점(3P)/2점(2P)/Ttr - 접선 접선 반지름(T)] : **①번 점을 마우스 왼쪽 버튼으로 클릭** (중심점 입력 후 Enter)

원의 반지름 지정 또는 [지름(D)] : 3 (원의 반지름 입력 후 Enter)

명령 : f (명령어 입력 후 Enter)

FILLET

현재 설정 : 모드 = TRIM, 반지름 = 3.0000

첫 번째 객체 선택 또는 [명령 취소(U)/폴리선(P)/반지름(R)/자르기(T)/다중(M)] : r (반지름을 설정하기 위해서 r입력 후 Enter)

모깎기 반지름 지정 〈3.0000〉 : 2 (반지름 입력 후 Enter)

첫 번째 객체 선택 또는 [명령 취소(U)/폴리선(P)/반지름(R)/자르기(T)/다중(M)] : (선①②를 마우스 왼쪽 버튼으로 클릭)

두 번째 객체 선택 또는 Shift 키를 누른 채 선택하여 구석 적용 : (선②③을 마우스 왼쪽 버튼으로 클릭)

명령 :

■ Dimradius(반지름 치수, 단축키 DRA)

원의 반지름 치수를 기입한다.

명령 : **dra** (명령어 입력 후 Enter)

DIMRADIUS

호 또는 원 선택 : (호를 마우스 왼쪽 버튼으로 클릭)

치수 문자 = 2

치수선의 위치 지정 또는 [여러 줄 문자(M)/문자(T)/각도(A)] : (적당한 위치에서 마우스 왼쪽 버튼으로 클릭)

명령 :

■ Dimdiameter(지름 치수, 단축키 DDI)

원의 지름 치수를 기입한다.

명령 : **ddi** (명령어 입력 후 Enter)

DIMDIAMETER

호 또는 원 선택 : (원을 마우스 왼쪽 버튼으로 클릭)

치수 문자 = 6

치수선의 위치 지정 또는 [여러 줄 문자(M)/문자(T)/각도(A)] : (적당한 위치에서 마우스 왼쪽 버튼으로 클릭)

명령 :

■ Dimangular(각도 치수, 단축키 DAN)

각도를 기입한다.

명령 : **dan** (명령어 입력 후 Enter)

DIMANGULAR

호, 원, 선을 선택하거나 〈정점 지정〉 : (선①③을 마우스 왼쪽 버튼으로 클릭)

두 번째 선 선택 : (선②③을 마우스 왼쪽 버튼으로 클릭)

치수 호 선의 위치 지정 또는 [여러 줄 문자(M)/문자(T)/각도(A)/사분점(Q)] : (적당한 위치에서 마우스 왼쪽 버튼으로 클릭)

치수 문자 = 45

명령 :

● **확대도에 치수기입하기**

확대도를 작성할 때에는 길이는 배가 되고 치수는 같아야 된다.

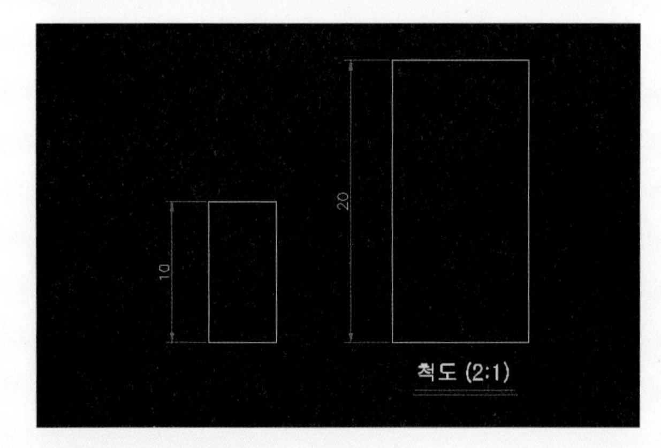

• **방법 ❶** DDEDIT 명령으로 치수를 직접 수정한다.
• **방법 ❷** 치수의 축척을 변경하여 수정한다.
마우스 왼쪽 버튼으로 수정할 치수를 더블 클릭한다.

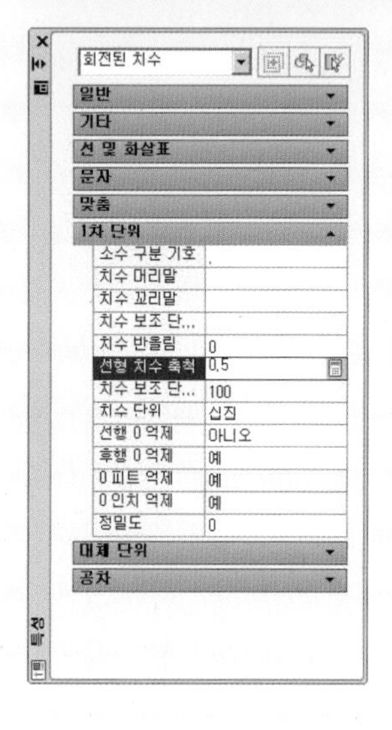

옆 그림과 같이 '특성'창이 나타나면 '1차 단위'의 '선형 치수 축척'을 수정한다.

방법1의 경우 확대도의 길이를 수정해도 치수는 변하지 않지만, 방법2의 경우는 길이를 수정하면 설정한 축척에 따라 변하기 때문에 방법1과 방법2의 차이를 이해하고 상황에 맞게 적절히 사용한다.

※ 주의 – '치수 스타일 관리자'에서 '1차 단위'의 '축척비율'을 수정하면 해당 치수 스타일로 작성한 치수들 전체에 적용이 되기 때문에 주의해야 한다.

명령 : **rec** (명령어 입력 후 Enter)
RECTANG
첫 번째 구석점 지정 또는 [모따기(C)/고도(E)/모깎기(F)/두께(T)/폭(W)] : **−6,2** (시작점 입력 후 Enter)
다른 구석점 지정 또는 [영역(A)/치수(D)/회전(R)] : **6,−2** (대각에 있는 점 입력 후 Enter)
명령 : **rec** (명령어 입력 후 Enter)
RECTANG
첫 번째 구석점 지정 또는 [모따기(C)/고도(E)/모깎기(F)/두께(T)/폭(W)] : **−2,4** (시작점 입력 후 Enter)

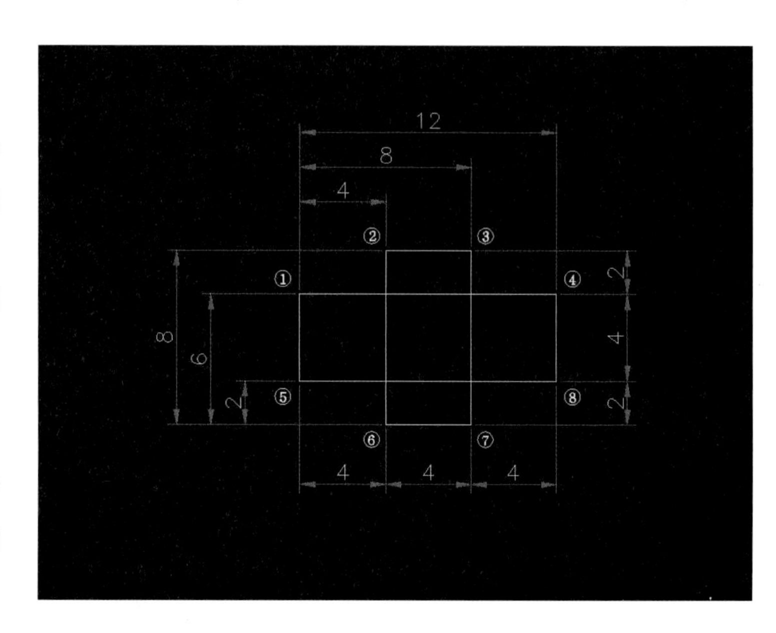

다른 구석점 지정 또는 [영역(A)/치수(D)/회전(R)] : **2,-4** (대각에 있는 점 입력 후 Enter)

명령 :

■ Dimbaseline(기준선 치수, 단축키 DBA)

어떤 선을 기준으로 치수를 기입한다.

[가로치수 기입]

명령 : **dli** (명령어 입력 후 Enter)

DIMLINEAR (선형 치수)

첫 번째 치수보조선 원점 지정 또는 〈객체 선택〉 : (①번 점을 마우스 왼쪽 버튼으로 클릭)

두 번째 치수보조선 원점 지정 : (②번 점을 마우스 왼쪽 버튼으로 클릭)

치수선의 위치 지정 또는 [여러 줄 문자(M)/문자(T)/각도(A)/수평(H)/수직(V)/회전(R)] : (적당한 위치에서 마우스 왼쪽 버튼으로 클릭)

치수 문자 = 4

명령 : **dba** (명령어 입력 후 Enter)

DIMBASELINE (기준선 치수)

두 번째 치수보조선 원점 지정 또는 [명령 취소(U)/선택(S)] 〈선택(S)〉 : (③번 점을 마우스 왼쪽 버튼으로 클릭)

치수 문자 = 8

두 번째 치수보조선 원점 지정 또는 [명령 취소(U)/선택(S)] 〈선택(S)〉 : (④번 점을 마우스 왼쪽 버튼으로 클릭)

치수 문자 = 12

두 번째 치수보조선 원점 지정 또는 [명령 취소(U)/선택(S)] 〈선택(S)〉 : (Enter)

기준 치수 선택 : (Enter)

명령 :

[세로치수 기입]

Command : **dli** (명령어 입력 후 Enter)

DIMLINEAR (선형 치수)

Specify first extension line origin or 〈select object〉 : (⑥번 점을 마우스 왼쪽 버튼으로 클릭)

Specify second extension line origin : (⑤번 점을 마우스 왼쪽 버튼으로 클릭)

Specify dimension line location or [Mtext/Text/Angle/Horizontal/Vertical/Rotated] : (적당한 위치에서 마우스 왼쪽 버튼으로 클릭)

Dimension text = 2

Command : **dba** (명령어 입력 후 Enter)

DIMBASELINE (기준선 치수)

Specify a second extension line origin or [Undo/Select] 〈Select〉 : (①번 점을 마우스 왼쪽 버튼으로 클릭)

Dimension text = 6

Specify a second extension line origin or [Undo/Select] 〈Select〉 : (②번 점을 마우스 왼쪽 버튼으로 클릭)

Dimension text = 8

Specify a second extension line origin or [Undo/Select] 〈Select〉 : (Enter)

Select base dimension : (Enter)

Command :

■ Dimcontinue(연속 치수, 단축키 DCO)

연속으로 치수를 기입한다.

[가로치수 기입]

명령 : **dli** (명령어 입력 후 Enter)

DIMLINEAR (선형 치수)

첫 번째 치수보조선 원점 지정 또는 〈객체 선택〉 : (⑤번 점을 마우스 왼쪽 버튼으로 클릭)

두 번째 치수보조선 원점 지정 : (⑥번 점을 마우스 왼쪽 버튼으로 클릭)

치수선의 위치 지정 또는

[여러 줄 문자(M)/문자(T)/각도(A)/수평(H)/수직(V)/회전(R)] : (적당한 위치에서 마우스 왼쪽 버튼으로 클릭)

치수 문자 = 4

명령 : **dco** (명령어 입력 후 Enter)

DIMCONTINUE (연속 치수)

두 번째 치수보조선 원점 지정 또는 [명령 취소(U)/선택(S)] 〈선택(S)〉 : (⑦번 점을 마우스 왼쪽 버튼으로 클릭)

치수 문자 = 4

두 번째 치수보조선 원점 지정 또는 [명령 취소(U)/선택(S)] 〈선택(S)〉 : (⑧번 점을 마우스 왼쪽 버튼으로 클릭)

치수 문자 = 4

두 번째 치수보조선 원점 지정 또는 [명령 취소(U)/선택(S)] 〈선택(S)〉 : (Enter)

연속된 치수 선택 : (Enter)

명령 :

[세로치수 기입]

명령 : **dli** (명령어 입력 후 Enter)

DIMLINEAR (선형 치수)

첫 번째 치수보조선 원점 지정 또는 〈객체 선택〉 : (⑦번 점을 마우스 왼쪽 버튼으로 클릭)

두 번째 치수보조선 원점 지정 : (⑧번 점을 마우스 왼쪽 버튼으로 클릭)

치수선의 위치 지정 또는 [여러 줄 문자(M)/문자(T)/각도(A)/수평(H)/수직(V)/회전(R)] : (적당한 위치에서 마우스 왼쪽 버튼으로 클릭)

치수 문자 = 2

명령 : **dco** (명령어 입력 후 Enter)

DIMCONTINUE (연속 치수)

두 번째 치수보조선 원점 지정 또는 [명령 취소(U)/선택(S)] 〈선택(S)〉 : (④번 점을 마우스 왼쪽 버튼으로 클릭)

치수 문자 = 4

두 번째 치수보조선 원점 지정 또는 [명령 취소(U)/선택(S)] 〈선택(S)〉 : (③번 점을 마우스 왼쪽 버튼으로 클릭)

치수 문자 = 2

두 번째 치수보조선 원점 지정 또는 [명령 취소(U)/선택(S)] 〈선택(S)〉 : (Enter)

연속된 치수 선택 : (Enter)

명령 :

● **기준치수에 공차 기입하기**

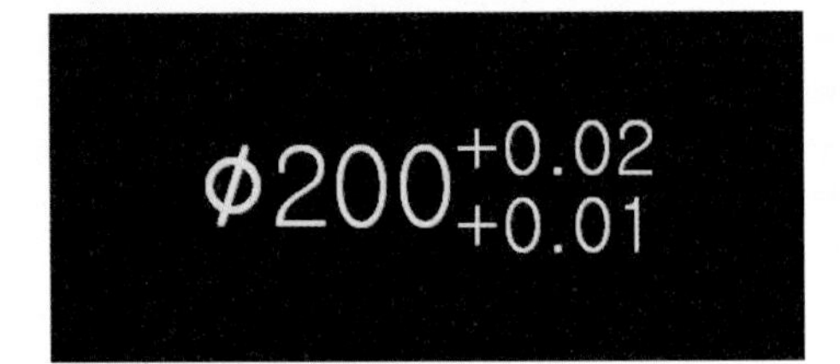

위의 그림과 같이 공차를 기입해보자.

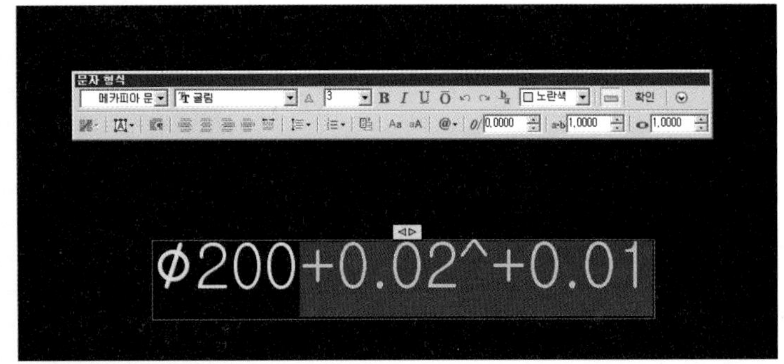

위의 그림과 같이 입력 후 공차부분을 선택한다.

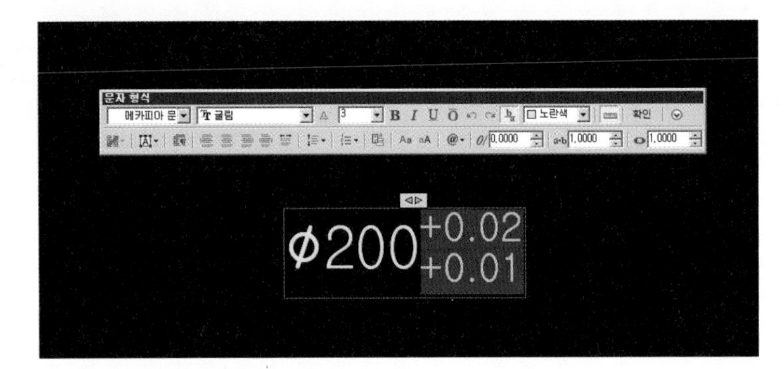

을 마우스 왼쪽 버튼으로 클릭하면 선택한 부분이 위의 그림과 같이 변한다.
입력창 밖의 임의의 공간을 클릭하여 공차 기입을 마친다.

● **기입한 공차 수정하기**

- **방법 ❶** DDEDIT 명령으로 수정화면에 들어가서 공차 부분을 선택한 다음 그림 을 클릭하여 수정한다.
- **방법 ❷** DDEDIT 명령으로 수정화면에 들어가서 공차 부분을 마우스 왼쪽 버튼으로 더블 클릭한다.

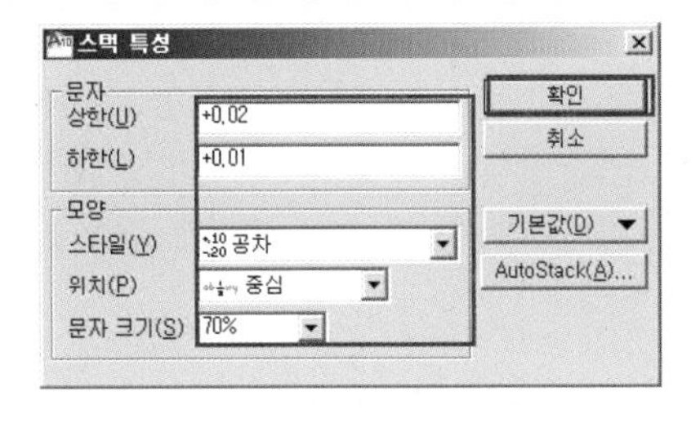

'스택 특성'창이 나타나면 공차와 공차의 위치, 공차의 크기 등 수정이 가능하고,
공차가 분수로 나오는 경우는 '스타일'을 '공차'로 변경하여 확인 버튼을 클릭한다.

■ Qdim(신속 치수)

신속하게 치수를 기입한다.

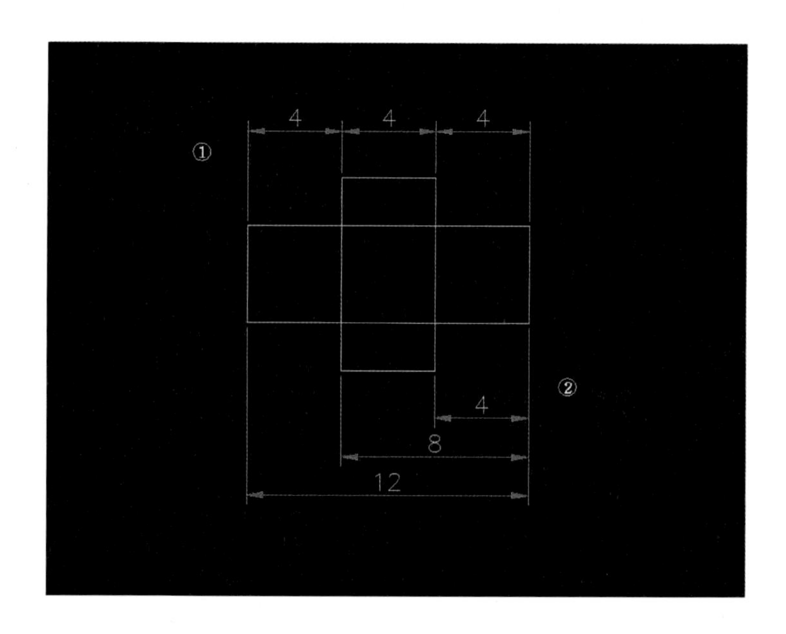

[연속 치수기입 하기]

명령 : **qdim** (명령어 입력 후 Enter)

연관 치수 우선순위 = 끝점(E)

치수 기입할 형상 선택 : (①번 점을 마우스 왼쪽 버튼으로 클릭) 반대 구석 지정 : (②번 점을 마우스 왼쪽 버튼으로 클릭) 2개를 찾음

치수 기입할 형상 선택 : (Enter)

치수선의 위치 지정 또는 [연속(C)/다중(S)/기준선(B)/세로좌표(O)/반지름(R)/지름(D)/데이텀 점(P)/편집(E)/설정(T)]

〈세로좌표(O)〉 : **c** (연속 치수기입을 하기 위해 c입력 후 Enter)

치수선의 위치 지정 또는 [연속(C)/다중(S)/기준선(B)/세로좌표(O)/반지름(R)/지름(D)/데이텀 점(P)/편집(E)/설정(T)]

〈연속(C)〉 : (마우스 포인트를 아래로 이동하여 적당한 위치에서 마우스 왼쪽 버튼으로 클릭)

명령 :

[기준선 치수기입 하기]

명령 : **qdim** (명령어 입력 후 Enter)

연관 치수 우선순위 = 끝점(E)

치수 기입할 형상 선택 : (①번 점을 마우스 왼쪽 버튼으로 클릭) 반대 구석 지정 : (②번 점을 마우스 왼쪽 버튼으로 클릭) 2개를 찾음

치수 기입할 형상 선택 : (Enter)

치수선의 위치 지정 또는 [연속(C)/다중(S)/기준선(B)/세로좌표(O)/반지름(R)/지름(D)/데이텀 점(P)/편집(E)/설정(T)]

〈연속(C)〉 : **b** (기준선 치수기입을 하기 위해 b입력 후 Enter)

치수선의 위치 지정 또는 [연속(C)/다중(S)/기준선(B)/세로좌표(O)/반지름(R)/지름(D)/데이텀 점(P)/편집(E)/설정(T)]

〈기준선(B)〉 : (마우스 포인트를 위로 이동하여 적당한 위치에서 마우스 왼쪽 버튼으로 클릭)

명령 :

■ Qleader(단축키 LE)

지시선으로 기입한다.

명령 : **le** (명령어 입력 후 Enter)

QLEADER

첫 번째 지시선 지정, 또는 [설정(S)]〈설정〉 : (①번 점을 마우스 왼쪽 버튼으로 클릭)

다음점 지정 : (②번 점을 마우스 왼쪽 버튼으로 클릭)

다음점 지정 : (Enter)

문자 폭 지정 〈0〉 : (Enter)

주석 문자의 첫 번째 행 입력 또는 〈여러 줄 문자〉 : (Enter)

C1 ('문자 형식'창이 나타나면 내용 입력 후 화면을 마우스 왼쪽 버튼으로 클릭)

명령 :

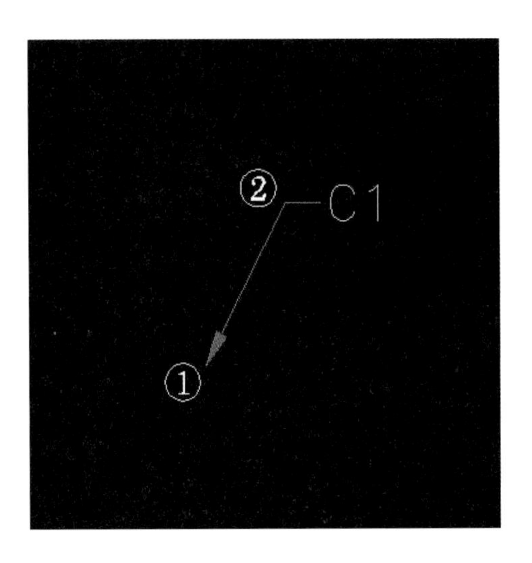

명령 : **le** (명령어 입력 후 Enter)

QLEADER

첫 번째 지시선 지정, 또는 [설정(S)]〈설정〉 : **s** (지시선 설정을 하기 위해 s를 입력 후 Enter)

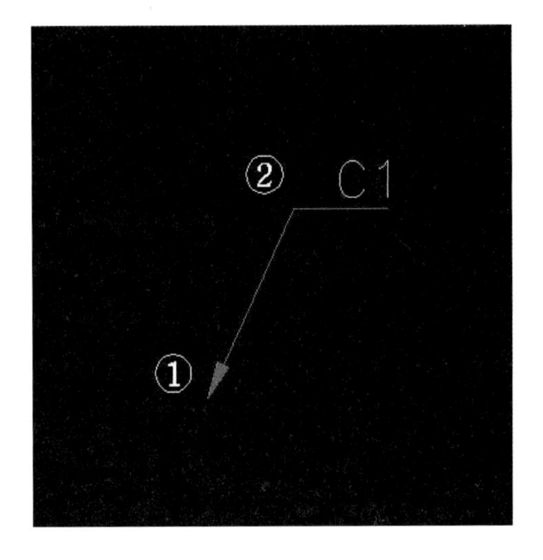

(옆 그림과 같이 '지시선 설정'창이 나타나면 '부착'탭의 '맨 아래 행에 밑줄' 옆 box를 마우스 왼쪽 버튼으로 클릭한 후 하단의 확인 버튼을 마우스 왼쪽 버튼으로 클릭)

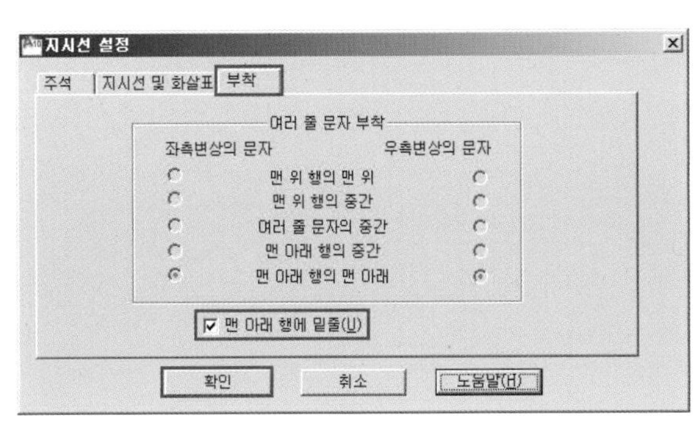

첫 번째 지시선 지정, 또는 [설정(S)]〈설정〉 : (①번 점을 마우스 왼쪽 버튼으로 클릭)

다음점 지정 : (②번 점을 마우스 왼쪽 버튼으로 클릭)

다음점 지정 : (Enter)

문자 폭 지정 〈22.8355〉 : (Enter)

주석 문자의 첫 번째 행 입력 또는 〈여러 줄 문자〉 : (Enter)

C1 ('문자 형식'창이 나타나면 내용 입력 후 화면을 마우스 왼쪽 버튼으로 클릭)

명령 :

■ Tolerance(단축키 TOL)

기하공차를 기입한다.

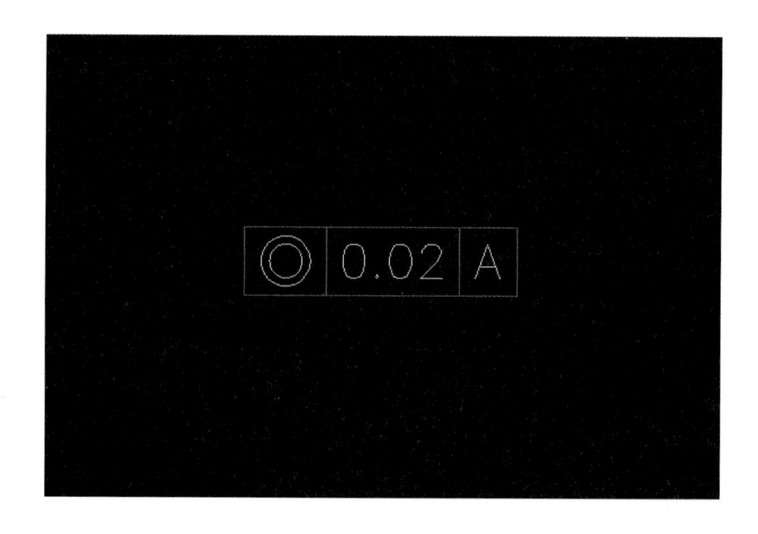

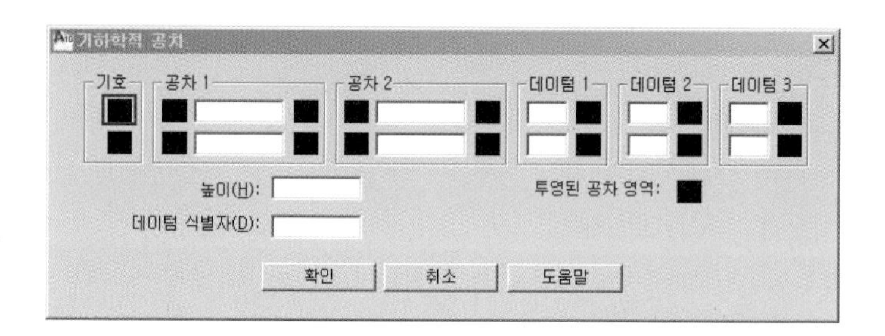

명령 : **tol** (명령어 입력 후 Enter)
('기하학적 공차'창이 나타나면 '기호'밑의 검은색 사각형을 마우스 왼쪽 버튼으로 클릭)

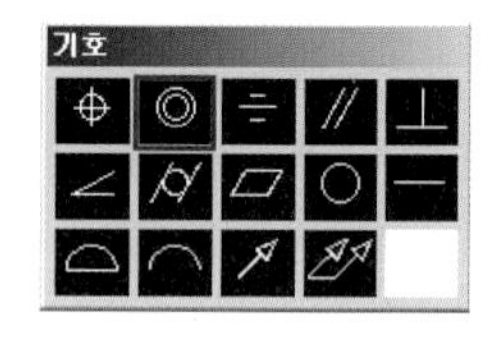

('기호'창이 나타나면 원하는 형상을 마우스 왼쪽 버튼으로 클릭)

(옆 그림과 같이 기입 후 하단의 확인 버튼을 마우스 왼쪽 버튼으로 클릭)

TOLERANCE

공차 위치 입력 : (형상공차를 기입할 적당한 위치에 마우스 포인터를 이동한 후 마우스 왼쪽 버튼으로 클릭)

명령 :

● **기하공차에 화살표 추가하기**

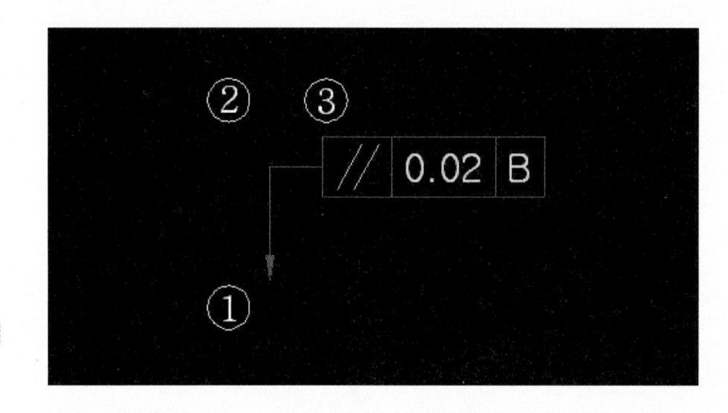

명령 : le (명령어 입력 후 Enter)

첫 번째 지시선 지정, 또는 [설정(S)]〈설정〉 : s (지시선 설정을 하기 위해 s를 입력 후 Enter)

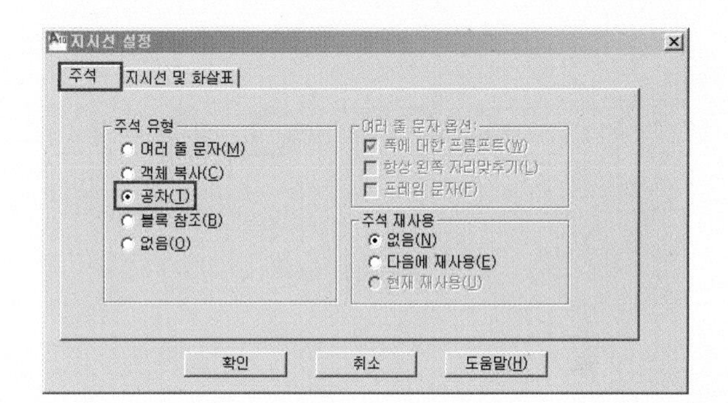

('지시선 설정'창이 나타나면 '주석'탭에서 '공차'를 선택한다)

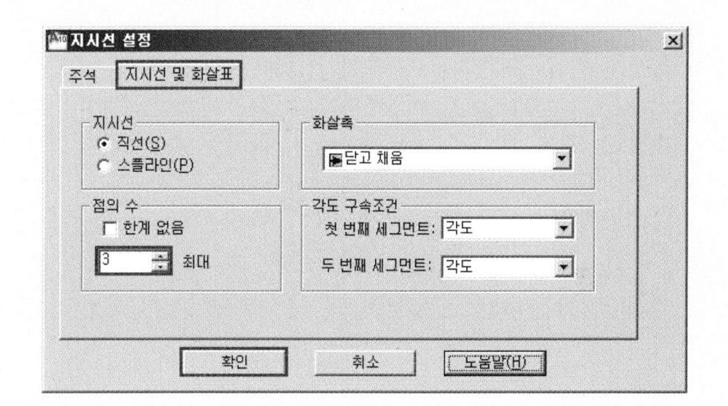

('지시선 및 화살표'탭에서는 '점의 수'를 '3'으로 입력하고 확인을 마우스 왼쪽 버튼으로 클릭한다)

첫 번째 지시선 지정, 또는 [설정(S)]〈설정〉 : (①번 점을 마우스 왼쪽 버튼으로 클릭)

다음점 지정 : (②번 점을 마우스 왼쪽 버튼으로 클릭)

다음점 지정 : (③번 점을 마우스 왼쪽 버튼으로 클릭)

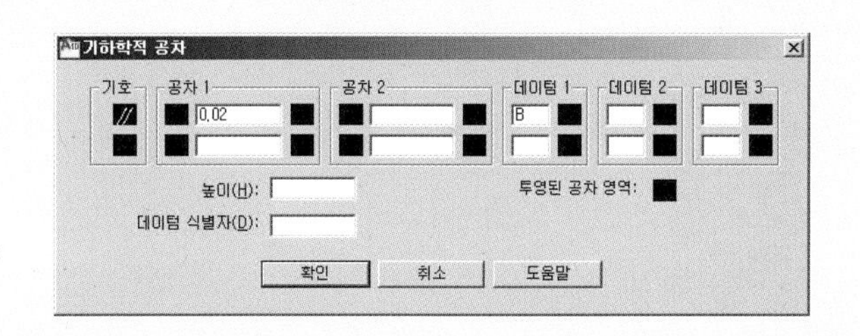

('기하학적 공차'창이 나타나면 위의 그림과 같이 입력한 후에 확인 버튼을 마우스 왼쪽 버튼으로 클릭한다)

명령 :

• 선의 용도에 따른 구분

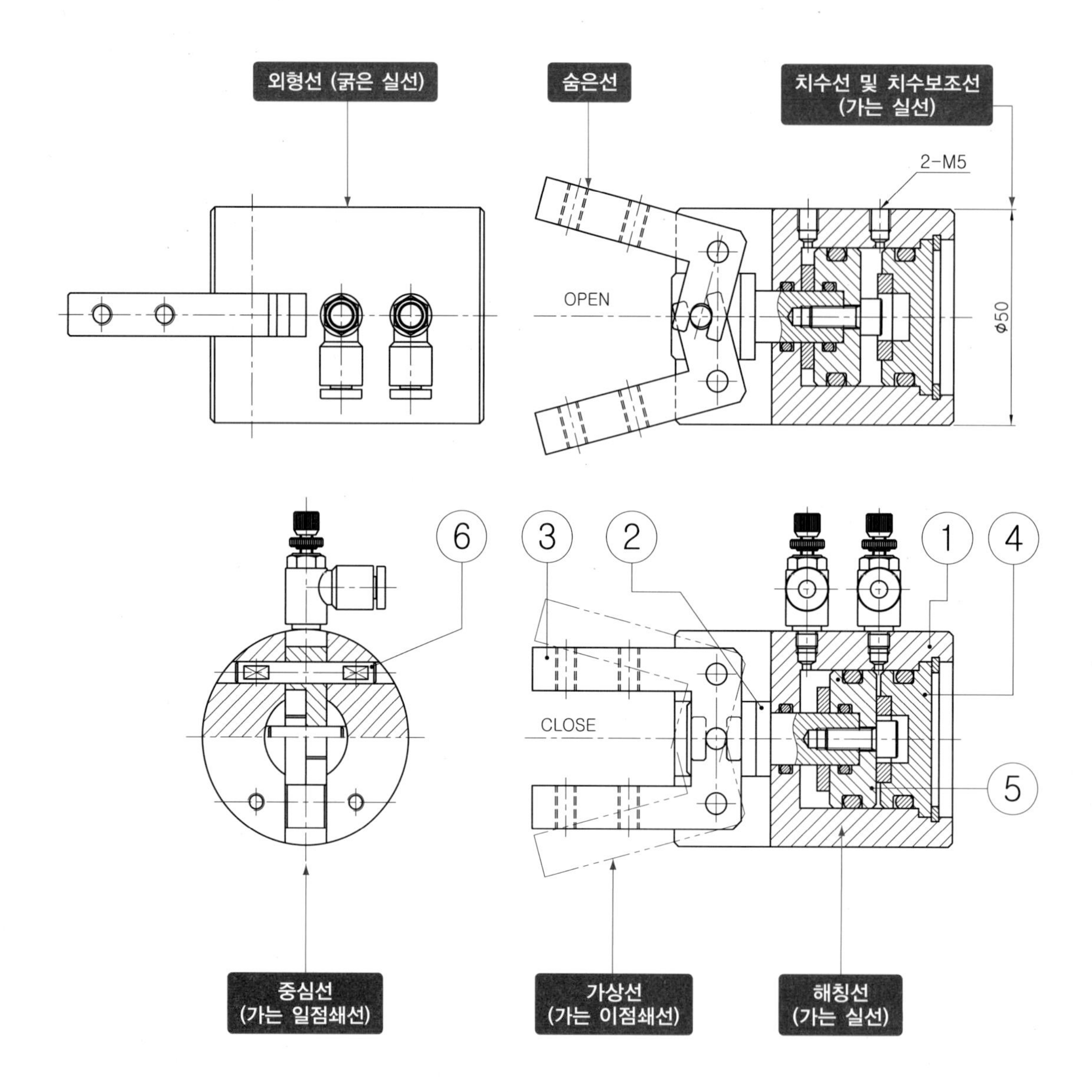

- AutoCAD의 환경 설정 중 플롯 **스타일 테이블 편집기**의 형식보기 플롯 스타일(P)에서 가는 굵기의 선의 색깔(Color)을 **빨간색**[색상 1]으로 지정한 경우 중심선(가는 일점쇄선), 가상선(가는 이점쇄선), 해칭선, 파단선, 치수선, 치수보조선 등 동일한 굵기의 선들의 색깔은 모두 빨간색으로 통일한다.
- AutoCAD에서 중간 굵기의 선의 색깔(Color)을 **노란색**[색상 2]으로 지정한 경우 숨은선, 치수문자, 표제란 및 주서의 문자 등은 **노란색**으로 통일한다.
- AutoCAD에서 굵은 굵기의 선의 색깔(Color)을 **초록색**[색상 3]으로 지정한 경우 외형선과 개별주서문자 등 그 밖의 외형선과 같은 굵기의 선들은 **노란색**으로 통일한다.
- 자격시험에서 도면답안 작성시 통일성을 기하기 위해 규정을 만들어 놓은 것이지 실제 산업현장에서는 다양한 색깔을 사용하여 도면을 설계하는 경우가 많다. 자격시험에서 지정된 색깔 외에 여러 가지 색깔로 도면을 작성하여 출력을 했을 때 출력결과가 좋지 않아 불이익을 당할 수도 있으니 반드시 주의해야 한다.

Lesson 19

기계 제도에 사용하는 선

• 선의 종류와 적용 [KS A ISO 128-4 : 2002 (2012 확인)]

선의 종류 번호	선의 종류 설명 및 표시	적 용	해당 KS 또는 ISO 번호
01.1	가는 실선	1. 서로 교차하는 가상의 상관 관계를나타내는 선(상관선)	–
		2. 가는 자유 실선	ISO 129-1
		3. 지그재그 가는 실선	ISO 129-1
		4. 굵은 실선	KS A ISO 128-22
		5. 가는 파선	KS A ISO 128-50
		6. 굵은 파선	KS A ISO 128-40
		7. 가는 일점 쇄선	–
		8. 굵은 일점 쇄선	KS A ISO 6410-1
		9. 가는 이점 쇄선	ISO 129-1
		10. 원형 부분의 평평한 면을 나타내는 대각선	–
		11. 소재의 굽은 부분이나 가공 공정의 표시선	–
		12. 상세도를 그리기 위한 틀의 선	–
		13. 반복되는 자세한 모양의 생략을 나타내는 선	–
		14. 테이퍼가 진 모양을 설명하기 위한 선	ISO 3040
		15. 판의 겹침이나 위치를 나타내는 선	–
		16. 투상을 설명하는 선	–
		17. 격자를 나타내는 선	–
	가는 자유 실선	18. 만약 대칭선이나 중심선이 제한되지 않은 경우에 부분 투상도의 절단, 단면의 한계를 손으로 그을 때 (하나의 도면에 한 종류의 선만 사용할 때 추천한다.)	–
	지그재그 가는 실선	19. 만약 대칭선이나 중심선이 제한되지 않은 경우에 부분 투상도의 절단, 단면의 한계를 기계적으로 그을 때	–
01.2	굵은 실선	1. 보이는 물체의 모서리 윤곽을 나타내는 선	KS A ISO 128-30
		2. 가는 파선	KS A ISO 128-30
		3. 나사 봉우리의 윤곽을 나타내는 선	KS B ISO 6410-1
		4. 나사의 길이에 대한 한계를 나타내는 선	KS B ISO 6410-1
		5. 도표, 지도, 흐름도에서 주요한 부분을 나타내는 선	–
		6. 금속 구조 공학 등의 구조를 나타내는 선	KS A ISO 5261
		7. 성형에서 분리되는 위치를 나타내는 선	KS A ISO 10135
		8. 절단 및 단면을 나타내는 화살표의 선	KS A ISO 128-40
02.1	가는 파선	1. 보이지 않는 물체의 모서리 윤곽을 나타내는 선	KS A ISO 128-30
		2. 굵은 파선	KS A ISO 128-30
02.2	굵은 파선	1. 열처리와 같은 표면 처리의 허용 범위나 면적을 지시하는 선	–
04.1	가는 일점 쇄선	1. 중심을 나타내는 선	–
		2. 굵은 일점 쇄선	–
		3. 가는 이점 쇄선	KS B ISO 2203
		4. 구멍의 피치원을 나타내는 선	
04.2	굵은 일점 쇄선	1. 제한된 면적을 지시하는 선(열처리, 표면처리 등)	–
		2. 절단면의 위치를 나타내는 선	KS A ISO 128-40
05.1	가는 이점 쇄선	1. 인접 부품의 윤곽을 나타내는 선	–
		2. 움직이는 부품의 최대 위치를 나타내는 선	–
		3. 그림의 중심을 나타내는 선	–
		4. 가공(성형) 전의 윤곽을 나타내는 선	–
		5. 물체의 절단면 앞모양을 나타내는 선	–
		6. 움직이는 물체의 외형 궤적을 나타내는 선	–
		7. 소재의 마무리된 부품 모양의 윤곽선	KS A ISO 10135
		8. 특별히 범위나 영역을 나타내기 위한 틀의 선	–
		9. 공차 적용 범위를 나타내는 선	KS A ISO 10578

• 선의 굵기 및 선군

기계 제도에서 2개의 선 굵기가 보통 사용된다. 선 굵기 비는 1:2이어야 한다.

선군	선 번호에 대한 선 굵기	
	01.2-02.2-04.2	01.1-02.1-04.1-0.5-1
0.25	0.25	0.13
0.35	0.35	0.18
0.5([1])	0.5	0.25
0.7([1])	0.7	0.35
1	1	0.5
1.4	1.4	0.7
2	2	1

주([1]) 권장할 만한 선 굵기의 종류

선의 굵기 및 선군은 도면의 종류, 크기 및 척도에 따라 선택되어야 하고, 정밀 복사나 다른 재생 방법의 요구 사항에 따라 선택되어야 한다.

Lesson 20 단면을 하지 않는 기계요소

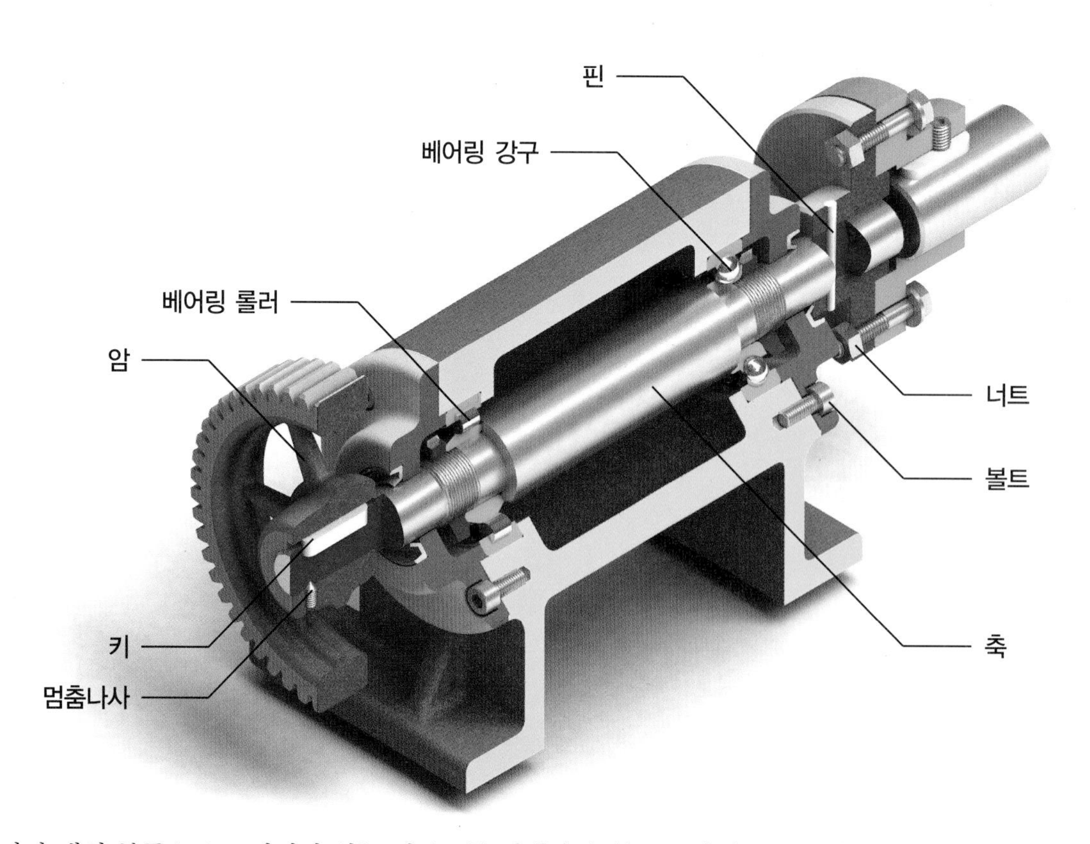

여러 개의 부품으로 조립되어 있는 기구도를 이해하기 쉽도록 단면으로 도시할 때, 단면으로 잘린 부품을 전부 단면 표시하여 나타내면 부품과 부품의 구분이 쉽지 않고 도면을 이해하는 데 어려움이 있다.

• 조립도 예

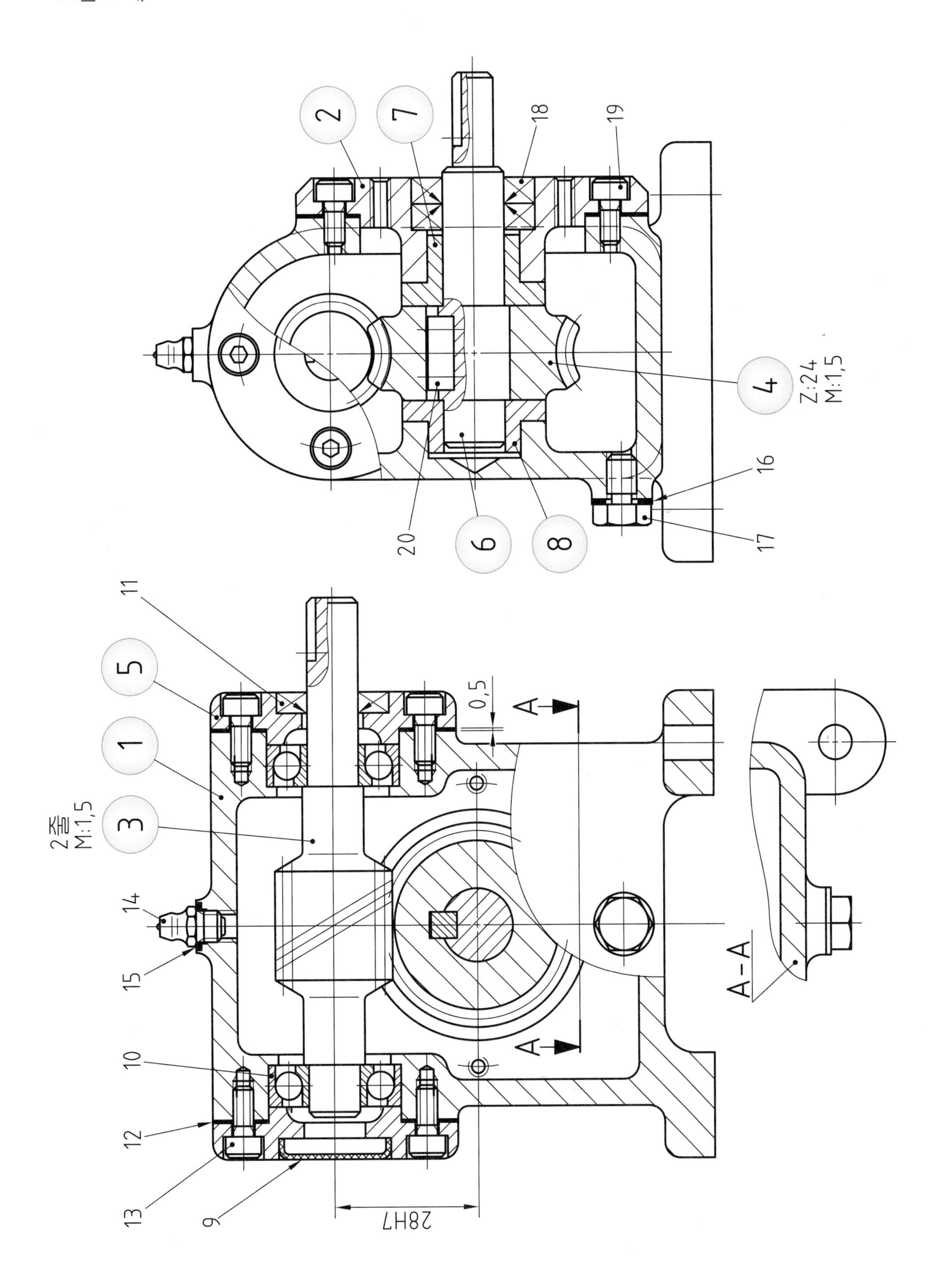
2줄
M:1,5
Z:24
M:1,5
0,5
28H7
A-A
A
1
2
3
4
5
6
7
8
9
10
11
12
13
14
15
16
17
18
19
20

01. 끼워맞춤 공차 적용 실례와 테크닉
02. 구멍기준식 헐거운 끼워맞춤
03. 구멍기준식 중간 끼워맞춤
04. 구멍기준식 억지 끼워맞춤
05. 베어링 끼워맞춤 공차 적용 테크닉

PART 02

끼워맞춤 공차, 치수기입, 치수공차 적용 기법

실기시험 과제도면은 2D 조립도로 제시되는데 수험자는 조립도를 보고 지정된 부품의 부품도를 자나 스케일 등으로 실측하여 정해진 시간 내에 3각법으로 제도하여 제출해야 한다. 아무리 투상을 완벽하게 하였다 하더라도 치수기입이 불량하거나 중요 기능을 하는 부분에 끼워맞춤 공차를 기입하지 않았다든지 헐거운 끼워맞춤을 적용해야 하는 부분에 억지 끼워맞춤을 적용하였다면 감점의 요인이 될 것이다.

이 장에서는 시험에 자주 나오는 끼워맞춤 공차에 대한 이해와 실제 적용 그리고 동력전달장치 등의 조립도에 자주 나오며 실무에서도 많이 사용하게 되는 베어링의 끼워맞춤 관계에 대하여 알아보도록 하자.

일반적으로 널리 사용하는 구름베어링이 출제 빈도 역시 높은데 구름베어링의 경우 내륜이 구멍이고 외륜이 축이 되며, 외륜이 회전하느냐 내륜이 회전하느냐 외륜이 정지(고정)상태인지 내륜이 정지(고정)상태인지에 따라 KS B 2051에서 규정하고 있는 축과 하우징 구멍의 끼워맞춤 관계가 달라지므로 이를 잘 이해하고 도면에 적용시켜 보도록 하자.

■ 주요 학습내용 및 목표

- 끼워맞춤의 종류 및 이해
- 구멍기준식 끼워맞춤의 활용
- 베어링에 대해 일반적으로 사용하는 축의 공차 적용
- 베어링에 대해 일반적으로 사용하는 구멍의 공차 적용

Lesson 01 끼워맞춤 공차 적용 실례와 테크닉

상용하는 구멍기준 끼워맞춤은 여러 개의 공차역 클래스의 축과 1개의 공차역 클래스의 구멍을 조립하는 데 있어 부품의 기능상 필요한 틈새 또는 죔새를 주는 끼워맞춤 방식으로 이 규격에서는 구멍의 최소허용치수가 기준치수와 동일하다. 즉 구멍의 아래 치수 허용차가 '0'인 끼워맞춤 방식으로 끼워맞춤의 종류에는 헐거운 끼워맞춤, 중간 끼워맞춤, 억지 끼워맞춤의 3종류가 있다. 끼워맞춤의 선정시 어느 종류로 할 것인가에 대해서는 먼저 구멍의 종류를 결정하고 조립이 되는 상대 축을 적절하게 선택하면 되는 것인데, 초보자들이 어려워하는 것은 구멍과 축 모두 종류가 많기 때문에 그때마다 어떤 조합의 끼워맞춤을 선택할 것인가 결정하는 문제일 것이다. 아래 표의 기준구멍인 H 구멍은 아래 치수 허용차가 0 즉, **최소허용치수와 기준치수가 일치한다**는 것을 알 수 있다. 따라서 H구멍을 기준으로 해서 축의 치수를 조정하여 '헐거운 끼워맞춤, 중간 끼워맞춤, 억지 끼워맞춤' 등의 기능상 필요한 끼워맞춤을 얻을 수 있도록 하면 상당히 간편해지므로 실용적으로 '구멍기준식 끼워맞춤'을 널리 사용하는 것이다.

Lesson 02 구멍기준식 헐거운 끼워맞춤

기준 구멍	축의 공차역 클래스 (축의 종류와 등급)																
	헐거운 끼워맞춤							중간 끼워맞춤			억지 끼워맞춤						
H6						g5	h5	js5	k5	m5							
					f6	g6	h6	js6	k6	m6	n6[1]	p6[1]					
H7					f6	g6	h6	js6	k6	m6	n6	p6[1]	r6[1]	s6	t6	u6	x6
				e7	f7		h7	js7									

■ 헐거운 끼워맞춤의 적용 예

헐거운 끼워맞춤은 항상 구멍이 축보다 크게 제작되는 경우 틈새가 생기는 끼워맞춤으로 상호 조립된 부품이 회전운동, 왕복운동, 마찰운동 등이 발생하는 곳에 적용한다. 기어와 같은 회전체를 평행키로 고정하는 축과 구멍간의 끼워맞춤 상관 관계를 살펴보자. 시험과제 도면상에 나오는 **평행키**를 적용하는 일반적인 축과 구멍의 끼워맞춤은 축의 **외경**은 **h6**, 기어의 **구멍**은 **H7**의 공차를 부여하고 있다. 실제 시판되는 기어의 경우 구멍이 H7으로 가공되는 것이 많으며 축은 f6, g6, h6, n6, p6 등이 있으나 f6나 g6처럼 헐거운 끼워맞춤은 가급적 피하는 것이 좋다. 헐거운 끼워맞춤으로 하면 축과 기어 간에 발생하는 미끄럼이 왕복회전에 의해 반복되면서 마모를 일으켜 끼워맞춤면이 흑갈색으로 변질되고 응력이 저하되어 축 파손의 원인이 된다. 또한 **높은 정밀도**가 요구되는 경우에는 **n6, p6**가 좋다.
다음 예제도면을 보면 스퍼기어의 구멍에는 **Ø20H7**(Ø20.0~Ø20.021), 축에는 **Ø20h6**(Ø19.987~Ø20.0)으로 지시되어 있는데 구멍은 기준치수 Ø20을 기준으로 (+)측으로 공차가 허용되고 축은 기준치수 Ø20을 기준으로 (−)측으로 공차가 허용된다. 이런 경우 구멍과 축에 틈새가 발생하여 서로 조립시에 헐겁게 끼워맞춤할 수가 있게 되며, 부품을 손상시키지 않고 분해 및 조립을 할 수 있으나 끼워맞춤 결합력만으로는 힘을 전달할 수가 없는 것이다. 따라서 기어와 같은 회전체의 보스(boss)측 구멍에 축이 헐겁게 끼워맞춤되더라도 회전체가 미끄러지지 않고 동력을 전달할 수 있도록 축과 구멍에 키홈 가공을 하여 평행키라는 체결 요소로 고정시켜 주는 것이다.
키와 축과의 맞춤에서는 키쪽을 수정해서 맞춤하는 것이 유리하기 때문에 일반적으로 키를 축의 홈에 맞춰보고 나서 가공여유가 있는 것을 확인한 후, 맞춤 작업에 들어가는 것이다.

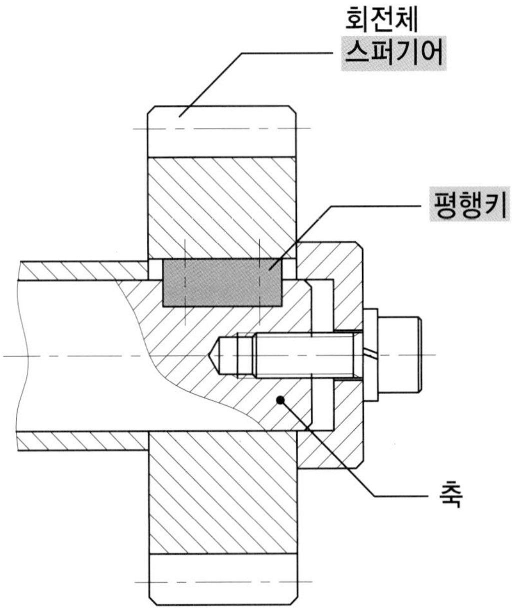

• 평행키(보통형)의 끼워맞춤

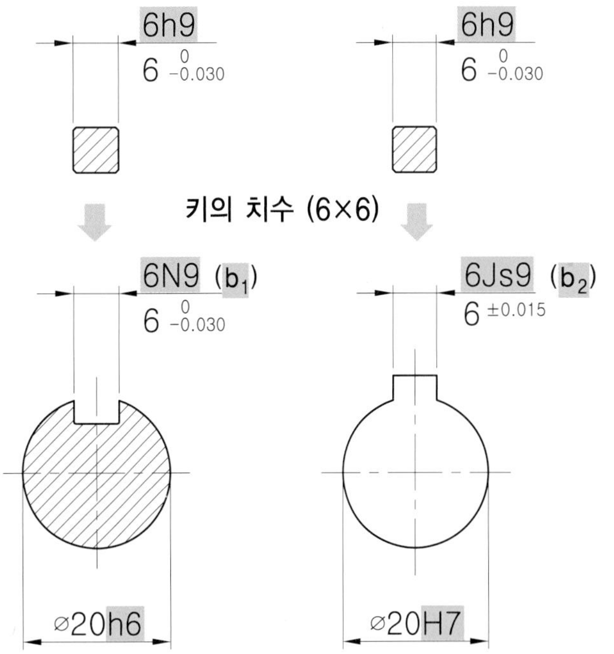

회전체 스퍼기어

평행키

축

• 축과 기어의 고정

6h9 $6^{0}_{-0.030}$

키의 치수 (6×6)

6N9 (b_1) $6^{0}_{-0.030}$

6Js9 (b_2) $6^{\pm0.015}$

⌀20h6

축의 경우

⌀20H7

구멍의 경우

■ 구멍과 축의 헐거운 끼워맞춤(Ø20H7 / Ø20h6)

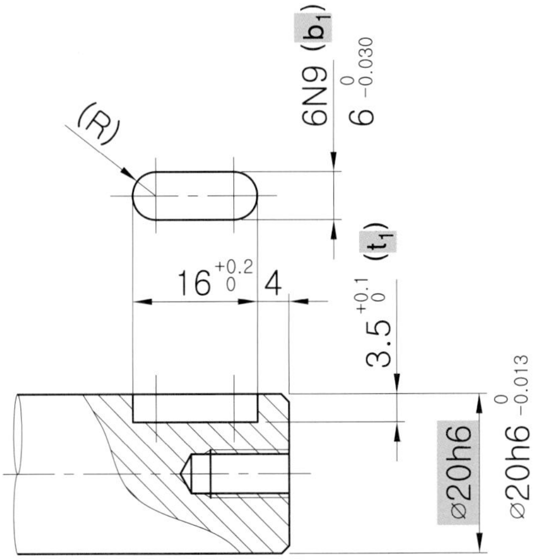

(R)

6N9 (b_1) $6^{0}_{-0.030}$

$16^{+0.2}_{0}$ 4

$3.5^{+0.1}_{0}$ (t_1)

⌀20h6 $⌀20h6^{0}_{-0.013}$

• 축은 기준치수 Ø20을 기준으로 −측으로만 공차가 허용된다.

h6 축의 경우

• 구멍은 기준치수 Ø20을 기준으로 +측으로만 공차가 허용된다.

(b_2) 6Js9 $6^{\pm0.015}$

⌀20H7 $⌀20^{+0.021}_{0}$

$22.8^{+0.1}_{0}$ ($d+t_2$)

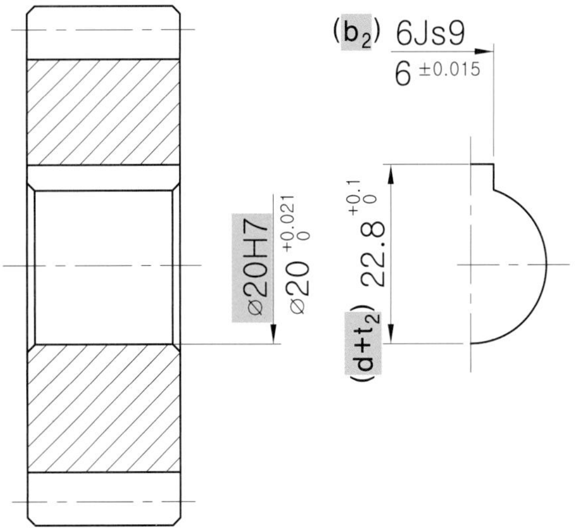

H7 구멍의 경우

구멍의 표준 공차 등급인 H는 상용하는 IT등급인 6~10급(H6~H10)까지의 치수허용공차에서 아래치수 허용차가 항상 0이며 IT등급이 커질수록 위치수 허용차가 (+)쪽으로 커진다. 즉, 기준치수가 커질수록 또 IT등급이 커질수록 위치수 허용공차 또한 커짐을 알 수 있다.

■ 구멍의 공차 영역 등급 [H]

[단위 : μm=0.001mm]

치수구분 (mm)		H					
초과	이하	H5	H6	H7	H8	H9	H10
–	3	+4 0	+6 0	+10 0	+14 0	+25 0	+40 0
3	6	+5 0	+8 0	+12 0	+18 0	+30 0	+48 0
6	10	+6 0	+9 0	+15 0	+22 0	+36 0	+58 0
10 14	14 18	+8 0	+11 0	+18 0	+27 0	+43 0	+70 0
18 24	24 30	+9 0	+13 0	+21 0	+33 0	+52 0	+84 0

+21 = +0.021mm

【주】 일반적으로 **H7/h6**의 끼워맞춤은 H6/h5, H8/h7, H8/h8, H9/h9와 같이 **중간끼워맞춤**으로 분류하고 있으며 여기서는 정밀한 헐거운 끼워맞춤의 바로 아래 단계로 윤활제를 사용하면 손으로 쉽게 움직일 수 있는 정도의 틈새를 주는 끼워맞춤으로 보고 헐거운 끼워맞춤으로 정의한 것이니 혼동하지 않기 바란다. JIS에서는 활합(滑合)이라고도 하며 헐거운 끼워맞춤의 경우에도 여러 클래스가 있는데 H7/g6 보다 한단계 아래의 끼워맞춤으로 해석한 것이다.

축의 표준 공차 등급인 **h**는 상용하는 IT등급인 5~9급(**h5~h9**)까지의 치수허용공차에서 위치수 허용차가 항상 **0**이며 IT등급이 커질수록 아래치수 허용차가 (–)쪽으로 커진다. 즉, 기준치수가 커질수록 또 IT등급이 커질수록 아래치수 허용공차 또한 커짐을 알 수 있다.

■ 축의 공차 영역 등급 [h]

[단위 : μm=0.001mm]

치수구분 (mm)		h				
초과	이하	h5	h6	h7	h8	h9
–	3	0 –4	0 –6	0 –10	0 –14	0 –25
3	6	0 –5	0 –8	0 –12	0 –18	0 –30
6	10	0 –6	0 –9	0 –15	0 –22	0 –36
10 14	14 18	0 –8	0 –11	0 –18	0 –27	0 –43
18 24	24 30	0 –9	0 –13	0 –21	0 –33	0 –52

–13 = –0.013mm

【주】 헐거운 끼워맞춤은 조립된 부품을 상대적으로 움직일 수 있는 틈새 끼워맞춤으로 정밀한 돌려맞춤시는 H10/g5, H7/g6 보통 돌려맞춤시는 H6/f6, H7/f7, H8/f7,f8 가벼운 돌려맞춤시는 H7/e7, H8/d9, H8/e8, H9/d9, H9/e9 아주 느슨한 맞춤시는 H9/c9를 적용한다.

이번에는 정밀한 운동이 필요한 부분과 연속적으로 회전하는 부분, 정밀한 슬라이드 부분, 링크의 힌지핀 등에 널리 사용되는 대표적인 **헐거운 끼워맞춤**인 구멍 **H7**, 축 **g6**의 관계를 알아보도록 하자.

아래 예제 편심구동장치에서 편심축의 회전에 따라 상하로 정밀하게 움직이는 슬라이더와 가이드부시의 끼워맞춤 관계를 보면, 본체에 고정되는 가이드 부시의 내경은 **Ø12H7**(Ø12.0~Ø12.018)으로 기준치수 Ø12를 기준으로 (+)측으로만 0.018mm의 공차를 허용하고 있다. 가이드 부시의 내경에 조립되는 슬라이더의 경우 **Ø12g6**(Ø11.983~Ø11.994)로 기준치수 Ø12를 기준으로 위, 아래 치수허용차가 전부 (–)쪽으로 되어있다. 결국 구멍이 최소허용치수인 Ø12로 제작이 되고 축이 최대허용치수인 Ø11.994로 제작이 되었다고 하더라도 0.006mm의 틈새를 허용하고 있으므로 H7/g6와 같은 끼워맞춤은 구멍과 축 사이에 항상 틈새를 허용하는 헐거운 끼워맞춤이 되는 것이다.

H7 / g6 : 헐거운 끼워맞춤

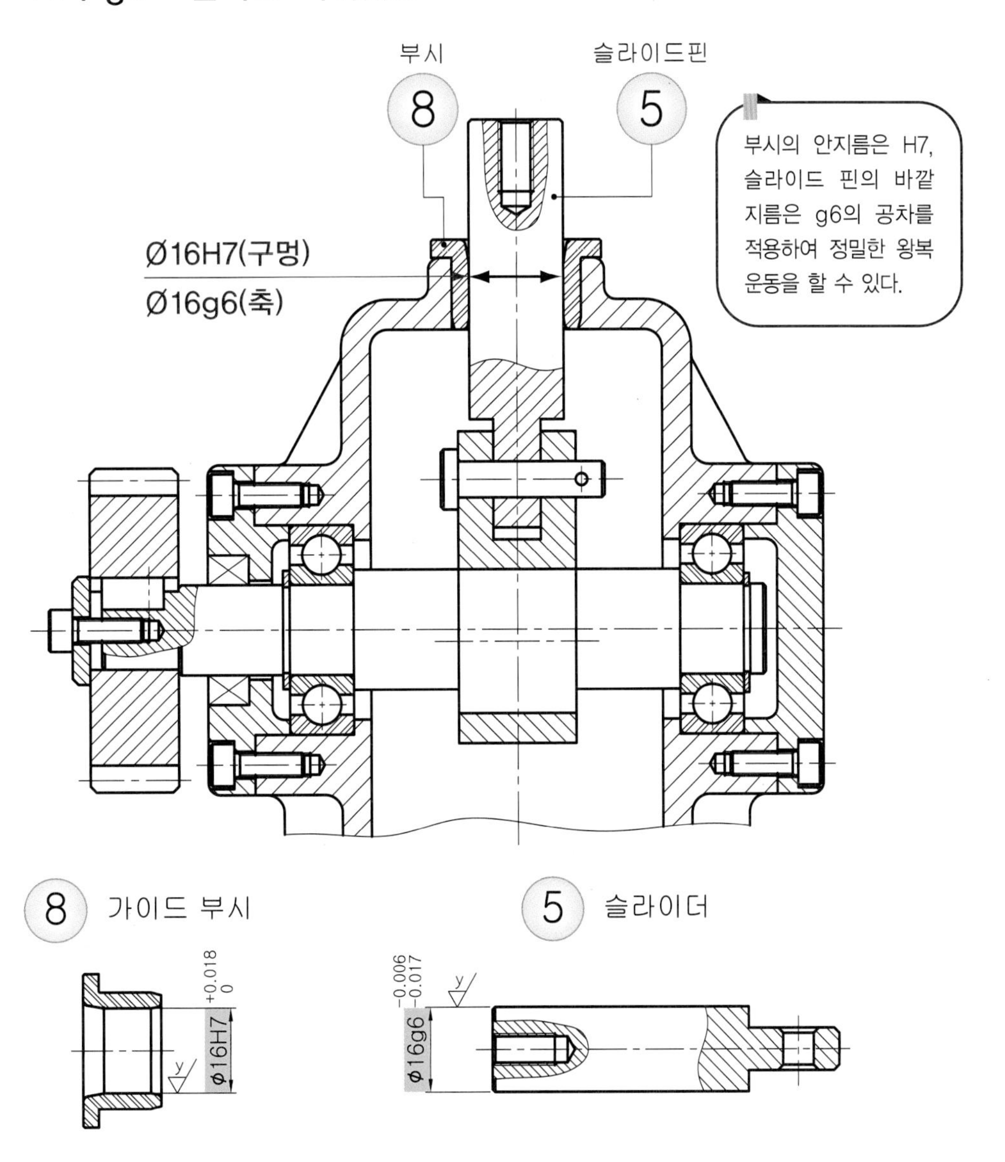

■ 축의 공차 영역 등급 [g] [단위 : μm=0.001mm]

치수구분 (mm)		g		
초과	이하	g4	g5	g6
–	3	−2 −5	−2 −6	−2 −8
3	6	−4 −8	−4 −9	−4 −12
6	10	−5 −9	−5 −11	−5 −14
10	14	−6	−6	−6
14	18	−11	−14	−17
18	24	−7	−7	−7
24	30	−13	−16	−20

−6 = −0.006mm
−17 = −0.017mm

[주] H7/g6와 같은 헐거운 끼워맞춤은 주로 정밀기계, 조용한 운전이 요구되는 부분, 볼베어링의 외륜회전축 등과 같이 구멍과 축 사이에 상당히 작은 틈새를 허용하며 윤활제를 사용하고 중저속으로 운동하는 부분에 적용한다. JIS에서는 정유합(精遊合)이라고 표현한다.

구멍기준식 중간 끼워맞춤

기준 구멍	축의 공차역 클래스 (축의 종류와 등급)																
	헐거운 끼워맞춤							중간 끼워맞춤			억지 끼워맞춤						
H6						g5	h5	js5	k5	m5							
					f6	g6	h6	js6	k6	m6	n6[1]	p6[1]					
H7					f6	g6	h6	js6	k6	m6	n6	p6[1]	r6[1]	s6	t6	u6	x6
				e7	f7		h7	js7									

■ 중간 끼워맞춤의 적용 예

중간 끼워맞춤은 구멍의 최소 허용치수가 축의 최대 허용치수보다 작고, 구멍의 최대 허용치수가 축의 최소 허용치수보다 큰 경우의 끼워맞춤으로 구멍과 축의 실제 치수 크기에 따라서 헐거운 끼워맞춤이 될 수도 억지 끼워맞춤이 될 수도 있다.

중간 끼워맞춤은 고정밀도의 위치결정, 베어링 내경에 끼워지는 축, 맞춤핀, 리머볼트 등의 끼워맞춤에 적용한다.

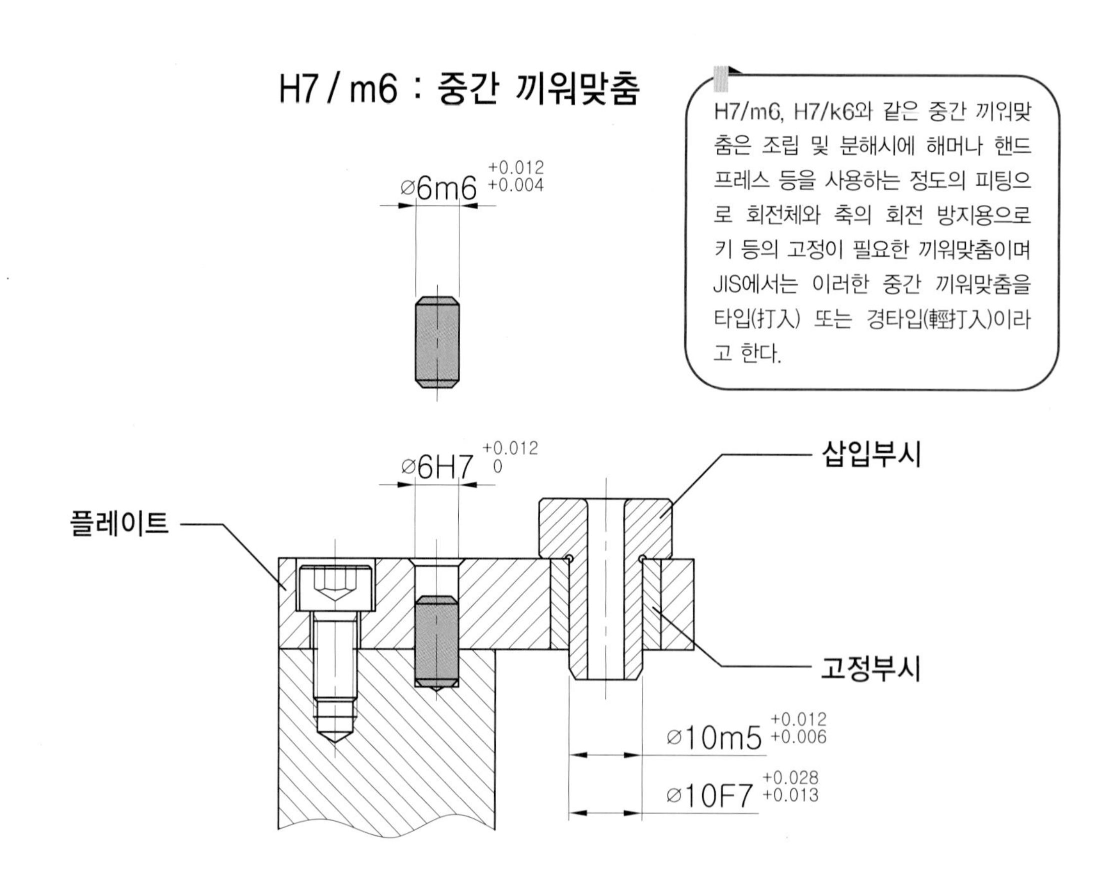

H7/m6의 중간 끼워맞춤은 구멍과 축에 주어진 공차에 따라 틈새가 생길 수도 있고 죔새가 생길 수도 있도록 구멍과 축에 공차를 부여한 것을 말하며 조립상태는 손이나 망치, 해머 등으로 때려 박거나 분해시 비교적 큰 힘을 필요로 한다.

앞의 예제 드릴지그에서 부시가 설치되어 있는 플레이트는 부시(bush)의 정확한 중심을 위하여 Ø6H7의 리머구멍을 조립되는 상대 부품에도 가공하여 Ø6m6의 평행핀을 끼워맞춤하여 두 부품의 위치를 결정시켜 주고 있다.

여기서 H7/m6의 공차를 한번 분석해 보자. 먼저 구멍을 기준으로 핀을 선택조합하므로 구멍의 H7 공차역을 보면 Ø6~Ø6.012, 핀의 공차역은 Ø6.004~Ø6.012이다.

만약 구멍이 최소 허용치수인 Ø6으로 제작되고, 축은 최대 허용치수인 Ø6.012로 제작되었다면 0.012mm만큼 축이 크므로 억지로 끼워맞춤될 것이다. 또, 구멍이 최대 허용치수인 Ø6.012로 제작되고 축은 최소 허용치수인 Ø6.004로 제작되었다면 구멍이 축보다 0.008mm 크므로 헐거운 끼워맞춤으로 조립될 것이다.

Lesson

04 구멍기준식 억지 끼워맞춤

기준 구멍	축의 공차역 클래스 (축의 종류와 등급)																
	헐거운 끼워맞춤							중간 끼워맞춤			억지 끼워맞춤						
H6						g5	h5	js5	k5	m5							
					f6	g6	h6	js6	k6	m6	n6[1]	p6[1]					
H7					f6	g6	h6	js6	k6	m6	n6	p6[1]	r6[1]	s6	t6	u6	x6
				e7	f7		h7	js7									

【주】 이러한 끼워맞춤은 치수 구분에 따라서 예외가 있을 수 있다.

■ 억지 끼워맞춤의 적용 예

구멍과 축 사이에 항상 죔새가 있는 끼워맞춤으로 구멍의 최대 허용치수가 축의 최소 허용치수와 같거나 또는 크게 되는 끼워맞춤이다. **억지 끼워맞춤은 서로 단단하게 고정되어 분해하는 일이 없는 한 영구적인 조립이 되며, 부품을 손상시키지 않고 분해하는 것이 곤란하다.**

옆의 드릴지그에서 절삭공구인 드릴을 안내하는 고정 부시와 지그판의 끼워맞춤을 살펴보도록 하자. 고정 부시는 억지로 끼워맞추기 위해 외경이 연삭이 되어 있으며 지그판에 직접 압입하여 고정

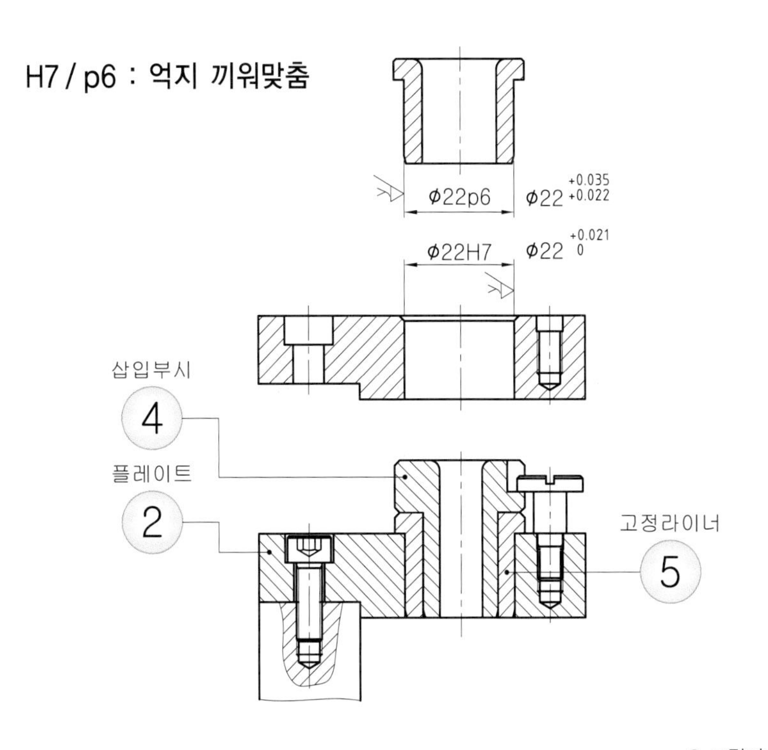

● 드릴지그

하며 지그의 수명이 다 될 때까지 사용하는 것이 보통이다.

억지 끼워맞춤에서도 마찬가지로 구멍을 H7으로 정하였고 압입하고자 하는 고정 부시는 p6를 선정하였다. 기준치수가 Ø22인 구멍의 경우 H7의 공차역은 Ø22~Ø22.021, 축의 경우 Ø22.022~Ø22.035이다.

구멍의 최대 허용치수가 Ø22.021로 축의 최소 허용치수인 22.022와 1μm(0.001mm) 밖에 차이가 나지 않는다. 하지만 실제 가공을 하여 제작을 하면 구멍과 축의 치수를 정확히 Ø22.022와 22.021로 만드는 것은 불가능한 일이며 축과 구멍은 정해진 공차 범위 내에서 제작이 되어 항상 죔새가 있는 끼워맞춤을 하게 될 것이다.

H7구멍을 기준으로 축이 p6 ＜ r6 ＜ s6 ＜ t6 ＜ u6 ＜ x6가 선택 적용될 수 있는데 알파벳 순서가 뒤로 갈수록 압입에 더욱 큰 힘을 필요로 하는 끼워맞춤이 된다.

억지끼워맞춤은 구멍이 최소치수, 축이 최대치수로 제작된 경우에도 죔새가 생기고 구멍이 최대치수, 축이 최소치수인 경우에도 죔새가 생기는 끼워맞춤으로 프레스(press) 등에 의해 강제로 압입한다.

베어링 끼워맞춤 공차 적용 테크닉

1. 베어링의 끼워맞춤 관계와 공차의 적용

베어링을 축이나 하우징에 설치하여 축방향으로 위치결정하는 경우 베어링 측면이 접촉하는 축의 턱이나 하우징 구멍의 내경 턱은 축의 중심에 대해서 직각으로 가공되어야 한다. 또한 테이퍼 롤러 베어링 정면측의 하우징 구멍 내경은 케이지와의 접촉을 방지하기 위하여 베어링 외경면과 평행하게 가공한다.

축이나 하우징의 모서리 반지름은 베어링의 내륜, 외륜의 모떼기 부분과 간섭이 발생하지 않도록 수의를 해야 한다. 따라서 베어링이 설치되는 축이나 하우징 구석의 모서리 반경은 **베어링의 모떼기 치수의 최소값을 초과하지 않는 값**으로 한다.

레이디얼 베어링에 대한 축의 어깨 및 하우징 어깨의 높이는 궤도륜의 측면에 충분히 접촉시키고, 또한 수명이 다한 베어링의 교체시 분해공구 등이 접촉될 수 있는 높이로 하며 그에 따른 최소값을 아래 표에 나타내었다. 베어링의 설치에 관계된 치수는 이 턱의 높이를 고려한 직경으로 베어링 치수표에 기재되어 있는 것이 보통이다. 특히 액시얼 하중을 부하하는 테이퍼 롤러 베어링이나 원통 롤러 베어링에서는 턱 부위를 충분히 지지할 수 있는 턱의 치수와 강도가 요구된다.

$\gamma_{s\ min}$: 베어링 내륜 및 외륜의 모떼기 치수　　$\gamma_{as\ max}$: 구멍 및 축의 최대 모떼기 치수

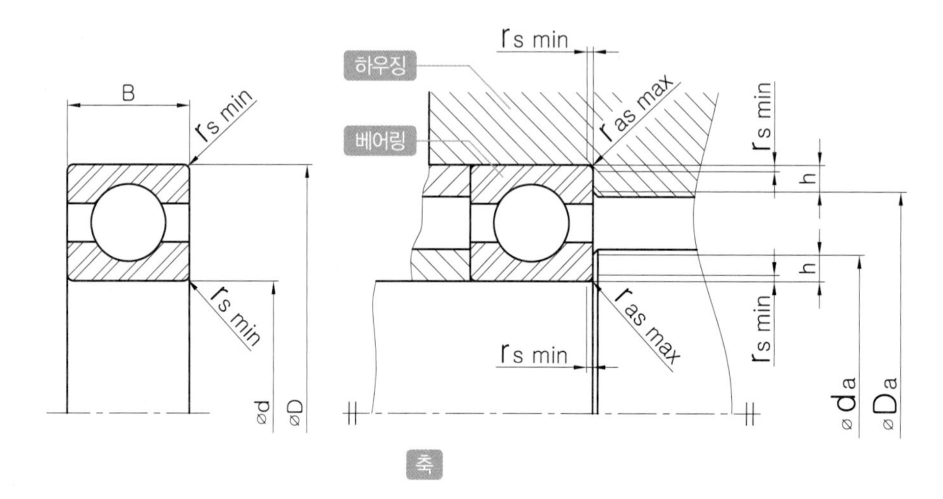

■ 레이디얼 베어링 끼워맞춤부 축과 하우징 R 및 어깨 높이 KS B 2051 : 1995(2005 확인) [단위 : mm]

호칭 치수	축과 하우징의 부착 관계의 치수		
베어링 내륜 또는 외륜의 모떼기 치수	적용할 구멍, 축의 최대 모떼기(모서리 반지름)치수	어깨 높이 h(최소)	
γ_{smin}	γ_{asmax}	일반적인 경우[1]	특별한 경우[2]
0.1	0.1	0.4	
0.15	0.15	0.6	
0.2	0.2	0.8	
0.3	0.3	1.25	1
0.6	0.6	2.25	2
1	1	2.75	2.5
1.1	1	3.5	3.25
1.5	1.5	4.25	4
2	2	5	4.5
2.1	2	6	5.5
2.5	2	6	5.5
3	2.5	7	6.5
4	3	9	8
5	4	11	10
6	5	14	12
7.5	6	18	16
9.5	8	22	20

【주】 1. 큰 축 하중(액시얼 하중)이 걸릴 때에는 이 값보다 큰 어깨높이가 필요하다.
2. 축 하중(액시얼 하중)이 작을 경우에 사용한다. 이러한 값은 테이퍼 롤러 베어링, 앵귤러 볼베어링 및 자동 조심 롤러 베어링에는 적당하지 않다.

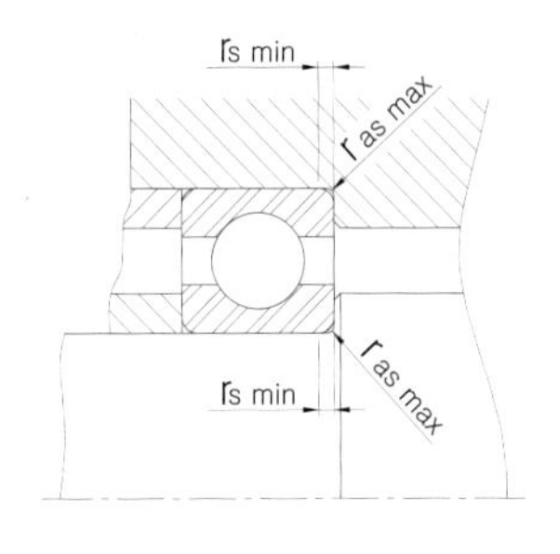

● 베어링의 모떼기 치수 및 축과 하우징의 모떼기 치수

2. 단열 깊은 홈 볼 베어링 6004 장착 관계 치수 적용 예

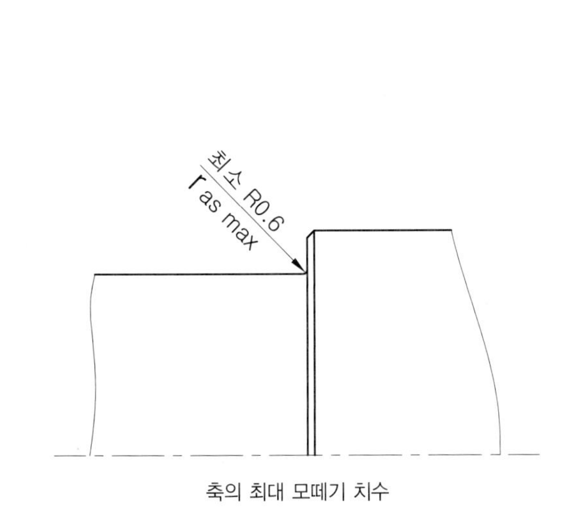

축의 최대 모떼기 치수

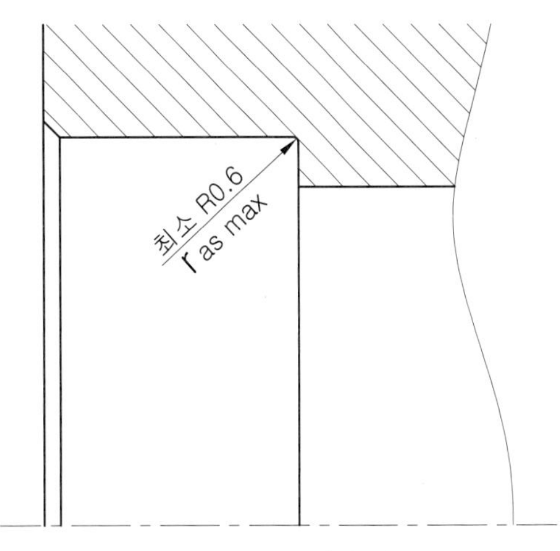

구멍의 최대 모떼기 치수

[단위 : mm]

단열 깊은 홈 볼 베어링 6005 적용 예				
d (축)	D (구멍)	B (폭)	γ_{smin} (베어링 내륜 및 외륜 모떼기 치수)	γ_{asmax} (적용할 축 및 구멍의 최대 모떼기 치수)
25	47	12	0.6	최소 0.6

■ 베어링 계열 60 베어링의 호칭 번호 및 치수 [KS B 2023]

[단위 : mm]

호칭 번호	치 수			
개방형	내 경	외 경	폭	내륜 및 외륜의 모떼기 치수
	d	D	B	$r_s$min
609	9	24	7	0.3
6000	10	26	8	0.3
6001	12	28	8	0.3
6002	15	32	9	0.3
6003	17	35	10	0.3
6004	20	42	12	0.6
6005	25	47	12	0.6
6006	30	55	13	1
6007	35	62	14	1

● #6004

3. 베어링 끼워맞춤 공차의 선정 요령

❶ 조립도에 적용된 베어링의 규격이 있는 경우 호칭번호를 보고 KS규격을 찾아 조립에 관련된 치수를 파악하고, 규격이 지정되지 않은 경우에는 자나 스케일로 안지름, 바깥지름, 폭의 치수를 직접 실측하여 적용된 베어링의 호칭번호를 선정한다.

❷ 축이나 하우징 구멍의 끼워맞춤 선정은 **축이 회전하는 경우** 내륜 회전 하중, **축은 고정이고 회전체(기어, 풀리, 스프로킷 등)가 회전하는 경우** 외륜 회전 하중을 선택하여 권장하는 끼워맞춤 공차등급을 적용한다.

❸ 베어링의 끼워맞춤 선정에 있어 고려해야 할 사항으로는 베어링의 정밀도 등급, 작용하는 하중의 방향 및 하중의 조건, 베어링의 내륜 및 외륜의 회전, 정지상태 등이다.

❹ 베어링의 등급은 [KS B 2016]에서 규정하는 바와 같이 그 정밀도에 따라 **0급** ＜ **6X급** ＜ **6급** ＜ **5급** ＜ **4급** ＜ **2급**으로 하는데 실기과제 도면에 적용된 베어링의 등급은 특별한 지정이 없는 한 **0급**과 **6X급**으로 한다. 이들은 ISO 492 및 ISO 199에 규정된 **보통급**에 해당하며 **일반급**이라고도 부르는데, 보통 기계에 가장 일반적인 목적으로 사용되는 베어링이다. 또한 2급쪽으로 갈수록 고정밀도의 엄격한 공차관리가 적용되는 정밀한 부위에 적용된다.

4. 내륜 회전 하중, 외륜 정지 하중인 경우의 끼워맞춤 선정 예

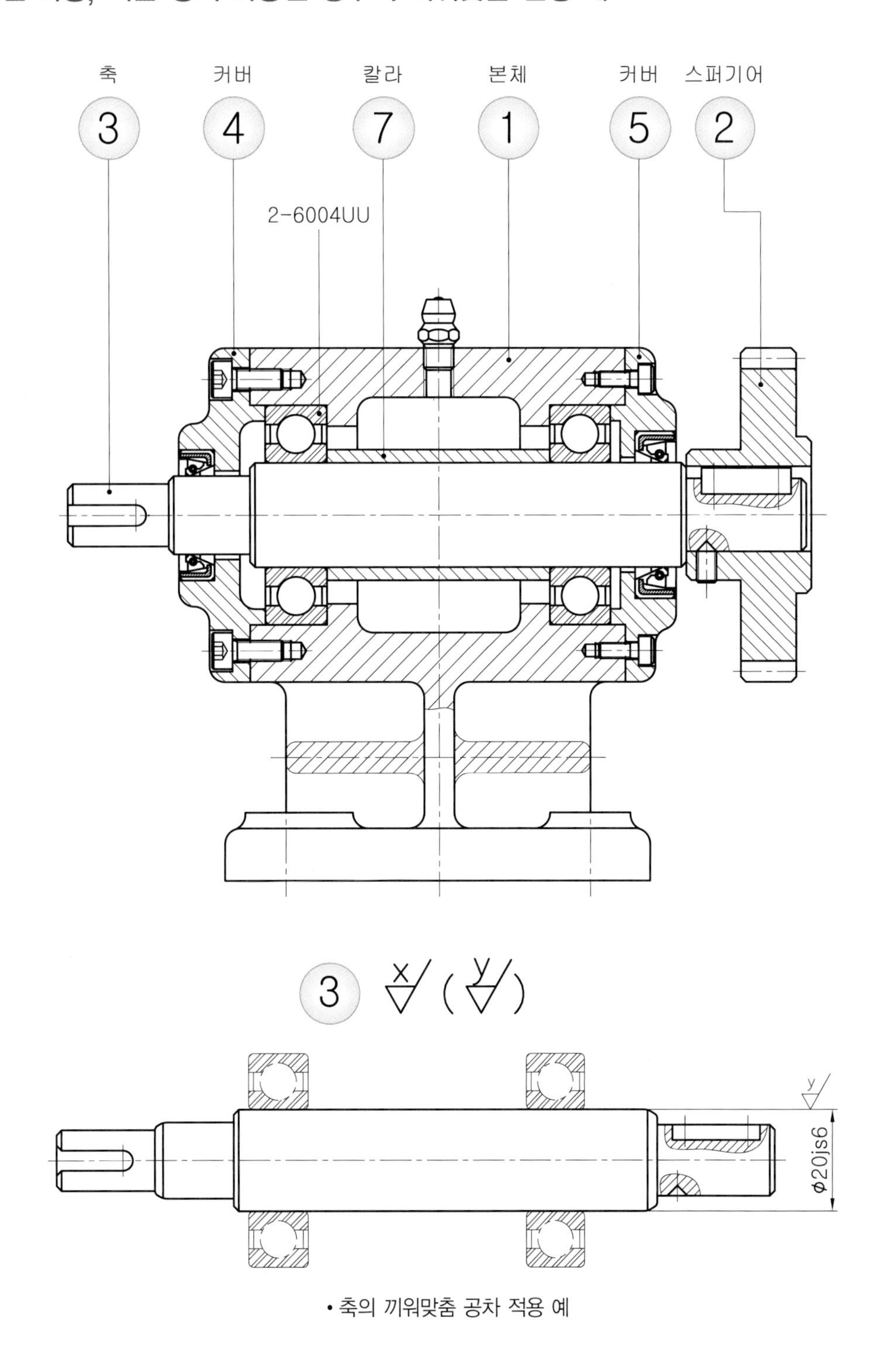

• 축의 끼워맞춤 공차 적용 예

● 전동장치

조립도를 분석해 보면 축에 조립된 기어가 회전하면서 축도 회전을 하게 되어 있는 구조이다. 베어링의 내륜이 회전하고 외륜은 정지하중을 받는 일반적인 사용 예이다. 이런 경우 베어링이 조립되는 축과 구멍의 끼워맞춤 관계를 알아보도록 하자. 먼저 운전상태 및 끼워맞춤 조건을 살펴보면 축은 **내륜 회전 하중**이며, 적용 베어링은 볼베어링으로 축 지름은 Ø20이다. 다음 장의 KS규격에서 권장하는 끼워맞춤의 볼베어링 란에서 축의 지름이 해당되는 18초과 100이하를 찾아보면 축의 공차등급을 js6로 권장하므로 **Ø20js6(Ø20± 0.065)**로 선정한다.

■ 레이디얼 베어링(0급, 6X급, 6급)에 대하여 일반적으로 사용하는 **축**의 공차 범위 등급 [KS B 2051]

운전상태 및 끼워맞춤 조건		볼베어링		원통롤러베어링 원뿔롤러베어링		자동조심 롤러베어링		축의 공차등급	비 고
		축 지름(mm)							
		초과	이하	초과	이하	초과	이하		
원통구멍 베어링(0급, 6X급, 6급)									
내륜 회전하중 또는 방향부정 하중	경하중 또는 변동하중	–	18	–	–	–	–	h5	정밀도를 필요로 하는 경우 js6, k6, m6 대신에 js5, k5, m5를 사용한다.
		18	100	–	40	–	–	js6	
		100	200	40	140	–	–	k6	
		–	–	140	200	–	–	m6	
	보통하중	–	18	–	–	–	–	js5	단열 앵귤러 볼 베어링 및 원뿔롤러베어링인 경우 끼워맞춤으로 인한 내부 틈새의 변화를 고려할 필요가 없으므로 k5, m5 대신에 k6, m6를 사용할 수 있다.
		18	100	–	40	–	40	k5	
		100	140	40	100	40	65	m5	
		140	200	100	140	65	100	m6	
		200	280	140	200	100	140	n6	
		–	–	200	400	140	280	p6	
		–	–	–	–	280	500	r6	
	중하중 또는 충격하중	–	–	50	140	50	100	n6	보통 틈새의 베어링보다 큰 내부 틈새의 베어링이 필요하다.
		–	–	140	200	100	140	p6	
		–	–	200	–	140	200	r6	

이번에는 하우징의 구멍에 끼워맞춤 공차를 선정해 보도록 하자.

하중의 조건은 외륜 정지 하중에 모든 종류의 하중을 선택하면 큰 무리가 없을 것이다. 따라서 다음 장의 표에서 권장하는 끼워맞춤 공차는 H7이 된다. 적용 볼 베어링의 호칭번호가 6004로 외경은 Ø42이며 하우징 구멍의 공차는 Ø42H7으로 선택해 준다. 보통 **외륜 정지 하중**인 경우에는 하우징 구멍은 H7을 적용하면 큰 무리가 없을 것이다(단, 적용 볼베어링을 일반급으로 하는 경우에 한한다).

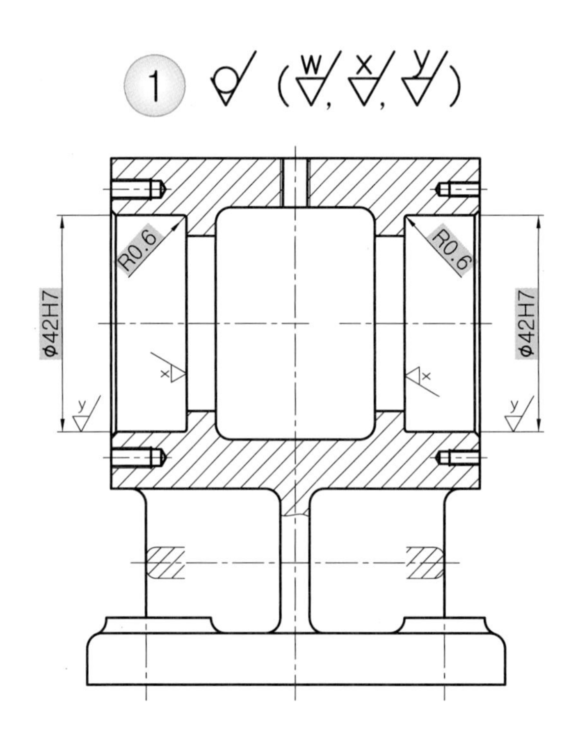

● 하우징 구멍의 끼워맞춤 공차의 적용 예

■ 레이디얼 베어링(0급, 6X급, 6급)에 대하여 일반적으로 사용하는 **구멍**의 공차 범위 등급 [KS B 2051]

조건				하우징 구멍의 공차범위 등급	비고
하우징 (Housing)	하중의 종류		외륜의 축 방향의 이동		
일체 하우징 또는 2분할 하우징	외륜정지 하중	모든 종류의 하중	쉽게 이동할 수 있다.	H7	대형베어링 또는 외륜과 하우징의 온도차가 큰 경우 G7을 사용해도 된다.
		경하중 또는 보통하중		H8	-
		축과 내륜이 고온으로 된다.		G7	대형베어링 또는 외륜과 하우징의 온도차가 큰 경우 F7을 사용해도 된다.
		경하중 또는 보통하중에서 정밀 회전을 요한다.	원칙적으로 이동할 수 없다.	K6	주로 롤러베어링에 적용된다.
			이동할 수 있다.	JS6	주로 볼베어링에 적용된다.
		조용한 운전을 요한다.	쉽게 이동할 수 있다.	H6	-

5. 내륜 정지 하중, 외륜 회전 하중인 경우의 끼워맞춤 선정 예

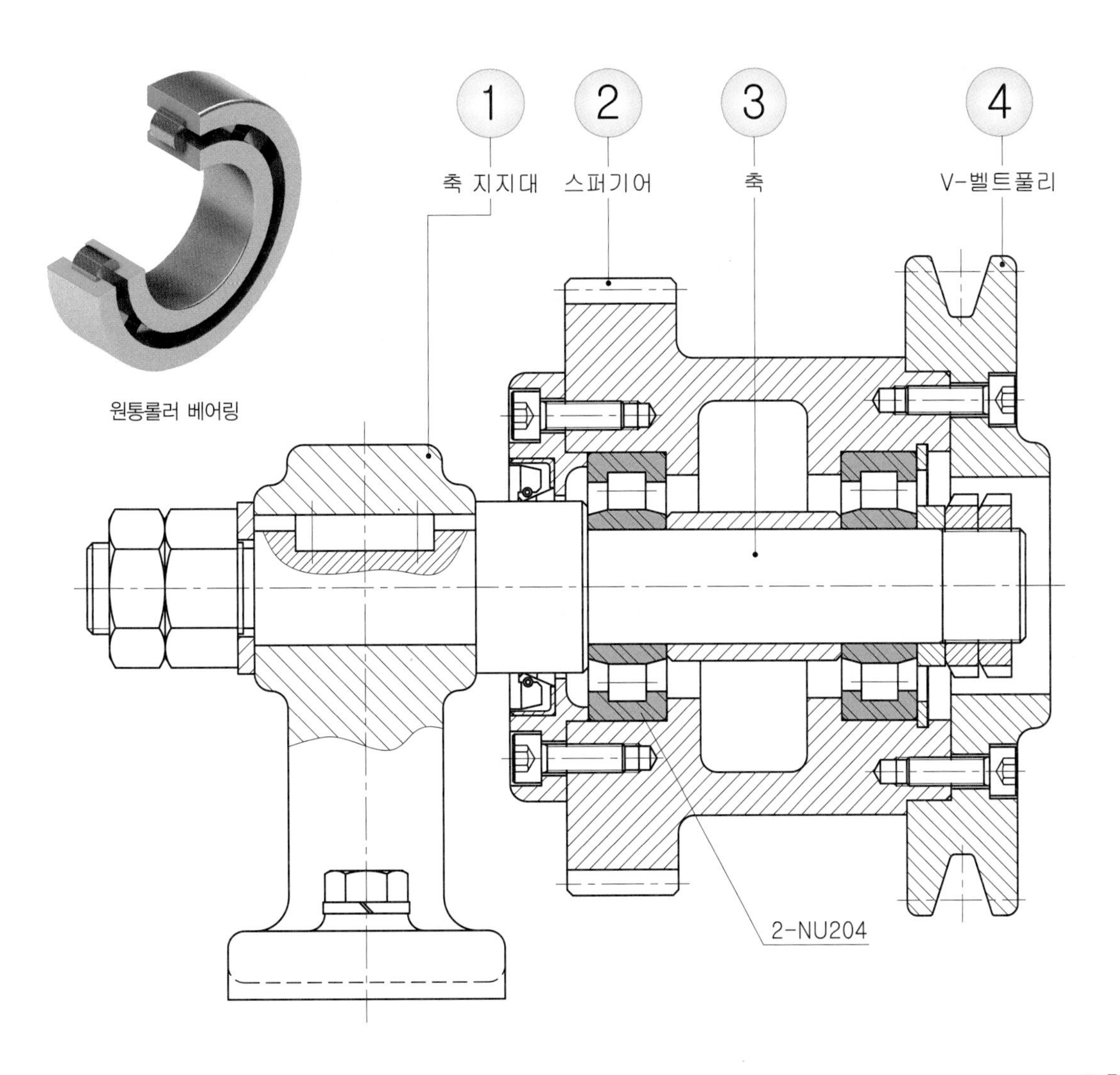

조립도를 분석해 보면 축은 ① 축 지지대에 키로 고정되어 정지 상태이며 ② 스퍼기어와 ④ V-벨트풀리가 회전하며 동력을 전달하는 구조이다. 이런 경우 베어링이 조립되는 축과 구멍의 끼워맞춤 관계를 알아보도록 하자. 먼저 운전상태 및 끼워맞춤 조건을 살펴보면 축은 **내륜 정지 하중**이며, 내륜이 축위를 쉽게 움직일 필요가 없으며 적용 베어링은 원통롤러 베어링으로 축 지름은 Ø20이다. 아래 KS규격에서 권장하는 끼워맞춤에서 보면 축 지름에 관계없이 축의 공차등급을 g6로 권장하므로 **Ø20g6**가 된다.

■ 레이디얼 베어링(0급, 6X급, 6급)에 대하여 일반적으로 사용하는 **축**의 공차 범위 등급 [KS B 2051]

운전상태 및 끼워맞춤 조건		볼베어링		원통롤러베어링 원뿔롤러베어링		자동조심 롤러베어링		축의 공차등급	비 고
		축 지름(mm)							
		초과	이하	초과	이하	초과	이하		
원통구멍 베어링(0급, 6X급, 6급)									
내륜 정지하중	내륜이 축위를 쉽게 움직일 필요가 있다.	전체 축 지름						g6	정밀도를 필요로 하는 경우 g5를 사용한다. 큰 베어링에서는 쉽게 움직일 수 있도록 f6을 사용해도 된다.
	내륜이 축위를 쉽게 움직일 필요가 없다.	전체 축 지름						h6	정밀도를 필요로 하는 경우 h5를 사용한다.

이번에는 스퍼기어의 구멍에 끼워맞춤 공차를 선정해 보도록 하자.
하중의 조건은 외륜 회전 하중에 중하중이며 베어링의 내륜과 외륜이 이동되지 않도록 모두 고정되어 있다. 따라서 다음 장의 표에서 권장하는 끼워맞춤 공차는 **P7**이 된다. 적용 롤러 베어링의 호칭번호가 NU204로 외경은 Ø47이며 스퍼기어 구멍의 공차는 **Ø47P7**으로 선택해 준다.

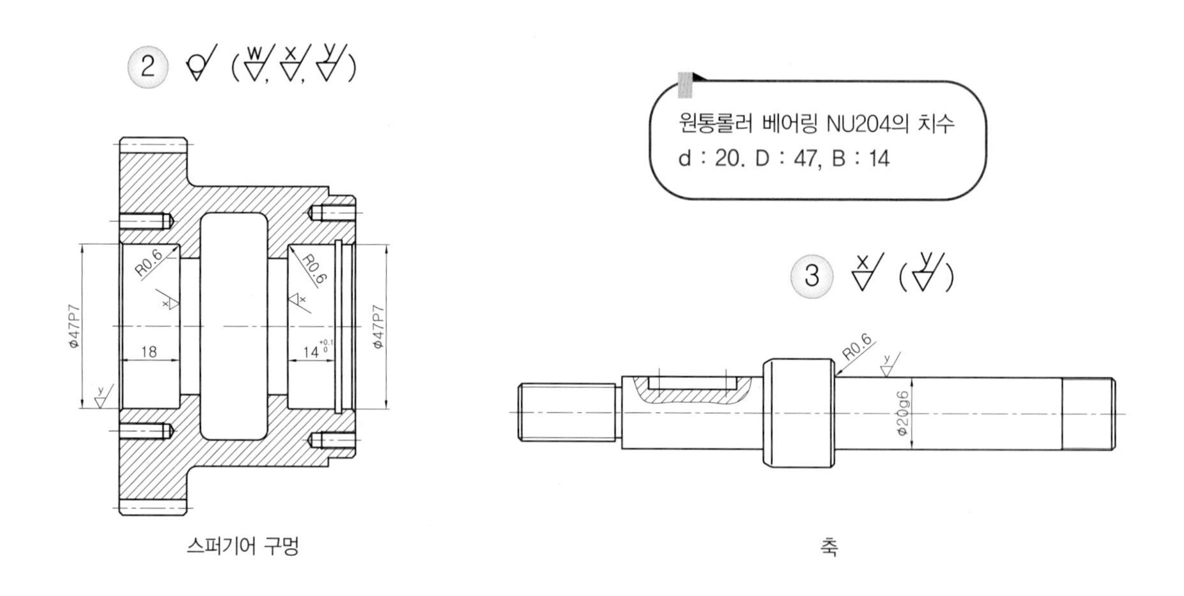

● 축과 스퍼기어 구멍의 끼워맞춤 공차의 적용 예

■ 레이디얼 베어링(0급, 6X급, 6급)에 대하여 일반적으로 사용하는 **구멍**의 공차 범위 등급 [KS B 2051]

조건				하우징 구멍의 공차범위 등급	비 고
하우징 (Housing)	하중의 종류		외륜의 축 방향의 이동		
일체 하우징 또는 2분할 하우징	외륜정지 하중	모든 종류의 하중	쉽게 이동할 수 있다.	H7	대형베어링 또는 외륜과 하우징의 온도차가 큰 경우 G7을 사용해도 된다.
		경하중 또는 보통하중		H8	-
		축과 내륜이 고온으로 된다.		G7	대형베어링 또는 외륜과 하우징의 온도차가 큰 경우 F7을 사용해도 된다.
		경하중 또는 보통하중에서 정밀 회전을 요한다.	원칙적으로 이동할 수 없다.	K6	주로 롤러베어링에 적용된다.
			이동할 수 있다.	JS6	주로 볼베어링에 적용된다.
		조용한 운전을 요한다.	쉽게 이동할 수 있다.	H6	-
일체 하우징	방향부정 하중	경하중 또는 보통하중	통상 이동할 수 있다.	JS7	정밀을 요하는 경우 JS7, K7 대신에 JS6, K6을 사용한다.
		보통하중 또는 중하중	이동할 수 없다.	K7	
		큰 충격하중	이동할 수 없다.	M7	-
	외륜회전 하중	경하중 또는 변동하중	이동할 수 없다.	M7	-
		보통하중 또는 중하중	이동할 수 없다.	N7	주로 볼베어링에 적용된다.
		얇은 하우징에서 중하중 또는 큰 충격하중	이동할 수 없다.	P7	주로 롤러베어링에 적용된다.

베어링이 가진 성능을 충분히 발휘하도록 하기 위해서는 내륜 및 외륜을 축 및 하우징에 설치시 적절한 끼워맞춤을 선정하는 것이 중요한 사항으로 이것이 베어링을 끼워맞춤하는 주요 목적이라고 할 수 있다.

끼워맞춤의 목적은 내륜 및 외륜을 축 또는 하우징에 완전히 고정해서 상호 유해한 미끄럼(slip)이 발생하지 않도록 하는데 있고, 만약 끼워맞춤면에서 미끄럼이 발생하면 기계 운전시 이상 발열, 끼워맞춤 면의 마모, 마모시 발생하는 이물질의 베어링 내부 침입, 진동 발생 등의 피해가 나타나 베어링은 충분한 기능을 발휘할 수 없게 된다.

용도에 맞는 끼워맞춤을 선정하려면 베어링 하중의 성질, 크기, 온도조건, 베어링의 설치 및 해체 등의 요건이 모든 조건을 만족해야만 한다.

베어링을 설치하는 하우징이 얇은 경우, 또는 중공축에 베어링을 설치하는 경우에는 보통의 경우보다 간섭량을 크게 할 필요가 있다. 분리형 하우징은 간혹 베어링의 외륜을 변형시키는 경우가 있으므로 외륜을 억지끼워맞춤 할 필요가 있을 경우에는 분리형 하우징의 적용을 피하는 것이 좋다. 또한 사용시 진동이 크게 발생하는 조건에서는 내륜 및 외륜을 억지끼워맞춤 할 필요가 있다.

위의 [KS B 2051] 표의 축 및 구멍의 공차등급은 가장 일반적인 추천 끼워맞춤으로 실무에서 특별한 환경이나 사용조건인 경우에는 베어링 제조사에 상담하여 선정하는 것이 좋다.

베어링은 궤도륜(내륜, 외륜)과 전동체(볼, 롤러)의 재료로 일반적으로 KS에 규정되어 있는 고탄소 크롬 베어링강을 사용한다.
이중 널리 사용되는 것은 STB2이고 STB3는 Mn의 함유량을 크게 한 강종으로 열처리성이 양호하므로 두꺼운 베어링에 적용한다.

Lesson

06 끼워맞춤 공차 적용

• 표준적인 끼워맞춤 공차

끼워맞춤 항목	구멍	축
고정밀도의 회전, 위치결정	H7	g6
Ø3mm를 초과하는 구멍과 축의 압입	H7	p6
Ø3mm 이하의 구멍과 축의 압입	H7	r6
윤활 저널 베어링 등	H8	f7
헐거운 가동 끼워맞춤	H9	e9
특히 헐거운 가동 끼워맞춤	H10	d9

정밀도 등급은 구멍의 경우 7등급, 축의 경우는 6등급이 정밀 기계가공의 표준이며, 이것을 초과하는 정밀도는 원통 연삭, 원통 래핑 등의 특수가공이 필요하고 이는 원가상승의 요인이 된다. 반대로 정밀도를 낮게 하면 기계가공이 용이하게 되는데 이런 경우는 반드시 끼워맞춤 공차를 따를 필요는 없으며 정밀도의 상한값과 하한값 만을 지정해 주면 된다.
H7/g6, H7/p6, H7/r6는 가공에서 끼워맞춤 공차를 지킬 필요가 있다. 이 경우에 한해서는 끼워맞춤 공차와 상한치수, 하한치수를 부품도에 병기하는 것이 좋다.

■ 끼워맞춤 적용 예

끼워맞춤 공차	적용 부분
H7/s6	• 조립 · 분해에 큰 힘을 필요로 하는 접합
H7/r6	• 냉각 끼워맞춤 · 강압입
H7/n6	• 경압입. 조립 · 분해에 상당한 힘을 필요로 하는 접합
H7/m6	• 조립 · 분해에 해머나 핸드프레스를 사용할 정도의 접합
H7/k6	• 고정밀도 위치 결정
H7/js6	• 약간의 체결여유가 있어도 좋은 결합 부분 • 고정밀도 위치 결정 • 나무 · 납 해머로 조립 · 분해 가능한 결합
H7/h6	• 정밀 슬라이딩 부분
H7/g6	• 경하중 정밀기기의 회전부분, 위치 결정, 정밀 슬라이딩 부분
H7/f7	• 적당한 틈새가 있어 운동이 가능한 결합
H7/e8	• 약간의 틈새가 필요한 동작 부분
H7/d9	• 큰 틈새가 필요한 부분
H8/c9	• 조립을 쉽게 하기 위해 틈새를 크게 해도 되는 부분
H8/e8	• 약간의 틈새가 필요한 동작 부분

● DIN 7151[3] 또는 ISO 286(JIS B 0401) 참조

■ 헐거운 끼워맞춤의 종류와 적용 예

끼워맞춤 상태	끼워맞춤 구멍 기준	끼워맞춤 상태 및 적용 예
헐거운 끼워맞춤	H9/c9	아주 헐거운 끼워맞춤 고온시에도 적당한 틈새가 필요한 부분 헐거운 고정핀의 끼워맞춤 피스톤 링과 링 홈
	H8/d9 H9/d9	큰 틈새가 있어도 좋고 틈새가 필요한 부분 기능상 큰 틈새가 필요한 부분, 가볍게 돌려 맞춤 크랭크웨이브와 핀의 베어링(측면) 섬유기계 스핀들
	H7/e7 H8/e8 H9/e9	조금 큰 틈새가 있어도 좋거나 틈새가 필요한 부분 일반 회전 또는 미끄럼운동 하는 부분 배기밸브 박스의 피팅 크랭크축용 주 베어링
	H6/f6 H7/f7 H8/f7 H8/f8	적당한 틈새가 있어 운동이 가능한 헐거운 끼워맞춤 윤활유를 사용하여 손으로 조립 자유롭게 구동하는 부분이 아닌, 자유롭게 이동하고 회전하며 정확한 위치결정을 요하는 부분을 위한 끼워맞춤 일반적인 축과 부시 링크 장치 레버와 부시
	H6/g5 H7/g6	가벼운 하중을 받는 정밀기기의 연속적인 회전 운동 부분 정밀하게 미끄럼 운동을 하는 부분 아주 좁은 틈새가 있는 끼워맞춤이나 위치결정 부분 고정밀도의 축과 부시의 끼워맞춤 링크 장치의 핀과 레버

■ 중간끼워맞춤의 종류와 적용 예

끼워맞춤 상태	끼워맞춤 구멍 기준	끼워맞춤 상태 및 적용 예
중간 끼워맞춤	H6/h5 H7/h6 H8/h7 H8/h8 H9/h9	윤활제를 사용하여 손으로 움직일 수 있을 정도의 끼워맞춤 정밀하게 미끄럼 운동하는 부분 림과 보스의 끼워맞춤 부품을 손상시키지 않고 분해 및 조립 가능 끼워맞춤의 결합력으로 큰 힘 전달 불가
	H6/js5 H7/k6	조립 및 분해시 헤머나 핸드 프레스 등을 사용 부품을 손상시키지 않고 분해 및 조립 가능 기어펌프의 축과 케이싱의 고정
	H6/k5 H6/k6 H7/m6	작은 틈새도 허용하지 않는 고정밀도 위치결정 조립 및 분해시 헤머나 핸드 프레스 등을 사용 부품을 손상시키지 않고 분해 및 조립 가능 끼워맞춤의 결합력으로 전달 불가 리머 볼트 유압기기의 피스톤과 축의 고정
	H6/m5 H6/m6 H7/n6	조립 및 분해시 상당한 힘이 필요한 끼워맞춤 부품을 손상시키지 않고 분해 및 조립 가능 끼워맞춤의 결합력으로 작은 힘 전달 가능

■ 억지끼워맞춤의 종류와 적용 예

끼워맞춤 상태	끼워맞춤 구멍 기준	끼워맞춤 상태 및 적용 예
억지 끼워맞춤	H6/n6 H7/p6 H6/p6 H7/r6	조립 및 분해에 큰 힘이 필요한 끼워맞춤 철과 철, 청동과 동의 표준 압입 고정부 부품을 손상시키지 않고 분해 곤란 대형 부품에서는 가열끼워맞춤, 냉각끼워맞춤, 강압입 끼워맞춤의 결합력으로 작은 힘 전달 가능 조인트와 샤프트
	H7/s6 H7/t6 H7/u6 H7/x6	가열끼워맞춤, 냉각끼워맞춤, 강압입 분해하는 일이 없는 영구적인 조립 경합금의 압입 부품을 손상시키지 않고 분해 곤란 끼워맞춤의 결합력으로 상당한 힘 전달 가능 베어링 부시의 끼워맞춤

■ 자주 사용하는 끼워맞춤 공차 적용 예

공차 적용부	구멍 공차	축 공차	비고
보통형 평행키의 키홈 부 끼워맞춤 공차	Js9	N9	구 : 평행키 보통급
활동형 평행키의 키홈 부 끼워맞춤 공차	D10	H9	구 : 미끄럼키
체결형 평행키의 키홈 부 끼워맞춤 공차	P9	P9	구 : 조임형
보통형 반달키의 키홈 부 끼워맞춤 공차	Js9	N9	
오일실 끼워맞춤 공차	H8	h8, f8	실제조사 카다로그 참조
가벼운 하중을 받는 정밀기기의 연속적인 회전 운동 부분 정밀하게 미끄럼 운동을 하는 부분	H6	g5	정밀도가 필요한 축과 부시의 끼워맞춤 링크 장치의 레버와 핀
	H7	g6	
부품의 기능상 큰 틈새가 필요한 부분 가볍게 돌려 끼워맞춤하는 부분	H8	d9	크랭크 웨이브와 핀 베어링 섬유기계의 주축
	H9	d9	
일반 회전 또는 미끄럼 마찰 운동을 하는 부분 조금 큰 틈새가 있어도 좋거나 틈새가 필요한 부분	H7	e7	배기밸브 박스의 끼워맞춤 크랭크축 용 주 베어링
	H8	e8	
	H9	e9	
더스트실 끼워맞춤 공차	H7	f8	실 제조사 카다로그 참조
부품을 손상시키지 않고 분해 및 조립 가능 끼워맞춤의 결합력으로 동력 전달 불가	H6	k5, k6	리머 볼트 유압기기 피스톤과 축의 고정부
	H7	m6	
베어링 커버 끼워맞춤 공차	H7	h6	림과 보스의 끼워맞춤 부품을 손상시키지 않고 분해 조립이 가능
유압 실린더 피스톤부 끼워맞춤 공차	H7	f7	
유압 실린더 로드부 끼워맞춤 공차	H7	g6	아주 좁은 틈새가 있는 끼워맞춤이나 위치결정 부분
회전용 삽입 부시 끼워맞춤 공차	G6	m5	
지그용 고정 부시 끼워맞춤 적용 공차	H7	p6	부품을 손상시키지 않고 분해 곤란
가열 끼워맞춤, 냉각 끼워맞춤, 강력 압입	H7	s6, t6, u6, x6	베어링 부시의 끼워맞춤 분해하는 일이 없는 영구적인 조립
지그 고정용 키 끼워맞춤 공차	H7	h6, m6	부품을 손상시키지 않고 분해 조립이 가능
V-블록 안내부 끼워맞춤 공차	H7	h7, h6	정밀 미끄럼 운동 하는 부분
오일레스 부시, 가이드 메탈 부시 끼워맞춤 공차	H7	p6, r6	철과 철, 청동과 동의 표준 압입 고정부 조립 및 분해에 큰 힘이 필요한 끼워맞춤
틈새가 없는 볼 베어링 및 롤러 베어링의 구멍과 축의 끼워맞춤 적용 공차로 보통 하중을 받는 부분	H7	k6, r6	조립 및 분해시 헤머나 핸드프레스 등을 사용
고속의 하중을 제외한 일반적인 볼 베어링 유니트의 샤프트	H7	h7, h9	
틈새가 부품 수명에 영향을 미치는 가벼운 하중을 받는 부분 볼 베어링 등	H7	j6, m6	
유공압 프레스 압입, 열간 압입 등 영구 조립 부분	H7	p6, s6, x6	부품을 손상시키지 않고 분해 곤란
손으로 움직여서 쉽게 이동이 가능하며 오일 윤활을 하는 부분	H7	h6	정밀 미끄럼 운동 하는 부분

[주] 위 표의 공차 적용은 일반적인 예로써, 실무현장에서는 부품의 기능에 알맞게 끼워맞춤 공차를 적용한다.

■ 상용하는 구멍기준식 끼워맞춤 적용 예

기준 구멍	축	적 용 장 소	기준 구멍	축	적 용 장 소
H6	m5	전동축 (롤러 베어링)	H7	f6	베어링
	k5	전동축, 크랭크축상 밸브, 기어, 부시		e6	밸브, 베어링, 샤프트
	j5	전동축, 피스톤 핀, 스핀들, 측정기		j7	기어축, 리머, 볼트
	h5	사진기, 측정기, 공기 척		h7	기어축, 이동축, 피스톤, 키, 축이음, 커플링, 사진기
	p6	전동축 (롤러 베어링)		(g)	베어링
	n6	미션, 크랭크, 전동축		f7	베어링, 밸브 시트, 사진기, 시, 캠축
	m6	사진기		e7	베어링, 사진기, 실린더, 크랭크축
	k6	사진기	H8	h7	일반 접합부
	j6	사진기		f7	기어축
H7	x6	실린더		h8	유압부, 일반 접합부
	u6	샤프트, 실린더		f8	유압부, 피스톤부, 기어펌프축, 순환 펌프축
	t6	슬리브, 스핀들, 거버너축		e8	밸브, 프랭크축, 오일펌프 링
	s6	변속기		e9	웜, 슬리브, 피스톤 링
	r6	캠축, 플랜지 핀, 압입부		d9	고정핀, 사진기용 작은 축받침
	p6	노크핀, 체인, 실린더, 크랭크, 부시, 캠축	H9	h8	베어링, 조작축 받침
	n6	부시, 미션, 크랭크, 기어, 거버너축		e8	피스톤 링, 스프링 안내홈
	m6	부시, 기어, 커플링, 피스톤, 축		d9	웜, 슬리브
	j6	지그 공구, 전동축	H10	d9	고정핀, 사진기용 작은 베어링
	h6	기어축, 이동축, 실린더, 캠		h9	차륜 축
	g6	회전부, 스러스트, 칼라, 부시		c9	키 부분

[주] **구멍 기준식 끼워맞춤**
아래 치수 허용차가 '0'인 H기호 구멍을 기준 구멍으로 하고, 이에 용도에 맞는 적절한 축을 선정하여 요구되는 기능이나 필요로 하는 죔새나 틈새를 얻는 끼워맞춤 방식을 말한다.

PART 03

기하공차 적용 테크닉

이 장에서는 실제 실기 과제도면을 통해서 부품에 필요한 기하공차를 적용해 보고, 해석해 나가면서 기하공차의 개념에 대해 이해하고 올바른 기하공차의 규제방법을 학습해 보도록 하자. 또한 기하공차의 값을 지정해주는 방법에 대해서도 알아보도록 하자.

특히 실기시험에서의 기하공차 적용은 수험자가 기하공차의 값을 얼마로 지정해 주었는지 보다는 규제하고자 하는 형체에 올바른 기하공차를 적용할 수 있느냐가 더 중요한 사항이라고 할 수 있다. 기능상 꼭 필요한 부분에만 적용을 해야 하는데 필요 이상의 기하공차를 남발하게 된다면 감점의 요인이 될 수가 있다.

■ 주요 학습내용 및 목표

- 기하공차의 개념과 종류 이해
- 기하공차의 도시방법과 올바른 적용
- 데이텀(datum) 정의와 활용
- 올바른 기하공차의 규제와 형체 선정
- 기하공차의 공차값 적용

Lesson

01 기능사 · 산업기사 · 기사 실기시험에서 기하공차의 적용

투상과 치수기입 및 도면배치, 재료와 열처리 선정 등을 아무리 잘하였더라도 각 부품에 표면거칠기나 기하공차를 적절하게 기입하지 않았다면 실기 시험 채점에서 감점 요인이 되어 좋은 결과를 기대하기 어려울 것이다. 도면을 작도하고 나서 중요한 기능적인 역할을 하는 부분이나 끼워맞춤하는 부품들에 기하공차를 적용하게 되는데 과연 기하공차의 값을 얼마로 주어야 좋을지에 대한 고민을 한 번씩은 해보게 될 것이다.

실기시험에서 기하공차 적용시 기준치수(기준길이)에 대하여 IT 몇 등급을 적용하라고 딱히 규제하는 경우가 아니라면 가장 적절한 기하공차 영역을 찾느라 고민하지 않을 수 없다. 현재 실기시험 응시자들의 일반적인 추세를 보면 기준치수를 찾아 IT5~IT7 등급을 적용하는 사례를 가장 많이 볼 수 있는데, 이것이 정확한 기하공차를 적용하는 기준은 아니라는 점을 명심해야 한다.

보통 끼워맞춤 공차는 구멍의 경우 IT7급(H7, N7 등)을 적용하며 축의 경우 IT6급(g6, h6, js6, k6, m6 등)이나 IT5급(h5, js5, k5, m5) 등을 적용하는 사례가 일반적이다. 따라서 기하공차의 값은 요구되는 정밀도에 따라 IT4급~IT7급에 해당하는 기본 공차의 수치를 찾아 적절하게 규제해 주고 있는 것으로 이해하면 될 것이다. 또한 IT5급 등의 특정 등급을 지정하여 일괄적으로 규제하는 경우는 도면 작도시 편의상 그렇게 적용하는 것뿐이지 반드시 기하공차의 값을 IT5급에서만 적용해야 하는 것은 아니라는 점을 이해해야 할 것이다.

특히 실무현장에서 보면 IT 등급을 사용하는 경우가 많지 않음을 알 수 있다. 물론 실무현장에서도 찾아보면 기준치수(기준길이)와 IT등급에 따른 기하공차를 적용한 예를 볼 수가 있다. 하지만 일반적인 경우에는 기준치수(기준길이)에 한정하지 않고 제품의 기능상 무리가 없는 한 제조사에서 보유하고 있는 공작기계나 측정기의 정밀도에 따라 기하공차를 적용해 주고 있다.
그렇지 않고 필요 이상의 기하공차를 남발하게 된다면 도면의 요구조건을 충족시키기 위하여 외주 제작이 필요하게 된다던지 제작이 완료된 부품의 정밀한 측정을 위하여 보다 고정밀도의 측정기를 보유한 곳에서 검사를 하게 되어 제조원가의 상승을 초래하게 될 것이다.

예를 들어 정밀급인 경우 기하공차 값은 0.01~0.02, 보통급(일반급)인 경우 0.03~0.05, 거친급인 경우에는 0.1~0.2, 아주 높은 정밀도를 필요로 하는 경우에는 0.002~0.005 정도로 지정해주는 사례가 실무현장에서는 일반적인 것이다.
예를 들어 기준치수 Ø40에 IT5급을 적용해보면 0.011이 되는데 이런 경우 0.01로 적용하여 1/1000(μm) 단위에서 관리해야 하는 공차를 1/100 단위로 현장 조건에 맞도록 공차 관리를 해주는 경우이다.
따라서 0.011을 0.01로 규제해 주었다고 해서 틀렸다고 생각하기보다는, 해당 부품이 그 기능상 0.01 이내에서 정밀도의 대상이 되는 점, 선, 축선, 면에서 기하공차에 관련이 되는 크기, 형상, 자세, 위치의 4요소를 치수공차와 기하공차를 이용하여 적절하게 규제하여 도면을 완성해 주는 것이 더욱 중요한 사항이라고 본다.

특히 기능사, 산업기사, 기사 실기시험에서 무엇보다 중요한 것은 규제하고자 하는 형체에 올바른 기하공차를 적용할 수 있느냐 하는 점이며, 예를 들어 어떤 부품의 면이 데이텀을 기준으로 그 기능상 직각도가 중요한 부분(수직)인데 엉뚱하게 원통도나 동심도를 부여하면 틀리게 되는 것이다.
지금부터 일반적으로 널리 사용하는 기하공차를 가지고 규제하고자 하는 대상형체에 따라 올바른 기하공차를 적용하고 데이텀이 필요한 경우 데이텀을 어떻게 선정하는지 알아보면서 기하공차의 적용에 대하여 이해하고 실기 예제 도면에 적용해 보기로 하자.

Lesson 02

데이텀 선정의 기준 원칙 및 우선 순위 선정 방법

(자격 시험 과제 도면에서의 예)

❶ 데이텀은 치수를 측정할 때의 기준이 되는 부분
❷ 기계 가공이나 조립시에 기준이 되는 부분
❸ 축을 지지하는 베어링이 조립되는 본체의 끼워맞춤 구멍
❹ 기계요소들이 조립되는 본체(몸체, 하우징 등)의 넓은 가공 평면(조립되는 상태에 따라 기준이 되는 바닥면 또는 측면)
❺ 동력을 전달하는 회전체(기어, 풀리 등)에 축이 끼워지는 구멍 또는 키홈 가공이 되어있는 구멍
❻ 치공구에서 공작물이 위치결정되는 로케이터(위치 결정구)의 끼워맞춤 부분
❼ 드릴지그에서 지그 베이스의 밑면과 드릴부시가 끼워지는 부분
❽ 베어링이나 키홈 가공을 하여 회전체를 고정시키는 축의 축심이나 기능적인 역할을 하는 축의 외경 축선
❾ 베어링이나 오일실, 오링 등이 설치되는 중실축 및 중공축의 축선

[KS A ISO 7083 : 2002]

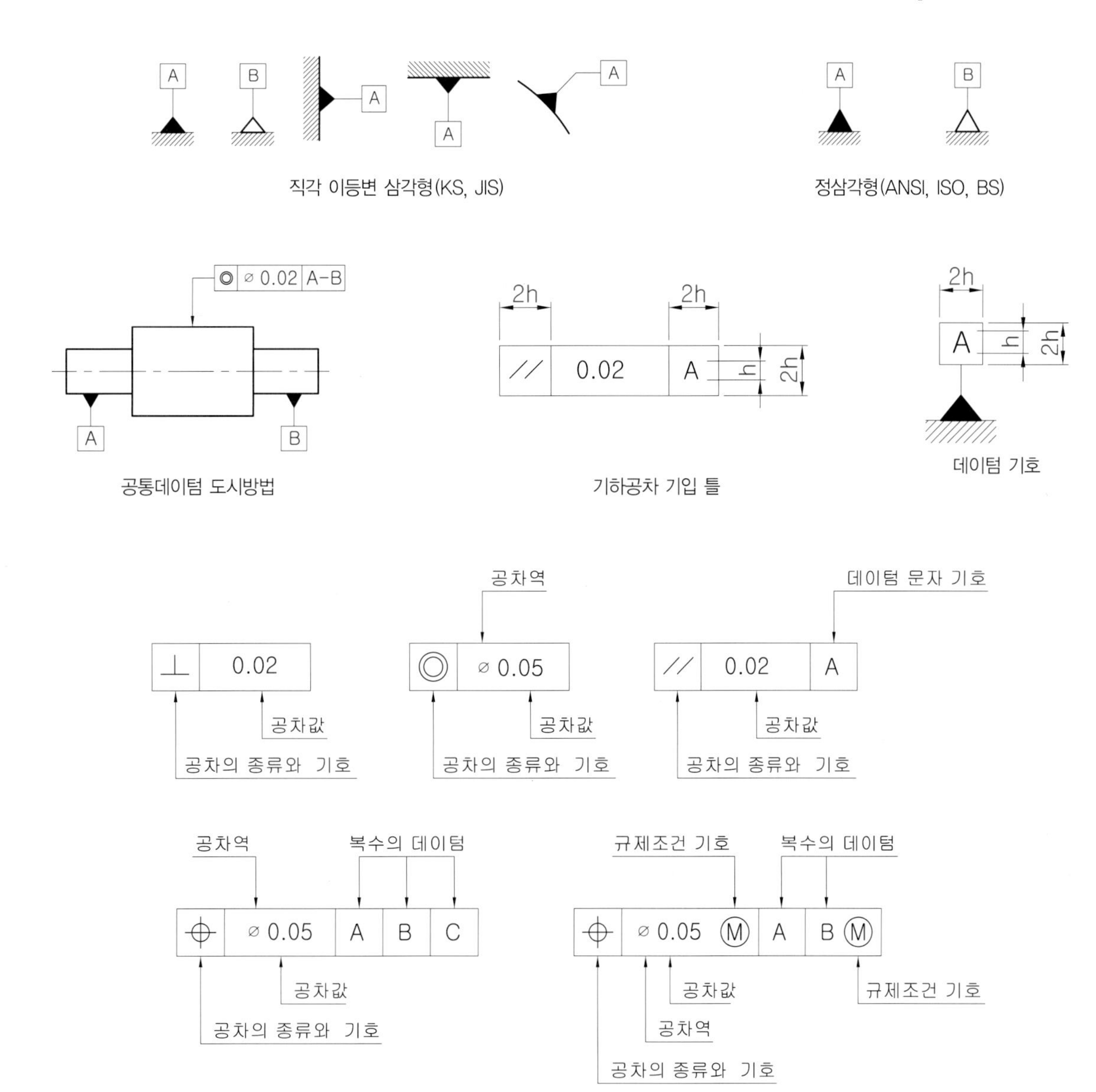

동력전달장치 조립도

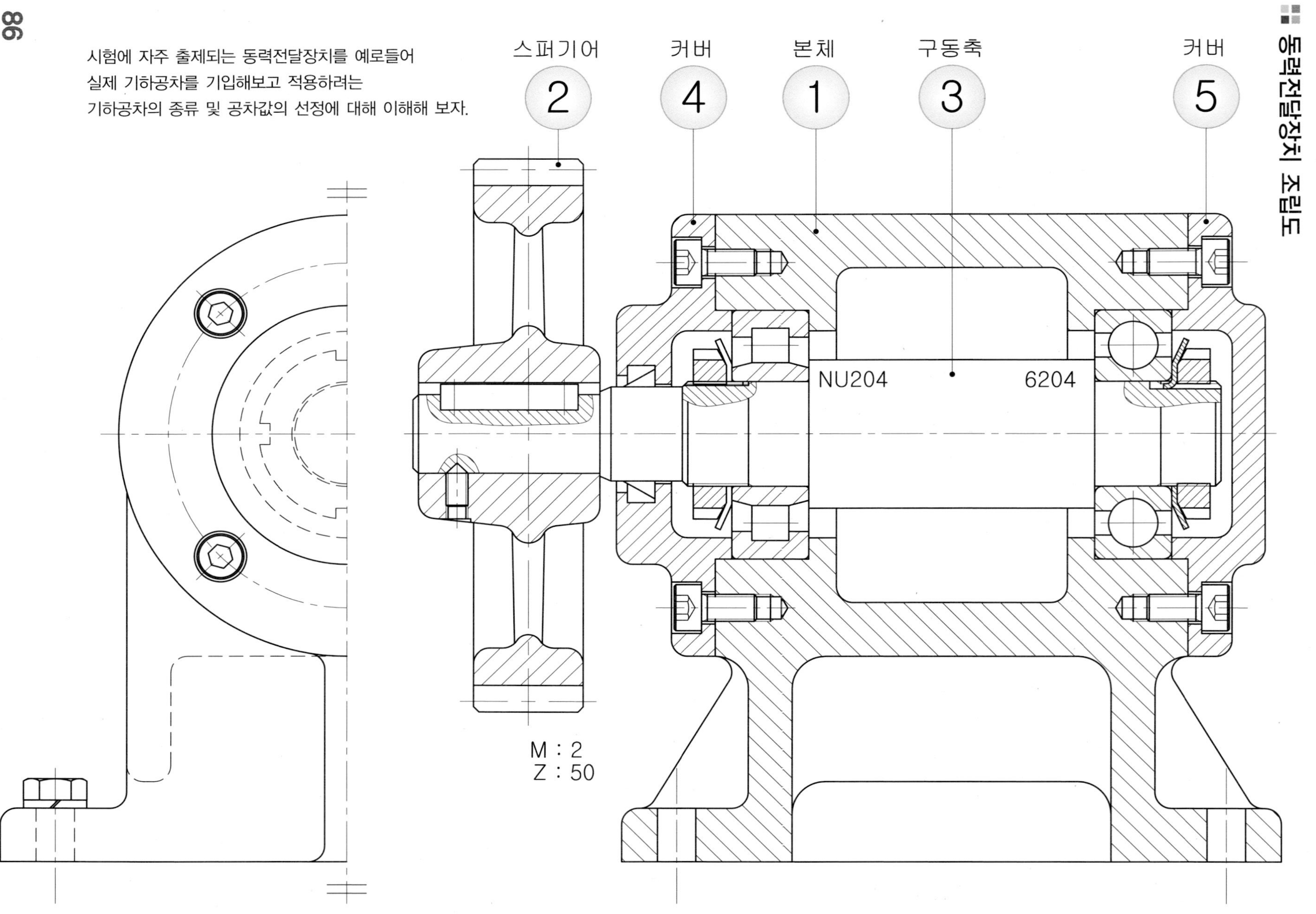

시험에 자주 출제되는 동력전달장치를 예로들어
실제 기하공차를 기입해보고 적용하려는
기하공차의 종류 및 공차값의 선정에 대해 이해해 보자.
스퍼기어 2
커버 4
본체 1
구동축 3
커버 5
NU204
6204
M : 2
Z : 50

참고입체도

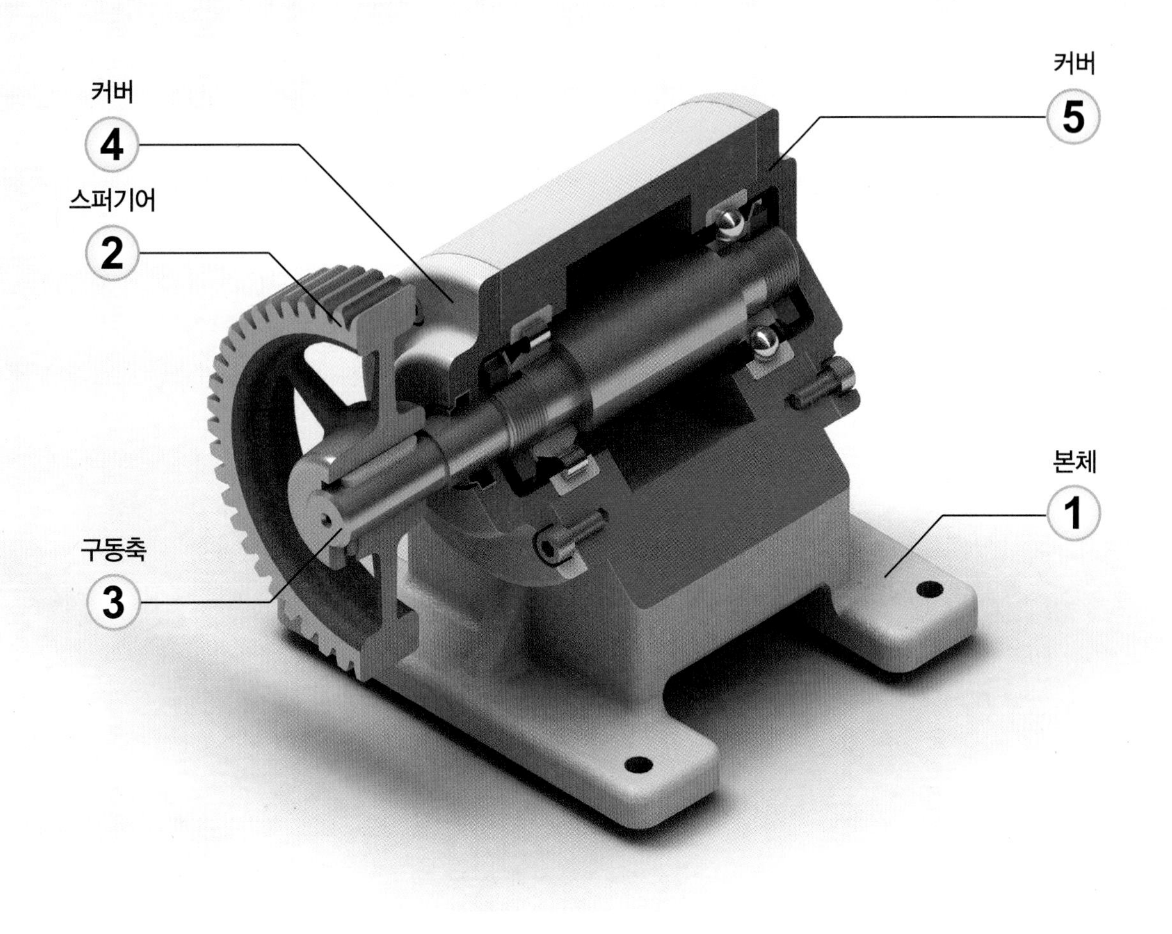

■ IT기본공차 등급에 따른 기하공차의 적용 비교

[단위 : mm]

품번	기하공차 규제 대상 형체	기하공차의 적용				데이텀의 선정
		기하공차의 종류	기준치수 (기준길이)	공차 등급		
				IT5급	IT6급	
①	NU204 베어링 하우징 구멍의 축직선	평행도	86	Ø0.015	Ø0.022	본체 바닥면 [A] (상대 부품과 조립기준면)
	6204 베어링 하우징 구멍의 축직선	평행도	86	Ø0.015	Ø0.022	본체 바닥면
		동심도	Ø47	Ø0.011	Ø0.016	2차 데이텀 [B] NU204 베어링 하우징 구멍
	본체 커버가 조립되는 면	직각도	121.5	0.018	0.025	본체 바닥면 [A]
②	기어 이끝원의 축직선	원주흔들림	Ø104	0.015	0.022	Ø15H7 구멍의 축직선 [C]
③	원통 축직선	원주흔들림	Ø15	0.008	0.011	전체 원통의 공통 축직선 [D]
			Ø18	0.008	0.011	
			Ø20	0.009	0.013	
④	본체 조립시 커버 접촉면	직각도 원주흔들림	Ø83	0.015	0.022	Ø47g7 원통 축직선 [E]
	오일실 설치부 구멍의 축선	동심도 원주흔들림	Ø26	0.009	0.013	

Lesson

04 실기 과제도면에 기하공차 적용해 보기

1. 데이텀(DATUM)을 선정한다.

보통 본체나 하우징과 같은 부품은 내부에 베어링과 축이 끼워맞춤되고 양쪽에 커버가 설치되며 본체 외부로 돌출된 축의 끝단에 기어나 풀리 등의 회전체가 조립이 되는 구조가 일반적이다. 이러한 본체에서의 데이텀(기준면)은 상대부품과 견고하게 체결하여 고정시킬 때 밀착이 되는 바닥면과 축선과 베어링이 설치되는 구멍의 축선이 된다(본체 형상에 따라 기준은 달라질 수가 있다). 결국 본체 바닥면은 가공과 조립 및 측정의 기준이 되고, 기준면에 평행한 구멍의 축선은 베어링과 축이 결합되어 회전하며 동력을 전달시키는 주요 운동부분이기 때문이다.

2. 베어링을 설치할 구멍에 **평행도**를 선정한다.

평행도는 데이텀을 기준으로 규제된 형체의 표면, 선, 축선이 기하학적 직선 또는 기하학적인 평면으로부터 벗어난 크기이다. 또한 데이텀이 되는 기준 형체에 대해서 평행한 이론적으로 정확한 기하학적 축직선 또는 평면에 대해서 얼마만큼 벗어나도 좋은가를 규제하는 기하공차이다. **축직선이 규제 대상인 경우는 Ø가 붙는 경우가 있으며 평면이 규제 대상인 경우는 공차값 앞에 Ø를 붙이지 않는다.** 또한 평행도는 반드시 데이텀이 필요하며 부품의 기능상 필요한 경우에는 1차 데이텀 외에 참조할 수 있는 2차, 3차 데이텀의 지정도 가능하다.

■ 평행도로 규제할 수 있는 형체의 조건

❶ 기준이 되는 하나의 데이텀 평면과 서로 나란한 다른 평면
❷ **데이텀 평면과 서로 나란한 구멍의 중심(축직선)**
❸ **하나의 데이텀 구멍 중심(축직선)과 나란한 구멍 중심을 갖는 형체**
❹ 서로 직각인 두 방향(수평, 수직)의 평행도 규제

3. 평행도 공차를 기입한다.

평행도로 규제할 수 있는 형체의 조건 중 '**데이텀 평면과 서로 나란한 구멍의 중심(축직선)**', '**하나의 데이텀 구멍 중심(축직선)과 나란한 구멍 중심을 갖는 형체**'에 해당하는데 여기서 본체는 바닥기준면인 1차 데이텀 [A]와 롤러베어링 NU204가 설치되는 구멍의 축선을 평행도로 규제해주고 2차 데이텀으로 선정 후 볼베어링 6204가 설치되는 구멍을 평행도와 2차 데이텀 [B]에 대해서 동심도를 규제해주면 이상적이다(동력을 전달하는 기어가 근접한 쪽의 베어링 설치 구멍을 2차 데이텀으로 선정하면 좋다).

여기서 기준치수(기준길이)는 Ø47의 구멍 치수가 아니라 **평행도를 유지해야 하는 축선의 전체 길이**로 선정해준다. 즉, Ø47H7의 구멍이 좌우에 2개소가 있고, 그 구멍의 축선 길이가 **86**이므로 IT 기본공차 표에서 선정할 기준치수의 구분에서 찾을 기준길이는 86이 된다. 따라서 아래 표에서 **86**이 해당하는 기준치수를 찾아보면 80 초과 120이하의 치수구분에 해당되는 것을 알 수 있으며, IT5등급을 적용한다면 기하공차 값은 15μm(0.015mm)을, IT6등급을 적용한다면 22μm(0.022mm)을 선택하면 된다.

만약 IT 기본공차 등급이 아닌 현장 실무 공차를 적용한다면 정밀급에 해당하는 0.01~0.02 정도의 값을 선택해주면 큰 무리는 없을 것이다.

4. 동심도(동축도) 공차를 기입한다.

그리고 우측의 베어링 설치구멍은 바닥 기준면 [A]에 대해서 평행도로 규제해주고 좌측의 구멍인 2차 데이텀 [B]에 대해서 동심이 중요하므로 동심도 공차를 규제해 주었다. 여기서 동심도를 규제하는 기준치수는 평행도를 규제했던 축선 길이 86이 아니라 Ø47의 구멍지름 치수에 대해 적용해주면 되는데 그 이유는 동심도는 데이텀인 원의 중심에 대해서 원형형체의 중심위치가 벗어난 크기를 말하는 것으로 원의 중심으로부터 반지름상의 동일한 거리내에 있는 형체를 규제하므로 Ø47의 구멍지름의 치수를 기준길이로 선정하는 것이다.

따라서 동심도 공차가 규제되어야 할 기준치수인 **Ø47**이 해당하는 IT 공차역 범위 클래스는 **30초과 50이하**이므로 공차값은 IT5등급을 적용한다면 11㎛(0.011mm)을, IT6등급을 적용한다면 16㎛(0.016mm)을 선택하면 된다. 만약 IT 기본공차 등급이 아닌 현장 실무 공차를 적용한다면 정밀급에 해당하는 **0.01~0.02** 정도의 값을 선택해 주면 큰 무리는 없을 것이다.

본체 부품도에 평행도와 동심도 규제 예

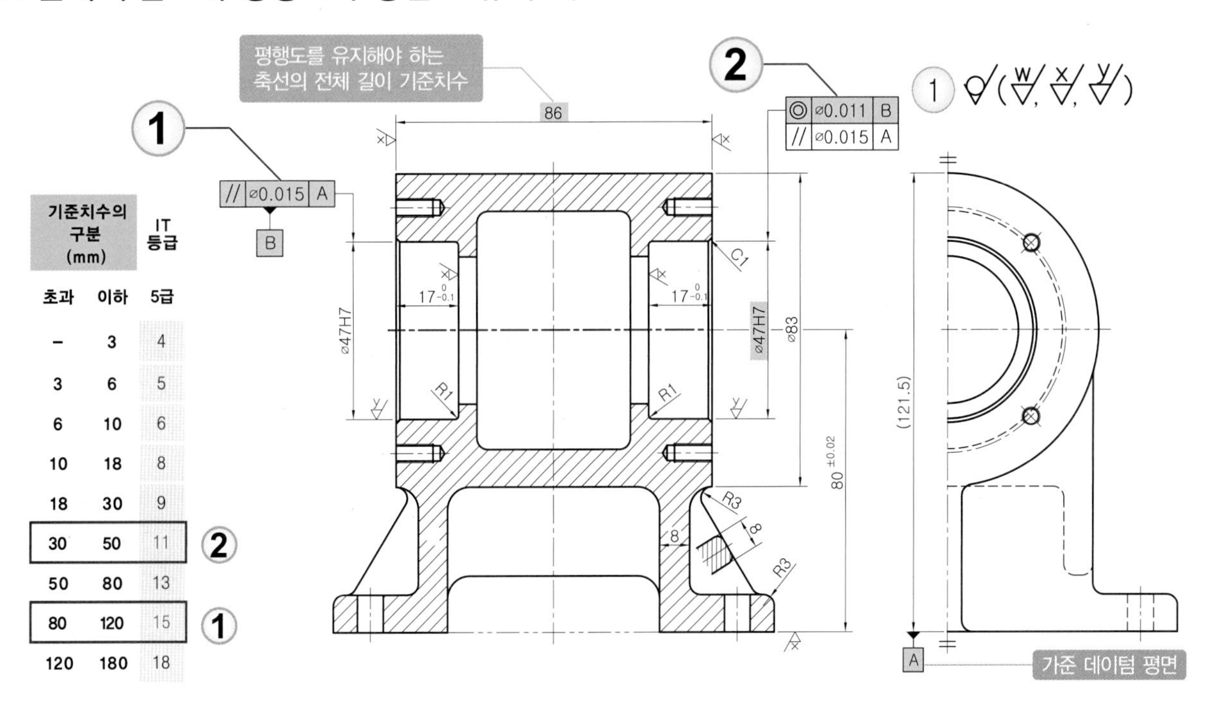

기준치수의 구분 (mm)		IT 등급
초과	이하	5급
–	3	4
3	6	5
6	10	6
10	18	8
18	30	9
30	50	11 ②
50	80	13
80	120	15 ①
120	180	18

❶ 평행도 규제 및 2차 데이텀 설정

먼저 스퍼기어에 근접한 베어링 구멍에 평행도를 적용한다. **공차값을 IT5급으로 적용하는 경우 기준치수의 길이는 Ø47H7 구멍 치수가 아니라 평행도를 유지해야 하는 축선의 전체길이 치수인 86으로 하며 IT5급에서 찾아보면 80초과 120이하에 해당하며 적용 공차값은 15㎛, 즉 0.015mm가 된다.** 그리고, 이 구멍을 2차 데이텀으로 선정하여 반대측 구멍의 동심도를 규제해 준다.

❷ 동심도 규제

2차 데이텀 [B]에 대한 동심도 공차값은 IT5급을 적용하는 경우 동심이 필요한 지름치수인 **Ø47이 속하는 30초과 50이하에 해당하며 공차값은 11㎛, 즉 0.011mm가 된다.**

평행도를 구멍에 규제하는 경우 기준치수의 길이는 데이텀 평면과 서로 나란한 구멍의 중심(축직선)길이 즉, 2개의 베어링 설치구멍 간의 길이치수로 하고 공차값 앞에 Ø를 붙여준다. 다시 말해 평행도를 유지해야 하는 축선의 전체길이 치수를 기준치수로 하며 구멍의 지름치수를 기준치수로 하여 선정하지 않는다.
또한, 평행도를 규제하는 형체가 구멍이 아닌 평면인 경우에는 공차값 앞에 Ø를 붙이지 않는다.

참고입체도(베어링 설치 구멍에 평행도 선정 예)

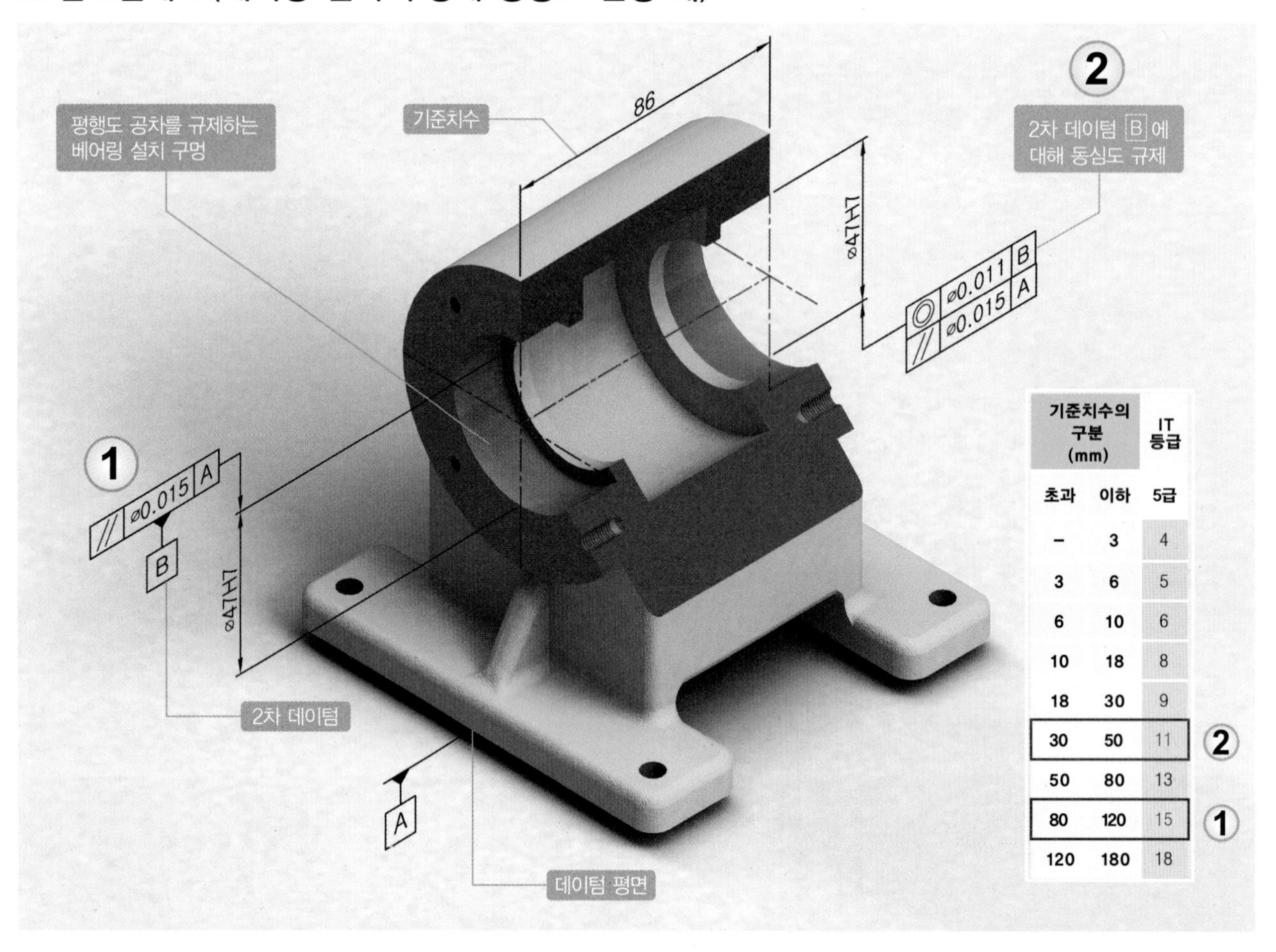

■ IT(International Tolerance) 기본공차 [KS B 0401]

[단위 : μm = 0.001mm]

기준치수의 구분 (mm)		IT 공차 등급																			
		IT 01 급	IT 0 급	IT 1 급	IT 2 급	IT 3 급	IT 4 급	IT 5 급	IT 6 급	IT 7 급	IT 8 급	IT 9 급	IT 10 급	IT 11 급	IT 12 급	IT 13 급	IT 14 급	IT 15 급	IT 16 급	IT 17 급	IT 18 급
수치의 산출		–	–	–	–	–	–	$7i$	$10i$	$16i$	$25i$	$40i$	$64i$	$100i$	$160i$	$250i$	$400i$	$640i$	$1000i$	$1600i$	$2500i$
초과	이하	기본 공차의 수치(μ m)																			
–	3	0.3	0.5	0.8	1.2	2	3	4	6	10	14	25	40	60	100	140	250	400	600	1000	1400
3	6	0.4	0.6	1	1.5	2.5	4	5	8	12	18	30	48	75	120	180	300	480	750	1200	1800
6	10	0.4	0.6	1	1.5	2.5	4	6	9	15	22	36	58	90	150	220	360	580	900	1500	2200
10	18	0.5	0.8	1.2	2	3	5	8	11	18	27	43	70	110	180	270	430	700	1100	1800	2700
18	30	0.6	1.0	1.5	2.5	4	6	9	13	21	33	52	84	130	210	330	520	840	1300	2100	3300
30	50	0.6	1.0	1.5	2.5	4	7	11	16	25	39	62	100	160	250	390	620	1000	1600	2500	3900
50	80	0.8	1.2	2	3	5	8	13	19	30	46	74	120	190	300	460	740	1200	1900	3000	4600
80	120	1.0	1.5	2.5	4	6	10	15	22	35	54	87	140	220	350	540	870	1400	2200	3500	5400
120	180	1.2	2.0	3.5	5	8	12	18	25	40	63	100	160	250	400	630	1000	1600	2500	4000	6300
180	250	2.0	3.0	4.5	7	10	14	20	29	46	72	115	185	290	460	720	1150	1850	2900	4600	7200
250	315	2.5	4.0	6	8	12	16	23	32	52	81	130	210	320	520	810	1300	2100	3200	5200	8100
315	400	3.0	5.0	7	9	13	18	25	36	57	89	140	230	360	570	890	1400	2300	3600	5700	8900
적용부품 정밀도		초정밀부품 기준 게이지 류						정밀, 일반기계가공부품 일반적인 끼워맞춤 공차						주로 끼워맞춤을 하지 않는 비기능면 공차							

【비고】 9μm = 0.009mm, 13μm = 0.013mm

■ 일반적으로 적용하는 기하공차 및 공차역(실무데이터)

종 류	적용하는 기하공차	공차기호	정밀급	보통급	거친급	데이텀
모 양	진직도 공차	—	0.02/1000	0.05/1000	0.1/1000	불필요
			0.01	0.05	0.1	
			Ø0.02	Ø0.05	Ø0.1	
	평면도 공차	▱	0.02/100	0.05/100	0.1/100	
			0.02	0.05	0.1	
	진원도 공차	○	0.005	0.02	0.05	
	원통도 공차	⌭	0.01	0.05	0.1	
	선의 윤곽도 공차	⌒	0.05	0.1	0.2	
	면의 윤곽도 공차	⌓	0.05	0.1	0.2	
자 세	평행도 공차	//	0.01	0.05	0.1	필요
	직각도 공차	⊥	0.02/100	0.05/100	0.1/100	
			0.02	0.05	0.1	
			Ø0.02	Ø0.05	Ø0.05	
	경사도 공차	∠	0.025	0.05	0.1	
위 치	위치도 공차	⌖	0.02	0.05	0.1	
			Ø0.02	Ø0.05	Ø0.1	
	동심도 공차	◎	0.01	0.02	0.05	
	대칭도 공차	⌯	0.02	0.05	0.1	
흔들림	원주 흔들림 공차 온 흔들림 공차	↗ ⌰	0.01	0.02	0.05	

5. 직각도 공차를 기입한다.

직각도는 데이텀을 기준으로 규제되는 형체의 기하학적 평면이나 축직선 또는 중간면이 완전한 직각으로부터 벗어난 크기이다. 여기서 한 가지 주의해야 할 것은 **직각도는 반드시 데이텀을 기준으로 규제**되어야 하며, 자세 공차로 단독형상으로 규제될 수 없다. 규제 대상 형체가 축직선인 경우는 공차값의 앞에 Ø를 붙이는 경우가 있으나 규제 형체가 평면인 경우는 Ø를 붙이지 않는다.

■ 직각도로 규제할 수 있는 형체의 조건

❶ 데이텀 평면을 기준으로 한 방향으로 직각인 직선형체
❷ 데이텀 평면에 서로 직각인 두 방향의 직선형체
❸ 데이텀 평면에 방향을 정할 수 없는 원통이나 구멍 중심(축직선)을 갖는 형체
❹ 직선형체(축직선)의 데이텀에 직각인 직선형체(구멍중심)나 평면형체
❺ 데이텀 평면에 직각인 평면형체

본체 바닥기준면인 1차 데이텀 A에 대해서 직각이 필요한 부분은 커버가 조립이 되는 좌우 2개의 면으로, 직각도로 규제할 수 있는 형체의 조건 중 데이텀 **평면을 기준으로 한 방향으로 직각인 직선형체**에 해당한다.

여기서 기준치수(기준길이)는 Ø83의 커버 조립면 외경 치수가 아니라 **데이텀을 기준으로 직각도를 유지해야 하는 직선의 전체 길이**로 선정해 준다. 즉, **바닥 기준면 A에서 규제 형체의 가장 높은 부분의 높이 치수인 121.5가 되므로 IT 기본공차 표에서 선정할 기준치수의 구분에서 찾을 기준길이는 121.5가 된다.**

따라서 위의 IT 기본공차 표에서 121.5가 해당하는 기준치수를 찾아보면 120초과 180이하의 치수구분에 해당되는 것을 알 수 있으며, IT5등급을 적용한다면 기하공차 값은 18㎛(0.018mm)을, IT6등급을 적용한다면 25㎛(0.025mm)을 선택하면 된다. 또한 구멍이나 축선이 아닌 평면을 규제하므로 직각도 공차값 앞에 Ø기호를 붙이지 않는다.

만약 IT 기본공차 등급이 아닌 현장 실무 공차를 적용한다면 정밀급에 해당하는 0.01~0.02 정도의 값을 선택해주면 큰 무리는 없을 것이다.

본체 부품도에 직각도 규제 예

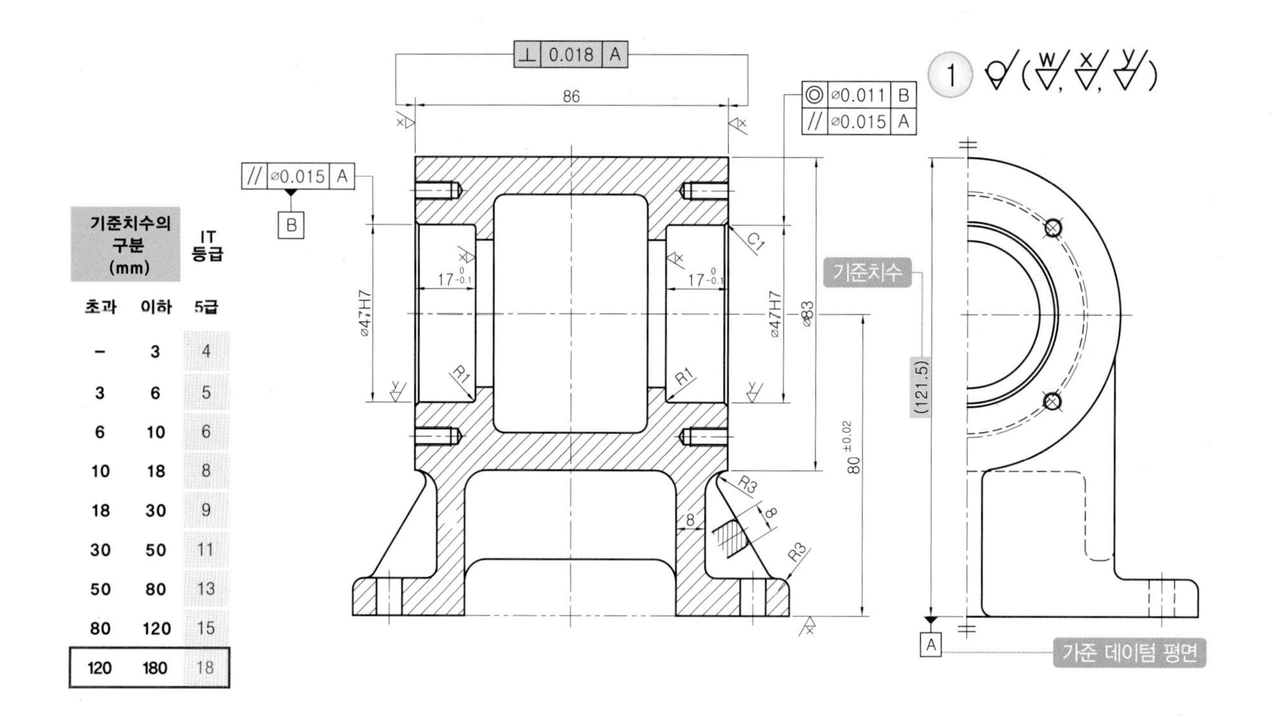

기준치수의 구분 (mm)		IT 등급
초과	이하	5급
–	3	4
3	6	5
6	10	6
10	18	8
18	30	9
30	50	11
50	80	13
80	120	15
120	180	18

직각도를 유지해야 하는 직선의 전체 높이 치수인 121.5mm가 기준치수가 되며 IT5등급을 적용한다면 120초과 180이하의 치수구분에 해당하며 공차값은 18㎛, 즉 0.018mm가 된다.

또한, 직각도를 규제하는 형체가 직선이나 평면이 아닌 구멍인 경우에는 공차값 앞에 Ø를 붙여 준다.

■ 참고입체도

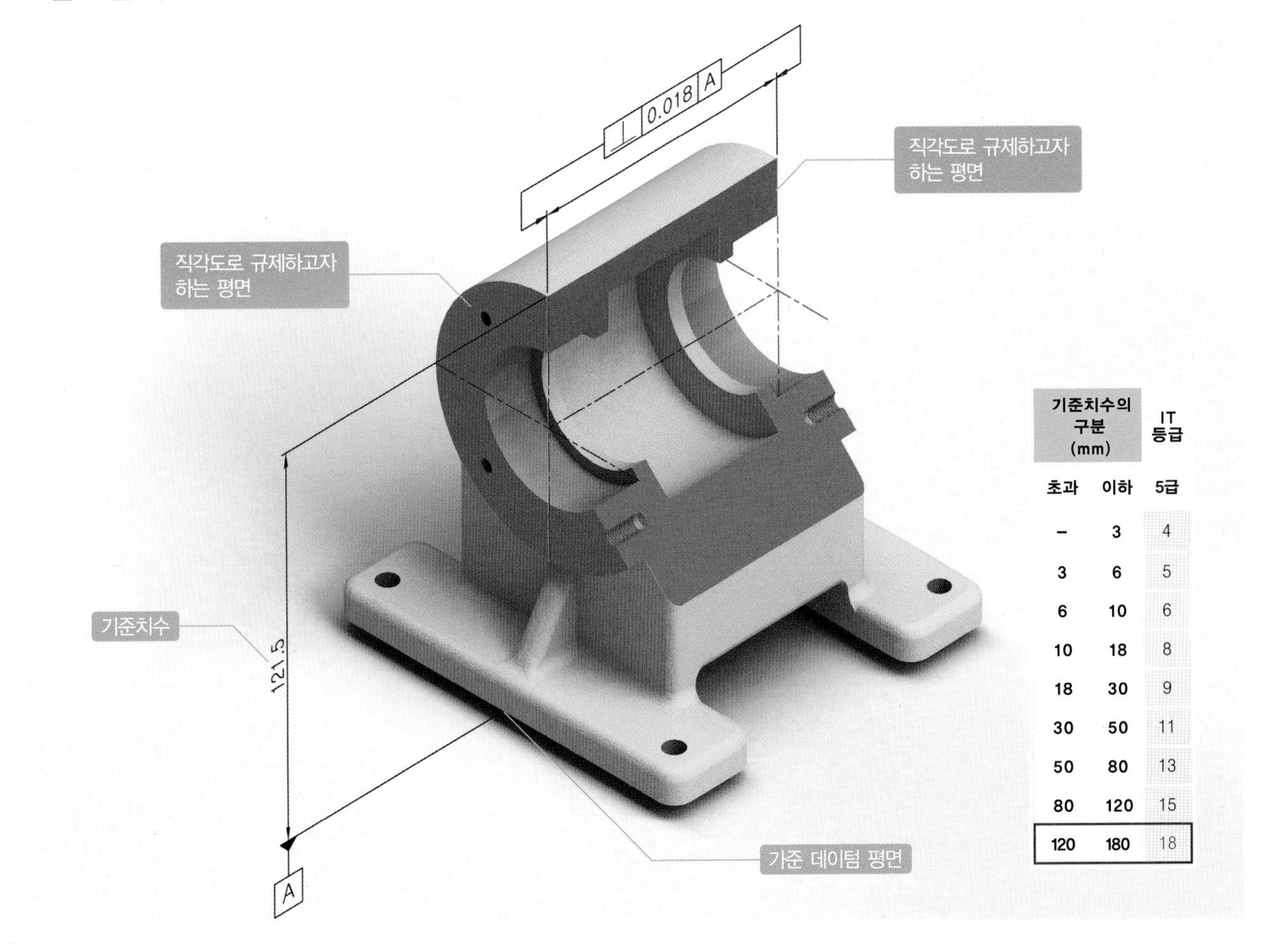

기준치수의 구분 (mm)		IT 등급
초과	이하	5급
–	3	4
3	6	5
6	10	6
10	18	8
18	30	9
30	50	11
50	80	13
80	120	15
120	180	18

이번에는 본체에 결합되는 커버에 기하공차를 적용해 보자. 커버같은 부품은 구멍에 끼워맞춤하여 볼트로 체결하는데 구멍에 끼워지는 외경(Ø47g7)이 기준 데이텀이 된다.

데이텀 E를 기준으로 오일실이 설치되는 구멍과 커버와 본체가 닿는 측면에 기하공차를 규제해 준다. 먼저 오일실이 설치되는 구멍은 데이텀을 기준으로 동심도나 원주흔들림 공차를 적용할 수 있는데 기하공차 값은 공차를 적용하고자 하는 부분의 구멍의 지름 즉, Ø26을 기준길이로 선정하여 적용한다.

따라서 위의 IT 기본공차 표에서 26이 해당하는 기준치수를 찾아보면 18초과 30이하의 치수구분에 해당되는 것을 알 수 있으며, IT5등급을 적용한다면 기하공차 값은 9㎛(0.009mm)을, IT6등급을 적용한다면 13㎛(0.013mm)을 선택하면 된다. 만약 IT 기본공차 등급이 아닌 현장 실무 공차를 적용한다면 정밀급에 해당하는 0.01~0.02 정도의 값을 선택해주면 큰 무리는 없을 것이다.

그리고 커버와 본체가 조립되는 측면의 직각도의 기준길이는 3.5의 돌출부 치수가 아닌 본체와 접촉되는 가장 넓은 면적의 지름, 즉 Ø83으로 선정한다. 따라서 위의 IT 기본공차 표에서 83이 해당하는 기준치수를 찾아보면 80초과 120이하의 치수구분에 해당되는 것을 알 수 있으며, IT5등급을 적용한다면 기하공차 값은 15㎛(0.015mm)을, IT6등급을 적용한다면 22㎛(0.022mm)을 선택하면 된다.

만약 IT 기본공차 등급이 아닌 현장 실무 공차를 적용한다면 정밀급에 해당하는 0.01~0.02 정도의 값을 선택해주면 큰 무리는 없을 것이다. 또한, 직각도나 동심도 대신에 복합공차인 원주흔들림 공차를 적용해주어도 무방하다.

커버 부품도에 기하공차 규제 예(동심도, 원주흔들림, 직각도)

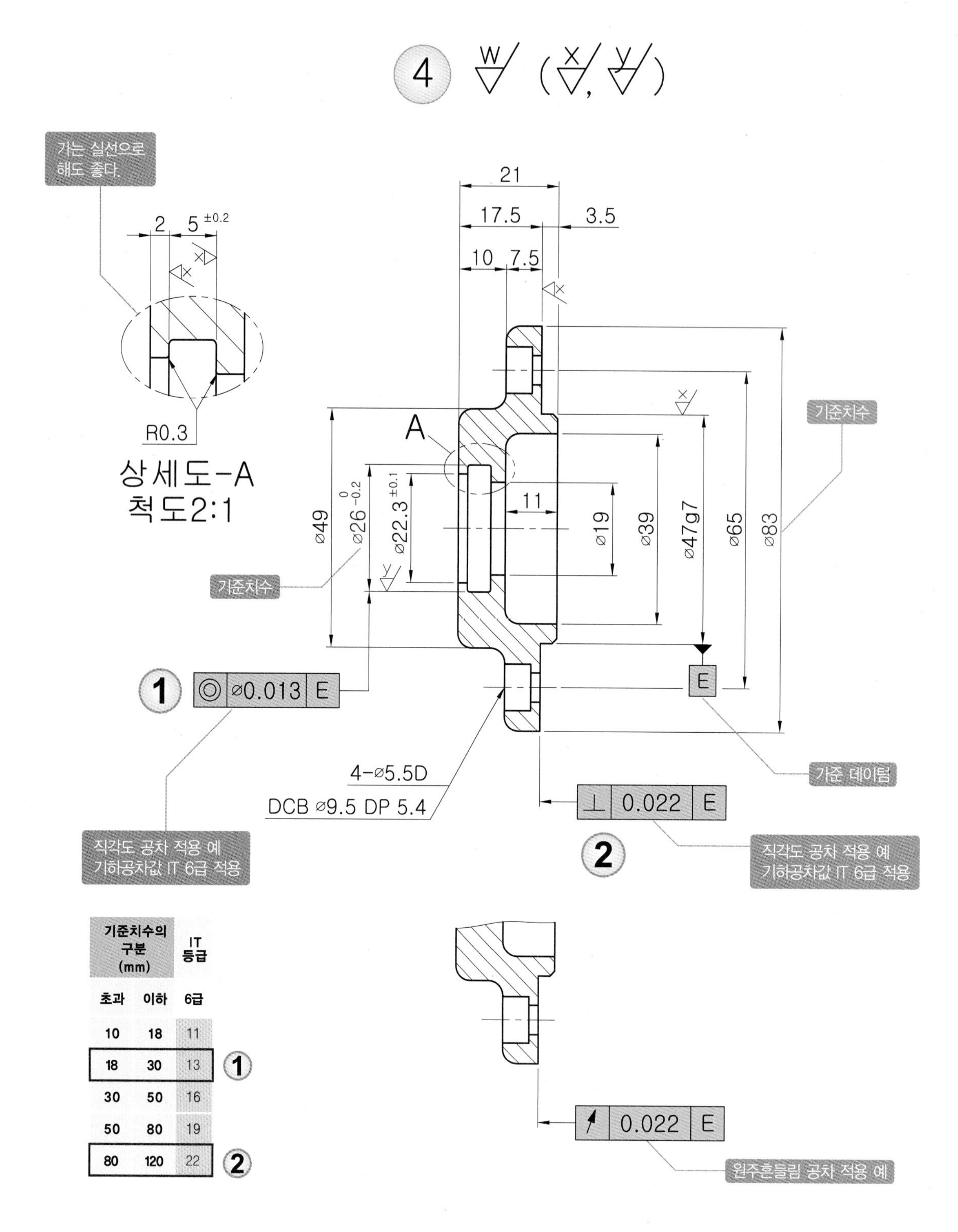

기준치수의 구분 (mm)		IT 등급	
초과	이하	6급	
10	18	11	
18	30	13	①
30	50	16	
50	80	19	
80	120	22	②

동심도를 적용하는 경우는 공차값 앞에 Ø를 붙여주고 원주흔들림 공차를 적용하는 경우에는 공차값 앞에 Ø를 붙이지 않는다. 동심도 공차값은 만약 IT6급을 적용한다면 기준치수는 Ø26이 되며 IT공차 등급표에서 찾아보면 18초과 30이하에 해당하므로 공차값은 13μm, 즉 0.013mm가 된다.
기하공차값은 딱히 IT 몇급을 적용해야 한다는 시험 기준이 없는 경우 수험자는 IT5급이나 IT6급 어느 것을 적용해도 크게 문제가 되지는 않을 것이다. 수험자는 설계자의 입장에서 도면에서 요구되는 기능이나 정밀도를 판단하여 적절하게 선택하여 사용하면 될 것이다.

■ 참고입체도

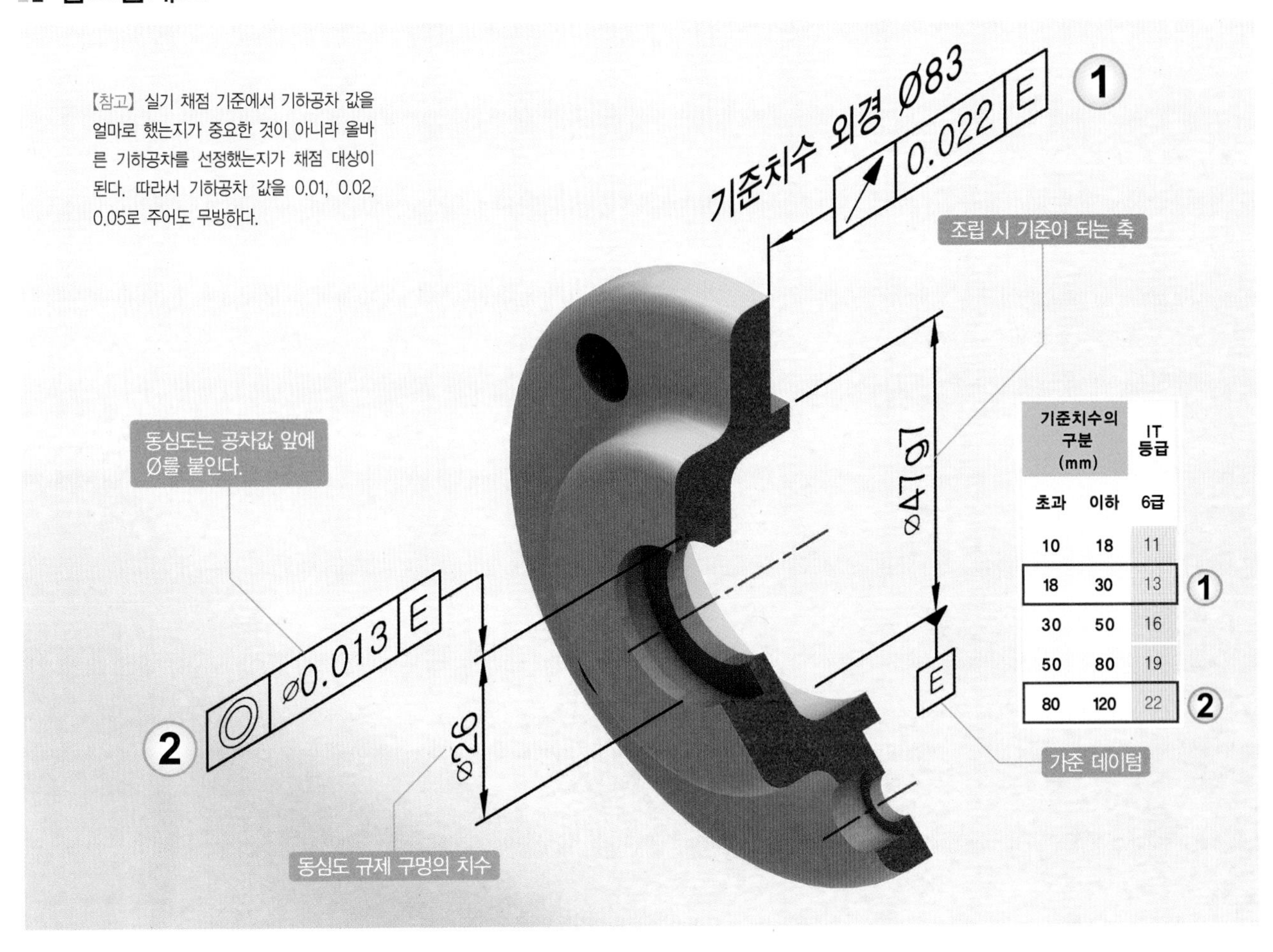

6. 축에 기하공차 적용

축과 같은 원통형체는 서로 지름이 다르지만 중심은 하나인 양쪽 끝의 축선이 데이텀 기준이 된다. 기준축선을 데이텀으로 하는 경우도 있지만 중요도가 높은 부분의 직경을 데이텀으로 다른 직경을 가진 부분을 규제하기도 한다.

축은 보통 진원도, 원통도, 진직도, 직각도 등의 오차를 포함하는 복합공차인 원주 흔들림(온 흔들림) 공차를 적용하는 사례가 많은데 이는 원주 흔들림 규제 조건 중 '데이텀 축직선에 대한 반지름 방향의 원주 흔들림'에 해당한다.

베어링의 내륜과 끼워맞춤되는 부분 즉, 축의 좌우측의 Ø20js6에 적용하며, 앞 장의 IT 기본공차 표에서 20이 해당하는 기준치수를 찾아보면 18초과 30이하의 치수구분에 해당되는 것을 알 수 있으며, IT5등급을 적용한다면 기하공차 값은 9㎛(0.009mm)을, IT6등급을 적용한다면 13㎛(0.013mm)을 선택하면 된다. 또한 원주 흔들림 공차는 원통축을 규제하므로 공차값 앞에 Ø기호를 붙이지 않는다.

만약 IT 기본공차 등급이 아닌 현장 실무 공차를 적용한다면 '정밀급'에 해당하는 0.01~0.02 정도의 값을, 베어링은 보통급을 사용한다고 보았을 때 '보통급'으로 선택하여 0.03~0.05 정도로 선정해 주어도 큰 무리는 없을 것이다.

여기서 원주 흔들림의 기준길이는 규제형체의 길이가 아닌 원주 흔들림 공차를 규제하려는 해당 축의 외경(축지름)으로 선정한다. 이는 원주 흔들림은 데이텀 축직선에 수직한 임의의 측정 평면 위에서 데이텀 축직선과 일치하는 중심을 갖고 반지름 방향으로 규제된 공차만큼 벗어난 두 개의 동심원 사이의 영역을 의미하는 것이므로 이는 규제하고자하는 평면의 전체 윤곽을 규제하는 것이 아니라 각 원주 요소의 원주 흔들림을 규제한 것으로 진원도와 동심도의 상태를 복합적으로 규제한 상태가 되는 것이다.

아래 축 부품도면에 규제한 원주 흔들림 공차는 데이텀 축직선에 대한 반지름 방향의 원주 흔들림으로 이는 규제형체를 데이텀 축선을 기준으로 1회전 시켰을 때, 공차역은 축직선에 수직한 임의의 측정 평면 위에서 반지름 방향으로 규제된 공차만큼 떨어진 두 개의 동심원 사이의 영역을 말하는 것으로 보통 원통축은 하우징이나 본체에 설치된 2개 이상의 베어링으로 지지되는 경우가 많은데 공통 데이텀 축직선을 기준중심으로 회전시켜 반지름 방향의 원주 흔들림을 규제하는 예로 일반적으로 널리 사용되며 실기시험에서도 원통축과 같은 형체는 규제하고자 하는 축 직경의 치수를 기준치수로 하여 공차값을 적용하는 사례가 많다.

참고입체도

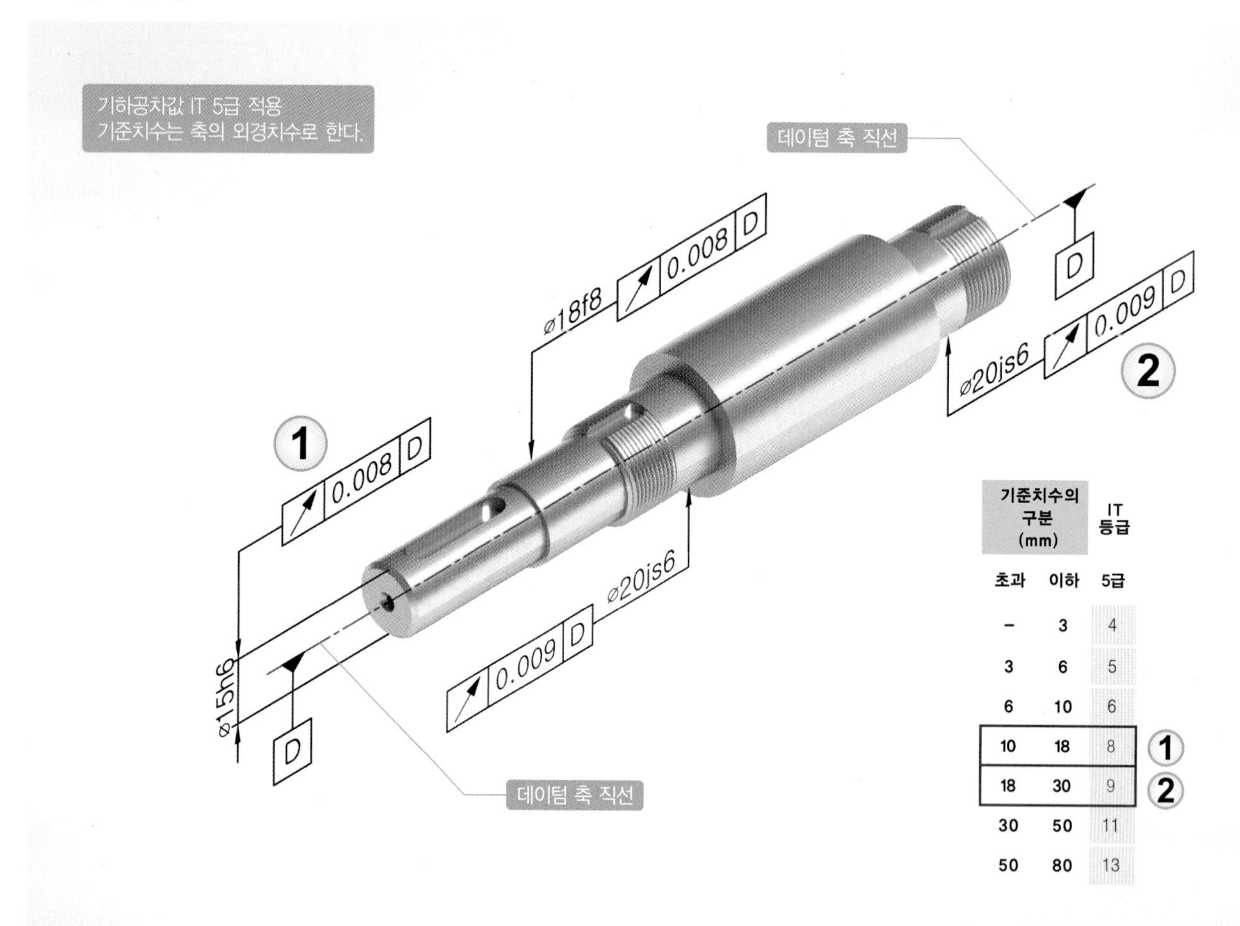

원주흔들림 공차를 적용시에 기준치수는 축의 외경으로 하고 적절한 IT등급을 선정하여 해당하는 공차값을 기입해 준다.

축에 원주흔들림 규제 예

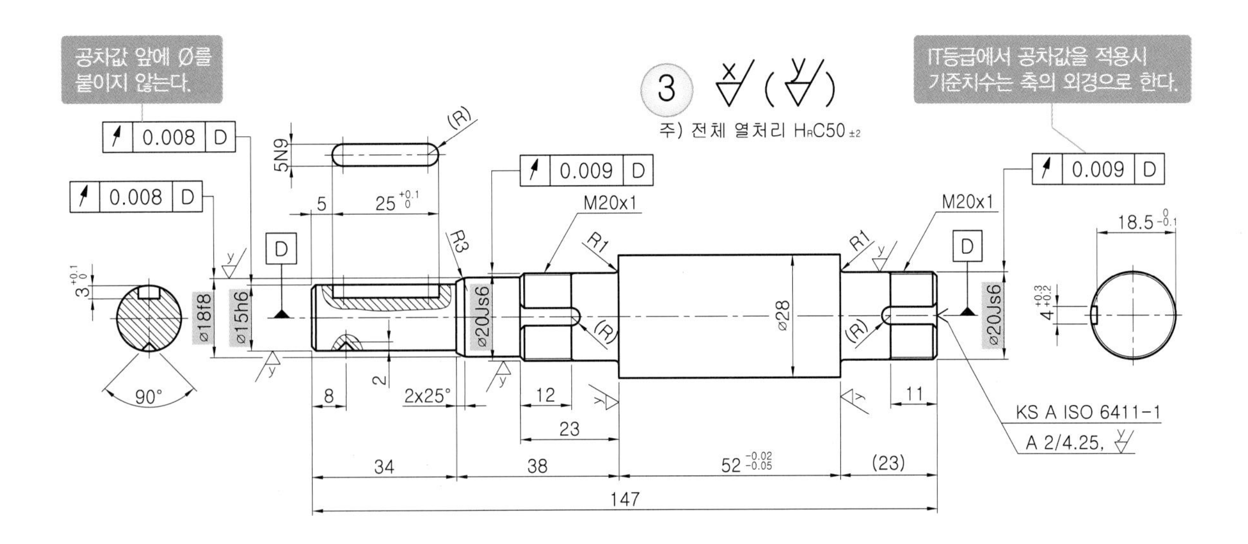

원주흔들림 공차는 진원도 진직도, 직각도 등의 오차를 포함하는 복합공차로 데이텀 축직선에 대한 반지름 방향의 원주흔들림을 규제한다. 보통 축에 많이 적용하는 데 축이 지름을 갖는 형체이지만 공차값 앞에 Ø를 붙이지 않는다. 온흔들림 공차의 경우에도 마찬가지이다. IT등급의 공차값을 적용하는 경우 원주흔들림 공차값의 기준치수는 축이나 구멍의 외경 치수를 기준치수로 하여 해당하는 공차값을 찾아 적용해 주면 무리가 없을 것이다.

7. 기어에 기하공차 적용

기어나 V-벨트 풀리, 평벨트 풀리, 스프로킷과 같은 회전체는 일반적으로 축에 키홈을 파서 키를 끼워맞춤한 후 역시 키홈이 파져 있는 회전체의 보스부를 끼워맞춤한다. 이런 경우 데이텀은 회전체에 축이 끼워지는 키홈이 나 있는 구멍이 되며, 구멍을 기준으로 기어나 스프로킷의 이끝원이나 벨트풀리의 외경에 원주 흔들림 공차를 적용해 주는 것이 일반적이다.

참고입체도

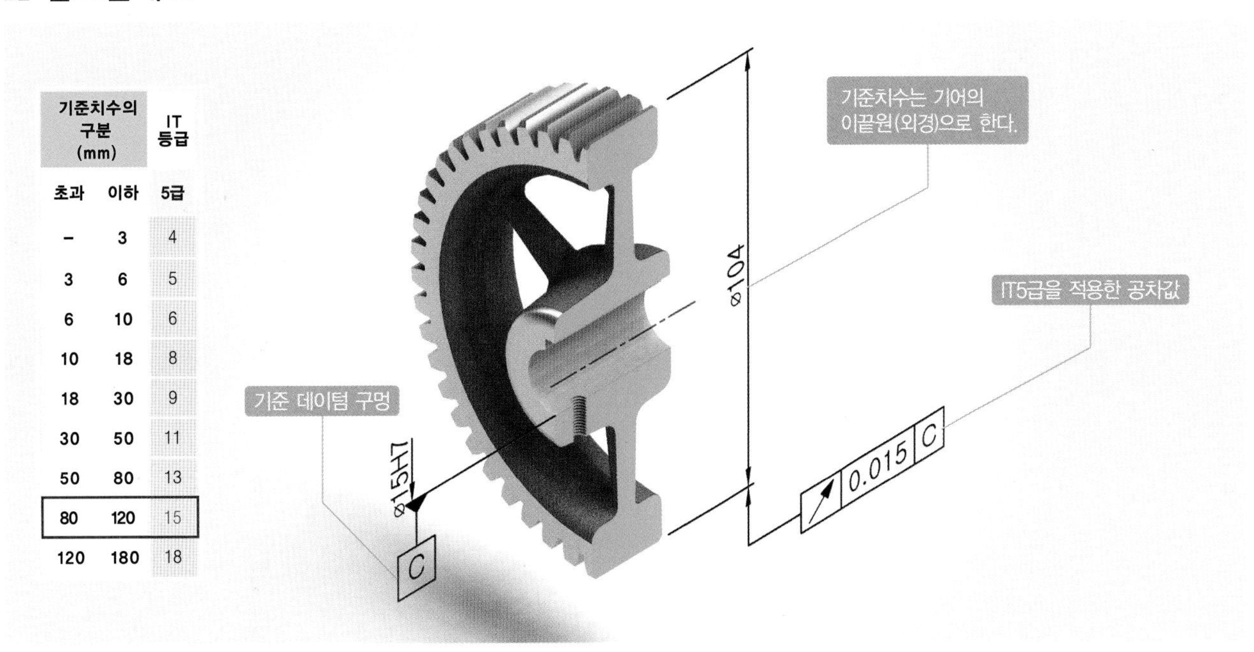

기준치수의 구분 (mm)		IT 등급
초과	이하	5급
–	3	4
3	6	5
6	10	6
10	18	8
18	30	9
30	50	11
50	80	13
80	120	15
120	180	18

기어에 원주흔들림 규제 예

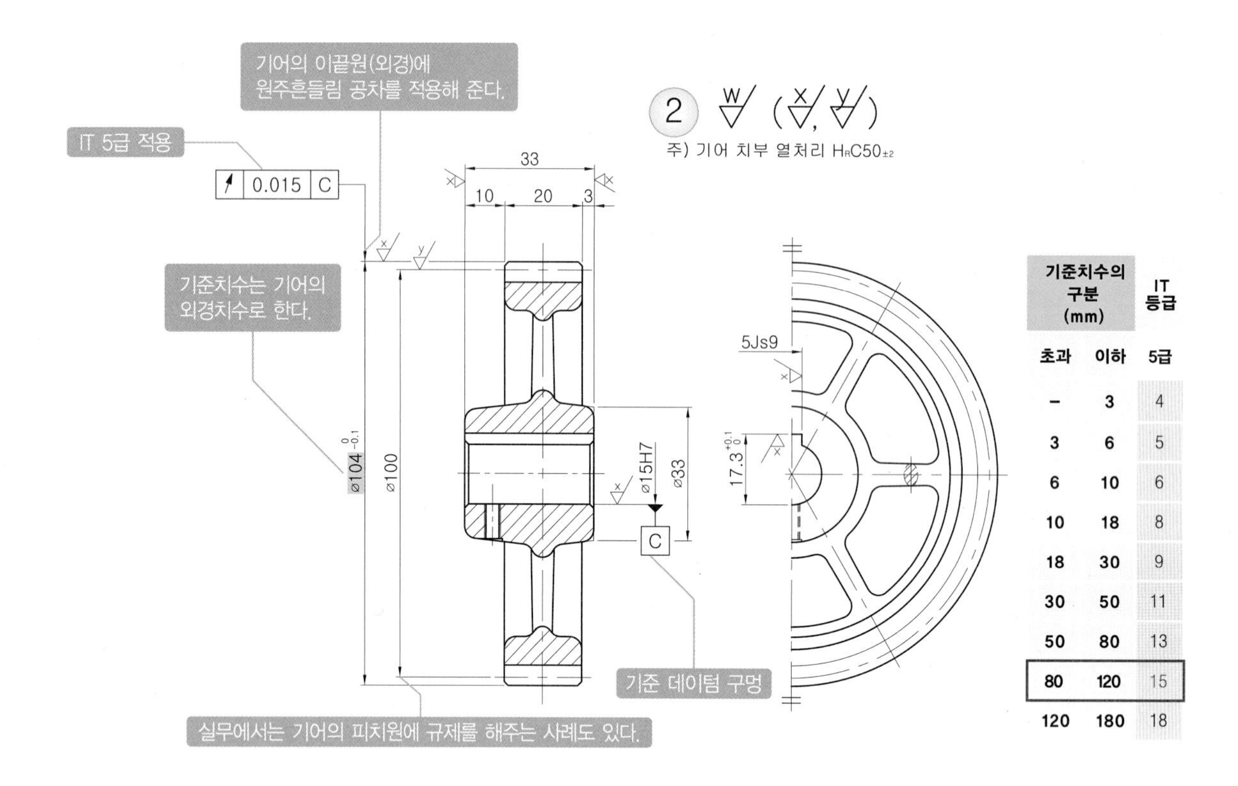

기준치수의 구분 (mm)		IT 등급
초과	이하	5급
–	3	4
3	6	5
6	10	6
10	18	8
18	30	9
30	50	11
50	80	13
80	120	15
120	180	18

동심도(동축도) 규제 예

동심도는 동축도라고도 부르며 동축도는 데이텀 축직선과 동일한 직선 위에 있어야 할 축선이 데이텀 축직선으로부터 벗어난 크기를 말하며, 동심도는 데이텀인 원의 중심에 대해 원통형체의 중심의 위치가 벗어난 크기를 말한다.

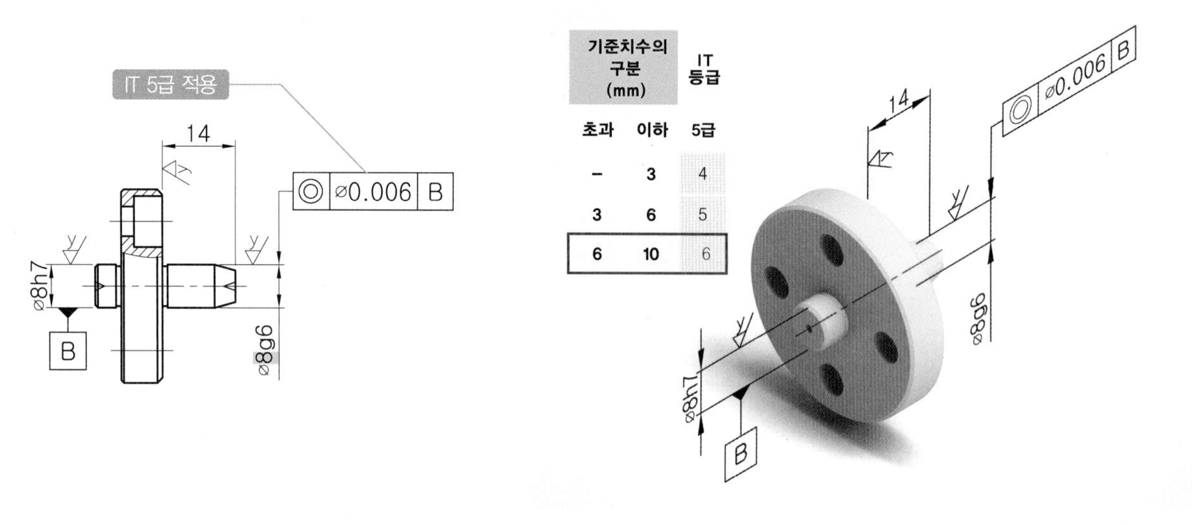

기준치수의 구분 (mm)		IT 등급
초과	이하	5급
–	3	4
3	6	5
6	10	6

- 동심도 공차는 주로 원통형상에 적용되나 축심을 가지는 형상에도 적용할 수 있다.
- 동심도 공차는 자세공차인 평행도나 직각도의 경우와 마찬가지로 관계특성을 가지므로 데이텀을 기준으로 한다.
- 동심도 공차는 데이텀 축심을 기준으로 규제되는 형체의 공차역이 원통형이므로 규제하는 공차값 앞에 Ø를 붙이며 '최대실체 공차방식'은 적용하지 않는다.
- 동심도 공차는 동일한 축심을 기준(공통 데이텀 축직선)으로 여러 개의 직경이 다른 원통형체에 대한 규제를 할 수 있으며 데이텀 축직선을 기준으로 회전하는 회전축의 편심량을 규제하는 경우 주로 적용된다.

원통도 규제 예

원통도는 원통형상의 모든 표면이 완전히 평행한 원통으로부터 벗어난 정도를 규제하며, 그 공차는 반경상의 공차역이다. 진원도는 중심에 수직한 단면상 표면의 측정값이고, 원통도는 축직선에 평행한 원통형상 전체 표면의 길이 방향에 대해 적용한다.

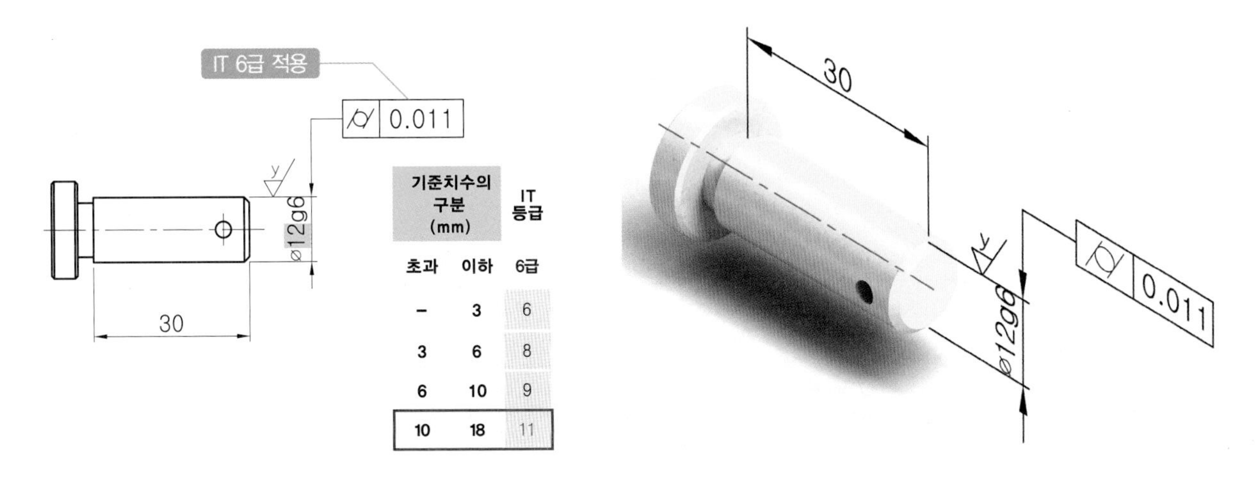

기준치수의 구분 (mm)		IT 등급
초과	이하	6급
–	3	6
3	6	8
6	10	9
10	18	11

- 원통도로 규제하는 대상 형체는 원통형상의 축이나 테이퍼가 있는 형체이다.
- 단면이 원형인 축이나 구멍과 같은 단독형체를 규제하는 모양공차이므로 '데이텀'을 필요로 하지 않고 '최대실체 공차방식'도 적용할 수 없다.
- 원통도 공차는 '진직도', '진원도', '평행도'의 복합공차라고 할 수 있다.
- 원통도 공차역은 규제 형체의 치수공차보다 항상 작아야 한다.

진원도 규제 예

진원도는 규제하는 원통형체가 기하학적으로 정확한 원으로부터 벗어난 크기 즉, 중심으로부터 같은 거리에 있는 모든 점이 정확한 원에서 얼마만큼 벗어났는가 하는 측정값을 말한다.

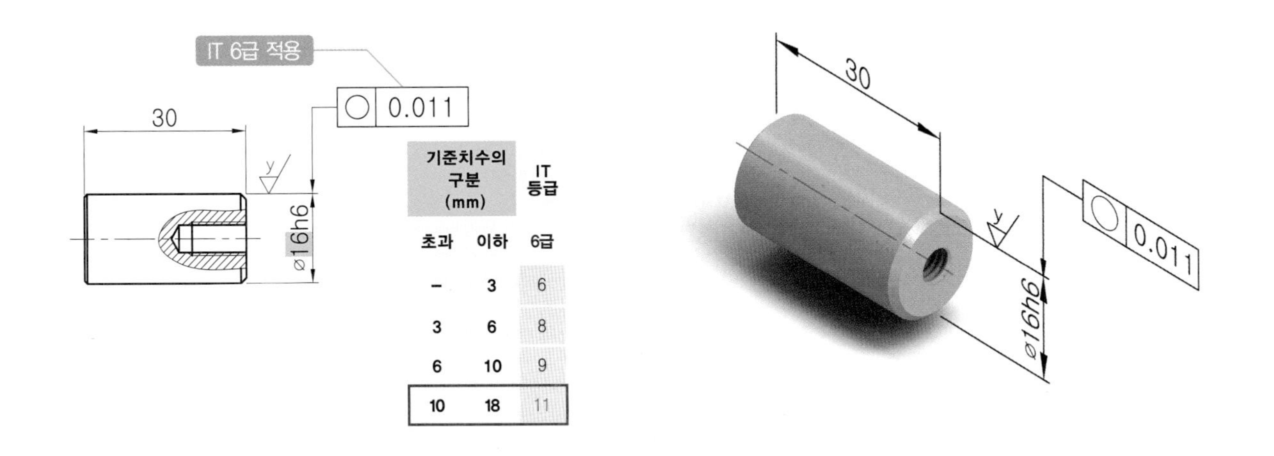

기준치수의 구분 (mm)		IT 등급
초과	이하	6급
–	3	6
3	6	8
6	10	9
10	18	11

- 진원도로 규제하는 대상 형체는 '축선'이 아니다.
- 단면이 원형인 축이나 구멍과 같은 단독형체를 규제하는 모양공차이므로 '데이텀'을 필요로 하지 않고 '최대실체 공차방식'도 적용할 수 없다.
- 진원도 공차역은 반지름상의 공차역으로 직경을 표시하는 Ø를 붙이지 않는다.
- 원통형이나 원추형의 진원도는 축선에 대해서 직각방향에 공차역이 존재하므로 공차기입시 화살표 또는 축선에 대해서 직각으로 표시한다.

PART 04

자주 출제되는 KS규격의 활용 테크닉

이 장에서는 수험자나 설계자가 반드시 이해하고 쉽게 적용해야 하는 KS규격을 찾는 방법과 도면에 실제 적용시키는 테크닉에 대해 기술하였다. 특히 2012년도 이후 부터는 기능사/산업기사/기사 실기 시험시에 시중에서 판매하는 KS규격집은 지참을 할 수 없으며 실기 시험시에 pdf파일 형태로 제공하는 데이터를 가지고 응시해야 하니 꼭 이해하고 반복 학습을 하기 바란다.

■ 주요 학습내용 및 목표

- 자주 나오는 KS규격의 활용법
- 키의 적용법
- 멈춤링의 적용법
- 오링 및 오일실의 적용법
- 동력전달요소 적용법
- 기타 자주 출제되는 규격의 적용법

키(Key)

KS B 1311:2009

■ 용도

보통 축은 베어링에 의해 양단 지지되고 있는 경우가 일반적이며 축의 한쪽 또는 양쪽에 기어나 풀리와 같은 회전체의 보스(boss)와 축에 키홈을 파고 키를 끼워넣어 고정시켜 회전운동시에 미끄럼 발생없이 동력을 전달하는 곳에 사용하는 축계 기계요소이다.

■ 종류

평행키(활동형, 보통형, 조임형), 반달키, 경사키, 접선키, 둥근키, 안장키, 평키(납작키), 원뿔키, 스플라인, 세레이션 등이 있는데 일반적으로 평행키(묻힘키)의 보통형이 가장 널리 사용된다.

1. 여러 가지 키의 종류 및 형상

평행키(한쪽 둥근형, C) / 평행키(양쪽 둥근형, A) / 반달키(WA) / 평행키 활동형(미끄럼키)

머리붙이 경사키(TG) / 머리없는 경사키(T) / 양쪽 키 / 키플레이트

2. 기준치수 및 축과 구멍의 KS규격 주요 치수

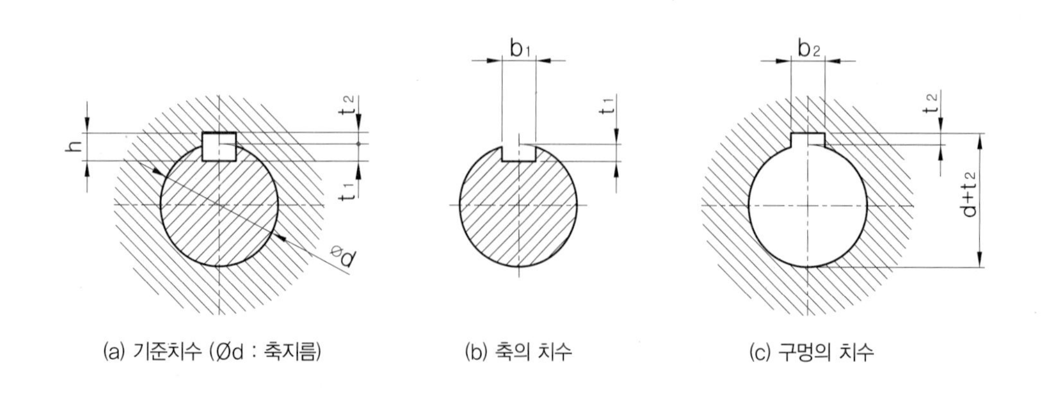

(a) 기준치수 (Ød : 축지름) (b) 축의 치수 (c) 구멍의 치수

● 기준치수 및 축과 구멍의 KS규격 주요 치수

3. 엔드밀로 가공된 축의 치수 기입 예

축의 키홈은 일반적으로 홈 밀링커터나 엔드밀이라는 절삭공구를 사용하여 가공을 하며 회전체의 보스(구멍)의 키홈은 브로치(broach)라는 공구나 슬로터(slotter)를 이용해서 가공한다. 슬로터는 대량 생산의 경우 사용하며 키홈 뿐만 아니라 스플라인 등 다각형 구멍의 가공에 편리하다.

■ 밀링머신의 절삭가공 예

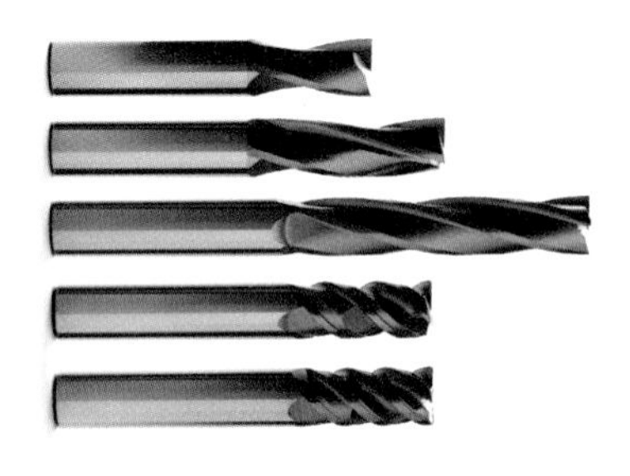

● Solid carbide end mill(이미지 제공 : SECO)

● 엔드밀로 축의 키홈 가공 예

● 밀링에서 여러 가지 홈 가공 예 (이미지 제공 : SANDVIK)

■ 브로치의 키홈 절삭가공 예

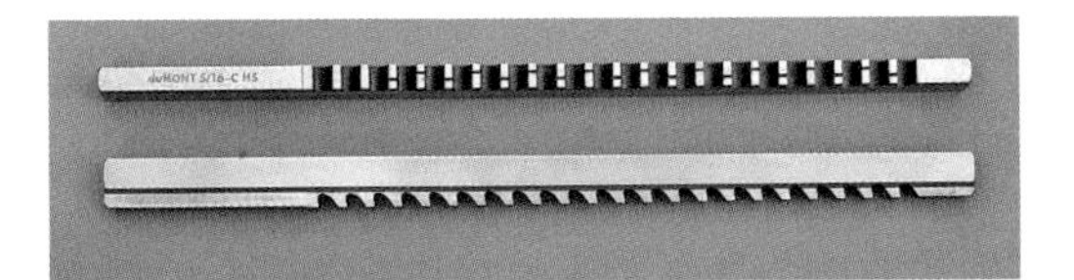

● 키홈 가공용 브로치

● 브로치로 기어 내경 키홈 가공 예

■ 슬로터의 절삭가공 예

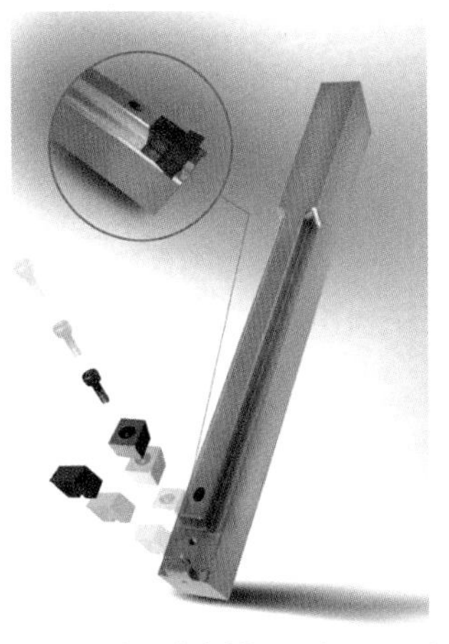

● 슬로팅머신용 공구(toollings)

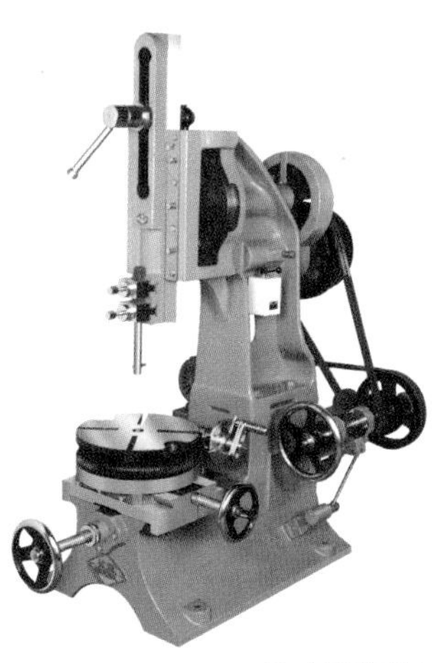

● 슬로팅머신

■ 엔드밀로 가공된 축의 치수 기입 예

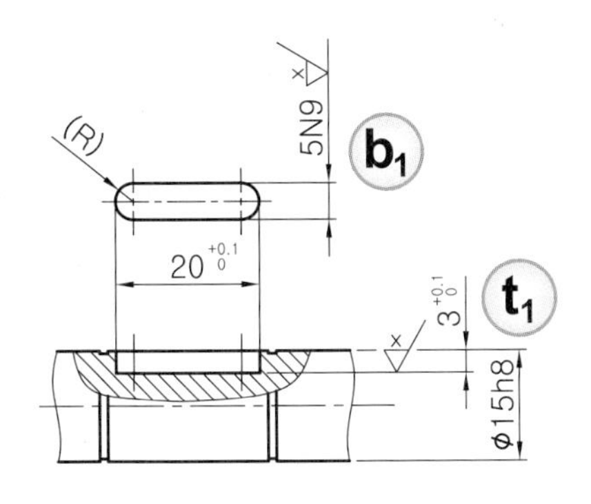

● 적용 축지름 Ø15

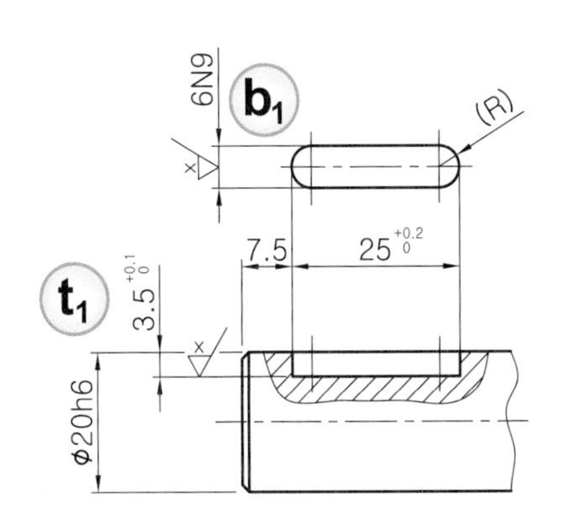

● 적용 축지름 Ø20

4. 밀링커터로 가공된 축의 치수 기입 예

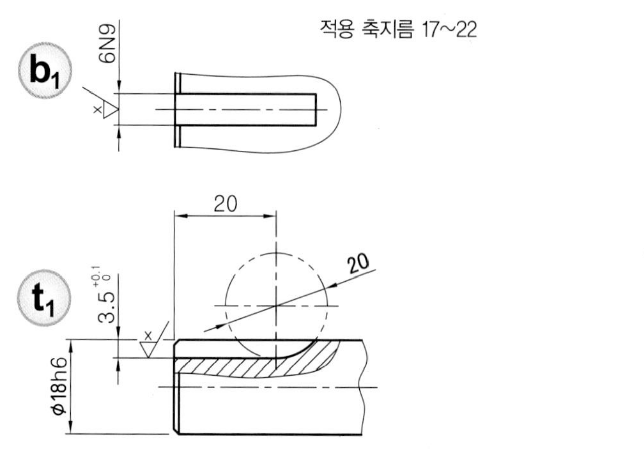

● 적용 축지름 Ø18

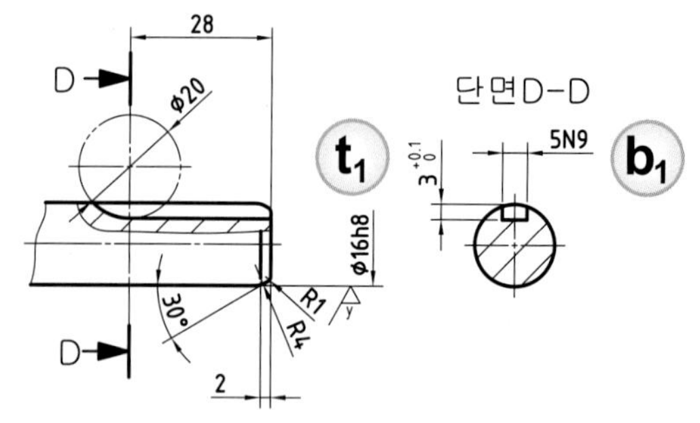

● 적용 축지름 Ø16

5. 구멍의 키홈 치수 기입 예

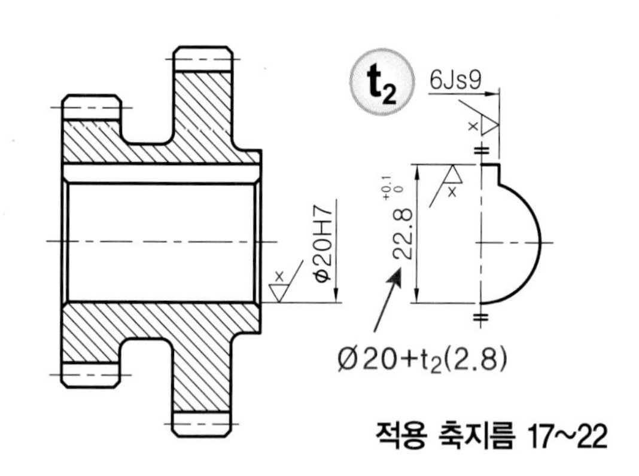

● 적용 구멍지름 Ø18

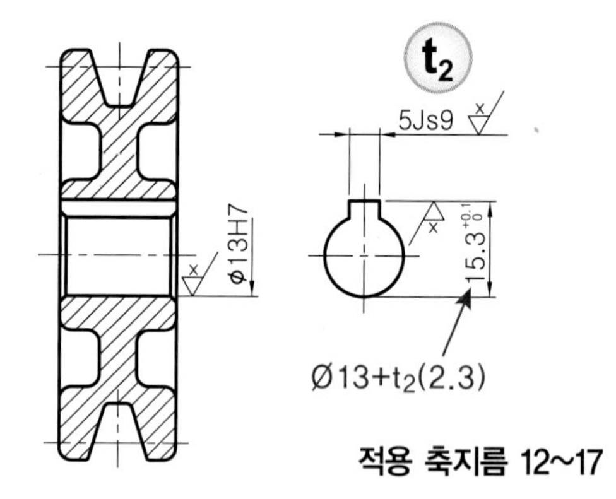

● 적용 구멍지름 Ø13

■ 평행키 보통형(구, 묻힘키 보통급) 주요 규격 치수

적용 축지름 Ød 초과~이하	기준치수 b_1, b_2	축 t_1	구멍 t_2	t_1, t_2의 허용차	축 b_1 허용차 N9	구멍 b_2 허용차 Js9
6~8	2	1.2	1.0	+0.1 0	−0.004 −0.029	±0.0125
8~10	3	1.8	1.4			
10~12	4	2.5	1.8		0 −0.030	±0.0150
12~17	5	3.0	2.3			
17~22	6	3.5	2.8			
20~25	7	4.0	3.0	+0.2 0	0 −0.036	±0.0180
22~30	8		3.3			
30~38	10	5.0				
38~44	12				0 −0.043	±0.0215
44~50	14	5.5	3.8			

6. 동력전달장치에 적용된 평행키의 KS규격을 찾아 도면에 적용하는 법

위에 축과 구멍의 키홈 치수 기입 예처럼 키홈의 치수를 KS규격에서 찾는 방법은 키가 조립되는 **기준 축지름 d**에 해당하는 규격을 찾아 축에는 **키홈의 깊이** t_1과 **폭**인 b_1을 찾아 적용하고 구멍에도 키홈의 깊이 t_2와 폭인 b_2에 해당되는 **허용차**를 기입해 주면 된다. 평행키는 사용빈도가 높고, 실기시험 출제 도면에도 자주 나오는 부분이므로 반드시 키가 조립되는 축과 구멍의 키홈 치수 및 허용차를 올바르게 적용할 수 있어야 한다. 키홈의 치수에는 조임형과 보통형이 있는데 특별한 지시가 없는 한 일반적으로 **보통형(허용차** b_1 : N9, b_2 : J_S9)를 적용해 주면 된다.

❶ 동력전달장치에 적용된 키의 치수 기입법

동력전달장치의 축과 회전체(평벨트 풀리, 스퍼기어)에 적용된 평행키(보통형) 관련 KS규격의 주요 규격 치수 및 공차를 찾아서 실제 도면에 적용해 보도록 하겠다.

● 참고 입체도

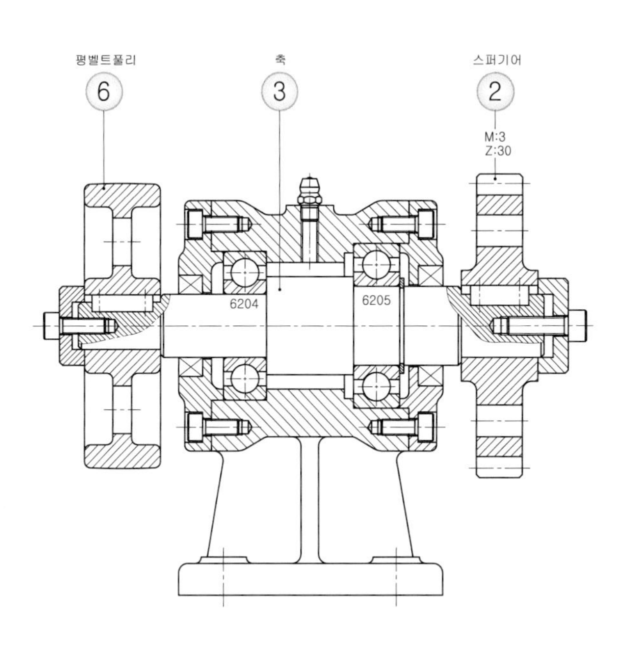

● 동력전달장치에 적용된 평행키

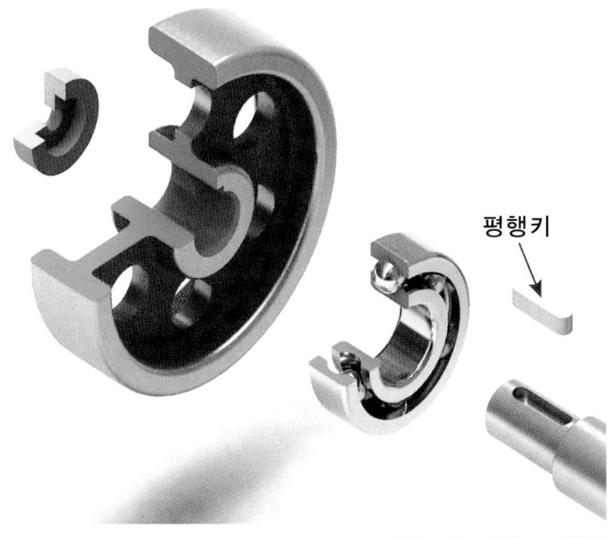

● 평벨트 풀리와 축의 평행키

● 스퍼기어와 축의 평행키

❷ 축에 파져 있는 키홈의 치수

축에 관련된 키홈의 치수는 [KS B 1311]에 따라서 제일 먼저 적용하는 **축지름 d**에 해당하는 t_1과 b_1의 치수를 찾아 기입하면 된다.

■ 적용하는 기준 축지름 Ø15mm, Ø20m

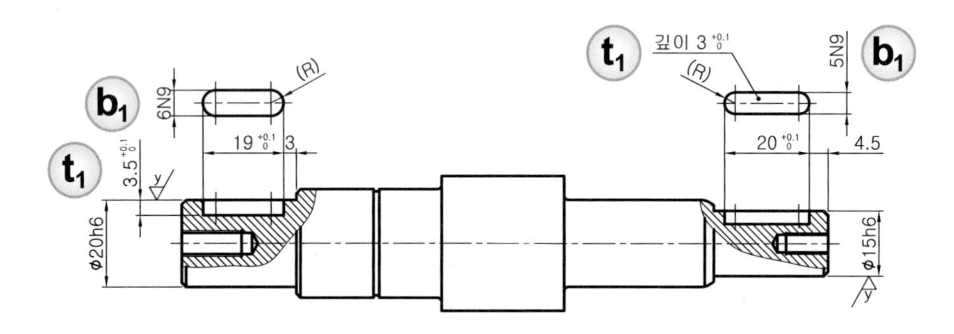

● 축에 관련된 키홈의 주요 KS 규격 치수

[주] 투상도 및 치수는 평행키와 관련된 사항들만 도시하였다.

❸ 구멍에 파져 있는 키홈의 치수

평벨트풀리와 스퍼기어의 구멍에 관련된 키홈의 치수는 축의 경우와 마찬가지로 제일 먼저 적용하는 **축지름 d**에 해당하는 t_2와 b_2의 치수를 찾아 기입하면 된다. 이때 주의 사항으로 구멍쪽의 키홈의 깊이인 t_2는 축지름 d와 합한 값을 기입하고 공차를 적용해주는 것이 바람직하다.

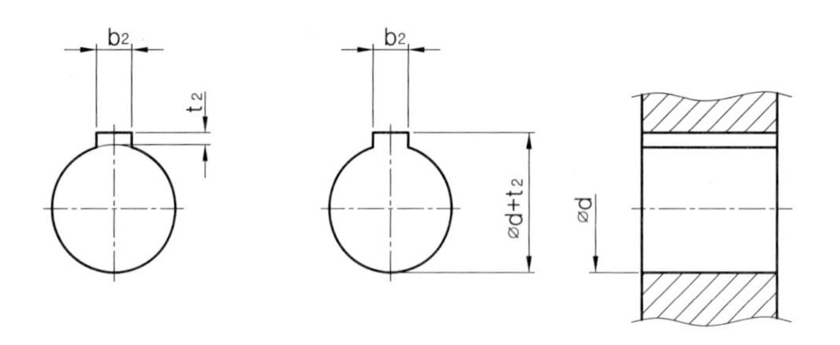

● 구멍에 관련된 키홈의 주요 KS 규격 치수

❹ 구멍에 끼워지는 축지름이 기준이 된다. 구멍지름 : Ø15mm, Ø20mm

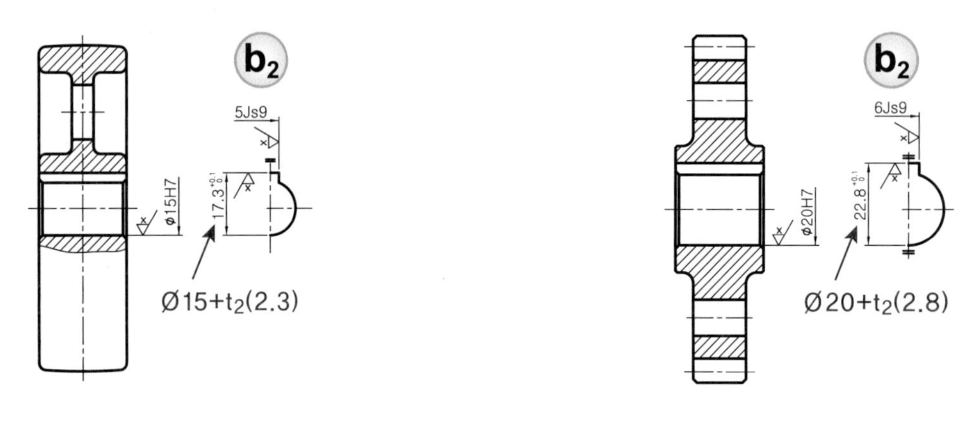

● 평벨트 풀리의 키홈

● 스퍼기어의 키홈

[주] 투상도 및 치수는 평행키와 관련된 사항들만 도시하였다.

■ 평행키의 KS규격 [KS B 1311]

묻힘키 및 키홈에 대한 표준은 일반 기계에 사용하는 강제의 평행키, 경사키 및 반달키와 이것들에 대응하는 키홈에 대하여 아래와 같이 KS규격으로 규정하고 있다.

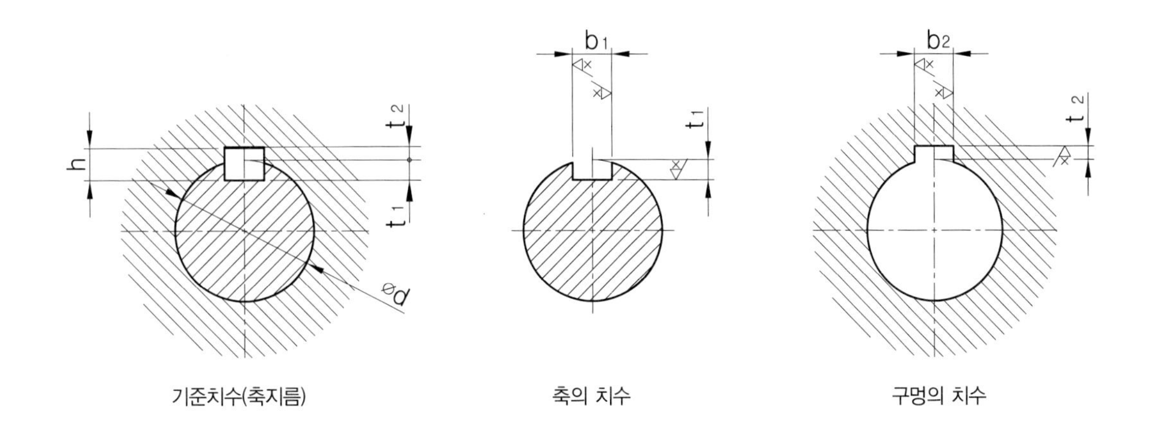

기준치수(축지름) 축의 치수 구멍의 치수

[단위 : mm]

키의 호칭치수 b×h	키의 치수: b 기준치수	b 허용차 (h9)	h 기준치수	h 허용차		c	l	키홈의 치수: b_1, b_2의 기준치수	조립형 b_1, b_2 허용차 (P9)	보통형 b_1 (축) 허용차 (N9)	보통형 b_2 (구멍) 허용차 (Js9)	r_1 및 r_2	t_1 (축) 기준치수	t_2 (구멍) 기준치수	t_1, t_2의 허용오차	참고: 적용하는 축지름 d (초과~이하)
2×2	2	0 −0.025	2	0 −0.025	h9	0.16 ~ 0.25	6~20	2	−0.006 −0.031	−0.004 −0.029	±0.012 5	0.08 ~ 0.16	1.2	1.0	+0.1 0	6~8
3×3	3		3				6~36	3					1.8	1.4		8~10
4×4	4	0 −0.030	4	0 −0.030			8~45	4	−0.012 −0.042	0 −0.030	±0.015 0		2.5	1.8		10~12
5×5	5		5			0.25 ~ 0.40	10~56	5				0.16 ~ 0.25	3.0	2.3		12~17
6×6	6		6				14~70	6					3.5	2.8		17~22
(7×7)	7	0 −0.036	7	0 −0.036			16~80	7	−0.015 −0.051	0 −0.036	±0.018 0		4.0	3.3		20~25
8×7	8		7	0 −0.090	h11		18~90	8					4.0	3.3		22~30
10×8	10		8			0.40 ~ 0.60	22~110	10					5.0	3.3	+0.2 0	30~38
12×8	12	0 −0.043	8				28~140	12	−0.018 −0.061	0 −0.043	±0.021 5	0.25 ~ 0.40	5.0	3.3		38~44
14×9	14		9				36~160	14					5.5	3.8		44~50
(15×10)	15		10				40~180	15					5.0	5.3		50~55
16×10	16		10				45~180	16					6.0	4.3		50~58
18×11	18		11	0 −0.110			50~200	18					7.0	4.4		58~65

적용하는 **기준 축지름**은 **키의 강도에 대응하는 토크**(Torque)에서 구할 수 있는 것으로 일반 용도의 기준으로 나타낸다. 키의 크기가 전달하는 토크에 대하여 적절한 경우에는 적용하는 축지름보다 굵은 축을 사용하여도 좋다.

그 경우에는 키의 옆면이 축 및 허브에 균등하게 닿도록 t_1, t_2를 수정하는 것이 좋다. 적용하는 축지름보다 가는 축에는 사용하지 않는 편이 좋다. 도면에 키가 적용되어 있는 경우 자로 재면 여러 가지 수치가 나오는데 키의 길이 'l'의 치수는 키홈처럼 규격화 된 것이 아니라 표준으로 제작되는 범위 내에서 설계자가 선정해주면 된다.

키홈의 길이는 키보다 긴 경우가 많으며, 실제로 현장에서는 표준길이로 절단하여 판매하는 키를 구매하여 필요에 맞게 절단하고 거친 절단부를 다듬질하여 사용한다. 적용하는 축지름이 겹치는 경우가 있는데 예를 들어 **20~25**와 **22~30**과 같은 경우에는 키의 호칭치수**(b×h)**를 보고 **(7×7)**의 경우처럼 괄호로 표기한 것은 국제규격(ISO)에 없는 경우로서 가능하면 설계에 사용하지 않는 것이 좋다.

Lesson

02 반달키(Woodruff Key)

홈 밀링커터로 축에 반달 모양의 홈가공을 하고 반원판 모양의 키를 회전체에 끼워맞추어 사용하는데 축에 테이퍼가 있어도 사용이 가능하며 단점으로는 축에 홈을 깊이 파야 하므로 축의 강도가 저하될 수가 있어 비교적 큰 힘이 걸리지 않는 곳에 사용한다. 키 홈은 A종 둥근바닥과 B종 납작바닥으로 구분한다. 둥근바닥의 반달키는 기호로 WA, 납작바닥의 반달키는 기호 WB로 표기하며 키는 홈 속에서 자유롭게 기울어질 수 있어 키가 자동적으로 축과 보스에 조정된다.

한국산업표준 [KS B 1311]에 따르면 반달키는 보통형과 조임형으로 세분하고, 구멍용 키홈의 너비 b_2의 허용차를 **보통형**에서는 Js9로 **조임형**에서는 P9로 새로 규정하고 있다. 반달키의 KS규격을 찾는 방법은 평행키와 동일하며 축지름 d를 기준으로 키홈지름 d_1의 치수가 작은 것과 키홈의 깊이 t_1의 깊이치수가 작은 것을 찾아 적용하고 나머지 규격 치수를 찾아 적용하면 된다.

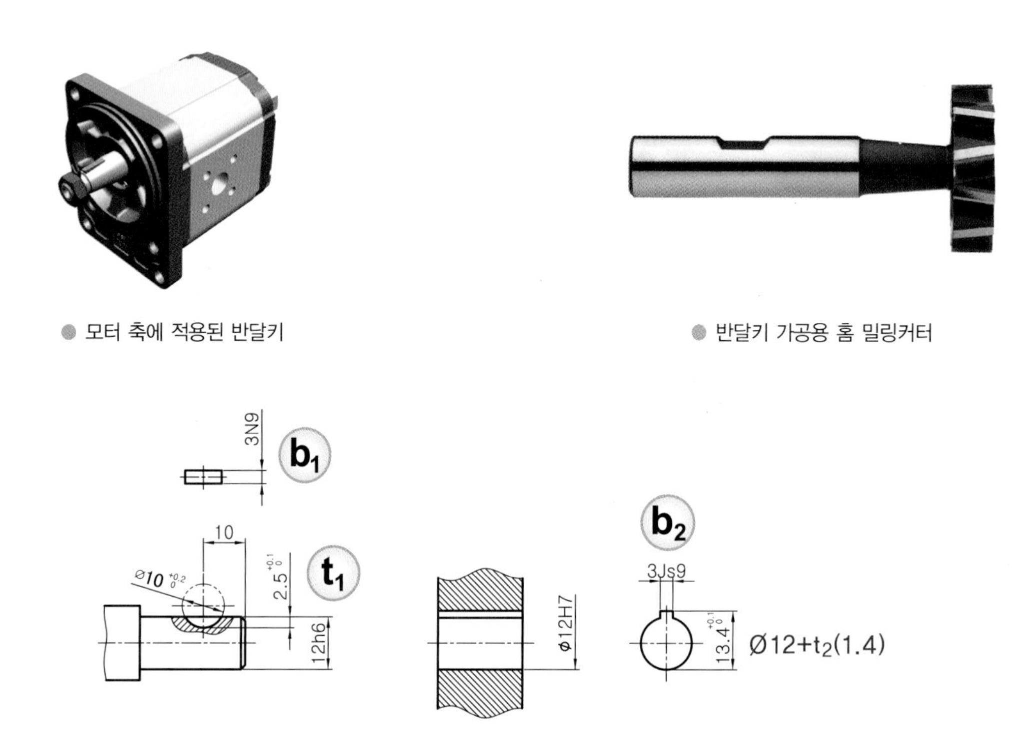

● 모터 축에 적용된 반달키

● 반달키 가공용 홈 밀링커터

● 반달키 치수 기입 예 (기준 축지름 Ø12)

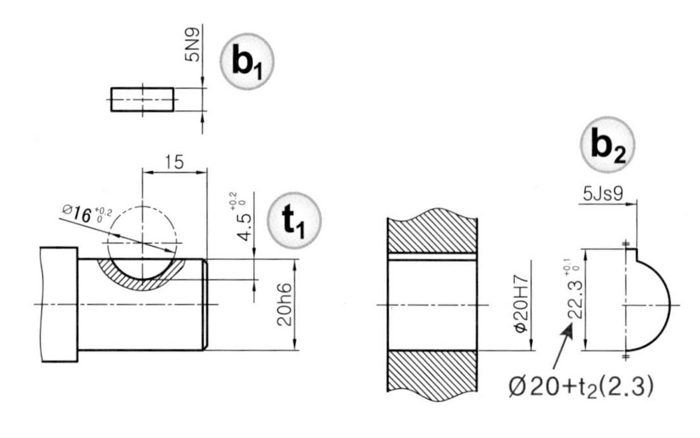

● 반달키 치수 기입 예 (기준 축지름 Ø20)

■ 반달키의 허용차

새로운 규격						구 규격				
키의 종류		키의 너비 b	키의 높이 h	키홈의 너비		키의 종류	키의 너비 b	키의 높이 h	키홈의 너비	
				b_1	b_2				b_1	b_2
반달키	보통형	h9	h11	N9	Js9	반달키	h9	h11	N9	F9
	조임형			P9						

■ 반달키 키홈의 모양과 치수 [KS B 1311:2009]

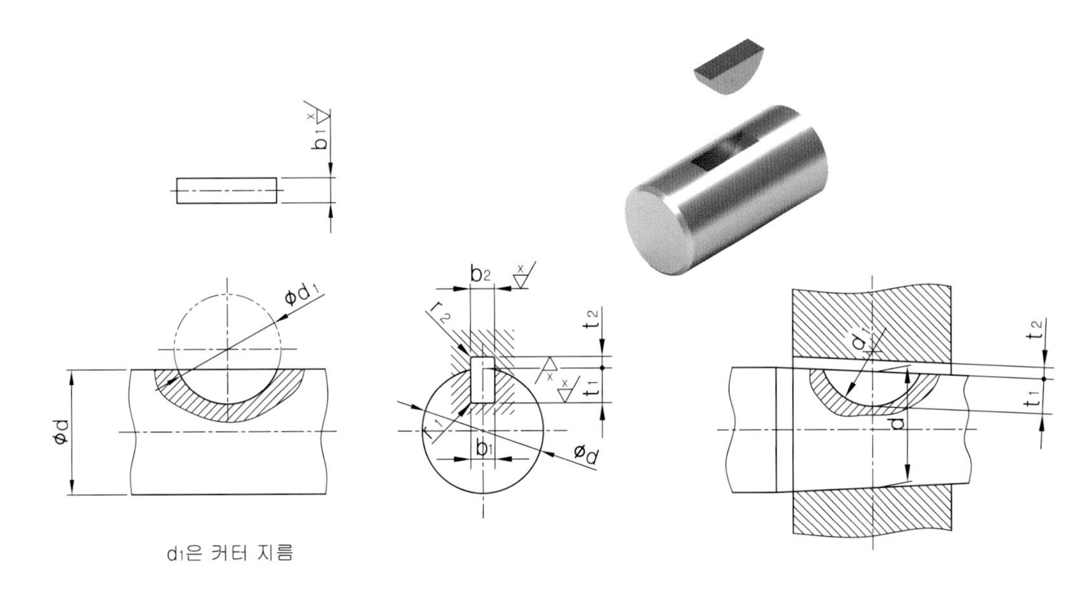

d_1은 커터 지름

● 기준치수 및 축과 구멍의 KS규격 주요 치수

[단위 : mm]

키의 호칭 치수 b×d₀	키 홈 의 치 수											참고 (계열 3)
	b_1, b_2의 기준 치수	보통형		조임형	t_1 (축)		t_2(구멍)		r_1 및 r_2	d_1		적용하는 축 지름 d (초과~이하)
		b_1 허용차 (N9)	b_2 허용차 (Js9)	b_1, b_2의 허용차 (P9)	기준 치수	허용차	기준 치수	허용차	키 홈 모서리	기준 치수	허용차 (h9)	
2.5×10	2.5	−0.004 −0.029	±0.012	−0.006 −0.031	2.7	+0.1 0	1.2	+0.1 0	0.08~0.16	10	+0.2 0	7~12
(3×10)	3				2.5		1.4			10		8~14
3×13	3				3.8	+0.2 0				13		9~16
3×16	3				5.3					16		11~18
(4×13)	4	0 −0.030	±0.015	−0.012 −0.042	3.5	+0.1 0	1.7			13		11~18
4×16	4				5.0	+0.2 0	1.8		0.16~0.25	16		12~20
4×19	4				6.0					19	+0.3 0	14~22
5×16	5				4.5		2.3			16	+0.2 0	14~22
5×19	5				5.5					19	+0.3 0	15~24
5×22	5				7.0	+0.3 0				22		17~26
6×22	6				6.5		2.8			22		19~28
6×25	6				7.5			+0.2 0		25		20~30
(6×28)	6				8.6	+0.1 0	2.6	+0.1 0		28		22~32
(6×32)	6				10.6					32		24~34

경사키

경사키는 테이퍼키(Taper key) 혹은 구배키라고도 한다. 경사키와 축, 경사키와 보스는 폭방향으로 서로 평행하며, 경사키는 축과 보스에 모두 헐거운 끼워맞춤을 적용한다. 키의 폭 b는 축부분 키홈의 폭 b_1보다 작고, 보스 부분 키홈의 폭 b_2보다도 작다. 즉, 경사키의 폭방향 끼워맞춤에서 축부분 키홈과 키 사이의 결합을 **D10/h9(헐거운 끼워맞춤)**로 적용한다.

■ 경사키 및 키홈의 모양과 치수 [KS B 1311]

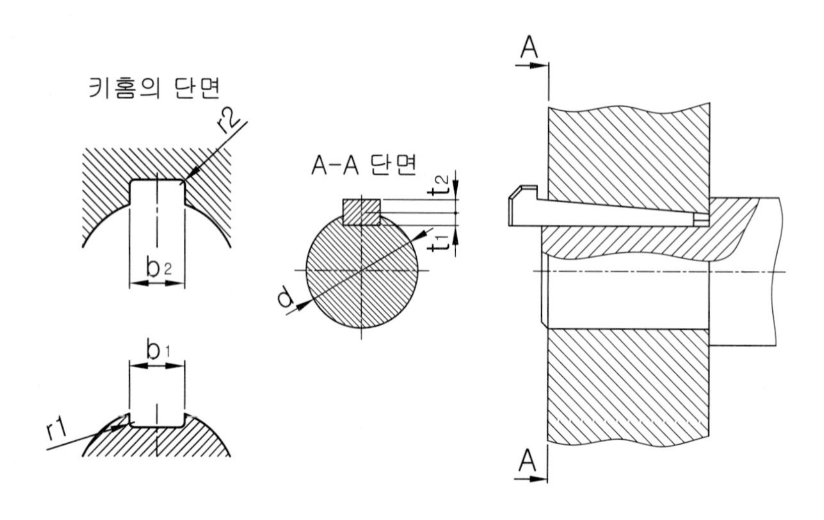

● 기준치수 및 축과 구멍의 KS규격 주요 치수

[단위 : mm]

키의 호칭 치수 b×h	키의 치수								키 홈 의 치 수						참 고
	b		h			h_1	c	l	b_1 및 b_2		r_1 및 r_2	t_1 (축) 기준 치수	t_2 (구멍) 기준 치수	t_1, t_2 허용 오차	적용하는 축 지름 d (초과~이하)
	기준 치수	허용차 (h9)	기준 치수	허용차					기준 치수	허용차 (D10)					
2×2	2	0 / −0.025	2	0 / −0.025	h9	–	0.16 ~ 0.25	6~20	2	+0.060 / +0.020	0.08 ~ 0.16	1.2	0.5	+0.05 / 0	6~8
3×3	3		3			–		6~36	3			1.8	0.9		8~10
4×4	4	0 / −0.030	4	0 / −0.030		7		8~45	4	+0.078 / +0.030		2.5	1.2	+0.1 / 0	10~12
5×5	5		5			8	0.25 ~ 0.40	10~56	5		0.16 ~ 0.25	3.0	1.7		12~17
6×6	6		6			10		14~70	6			3.5	2.2		17~22
(7×7)	7	0 / −0.036	7.2	0 / −0.036				16~80	7	+0.098 / +0.040		4.0	3.0		20~25
8×7	8		7	0 / −0.090	h11	11	0.40 ~ 0.60	18~90	8			4.0	2.4	+0.2 / 0	22~30
10×8	10		8			12		22~110	10		0.25 ~ 0.40	5.0	2.4		30~38
12×8	12	0 / −0.043	8			12		28~140	12	+0.120 / +0.050		5.0	2.4		38~44
14×9	14		9			14		36~160	14			5.5	2.9		44~50
(15×10)	15		10.2	0 / −0.110		15		40~180	15			5.0	5.0	+0.1 / 0	50~55
16×10	16		10	0 / −0.090		16		45~180	16			6.0	3.4	+0.2 / 0	50~58
18×11	18		11	0 / −0.110		18		50~200	18			7.0	3.4		58~65
20×12	20	0 / −0.052	12			20	0.60 ~ 0.80	56~220	20	+0.149 / +0.065	0.40 ~ 0.60	7.5	3.9		65~75

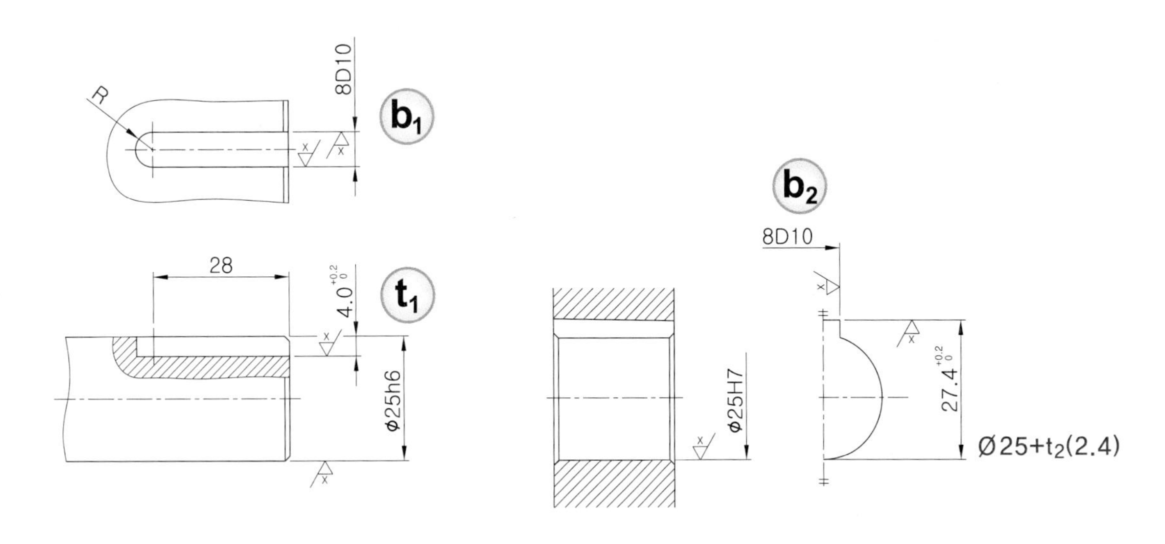

● 경사키 치수 기입 예

Lesson 04 키 및 키홈의 끼워맞춤

키 및 키홈 관계의 표준은 1965년에 KS B 1311(묻힘키 및 키홈), KS B 1312(반달키 및 키홈) 및 KS B 1313(미끄럼키 및 키홈)이 제정되었다. 1984년에 KS B 1313은 ISO 표준을 가능한 한 도입하여 대폭적인 개정이 이루어졌는데 평행키에서 **보통형**은 구 규격 묻힘키의 '보통급', **조임형**은 묻힘키의 '정밀급'을 나타내며, **활동형**은 구 규격에서 미끄럼키를 말한다. 아직 규격의 개정전인 도서나 KS 규격집에는 구 규격을 나타낸 것들이 있으니 혼동하지 않도록 주의를 필요로 한다.

■ 키의 종류 및 기호 [KS B 1311:2009]

종　류	모　양	기　호
평행키 (보통형, 조임형)	나사용 구멍 없는 평행키	P (Parallel key)
평행키 (활동형)	나사용 구멍 부착 평행키	PS (Parallel Sliding keys)
경사키	머리 없는 경사키	T (Taper key)
	머리붙이 경사키	TG (Taper key with Gib head)
반달키	둥근 바닥 반달키	WA (Woodruff keys A type)
	납작 바닥 반달키	WB (Woodruff keys B type)

■ 신 규격과 구 규격의 끼워맞춤 방식 대조표(키에 의한 축, 허브의 경우) [KS B 1311:2009]

신 규격						구 규격				
키의 종류		키의 너비 b	키의 높이 h	키홈의 너비 b₁	키홈의 너비 b₂	키의 종류	키의 너비 b	키의 높이 h	키홈의 너비 b₁	키홈의 너비 b₂
평행키	활동형	h9	정사각형 단면 h9	H9	D10	미끄럼키	h8	h10	N9	E9
	보통형			N9	Js9	평행키 2종			H9	
	조임형			P9		평행키 1종	p7	h9	H8	F7
경사키			직사각형 단면 h11	D10		경사키	h9	h10	D10	
반달키	보통형			N9	Js9	반달키	h9	h11	N9	F9
	조임형			P9						

키의 호칭치수 b×h	키의 치수							키 홈의 치수								참고
	b		h					b₁ b₂의 기준치수	조립형	보통형		r₁ 및 r₂	t₁ (축) 기준치수	t₂ (구멍) 기준치수	t₁ t₂의 허용오차	적용하는 축지름 d (초과~이하)
	기준치수	허용차 (h9)	기준치수	허용차		c	l		b₁, b₂ 허용차 (P9)	b₁ (축) 허용차 (N9)	b₂ (구멍) 허용차 (Js9)					
2×2	2	0 −0.025	2	0 −0.025	h9	0.16 ~ 0.25	6~20	2	−0.006 −0.031	−0.004 −0.029	±0.0125	0.08 ~ 0.16	1.2	1.0		6~8
3×3	3		3				6~36	3					1.8	1.4		8~10
4×4	4	0 −0.030	4	0 −0.030			8~45	4	−0.012 −0.042	0 −0.030	±0.0150		2.5	1.8	+0.1 0	10~12
5×5	5		5			0.25 ~ 0.40	10~56	5				0.16 ~ 0.25	3.0	2.3		12~17
6×6	6		6				14~70	6					3.5	2.8		17~22
(7×7)	7	0 −0.036	7	0 −0.036			16~80	7	−0.015 −0.051	0 −0.036	±0.0180		4.0	3.3		20~25
8×7	8		7	0 −0.090	h11		18~90	8					4.0	3.3		22~30
10×8	10		8			0.40 ~ 0.60	22~110	10				0.25 ~ 0.40	5.0	3.3		30~38
12×8	12	0 −0.043	8				28~140	12	−0.018 −0.061	0 −0.043	±0.0215		5.0	3.3	+0.2 0	38~44
14×9	14		9				36~160	14					5.5	3.8		44~50
(15×10)	15		10				40~180	15					5.0	5.3		50~55
16×10	16		10				45~180	16					6.0	4.3		50~58
18×11	18		11	0 −0.110			50~200	18					7.0	4.4		58~65

【참고】 ISO에서 평행키의 종류
- 정밀급 : Close keys
- 보통급 : Nolmal keys
- 미끄럼키 : Free keys

■ 키와 축 및 허브(보스)와의 관계

형 식	적용하는 키	설명
활동형	평행키	축과 허브가 상대적으로 축방향으로 미끄러지며 움직일 수 있는 결합
보통형	평행키, 반달키	축에 고정된 키에 허브를 끼우는 결합(주)
조임형	평행키, 경사키, 반달키	축에 고정된 키에 허브를 조이는 결합(주) 또는 조립된 축과 허브 사이에 키를 넣는 결합

【주】 선택 끼워맞춤이 필요하다.
여기서 허브(hub)란 기어나 V-벨트풀리, 스프로킷, 캠 등의 회전체의 보스(boss)를 말한다.

자리파기, 카운터보링, 카운터싱킹

| KS B 1003, KS B 1003의 부속서

6각 구멍붙이(6각 홈붙이) 볼트에 관한 규격은 KS B 1003에 규정되어 있으며, 6각 구멍붙이 볼트를 사용하여 기계 부품을 결합시킬 때 볼트의 머리가 노출되지 않도록 볼트 머리 높이보다 약간 깊은 자리파기(카운터보링, DCB) 가공을 실시하는 데 KS B 1003의 부속서에 6각 구멍붙이 볼트에 대한 자리파기 및 볼트 구멍 치수의 규격이 정해져 있다. 볼트 구멍 지름 및 카운터 보어 지름은 KS B ISO273에 규정되어 있으며, 볼트 구멍 지름의 등급은 나사의 호칭 지름과 볼트의 구멍 지름에 따라 1~4급으로 구분하며, 4급은 주로 주조 구멍에 적용한다.

■ 자리파기용 공구와 자리파기의 종류

드릴 / 카운터보어 / 카운터싱크

자리파기 / 깊은 자리파기 / 카운터싱크

■ 볼트 구멍 및 카운터보어 지름

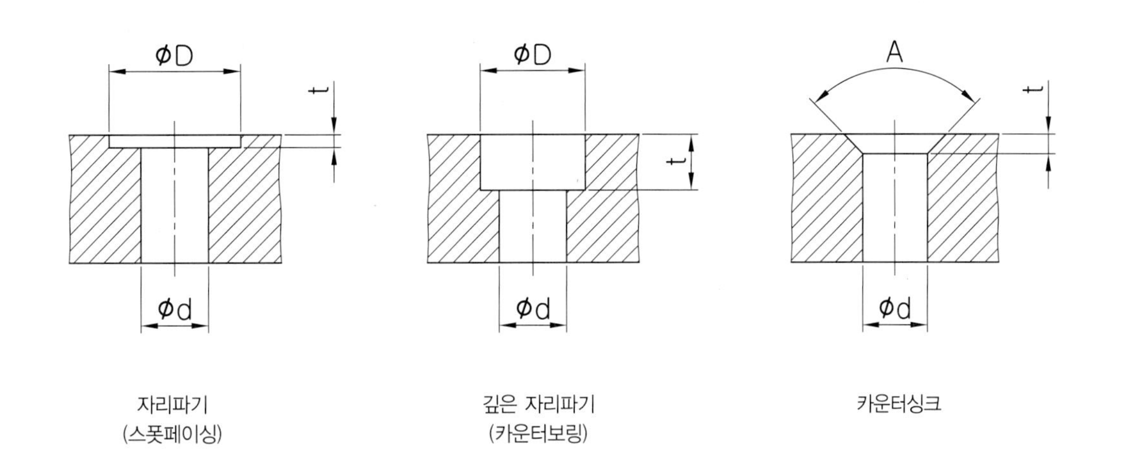

자리파기 (스폿페이싱) / 깊은 자리파기 (카운터보링) / 카운터싱크

호칭		자리파기 (Spot Facing)		깊은 자리파기 (Counter Bore)		카운터싱크 (Counter sink)		도면 지시 예
나사	⌀d	⌀D	깊이 (t)	⌀D	깊이 (t)	깊이 (t)	각도(A)	
M3	3.4	9	0.2	6.5	3.3	1.75	$90^{\circ}{}^{+2^{\circ}}_{0}$	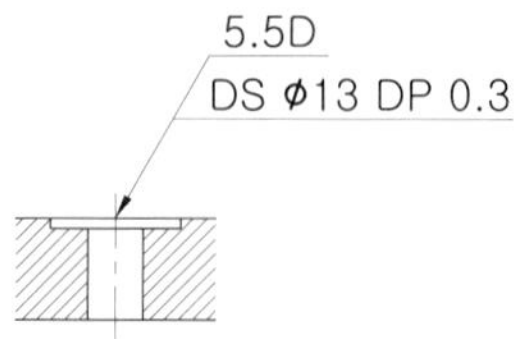 5.5D DS ϕ13 DP 0.3
M4	4.5	11	0.3	8	4.4	2.3		
M5	5.5	13	0.3	9.5	5.4	2.8		
M6	6.6	15	0.5	11	6.5	3.4		
M8	9	20	0.5	14	8.6	4.4		
M10	11	24	0.8	17.5	10.8	5.5	$90^{\circ}{}^{+2^{\circ}}_{0}$	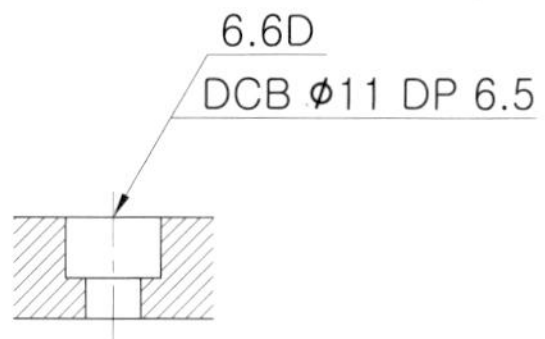 6.6D DCB ϕ11 DP 6.5
M12	14	28	0.8	22	13	6.5		
M14	16	32	0.8	23	15.2	7		
M16	18	35	1.2	26	17.5	7.5		
M18	20	39	1.2	29	19.5	8		
M20	22	43	1.2	32	21.5	8.5		
M22	24	46	1.2	35	23.5	13.2	$60^{\circ}{}^{+2^{\circ}}_{0}$	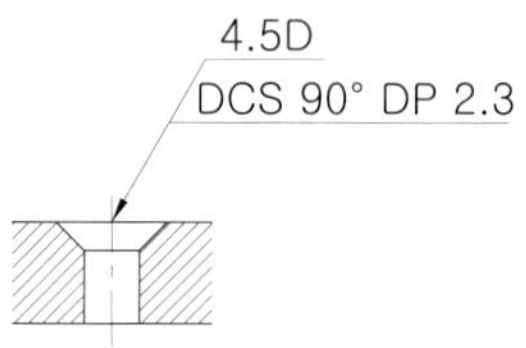 4.5D DCS 90° DP 2.3
M24	26	50	1.6	39	25.5	14		
M27	30	55	1.6	43	29	–		
M30	33	62	1.6	48	32	16.6		
M33	36	66	2.0	54	35	–		

- **스폿페이싱(Spot Facing)** : 6각 볼트의 머리나 너트, 와셔가 접촉되는 면이 2차 기계가공을 하기 전의 거친 다듬질로 되어있는 주조부 등에 올바른 접촉면을 가질 수 있도록 평탄하게 다듬질하는 가공
- **카운터보링(Counter Boring)** : 6각 구멍붙이 볼트의 머리가 부품에 묻혀 외부로 돌출되지 않도록 드릴 가공한 구멍에 깊은 자리파기를 하는 가공
- **카운터싱킹(Counter Sinking)** : 접시머리볼트나 작은나사의 머리 부분이 완전히 묻힐 수 있도록 구멍의 가장자리를 원뿔형으로 경사지게 자리파기를 하는 가공

[적용 예]

편심구동장치 본체에 M4의 TAP 가공이 되어 있는 경우 품번③ 커버에 카운터보링(DCB)에 관한 치수기입의 적용 예로 치수기입은 지시선에 의한 치수기입법과 치수선과 치수보조선에 의한 방법을 예로 도시하였다.

● 편심구동장치 입체도

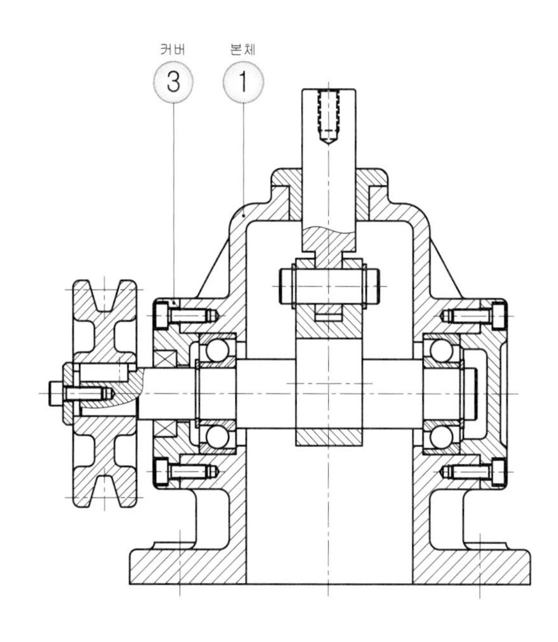

● 편심구동장치 커버에 적용된 깊은 자리파기(카운터보링)

■ 깊은자리파기(카운터보링) 치수 기입 예

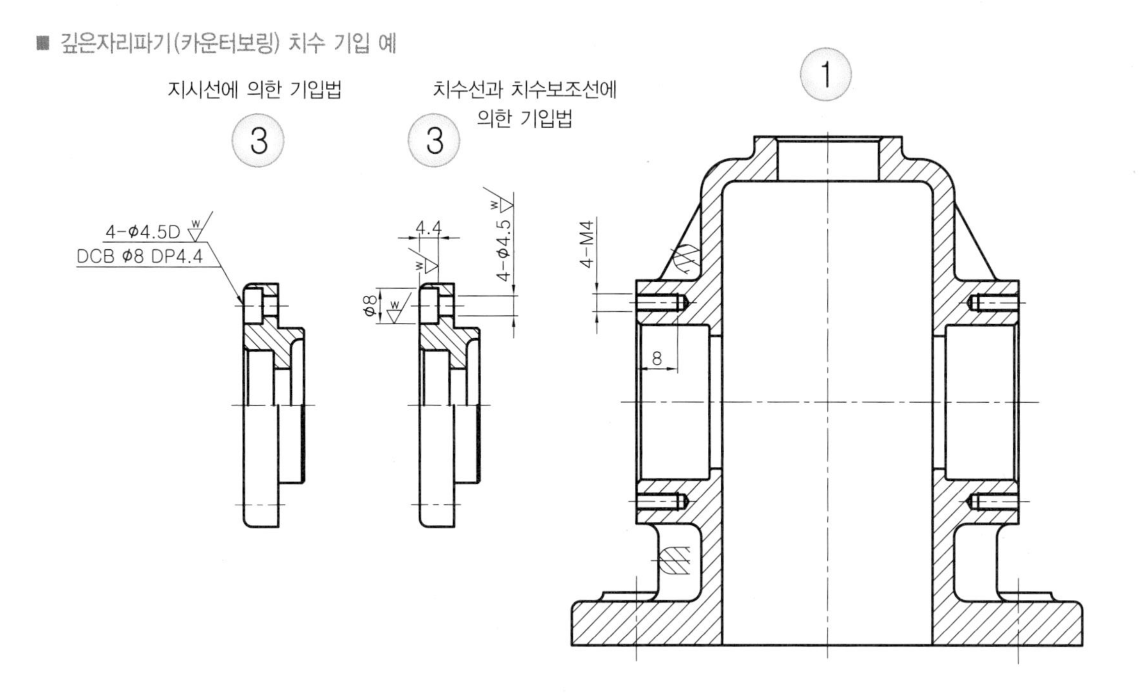

● 편심구동장치 부품도 치수 기입 예

Lesson 06

치공구용 지그 부시

부시(bush)는 드릴(drill), 리머(reamer), 카운터 보어(counter bore), 카운터 싱크(counter sink), 스폿 페이싱(spot facing) 공구와 기타 구멍을 뚫거나 수정하는데 사용하는 회전공구를 위치결정(locating)하거나 안내(guide)하는데 사용하는 정밀한 치공구(Jig & Fixture) 요소이다.

부시는 반복 작업에 의한 재료의 마모와 가공 후 정밀도를 유지하기 위해 통상 열처리를 실시하고 정확한 치수로 연삭되어 있으며 동심도는 일반적으로 0.008 이내로 한다.

■ 여러 가지 치공구 요소의 형상

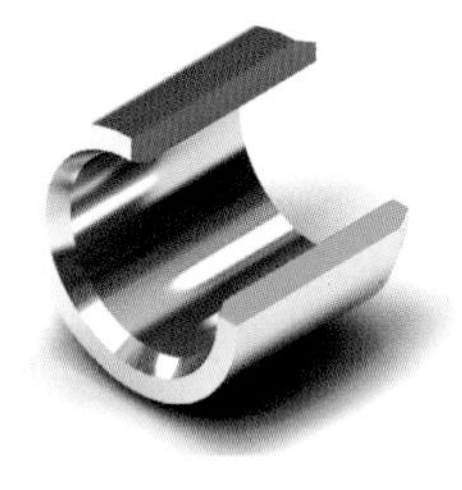

칼라 없는 고정부시

칼라 있는 고정부시

노치형 삽입부시

노치형 삽입부시

지그용 멈춤쇠

지그용 멈춤나사

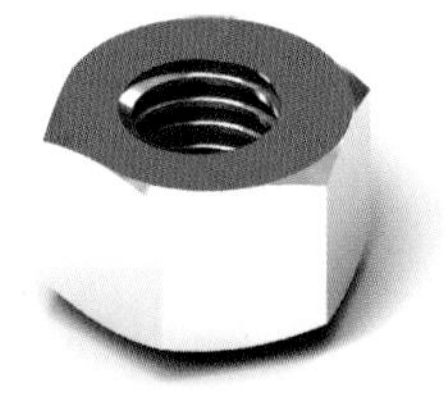

지그용 너트

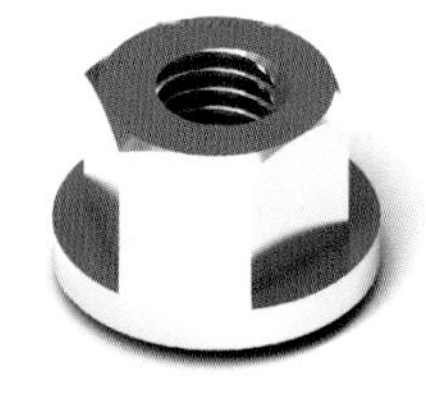

지그용 너트(평면 자리붙이형)

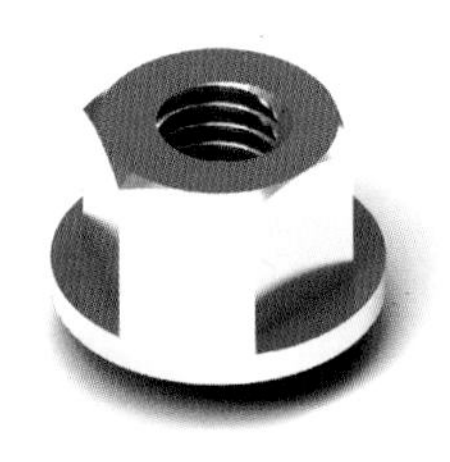

지그용 너트(구면 자리붙이형)

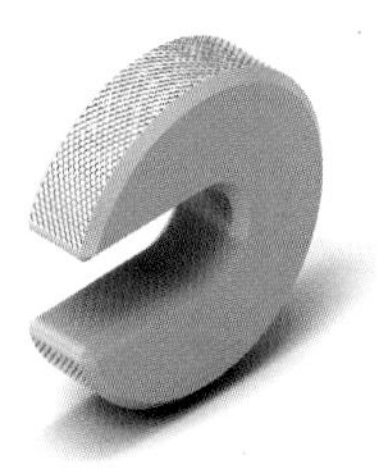

C형 와셔

구면 와셔

고리 모양 와셔

위치결정 핀

캠 스트랩 클램프

스트랩 클램프

■ 여러 가지 부시의 치공구 요소

■ 커넥팅로드 고정구

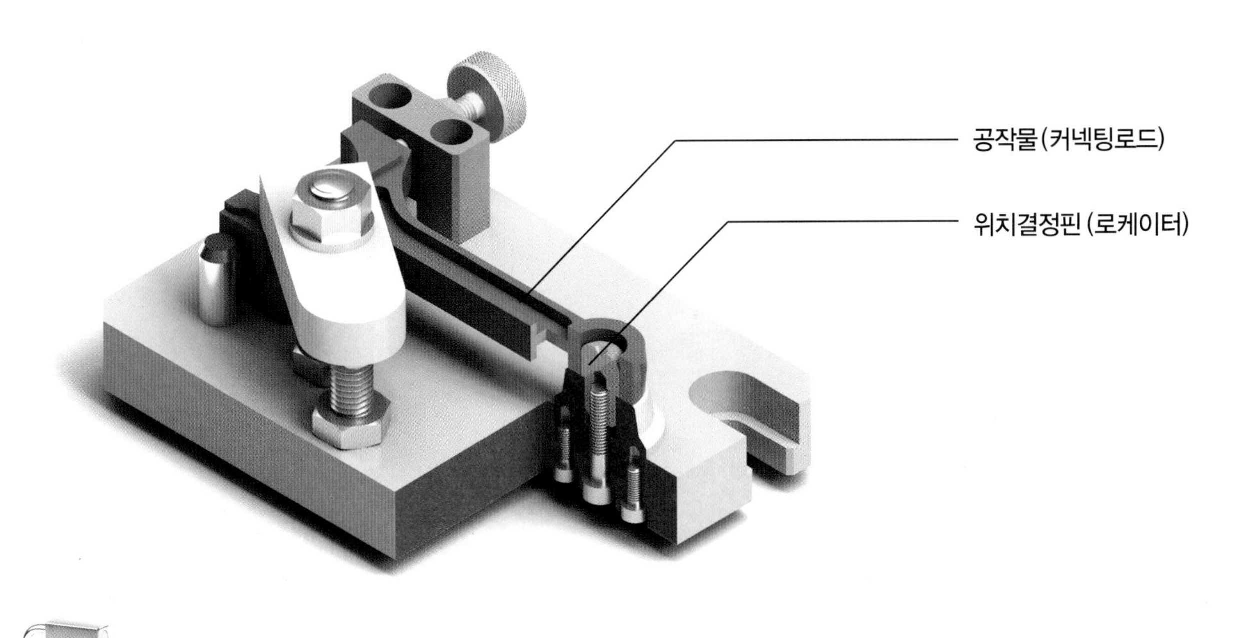

Tip

● **드릴 부시의 치수결정 순서**

1. 드릴 직경 선정
2. 부시의 내경과 외경 선정
3. 부시의 길이와 부시 고정판(jig plate) 두께 결정
4. 부시의 위치결정(locating)

1. 고정 부시(press fit bush)

고정 부시는 머리가 없는 고정 부시와 머리가 있는 고정 부시의 두 가지 종류가 있으며 부시를 자주 교환할 필요가 없는 소량 생산용 지그에 사용한다.

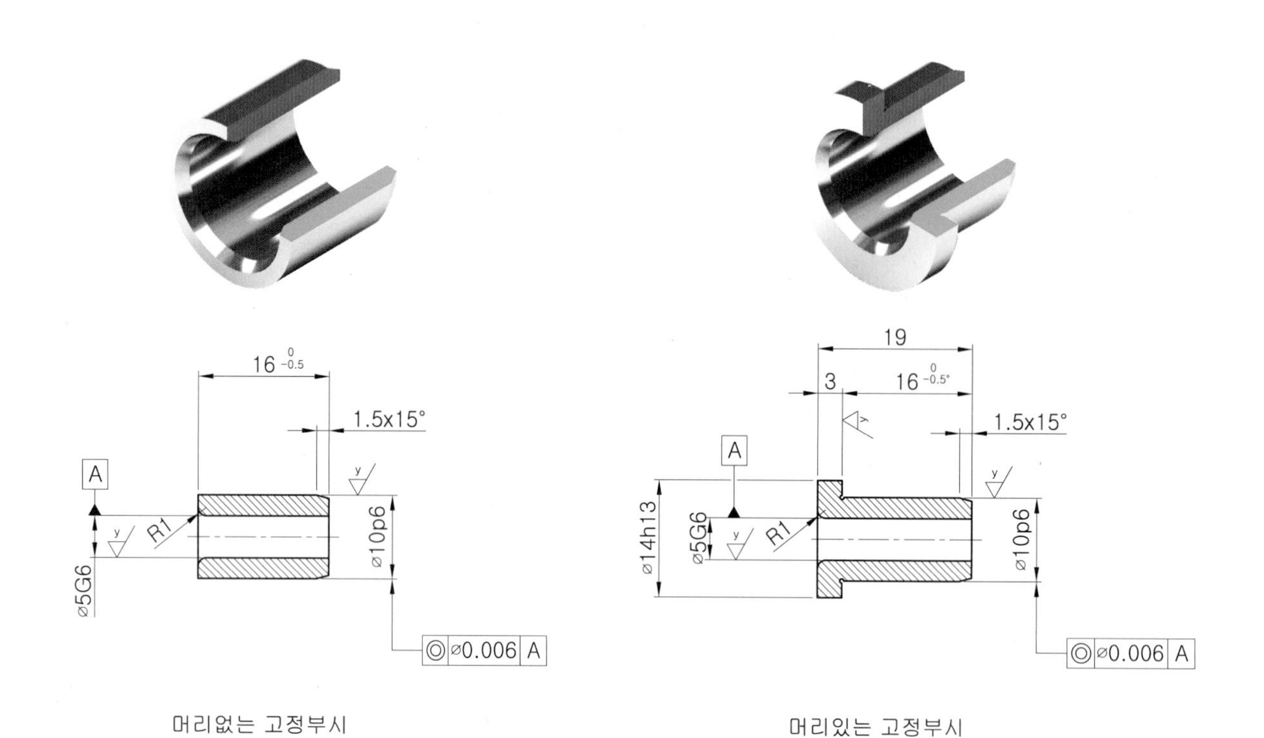

머리없는 고정부시　　머리있는 고정부시

● 지그용 고정 부시 치수 기입 예

1. 드릴(drill)이나 리머(reamer) 가공시 공구(tool)의 안내(guide) 역할을 하는 치공구 요소이다.
2. 재질은 STC3(탄소공구강), SKS3(합금공구강) 등을 사용한다.
3. 전체 열처리를 한다. (예 : HRC 60±2)

■ 지그용 고정부시 [KS B 1030]

칼라 없는 고정부시

칼라 있는 고정부시

- **드릴 부시의 설계 방법**

❶ 드릴 직경을 결정하는데는 공작물의 구멍 가공 치수에 의해 결정

❷ 드릴 부시의 내경과 외경은 결정된 드릴 직경을 호칭지름으로 하여 고정부시만으로 할 것인가, 고정부시와 함께 삽입부시를 적용할 것인가를 제작될 공작물의 수량과 가공공정에 따라 결정한다.

칼라 없는 고정부시

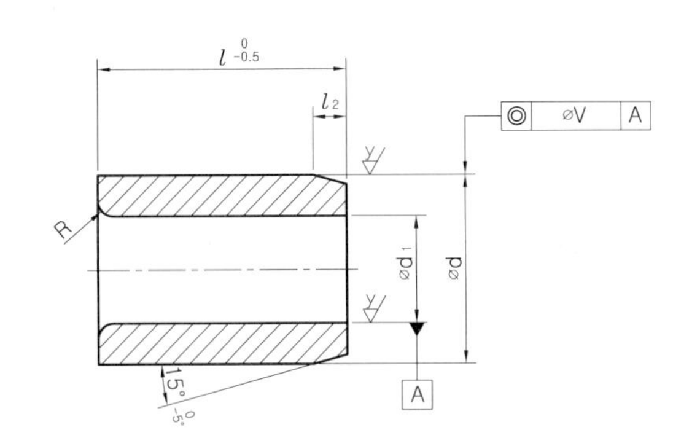

칼라 있는 고정부시

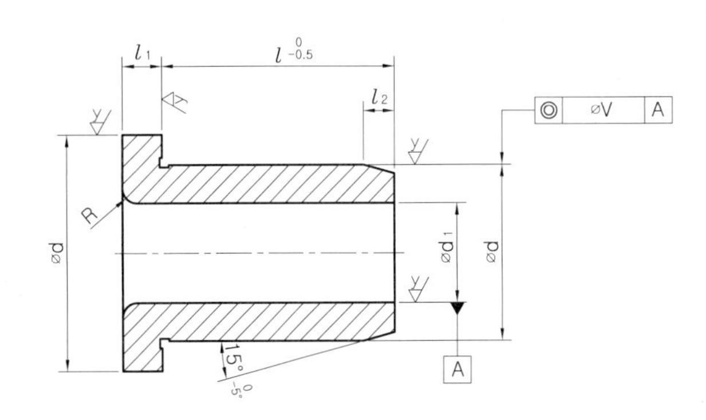

● 고정 부시

<table>
<tr><th rowspan="2">d1
드릴용(G6)
리머용(F7)</th><th colspan="2">d</th><th colspan="2">d2</th><th rowspan="2">공차 $(l\ ^{0}_{-0.5})$</th><th rowspan="2">l_1</th><th rowspan="2">l_2</th><th rowspan="2">R</th></tr>
<tr><th>기준 치수</th><th>허용차(p6)</th><th>기준치수</th><th>허용차(h13)</th></tr>
<tr><td>1 이하</td><td>3</td><td>+ 0.012
+ 0.006</td><td>7</td><td rowspan="3">0
− 0.220</td><td rowspan="2">6 8</td><td rowspan="3">2</td><td rowspan="9">1.5</td><td rowspan="2">0.5</td></tr>
<tr><td>1 초과 1.5 이하</td><td>4</td><td rowspan="2">+ 0.020
+ 0.012</td><td>8</td></tr>
<tr><td>1.5 초과 2 이하</td><td>5</td><td>9</td><td>6 8 10 12</td><td rowspan="2">0.8</td></tr>
<tr><td>2 초과 3 이하</td><td>7</td><td rowspan="3">+ 0.024
+ 0.015</td><td>11</td><td rowspan="4">0
− 0.270</td><td rowspan="2">8 10 12 16</td><td rowspan="2">2.5</td></tr>
<tr><td>3 초과 4 이하</td><td>8</td><td>12</td><td rowspan="2">1.0</td></tr>
<tr><td>4 초과 6 이하</td><td>10</td><td>14</td><td rowspan="2">10 12 16 20</td><td rowspan="3">3</td></tr>
<tr><td>6 초과 8 이하</td><td>12</td><td rowspan="3">+ 0.029
+ 0.018</td><td>16</td><td rowspan="3">2.0</td></tr>
<tr><td>8 초과 10 이하</td><td>15</td><td>19</td><td rowspan="2">0
− 0.330</td><td rowspan="2">12 16 20 25</td></tr>
<tr><td>10 초과 12 이하</td><td>18</td><td>22</td><td>4</td></tr>
</table>

2. 삽입부시(renewable bush)

삽입부시는 지그 플레이트에 라이너 부시(가이드 부시)를 설치하여 라이너 부시 내경에 삽입 부시 외경이 미끄럼 끼워맞춤 되도록 연삭되어 있으며, 부시가 마모되면 교환을 할 수 있는 다량 생산용 지그에 적합하며, 다양한 작업을 위하여 라이너 부시에 여러 용도의 삽입 부시를 교환하여 사용된다. 삽입 부시는 회전 삽입 부시와 고정 삽입부시로 분류한다.

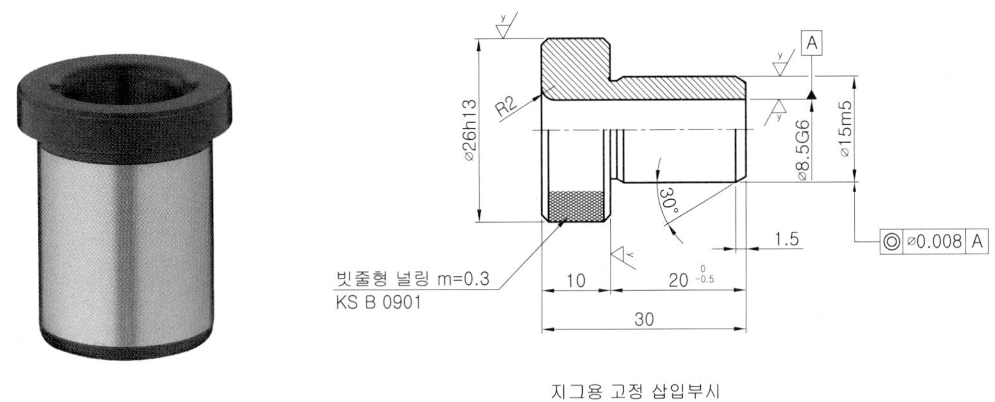

지그용 고정 삽입부시

● 지그용 고정 삽입부시 치수 기입 예

■ 지그용 고정 삽입부시 [KS B 1030]

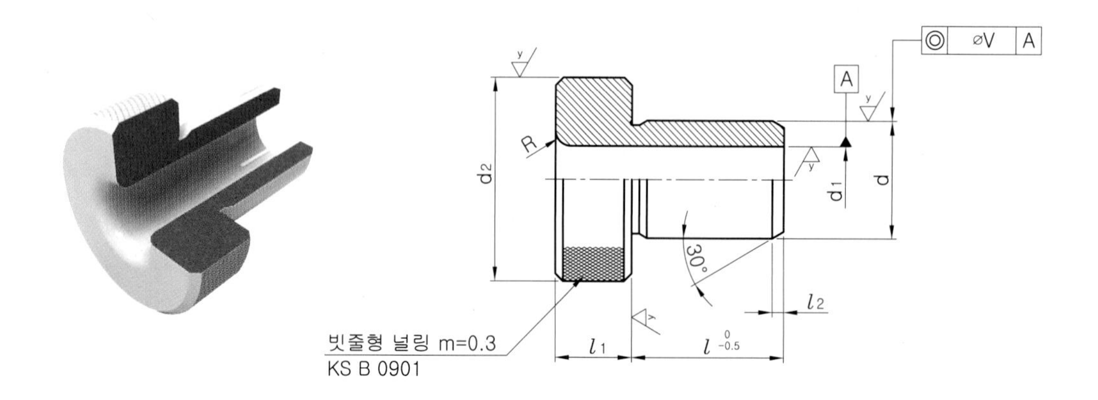

d1 드릴용(G6) 리머용(F7)	d 기준 치수	d 허용차 (m5)	d2 기준 치수	d2 허용차 (h13)	$l\ {}^{0}_{-0.5}$		l_2	R
4 이하	8	+ 0.012 + 0.006	15	0 − 0.270	10 12 16	8	1.5	1
4 초과 6 이하	10		18		12 16 20 25			
6 초과 8 이하	12	+ 0.015 + 0.007	22	0 − 0.330		10		2
8 초과 10 이하	15		26		16 20 (25) 28 36			
10 초과 12 이하	18		30					
12 초과 15 이하	22	+ 0.017 + 0.008	34	0 − 0.390	20 25 (30) 36 45	12		
15 초과 18 이하	26		39					
18 초과 22 이하	30		46		25 (30) 36 45 56			3

1. 하나의 구멍에 여러 가지 작업을 할 경우 교체 및 장착이 용이한 부시로 노치형 부시라고도 한다.
2. 부시 재질은 STC3(탄소공구강), SKS3(합금공구강) 등을 사용한다.
3. 전체 열처리를 한다. (예 : HRC 60±2)

3. 라이너 부시(liner bush)

삽입 부시의 안내용 고정부시로 지그판에 영구히 설치하며, 정밀하고 높은 경도를 지니기 때문에 지그의 정밀도를 장기간 유지할 수 있다. 머리 없는 것과 머리 있는 것의 두 가지가 있다.

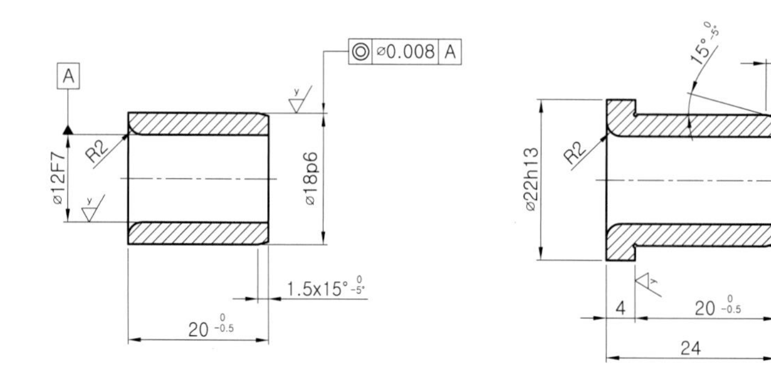

● 라이너 부시 치수 기입 예

■ 라이너 부시 [KS B 1030]

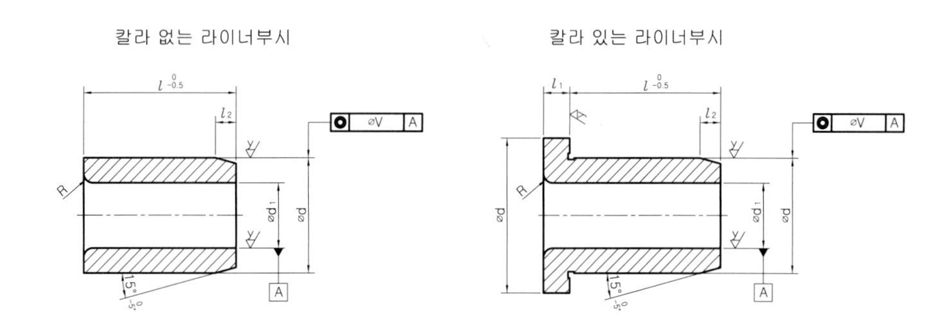

[단위 : mm]

d_1		d		d_2		$l\ ^{0}_{-0.5}$	l_1	l_2	R
기준 치수	허용차 (F7)	기준 치수	허용차 (p6)	기준 치수	허용차 (h13)				
8	+0.028 +0.013	12	+0.029 +0.018	16	0 − 0.270	10 12 16	3	1.5	2
10		15		19	0 − 0.330	12 16 20 25			
12	+0.034 +0.016	18		22			4		
15		22	+0.035 +0.022	26		16 20 (25) 28 36			
18		26		30					
22	+0.041 +0.020	30		35	0 − 0.390	20 25 (30) 36 45	5		3
26		35	+0.042 +0.026	40					
30		42		47		25 (30) 36 45 56			

4. 노치형 부시

회전 삽입 부시(slip renewable bush)라고도 하며, 이 부시는 한 구멍에 여러 가지 가공 작업을 할 경우 라이너 부시를 지그판에 고정시킨 후 노치형 부시를 삽입한 후 플랜지부에 잠금나사로 고정시켜 사용한다.

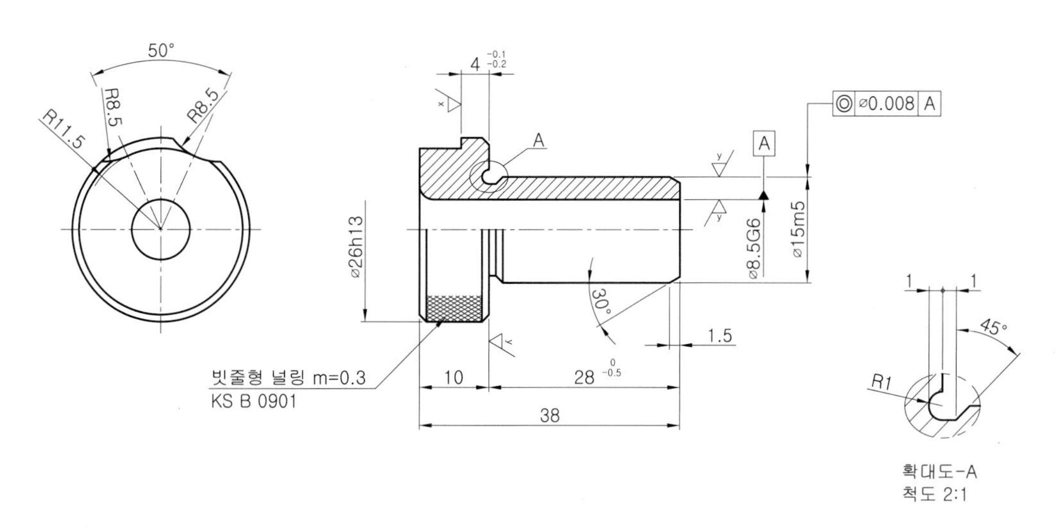

● 노치형 부시 치수 기입 예

■ 노치형 부시 [KS B 1030]

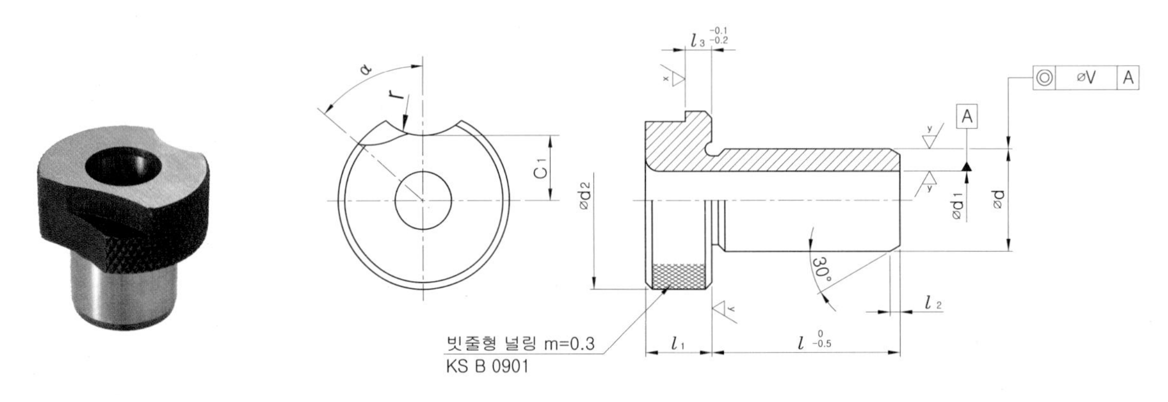

지그용 노치형 부시

● 노치형 부시의 주요 치수

[단위 : mm]

d_1 드릴용(G6) 리머용(F7)	d 기준치수	d 허용차 (m5)	d_2 기준치수	d_2 허용차 (h13)	$l\ ^{0}_{-0.5}$	l_1	l_2	R	l_3 기준치수	l_3 허용차	C_1	r	α (°)
4 이하	8	+ 0.012 + 0.006	15	0 − 0.270	10 12 16	8	1.5	1	3	− 0.1 − 0.2	4.5	7	65
4 초과 6 이하	10		18		12 16 20 25						6		
6 초과 8 이하	12	+ 0.015 + 0.007	22	0 − 0.330		10		2	4		7.5	8.5	60
8 초과 10 이하	15		26		16 20 (25) 28 36						9.5		50
10 초과 12 이하	18		30								11.5		
12 초과 15 이하	22	+ 0.017 + 0.008	34	0 − 0.390	20 25 (30) 36 45	12					13	10.5	35
15 초과 18 이하	26		39								15.5		
18 초과 22 이하	30		46		25 (30) 36 45 56			3	5.5		19		30

5. 드릴지그 실례

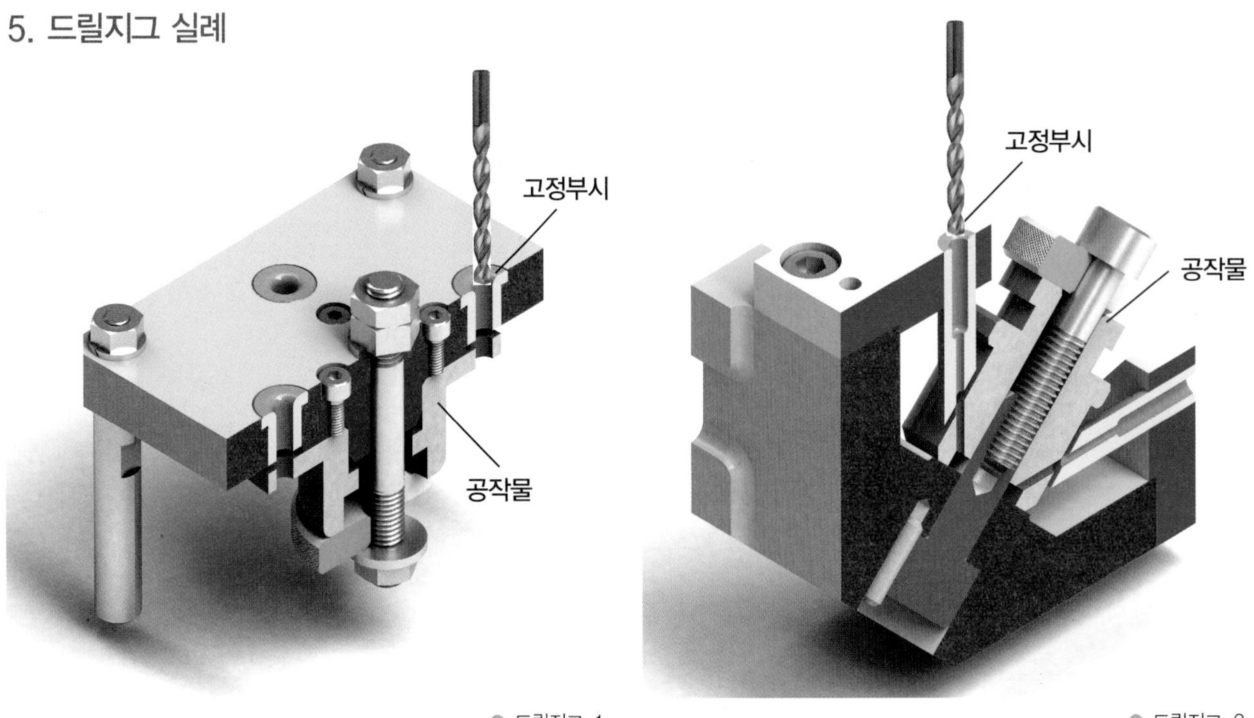

● 드릴지그-1

● 드릴지그-2

6. 지그 설계의 치수 표준

❶ 센터 구멍

선반, 밀링용 지그의 구멍은 다음의 5종류로 한다.

D = 12mm 이하 ± 0.01mm

D = 16mm 이하 ± 0.01mm

D = 20mm 이하 ± 0.01mm

D = 25mm 이하 ± 0.01mm

(선반은 가급적 이 구멍을 이용한다.)

D = 35mm 이하 ± 0.01mm

(밀링은 가급적 이 구멍을 이용한다.)

● 부치 설치 예

❷ 중심 맞춤 구멍

중심 맞춤 구멍(중심맞춤 센터 및 리머 볼트용 구멍)의 중심거리에 대해서는 다음의 치수공차를 적용한다.

±0.01 ±0.01 ±0.01

❸ 볼트 구멍의 거리

볼트 구멍 등과 같이 축과 구멍과 0.5mm 이상의 틈새를 갖는 구멍의 중심거리에 대해서는 다음의 치수공차를 적용한다.

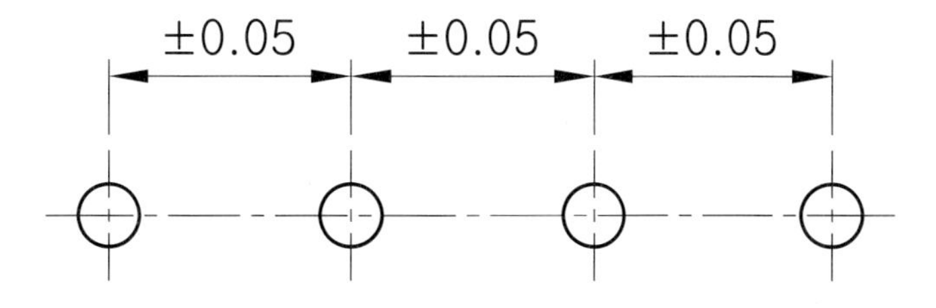

❹ 각도

특히 정밀도를 요구하지 않는 각도에는 다음의 치수공차를 적용한다. ±30′

Lesson 07 기어의 제도

기어는 2개 또는 그 이상의 축 사이에 회전 또는 동력을 전달하는 요소로 한 축으로 부터 다른 축으로 동력을 전달하는 데 사용되는 대표적인 동력전달용 기계요소이다. 또한 기어는 동력을 주고받는 두 축 사이의 거리가 가까운 경우에 사용되며, 동력전달이 확실하고 속도비를 일정하게 유지할 수 있는 장점이 있어 전동 장치, 변속 장치 등에 널리 이용된다. 맞물려 회전하는 한 쌍의 기어에서 잇수가 많은 쪽을 **기어**, 잇수가 적은 쪽을 **피니언**(pinion)이라 한다. 기어의 정밀도에 관한 등급 규정은 기존 **KS B 1405**는 폐지(2005-0293)되었으며 KS B ISO 1328-1에서 스퍼기어 및 헬리컬기어의 등급에 관하여 규정하고 있으며 기어의 등급은 정밀도에 따라서 9등급으로 한다. (0급, 1급, 2급, 3급, 4급, 5급, 6급, 7급, 8급)

1. 기어의 종류

❶ 두 축이 평행한 기어

■ **스퍼 기어(spur gear)** : 잇줄이 축에 평행한 직선의 원통형 기어로 평기어라고도 하며 제작하기 쉬우므로 일반적인 기구나 기계장치에 가장 널리 사용되지만 소음이 발생되는 단점이 있다.

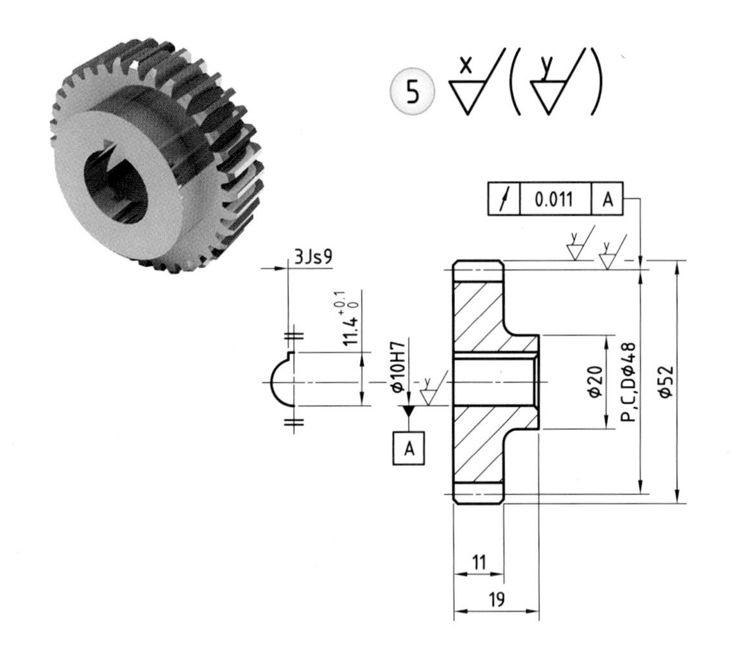

스퍼기어 요목표		
기어 치형		표준
공 구	모듈	2
	치형	보통이
	압력각	20°
전체이높이		4.5
피치원지름		φ48
잇수		24
다듬질 방법		호브절삭
정밀도		KS B ISO 1328-1, 4급

10, 8, 30, 80

● 스퍼기어의 제도와 요목표

스퍼 기어 제원	스퍼 기어 주요 계산 공식	
1. 모듈(m) : 2 **2. 잇수(z) : 24** **3. 피치원 지름 : 48** **4. 재질 : SM45C, SCM415** **대형기어의 경우 주강품** **SC420, SC450**	피치원 지름(P.C.D)	P.C.D = m×z = 2×24 = 48
	이끝원 지름(D)	외접 기어 외경 D=PCD+(2m)=48+(2×2)=52 내접 기어 D=PCD−(2m)=48−(2×2)=44
	전체 이 높이(h)	h=2.25×m=2.25×2=4.5

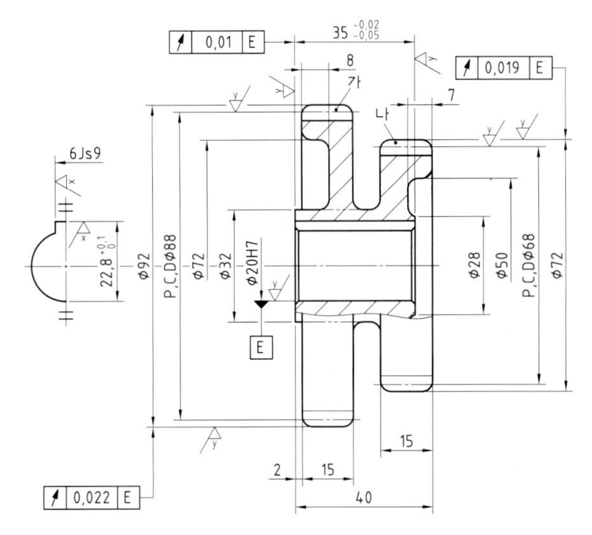

스퍼기어 요목표

구분 \ 품번		⑤-가	⑤-나
기어치형		표 준	
공구	모듈	2	
	치형	보 통 이	
	압력각	20°	
전체이높이		4.5	
피치원지름		Ø88	Ø68
잇수		44	32
다듬질방법		호 브 절 삭	
정밀도		KS B ISO 1328-1, 4급	

● 이중 스퍼기어의 제도와 요목표

■ **래크 기어(rack gear)** : 스퍼기어와 맞물리는 래크는 직선 형태의 기어로 피치원통 반지름이 무한대 ∞인 기어의 일부분이다. 래크와 맞물리는 기어 짝을 피니언(pinion)이라 한다. 래크는 직선 왕복 운동을 하고 피니언은 회전 운동을 한다.

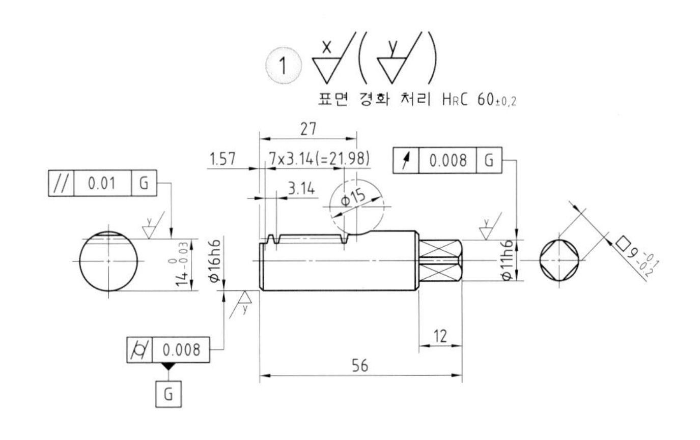

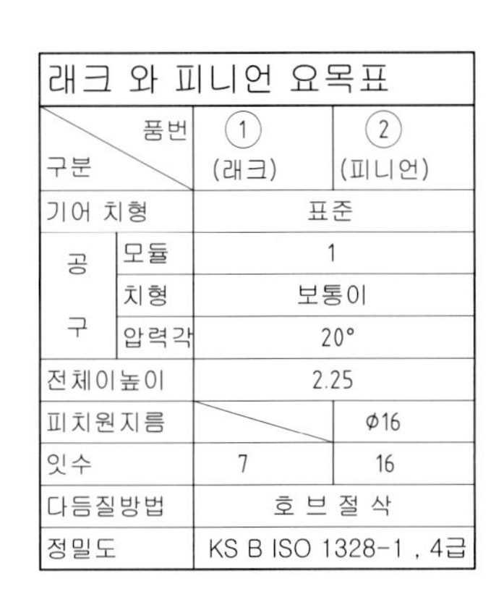

래크 와 피니언 요목표

구분 \ 품번		① (래크)	② (피니언)
기어 치형		표준	
공구	모듈	1	
	치형	보통이	
	압력각	20°	
전체이높이		2.25	
피치원지름			Ø16
잇수		7	16
다듬질방법		호 브 절 삭	
정밀도		KS B ISO 1328-1 , 4급	

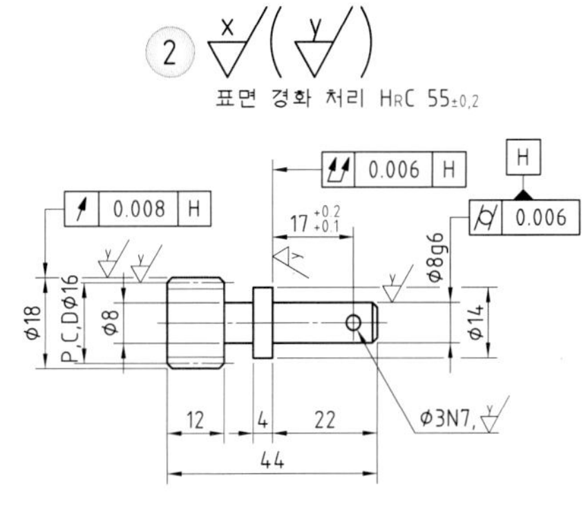

● 래크와 피니언

래크와 피니언 제원	피니언 기어 주요 계산 공식	
1. 모듈(m) : 1 2. 래크 잇수(z_1) : 7 피니언 기어 잇수(z_2) : 16 3. 피치원 지름 : 16 4. 재질 : SM45C, SCM415 SCM435 등	피니언 기어 피치원 지름(P.C.D)	P.C.D=m×z=1×16=16
	이끝원 지름(D)	피니언 기어 외경 D=PCD+(2m)=16+(2×1)=18
	전체 이 높이(h)	h=2.25×m=2.25×1=2.25

■ **내접 기어(internal gear)** : 원형의 링(ring) 안쪽에 이가 있는 원통형 기어로 공간을 적게 차지하고 원활하게 작동하며 높은 속도비를 얻을 수 있다. 일반적으로 감속기나 유성기어 장치(planetary gear system), 기어 커플링 등에 사용된다.

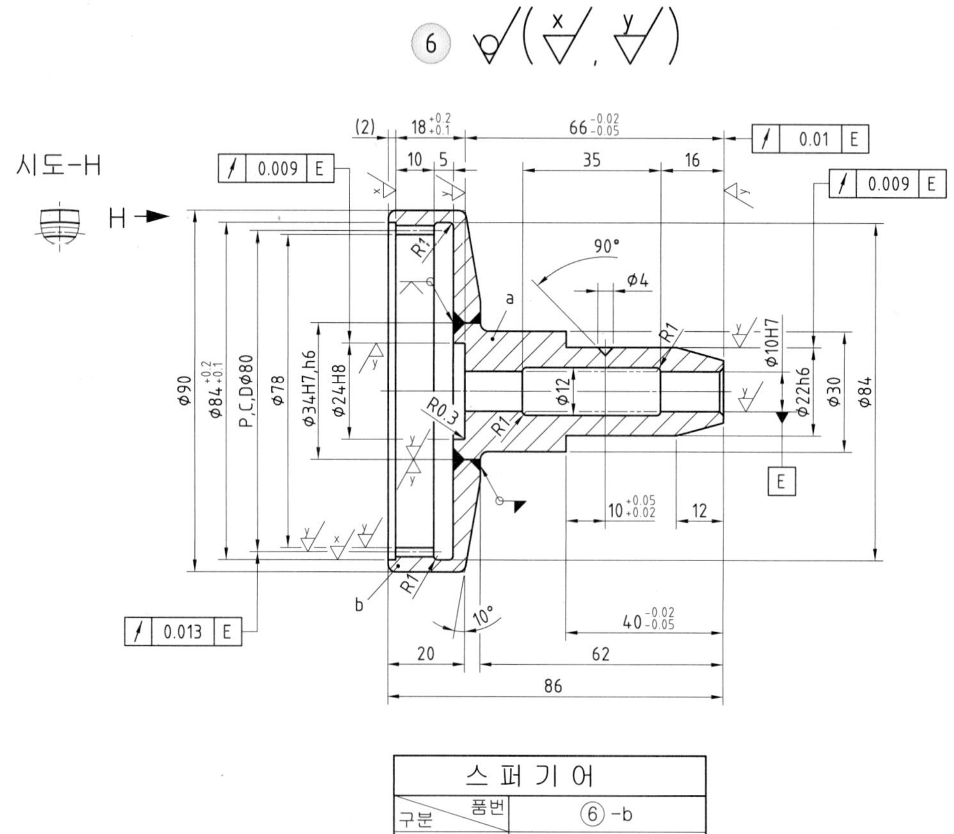

스 퍼 기 어		
구분 \ 품번		⑥-b
기어치형		표준
공 구	치형	보통이
	모듈	1
	압력각	20°
잇수		80
피치원지름		φ80
전체이높이		2.25
다듬질방법		호브절삭
정밀도		KS B ISO 1328-1, 4급

● 내접 기어의 제도와 요목표

내접 기어 제원	내접 기어 주요 계산 공식	
1. 모듈(m) : 1 **2. 잇수(z) : 80** **3. 피치원 지름 : 80** **4. 재질 : SM45C, SCM415** **대형기어의 경우 주강품** **SC420, SC450**	피치원 지름(P.C.D)	P.C.D = m×z = 1×80 = 80
	이끝원 지름(D)	내접 기어 외경 D=PCD-(2m)=80-(2×1)=78
	전체 이 높이(h)	h=2.25×m=2.25×1=2.25

■ 헬리컬 기어(helical gear) : 축에 대하여 비틀린 이(나선)를 가진 원통형 기어로 스퍼 기어에 비해서 더 큰 하중에 견딜 수 있으며 소음도 적어서 정숙한 운전이 가능하여 자동차 변속기 등에 널리 사용된다. 다만, 이의 비틀림 때문에 축방향의 추력(thrust)이 발생하는 것이 단점이다. 그러나 이중 헬리컬 기어(double helical gear)나 헤링본 기어(herringbone gear)는 왼쪽 비틀림(LH) 이와 오른쪽 비틀림(RH) 이를 둘 다 가지고 있기 때문에 추력을 방지할 수 있다.

헬리컬 기어 요목표			
구분	품번	④	⑤
기어 치형		표 준	
공구	모듈	2	
	치형	보 통 이	
	압력각	20°	
전체 이 높이		4.5	
치형 기준면		치 직 각	
피치원지름		ø36.56	ø138.1
잇수		18	68
리드		651.38	2460.50
방향		우	좌
비틀림 각		10°	
다듬질 방법		호브 절삭	
정밀도		KS B ISO 1328-1, 4급	

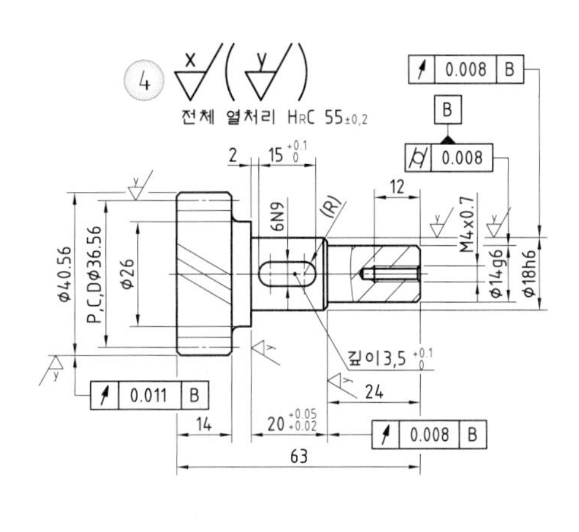

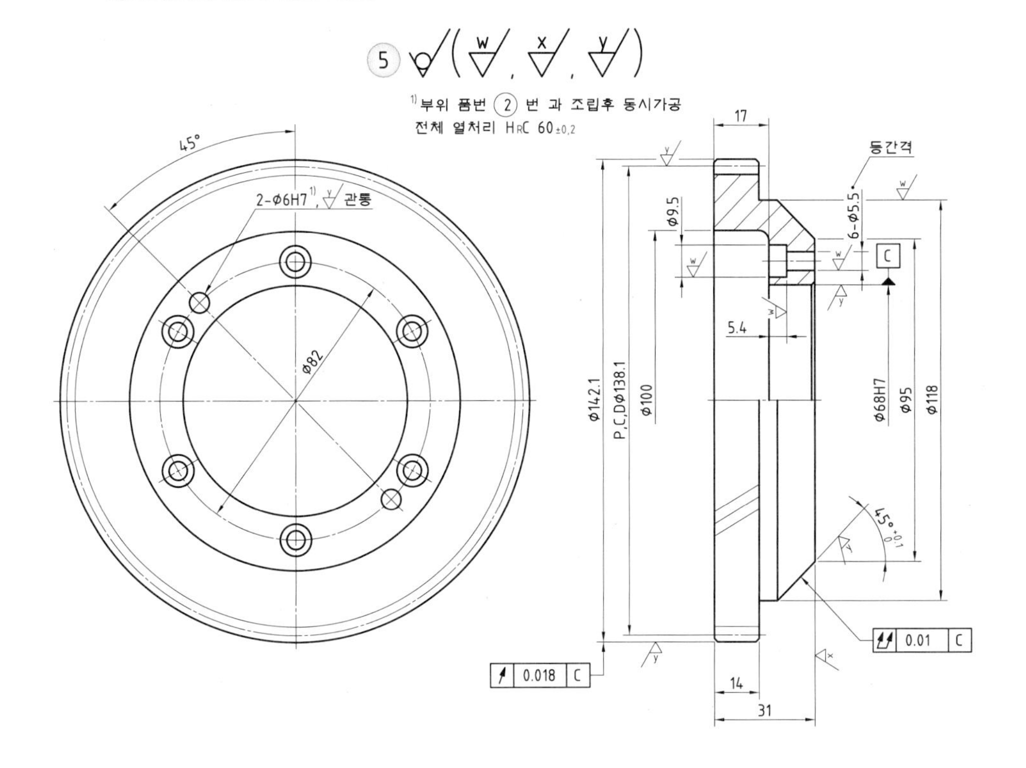

● 헬리컬기어의 제도와 요목표

헬리컬 기어 제원
1. 치직각 모듈 : 2 2. 잇수(z) : 18, 68 3. 피치원 지름 : 36.56, 138.1 4. 비틀림각 : 10° 5. 재질 : SM45C, SCM415 대형기어의 경우 주강품 SC420, SC450

표준 헬리컬 기어 주요 계산 공식

항 목	기호	소기어 ④	대기어 ⑤
치직각 모듈	m_n	$m_n = m_t \cos\beta = \dfrac{d\cos\beta}{z}$	
피치원 지름	d	$d_1 = \dfrac{z_1 m_n}{\cos\beta} = \dfrac{18\times 2}{\cos 10^\circ} = 36.56$	$d_2 = \dfrac{z_2 m_n}{\cos\beta} = \dfrac{68\times 2}{\cos 10^\circ} = 138.10$
비틀림각	β	$\beta = \tan^{-1}\left(\dfrac{\pi d}{p_z}\right) = \cos^{-1}\left(\dfrac{z m_n}{d}\right)$	
리드	p_z	$p_z = \dfrac{\pi d}{\tan\beta} = \dfrac{\pi z m_n}{\sin\beta} = \dfrac{\pi\times 36.56}{\tan 10^\circ} = 651.38$	$p_z = \dfrac{\pi d}{\tan\beta} = \dfrac{\pi z m_n}{\sin\beta} = \dfrac{\pi\times 138.1}{\tan 10^\circ} = 2460.50$
이끝 높이	h_a	$h_a = m_n = 2$	
이뿌리 높이	h_f	$h_f = 1.25 m_n = 1.25\times 2 = 2.5$	
전체 이 높이	h	$h = h_a + h_f = 2.25 m_n = 4.5$	
중심거리	a	$a = \dfrac{(d_1+d_2)}{2} = \dfrac{(z_1+z_2)m_n}{2\cos\beta} = \dfrac{(36.56+138.1)}{2\cos 10^\circ} = 88.68$	

■ **헬리컬 랙(helical rack)** : 헬리컬기어와 맞물리는 비틀림을 가진 직선 치형의 기어로 헬리컬 기어의 피치원통 반지름이 무한대 ∞로 된 기어이다.

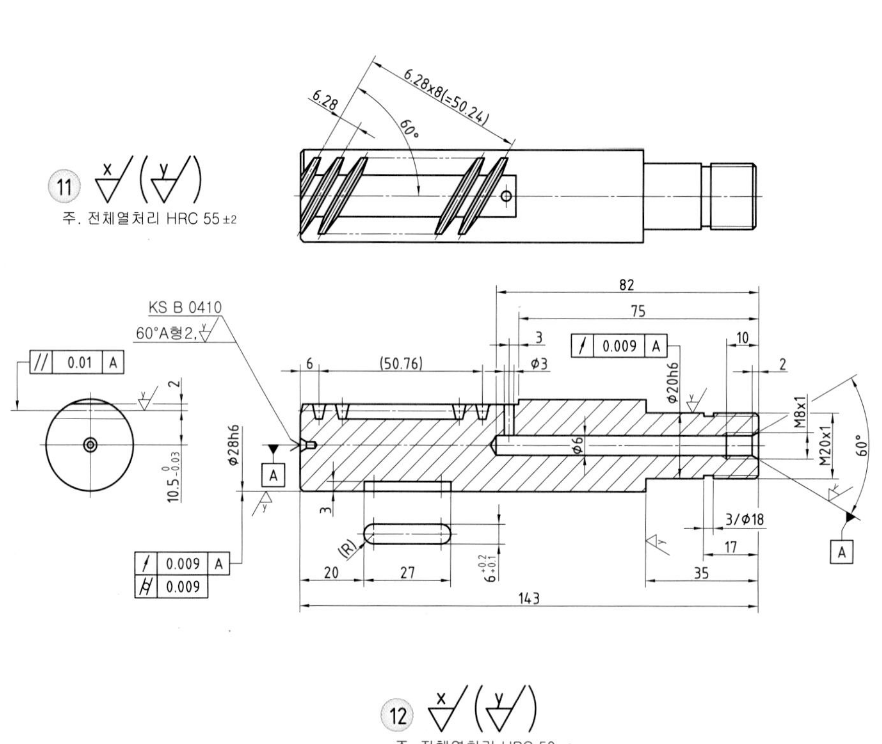

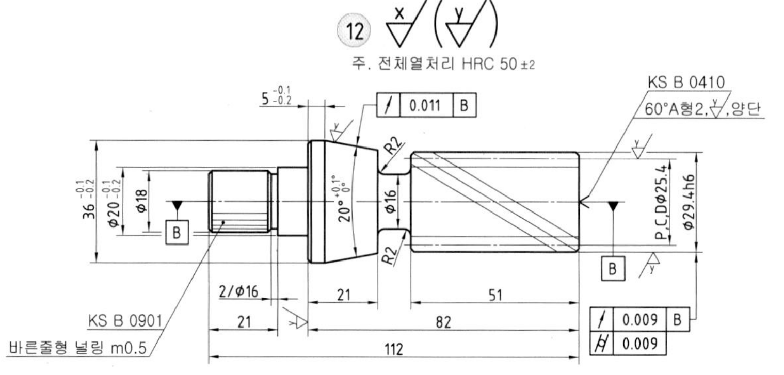

헬리컬랙 과 피니언 요목표			
구분 \ 품번		⑪	⑫
기어치형		표준	
치형기준단면		치직각	
공구	치형	보통이	
	모듈	2	
	압력각	20°	
비틀림각 및 방향		60°,좌	30°,우
리드			138.14
잇수		8	11
피치원지름			φ25.4
전체이높이		4.5	
다듬질방법		호브절삭	
정밀도		KS B ISO 1328-1, 4급	

● 헬리컬랙과 피니언의 제도와 요목표

❷ 두 축이 교차하는 기어

■ **직선 베벨기어(straight bevel gear)** : 잇줄이 직선인 베벨기어로 피치 원뿔(pitch cone)의 모선과 같은 방향으로 경사진 원뿔형 이를 가진 기어이다. 주로 두 축이 90° 로 교차하는 곳에 사용되며 동력전달용 베벨기어로 가장 널리 사용된다.

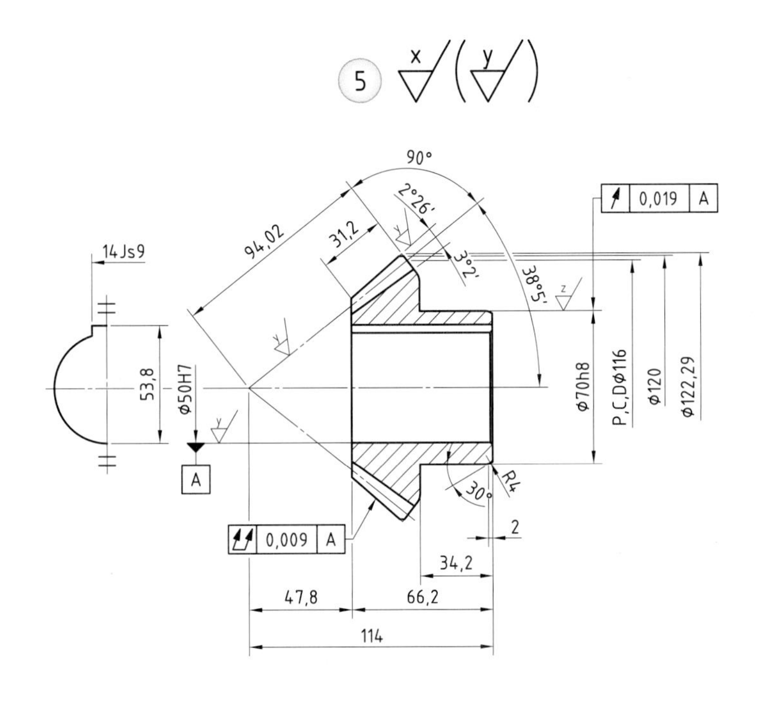

직선베벨기어 요목표		
구분 \ 품번	⑤	⑥
기어 치형	글리슨 식	
모듈	4	
압력각	20°	
잇수	29	37
축각	90°	
피치원지름	φ116	φ148
원추거리	94,02	
피치원추각	38° 5′	51° 55′
다듬질방법	연 삭	
정밀도	KS B 1412,4 급	

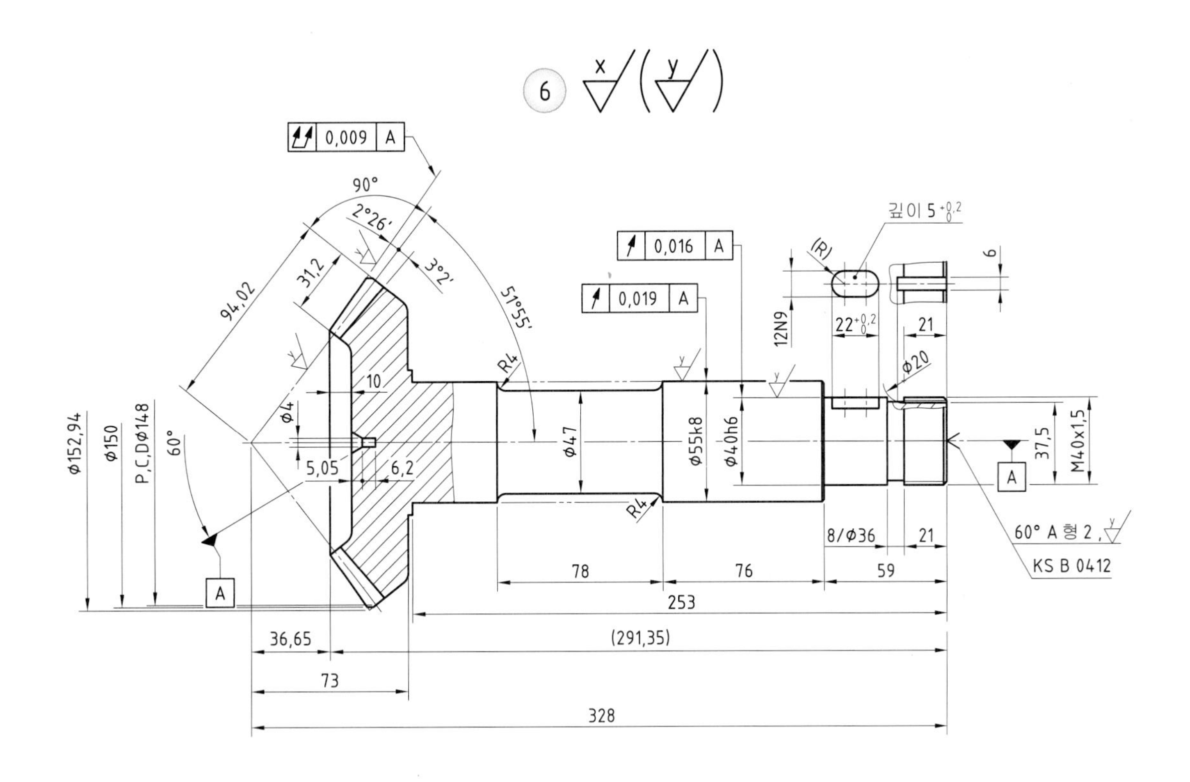

● 직선 베벨기어의 제도와 요목표

용어	기호	직선 베벨기어 주요 계산 공식	
		소기어 ⑤	대기어 ⑥
피치원 직경	d	$d_1 = z_1 m$	$d_2 = z_2 m$
피치원추각	δ	$\delta_1 = \tan^{-1}\frac{z_1}{z_2}$	$\delta_2 = 90^\circ - \delta_1$
원추거리	R_e	$R_e = \frac{d_2}{2\sin\delta_2}$	
이끝각	θ_a	$\theta_a = \tan^{-1}\frac{h_a}{R_e}$	
이뿌리각	θ_f	$\theta_f = \tan^{-1}\frac{h_f}{R_e}$	
이끝원추각	δ_a	$\delta_{a1} = \delta_1 + \theta_a$	$\delta_{a2} = \delta_2 + \theta_a$
이뿌리원추각	δ_f	$\delta_{f1} = \delta_1 - \theta_f$	$\delta_{f2} = \delta_2 - \theta_f$
이끝원직경 (바깥단)	d_a	$d_{a1} = d_1 + 2h_a\cos\delta_1$	$d_{a2} = d_2 + 2h_a\cos\delta_2$
배원추각	δ_b	$\delta_{b1} = 90^\circ - \delta_1$	$\delta_{b2} = 90^\circ - \delta_2$
이끝원추와 배원추와의 각	θ_1	$\theta_1 = 90^\circ - \theta_a$	
원추 정점에서 바깥단까지	R	$R_1 = \frac{d_2}{2} - h_a\sin\delta_1$	$R_2 = \frac{d_1}{2} - h_a\sin\delta_2$
이끝 사이의 축방향거리	X_b	$X_{b1} = \frac{b\cos\delta_{a1}}{\cos\theta_a}$	$X_{b2} = \frac{b\cos\delta_{a2}}{\cos\theta_a}$
축각	Σ	$\Sigma = \delta_1 + \delta_2 = 90^\circ$	
이폭	b	$b = \frac{d}{6\sin\delta}$ 또는 $b \le \frac{R_e}{3}$	

❸ 두 축이 어긋난 기어

■ **웜과 웜휠(worm & worm wheel)** : 웜은 수나사와 비슷하다. 웜과 짝을 이루는 웜휠은 헬리컬 기어와 비슷하지만 웜의 축 방향에서 보면 웜을 감싸듯이 맞물린다는 점이 다르다. 웜과 웜휠의 두드러진 특징은 매우 큰 속도비를 얻을 수 있다는 것이다. 그러나 미끄럼 때문에 전동 효율은 매우 낮은 편이다.

웜과 웜휠 요목표		
구분 \ 품번	① (웜)	② (웜휠)
원주 피치	4,71	
리드	9,42	
피치원 지름	Φ29	Φ39
잇수	-	26
치형 기준 단면	축 직 각	
줄 수, 방향	2줄 , 우	
압력각	20°	
진행각	5°54′	
모듈	1,5	
다듬질 방법	연삭	호브절삭

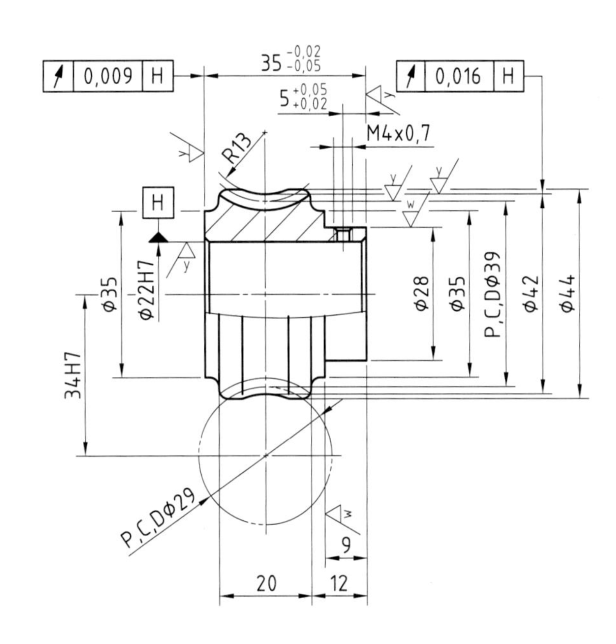

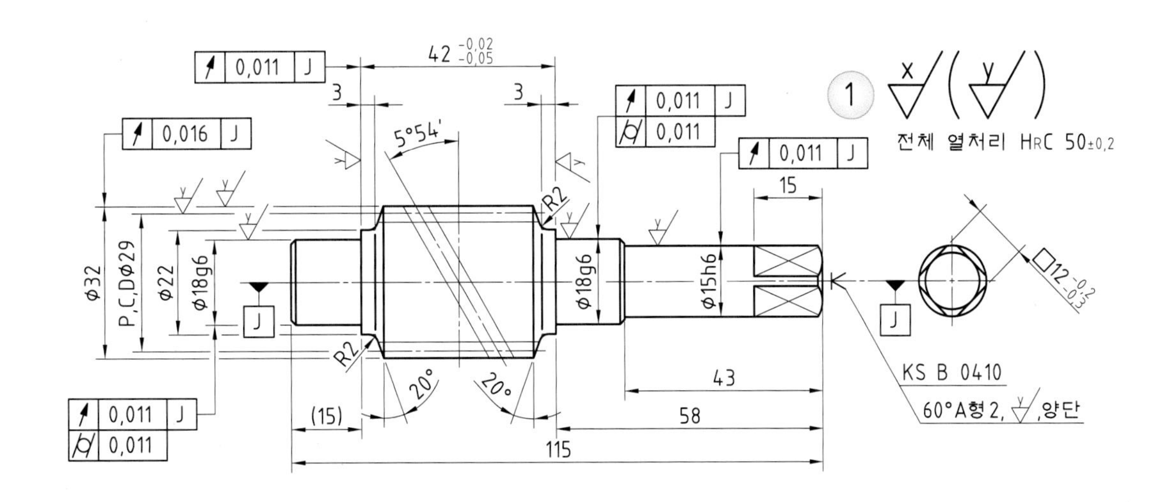

용어	기호	표준 웜기어 주요 계산 공식	
		웜	웜휠
중심거리	a	$a = \frac{d_1 + d_2}{2}$	
축방향피치	p_x	$p_x = \frac{p_z}{z_1} = \frac{p_n}{\cos\gamma} = \pi m_t$	-
정면피치	p_t	-	$p_t = \frac{\pi d_2}{z} = \frac{p_n}{\cos\gamma}$
치직각피치		$p_n = \pi m_n = p_x \cos\gamma$	
리드		$p_z = z_1 p_x = z_1 \pi m_t$	-
진행각		$\gamma = \tan^{-1}\left(\frac{p_z}{\pi d_1}\right)$	
피치원 직경	d	$d_1 = \frac{p_z}{\pi \tan\gamma}$	$d_2 = \frac{z_2 m_n}{\cos\gamma}$
이끝원직경	d_a	$d_{a1} = d_1 + 2h_a$	$d_{a2} = d_t + 2r_t\left(1 - \cos\frac{\theta}{2}\right)$
이뿌리원직경	d_f	$d_{f1} = d_1 - 2h_f$	$d_{f2} = d_2 - 2h_f$
목의 둥근 반지름	r_t	-	$r_t = \frac{d_1}{2} - h_a = a - \frac{d_t}{2}$
목의 직경	d_t	-	$d_t = d + 2h_a$
축평면압력각	α_a	$\alpha_a = \tan^{-1}\left(\frac{\tan\alpha_n}{\cos\gamma}\right)$	
치직각압력각	α_n	$\alpha_n = \tan^{-1}(\tan\alpha_a \cos\gamma)$ 또는 20°	
정면모듈	m_t	$m_t = \frac{p_x}{\pi} = \frac{m_n}{\cos\gamma}$	
치직각모듈	m_n	$m_n = m_t \cos\gamma = \frac{p_x \cos\gamma}{\pi}$	
잇수	z	$z_1 = \frac{p_z}{p_x}$	$z_2 = \frac{d_2 \cos\gamma}{m_n} = \frac{\pi d_2}{p_t}$

Lesson 08 V-벨트 풀리

벨트 풀리는 평벨트 풀리와 이붙이 벨트 풀리(타이밍 벨트 풀리) 및 V-벨트 풀리 등으로 분류하며 이 중에서 V-벨트 풀리는 말 그대로 풀리에 V자 형태의 홈 가공을 하고 단면이 사다리꼴 모양인 벨트를 걸어 동력을 전달할 때 풀리와 벨트 사이에 발생하는 쐐기 작용에 의해 마찰력을 더욱 증대시킨 풀리로 주철제가 많지만 강판이나 경합금제의 것도 있다.

KS 규격에서는 KS B 1400, 1403에 규정되어 있으며, V-벨트 풀리의 종류로는 호칭 지름에 따라서 M형, A형, B형, C형, D형, E형 등 6종류가 있는데 M형의 호칭 지름이 가장 작으며 E형으로 갈수록 호칭 지름 및 형상치수가 크게 된다. 타이밍 벨트는 벨트의 이와 풀리의 홈이 서로 맞물려 동력을 전달하는 것으로 벨트의 미끄러짐이 없어 벨트의 장력 조절이 필요없고 윤활유 급유가 장치가 필요 없는 장점이 있으며 속도 범위와 동력전달 범위가 넓어 널리 사용되고 있다. 타이밍 풀리의 치형은 인벌류트 치형을 사용하고 있으며 인벌류트 치형은 벨트가 풀리에 맞물려 돌아갈 때 벨트 치형의 운동에 따라서 조성된 궤적을 기본으로 설계하는데 회전 중의 벨트 이와 풀리의 이의 간섭이 적고 매우 부드러운 회전을 얻을 수가 있다.

1. KS규격의 적용방법

아래 V-벨트의 KS규격에서 기준이 되는 호칭치수는 V-벨트의 형별(M,A,B,C,D,E)과 호칭지름(dp)가 된다. 일반적으로 도면에서는 형별을 표기해주는데 형별 표기가 없는 경우 조립도면에서 호칭지름(dp)과 α°의 각도를 재서 작도하면 된다.

예를들어 V-벨트의 형별이 **A형**으로 되어있고 **호칭지름**(dp)이 87mm라고 한다면, 아래 규격에서 α°, l_0, k, k_0, e, f, de 치수를 찾아 적용하고 부분확대도를 적용하는 경우 확대도를 작도한 후에 r_1, r_2, r_3의 수치를 찾아 적용해주면 된다.

■ V-벨트 풀리의 KS규격

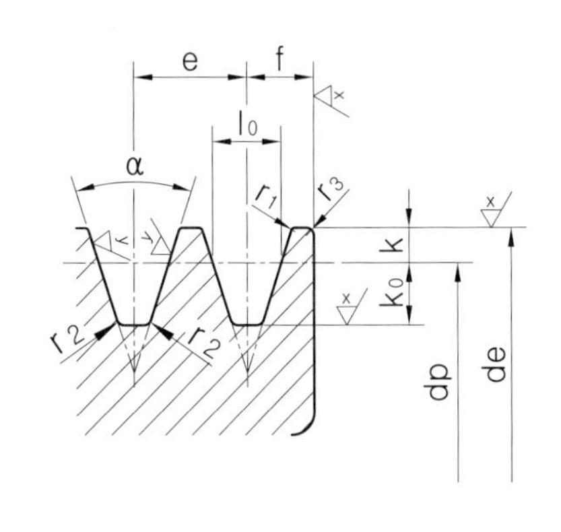

■ 홈부 각 부분의 치수허용차

V벨트의 형별	α의 허용차(°)	k의 허용차	e의 허용차	f의 허용차
M	± 0.5	+0.2 0	-	±1
A			± 0.4	
B				
C		+0.3 0	± 0.5	
D		+0.4 0		+2 −1
E		+0.5 0		+3 −1

【주】 k의 허용차는 바깥지름 de를 기준으로 하여, 홈의 나비가 l_0가 되는 dp의 위치의 허용차를 나타낸다.

■ 주철제 V-벨트 풀리 홈부분의 모양 및 치수 [KS B 1400]

V벨트 형 별	호칭지름 (dp)	α°	l_0	k	k_0	e	f	r_1	r_2	r_3	(참 고) V 벨트의 두께	비고
M	50 이상 71 이하 71 초과 90 이하 90 초과	34 36 38	8.0	2.7	6.3	–	9.5	0.2~0.5	0.5~1.0	1~2	5.5	M형은 원칙적으로 한 줄만 걸친다.(e)
A	71 이상 100 이하 100 초과 125 이하 125 초과	34 36 38	9.2	4.5	8.0	15.0	10.0	0.2~0.5	0.5~1.0	1~2	9	
B	125 이상 160 이하 160 초과 200 이하 200 초과	34 36 38	12.5	5.5	9.5	19.0	12.5	0.2~0.5	0.5~1.0	1~2	11	
C	200 이상 250 이하 250 초과 315 이하 315 초과	34 36 38	16.9	7.0	12.0	25.5	17.0	0.2~0.5	1.0~1.6	2~3	14	
D	355 이상 450 이하 450 초과	36 38	24.6	9.5	15.5	37.0	24.0	0.2~0.5	1.6~2.0	3~4	19	
E	500 이상 630 이하 630 초과	36 38	28.7	12.7	19.3	44.5	29.0	0.2~0.5	1.6~2.0	4~5	25.5	

■ V-벨트 풀리의 바깥둘레 흔들림 및 림 측면 흔들림의 허용값

호칭지름	바깥둘레 흔들림의 허용값	림 측면 흔들림의 허용값	바깥지름 d_e의 허용값
75 이상 118 이하	± 0.3	± 0.3	± 0.6
125 이상 300 이하	± 0.4	± 0.4	± 0.8
315 이상 630 이하	± 0.6	± 0.6	± 1.2
710 이상 900 이하	± 0.8	± 0.8	± 1.6

1. 호칭치수는 형별(예 : M형)과 호칭지름(dp)이 된다.
2. 풀리의 재질은 보통 회주철(GC250)을 적용한다.
3. 형별 중 M형은 원칙적으로 한줄만 걸친다.(기호 : e)
4. 크기는 형별에 따라 M, A, B, C, D, E형으로 분류하고, 폭이 가장 좁은 것은 M형, 가장 넓은 것은 E형이다.

2. V-벨트풀리 치수 기입 예

■ 아래 편심구동장치에서 품번 ② M형, dp=60mm 일 때 작도 및 치수 기입 적용 예

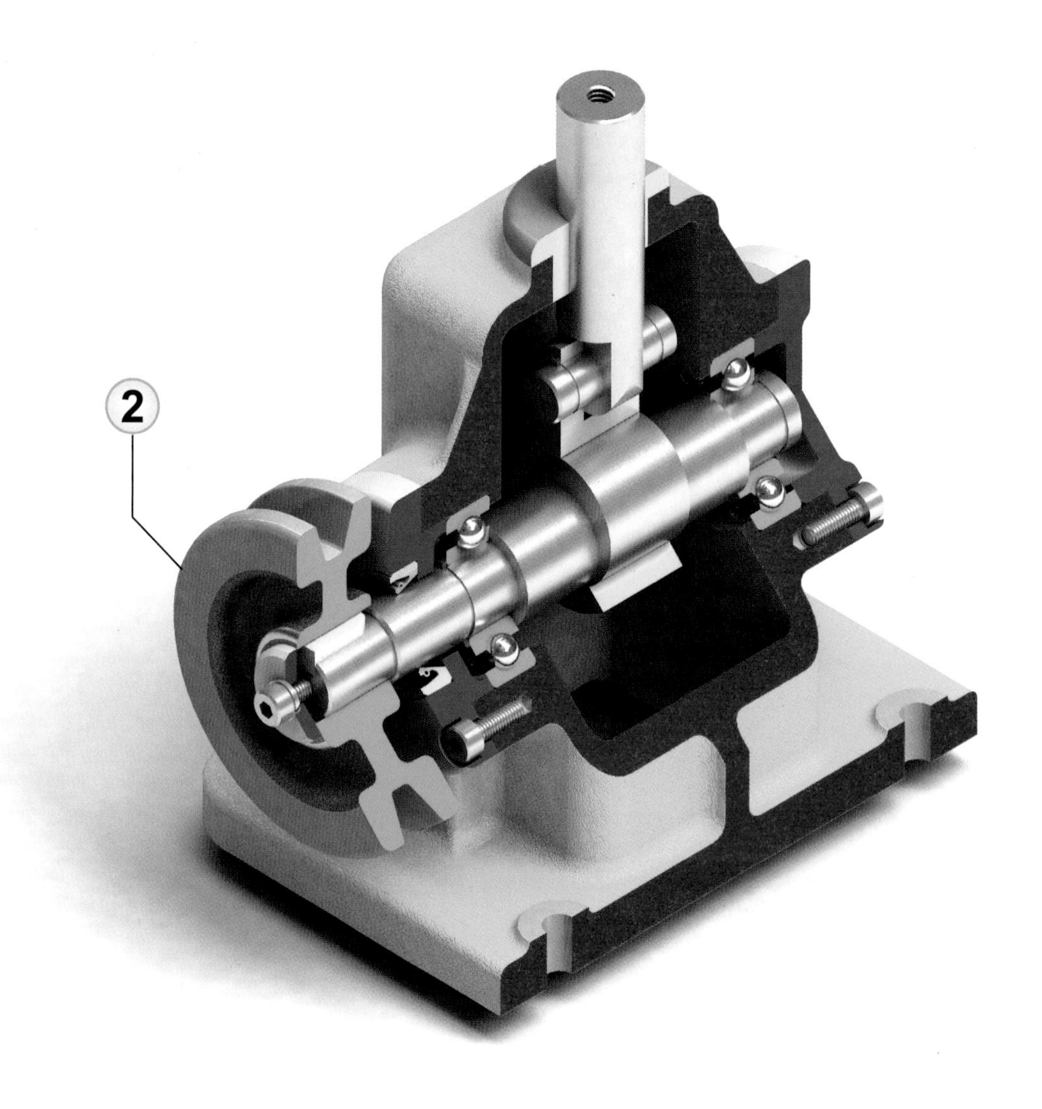

● 편심구동장치 등각도

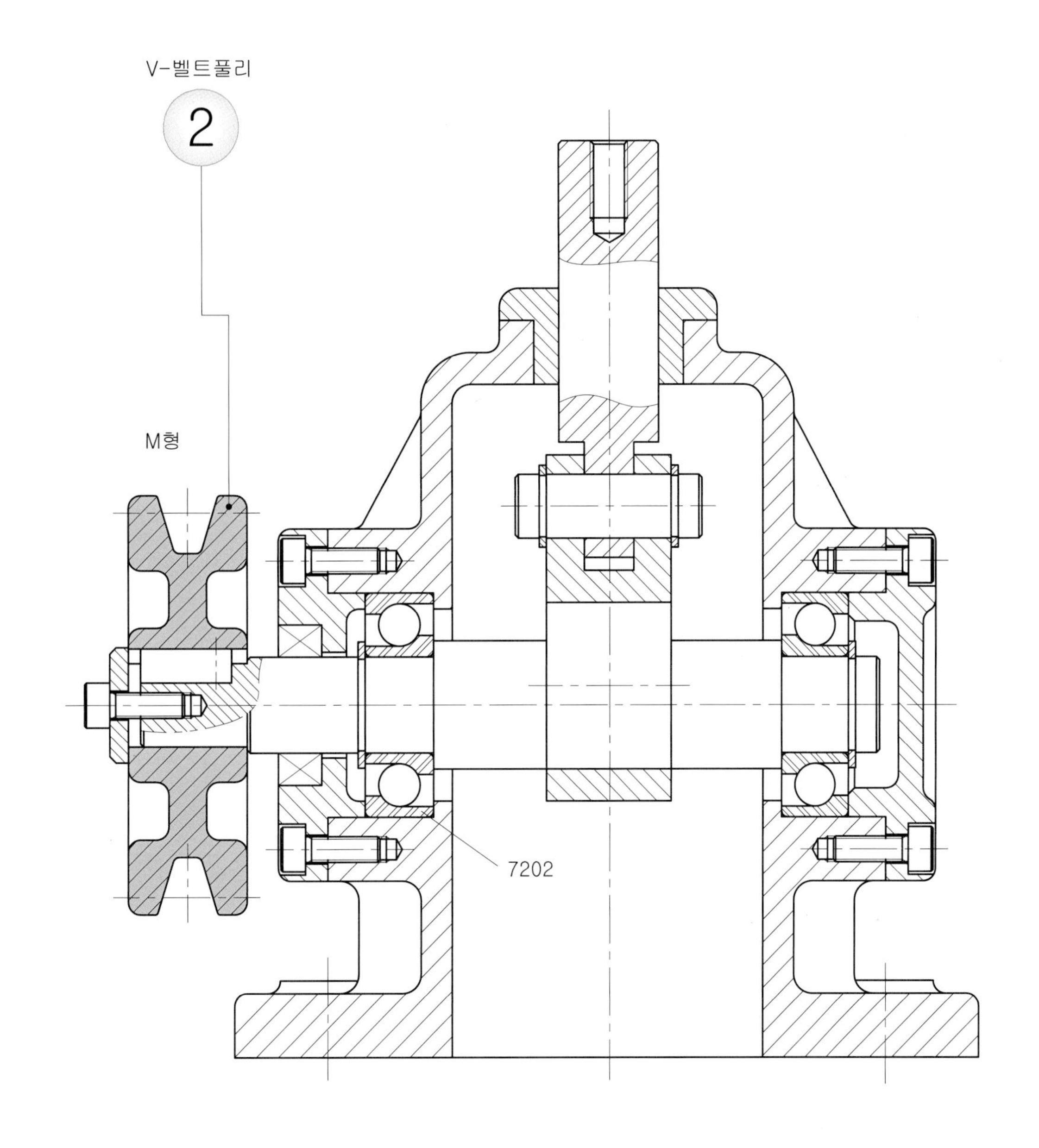

● 편심구동장치 조립도

■ V-벨트풀리 참고

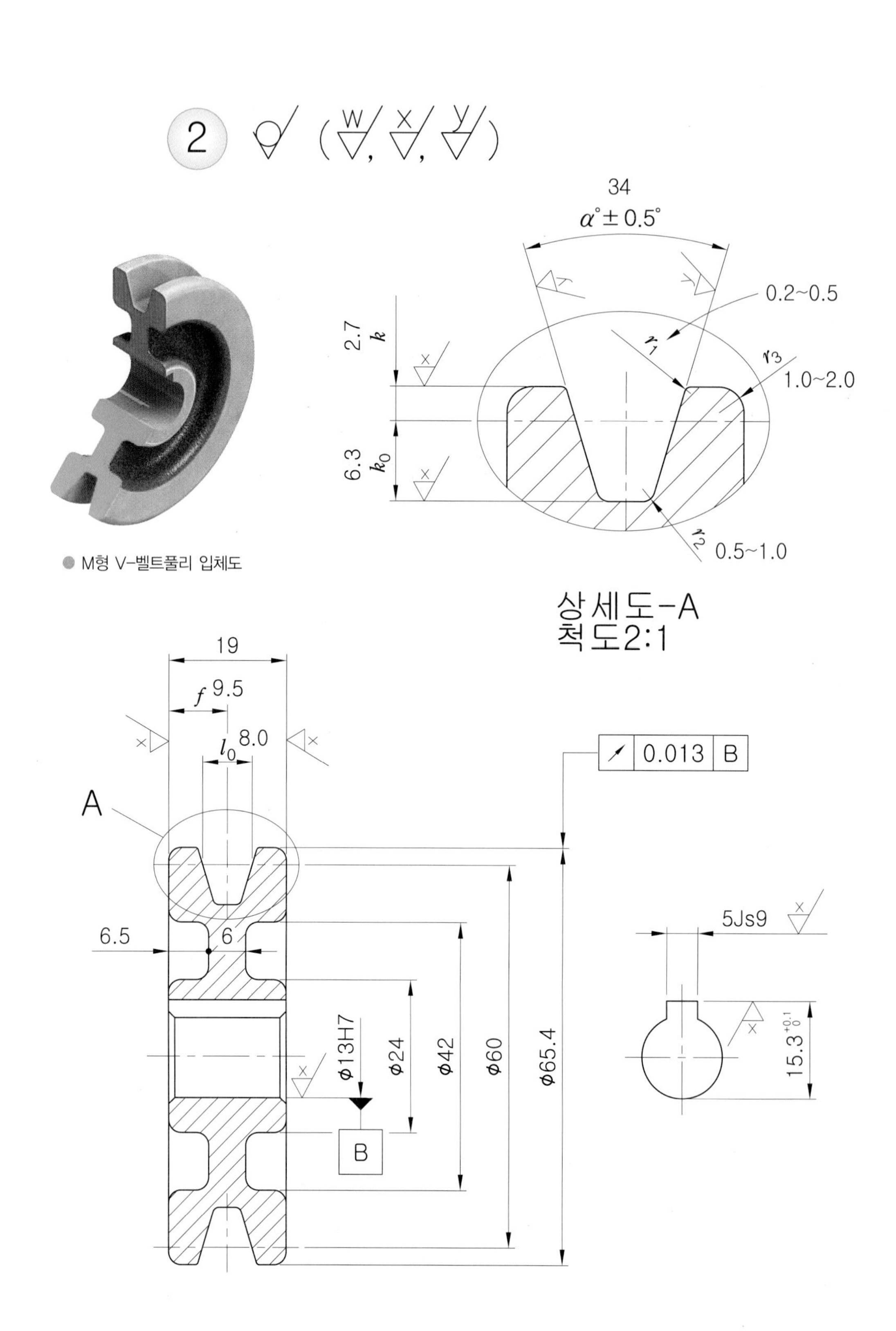

● M형 V-벨트풀리 주요부 치수

④ ∀ (w, x, y)

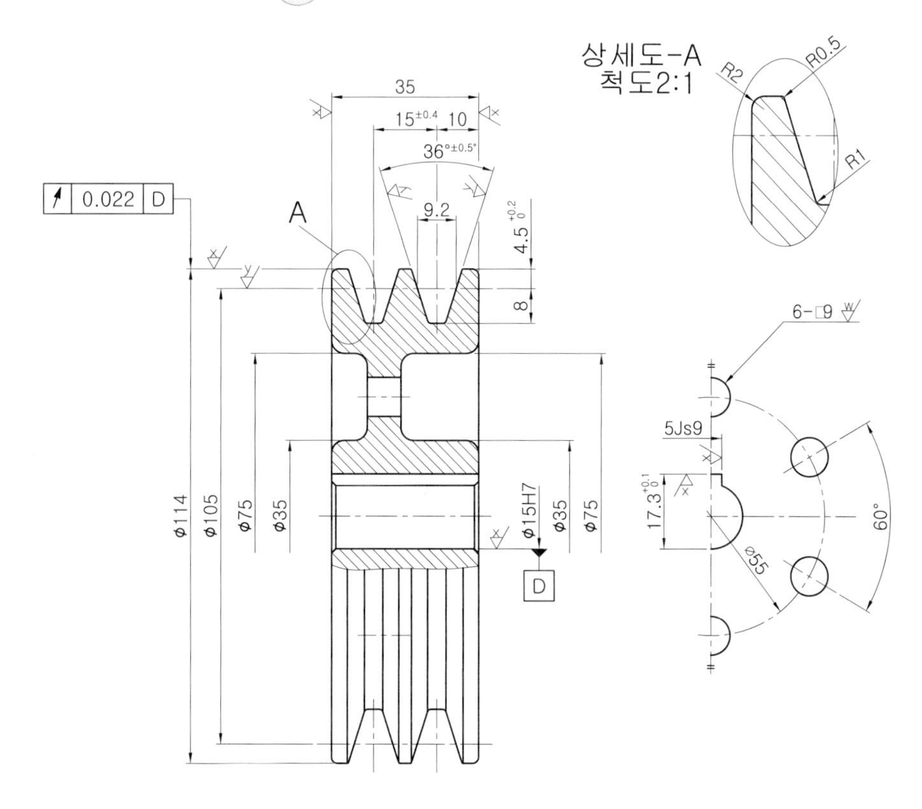

● A형 V-벨트풀리

3. 평벨트 풀리 치수 기입 예 [참고 : 평벨트 풀리 KS B 1402 폐지]

■ 아래 벨트전동장치에서 품번 ③의 평벨트 풀리 치수 기입을 예로 들었다.

● 벨트전동장치 입체도

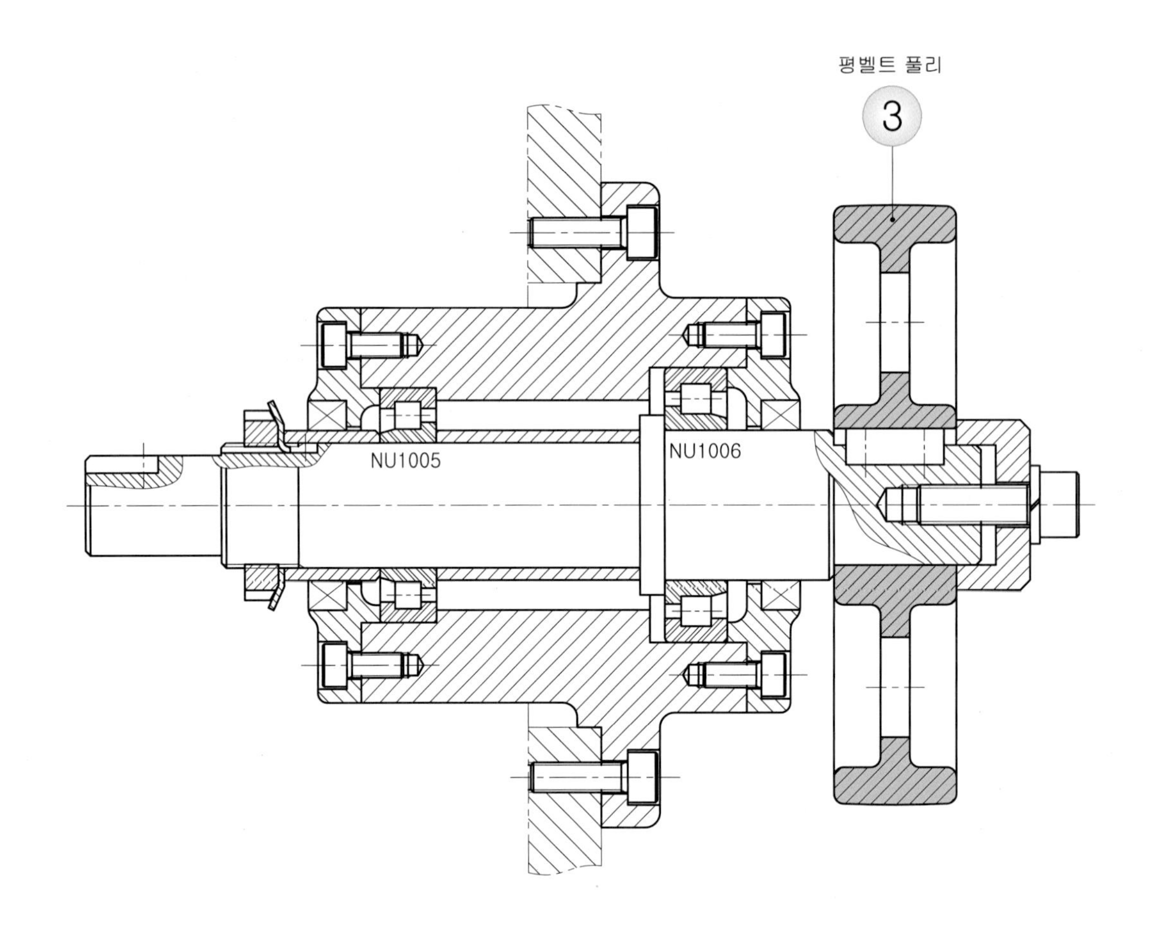

● 벨트전동장치 조립도

평벨트 전동장치는 가죽이나 고무, 직물 등으로 제작된 직사각형 단면의 평벨트를 이어서 원동축과 종동축의 풀리에 적절히 장력을 걸어서 동력을 전달시키는 장치이다.

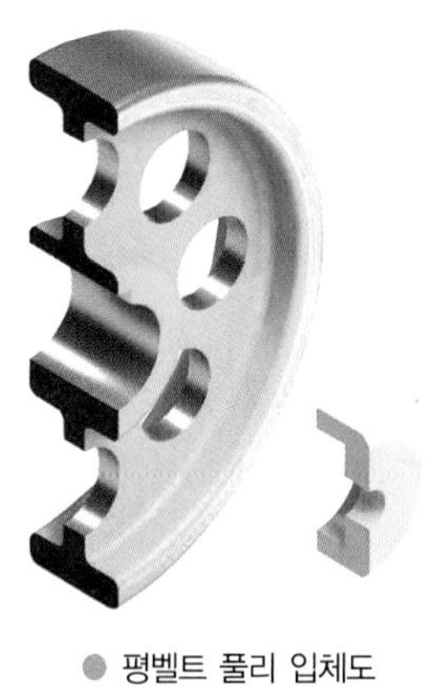

● 평벨트 풀리 입체도

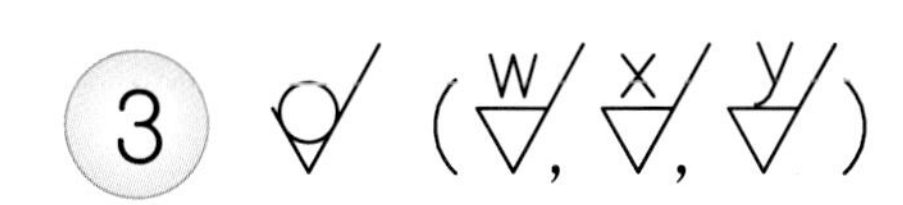

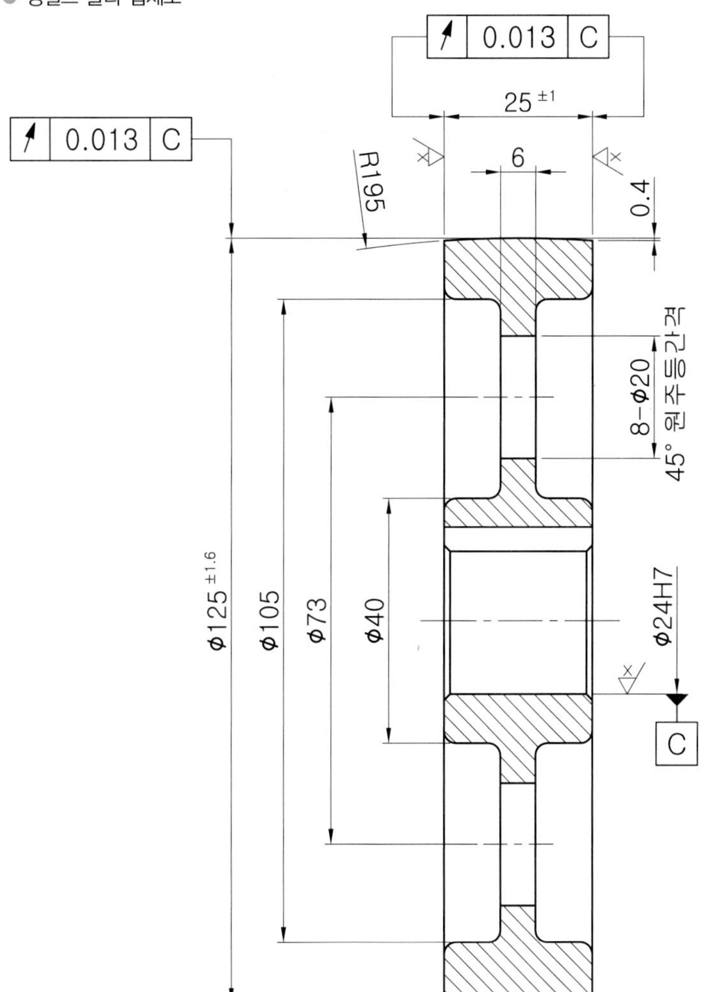

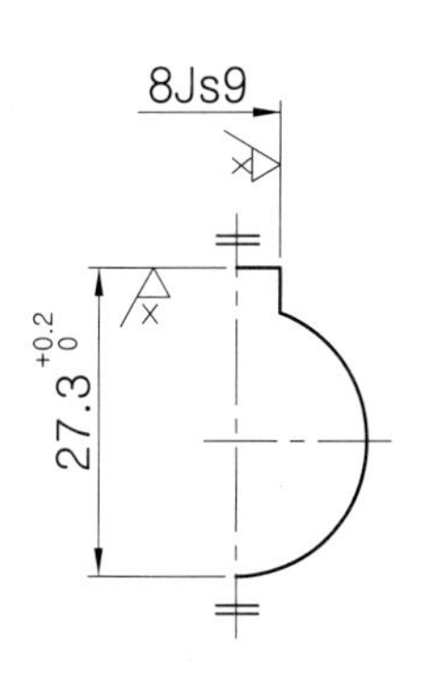

● 평벨트 풀리 주요부 치수

09 나사

나사는 우리 주변에서도 쉽게 찾아볼 수 있는 기계요소로서 암나사와 수나사가 있으며 수나사를 회전시켜 암나사의 내부에 직선적으로 이동하면서 체결이 된다. 즉 회전운동을 직선운동으로 바꾸어 주는 것이다. 이때 회전운동은 적은 힘으로 움직여도 직선운동으로 바뀌면 큰 힘을 발휘할 수 있다. 나사는 2개 이상의 부품을 작은 힘으로 조이거나 푸는 고착나사, 2개 부품 사이의 거리나 높이를 조절하는 조정(조절)나사, 부품에 회전운동을 주어 동력을 전달시키거나 이동시키는 운동 또는 동력전달나사, 파이프를 연결시키는 접합용 나사 등 아주 다양한 종류가 있으며 쓰이지 않는 곳이 없을 정도로 작지만 중요한 기계요소이다.

나사는 KS B ISO 6410에 의거하여 약도법으로 제도하는 것을 원칙으로 한다.

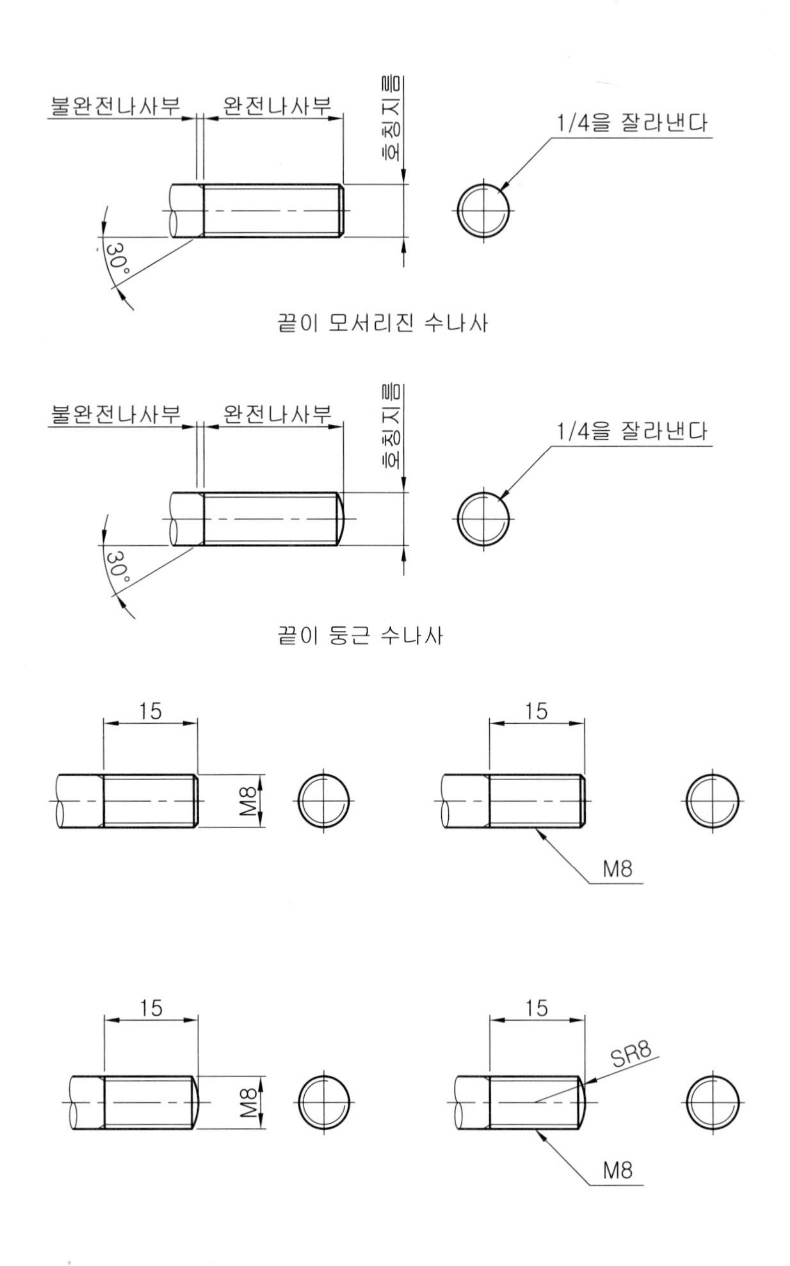

● 수나사의 제도법

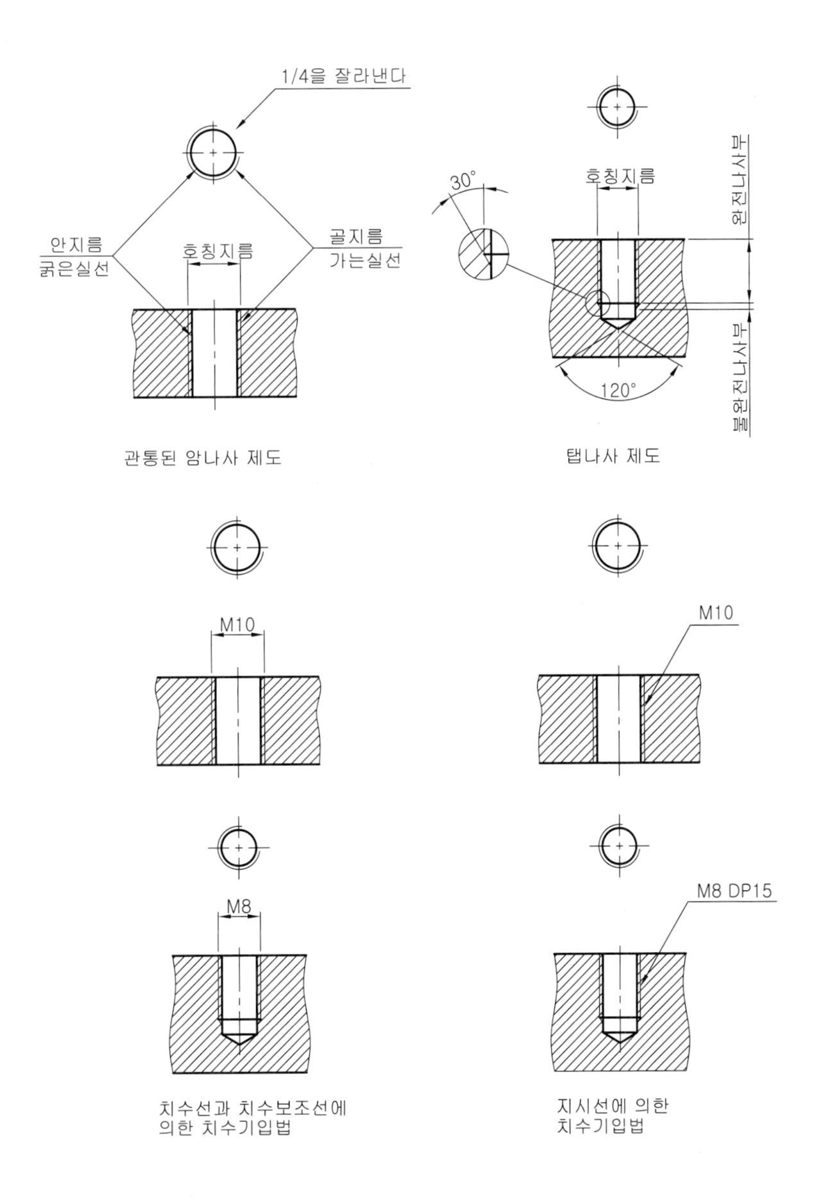

● 암나사의 제도법

● 탭용 공구

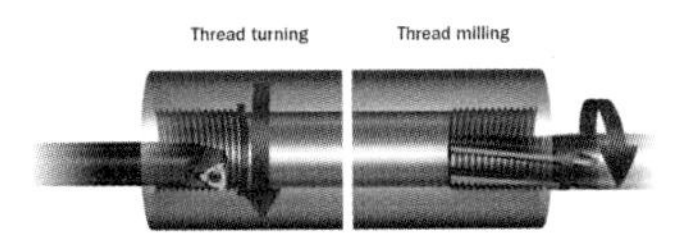

● 선반과 밀링에서 나사내기
[이미지 제공 : SANDBIK]

KS B 0069 나사공구용어에서는 주로 회전과 나사의 리드와 일치하는 이송에 의하여 아래구멍(하혈)에 암나사를 형성하는 수나사 모양의 공구로서 다시 말해, 탭(tap)이란 암나사를 가공하는 공구이며 탭가공(탭핑:tapping)이란 탭을 사용하여 암나사를 가공하는 것을 의미한다.

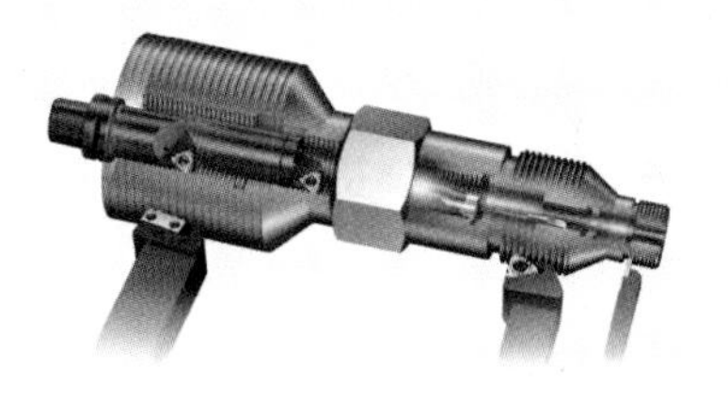

● 수나사 및 암나사 작업
[이미지 제공 : SANDBIK]

■ 나사의 종류를 표시하는 기호 및 나사의 호칭에 대한 표시 방법의 보기 [KS B 0200]

구 분		나사의 종류		나사의 종류를 표시하는 기호	나사의 호칭에 대한 표시 방법의 보기	관련 표준
일반용	ISO표준에 있는것	미터보통나사		M	M8	KS B 0201
		미터가는나사			M8x1	KS B 0204
		미니츄어나사		S	S0.5	KS B 0228
		유니파이 보통 나사		UNC	3/8-16UNC	KS B 0203
		유니파이 가는 나사		UNF	No.8-36UNF	KS B 0206
		미터사다리꼴나사		Tr	Tr10x2	KS B 0229의 본문
		관용 테이퍼 나사	테이퍼 수나사	R	R3/4	KS B 0222의 본문
			테이퍼 암나사	Rc	Rc3/4	
			평행 암나사	Rp	Rp3/4	
		관용평행나사		G	G1/2	KS B 0221의 본문
	ISO표준에 없는것	30도 사다리꼴나사		TM	TM18	KS B 0206
		29도 사다리꼴나사		TW	TW20	
		관용 테이퍼 나사	테이퍼 나사	PT	PT7	KS B 0222의 본문
			평행 암나사	PS	PS7	
		관용 평행나사		PF	PF7	KS B 0221
특수용		후강 전선관나사		CTG	CTG16	KS B 0223
		박강 전선관나사		CTC	CTC19	
		자전거 나사	일반용	BC	BC3/4	KS B 0224
			스포크용		BC2.6	
		미싱나사		SM	SM1/4 산40	KS B 0225
		전구나사		E	E10	KS C 7702
		자동차용 타이어 밸브나사		TV	TV8	KS R 4006의 부속서
		자전거용 타이어 밸브나사		CTV	CTV8 산30	KS R 8004의 부속서

Lesson

10 V-블록

V-블록은 90°, 120°의 각을 갖는 V형의 홈을 가진 주철제 또는 강 재질의 다이(die)로 주로 환봉을 올려놓고 클램핑(clamping)하여 구멍 가공을 하거나 금긋기 및 중심내기(centering)에 주로 사용하는 요소이다.

위치결정 V-블록은 원통형상의 공작물을 위치결정하는 데 사용하는 블록이다.

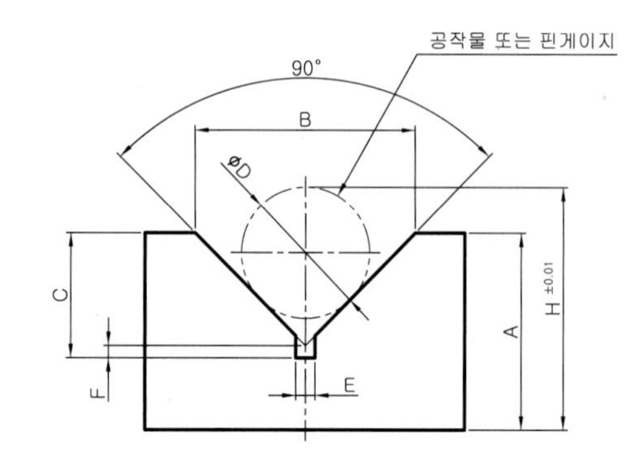

● V-블록 치수 기입

1. ØD 는 도면상에 주어진 공작물의 외경치수나 핀게이지의 치수를 재서 기입하거나 임의로 정한다.
2. A, B, C, D, E, F 의 값은 주어진 도면의 치수를 재서 기입한다.

● V-블록

■ H치수 구하는 계산식

❶ V-블록 각도($\theta°$)가 90° 인 경우 H의 값

$$Y=\sqrt{2}\times\frac{D}{2}-\frac{B}{2}+A+\frac{D}{2}$$

❷ V-블록 각도($\theta°$)가 120° 인 경우 H의 값

$$Y=\frac{D}{2}\div\cos30°-\tan30°\times\frac{B}{2}+A+\frac{D}{2}$$

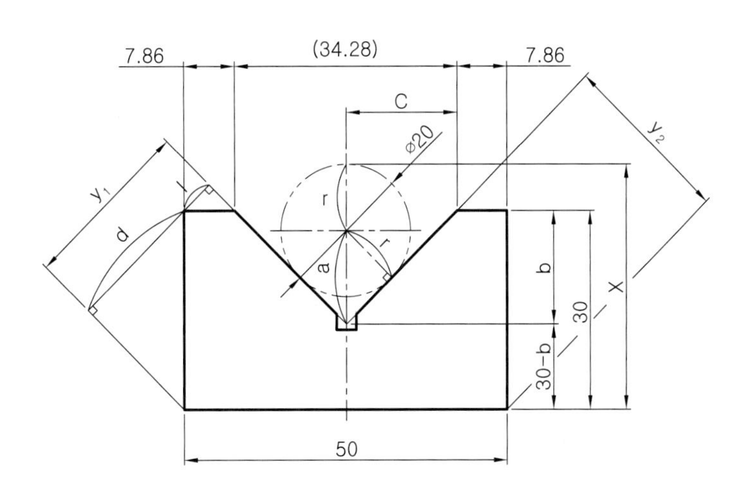

● V-블록 가공 치수 계산

■ V홈을 가공하기 위한 치수 구하는 계산식

X를 구하는 방법

$X=r+a+(30-b)$ $r=10$

$a=\dfrac{10}{\cos45°}=10\times\sec45°$

$10\times1.4142=14.142$

$b=c=17.14$

따라서 $X=10+14.142+(30-17.14)$

$=37.002\fallingdotseq37.0$

■ Y_1과 Y_2를 구하는 방법

$Y_1=Y_2$, $Y_1=d+l$

$=30\times\cos45°+7.86\times\cos45°$

$=30\times0.7071+7.86\times0.7071\fallingdotseq26.77$

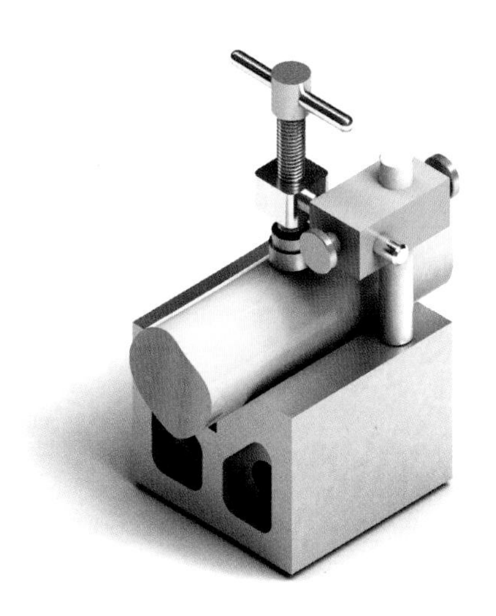

● V-블록 클램프

Lesson 11 더브테일

더브테일 홈(dovetail groove)은 주로 공작기계나 측정기계의 미끄럼 운동면에 사용되고 있으며 각도는 60 ° 의 것이 대부분이다. 비둘기 꼬리 모양을 한 홈을 말하며 밀링머신 등으로 가공할 때 더브테일 커터라고 하는 총형 커터를 사용한다.

1. 외측용 더브테일

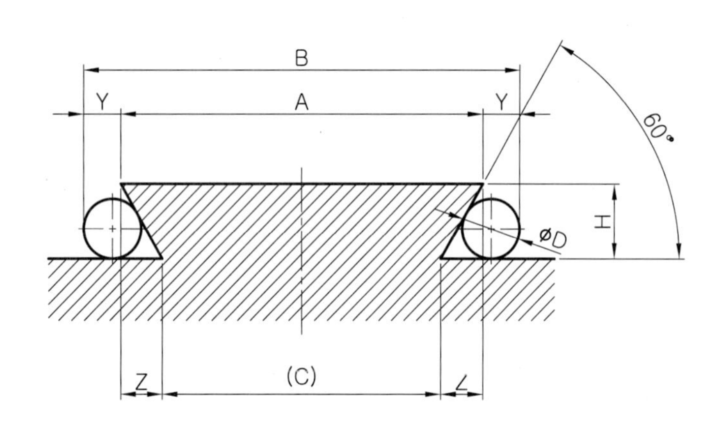

● 외측용 60° 블록 더브테일

■ 설계 계산식

A, H, ØD 치수를 결정한다.

$Y=1.366D-0.577H$

$B=A+ZY$

$Z=0.577H$

$C=A-2Z$

2. 내측용 더브테일

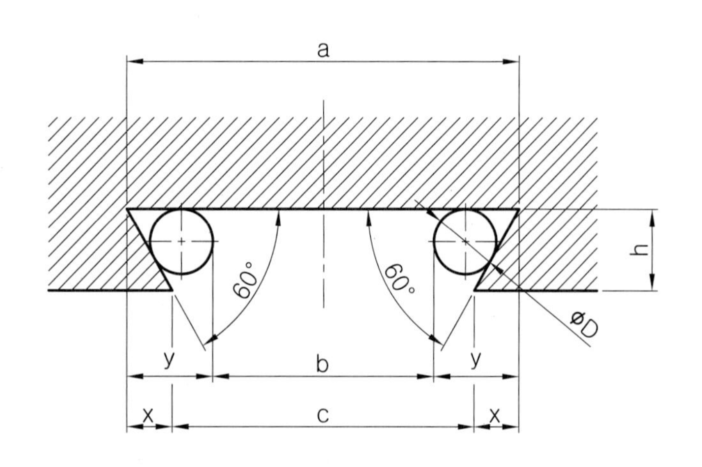

● 60° 오목 더브테일

■ 설계 계산식

a, h, ØD 치수를 결정한다.

$y=1.366D$

$b=a-2y$

$x=0.577h$

$c=a-2x$

【참고】 $\cot\alpha=\frac{1}{\tan\alpha}=\frac{1}{\tan 60}=0.57735$

■ 치수기입 적용 예

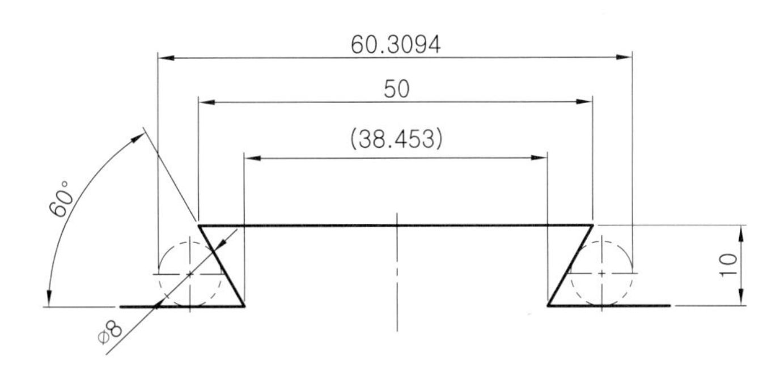

● 외측용 더브테일 치수 기입 예

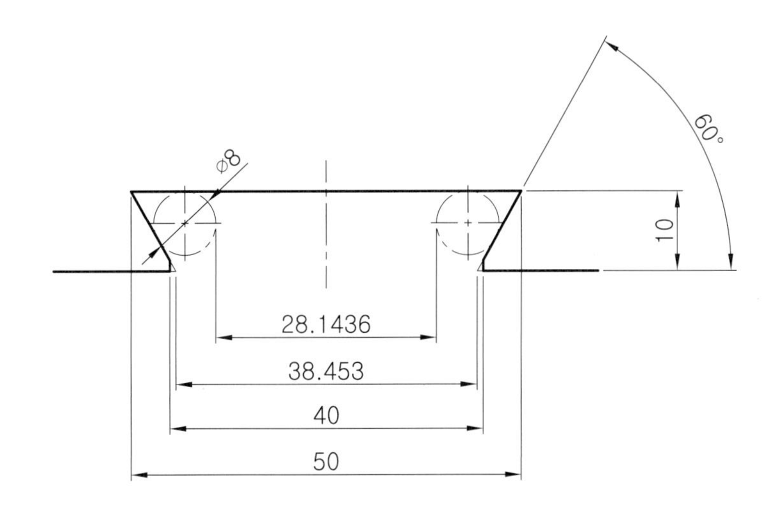

● 내측용 더브테일 치수 기입 예

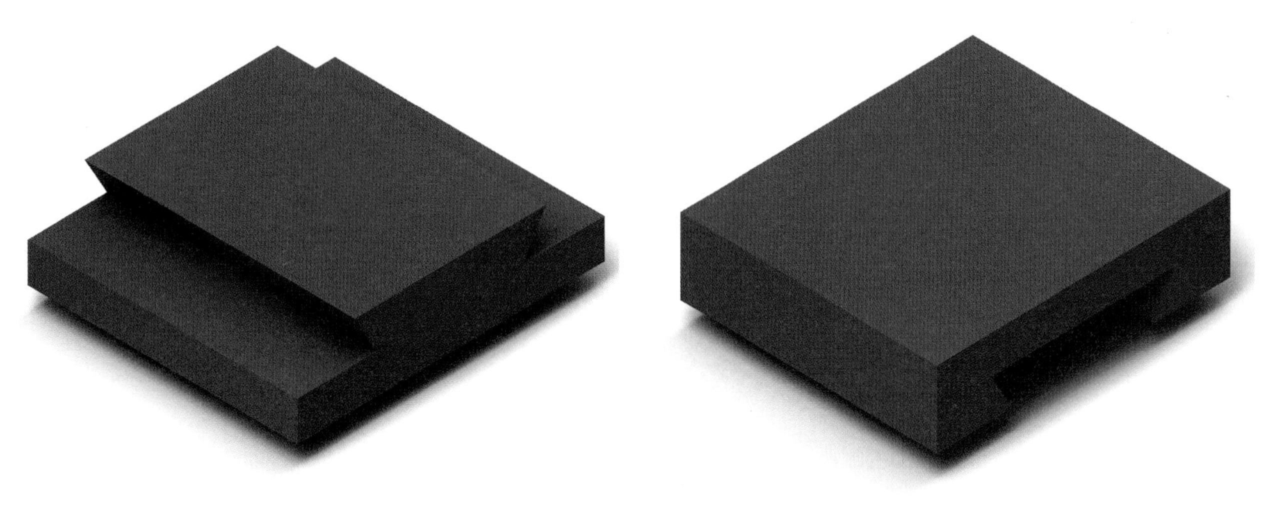

● 외측용 더브테일

● 내측용 더브테일

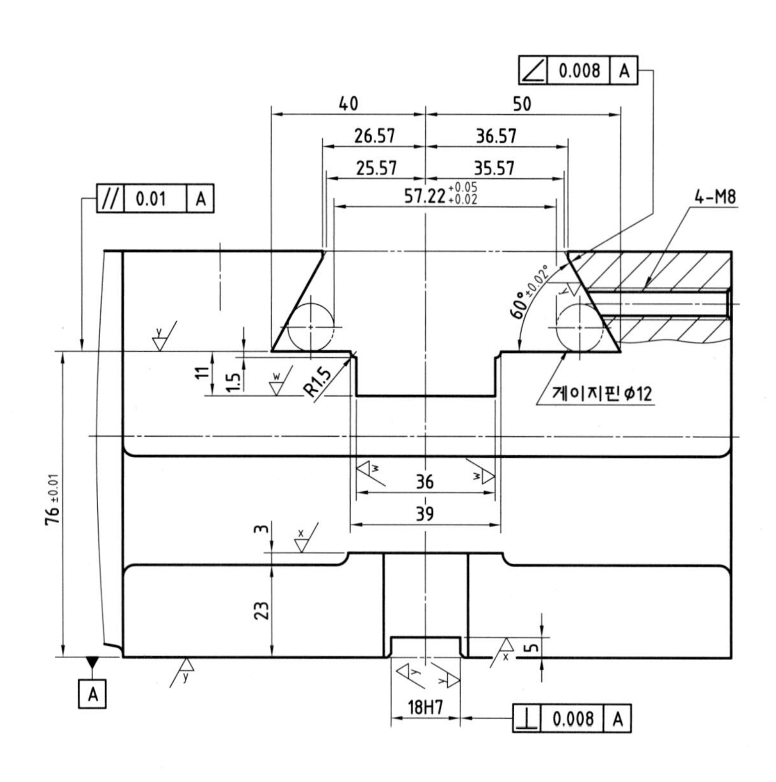
0.008 A
40
50
26.57
36.57
25.57
35.57
0.01 A
57.22 +0.05 +0.02
4-M8
60°±0.02°
11
1.5
R1.5
게이지핀 ϕ12
36
39
76±0.01
3
23
5
A
18H7
0.008 A

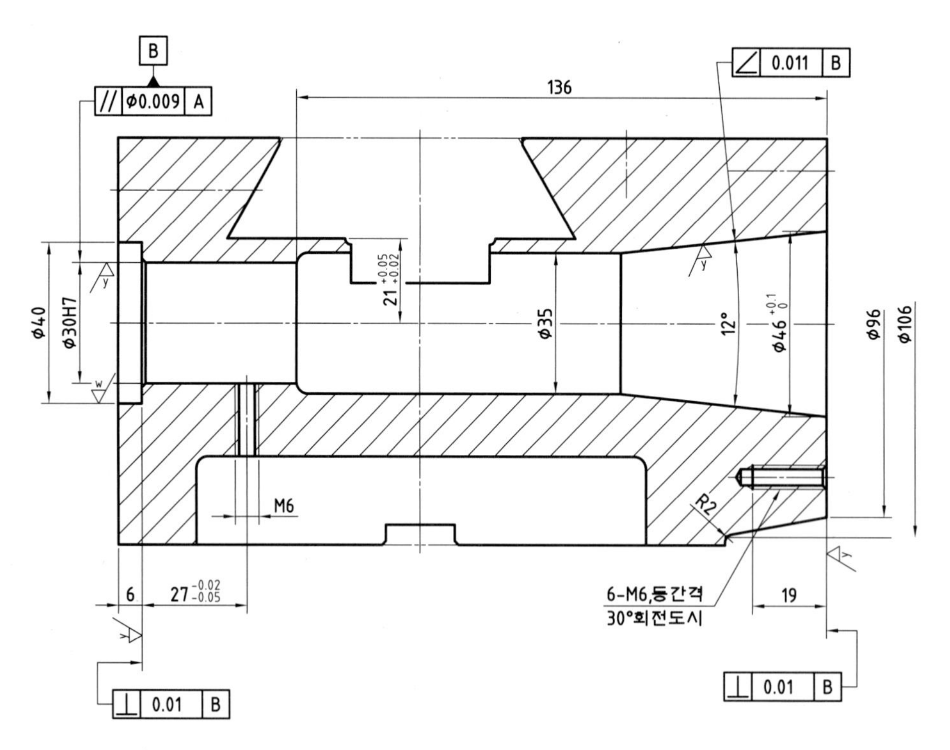
B
ϕ0.009 A
0.011 B
136
ϕ40
ϕ30H7
21 +0.05 +0.02
ϕ35
12°
ϕ46 +0.1 0
ϕ96
ϕ106
M6
R2
6
27 -0.02 -0.05
6-M6,등간격
30°회전도시
19
0.01 B
0.01 B

● 더브테일 홈의 도시

롤러 체인 스프로킷

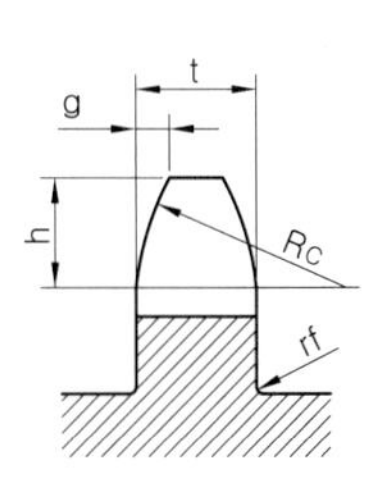

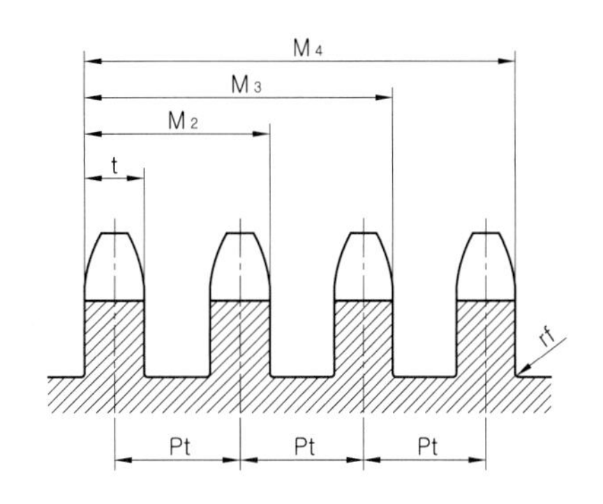

체인 호칭번호	모떼기 폭 g (약)	모떼기 깊이 h (약)	모떼기 반지름 Rc (최소)	둥글기 rf (최대)	롤러외경 Dr (최대)	피치 P	치폭 t (최대) 단열	치폭 t (최대) 2,3열	치폭 t (최대) 4열 이상	가로피치 Pt
25	0.8	3.2	6.8	0.3	3.30	6.35	2.8	2.7	2.4	6.4
35	1.2	4.8	10.1	0.4	5.08	9.525	4.3	4.1	3.8	10.1
41	1.6	6.4	13.5	0.5	7.77	12.70	5.8	–	–	–
40					7.95		7.2	7.8	6.5	14.4
50	2.0	7.9	16.9	0.6	10.16	15.875	8.7	8.4	7.9	18.1
60	2.4	9.5	20.3	0.8	11.91	19.05	11.7	11.3	10.6	22.8
80	3.2	12.7	27.0	1.0	15.88	25.40	14.6	14.1	13.3	29.3
100	4.0	15.9	33.8	1.3	19.05	31.75	17.6	17.0	16.1	35.8

● 롤러 체인 스프로킷 KS규격

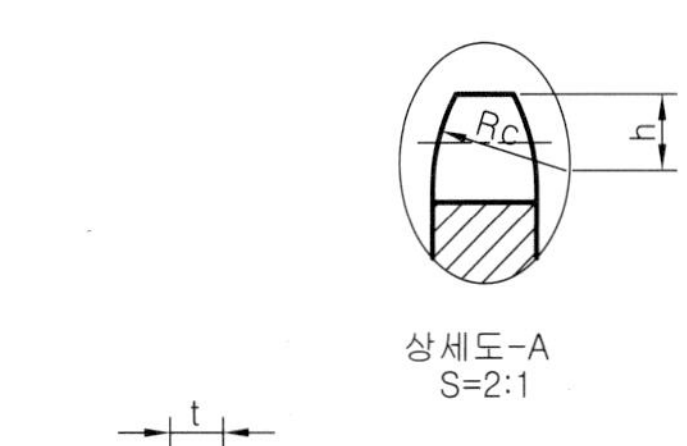

상세도-A
S=2:1

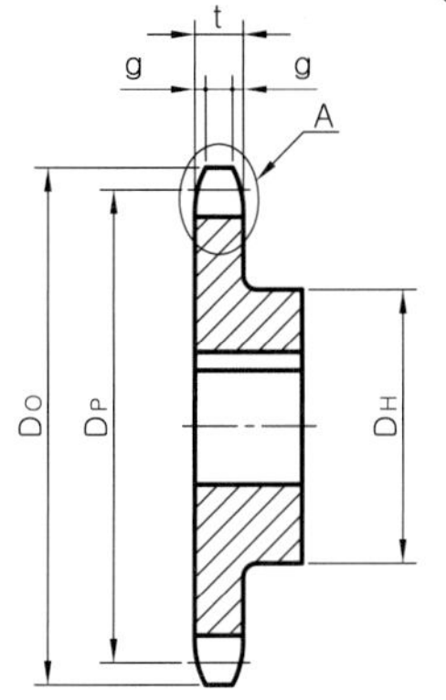

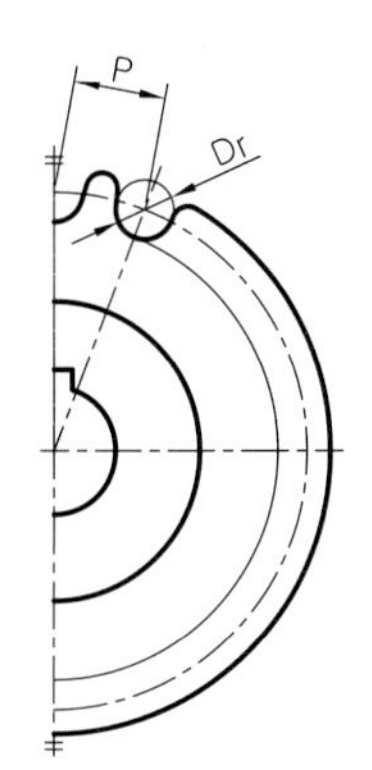

재질 : SF50(탄소강 단강품)

체인과 스프로킷 요목표		
종 류	구분 / 품번	Ⓝ
롤러체인	호 칭	
	원주피치	
	롤러외경	
스프로킷	이모양	
	잇 수	
	피치원지름	

30 30 20 / 10 8 8

● 롤러 체인 스프로킷 제도와 주요 치수 기입법

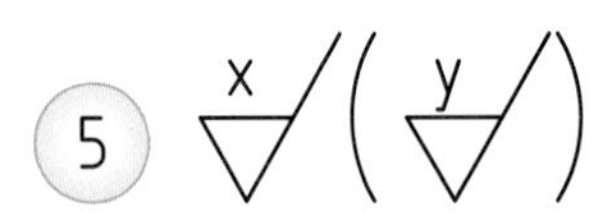

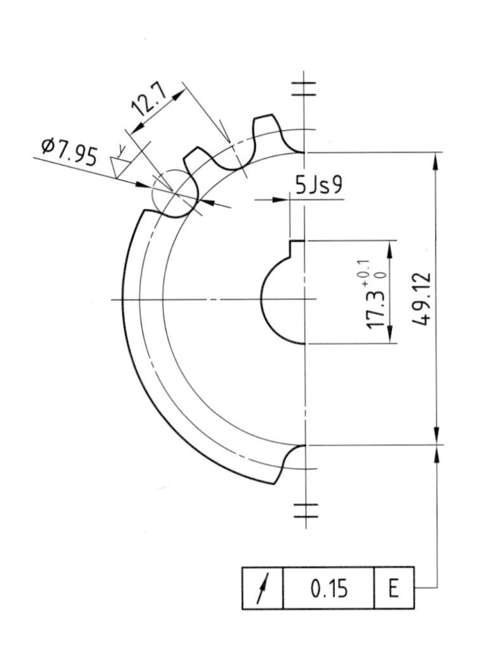

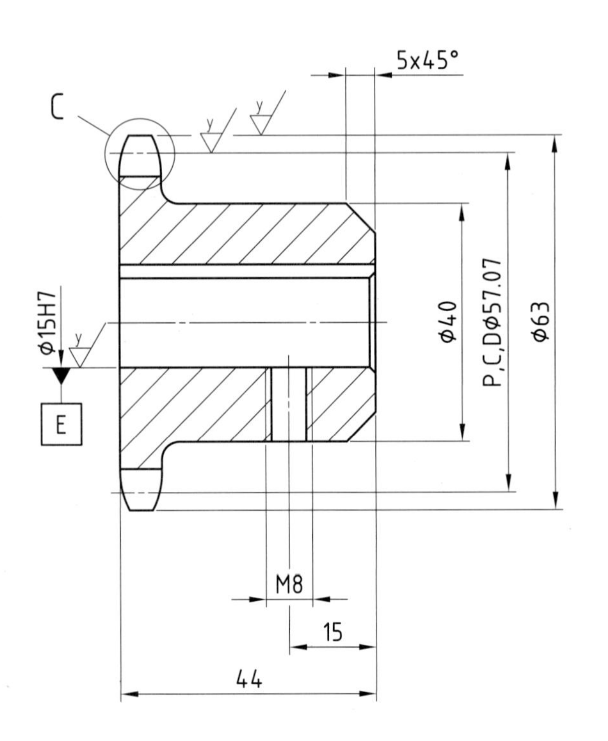

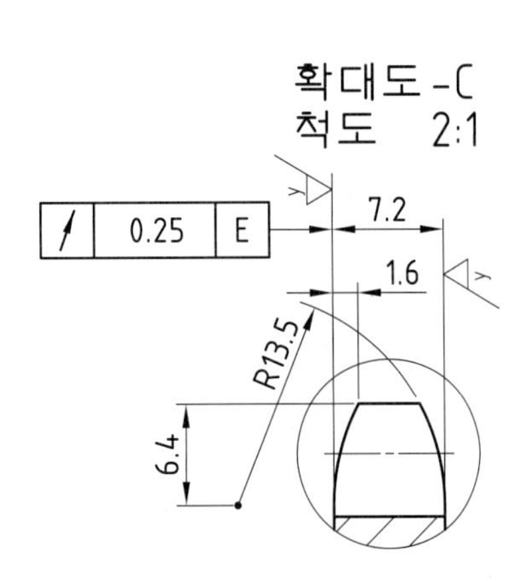

체인, 스프로킷 요목표		
종류	구분 \ 품번	⑤
체인	호칭	40
	원주 피치	12.70
	롤러 외경	Ø7.95
스프로킷	잇수	14
	치형	U형
	피치원지름	Ø57.07

10
8
20 30 (20)
70(80)

● 롤러 체인 스프로킷 주요부 치수와 요목표 적용 예

■ 체인과 스프로킷 적용 예

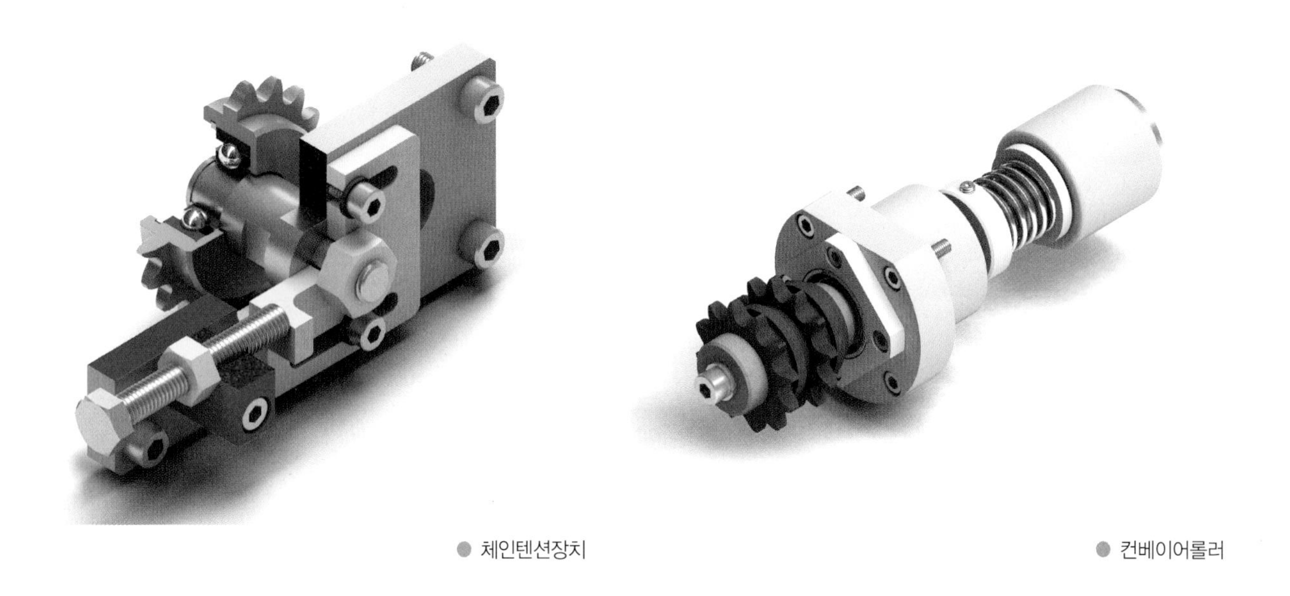

● 체인텐션장치

● 컨베이어롤러

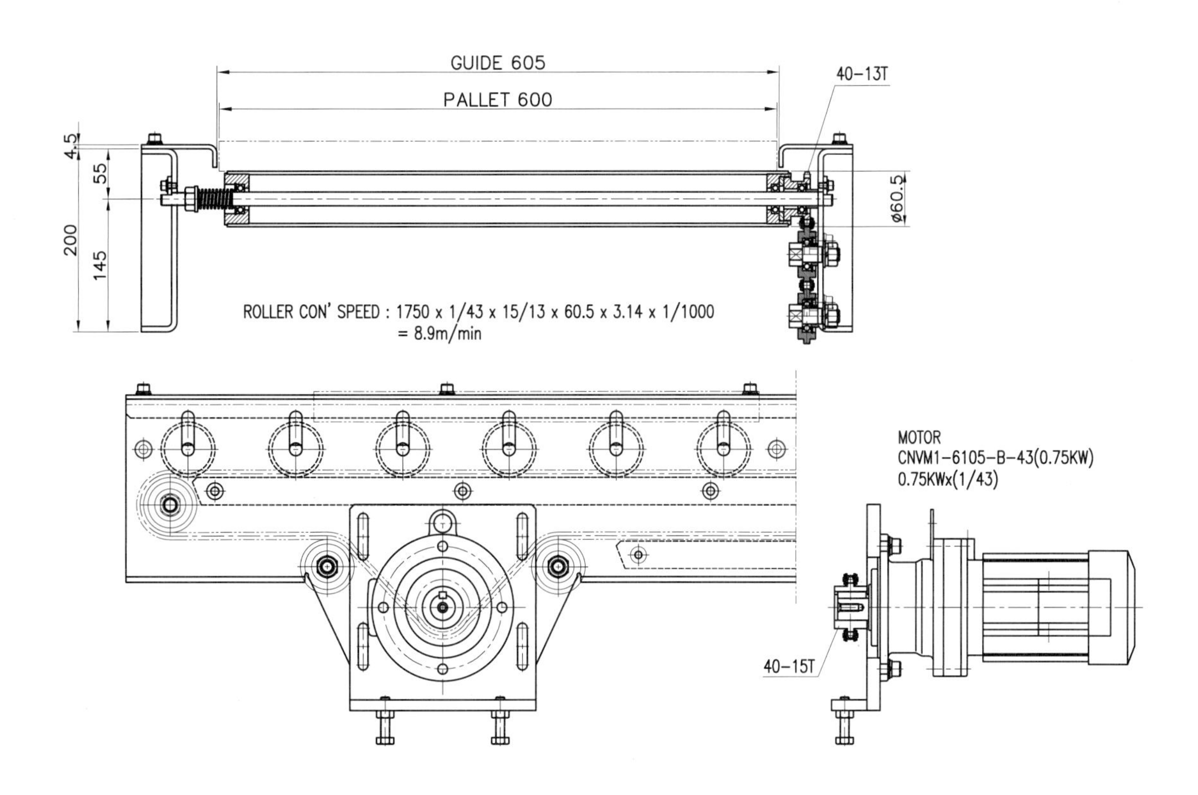

● 파레트 이송 컨베이어

Lesson 13 T홈

T홈은 보통 범용밀링이나 레이디얼 드릴링머신의 베드(bed) 면에 여러 개의 홈이 있어 공작물이나 바이스(vise)를 견고하게 고정하는 경우에 T홈 볼트로 위치를 결정한 후 너트로 죄어 사용한다.

1. T홈의 모양 및 주요 치수

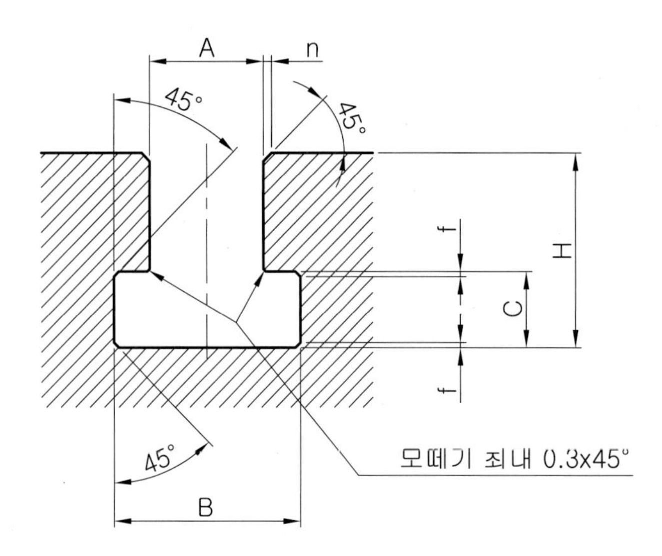

● T홈의 주요치수

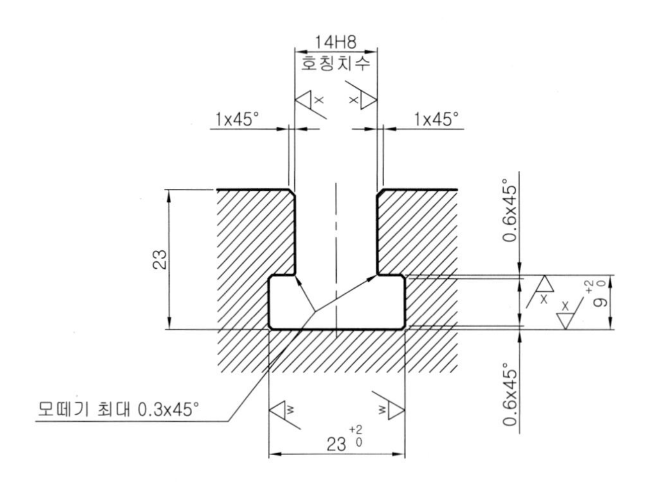

● T홈 커터

1. T홈의 호칭치수는 A로 위쪽 부분의 홈이다.
2. 치수기입이 복잡한 경우는 상세도로 도시한다.
3. T홈의 호칭치수 A의 허용차는 0급에서 4급까지 5등급이 있다.

2. T홈의 치수 기입 예

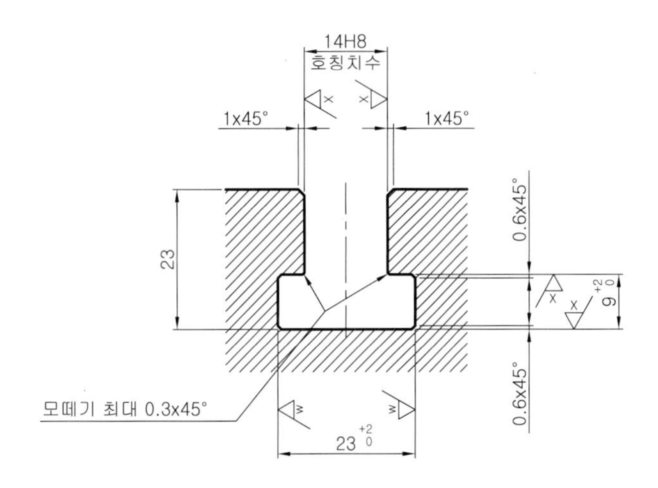

[비고] T홈의 호칭치수 A는 1급을 기준으로 적용하였다.

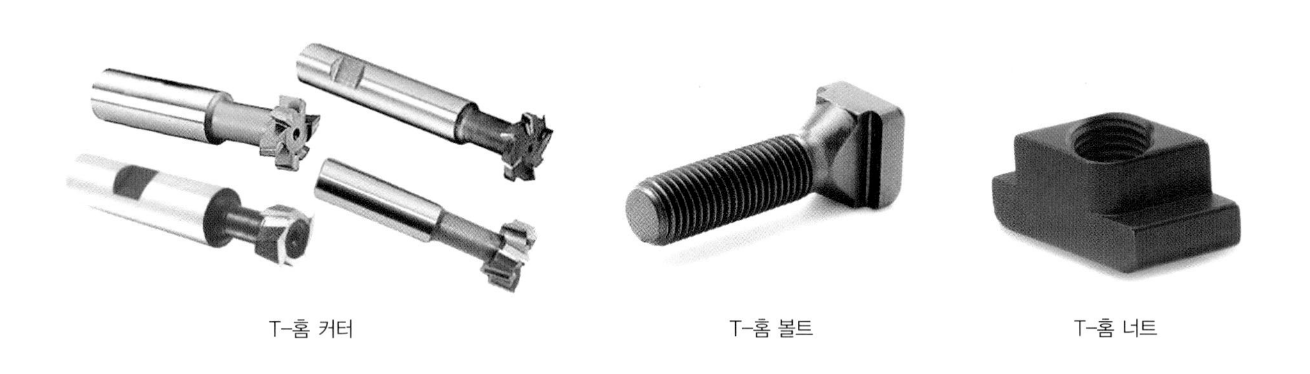

T-홈 커터 T-홈 볼트 T-홈 너트

Lesson 14

멈춤링(스냅링)

멈춤링은 축용과 구멍용의 2종류가 있으며, 흔히 스냅링(snap ring)이라 부르는데 베어링이나 축계 기계요소들의 이탈을 방지하기 위해 축과 구멍에 홈 가공을 하여 스냅링 플라이어(snap ring plier)라고 하는 전용 조립공구를 사용하여 스냅링에 가공되어 있는 2개소의 구멍을 이용해서 스냅링을 벌리거나 오므려 조립한다.

고정링으로는 C형과 E형 멈춤링이 일반적으로 사용된다. C형은 KS 규격에서 호칭번호 10에서 125까지 규격화되어 있다. E형은 그 모양이 E자 형상의 멈춤링으로 비교적 축지름이 작은 경우에 사용하며, 축지름이 1mm 초과 38mm 이하인 축에 사용하며 탈착이 편리하도록 설계되어 있다. 또한 멈춤링은 충분한 강도를 가져야 하며, 재료의 탄성이 크기 때문에 조립 후 위치의 유지와 탈착이 쉬워야 한다.

■ 여러 가지 멈춤링의 종류 및 형상

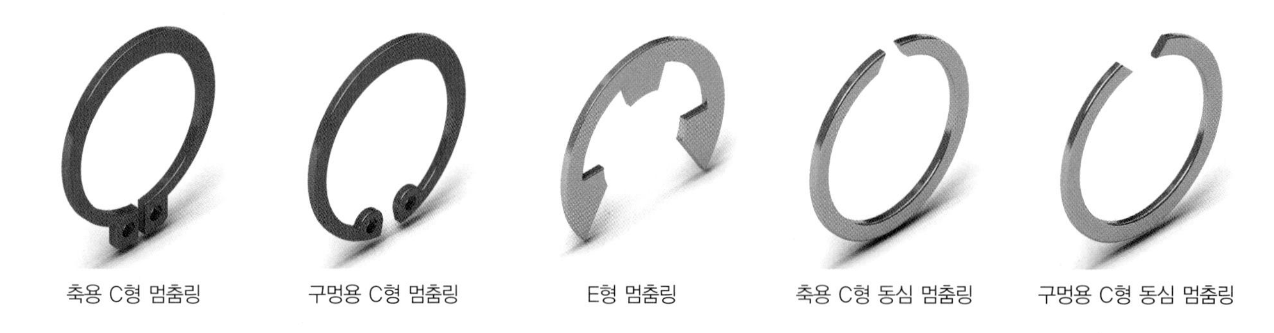

1. 축용 C형 멈춤링(스냅링)

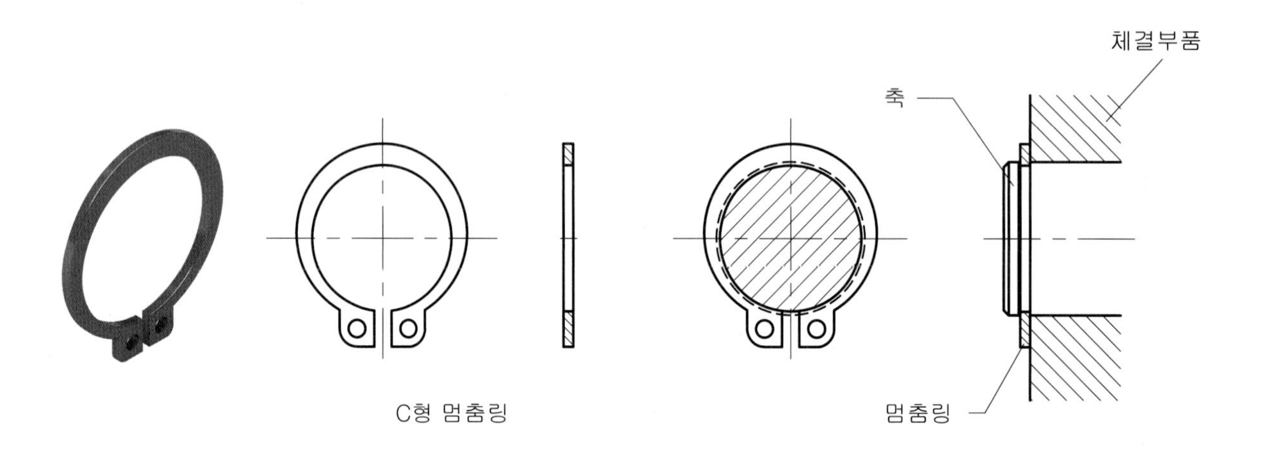

● 축용 C형 멈춤링 설치 상태도

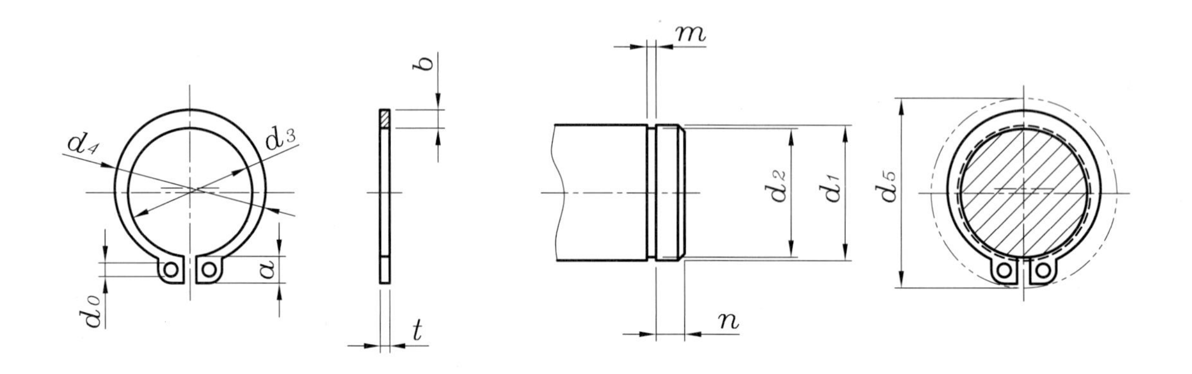

● 축용 C형 멈춤링에 적용되는 주요 KS규격 치수

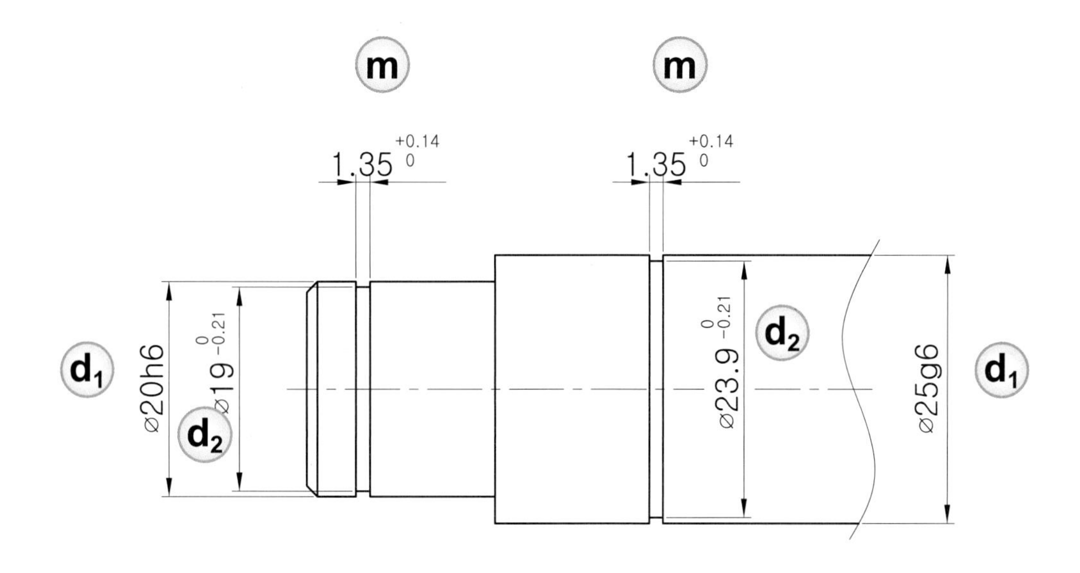

● 축용 C형 멈춤링의 치수기입

1. 멈춤링이 체결되는 **축의 지름**을 **호칭 지름** d_1으로 한다.
2. d_1을 기준으로 멈춤링이 끼워지는 d_2, 홈의 폭 m 및 각 부의 허용차를 찾아 기입한다.
3. 치수기입이 복잡한 경우는 상세도로 도시한다.

■ 축용 C형 멈춤링 [KS B 1336]

[단위 : mm]

호칭			멈춤링							적용하는 축(참고)						
			d_3		t		b	a	d_0	d_5	d_1	d_2		m		n
1	2	3	기준치수	허용차	기준치수	허용차	약	약	최소			기준치수	허용차	기준치수	허용차	최소
10			9.3	±0.15	1	±0.05	1.6	3	1.2	17	10	9.6	0 −0.09	1.15	+0.14 0	1.5
	11		10.2				1.8	3.1		18	11	10.5	0 −0.11			
12			11.1	±0.18			1.8	3.2	1.5	19	12	11.5				
		13	12				1.8	3.3		20	13	12.4				
14			12.9				2	3.4	1.7	22	14	13.4				
15			13.8				2.1	3.5		23	15	14.3				
16			14.7				2.2	3.6		24	16	15.2				
17			15.7				2.2	3.7		25	17	16.2				
18			16.5		1.2	±0.06	2.6	3.8	2	26	18	17				
	19		17.5				2.7	3.8		27	19	18				
20			18.5	±0.2			2.7	3.9		28	20	19	0 −0.21	1.35		
		21	19.5				2.7	4		30	21	20				
22			20.5				2.7	4.1		31	22	21				
	24		22.2				3.1	4.2		33	24	22.9				
25			23.2				3.1	4.3		34	25	23.9				

■ 멈춤링 적용 예

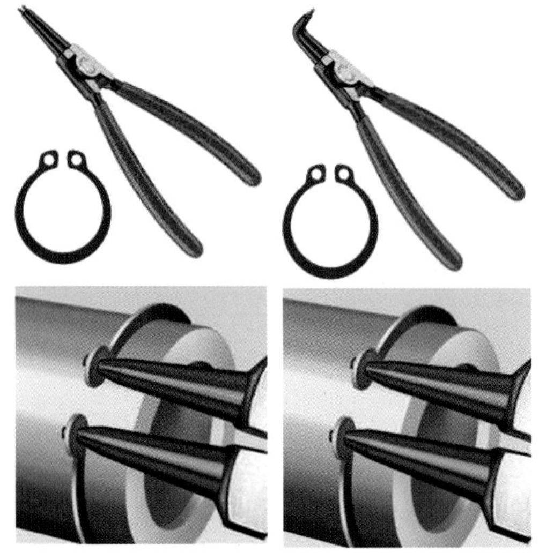
● 축용 스냅링과 스냅링 플라이어

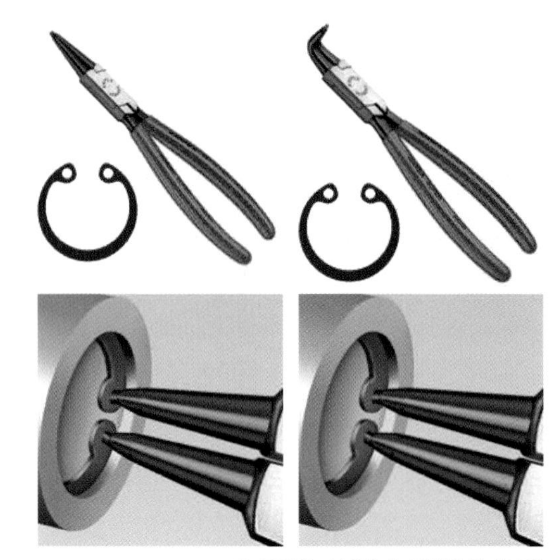
● 구멍용 스냅링과 스냅링 플라이어

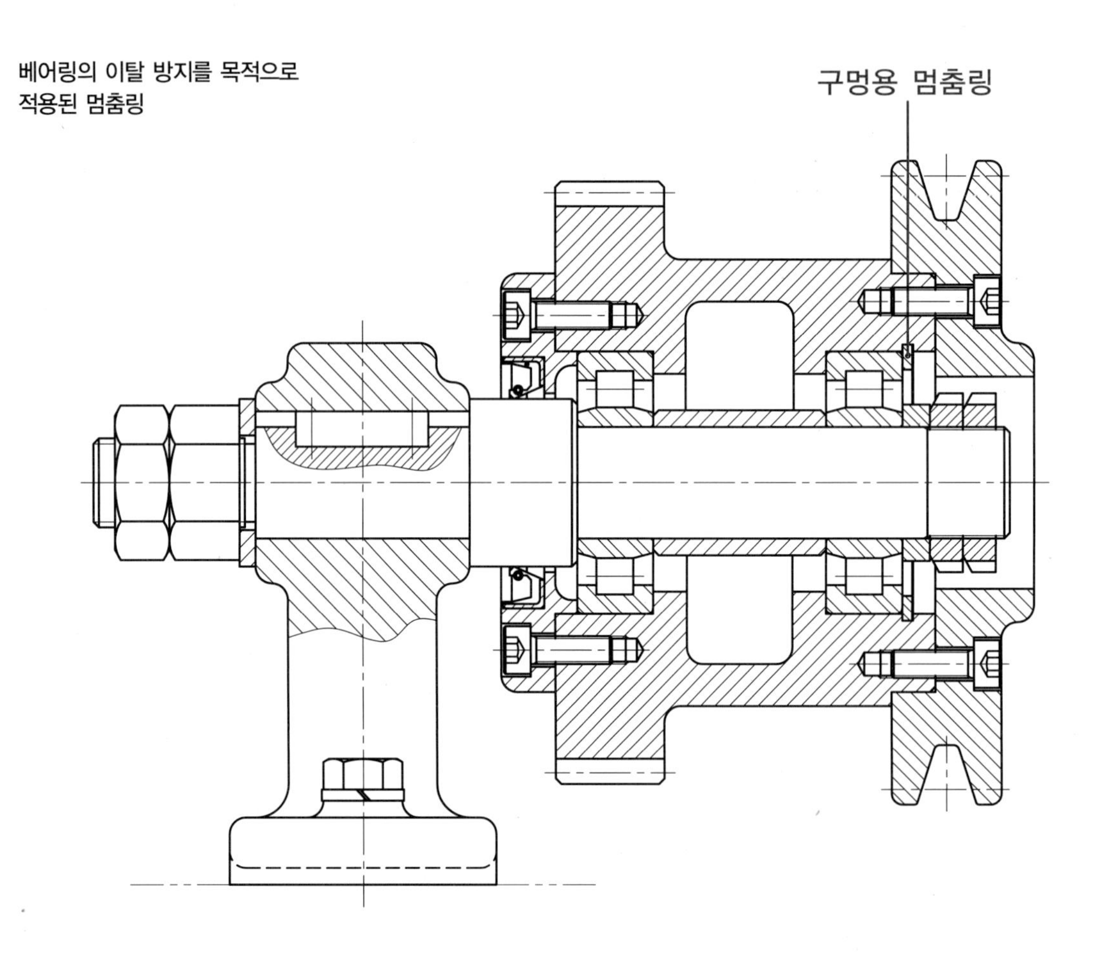

● 구멍용 멈춤링 설치 상태도

1. 멈춤링이 체결되는 **축의 지름을 호칭 지름** d_1으로 한다.
2. d_1을 기준으로 멈춤링이 끼워지는 d_2, 홈의 폭 m 및 각 부의 허용차를 찾아 기입한다.
3. 치수기입이 복잡한 경우는 상세도로 도시한다.

■ 구멍용 C형 멈춤링 [KS B 1336]

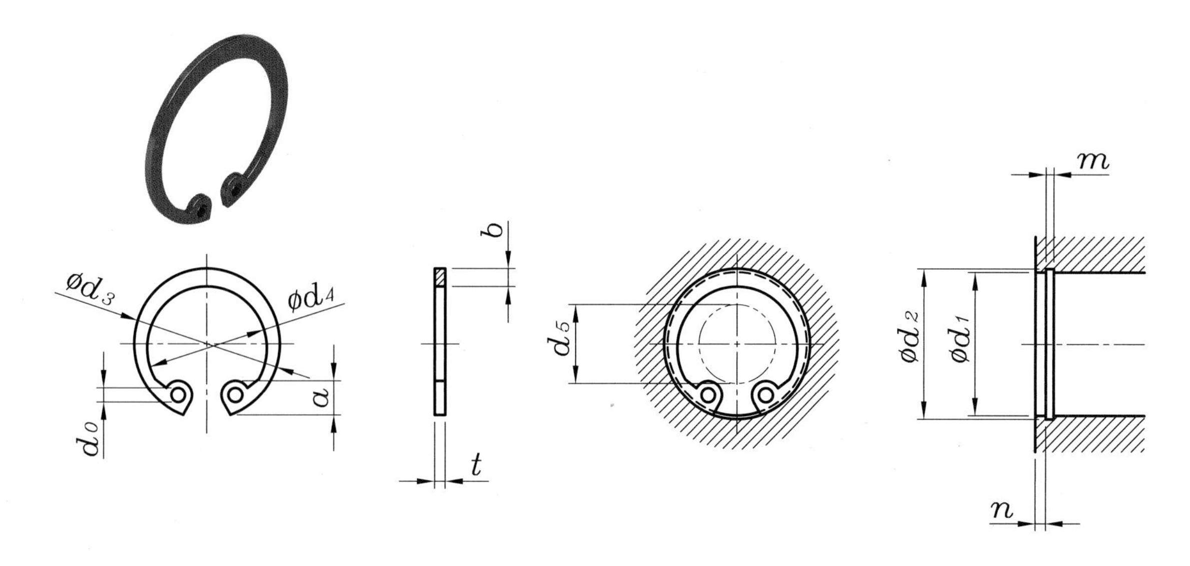

● 축용 C형 멈춤링에 적용되는 주요 KS규격 치수

[단위 : mm]

호칭			멈춤링							적용하는 구멍 (참고)						
			d3		t		b	a	d0	d5	d1	d2		m		n
1	2	3	기준치수	허용차	기준치수	허용차	약	약	최소			기준치수	허용차	기준치수	허용차	최소
10			10.7				1.8	3.1	1.2	3	10	10.4				
11			11.8				1.8	3.2		4	11	11.4				
12			13				1.8	3.3	1.5	5	12	12.5				
	13		14.1	±0.18			1.8	3.5		6	13	13.6	+0.11 0			
14			15.1				2	3.6		7	14	14.6				
	15		16.2				2	3.6		8	15	15.7				
16			17.3		1	±0.05	2	3.7	1.7	8	16	16.8		1.15		
	17		18.3				2	3.8		9	17	17.8				
18			19.5				2.5	4		10	18	19				
19			20.5				2.5	4		11	19	20				1.5
20			21.5				2.5	4		12	20	21				
		21	22.5	±0.2			2.5	4.1		12	21	22				
22			23.5				2.5	4.1		13	22	23	+0.21 0			
	24		25.9				2.5	4.3	2	15	24	25.2			+0.14 0	
25			26.9				3	4.4		16	25	26.2				
	26		27.9		1.2		3	4.6		16	26	27.2		1.35		
28			30.1				3	4.6		18	28	29.4				
30			32.1				3	4.7		20	30	31.4				
32			34.4			±0.06	3.5	5.2		21	32	33.7				
		34	36.5	±0.25			3.5	5.2		23	34	35.7				
35			37.8				3.5	5.2		24	35	37				
	36		38.8		1.6		3.5	5.2		25	36	38		1.75		
37			39.8				3.5	5.2	2.5	26	37	39	+0.25 0			
	38		40.8				4	5.3		27	38	40				2
40			43.5				4	5.7		28	40	42.5				
42			45.5	±0.4	1.8	±0.07	4	5.8		30	42	44.5		1.95		
45			48.5				4.5	5.9		33	45	47.5				
47			50.5	±0.45			4.5	6.1		34	47	49.5		1.9		

■ 스냅링 플라이어와 설치 홈 가공

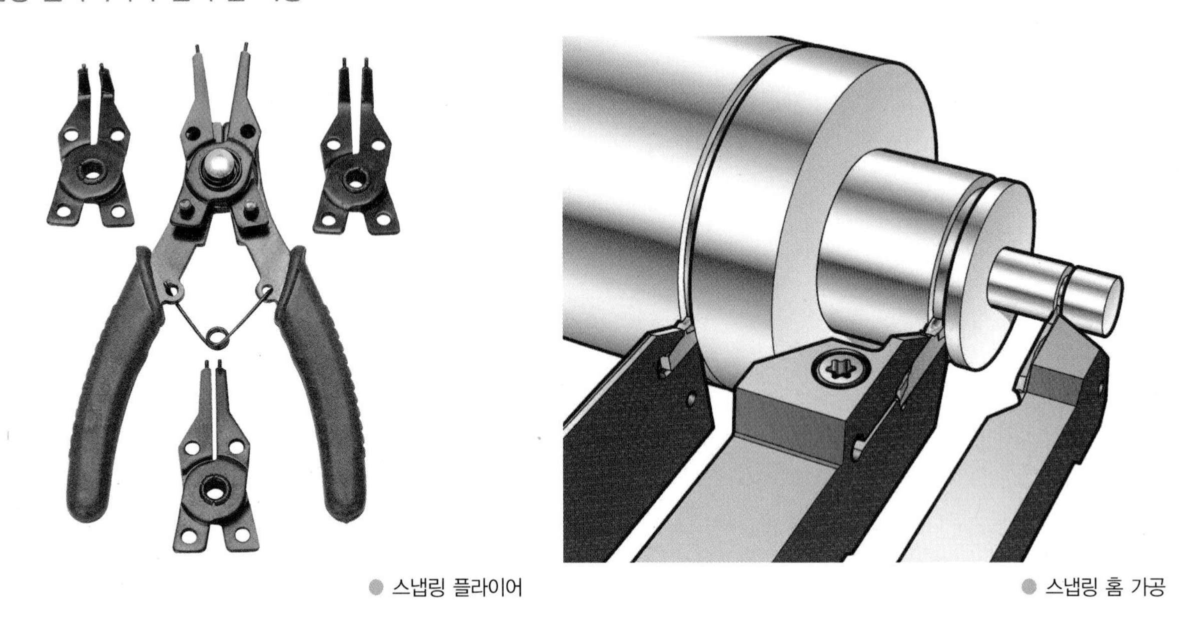

● 스냅링 플라이어　　● 스냅링 홈 가공

2. C형 동심 멈춤링의 적용 [호칭지름 Ø20mm인 경우의 축과 구멍의 적용 예]

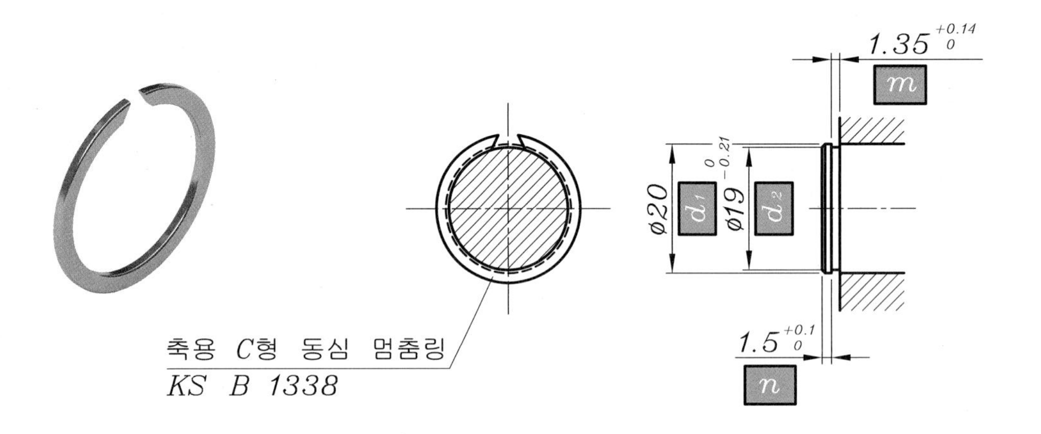

● 축용 C형 동심 멈춤링 적용 치수

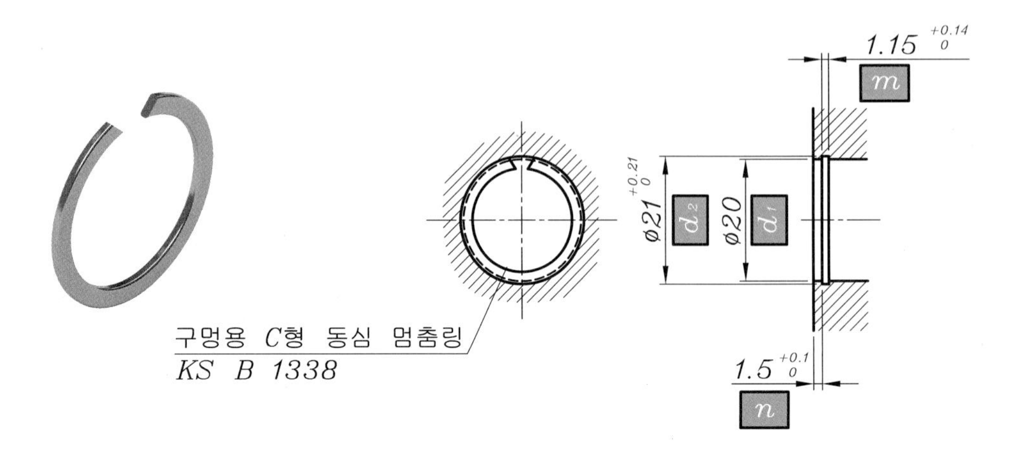

● 구멍용 C형 동심 멈춤링 적용 치수

3. E형 멈춤링(스냅링)의 치수 적용

E형 멈춤링은 비교적 축의 지름이 작은 경우에 적용하며, 그 형상이 E자 모양의 멈춤링으로축 지름이 1~38mm 이하인 축에 적용할 수 있도록 표준 규격화되어 있으며 탈착이 편리한 형상으로 되어 있다. 호칭지름은 적용하는 축의 안지름 d_2이다.

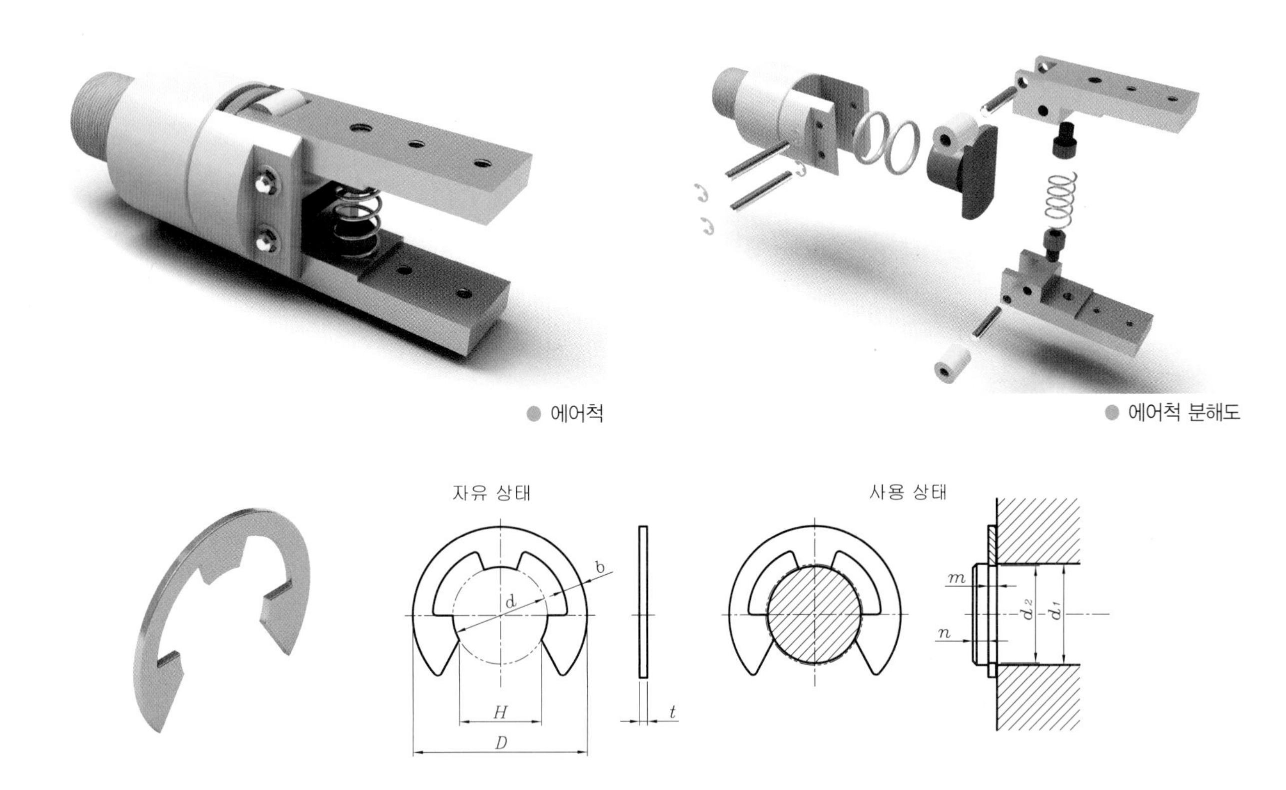

● 에어척

● 에어척 분해도

■ E형 멈춤링 [KS B 1337]

[단위 : mm]

호칭지름	멈춤링									적용하는 축 (참고)						
	d		D		H		t		b	d_1의 구분		d_2		m		n
	기본치수	허용차	기본치수	허용차	기본치수	허용차	기본치수	허용차	약	초과	이하	기본치수	허용차	기본치수	허용차	최소
0.8	0.8	0 −0.08	2	±0.1	0.7		0.2	±0.02	0.3	1	1.4	0.8	+0.05 0	0.3		0.4
1.2	1.2		3		1		0.3	±0.025	0.4	1.4	2	1.2		0.4	+0.05 0	0.6
1.5	1.5		4		1.3	0 −0.25	0.4		0.6	2	2.5	1.5				0.8
2	2	0 −0.09	5		1.7		0.4	±0.03	0.7	2.5	3.2	2	+0.06 0	0.5		
2.5	2.5		6		2.1		0.4		0.8	3.2	4	2.5				1
3	3		7		2.6		0.6		0.9	4	5	3				
4	4		9	±0.2	3.5		0.6		1.1	5	7	4		0.7		
5	5	0 −0.12	11		4.3	0 −0.30	0.6		1.2	6	8	5	+0.075 0			1.2
6	6		12		5.2		0.8	±0.04	1.4	7	9	6			+0.1 0	
7	7		14		6.1		0.8		1.6	8	11	7		0.9		1.5
8	8	0 −0.15	16		6.9	0 −0.35	0.8		1.8	9	12	8	+0.09 0			1.8
9	9		18		7.8		0.8		2.0	10	14	9				2
10	10		20		8.7		1.0	±0.05	2.2	11	15	10		1.15		
12	12	0 −0.18	23		10.4		1.0		2.4	13	18	12	+0.11 0			2.5
15	15		29	±0.3	13.0	0 −0.45	1.6	±0.06	2.8	16	24	15		1.75	+0.14 0	3
19	19	0 −0.21	37		16.5		1.6		4.0	20	31	19	+0.13 0			3.5
24	24		44		20.8	0 −0.50	2.0	±0.07	5.0	25	38	24		2.2		4

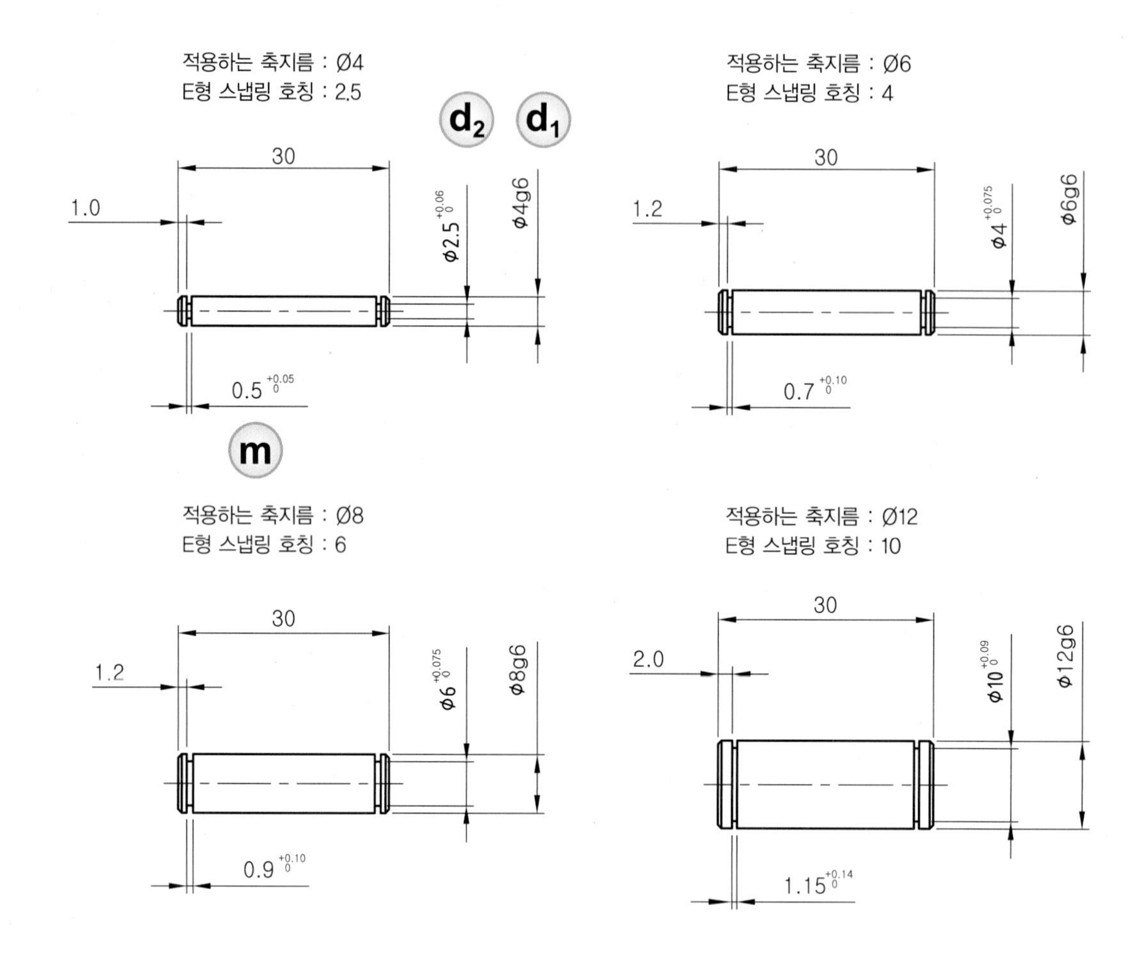

● E형 멈춤링의 치수기입 예

Lesson 15 오일실

오일실은 회전용으로 사용하며 외부로부터 침투되는 먼지나 오염물질 등을 내부에 있는 오일, 그리스 및 윤활제 등과 접촉하지 못하도록 하는 역할을 하는 기계요소이다.

독일에서 최초로 개발되었으며, 현재는 다양한 오일 실이 개발되어 산업 현장 곳곳에서 사용되고 있다. 특히 기계류의 회전축 베어링 부를 밀봉시키고, 윤활유를 비롯한 각종 유체의 누설을 방지하며 외부에서 이물질, 더스트(dust) 등의 침입을 막는 회전용 실로서 가장 일반적으로 사용되고 있다.

1. 오일실의 KS규격을 찾아 적용하는 방법

오일실의 KS규격을 찾아 적용하는 방법은 적용할 **축지름 d**를 기준으로 **오일실**의 **외경** D와 오일실의 폭 B를 찾고 축의 경우에는 오일실이 삽입되는 **축끝**의 **모떼기 치수**와 **축지름**에 대한 알맞은 **공차**를 적용하고, 구멍의 경우에는 오일실이 삽입되는 **구멍**의 **모떼기 치수**와 **공차** 그리고 **하우징**의 **폭**에 적용되는 허용차를 찾아 적용시키면 된다. 다음의 조립도에 도시된 오일실의 표현 방법은 다르지만 둘 다 오일실이 적용된 것을 나타낸다.

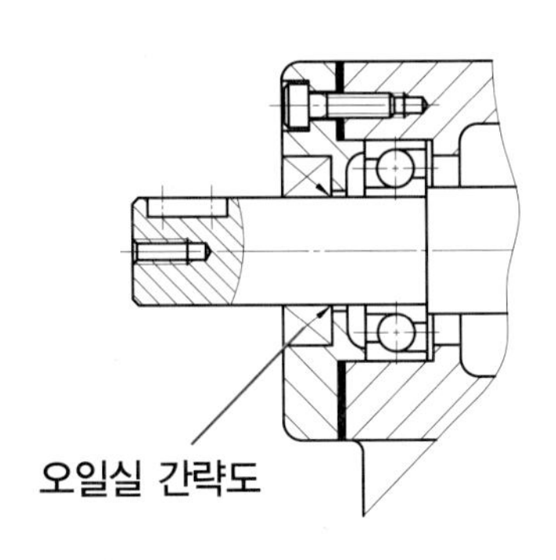

● 오일실의 도시법 [1]

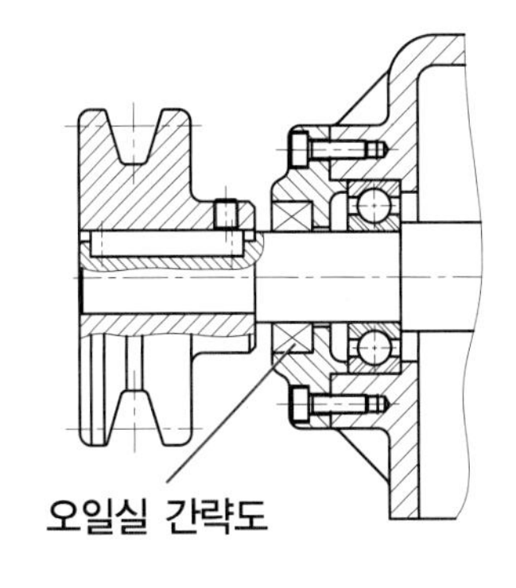

● 오일실의 도시법 [1]

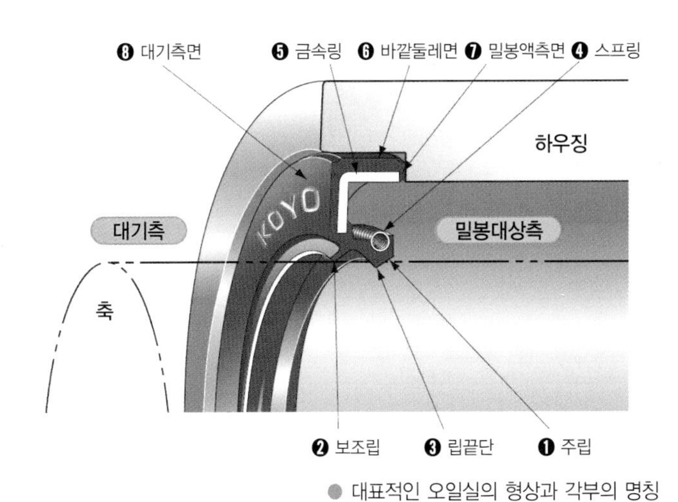

● 대표적인 오일실의 형상과 각부의 명칭

■ 축 및 하우징의 치수

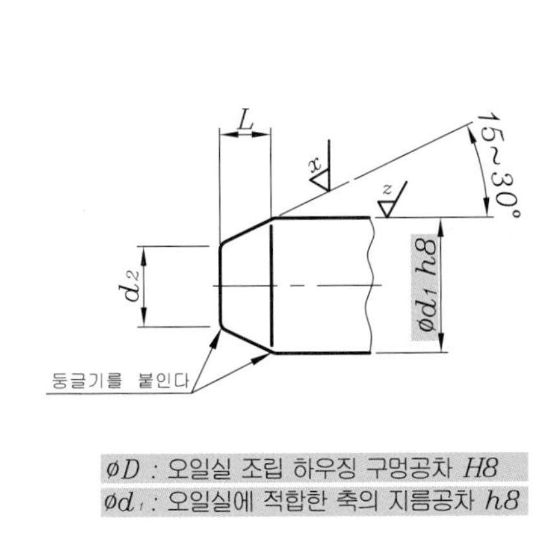

축의 치수 적용

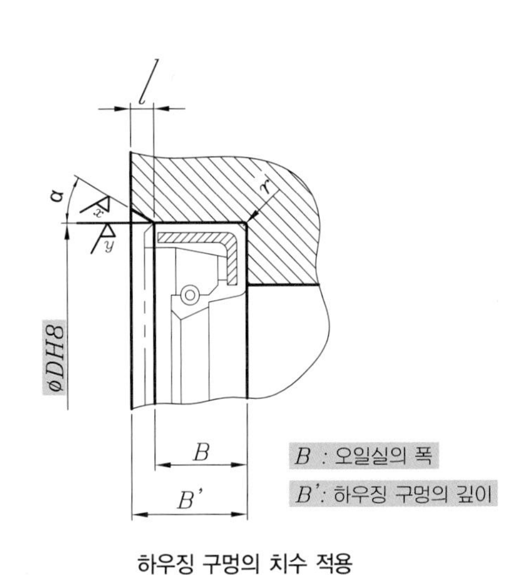

하우징 구멍의 치수 적용

● 축 및 하우징의 치수

오일실 폭	하우징 폭
B	B'
6 이하	B + 0.2
6~10	B + 0.3
10~14	B + 0.4
14~18	B + 0.5
18~25	B + 0.6

1. 축의 지름 d를 기준으로 오일실의 외경 D, 폭 B를 찾아 치수를 적용한다.
2. $\alpha = 15 \sim 30°$
3. $l = 0.1B \sim 0.15B$
4. $r \geq 0.5\,mm$
5. D = 오일실의 외경

■ 오일실 [KS B 2804]

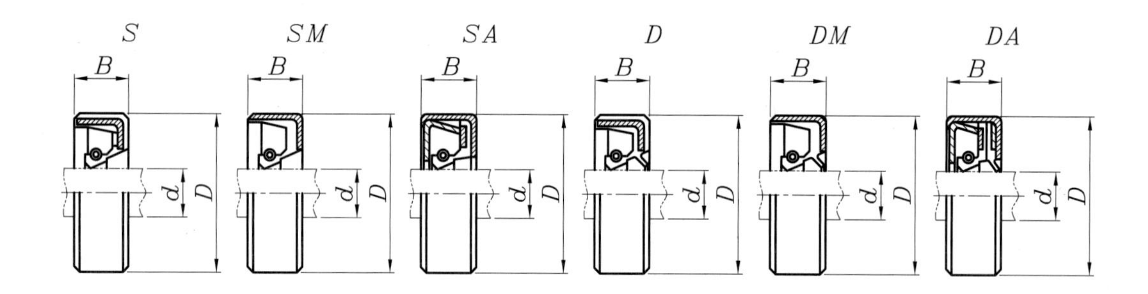

[단위 : mm]

호칭 안지름 d	바깥 지름 D	오일실 폭 B	하우징 폭 B'	호칭 안지름 d	바깥 지름 D	오일실 폭 B	하우징 폭 B'
7	18	7	7.3	20	32	8	8.3
	20				35		
8	18	7		22	35	8	
	22				38		
9	20	7		24	38	8	
	22				40		
10	20	7		25	38	8	
	25				40		
11	22	7		★26	38	8	
	25				42		
12	22	7		28	40	8	
	25				45		
★13	25	7		30	42	8	
	28				45		
14	25	7		32	52	11	11.4
	28			35	55	11	
15	25	7		38	58	11	
	30			40	62	11	

2. 축 및 구멍의 치수

■ 오일실 조립부 치수 기입예

[축의 치수] 기준 축 지름이 Ø30mm 인 경우 적용 예

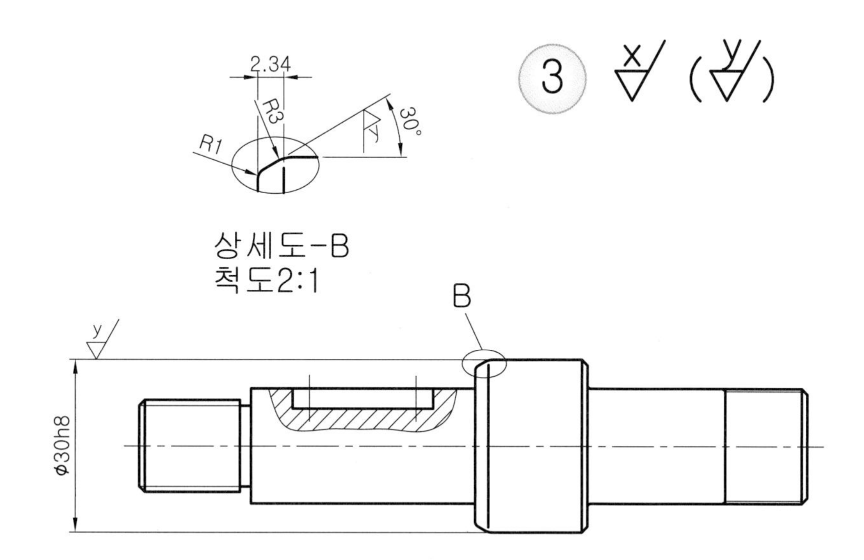

● 축의 오일실 조립부 치수 기입예

[구멍의 치수] 축 지름(기준) d=15, 바깥지름 D=25, 나비 B=7

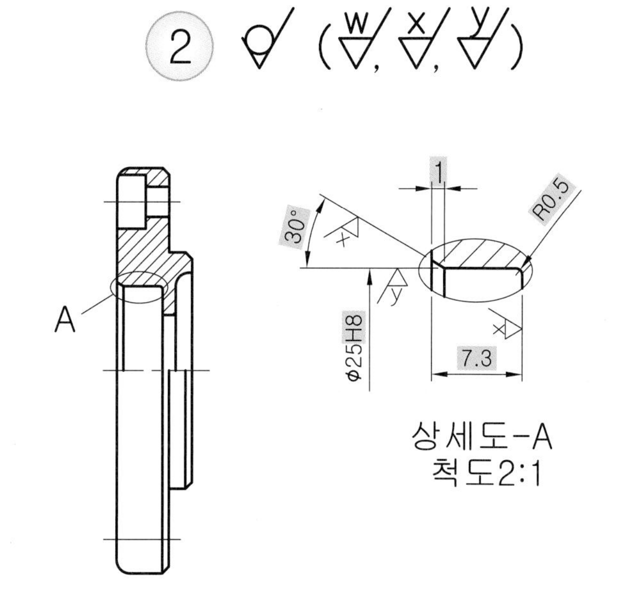

● 커버 구멍의 오일실 조립부 치수 기입예

❶ $\alpha = 30°$ 로 정한다.

❷ $l = 0.1 \times B = 0.1 \times 7 = 0.7$ 또는 $l = 0.15 \times B = 0.15 \times 7 = 1.05$

■ 축의 지름에 따른 끝단의 모떼기 치수(d_1, d_2, L)

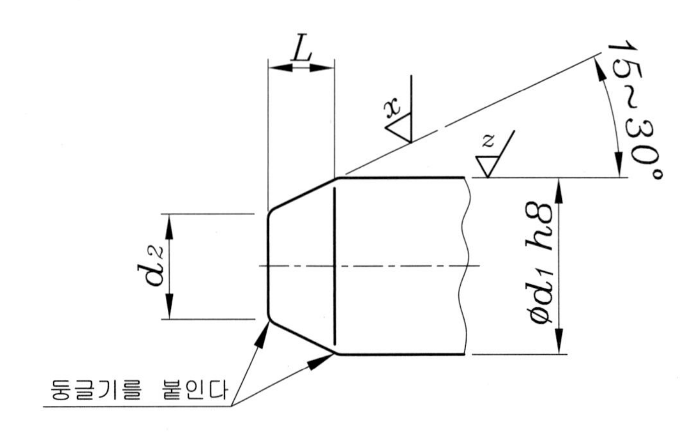

● 축끝의 모떼기 치수

축의 지름 d_1	d_2 (최대)	모떼기 L 30°	축의 지름 d_1	d_2 (최대)	모떼기 L 30°	축의 지름 d_1	d_2 (최대)	모떼기 L 30°
7	5.7	1.13	55	51.3	3.2	180	173	6.06
8	6.6	1.21	56	52.3	3.2	190	183	6.06
9	7.5	1.3	★ 58	54.2	3.2	200	193	6.06
10	8.4	1.39	60	56.1	3.38	★210	203	6.06
11	9.3	1.47	★ 62	58.1	3.38	220	213	6.06
12	10.2	1.56	63	59.1	3.38	(224)	(217)	6.06
★ 13	11.2	1.56	65	61	3.46	★230	223	6.06
14	12.1	1.65	★ 68	63.9	3.55	240	233	6.06
15	13.1	1.65	70	65.8	3.64	250	243	6.06
16	14	1.73	(71)	(66.8)	3.64	260	249	9.53
17	14.9	1.82	75	70.7	3.72	★270	259	9.53
18	15.8	1.91	80	75.5	3.9	280	268	10.39
20	17.7	1.99	85	80.4	3.98	★290	279	9.53
22	19.6	2.08	90	85.3	4.07	300	289	9.53
24	21.5	2.17	95	90.1	4.24	(315)	(304)	9.53
25	22.5	2.17	100	95	4.33	320	309	9.53
★ 26	23.4	2.25	105	99.9	4.42	340	329	9.53
28	25.3	2.34	110	104.7	4.59	(355)	(344)	9.53
30	27.3	2.34	(112)	(106.7)	4.59	360	349	9.53
32	29.2	2.42	★115	109.6	4.68	380	369	9.53
35	32	2.6	120	114.5	4.76	400	389	9.53
38	34.9	2.68	125	119.4	4.85	420	409	9.53
40	36.8	2.77	130	124.3	4.94	440	429	9.53
42	38.7	2.86	★135	129.2	5.02	(450)	(439)	9.53
45	41.6	2.94	140	133	6.06	460	449	9.53
48	44.5	3.03	★145	138	6.06	480	469	9.53
50	46.4	3.12	150	143	6.06	500	489	9.53
★ 52	48.3	3.2	160	153	6.06			
			170	163	0.06			

【비고】 ★을 붙인 것은 KS B 0406에 없는 것이고, ( )를 붙인 것은 되도록 사용하지 않는다.

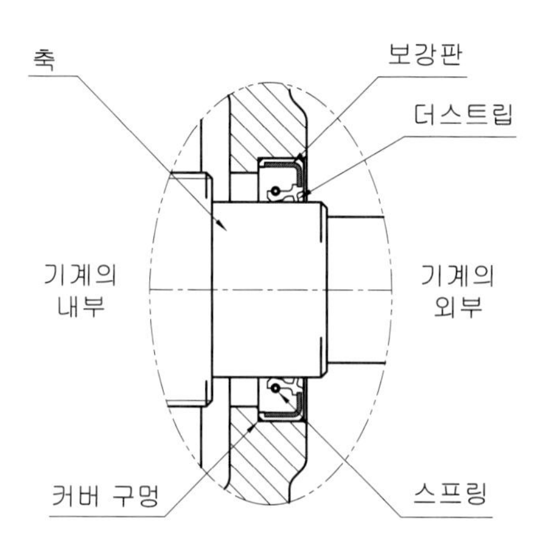

● 오일실의 조립 상태

일반적으로 오일실은 하우징 구멍에 압입시켜 고정하고 회전축과 실립(seal lip)부를 접촉시켜 밀봉효과를 낸다. 일반적으로 오일실은 축을 지지해주는 베어링보다 안측이 아닌 바깥측에 설치하는데 위의 그림과 같이 조립부를 자세히 보면 더스트립 부가 바깥쪽으로 향하도록 설치하며 즉 실립부가 구멍의 안쪽에 위치하도록 조립해야 밀봉이 원활하게 되는 것이다.

실립부에 부착된 스프링에 의해서 축에 밀착이 되어 기계내부의 유체가 바깥쪽으로 유출되는 것을 방지하고, 더스트립은 외부로부터 먼지나 이물질 등이 침입하는 것을 방지하는 역할을 한다.

실부가 접촉하는 축의 표면은 선반에서 가공한 상태로 그냥 조립하면 안되고 그라인딩이나 버핑 등의 다듬질을 하여 표면거칠기를 양호하게 해 줄 필요가 있다. 축의 재질은 기계구조용탄소강이나 저합금강, 스테인리스강 등이 추천되며 일반적으로 표면경도는 HRC30 이상이 요구된다.

따라서 열처리 또는 경질 크롬 도금 등의 후처리를 필요로 하는데 경질크롬도금을 하게 되면 축의 표면이 지나치게 매끄러워질 수 있으므로 표면을 버핑이나 연마를 실시하며 오일실은 H8의 축과 조립하여 사용하는 것을 전제로 한다. 하우징 구멍의 치수허용차는 **호칭치수 400mm 이하**는 H7 또는 H8을 **400mm를 초과하는 경우**는 H7을 적용한다.

■ 오일실의 적용 예

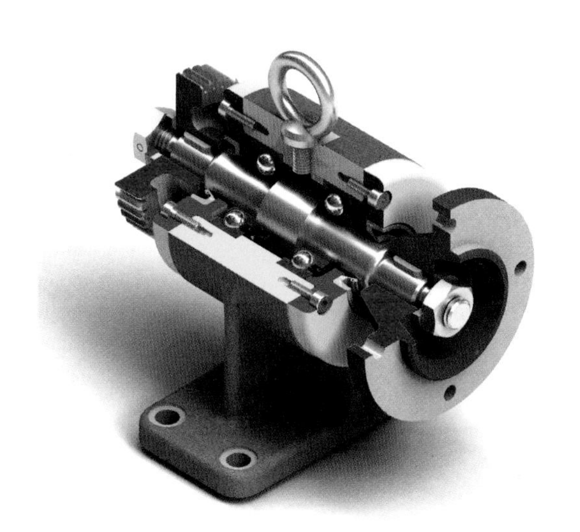

● 동력전달장치 참고 입체도

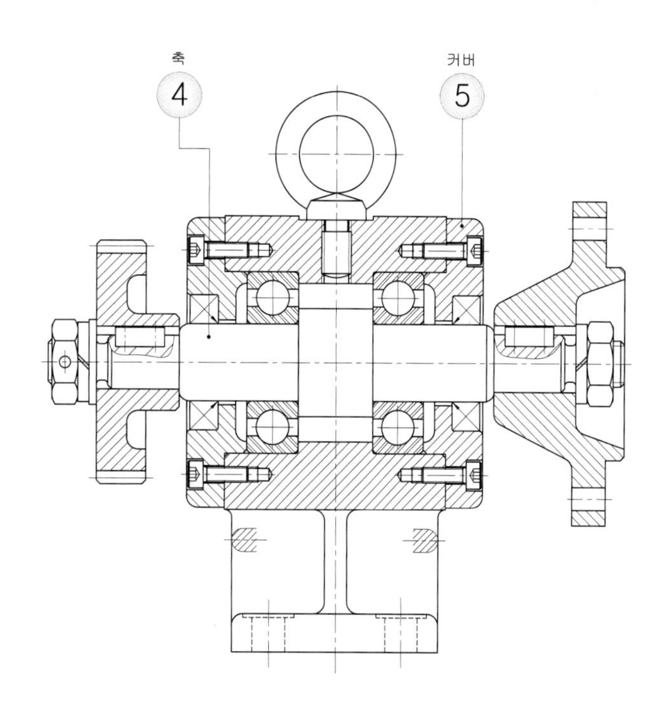

[참 고] 펠트링의 적용 예

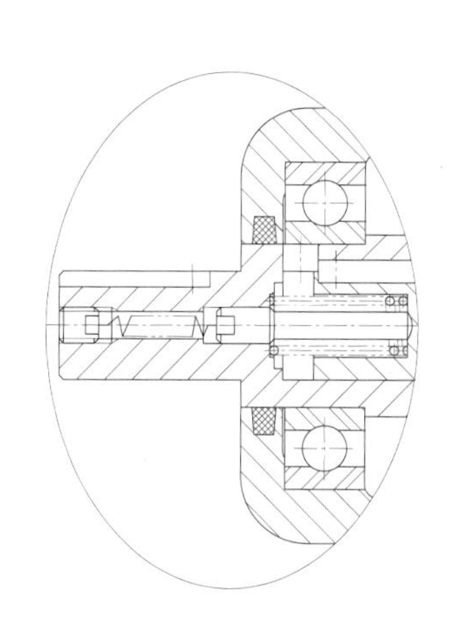

● 동력전달장치 참고 입체도

● 동력전달장치에 적용된 오일실

널링

널링(Knurling)은 핸들, 측정 공구 및 제품의 손잡이 부분에 바른줄이나 빗줄 무늬의 홈을 만들어서 미끄럼을 방지하는 가공이다. 널링의 표시 방법은 간단하며 빗줄형의 경우 해칭각도(30°)에 주의한다.

1.널링 표시 방법

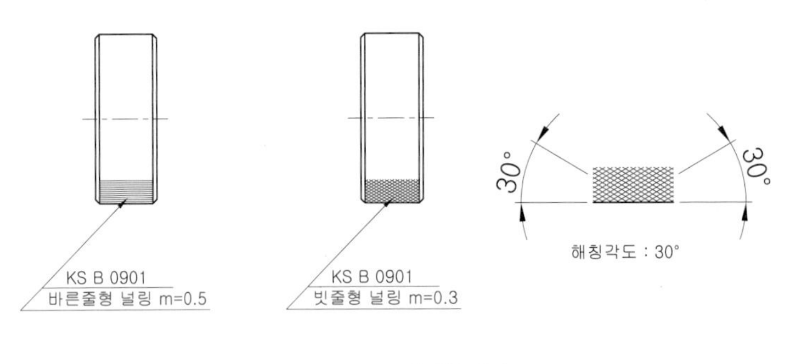

널링 표시 방법

2.널링 도시 예

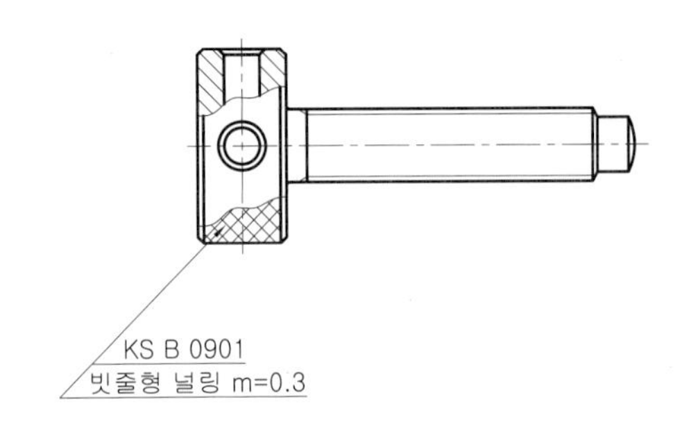

널링 도시 예

3.널링가공용 공구

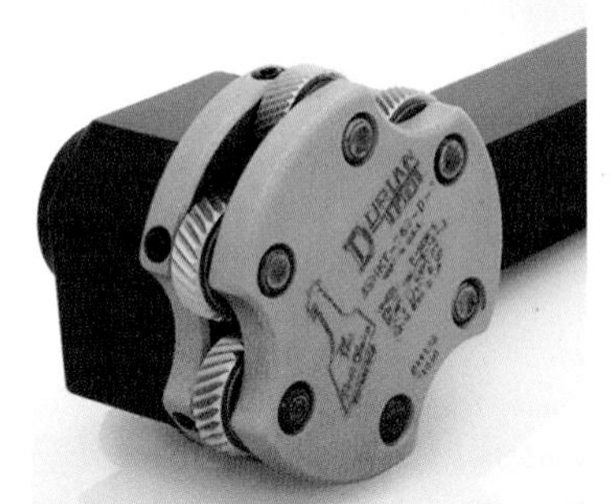

널링가공용 공구

4.널링 가공 부품 예

바른줄형 널링

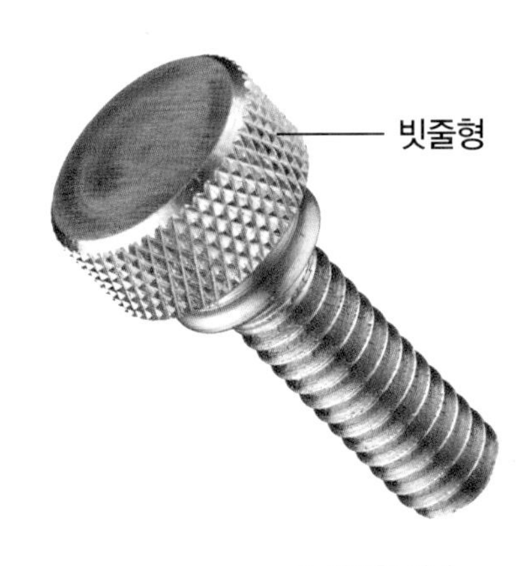

빗줄형 널링

Lesson

17 표면거칠기 기호의 크기 및 방향과 품번의 도시법

표면거칠기 기호 및 다듬질 기호의 비교와 명칭 그리고, 표면거칠기 기호를 도면상에 도시하는 방법과 문자의 방향을 알아보도록 하자. 부품도상에 기입하는 경우와 품번 우측에 기입하는 방법에 대해서 알기 쉽도록 그림으로 나타내었다.

명칭(다듬질 정도)	다듬질 기호(구기호)	표면거칠기(신기호)	산술(중심선) 평균거칠기(Ra)값	최대높이(Ry)값	10점 평균 거칠기(Rz)값
매끄러운 생지	~		특별히 규정하지 않는다.		
거친 다듬질	▽	w	Ra25 Ra12.5	Ry100 Ry50	Rz100 Rz50
보통 다듬질	▽▽	x	Ra6.3 Ra3.2	Ry25 Ry12.5	Rz25 Rz12.5
상 다듬질	▽▽▽	y	Ra1.6 Ra0.8	Ry6.3 Ry3.2	Rz6.3 Rz3.2
정밀 다듬질	▽▽▽▽	z	Ra0.4 Ra0.2 Ra0.1 Ra0.05 Ra0.025	Ry1.6 Ry0.8 Ry0.4 Ry0.2 Ry0.1	Rz1.6 Rz0.8 Rz0.4 Rz0.2 Rz0.1

● 표면거칠기 표기법

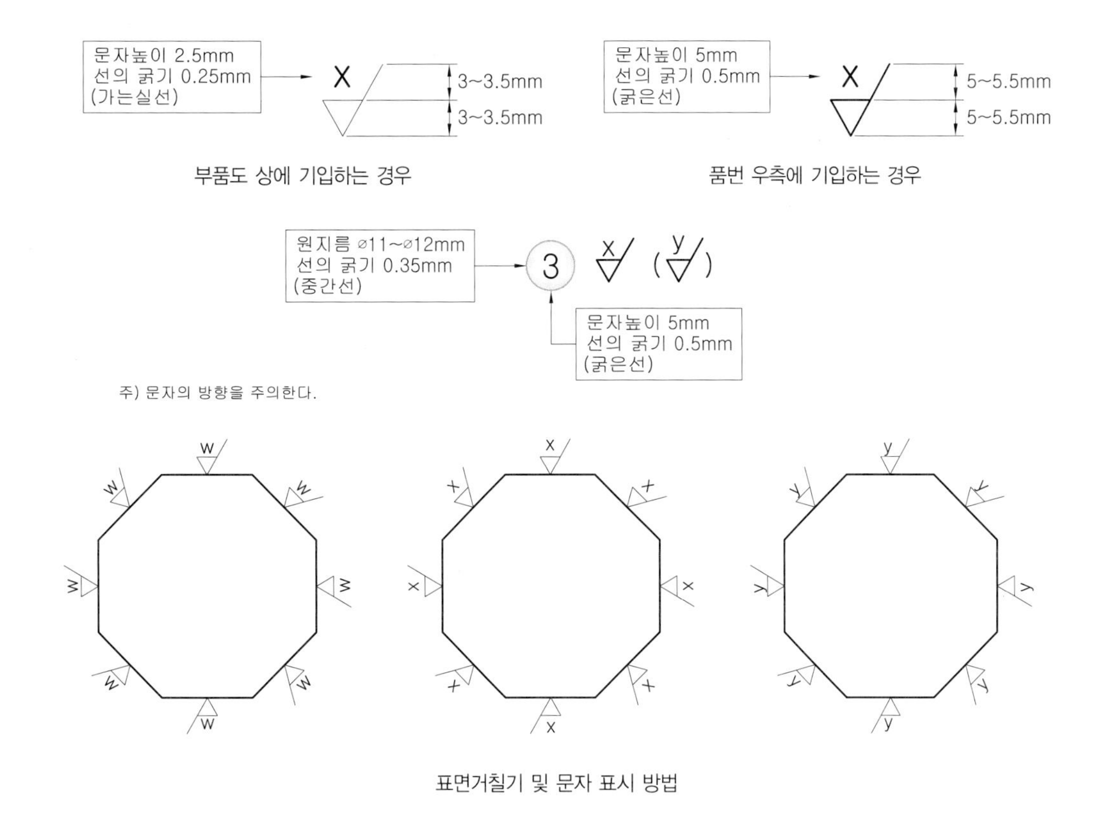

표면거칠기 및 문자 표시 방법

● 표면거칠기 기호의 크기 및 방향 도시법과 품번 도시법

18 구름베어링 로크 너트 및 와셔

| KS B 2004

베어링용 너트와 와셔는 축에 가는 나사 가공을 하고 키홈 모양의 홈 가공을 하여 베어링 내륜에 접촉하도록 전용 와셔를 체결한 후 로크 너트로 고정시켜 베어링의 이탈을 방지하는 목적으로 주로 사용한다. 베어링의 고정뿐만이 아니라 칼라(collar)나 부시(bush)류를 밀착하여 고정시키는 역할을 하는 곳에도 많이 사용한다. 흔히 베어링 로크너트 및 베어링 와셔라고 부른다.

너트가 체결되는 축 부위가 가는 나사부이므로 "d"의 치수는 베어링너트와 와셔 쪽의 적용 축경을 보면 되고, 나머지 와셔가 체결되는 "M", "f_1"의 치수는 와셔 쪽에서 찾아 적용하면 된다. **너트** 계열은 AN, **와셔** 계열은 AW로 호칭하며 나사 축지름 Ø10mm 부터 규격화되어 있다.

보통 축의 한쪽에 나사가공을 하고 베어링을 끼우게 되므로 베어링이 끼워지는 축 부분에도 공차관리를 하지만 실무현장에서는 일반적으로 가는 나사 가공(피치)을 한 축 부위 외경에도 공차를 지정해 주는데 이는 베어링의 내경은 정밀하게 연삭가공이 되어 있는데 조립시 축의 나사산에 의해 흠집이 발생하지 않도록 하기 위함이다.

베어링용 너트 (AN)

베어링용 와셔 – A형 와셔(끝 부분을 구부린 형식)

동력전달장치 참고 입체도

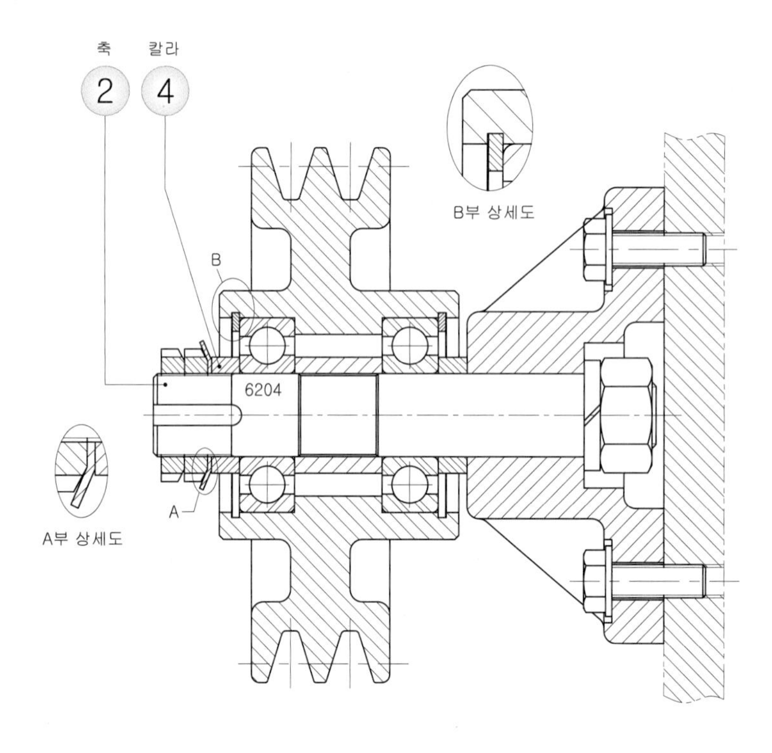

● 동력전달장치에 적용된 로크 너트 및 와셔

[적용 예] 동력전달장치에서 품번② 기준 축지름 d가 M20일 때의 적용 예이다.

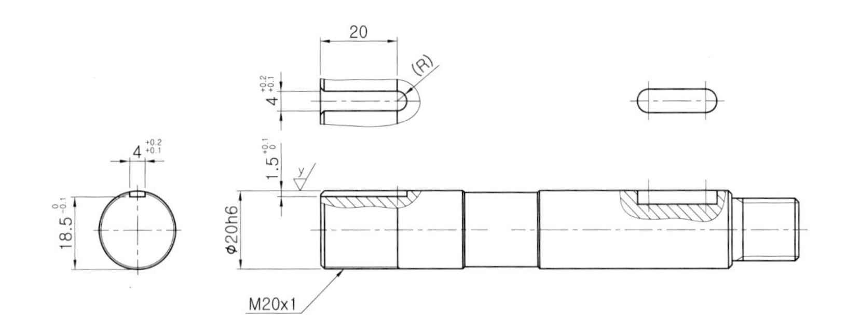

● 커버 구멍의 오일실 조립부 치수 기입예

■ 구름베어링 로크 와셔 상대 축 홈 치수 [KS 미제정]

너트 호칭 번호	와셔 호칭 번호	호칭 치수× 피치	축홈의 가공치수 및 공차			
AN너트	AW와셔	M	F	공차	H	공차
AN02	AW02	M15× 1	4	+0.2 +0.1	13.5	0 −0.1
AN03	AW03	M17× 1			15.5	
AN04	AW04	M20× 1			18.5	
AN05	AW05	M25× 1.5	5		23	
AN06	AW06	M30× 1.5			27.5	
AN07	AW07	M35× 1.5			32.5	
AN08	AW08	M40× 1.5	6		37.5	
AN09	AW09	M45× 1.5			42.5	
AN10	AW10	M50× 1.5			47.5	
AN11	AW11	M55× 2	8		52.5	
AN12	AW12	M60× 2			57.5	
AN13	AW13	M65× 2			62.5	
AN14	AW14	M70× 2			66.5	
AN15	AW15	M75× 2			71.5	
AN16	AW16	M80× 2	10		76.5	
AN17	AW17	M85× 2			81.5	

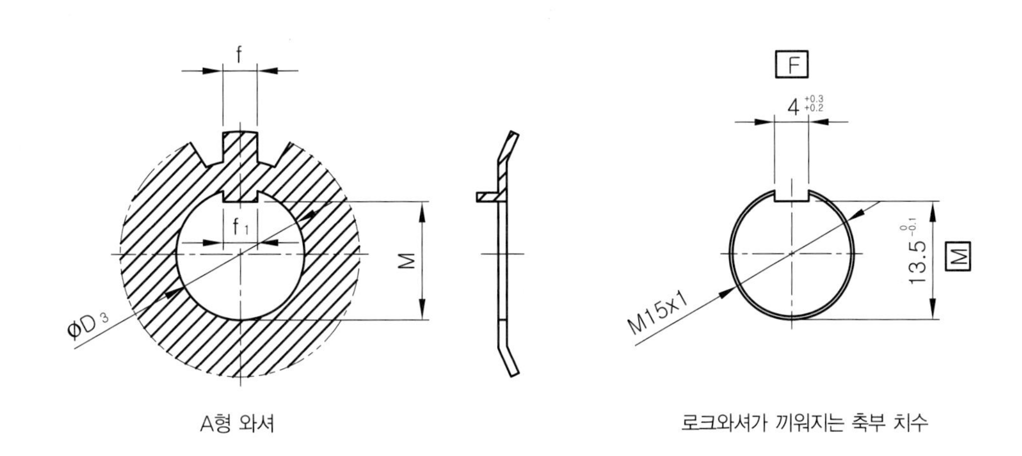

A형 와셔

로크와셔가 끼워지는 축부 치수

● 기준 축지름 d가 M15인 경우

■ 구름베어링용 너트(와셔를 사용하는 로크너트) [KS B 2004]

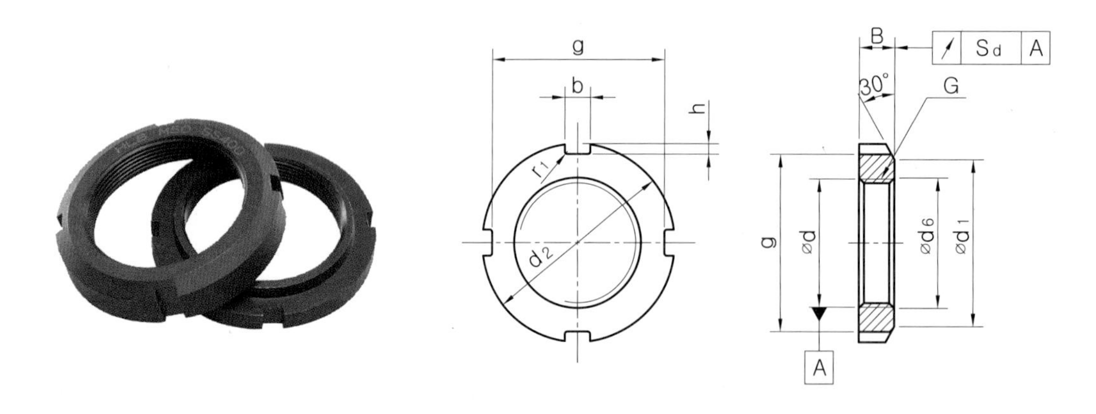

[단위 : mm]

호칭 번호	나사의 호칭 G	d	d_1	d_2	B	b	h	d_6	g	D_6	r_1 (최대)	조합하는 와셔 호칭번호	축 지름 (축용)
[너트 계열 AN(어댑터, 빼냄 슬리브 및 축용)]		기 준 치 수										참 고	
AN 00	M10×0.75	10	13.5	18	4	3	2	10.5	14	10.5	0.4	AW 00	10
AN 01	M12×1	12	17	22	4	3	2	12.5	18	12.5	0.4	AW 01	12
AN 02	M15×1	15	21	25	5	4	2	15.5	21	15.5	0.4	AW 02	15
AN 03	M17×1	17	24	28	5	4	2	17.5	24	17.5	0.4	AW 03	17
AN 04	M20×1	20	26	32	6	4	2	20.5	28	20.5	0.4	AW 04	20
AN 05	M25×1.5	25	32	38	7	5	2	25.8	34	25.8	0.4	AW 05	25
AN 06	M30×1.5	30	38	45	7	5	2	30.8	41	30.8	0.4	AW 06	30
AN 07	M35×1.5	35	44	52	8	5	2	35.8	48	35.8	0.4	AW 07	35

■ 구름베어링 너트용 와셔 [KS B 2004]

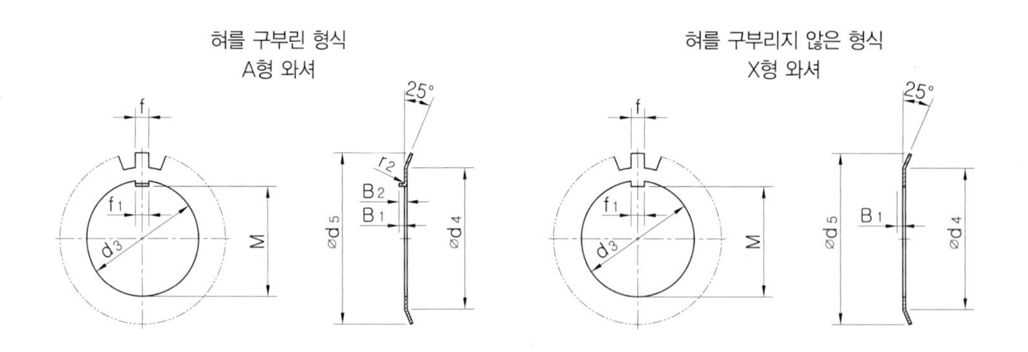

[단위 : mm]

구분	혀를 구부린 형식 A형 와셔	혀를 구부리지 않은 형식 X형 와셔	d_3	d_4	d_5	f_1	M	f	B_1	B_2	N 최소잇수	축 지름 (축용)
	호 칭 번 호		기 준 치 수									[참 고]
와셔 계열 AW	AW 02	**AW 02**	15	21	28	4	13.5	4	1	2.5	**11**	15
	AW 03	**AW 03**	17	24	32	4	15.5	4	1	2.5	**11**	17
	AW 04	**AW 04**	20	26	36	4	18.5	4	1	2.5	**11**	20
	AW 05	**AW 05**	25	32	42	5	23	5	1	2.5	**13**	25
	AW 06	**AW 06**	30	38	49	5	27.5	5	1	2.5	**13**	30
	AW 07	**AW 07**	35	44	57	6	32.5	5	1	2.5	**13**	35

Lesson
19 센터

| KS B 0410, KS B 0618, KS A ISO 6411

센터(center)는 선반(lathe) 작업에 있어서 축과 같은 공작물을 주축대와 심압대 사이에 끼워 지지하는 공구로 주축에 끼워지는 회전센터(live center)와 심압대에 삽입되는 고정센터(dead center)가 있다. 센터의 각도는 보통 60°이나 대형 공작물의 경우 75°, 90°의 것을 사용하는 경우도 있다.

선반 가공시 공작물의 양끝을 센터로 지지하기 위하여 센터드릴로 가공해두는 구멍을 센터 구멍(center hole)이라고 한다.

센터구멍의 치수는 KS B 0410을 따르고 센터구멍의 간략 도시 방법은 KS A ISO 6411-1:2002를 따른다.

● 범용선반 ● 회전센터 ● 고정센터

1. 센터 구멍의 종류 [KS B 0410]

종 류	센터 각도	형식	비 고
제 1 종	60°	A형, B형, C형, R형	A형 : 모떼기부가 없다.
제 2 종	75°	A형, B형, C형	B, C형 : 모떼기부가 있다.
제 3 종	90°	A형, B형, C형	R형 : 곡선 부분에 곡률 반지름 r이 표시된다.

【비고】 제2종 75° 센터 구멍은 되도록 사용하지 않는다.
【참고】 KS B ISO 866은 제1종 A형, KS B ISO 2540은 제1종 B형, KS B ISO 2541은 제1종 R형에 대하여 규정하고 있다.

2. 센터 구멍의 표시방법 [KS B 0618 : 2000]

센터 구멍	반드시 남겨둔다.	남아 있어도 좋다.	남아 있어서는 안된다.	기호 크기
도시 기호	<	없음(무기호)	K	기호 선 굵기 (약 0.35mm)
도시 방법	규격번호 호칭방법	규격번호 호칭방법	규격번호 호칭방법	5, 60, 4

3. 센터구멍의 호칭

센터구멍의 호칭은 적용하는 드릴에 따라 다르며, 국제 규격이나 이 부분과 관계 있는 다른 규격을 참조할 수 있다. 센터구멍의 호칭은 아래를 따른다.

❶ 규격의 번호
❷ 센터구멍의 종류를 나타내는 문자(R, A 또는 B)
❸ 파일럿 구멍 지름 d
❹ 센터 구멍의 바깥지름 D(D_1~D_3)
두 값(d와 D)은 '/'로 구분지어 표시한다.

규격번호 : KS A ISO 6411-1, A형 센터구멍, 호칭지름 d = 2mm, 카운터싱크지름 D= 4.25mm인 센터 구멍의 도면 표시법은 다음과 같다.

KS A ISO 6411 -1 A 2/4.25

4. 센터구멍의 적용예

❶ 센터구멍을 남겨놓아야 하는 경우의 치수기입 법(KS A ISO 6411-1 표시법)

센터 구멍을 남겨놓아야 하는 경우의 치수기입법 (KS A ISO 6411-1 표시법)

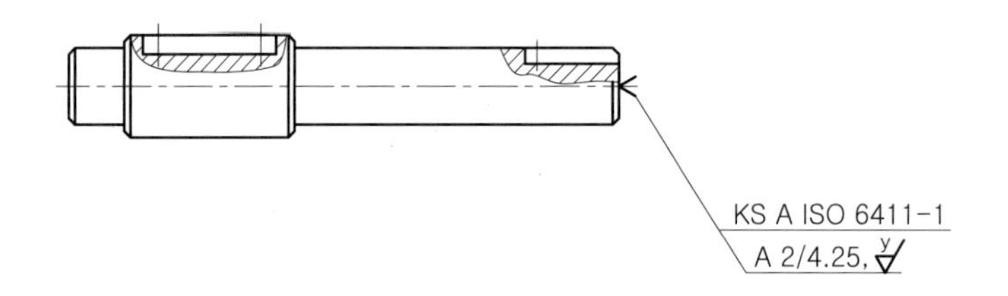

❷ 센터구멍을 남겨놓지 말아야 하는 경우의 치수기입 법(KS A ISO 6411-1 표시법)

센터 구멍을 남겨놓지 말아야 하는 경우의 치수기입 법 (기존 표시법)

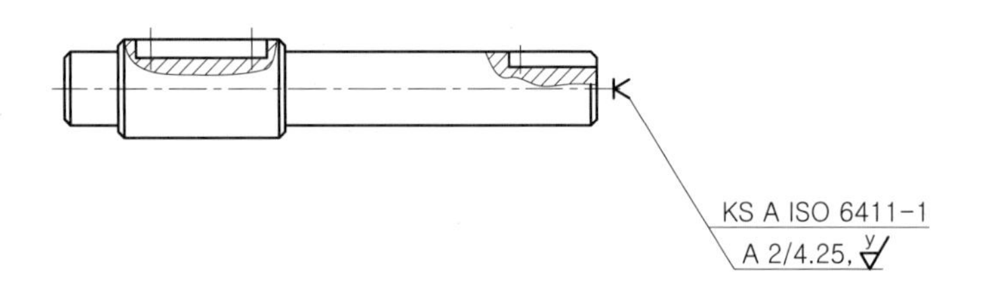

[참고]

● 센터구멍 가공

오링

오링(O-Ring)은 고정용 실의 대표적인 요소이며, 단면이 원형인 형상의 패킹(packing)의 하나로써, 일반적으로 축이나 구멍에 홈을 파서 끼워넣은 후 적절하게 압축시켜 기름이나 물, 공기, 가스 등 다양한 유체의 누설을 방지하는데 사용하는 기계요소로 재질은 합성고무나 합성수지 등으로 하며 밀봉부의 홈에 끼워져 기밀성 및 수밀성을 유지하는 곳에 많이 사용된다.

실 가운데 패킹과 오링이 있는데 패킹은 주로 공압이나 유압 실린더 기기와 같이 왕복 운동을 하는 곳에 주로 사용되며, 오링은 주로 고정용으로 여러 분야에 널리 사용되고 있다.

참고로 오링 중 P계열은 운동용과 고정용으로 G계열은 고정용으로만 사용한다.

● 오링이 장착된 공압실린더

● 공압실린더 분해구조도

아래 도면의 공압실린더 조립도의 부품 중에 오링이 조립되어 있는 품번② 피스톤과 품번④ 로드커버의 부품도면에서 오링과 관련된 규격을 적용해 본다.

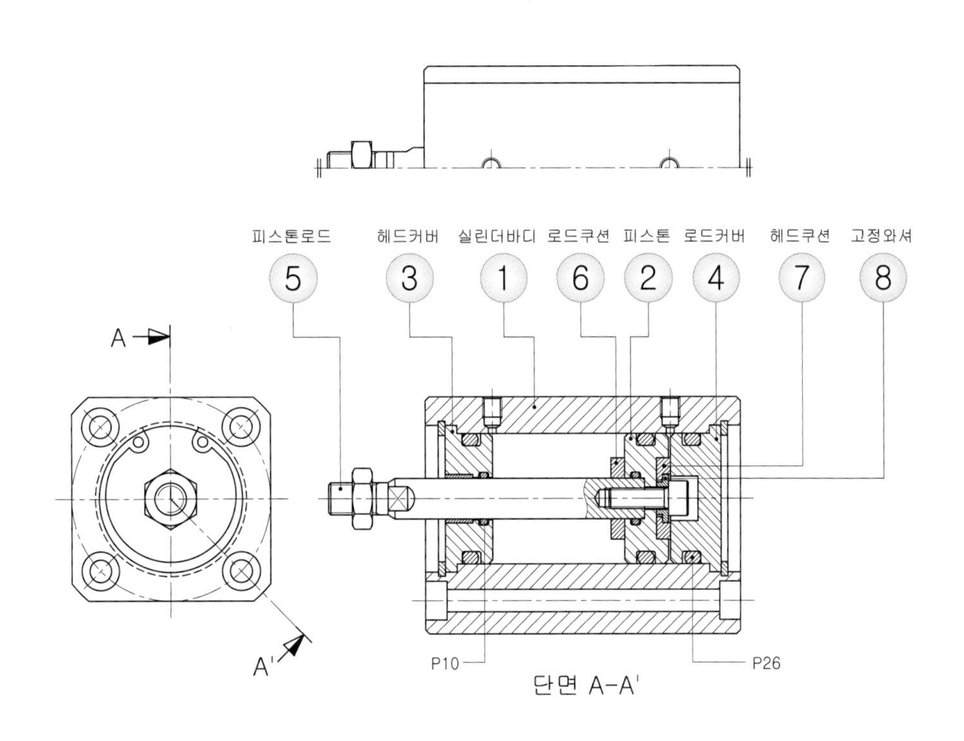

● 공압실린더 조립도

1. 오링 규격 적용 방법

품번② 피스톤에는 2개소의 오링이 부착된 것을 알 수가 있다. 먼저 호칭치수 **d=10H7/10e8** 내경부위에 적용된 오링의 공차를 찾아 넣어보자. 호칭치수 **d10**을 기준으로 오링이 끼워지는 바깥지름 **D=13**, 홈부의 치수 구분 중에 **G**의 경우는 오링을 1개만 사용했으므로 백업링 없음에서 **2.5**를 찾고 폭 치수 G의 공차 **+0.25~0**을 적용해 준다(상세도-A 참조). 또한 **R**은 **최대 0.4**임을 알 수가 있다.

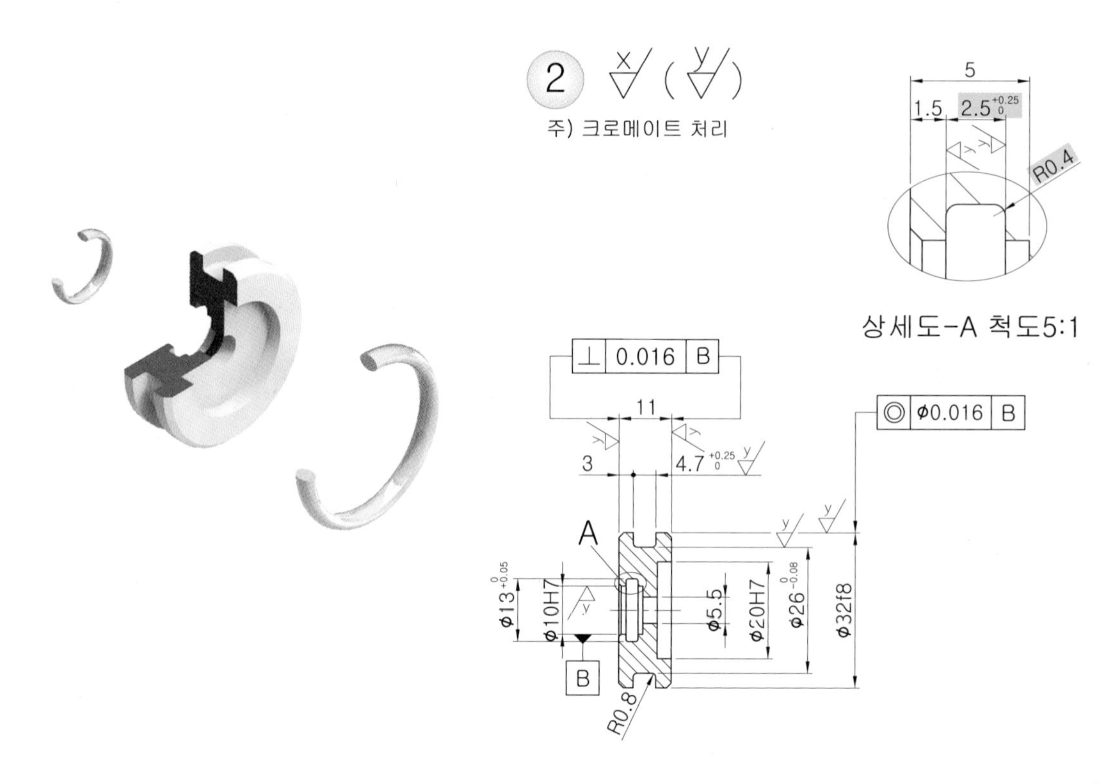

● 피스톤 부품도

다음으로 호칭치수 **D=32**의 외경에 적용되는 오링의 치수를 찾아보면, **d=26**이고 공차는 **0 ~ −0.08**, 그리고 홈부 **G**의 치수는 역시 백업링을 사용하지 않으므로 **G=4.7**에 공차는 **+0.25 ~ 0**임을 알 수가 있다. 또한 **R**은 최대 **0.7**로 적용하면 된다.

■ 운동용 및 고정용 (원통면)의 홈 부의 모양 및 치수

O링의 호칭번호	홈 부의 치수												
	d		참 고 (d의 허용차에 상당하는 끼워맞춤 기호)			D		D의 허용차에 상당하는 끼워맞춤 기호	G+0.25 0 백업링 없음	G+0.25 0 백업링 1개	G+0.25 0 백업링 2개	R 최대	E 최대
P3	3	0 −0.05	h9	f8	e9	6	+0.05 0	H10	2.5	3.9	5.4	0.4	0.05
P4	4					7		H9					
P5	5					8							
P6	6					9							
P7	7				e8	10							
P8	8					11							
P9	9					12							
P10	10					13							

다음으로 **품번④ 로드커버**의 부품도면에서 오링과 관련된 규격을 적용해 보자. 마찬가지로먼저 호칭치수 D=32, d=26을 기준으로 해서 도면에 적용하면 아래와 같이 치수 및 공차가 적용됨을 알 수가 있다.

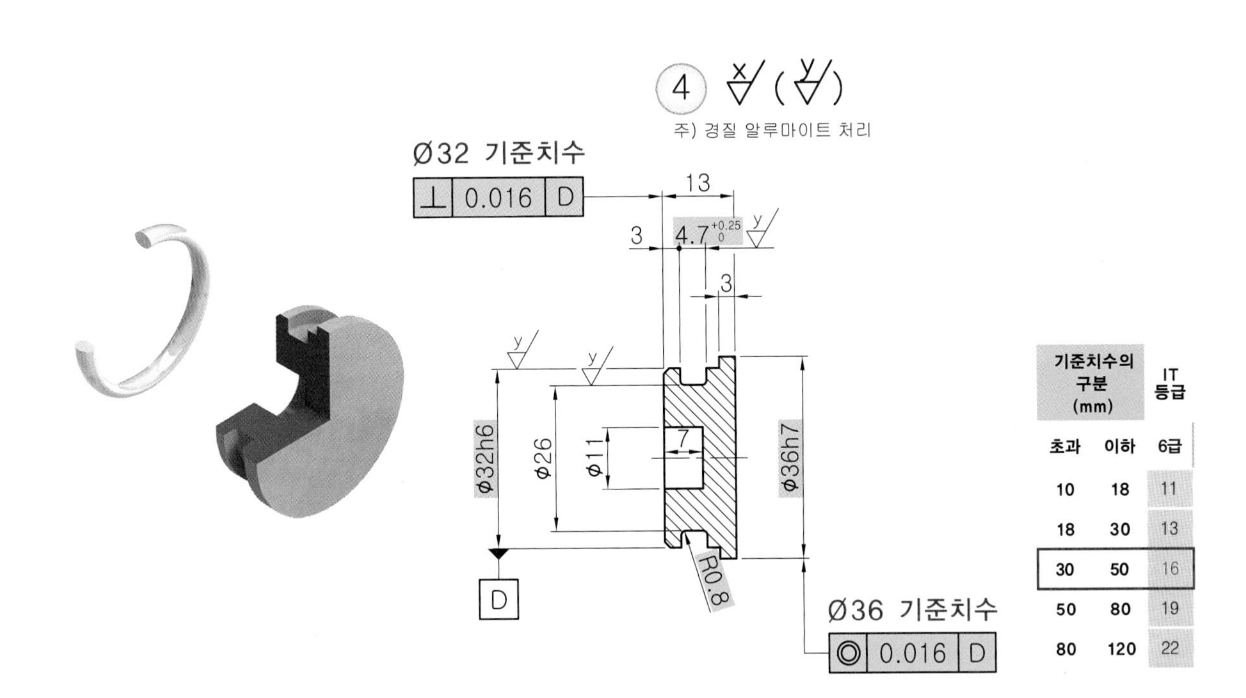

기준치수의 구분 (mm)		IT 등급
초과	이하	6급
10	18	11
18	30	13
30	50	16
50	80	19
80	120	22

● 피스톤 부품도

O링의 호칭번호	홈 부의 치수												
	d		[참 고] d의 허용차에 상당하는 끼워맞춤 기호			D		D의 허용차에 상당하는 끼워맞춤 기호	G+0.25 0			R 최대	E 최대
									백업링 없음	백업링 1개	백업링 2개		
P22A	22	0 −0.08	h9	f8	e8	28	+0.08 0	H9	4.7	6.0	7.8	0.7	0.08
P22.4	22.4					28.4							
P24	24					30							
P25	25					31							
P25.5	25.5					31.5							
P26	26					32							
P28	28					34							
P29	29					35							
P29.5	29.5					35.5							
P30	30					36							
P31	31				e7	37							
P31.5	31.5					37.5							
P32	32					38							
P34	34					40							
P35	35					41							
P35.5	35.5					41.5							
P36	36					42							
P38	38					44							
P39	39					45							
P40	40					46							
P41	41					47							
P42	42					48							
P44	44					50							
P45	45					51							
P46	46					52							
P48	48					54							
P49	49					55							
P50	50					56							

Lesson

21 구름베어링의 적용

베어링(Bearing)은 축계 기계요소의 하나로 베어링을 하우징(Housing)에 설치하고 베어링 내경에 축을 끼워맞춤하여 회전운동을 원활하게 하기 위하여 사용하며 크게 **구름베어링**과 **미끄럼베어링**으로 분류한다. 구름베어링(이하 베어링이라 함)은 일반적으로 궤도륜과 전동체 및 케이지(리테이너)로 구성되어 있는 기계요소로 주로 부하를 받는 하중의 방향에 따라 **레이디얼 베어링**과 **스러스트 베어링**으로 구분한다.

또한 전동체의 종류에 따라 볼베어링과 롤러베어링으로 나뉘어진다. 쉽게 설명하자면 동력을 전달하는 축은 나홀로 회전할 수 없기 때문에 2개 또는 그 이상의 무엇인가가 지지하고 있어야 한다. 또한 축은 회전을 하므로 축을 지지하고 있는 것과 접촉하면 열이 발생하게 되는데 이러한 열의 발생이 없이 회전이 잘 되게 하는 것이 베어링이다. 주로 사용하는 구름베어링 중 볼베어링이 적용된 도면이 많으므로 적용 빈도가 높은 볼베어링에 관한 규격을 찾는 방법과 끼워맞춤 공차적용에 관하여 알아보기로 한다.

볼베어링은 내부에 볼(Ball)이 있으며 볼베어링은 내부의 볼로 구름운동을 하므로 고속회전에는 적합하지만, 충격에 약하고, 무거운 하중이 걸리는 곳에 적합하지 않다. 베어링의 끼워맞춤 관련 공차는 현장 실무자들도 정확한 정의와 적용에 있어 혼란을 겪는 사례도 적지 않다.

1. 베어링의 호칭

베어링은 KS B 2012에서 호칭번호에 대하여 규정하고 있으며, KS B 2013에 호칭번호에 따라 **안지름(d), 바깥지름(D), 폭(B)** 등의 주요치수가 규정되어 있다. 호칭번호 중에 아래 보기와 같이 끝번호 두자리는 베어링의 안지름 번호(호칭 베어링 안지름)를 나타내는 것으로 적용하는 축지름을 쉽게 알 수가 있다. 또한 맨 앞의 숫자는 형식기호를 의미하고 2번째 기호는 치수계열 기호로 지름 계열이나 나비(또는 높이)계열 기호로 끼워맞춤 적용시 관련이 있다. 베어링의 종류에는 베어링의 형식에 따라 깊은 홈 볼베어링, 앵귤러 볼베어링, 자동조심 볼베어링, 원통 롤러베어링, 니들 롤러베어링, 스러스트 볼베어링, 자동조심 롤러베어링 등 다양한 종류가 있다. 이 중에서 출제시험에도 자주 나오는 깊은 홈 볼베어링에 대해서 알아보기로 한다.

■ 베어링 계열기호 (깊은 홈 볼베어링의 경우)

베어링의 형식		단면도	형식기호	치수계열 기호	베어링 계열 기호
깊은 홈 볼 베어링	단열 홈없음 비분리형		6	17	67
				18	68
				19	69
				10	60
				02	62
				03	63
				04	64

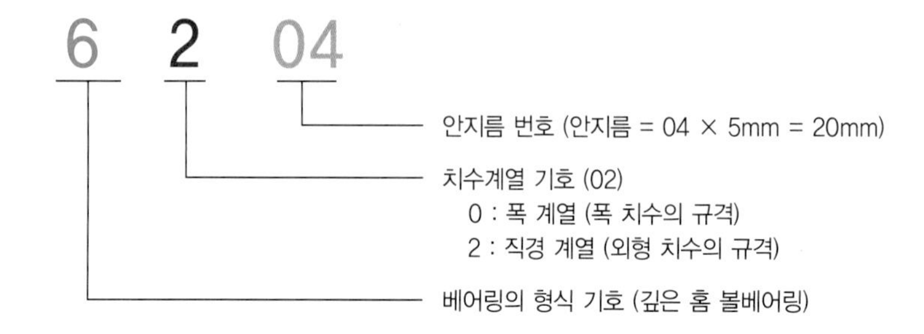

호칭베어링 안지름은 안지름 번호 중 **04** 이상은 **5**를 곱해주면 안지름치수를 알 수 있으며 규격을 찾아보지 않고도 적용 축지름이 **20mm**인 것을 금방 알 수가 있다. 만약 호칭베어링 안지름이 25로 되어있다면 안지름 번호가 05라는 것을 파악할 수 있는 것이다.

베어링 안지름 번호와 호칭 베어링 안지름 중 **00**은 **10mm**, **01**은 **12mm**, **02**는 **15mm**, **03**은 **17mm**이며, **04**부터 **5**를 곱하면 적용하는 축지름을 쉽게 알 수가 있다. 예외로 /22, /28, /32 등의 경우는 그 수치가 호칭 베어링 안지름(mm)치수이다.

2. 베어링의 끼워맞춤

구름베어링의 끼워맞춤을 이해하고 적용하려면 먼저 베어링이 설치되어 있는 장치나 기계에서 어떤 하중을 받고 있는지를 정확히 알아야 할 필요가 있다. 일반적으로 시험 과제도면에 나오는 동력전달장치 등의 경우 **일체 하우징 구멍**에서 하중의 종류 중 **외륜 회전하중**을 받는 **보통하중** 또는 **중하중**인 경우 **N7**을 적용하면 무리가 없을 것이다. 주로 볼베어링에 적용하며, **가벼운하중(경하중)** 또는 **변동하중**을 받는 경우는 **M7**을 적용해주면 된다. 또한 **외륜정지하중**의 조건에서 **모든 종류의 하중에 적용**할 수 있는 하우징구멍의 공차등급은 **H7**, **경하중** 또는 **보통하중**인 경우 **H8**을 적용해주면 된다.

반면 베어링에 끼워지는 축의 경우에는 **축 지름**과 **적용 하중**에 따라 축의 공차 범위 등급을 선정할 수가 있는데 예를 들어 하중의 조건이 **내륜 회전하중** 또는 **방향부정하중**이면서 **보통하중**을 받는 경우 축 지름에 따라서 **js5, k5, m5, m6, n6, p6, r6**를 적용하며 **경하중** 또는 **변동하중**인 경우 축 지름에 따라서 **h5, js6, k6, m6**를 적용하면 된다. 아래표에 나타낸 축과 구멍에 적용하는 공차 범위 등급은 KS와 JIS가 동일한 규격으로 규정하고 있는 내용이므로 참고하기 바란다.

3. 베어링 끼워맞춤 공차 선정 순서

❶ 조립도에 적용된 베어링의 규격을 보거나 규격이 없는 경우 직접 재서 안지름, 바깥지름, 폭을 보고 KS규격에서 찾아 축지름과 적용하중을 선택한다.

❷ **축**이 **회전**하는 경우 **내륜회전하중**, **축**은 **고정**이고 **하우징**이 **회전**하는 경우 **외륜회전란**을 선택하여 해당하는 공차를 선택한다.

❸ 레이디얼 베어링(0급, 6X급, 6급)에 대하여 일반적으로 사용하는 축과 하우징 구멍의 공차 범위 등급에서 해당하는 것을 선택한다.

도면에 적용한 베어링의 규격에서 적용할 하중을 선택할 수도 있다. 베어링의 호칭번호 중에 두 번째 숫자로 표기하는 베어링 계열기호(지름번호)는 예를 들어 단열 깊은 홈 볼베어링 **6204에서 2**는 **치수계열기호 02**에서 **0**을 뺀 것이고 이 치수계열기호가 커짐에 따라 베어링의 폭과 바깥지름이 커지므로 적용하중하고 연관이 있게 되는 것이다. **0**, **1**의 경우 **아주 가벼운 하중용**, **2**는 **가벼운 하중용**, **3**은 **보통 하중용**, **4**는 **큰하중용**으로 구분할 수 있다. 베어링의 치수가 나와 있는 규격을 살펴보면 금방 이해할 수 있을 것이다.(예 : 6000, 6200, 6300, 6400의 베어링의 안지름은 20mm로 동일하지만 베어링의 바깥지름과 폭의 치수는 다른 것을 알 수 있다.) 베어링이 가지고 있는 기능과 특성 등을 적절하게 이용하려면, 베어링 내륜과 축과의 끼워맞춤 및 베어링외륜과 하우징과의 끼워맞춤이 그 사용 용도에 따라 적합해야 한다. 따라서 적절한 끼워맞춤을 선정한다는 것은 용도에 적합한 베어링을 선정하는 것과 마찬가지로 중요한 사항이며, 적절하지 못한 끼워맞춤은 베어링의 조기 파손의 원인을 제공하기도 한다.

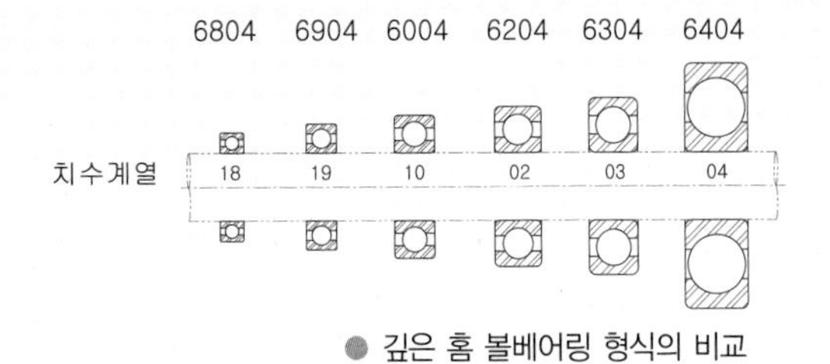

● 깊은 홈 볼베어링 형식의 비교

4. 하중 용어의 정의

❶ **내륜 회전하중** : 베어링의 내륜에 대하여 하중의 작용선이 상대적으로 회전하고 있는 하중

❷ **내륜 정지하중** : 베어링의 내륜에 대하여 하중의 작용선이 상대적으로 회전하고 있지 않은 하중

❸ **외륜 정지하중** : 베어링의 외륜에 대하여 하중의 작용선이 상대적으로 회전하고 있지 않은 하중

❹ **외륜 회전하중** : 베어링의 외륜에 대하여 하중의 작용선이 상대적으로 회전하고 있는 하중

❺ **방향 부정하중** : 하중의 방향을 확정할 수 없는 하중(하중의 방향이 양 궤도륜에 대하여 상대적으로 회전 또는 요동하고 있다고 생각되어지는 하중)

❻ **중심 축하중** : 하중의 작용선이 베어링 중심축과 일치하고 있는 하중

❼ **합성하중** : 레이디얼 하중과 축 하중이 합성되어 베어링에 작동하는 하중

5. 베어링 원통 구멍의 끼워맞춤 [KS B 2051]

■ 레이디얼 베어링의 내륜에 대한 끼워맞춤

베어링의 등급	내륜 회전 하중 또는 방향 부정 하중							내륜 정지 하중		
	축의 공차 범위 등급									
0급 6X급 6급	r6	p6	n6	m6 m5	k6 k5	js6 js5	h5	h6 h5	g6 g5	f6
5급	–	–	–	m5	k4	js4	h4	h5	–	–
끼워맞춤	억지끼워맞춤					중간끼워맞춤				헐거운 끼워맞춤

■ 레이디얼 베어링의 외륜에 대한 끼워맞춤

베어링의 등급	외륜정지하중					방향부정하중 또는 외륜회전 하중			
	구멍의 공차 범위 등급								
0급 6X급 6급	G7	H7 H6	JS7 JS6	–	JS7 JS6	K7 K6	M7 M6	N7 N6	P7
5급	–	H5	JS5	K5	–	K5	M5	–	–
끼워맞춤	억지끼워맞춤					중간끼워맞춤			헐거운 끼워맞춤

■ 스러스트 베어링의 내륜에 대한 끼워맞춤

베어링의 등급	중심 축 하중 (스러스트 베어링 전반)		합성하중 (스러스트 자동조심 롤러베어링의 경우)			
			내륜회전하중 또는 방향부정하중			내륜정지하중
	축의 공차 범위 등급					
0급,6급	js6	h6	n6	m6	k6	js6
끼워맞춤	중간끼워맞춤		억지끼워맞춤			중간끼워맞춤

■ 스러스트 베어링의 외륜에 대한 끼워맞춤

베어링의 등급	중심 축 하중 (스러스트 베어링 전반)		합성하중 (스러스트 자동조심 롤러베어링의 경우)				
			외륜정지하중 또는 방향부정하중			외륜회전하중	
	구멍의 공차 범위 등급						
0급,6급	–	H8	G7	H7	JS7	K7	M7
끼워맞춤	헐거운끼워맞춤				중간끼워맞춤		

■ 레이디얼 베어링(0급, 6X급, 6급)에 대하여 일반적으로 사용하는 축의 공차 범위 등급

운전상태 및 끼워맞춤 조건		볼베어링		원통롤러베어링 테이퍼롤러베어링		자동조심 롤러베어링		축의 공차등급	비고
		축 지름(mm)							
		초과	이하	초과	이하	초과	이하		
원통구멍 베어링(0급, 6X급, 6급)									
내륜회전 하중 또는 방향부정하중	경하중 또는 변동하중	–	18	–	–	–	–	h5	정밀도를 필요로 하는 경우 js6, k6, m6 대신에 js5, k5, m5를 사용한다.
		18	100	–	40	–	–	js6	
		100	200	40	140	–	–	k6	
		–	–	140	200	–	–	m6	
	보통하중	–	18	–	–	–	–	js5	단열 앵귤러 볼 베어링 및 원뿔롤러베어링인 경우 끼워맞춤으로 인한 내부 틈새의 변화를 고려할 필요가 없으므로 k5, m5 대신에 k6, m6를 사용할 수 있다.
		18	100	–	40	–	40	k5	
		100	140	40	100	40	65	m5	
		140	200	100	140	65	100	m6	
		200	280	140	200	100	140	n6	
		–	–	200	400	140	280	p6	
		–	–	–	–	280	500	r6	
	중하중 또는 충격하중	–	–	50	140	50	100	n6	보통 틈새의 베어링보다 큰 내부 틈새의 베어링이 필요하다.
		–	–	140	200	100	140	p6	
		–	–	200	–	140	200	r6	
내륜정지하중	내륜이 축 위를 쉽게 움직일 필요가 있다.	전체 축 지름						g6	정밀도를 필요로 하는 경우 g5를 사용한다. 큰 베어링에서는 쉽게 움직일 수 있도록 f6을 사용해도 된다.
	내륜이 축 위를 쉽게 움직일 필요가 없다.	전체 축 지름						h6	정밀도를 필요로 하는 경우 h5를 사용한다.
중심축하중		전체 축 지름						js6	–
테이퍼 구멍 베어링(0급) (어댑터 부착 또는 분리 슬리브 부착)									
전체하중		전체 축 지름						h9/IT5	전도축(伝導軸) 등에서는 h10/IT7로 해도 좋다.

[비고] 1. IT5 및 IT7은 **축의 진원도 공차, 원통도 공차** 등의 값을 표시한다. 2. 위 표는 **강제 중실축**에 적용한다.

■ 레이디얼 베어링(0급, 6X급, 6급)에 대하여 일반적으로 사용하는 하우징 구멍의 공차 범위 등급

조건				하우징 구멍의 공차범위 등급	비고
하우징 (Housing)	하중의 종류		외륜의 축 방향의 이동		
일체 하우징 또는 2분할 하우징	외륜정지 하중	모든 종류의 하중	쉽게 이동할 수 있다.	H7	대형베어링 또는 외륜과 하우징의 온도차가 큰 경우 G7을 사용해도 된다.
		경하중 또는 보통하중		H8	–
		축과 내륜이 고온으로 된다.		G7	대형베어링 또는 외륜과 하우징의 온도차가 큰 경우 F7을 사용해도 된다.
일체 하우징		경하중 또는 보통하중에서 정밀 회전을 요한다.	원칙적으로 이동할 수 없다.	K6	주로 롤러베어링에 적용된다.
			이동할 수 있다.	JS6	주로 볼베어링에 적용된다.
		조용한 운전을 요한다.	쉽게 이동할 수 있다.	H6	–
	방향부정 하중	경하중 또는 보통하중	통상 이동할 수 있다.	JS7	정밀을 요하는 경우 JS7, K7 대신에 JS6, K6을 사용한다.
		보통하중 또는 중하중	이동할 수 없다.	K7	
		큰 충격하중	이동할 수 없다.	M7	–
	외륜회전 하중	경하중 또는 변동하중	이동할 수 없다.	M7	–
		보통하중 또는 중하중	이동할 수 없다.	N7	주로 볼베어링에 적용된다.
		얇은 하우징에서 중하중 또는 큰 충격하중	이동할 수 없다.	P7	주로 롤러베어링에 적용된다.

[비고] 1. 위 표는 **주철제 하우징** 또는 **강제 하우징**에 적용한다.
2. 베어링에 중심 축 하중만 걸리는 경우 외륜에 레이디얼 방향의 틈새를 주는 공차범위 등급을 선정한다.

■ 스러스트 베어링(0급, 6급)에 대하여 일반적으로 사용하는 축의 공차 범위 등급

조건		축 지름(mm)		축의 공차 범위 등급	비고
		초과	이하		
중심 축(액시얼) 하중 (스러스트 베어링 전반)		전체 축 지름		js6	h6도 사용할 수 있다.
합성하중 (스러스트 자동조심 롤러베어링)	내륜정지하중	전체 축 지름		js6	–
	내륜회전하중 또는 방향부정하중	– 200 400	200 400 –	k6 m6 n6	k6, m6, n6 대신에 각각 js6, k6, m6도 사용할 수 있다.

■ 스러스트 베어링(0급, 6급)에 대하여 일반적으로 사용하는 하우징 구멍의 공차 범위 등급

조건		하우징구멍의 공차범위 등급	비고
중심 축 하중 (스러스트 베어링 전반)		–	외륜에 레이디얼 방향의 틈새를 주도록 적절한 공차범위 등급을 선정한다.
		H8	스러스트 볼 베어링에서 정밀을 요하는 경우
합성하중 (스러스트 자동조심 롤러베어링)	외륜정지하중	H7	–
	방향부정하중 또는 외륜회전하중	K7	보통 사용 조건인 경우
		M7	비교적 레이디얼 하중이 큰 경우

[비고] 1. 위 표는 **주철제 하우징** 또는 **강제 하우징**에 적용한다.

• 레이디얼 하중과 액시얼 하중

레이디얼 하중이라는 것은 **베어링의 중심축**에 대해서 **직각(수직)으로 작용하는 하중**을 말하고 **액시얼 하중**이라는 것은 **베어링의 중심축**에 대해서 **평행하게 작용하는 하중**을 말한다.
덧붙여 말하면 스러스트 하중과 액시얼 하중은 동일한 것이다.

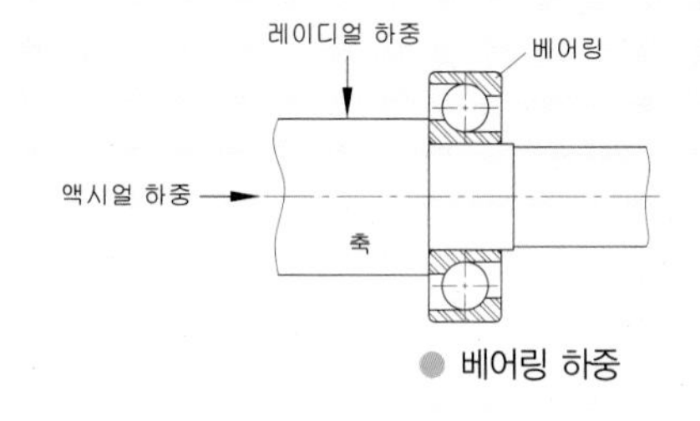

● 베어링 하중

6. 깊은 홈 볼 베어링 6204의 적용예

다음의 전동장치 본체는 축의 양쪽을 2개의 볼베어링으로 지지하고 있다. 아래 KS규격에서 도면에 적용된 6204(개방형)베어링의 **d, D, B** 치수를 찾아 축의 지름과 하우징 구멍의 지름 치수를 찾아보면 **d=20mm, D=47mm, B=14mm** 임을 알 수 있다.

이제 축과 본체 구멍에 적용될 공차를 찾아 기입해 보자. 축에 어떤 회전체가 평행키로 고정되어 동력을 전달하는 구조로 본체 양쪽의 구멍에 설치된 베어링의 외륜은 고정되고 축(내륜)이 회전하므로 **내륜회전란**을 찾고, 하중조건이 '**가벼운 하중**'으로 보고 구멍의 공차등급을 H8로 적용해 주었다.

축의 경우에는 **내륜회전하중**에 '**경하중**' 조건이므로 h5를 적용해 준다. 참고적으로 베어링의 계열번호별 베어링의 크기는 안지름은 전부 동일하지만 베어링의 폭 및 바깥지름 치수가 차이가 나는 것을 알 수가 있다. 폭이 늘어나고 바깥지름이 커질수록 부하할 수 있는 하중의 크기가 커지게 되는 것으로 일반적인 공차의 적용시 이러한 식으로 적용하면 큰 무리가 없을 것이다.

단, 베어링을 적용할 때 정밀 고속 스핀들 등 특별히 정밀도 등급을 0급, 6X급, 6급이 아닌 5급, 4급 등을 필요로 하는 경우에는 공차 적용시 세심한 주의를 필요로 한다.

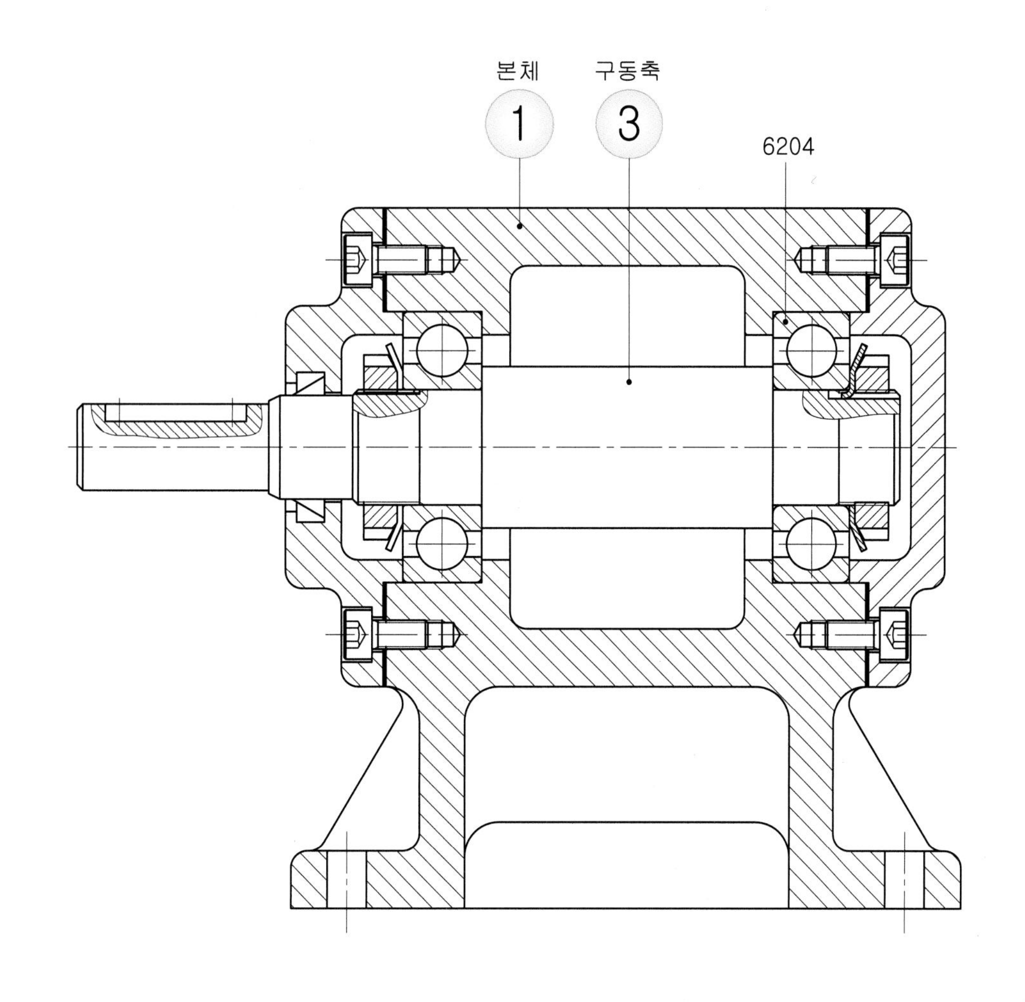

■ 깊은 홈 볼 베어링 62계열의 호칭번호 및 치수 [KS B 2023]

호칭 번호							치 수			
원통 구멍					테이퍼구멍	원통 구멍	d	D	B	$r_s$min
개방형	한쪽 실	양쪽 실	한쪽 실드	양쪽 실드	개방형	개방형 스냅링 홈 붙이				
623	–	–	623 Z	**623 ZZ**	–	–	**3**	10	4	0.15
624	–	–	624 Z	**624 ZZ**	–	–	**4**	13	5	0.2
625	–	–	625 Z	**625 ZZ**	–	–	**5**	16	5	0.3
626	–	–	626 Z	**626 ZZ**	–	–	**6**	19	6	0.3
627	627 U	**627 UU**	627 Z	**627 ZZ**	–	–	**7**	22	7	0.3
628	628 U	**628 UU**	628 Z	**628 ZZ**	–	–	**8**	24	8	0.3
629	629 U	**629 UU**	629 Z	**629 ZZ**	–	–	**9**	26	8	0.3
6200	6200 U	**6200 UU**	6200 Z	**6200 ZZ**	–	6200 N	**10**	30	9	0.6
6201	6201 U	**6201 UU**	6201 Z	**620 1 ZZ**	–	6201 N	**12**	32	10	0.6
6202	6202 U	**6202 UU**	6202 Z	**6202 ZZ**	–	6202 N	**15**	35	11	0.6
6203	6203 U	**6203 UU**	6203 Z	**6203 ZZ**	–	6203 N	**17**	40	12	0.6
6204	6204 U	**6204 UU**	6204 Z	**6204 ZZ**	–	6204 N	**20**	47	14	1

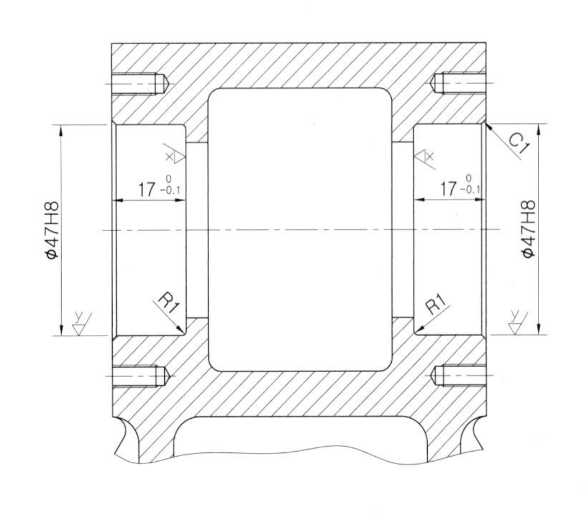

● 하우징 구멍의 치수

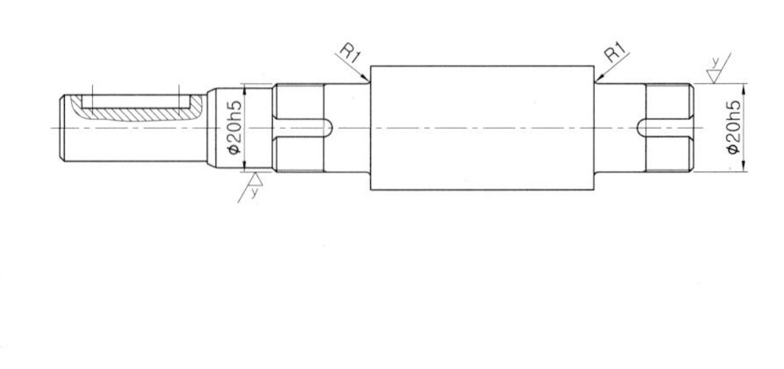

● 축의 치수

■ 베어링의 끼워맞춤 선정 기준표

베어링의 끼워맞춤 선정에 있어 반드시 고려해야 할 사항으로 베어링에 작용하는 **하중**의 **조건**이나 베어링의 **내륜** 및 **외륜**의 **회전 상태**에 따른 끼워맞춤의 관계를 나타내었다.

■ 베어링의 끼워맞춤 선정 기준표

하중의 구분	베어링의 회전		하중의 조건	끼워맞춤	
	내륜	외륜		내륜	외륜
하중, 정지, 정지	회전	정지	내륜회전하중 외륜정지하중	억지 끼워 맞춤	헐거운 끼워 맞춤
하중, 정지	정지	회전	내륜회전하중 외륜정지하중	억지 끼워 맞춤	헐거운 끼워 맞춤
하중, 정지	정지	회전	외륜회전하중 내륜정지하중	헐거운 끼워 맞춤	억지 끼워 맞춤
정지, 하중	회전	정지	외륜회전하중 내륜정지하중	헐거운 끼워 맞춤	억지 끼워 맞춤
하중이 가해지는 방향이 일정하지 않은 경우	회전 또는 정지	회전 또는 정지	방향 부정 하중	억지 끼워 맞춤	억지 끼워 맞춤

● 베어링의 끼워맞춤

■ 여러 가지 베어링의 종류

원통형 소결함유 베어링

플랜지붙이 원통형 소결함유 베어링

구면형 소결함유 베어링

미끄럼 베어링용 부시(C형)

원통 롤러 베어링 L형 칼라

멈춤쇠

깊은 홈 볼 베어링

자동조심 볼 베어링

앵귤러 볼베어링

원통 롤러 베어링

테이퍼 롤러 베어링

니들 롤러 베어링

자동조심 롤러 베어링

자동조심 롤러 베어링

니들 롤러 베어링

평면자리 스러스트 볼 베어링(복식)

평면자리 스러스트 볼 베어링(단식)

자동조심 스러스트 롤러 베어링

PART 05

부품별 기계재료의 선정

조립도를 보고 도면을 해독하여 각 부품들의 기능 및 용도를 이해한 후에 해당 부품에 알맞는 재료와 열처리를 선정해 줄 수 있어야 한다.

■ 주요 학습내용 및 목표

- 주요 기계재료의 기호 이해
- 부품의 용도별 재료의 선정
- 주요 재료별 열처리 선정 및 경도 표기
- 부품의 기능에 알맞은 부품명의 선정

동력전달/구동장치의 부품별 재료 기호 및 열처리 선정 범례

부품의 명칭	재료의 기호	재료의 종류	특징	열처리 및 도금, 도장
본체 또는 몸체 (Base or Body)	GC200	회주철	주조성 양호, 절삭성 우수 복잡한 본체나 하우징, 공작기계 베드, 내연기관 실린더, 피스톤 등 펄라이트+페라이트+흑연	외면 명청, 명적색 도장
	GC250 GC300	회주철		
축 (Shaft)	SC480	주강	강도를 필요로 하는 대형 부품, 대형 기어	$H_RC50\pm2$ 외면 명회색 도장
	SM45C	기계구조용 탄소강	탄소함유량 0.42~0.48	고주파 열처리, 표면경도 H_RC50~
	SM15CK	기계구조용 탄소강	탄소함유량 0.13~0.18(침탄 열처리)	침탄용으로 사용
	SCM415 SCM435 SCM440	크롬 몰리브덴강	구조용 합금강으로 SCM415~SCM822 까지 10종이 있다.	사삼산화철 피막, 무전해 니켈 도금 전체열처리 $H_RC50\pm2$ H_RC35~40 (SCM435) H_RC30~35 (SCM435)
커버 (Cover)	GC200	회주철	본체와 동일한 재질 사용	외면 명청, 명적색 도장
	GC250	회주철		
	SC480	주강	본체와 동일한 재질 사용	외면 명청, 명적색 도장
V벨트 풀리 (V-Belt Pulley)	GC200 GC250	회주철	고무벨트를 사용하는 주철제 V-벨트 풀리	외면 명청, 명적색 도장
스프로킷 (Sprocket)	SCM440 SCM45C	크롬 몰리브덴강 기계구조용 탄소강	용접형은 보스(허브)부 일반구조용 압연강재, 치형부 기계구조용 탄소강재	치부 열처리 $H_RC50\pm2$ 사삼산화철 피막
스퍼 기어 (Spur Gear)	SNC415	니켈 크롬강		기어치부 열처리 $H_RC50\pm2$ 전체열처리 $H_RC50\pm2$
	SCM435	크롬 몰리브덴강		
	SC480	주강	대형 기어 제작	
	SM45C	기계구조용 탄소강	입력각 20°, 모듈 0.5~3.0	사삼산화철 피막, 무전해 니켈 도금 기어치부 고주파 열처리, H_RC50~55
래크 (Rack)	SNC415 SCM435	니켈 크롬강 크롬 몰리브덴강		전체열처리 $H_RC50\pm2$
피니언 (Pinion)	SNC415	니켈 크롬강		전체열처리 $H_RC50\pm2$
웜 샤프트 (Worm Shaft)	SCM435	크롬 몰리브덴강		전체열처리 $H_RC50\pm2$
래칫 (Ratch)	SM15CK	기계구조용 탄소강		침탄열처리
로프 풀리 (Rope Pulley)	SC480	주강		
링크 (Link)	SM45C	주강		
칼라 (Collar)	SM45C	기계구조용 탄소강	베어링 간격유지용 링	
스프링 (Spring)	PW1	피아노선		
베어링용 부시	CAC502A	인청동주물	구기호 : PBC2	
핸들 (Handle)	SS400	일반구조용 압연강		인산염피막, 사삼산화철 피막
평벨트 풀리	GC250 SF340A	회주철 탄소강 단강품		외면 명청, 명적색 도장
스프링	PW1	피아노선		
편심축	SCM415	크롬 몰리브덴강		전체열처리 $H_RC50\pm2$
힌지핀 (Hinge Pin)	SM45C SUS440C	기계구조용 탄소강 스테인리스강		사삼산화철 피막, 무전해 니켈도금 H_RC40~45 (SM45C) H_RC45~50 (SUS440C) 경질크롬도금, 도금 두께 3μm 이상
볼스크류 너트	SCM420	크롬 몰리브덴강	저온 흑색 크롬 도금	침탄열처리 H_RC58~62
전조 볼스크류	SM55C	기계구조용 탄소강	인산염 피막처리	고주파 열처리 H_RC58~62
LM 가이드 본체, 레일	STS304	스테인리스강	열간 가공 스테인리스강, 오스테나이트계	열처리 H_RC56~
사다리꼴 나사	SM45C	기계구조용 탄소강	30도 사다리꼴나사(왼, 오른나사)	사삼산화철 피막, 저온 흑색 크롬 도금

지그와 고정구의 부품별 재료기호 및 열처리 선정 범례

부품의 명칭	재료의 기호	재료의 종류	특징	열처리, 도장
지그 베이스 (JIG Base)	SCM415	크롬 몰리브덴강	기계 가공용	
	SM45C	기계구조용강		
하우징, 몸체 (Housing, Body)	SC480	주강	중대형 지그 바디 주물용	
위치결정 핀 (Locating Pin)	STS3	합금공구강	주로 냉간 금형용 STD는 열간 금형용	H_RC60~63 경질 크롬 도금, 버핑연마 경질 크롬 도금 + 버핑 연마
지그 부시 (Jig Bush)	SCM415	크롬 몰리브덴강	구기호 : SCM21	드릴, 엔드밀 등 공구 안내용 전체 열처리 H_RC65±2
	STC105	탄소공구강	구기호 : STC3	
	STS3 / STS21	탄소공구강	STS3 : 주로 냉간 금형용 STS21 : 주로 절삭 공구강용	
플레이트 (Plate)	SM45C	기계구조용 탄소강		
스프링 (Spring)	SPS3	실리콘 망간강재	겹판, 코일, 비틀림막대 스프링	
	SPS6	크롬 바나듐강재	코일, 비틀림막대 스프링	
	SPS8	실리콘 크롬강재	코일 스프링	
	PW1	피아노선	스프링용	
가이드블록 (Guide Block)	SCM430	크롬 몰리브덴강		
베어링부시 (Bearing Bush)	CAC502A	인청동주물	구기호 : PBC2	
	WM3	화이트 메탈		
브이블록 (V-Block) 클램프죠 (Clamping Jaw)	STC105 SM45C	탄소공구강 기계구조용 탄소강	지그 고정구용, 브이블록, 클램핑 죠	H_RC 58~62 H_RC 40~50
로케이터 (Locator)	SCM430	크롬 몰리브덴강	위치결정구, 로케이팅 핀	H_RC50±2
메저링핀 (Measuring Pin)			측정 핀	H_RC50±2
슬라이더 (Slider)			정밀 슬라이더	H_RC50±2
고정다이 (Fixed Die)			고정대	
힌지핀 (Hinge Pin)	SM45C	기계구조용 탄소강		H_RC40~45
C와셔 (C-Washer)	SS400	일반구조용 압연강재	인장강도 41~50 kg/mm	인장강도 400~510 N/㎟
지그용 고리모양 와셔	SS400	일반구조용 압연강재	인장강도 41~50 kg/mm	인장강도 400~510 N/㎟
지그용 구면 와셔	STC105	탄소공구강	구기호 : STC7	H_RC 30~40
지그용 육각볼트, 너트	SM45C	기계구조용 탄소강		
핸들(Handle)	SM35C	기계구조용 탄소강	큰 힘 필요시 SF40 적용	
클램프(Clamp)	SM45C			마모부 H_RC 40~50
캠(Cam)	SM45C SM15CK		SM15CK는 침탄열처리용	마모부 H_RC 40~50
텅(Tonge)	STC105	탄소공구강	T홈에 공구 위치결정시 사용	
쐐기 (Wedge)	STC85 SM45C	탄소공구강 기계구조용 탄소강	구기호 : STC5	열처리해서 사용
필러 게이지	STC85 SM45C	탄소공구강 기계구조용 탄소강	구기호 : STC5	H_RC 58~62
세트 블록 (Set Block)	STC105	탄소공구강	두께 1.5~3mm	H_RC 58~62

공유압기기의 부품별 재료기호 및 열처리 선정 범례

부품의 명칭	재료의 기호	재료의 종류	특징	열처리, 도장
실린더 튜브 (Cylinder Tube)	ALDC10	다이캐스팅용 알루미늄 합금	피스톤의 미끄럼 운동을 안내하며 압축공기의 압력실 역할, 실린더튜브 내면은 경질 크롬도금	백색 알루마이트
피스톤 (Piston)	ALDC10	알루미늄 합금	공기압력을 받는 실린더 튜브내에서 미끄럼 운동	크로메이트
피스톤 로드 (Piston Rod)	SCM415 SM45C	크롬 몰리브덴강 기계구조용 탄소강	부하의 작용에 의해 가해지는 압축, 인장, 굽힘, 진동 등의 하중에 견딜 수 있는 충분한 강도와 내마모성 요구, 합금강 사용시 표면 경질크롬도금	전체열처리 H_RC50±2 경질 크롬 도금
핑거 (Finger)	SCM430	크롬 몰리브덴강	집게역할을 하며 핑거에 별도로 죠(JAW)를 부착 사용	전체열처리 H_RC50±2
로드부시 (Rod Bush)	CAC502A	인청동주물	왕복운동을 하는 피스톤 로드를 안내 및 지지하는 부분으로 피스톤 로드가 이동시 베어링 역할 수행	구기호 : PBC2
실린더헤드 (Cylinder Head)	ALDC10	다이캐스팅용 알루미늄 합금	원통형 실린더 로드측 커버나 에어척의 헤드측 커버를 의미	알루마이트 주철 사용시 흑색 도장
링크 (Link)	SCM415	크롬 몰리브덴강	링크 레버 방식의 각도 개폐형	전체열처리 H_RC50±2
커버 (Cover)	ALDC10	다이캐스팅용 알루미늄 합금	실린더 튜브 양끝단에 설치 피스톤 행정거리 결정	주철 사용시 흑색 도장
힌지핀 (Hinge Pin)	SCM435 SM45C	크롬 몰리브덴강 기계구조용 탄소강	레버 방식의 공압척에 사용하는 지점 핀	H_RC40~45
롤러 (Roller)	SCM440	크롬 몰리브덴강		전체열처리 H_RC50±2
타이 로드 (Tie Rod)	SM45C	기계구조용 탄소강	실린더 튜브 양끝단에 있는 헤드커버와 로드커버를 체결	아연 도금
플로팅 조인트 (Floating Joint)	SM45C	기계구조용 탄소강	실린더 로드 나사부와 연결 운동 전달요소	사삼산화철 피막 터프트라이드
실린더 튜브 (Cylinder Tube)	ALDC10	알루미늄 합금		경질 알루마이트
	STKM13C	기계 구조용 탄소강관	중대형 실린더용의 튜브, 기계 구조용 탄소강관 13종	내면 경질크롬도금 외면 백금 도금 중회색 소부 도장
피스톤 랙 (Piston Rack)	STS304	스테인리스강	로타리 액츄에이터 용	
피니언 샤프트 (Pinion Shaft)	SCM435 STS304 SM45C	크롬 몰리브덴강 스테인리스강 기계구조용 탄소강	로타리 액츄에이터 용	전체열처리 H_RC50±2

■ 래크와 피니언 구동장치 부품별 재료기호 예시

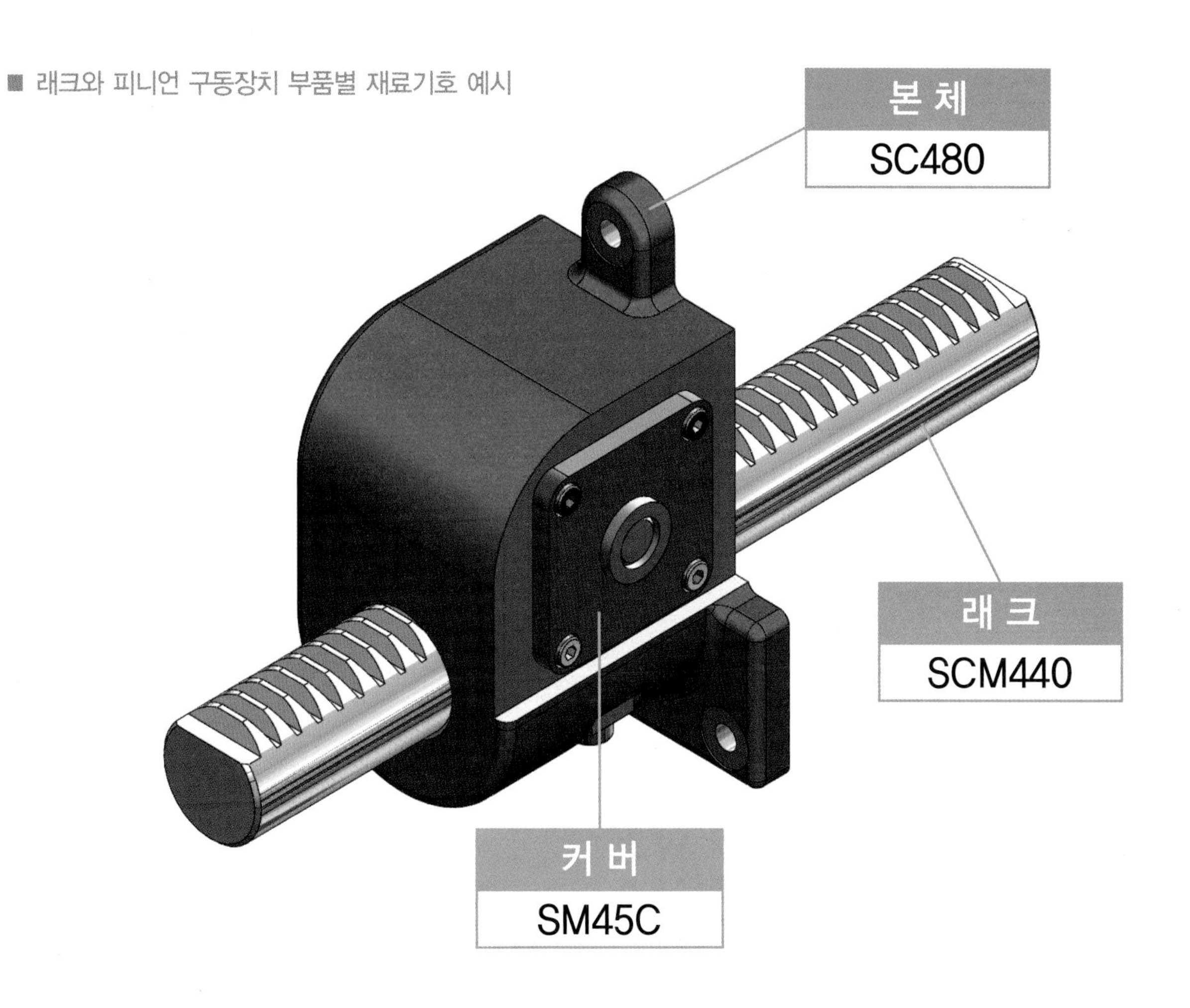

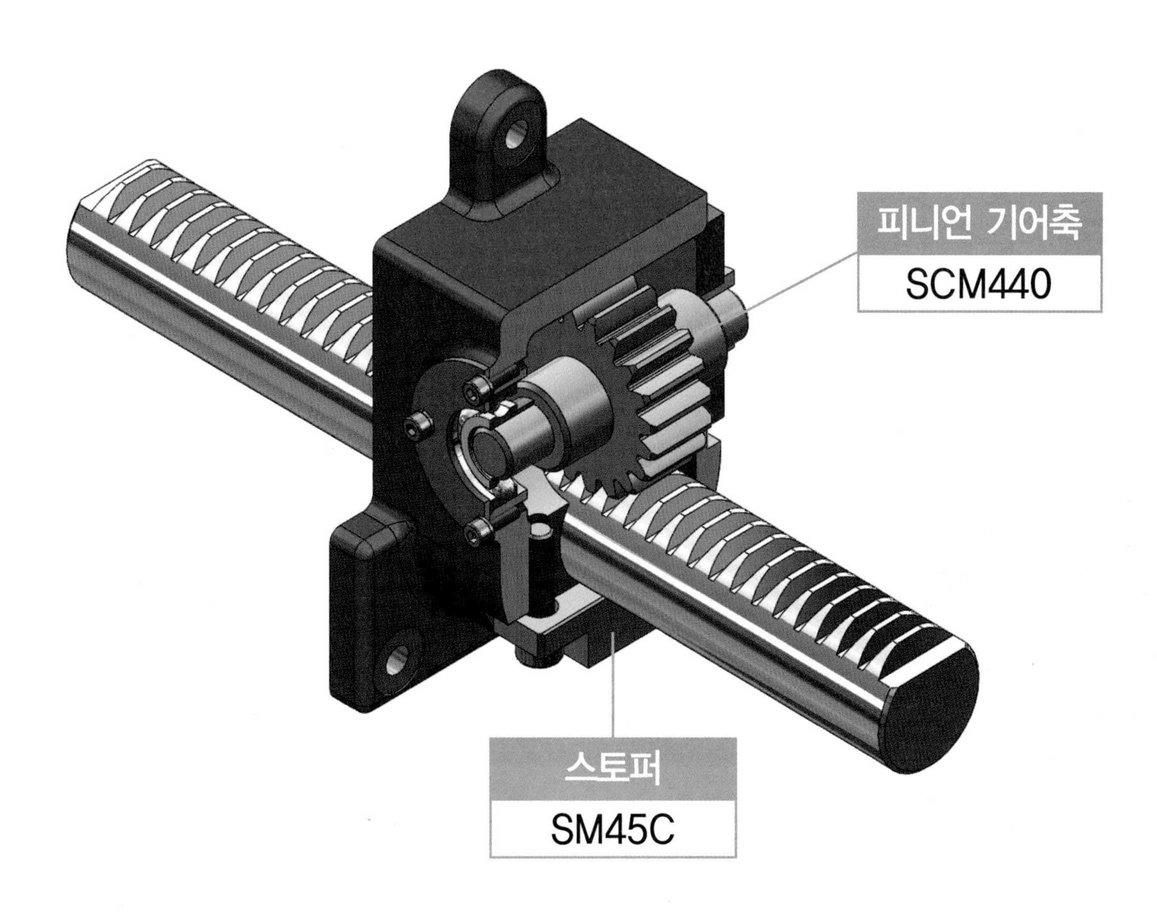

01. 주석(주서)문의 예

02. 도면의 검도 요령(기능사/산업기사/기사 공통)

PART 06

주석문의 예와 해석 및 도면의 검도 요령

일반적인 설계도면을 보면 도면 양식의 우측 하단부에 주석(주서)이 있거나 부품도면의 품번 부근에 개별 주기가 작성되어 있는 것을 쉽게 볼 수가 있다. 주서는 각각의 부품에 해당하며 주서에 기입된 지시나 구체적인 내용이 해당 부품들에 전체적으로 적용을 하라는 의미이며 특정 부품에만 해당하는 특별한 가공, 표면처리, 열처리 등의 지시는 그 부품의 품번 부근이나 부품도면의 해당 형상 등에 개별 주기로 작성해 주는 것이 보통이다.

■ 주요 학습내용 및 목표

- 주석문의 이해
- 도면 검도 요령

Lesson 01

주석(주서)문의 예

1. 주석(주서)의 의미와 예

다음 주서는 도면에 일반적으로 많이 기입하는 것을 나열한 것으로 부품의 재질이나 열처리 및 가공방법 등을 고려하여 선택적으로 기입하면 된다. 주서의 위치는 보통 도면양식에서 우측 하단부의 부품란 상단에 배치하는 것이 일반적이다.

[주석(주서)문의 예]

1. 일반공차
   가) 가공부 : KS B ISO 2768-m[f : 정밀, m : 중간, c : 거침, v : 매우 거침]
   나) 주강부 : KS B 0418 보통급
   다) 주조부 : KS B 0250 CT-11
   라) 프레스 가공부 : KS B 0413 보통급
   마) 전단 가공부 : KS B 0416 보통급
   바) 금속 소결부 : KS B 0417 보통급
   사) 중심거리 : KS B 0420 보통급
   아) 알루미늄 합금부 : KS B 0424 보통급
   자) 알루미늄 합금 다이캐스팅부 : KS B 0415 보통급
   차) 주조품 치수 공차 및 절삭여유방식 : KS B 0415 보통급
   카) 단조부 : KS B 0426 보통급(해머, 프레스)
   타) 단조부 : KS B 0427 보통급(업셋팅)
   파) 가스 절단부 : KS B 0427 보통급
2. 도시되고 지시없는 모떼기는 1×45°, 필렛 및 라운드 R3
3. 일반 모떼기 0.2×45°, 필렛 R0.2
4. ∀ 부 외면 명청색, 명적색 도장(해당 품번기재)
5. 내면 광명단 도장
6. --- 부 표면 열처리 $H_RC50\pm$ 0.2 깊이± 0.1(해당 품번기재)
7. 기어치부 열처리 $H_RC40\pm$ 0.2(해당 품번기재)
8. 전체 표면열처리 $H_RC50\pm$ 0.2 깊이± 0.1(해당 품번기재)
9. 전체 크롬 도금 처리 두께 0.05± 0.02(해당 품번기재)
10. 알루마이트 처리(알루미늄 재질 적용시)
11. 파커라이징 처리
12. 표면거칠기 기호

주 서

1.일반공차-가)가공부 : KS B ISO 2768-m
나)주조부 : KS B 0250 CT-11
다)주강부 : KS B 0418 보통급
2.도시되고 지시없는 모떼기 1x45°, 필렛 및 라운드 R3
3.일반 모떼기 0.2x45°, 필렛 R0.2
4. 전체 열처리 H_RC 50±2(품번 3, 4)
5.∀ 부 외면 명청색, 명회색 도장 후 가공(품번 1, 2)
6.표면 거칠기 기호 비교표

∀ = ∀, Ry200, Rz200, N12
w∀ = 12.5∀, Ry50, Rz50, N10
x∀ = 3.2∀, Ry12.5, Rz12.5, N8
y∀ = 0.8∀, Ry3.2, Rz3.2, N6
z∀ = 0.8∀, Ry0.8, Rz0.8, N4

● 주석(주서)문 작성예

[주] 표면거칠기 기호 중 Ry는 최대높이, Rz는 10점 평균거칠기, N(숫자)은 비교표준 게이지 번호를 나타낸다. 주석문에는 도면 작성시에 부품도면 상에 나타내기 곤란한 사항들이나 전체 부품도에 중복이 되는 사항들을 위의 예시와 같이 나타내는데 도면상의 부품들과 관계가 없는 내용은 빼고 반드시 필요한 부분만을 나타내준다.

[주석(주서)문의 설명]

● 일반공차의 해석

일반공차(보통공차)란 특별한 정밀도를 요구하지 않는 부분에 일일이 공차를 기입하지 않고 정해진 치수 범위 내에서 일괄적으로 적용할 목적으로 규정되었다. 보통공차를 적용함으로써 설계자는 특별한 정밀도를 필요로 하지 않는 치수의 공차까지 고민하고 결정해야 하는 수고를 덜 수 있다. 또, 제도자는 모든 치수에 일일이 공차를 기입하지 않아도 되며 도면이 훨씬 간단하고 명료해진다. 뿐만 아니라 비슷한 기능을 가진 부분들의 공차 등급이 설계자에 관계없이 동일하게 적용되므로 제작자가 효율적인 부품을 생산할 수가 있다. 도면을 보면 대부분의 치수는 특별한 정밀도를 필요로 하지 않기 때문에 치수 공차가 따로 규제되어 있지 않은 경우를 흔히 볼 수가 있을 것이다.

일반공차는 KS B ISO 2768-1 : 2002(2007확인)에 따르면 이 규격은 제도 표시를 단순화하기 위한 것으로 공차 표시가 없는 선형 및 치수에 대한 일반공차를 4개의 등급(f, m, c, v)으로 나누어 규정하고, 일반공차는 금속 파편이 제거된 제품 또는 박판 금속으로 형성된 제품에 대하여 적용한다고 규정되어 있다.

❶ 일반공차

가) 가공부 : KS B ISO 2768-m　　나) 주강부 : KS B 0418 보통급　　다) 주조부 : KS B 0250 CT-11

일반공차의 도면 표시 및 공차등급 : KS B ISO 2768-m

m은 아래 표에서 볼 수 있듯이 공차등급을 **중간급**으로 적용하라는 지시인 것을 알 수 있다.

■ 파손된 가장자리를 제외한 선형 치수에 대한 허용 편차 KS B ISO 2768-1　　[단위 : mm]

공차등급		보통치수에 대한 허용편차							
호칭	설명	0.5에서 3 이하	3 초과 6 이하	6초과 30 이하	30 초과 120 이하	120 초과 400 이하	4000 초과 1000 이하	1000 초과 2000 이하	2000 초과 4000 이하
f	정밀	±0.05	±0.05	±0.1	±0.15	±0.2	±0.3	±0.5	-
m	중간	±0.1	±0.1	±0.2	±0.3	±0.5	±0.8	±1.2	±0.2
c	거침	±0.2	±0.3	±0.5	±0.8	±1.2	±2.0	±3.0	±4.0
v	매우 거침	-	±0.5	±1.0	±1.5	±2.5	±4.0	±6.0	±8.0

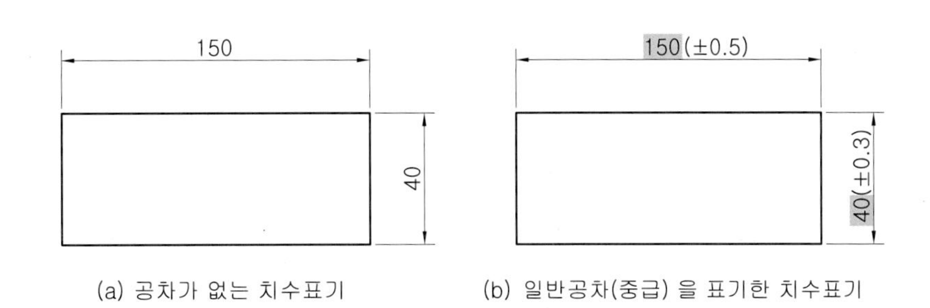

(a) 공차가 없는 치수표기　　(b) 일반공차(중급) 을 표기한 치수표기

● 일반공차의 적용 해석

위 표를 참고로 공차등급을 m(**중간**)급으로 선정했을 경우의 보통허용차가 적용된 상태의 치수표기를 윗 그림에 표시하였다. 일반공차는 공차가 별도로 붙어 있지 않은 치수수치에 대해서 어느 지정된 범위안에서 +측으로 만들어지든 −측으로 만들어지든 관계없는 공차범위를 의미한다.

■ 주조부 : KS B 0250 CT-11에 대한 해석

이 규격은 금속 및 합금주조품에 관련한 치수공차 및 절삭 여유 방식에 관한 사항인데 여기서는 시험에 나오는 주서문의 예를 보고 주조품의 치수공차에 관한 사항만 해석해보기로 한다. 주조품의 치수공차는 CT1~CT16의 16개 등급으로 나누어 규정하고 있으며 위의 주서 예에 CT-11은 11등급을 적용하면 된다.

■ 주조품의 치수공차 KS B 0250

[단위 : mm]

주조한 대로의 주조품의 기준치수		전체 주조 공차															
		주조 공차 등급 CT															
초과	이하	1	2	3	4	5	6	7	8	9	10	11	12	13	14	15	16
–	10	0.09	0.13	0.18	0.26	0.36	0.52	0.74	1	1.5	2	2.8	4.2	–	–	–	–
10	16	0.1	0.14	0.2	0.28	0.38	0.54	0.78	1.1	1.6	2.2	3	4.4	–	–	–	–
16	25	0.11	0.15	0.22	0.3	0.42	0.58	0.82	1.2	1.7	2.4	3.2	4.6	6	8	10	12
25	40	0.12	0.17	0.24	0.32	0.46	0.64	0.9	1.3	1.8	2.6	3.6	5	7	9	11	14
40	63	0.13	0.18	0.26	0.36	0.5	0.7	1	1.4	2	2.8	4	5.6	8	10	12	16
63	100	0.14	0.2	0.28	0.4	0.56	0.78	1.1	1.6	2.2	3.2	4.4	6	9	100	14	18
100	160	0.15	0.22	0.3	0.44	0.62	0.88	1.2	1.8	2.5	3.6	5	7	10	12	16	20
160	250	–	0.24	0.34	0.5	0.7	1	1.4	2	2.8	4	5.6	8	11	14	18	22
250	400	–	–	0.4	0.56	0.78	1.1	1.6	2.2	3.2	4.4	6.2	9	12	16	20	25
400	630	–	–	–	0.64	0.9	1.2	1.8	2.6	3.6	5	7	10	14	18	22	28
630	1000	–	–	–	–	1	1.4	2	2.8	4	6	8	11	16	20	25	32
1000	1600	–	–	–	–	–	1.6	2.2	3.2	4.6	7	9	13	18	23	29	37
1600	2500	–	–	–	–	–	–	2.6	3.8	5.4	8	10	15	21	26	33	42
2500	4000	–	–	–	–	–	–	–	4.4	6.2	9	12	17	24	30	38	49
4000	6300	–	–	–	–	–	–	–	–	7	10	14	20	28	35	44	56
6300	10000	–	–	–	–	–	–	–	–	–	11	16	23	32	40	50	64

■ 주강부 : KS B 0418 보통급에 대한 해석

주강품의 보통공차에 대한 KS B 0418의 대응국제규격 ISO 8062이며 KS B 0418에서는 보통 공차의 등급을 3개 등급(정밀급, 중급, 보통급)으로 나누고 있지만, ISO 8062에서는 공차등급을 CT1~CT16의 16개 등급으로 나누어 규정하고 있다.

■ 주강품의 길이 보통 공차 KS B 0418:2001

[단위 : mm]

치수의 구분	공차 등급 및 허용차		
	A급 (정밀급)	B급 (중급)	C급 (보통급)
120 이하	±1.8	±2.8	±4.5
120 초과 315 이하	±2.5	±4.0	±6.0
315 초과 630 이하	±3.5	±5.5	±9.0
630 초과 1250 이하	±5.0	±8.0	±12.0
1250 초과 2500 이하	±9.0	±14.0	±22.0
2500 초과 5000 이하	–	±20.0	±35.0
5000 초과 10000 이하	–	–	±63.0

❷ 도시되고 지시없는 모떼기 1×45°, 필렛 및 라운드 R3

모떼기(chamfering)는 모따기 혹은 모서리 면취작업이라고 하며 공작물이나 부품을 기계절삭 가공하고 나면 날카로운 모서리들이 발생하는데 이런 경우 일일이 도면의 모서리부분에 모떼기표시를 하게 되면 도면도 복잡해지고 시간도 허비하게 된다. 특별한 끼워맞춤이 있거나 기능상 반드시 모떼기나 둥글게 라운드 가공을 지시해주어야 하는 곳 외에는 일괄적으로 모떼기 할 부분은 C1(1x45°)로 다듬질하고 필렛 및 라운드는 R3 정도로 하라는 의미이다. 즉, 도면에 아래와 같이 모떼기나 라운드 표시가 되어있지만 별도로 지시가 없는 경우에 적용하라는 주서이다.

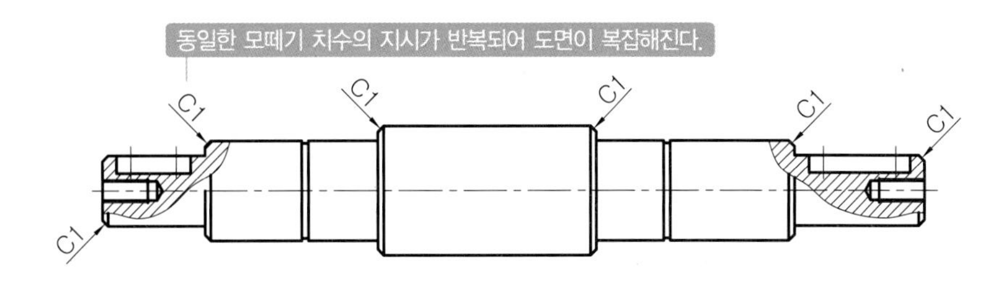

● 모떼기의 도시

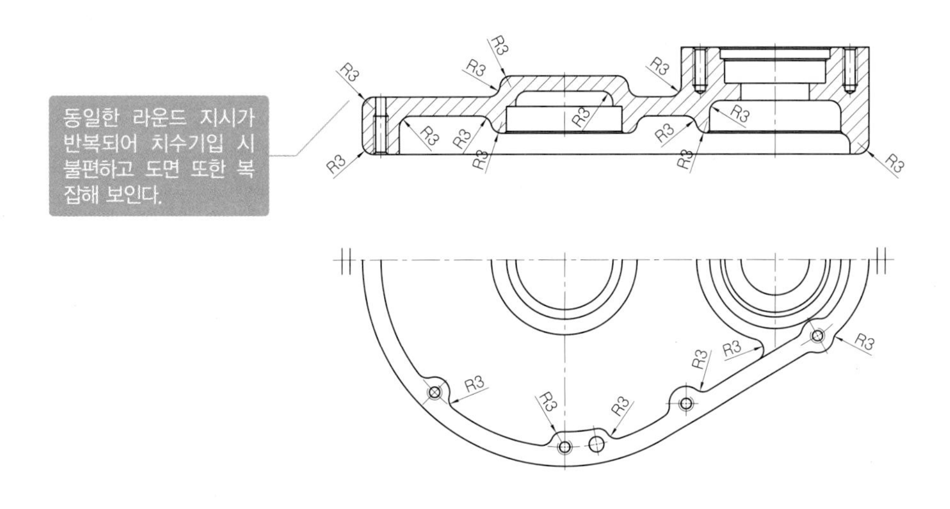

● 라운드의 도시

❸ 일반 모떼기 0.2×45°, 필렛 R0.2

일반 모떼기나 필렛은 도면에 별도로 표시가 되어 있지 않은 모서리진 부분을 일괄적으로 일반 모떼기 0.2~0.5x45°, 필렛 R0.2 정도로 다듬질하라는 의미이다.

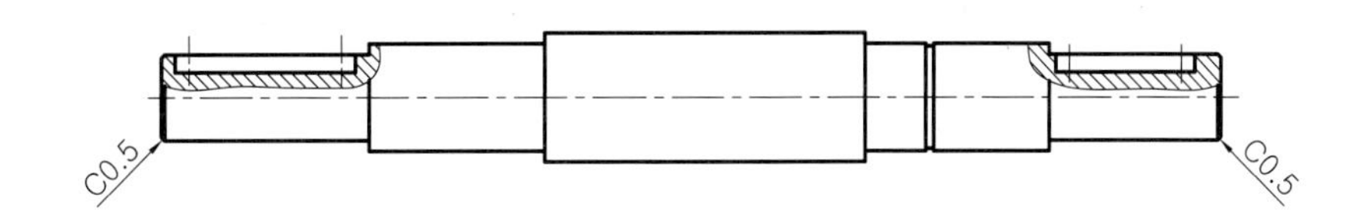

● 일반모떼기

❹ ∀부 외면 명청색, 명적색 도장 (해당 품번기재)

일반적으로 본체나 하우징 및 커버의 경우 회주철(Gray Casting)을 사용하는 경우가 많은데 회주철은 말 그대로 주물을 하고 나면 주물면이 회색에 가깝다. 기계가공을 한 부분과 주물면의 색상이 유사하여 쉽게 가공면의 구분이 되지 않는 경우가 있는데 이런 경우 주물면과 가공면을 쉽게 구별할 수 있도록 밝은 청색이나 밝은 적색의 도장을 하는 경우가 있다. 주물은 회주철 외에도 주강품이나 알루미늄, 황동, 아연, 인청동 등 비철금속에도 많이 사용하는 공정이다. 쉽게 생각해 가마솥이나 형상이 복잡한 자동차의 실린더블록 및 헤드, 캠샤프트, 가공기 베드, 모터 하우징, 밸브의 바디 등이 대부분 주물품이라고 보면 된다.

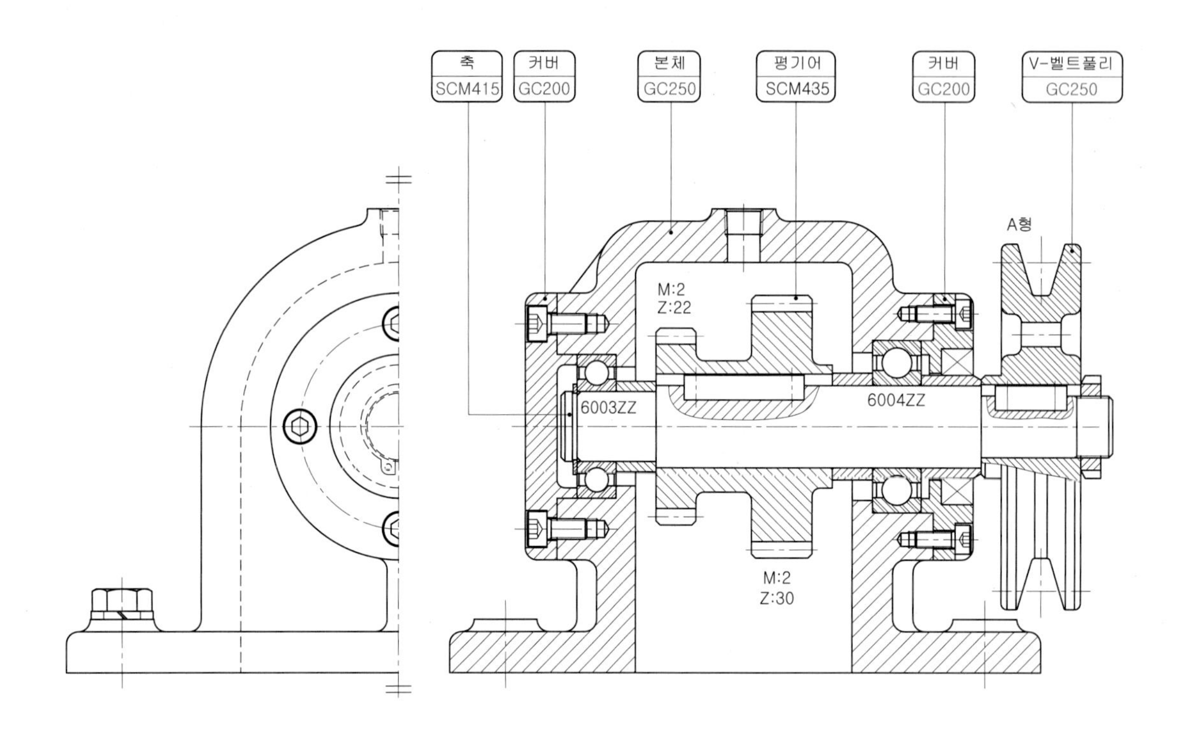

● 주물품

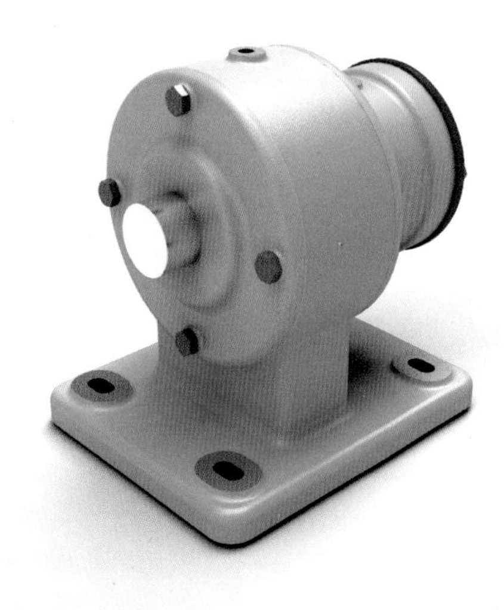

● 외면 명청색 도장 예

● 외면 명적색 도장 예

❺ 내면 광명단 도장 (해당 품번기재)

광명단은 방청페인트라고도 하는데 이는 철강의 녹 및 부식을 방지하기 위해서 실시하는 도장(페인팅)작업 중의 하나이다.

참고로 도장에는 분체도장과 소부도장이라는 것이 있는데 분체도장은 액체도장과 달리 200°C 이상의 고온에서 분말도료를 녹여서 철재에 도장하는 방법으로 내식성, 내구성, 내약품성이 우수하고 쉽게 손상이 되지 않으며 모서리 부분에 대한 깔끔한 마무리, 먼지 등에 오염되지 않는 깨끗한 도막을 얻을 수 있는 장점이 있고, 소부도장은 열경화성수지를 사용하여 도장 후 가열하여 건조시키는 공정으로 방청능력이 우수하고 단단하고 균일한 도막 형성으로 아름다운 외관을 갖게 하는 도장이다.

❻ —·— 표면 열처리 $H_RC50\pm0.2$ 깊이 ±0.1 (해당 품번기재)

열처리에 관련한 사항은 주서에 표기된 내용만을 가지고 간략하게 그 의미를 해석해보기로 한다. 기어가 맞물려 돌아가는 이(tooth)나 스프로킷의 치형부, 마찰이 발생하는 축의 표면 등은 해당 표면부위에만 열처리를 지시해 준다. 불필요한 부분까지 전체 열처리를 해주는 것은 좋지 않다.

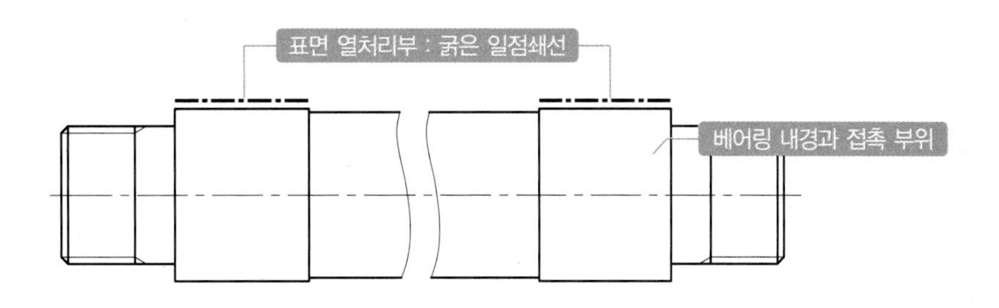

● 축의 표면 열처리 지시 예

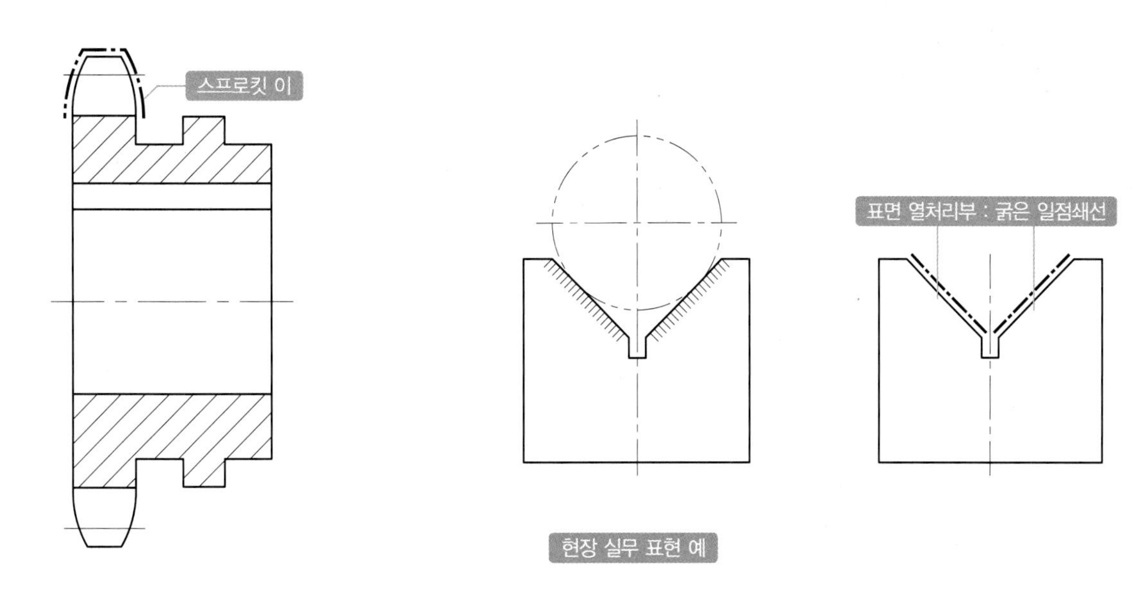

● 스프로킷 치부의 표면 열처리 지시 예

● V-블록의 표면 열처리 지시 예

● **로크웰경도(Rockwell Hardness)**

H_RC는 경도를 측정하는 시험법 중에 로크웰경도 C 스케일을 말하는데 이는 꼭지각이 120°이고 선단의 반지름이 0.2mm인 원뿔형 다이아몬드를 이용하여 누르는 방법으로 열처리된 합금강, 공구강, 금형강 등의 단단한 재료에 주로 사용된다. B 스케일은 지름이 1.588mm인 강구를 눌러 동합금, 연강, 알루미늄합금 등 연하고 얇은 재료에 주로 사용하며 금속재료의 경도 시험에서 가장 널리 사용된다고 한다.

● **브리넬경도(Brinell Hardness)**

브리넬경도는 강구(볼)의 압자를 재료에 일정한 시험하중으로 시편에 압입시켜 이때 생긴 압입자국의 표면적으로 시편에 가한 하중을 나눈 값을 브리넬 경도 값으로 정의하며 기호로는 H_B를 사용하고 주로 주물, 주강품, 금속소재, 비철금속 등의 경도 시험에 편리하게 사용한다.

● **쇼어경도(Shore Hardness)**

쇼어경도는 끝에 다이아몬드가 부착된 중추가 유리관 속에 있으며 이 중추를 일정한 높이에서 시편의 표면에 낙하시켜 반발되는 높이를 측정할 수 있다. 경도 값은 중추의 낙하높이와 반발높이로 구해진다. 기호는 H_S로 표기한다.

● **비커스경도(Vickers Hardness)**

비커스경도는 꼭지각이 136°인 다이아몬드 사각뿔의 피라미드 모양의 압자를 이용하여 시편의 표면에 일정 시간 힘을 가한 다음 시편의 표면에 생긴 자국(압흔)의 표면적을 계산하여 경도를 산출한다. 기호는 H_V로 표기한다.

❼ 기어치부 열처리 H_RC40±0.2 (해당 품번기재)

시험에 자주 나오는 평기어는 일반적으로 대형기어의 재질은 주강품(예:SC480)으로 하고, 소형기어의 재질은 SCM415, SCM440, SNC415 정도를 사용한다. 열처리의 경도를 표기할 때 **H_RC40±0.2**로 지정하는 이유로는 대부분의 경우 기어 이빨의 크기가 작기 때문에 **H_RC55±0.2**으로 열처리를 했을 경우 강도가 강하여 맞물려 회전시 깨질 우려가 있으므로 이빨의 파손을 방지하기 위하여 사용한다. 기어의 치부나 스프로킷의 치부 표면 열처리는 일반적으로 H_RC40±0.2 정도로 지정하면 무리가 없다.

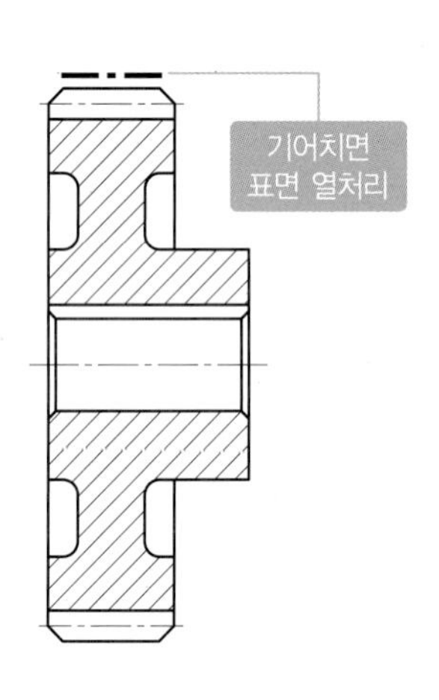

● 평기어의 표면 열처리 지시 예

❽ 전체 표면 열처리 H_RC50±0.2 깊이 ±0.1 (해당 품번기재)

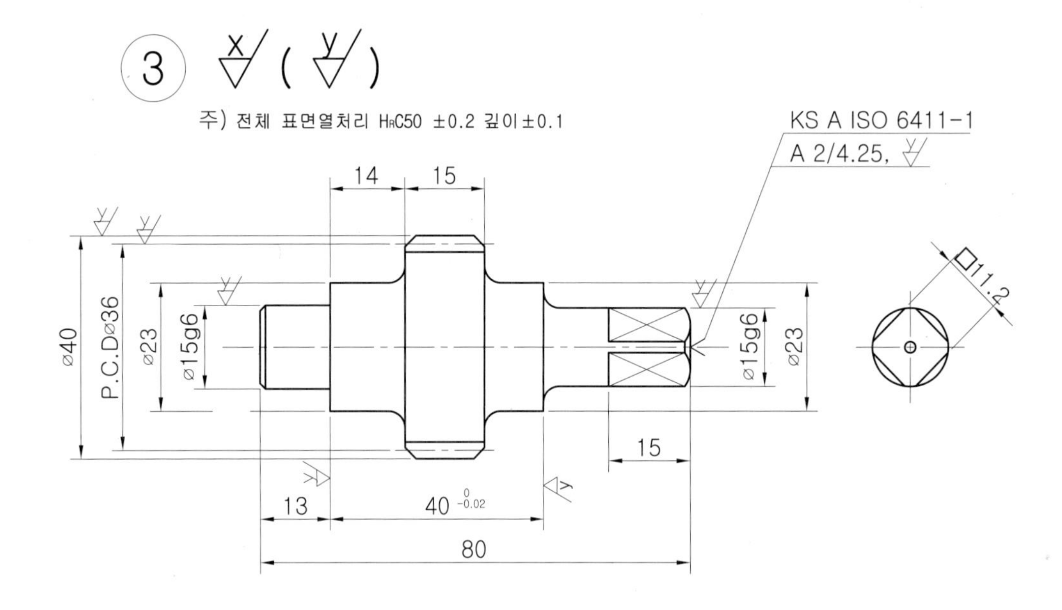

● 전체 표면 열처리 지시 예

⑨ 전체 크롬 도금 처리 두께 0.05±0.02 (해당 품번기재)

크롬 도금은 높은 내마모성, 내식성, 윤활성, 내열성 등을 요구하는 곳에 사용되며 표면이 아름답다. 실린더의 피스톤로드 같은 열처리된 강에 경질 크롬 도금 처리를 한 후에 연마처리하여 사용하는 것이 일반적이다.

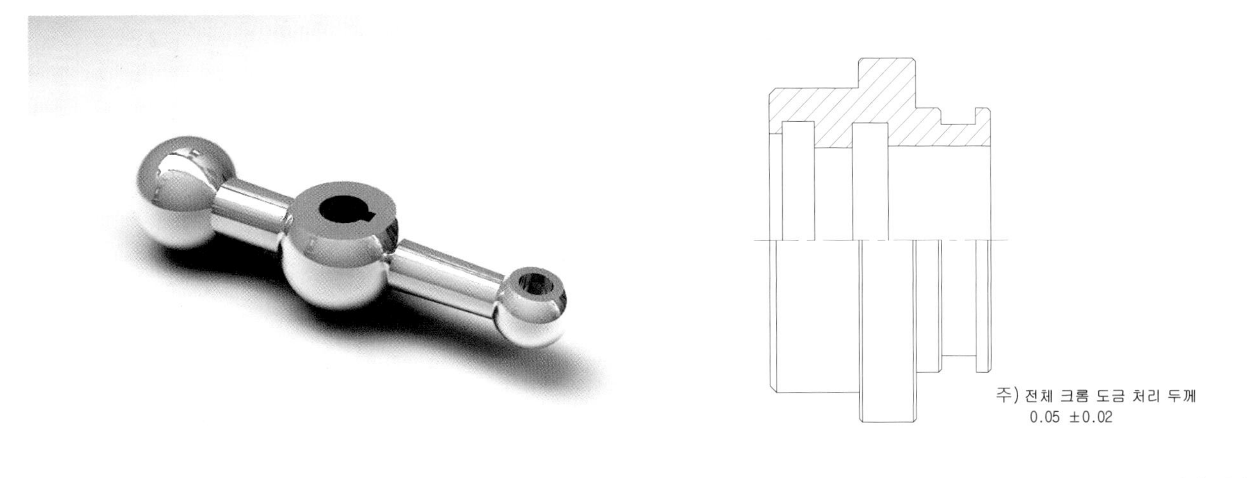

● 핸들

● 크롬 도금 처리 지시 예

⑩ 알루마이트 처리(알루미늄 재질 적용시)

알루마이트(allumite)는 흔히 '방식화학 피막처리'라고 한다. 알루마이트 처리를 하고 나면 노란색으로 보이지만 무지개 빛깔이 난다(조개껍질 내부가 반사되어 보이는 것과 비슷함).

● 레이디얼 빔 커플링

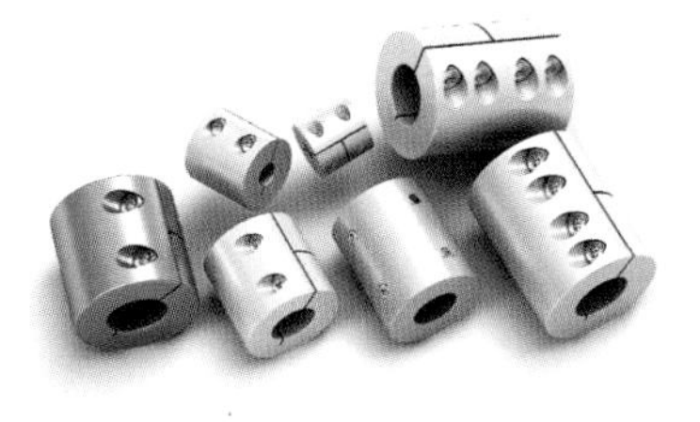

● 리지드 커플링

● 죠 커플링

⑪ 파커라이징 처리

파커라이징(parkerizing)은 흔히 '인산염 피막처리' 라고 하며 자동차부품 중에 검은색을 띤 흑갈색의 부품들이 인산염 피막처리를 한 것이다. '흑착색' 은 알칼리염처리를 말한다.

● 스퍼기어

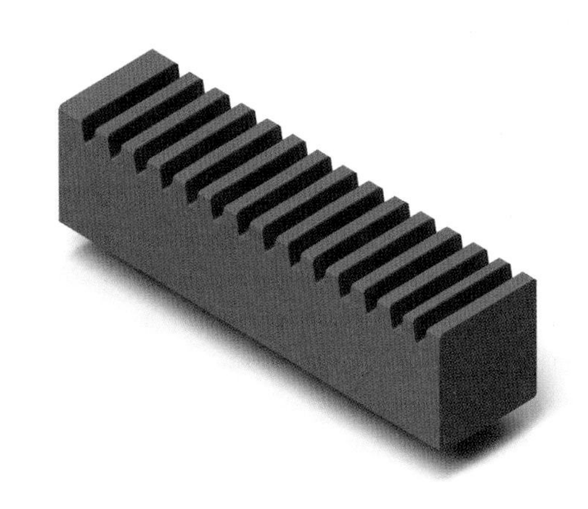

● 래크

⑫ 표면거칠기 기호

주서의 하단에 나타내는 표면거칠기 기호 비교표들이다.

$\tilde{\nabla}$ = $\tilde{\nabla}$	, Ry200 , Rz200 , N12
w/∇ = 12.5/∇	, Ry50 , Rz50 , N10
x/∇ = 3.2/∇	, Ry12.5 , Rz12.5 , N8
y/∇ = 0.8/∇	, Ry3.2 , Rz3.2 , N6
z/∇ = 0.2/∇	, Ry0.8 , Rz0.8 , N4

● 표면거칠기 기호 비교

지금까지 주석문에 대해서 각 항목별로 의미하는 바를 알아보았다. 앞의 내용은 하나의 예로써 그 순서와 내용의 적용에 있어서는 주어진 상황에 맞게 표기하면 되고, 다만 도면을 보는 제3자가 이해하기 쉽도록 기입해 주고 도면과 관련있는 사항들만 간단명료하게 표기해주는 것이 바람직하다. 또한 시험에서 사용하는 주석문과 실제 산업 현장에서 사용하는 주석문은 다를 수가 있으며 각 기업의 사정에 맞는 주석문을 적용하고 있는 것이 일반적인 사항이다.

NOTE
1. 날카로운 모서리 C0.5로 면취할 것.
2. 지시없는 BOLT & TAP HOLE간 거리 공차는 ±0.1이내일 것.
3. 인산염 피막처리 할 것.

NOTE
1. 날카로운 모서리 C0.5로 면취할 것.
2. BOLT HOLE및 TAP HOLE간 거리 공차는 ±0.1 이내일것.
3. 용접부 각장 크기는 2.3$\sqrt{t}$로 연속 용접할 것.
4. 용접후 응력 제거할 것.
5. 백색아연 도금 할것.(두께 : 3~5um)
6. TAP 부는 도금하지말 것.

NOTE
1. 날카로운 모서리 C0.5로 면취할 것.
2. 지시없는 BOLT & TAP HOLE간 거리 공차는 ±0.1이내일 것.
3. 백색아연 도금 처리 할 것.(두께:3~5um)
4. (-·-·-·-)부 고주파 열처리할 것. (HRC 45~50).

NOTE
1. 날카로운 모서리 C0.5로 면취할 것.
2. BOLT HOLE및 TAP HOLE간 거리 공차는±0.1 이내일 것.
3. 용접부 각장 크기는 2.3$\sqrt{t}$로 연속 용접할 것.
4. 용접후 응력 제거할 것.
5. 지정색 (NO. 5Y 8.5/1) 페인팅할 것. (기계 가공부 제외)
6. 전체 침탄열처리할 것. (단, 나사부 침탄방지할 것)

● 현장용 주서의 일례

Lesson

02 도면의 검도 요령(기능사/산업기사/기사 공통)

실기시험 과제도면을 완성하였다면 이제 마지막으로 요구사항에 맞게 제대로 작도하였는지 검도를 하는 과정이 필요하다. 많은 수검자들이 주어진 시간 내에 도면을 완성하고 여유있게 검도하는 시간을 갖지는 못하는 경우가 있을 것이다. 시간이 촉박하다고 당황하지 말고 절대로 미완성 상태의 도면을 제출하기 전에 약간의 시간을 할애해서 최종적으로 검도를 실시하고 제출하는 것이 좋다. 검도는 보통 아래와 같은 요령으로 실시한다면 시험에서나 실무에서도 도움이 될 것이다.

1. 도면 작성에 관한 검도 항목

❶ 도면 양식은 **KS규격**에 준했는가? (A4, A3, A2, A1, A0)

❷ 조립도는 도면을 보고 이해하기 쉽게 나타내었는가?

❸ 정면도, 평면도, 측면도 등 **3각법**에 의한 투상으로 적절히 배치했는가?

❹ 부품이나 제품의 형상에 따라 **보조투상도**나 **특수투상도**의 사용은 적절한가?

❺ 단면도에서 **단면의 표시**는 적절하게 나타냈는가?

❻ **선의 용도에 따른 종류**와 **굵기**는 적절하게 했는가? (CAD 지정 LAYER 구분)

2. 치수기입 검도 항목

❶ **누락**된 **치수**나 **중복**된 **치수**, **계산**을 **해야 하는 치수**는 없는가?

❷ 기계가공에 따른 **기준면 치수 기입**을 했는가?

❸ **치수보조선, 치수선, 지시선, 문자**는 적절하게 도시했는가?

❹ 소재 선정이 용이하도록 **전체길이, 전체높이, 전체 폭**에 관한 **치수누락**은 없는가?

❺ **연관 치수**는 해독이 쉽도록 **한 곳에 모아 쉽게 기입**했는가?

3. 공차 기입 검도 항목

❶ 상대 부품과의 **조립** 및 **작동 기능**에 필요한 **공차**의 기입을 적절히 했는가?

❷ 기능상에 필요한 **치수공차**와 **끼워맞춤 공차**의 적용을 올바르게 했는가?

❸ 제품과 각 구성 부품이 결합되는 조건에 따른 **끼워맞춤 기호**와 **표면거칠기** 기호의 선택은 올바른가?

❹ 키, 베어링, 스플라인, 오링, 오일실, 스냅링 등 기계요소 부품들의 공차적용은 **KS규격**을 찾아 올바르게 적용했는가?

❺ 동일 축선에 베어링이 2개 이상인 경우 동심도 기하공차를 기입하였는가?

4. 요목표, 표제란, 부품란, 일반 주서 기입 내용 검도 항목

❶ 기어나 스프링 등 기계요소 부품들의 **요목표** 및 **내용의 누락**은 없는가?

❷ **표제란**과 **부품란**에 기입하는 **내용의 누락**은 없는가?

❸ 구매부품의 경우 정확한 모델사양과 메이커, 수량 표기 등은 조립도와 비교해 올바른가?

❹ 가공이나 조립 및 제작에 필요한 **주서** 기입 내용이나 **지시사항**은 적절하고 누락된 것은 없는가?

5. 제품 및 부품 설계에 관한 검도 항목

❶ 부품 구조의 **상호 조립 관계, 작동, 간섭 여부, 기능** 검도

❷ 적절한 **재료** 및 **열처리 선정**으로 수명에 이상이 없고 **가공성**이 좋은가?

❸ 각 부품의 가공과 기능에 알맞은 **표면거칠기**를 지정했는가?

❹ 제품 및 부품에 공차 적용시 **올바른 공차** 적용을 했는가?

❺ 각 **재질별 열처리 방법의 선택**과 **기호 표시**가 적절한가?

❻ **표면처리(도금, 도장** 등)는 적절하고 타 부품들과 조화를 이루는가?

❼ 부품의 가공성이 좋고 일반적인 기계 가공에 무리는 없는가?

6. 도면의 외관

❶ 주어진 과제도면 양식에 알맞게 **선의 종류**와 **색상** 및 **문자크기** 등을 설정했는가?
(오토캐드 레이어의 외형선, 숨은선, 중심선, 가상선, TEXT 크기, 화살표 크기 등)

❷ 표준 **3각법**에 따라 투상을 하고 도면안에 투상도는 **균형있게 배치**하였는가?

❸ 도면의 크기는 **표준 도면양식**에 따라 올바르게 그렸는가?
(A2 : 594×420, A3 : 420×297)

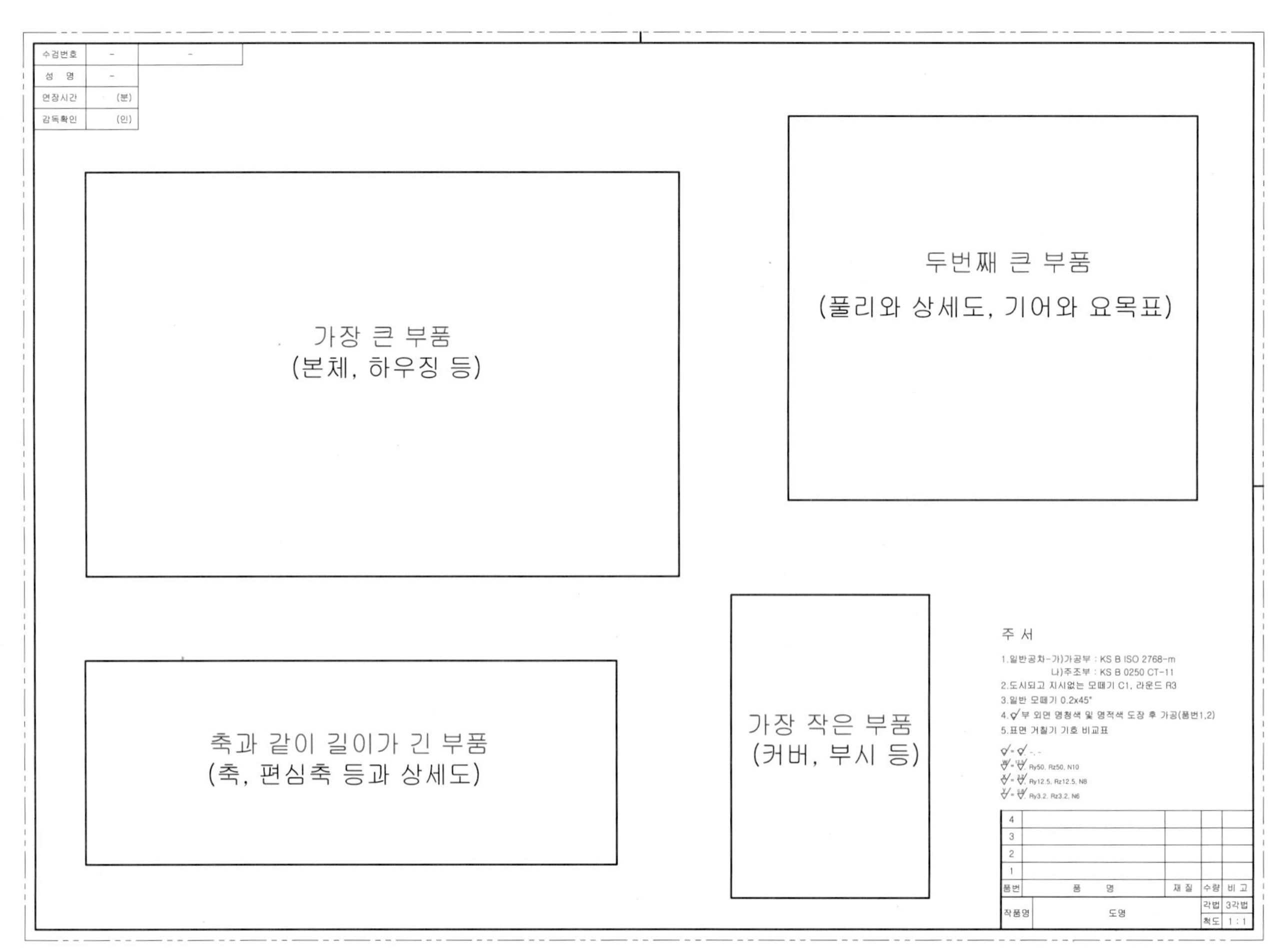

● 투상도의 배치

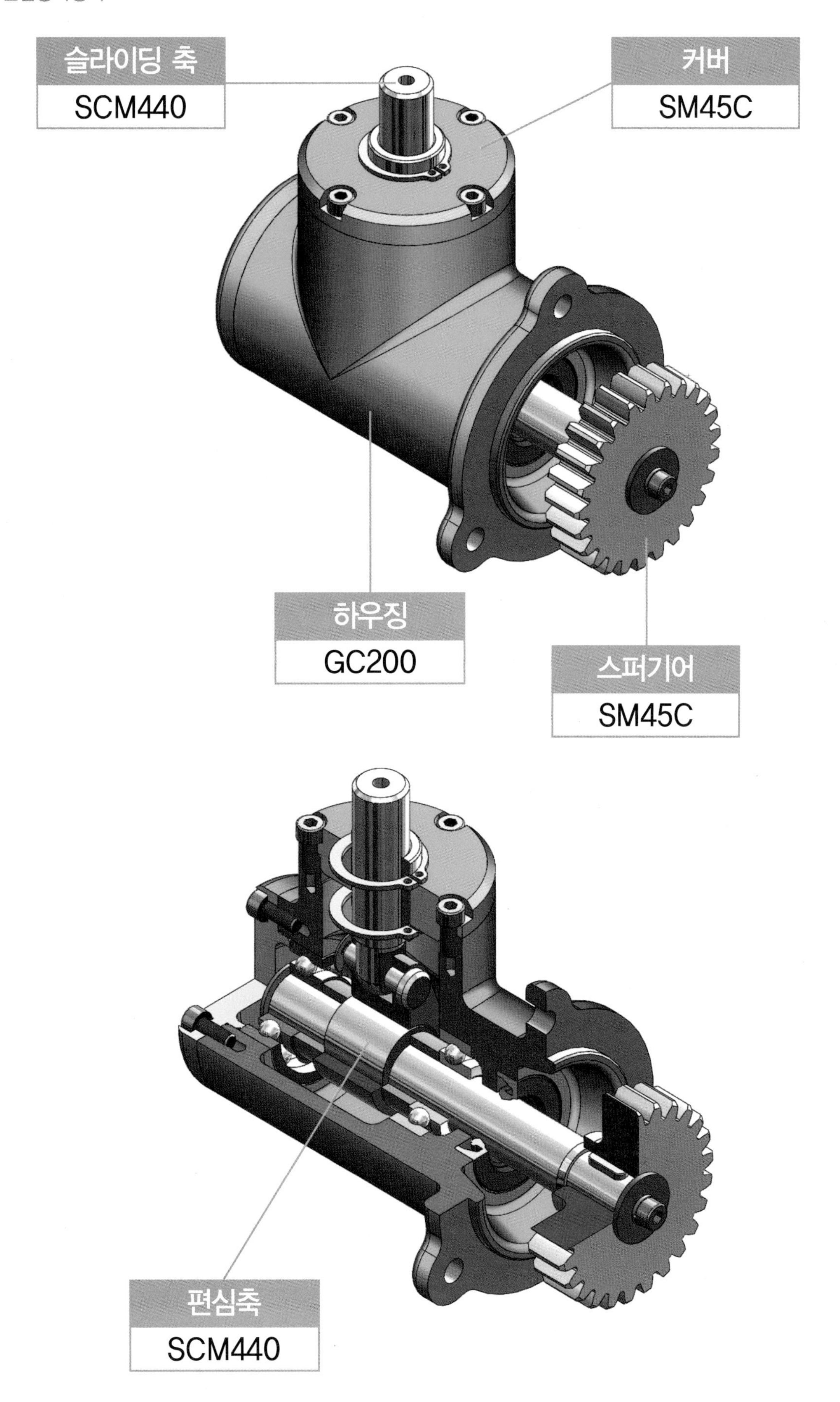
슬라이딩 축
SCM440
커버
SM45C
하우징
GC200
스퍼기어
SM45C
편심축
SCM440

01. 표면거칠기의 정의
02. 표면거칠기의 종류 및 설명
03. 표면거칠기와 다듬질기호에 의한 기입법
04. 표면거칠기 기호 비교 분석
05. 실기시험 과제도면을 통한 기호별 의미 해석
06. 표면거칠기 기호의 적용 예

PART 07

표면 거칠기의 이해 및 적용

설계자는 해당 부품의 기능과 요구에 알맞는 적절한 표면거칠기를 선정하여 가공비를 절감하도록 노력해야 한다. 표면거칠기는 공차와 밀접한 관계가 있으며, 이 장에서는 아직까지 산업현장에서 쉽게 볼 수 있는 다듬질기호(삼각기호)와 표면거칠기의 규격 변천과정에 있어 KS와 JIS규격을 비교해보고 실제 도면상에 표면거칠기를 표시하는 방법에 대해 알아보기로 한다.

■ **주요 학습내용 및 목표**

- 표면 거칠기의 이해
- 표면 거칠기의 도면 적용법

표면거칠기의 정의

| KS B 0161 : 1999(2004 확인)

1. 표면거칠기의 정의 및 기호

용 어	정 의
표면 거칠기	대상물의 표면(이하 대상면이라 한다.)으로부터 임의로 채취한 각 부분에서의 표면거칠기를 나타내는 파라미터인 산술 평균 거칠기(R_a), 최대 높이(R_y), 10점 평균 거칠기(R_z), 요철의 평균 간격(S_m), 국부 산봉우리의 평균 간격(S) 및 부하 길이율(t_p)의 각각의 산술 평균값 [비고] ❶ 일반적으로 대상면에서는 각 위치에서의 표면거칠기는 같지 않고 상당히 많이 흩어져 있는 것이 보통이다. 따라서 대상면의 표면거칠기를 구하려면 그 모평균을 효과적으로 추정할 수 있도록 측정 위치 및 그 개수를 정하여야 한다. ❷ 측정 목적에 따라서는 대상면의 1곳에서 구한 값으로 표면 전체의 표면 거칠기를 대표할 수 있다.
단면 곡선	대상면에 직각인 평면으로 대상면을 절단하였을 때 그 단면에 나타나는 윤곽 [비고] 이 절단은 일반적으로 방향성이 있는 대상면에서는 그 방향에 직각으로 자른다.
거칠기 곡선	단면 곡선에서 소정의 파장보다 긴 표면 굴곡 성분을 위상 보상형 고역 필터로 제거한 곡선
거칠기 곡선의 컷오프값 (λ_c)	위상 보상형 고역 필터의 이득이 50%가 되는 주파수에 대응하는 파장(이하 컷오프값이라 한다.)
거칠기 곡선의 기준길이 (l)	거칠기 곡선으로부터 컷오프 값의 길이를 뺀 부분의 길이(이하 기준 길이라 한다.)
거칠기 곡선의 평가길이 (l_n)	표면 거칠기의 평가에 사용하는 기준 길이를 하나 이상 포함하는 길이(이하 평가 길이라 한다). 평가 길이의 표준값은 기준 길이의 5배로 한다.
여파 굴곡 곡선	단면 곡선에서 소정의 파장보다 짧은 표면 거칠기의 성분을 위상 보상형 저역 필터로 제거한 곡선
거칠기 곡선의 평균 선 (m)	단면 곡선의 표본 부분에서의 여파 굴곡 곡선을 직선으로 바꾼 선(이하 평균 선이라 한다.)
산	거칠기 곡선을 평균 선으로 절단하였을 때 그것들의 교차점의 이웃하는 2점 사이에서의 거칠기 곡선과 평균 선으로 구성되는 공간 부분 [비고] 거칠기 곡선에서 기준 길이의 시작 및 끝 부분이 평균 선의 위쪽에 있는 부분은 산으로 간주한다.
골	거칠기 곡선을 평균 선으로 절단하였을 때에 그것들의 교차점의 이웃하는 2점 사이에서의 거칠기 곡선과 평균 선으로 구성되는 공간 부분 [비고] 거칠기 곡선에서 기준 길이의 시작 및 끝 부분이 평균 선의 아래쪽에 있는 부분은 골로 간주한다.
봉우리	거칠기 곡선의 산에서 가장 높은 표고점
골바닥	거칠기 곡선의 골에서 가장 낮은 표고점 [비고] 거칠기 곡선에서 기준 길이의 시작 및 끝 부분이 평균 선의 아래쪽에 있는 부분은 골로 간주한다.
산봉우리 선	거칠기 곡선에서 뽑아낸 기준 길이 중의 가장 높은 산봉우리를 지나는 평균 선에 평행한 선
골바닥 선	거칠기 곡선에서 뽑아낸 기준 길이 중의 가장 낮은 골 바닥을 지나는 평균 선에 평행한 선
절단 레벨	산봉우리 선과 거칠기 곡선에 교차하는 산봉우리선에 평행한 선 사이의 수직 거리.
국부산	거칠기 곡선의 두 개의 이웃한 극소점 사이에 있는 실체 부분
국부골	거칠기 곡선의 두 개의 이웃한 극대점 사이에 있는 공간 부분
국부 산봉우리	국부 산에서의 가장 높은 표고점
국부 골바닥	국부 골에서의 가장 낮은 표고점

2. 표면거칠기의 종류 및 설명

(1) 산술 평균거칠기 Ra

구 분	기 호	설 명
산술평균 거칠기	Ra	(아래 참조)

Ra는 거칠기 곡선으로부터 그 평균 선의 방향에 기준 길이만큼 뽑아내어, 그 표본 부분의 평균선 방향에 X축을, 세로 배율 방향에 Y축을 잡고, 거칠기 곡선을 y=f(x)로 나타내었을 때, 다음 식에 따라 구해지는 값을 마이크로미터(㎛)로 나타낸 것을 말한다.
여기서 l : 기준 길이

$$R_A = \frac{1}{l}\int_0^l |f(x)|dx$$

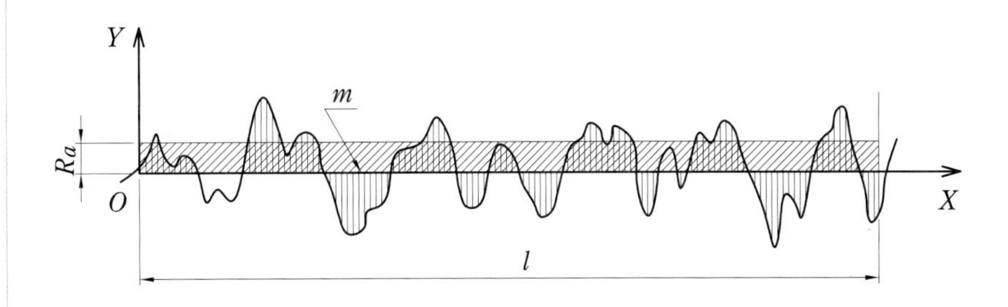

Ra를 구하는 방법

❶ 컷오프값

컷오프값의 종류	0.08mm	0.25mm	0.8mm	2.5mm	8mm	25mm

❷ Ra를 구할 때의 컷오프값 및 평가 길이의 표준값

Ra의 범위(㎛)		컷오프값 λ_c(mm)	평가 길이 l_n(mm)
초 과	이 하		
(0.006)	0.02	0.08	0.4
0.02	0.1	0.25	1.25
0.1	2.0	0.8	4
2.0	10.0	2.5	12.5
10.0	80.0	8	40

[비고]
Ra는 먼저 컷오프값을 설정한 후에 구한다. 표면 거칠기의 표시 및 지시를 하는 경우에 그 때마다 이것을 지정하는 것이 불편하므로 일반적으로 위 표에 나타내는 컷오프값 및 평가 길이의 표준값을 사용한다.

❸ Ra의 표준 수열

단위 : ㎛

0.008				
0.010				
0.012	0.125	1.25	12.5	125
0.016	0.160	1.60	16.0	160
0.020	0.20	2.0	20	200
0.025	0.25	2.5	25	250
0.032	0.32	3.2	32	320
0.040	0.40	4.0	40	400
0.050	0.50	5.0	50	
0.063	0.63	6.3	63	
0.080	0.80	8.0	80	
0.100	1.00	10.0	100	

[비고] 굵은 글씨로 나타낸 공비 2의 수열을 사용하는 것이 바람직하다.

(2) 최대 높이 Ry

<table>
<tr><th>구 분</th><th>기 호</th><th>설 명</th></tr>
<tr><td>최대 높이</td><td>Ry</td><td>

Ry는 거칠기 곡선에서 그 평균 선의 방향에 기준 길이만큼 뽑아내어 이 표본 부분의 평균선에서 산봉우리 선과 골바닥선의 세로배율의 방향으로 측정하여 이 값을 마이크로미터(㎛)로 나타낸 것을 말한다.

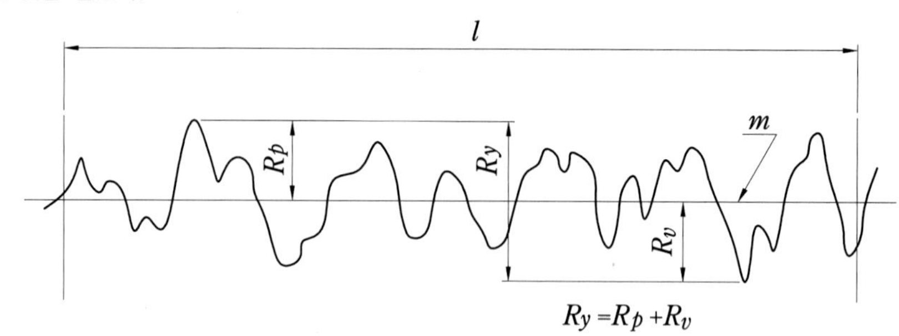

Ry를 구하는 방법

[비고]
Ry를 구하는 경우에는 흠이라고 간주되는 보통 이상의 높은 산 및 낮은 골이 없는 부분에서 기준 길이만큼 뽑아낸다.

❶ 기준 길이

Ry를 구하는 경우의 기준 길이	0.08mm	0.25mm	0.8mm	2.5mm	8mm	25mm

❷ Ry를 구할 때의 기준 길이 및 평가 길이의 표준값

Ry의 범위 (㎛)		컷오프값 l(mm)	평가 길이 l_n(mm)
초 과	이 하		
(0.025)	0.10	0.08	0.4
0.10	0.50	0.25	1.25
0.50	10.0	0.8	4
10.0	50.0	2.5	12.5
50.0	200.0	8	40

[비고]
Ry는 먼저 기준 길이를 지정한 후에 구한다. 표면 거칠기의 표시나 지시를 하는 경우에 그 때마다 이것을 지정하는 것이 불편하므로, 일반적으로 위 표에 나타내는 기준 길이 및 평가 길이의 표준값을 사용한다. ( )안은 참고값이다.

❸ Ry의 표준 수열

단위 : ㎛

	0.125	1.25	12.5	125	1250
	0.160	1.60	16.0	160	1600
	0.20	2.0	20	200	
0.025	0.25	2.5	25	250	
0.032	0.32	3.2	32	320	
0.040	0.40	4.0	40	400	
0.050	0.50	5.0	50	500	
0.063	0.63	6.3	63	630	
0.080	0.80	8.0	80	800	
0.100	1.00	10.0	100	1000	

[비고]
굵은 글씨로 나타낸 공비 2의 수열을 사용하는 것이 바람직하다.

</td></tr>
</table>

(3) 10점 평균거칠기 Rz

구 분	기 호	설 명
10점 평균 거칠기	Rz	(아래 참조)

Sm은 거칠기 곡선에서 그 평균 선의 방향에 기준 길이만큼 뽑아내어 이 표본 부분의 평균선에서 세로 배율의 방향으로 측정한 가장 높은 산봉우리부터 5번째 산봉우리까지의 표고(Yp)의 절대값의 평균값과 가장 낮은 골바닥에서 5번째까지의 골바닥의 표고(Yv)의 절대값의 평균값과의 합을 구하여, 이 값을 마이크로미터(㎛)로 나타낸 것을 말한다.

여기에서

$Y_{P1}, Y_{P2}, Y_{P3}, Y_{P4}, Y_{P5}$: 기준 길이 l에 대응하는 샘플링 부분의 가장 높은 산봉우리에서 5번째까지의 표고

$Y_{V1}, Y_{V2}, Y_{V3}, Y_{V4}, Y_{V5}$: 기준 길이 l에 대응하는 샘플링 부분의 가장 낮은 골바닥에서 5번째까지의 표고

$$R_z = \frac{|Y_{P1}+Y_{P2}+Y_{P3}+Y_{P4}+Y_{P5}| + |Y_{V1}+Y_{V2}+Y_{V3}+Y_{V4}+Y_{V5}|}{5}$$

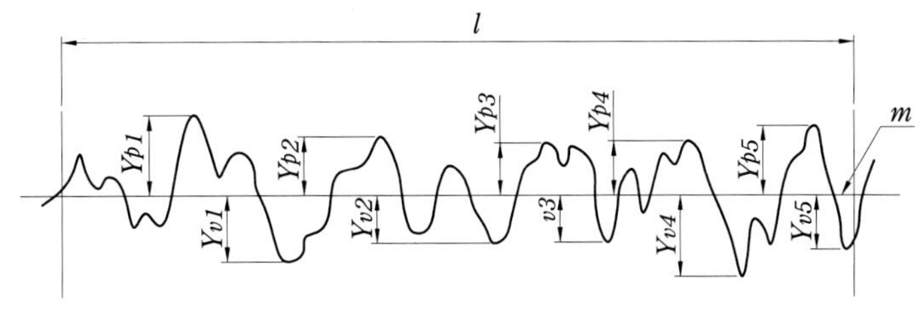

Rz를 구하는 방법

❶ 기준 길이

Rz를 구하는 경우의 기준 길이	0.08mm	0.25mm	0.8mm	2.5mm	8mm	25mm

❷ Rz를 구할 때의 기준 길이 및 평가 길이의 표준값

Rz의 범위 (㎛)		컷오프값 l(mm)	평가 길이 l_n(mm)
초 과	이 하		
(0.025)	0.10	0.08	0.4
0.10	0.50	0.25	1.25
0.50	10.0	0.8	4
10.0	50.0	2.5	12.5
50.0	200.0	8	40

[비고]
Rz는 먼저 기준 길이를 지정한 후에 구한다. 표면 거칠기의 표시나 지시를 하는 경우에 그 때마다 이것을 지정하는 것이 불편하므로 일반적으로 위 표에 나타내는 기준 길이 및 평가 길이의 표준값을 사용한다.

❸ Rz의 표준 수열

단위 : ㎛

	0.125	1.25	12.5	125	1250
	0.160	1.60	16.0	160	1600
	0.20	2.0	20	200	
0.025	0.25	2.5	25	250	
0.032	0.32	3.2	32	320	
0.040	0.40	4.0	40	400	
0.050	0.50	5.0	50	500	
0.063	0.63	6.3	63	630	
0.080	0.80	8.0	80	800	
0.100	1.00	10.0	100	1000	

[비고]
굵은 글씨로 나타낸 공비 2의 수열을 사용하는 것이 바람직하다.

(4) 요철의 평균 간격(S_m)의 정의 및 표시

구 분	기 호	설 명
요철의 평균 간격	Sm	(아래 참조)

Sm은 거칠기 곡선에서 그 평균 선의 방향에 기준 길이만큼 뽑아내어 이 부분에서 하나의 산 및 그것에 이웃한 하나의 골에 대응한 평균 선의 길이의 합(이하 요철의 간격이라 한다.)을 구하여 이 다수의 요철 간격의 산술 평균값을 밀리미터(mm)로 나타낸 것을 말한다.

여기에서

S_{mi} : 요철의 간격

n : 기준 길이 내에서의 요철 간격의 개수

$$S_m = \frac{1}{n}\sum_{i=1}^{n} S_n$$

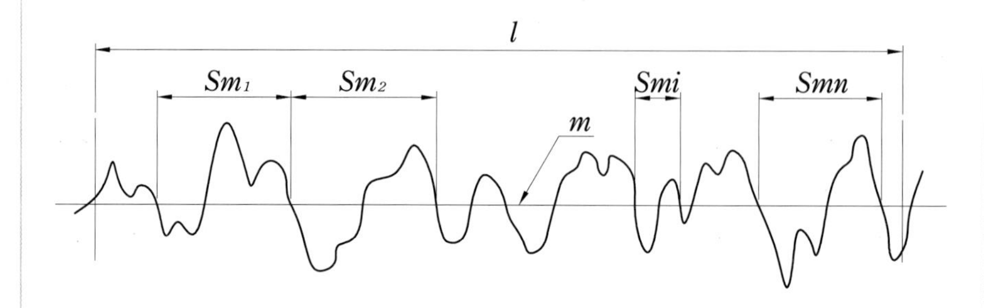

Sm을 구하는 방법

❶ 기준 길이

Sm을 구하는 경우의 기준 길이	0.08mm	0.25mm	0.8mm	2.5mm	8mm	25mm

❷ Sm을 구할 때의 기준 길이 및 평가 길이의 표준값

Sm의 범위 (㎛)		컷오프값 l(mm)	평가 길이 l_n(mm)
초 과	이 하		
0.013	0.04	0.08	0.4
0.04	0.13	0.25	1.25
0.13	0.4	0.8	4
0.4	1.3	2.5	12.5
1.3	4.0	8	40

[비고]
Sm은 먼저 기준 길이를 지정한 후에 구한다. 표면 거칠기의 표시나 지시를 하는 경우에 그 때마다 이것을 지정하는 것이 불편하므로 일반적으로 위 표에 나타내는 기준 길이 및 평가 길이의 표준값을 사용한다.

❸ Sm의 표준 수열

단위 : ㎛

	0.0125	0.125	1.25	125	12.5
	0.0160	0.160	1.60	160	
	0.020	0.20	2.0	200	
0.002	0.025	0.25	2.5	250	
0.003	0.032	0.32	3.2	320	
0.004	0.040	0.40	4.0	400	
0.005	0.050	0.50	5.0	500	
0.006	0.063	0.63	6.3	630	
0.008	0.080	0.80	8.0	800	
0.010	0.100	1.00	10.0	1000	

[비고]
굵은 글씨로 나타낸 공비 2의 수열을 사용하는 것이 바람직하다.

(5) 국부 산봉우리의 평균 간격(S)의 정의 및 표시

구 분	기 호
국부 산봉우리의 평균 간격	S

설 명

S는 거칠기 곡선에서 그 평균 선의 방향에 기준 길이만큼 뽑아내어 이 표본 부분에서 이웃한 국부 산봉우리 사이에 대응하는 평균 선의 길이(이하 국부 산봉우리의 간격이라 한다.)를 구하여 이 다수의 국부 산봉우리의 간격의 산술 평균값을 밀리미터(mm)로 나타낸 것을 말한다.
여기에서
S_i : 국부 산봉우리의 간격
n : 기준 길이 내에서의 국부 산봉우리 간격의 개수

$$S = \frac{1}{n}\sum_{i=1}^{n} S$$

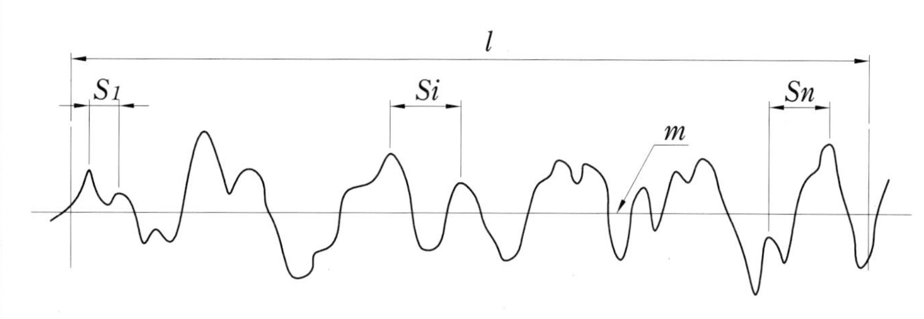

S를 구하는 방법

❶ 기준 길이

S를 구하는 경우의 기준 길이	0.08mm	0.25mm	0.8mm	2.5mm	8mm	25mm

❷ S를 구할 때의 기준 길이 및 평가 길이의 표준값

S의 범위 (㎛)		컷오프값 l(mm)	평가 길이 l_n(mm)
초 과	이 하		
0.013	0.04	0.08	0.4
0.04	0.13	0.25	1.25
0.13	0.4	0.8	4
0.4	1.3	2.5	12.5
1.3	4.0	8	40

[비고]
S는 먼저 기준 길이를 지정한 후에 구한다. 표면 거칠기의 표시나 지시를 하는 경우에 그 때마다 이것을 지정하는 것이 불편하므로 일반적으로 위 표에 나타내는 기준 길이 및 평가 길이의 표준값을 사용한다.

❸ S의 표준 수열

단위 : mm

	0.0125	0.125	1.25	12.5
	0.0160	0.160	1.60	
	0.020	0.20	2.0	
0.002	0.025	0.25	2.5	
0.003	0.032	0.32	3.2	
0.004	0.040	0.40	4.0	
0.005	0.050	0.50	5.0	
0.006	0.063	0.63	6.3	
0.008	0.080	0.80	8.0	
0.010	0.100	1.00	10.0	

[비고]
굵은 글씨로 나타낸 공비 2의 수열을 사용하는 것이 바람직하다.

(6) 부하 길이율(t_p)의 정의 및 표시

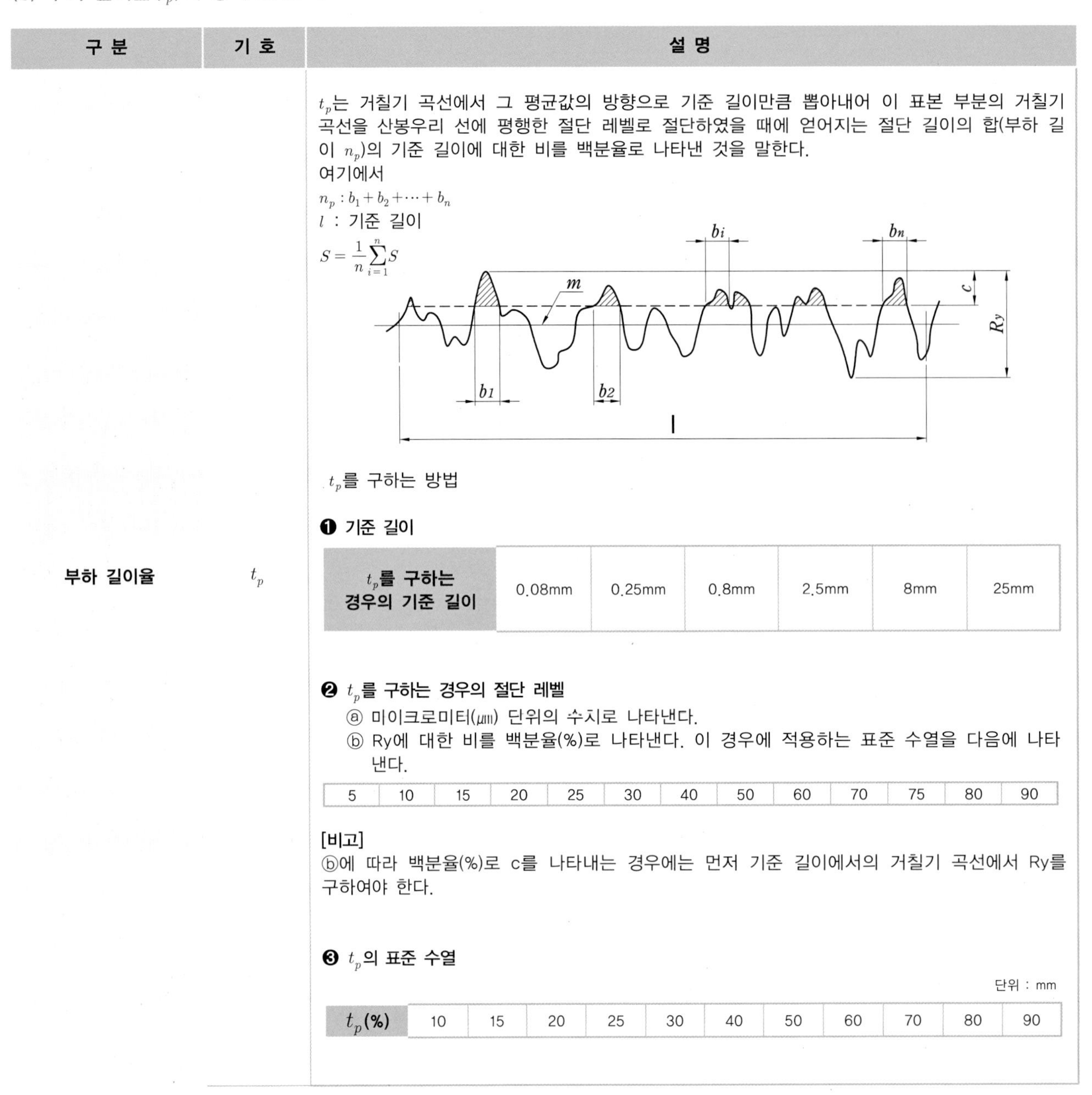

구 분	기 호	설 명
부하 길이율	t_p	(아래 설명)

t_p는 거칠기 곡선에서 그 평균값의 방향으로 기준 길이만큼 뽑아내어 이 표본 부분의 거칠기 곡선을 산봉우리 선에 평행한 절단 레벨로 절단하였을 때에 얻어지는 절단 길이의 합(부하 길이 n_p)의 기준 길이에 대한 비를 백분율로 나타낸 것을 말한다.

여기에서

$n_p : b_1 + b_2 + \cdots + b_n$

l : 기준 길이

$S = \frac{1}{n}\sum_{i=1}^{n} S$

t_p를 구하는 방법

❶ 기준 길이

t_p를 구하는 경우의 기준 길이	0.08mm	0.25mm	0.8mm	2.5mm	8mm	25mm

❷ t_p를 구하는 경우의 절단 레벨

ⓐ 미이크로미티(㎛) 단위의 수치로 나타낸다.

ⓑ Ry에 대한 비를 백분율(%)로 나타낸다. 이 경우에 적용하는 표준 수열을 다음에 나타낸다.

5	10	15	20	25	30	40	50	60	70	75	80	90

[비고]

ⓑ에 따라 백분율(%)로 c를 나타내는 경우에는 먼저 기준 길이에서의 거칠기 곡선에서 Ry를 구하여야 한다.

❸ t_p의 표준 수열

단위 : mm

t_p(%)	10	15	20	25	30	40	50	60	70	80	90

3. 비교 표면 거칠기 표준편 [KS B 0507 : 1975(2011 확인)]

■ 최대 높이의 구분치에 따른 비교 표준의 범위

거칠기 구분치		0.1S	0.2S	0.4S	0.8S	1.6S	3.2S	6.3S	12.5S	25S	50S	100S	200S
표면 거칠기의 범위 ($\mu m Rmax$)	최소치	0.08	0.17	0.33	0.66	1.3	2.7	5.2	10	21	42	83	166
	최대치	0.11	0.22	0.45	0.90	1.8	3.6	7.1	14	28	56	112	224
거칠기 번호 (표준편 번호)		SN1	SN2	SN3	SN4	SN5	SN6	SN7	SN8	SN9	SN10	SN11	SN12

■ 중심선 평균거칠기의 구분치에 따른 비교 표준의 범위

거칠기 구분치		0.025a	0.05a	0.1a	0.2a	0.4a	0.8a	1.6a	3.2a	6.3a	12.5a	25a	50a
표면 거칠기의 범위 ($\mu m Ra$)	최소치	0.02	0.04	0.08	0.17	0.33	0.66	1.3	2.7	5.2	10	21	42
	최대치	0.03	0.06	0.11	0.22	0.45	0.90	1.8	3.6	7.1	14	28	56
거칠기 번호 (표준편 번호)		N1	N2	N3	N4	N5	N6	N7	N8	N9	N10	N11	N12

Lesson

02 표면거칠기의 종류 및 설명

1. 표면거칠기란

표면거칠기(Surface roughness)는 기계가공이나 이것에 준하는 가공방법에 의해서 발생하는 표면의 거친 정도를 등급으로 규정한 기호로 도면상의 치수보조선이나 부품도면의 가공되는 면에 직접 표시해주는 것을 말한다.

설계자는 무조건 정밀하게 가공하도록 지시하는 것이 최선이 아니라 해당 부품의 기능과 요구에 알맞는 적절한 표면거칠기를 선정하여 가공비를 절감하도록 노력해야 한다. 결국 표면거칠기는 공차와 밀접한 관계가 있으며, 이 장에서는 아직까지 산업현장에서 쉽게 볼 수 있는 다듬질기호(삼각기호)와 표면거칠기의 규격 변천과정에 있어 KS와 JIS규격을 비교해보고 실제 도면상에 표면거칠기를 표시하는 방법에 대해 알아보기로 한다.

먼저, 표면거칠기를 표시하는 파라미터는 다음과 같은 종류가 있다.

현재 한국산업규격에서는 **KS B 0161**:1999(2004확인)에 표면거칠기 정의 및 표시에 관하여 규정하고 있으며, **KS B 0617**:1999(2004확인)에 **제도-표면의 결 도시 방법**에 대해 규정하고 있다.

2. 표면거칠기의 종류 [KS B 0161]

구 분	기 호	설 명
산술평균 거칠기	R_a	거칠기 곡선으로부터 그 평균선의 방향에 기준 길이만큼 뽑아내어, 그 표본 부분의 평균 선 방향에 X축을, 세로 배율 방향에 Y축을 잡고, 거칠기 곡선을 y=f(x)로 나타내었을 때 식에 따라 구해지는 값을 마이크로미터(μ m)로 나타낸 것을 말한다.
최대 높이	R_y	거칠기 곡선에서 그 평균선의 방향에 기준 길이만큼 뽑아내어 이 표본 부분의 평균선에서 산봉우리선과 골바닥선의 세로배율의 방향으로 측정하여 이 값을 마이크로미터(μ m)로 나타낸 것을 말한다.
10점 평균거칠기	R_z	거칠기 곡선에서 그 평균선의 방향에 기준 길이만큼 뽑아내어 이 표본 부분의 평균선에서 세로 배율의 방향으로 측정한 가장 높은 산봉우리부터 5번째 산봉우리까지의 표고(Yp)의 절대값의 평균값과 가장 낮은 골바닥에서 5번째까지의 골바닥의 표고(Yp)의 절대값의 평균값과의 합을 구하여, 이 값을 마이크로미터(μ m)로 나타낸 것을 말한다.

3. 중심선 평균거칠기의 정의 및 표시

KS B 0161의 **부속서**에 참고로 중심선 **평균거칠기**(Ra_{75})에 대하여 규정하고 있는데, 이 부속서에서 정하는 내용은 국제 규격에 부합하지 않으므로 시기를 보아 폐지한다고 한다.

JIS에서도 마찬가지로 **JIS B 0601:1982 및 JIS B 0031:1982**에 Ra로 규정되어 있지만 앞의 Ra와는 정의가 다른 것이다. 아직 기존의 많은 서적들이나 문헌에는 개정되지 않은 기존 규격들의 내용이 있어 혼란을 일으킬 수 있어 참고가 될 수 있도록 기술하였다.

4. 표면거칠기 파라미터의 변화 (KS 및 JIS 비교)

표면거칠기의 규격이 개정이 되는 이유는 가공 기술의 진보와 측정기의 성능 향상에 따라 제품의 품질 평가 기준이 다양화되고, 국제규격인 ISO에서도 새로운 표면거칠기의 파라미터가 채용되어 국제적인 부합성을 마련할 필요도 있어 개정이 되는 것이다.

❶ KS의 표면거칠기 파라미터의 변화

KS B 0161:1988	중심선 평균거칠기 Ra 최대높이 Rmax 10점 평균거칠기 Rz
KS B 0161:1999 (2004 확인)	산술평균거칠기 Ra 최대높이 Ry 10점 평균거칠기 Rz 요철의 평균 간격 Sm 국부 산봉우리의 평균 간격 S 부하 길이율 tp

[주] KS B 0161:1999 (2004확인) 표면거칠기 정의 및 표시 해설 참고

❷ JIS의 표면거칠기 파라미터의 변화

구 JIS	중심선 평균거칠기 Ra 최대높이 Rmax 10점 평균거칠기 Rz
1994년 개정 JIS	산술평균거칠기 Ra 최대높이 Ry 10점 평균거칠기 Rz
개정 JIS	산술평균거칠기 Ra 최대높이 Rz 10점 평균거칠기 (삭제) JIS B 0601-2001 그러나 JIS B 0601 부속서1에 RzJIS로 참고로 남겨두고 있다. 중심선 평균거칠기 Ra_{75} 그러나 JIS B 0601 부속서에 Ra_{75}로 참고로 남겨두고 있다.

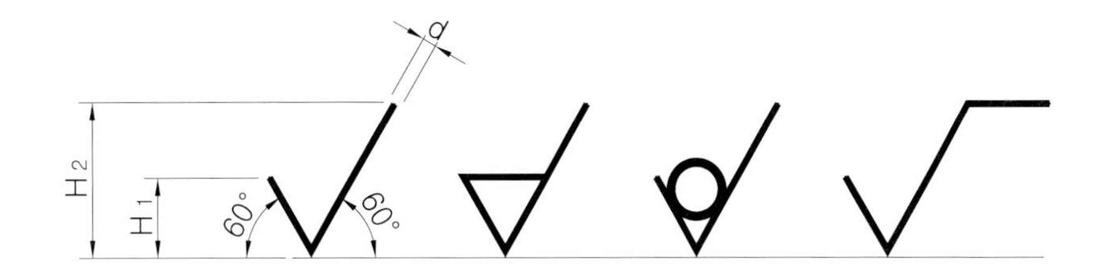

● 면의 지시 기호의 치수 비율

❸ 면의 지시 기호의 치수 비율

숫자 및 문자의 높이 (h)	3.5	5	7	10	14	20
문자를 그리는 선의 굵기 (d)	ISO 3098/I에 따른다(A형 문자는 h/14, B형 문자는 h/10)					
기호의 짧은 다리의 높이 (H_1)	5	7	10	14	20	28
기호의 긴 다리의 높이 (H_2)	10	14	20	28	40	56

❹ 표면거칠기 기호 표시법

서두에서 언급했듯이 시험과제 도면 작성 기준이 아닌 현장 실무 도면을 직접 접해보면 실제로 다듬질기호(삼각기호)를 적용한 도면들을 많이 볼 수가 있을 것이다. 다듬질기호 표기법과 표면거칠기 기호의 표기에 혼동이 있을 수도 있는데 아래와 같이 표면거칠기 기호를 사용하고 가공면의 거칠기에 따라서 반복하여 기입하는 경우에는 알파벳의 소문자(w, x, y, z) 부호와 함께 사용한다.

● 표면거칠기 기호 표시법

❺ 표면거칠기 기호의 의미

[그림. 표면거칠기 기호의 의미(b)]는 제거가공을 허락하지 않는 부분에 표시하는 기호로 주물, 단조 등의 공정을 거쳐 제작된 제품에 별도의 2차 기계가공을 하면 안되는 표면에 해당되는 기호이다. [그림. 표면거칠기 기호의 의미(c)]는 별도로 기계절삭 가공을 필요로 하는 표면에 표시하는 기호이다. 즉, 선반, 밀링, 드릴, 리밍, 보링, 연삭 가공 등 공작기계에 의한 일반적인 가공부에 적용한다. 또한 [w/ x/ y/ z/]과 같이 알파벳 소문자와 함께 사용하는 기호들은 표면의 거칠기 상태(정밀도)에 따라 문자기호로 표시한 것이다.

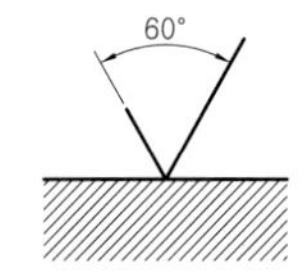

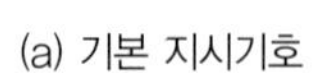

(a) 기본 지시기호

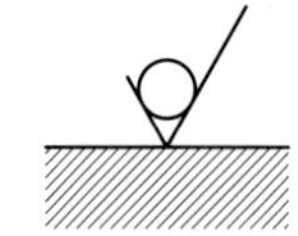

(b) 제거가공을 허락하지 않는 면의 지시기호

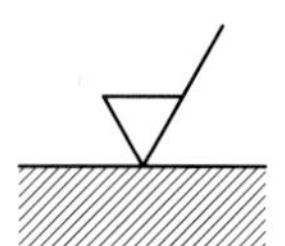

(c) 제거가공을 요하는 면의 지시기호

● 표면거칠기 기호의 의미

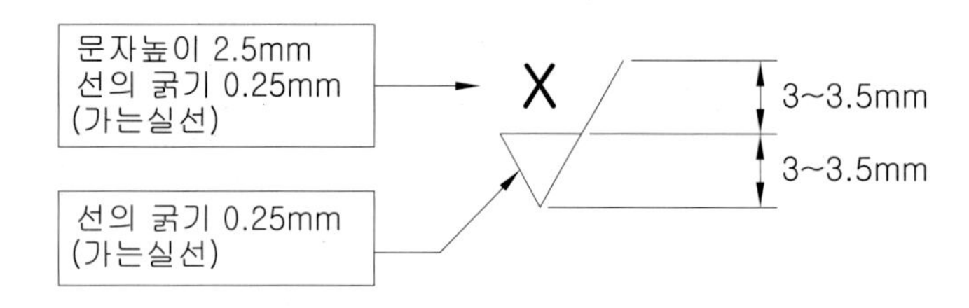

● 부품도에 기입하는 경우

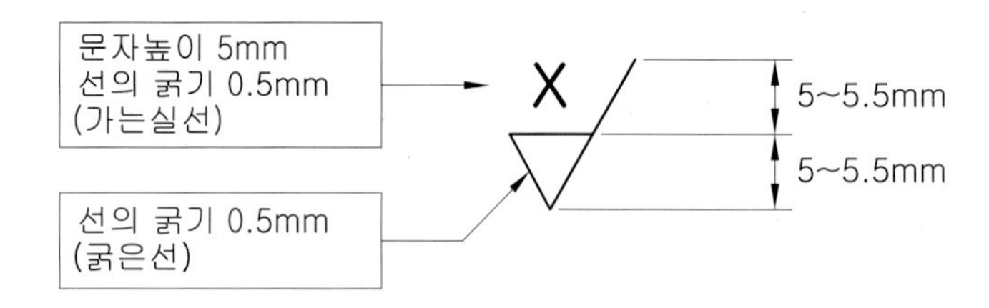

● 품번 우측에 기입하는 경우

❻ 표면거칠기 기호의 변화[JIS]

변 천	그 이전	92년 개정 구 JIS	개정 JIS
기 호	▽▽▽ ▽	1.6 25	Ra 1.6 Ra 25
설 명	삼각기호를 이용하고 삼각기호가 많을수록 표면은 매끄럽게 되는 것을 나타내었다.	Ra로 표시하는 경우 표면의 지시기호의 위쪽(기호가 윗방향인 경우는 아래쪽)에 그 수치를 기입하였다.	도시기호의 긴쪽의 사선에 수치를 기입하여 표면거칠기 파라미터를 그 아래에 기입한다. 기호와 수치의 사이에는 반각의 더블스페이스를 남긴다.

Lesson 03

표면거칠기와 다듬질기호에 의한 기입법

아직까지 실무 산업현장에서 표면거칠기 기호 대신에 삼각기호로 표기하는 다듬질기호를 사용하는 기업의 사례나 예전 도면이 많은 것이 사실이다. 아래에 표시한 다듬질기호는 참고적으로 보기 바라며 단독적으로 사용하는 것은 좋지만 그 경우에는 삼각기호의 수와 표면거칠기의 수열에 따른 관계는 표에 표시한 것을 참조한다. 그 외의 값을 지정하는 경우에는 기호 위에 그 값을 별도로 기입하도록 주의를 필요로 한다. 시험에서 요구하는 사항은 다듬질기호의 적용이 아니라 표면거칠기 기호의 적용이므로 주의를 요한다.

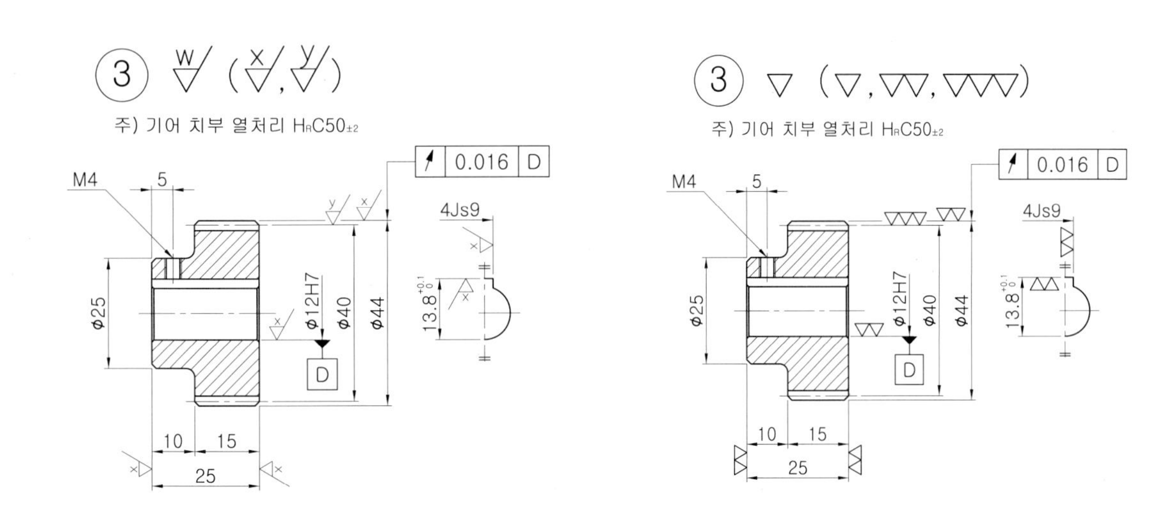

● 다듬질 기호 및 표면거칠기 기호에 의한 기입예

1. 표면거칠기와 다듬질기호(삼각기호)의 관계

표면거칠기와 다듬질기호(삼각기호)의 관계를 아래에 나타내었다.

[표면거칠기와 다듬질기호(삼각기호)의 관계]

	산술평균거칠기 R_a	최대높이 R_y	10점 평균거칠기 R_z	다듬질기호 (참고)
구분값	0.025	0.1	0.1	▽▽▽▽
	0.05	0.2	0.2	
	0.1	0.3	0.4	
	0.2	0.8	0.8	
	0.4	1.6	1.6	▽▽▽
	0.8	3.2	3.2	
	1.6	6.3	6.3	
	3.2	12.5	12.5	▽▽
	6.3	25	25	
	12.5	50	50	▽
	25	100	100	
	특별히 규정하지 않는다.			～

2. 산술평균거칠기(Ra)의 거칠기 값과 적용 예

일반적으로 사용이 되고 있는 산술평균거칠기(Ra)의 적용 예를 아래에 나타내었다. 거칠기의 값에 따라서 최종 완성 다듬질 면의 정밀도가 달라지며 거칠기(Ra) 값이 적을수록 정밀한 다듬질 면을 얻을 수 있다.

[산술평균거칠기(Ra)의 적용 예]

거칠기의 값	적용 예
Ra 0.025 Ra 0.05	초정밀 다듬질 면, 제조원가의 상승 특수정밀기기, 고정밀면, 게이지류 이외에는 사용하지 않는다.
Ra 0.1	극히 정밀한 다듬질 면, 제조원가의 상승 연료펌프의 플런저나 실린더 등에 사용한다.
Ra 0.2	정밀 다듬질 면 수압실린더 내면이나 정밀게이지, 고속회전 축이나 고속회전용 베어링, 메카니컬 실 부위 등에 사용한다.
Ra 0.4	부품의 기능상 매끄러움(미려함)을 중요시하는 면 저속회전 축 또는 저속회전용 베어링, 중하중이 걸리는 면, 정밀기어 등
Ra 0.8	집중하중을 받는 면, 가벼운 하중에서 연속적으로 운동하지 않는 베어링면, 클램핑 핀이나 정밀나사 등
Ra 1.6	기계가공에 의한 양호한 다듬질 면 베어링 끼워맞춤 구멍, 접촉면, 수압실린더 등
Ra 3.2	중급 다듬질 정도의 기계 다듬질 면 고속에서 적당한 이송량을 준 공구에 의한 선삭, 연삭 등 정밀한 기준면, 조립면, 베어링 끼워맞춤 구멍 등
Ra 6.3	가장 경제적인 기계다듬질 면 급속이송 선삭, 밀링, 쉐이퍼, 드릴가공 등 일반적인 기준면이나 조립면의 다듬질에 사용
Ra 12.5	별로 중요하지 않은 다듬질 면 기타 부품과 접촉하거나 닿지 않는 면
Ra 25	별도 기계가공이나 제거가공을 하지 않는 거친 면 주물 등의 흑피, 표면

3. 표면거칠기 표기법 및 가공방법

표면거칠기와 다듬질 기호에 따른 가공 정밀도와 일반적인 가공방법 및 적용부위에 따른 사항을 정리하였다. 시험과제도면을 나름대로 분석하여 어떠한 기계가공을 해야 할지 판단하여 표면거칠기 기호를 적용할 수 있도록 기본적인 가공법에 대해서도 지식을 쌓아 두어야 한다.

[산술평균거칠기(Ra)의 적용 예]

<table>
<tr><th colspan="2">명 칭
(다듬질 정도)</th><th>다듬질 기호
(구 기호)</th><th>표면거칠기
기호
(신 기호)</th><th>가공방법 및 적용부위</th></tr>
<tr><td colspan="2">매끄러운 생지</td><td>∼</td><td>○√</td><td>① 기계 가공 및 버 제거 가공을 하지 않은 부분
② 주조(주물), 압연, 단조품 등의 표면부
③ 철판 절곡물 등</td></tr>
<tr><td colspan="2">거친 다듬질</td><td>▽</td><td>w√</td><td>① 밀링, 선반, 드릴 등의 공작기계 가공으로 가공 흔적이 남을 정도의 거친 면
② 끼워맞춤을 하지 않는 일반적인 가공면
③ 볼트머리, 너트, 와셔 등의 좌면</td></tr>
<tr><td colspan="2">보통 다듬질
(중 다듬질)</td><td>▽▽</td><td>x√</td><td>① 상대 부품과 끼워맞춤만 하고, 상대적 마찰운동을 하지 않고 고정되는 부분
② 보통공차(일반공차)로 가공한 면
③ 커버와 몸체의 끼워맞춤 고정부, 평행키홈, 반달키홈 등
④ 줄가공, 선반, 밀링, 연마 등의 가공으로 가공 흔적이 남지 않을 정도의 가공면</td></tr>
<tr><td rowspan="2">상
다
듬
질</td><td>절삭
다듬질 면</td><td rowspan="2">▽▽▽</td><td rowspan="2">y√</td><td>① 끼워맞춤되어 회전운동이나 직선왕복 운동을 하는 부분
② 베어링과 축의 끼워맞춤 부분
③ 오링, 오일실, 패킹이 접촉하는 부분
④ 끼워맞춤 공차를 지정한 부분
⑤ 위치결정용 핀 홀, 기준면 등</td></tr>
<tr><td>담금질,
경질크롬
도금, 연마
다듬질 면</td><td>① 끼워맞춤되어 고속 회전운동이나 직선왕복 운동을 하는 부분
② 선반, 밀링, 연마, 래핑 등의 가공으로 가공 흔적이 전혀 남지 않는 미려하고 아주 정밀한 가공면
③ 신뢰성이 필요한 슬라이딩하는 부분, 정밀 지그의 위치결정면
④ 열처리 및 연마되어 내마모성을 필요로 하는 미끄럼 마찰면</td></tr>
<tr><td colspan="2">정밀 다듬질</td><td>▽▽▽▽</td><td>z√</td><td>① 그라인딩(연삭), 래핑, 호닝, 버핑 등에 의한 가공으로 광택이 나는 극히 초정밀 가공면
② 고급 다듬질로서 일반적인 기계 부품 등에는 사용안함
③ 자동차 실린더 내면, 게이지류, 정밀 스핀들 등</td></tr>
</table>

표면거칠기 기호 비교 분석

표면 거칠기 기호 비교표

- ∀ = ∀ , Ry200 , Rz200 , N12
- w/ = 12.5/ , Ry50 , Rz50 , N10
- x/ = 3.2/ , Ry12.5 , Rz12.5 , N8
- y/ = 0.8/ , Ry3.2 , Rz3.2 , N6
- z/ = 0.2/ , Ry0.8 , Rz0.8 , N4

주) 문자의 방향을 주의한다.

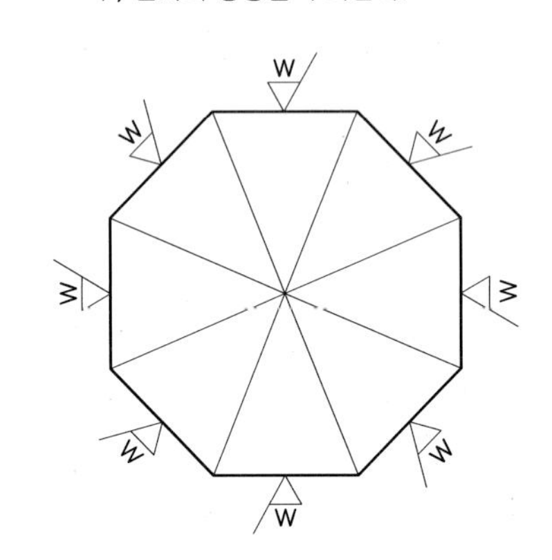

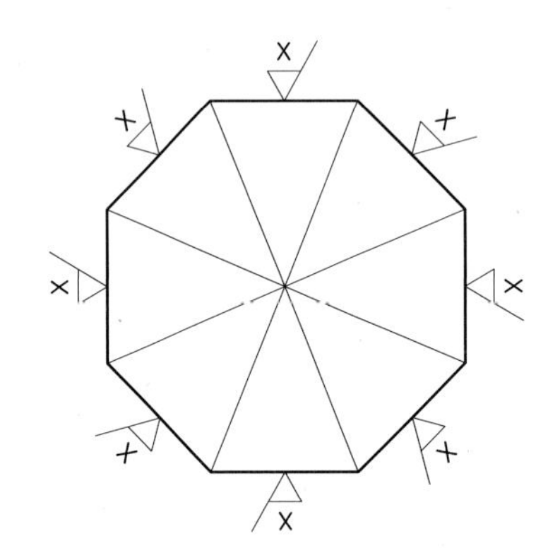

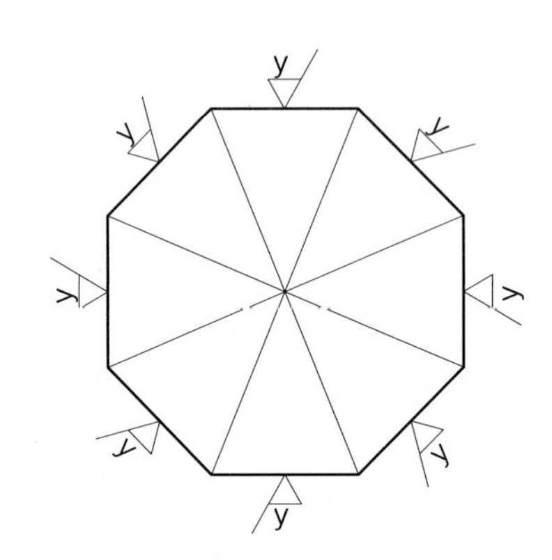

● 표면거칠기 및 문자 표시 방향

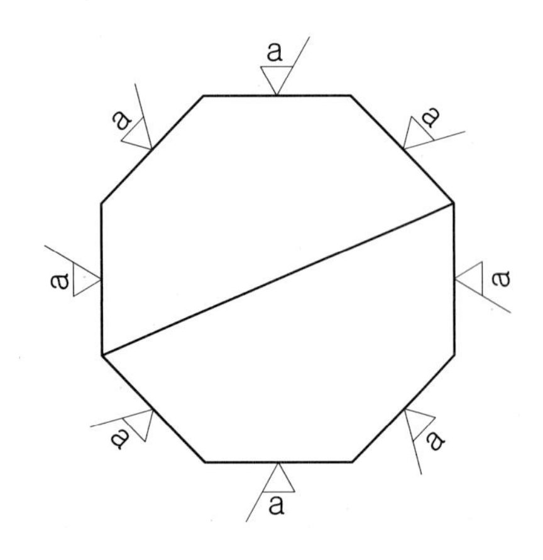

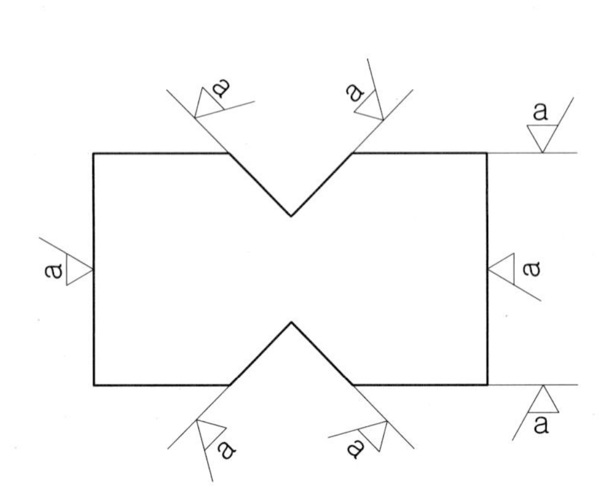

● Ra만을 지시하는 경우의 기호와 방향

주석문 아래에 표기한 표면거칠기 기호 비교표를 보고 해석을 해본다. 표면거칠기를 기호로 표기하여 주로 도면 양식 중에 표제란 상단에 표기하는 비교표로 현재 실기시험 작도시에도 위와 같은 방식으로 표기를 하고 있다.

Lesson

05 실기시험 과제도면을 통한 기호별 의미 해석

일반적으로 도면에 치수를 기입하고 나서 부품의 조립상태나 끼워맞춤 등을 파악하여 표면거칠기 기호를 외형선이나 치수보조선에 표기해 준다. 표면거칠기를 적용함에 있어서 가장 중요한 사항은 반드시 기준이 되는 부위, 기능적으로 필요한 부위에 알맞은 표면거칠기 기호를 적용해야 하는데 각 기호별로 의미를 자세하게 알아보도록 하자.

1. 

주조, 다이캐스팅 등의 주물공정을 통해 제작된 부품처럼 주물한 상태의 거친 표면 그대로 아무런 기계가공이나 표면다듬질 작업을 하지 않은 상태 그대로 사용해도 좋은 면에 적용한다. 또한 철판 절곡물이나 벤딩한 상태로 도장하여 그대로 사용하는 면들에 적용한다.

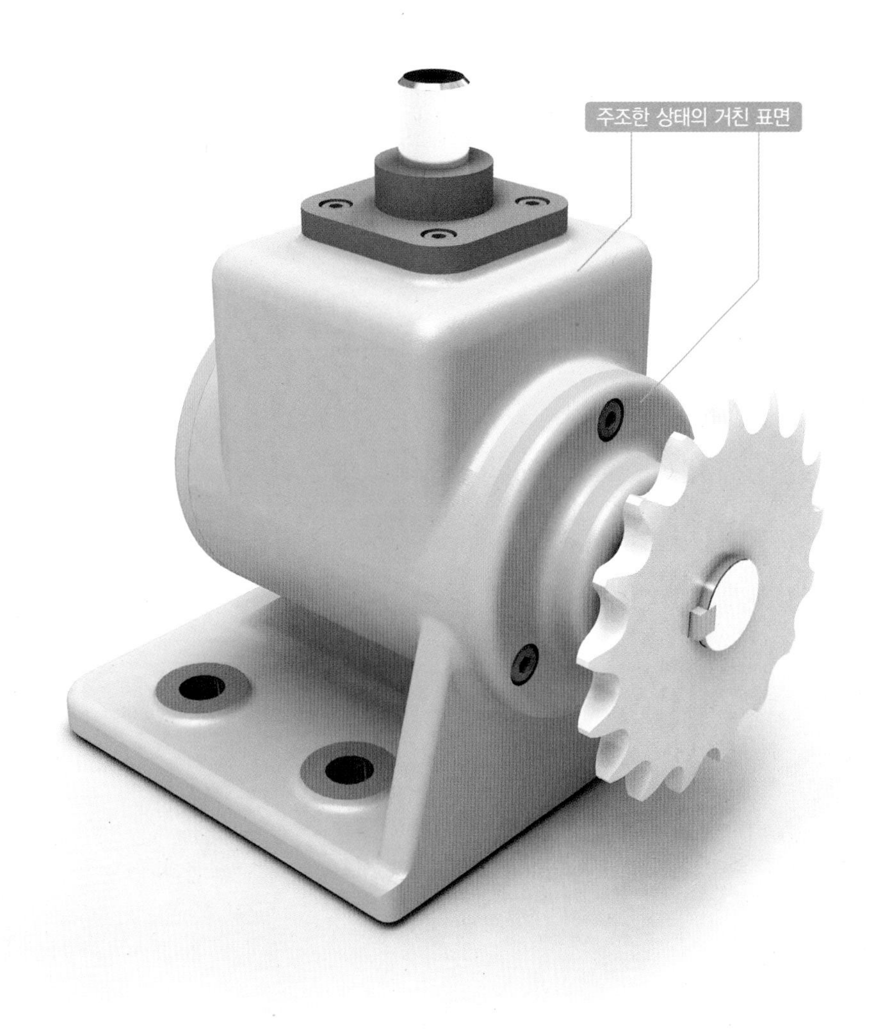

● 주물표면부

주물품 본체나 하우징의 외부 표면, 벨트 풀리의 외부 표면, 기어의 암(arm) 부위, 커버 등 외부로 노출되어 있으면서 접촉하는 부위가 없거나 작동에 전혀 관련이 없는 표면 등에 적용한다.

2. 거친가공부 $\overset{W}{\bigtriangledown}$

원 소재 상태의 재료를 기계절삭 가공했을 때처럼 '가공흔적(무늬)이 그대로 보이는' 표면의 거친 정도를 말한다. 예를 들어 선반에서 바이트로 절삭을 한 경우나 밀링에서 커터로 절삭을 하고나서 손으로 만져보면 매끄럽지 않고 가공흔적 즉 공구가 지나간 흔적에 의해 표면이 약간 까칠한 정도를 느낄 수가 있는 표면의 상태이다.

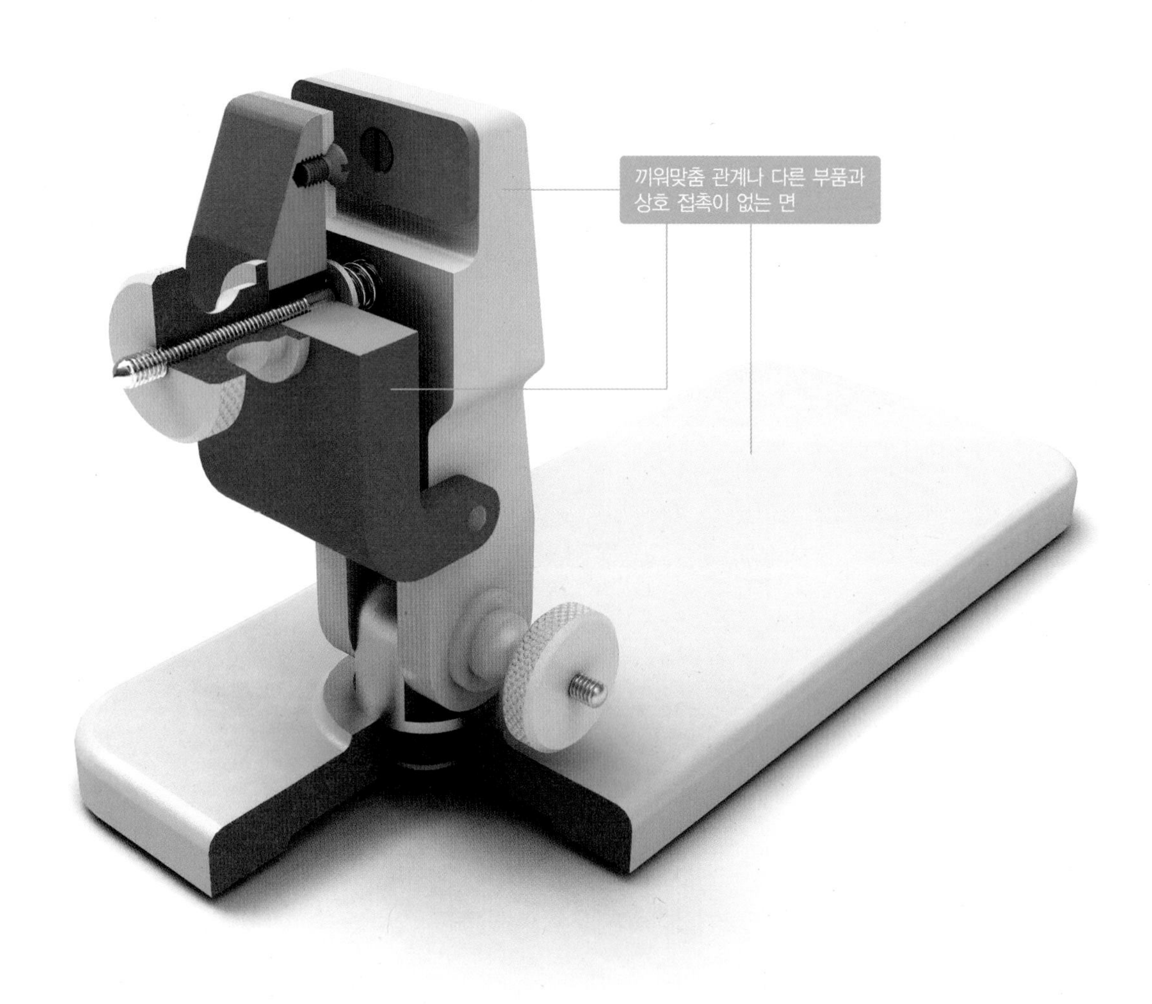

● 거친가공부

드릴구멍, 모떼기, 선반, 밀링가공 면 등에 적용한다. 서로 끼워맞춤이 없으며 상대 부품과 조립시 볼트나 너트 등에 의해 체결하여 면과 면이 맞닿기는 하지만 작동과는 상관이 없는 단순한 고정면 등에 주로 적용한다.

3. 중급 다듬질 $\overset{X}{\nabla}$

선반이나 밀링 등의 절삭 가공이 이루어지고 나면 가공흔적이 보이는데 이 표면을 가공용 줄, 정삭 엔드밀 등을 통해 표면 다듬질 처리해야 할 면에 적용한다.

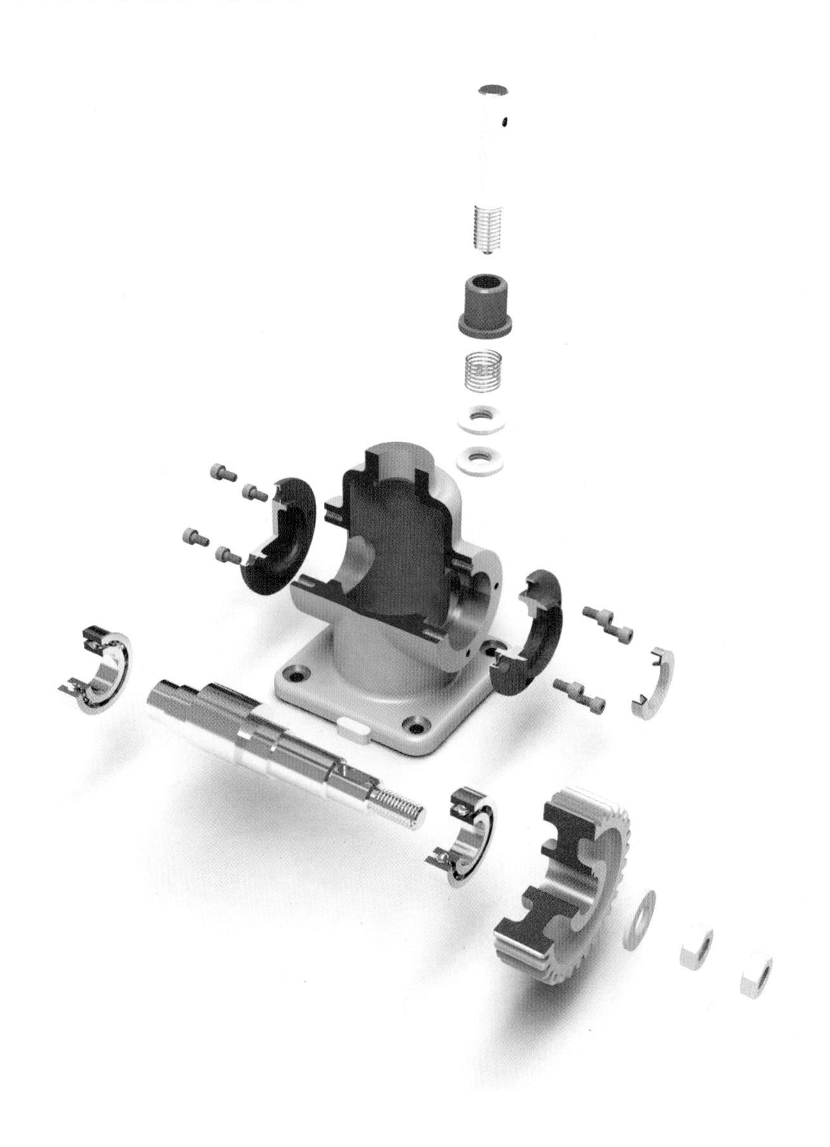

● 중급 다듬질

주로 조립시 상대 부품과 맞닿는 면으로 작동되지 않지만 조립 후 고정된 상태를 유지해야 하는 부분으로 축과 구멍의 키 홈, 기어의 이끝원, 커버와 몸체의 조립면 등에 적용한다.

4. 상급 다듬질 $\overset{y}{\nabla}$

조금 더 표면을 정밀하게 다듬질하라는 표시로 주로 조립 후 상대부품과 직선왕복 운동이나 회전부 및 마찰 등의 작동을 하는 면에 적용하는데 연삭숫돌 등으로 그라인딩 가공하여 정밀도를 높게 한다.

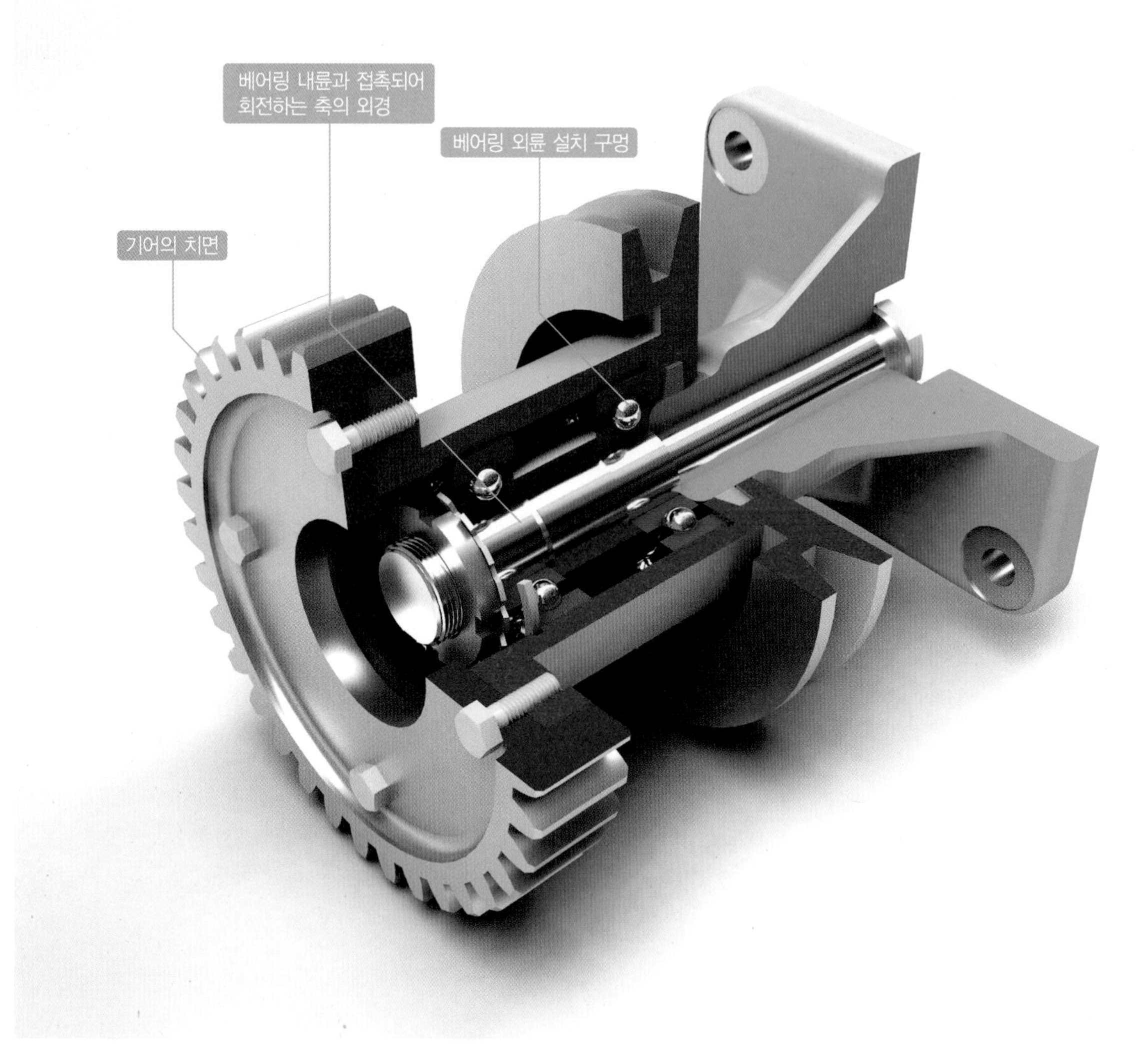

● 상급 다듬질

베어링이 조립되는 축의 표면, 기어의 피치원경, 오링이나 오일실, 패킹 등이 끼워지는 내부 구멍, 바이스(vise)의 작동 베드(bed), 부시 내외경 등에 적용한다.

5. 정밀 다듬질 $\overset{Z}{\bigtriangledown}$

기밀유지가 요구되는 정밀한 부분에 적용된다. 최상급 가공이 되며 경면(거울면)과 같이 얼굴이 비춰질 정도로 가공이 된다. 폴리싱, 래핑, 호닝, 버핑 등의 마무리 공정을 통해 얻게 되는 초정밀급의 표면 다듬질이다.

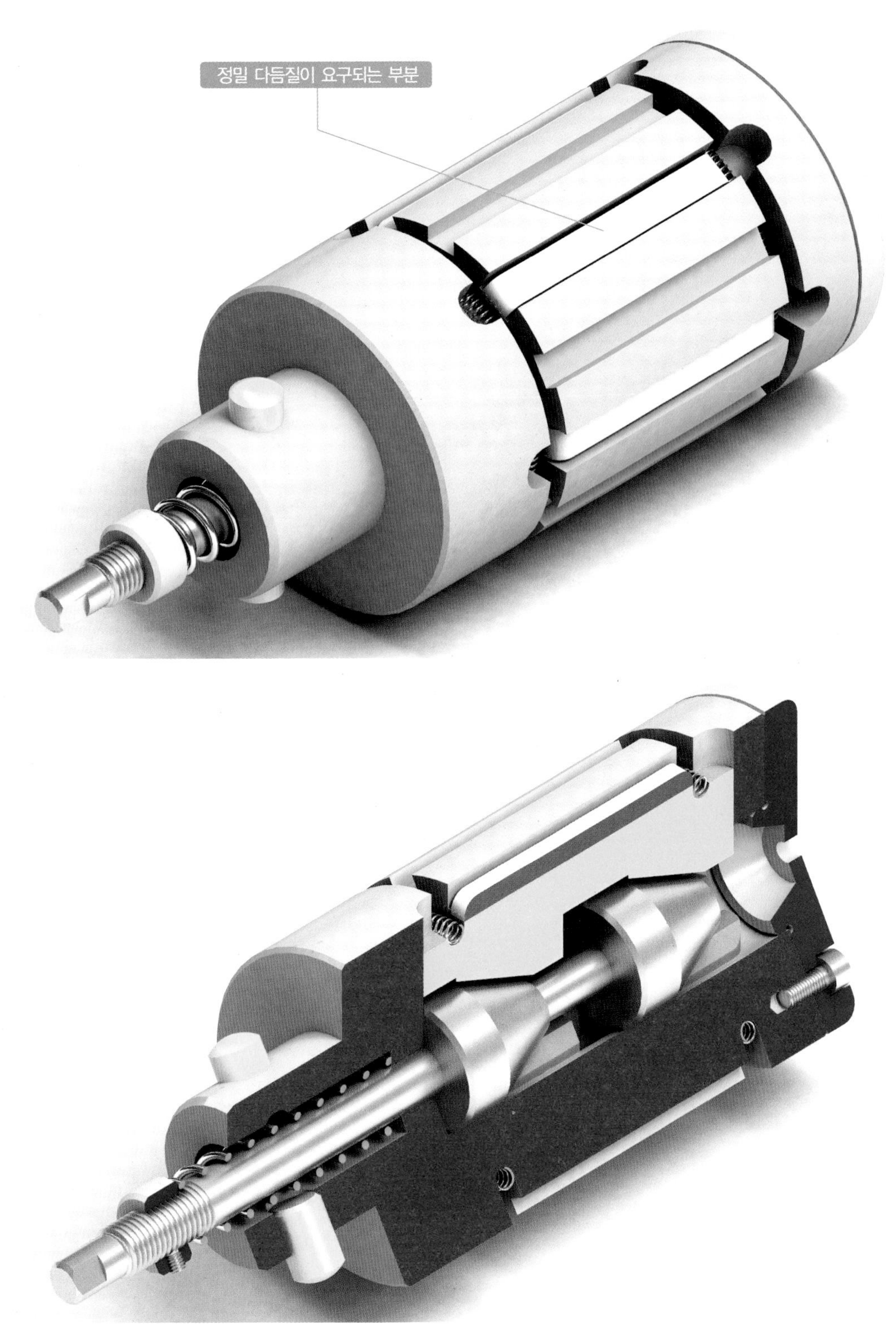

● 정밀다듬질용 호닝헤드

Tip

기어를 측정하는 마스터기어, 자동차 엔진 실린더블록의 피스톤 구멍, 커넥팅로드의 피스톤 외경, 축에 고무 패킹이 마찰되며 회전하는 면, 게이지류, 유압실린더 피스톤 외면 등 공기나 유체를 정밀하게 밀봉시키는 구간 등에 적용할 수 있다.

표면거칠기 기호의 적용 예

아래 조립도의 동력전달장치 중에서 품번 ① 본체, ② 축, ③ 기어, ④ V-벨트 풀리, ⑤ 커버에 KS규격에 준하여 실제로 표면거칠기 기호를 표시한 예이다. 표면거칠기에 관련한 기호만 도시하면서 그 의미를 해석해보기로 한다.

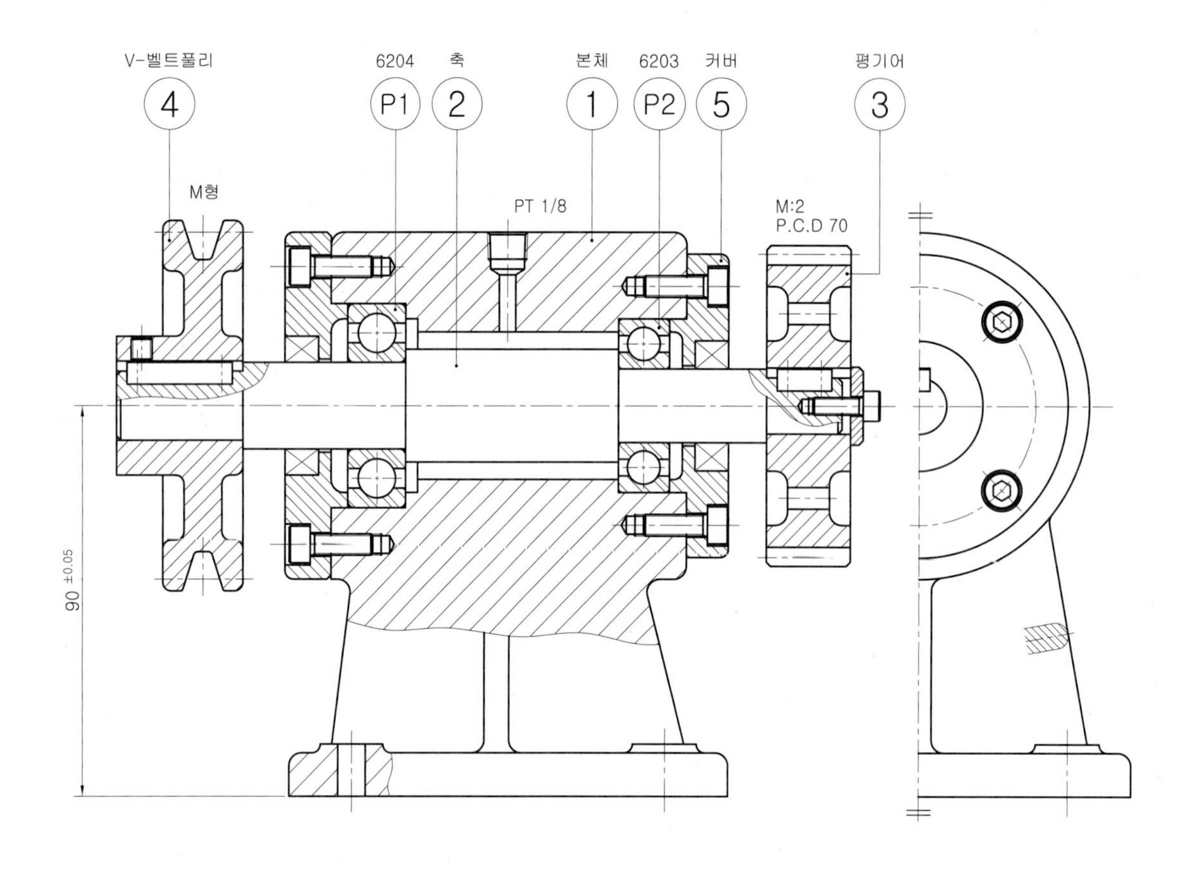

● 동력전달장치 조립도

● [참고입체도] 동력전달장치 입체도

● [참고입체도] 동력전달장치 단면입체도

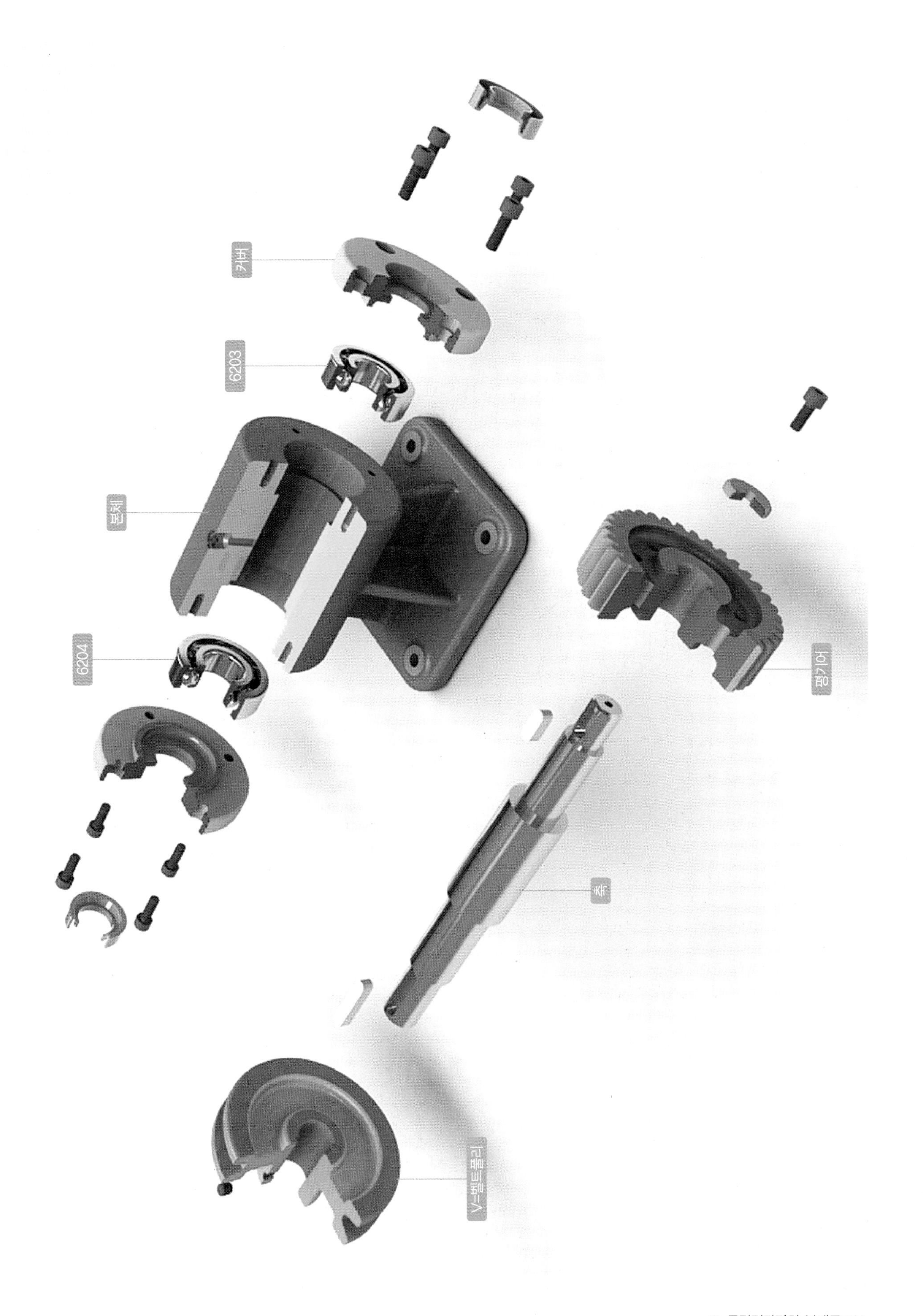

● 동력전달장치 분해구조도

1. 품번 ① 본체의 표면거칠기 기호 표시 예

부품 도면에 표면거칠기 기호를 표시할 때는 실제 부품을 가공하는 방향쪽에서 기입해주는 것이 바람직하다. 즉 절삭공구가 가공시에 닿는 부분을 말한다. 표면거칠기 기호는 보통 부품도면에 치수를 전부 기입하고 배치한 후에 최종적으로 각 부품과의 조립상태 및 끼워맞춤 상관 관계를 고려하여 기입해주는 것이 일반적인 방법이다. 본체 부품도 품번 우측의 표면거칠기 기호를 분석해 보자. '∅/' 는 앞에서 학습하였듯이 주물품과 같이 별도의 가공이나 다듬질을 하지 않는 부분을 의미하는 기호인데 여기서는 'w/, x/, y/' 기호가 표시된 면 이외의 모든 부분을 나타내는 것이다. 따라서 본체 부품은 아래 도면과 같이 조립 및 끼워맞춤되는 부분에 표시된 기호대로 가공을 하면 된다.

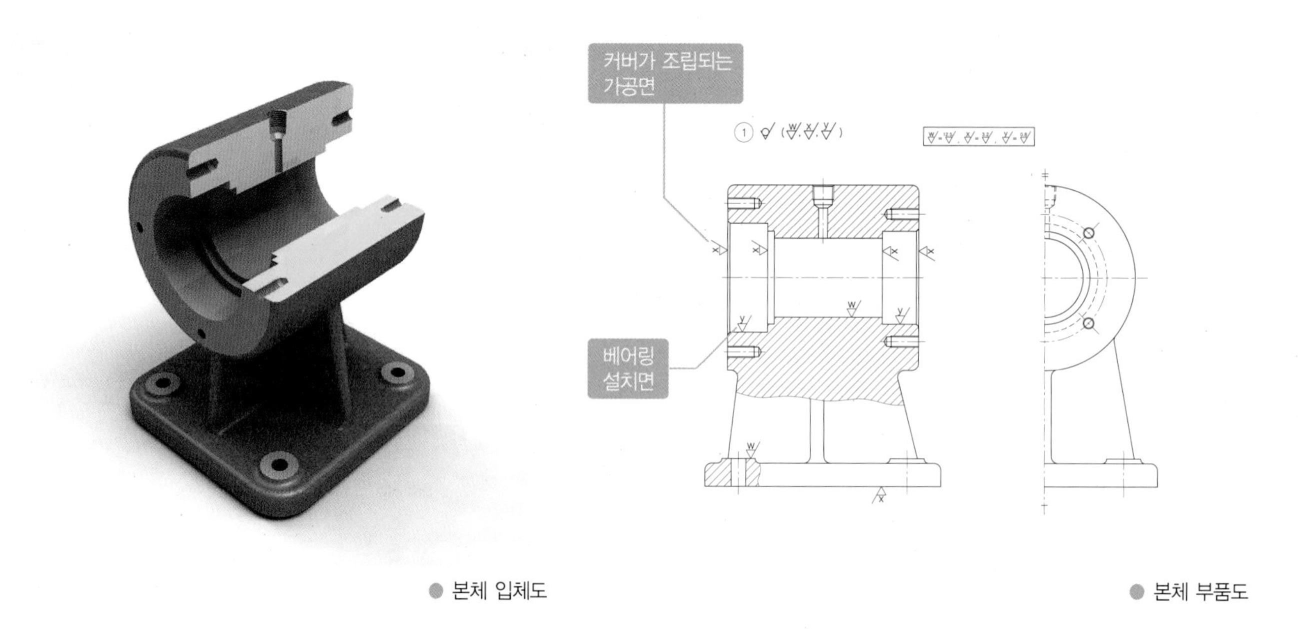

● 본체 입체도 ● 본체 부품도

2. 품번 ② 축의 표면거칠기 기호 표시 예

축의 경우에는 주물공정이 아니라 소재를 선반(lathe)이라는 기계에서 척이나 양센터로 중심내기(센터링)를 하고 소재는 회전운동을 시키고 공구는 직선운동을 하여 내, 외경의 절삭 등을 한다. 이 축의 부품도에 표시된 표면거칠기 기호는 키홈을 포함하여 축 전체를 중급다듬질 가공으로 'x/'로 실시하고 베어링의 내륜과 접촉하여 회전하는 부분만 상급다듬질인 'y/' 로 실시하라는 의미이다.

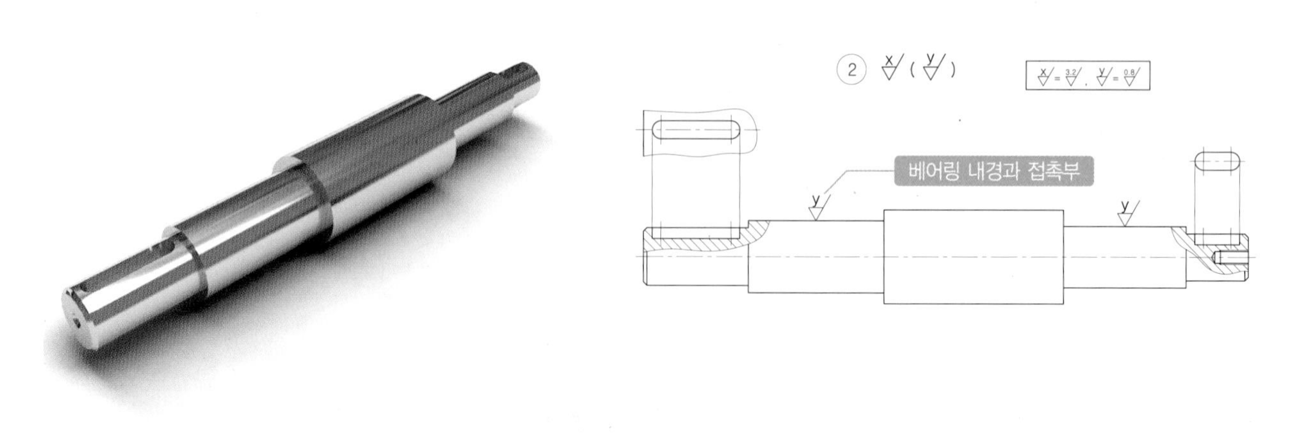

● 축 입체도 ● 축 부품도

3. 품번 ③ 기어의 표면거칠기 기호 표시 예

실기시험에 자주 등장하는 기어나 풀리 및 커버류의 경우에 재질을 GC(회주철)나 SC(주강) 계열로 적용했다면 주물품으로 해당 부품의 전체 표면거칠기는 '∀'로 하게 될 것이다. 하지만 기계구조용 탄소강 등의(SM45C, SCM415 등) 재질로 하였다면 기본적으로 1차 가공이 들어가게 되므로 전체 표면거칠기는 'w/∇'나 'x/∇'로 지정을 하게 된다.

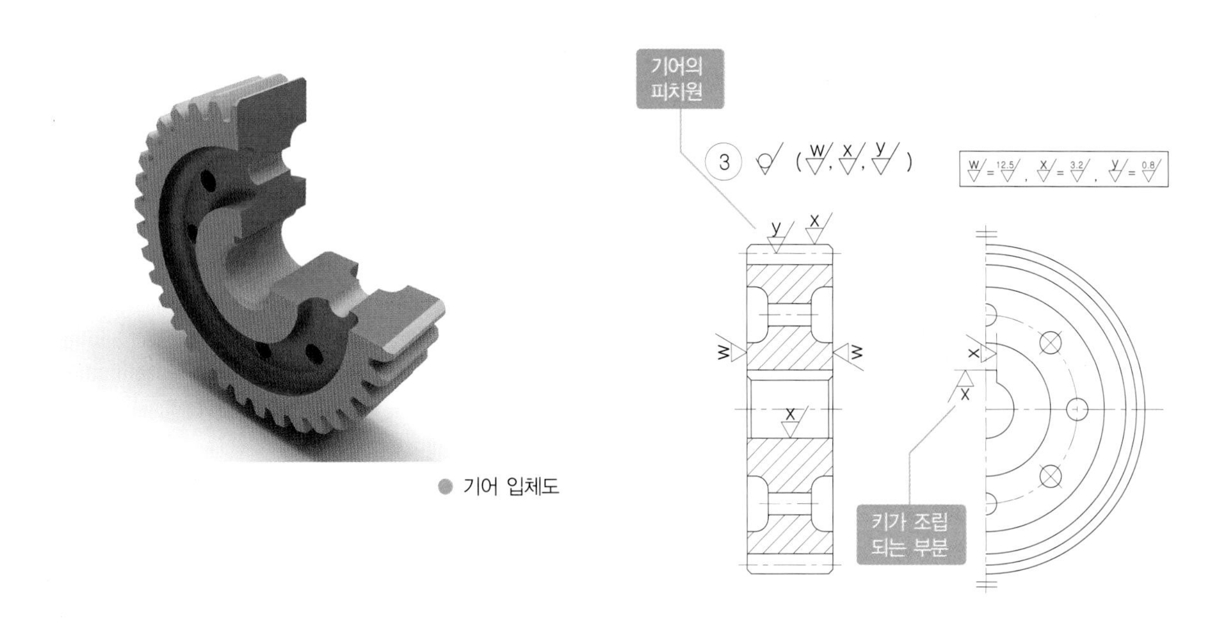

● 기어 입체도

● 기어 부품도

4. 품번 ④ V-벨트 풀리의 표면거칠기 기호 표시 예

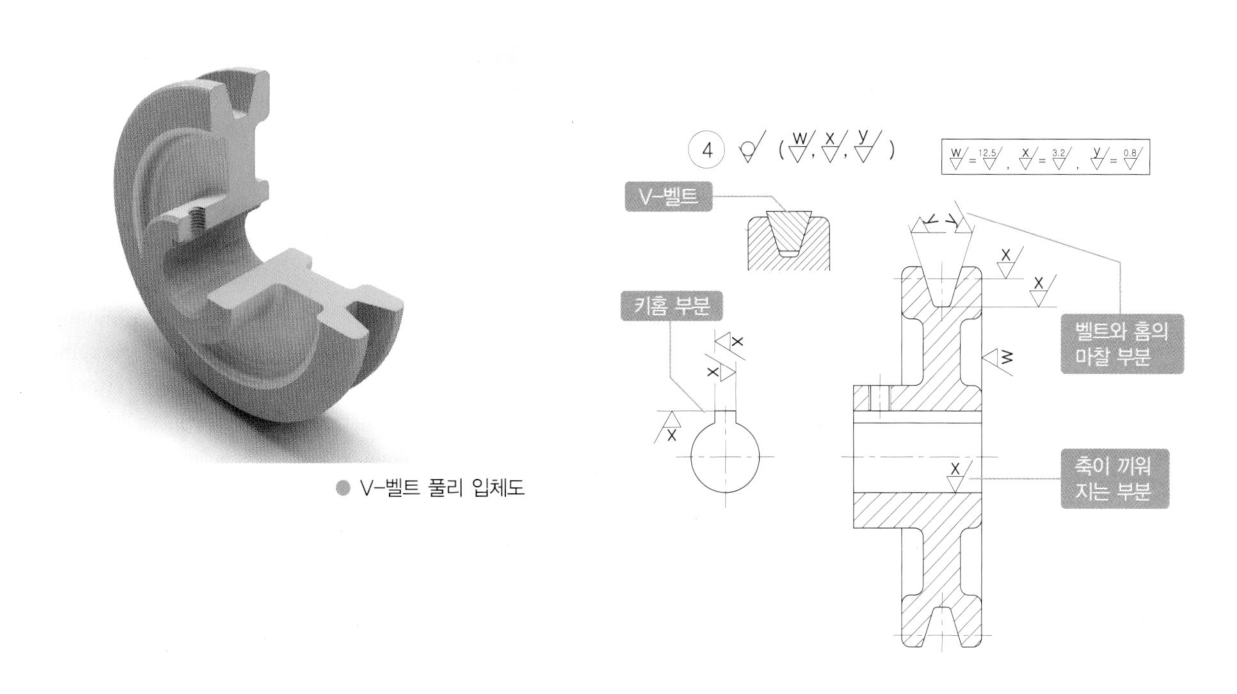

● V-벨트 풀리 입체도

● V-벨트 풀리 부품도

5. 품번 ⑤ 커버의 표면거칠기 기호 표시 예

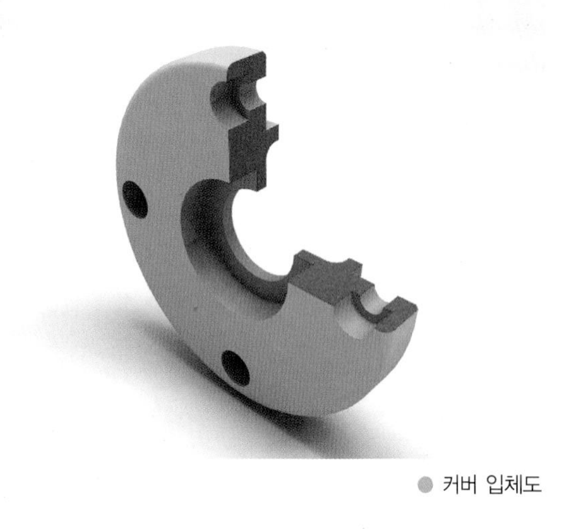

● 커버 입체도

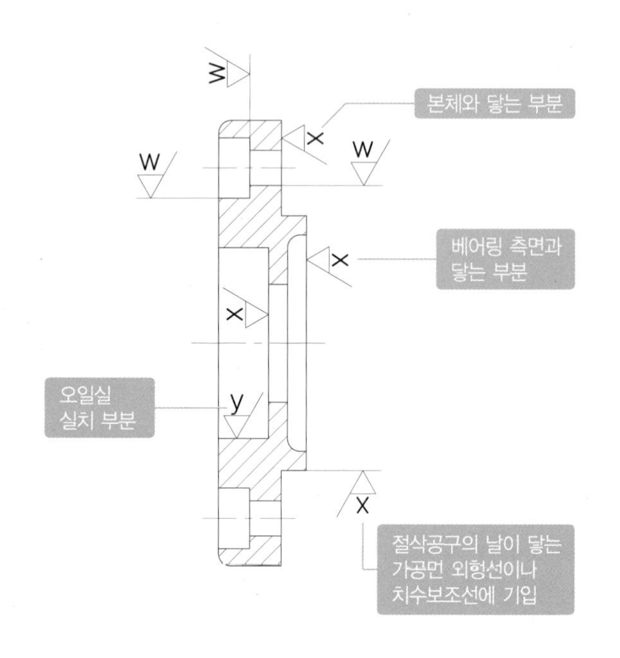

● 선반의 바이트

● 커버 부품도

6. 가공방향을 고려한 표면거칠기 기호의 올바른 기입법

표면거칠기 기호를 기입하는 경우 항상 가공자의 입장에서 내가 직접 가공을 한다고 생각하고 기입을 하면 기입 방향을 틀리는 일이 드물게 될 것이다. 어떤 부분을 가공한다고 했을 때 가공 절삭공구가 실제 닿는 방향의 가공면이나 치수보조선 위에 기입해 주면 되는 것이다.

옆 그림과 같이 표면거칠기 기호는 기본적으로 **치수보조선 위**에 기입하는 것이 바람직하며, 치수보조선이 없는 경우나 공간의 제약이 있는 부득이한 경우에는 해당 **가공 표면에 직접 표시**해도 무방하다. 물론 치수보조선 위에도 기입하고 경우에 따라서 가공면에 직접 표시해줘도 틀린 것은 아니다.

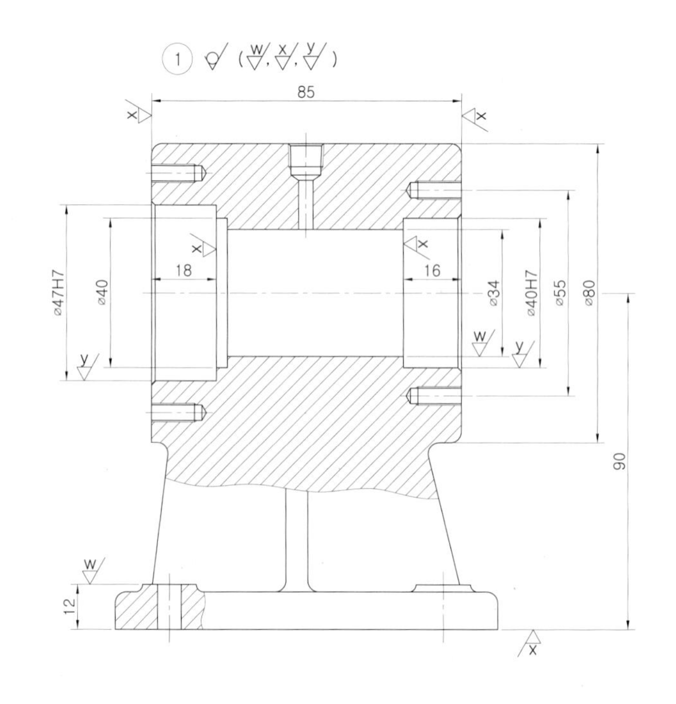

● 표면거칠기 기호를 치수보조선 위에 표시하는 경우

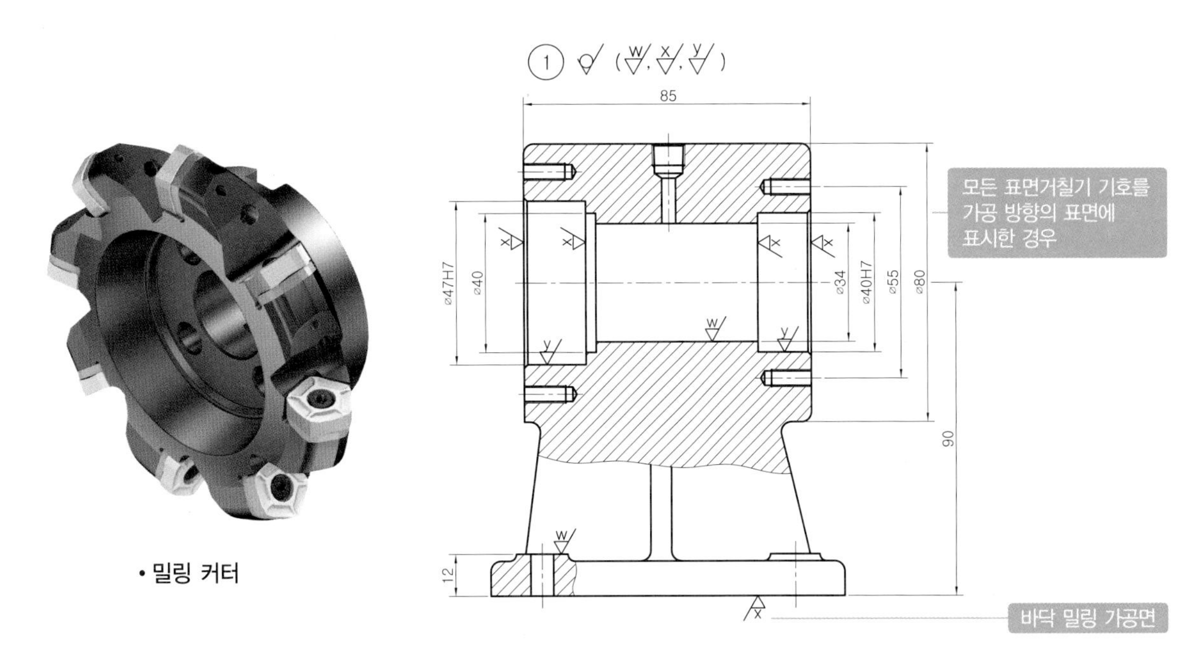

• 밀링 커터

● 표면거칠기 기호를 해당 가공면에 직접 표시하는 경우

7. 치수보조선 위에 기입한 표면거칠기 기호의 예

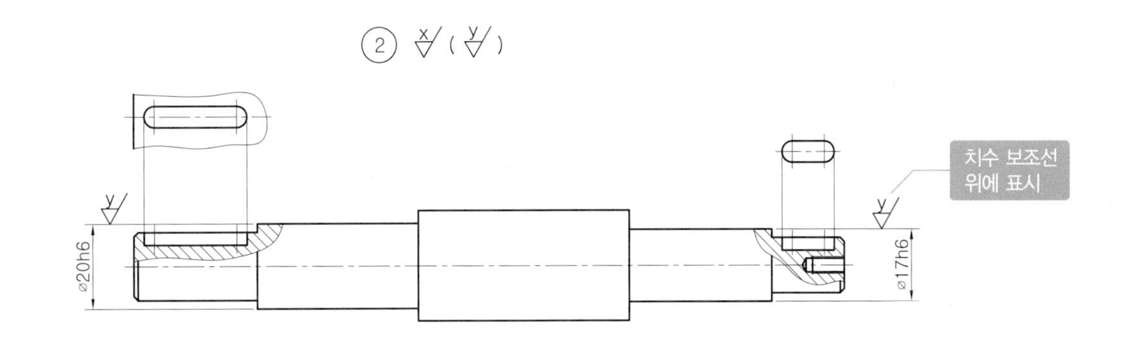

● 품번② 축

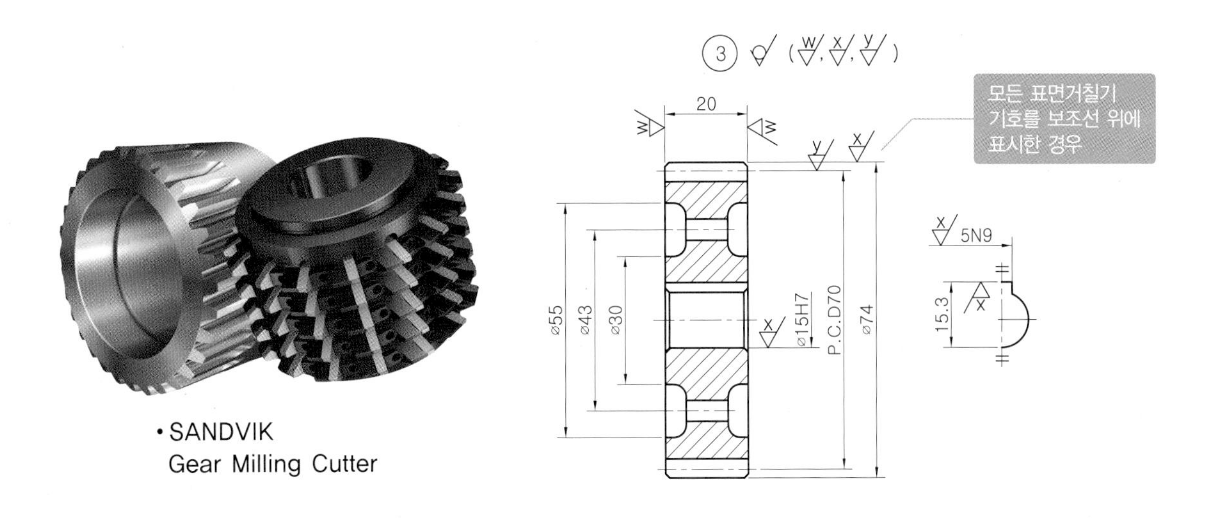

• SANDVIK
Gear Milling Cutter

● 품번③ 평기어

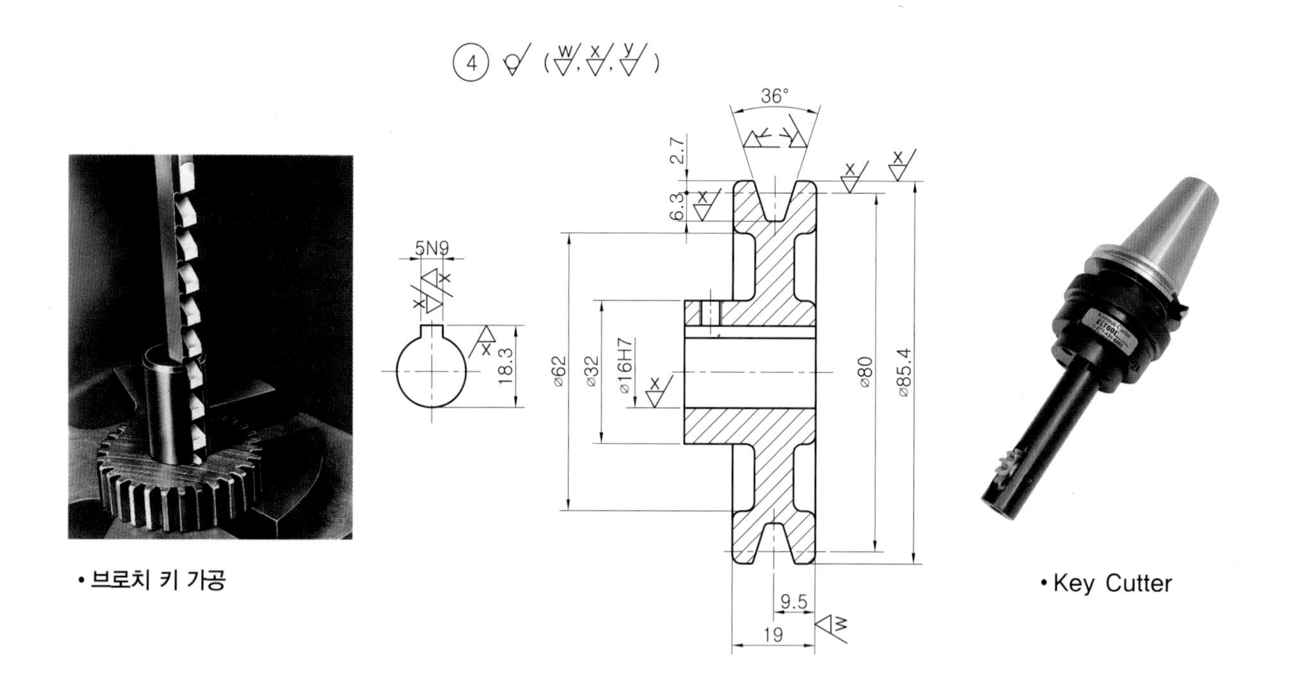

● 품번④ V-벨트 풀리

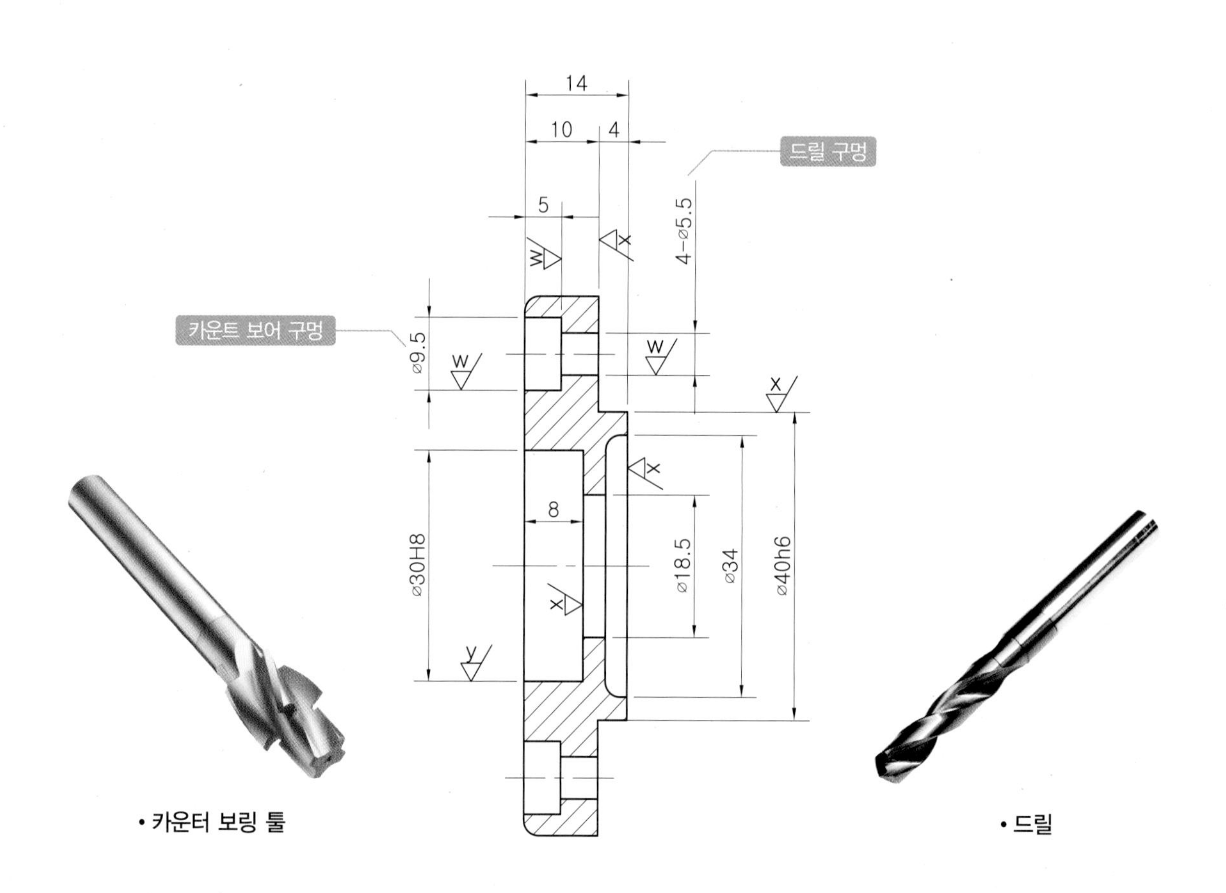

● 품번⑤ 커버

8. 표면거칠기 기호를 잘못 기입한 경우

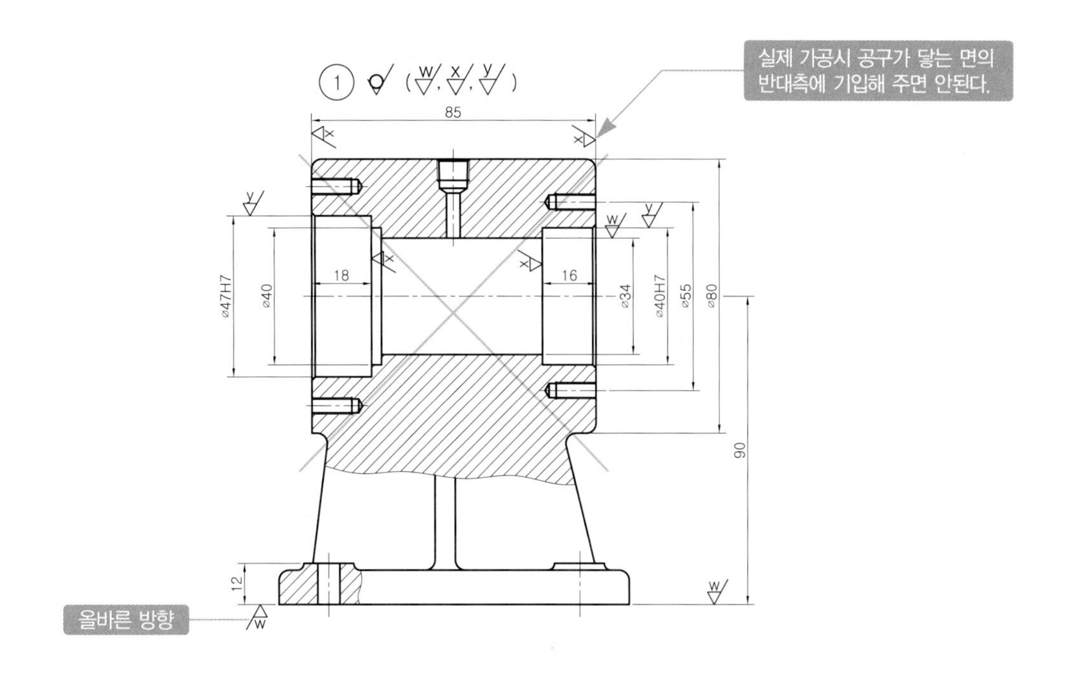

● 품번① 본체

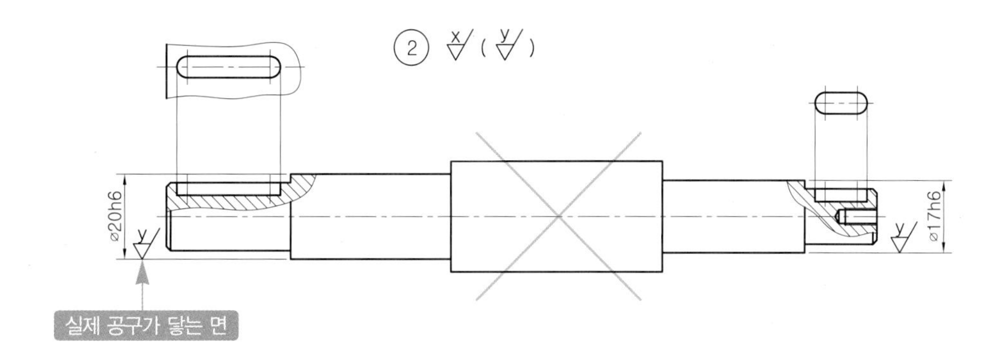

● 품번② 축

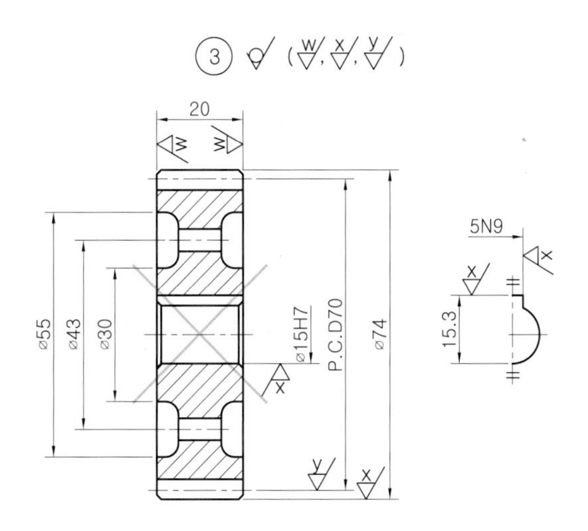

● 품번③ 평기어

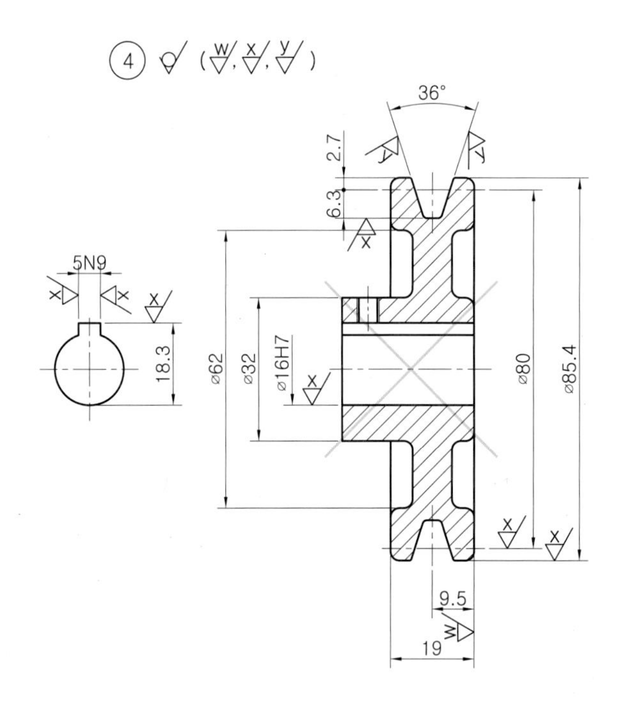

● 품번④ V-벨트 풀리

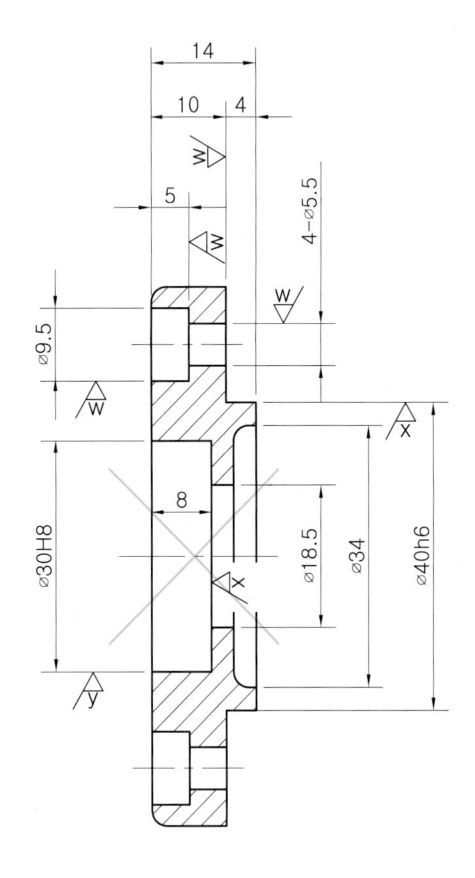

조립도를 분석하여 각 부품들의 조립관계와 기능관계를 파악하여 가공면의 표면거칠기를 선정해 주어야 한다.
이때 부품도면을 보고 실제 가공을 한다고 생각하면 도면 작도시 유리할 것이다.

● 품번⑤ 커버

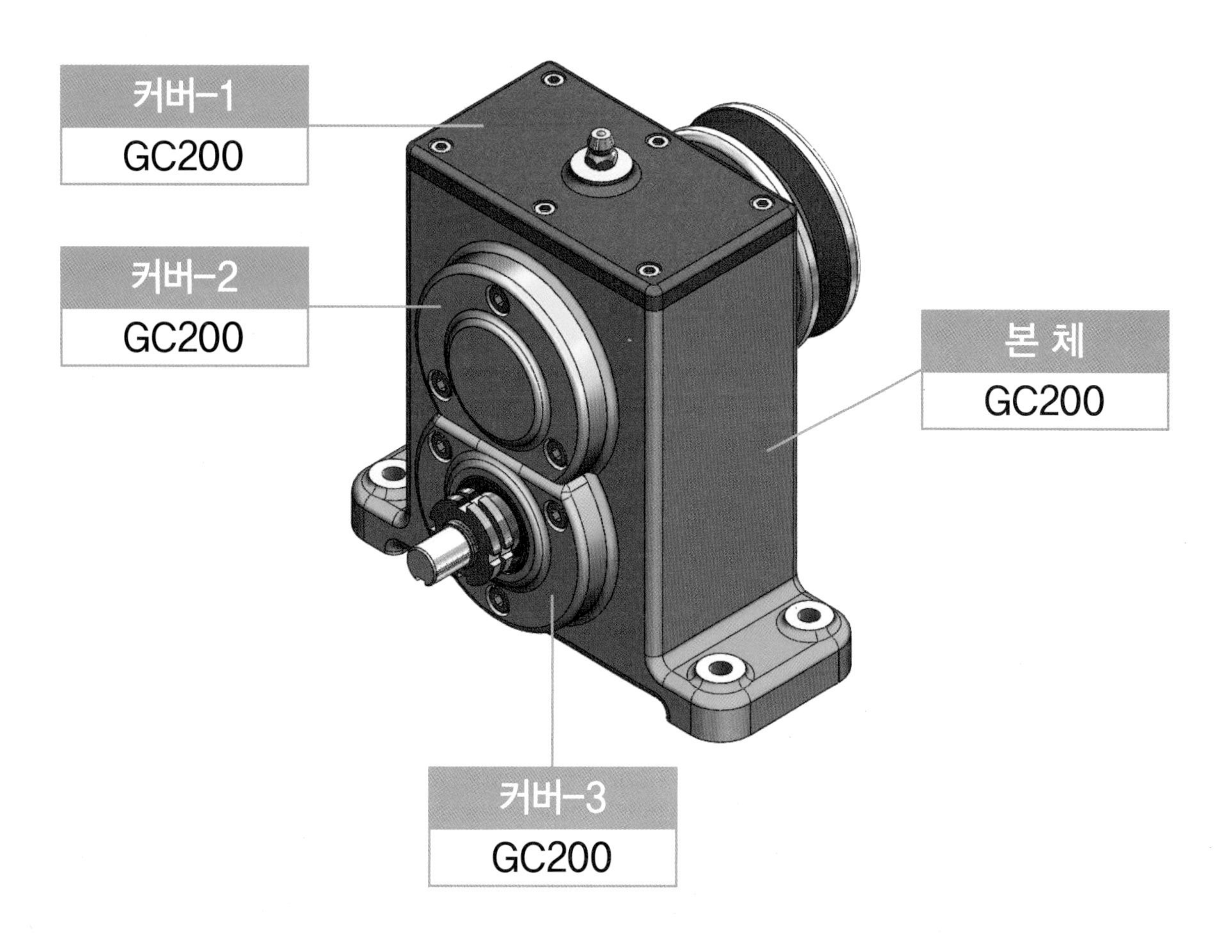
커버-1
GC200
커버-2
GC200
본 체
GC200
커버-3
GC200

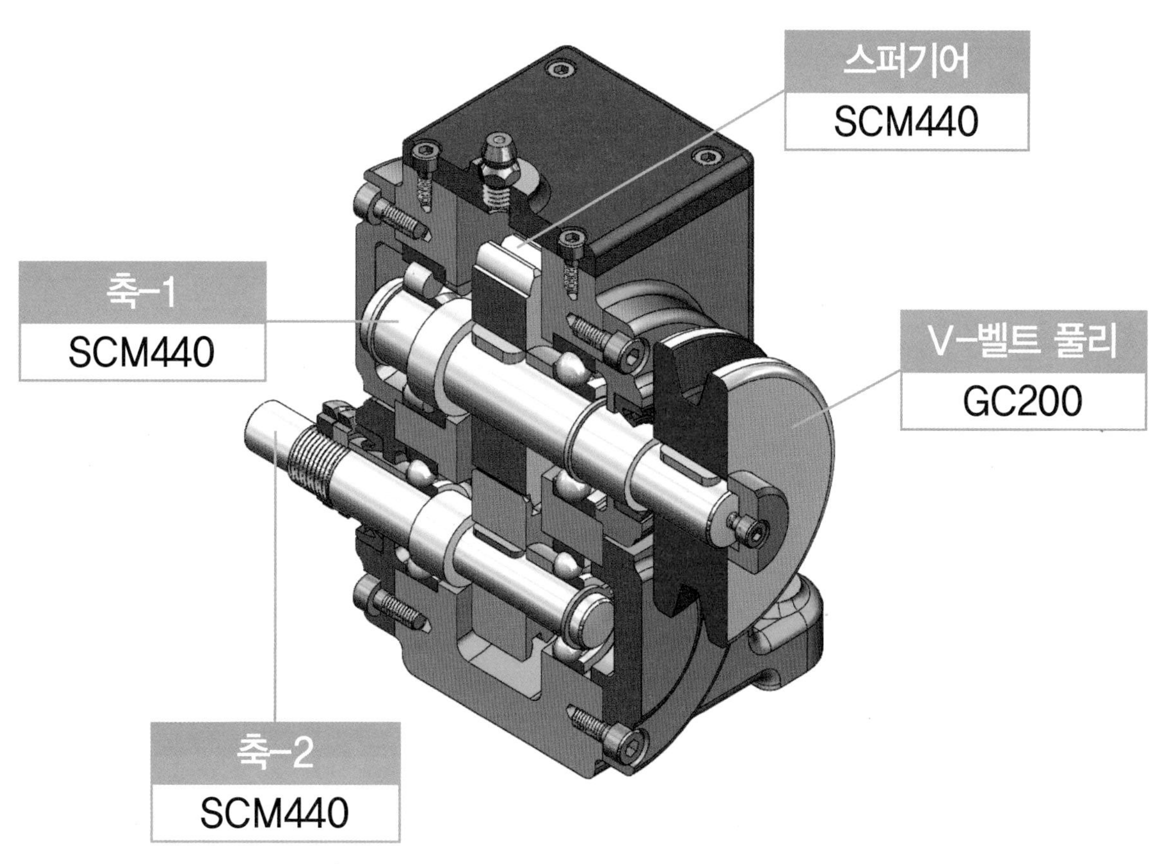
스퍼기어
SCM440
축-1
SCM440
V-벨트 풀리
GC200
축-2
SCM440

PART 08

작업형 실기 대비 2D 도면 작성 및 3D 모델링 도면

전산응용기계제도 기능사, 기계설계 산업기사, 기계기사 실기 시험에서 출제 빈도가 높은 도면들을 선별하여 수험생들이 자기 주도적으로 학습할 수 있도록 2D 조립도, 부품도, 3D 모델링, 분해 등각 구조도, 렌더링, 등각 투상도의 순으로 나열하여 과제도면을 해독하고 이해하기 쉽도록 하였다.

참고적으로 실기 과제도면에 따른 부품도 답안 가이드는 기능사, 기사 실기시험 수준에 맞추어 작도하여 치수기입 및 표면거칠기와 기하공차 기입, 재질 및 열처리 선정 등을 한 것으로 도면을 해독하고 작성하는 사람에 따라 다를 수 있다.

특히 끼워맞춤의 경우 일반적으로 자주 사용하는 구멍과 축의 끼워맞춤은 'IT5급~IT10급 : 주로 끼워맞춤(Fitting)을 적용하는 부분'을 따랐으며, 기하공차값의 경우 편의상 IT4급~IT7급의 범위 내에서 기준길이에 따라 도면의 종류별로 규제해 주었다.

그리고 현장실무에서 많이 사용하는 기하공차값의 적용 예도 수록하였으니 참고하기 바란다.

간혹 출제 과제도면으로 주어진 2D 조립도에 누락된 부분이나 잘못 작도된 부분도 발견할 수 있는데 이런 경우 수험자는 설계엔지니어 입장에서 판단하고 결정하여 도면을 완성시켜야 한다.

■ 주요 학습내용 및 목표

• 과제도면의 분석 및 도면 해독 • KS규격 데이터의 활용 • 치수공차와 끼워맞춤의 선정

– 표면거칠기와 기하공차의 적용 • 2D 부품도 작성 및 재질선정 • 3D 모델링 및 도면 배치 • 올바른 주서 기입

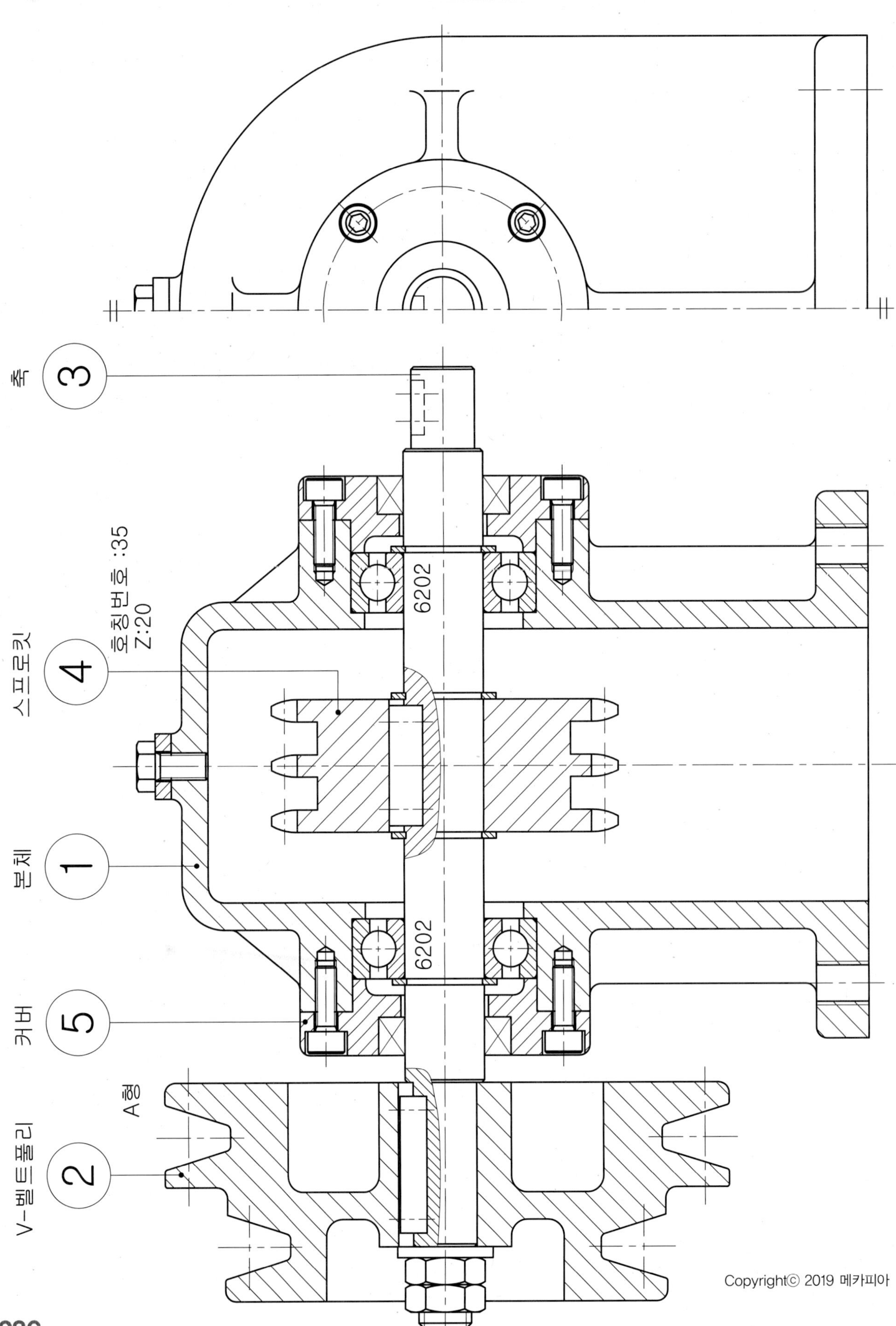

축
3
스프로킷
4
호칭번호 :35
Z:20
본체
1
커버
5
V-벨트풀리
2
A형
6202
6202

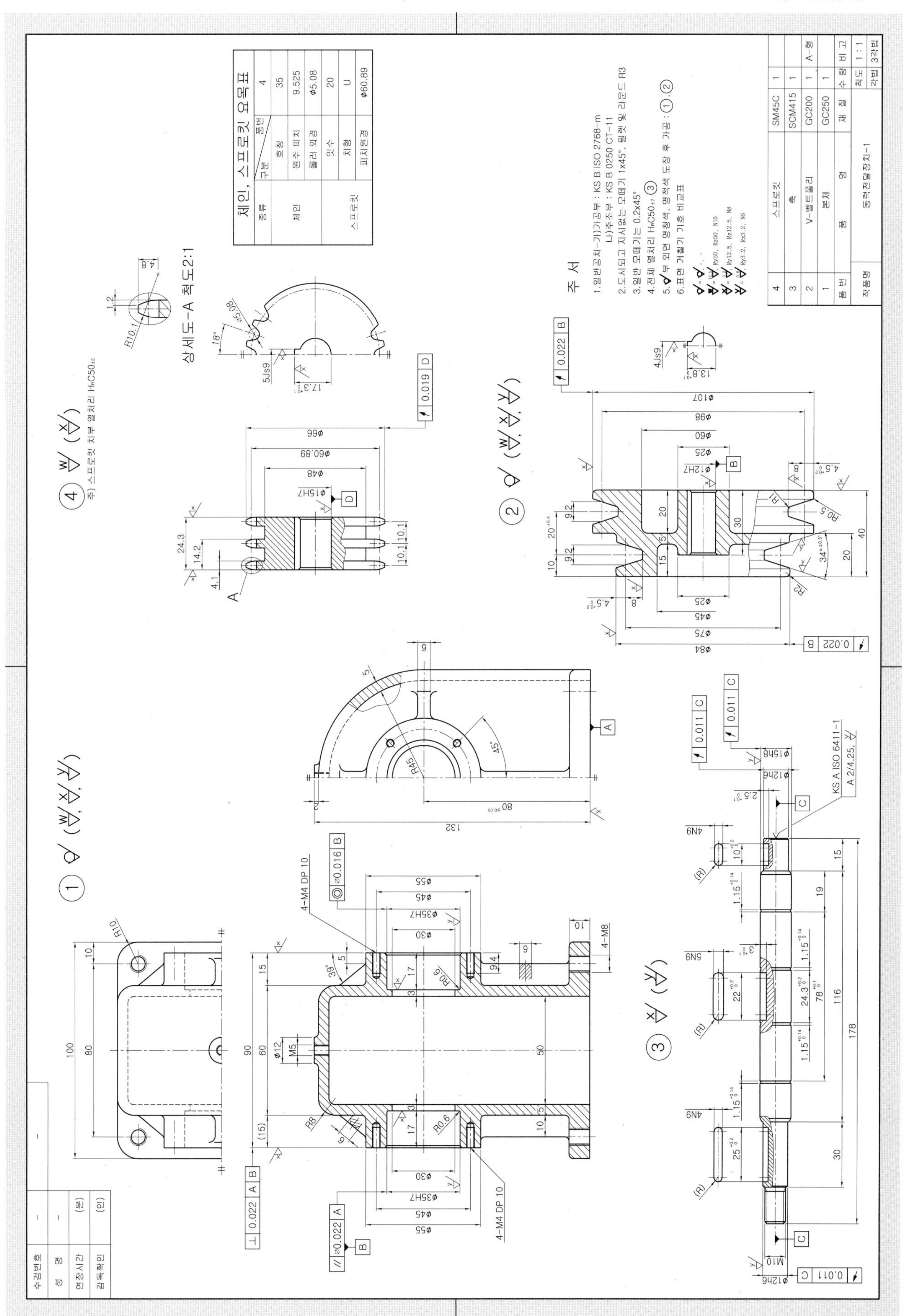
주 서
1.일반공차-가)가공부 : KS B ISO 2768-m
나)주조부 : KS B 0250 CT-11
2.도시되고 지시없는 모떼기 1x45°, 필렛 및 라운드 R3
3.일반 모떼기는 0.2x45°
4.전체 열처리 HRC50±2 ③
5.부 외면 명청색, 명적색 도장 후 가공 : ①,②
6.표면 거칠기 기호 비교표
체인, 스프로킷 요목표
종류 | 구분 | 품번 4
체인 | 호칭 | 35
원주 피치 | 9.525
롤러 외경 | ø5.08
스프로킷 | 잇수 | 20
치형 | U
피치원경 | ø60.89
상세도-A 척도2:1
4 | 스프로킷 | SM45C | 1
3 | 축 | SCM415 | 1
2 | V-벨트풀리 | GC200 | 1 | A-형
1 | 본체 | GC250 | 1
품번 | 품명 | 재질 | 수량 | 비고
작품명 | 동력전달장치-1 | 척도 1:1 | 각법 3각법
수검번호
성 명
연장시간
감독확인
KS A ISO 6411-1 A 2/4.25

1
2

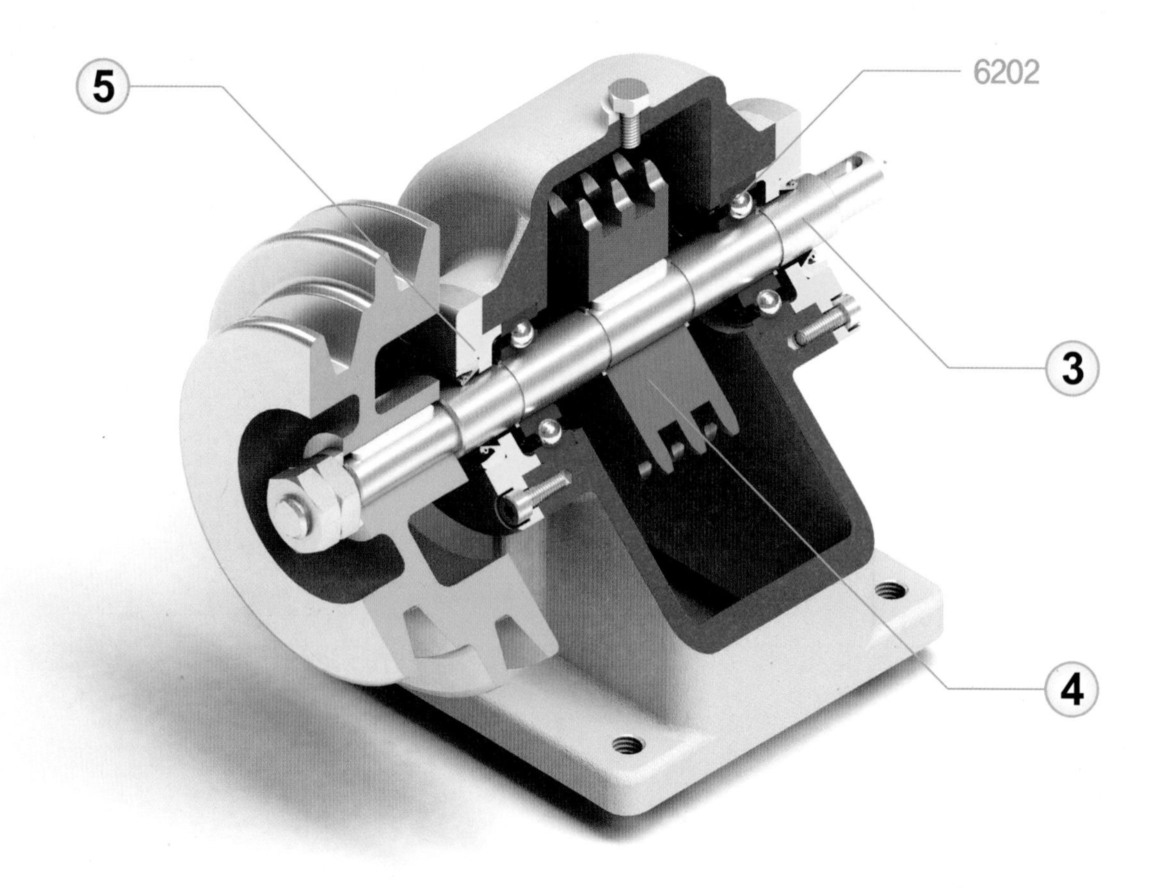
5
6202
3
4

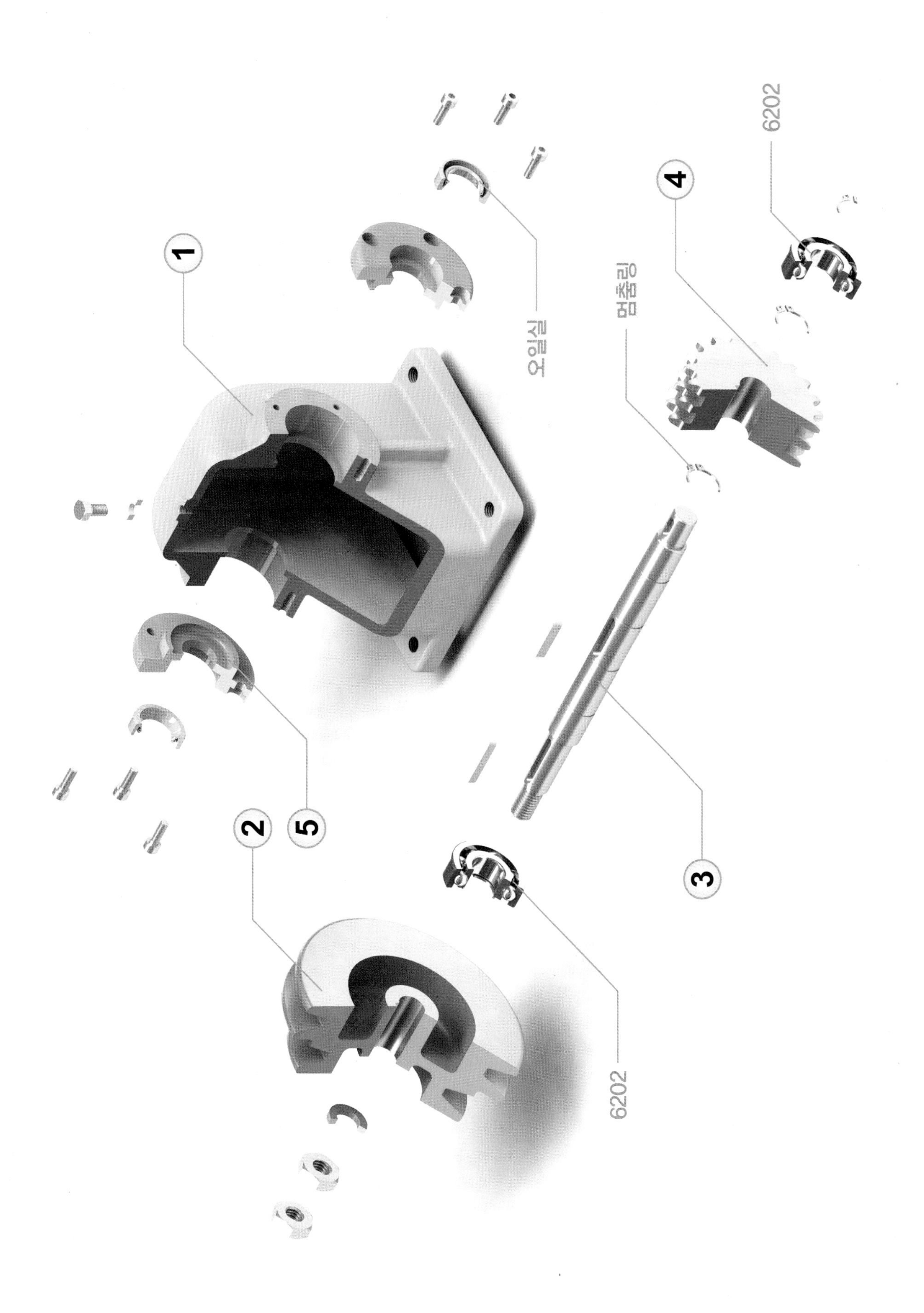
1
2
3
4
5
오일실
멈춤링
6202
6202

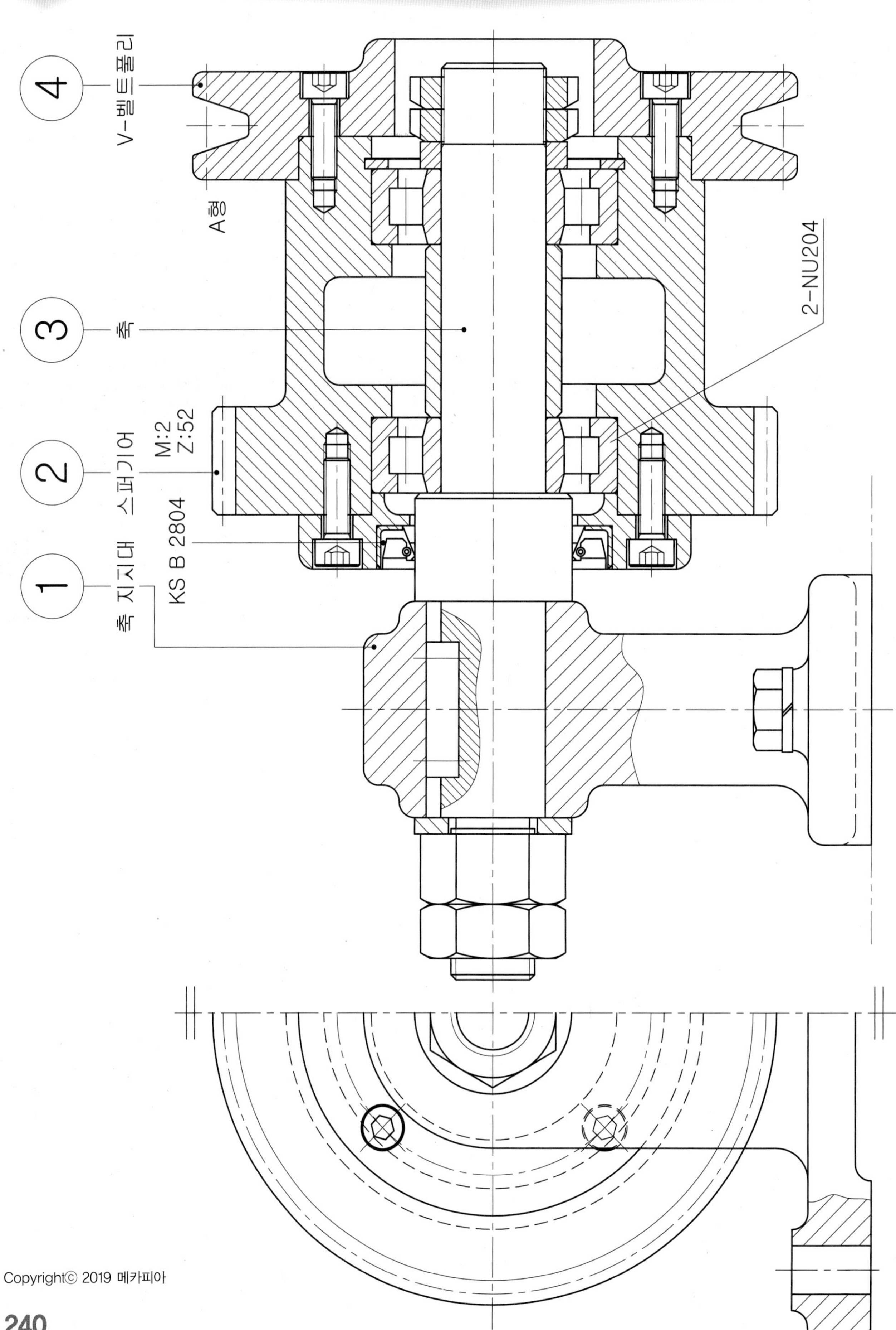
4
V-벨트풀리
A형
3
축
2-NU204
2
스퍼기어
M:2
Z:52
KS B 2804
1
축 지지대

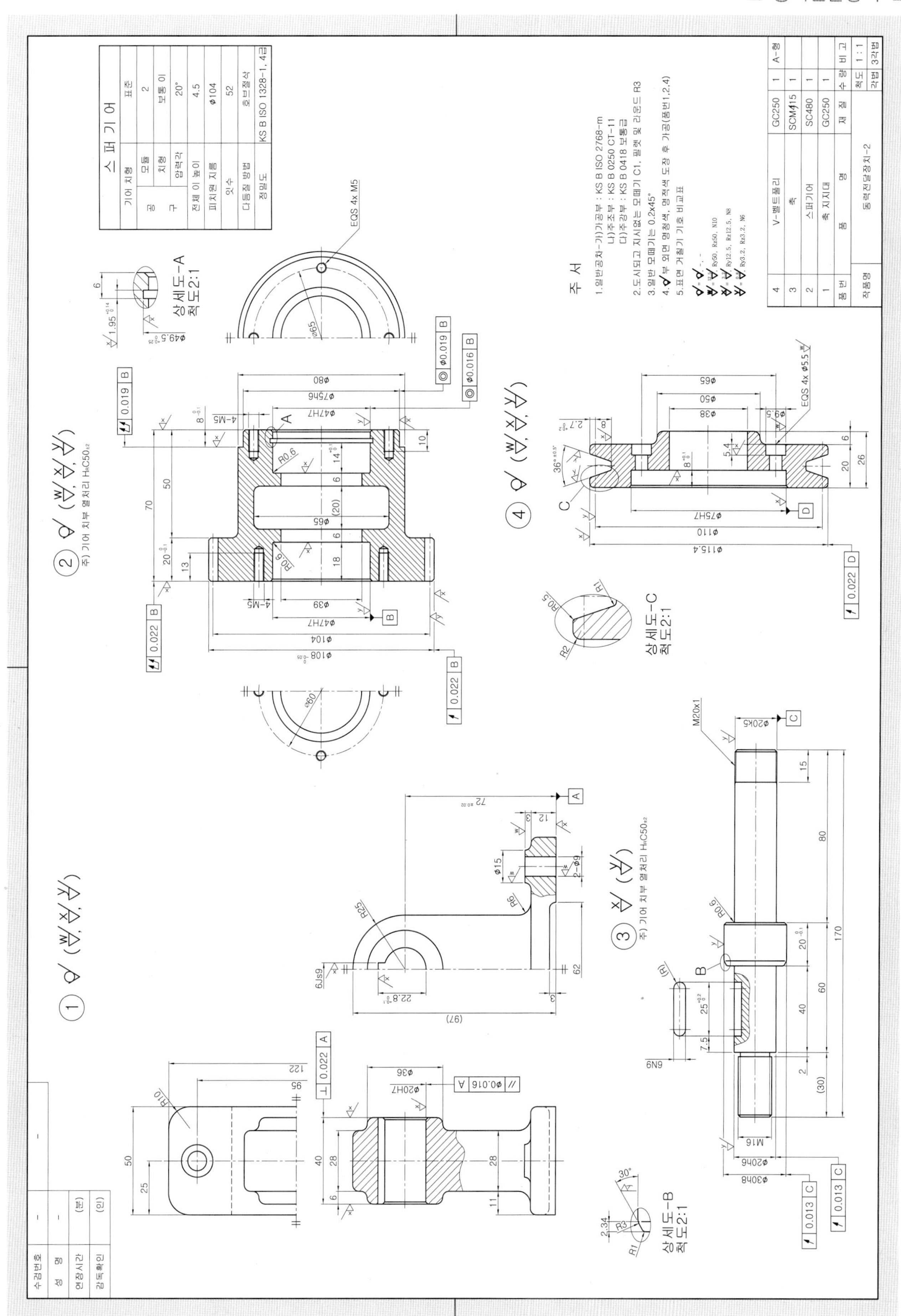
스퍼기어
기어 치형 표준
공구 모듈 2
치형 보통 이
압력각 20°
전체 이 높이 4.5
피치원 지름 φ104
잇수 52
다듬질 방법 호브절삭
정밀도 KS B ISO 1328-1, 4급
주 서
1.일반공차-가)가공부 : KS B ISO 2768-m
나)주조부 : KS B 0250 CT-11
다)주강부 : KS B 0418 보통급
2.도시되고 지시없는 모떼기 C1, 필렛 및 라운드 R3
3.일반 모떼기는 0.2x45°
4.부 외면 명청색, 명적색 도장 후 가공(품번1,2,4)
5.표면 거칠기 기호 비교표
4 V-벨트풀리 GC250 1 A-형
3 축 SCM415 1
2 스퍼기어 SC480 1
1 축 지지대 GC250 1
품 번 품 명 재 질 수 량 비 고
작품명 동력전달장치-2 척도 1:1 각법 3각법
상세도-A 척도2:1
상세도-B 척도2:1
상세도-C 척도2:1
주) 기어 치부 열처리 HRC50±2
EQS 4x M5
EQS 4x φ5.5
M20x1
M16
수검번호
성 명
연장시간
감독확인

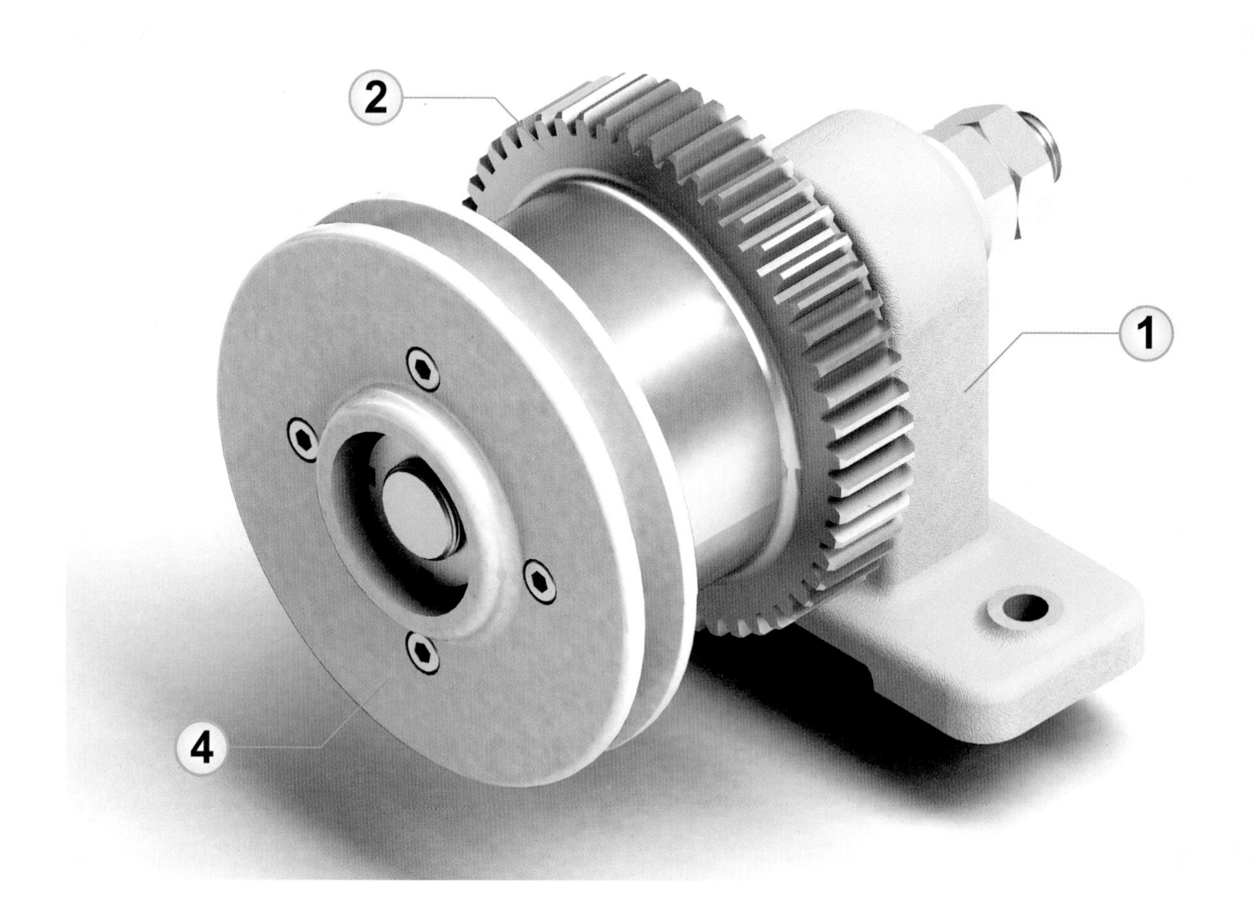
2
1
4

NU204
3

■ 렌더링 분해 등각 구조도

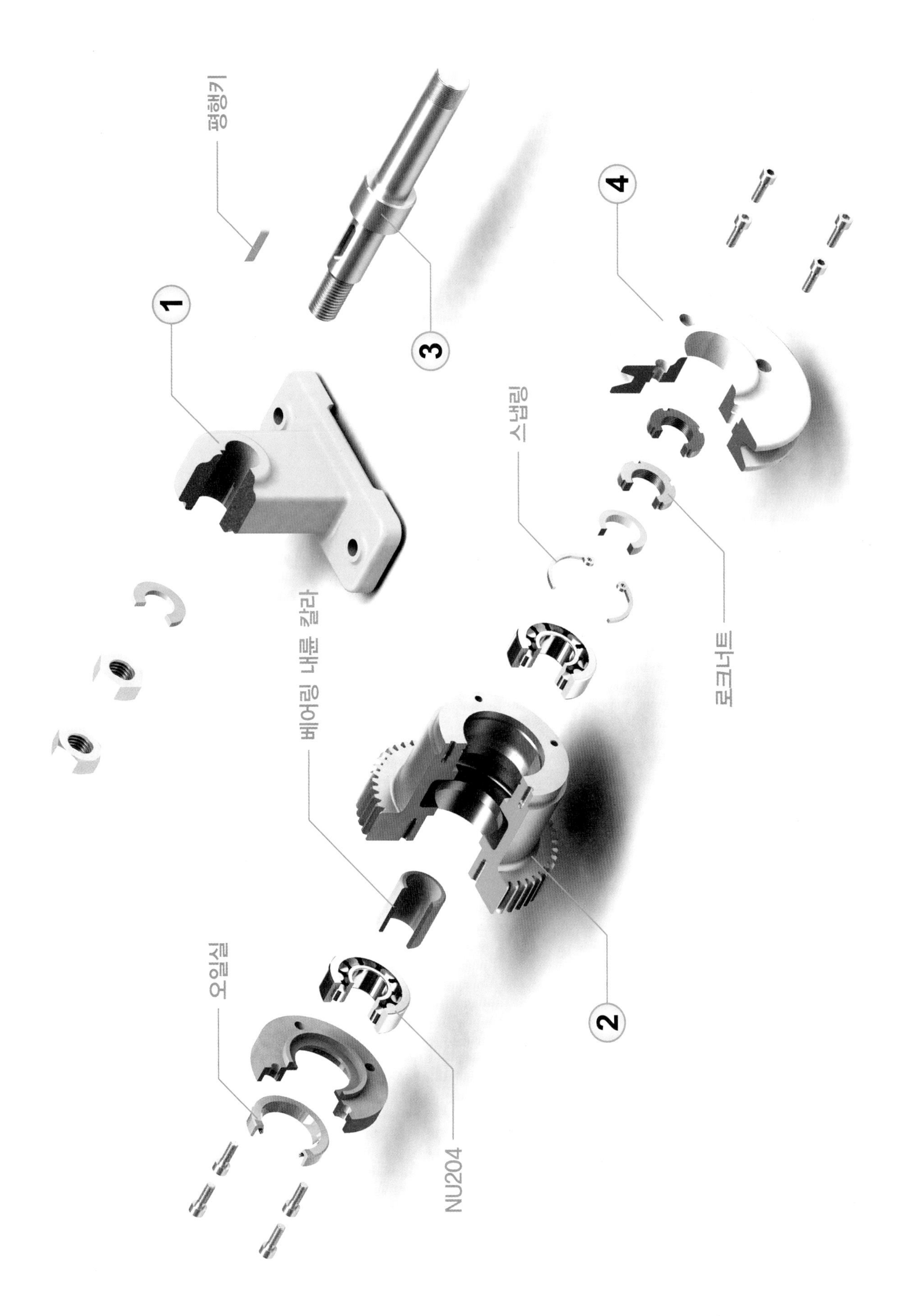

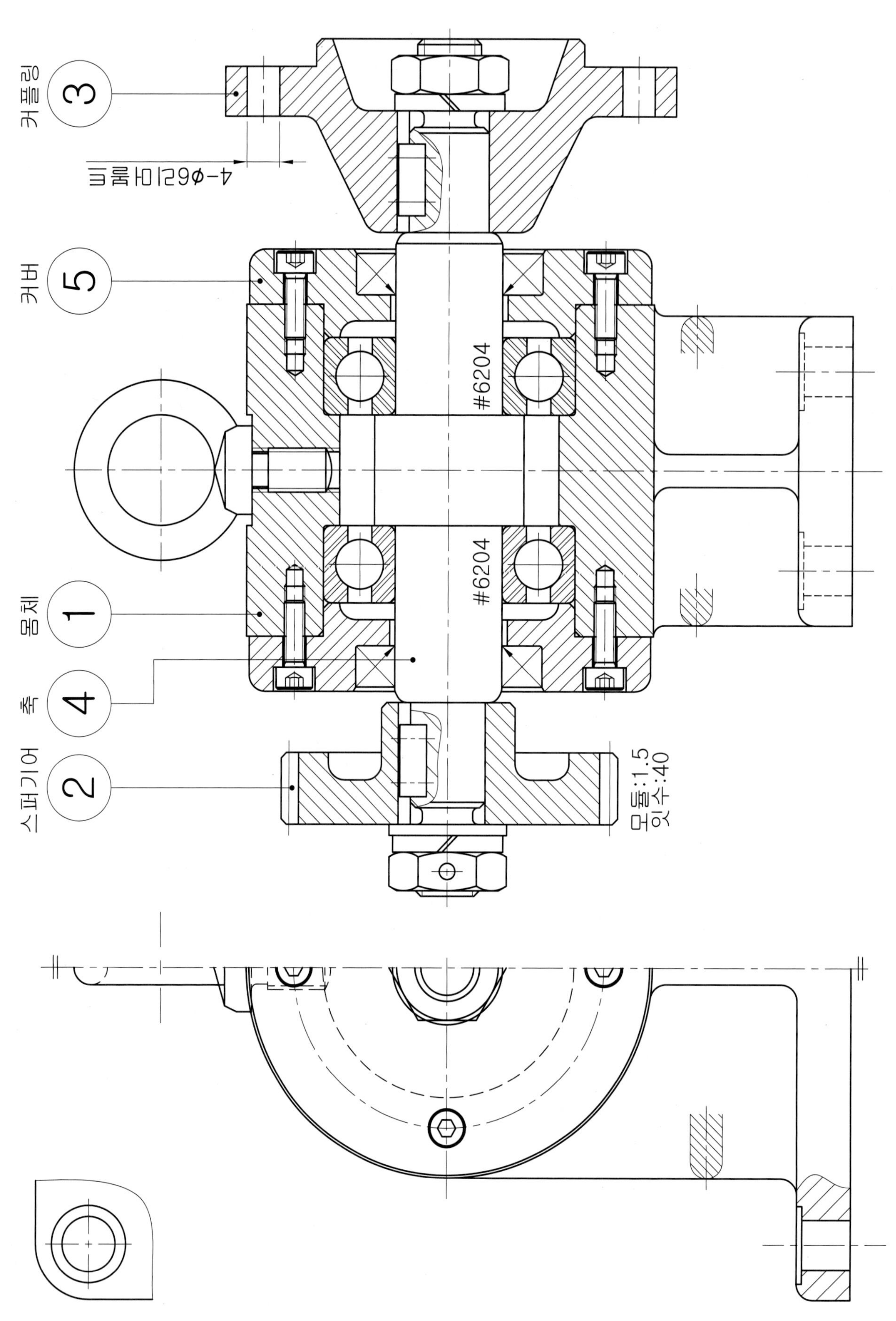
커플링 3
4-φ6리머볼트
커버 5
#6204
#6204
몸체 1
축 4
스퍼기어 2
모듈:1.5
잇수:40

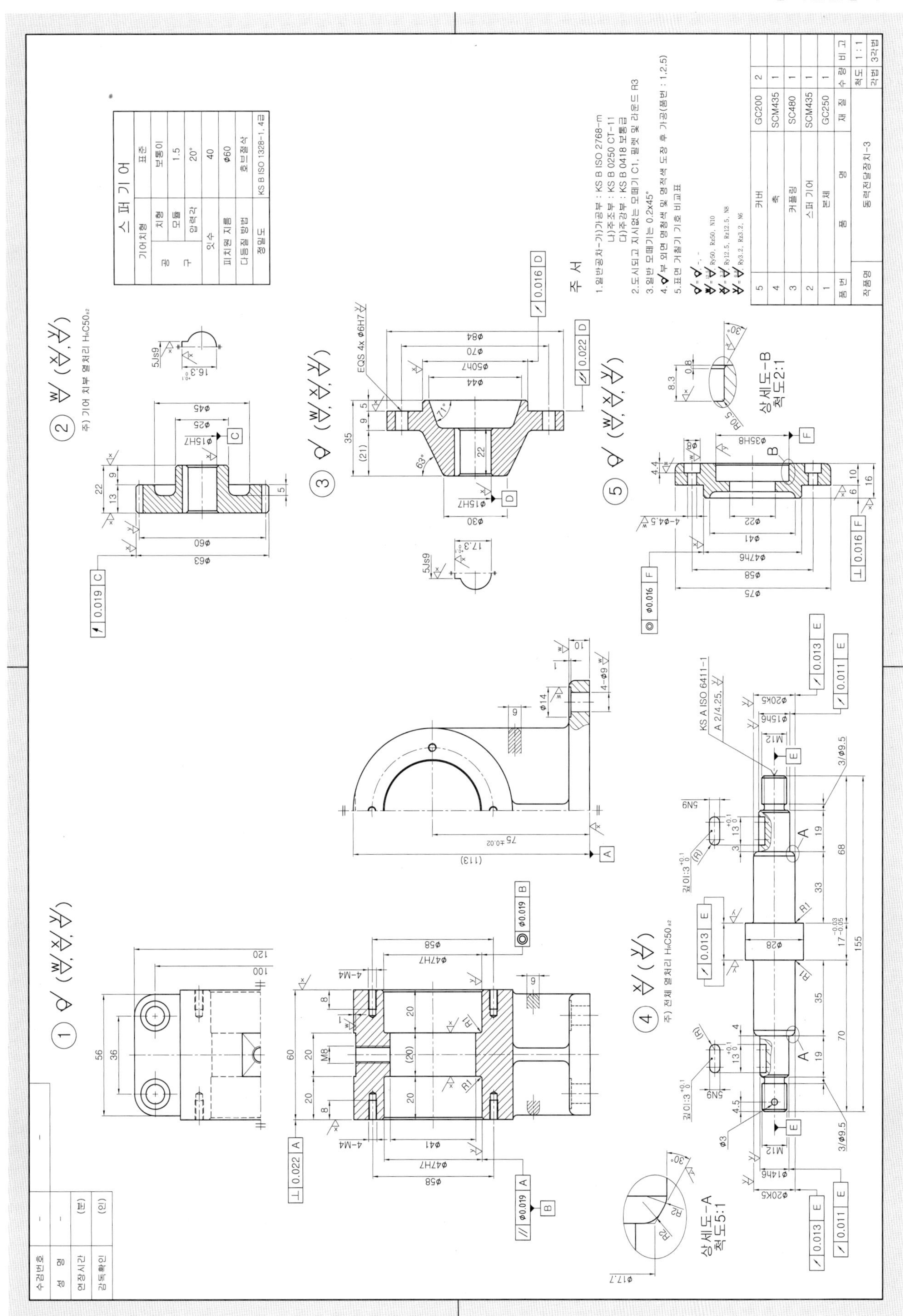
스퍼기어
기어치형 표준
공구 치형 보통이
모듈 1.5
압력각 20°
잇수 40
피치원 지름 Φ60
다듬질 방법 호브절삭
정밀도 KS B ISO 1328-1, 4급
주 서
1.일반공차-가)가공부 : KS B ISO 2768-m
나)주조부 : KS B 0250 CT-11
다)주강부 : KS B 0418 보통급
2.도시되고 지시없는 모떼기 C1, 필렛 및 라운드 R3
3.일반 모떼기는 0.2x45°
4.부 외면 명청색 및 명적색 도장 후 가공(품번 : 1,2,5)
5.표면 거칠기 기호 비교표
5 커버 GC200 2
4 축 SCM435 1
3 커플링 SC480 1
2 스퍼 기어 SCM435 1
1 본체 GC250 1
품번 품명 재질 수량 비고
작품명 동력전달장치-3
척도 1:1
각법 3각법
상세도-A 척도5:1
상세도-B 척도2:1
수검번호
성명
연장시간
감독확인

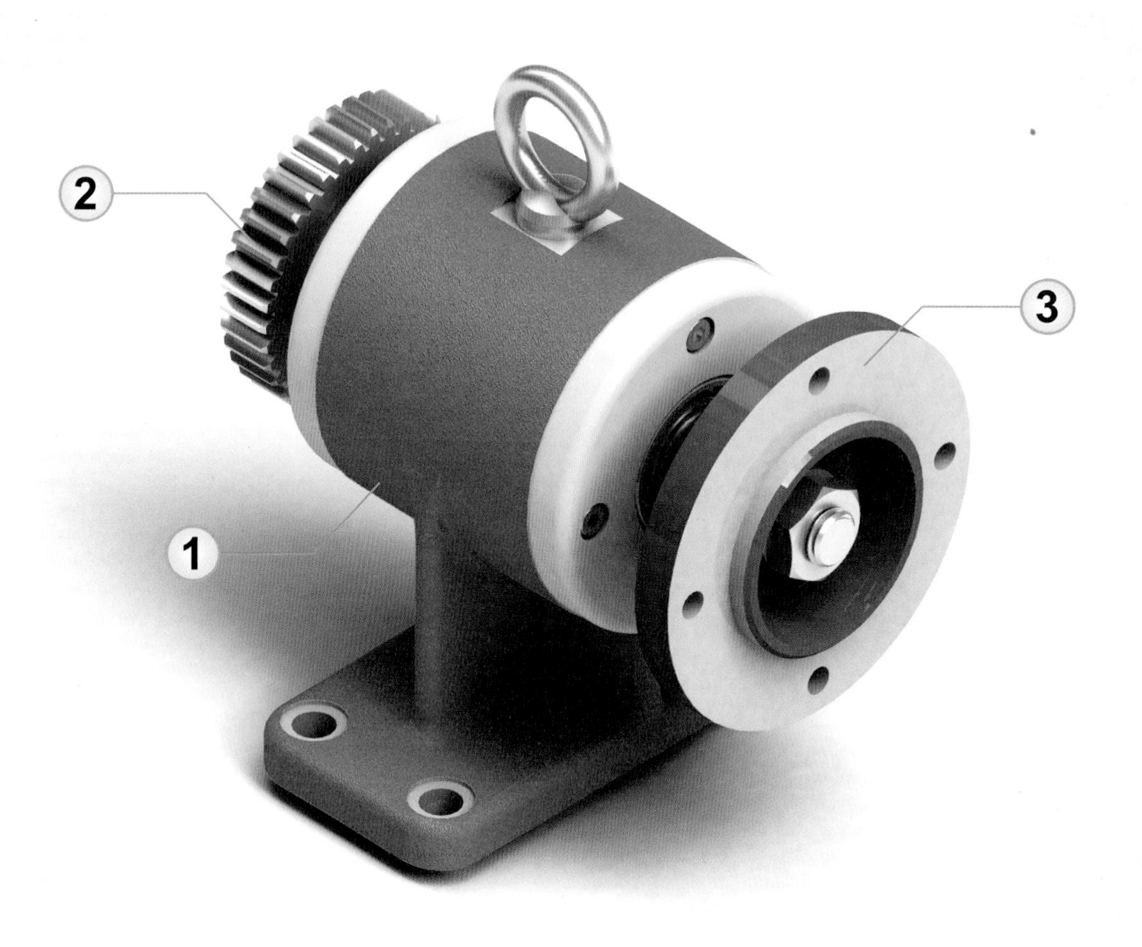
2
3
1

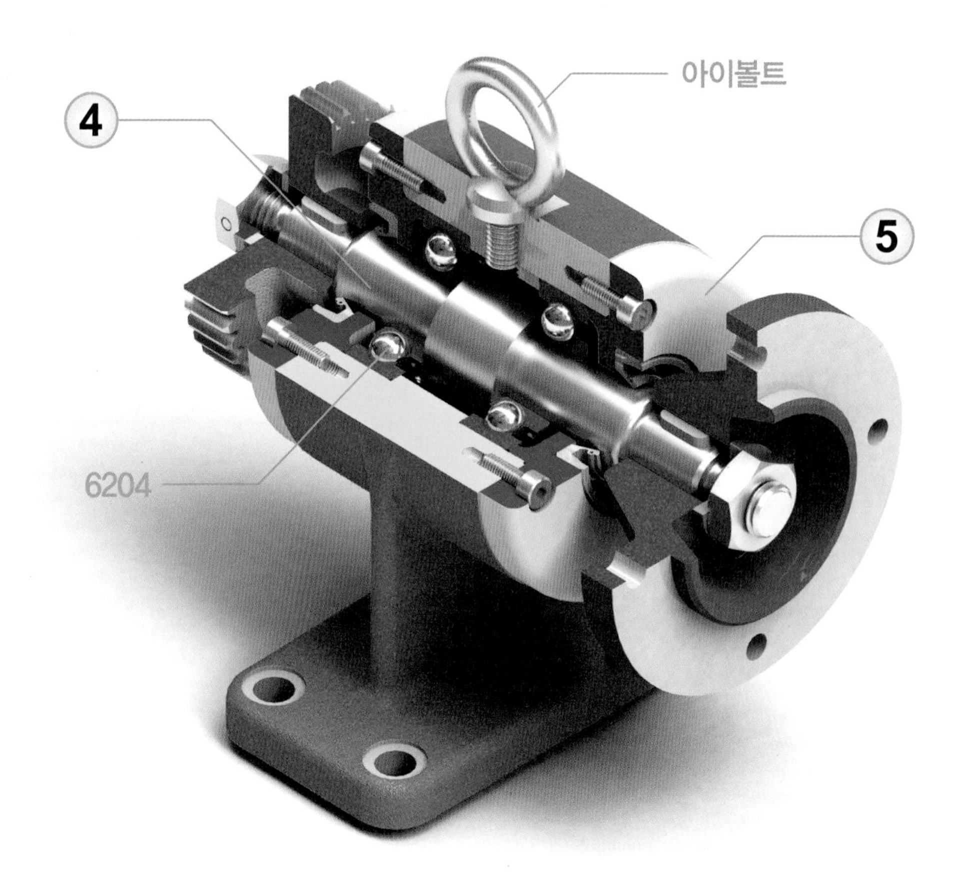
아이볼트
4
5
6204

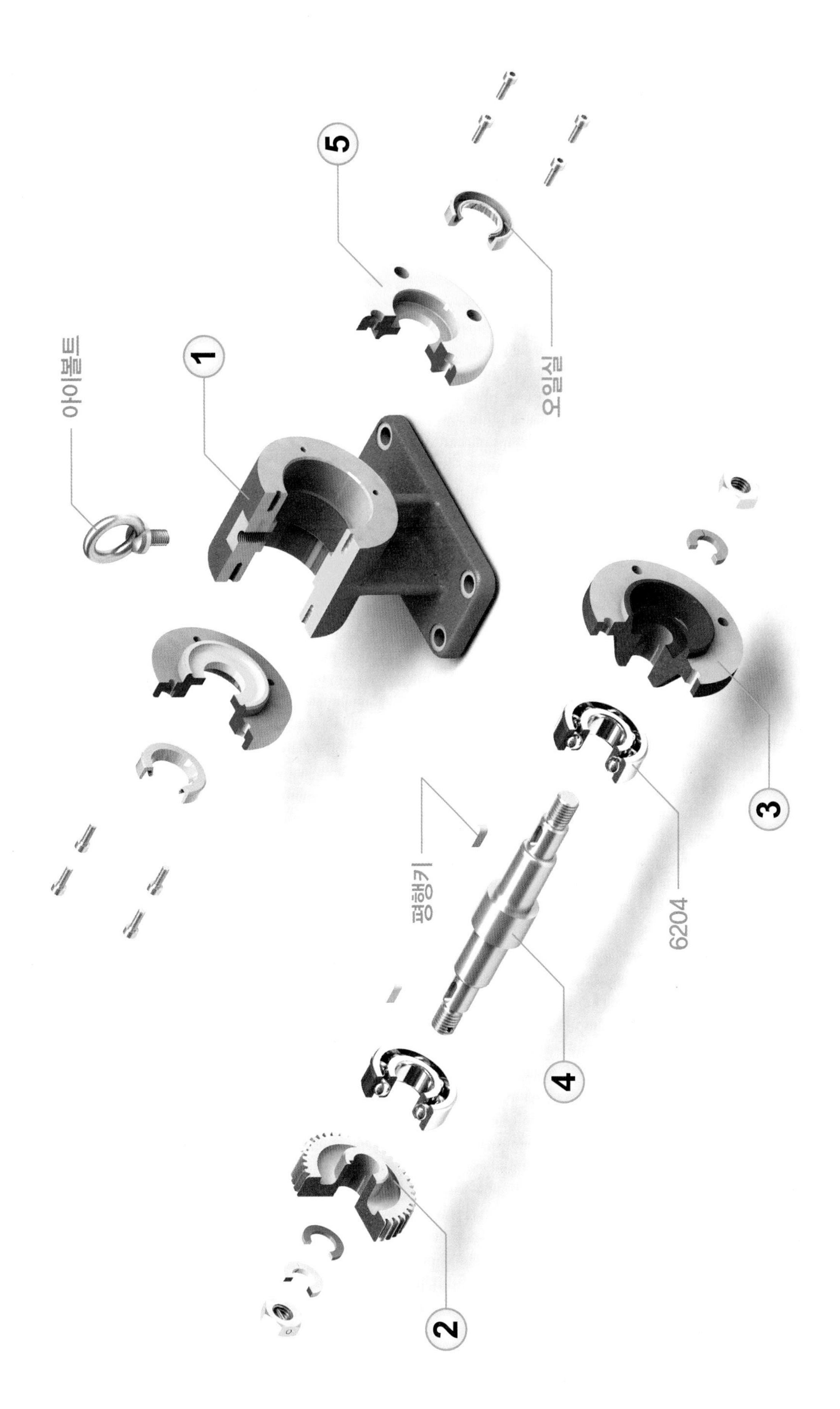
5
오일실
아이볼트
1
3
6204
평행키
4
2

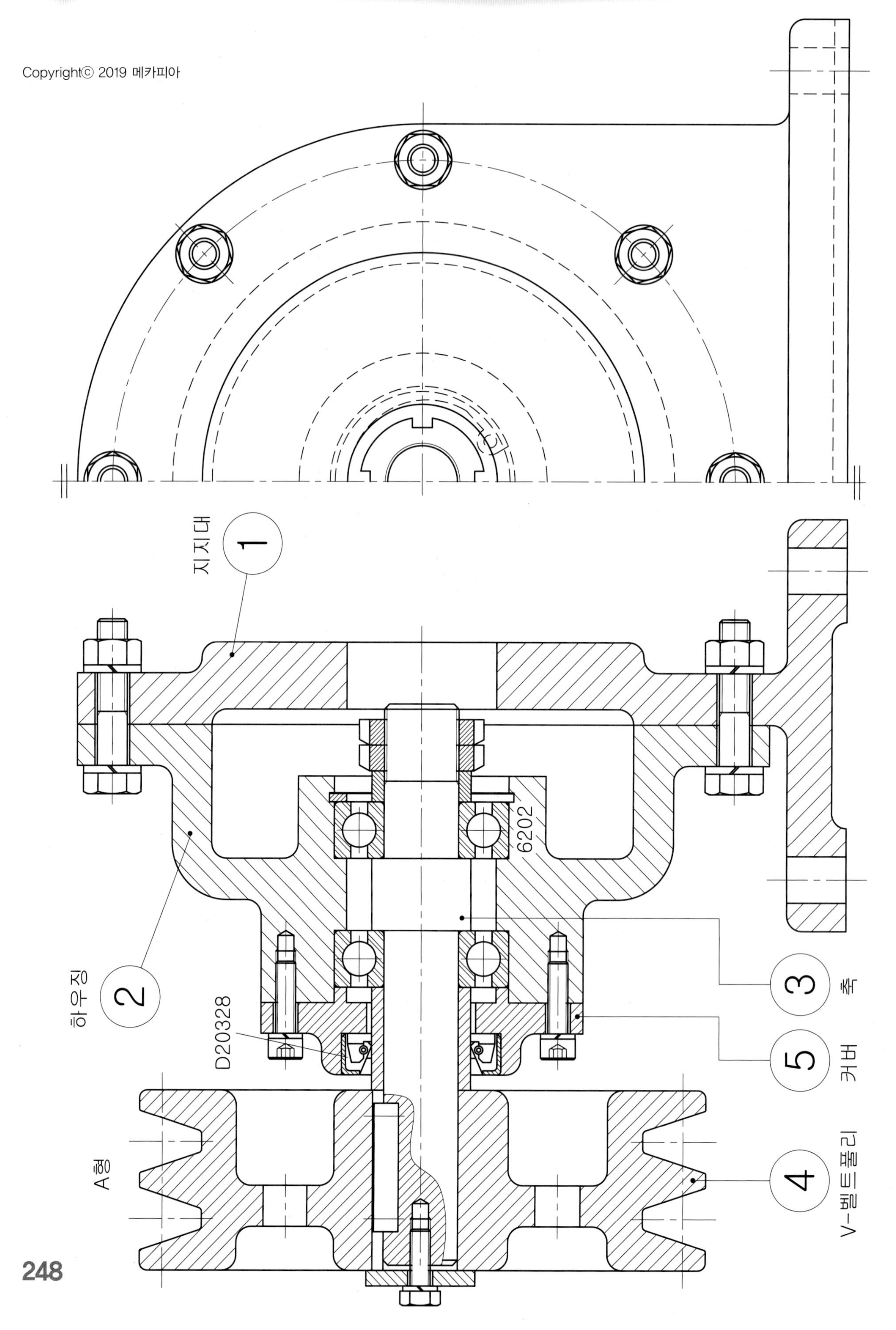
지지대
1
하우징
2
3
축
5
커버
4
V-벨트풀리
A형
6202
D20328

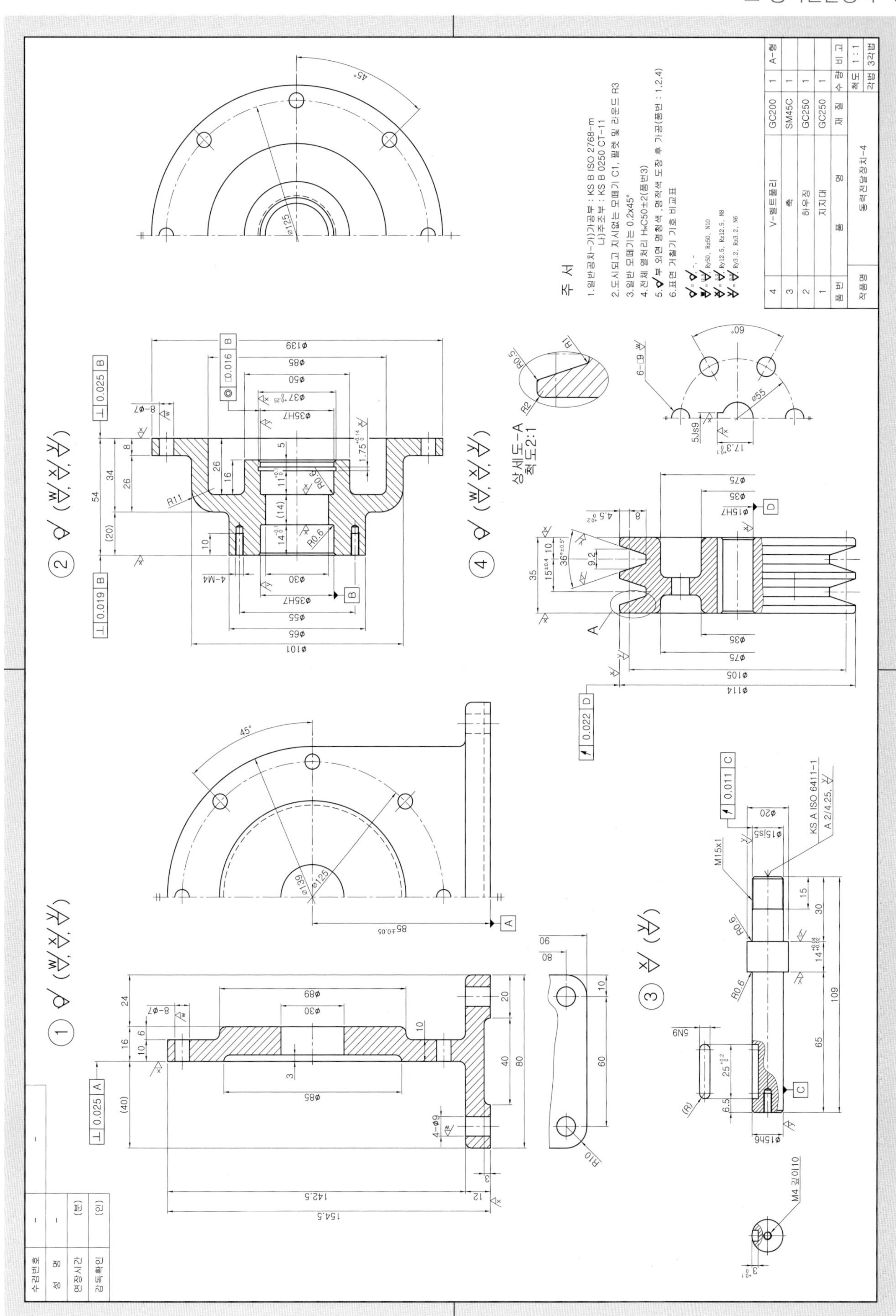
주 서
1.일반공차-가)가공부 : KS B ISO 2768-m
나)주조부 : KS B 0250 CT-11
2.도시되고 지시없는 모떼기 C1, 필렛 및 라운드 R3
3.일반 모떼기는 0.2x45°
4.전체 열처리 HRC50±2(품번3)
5.부 외면 명청색, 명적색 도장 후 가공(품번 : 1,2,4)
6.표면 거칠기 기호 비교표
상세도-A
척도2:1
4 V-벨트풀리 GC200 1 A-형
3 축 SM45C 1
2 하우징 GC250 1
1 지지대 GC250 1
품번 품명 재질 수량 비고
작품명 동력전달장치-4
척도 1:1
각법 3각법
수검번호
성명
연장시간 (분)
감독확인 (인)

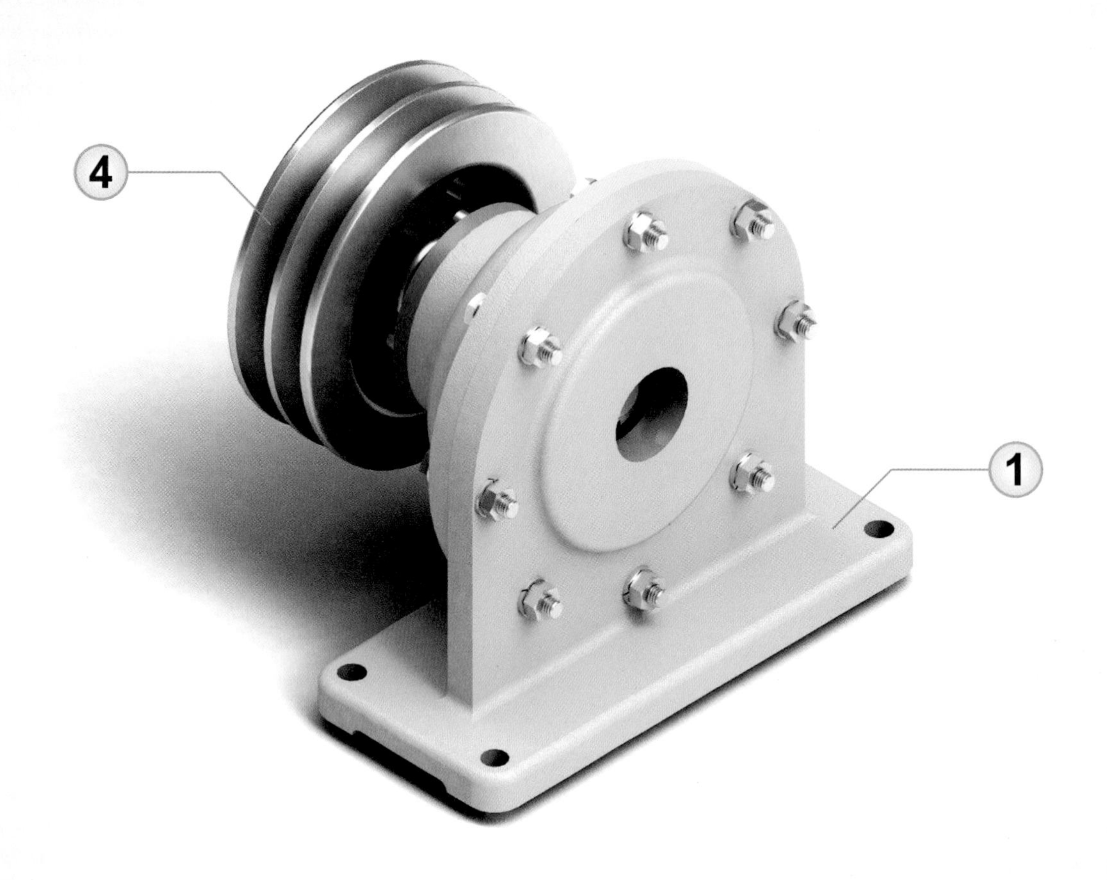
4
1

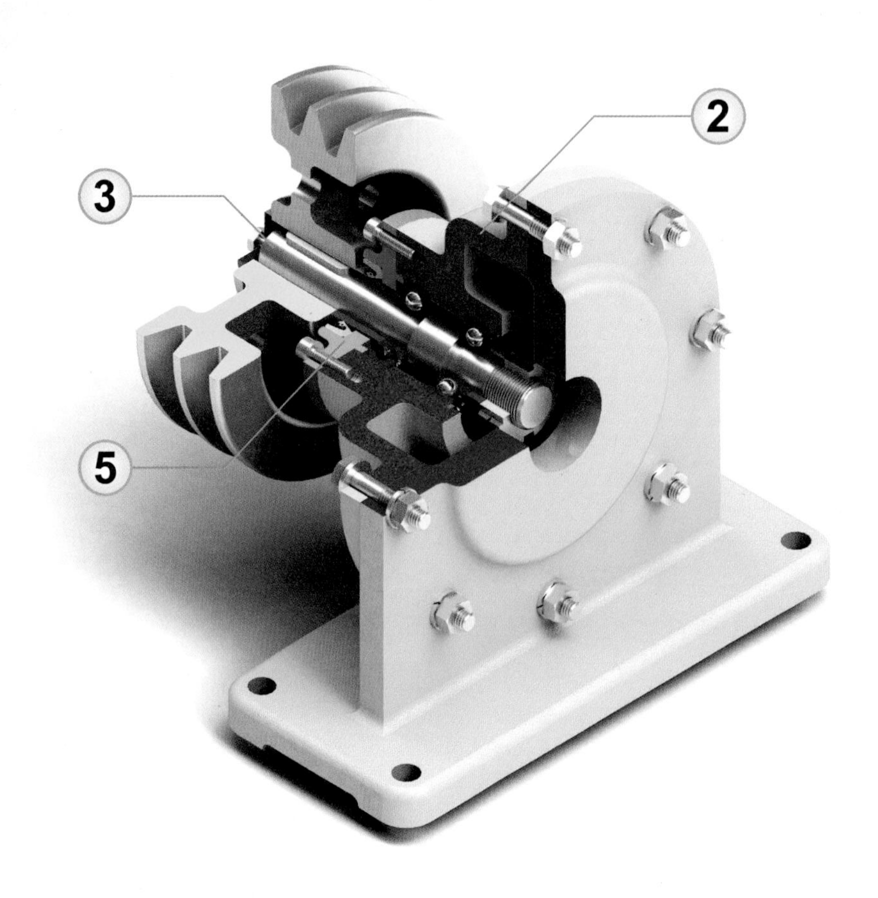
2
3
5

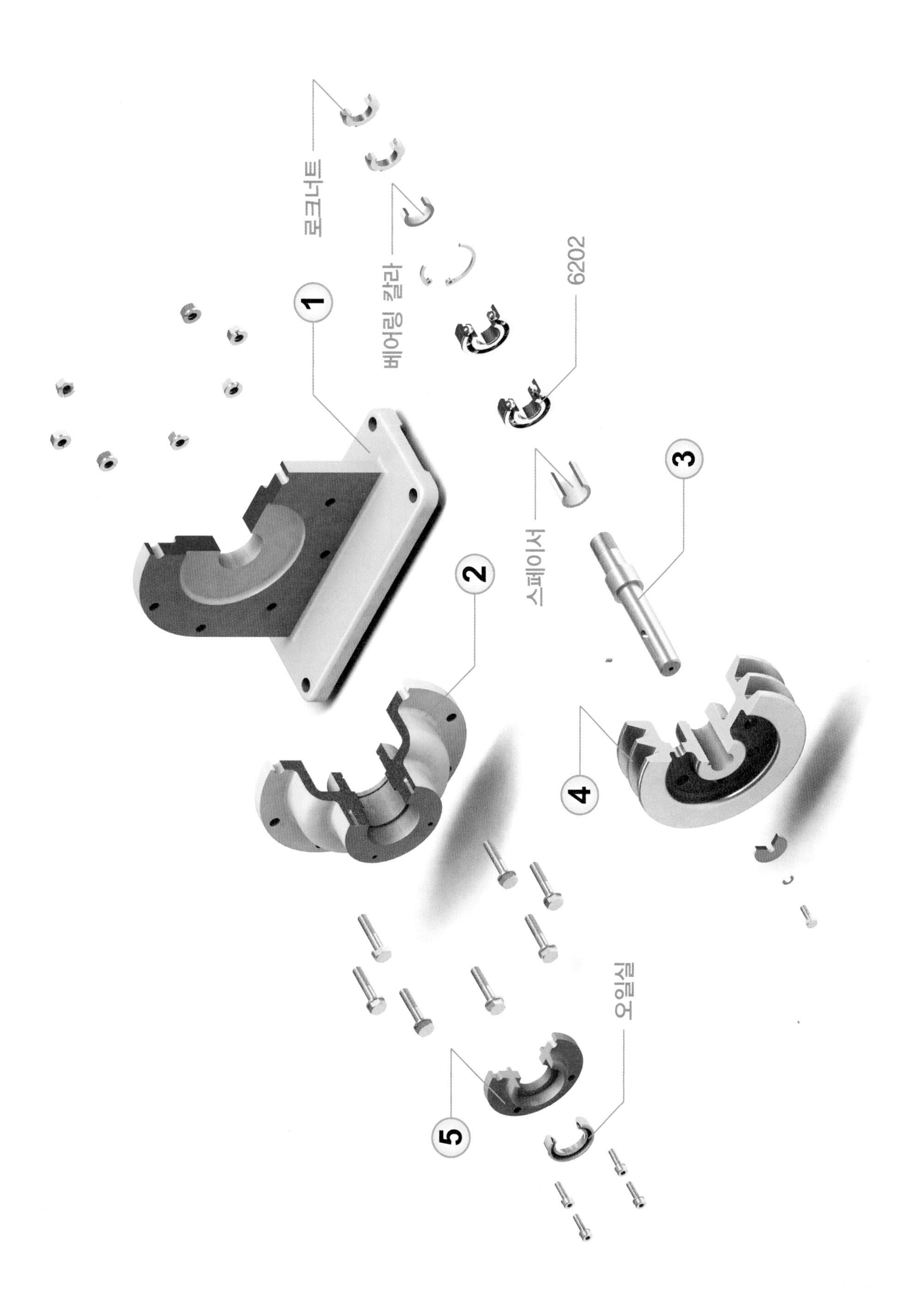
로크너트
베어링 칼라
6202
1
스페이서
3
2
4
오일실
5

동력전달장치-5

□ 조립도 과제 도면

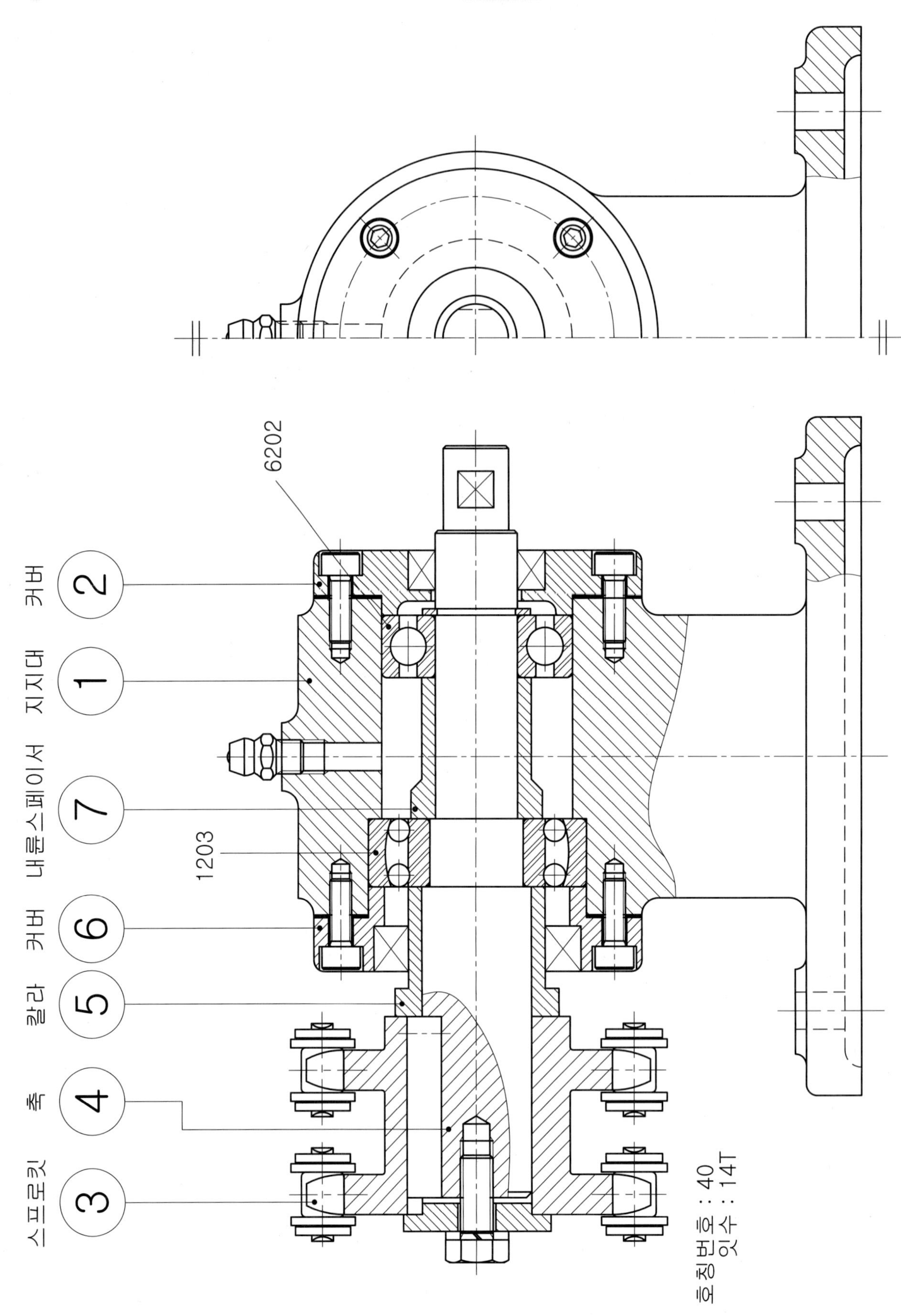

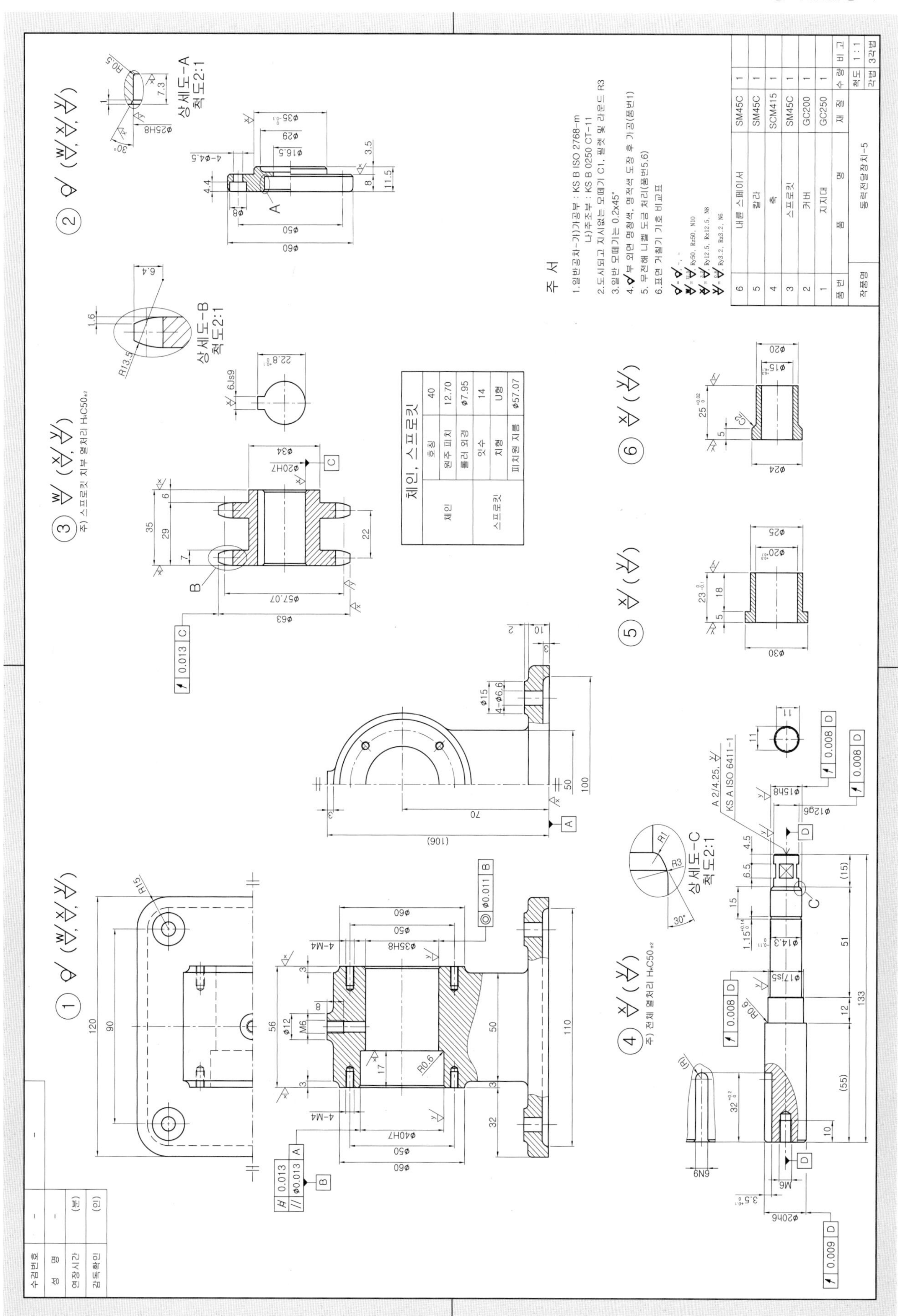

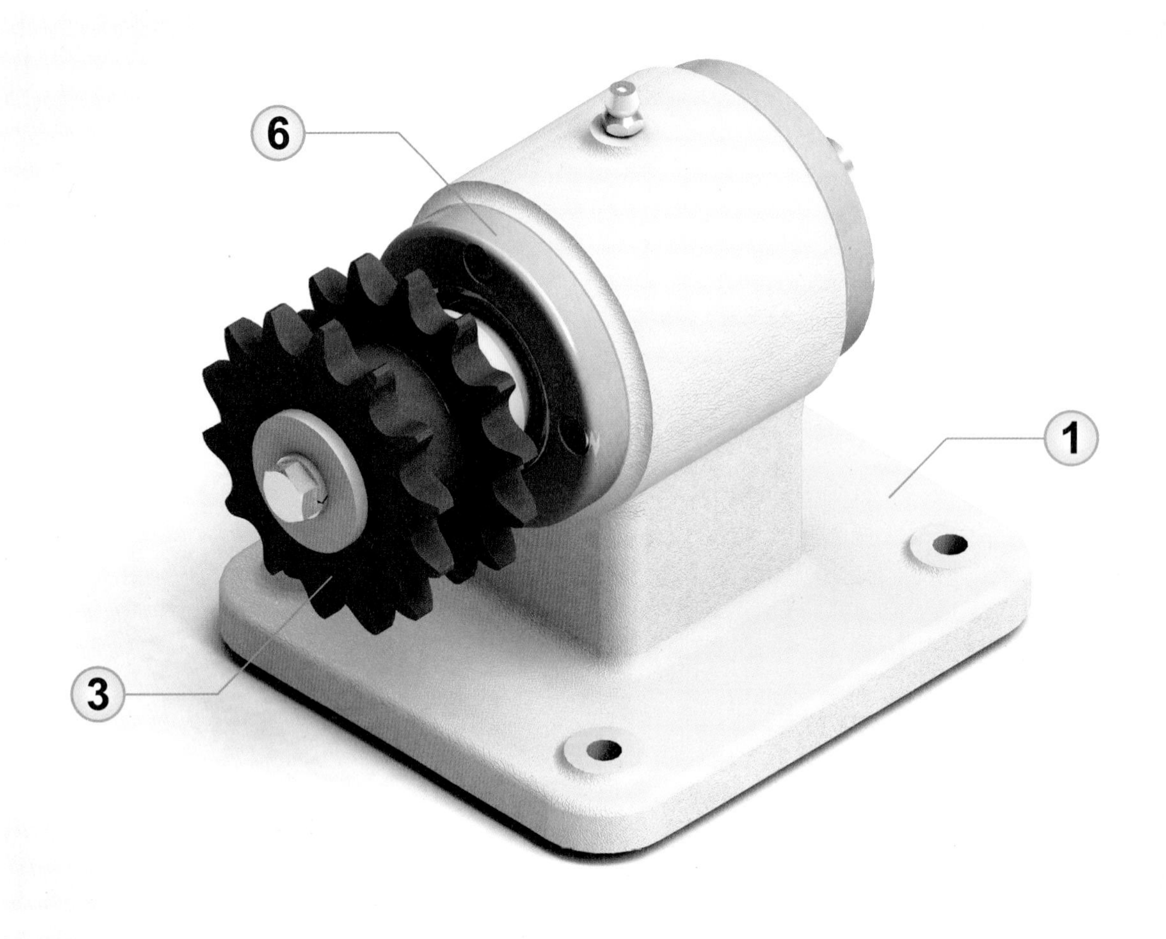
6
1
3

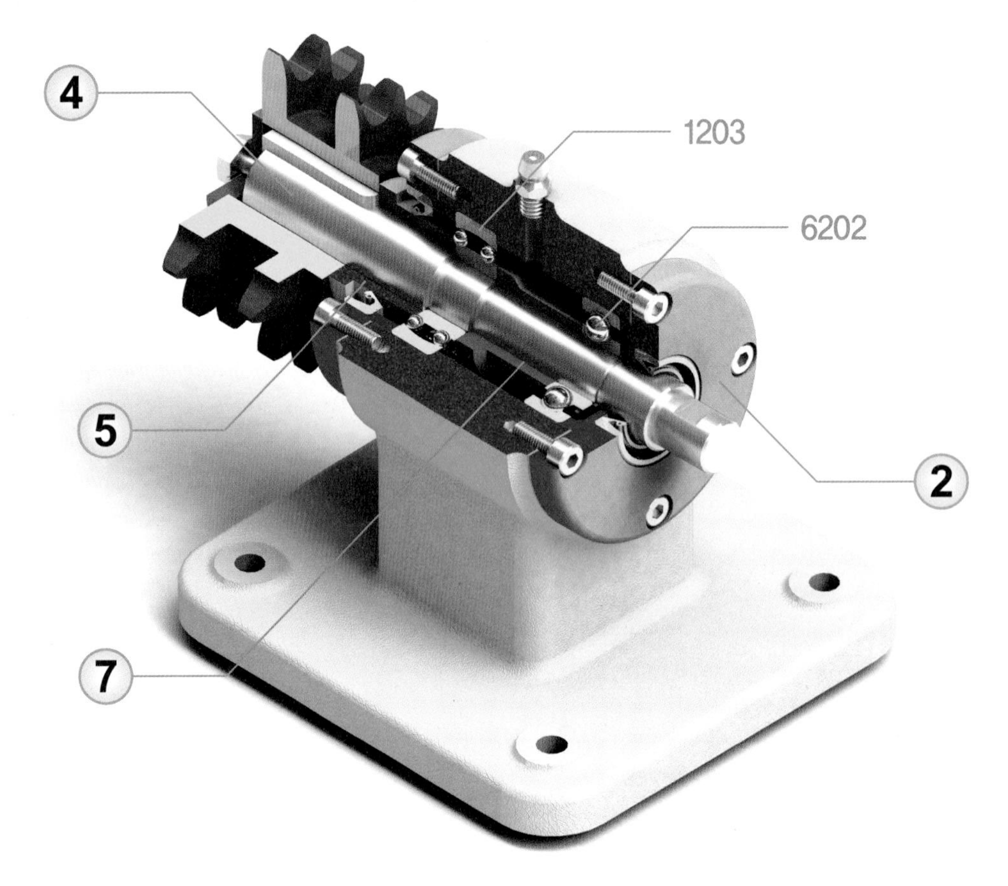
4
1203
6202
5
2
7

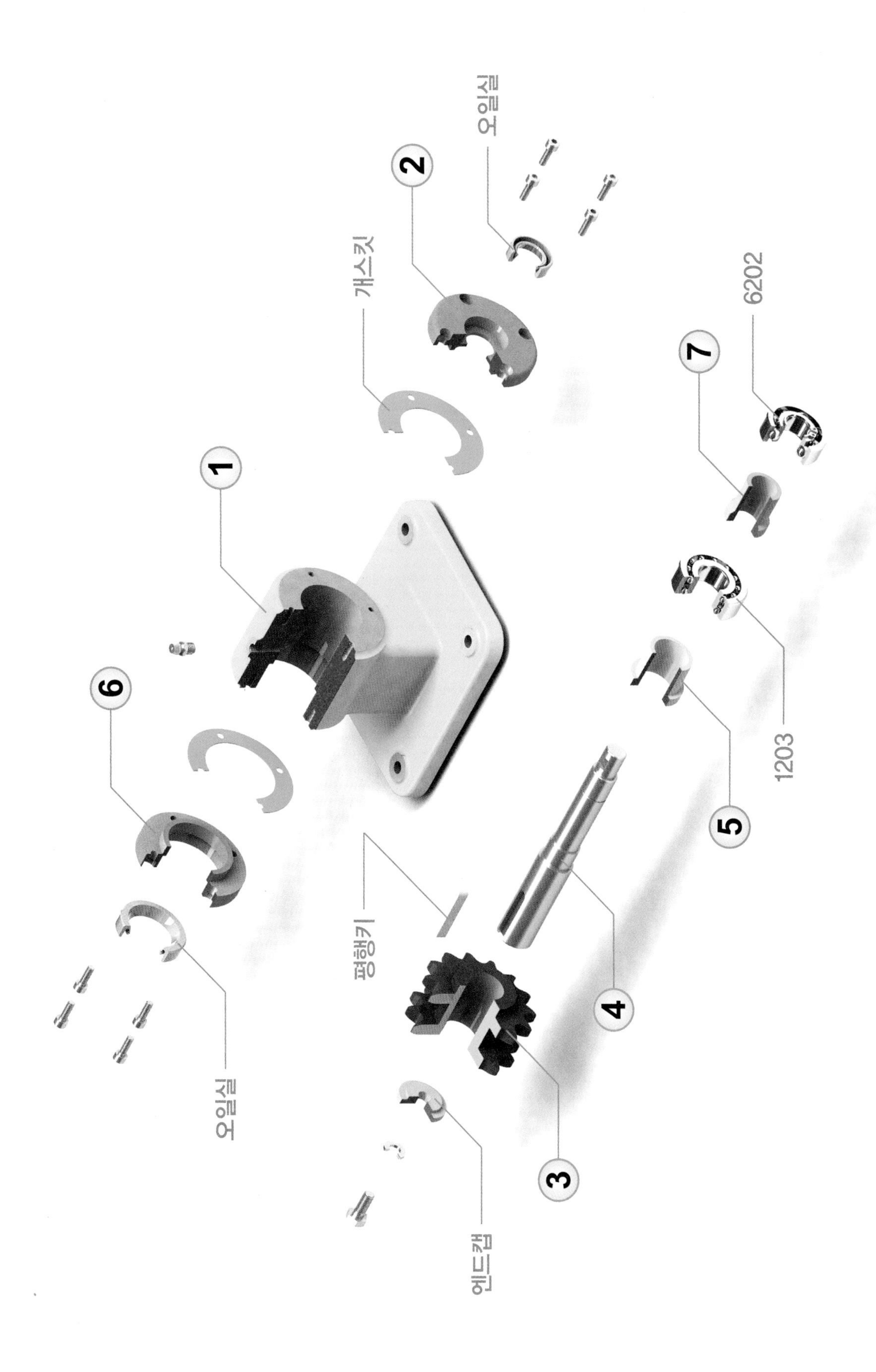
오일실
2
개스킷
6202
7
1
6
1203
5
평행키
4
오일실
3
엔드캡

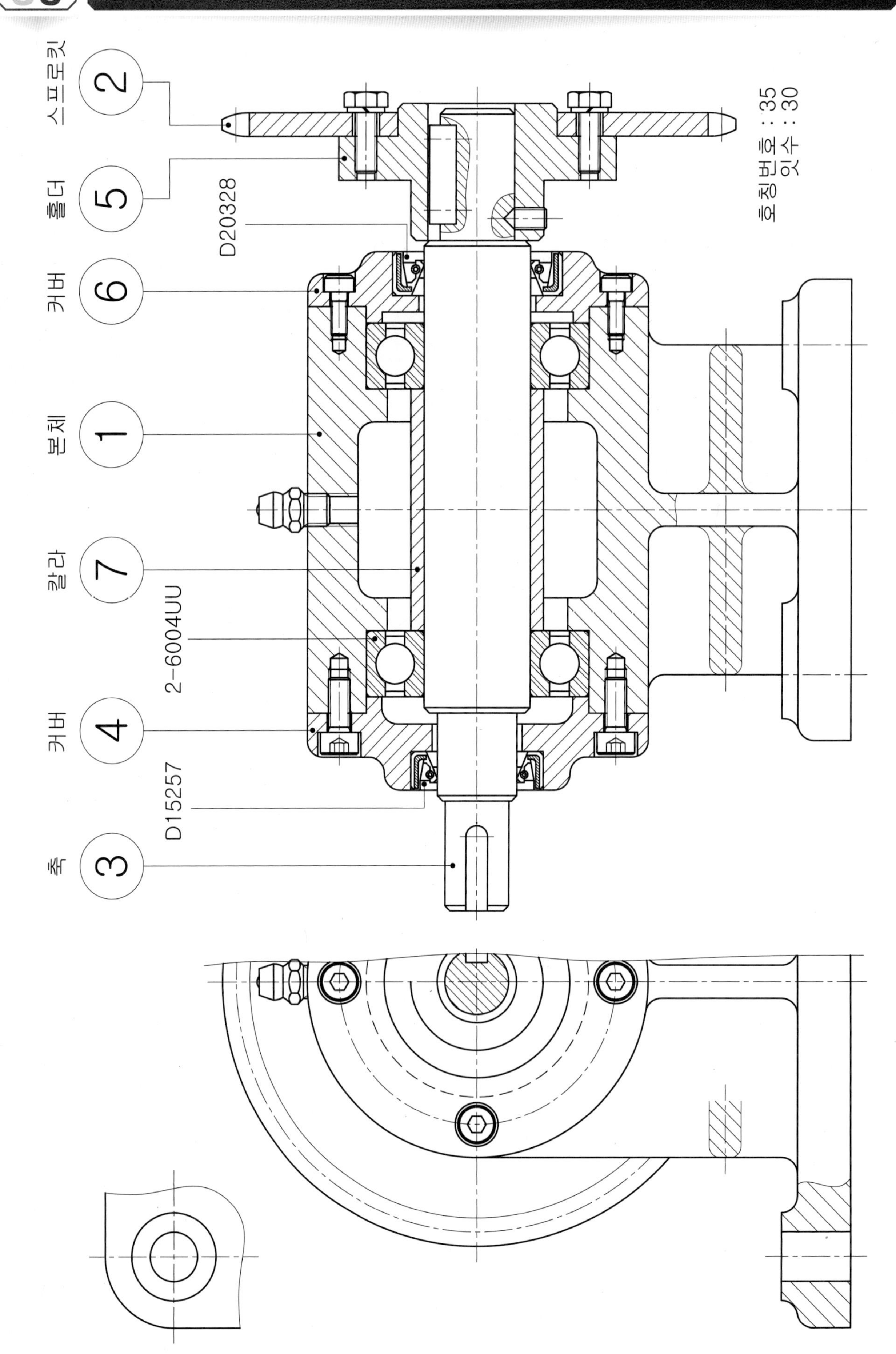

스프로킷 2
홀더 5
커버 6
본체 1
칼라 7
커버 4
축 3
D20328
2-6004UU
D15257
호칭번호 : 35
잇수 : 30

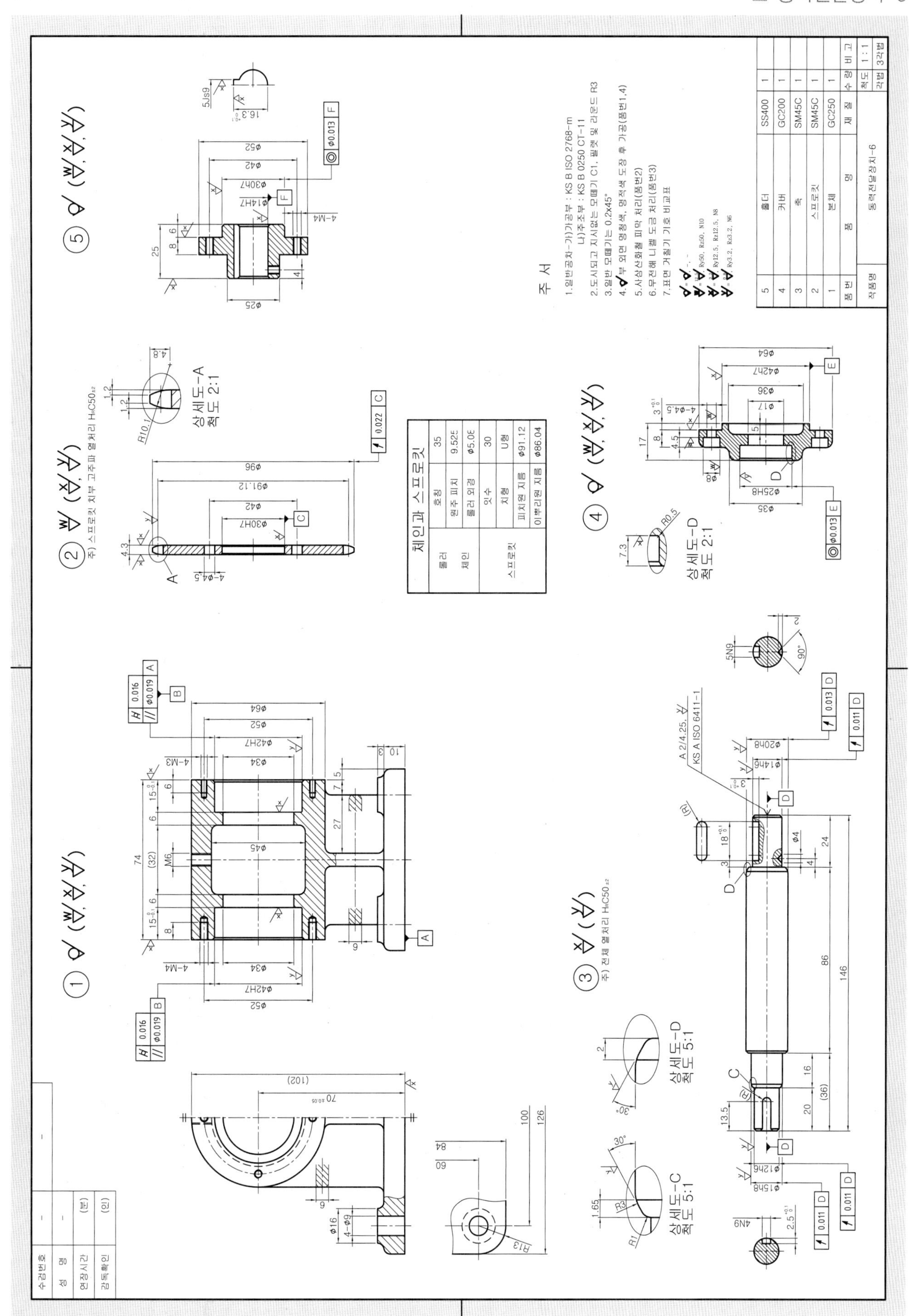
주 서
1.일반공차-가)가공부 : KS B ISO 2768-m
나)주조부 : KS B 0250 CT-11
2.도시되고 지시없는 모떼기 C1, 필렛 및 라운드 R3
3.일반 모떼기는 0.2x45°
체인과 스프로킷
호칭 35
원주 피치 9.525
롤러 외경 Φ5.08
잇수 30
치형 U형
피치원 지름 Φ91.12
이뿌리원 지름 Φ86.04
5 홀더 SS400 1
4 커버 GC200 1
3 축 SM45C 1
2 스프로킷 SM45C 1
1 본체 GC250 1
품번 품명 재질 수량 비고
작품명 동력전달장치-6
척도 1:1
각법 3각법
수검번호
성 명
연장시간
감독확인

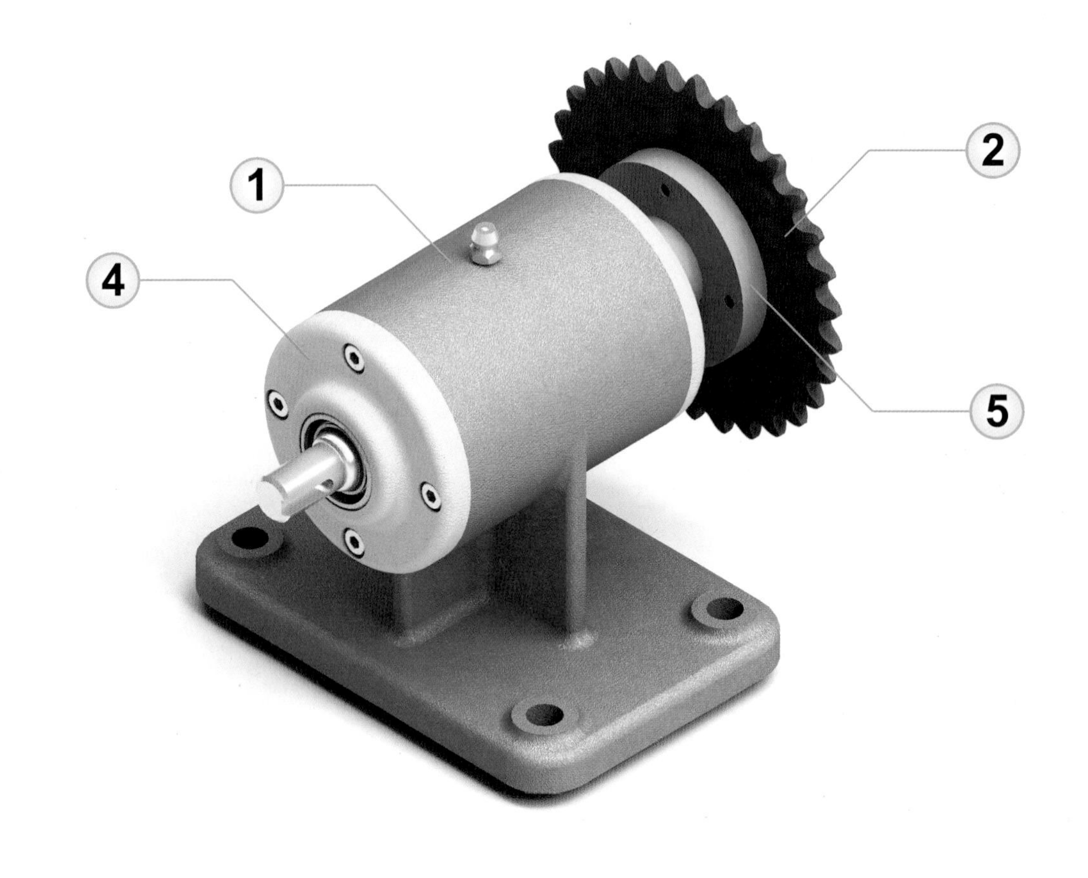
1
2
4
5

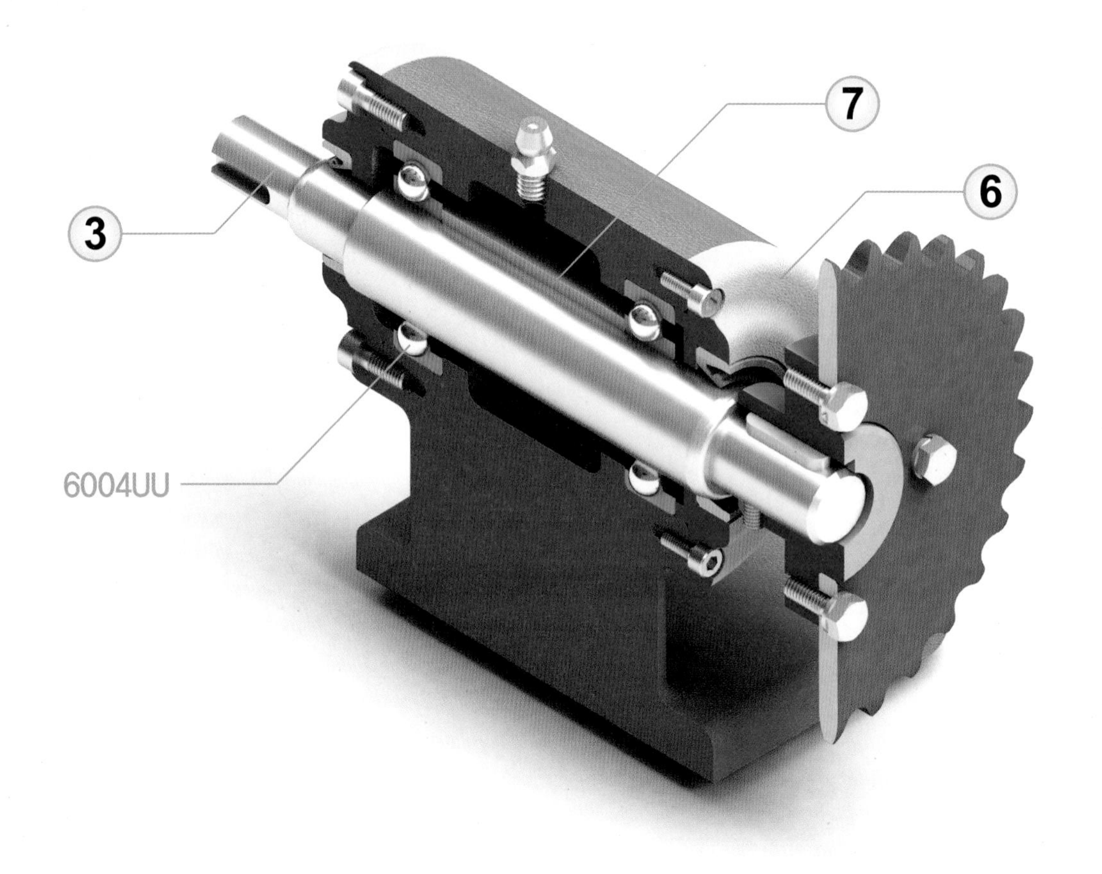
7
6
3
6004UU

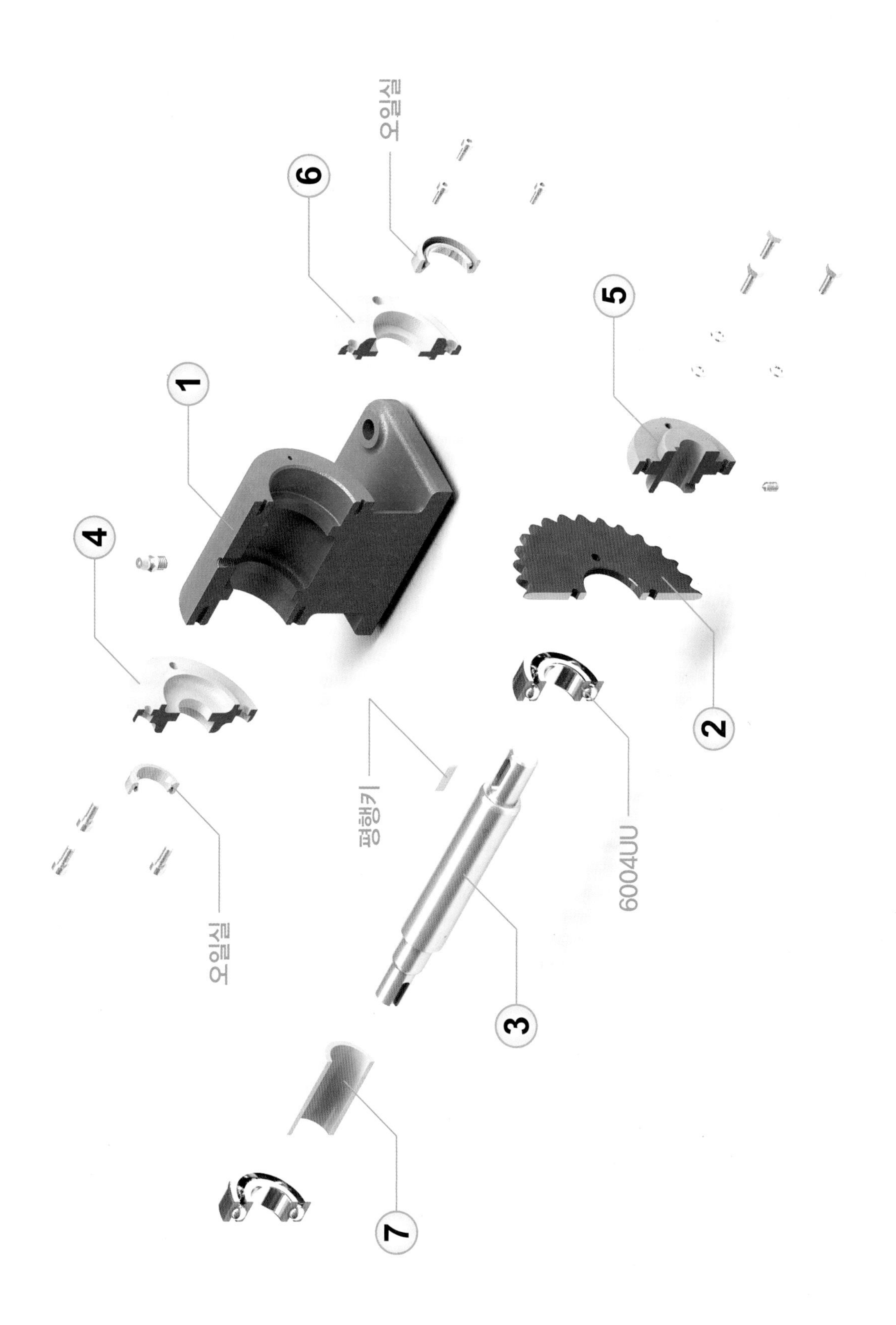
오일실
6
5
1
4
2
6004UU
평행키
오일실
3
7

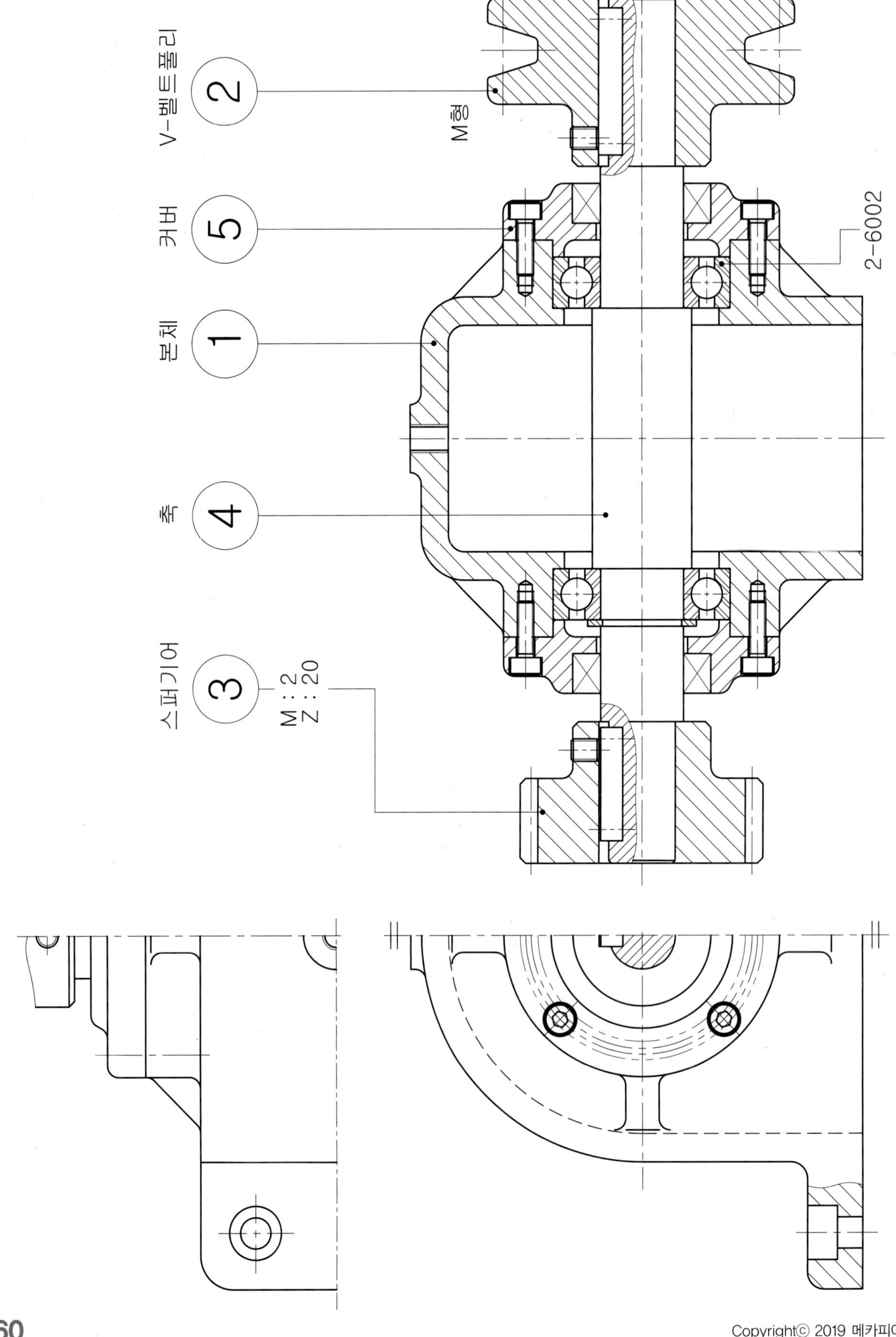

V-벨트풀리 2
M형
커버 5
본체 1
축 4
스퍼기어 3
M : 2
Z : 20
2-6002

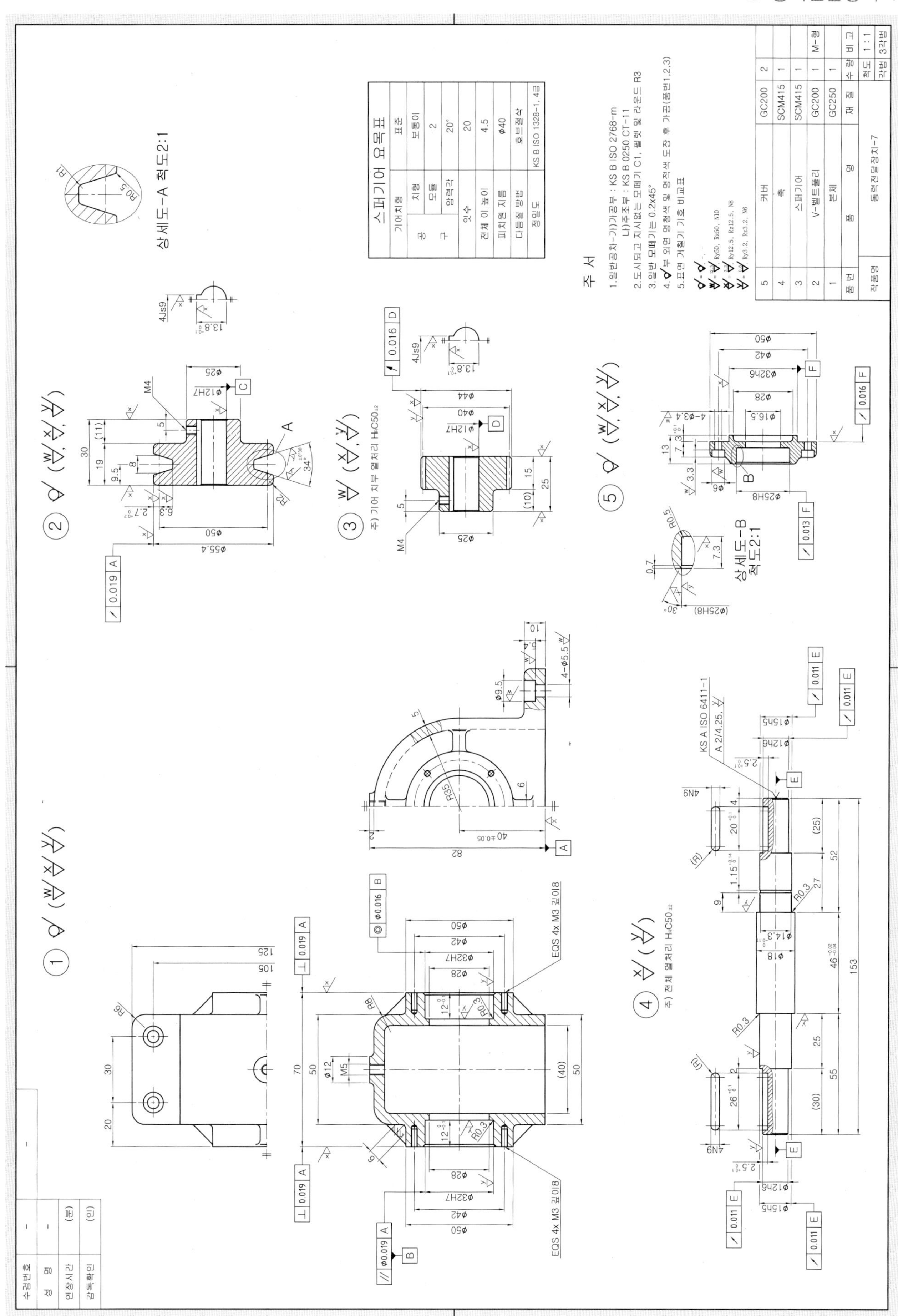

스퍼기어 요목표
기어치형 표준
치형 보통이
모듈 2
압력각 20°
잇수 20
전체 이 높이 4.5
피치원 지름 φ40
다듬질 방법 호브절삭
정밀도 KS B ISO 1328-1, 4급
주 서
1.일반공차-가)가공부 : KS B ISO 2768-m
나)주조부 : KS B 0250 CT-11
2.도시되고 지시없는 모떼기 C1, 필렛 및 라운드 R3
3.일반 모떼기는 0.2x45°
5.표면 거칠기 기호 비교표
상세도-A 척도2:1
상세도-B 척도2:1
주) 기어 치부 열처리 HRC50±2
주) 전체 열처리 HRC50±2
EQS 4x M3 깊이8
KS A ISO 6411-1 A 2/4.25
5 커버 GC200 2
4 축 SCM415 1
3 스퍼기어 SCM415 1
2 V-벨트풀리 GC200 1 M-형
1 본체 GC250 1
품번 품명 재질 수량 비고
작품명 동력전달장치-7
척도 1:1
각법 3각법
수검번호
성 명
연장시간 (분)
감독확인 (인)

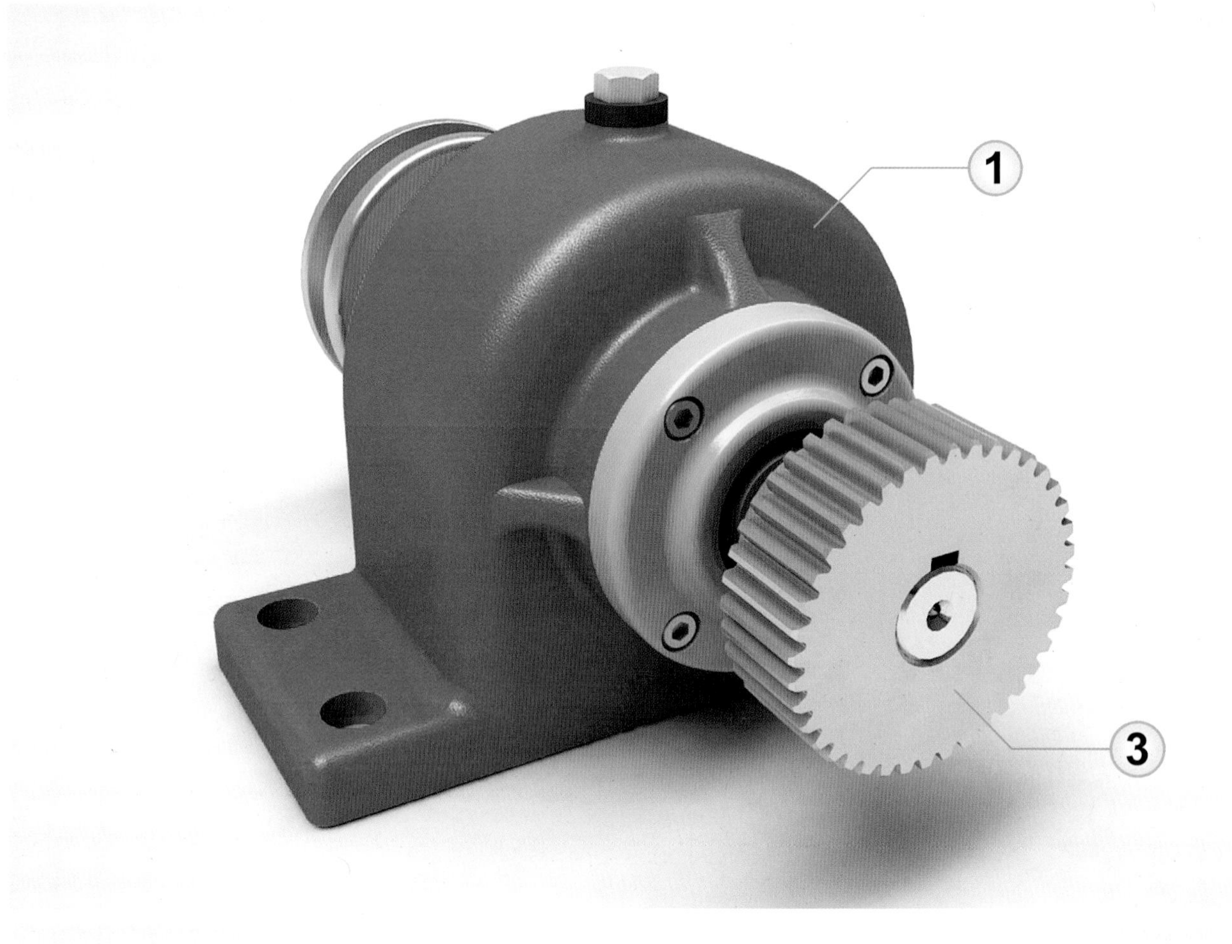
1
3

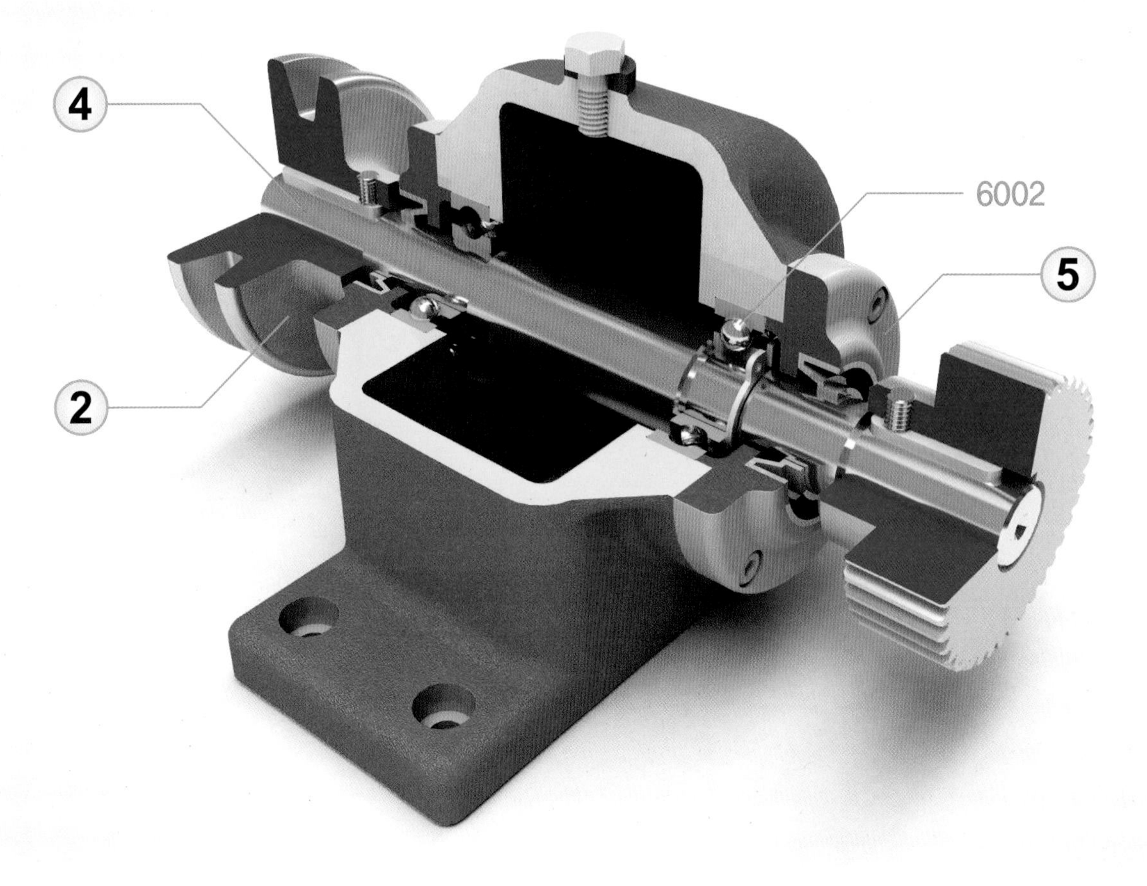
4
6002
5
2

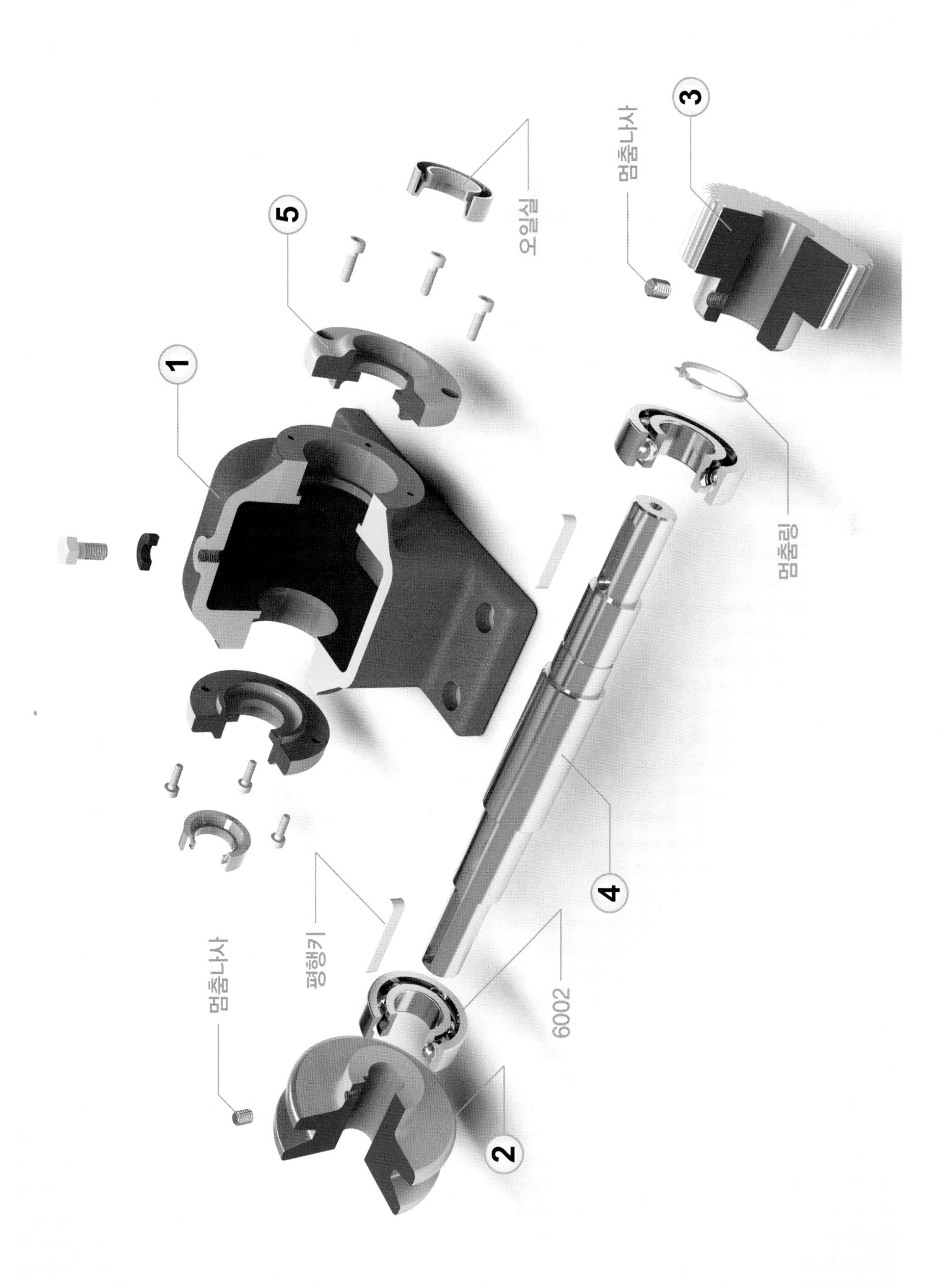
3
멈춤나사
오일실
5
1
멈춤링
4
평행키
6002
멈춤나사
2

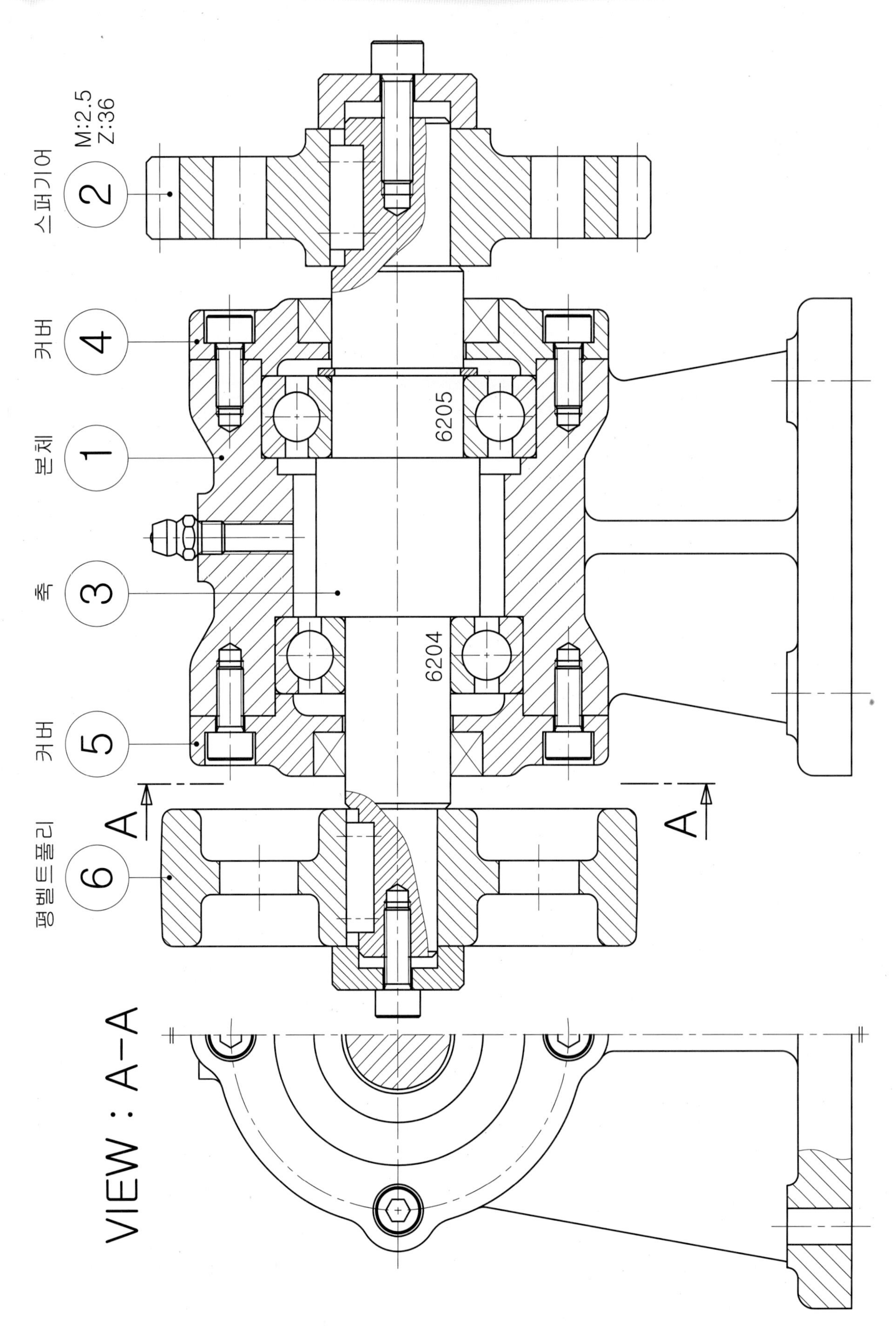

스퍼기어
2
M:2.5
Z:36
커버
4
본체
1
축
3
커버
5
평벨트풀리
6
6205
6204
A
A
VIEW : A–A

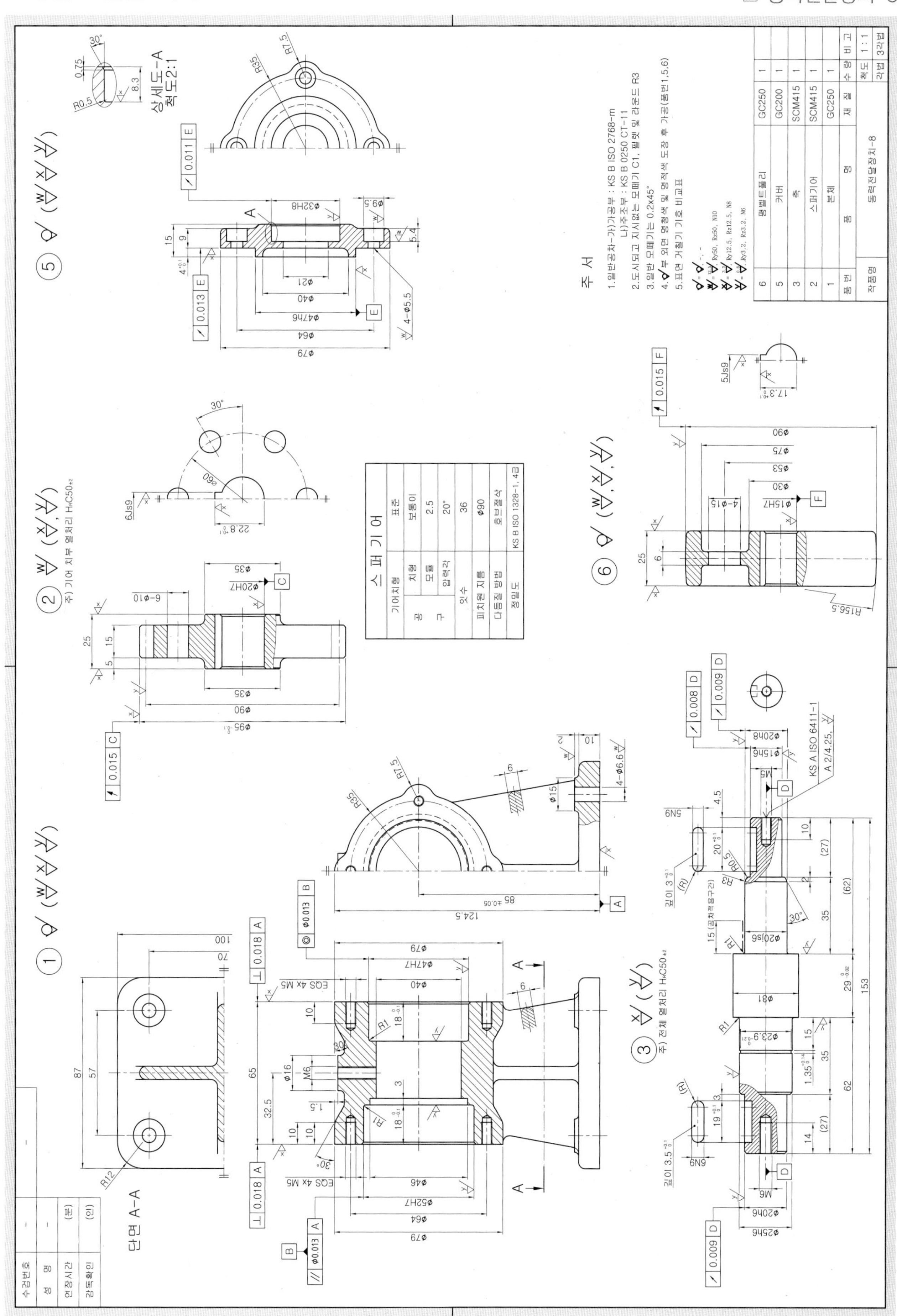
주 서
1.일반공차-가)가공부 : KS B ISO 2768-m
나)주조부 : KS B 0250 CT-11
2.도시되고 지시없는 모떼기 C1, 필렛 및 라운드 R3
3.일반 모떼기는 0.2x45°
4. 부 외면 명청색 및 명적색 도장 후 가공(품번1,5,6)
5.표면 거칠기 기호 비교표
스퍼기어
기어치형 표준
공구 치형 보통이
모듈 2.5
압력각 20°
잇수 36
피치원 지름 φ90
다듬질 방법 호브절삭
정밀도 KS B ISO 1328-1, 4급
6 평벨트풀리 GC250 1
5 커버 GC200 1
3 축 SCM415 1
2 스퍼기어 SCM415 1
1 본체 GC250 1
품번 품명 재질 수량 비고
작품명 동력전달장치-8
척도 1:1
각법 3각법
단면 A-A
상세도-A 척도2:1
수검번호
성 명
연장시간
감독확인

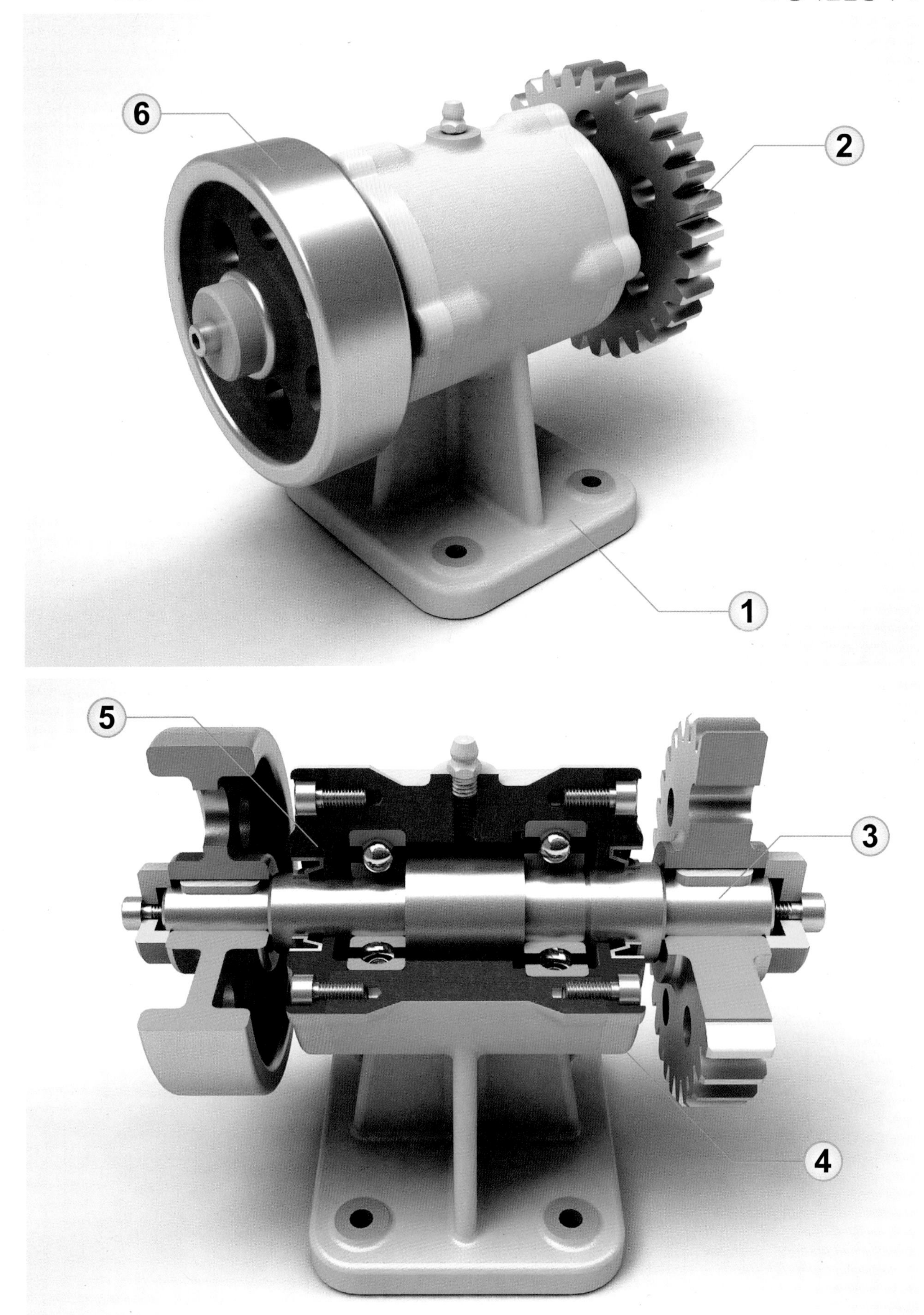
6
2
1
5
3
4

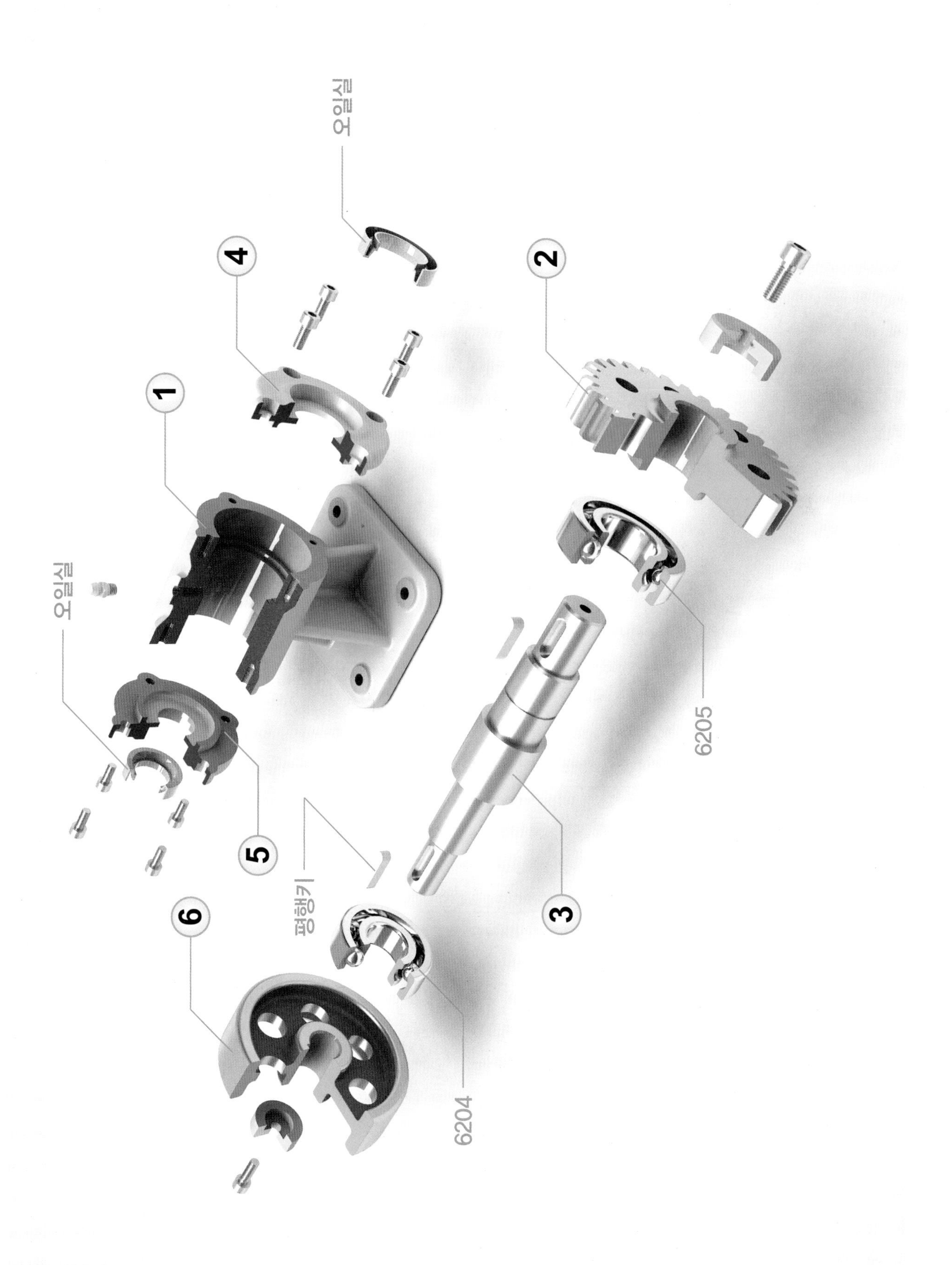
오일실
4
2
1
오일실
6205
5
평행키
6
3
6204

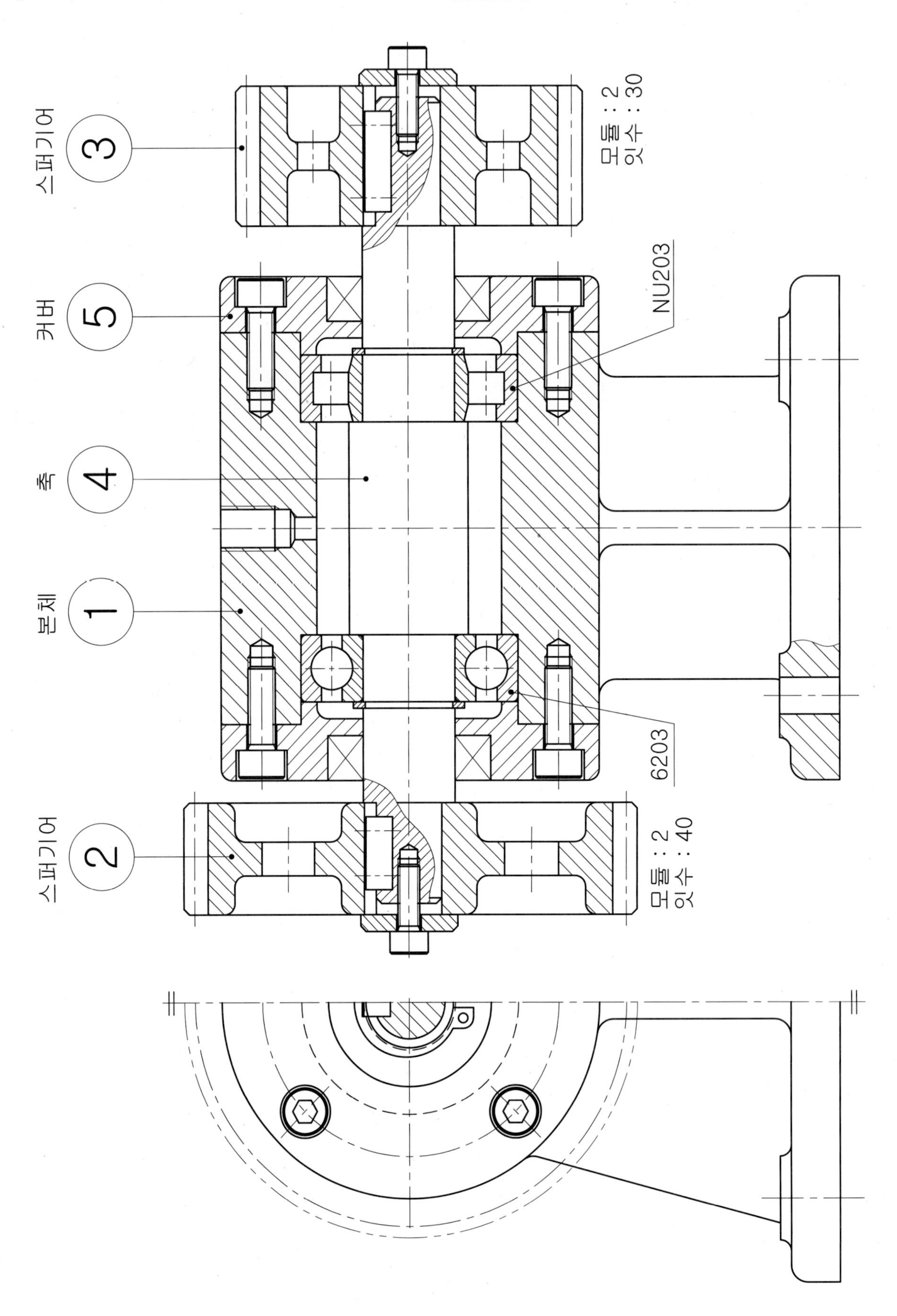
스퍼기어 3
카버 5
축 4
본체 1
스퍼기어 2
모듈 : 2
잇수 : 30
NU203
6203
모듈 : 2
잇수 : 40

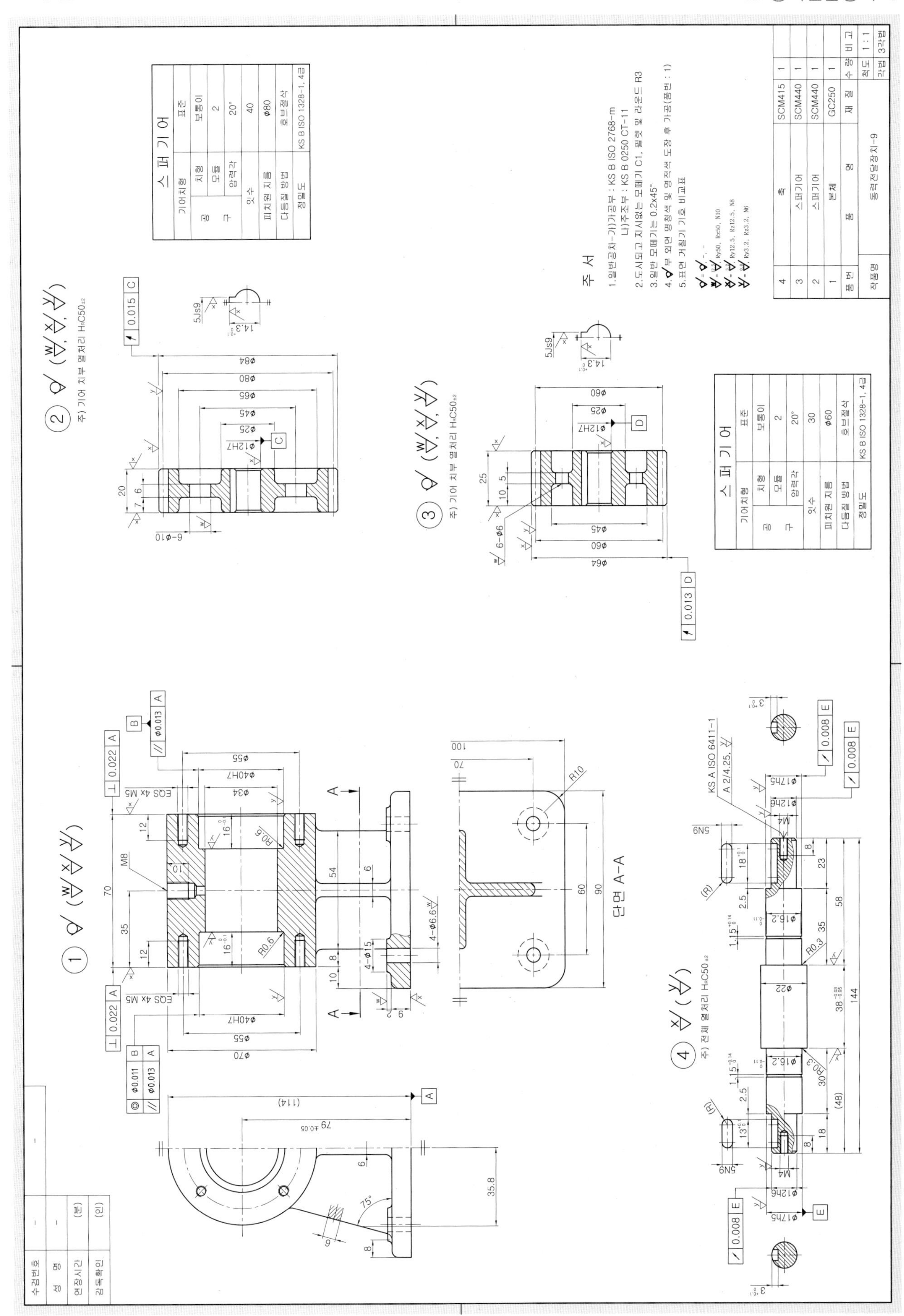
스퍼기어
기어치형 표준
공구 치형 보통이
모듈 2
압력각 20°
잇수 40
피치원 지름 φ80
다듬질 방법 호브절삭
정밀도 KS B ISO 1328-1, 4급
스퍼기어
기어치형 표준
공구 치형 보통이
모듈 2
압력각 20°
잇수 30
피치원 지름 φ60
다듬질 방법 호브절삭
정밀도 KS B ISO 1328-1, 4급
주 서
1.일반공차-가)가공부 : KS B ISO 2768-m
나)주조부 : KS B 0250 CT-11
2.도시되고 지시없는 모떼기 C1, 필렛 및 라운드 R3
3.일반 모떼기는 0.2x45°
4.부 외면 명청색 및 명적색 도장 후 가공(품번 : 1)
5.표면 거칠기 기호 비교표
4 축 SCM415 1
3 스퍼기어 SCM440 1
2 스퍼기어 SCM440 1
1 본체 GC250 1
품번 품명 재질 수량 비고
작품명 동력전달장치-9
척도 1:1
각법 3각법
단면 A-A
주) 기어 치부 열처리 HRC50±2
주) 전체 열처리 HRC50±2
KS A ISO 6411-1 A 2/4.25
수검번호
성 명
연장시간
감독확인

2
3
1

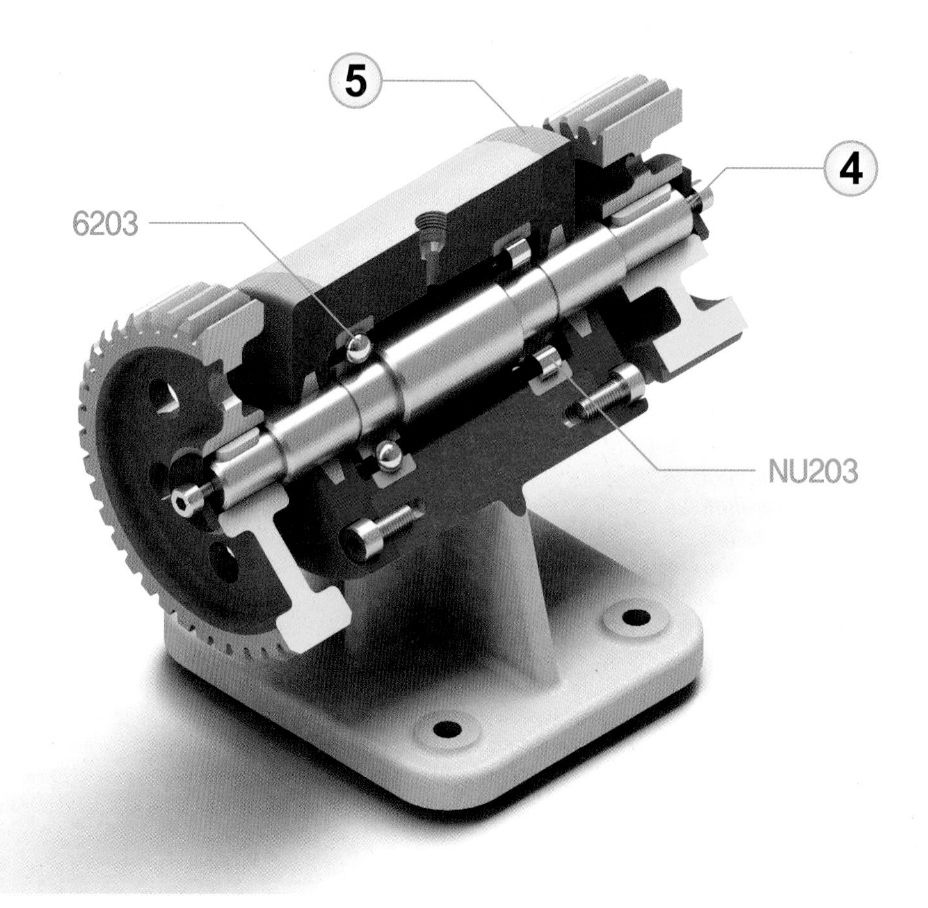
5
4
6203
NU203

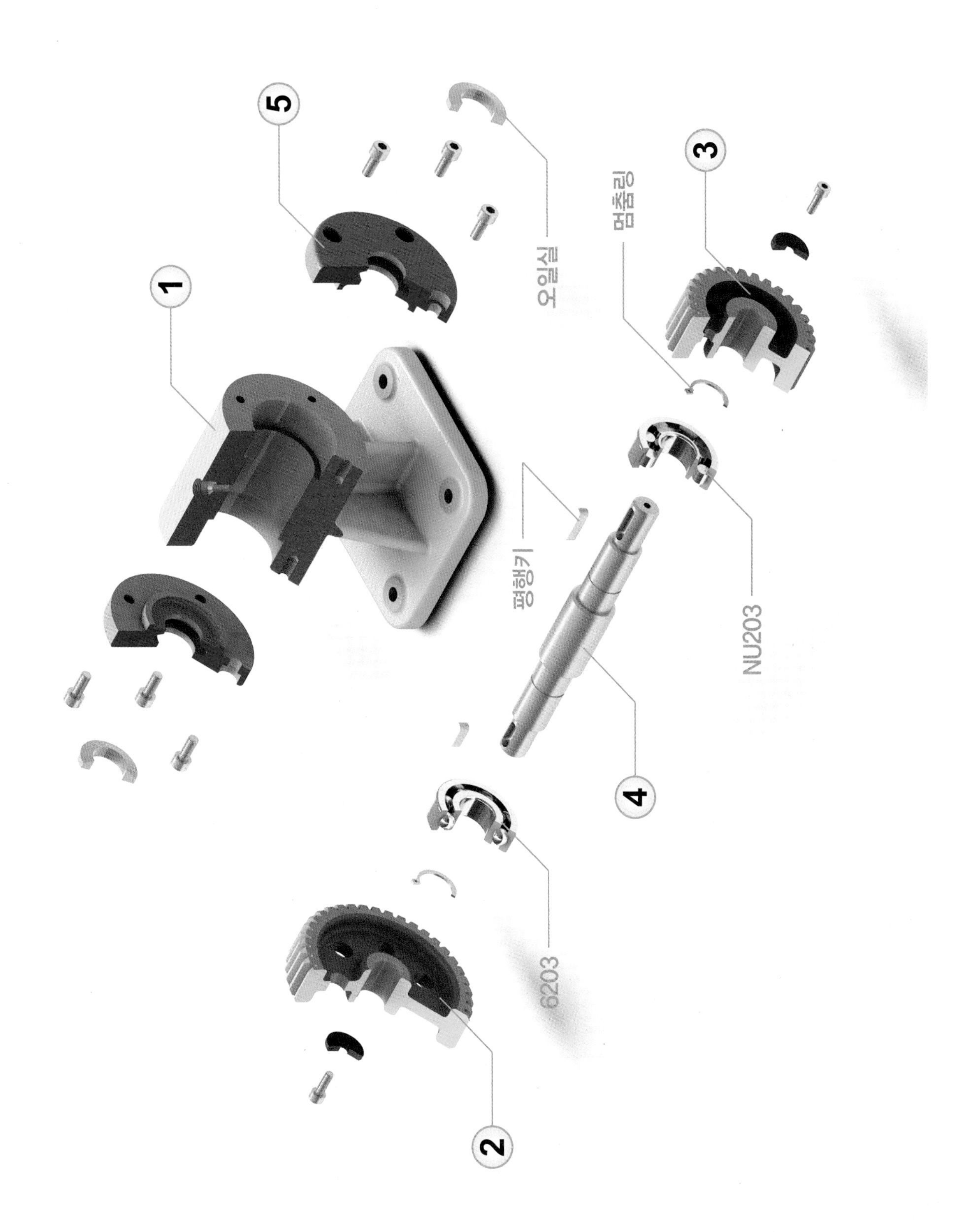
1
2
3
4
5
오일실
멈춤링
평행키
NU203
6203

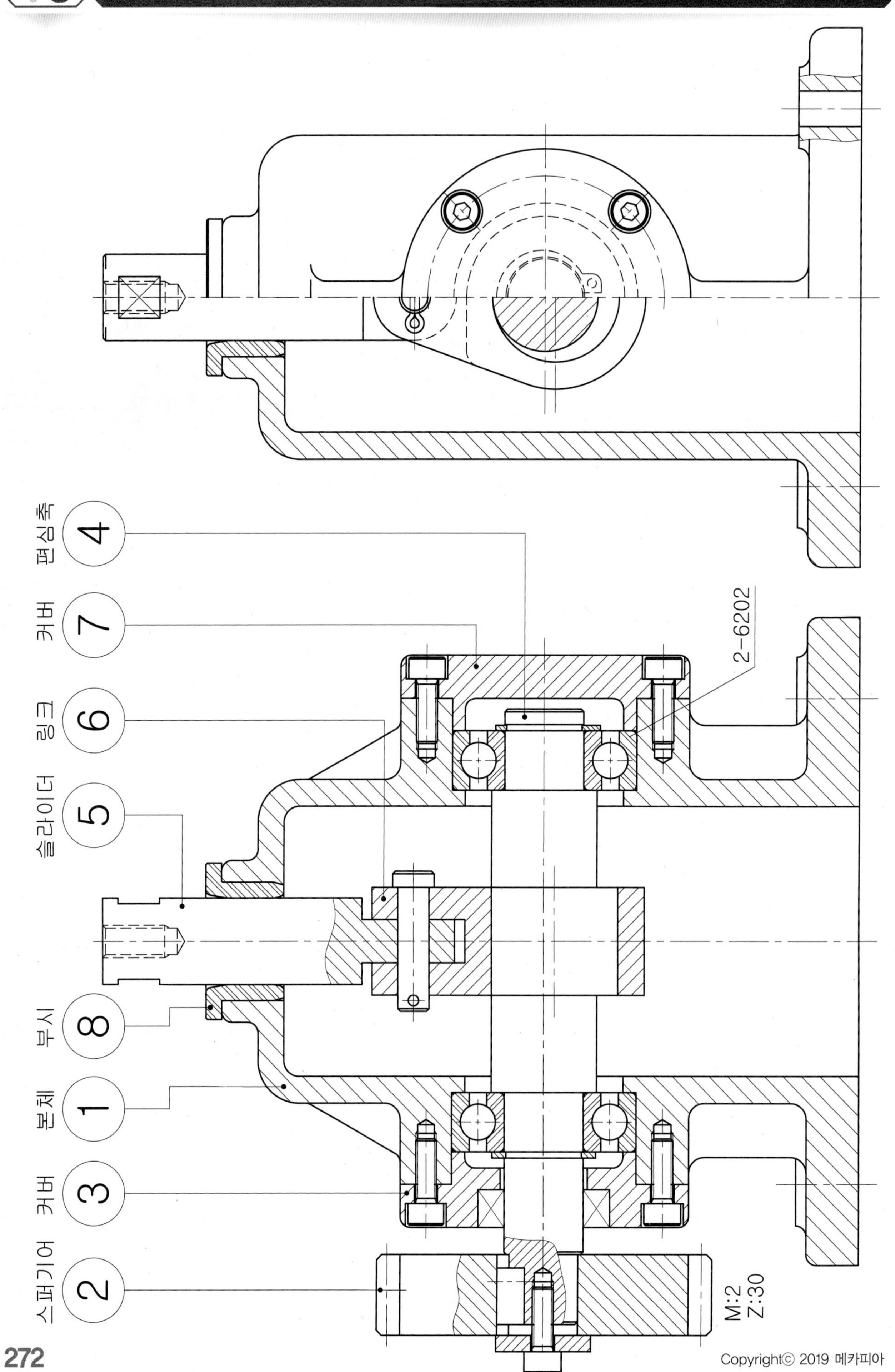
스퍼기어 2
커버 3
본체 1
부시 8
슬라이더 5
링크 6
커버 7
편심축 4
2-6202
M:2
Z:30

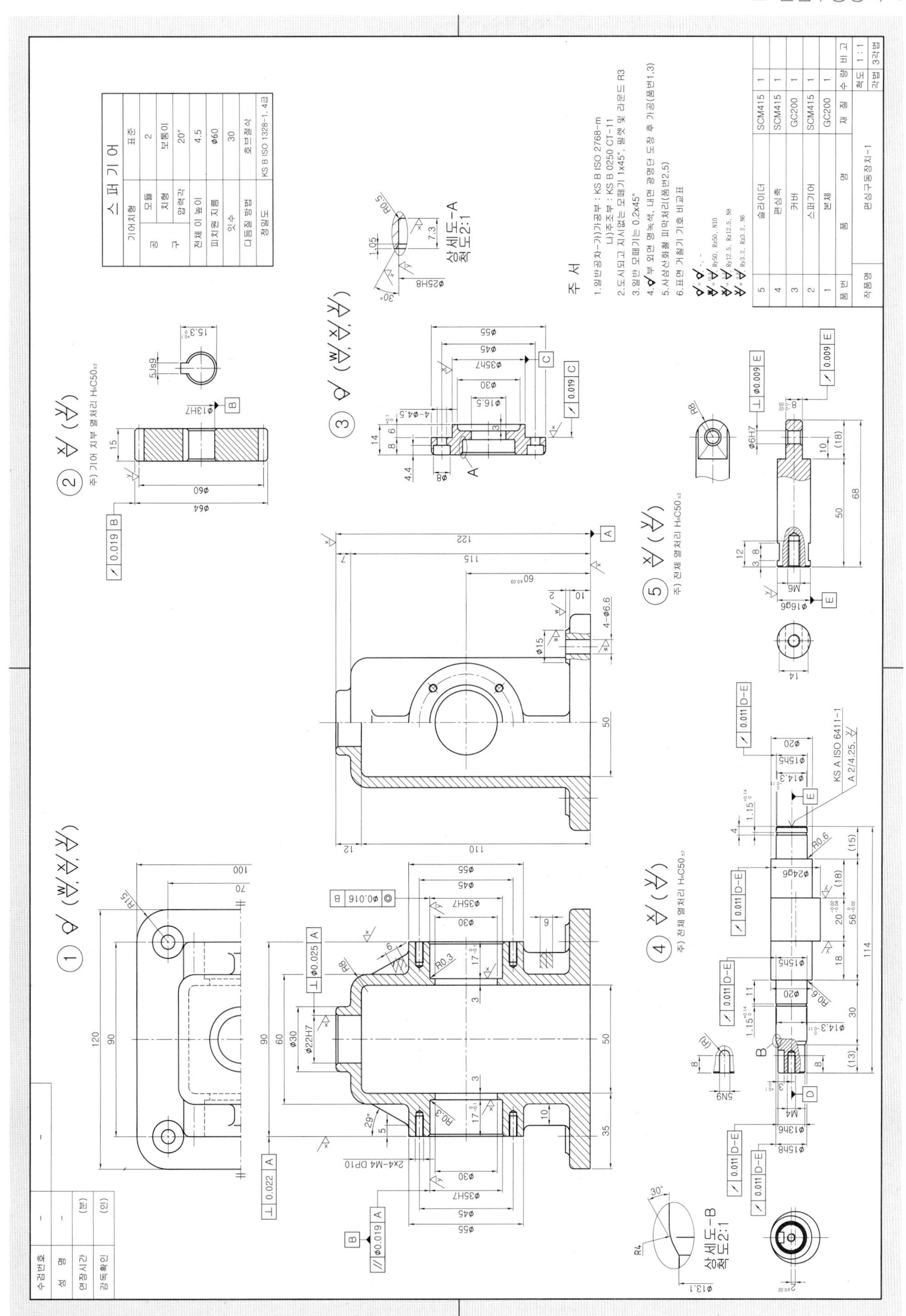

스퍼기어
기어치형 표준
공구 모듈 2
치형 보통이
압력각 20°
전체 이 높이 4.5
피치원 지름 φ60
잇수 30
다듬질 방법 호브절삭
정밀도 KS B ISO 1328-1, 4급
주 서
1.일반공차-가)가공부: KS B ISO 2768-m
나)주조부: KS B 0250 CT-11
2.도시되고 지시없는 모떼기 1x45°, 필렛 및 라운드 R3
3.일반 모떼기는 0.2x45°
5.사상산화철 피막처리(품번2.5)
6.표면 거칠기 기호 비교표
5 슬라이더 SCM415 1
4 편심축 SCM415 1
3 커버 GC200 1
2 스퍼기어 SCM415 1
1 본체 GC200 1
품번 품명 재질 수량 비고
작품명 편심구동장치-1 척도 1:1 각법 3각법
상세도-A 척도2:1
상세도-B 척도2:1
주) 전체 열처리 HRC50±2
주) 기어 치부 열처리 HRC50±2
KS A ISO 6411-1 A 2/4.25
수검번호
성명
연장시간
감독확인

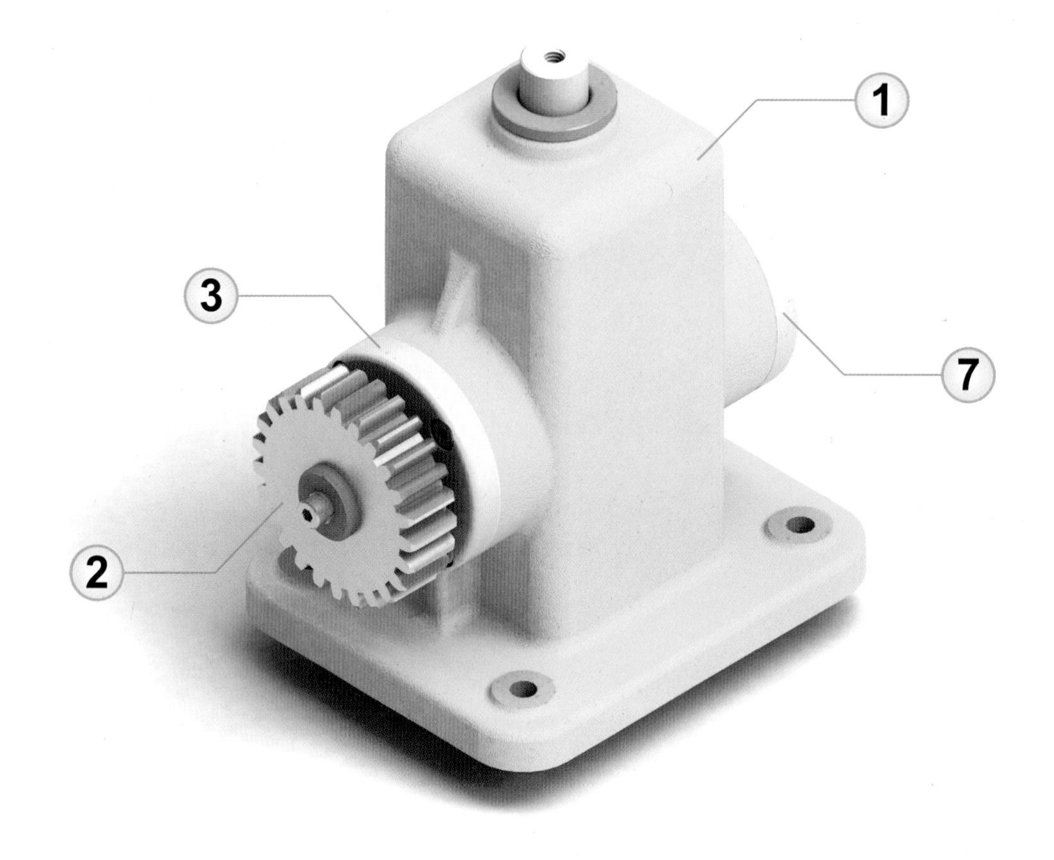
1
3
7
2

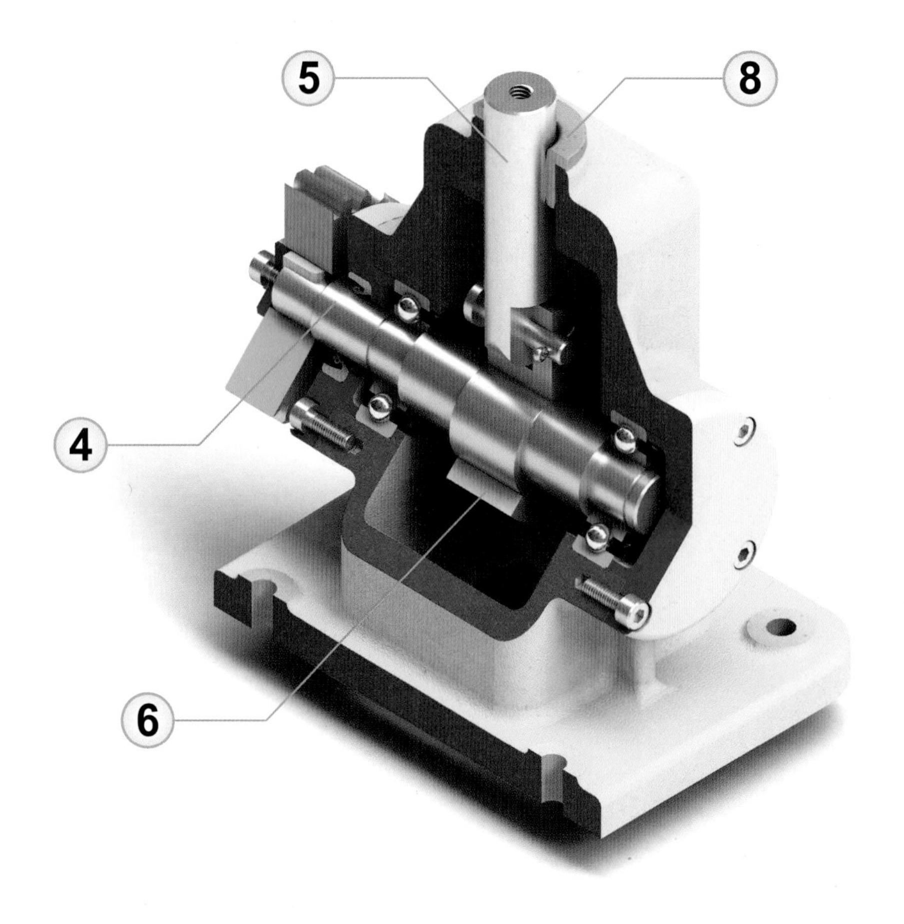
5
8
4
6

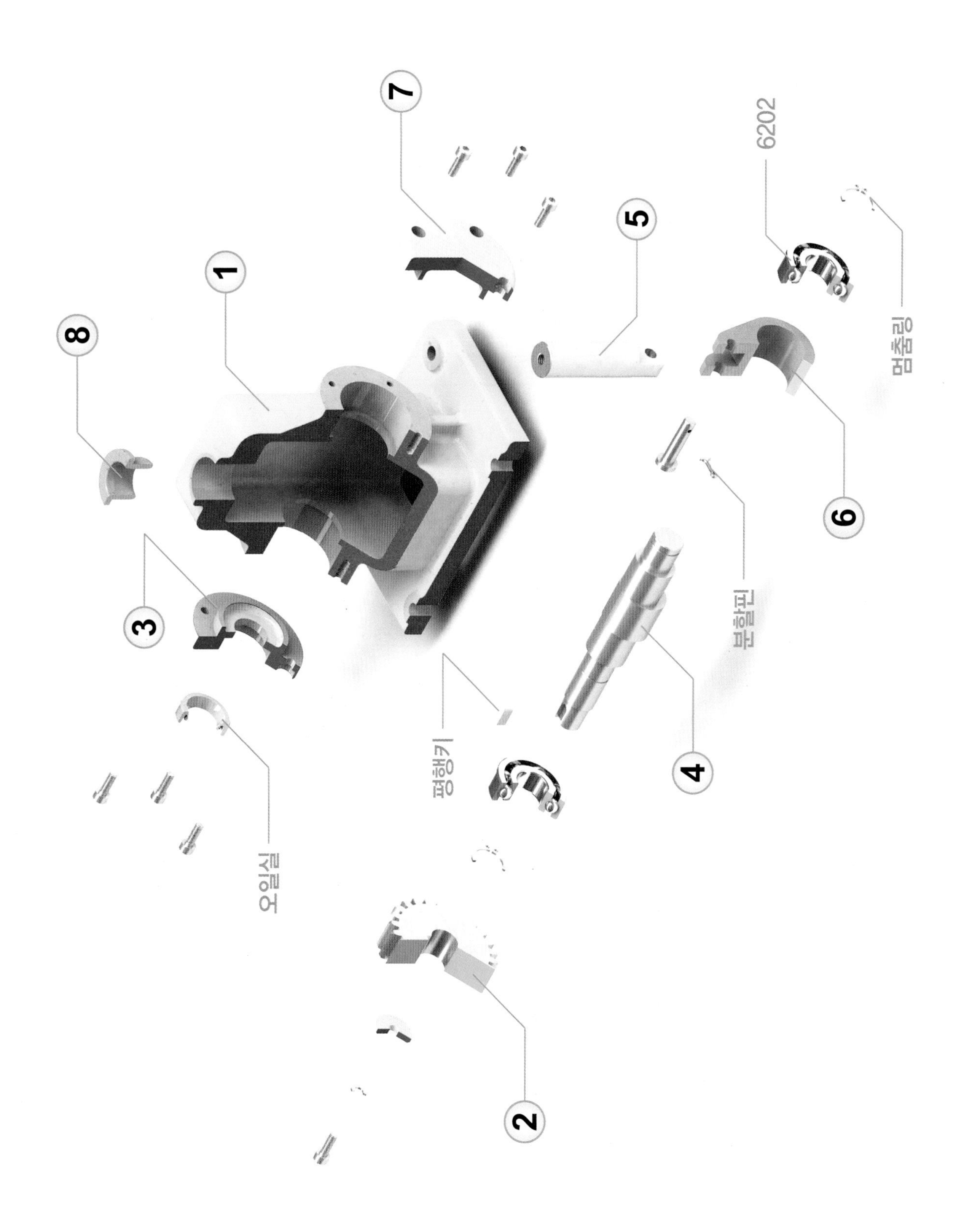
7
6202
5
1
8
멈춤링
6
분할핀
3
평행키
4
오일실
2

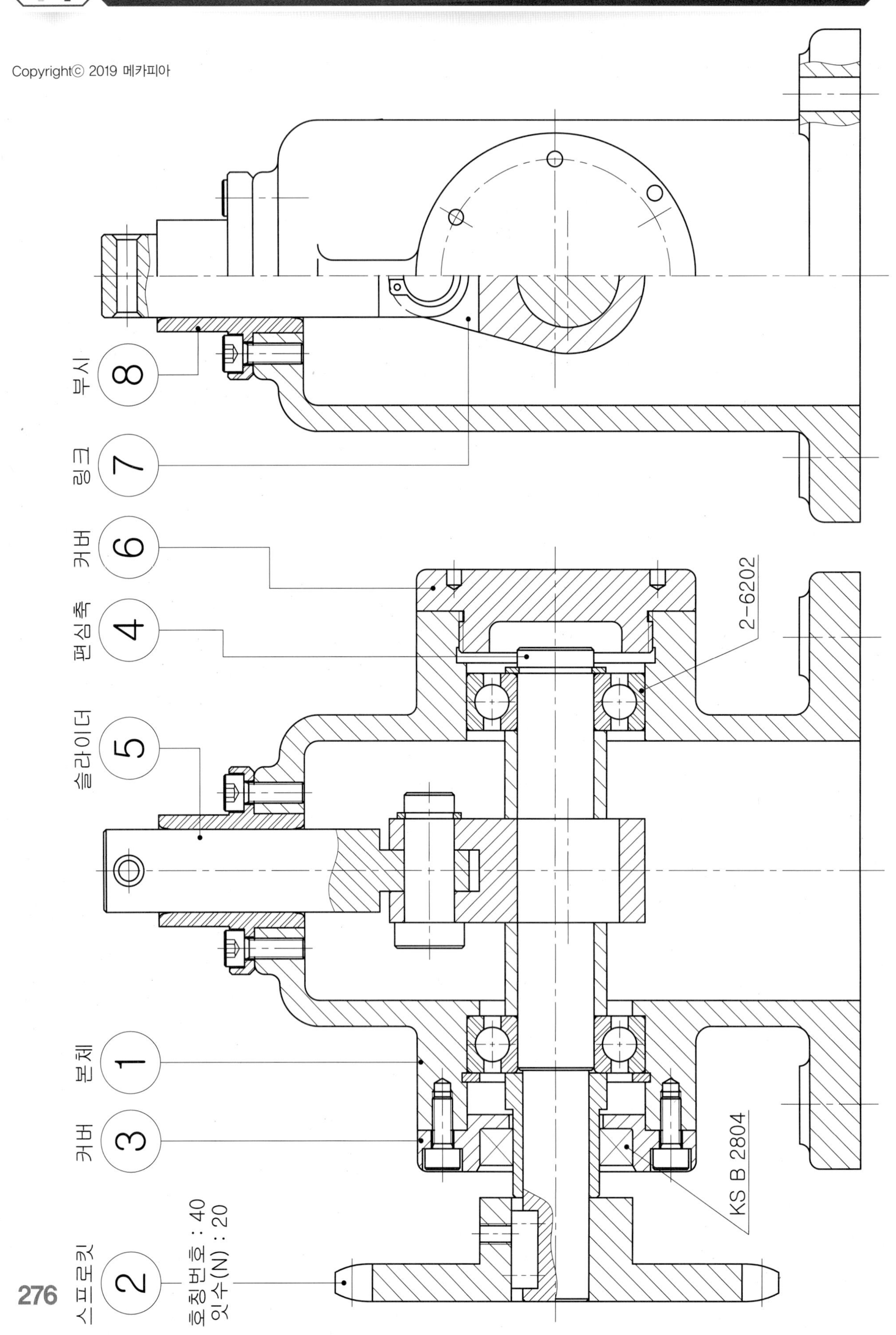

부시 8
링크 7
커버 6
편심축 4
슬라이더 5
본체 1
커버 3
스프로킷 2
호칭번호 : 40
잇수(N) : 20
2-6202
KS B 2804

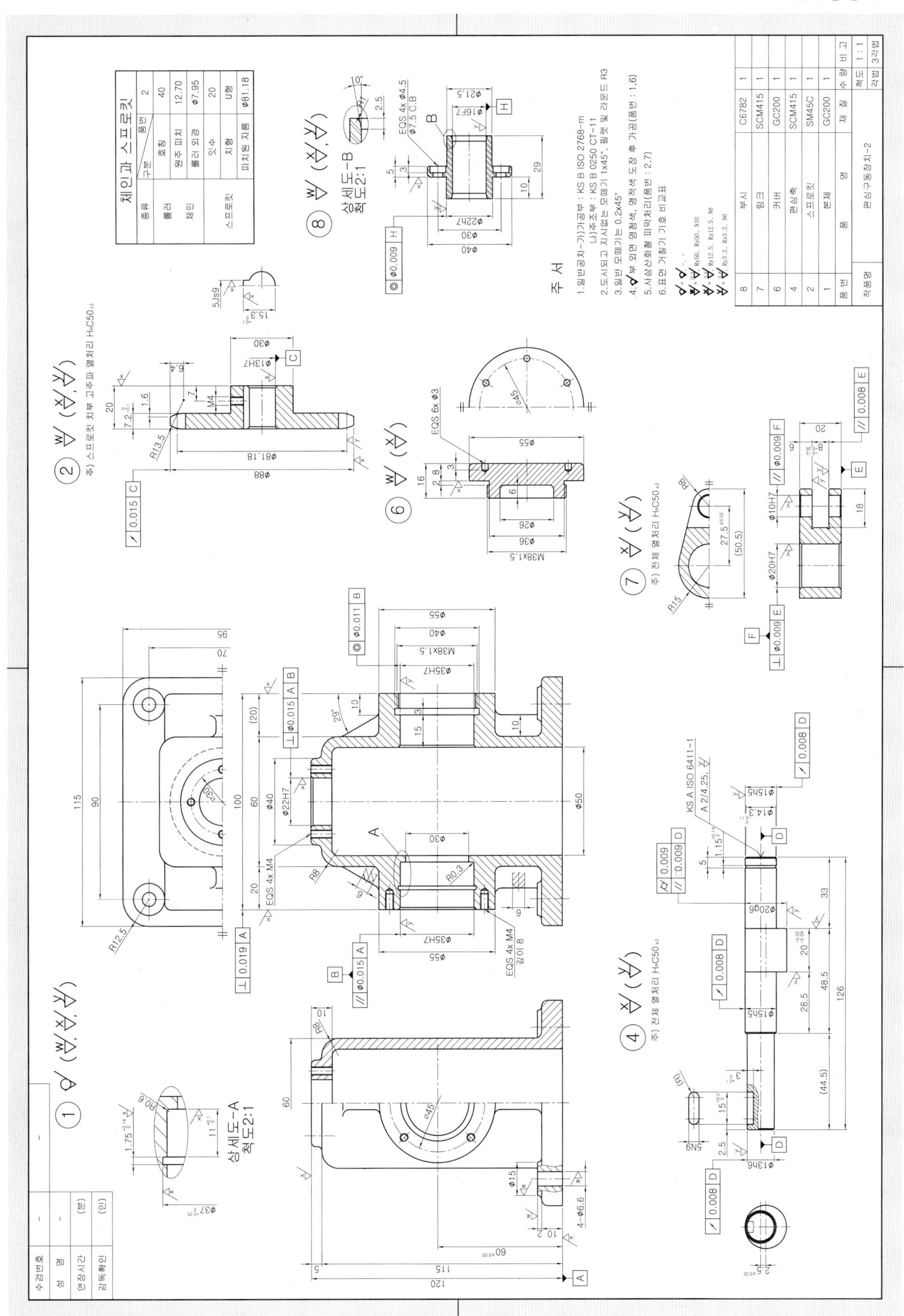
체인과 스프로킷
종류 | 구분 | 품번 2
롤러 체인 | 호칭 | 40
원주 피치 | 12.70
롤러 외경 | ϕ7.95
스프로킷 | 잇수 | 20
치형 | U형
피치원 지름 | ϕ81.18
주 서
1.일반공차-가)가공부 : KS B ISO 2768-m
나)주조부 : KS B 0250 CT-11
2.도시되고 지시없는 모떼기 1x45°, 필렛 및 라운드 R3
3.일반 모떼기는 0.2x45°
4.부 외면 명청색, 명적색 도장 후 가공(품번 : 1,6)
5.사상산화철 피막처리(품번 : 2,7)
6.표면 거칠기 기호 비교표
8 | 부시 | C6782 | 1
7 | 링크 | SCM415 | 1
6 | 커버 | GC200 | 1
4 | 편심축 | SCM415 | 1
2 | 스프로킷 | SM45C | 1
1 | 본체 | GC200 | 1
품번 | 품명 | 재질 | 수량 | 비고
작품명 | 편심구동장치-2 | 척도 1:1 | 각법 3각법
상세도-A 척도2:1
상세도-B 척도2:1

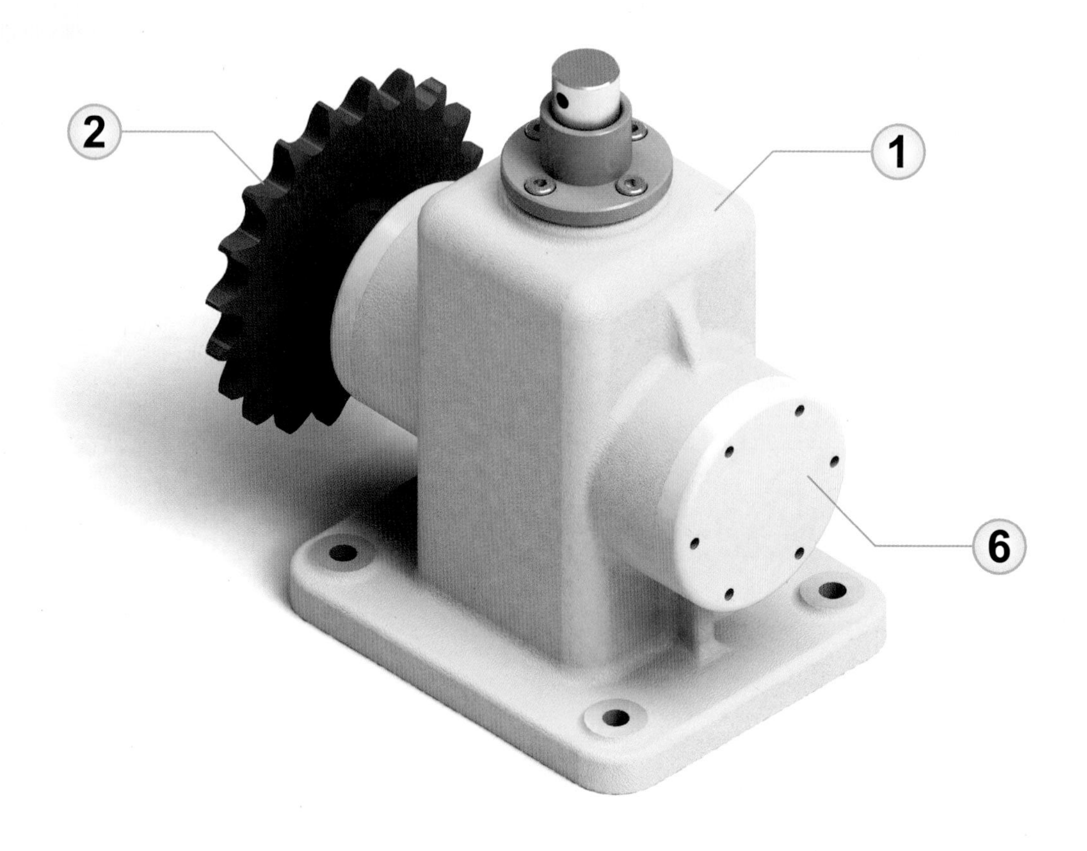
2
1
6

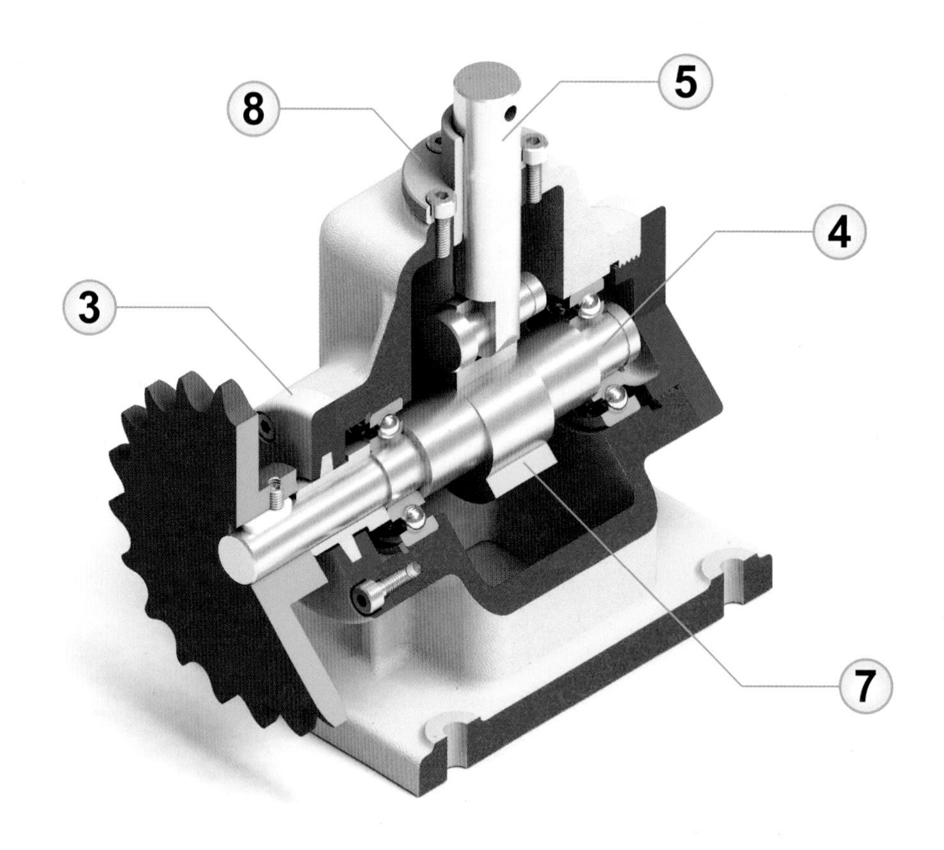
8
5
4
3
7

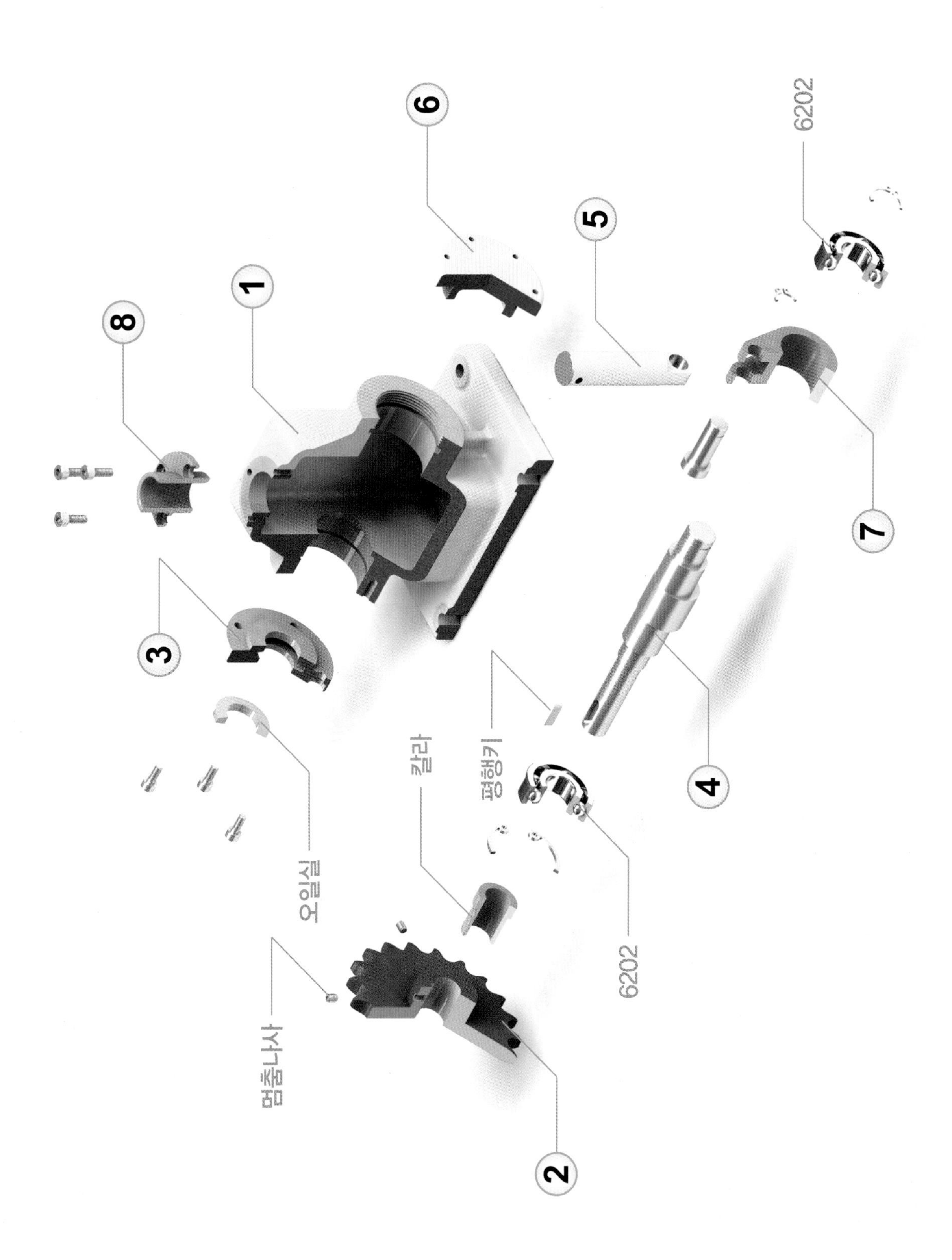
6
6202
5
1
8
7
3
4
평행키
칼라
오일실
6202
멈춤나사
2

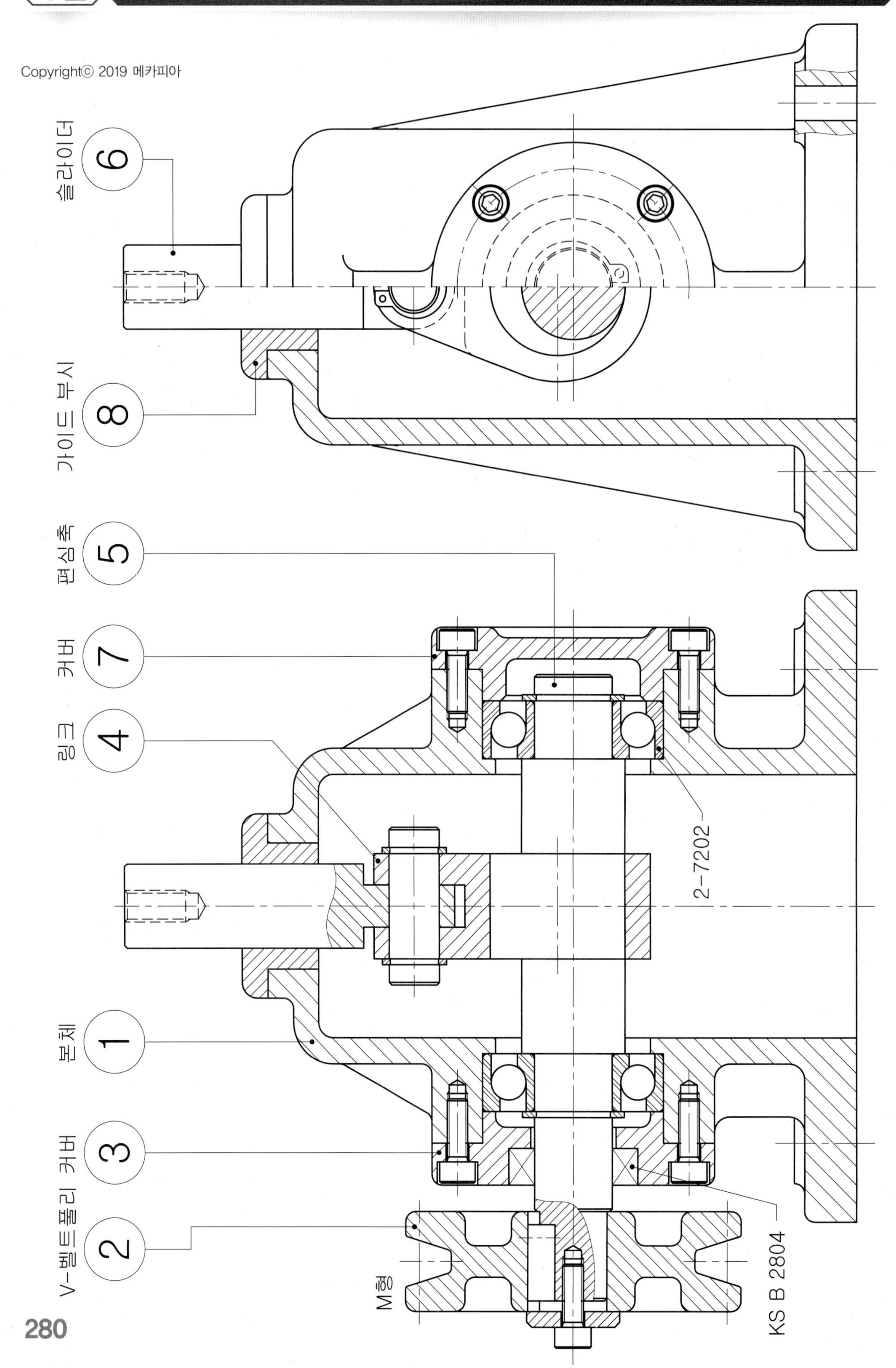

6 슬라이더
8 가이드 부시
5 편심축
7 커버
4 링크
1 본체
3 커버
2 V-벨트풀리
M형
2-7202
KS B 2804

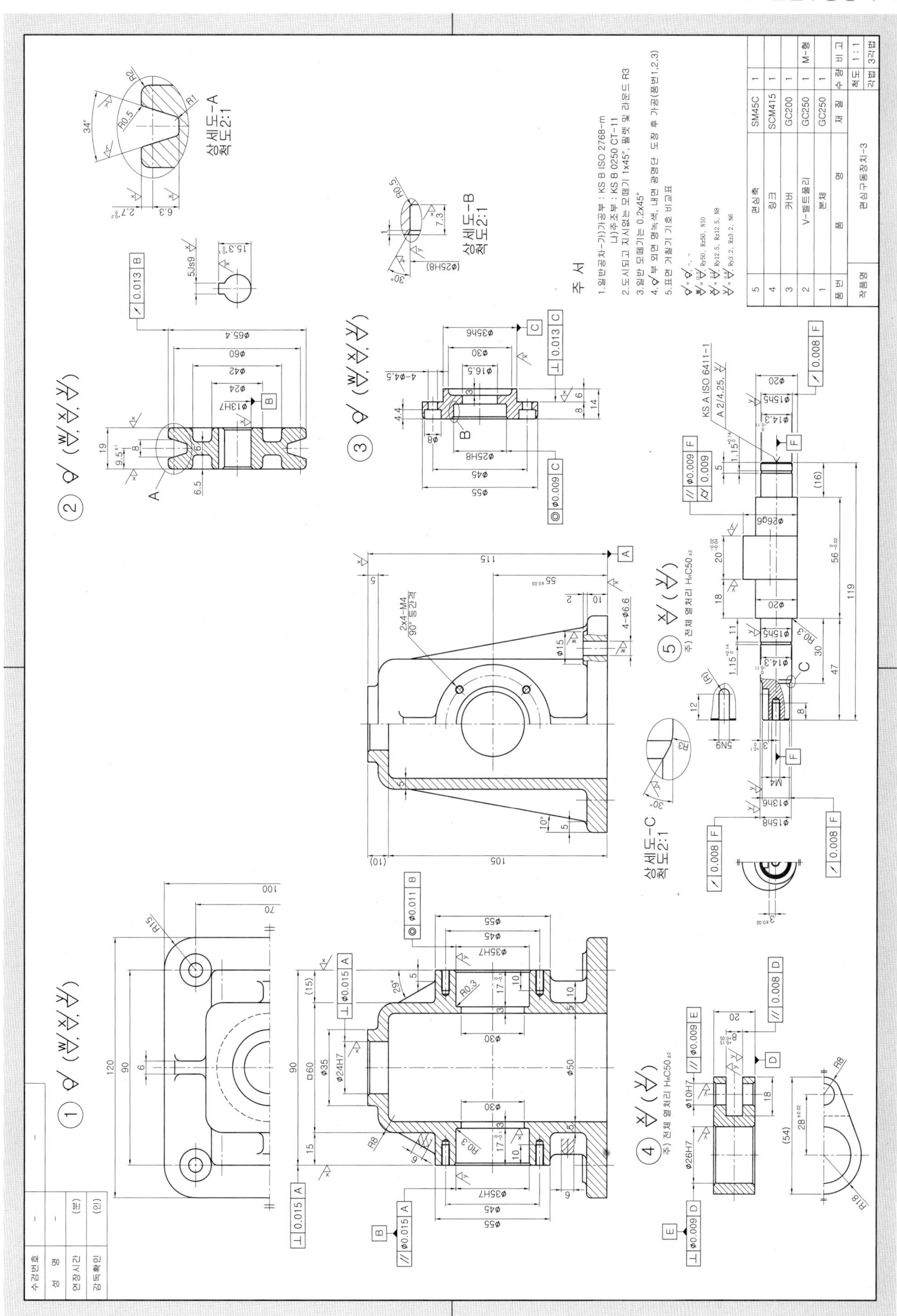
주 서
1.일반공차-가)가공부 : KS B ISO 2768-m
나)주조부 : KS B 0250 CT-11
2.도시되고 지시없는 모떼기 1x45°, 필렛 및 라운드 R3
3.일반 모떼기는 0.2x45°
4. 부 외면 명녹색, 내면 광명단 도장 후 가공(품번1,2,3)
5.표면 거칠기 기호 비교표
5 편심축 SM45C 1
4 링크 SCM415 1
3 카버 GC200 1
2 V-벨트풀리 GC250 1 M-형
1 본체 GC250 1
품번 품명 재질 수량 비고
작품명 편심구동장치-3 척도 1:1 각법 3각법
수검번호
성명
연장시간 (분)
감독확인 (인)
상세도-A 척도2:1
상세도-B 척도2:1
상세도-C 척도2:1
주) 전체 열처리 HRC50±2
KS A ISO 6411-1 A 2/4.25

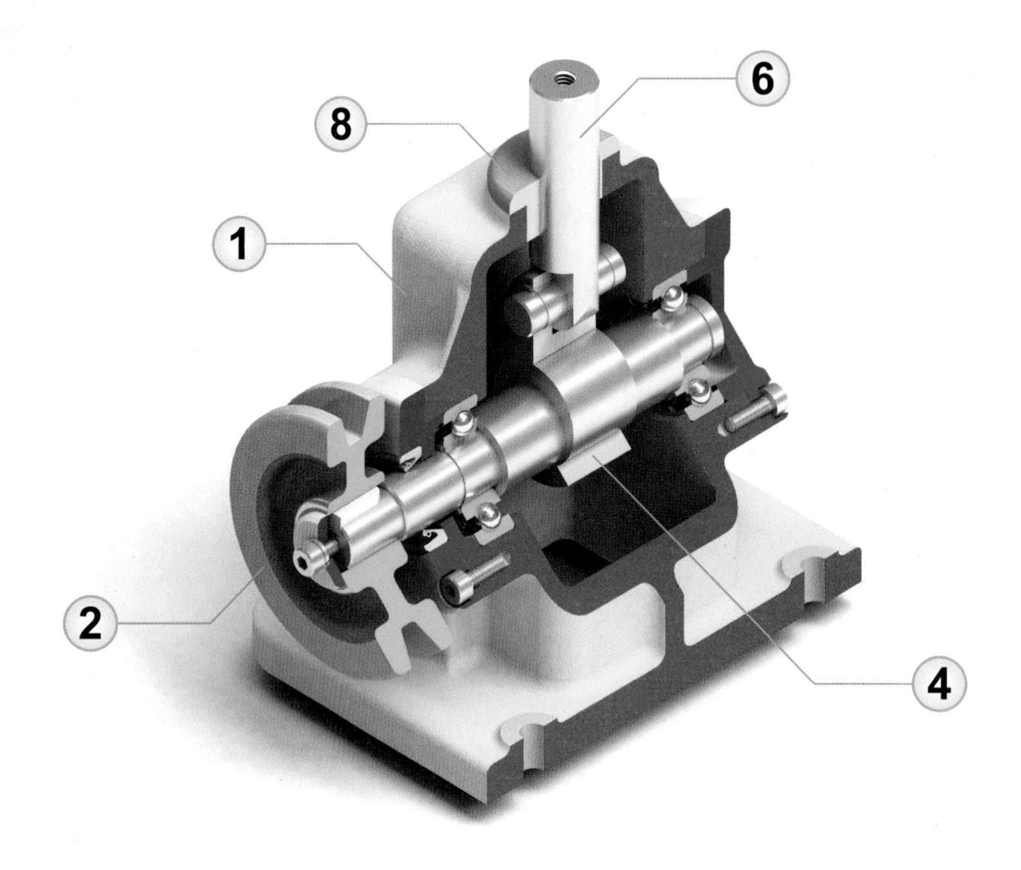
6
8
1
2
4

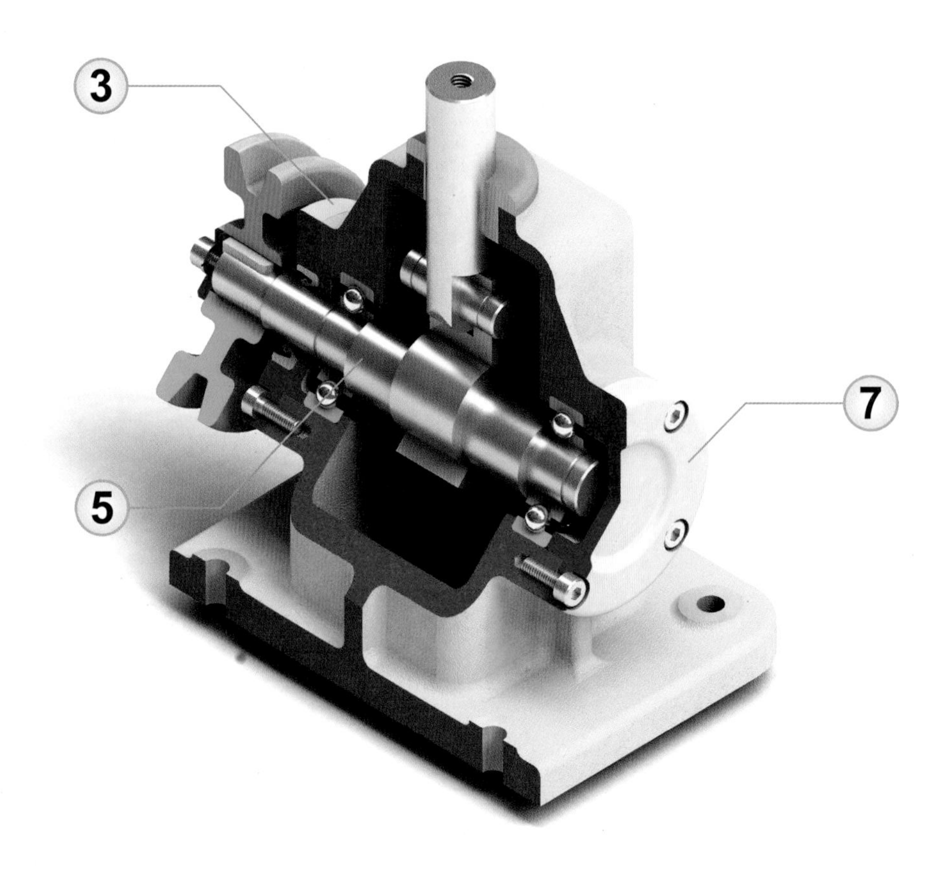
3
7
5

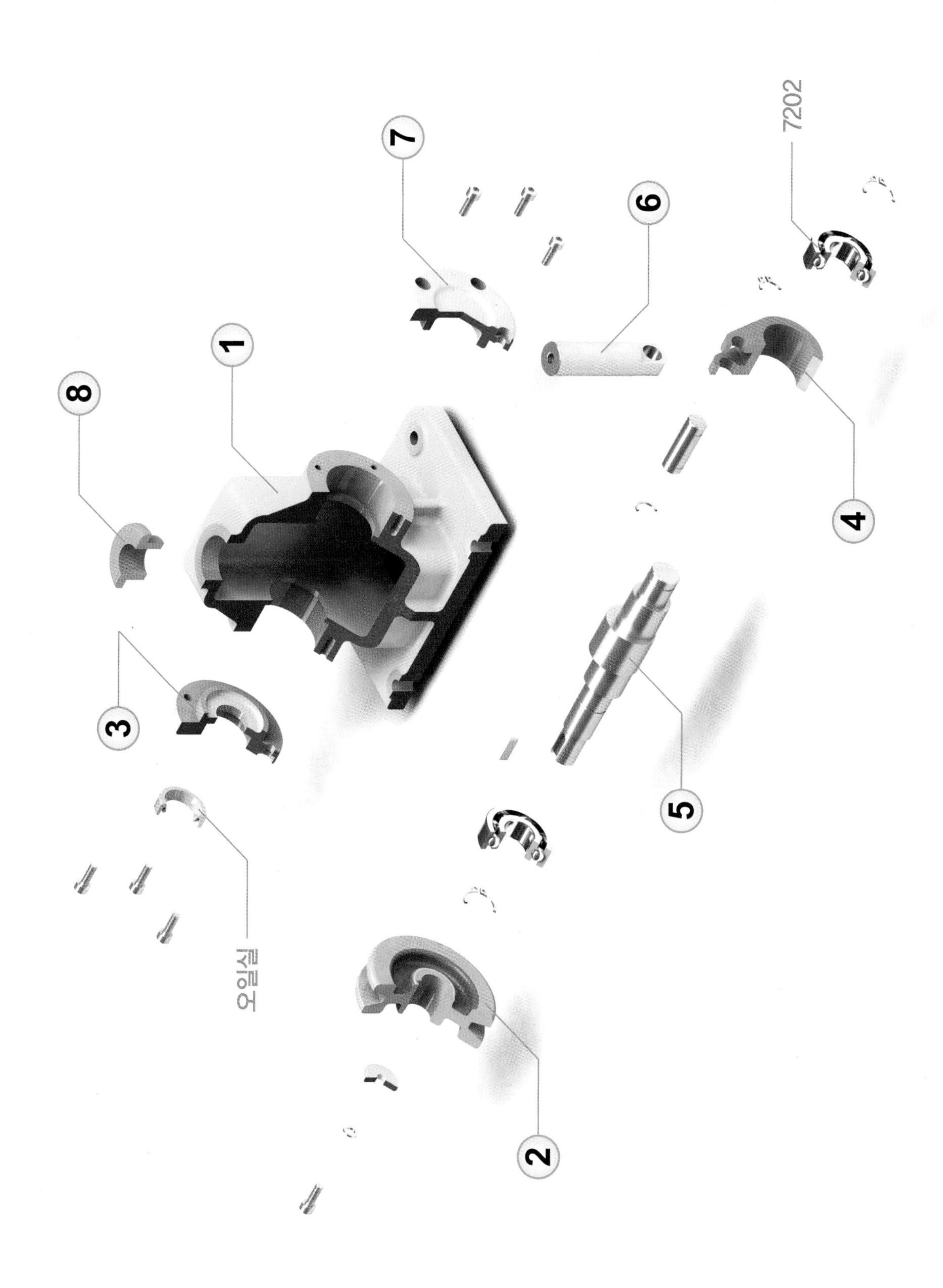
7202
7
6
1
8
4
3
5
오일실
2

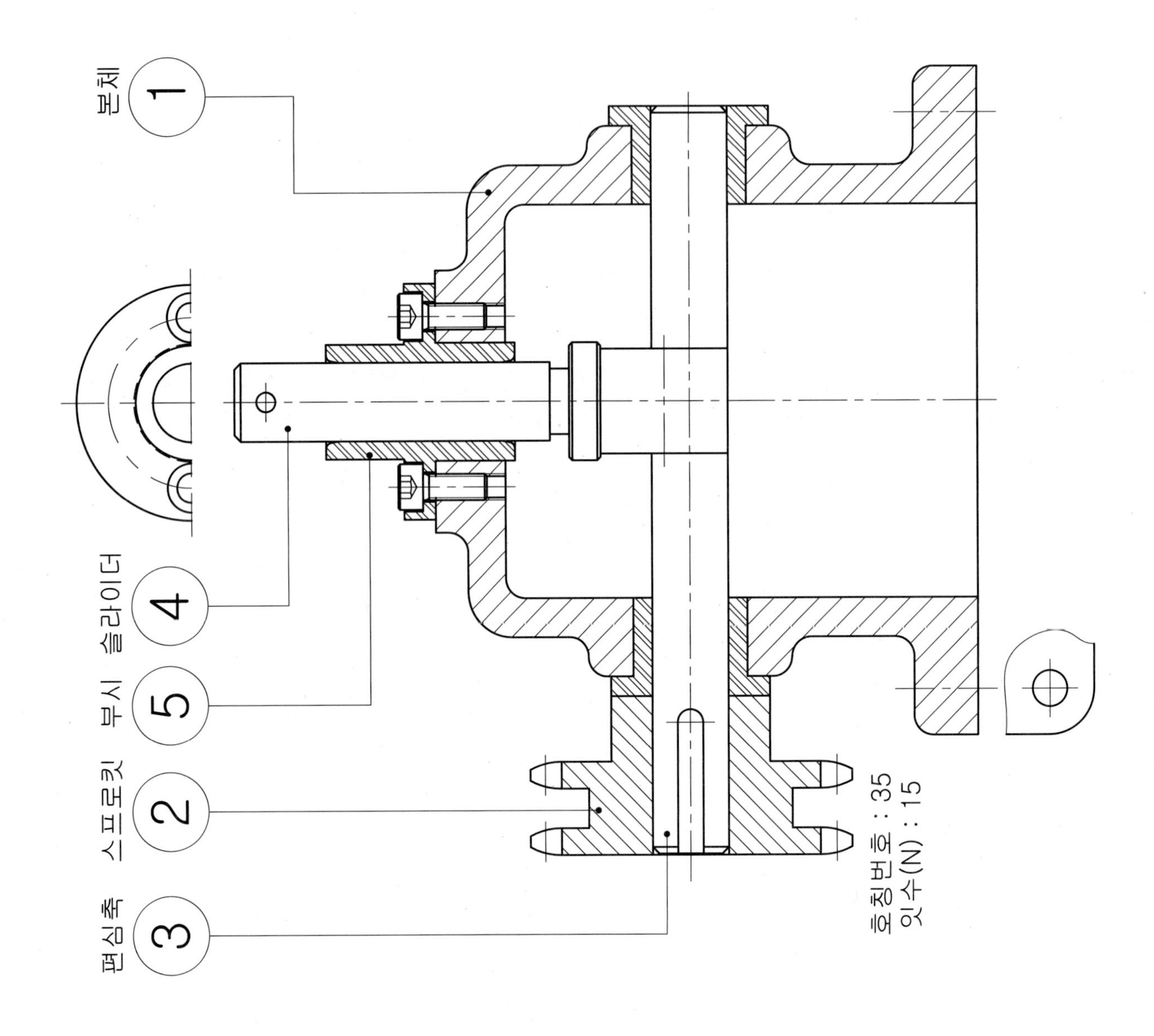
본체 1
슬라이더 4
부시 5
스프로킷 2
편심축 3
호칭번호 : 35
잇수(N) : 15

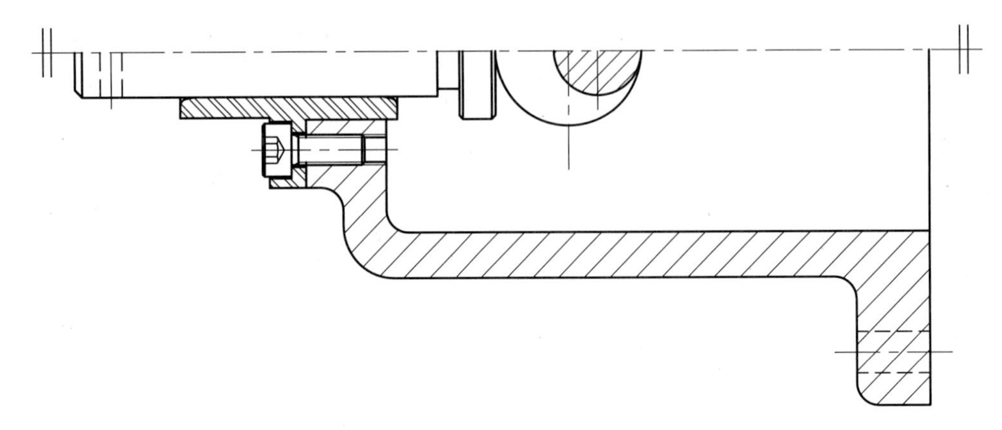

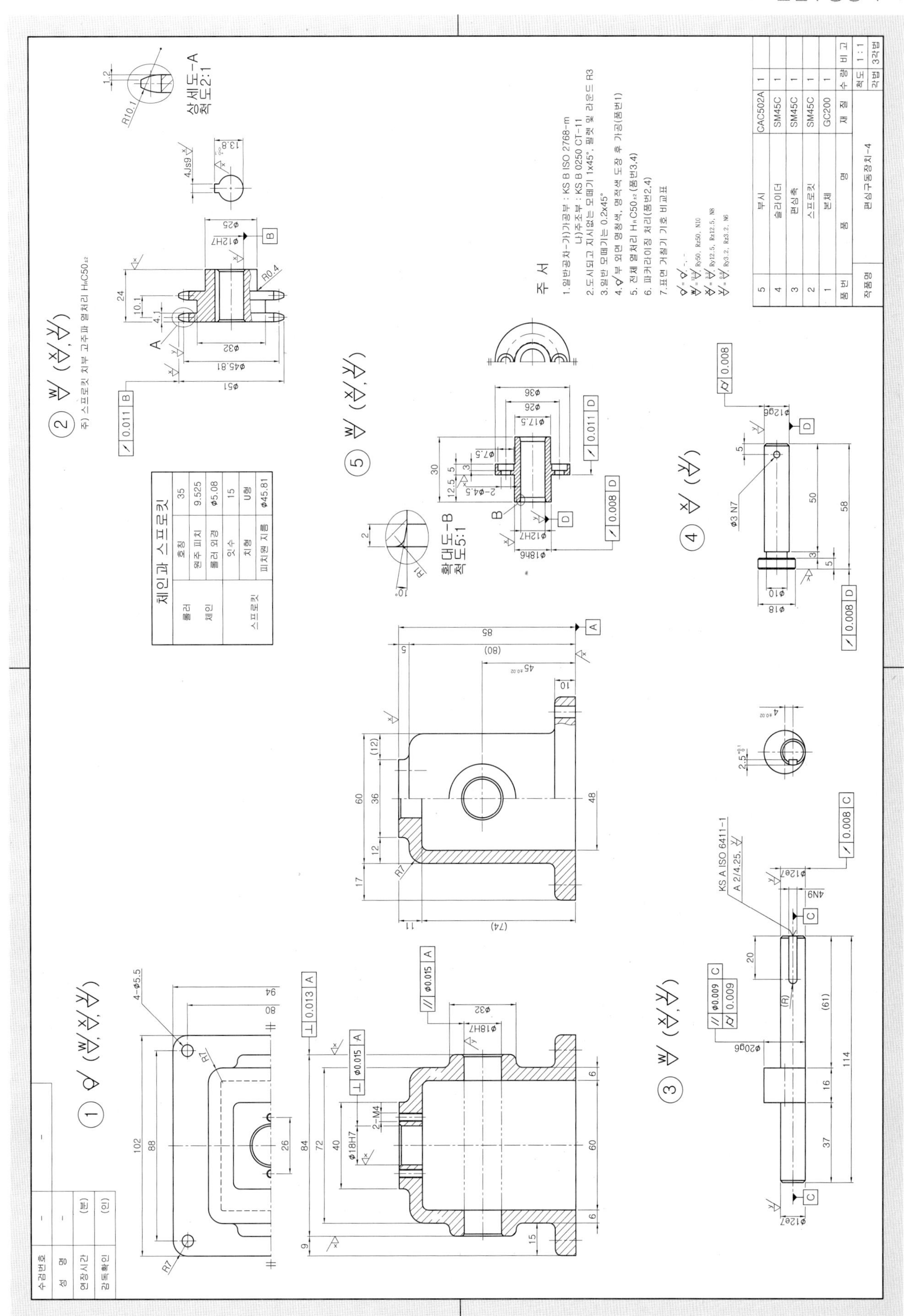
주 서
1.일반공차-가)가공부 : KS B ISO 2768-m
나)주조부 : KS B 0250 CT-11
2.도시되고 지시없는 모떼기 1x45°, 필렛 및 라운드 R3
3.일반 모떼기는 0.2x45°
5. 전체 열처리 HRC50±2(품번2,4)
6. 파커라이징 처리(품번2,4)
7.표면 거칠기 기호 비교표
5 부시 CAC502A 1
4 슬라이더 SM45C 1
3 편심축 SM45C 1
2 스프로킷 SM45C 1
1 본체 GC200 1
품번 품명 재질 수량 비고
작품명 편심구동장치-4
척도 1:1
각법 3각법
체인과 스프로킷
상세도-A 척도2:1
확대도-B 척도5:1

5
1
2

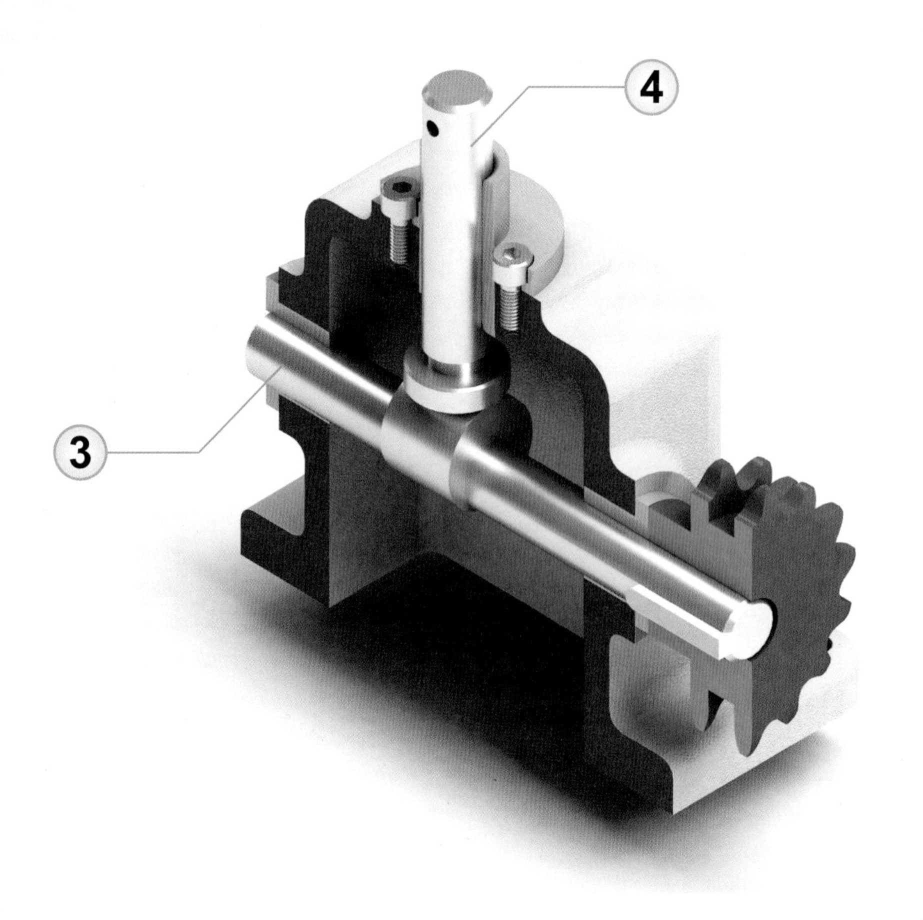
4
3

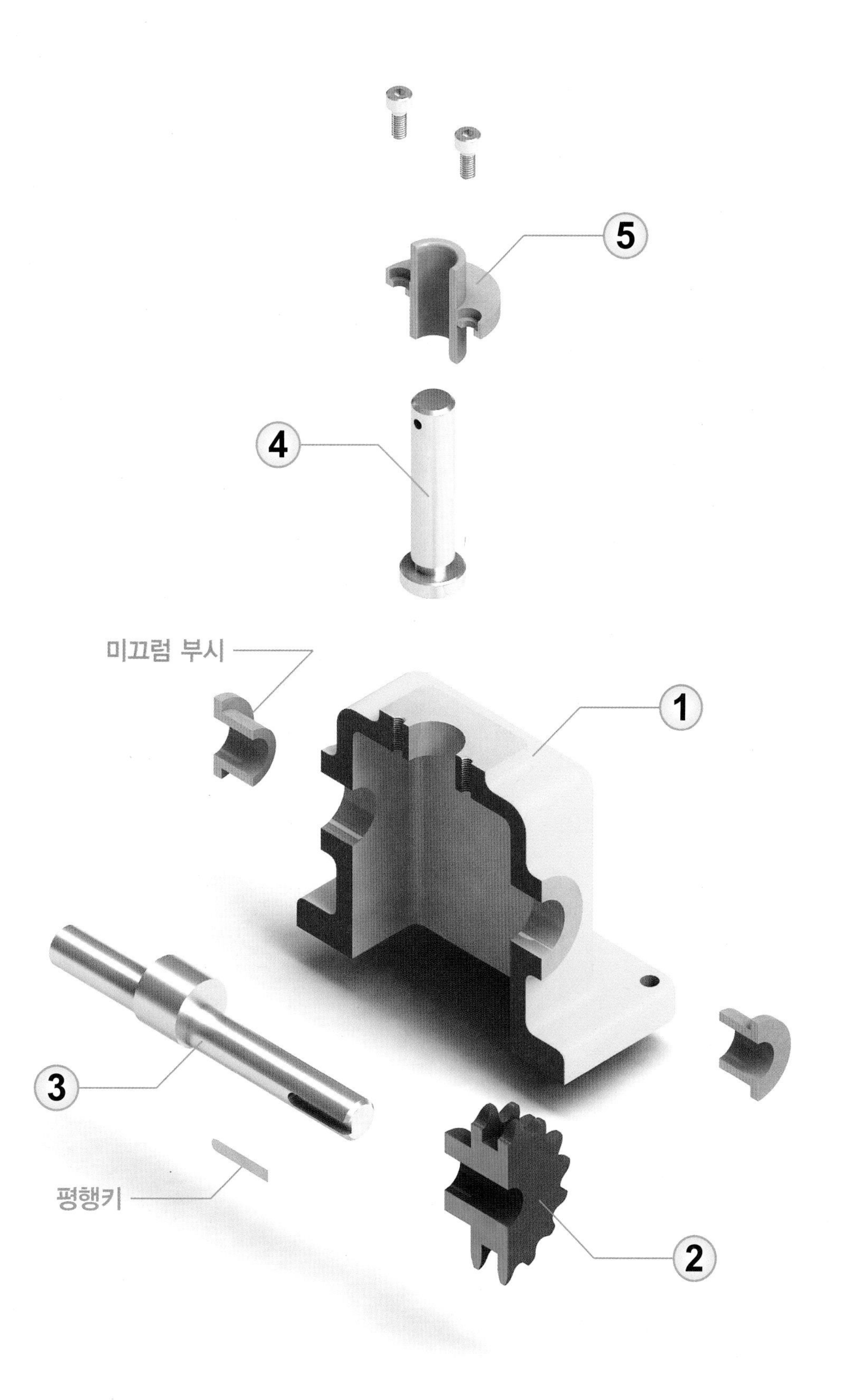
5
4
미끄럼 부시
1
3
평행키
2

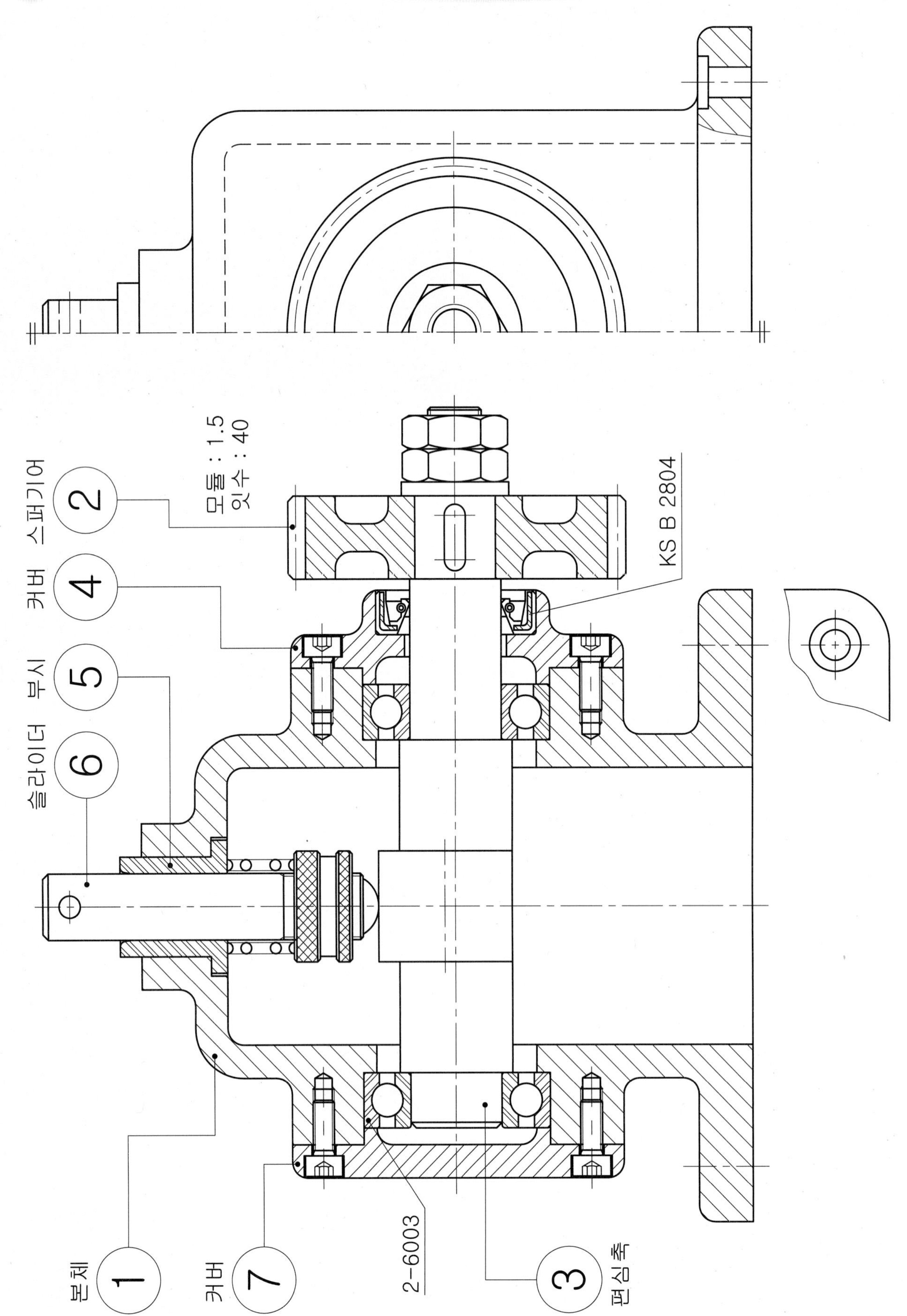

슬라이더 6
부시 5
커버 4
스퍼기어 2
모듈 : 1.5
잇수 : 40
KS B 2804
본체 1
커버 7
2-6003
편심축 3

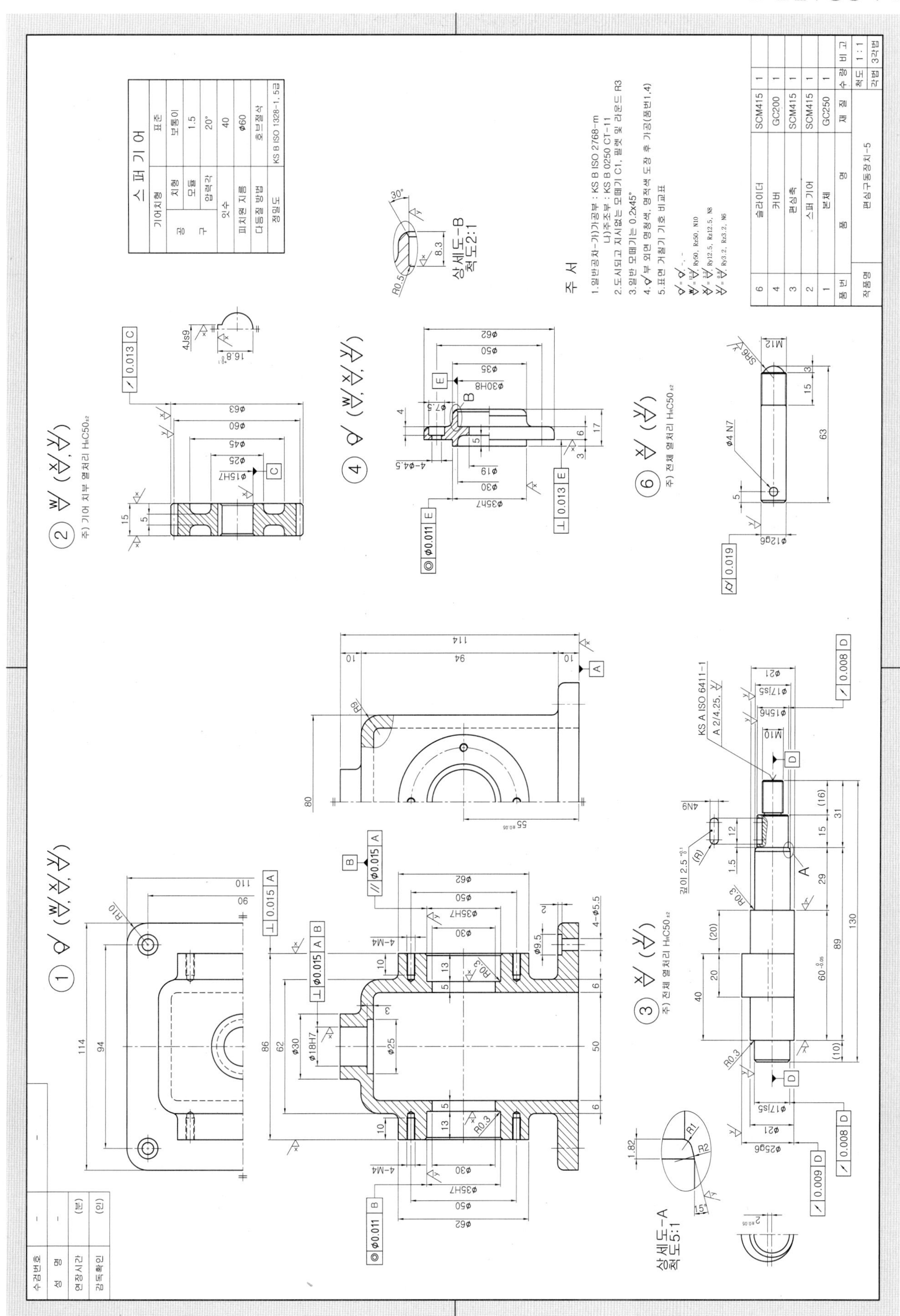
6 슬라이더 SCM415 1
4 커버 GC200 1
3 편심축 SCM415 1
2 스퍼 기어 SCM415 1
1 본체 GC250 1
품번 품명 재질 수량 비고
작품명 편심구동장치-5
척도 1:1
각법 3각법

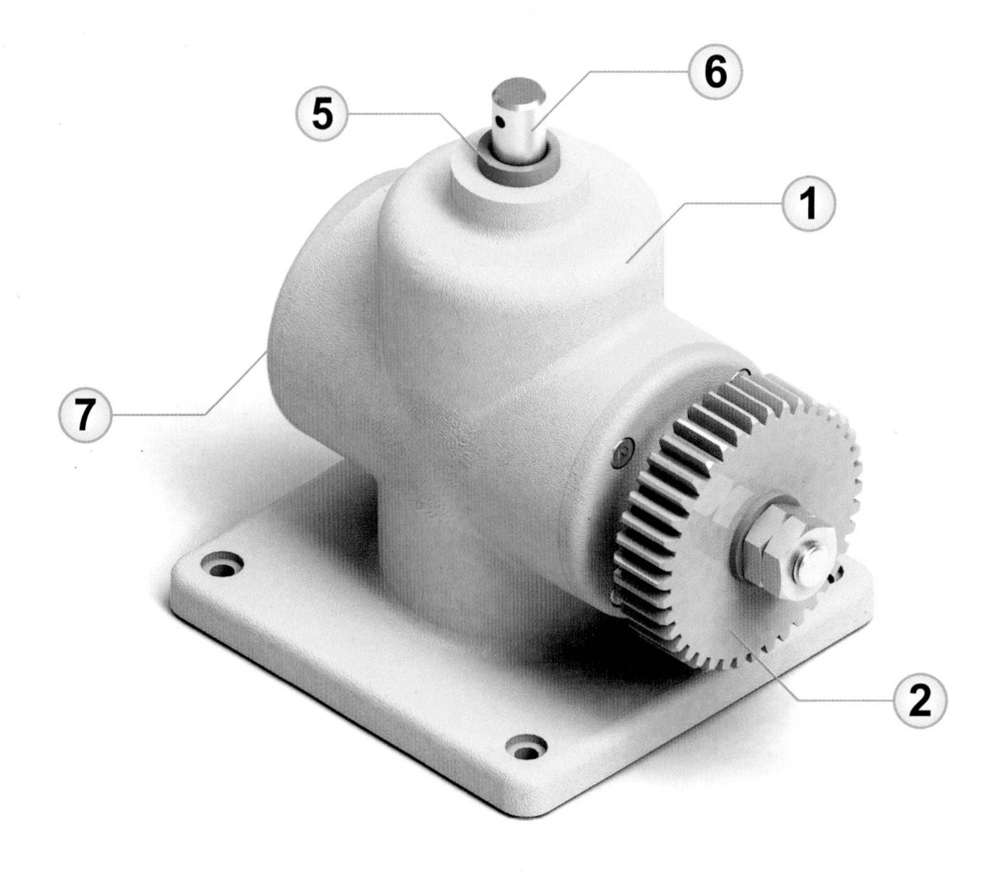
6
5
1
7
2

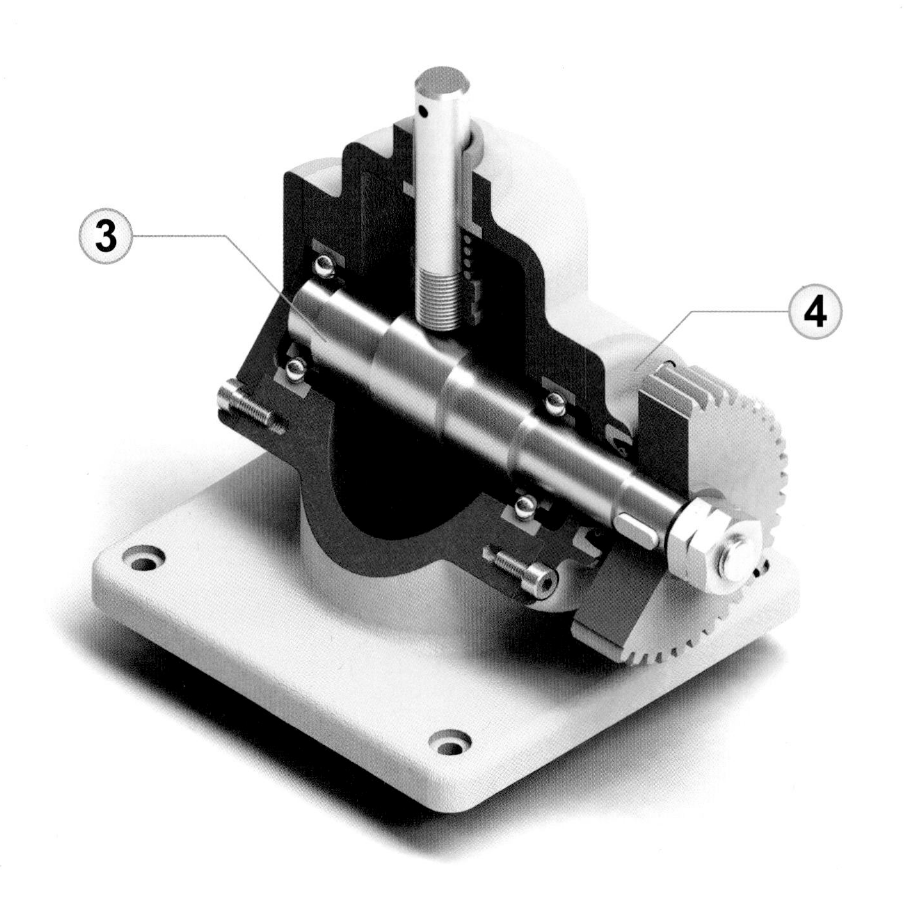
3
4

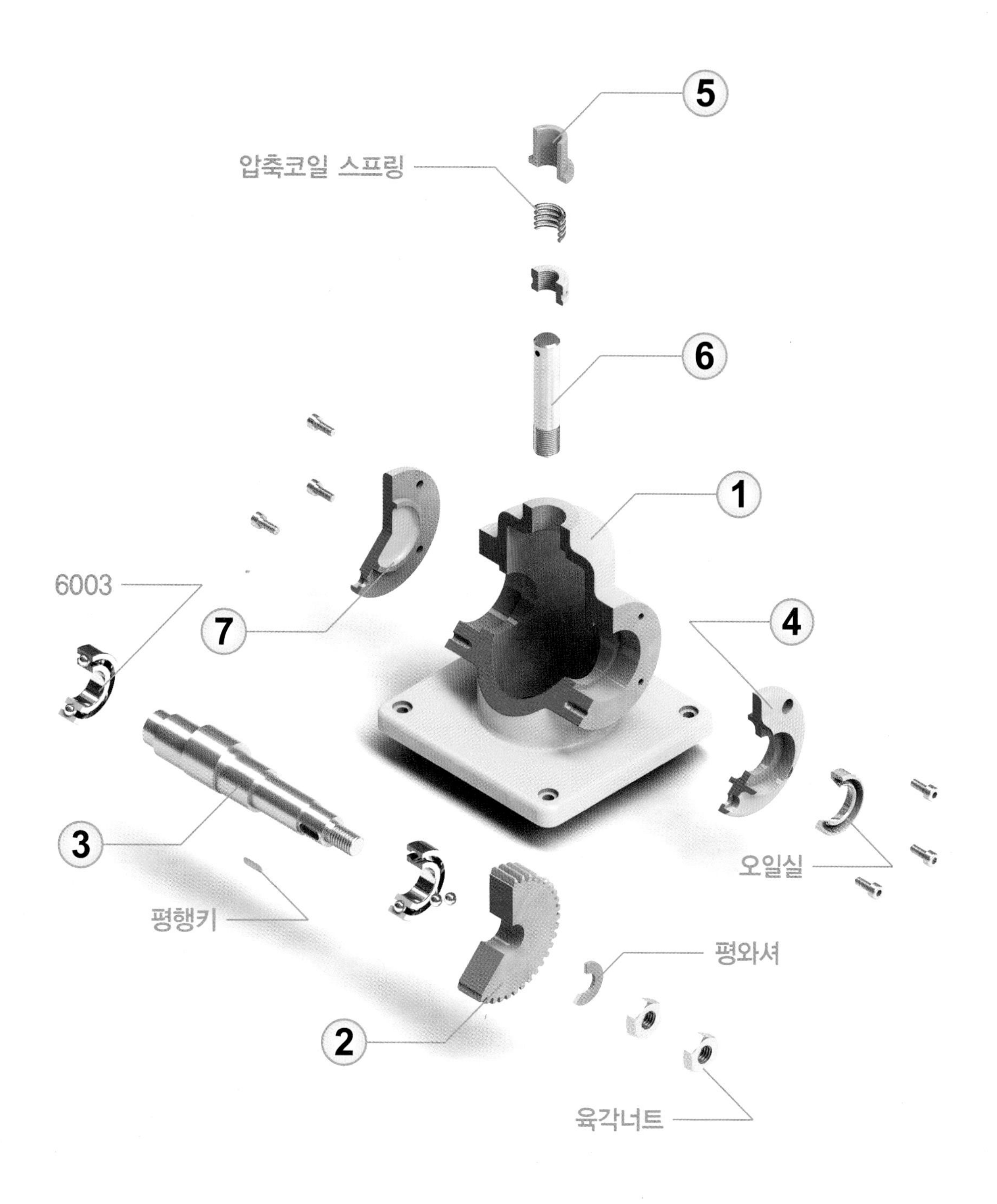
5
압축코일 스프링
6
1
6003
7
4
3
오일실
평행키
평와셔
2
육각너트

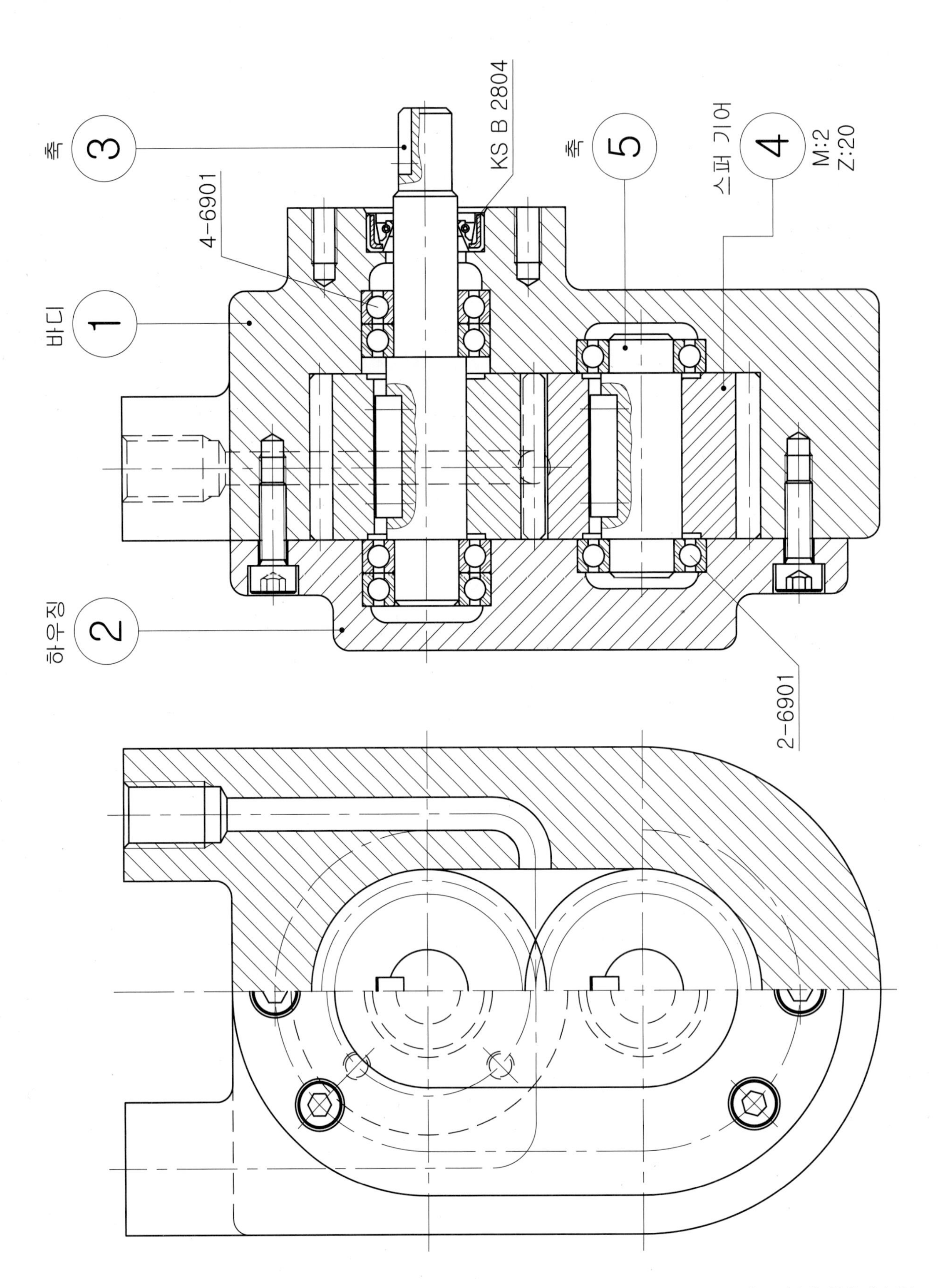
축 3
KS B 2804
4-6901
바디 1
축 5
스퍼 기어 4
M:2
Z:20
하우징 2
2-6901

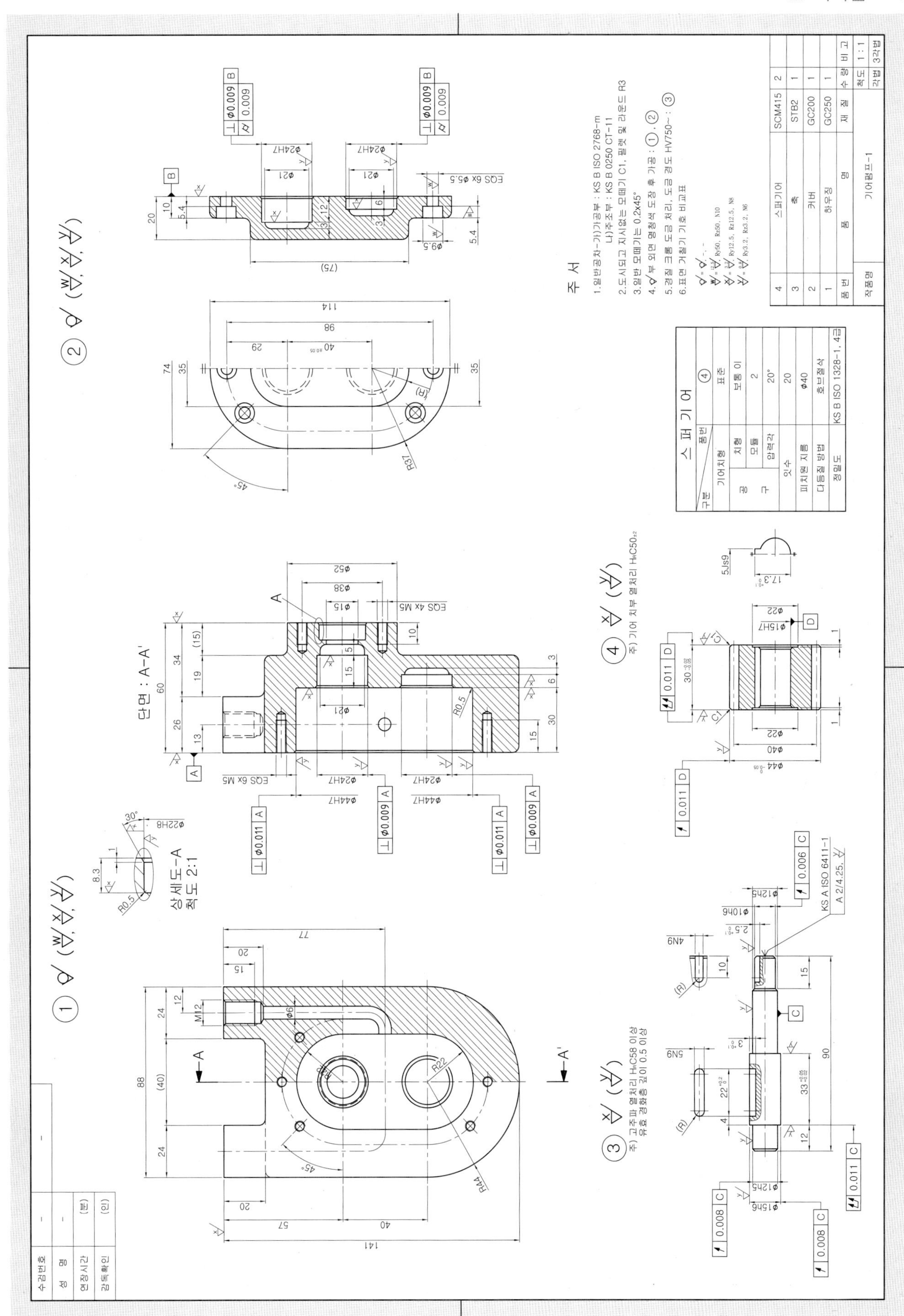
단면 : A-A'
상세도-A
척도 2:1
주 서
1.일반공차-가)가공부 : KS B ISO 2768-m
나)주조부 : KS B 0250 CT-11
2.도시되고 지시없는 모떼기 C1, 필렛 및 라운드 R3
3.일반 모떼기는 0.2x45°
5.경질 크롬 도금 처리, 도금 경도 HV750~ : ③
6.표면 거칠기 기호 비교표
주) 기어 치부 열처리 HRC50±2
주) 고주파 열처리 HRC58 이상 유효 경화층 깊이 0.5 이상
스퍼기어
KS B ISO 1328-1, 4급
4 스퍼기어 SCM415 2
3 축 STB2 1
2 커버 GC200 1
1 하우징 GC250 1
품번 품명 재질 수량 비고
작품명 기어펌프-1
척도 1:1
각법 3각법
수검번호
성명
연장시간
감독확인

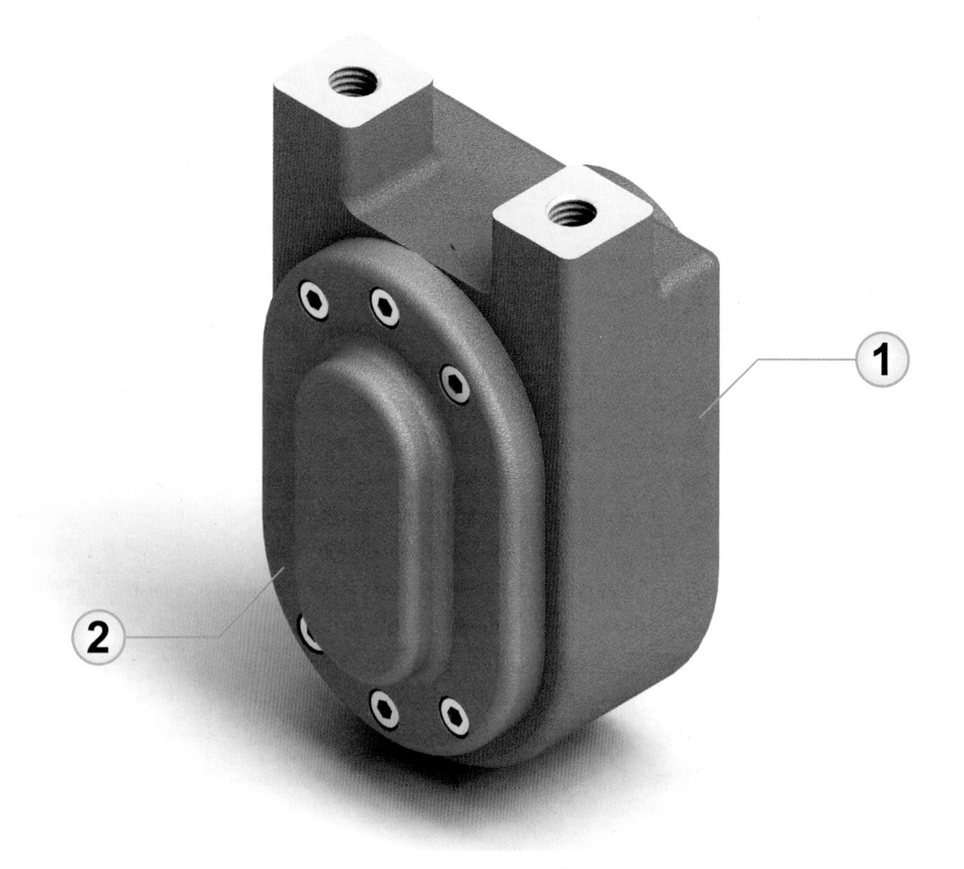
1
2

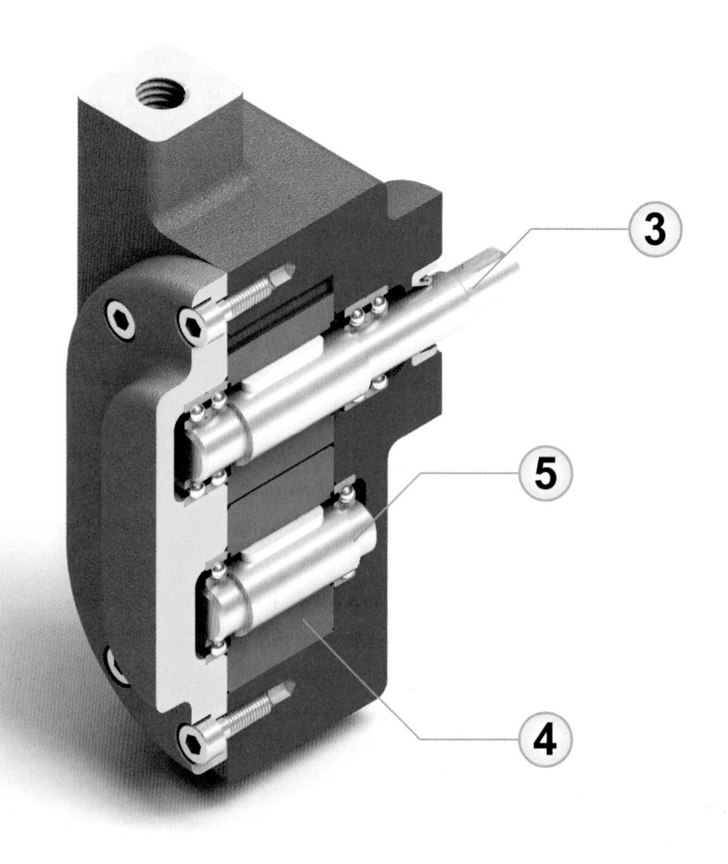
3
5
4

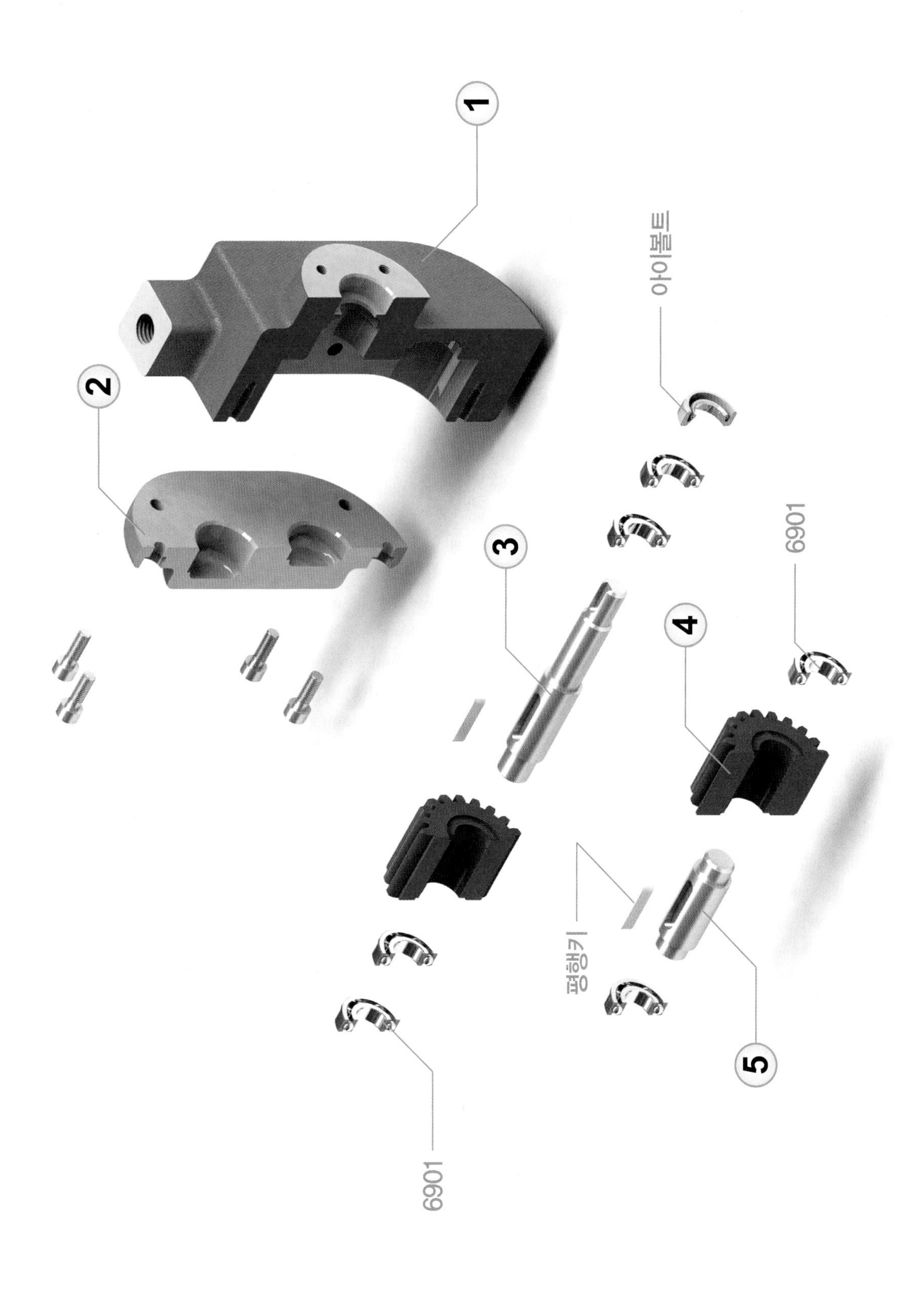
1
2
3
4
5
아이볼트
6901
6901
평행키

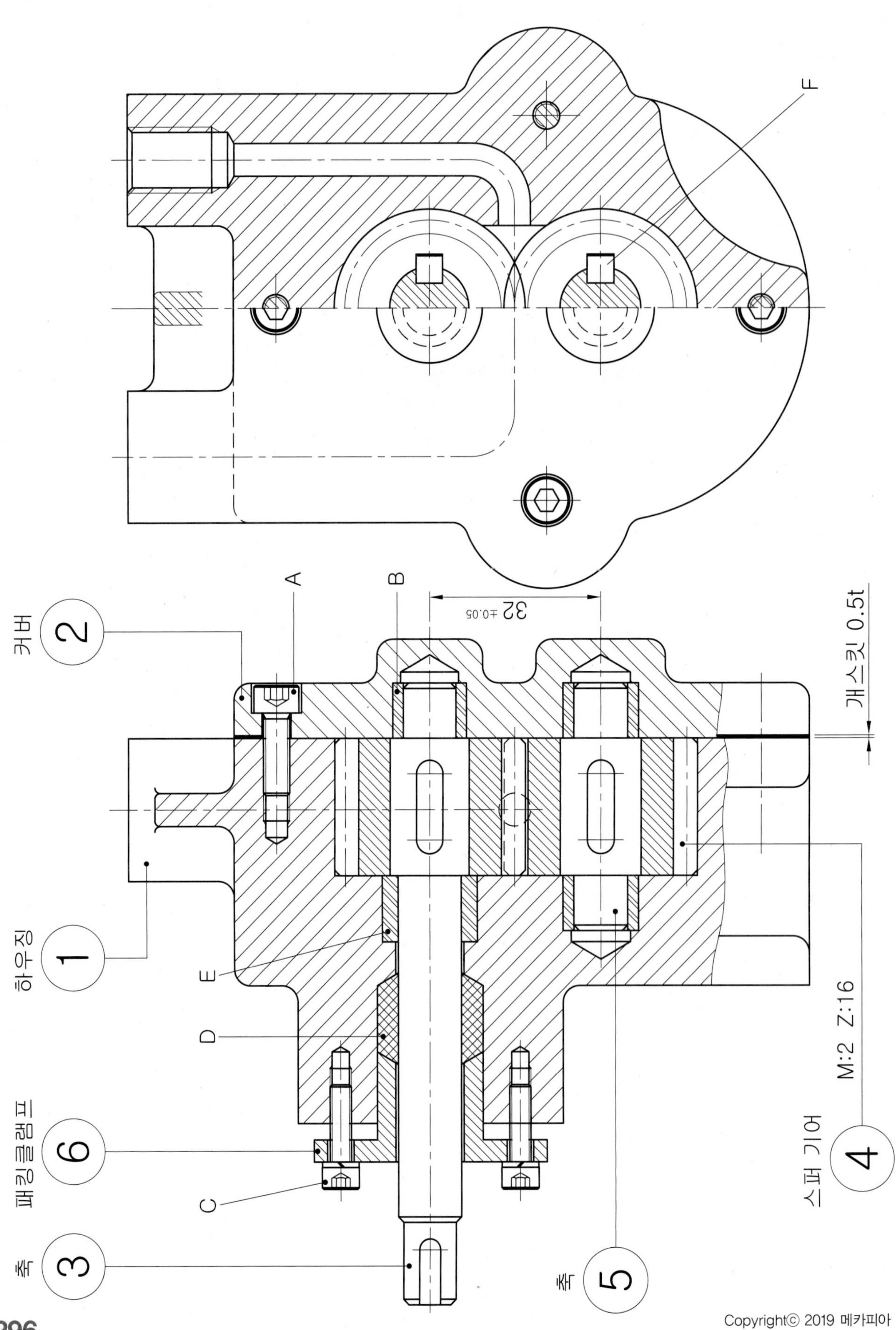

커버 2
하우징 1
패킹클램프 6
축 3
축 5
스퍼 기어 4
M:2 Z:16
개스킷 0.5t
32 ±0.05
A
B
C
D
E
F

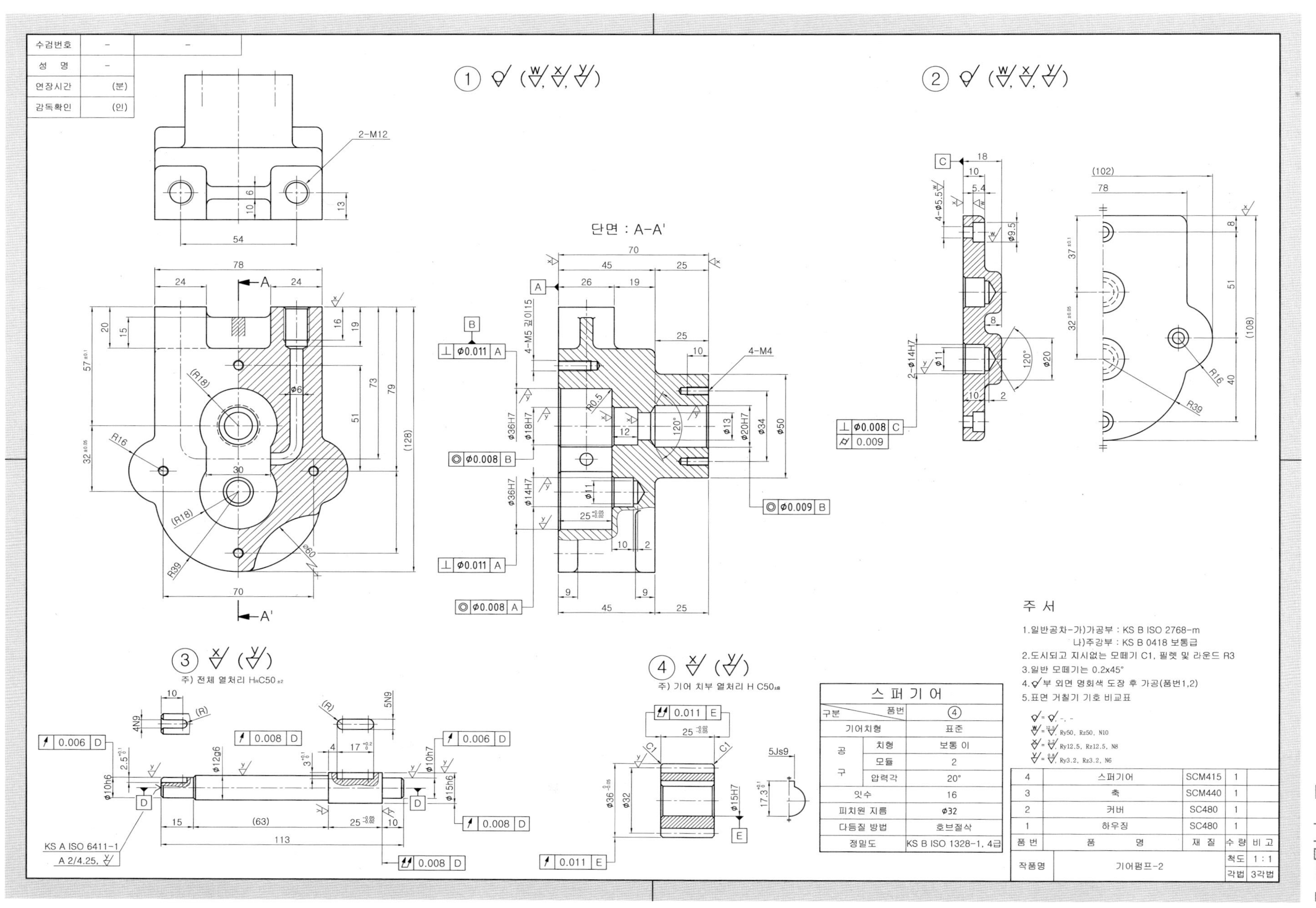
수검번호
성 명
연장시간 (분)
감독확인 (인)
① ✓(w/, x/, y/)
② ✓(w/, x/, y/)
단면 : A-A'
③ x/(y/)
주) 전체 열처리 HRC50±2
④ x/(y/)
주) 기어 치부 열처리 H C50±
KS A ISO 6411-1
A 2/4.25
주 서
1.일반공차-가)가공부 : KS B ISO 2768-m
나)주강부 : KS B 0418 보통급
2.도시되고 지시없는 모떼기 C1, 필렛 및 라운드 R3
3.일반 모떼기는 0.2x45°
4.✓부 외면 명회색 도장 후 가공(품번1,2)
5.표면 거칠기 기호 비교표
스퍼기어
구분 품번 ④
기어치형 표준
공구 치형 보통 이
모듈 2
압력각 20°
잇수 16
피치원 지름 Φ32
다듬질 방법 호브절삭
정밀도 KS B ISO 1328-1, 4급
4 스퍼기어 SCM415 1
3 축 SCM440 1
2 커버 SC480 1
1 하우징 SC480 1
품번 품명 재질 수량 비고
작품명 기어펌프-2 척도 1:1 각법 3각법

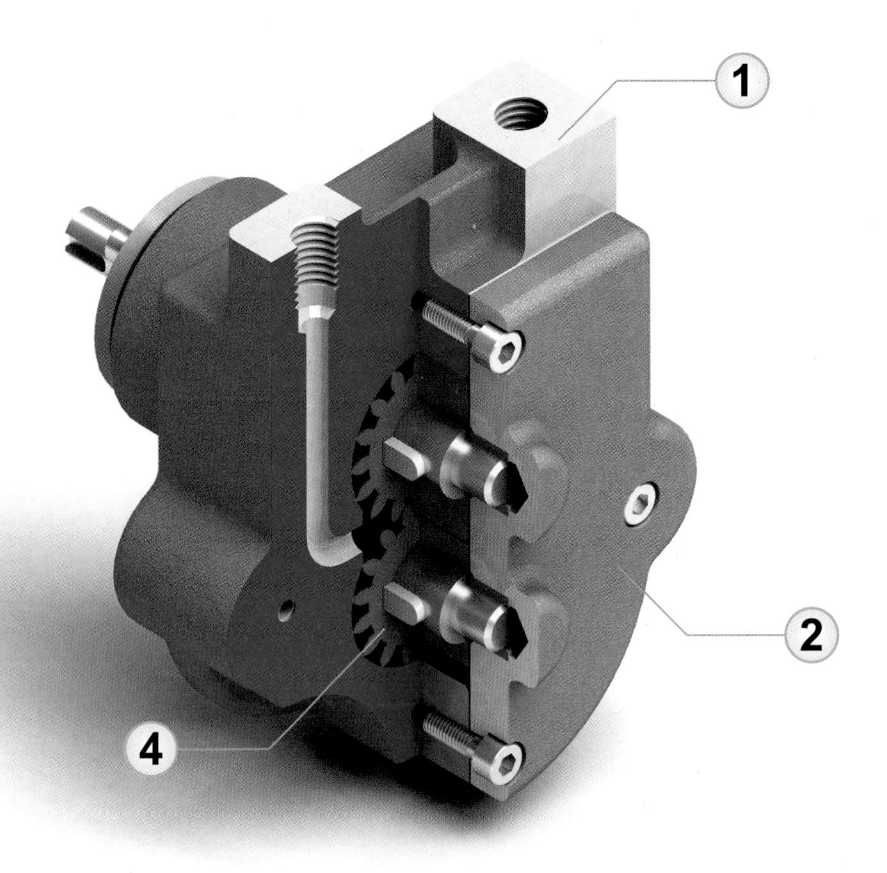
1
2
4

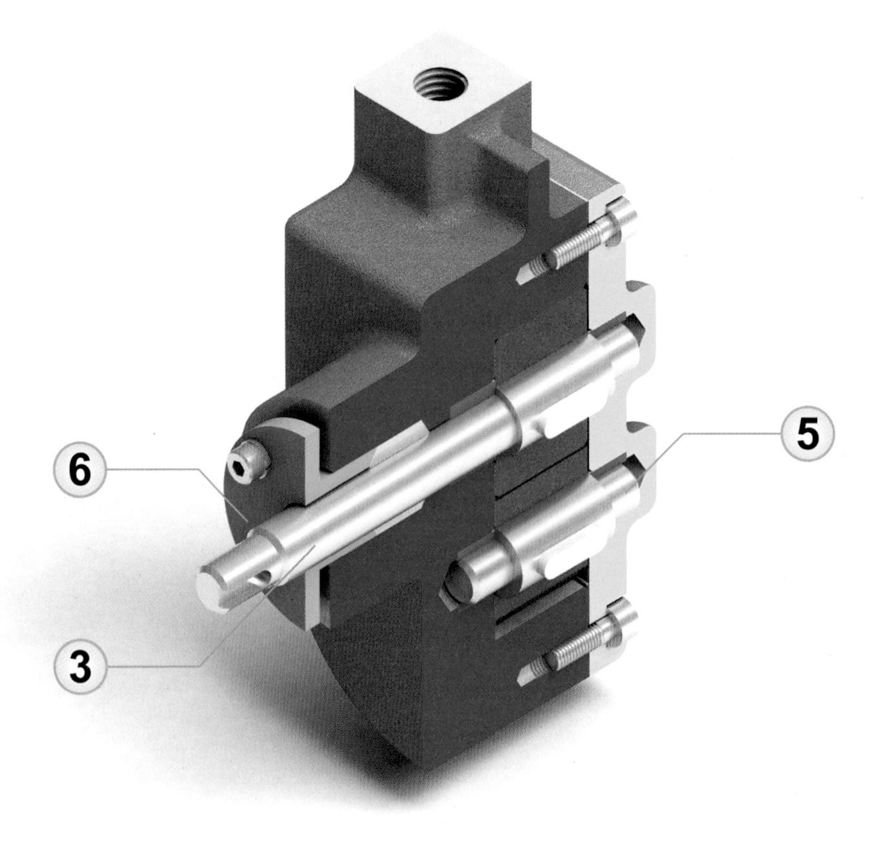
5
6
3

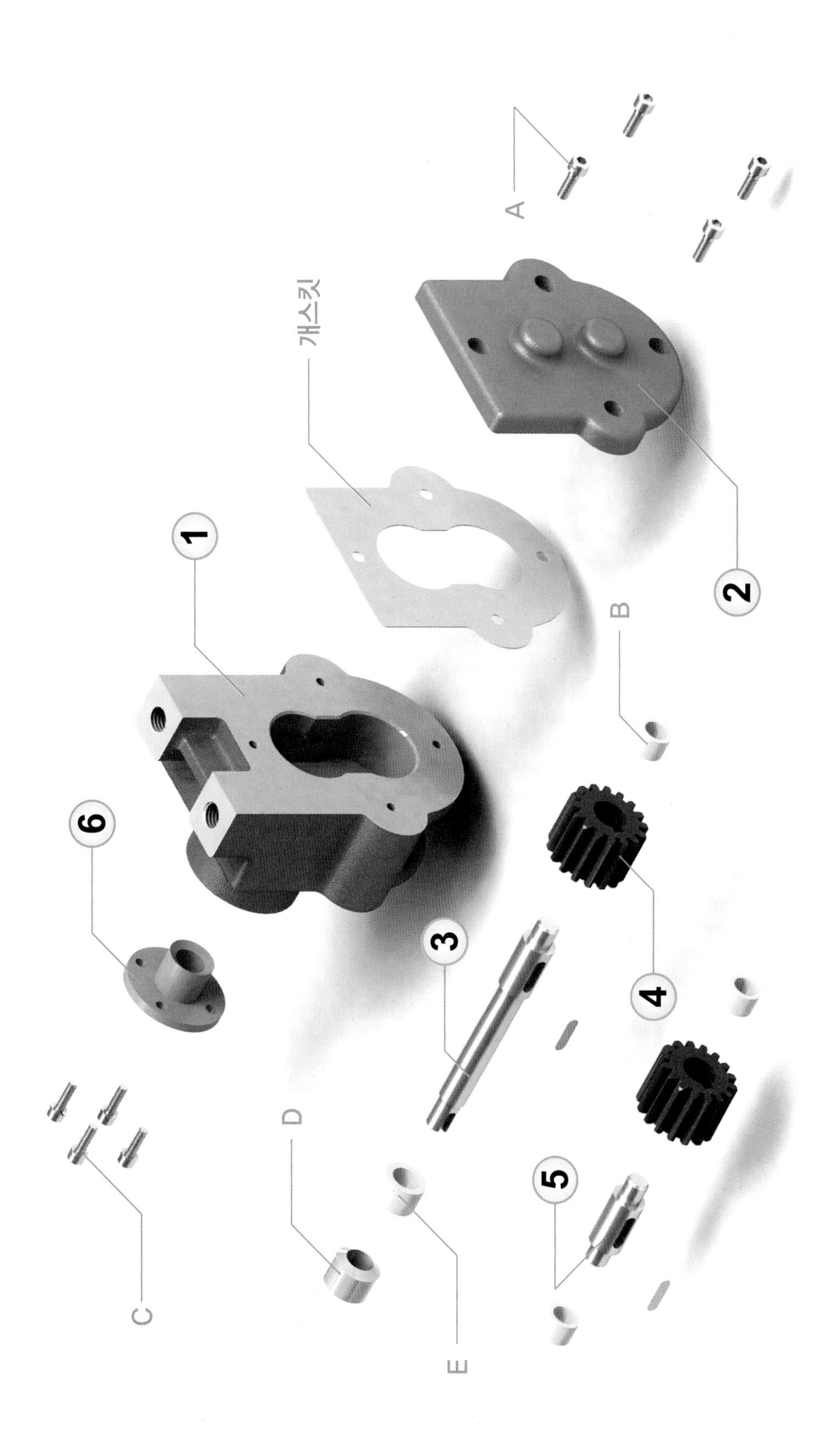
A
개스킷
1
2
B
6
3
4
D
5
C
E

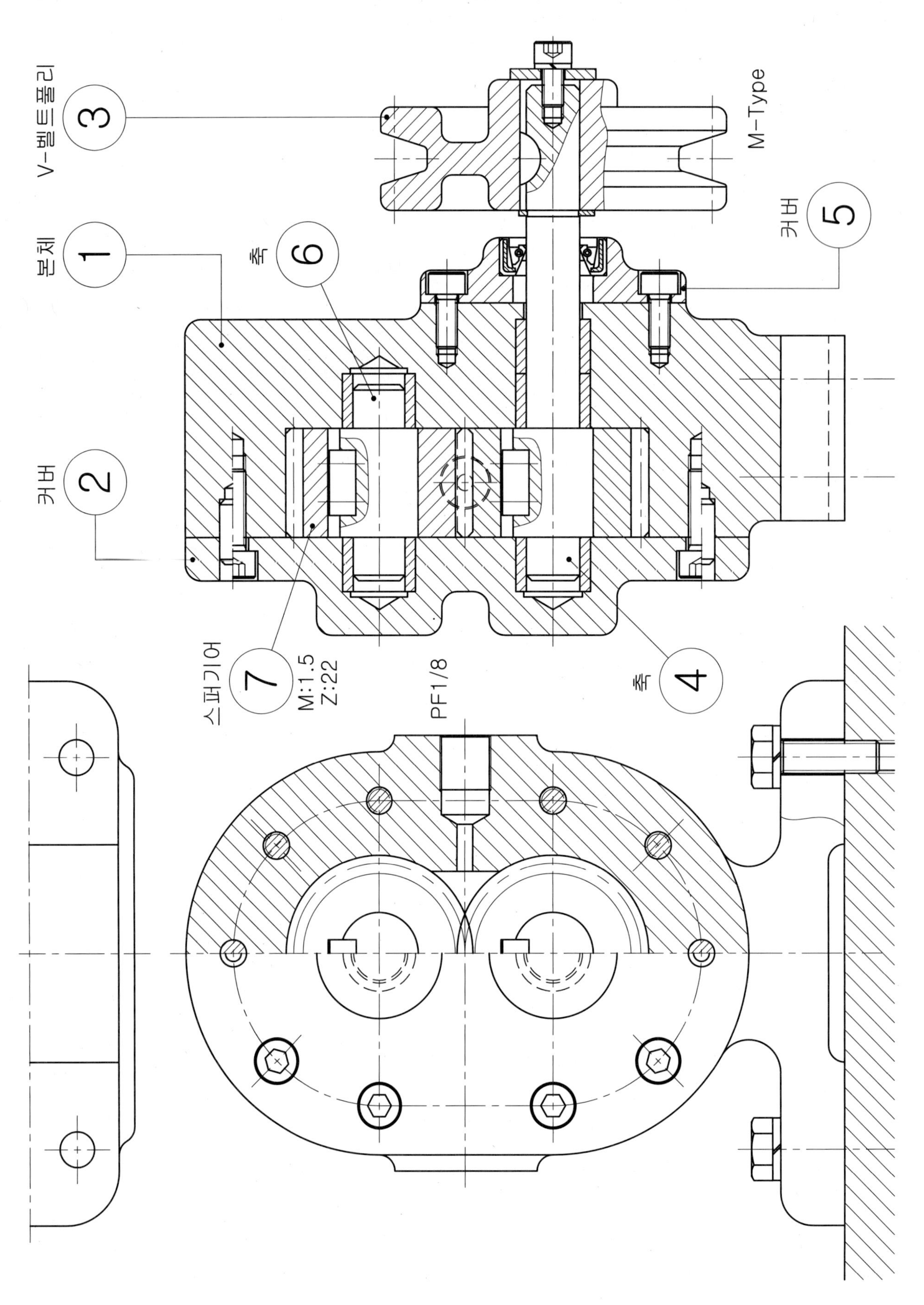
V-벨트풀리
3
본체
1
커버
2
축
6
커버
5
M-Type
스퍼기어
7
M:1.5
Z:22
PF1/8
축
4

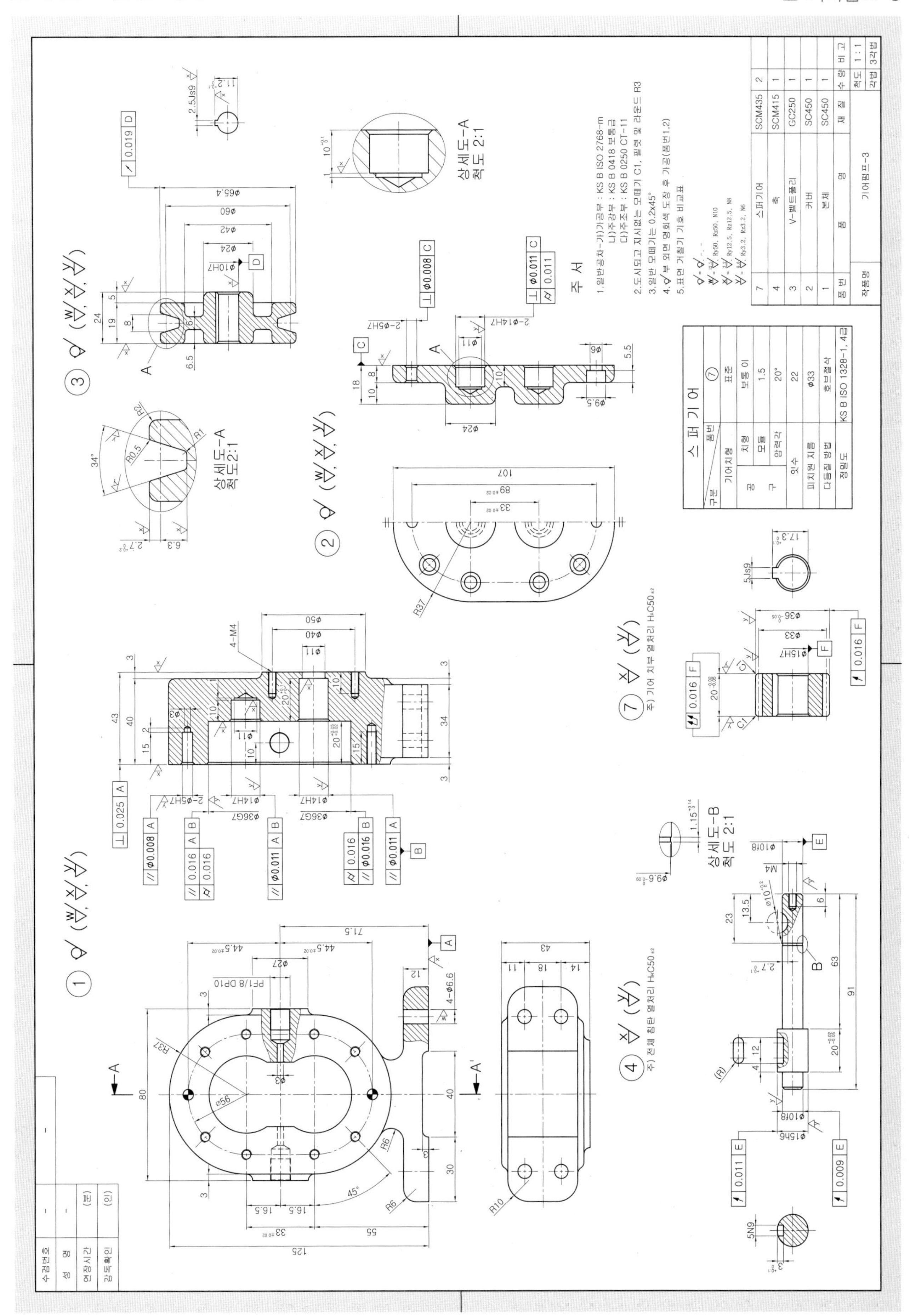

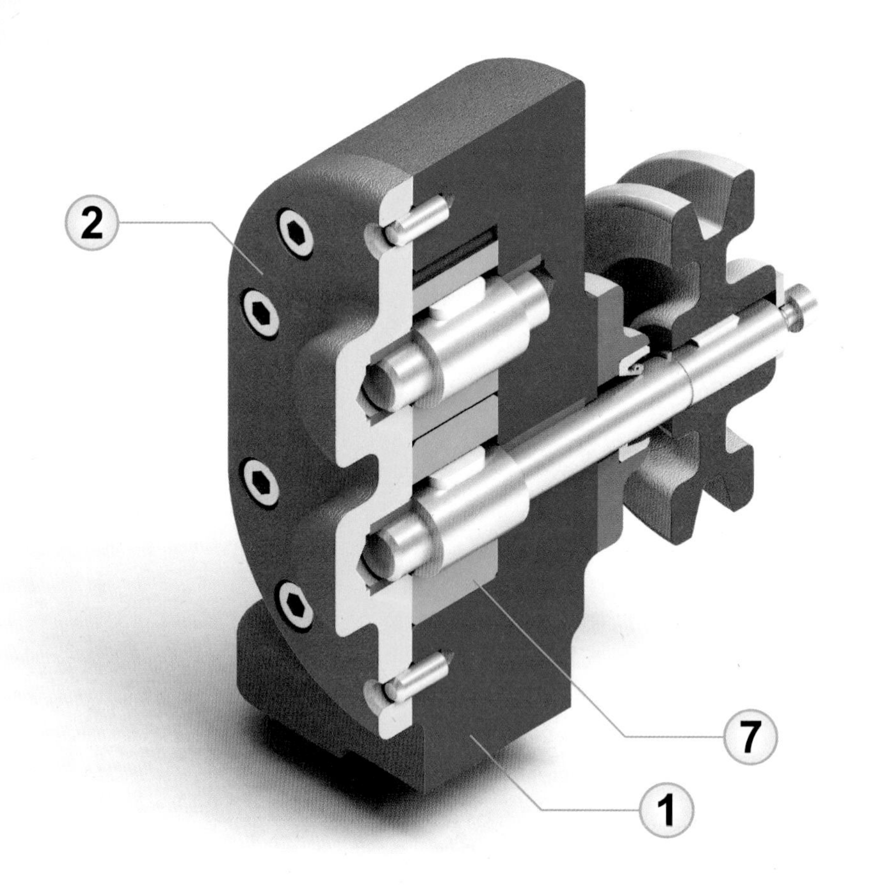
2
7
1

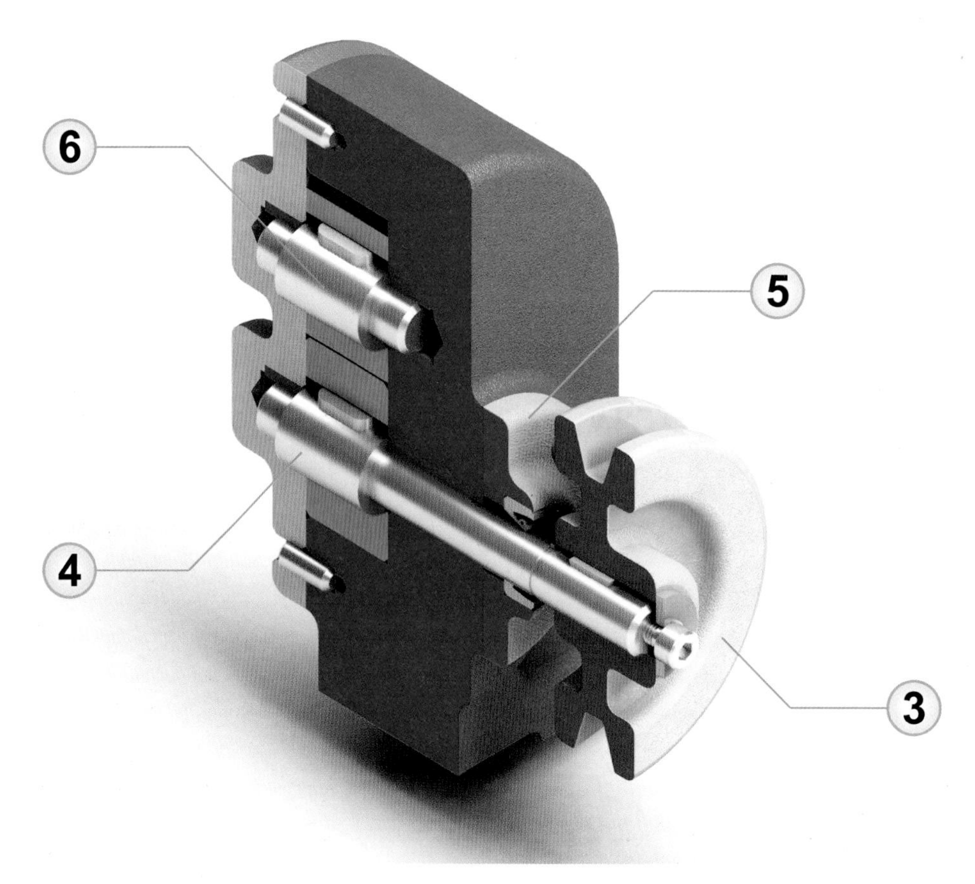
6
5
4
3

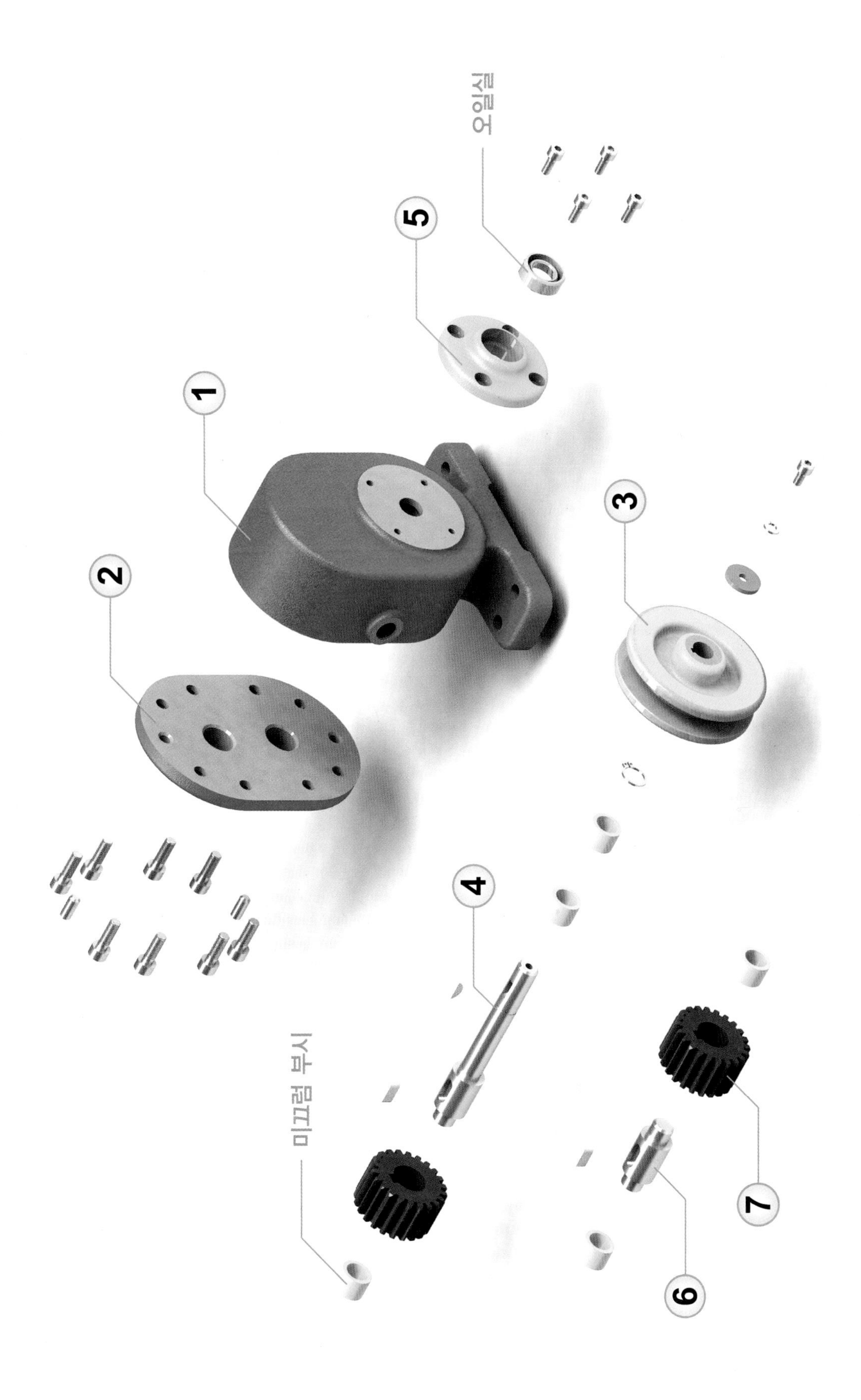
오일실
5
1
3
2
4
미끄럼 부시
7
6

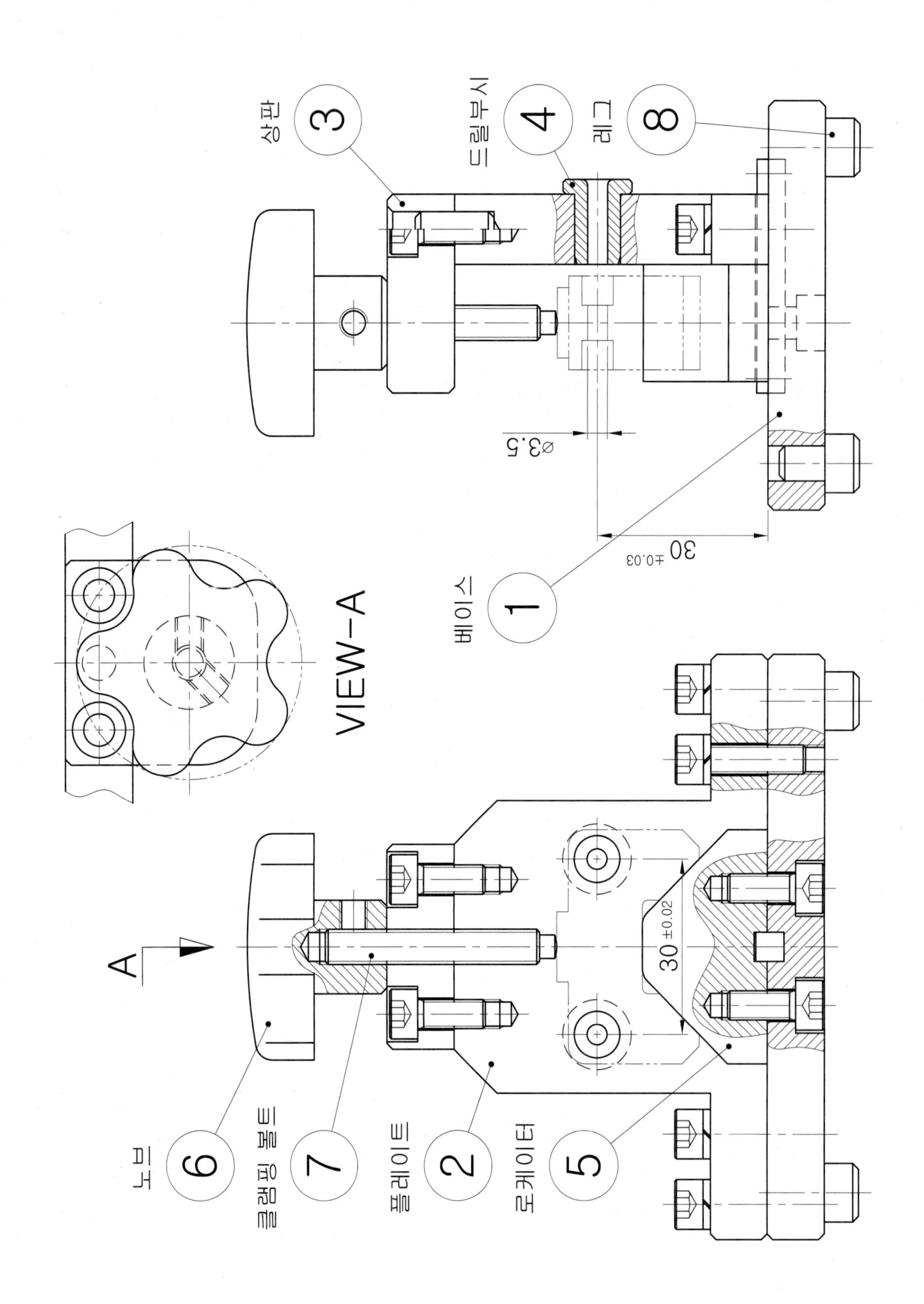
상판 3
드릴부시 4
레그 8
⌀3.5
30 ±0.03
베이스 1
VIEW-A
A
30 ±0.02
노브 6
클램핑 볼트 7
플레이트 2
로케이터 5

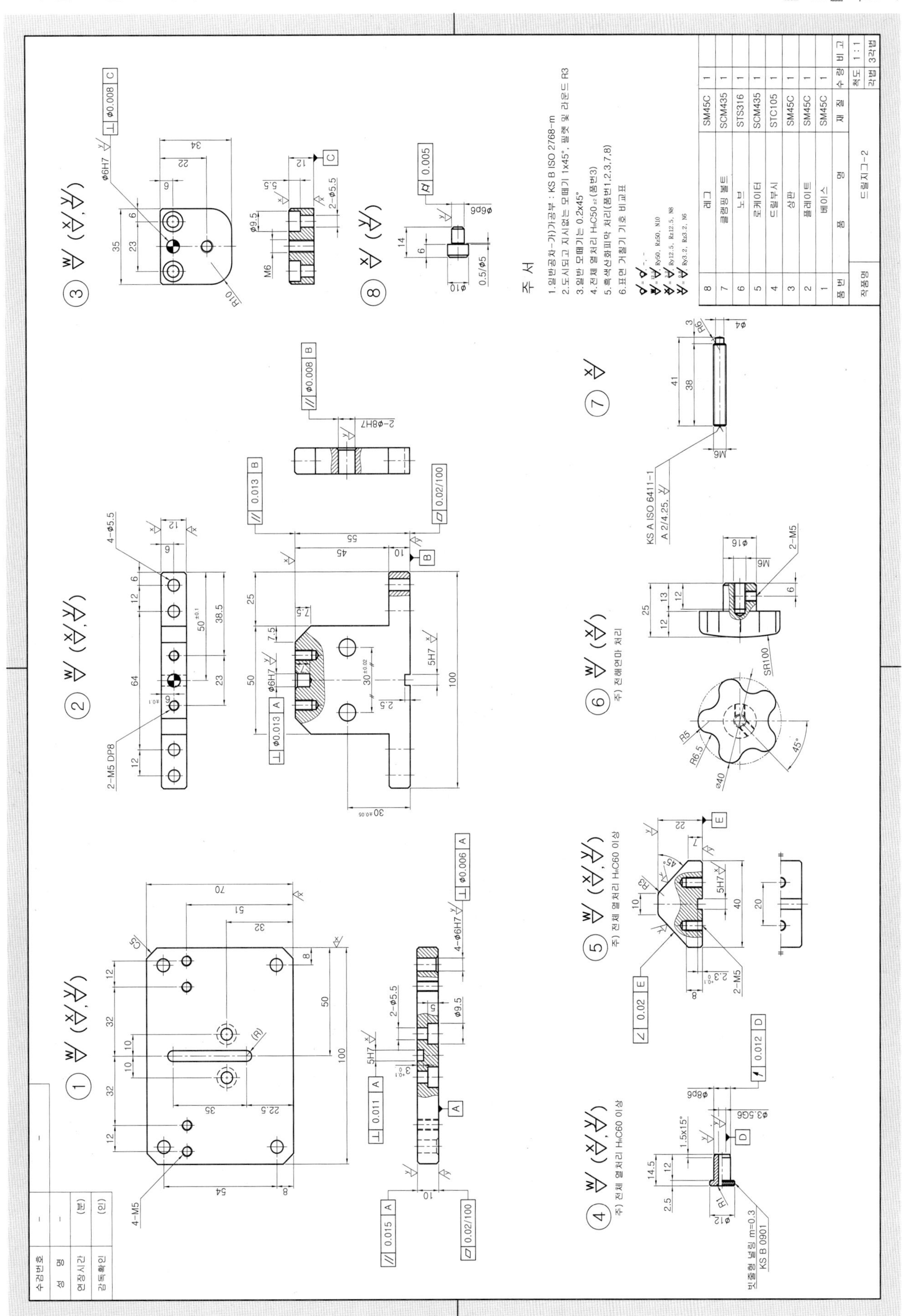

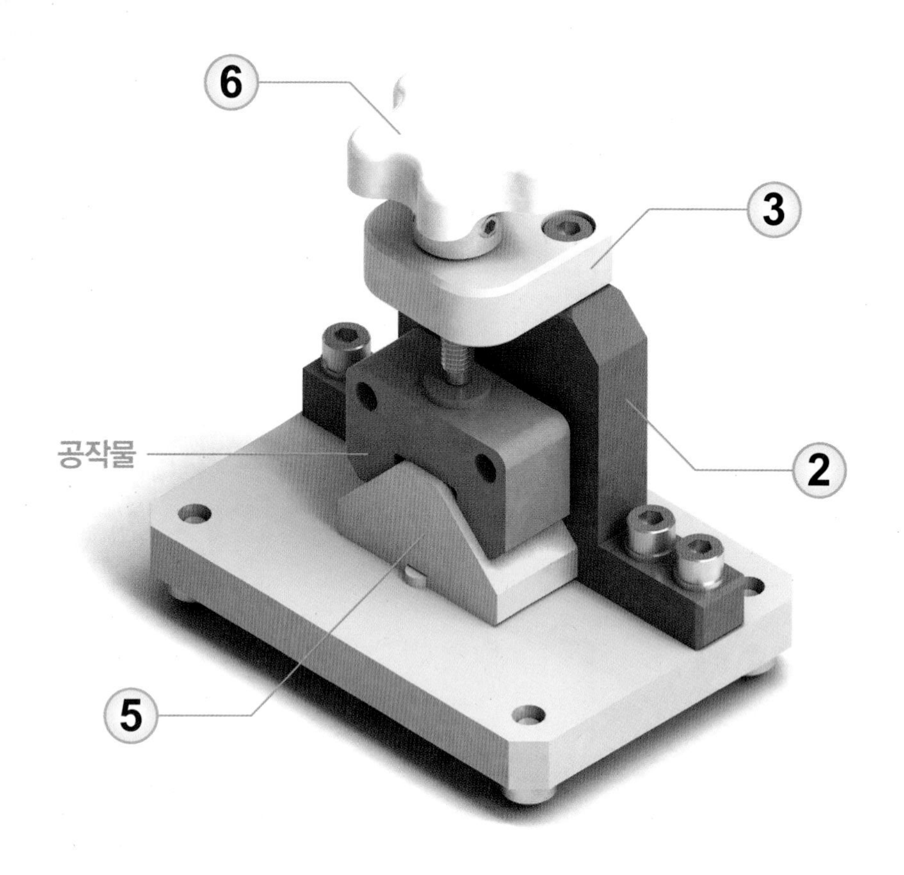
6
3
공작물
2
5

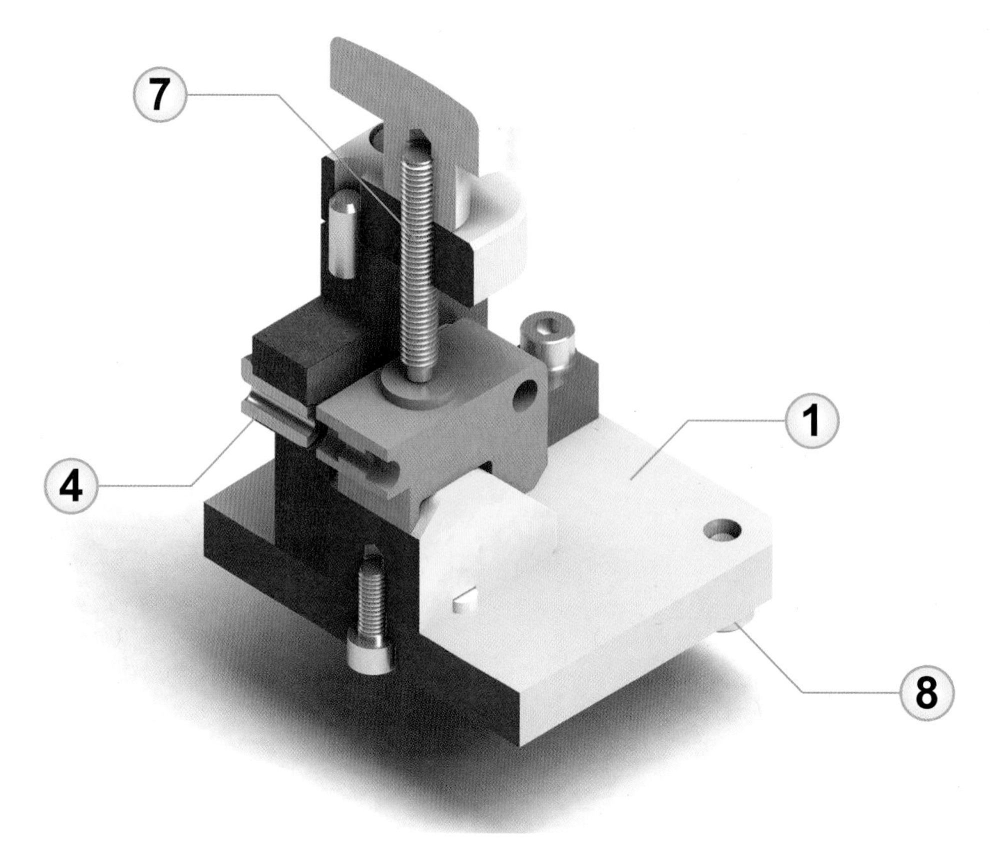
7
1
4
8

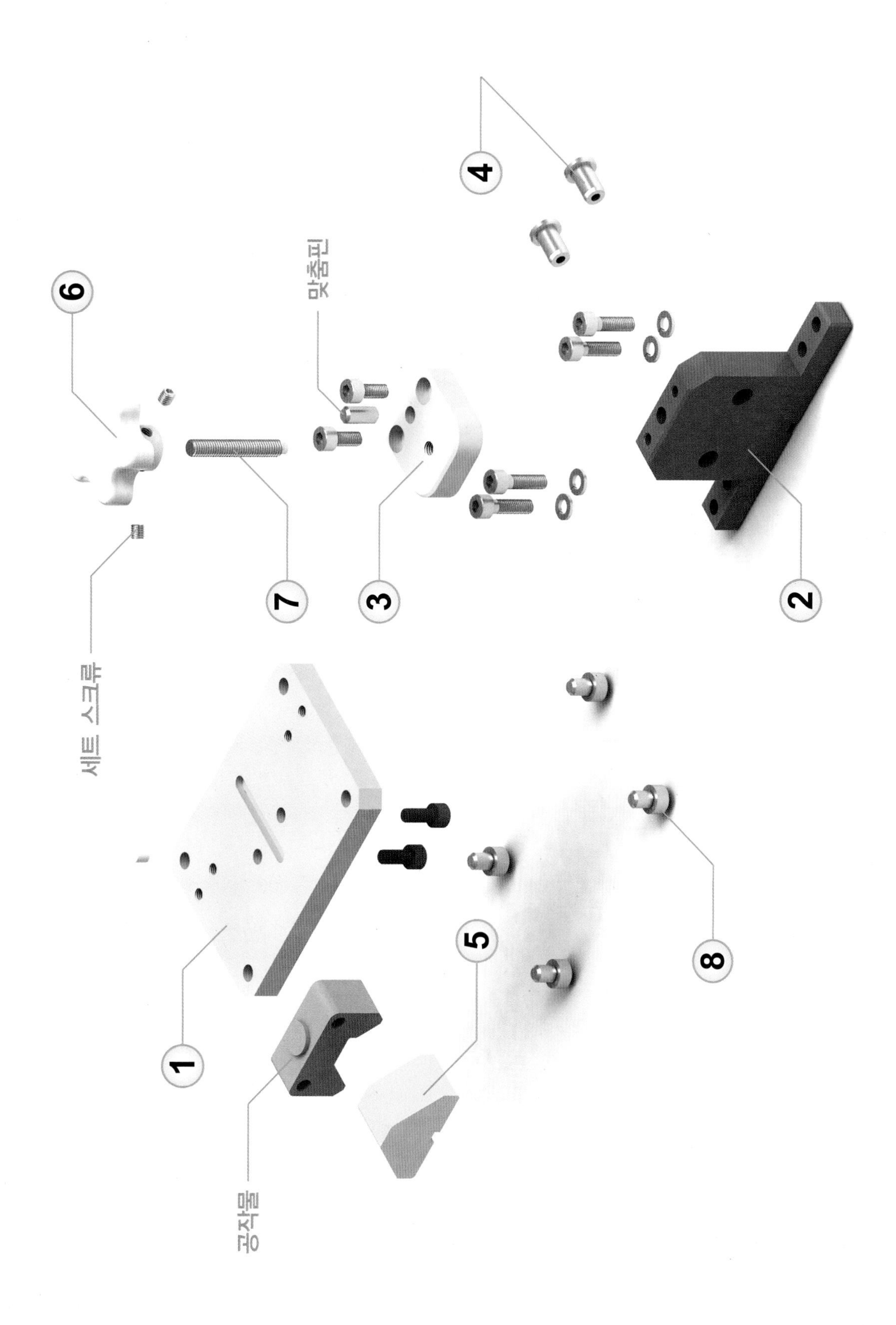
4
6
맞춤핀
7
3
2
세트 스크류
1
5
8
공작물

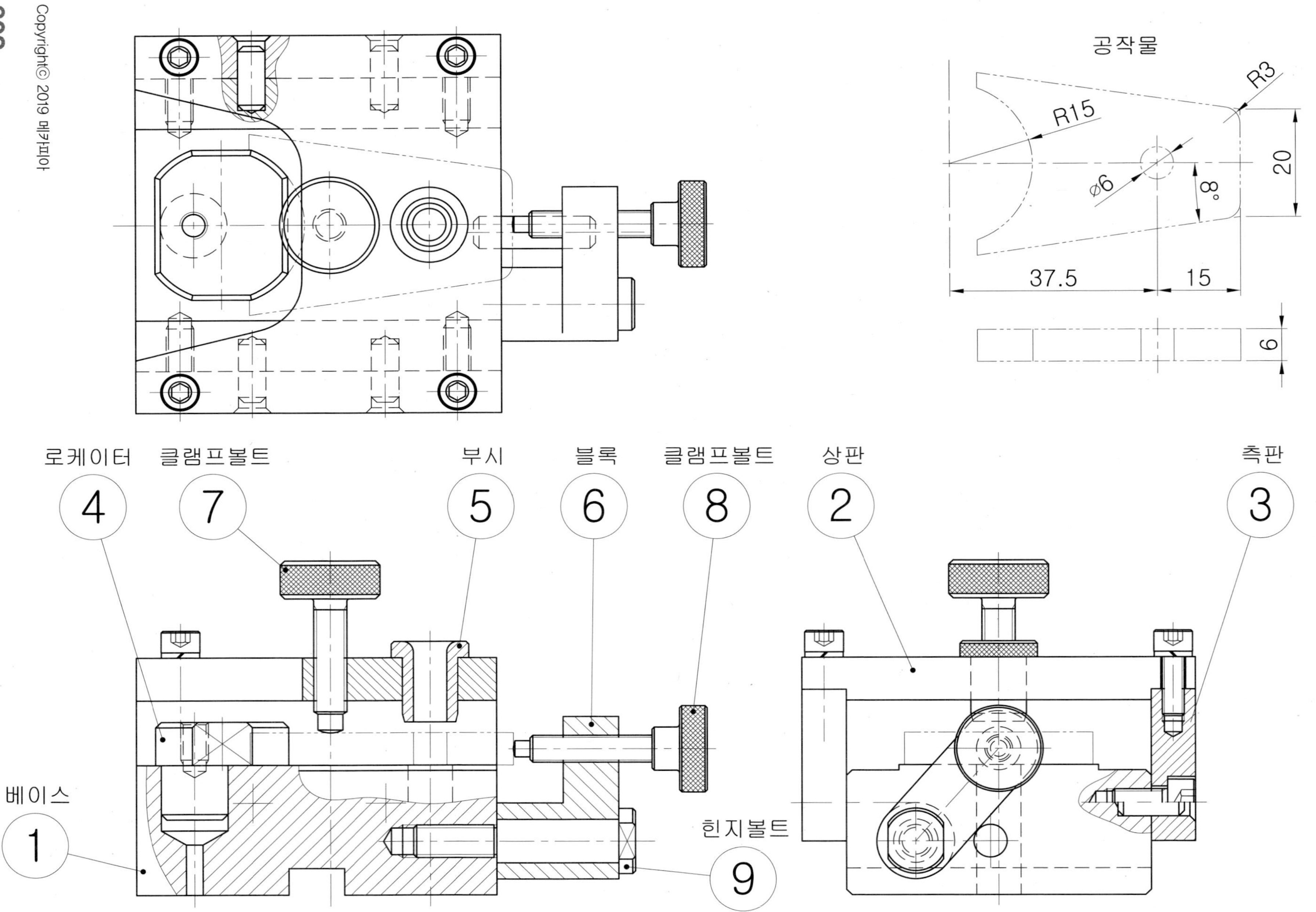

공작물
R3
R15
φ6
8°
20
37.5
15
6
로케이터
4
클램프볼트
7
부시
5
블록
6
클램프볼트
8
상판
2
측판
3
베이스
1
힌지볼트
9

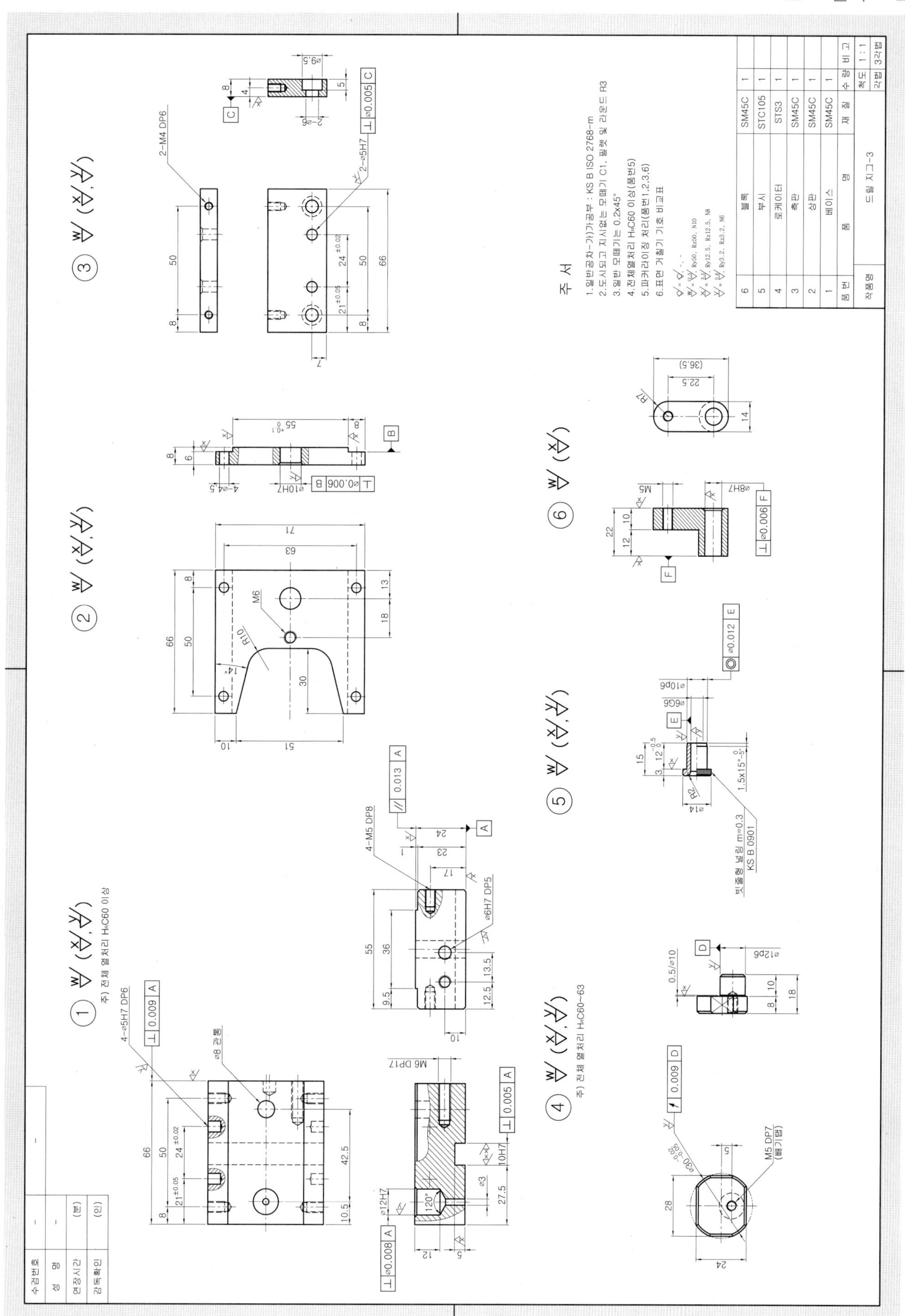

주 서
1.일반공차-가)가공부 : KS B ISO 2768-m
2.도시되고 지시없는 모떼기 C1, 필렛 및 라운드 R3
3.일반 모떼기는 0.2x45°
4.전체열처리 HRC60 이상(품번5)
5.파커라이징 처리(품번1,2,3,6)
6.표면 거칠기 기호 비교표
6 블록 SM45C 1
5 부시 STC105 1
4 로케이터 STS3 1
3 측판 SM45C 1
2 상판 SM45C 1
1 베이스 SM45C 1
품번 품명 재질 수량 비고
작품명 드릴 지그-3
척도 1:1
각법 3각법

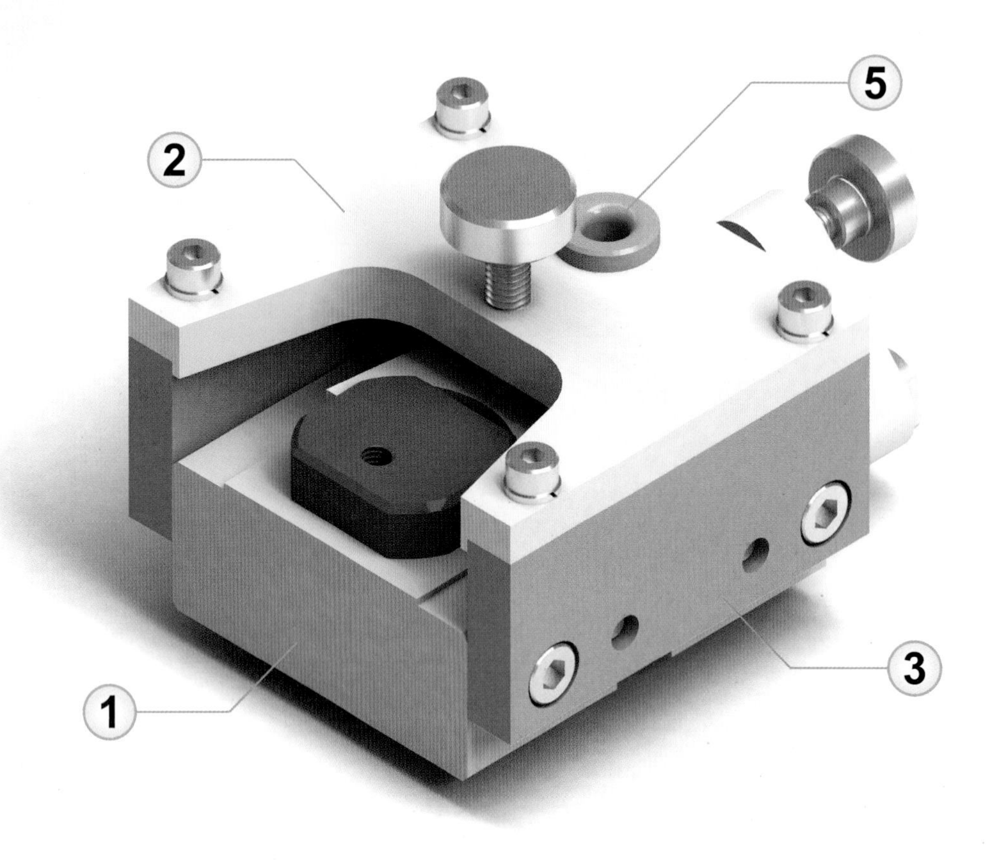
5
2
1
3

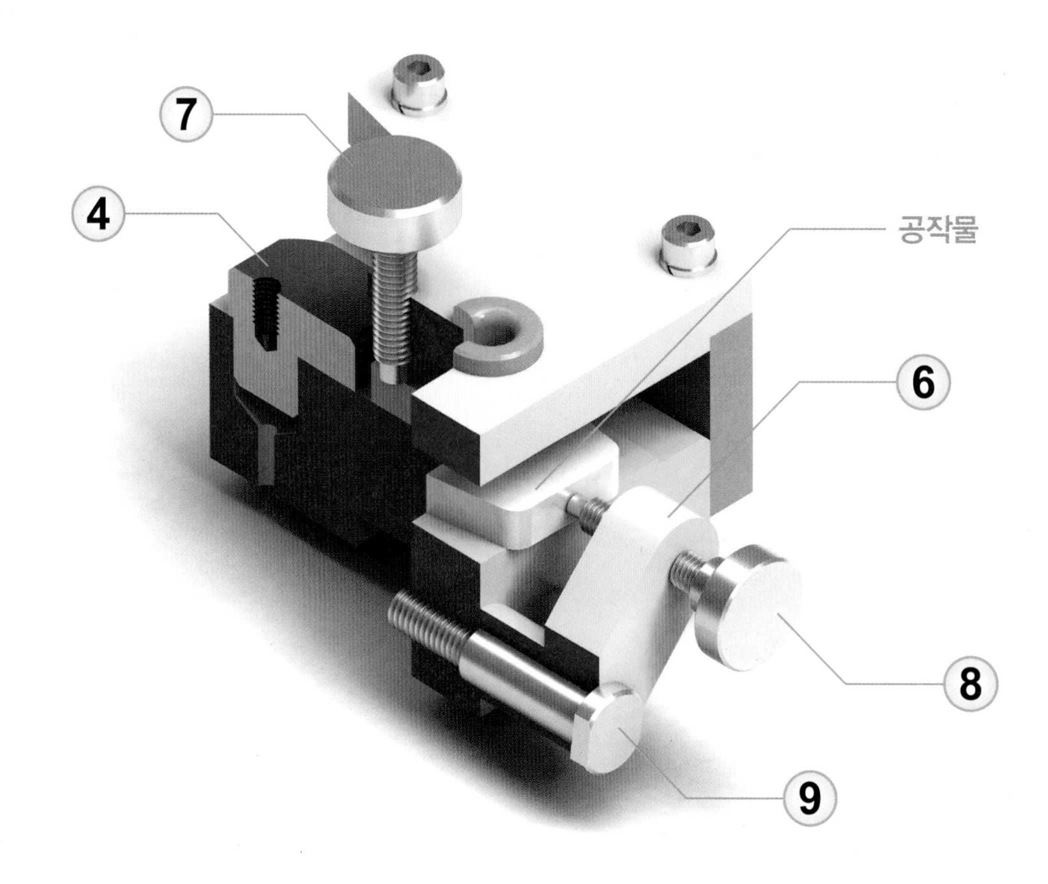
7
4
공작물
6
8
9

■ 렌더링 분해 등각 구조도

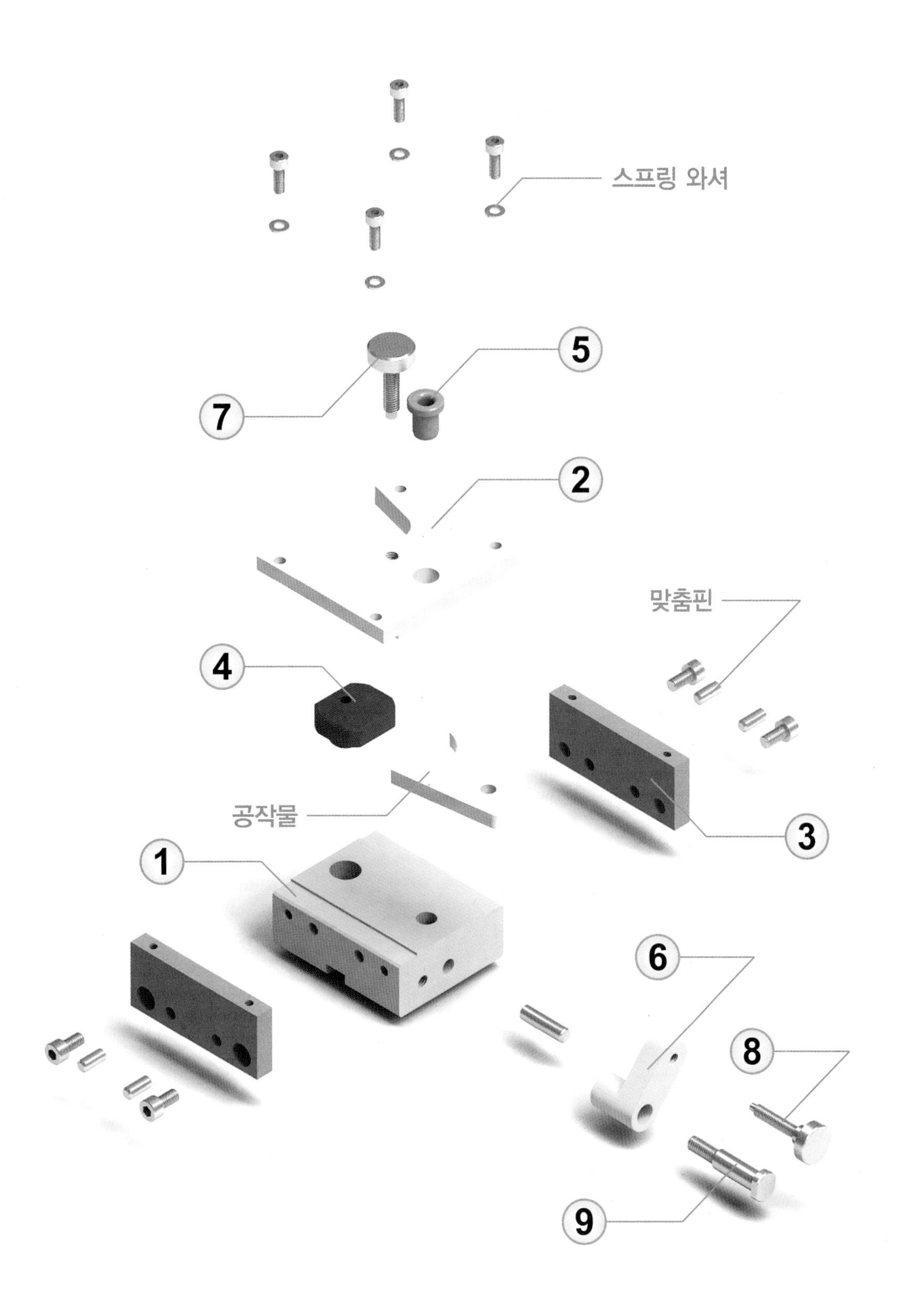

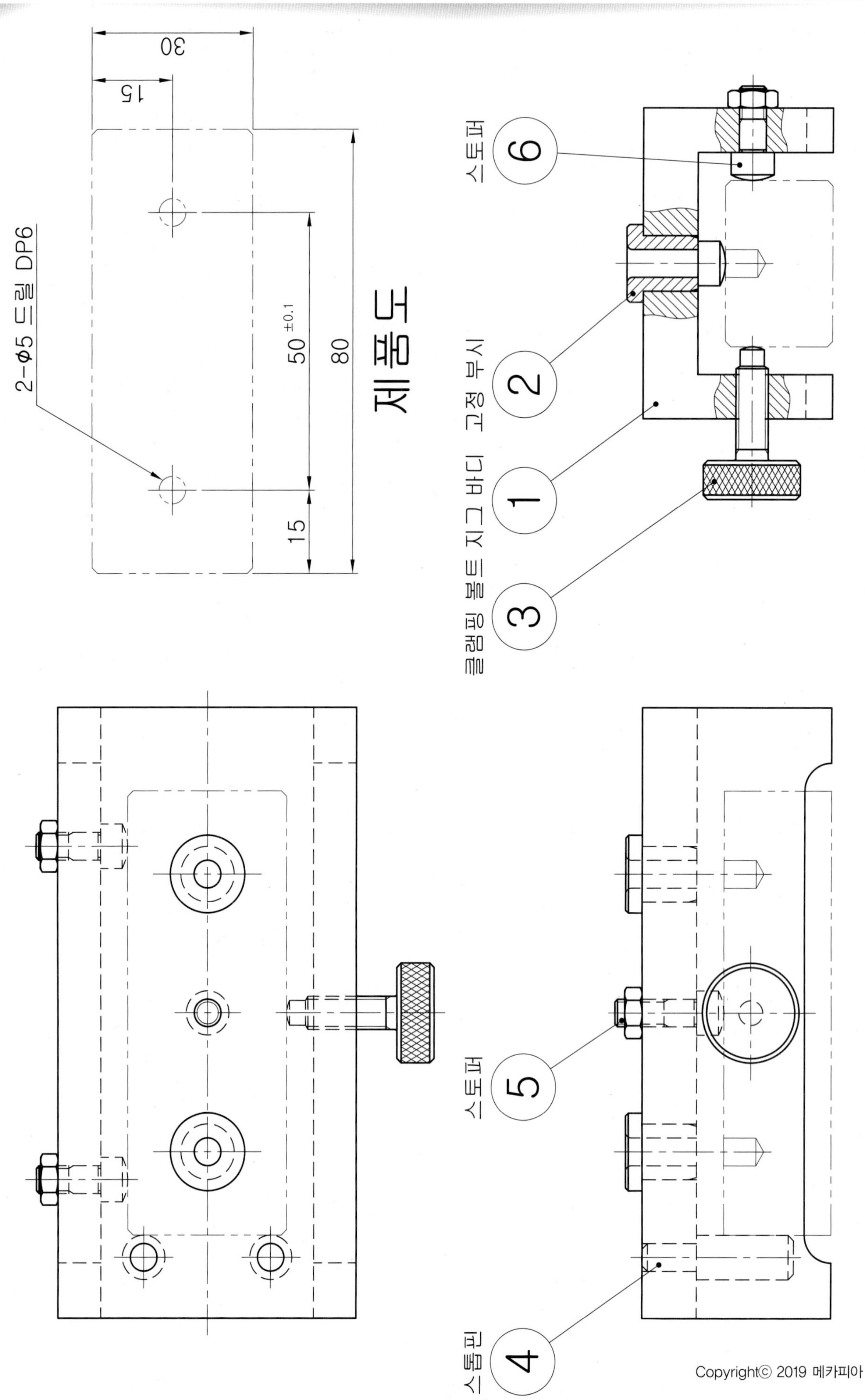

제품도
2-φ5 드릴 DP6
30
15
50 ±0.1
80
15
1 지그 바디
2 고정 부시
3 클램핑 볼트
4 스톱핀
5 스토퍼
6 스토퍼

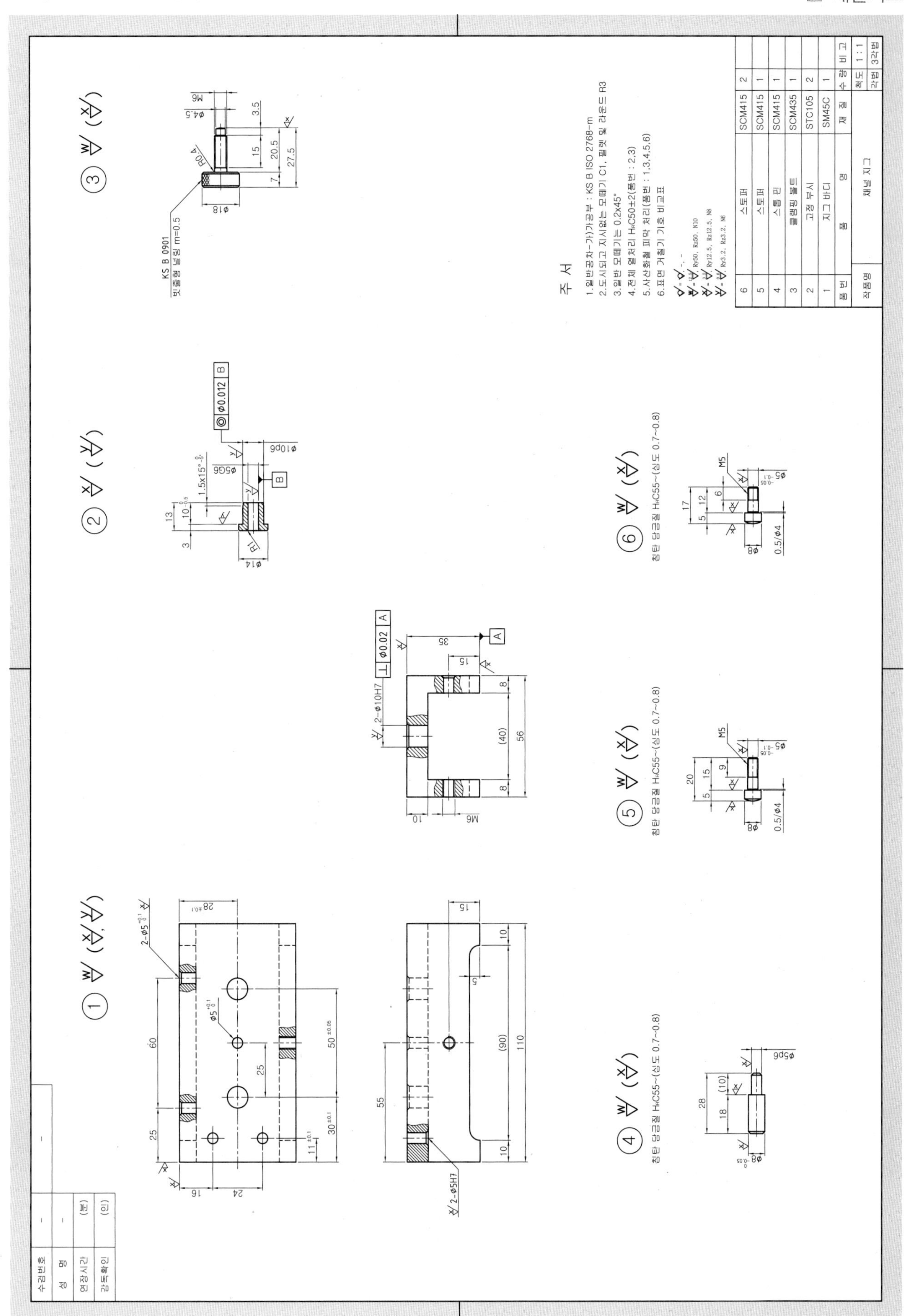
주 서
1.일반공차-가)가공부 : KS B ISO 2768-m
2.도시되고 지시없는 모떼기 C1, 필렛 및 라운드 R3
3.일반 모떼기는 0.2X45°
4.전체 열처리 HRC50±2(품번 : 2,3)
5.사산화철 피막 처리(품번 : 1,3,4,5,6)
6.표면 거칠기 기호 비교표
6 스토퍼 SCM415 2
5 스토퍼 SCM415 1
4 스톱 핀 SCM415 1
3 클램핑 볼트 SCM435 1
2 고정 부시 STC105 2
1 지그 바디 SM45C 1
품번 품명 재질 수량 비고
작품명 채널 지그
척도 1:1
각법 3각법
침탄 담금질 HRC55~(심도 0.7~0.8)
KS B 0901 빗줄형 널링 m=0.5
수검번호
성 명
연장시간
감독확인

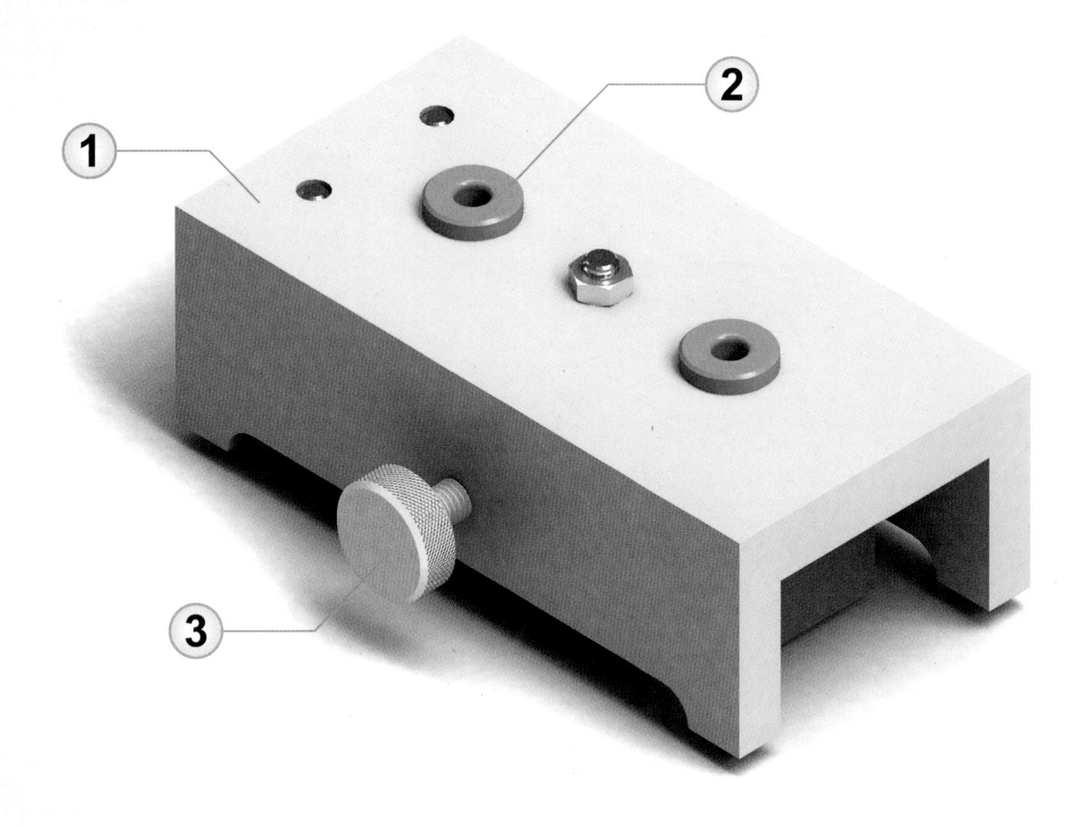
1
2
3

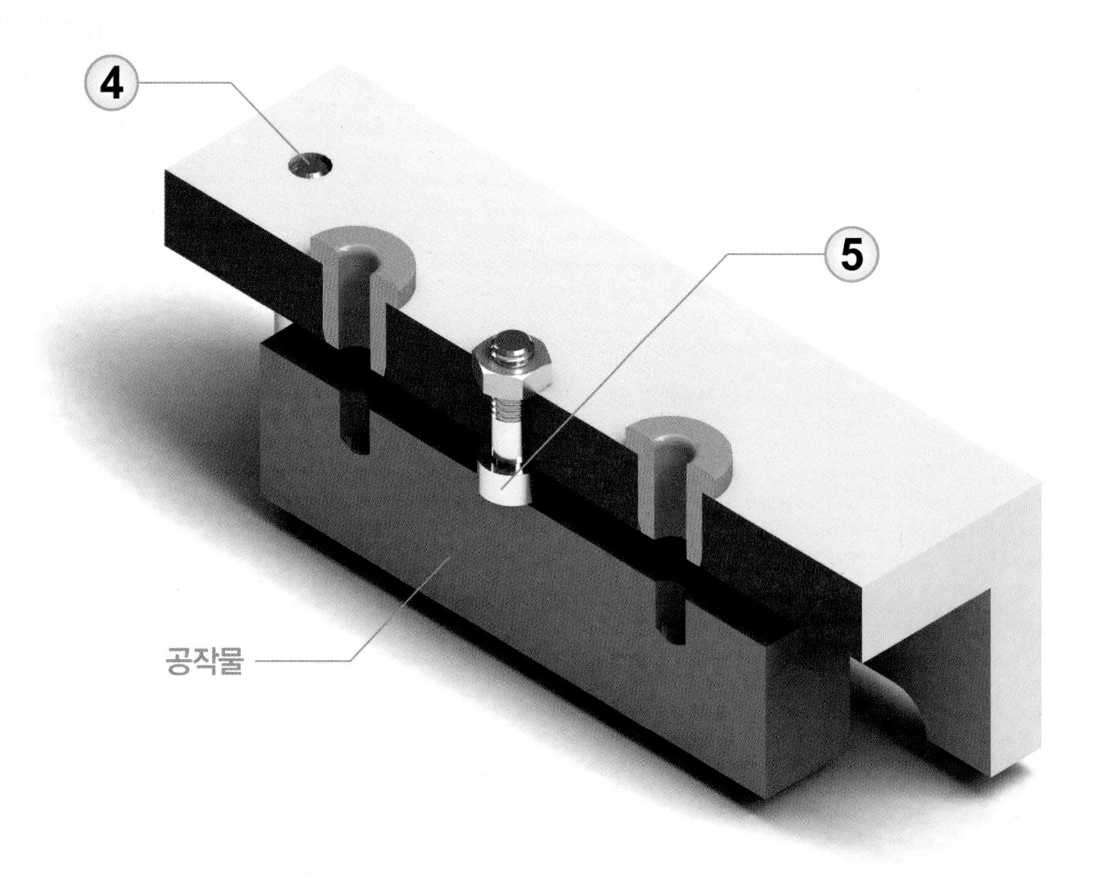
4
5
공작물

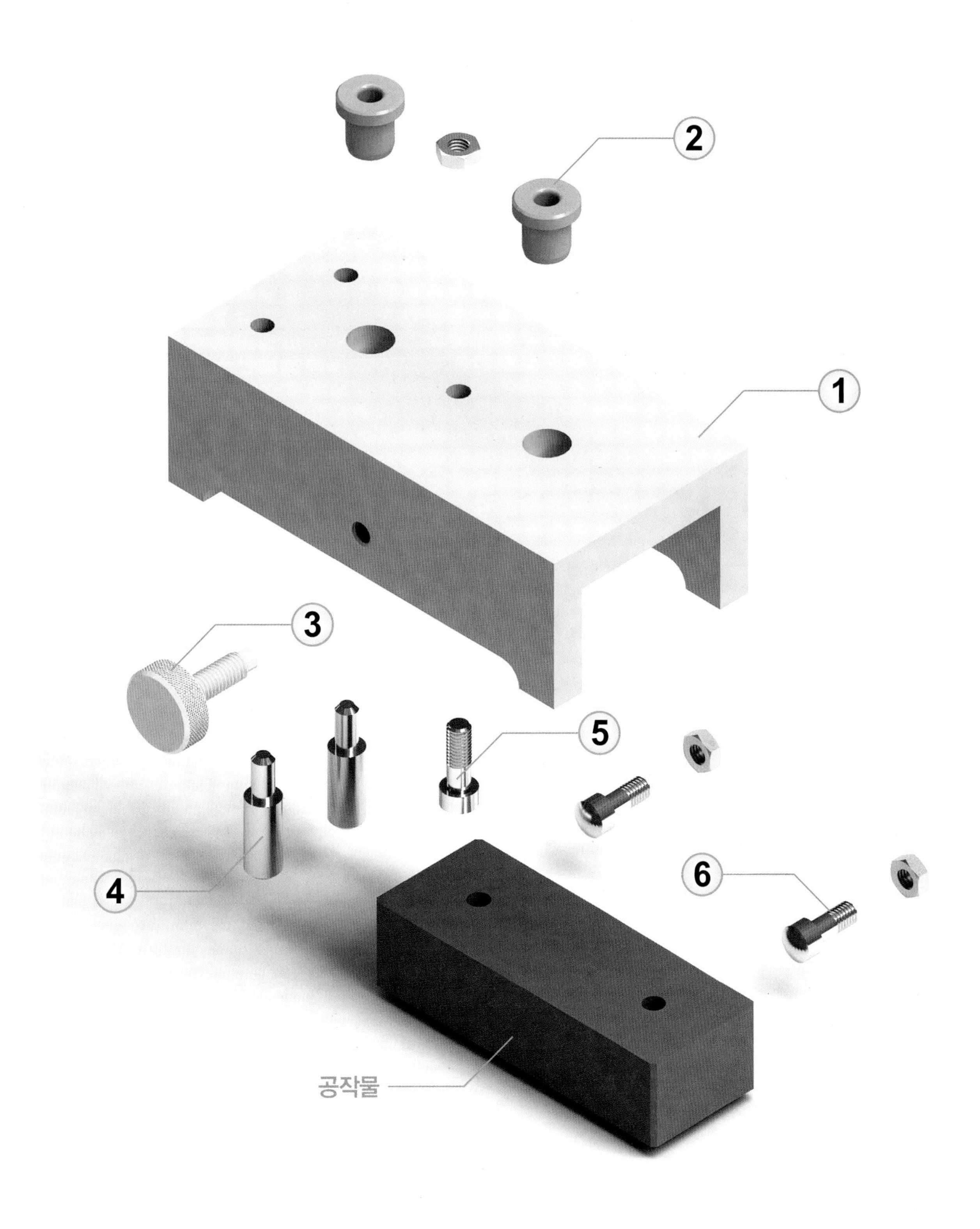
2
1
3
5
4
6
공작물

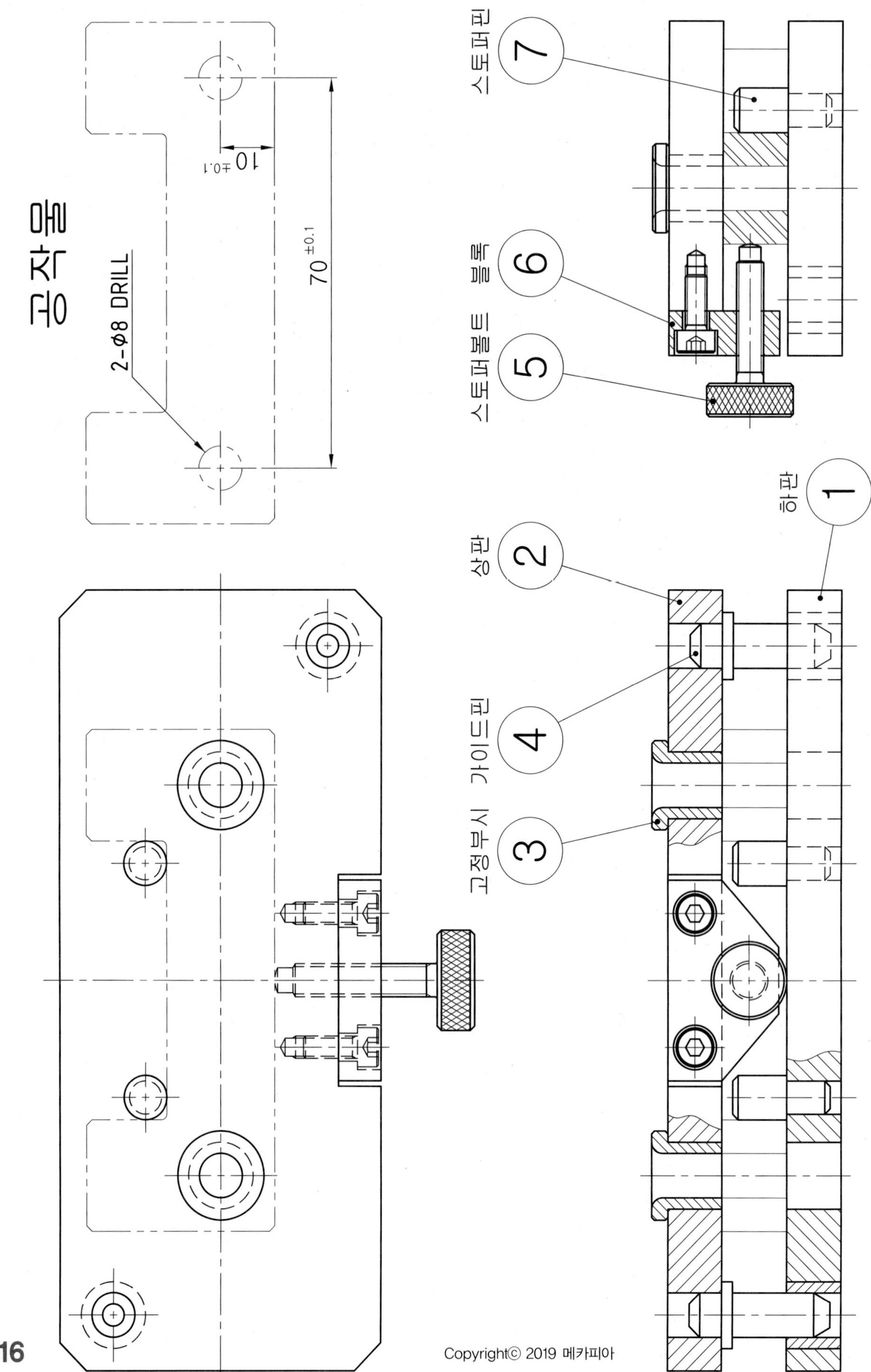

공작물
2-Φ8 DRILL
70 ±0.1
10 ±0.1
하판 1
상판 2
고정부시 3
가이드핀 4
스토퍼볼트 5
블록 6
스토퍼핀 7

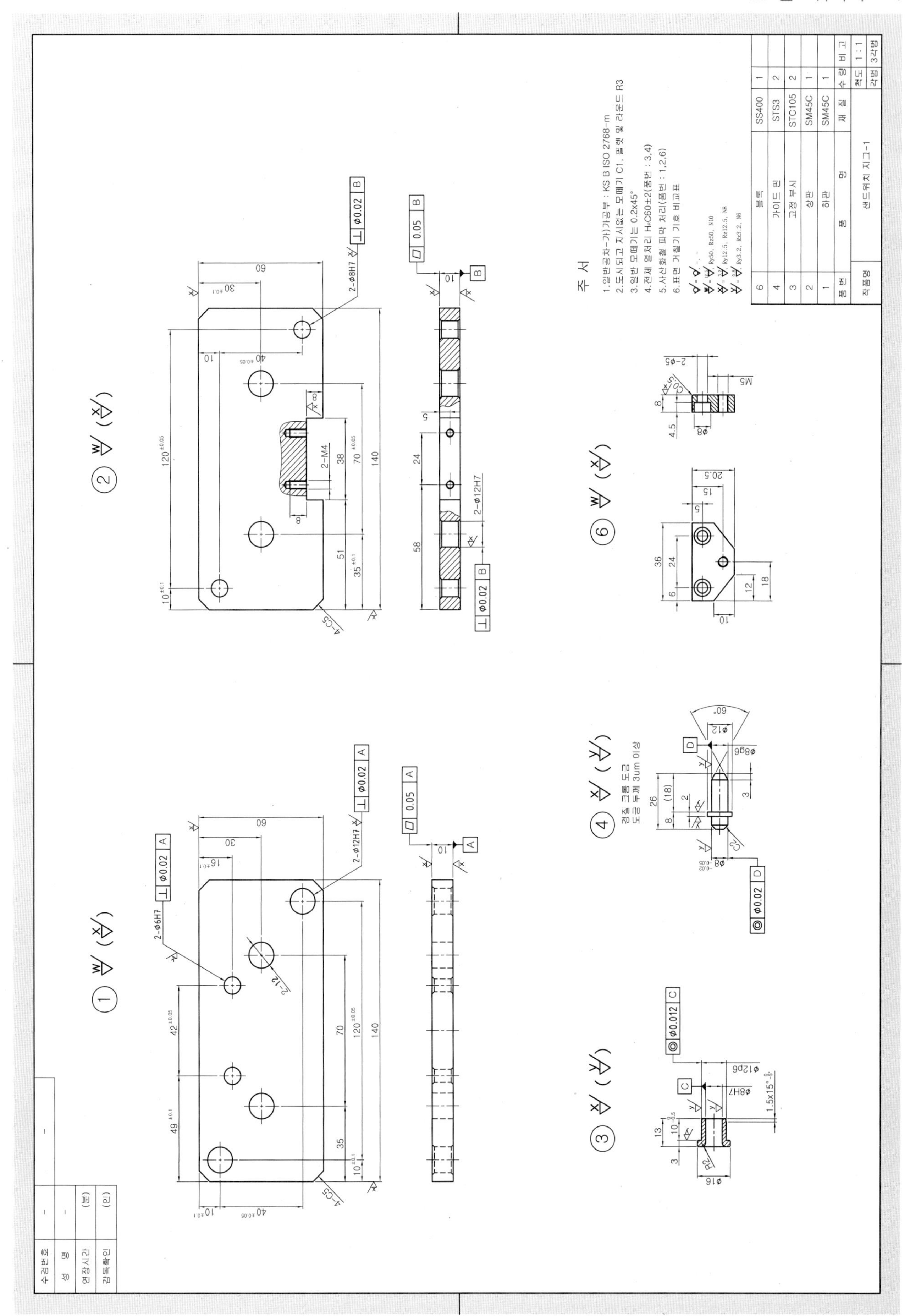
주 서
1.일반공차-가)가공부 : KS B ISO 2768-m
2.도시되고 지시없는 모떼기 C1, 필렛 및 라운드 R3
3.일반 모떼기는 0.2x45°
4.전체 열처리 HRC60±2(품번 : 3,4)
5.사산화철 피막 처리(품번 : 1,2,6)
6.표면 거칠기 기호 비교표
6 블록 SS400 1
4 가이드 핀 STS3 2
3 고정 부시 STC105 2
2 상판 SM45C 1
1 하판 SM45C 1
품번 품명 재질 수량 비고
작품명 샌드위치 지그-1
척도 1:1
각법 3각법
수검번호
성 명
연장시간
감독확인

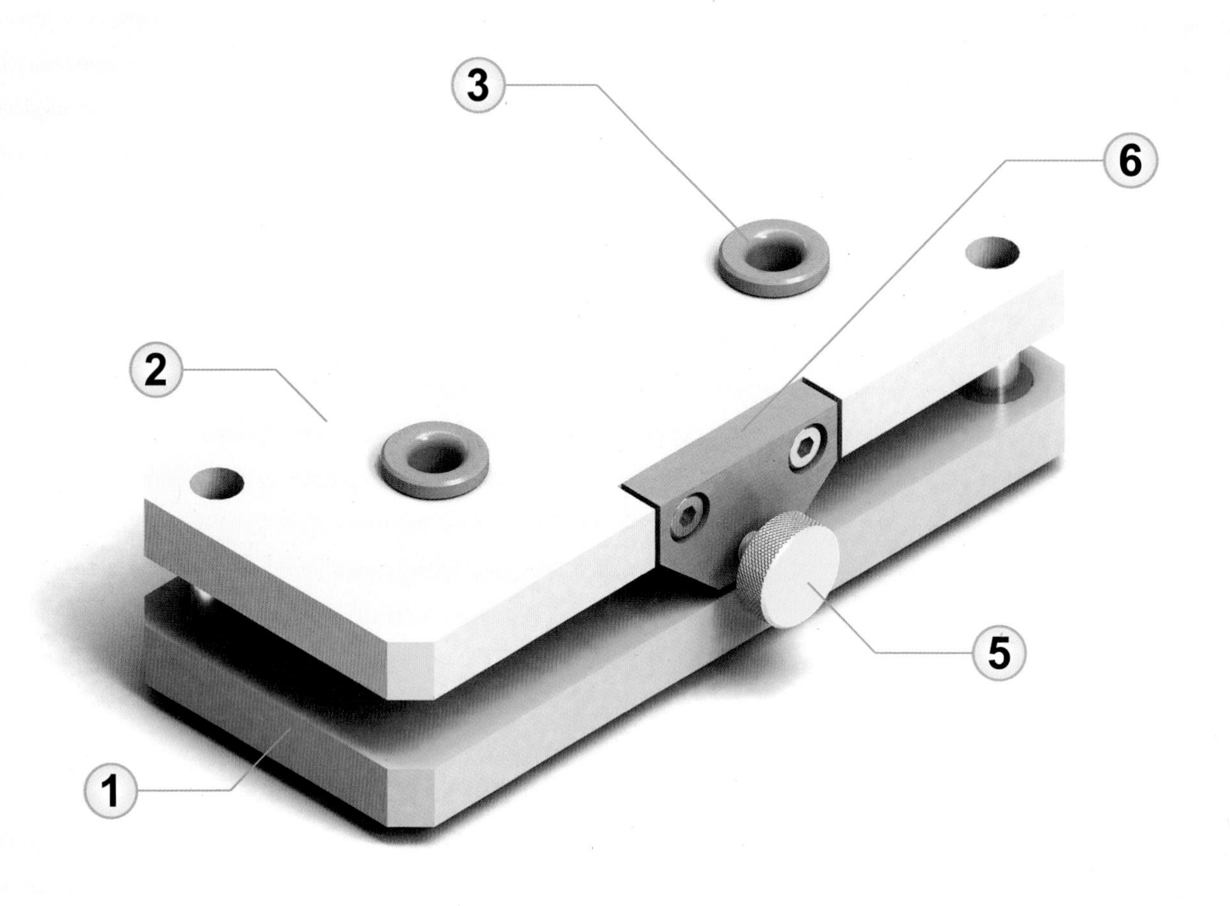
3
6
2
5
1

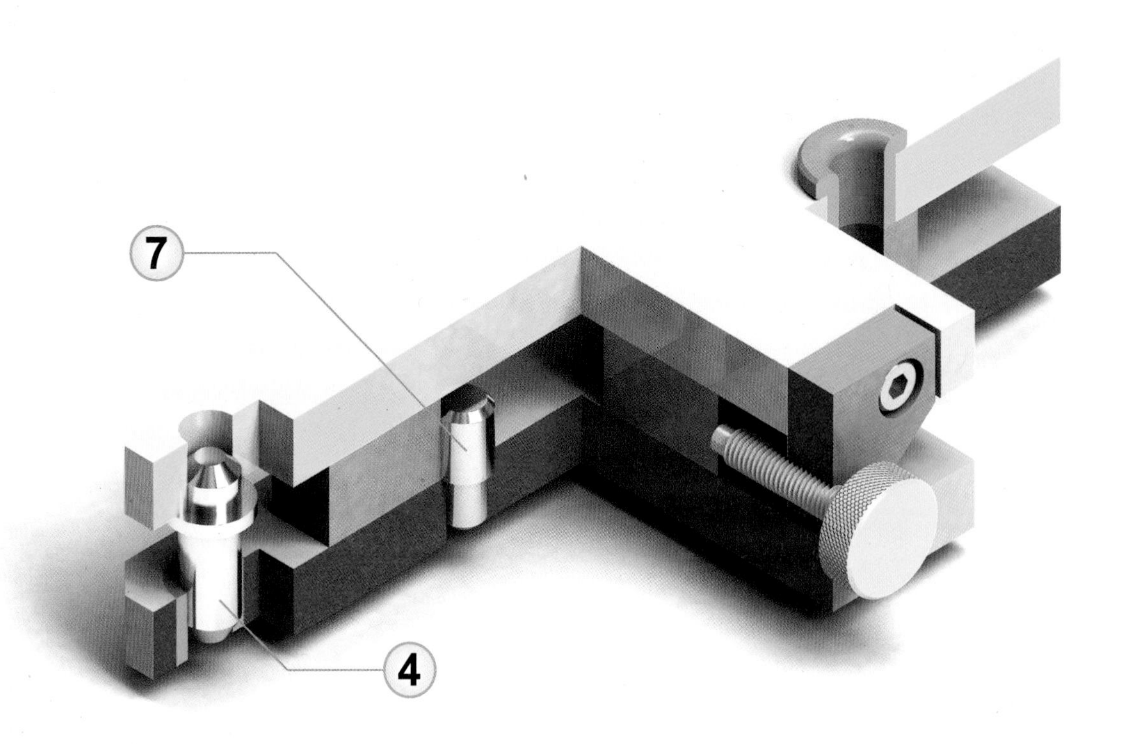
7
4

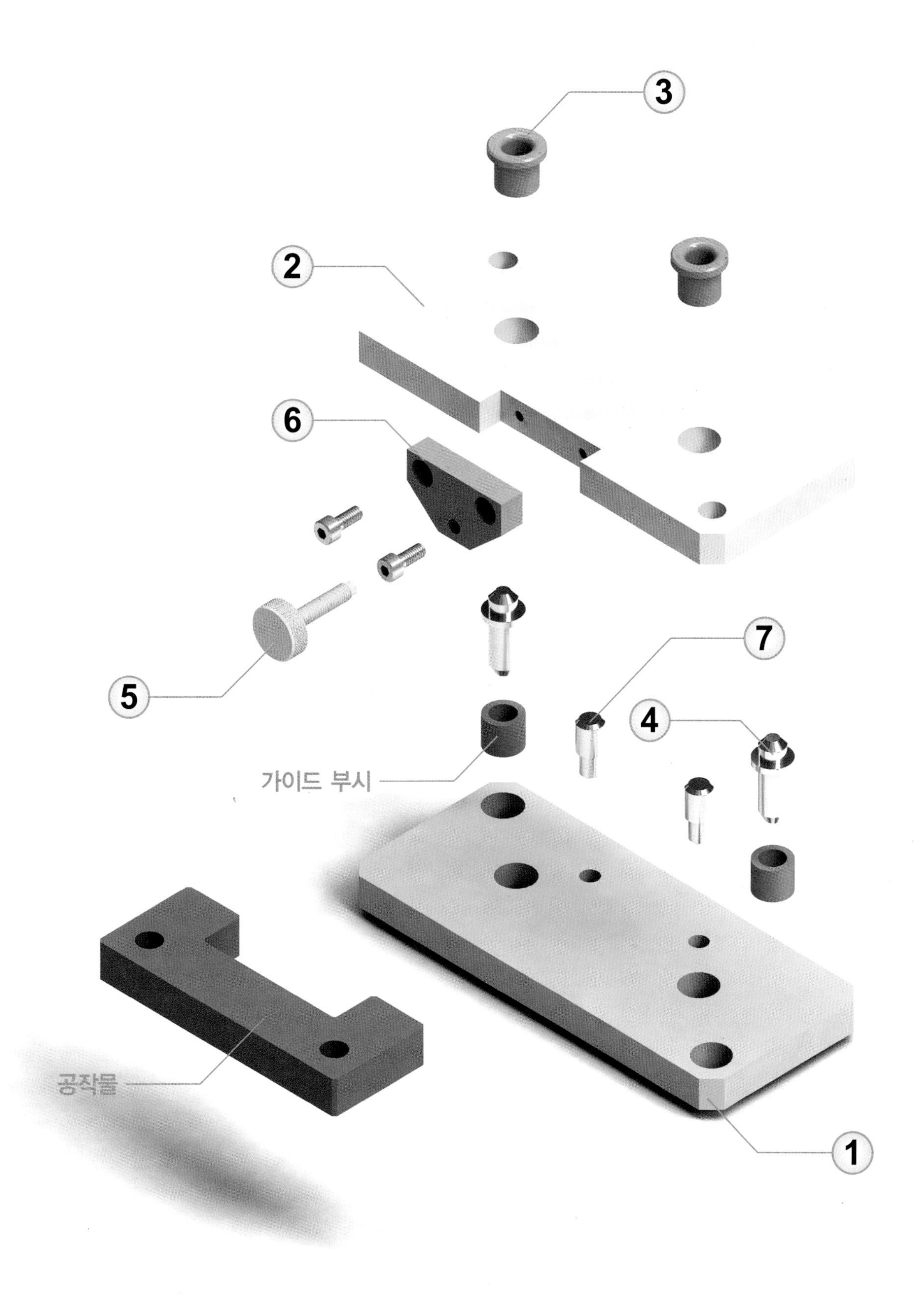
3
2
6
5
7
4
가이드 부시
공작물
1

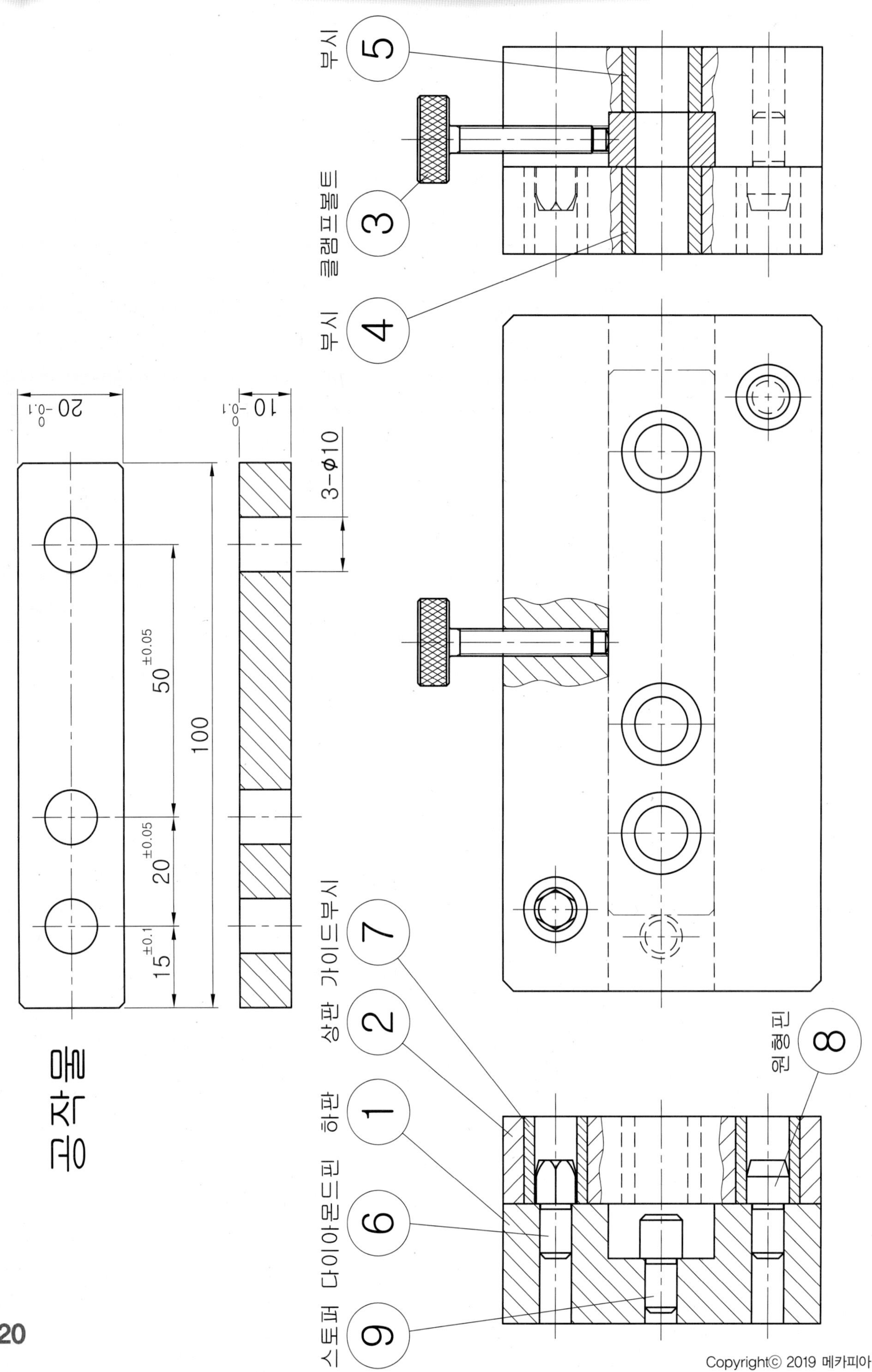

공작물
20 0 -0.1
10 0 -0.1
3-φ10
50±0.05
100
20±0.05
15±0.1
5 부시
3 클램프볼트
4 부시
7 가이드부시
2 상판
1 하판
6 다이아몬드핀
9 스토퍼
8 원형핀

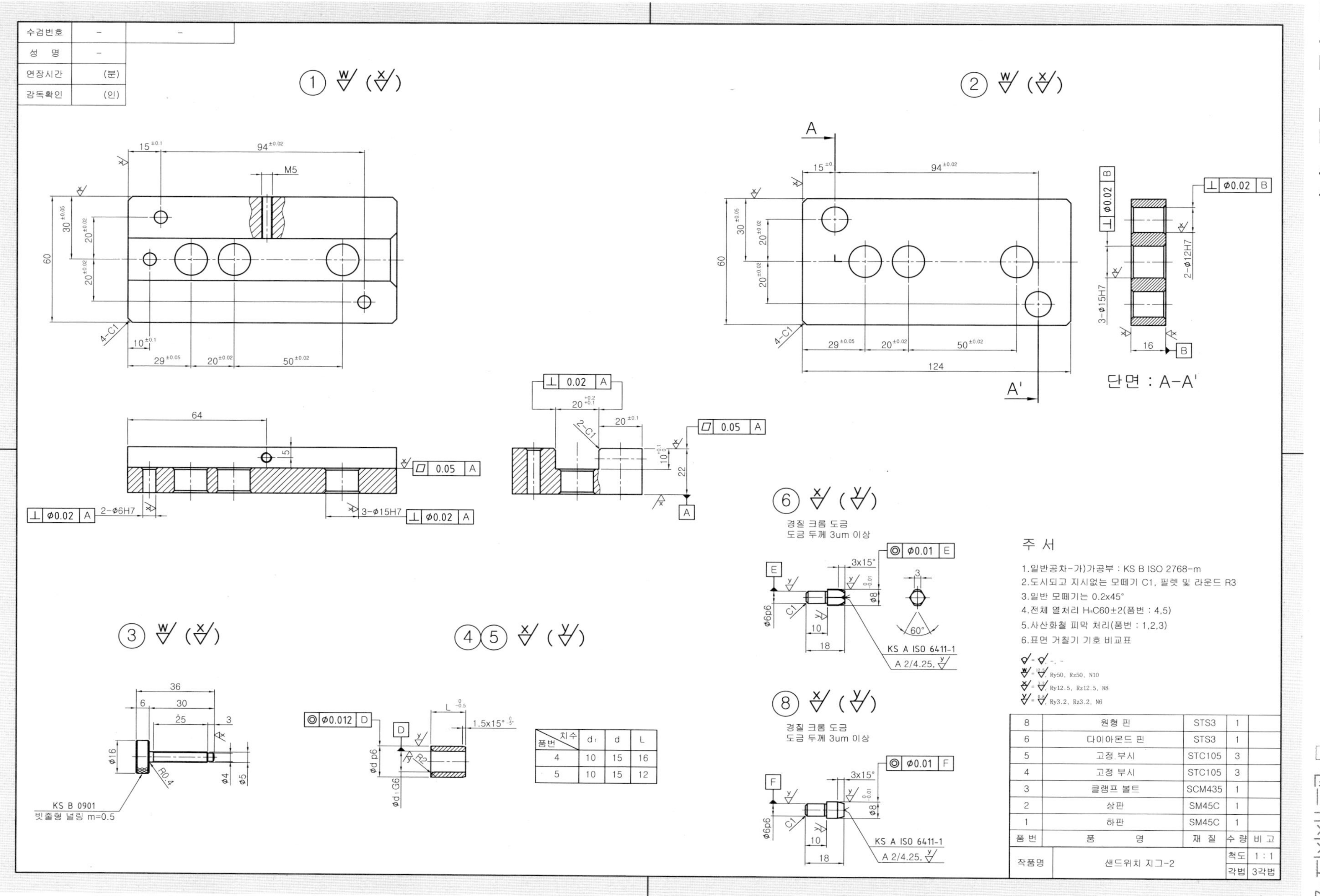
수검번호 -
성 명 -
연장시간 (분)
감독확인 (인)
단면 : A-A'
경질 크롬 도금
도금 두께 3um 이상
주 서
1.일반공차-가)가공부 : KS B ISO 2768-m
2.도시되고 지시없는 모떼기 C1, 필렛 및 라운드 R3
3.일반 모떼기는 0.2x45°
4.전체 열처리 HRC60±2(품번 : 4,5)
5.사산화철 피막 처리(품번 : 1,2,3)
6.표면 거칠기 기호 비교표
KS A ISO 6411-1
KS B 0901
빗줄형 널링 m=0.5
8 원형 핀 STS3 1
6 다이아몬드 핀 STS3 1
5 고정 부시 STC105 3
4 고정 부시 STC105 3
3 클램프 볼트 SCM435 1
2 상판 SM45C 1
1 하판 SM45C 1
품번 품명 재질 수량 비고
작품명 샌드위치 지그-2
척도 1:1
각법 3각법

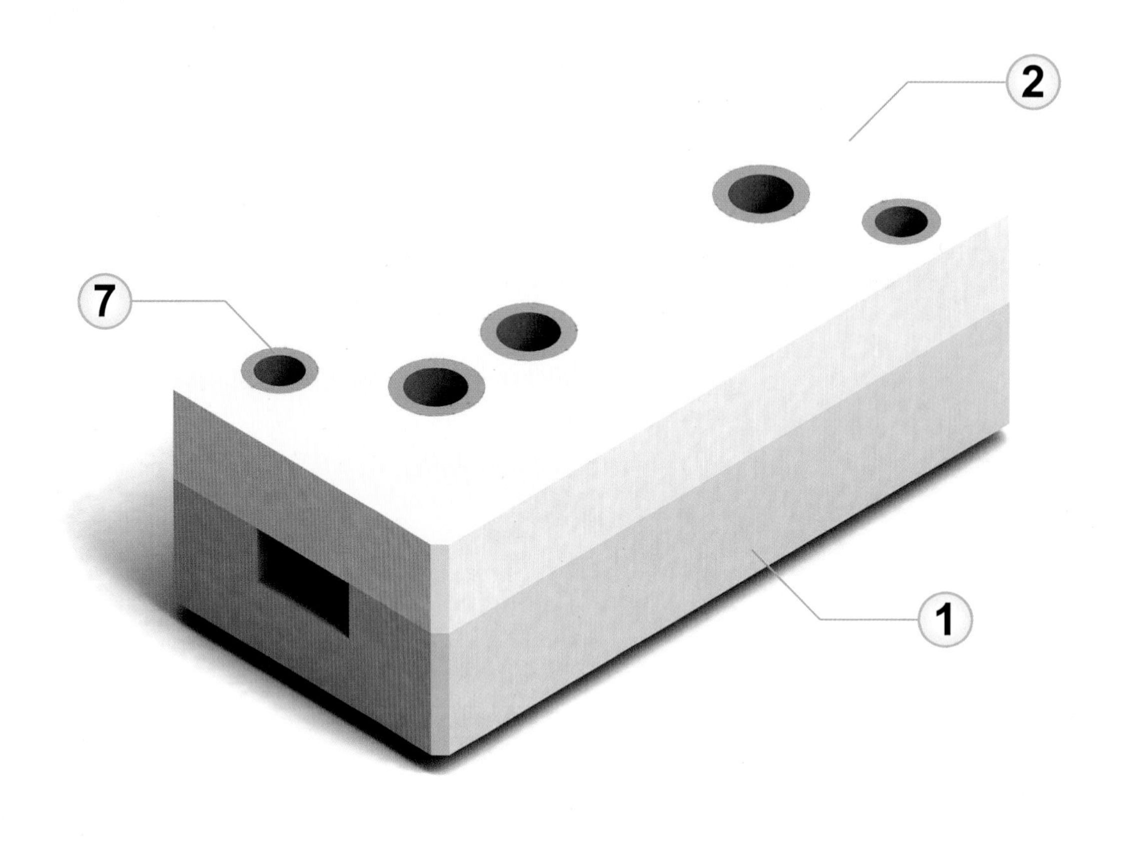
2
7
1

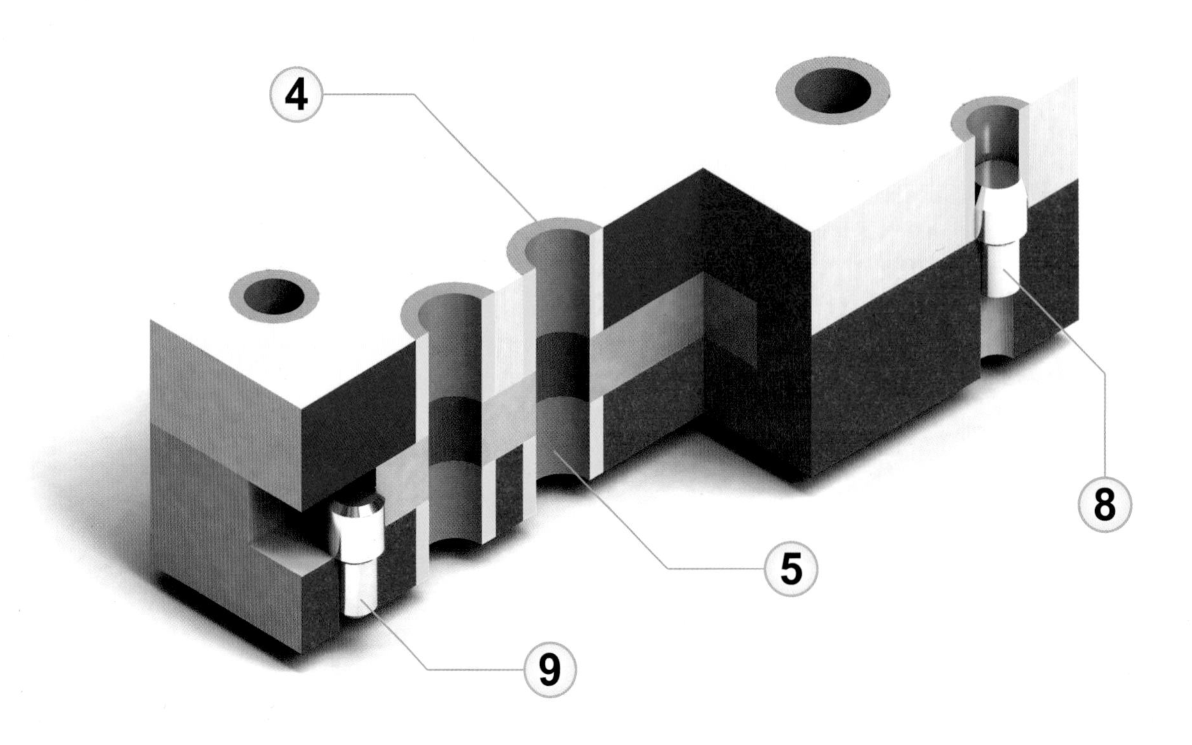
4
8
5
9

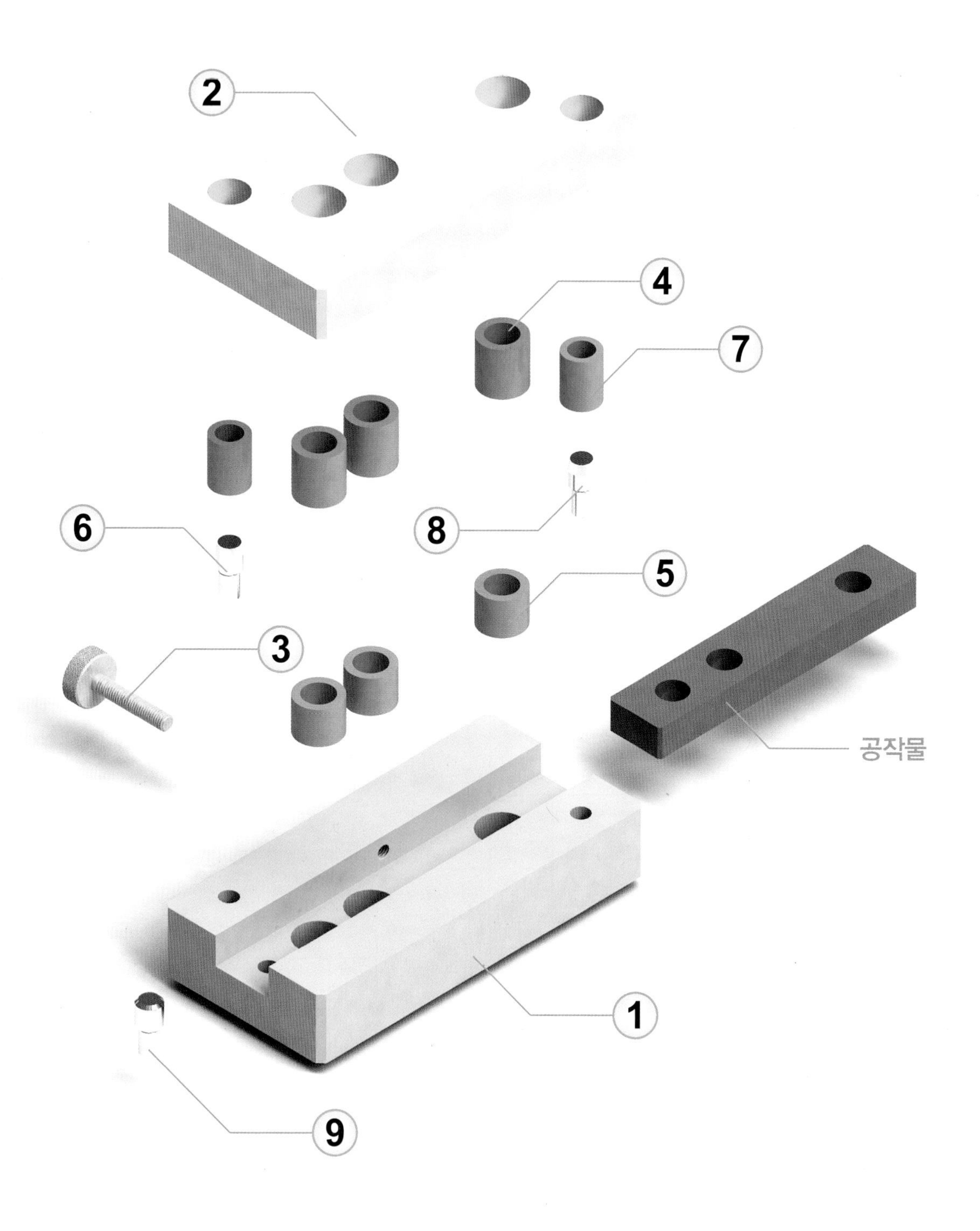
2
4
7
6
8
5
3
공작물
1
9

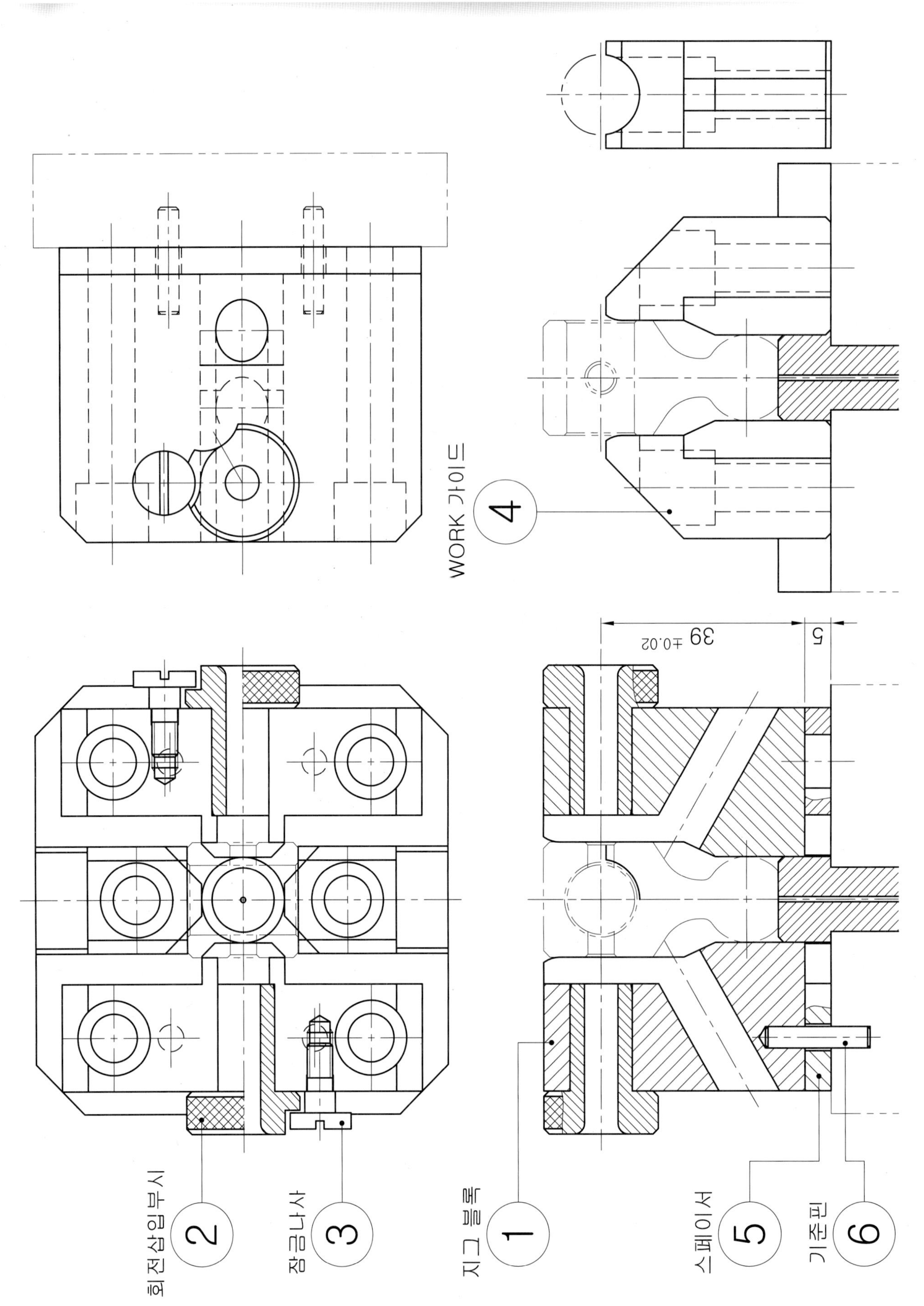

WORK 가이드
4
39 ±0.02
5
회전삽입부시
2
잠금나사
3
지그 블록
1
스페이서
5
기준핀
6

부품도 답안 예제

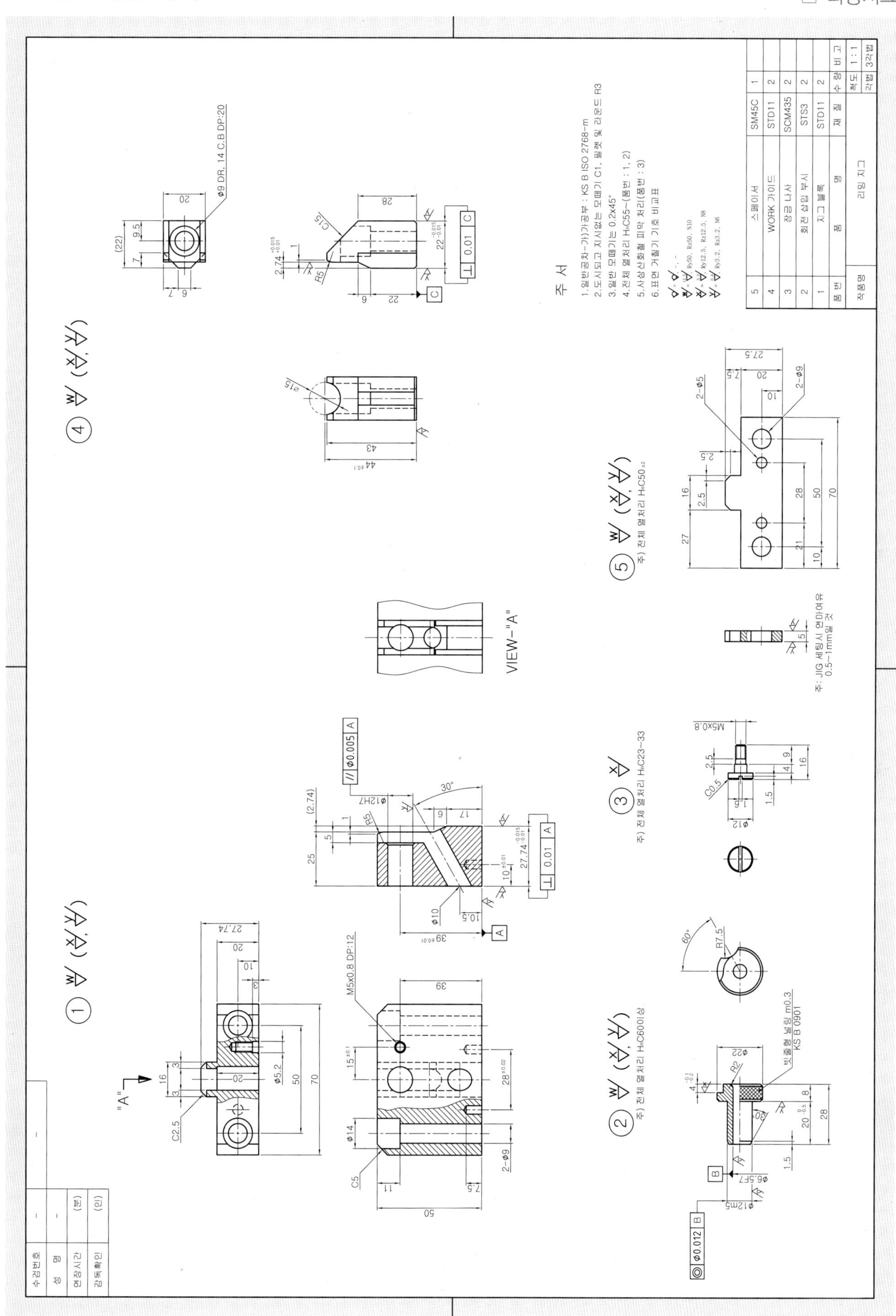
주 서
1.일반공차-가)가공부 : KS B ISO 2768-m
2.도시되고 지시없는 모떼기 C1, 필렛 및 라운드 R3
3.일반 모떼기는 0.2X45°
4.전체 열처리 HRC55~(품번 : 1, 2)
5.사삼산화철 피막 처리(품번 : 3)
6.표면 거칠기 기호 비교표
VIEW-"A"
주) 전체 열처리 HRC50±2
주) 전체 열처리 HRC23~33
주) 전체 열처리 HRC60이상
주 : JIG 세팅시 여유 0.5~1mm일 것
5 스페이서 SM45C 1
4 WORK 가이드 STD11 2
3 접금 나사 SCM435 2
2 회전 삽입 부시 STS3 2
1 지그 블록 STD11 2
품번 품명 재질 수량 비고
작품명 리밍 지그 척도 1:1 각법 3각법
수검번호
성명
연장시간 (분)
감독확인 (인)

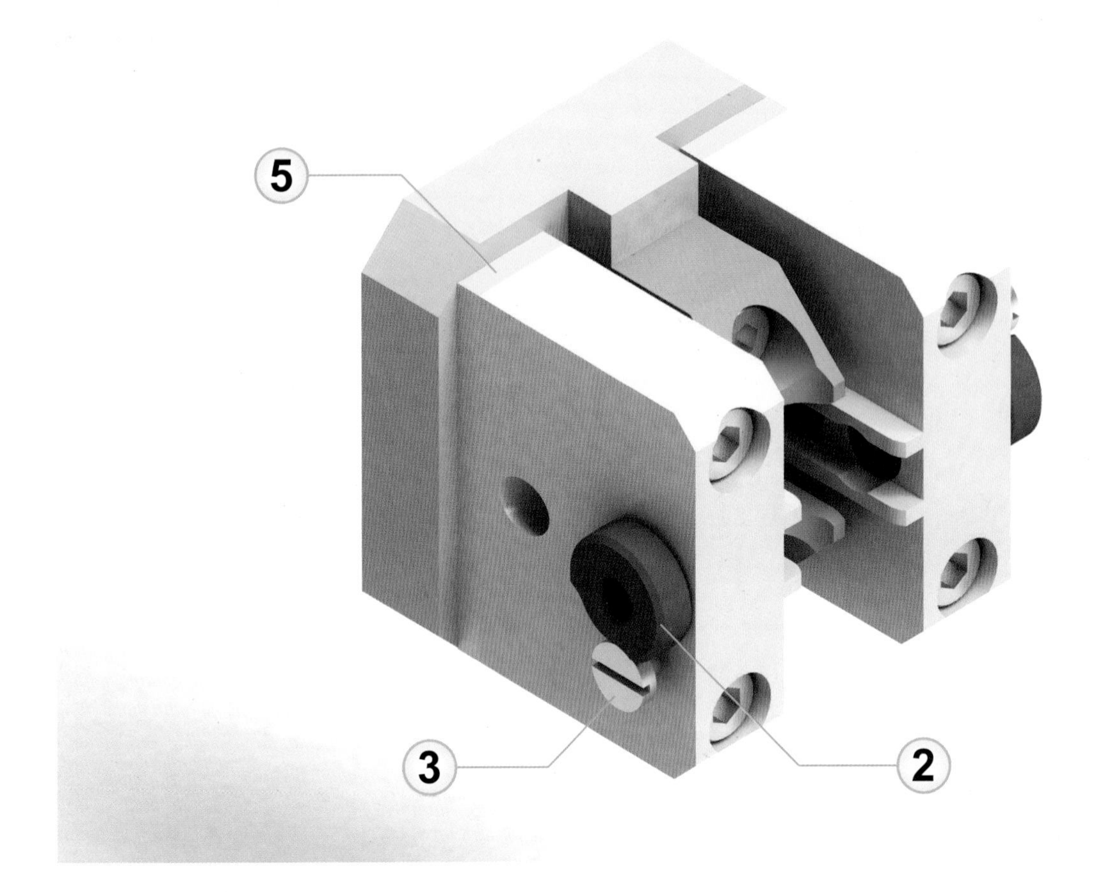
5
3
2

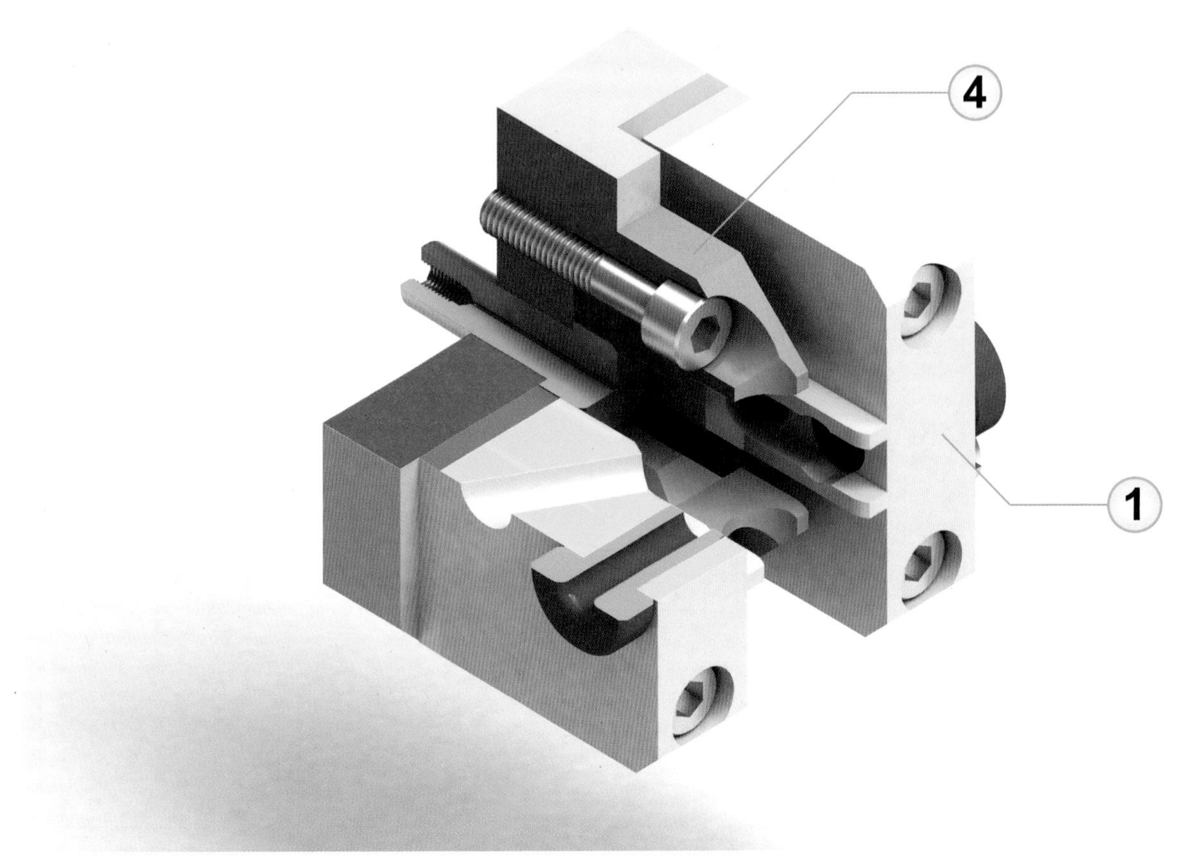
4
1

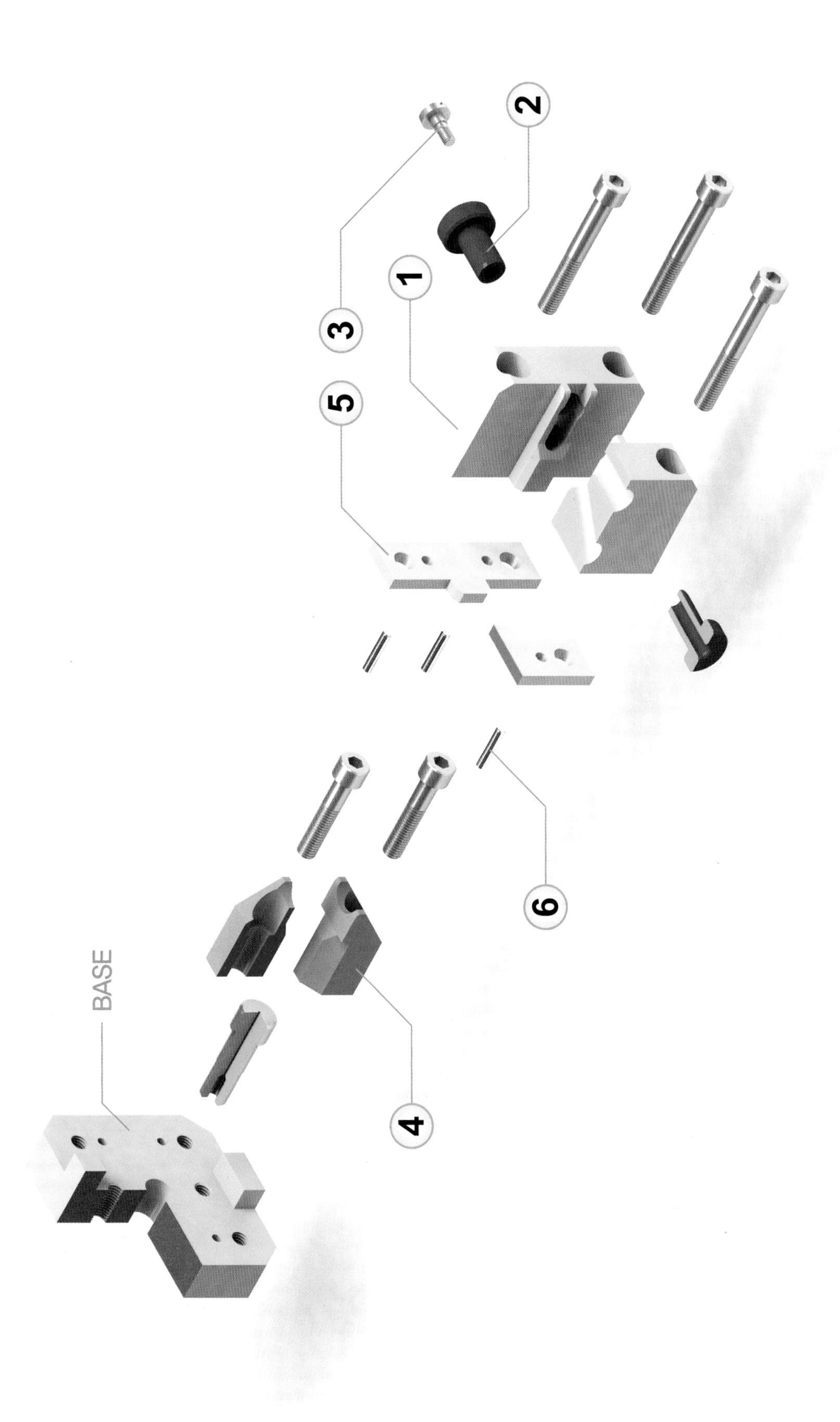
2
3
1
5
6
BASE
4

바이스 클램프-1

□ 조립도 과제 도면

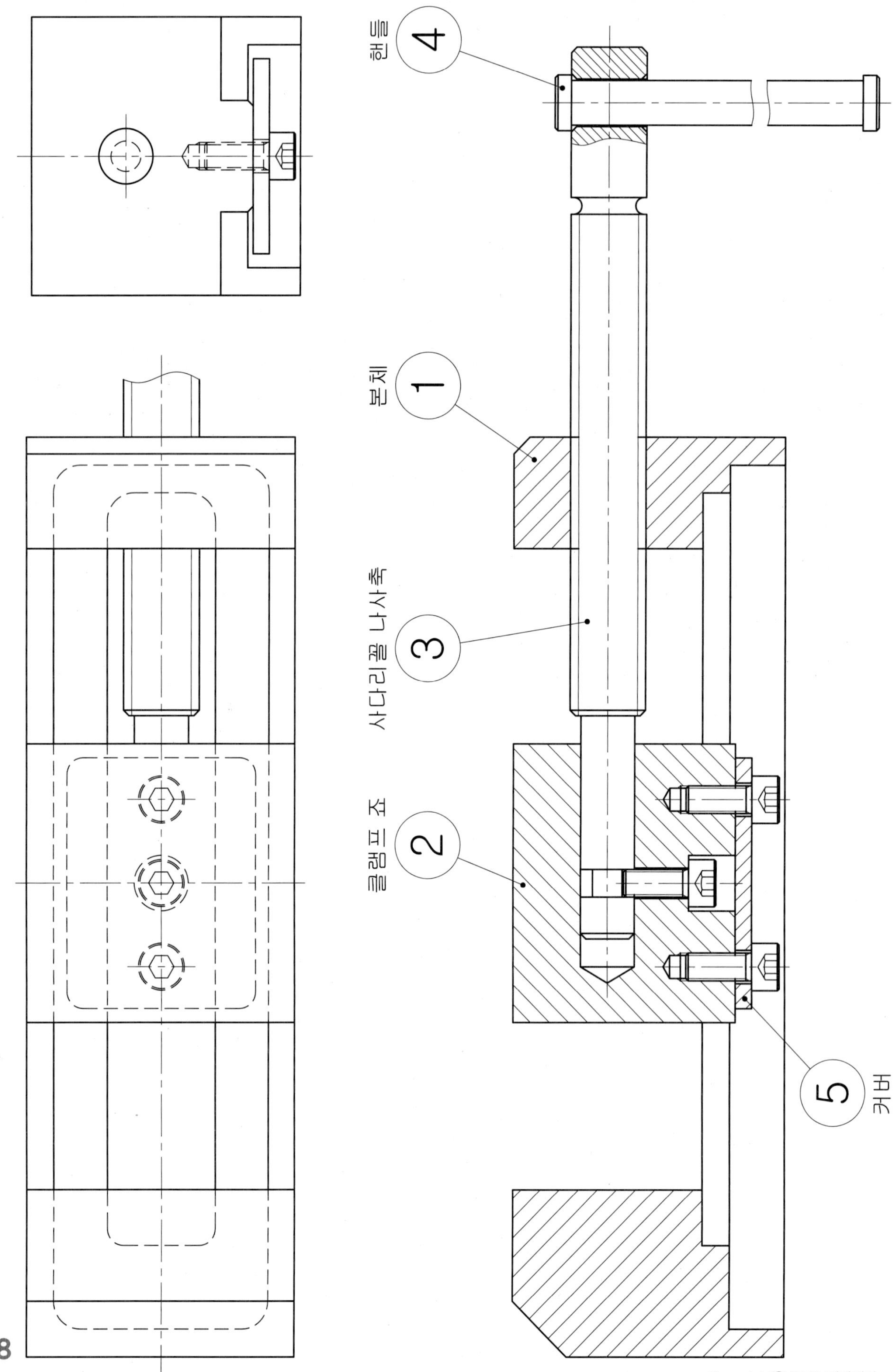

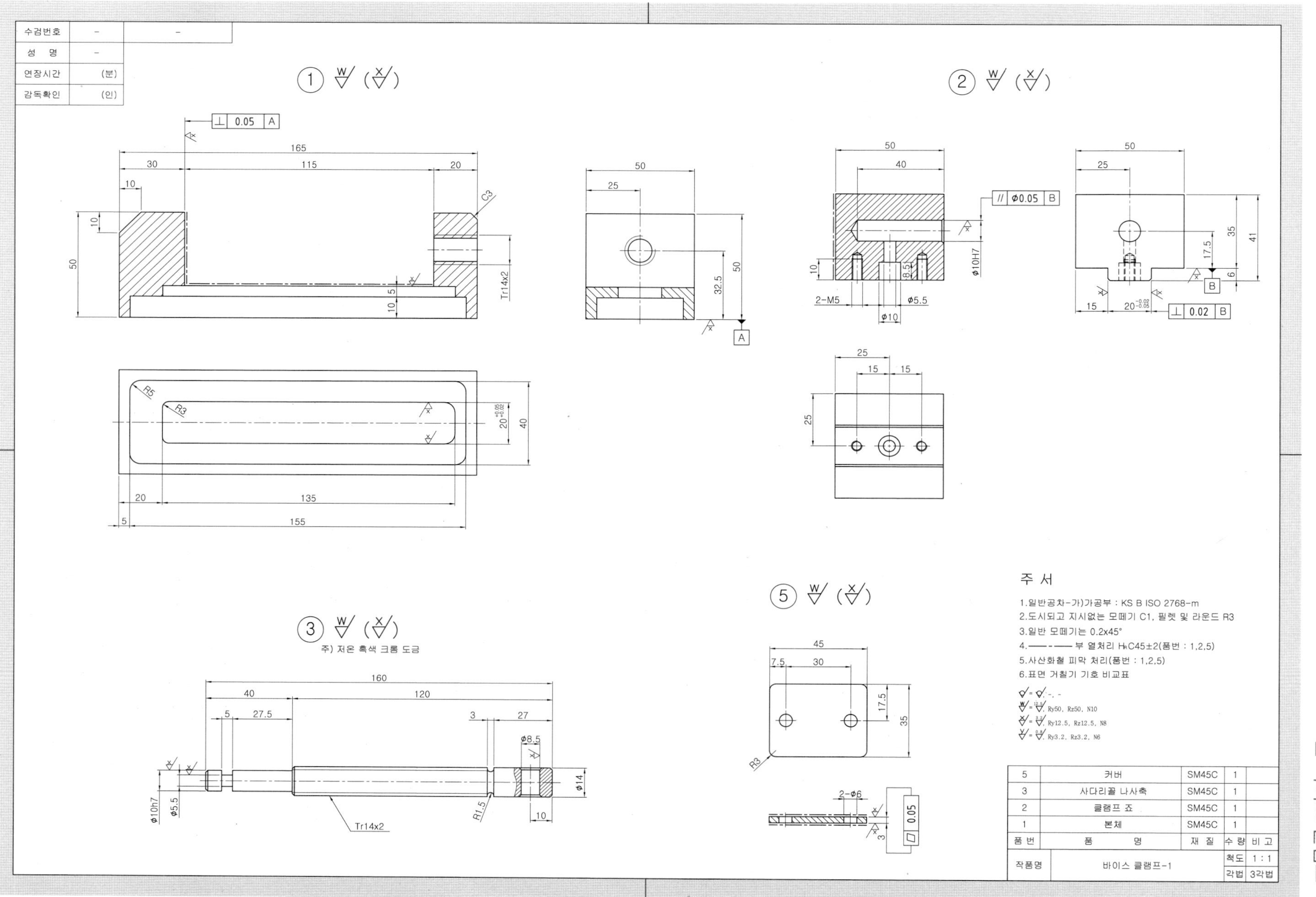
수검번호 -
성 명 -
연장시간 (분)
감독확인 (인)
주) 저온 흑색 크롬 도금
주 서
1.일반공차-가)가공부 : KS B ISO 2768-m
2.도시되고 지시없는 모떼기 C1, 필렛 및 라운드 R3
3.일반 모떼기는 0.2x45°
4.——— 부 열처리 HRC45±2(품번 : 1,2,5)
5.사산화철 피막 처리(품번 : 1,2,5)
6.표면 거칠기 기호 비교표
Ry50, Rz50, N10
Ry12.5, Rz12.5, N8
Ry3.2, Rz3.2, N6
5 커버 SM45C 1
3 사다리꼴 나사축 SM45C 1
2 클램프 죠 SM45C 1
1 본체 SM45C 1
품번 품명 재질 수량 비고
작품명 바이스 클램프-1 척도 1:1 각법 3각법

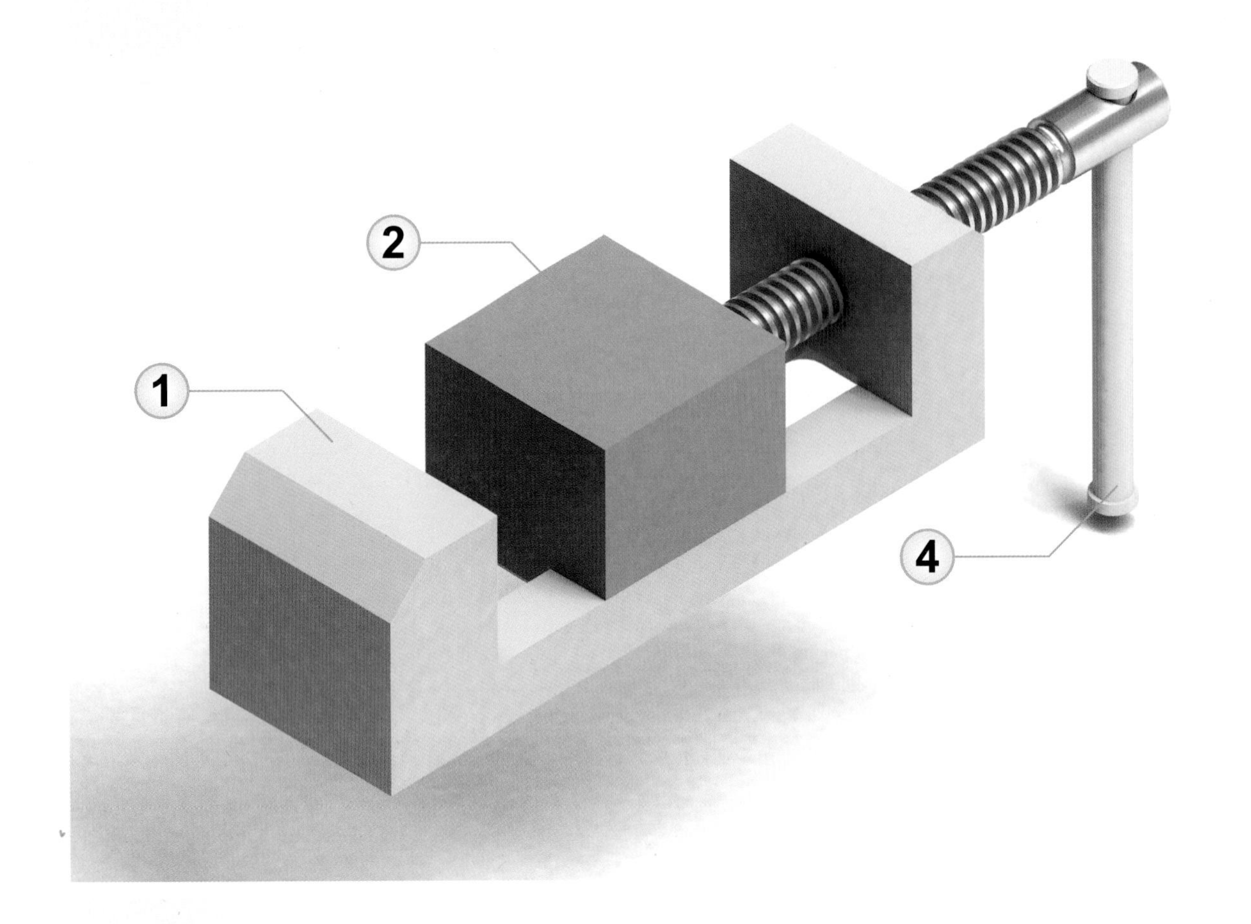
2
1
4

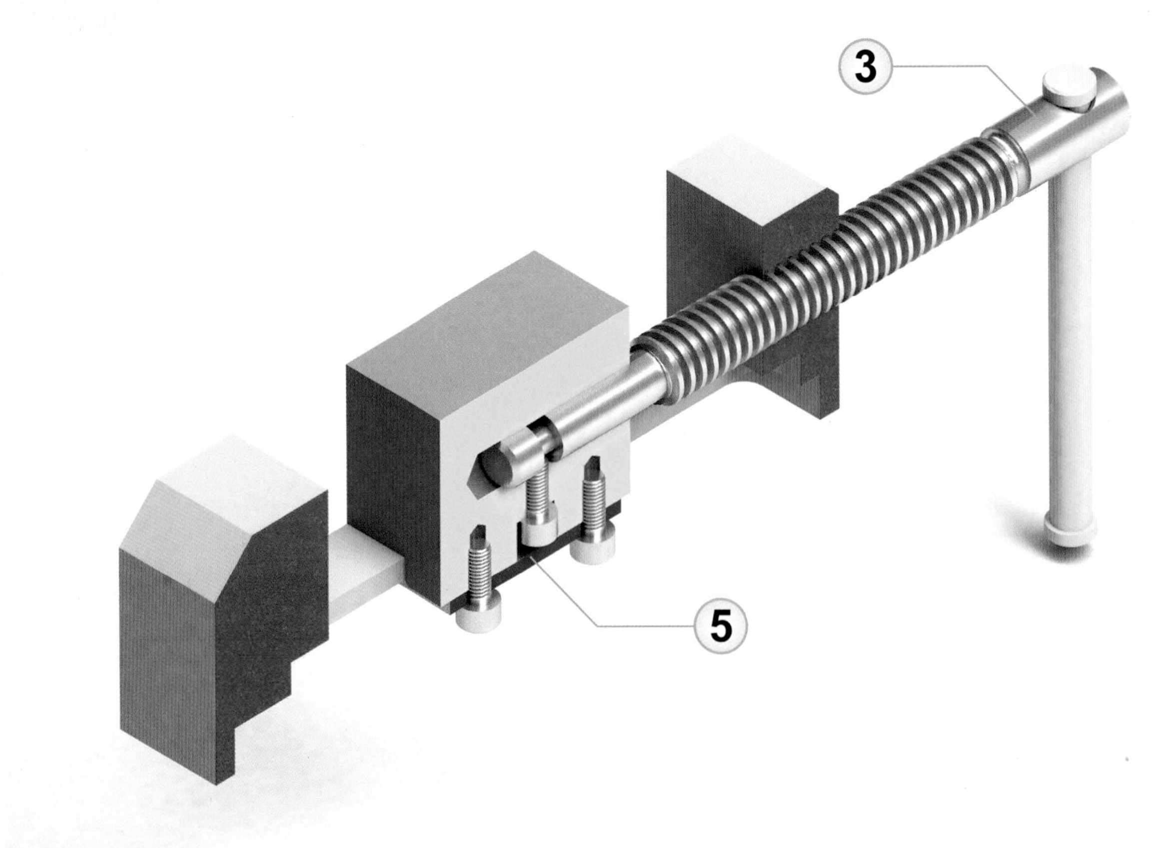
3
5

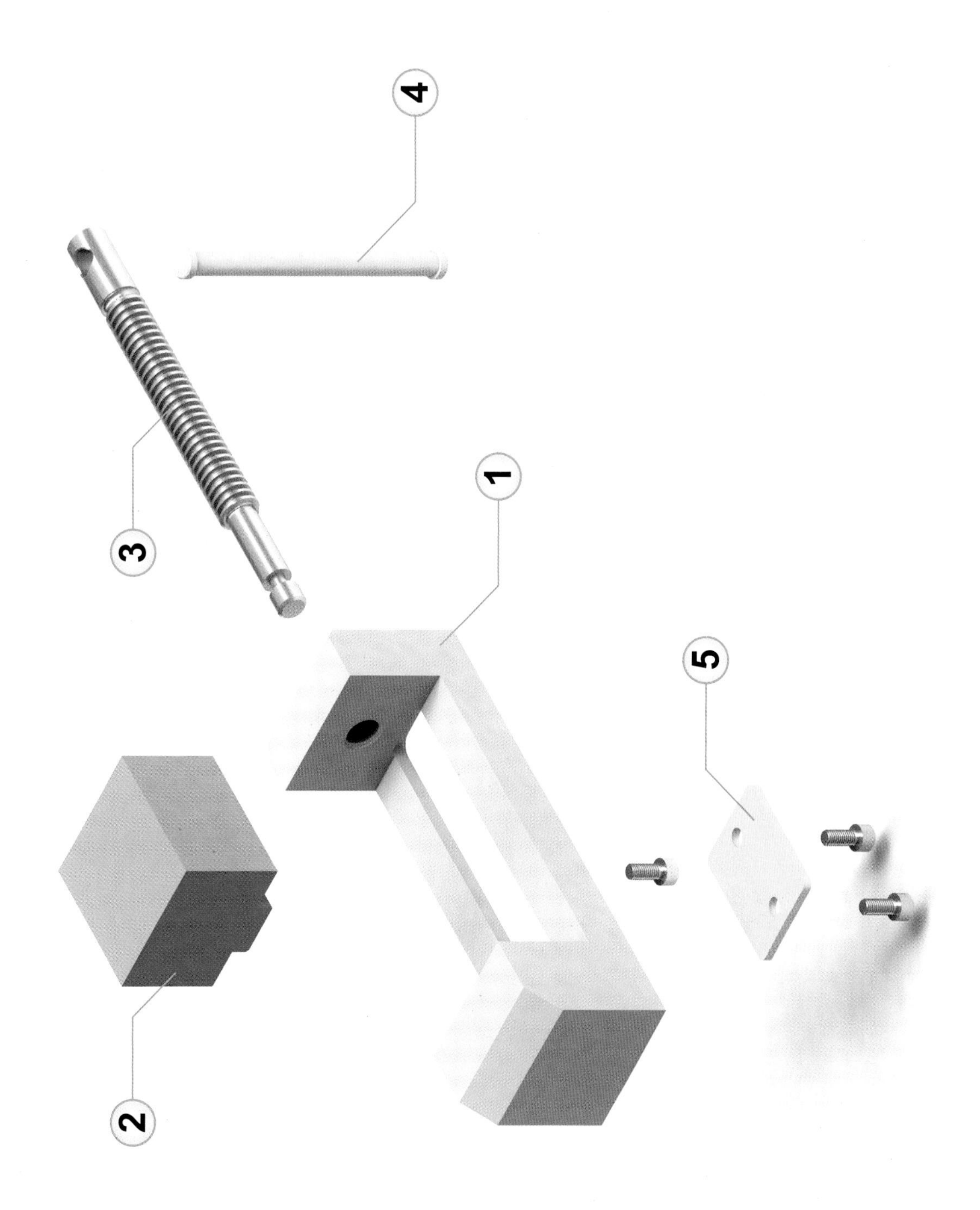
4
3
1
5
2

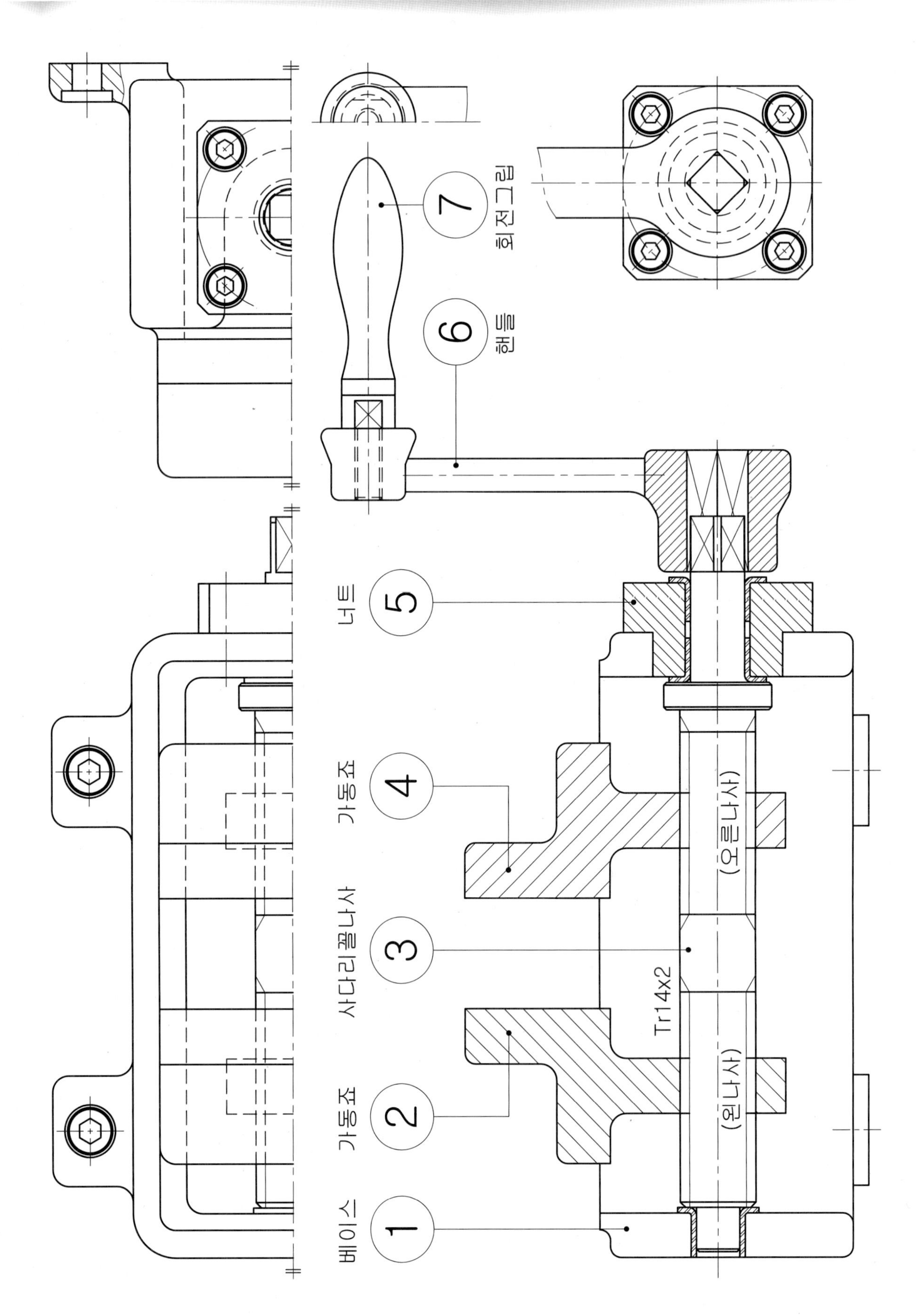
1 베이스
2 가동죠
3 사다리꼴나사
4 가동죠
5 너트
6 핸들
7 회전그립
Tr14x2
(오른나사)
(왼나사)

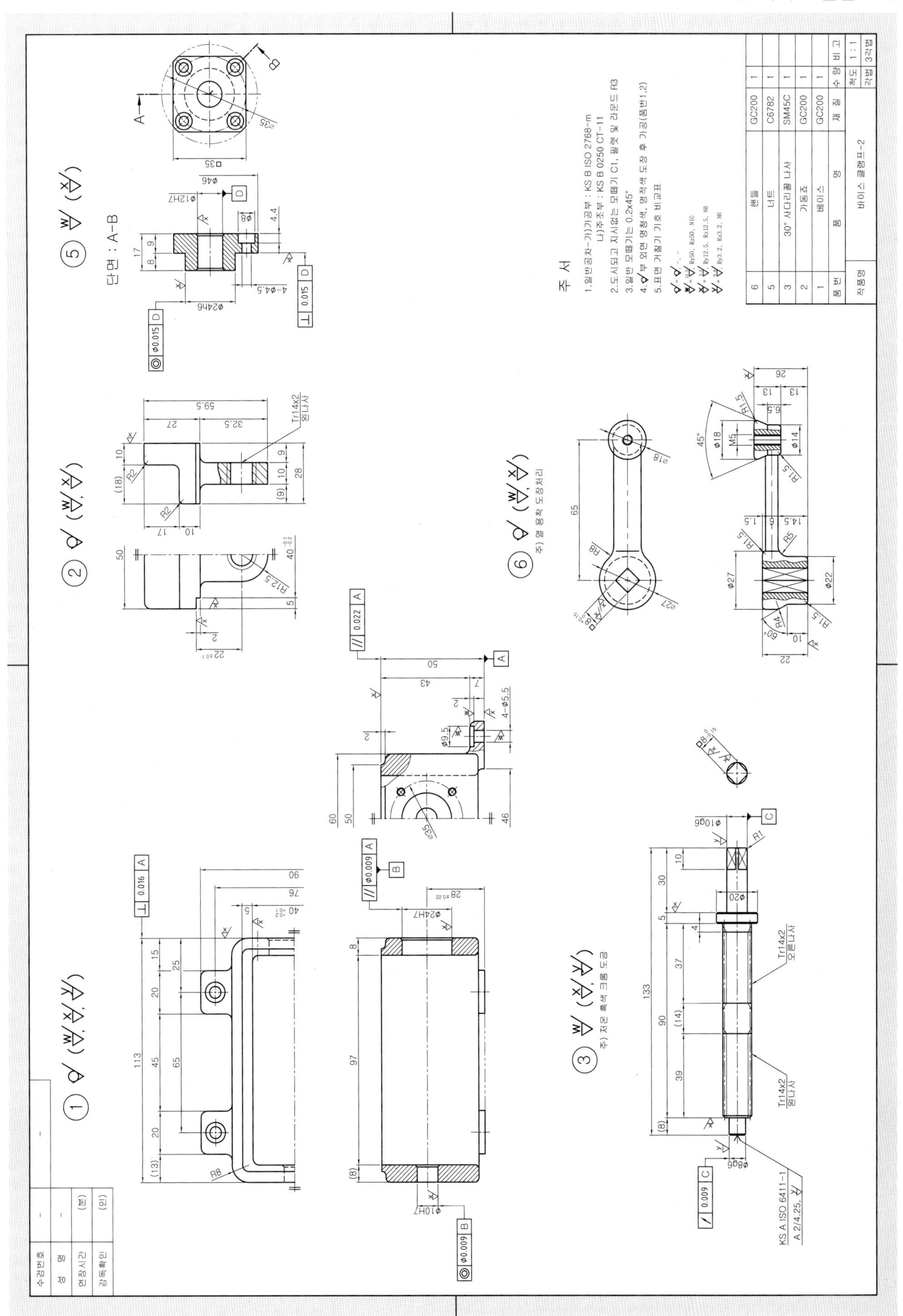

주 서
1.일반공차-가)가공부 : KS B ISO 2768-m
나)주조부 : KS B 0250 CT-11
2.도시되고 지시없는 모떼기 C1, 필렛 및 라운드 R3
3.일반 모떼기는 0.2x45°
5.표면 거칠기 기호 비교표
6 핸들 GC200 1
5 너트 C6782 1
3 30° 사다리꼴 나사 SM45C 1
2 가동죠 GC200 1
1 베이스 GC200 1
품번 품명 재질 수량 비고
작품명 바이스 클램프-2
척도 1:1
각법 3각법

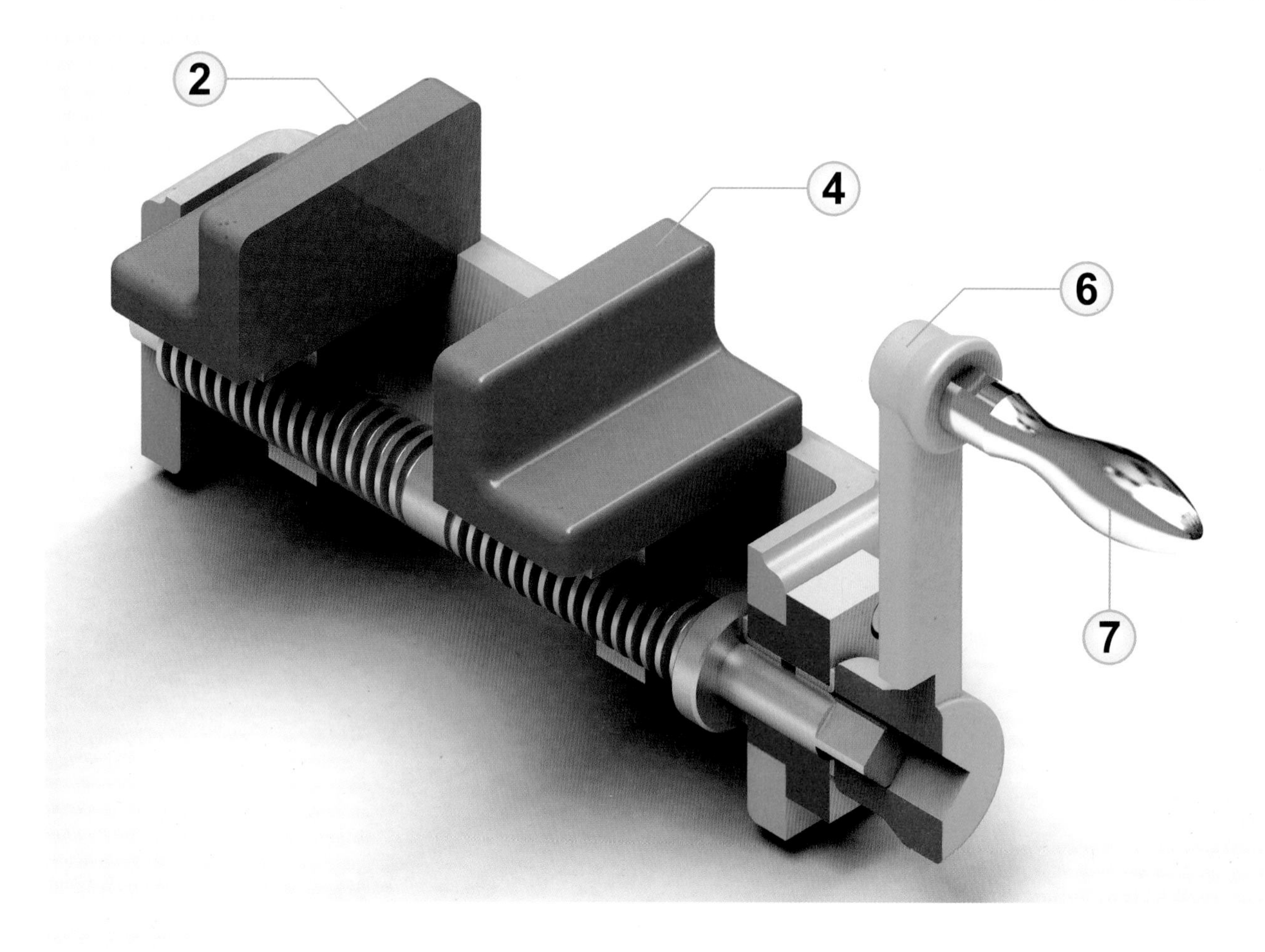
2
4
6
7

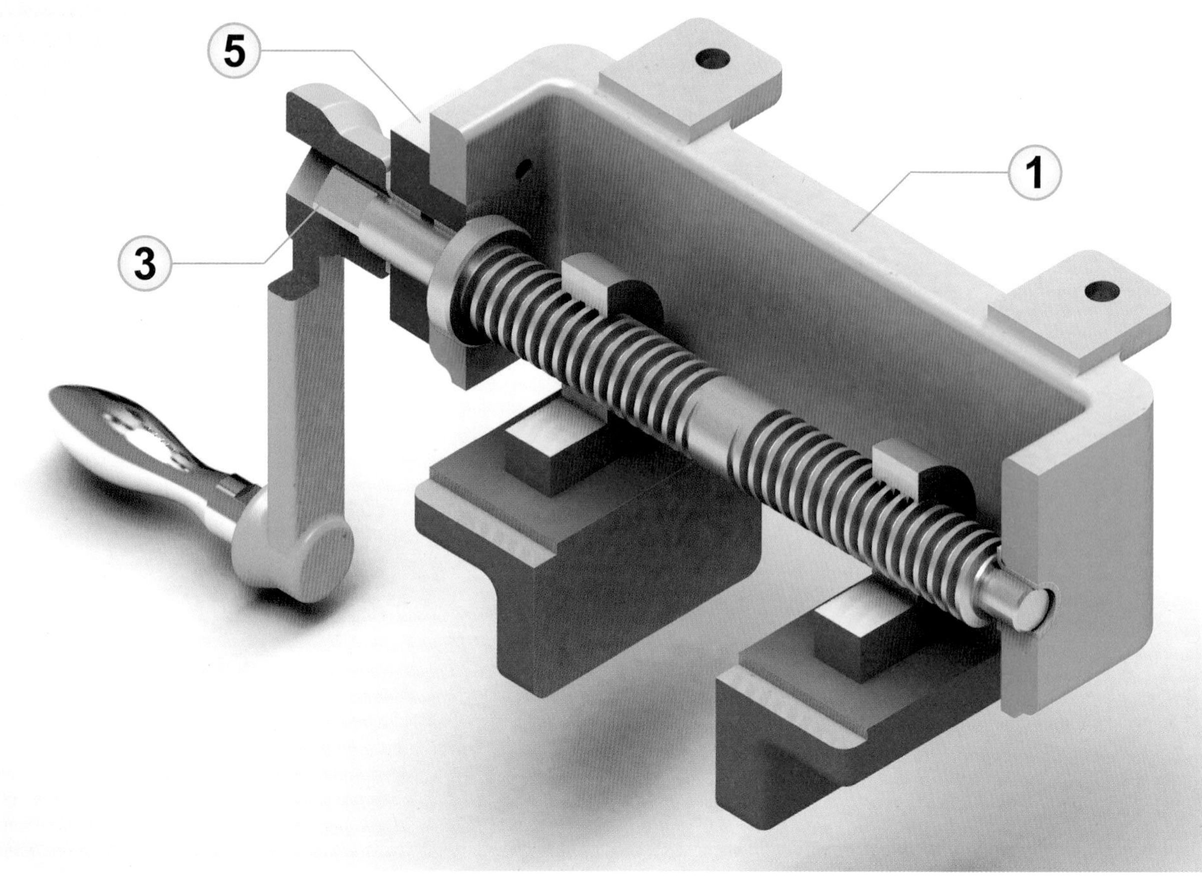
5
1
3

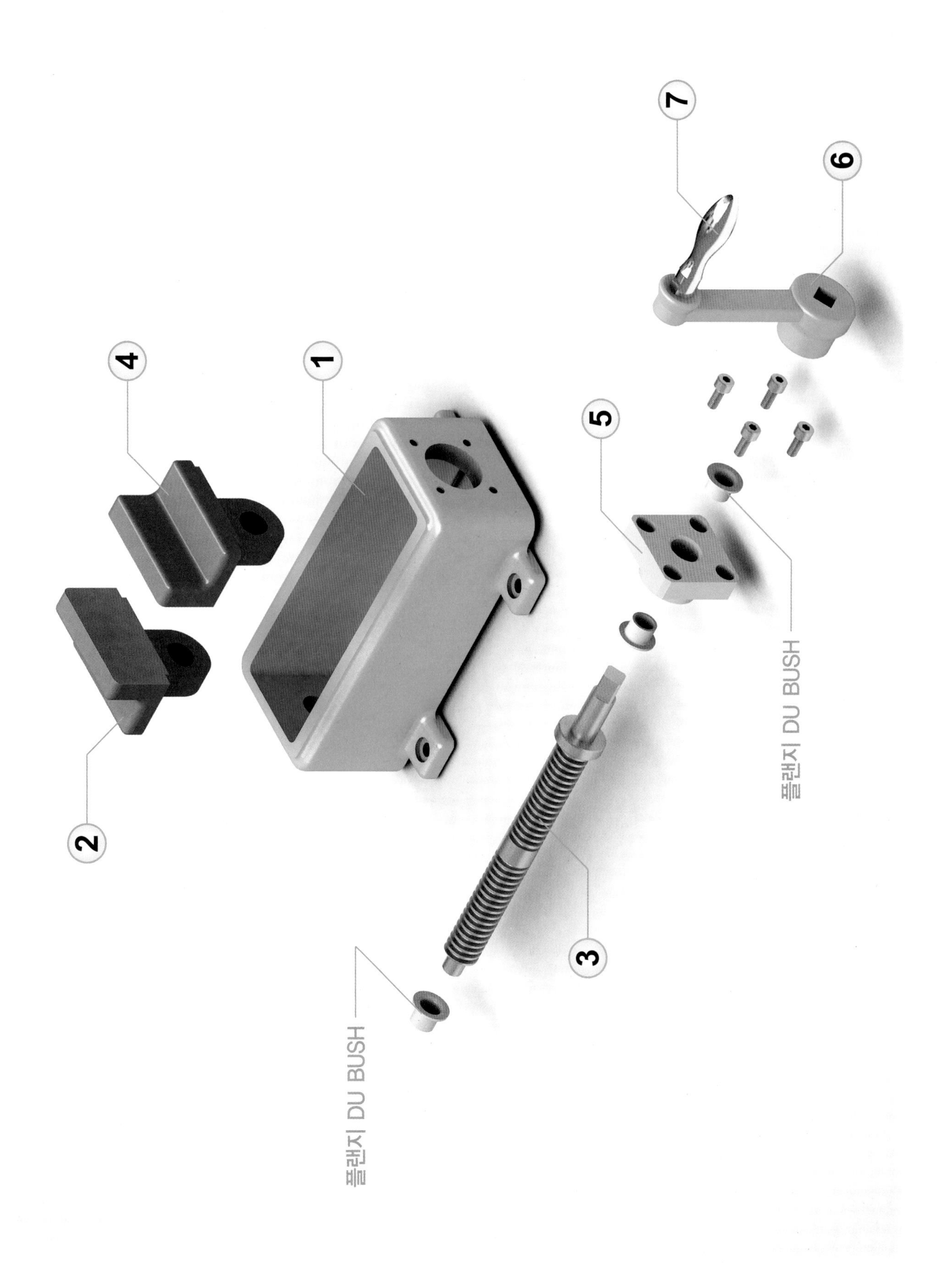
1
2
3
4
5
6
7
플랜지 DU BUSH
플랜지 DU BUSH

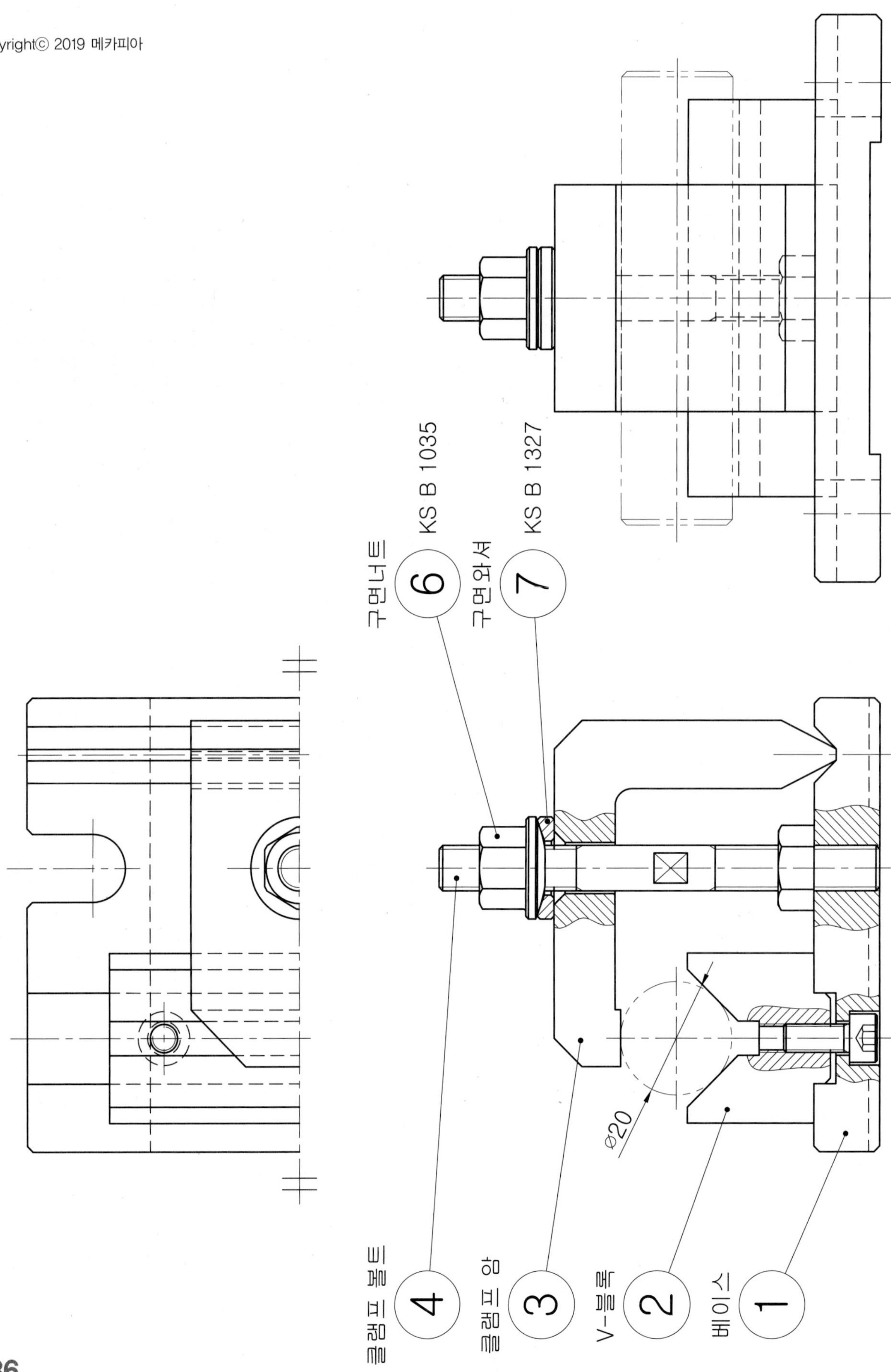
구면너트 6 KS B 1035
구면와셔 7 KS B 1327
클램프 볼트 4
클램프 암 3
V-블록 2
베이스 1
⌀20

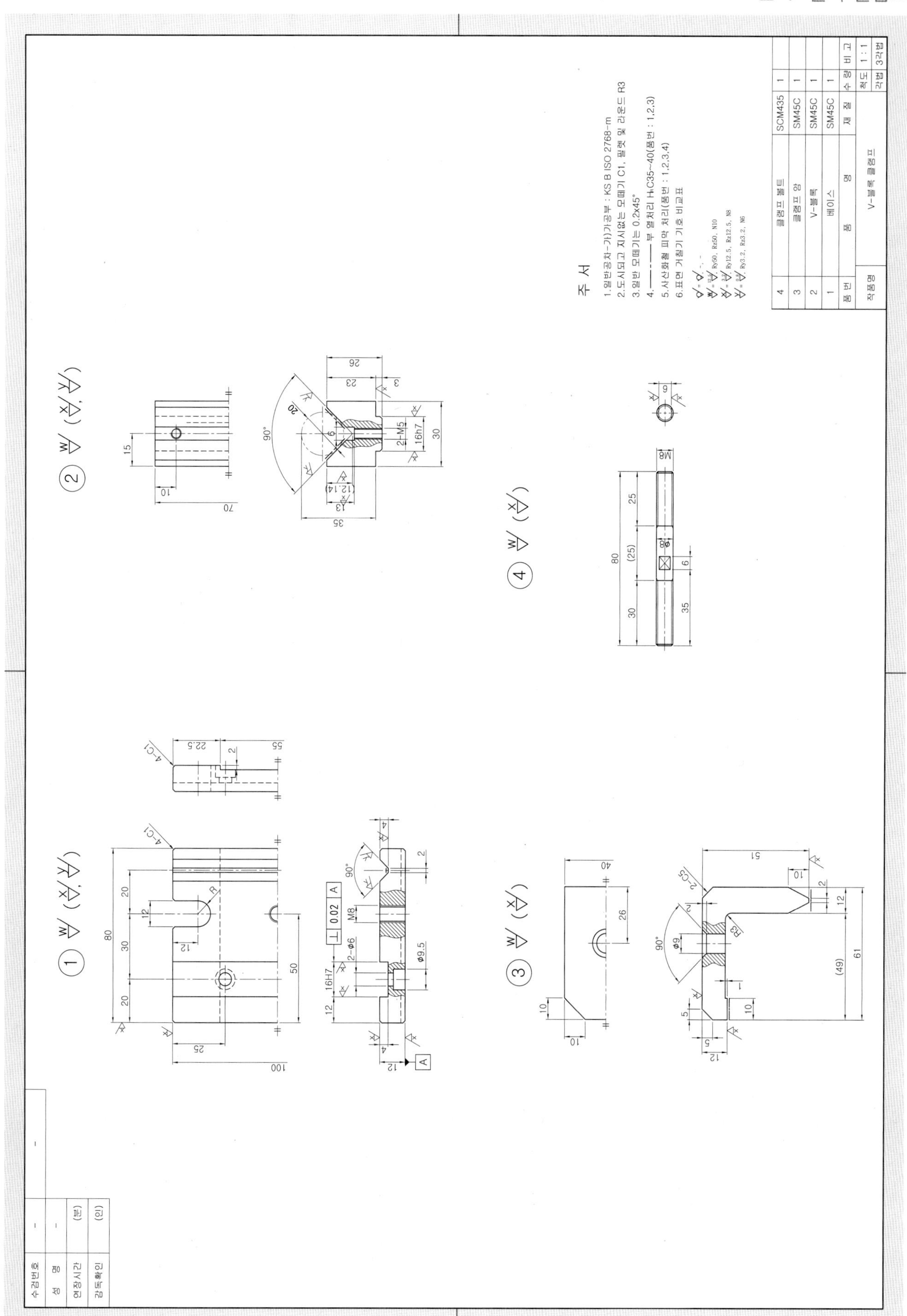
주 서
1.일반공차-가)가공부 : KS B ISO 2768-m
2.도시되고 지시없는 모떼기 C1, 필렛 및 라운드 R3
3.일반 모떼기는 0.2x45°
4.——— 부 열처리 HRC35~40(품번 : 1,2,3)
5.사산화철 피막 처리(품번 : 1,2,3,4)
6.표면 거칠기 기호 비교표
4 클램프 볼트 SCM435 1
3 클램프 암 SM45C 1
2 V-블록 SM45C 1
1 베이스 SM45C 1
품 번 품 명 재 질 수 량 비 고
작품명 V-블록 클램프 척도 1:1 각법 3각법
수검번호
성 명
연장시간
감독확인

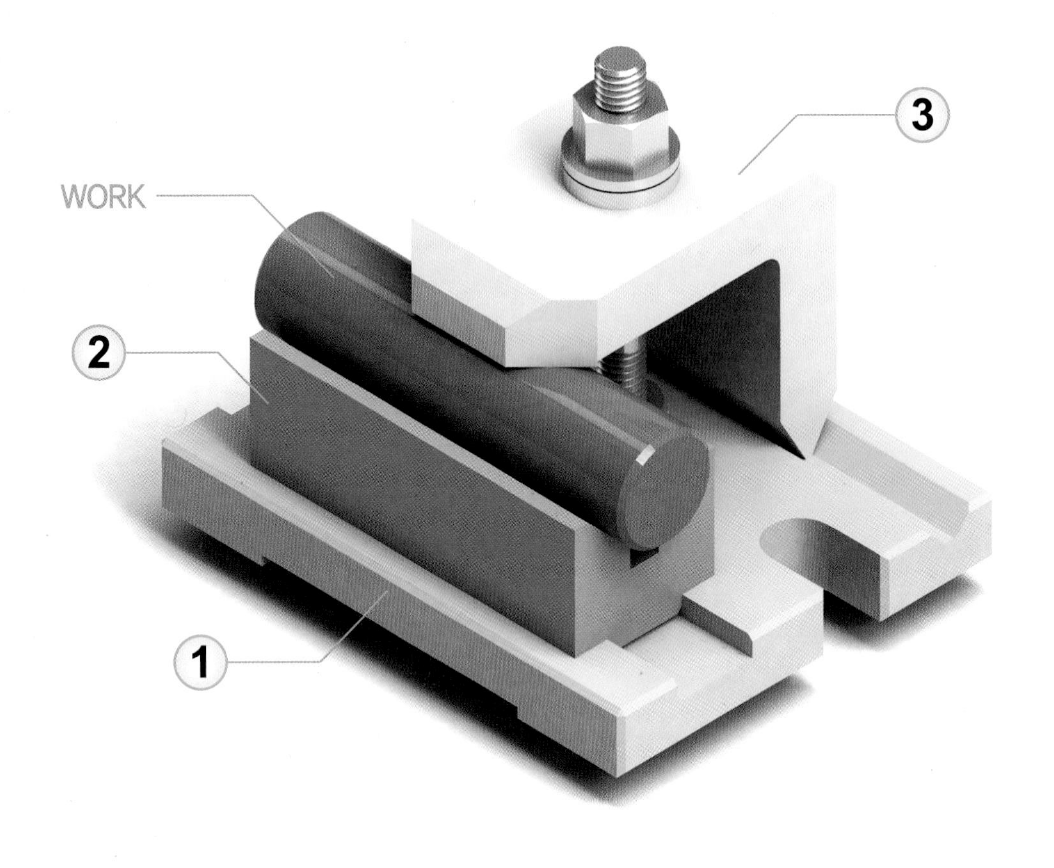
3
WORK
2
1

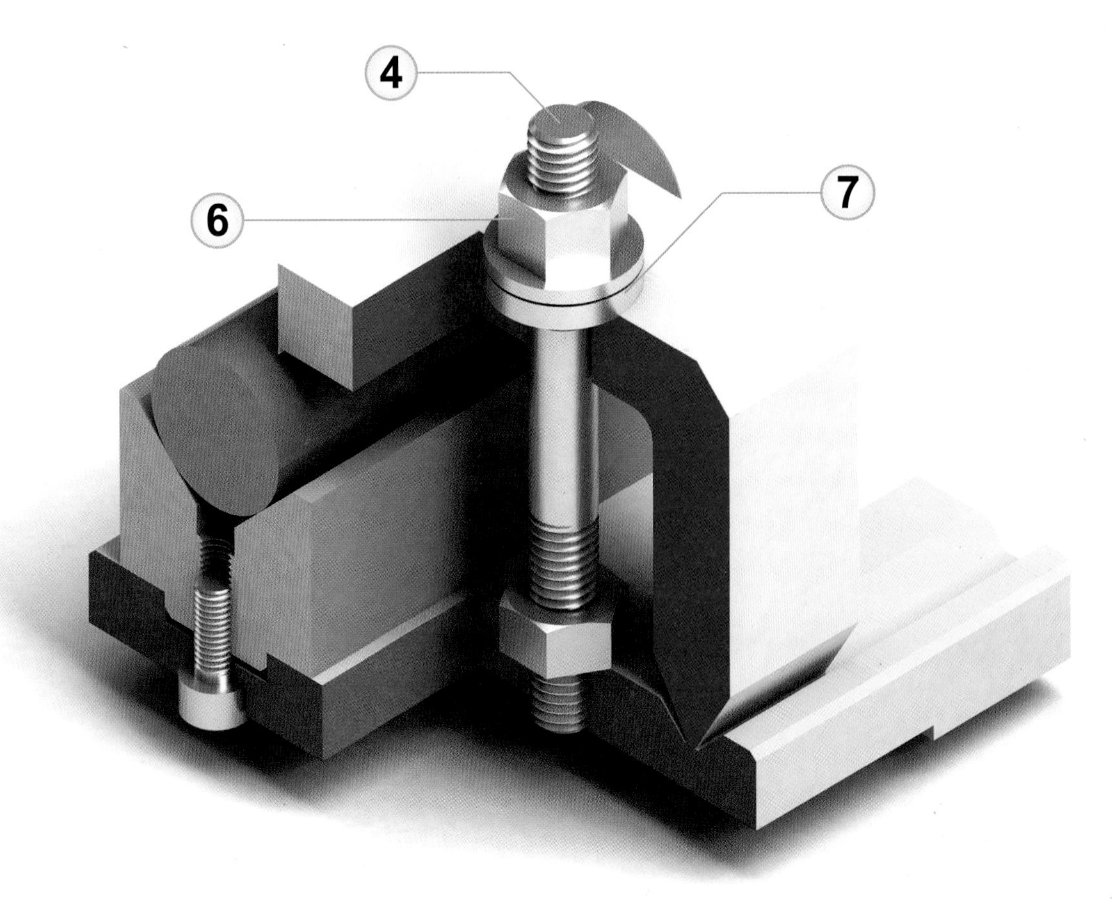
4
6
7

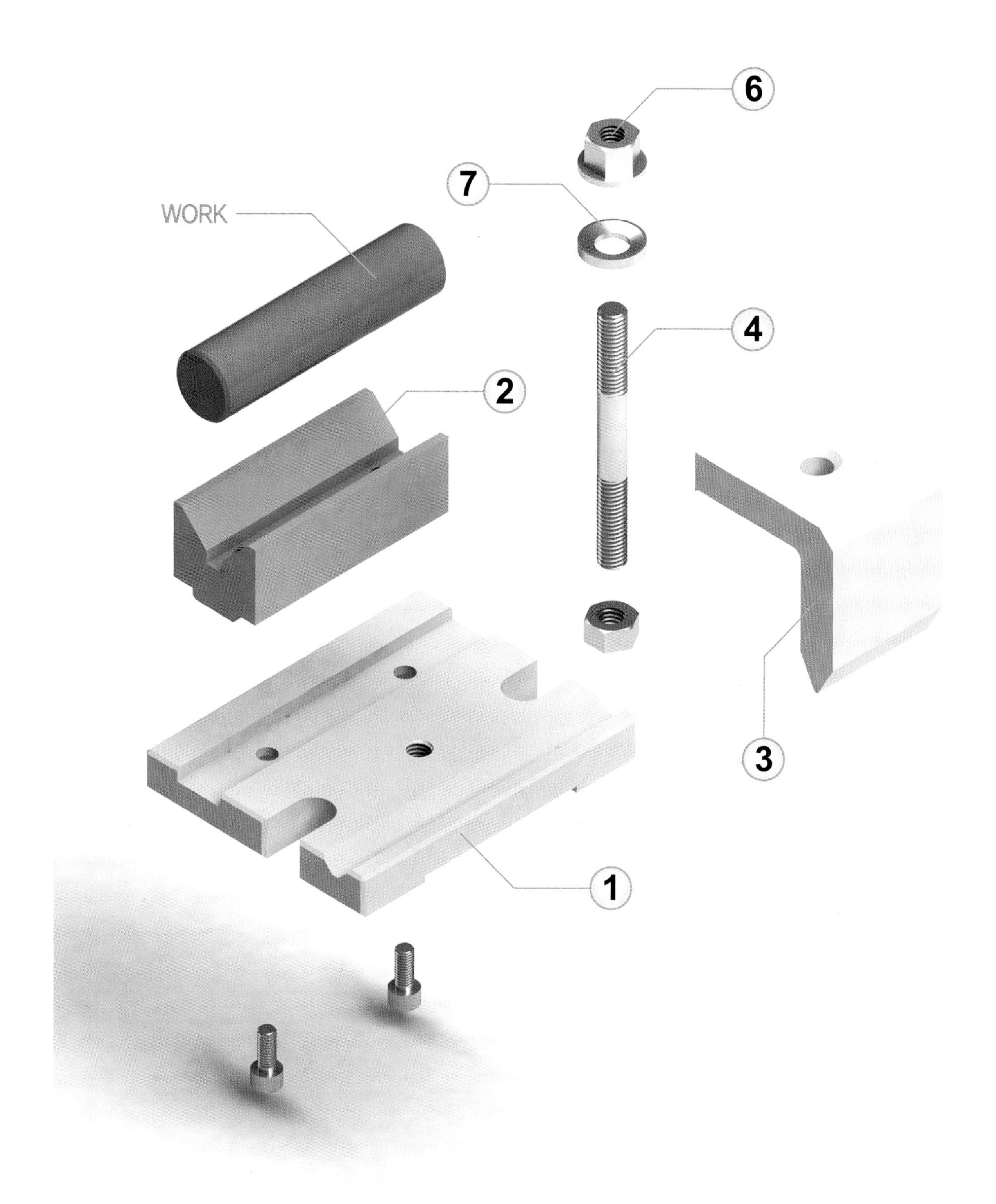
6
7
WORK
4
2
3
1

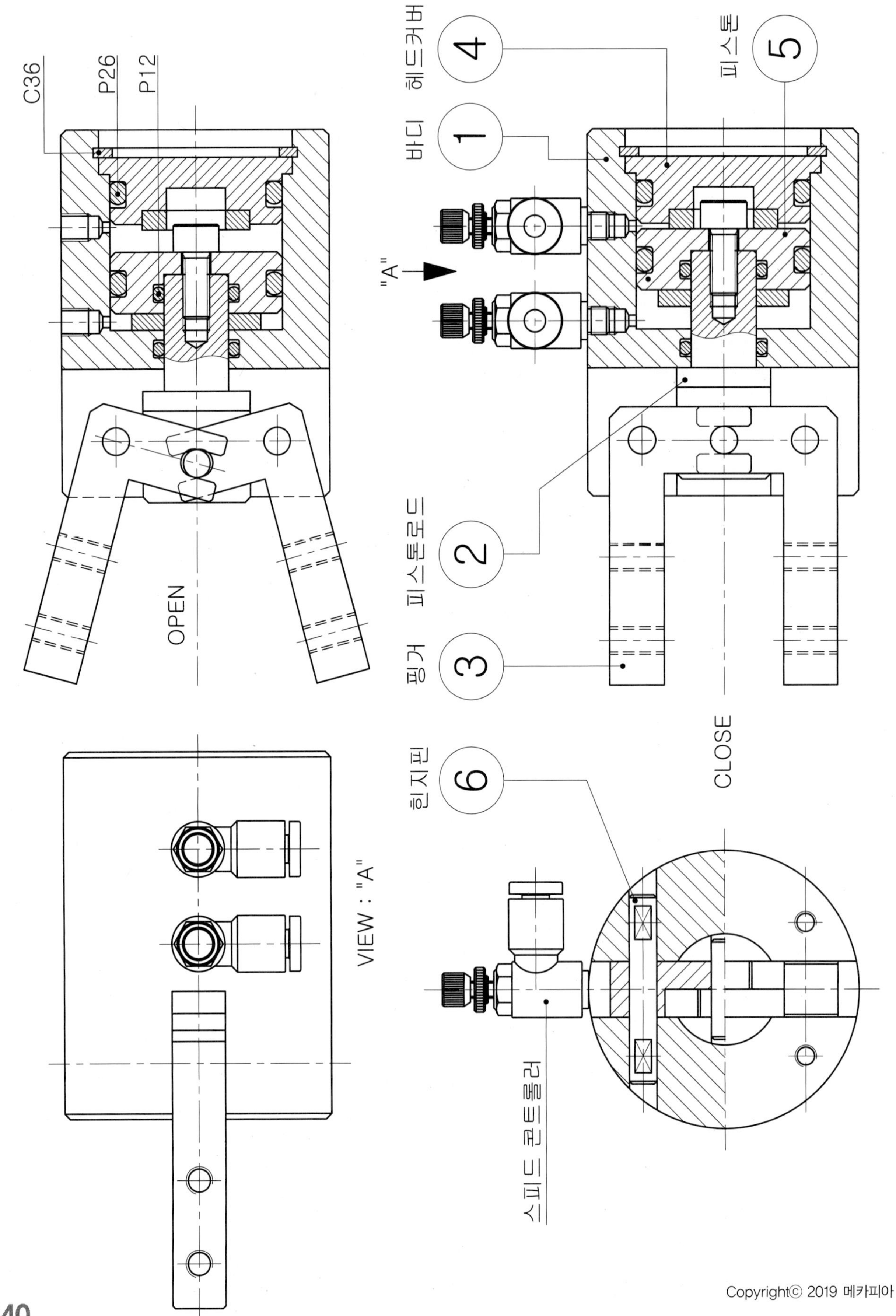
C36
P26
P12
OPEN
VIEW : "A"
"A"
4 헤드커버
1 바디
2 피스톤로드
3 핑거
5 피스톤
6 힌지핀
CLOSE
스피드 콘트롤러

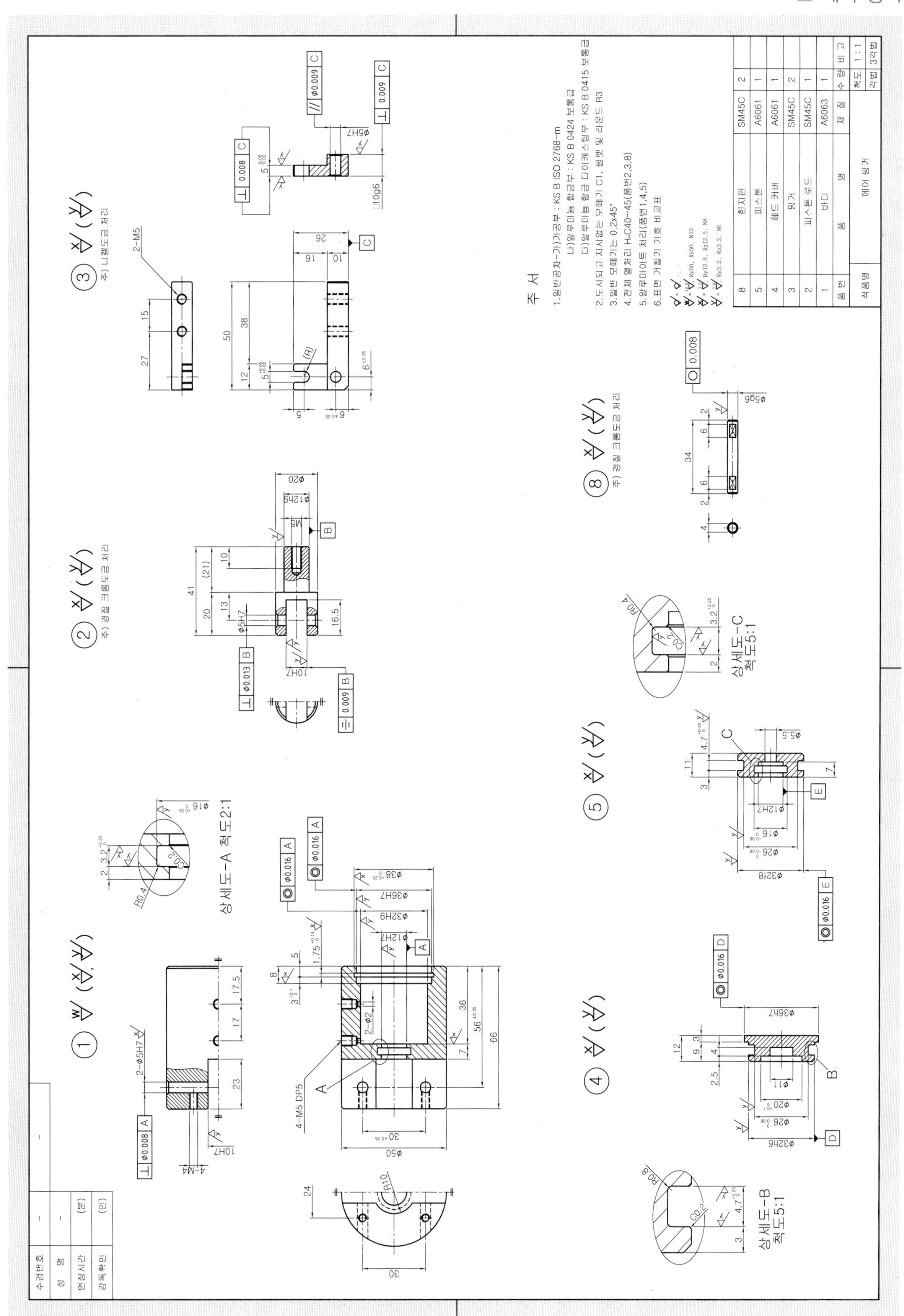
주 서
1.일반공차-가)가공부 : KS B ISO 2768-m
나)알루미늄 합금부 : KS B 0424 보통급
다)알루미늄 합금 다이캐스팅부 : KS B 0415 보통급
2.도시되고 지시없는 모떼기 C1, 필렛 및 라운드 R3
3.일반 모떼기는 0.2x45°
4.전체 열처리 HRC40~45(품번2,3,8)
5.알루마이트 처리(품번1,4,5)
6.표면 거칠기 기호 비교표
8 힌지핀 SM45C 2
5 피스톤 A6061 1
4 헤드 커버 A6061 1
3 핑거 SM45C 2
2 피스톤 로드 SM45C 1
1 바디 A6063 1
품번 품명 재질 수량 비고
작품명 에어 핑거
척도 1:1
각법 3각법
상세도-A 척도2:1
상세도-B 척도5:1
상세도-C 척도5:1
주) 니켈도금 처리
주) 경질 크롬도금 처리
수검번호
성 명
연장시간
감독확인

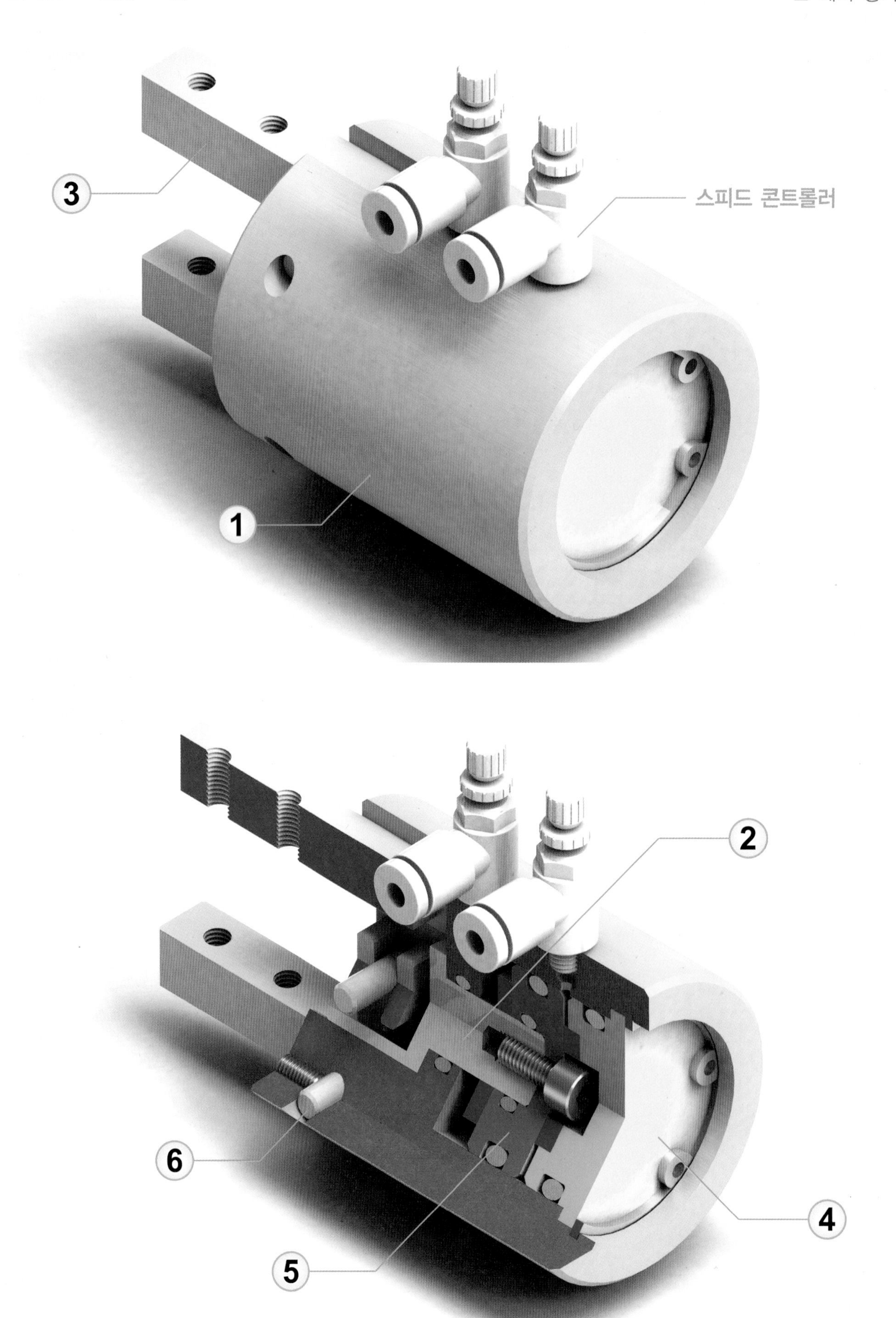
3
스피드 콘트롤러
1
2
6
4
5

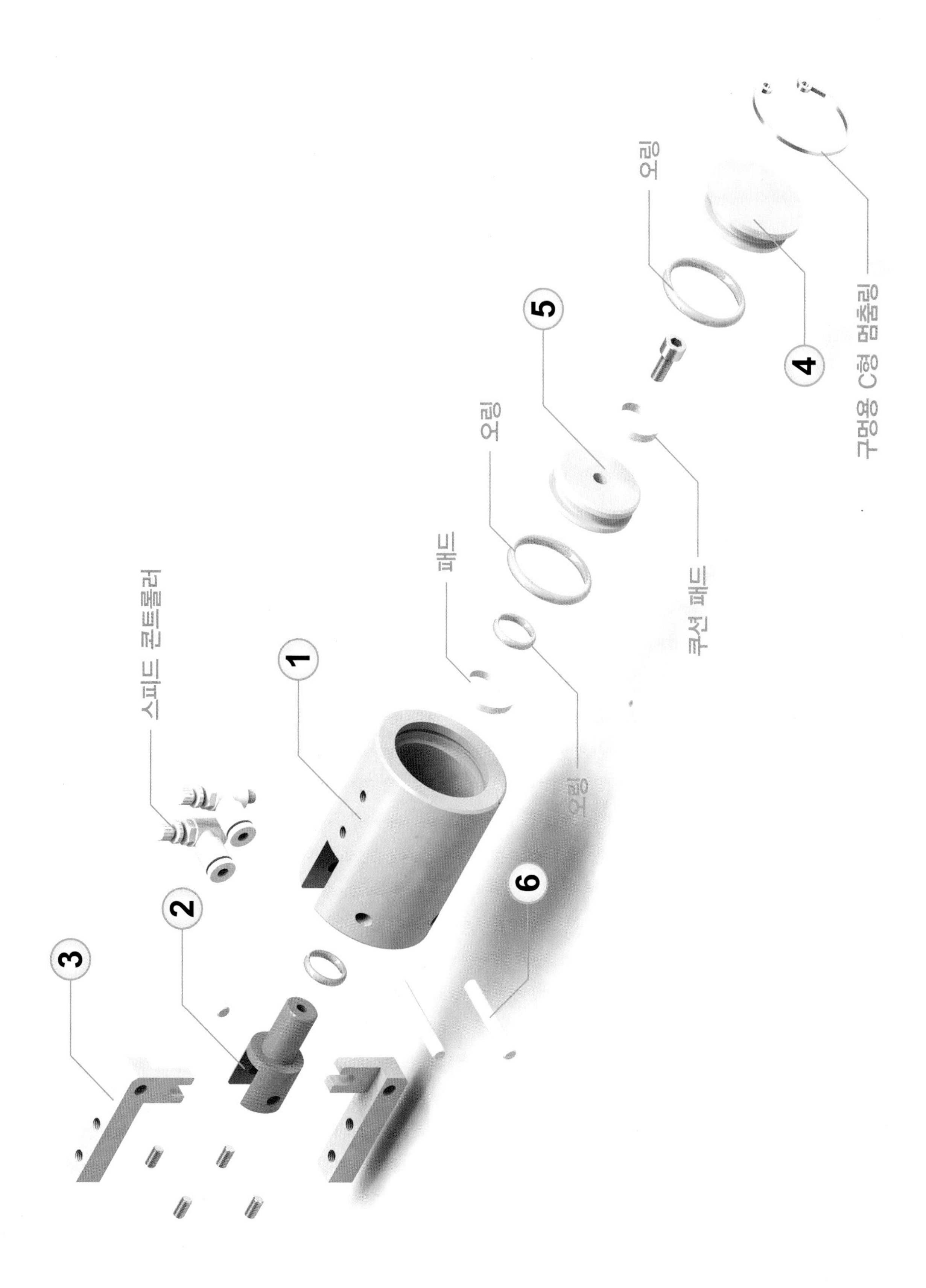
스피드 콘트롤러
1
2
3
패드
오링
쿠션 패드
오링
6
5
오링
4
구멍용 C형 멈춤링

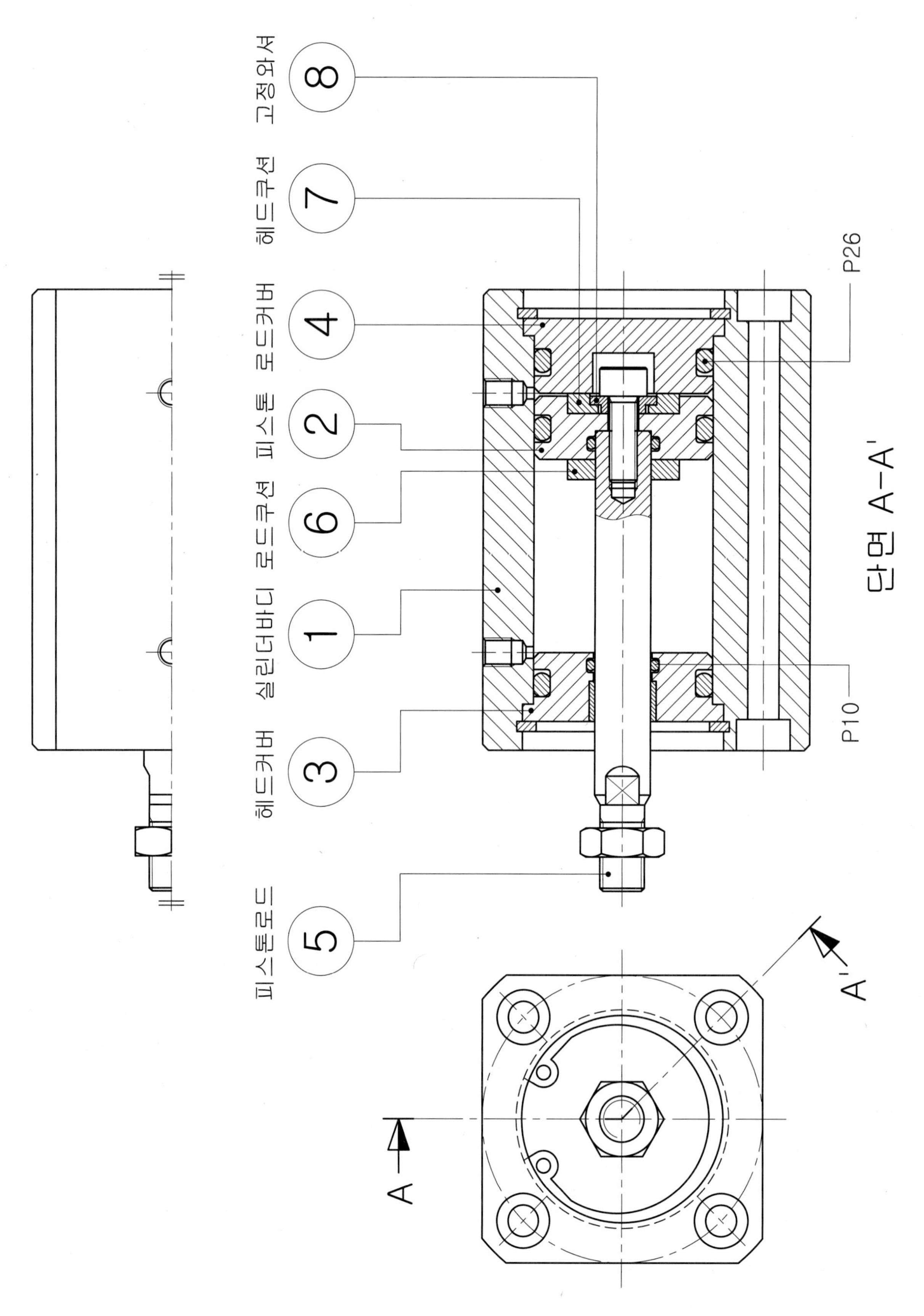

피스톤로드 5
헤드커버 3
실린더바디 1
로드쿠션 6
피스톤 2
로드커버 4
헤드쿠션 7
고정와셔 8
P26
P10
단면 A-A'
A
A'

■ 부품도 답안 예제

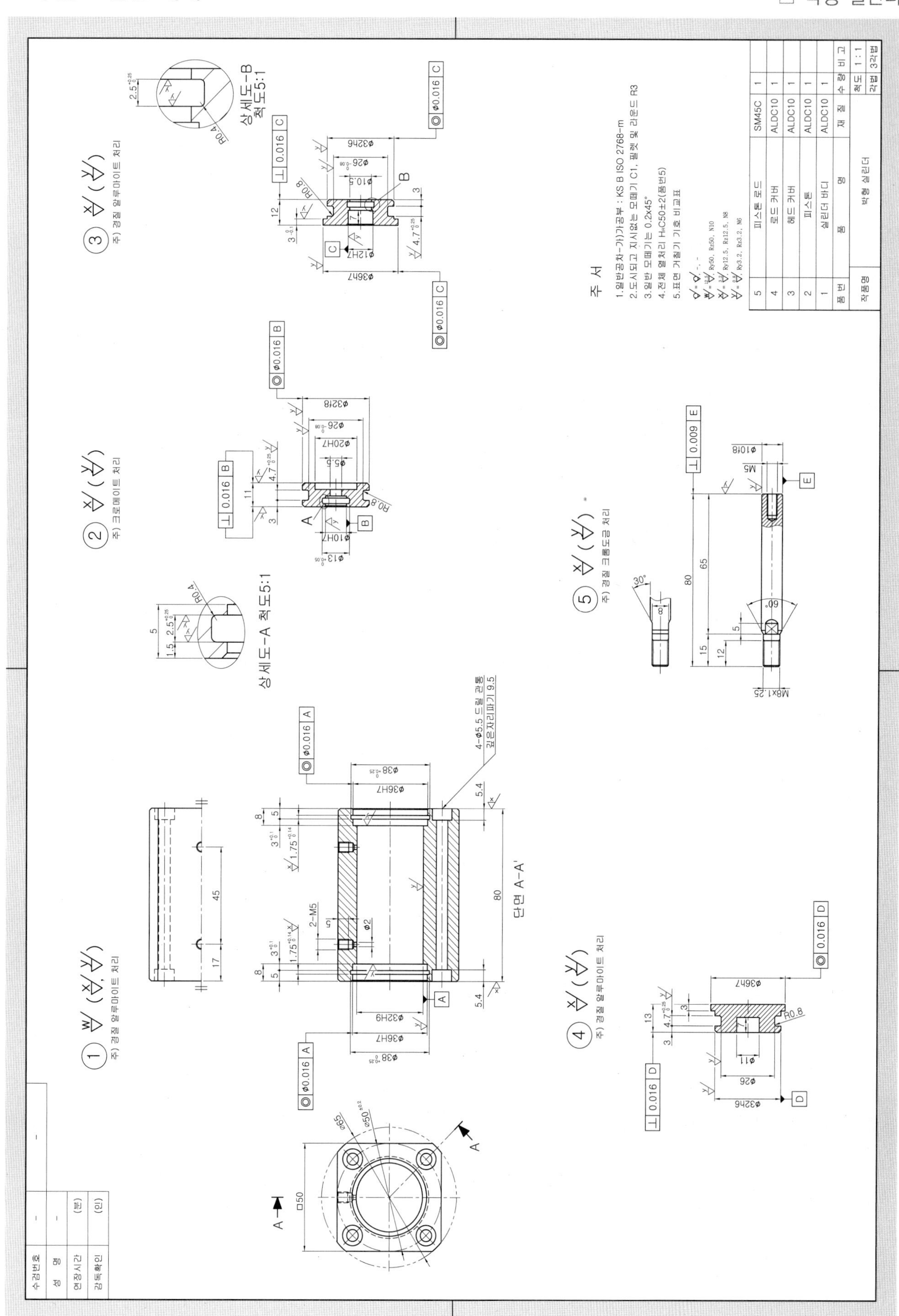
주 서
1.일반공차-가)가공부 : KS B ISO 2768-m
2.도시되고 지시없는 모떼기 C1, 필렛 및 라운드 R3
3.일반 모떼기는 0.2x45°
4.전체 열처리 HRC50±2(품번5)
5.표면 거칠기 기호 비교표
5 피스톤 로드 SM45C 1
4 로드 커버 ALDC10 1
3 헤드 커버 ALDC10 1
2 피스톤 ALDC10 1
1 실린더 바디 ALDC10 1
품번 품 명 재 질 수 량 비 고
작품명 박형 실린더 척도 1:1 각법 3각법
상세도-A 척도5:1
상세도-B 척도5:1
단면 A-A'

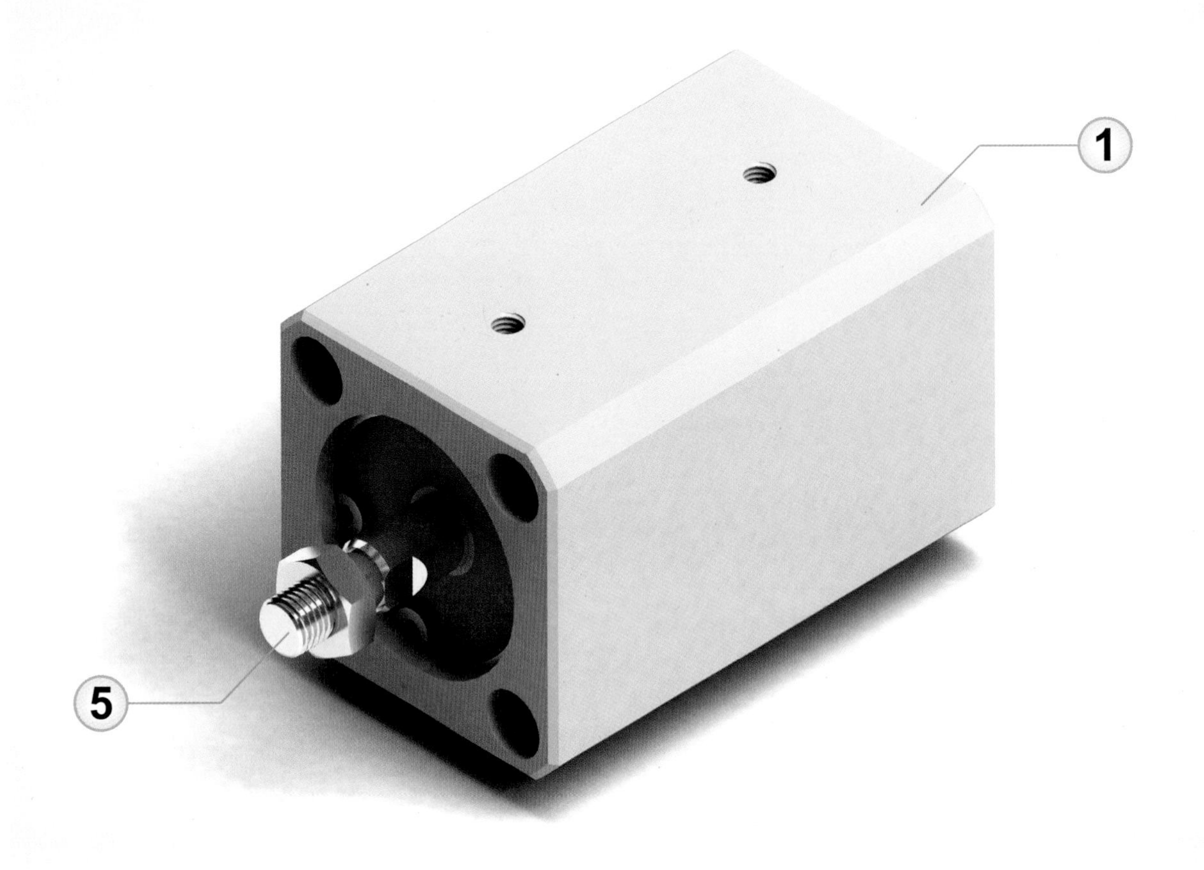
1
5

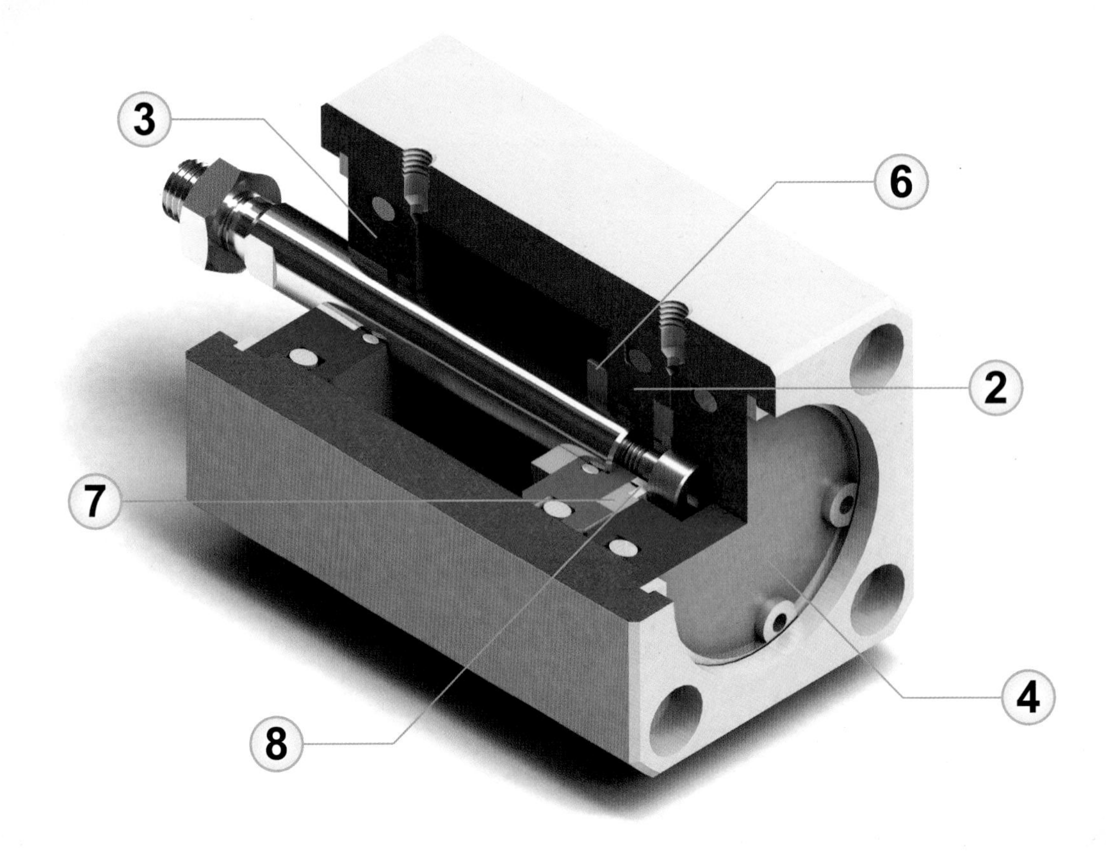
3
6
2
7
4
8

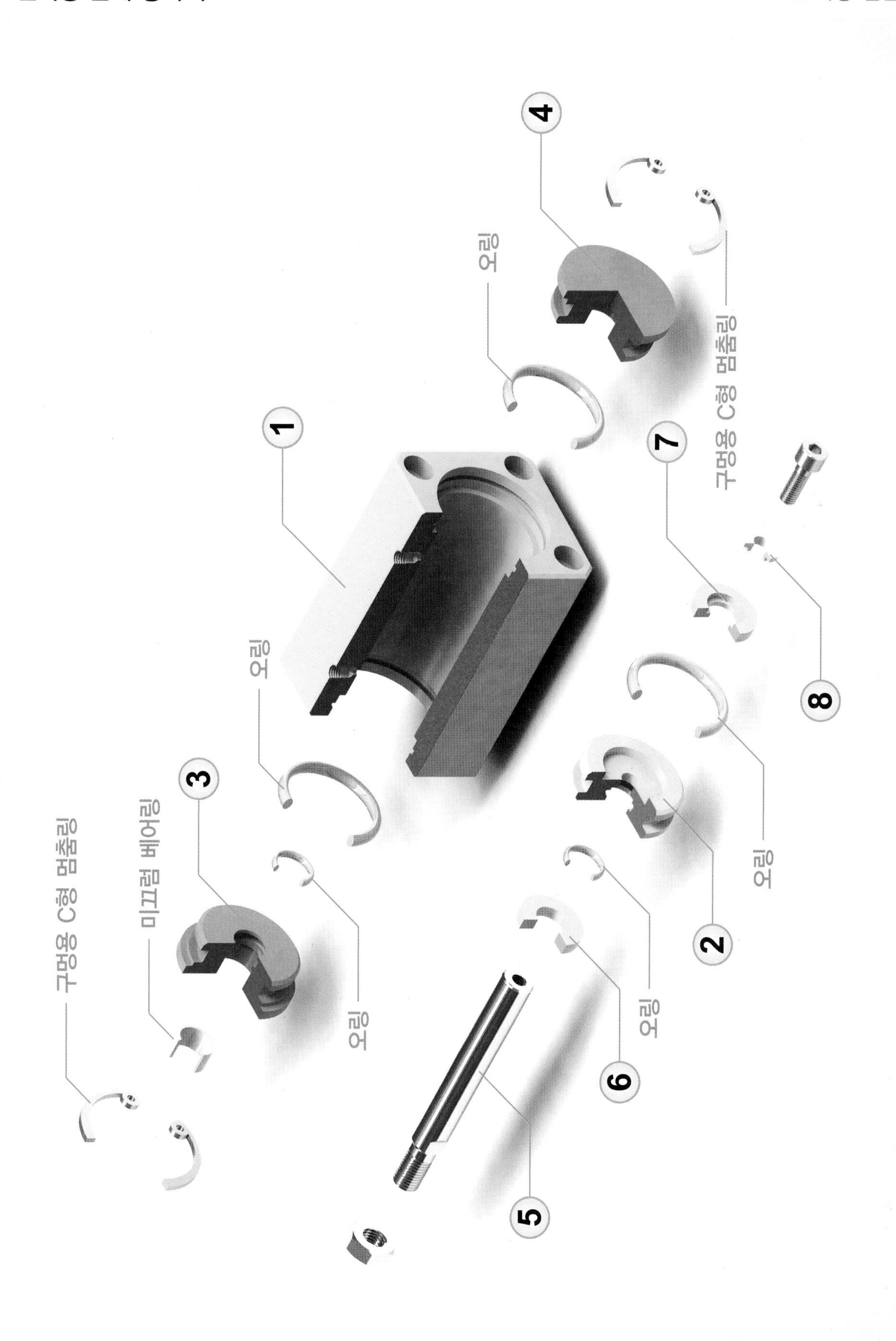
1
2
3
4
5
6
7
8
오링
오링
오링
오링
오링
구멍용 C형 멈춤링
구멍용 C형 멈춤링
미끄럼 베어링

• 인벤터 2019 실기 무료 동영상 강의 지원 안내

네이버 도서출판 메카피아 카페 내 공지 참조

https://cafe.naver.com/mechabooks

NAVER TV 메카피아

YouTube KR #메카피아

e-mail 문의 : mechapia@mechapia.com

카페에 가입하시어 질문을 남겨주시면 성심껏 답변해 드리며,
도면 첨삭 지도 등도 해드리니 많은 이용 바랍니다.

인벤터 작업환경 설정하기

PART 09

출제 빈도가 높은 일반기계기사 · 기계설계산업기사 실기도면

전산응용기계제도 기능사, 기계설계 산업기사, 기계기사 실기 시험에서 출제 빈도가 높은 도면들을 선별하여 수험생들이 자기 주도적으로 학습할 수 있도록 2D 조립도, 부품도, 3D 모델링, 분해 등각 구조도, 렌더링, 등각 투상도의 순으로 나열하여 과제도면을 해독하고 이해하기 쉽도록 하였다.
참고적으로 실기 과제도면에 따른 부품도 답안 가이드는 기능사, 기사 실기시험 수준에 맞추어 작도하여 치수기입 및 표면거칠기와 기하공차 기입, 재질 및 열처리 선정 등을 한 것으로 도면을 해독하고 작성하는 사람에 따라 다를 수 있다.
특히 끼워맞춤의 경우 일반적으로 자주 사용하는 구멍과 축의 끼워맞춤은 'IT5급~IT10급 : 주로 끼워맞춤(Fitting)을 적용하는 부분'을 따랐으며, 기하공차값의 경우 편의상 IT4급~IT7급의 범위 내에서 기준길이에 따라 도면의 종류별로 규제해 주었다.
그리고 현장실무에서 많이 사용하는 기하공차값의 적용 예도 수록하였으니 참고하기 바란다.
간혹 출제 과제도면으로 주어진 2D 조립도에 누락된 부분이나 잘못 작도된 부분도 발견할 수 있는데 이런 경우 수험자는 설계엔지니어 입장에서 판단하고 결정하여 도면을 완성시켜야 한다.

■ 주요 학습내용 및 목표

• 과제도면의 분석 및 도면 해독 • KS규격 데이터의 활용 • 치수공차와 끼워맞춤의 선정
– 표면거칠기와 기하공차의 적용 • 2D 부품도 작성 및 재질선정 • 3D 모델링 및 도면 배치 • 올바른 주서 기입

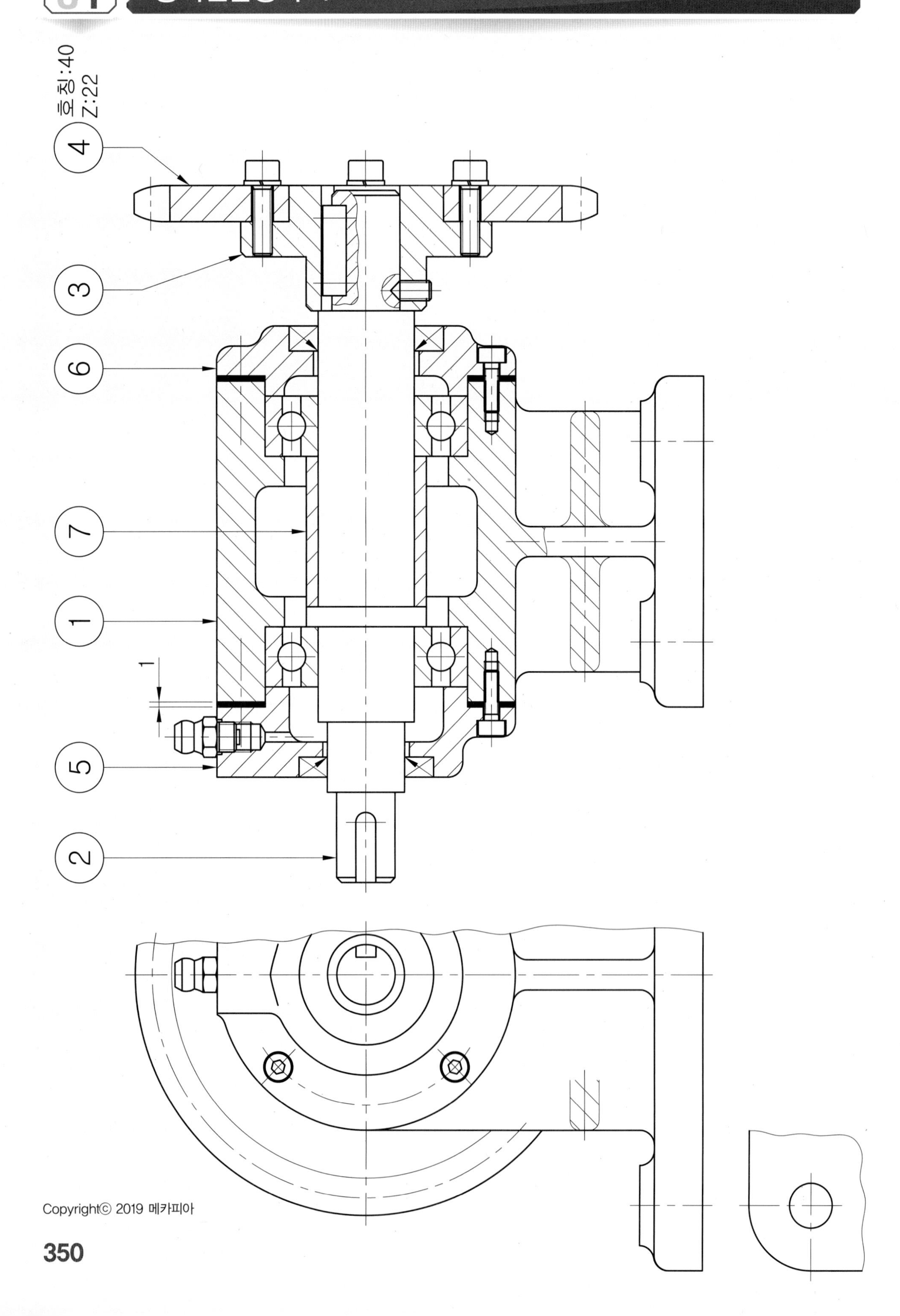
호칭:40
Z:22
4
3
6
7
1
1
5
2

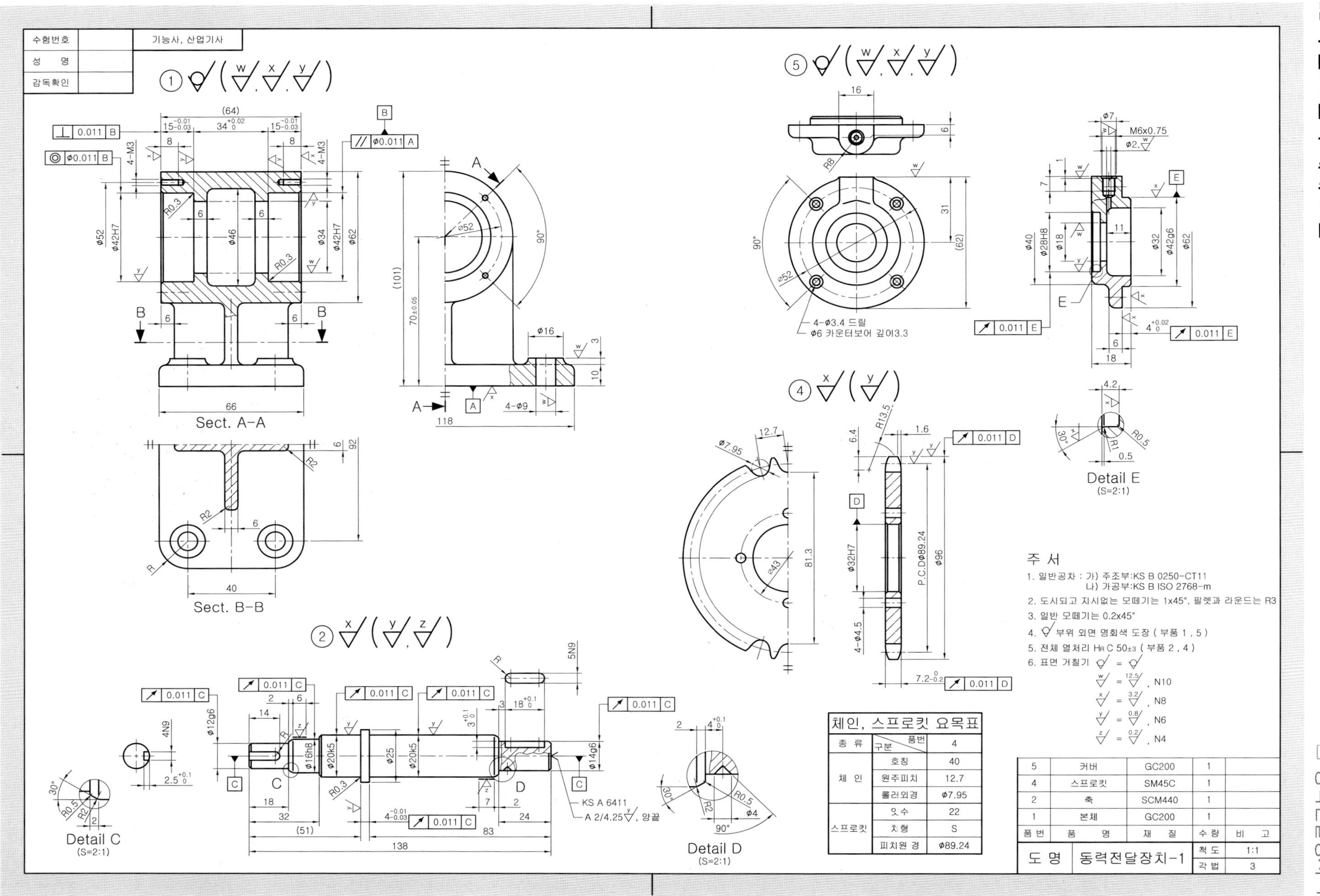
수험번호
성 명
감독확인
기능사, 산업기사
Sect. A-A
Sect. B-B
4-φ3.4 드릴
φ6 카운터보어 깊이3.3
Detail C
(S=2:1)
Detail D
(S=2:1)
Detail E
(S=2:1)
KS A 6411
A 2/4.25, 양끝
체인, 스프로킷 요목표
종 류 | 구분 | 품번 4
체 인 | 호칭 | 40
원주피치 | 12.7
롤러외경 | φ7.95
스프로킷 | 잇수 | 22
치형 | S
피치원 경 | φ89.24
주 서
1. 일반공차 : 가) 주조부:KS B 0250-CT11
나) 가공부:KS B ISO 2768-m
2. 도시되고 지시없는 모떼기는 1x45°, 필렛과 라운드는 R3
3. 일반 모떼기는 0.2x45°
4. 부위 외면 명회색 도장 (부품 1 , 5)
5. 전체 열처리 HRC 50±3 (부품 2 , 4)
6. 표면 거칠기
N10
N8
N6
N4
5 | 커버 | GC200 | 1
4 | 스프로킷 | SM45C | 1
2 | 축 | SCM440 | 1
1 | 본체 | GC200 | 1
품번 | 품 명 | 재 질 | 수량 | 비 고
도 명 | 동력전달장치-1 | 척도 | 1:1
각법 | 3

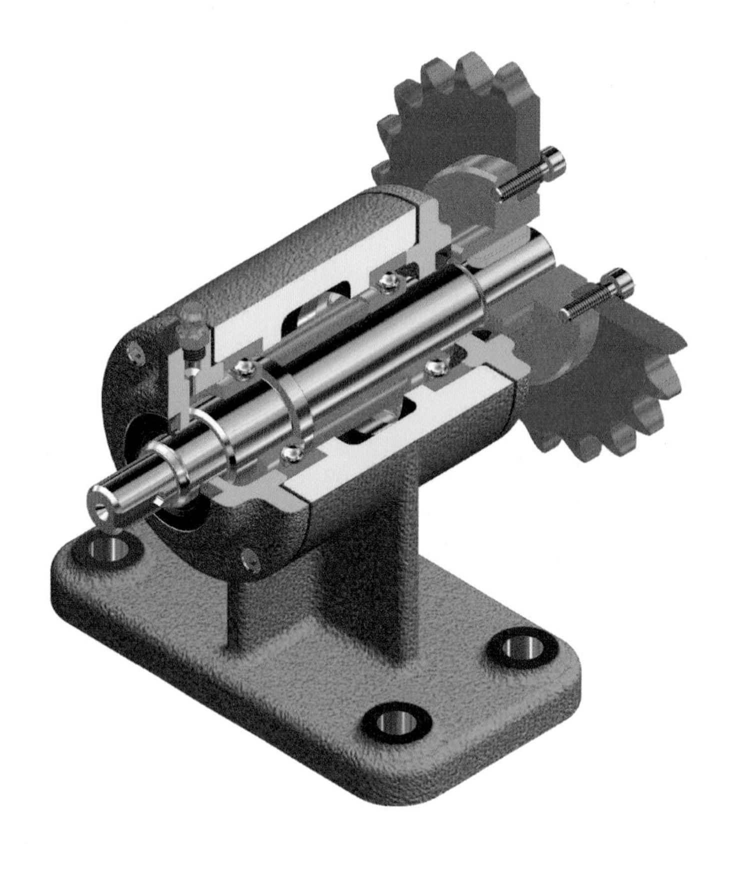

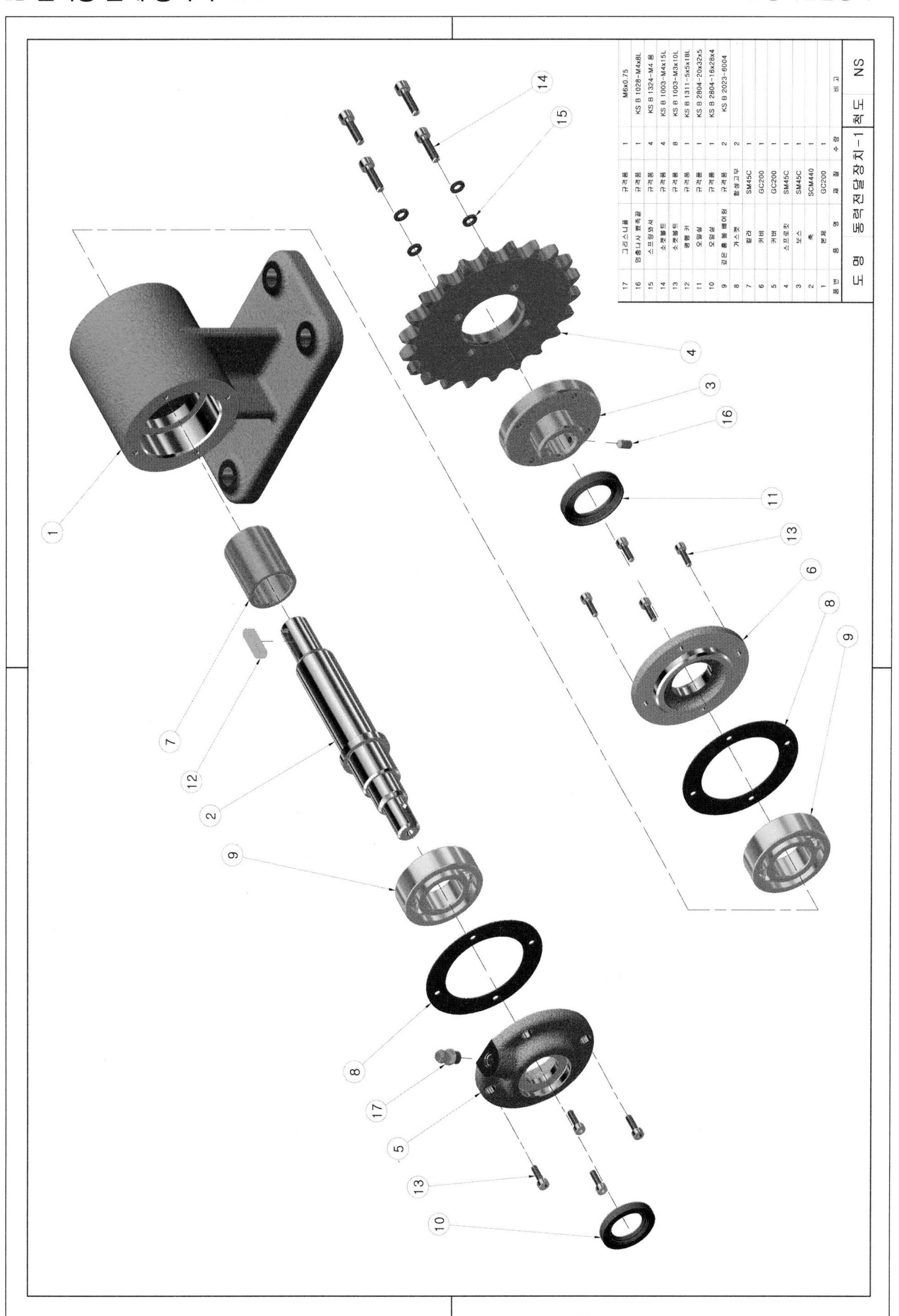

품번	품명	재질	수량	비고
17	그리스니플	규격품	1	M6x0.75
16	멈춤나사 평끝	규격품	1	KS B 1028-M4x8L
15	스프링와셔	규격품	4	KS B 1324-M4 용
14	소켓볼트	규격품	4	KS B 1003-M4x15L
13	소켓볼트	규격품	8	KS B 1003-M3x10L
12	평행 키	규격품	1	KS B 1311-5x5x18L
11	오일실	규격품	1	KS B 2804-20x32x5
10	오일실	규격품	1	KS B 2804-16x28x4
9	깊은 홈 볼 베어링	규격품	2	KS B 2023-6004
8	가스켓	합성고무	2	
7	칼라	SM45C	1	
6	커버	GC200	1	
5	커버	GC200	1	
4	스프로킷	SM45C	1	
3	보스	SM45C	1	
2	축	SCM440	1	
1	본체	GC200	1	

도명	동력전달장치-1	척도	NS

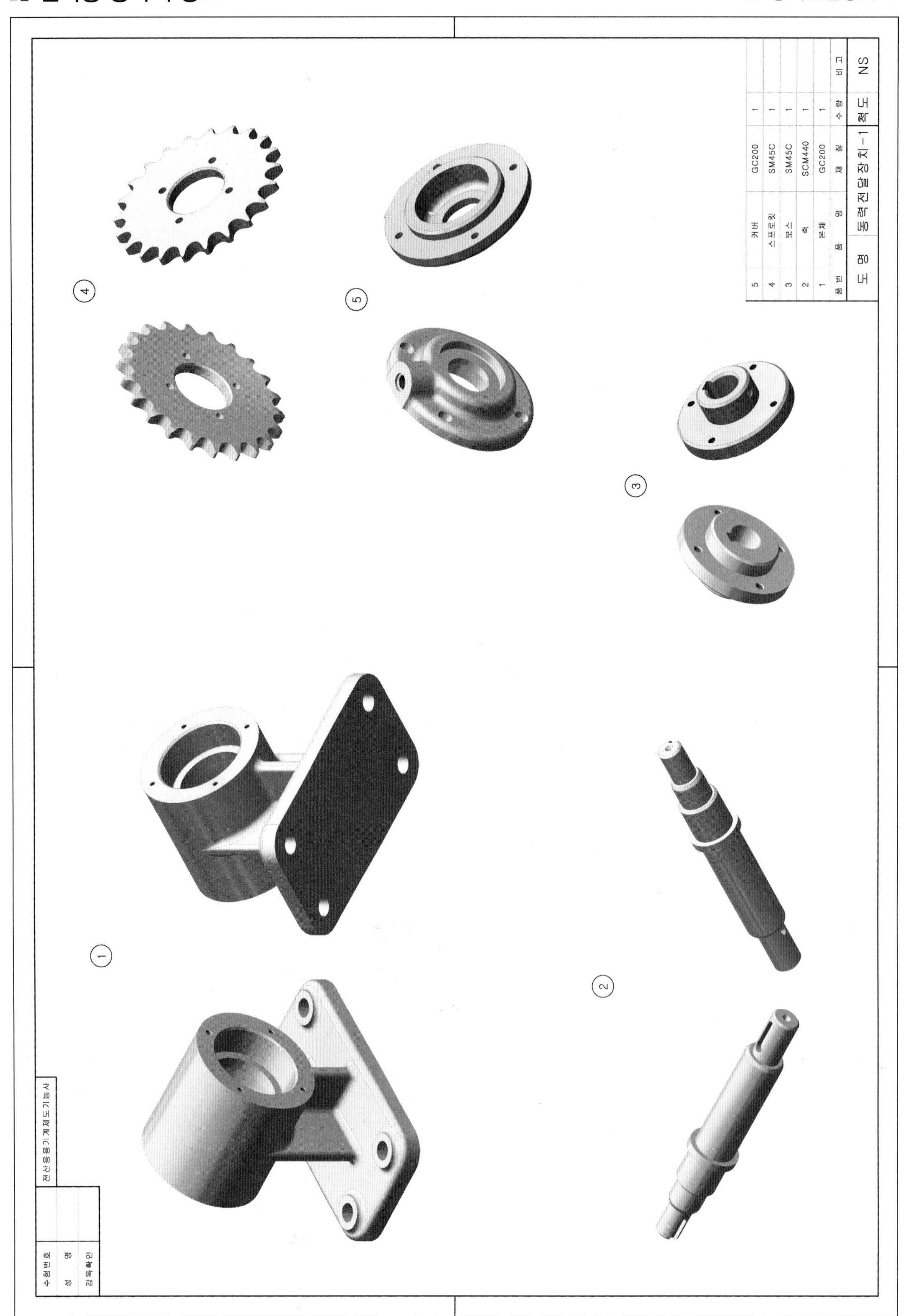
5 커버 GC200 1
4 스프로킷 SM45C 1
3 보스 SM45C 1
2 축 SCM440 1
1 본체 GC200 1
품번 품명 재질 수량 비고
도명 동력전달장치-1 척도 NS
④
⑤
③
①
②
전산응용기계제도기능사
수험번호
성명
감독확인

등각 투상도

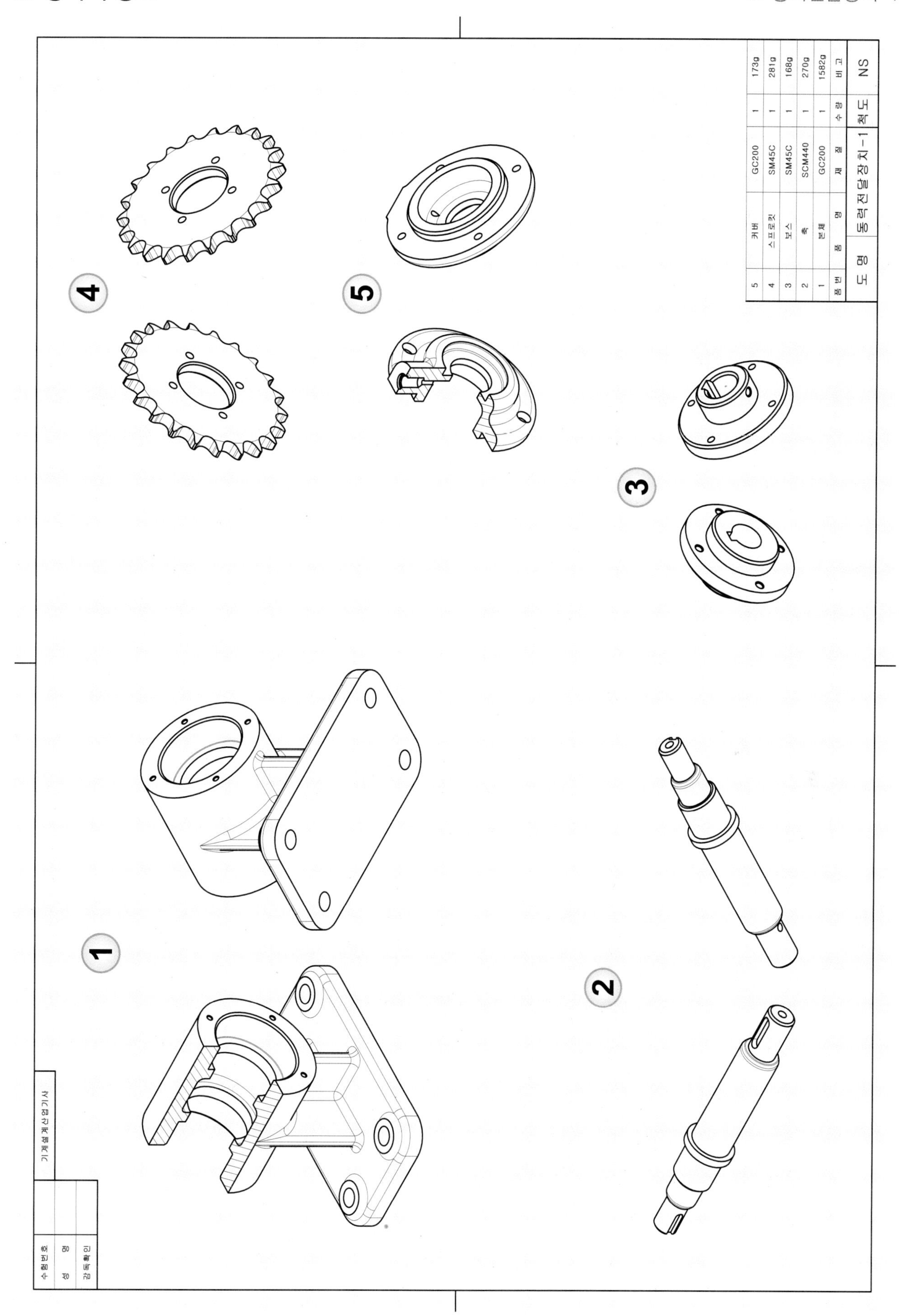
5 커버 GC200 1 173g
4 스프로킷 SM45C 1 281g
3 보스 SM45C 1 168g
2 축 SCM440 1 270g
1 본체 GC200 1 1582g
품번 품명 재질 수량 비고
도명 동력전달장치-1 척도 NS
수험번호
성명
감독확인
기계설계산업기사
1
2
3
4
5

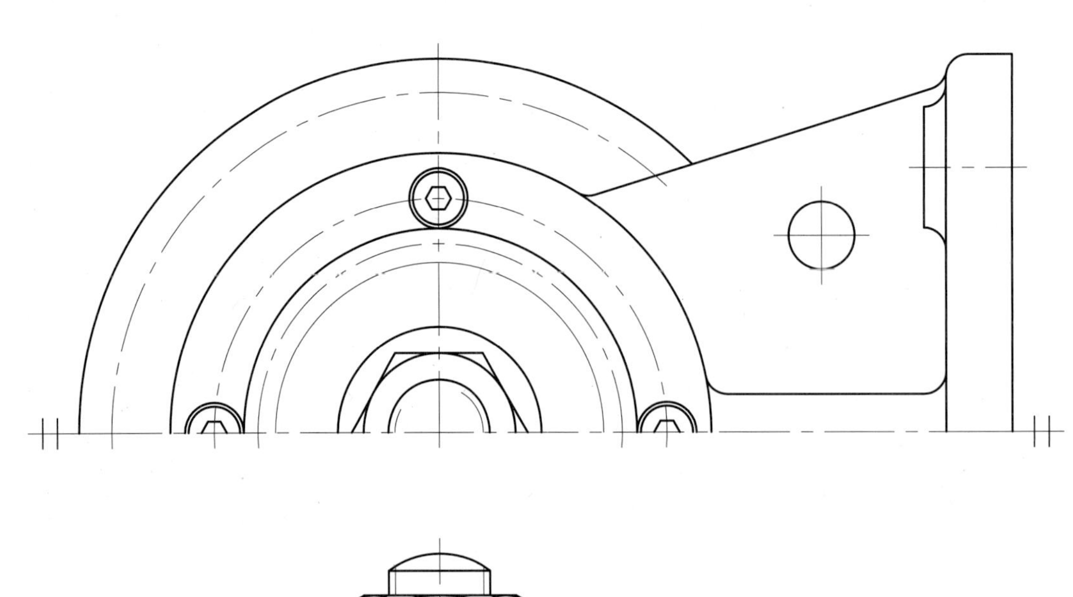

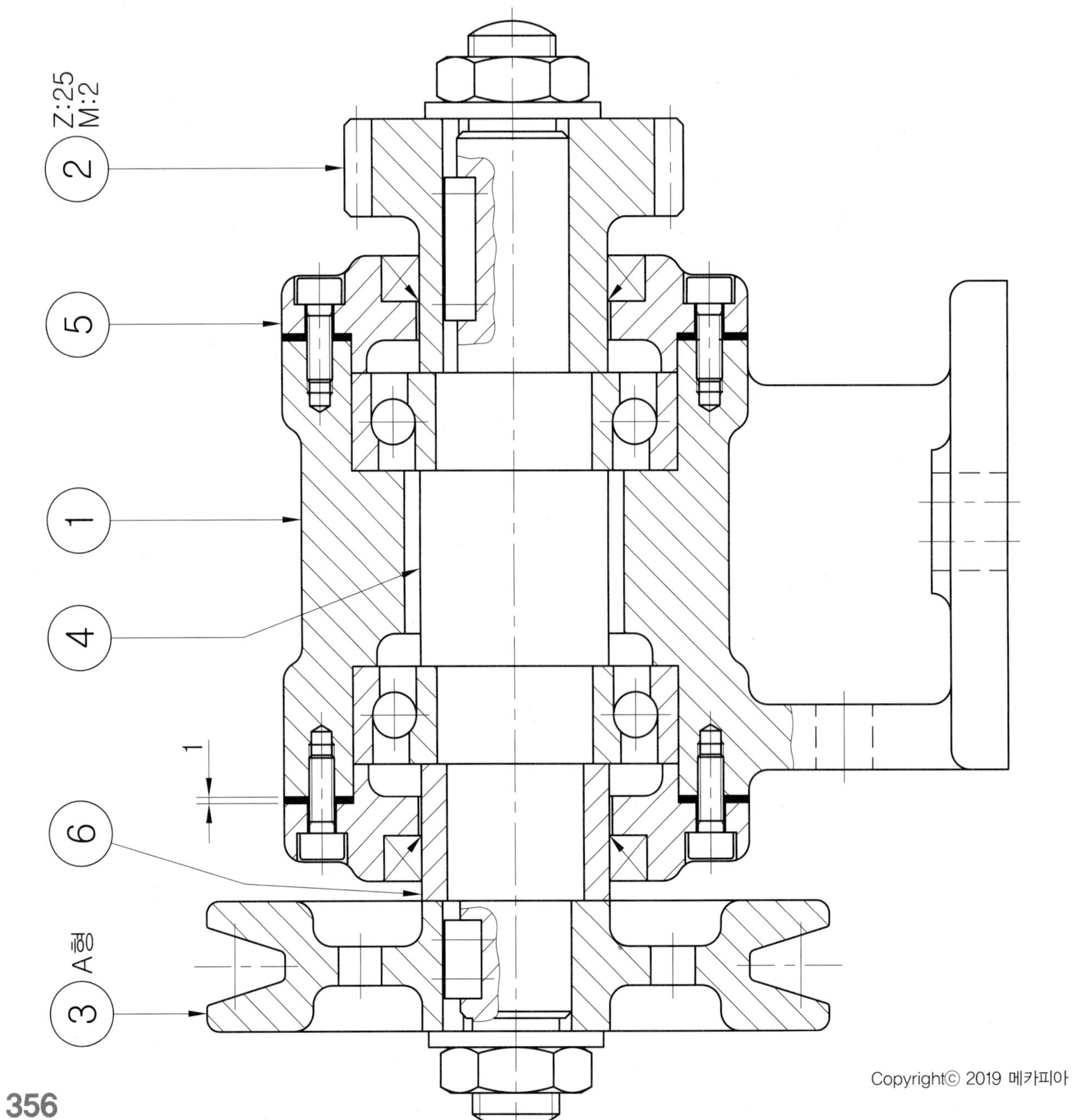

2
Z:25
M:2
5
1
4
1
6
3
A형

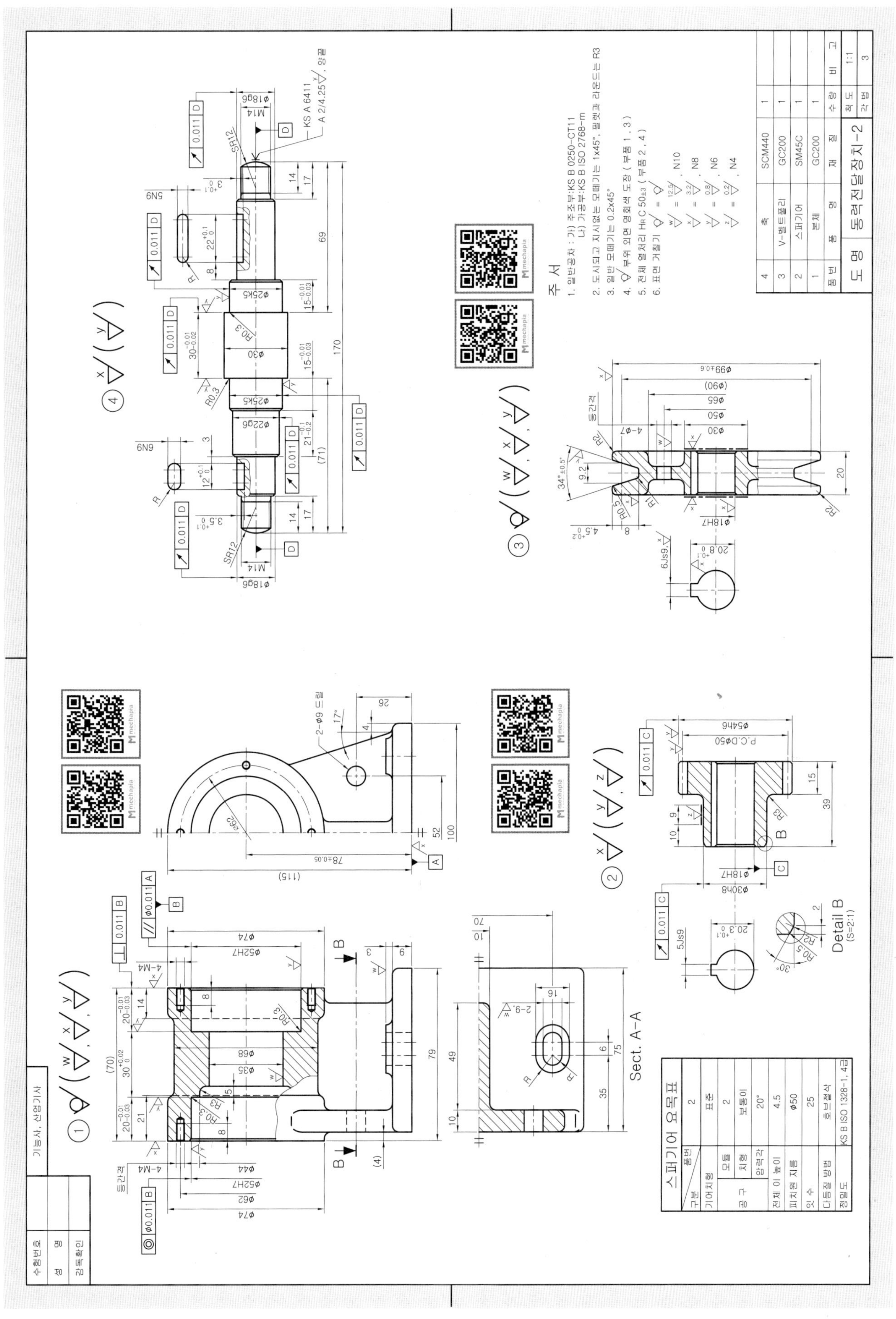
주 서
1. 일반공차 : 가) 주조부:KS B 0250-CT11
나) 가공부:KS B ISO 2768-m
2. 도시되고 지시없는 모떼기는 1x45°, 필렛과 라운드는 R3
3. 일반 모떼기는 0.2x45°
4. 부위 외면 명회색 도장 (부품 1, 3)
5. 전체 열처리 HRC 50±3 (부품 2, 4)
6. 표면 거칠기
4 축 SCM440 1
3 V-벨트풀리 GC200 1
2 스퍼기어 SM45C 1
1 본체 GC200 1
품번 품명 재질 수량 비고
도명 동력전달장치-2 척도 1:1 각법 3
스퍼기어 요목표
구분 품번 2
기어치형 표준
공구 모듈 2
치형 보통이
압력각 20°
전체 이 높이 4.5
피치원 지름 ø50
잇 수 25
다듬질 방법 호브절삭
정밀도 KS B ISO 1328-1, 4급
Sect. A-A
Detail B (S=2:1)
기능사, 산업기사
수험번호
성명
감독확인

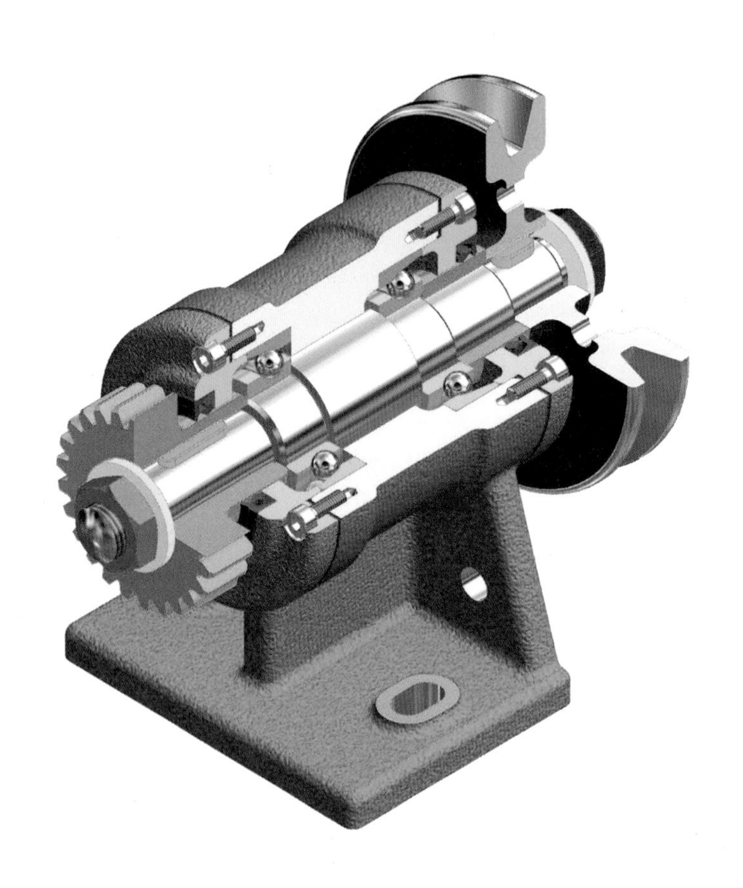

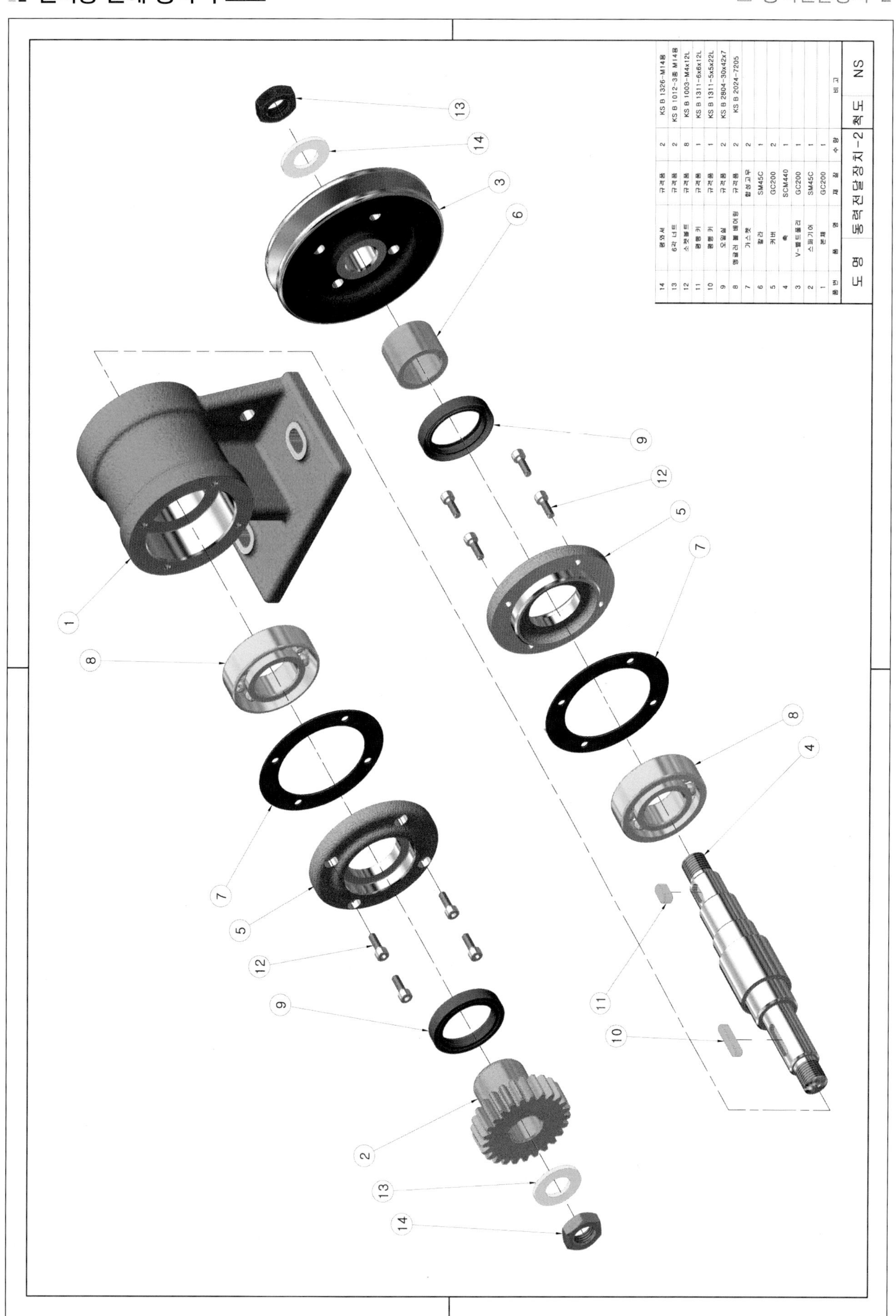

품번	품명	재질	수량	비고
14	평와셔	규격품	2	KS B 1326-M14용
13	6각 너트	규격품	2	KS B 1012-3종 M14용
12	소켓볼트	규격품	8	KS B 1003-M4x12L
11	평행 키	규격품	1	KS B 1311-6x6x12L
10	평행 키	규격품	1	KS B 1311-5x5x22L
9	오일실	규격품	2	KS B 2804-30x42x7
8	깊은홈 볼 베어링	규격품	2	KS B 2024-7205
7	가스켓	합성고무	2	
6	칼라	SM45C	1	
5	커버	GC200	2	
4	축	SCM440	1	
3	V-벨트풀리	GC200	1	
2	스퍼기어	SM45C	1	
1	본체	GC200	1	

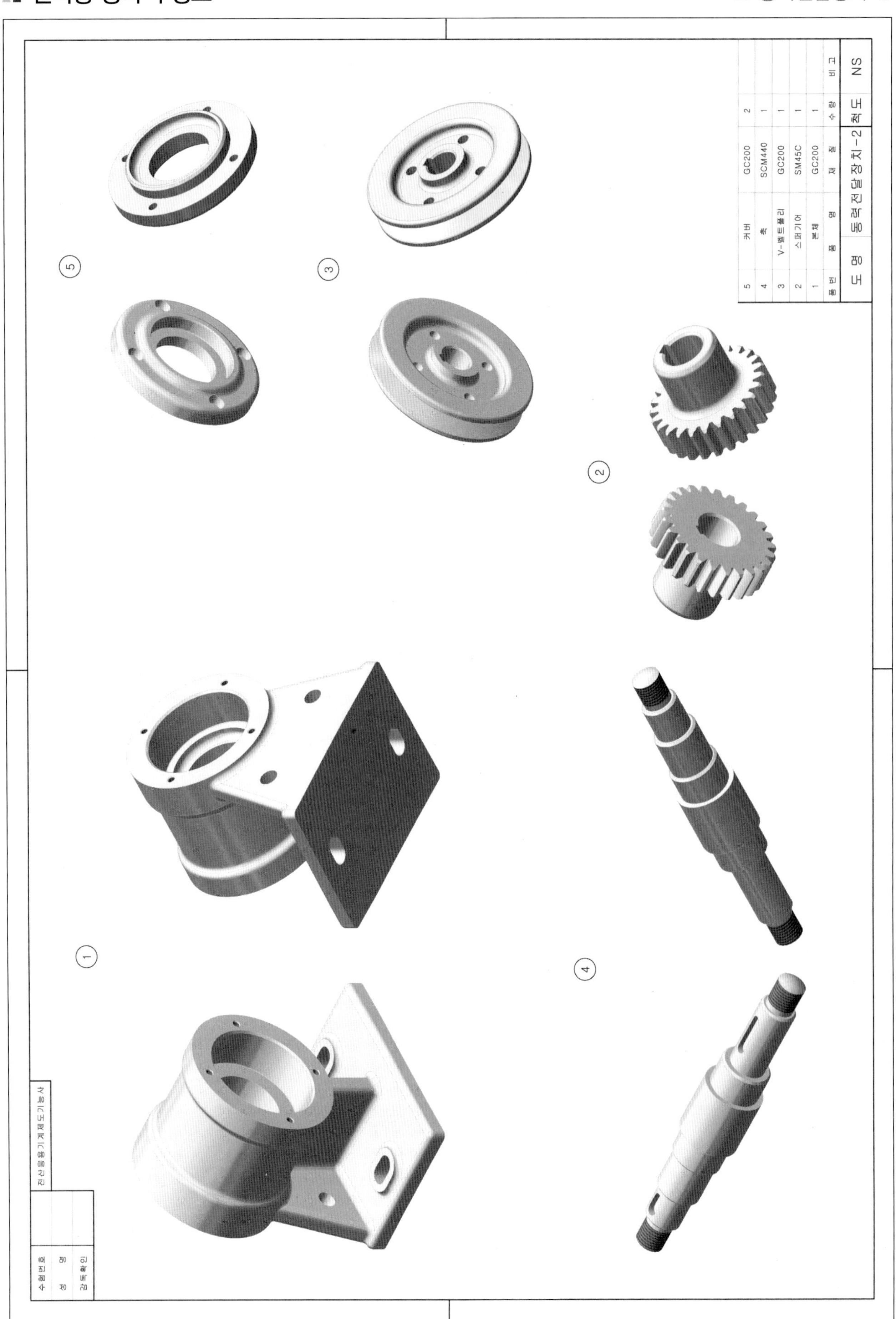

품번	품명	재질	수량	비고
5	커버	GC200	2	
4	축	SCM440	1	
3	V-벨트풀리	GC200	1	
2	스퍼기어	SM45C	1	
1	본체	GC200	1	

도명	동력전달장치-2	척도	NS

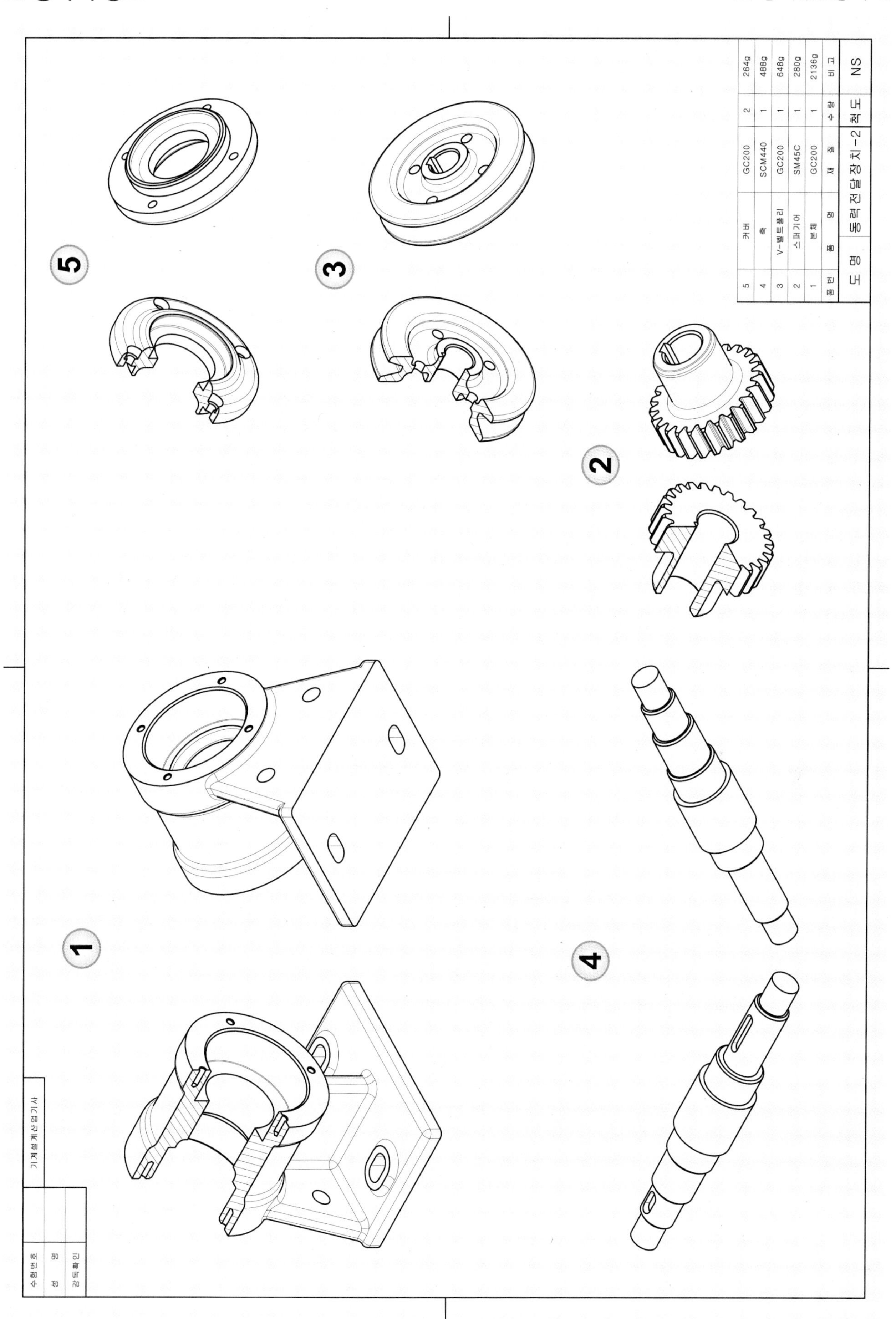
5
3
2
1
4
5 커버 GC200 2 264g
4 축 SCM440 1 488g
3 V-벨트풀리 GC200 1 648g
2 스퍼기어 SM45C 1 280g
1 본체 GC200 1 2136g
품번 품명 재질 수량 비고
도명 동력전달장치-2 척도 NS
기계설계산업기사
수험번호
성명
감독확인

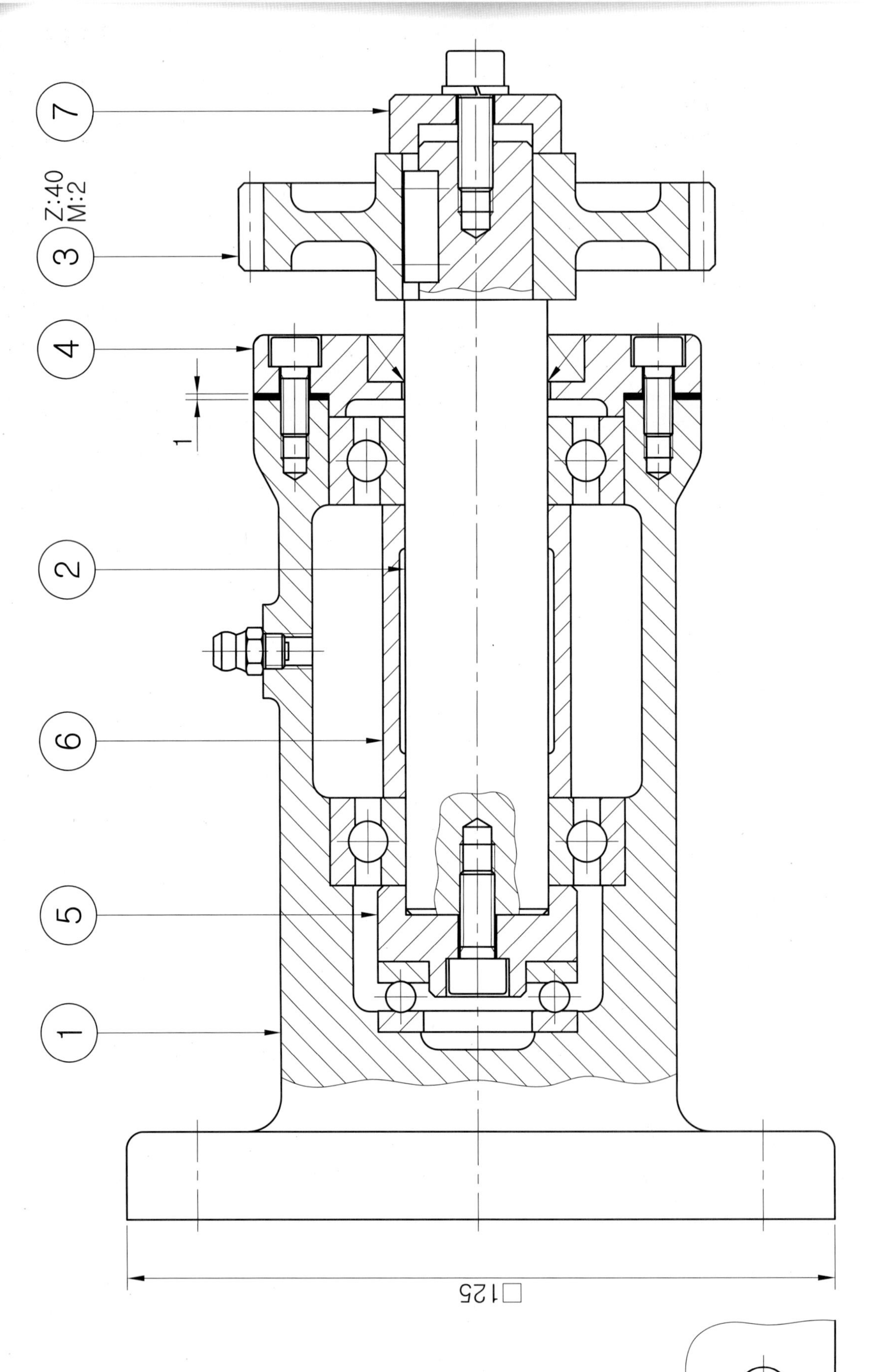
7
Z:40
M:2
3
4
1
2
6
5
1
□125

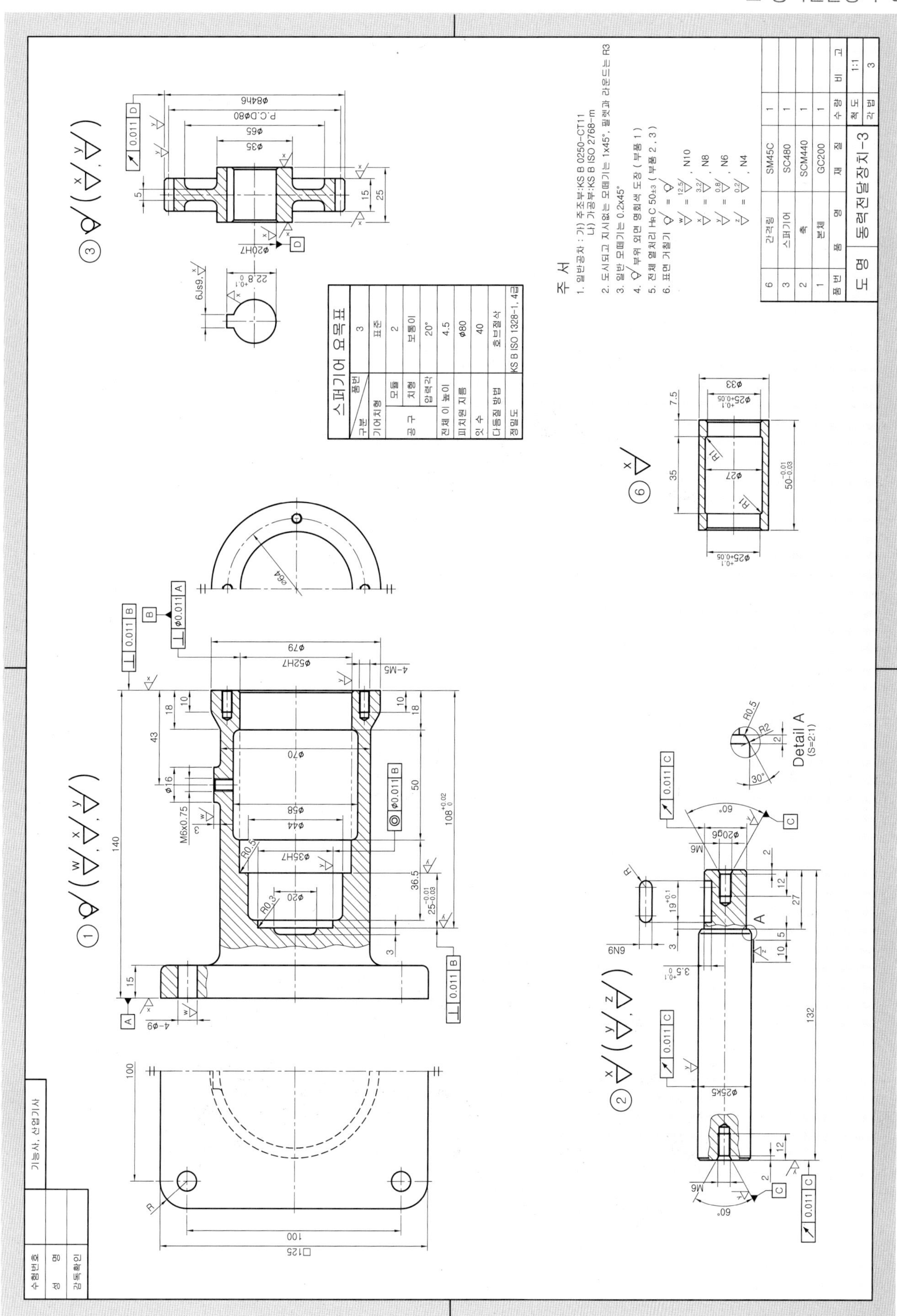
스퍼기어 요목표
주 서
동력전달장치-3
Detail A
(S=2:1)

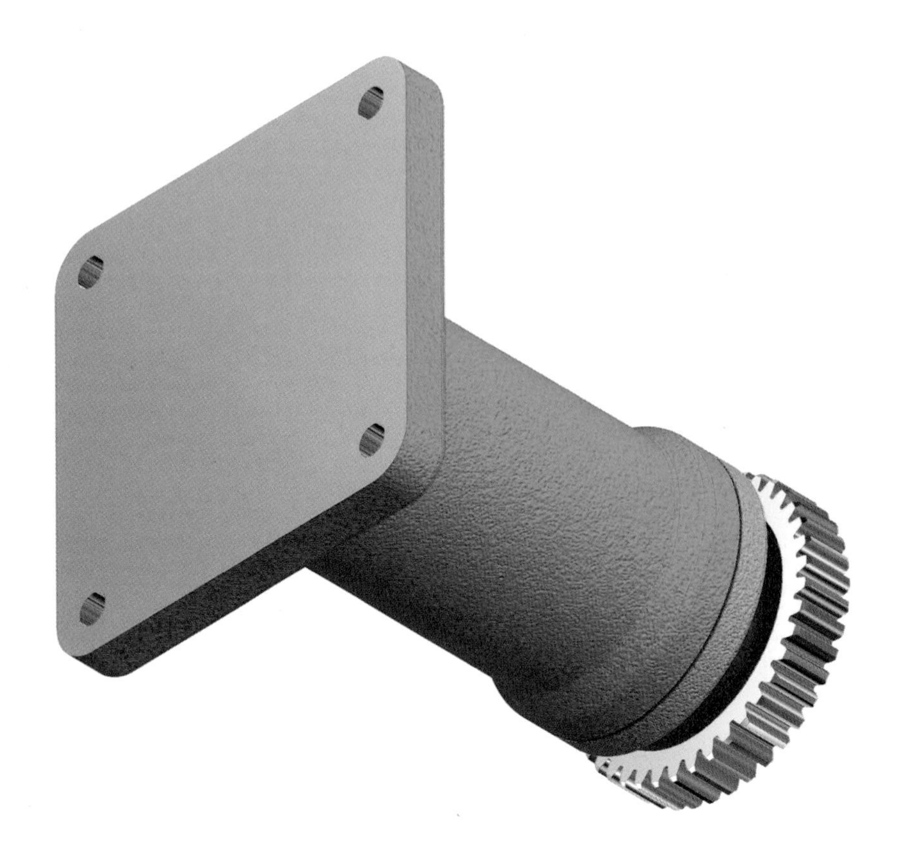

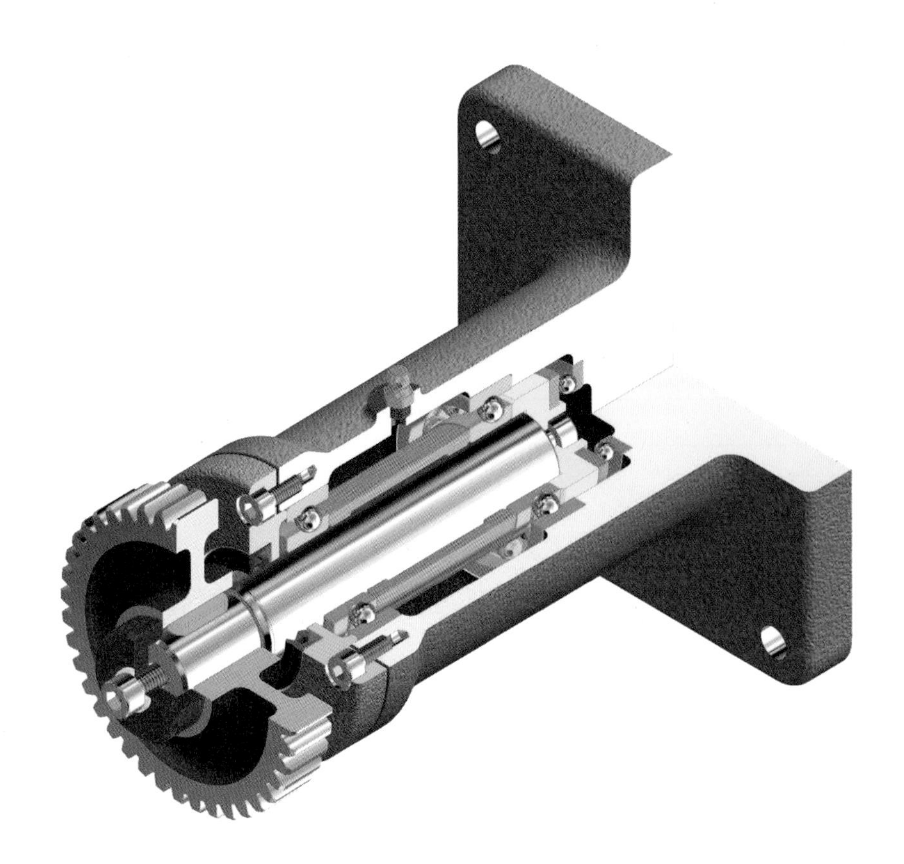

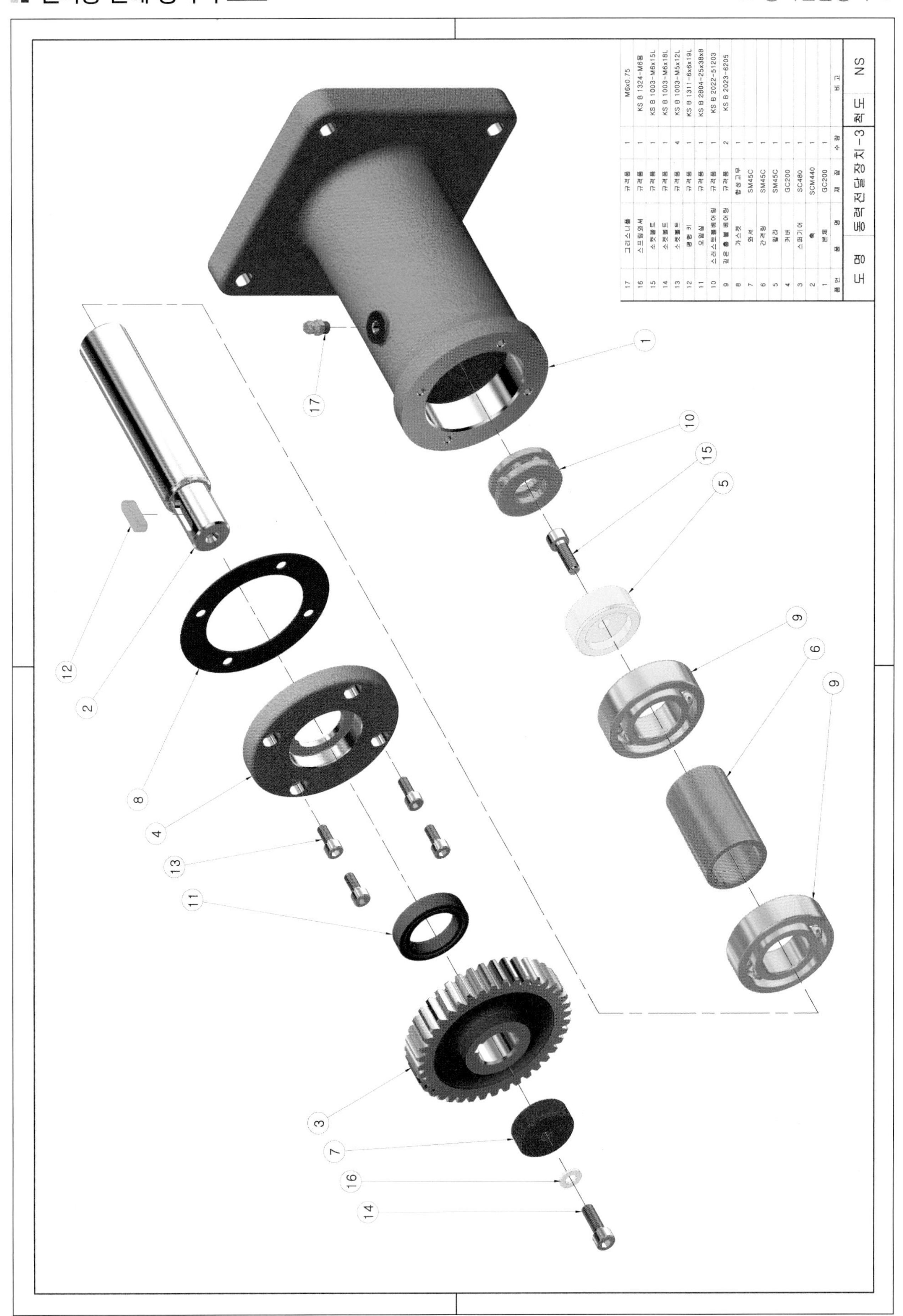

품번	품명	재질	수량	비고
17	그리스니플	규격품	1	M6x0.75
16	스프링와셔	규격품	1	KS B 1324-M6용
15	소켓볼트	규격품	1	KS B 1003-M6x15L
14	소켓볼트	규격품	1	KS B 1003-M6x18L
13	소켓볼트	규격품	4	KS B 1003-M5x12L
12	평행 키	규격품	1	KS B 1311-6x6x19L
11	오일실	규격품	1	KS B 2804-25x38x8
10	스러스트볼베어링	규격품	1	KS B 2022-51203
9	깊은 홈 볼 베어링	규격품	2	KS B 2023-6205
8	가스켓	합성고무	1	
7	와셔	SM45C	1	
6	간격링	SM45C	1	
5	칼라	SM45C	1	
4	커버	GC200	1	
3	스퍼기어	SC480	1	
2	축	SCM440	1	
1	본체	GC200	1	

도 명	동력전달장치-3	척 도	NS

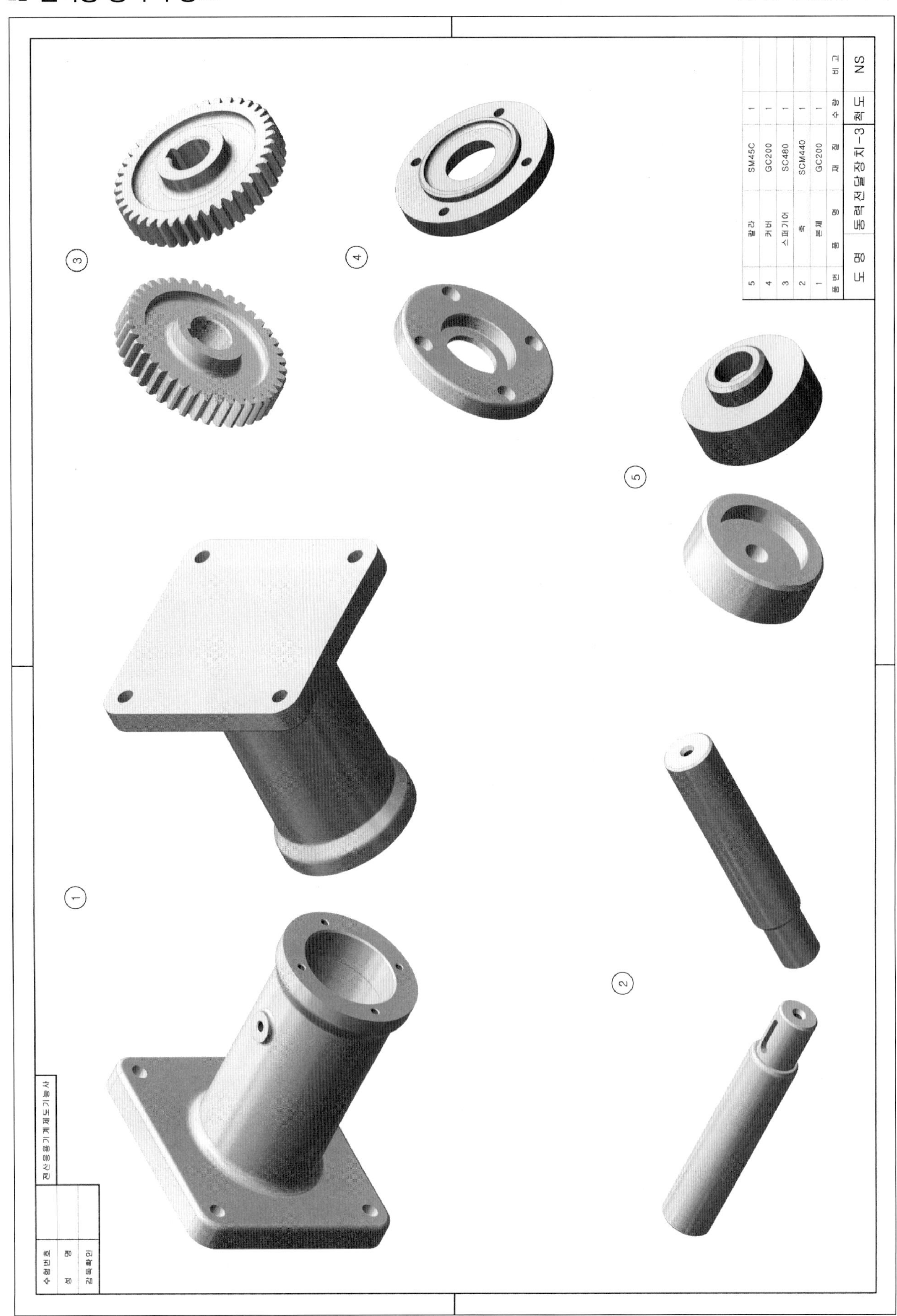
①
②
③
④
⑤
품번 | 품명 | 재질 | 수량 | 비고
5 | 칼라 | SM45C | 1
4 | 커버 | GC200 | 1
3 | 스퍼기어 | SC480 | 1
2 | 축 | SCM440 | 1
1 | 본체 | GC200 | 1
도명 동력전달장치-3
척도 NS
전산응용기계제도기능사
수험번호
성명
감독확인

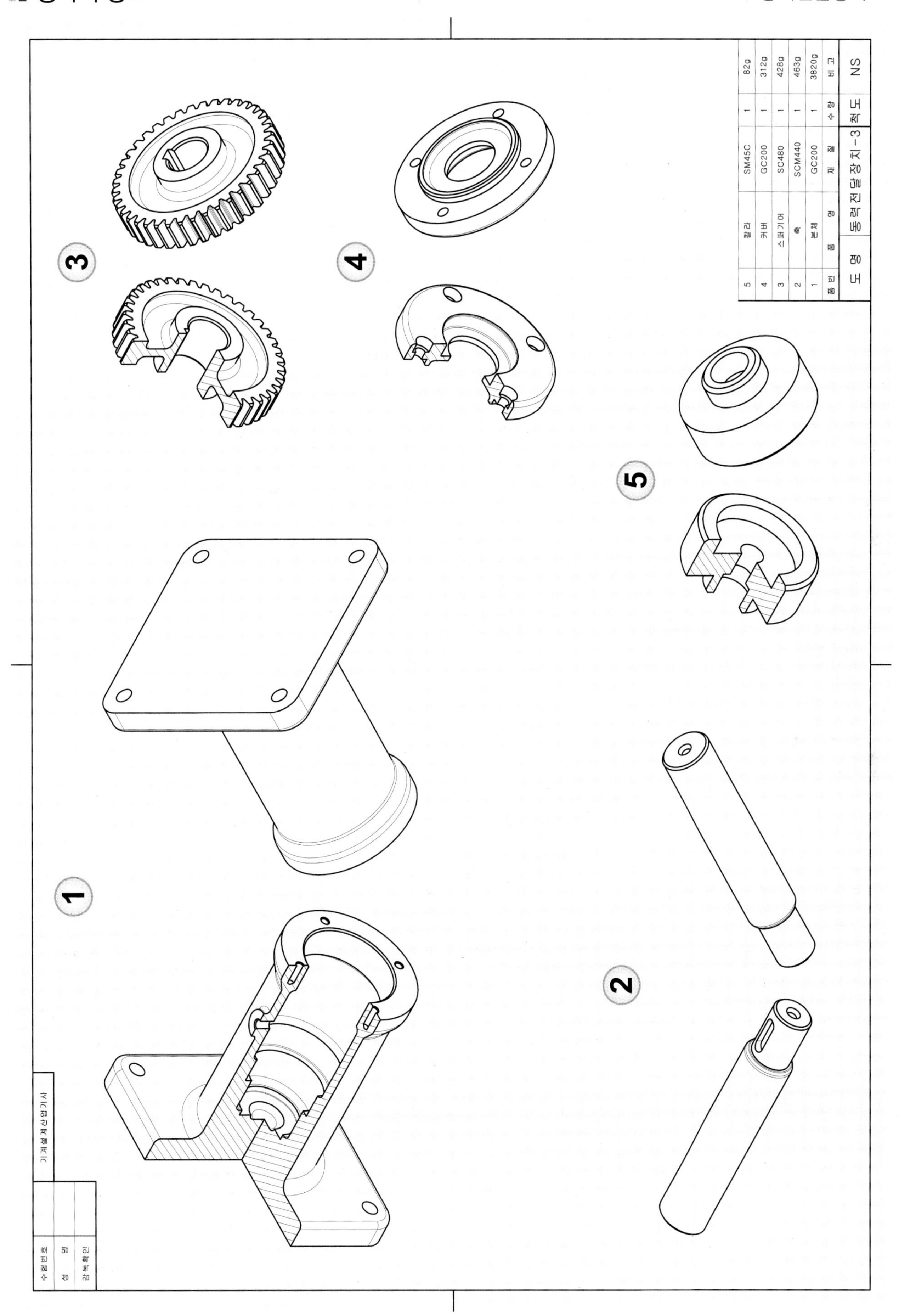
5
칼라
SM45C
1
82g
4
커버
GC200
1
312g
3
스퍼기어
SC480
1
428g
2
축
SCM440
1
463g
1
본체
GC200
1
3820g
품번
품 명
재 질
수 량
비 고
도 명
동력전달장치-3
척 도
NS
기계설계산업기사
수험번호
성 명
감독확인
1
2
3
4
5

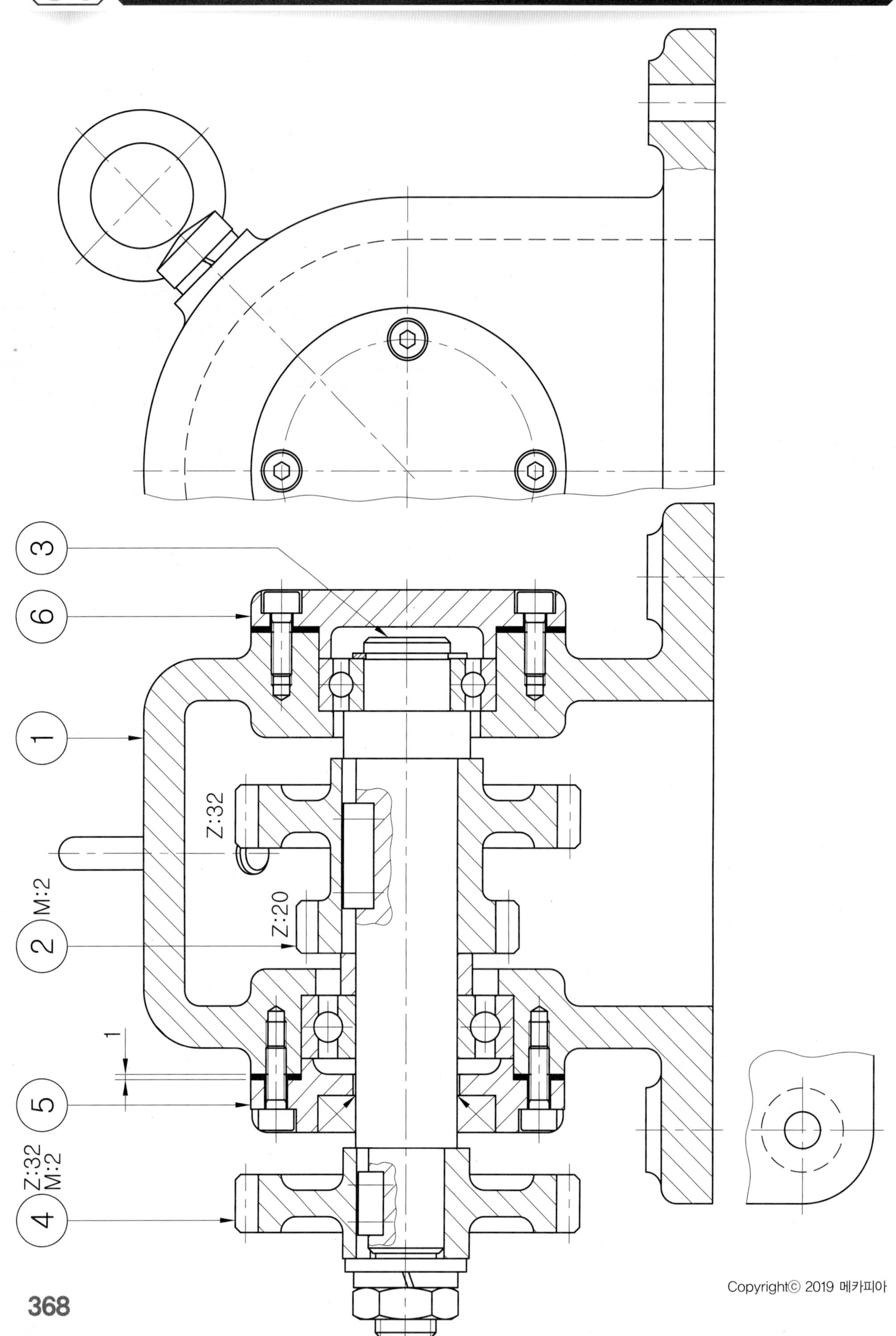
3
6
1
Z:32
M:2
Z:20
2
1
5
Z:32
M:2
4

부품도 풀이 예제 도면

□ 기어박스-1

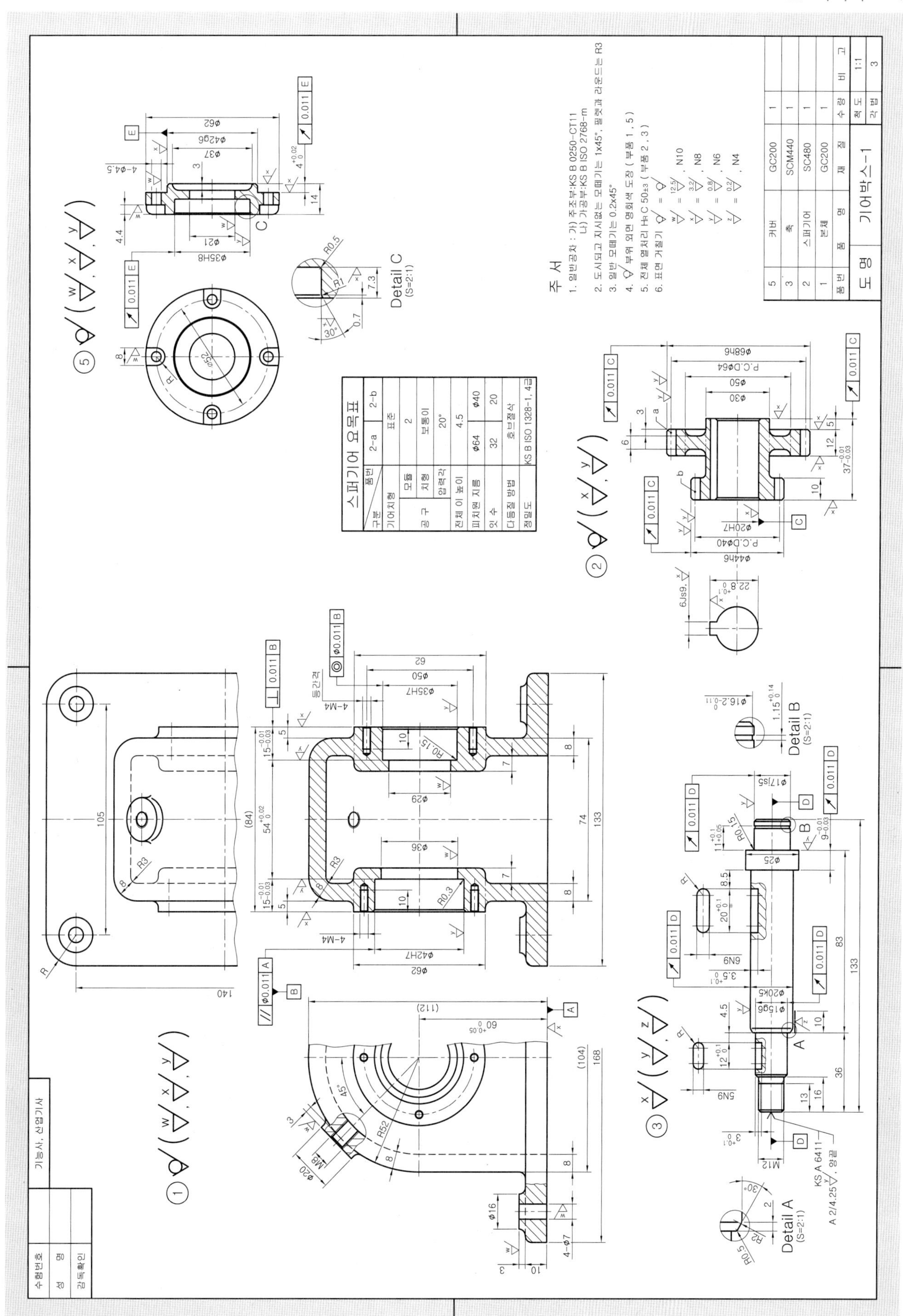

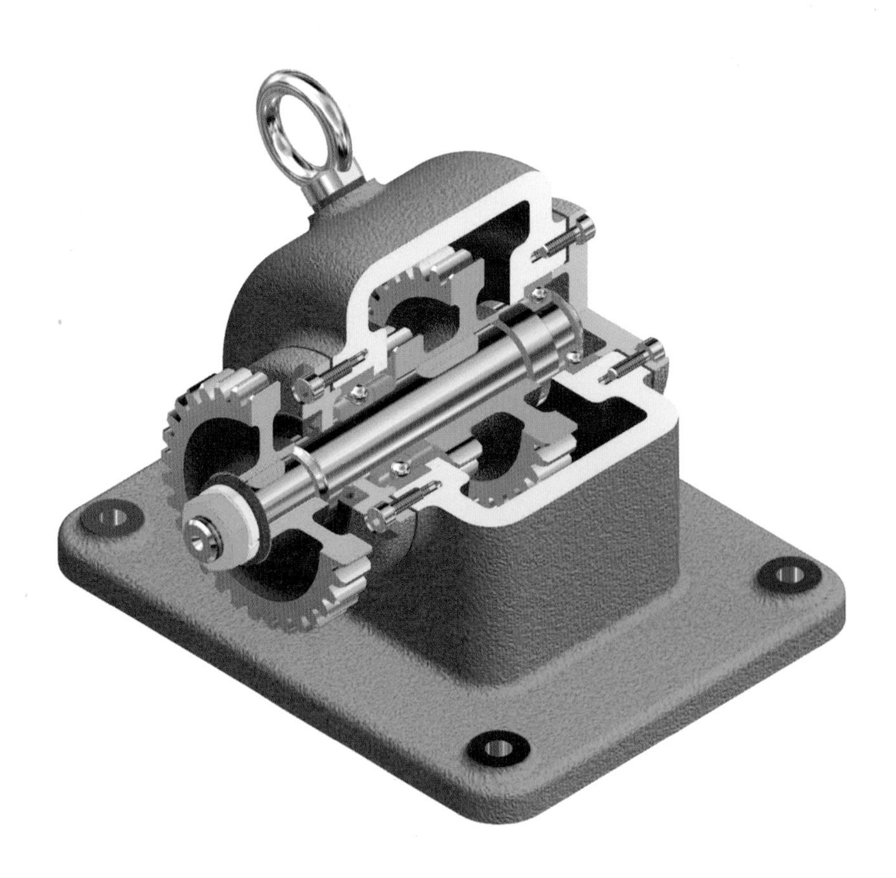

렌더링 분해 등각 구조도

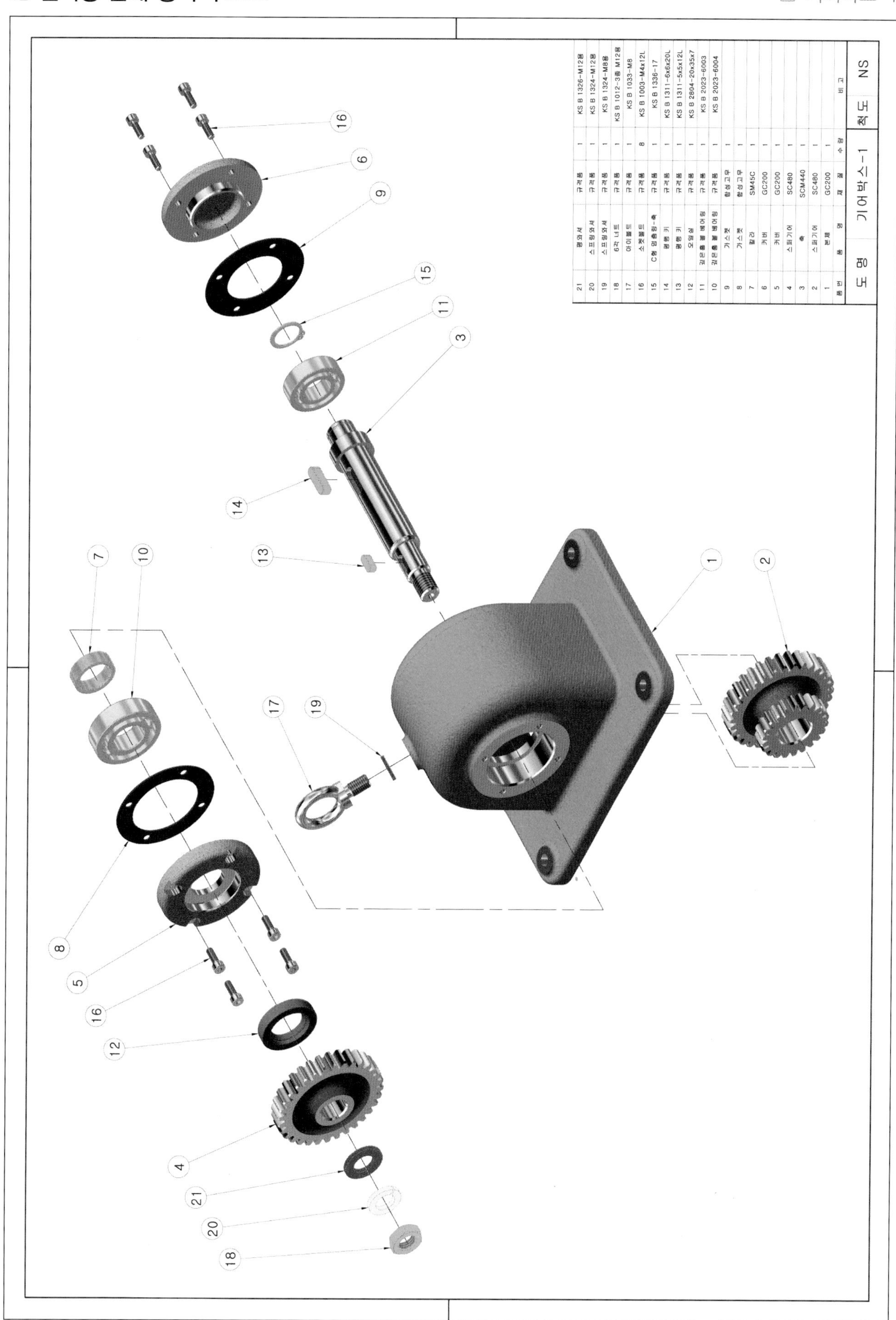

품번	품명	재질	수량	비고
21	평와셔	규격품	1	KS B 1326-M12용
20	스프링와셔	규격품	1	KS B 1324-M12용
19	스프링와셔	규격품	1	KS B 1324-M8용
18	6각 너트	규격품	1	KS B 1012-3종 M12용
17	아이볼트	규격품	1	KS B 1033-M8
16	소켓볼트	규격품	8	KS B 1003-M4x12L
15	C형 멈춤링-축	규격품	1	KS B 1336-17
14	평행 키	규격품	1	KS B 1311-6x6x20L
13	평행 키	규격품	1	KS B 1311-5x5x12L
12	오일실	규격품	1	KS B 2804-20x35x7
11	깊은홈 볼 베어링	규격품	1	KS B 2023-6003
10	깊은홈 볼 베어링	규격품	1	KS B 2023-6004
9	가스켓	합성고무	1	
8	가스켓	합성고무	1	
7	칼라	SM45C	1	
6	커버	GC200	1	
5	커버	GC200	1	
4	스퍼기어	SC480	1	
3	축	SCM440	1	
2	스퍼기어	SC480	1	
1	본체	GC200	1	

도명	기어박스-1	척도	NS

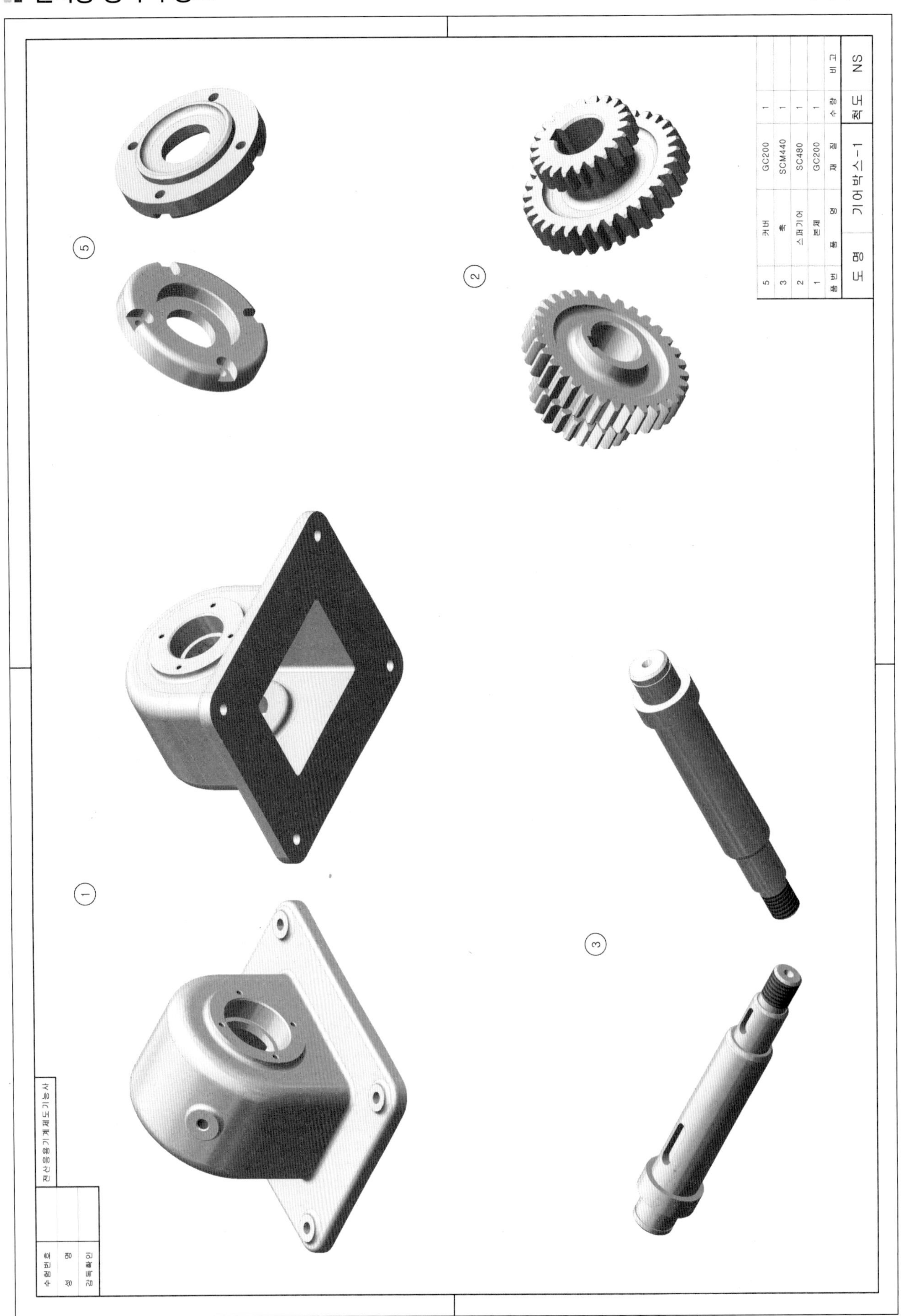

5 커버 GC200 1
3 축 SCM440 1
2 스퍼기어 SC480 1
1 본체 GC200 1
품번 품명 재질 수량 비고
도명 기어박스-1 척도 NS
전산응용기계제도기능사
수험번호
성명
감독확인
①
②
③
⑤

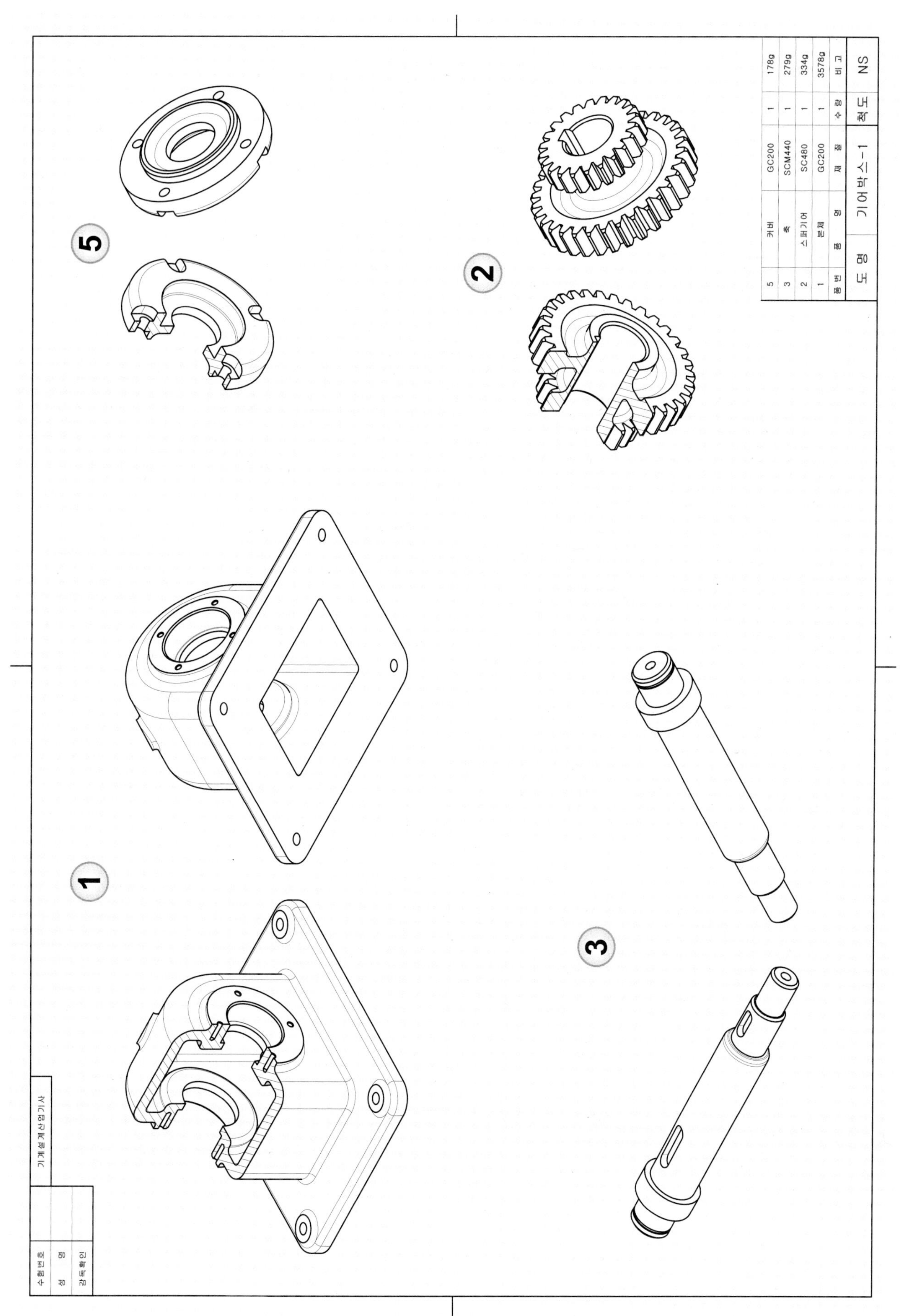
5
2
1
3
5 커버 GC200 1 178g
3 축 SCM440 1 279g
2 스퍼기어 SC480 1 334g
1 본체 GC200 1 3578g
품번 품명 재질 수량 비고
도명 기어박스-1 척도 NS
수험번호
성명
감독확인
기계설계산업기사

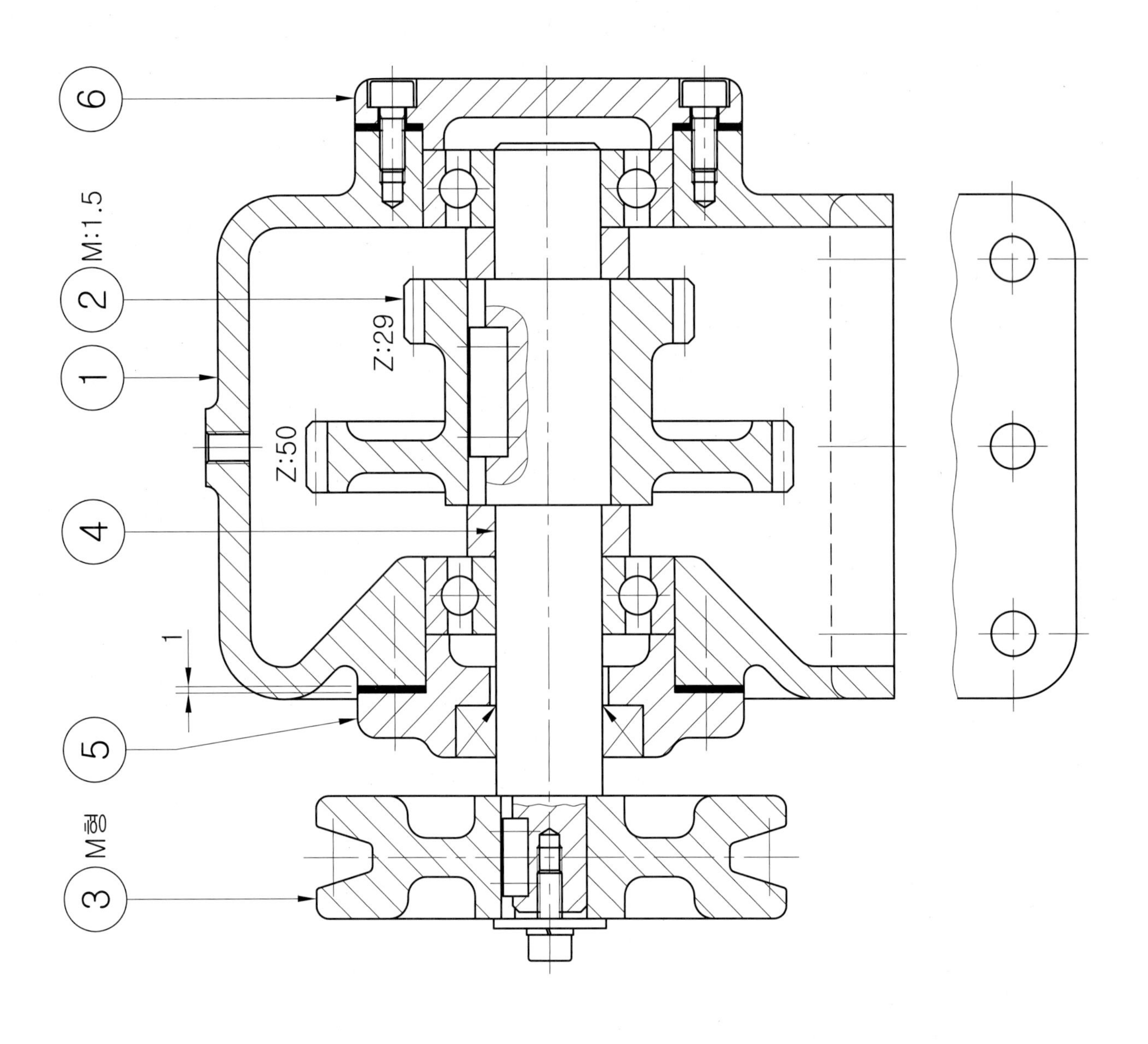
6
M:1.5
2
1
Z:29
Z:50
4
1
5
M형
3

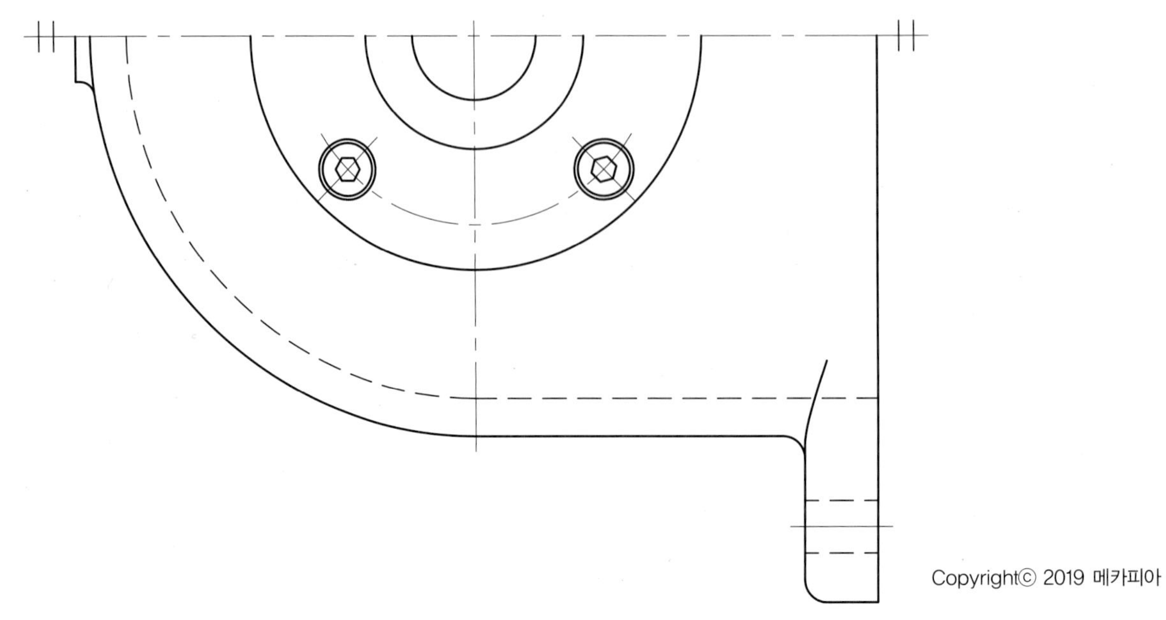

부품도 풀이 예제 도면

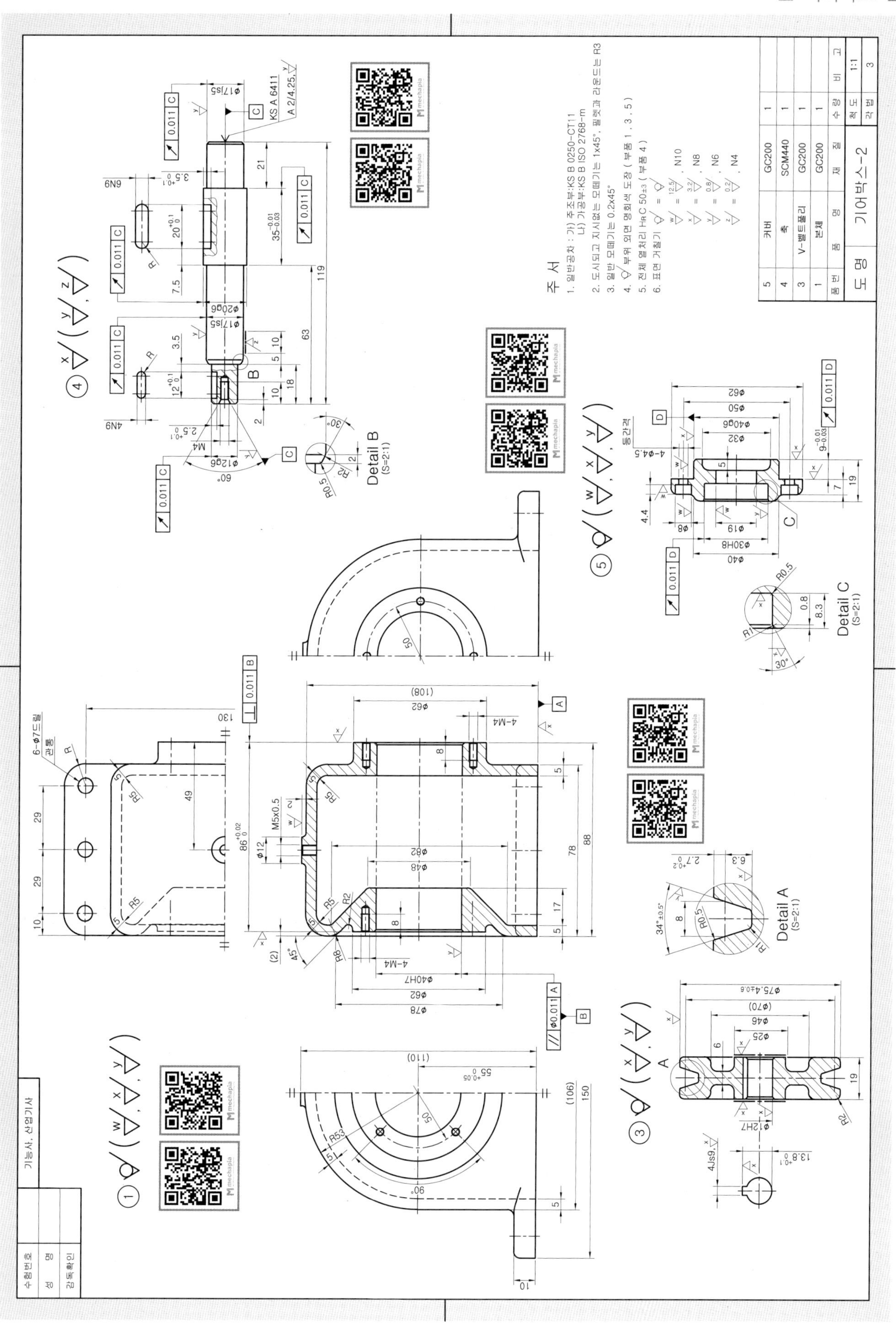
주 서
1. 일반공차 : 가) 주조부:KS B 0250-CT11
나) 가공부:KS B ISO 2768-m
2. 도시되고 지시없는 모떼기는 1x45°, 필렛과 라운드는 R3
3. 일반 모떼기는 0.2x45°
4. 부위 외면 명회색 도장 (부품 1, 3, 5)
5. 전체 열처리 HRC 50±3 (부품 4)
6. 표면 거칠기
N10
N8
N6
N4
5
4 축 SCM440 1
3 V-벨트풀리 GC200 1
1 본체 GC200 1
품번 품명 재질 수량 비고
도 명 기어박스-2
척도 1:1
각법 3
Detail A (S=2:1)
Detail B (S=2:1)
Detail C (S=2:1)
수험번호
성 명
감독확인
기능사, 산업기사

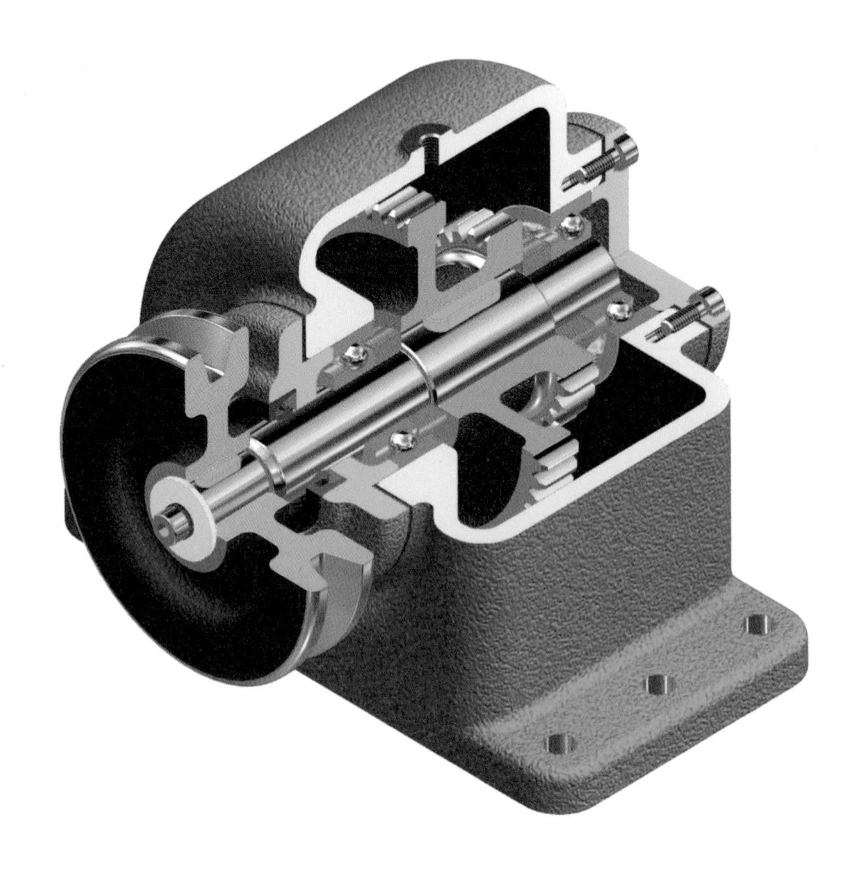

렌더링 분해 등각 구조도

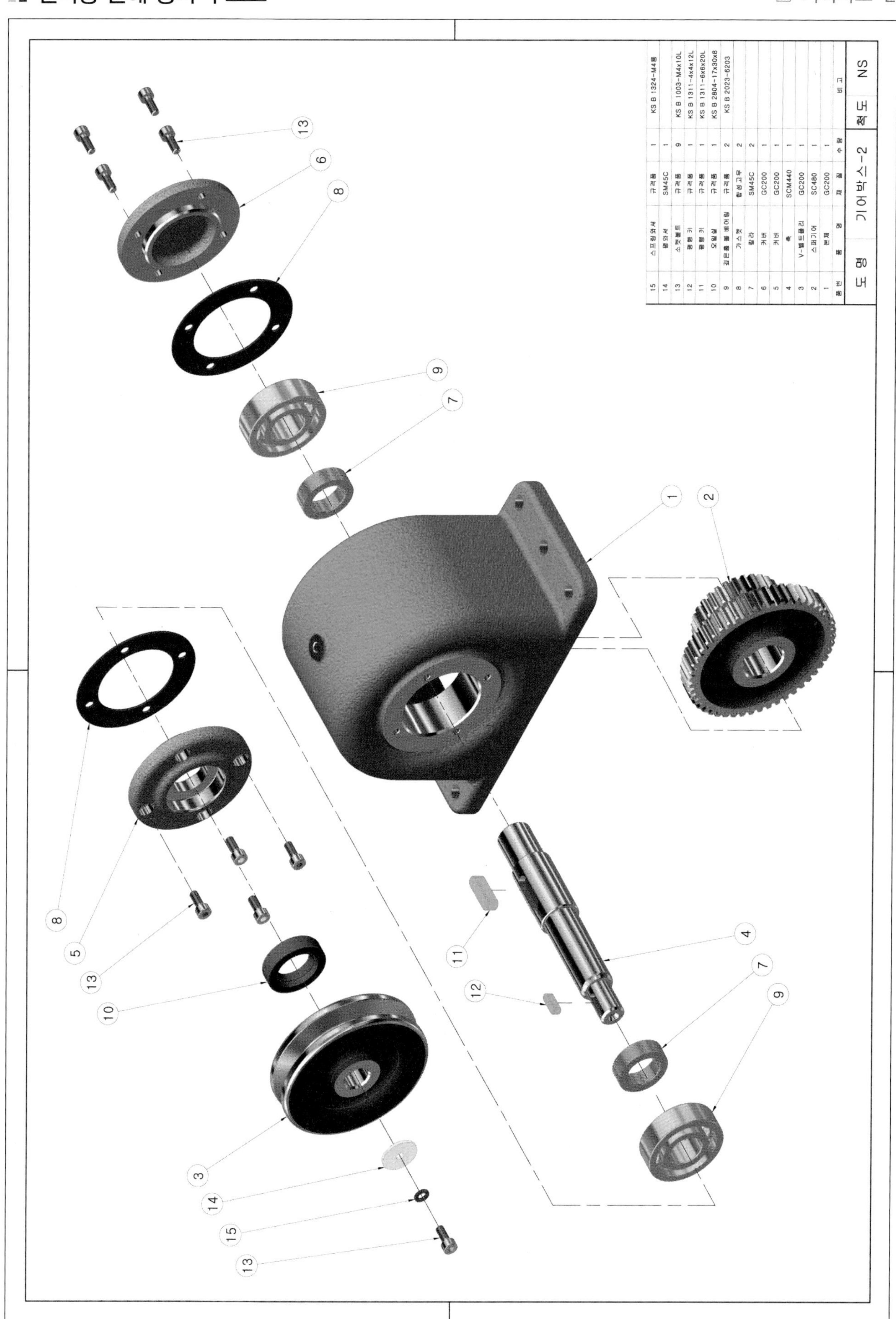

품번	품 명	재 질	수량	비 고
15	스프링와셔	규격품	1	KS B 1324-M4용
14	평와셔	SM45C	1	
13	소켓볼트	규격품	9	KS B 1003-M4x10L
12	평행 키	규격품	1	KS B 1311-4x4x12L
11	평행 키	규격품	1	KS B 1311-6x6x20L
10	오일실	규격품	1	KS B 2804-17x30x8
9	깊은홈 볼 베어링	규격품	2	KS B 2023-6203
8	가스켓	합성고무	2	
7	칼라	SM45C	2	
6	커버	GC200	1	
5	커버	GC200	1	
4	축	SCM440	1	
3	V-벨트풀리	GC200	1	
2	스퍼기어	SC480	1	
1	본체	GC200	1	

도 명	기어박스-2	척 도	NS

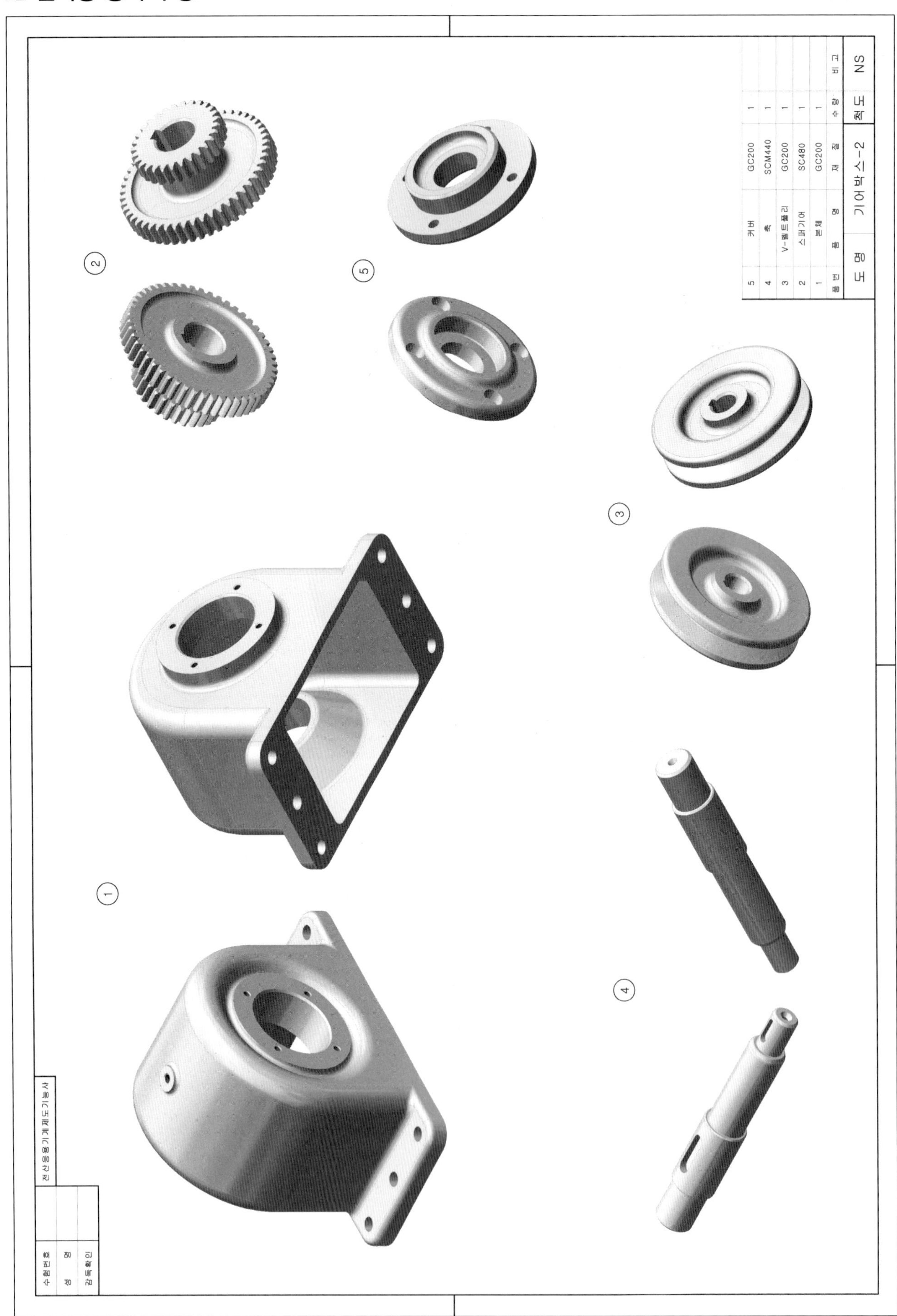

품번	품명	재질	수량	비고
5	커버	GC200	1	
4	축	SCM440	1	
3	V-벨트풀리	GC200	1	
2	스퍼기어	SC480	1	
1	본체	GC200	1	

도명 기어박스-2
척도 NS
수험번호
성명
감독확인
전산응용기계제도기능사
①
②
③
④
⑤

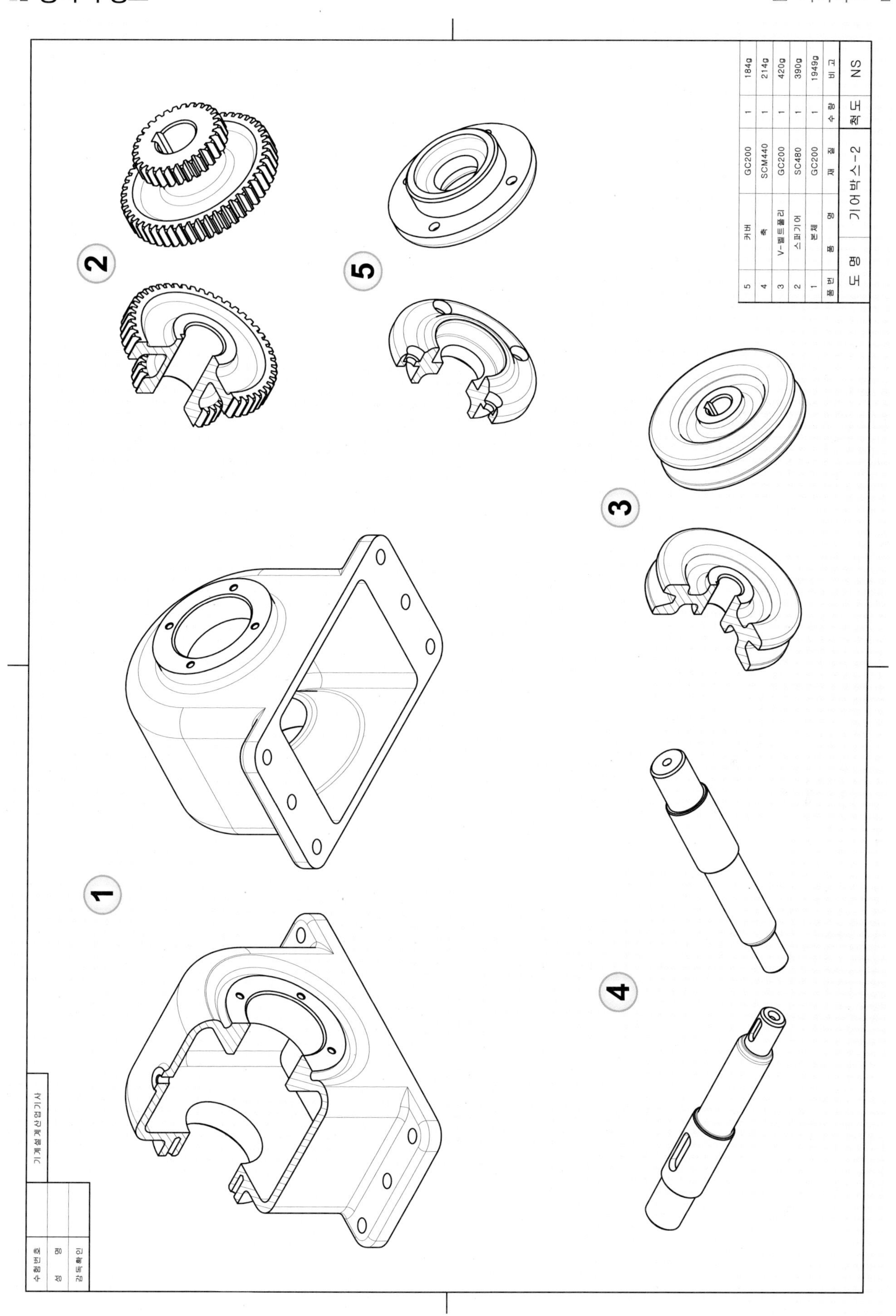
5 커버 GC200 1 184g
4 축 SCM440 1 214g
3 V-벨트풀리 GC200 1 420g
2 스퍼기어 SC480 1 390g
1 본체 GC200 1 1949g
품번 품명 재질 수량 비고
도명 기어박스-2 척도 NS
수험번호
성명
감독확인
기계설계산업기사
1
2
3
4
5

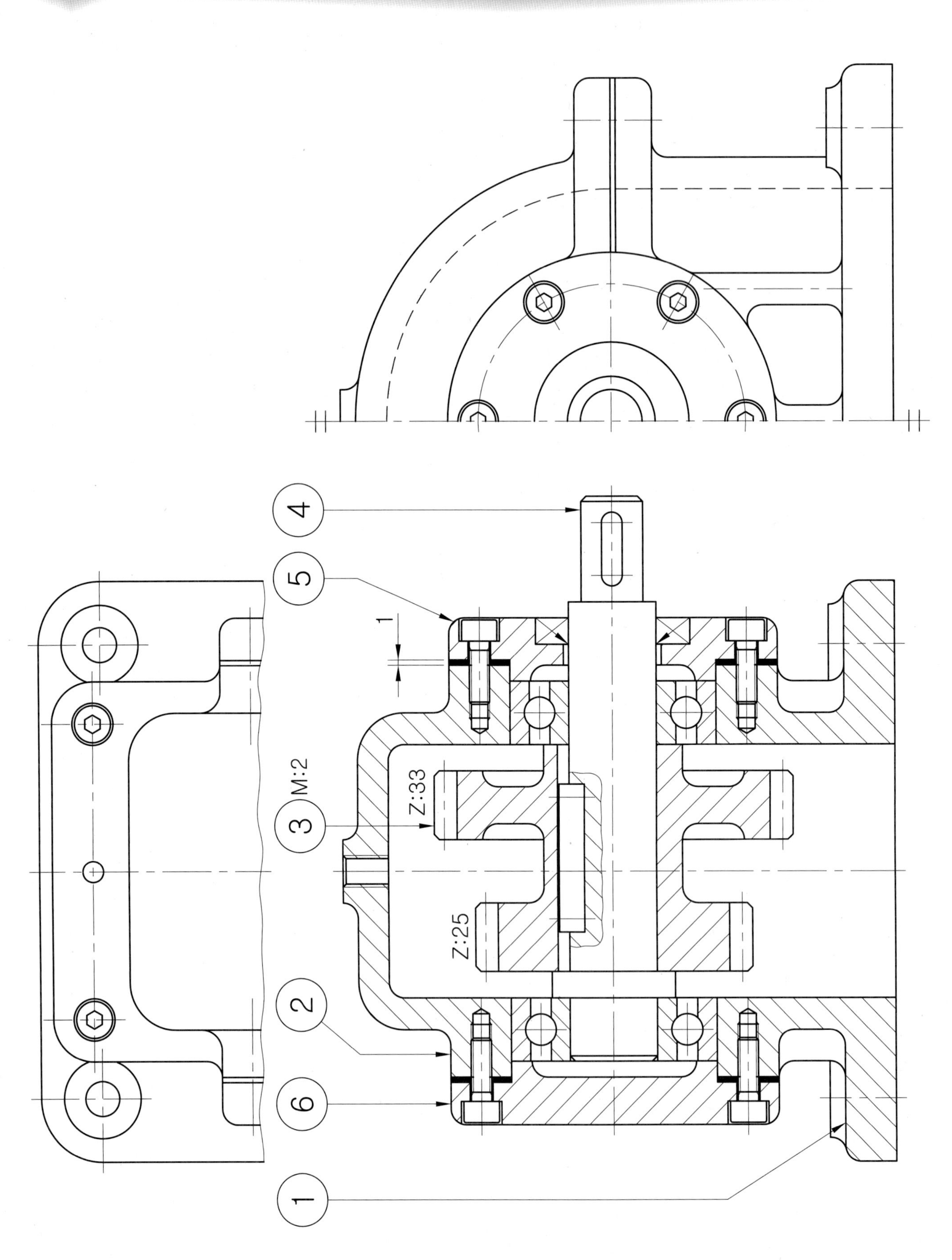
4
5
1
M:2
Z:33
3
Z:25
2
6
1

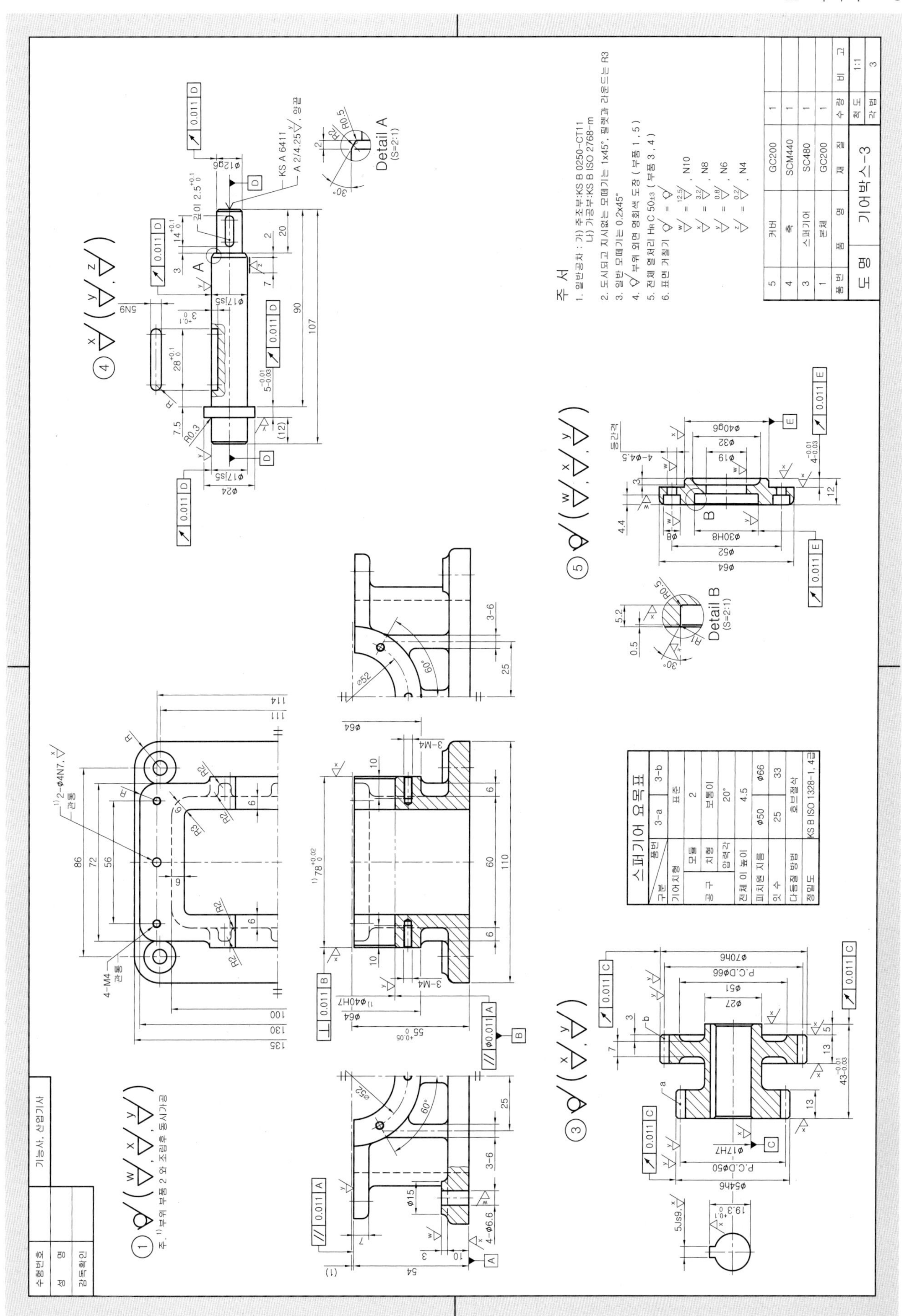
주 서
1. 일반공차 : 가) 주조부:KS B 0250-CT11
나) 가공부:KS B ISO 2768-m
2. 도시되고 지시없는 모떼기는 1x45°, 필렛과 라운드는 R3
3. 일반 모떼기는 0.2x45°
4. 부위 외면 명회색 도장 (부품 1, 5)
5. 전체 열처리 HRC 50±3 (부품 3, 4)
6. 표면 거칠기
N10
N8
N6
N4
스퍼기어 요목표
구분 / 품번 | 3-a | 3-b
기어치형 | 표준
공구 모듈 | 2
치형 | 보통이
압력각 | 20°
전체 이 높이 | 4.5
피치원 지름 | Φ50 | Φ66
잇 수 | 25 | 33
다듬질 방법 | 호브절삭
정밀도 | KS B ISO 1328-1, 4급
5 | 커버 | GC200 | 1
4 | 축 | SCM440 | 1
3 | 스퍼기어 | SC480 | 1
1 | 본체 | GC200 | 1
품번 | 품 명 | 재 질 | 수 량 | 비 고
도 명 | 기어박스-3 | 척 도 | 1:1
각 법 | 3
Detail A (S=2:1)
Detail B (S=2:1)
주. 1) 부위 부품 2 와 조립후 동시가공
수험번호
성 명
감독확인
기능사, 산업기사

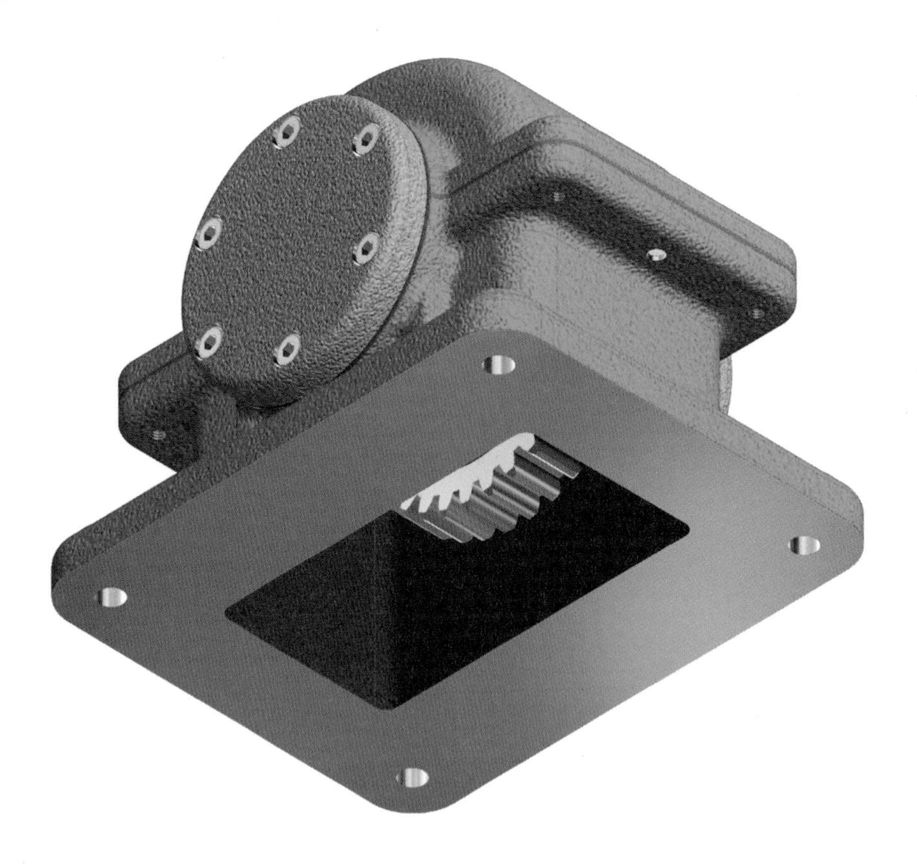

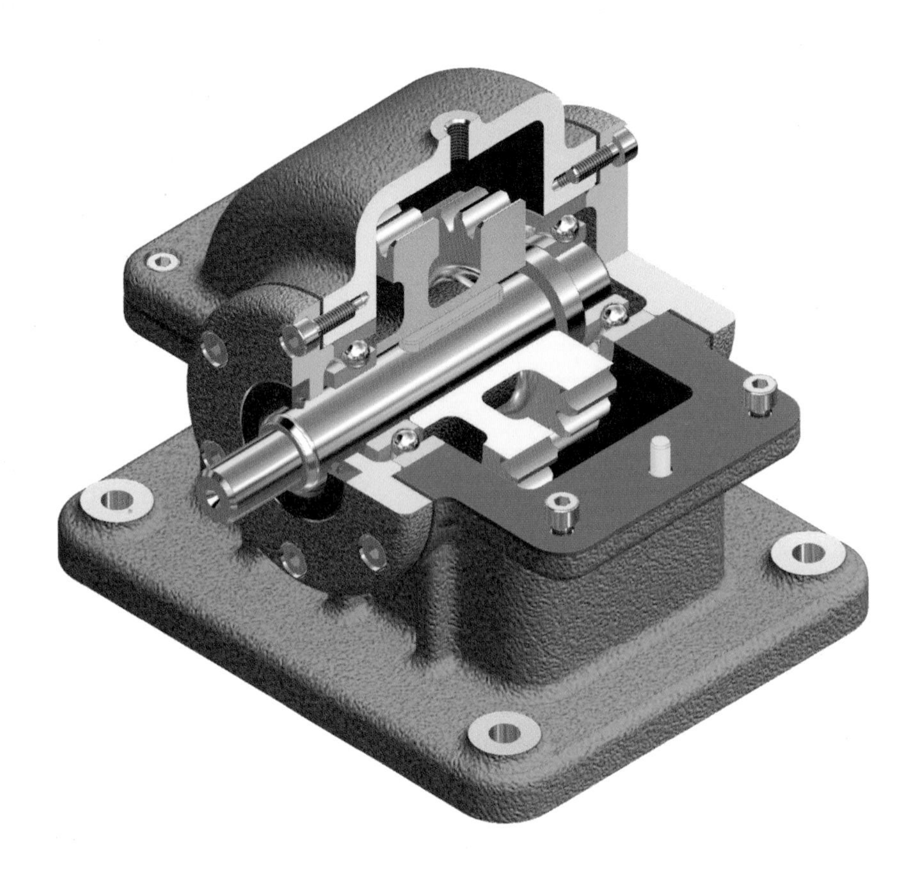

렌더링 분해 등각 구조도

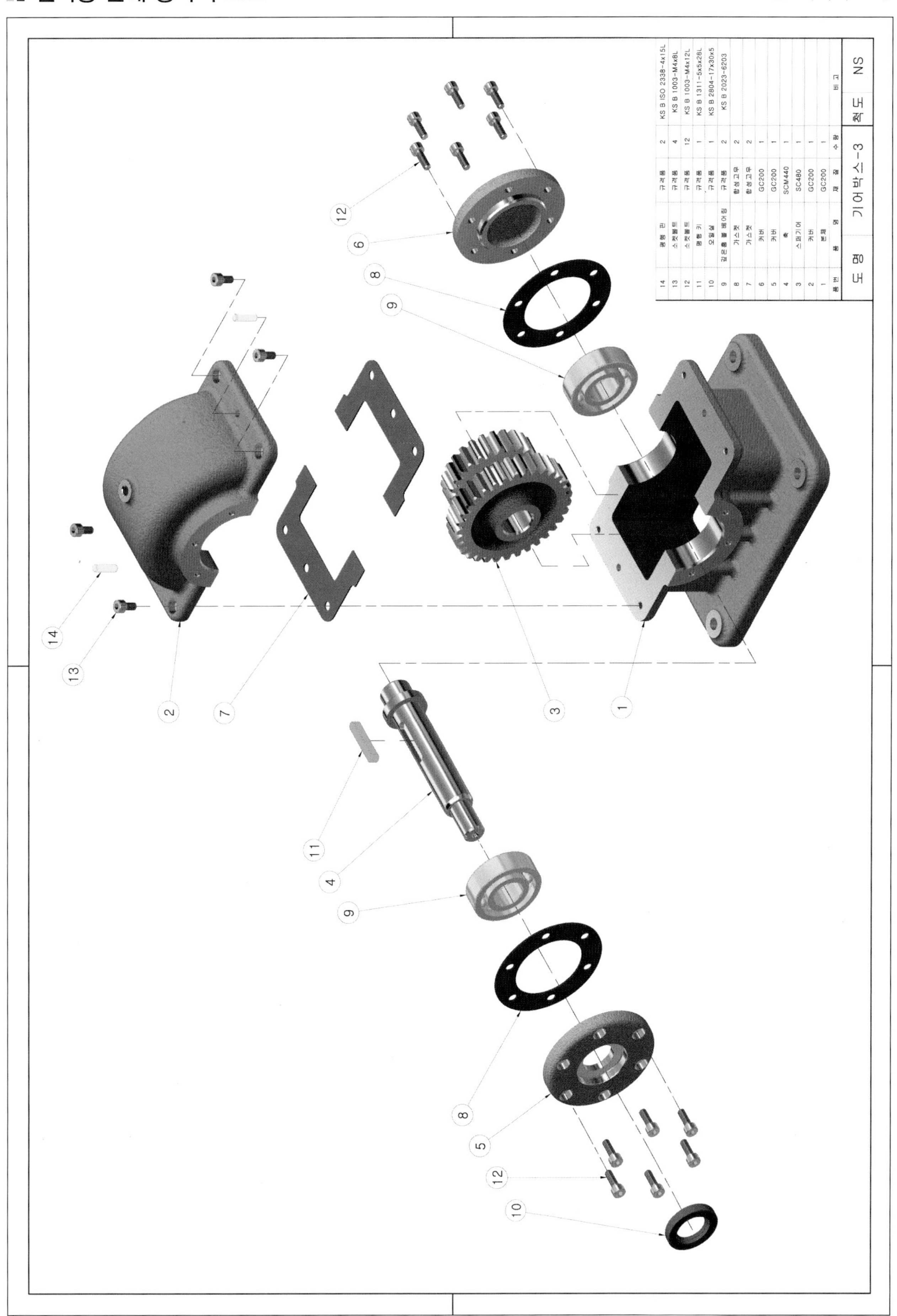

품번	품 명	재 질	수 량	비 고
14	평행 핀	규격품	2	KS B ISO 2338-4x15L
13	소켓볼트	규격품	4	KS B 1003-M4x8L
12	소켓볼트	규격품	12	KS B 1003-M4x12L
11	평행 키	규격품	1	KS B 1311-5x5x28L
10	오일실	규격품	1	KS B 2804-17x30x5
9	깊은홈 볼 베어링	규격품	2	KS B 2023-6203
8	가스켓	합성고무	2	
7	가스켓	합성고무	2	
6	커버	GC200	1	
5	커버	GC200	1	
4	축	SCM440	1	
3	스퍼기어	SC480	1	
2	커버	GC200	1	
1	본체	GC200	1	

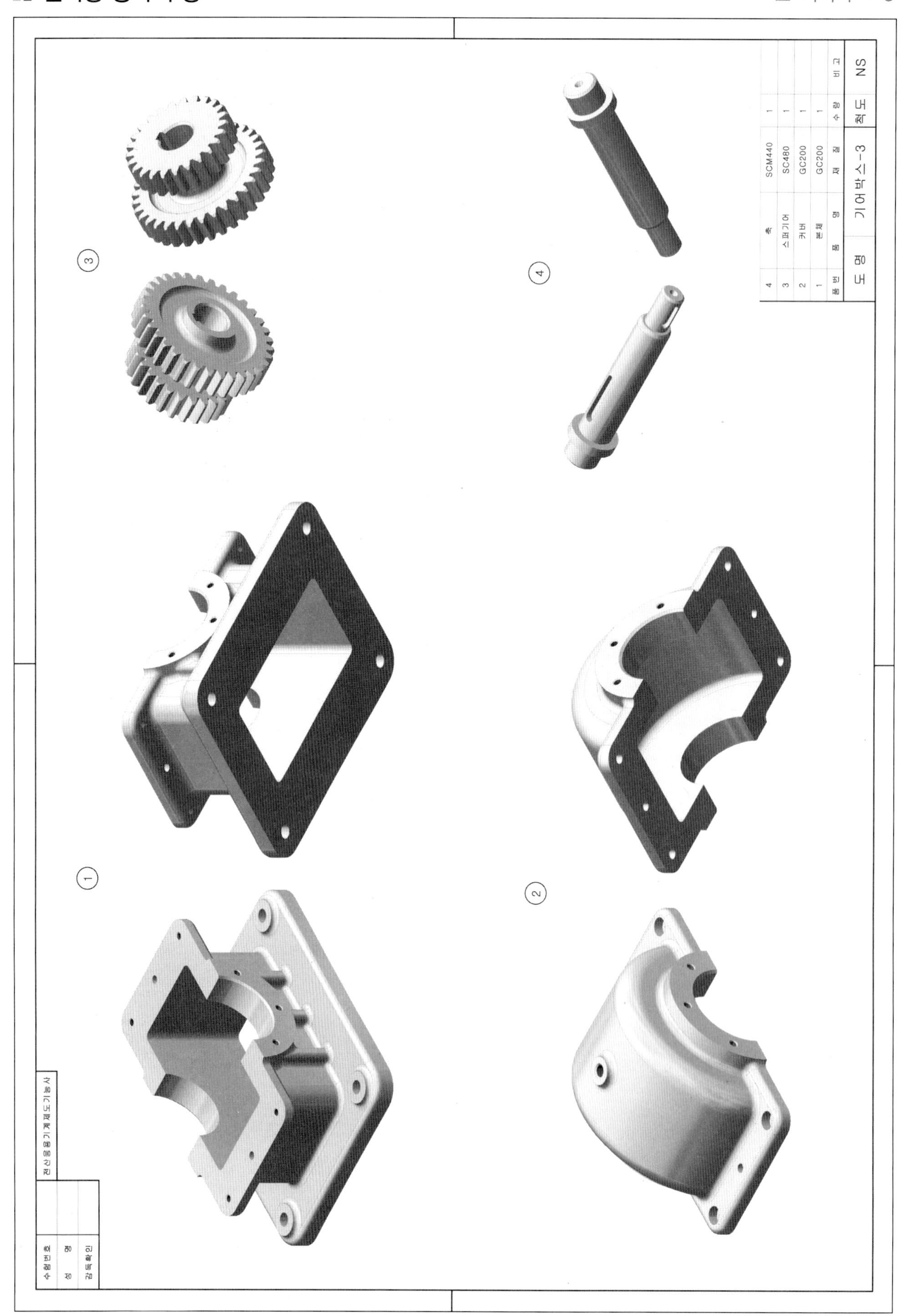
①
②
③
④
4 축 SCM440 1
3 스퍼기어 SC480 1
2 커버 GC200 1
1 본체 GC200 1
품번 품명 재질 수량 비고
도명 기어박스-3 척도 NS
전산응용기계제도기능사
수험번호
성명
감독확인

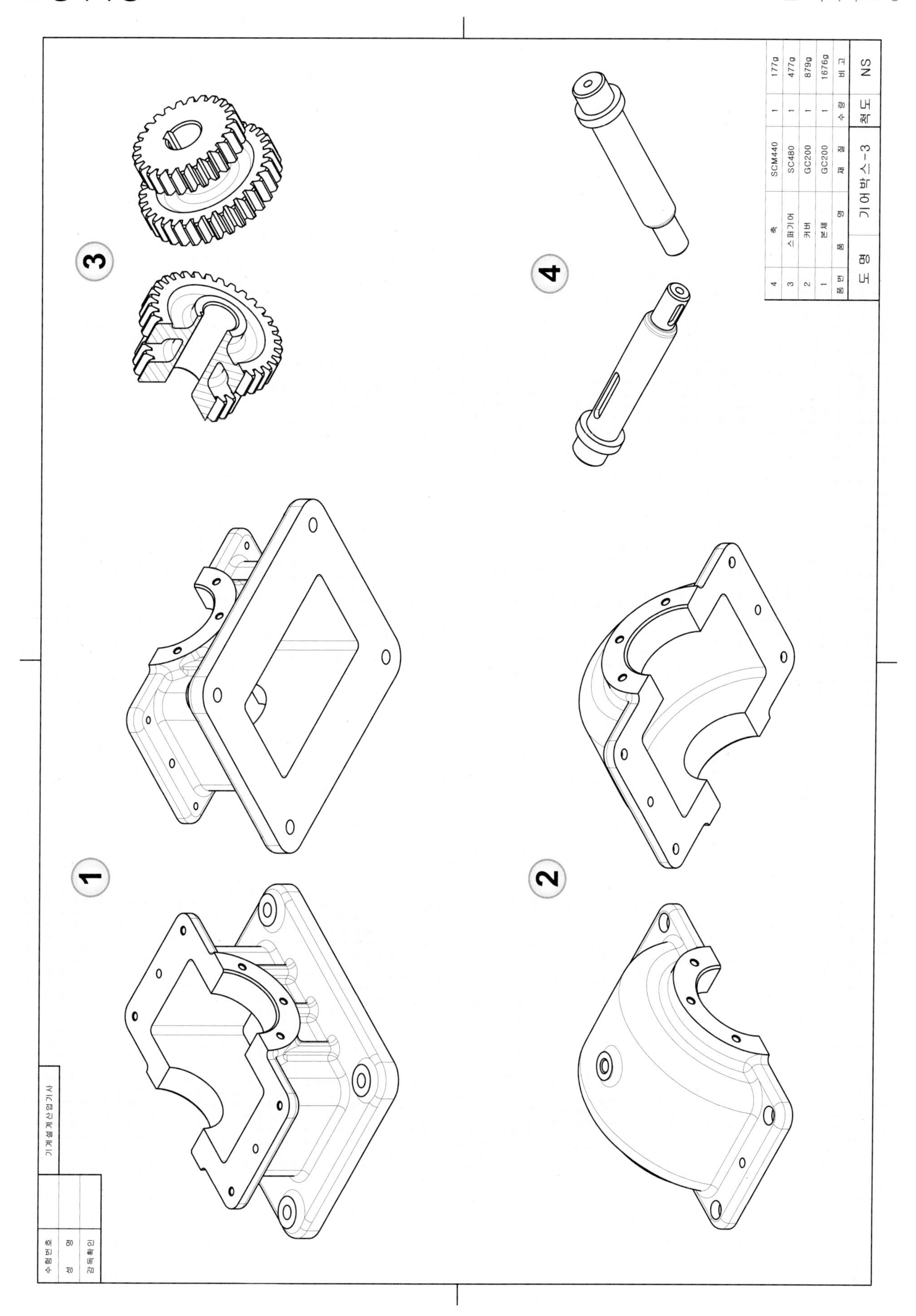

품번	품명	재질	수량	비고
4	축	SCM440	1	177g
3	스퍼기어	SC480	1	477g
2	커버	GC200	1	879g
1	본체	GC200	1	1676g
도명	기어박스-3		척도	NS

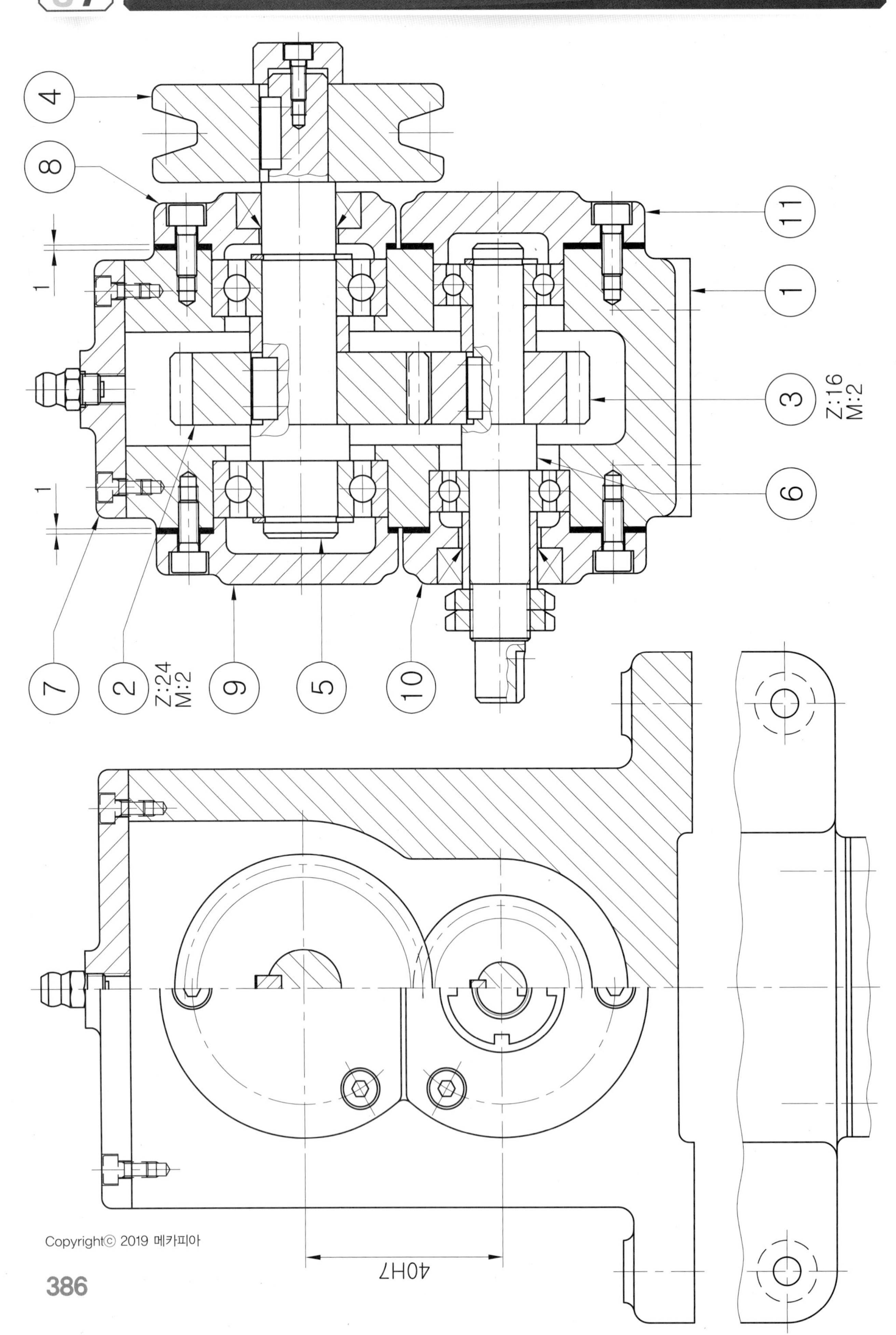
4
8
1
1
11
1
3
Z:16
M:2
6
7
2
Z:24
M:2
9
5
10
40H7

부품도 풀이 예제 도면

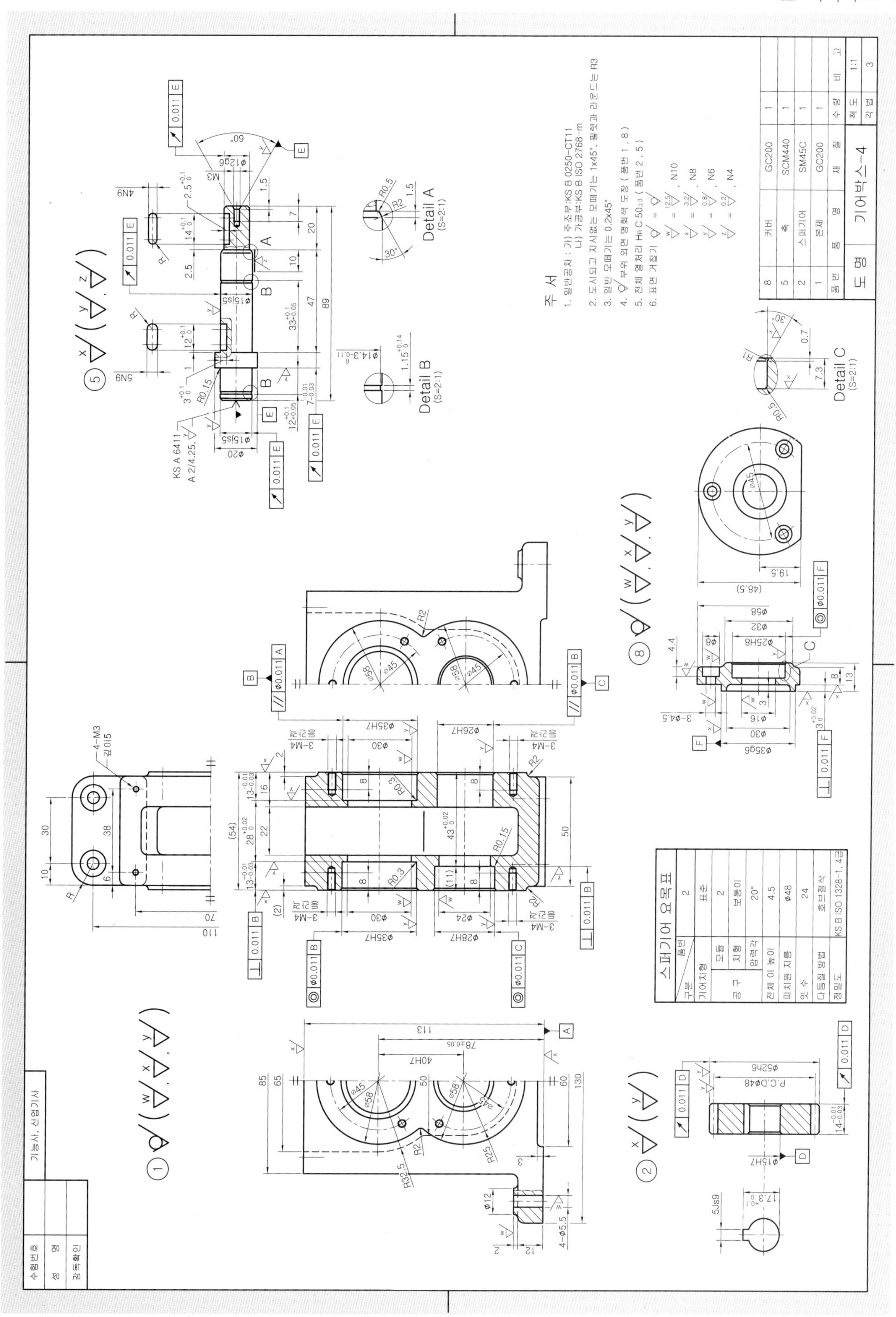
주 서
1. 일반공차 : 가) 주조부:KS B 0250-CT11
나) 가공부:KS B ISO 2768-m
2. 도시되고 지시없는 모떼기는 1x45°, 필렛과 라운드는 R3
3. 일반 모떼기는 0.2x45°
4. 부위 외면 명회색 도장 (품번 1, 8)
5. 전체 열처리 HRC 50±3 (품번 2, 5)
6. 표면 거칠기
스퍼기어 요목표
구분 품번 2
기어치형 표준
공구 모듈 2
치형 보통이
압력각 20°
전체 이 높이 4.5
피치원 지름 Ø48
잇 수 24
다듬질 방법 호브절삭
정밀도 KS B ISO 1328-1, 4급
8 커버 GC200 1
5 축 SCM440 1
2 스퍼기어 SM45C 1
1 본체 GC200 1
품번 품명 재질 수량 비고
척도 1:1
각법 3
도명 기어박스-4
Detail A (S=2:1)
Detail B (S=2:1)
Detail C (S=2:1)
수험번호
성 명
감독확인
기능사, 산업기사

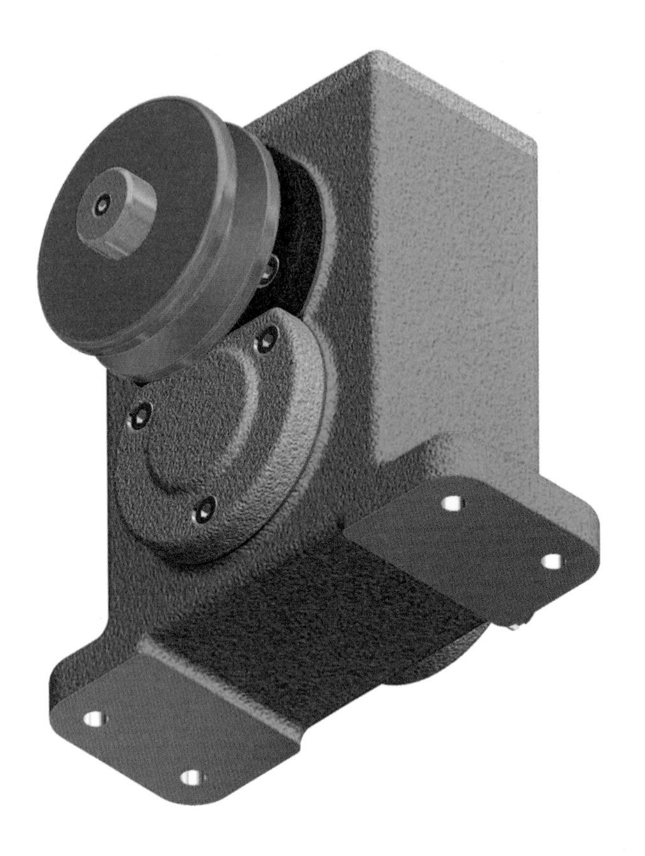

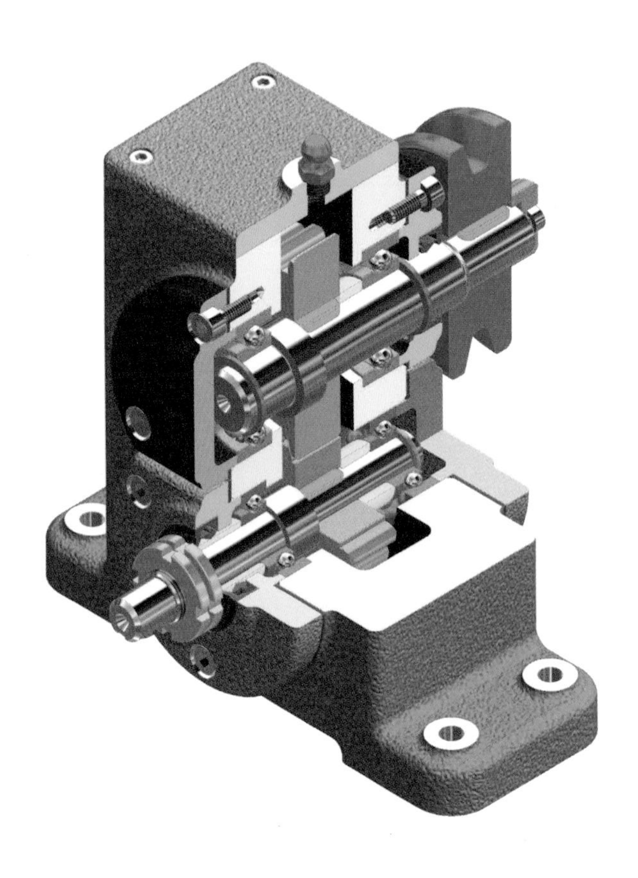

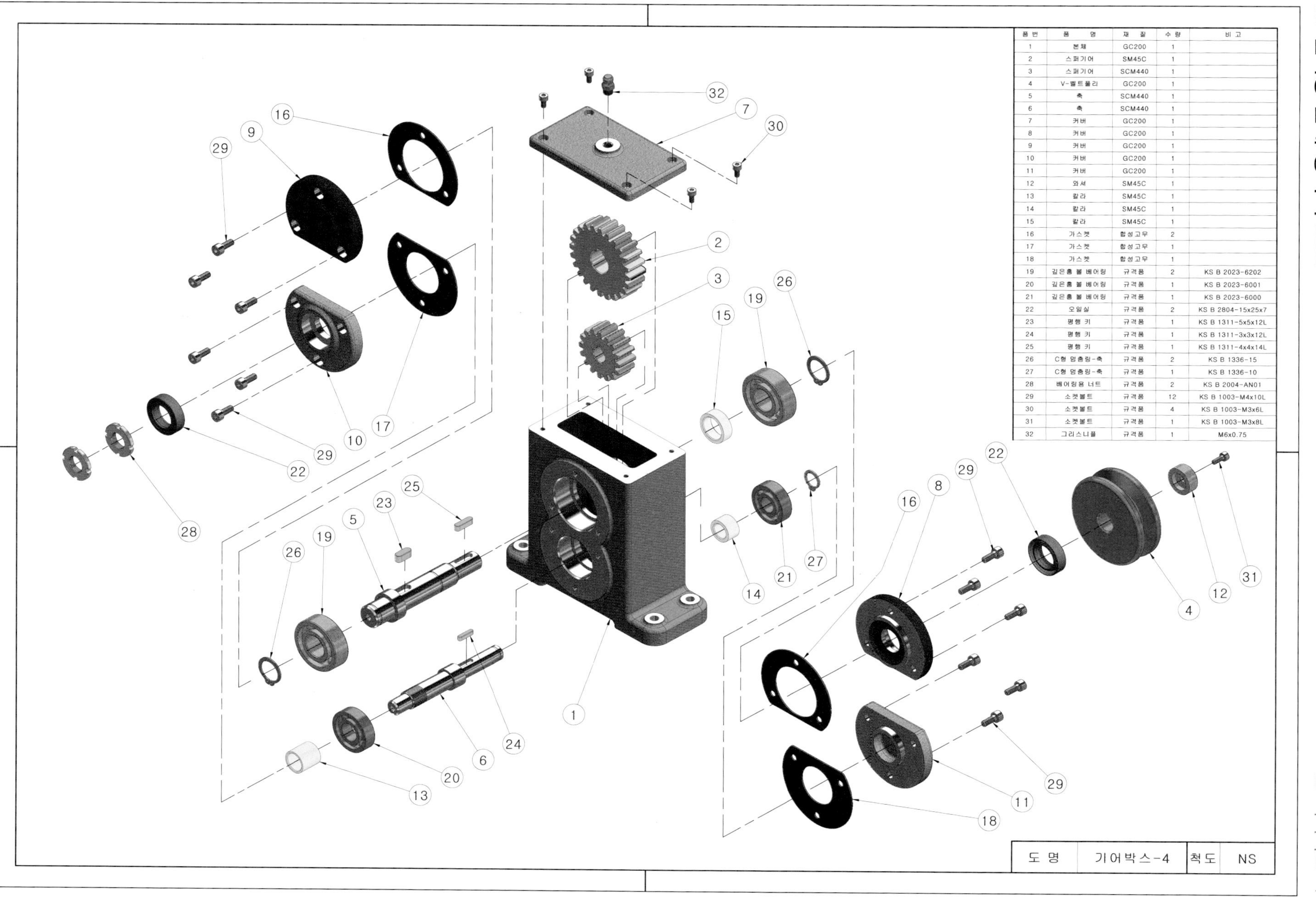

품번	품명	재질	수량	비고
1	본체	GC200	1	
2	스퍼기어	SM45C	1	
3	스퍼기어	SCM440	1	
4	V-벨트풀리	GC200	1	
5	축	SCM440	1	
6	축	SCM440	1	
7	커버	GC200	1	
8	커버	GC200	1	
9	커버	GC200	1	
10	커버	GC200	1	
11	커버	GC200	1	
12	와셔	SM45C	1	
13	칼라	SM45C	1	
14	칼라	SM45C	1	
15	칼라	SM45C	1	
16	가스켓	합성고무	2	
17	가스켓	합성고무	1	
18	가스켓	합성고무	1	
19	깊은홈 볼 베어링	규격품	2	KS B 2023-6202
20	깊은홈 볼 베어링	규격품	1	KS B 2023-6001
21	깊은홈 볼 베어링	규격품	1	KS B 2023-6000
22	오일실	규격품	2	KS B 2804-15x25x7
23	평행 키	규격품	1	KS B 1311-5x5x12L
24	평행 키	규격품	1	KS B 1311-3x3x12L
25	평행 키	규격품	1	KS B 1311-4x4x14L
26	C형 멈춤링-축	규격품	2	KS B 1336-15
27	C형 멈춤링-축	규격품	1	KS B 1336-10
28	베어링용 너트	규격품	2	KS B 2004-AN01
29	소켓볼트	규격품	12	KS B 1003-M4x10L
30	소켓볼트	규격품	4	KS B 1003-M3x6L
31	소켓볼트	규격품	1	KS B 1003-M3x8L
32	그리스니플	규격품	1	M6x0.75

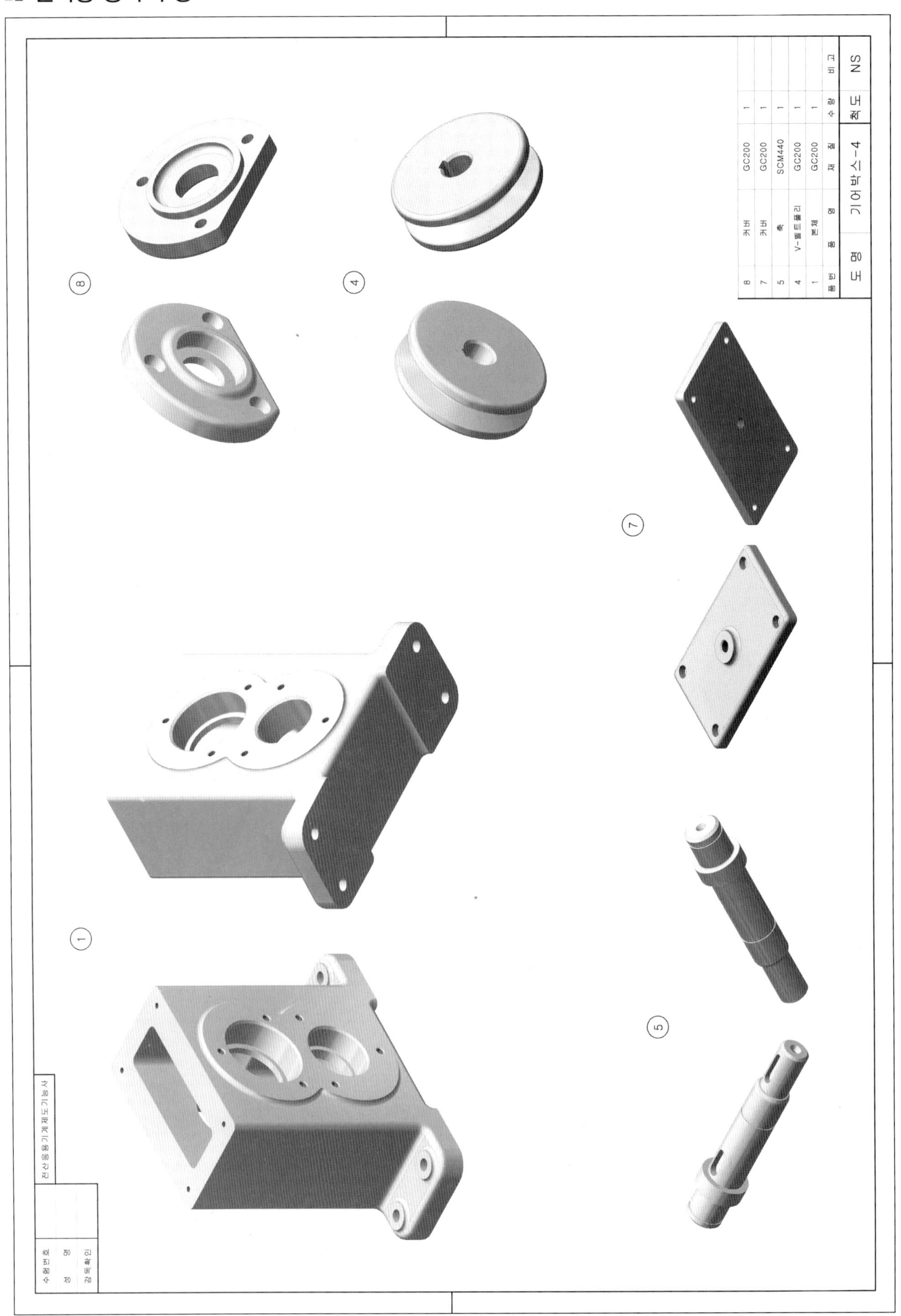
8 커버 GC200 1
7 커버 GC200 1
5 축 SCM440 1
4 V-벨트풀리 GC200 1
1 본체 GC200 1
품번 품명 재질 수량 비고
도명 기어박스-4
척도 NS
수험번호
성명
감독확인
전산응용기계제도기능사
⑧
④
⑦
①
⑤

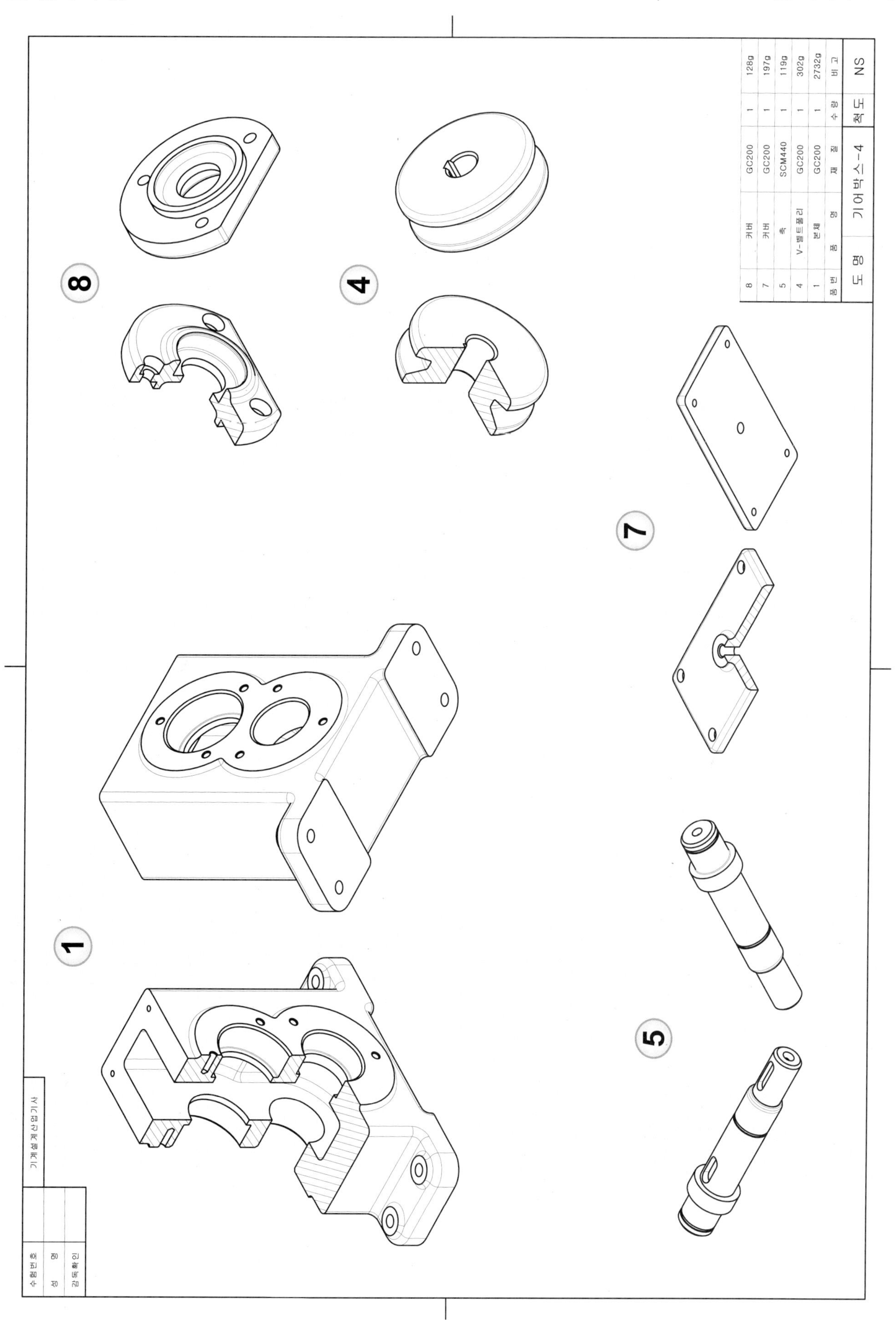
8
4
7
1
5
8 커버 GC200 1 128g
7 커버 GC200 1 197g
5 축 SCM440 1 119g
4 V-벨트풀리 GC200 1 302g
1 본체 GC200 1 2732g
품번 품명 재질 수량 비고
도명 기어박스-4 척도 NS
기계설계산업기사
수험번호
성명
감독확인

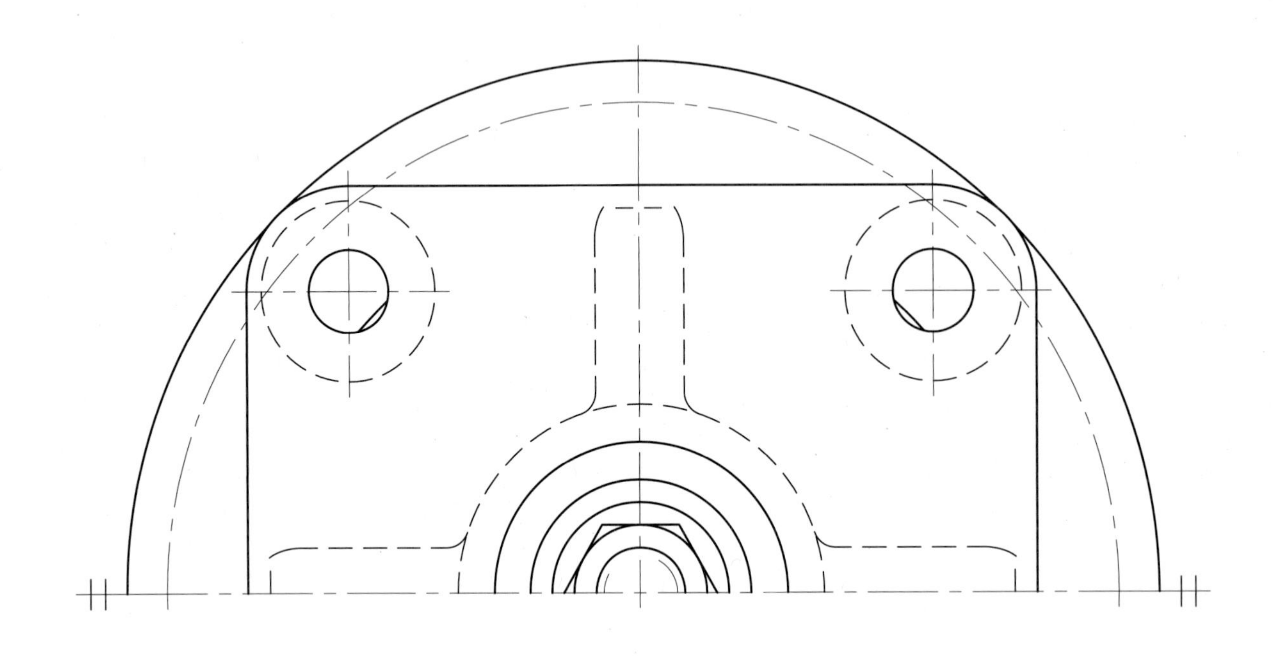

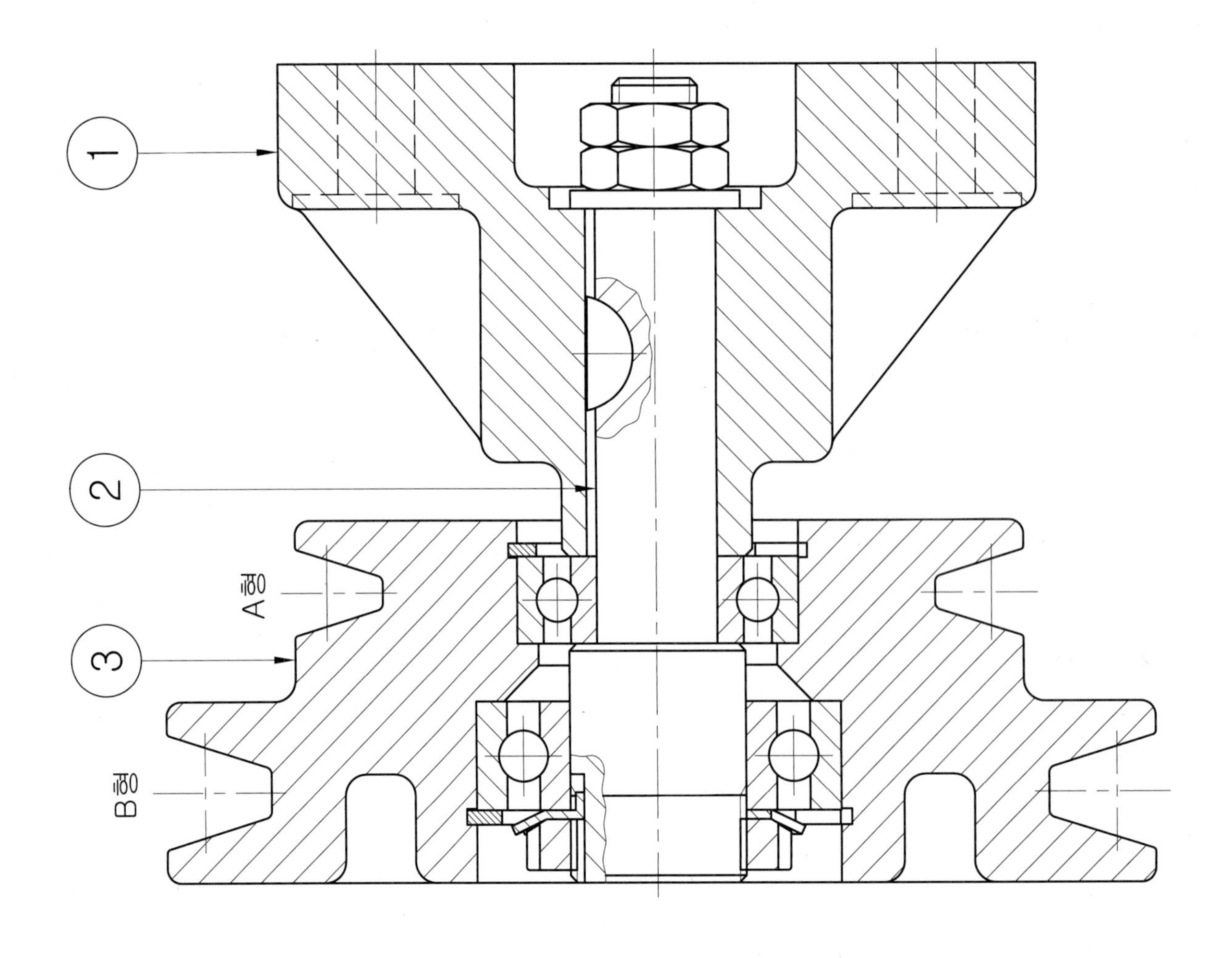
1
2
3
A형
B형

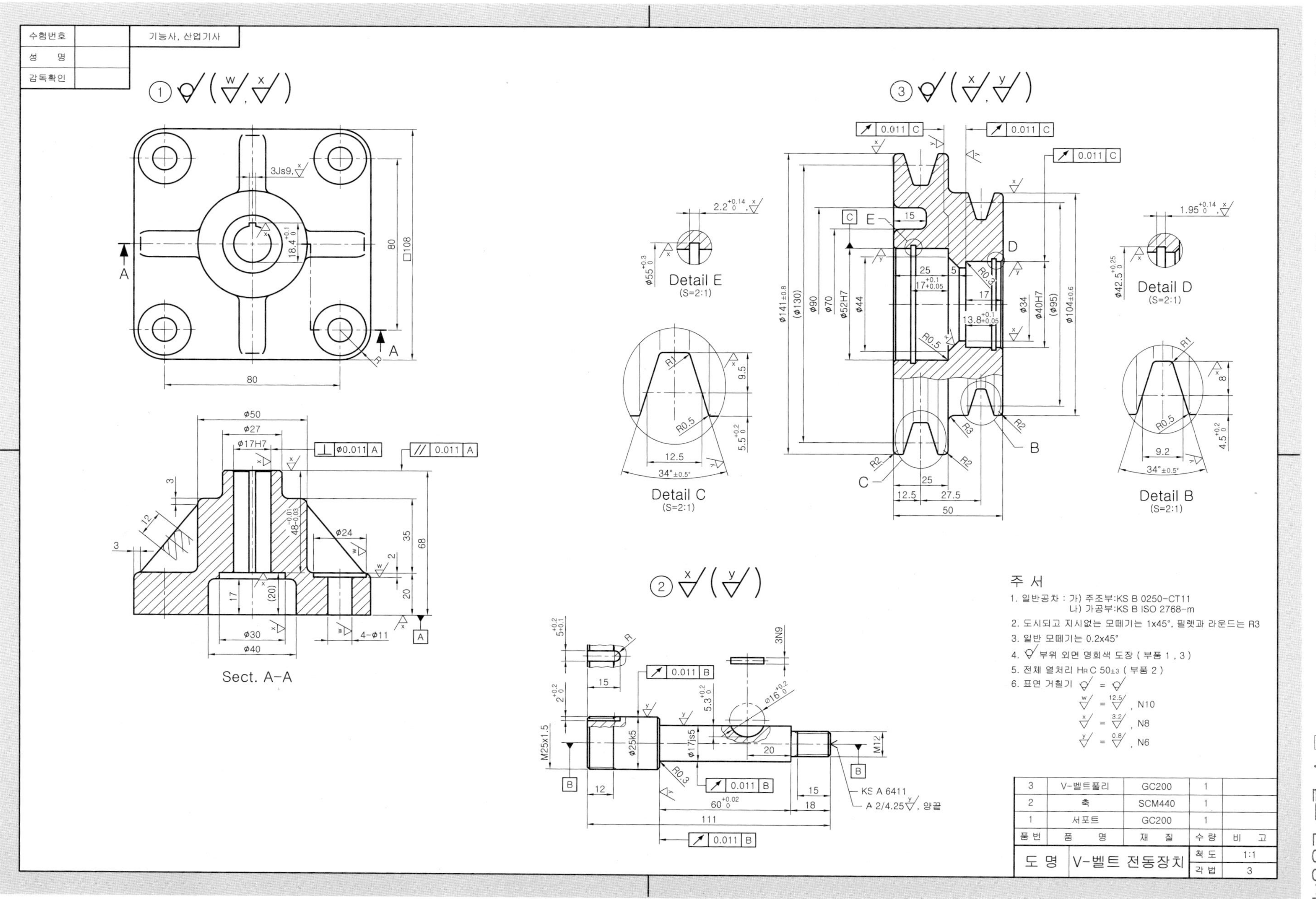
수험번호
성 명
감독확인
기능사, 산업기사
Sect. A-A
Detail E
(S=2:1)
Detail C
(S=2:1)
Detail D
(S=2:1)
Detail B
(S=2:1)
KS A 6411
A 2/4.25, 양끝
주 서
1. 일반공차 : 가) 주조부:KS B 0250-CT11
나) 가공부:KS B ISO 2768-m
2. 도시되고 지시없는 모떼기는 1x45°, 필렛과 라운드는 R3
3. 일반 모떼기는 0.2x45°
4. 부위 외면 명회색 도장 (부품 1 , 3)
5. 전체 열처리 HRC 50±3 (부품 2)
6. 표면 거칠기
N10
N8
N6
3 V-벨트풀리 GC200 1
2 축 SCM440 1
1 서포트 GC200 1
품번 품명 재질 수량 비고
도명 V-벨트 전동장치
척도 1:1
각법 3

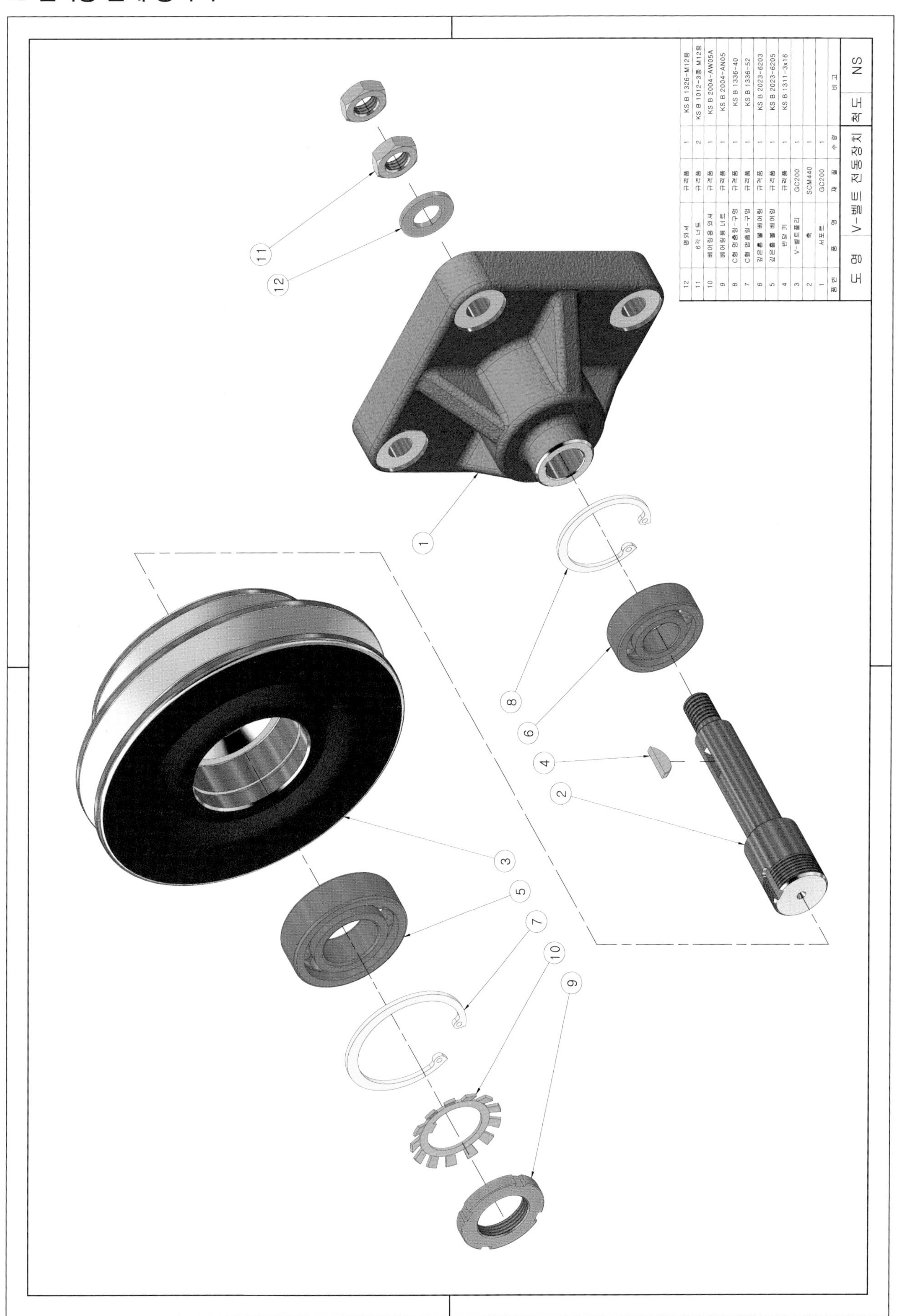

품번	품명	재질	수량	비고
12	평와셔	규격품	1	KS B 1326-M12용
11	6각 너트	규격품	2	KS B 1012-3종 M12용
10	베어링용 와셔	규격품	1	KS B 2004-AW05A
9	베어링용 너트	규격품	1	KS B 2004-AN05
8	C형 멈춤링-구멍	규격품	1	KS B 1336-40
7	C형 멈춤링-구멍	규격품	1	KS B 1336-52
6	깊은홈 볼 베어링	규격품	1	KS B 2023-6203
5	깊은홈 볼 베어링	규격품	1	KS B 2023-6205
4	반달 키	규격품	1	KS B 1311-3x16
3	V-벨트풀리	GC200	1	
2	축	SCM440	1	
1	서포트	GC200	1	

도명	V-벨트 전동장치	척도	NS

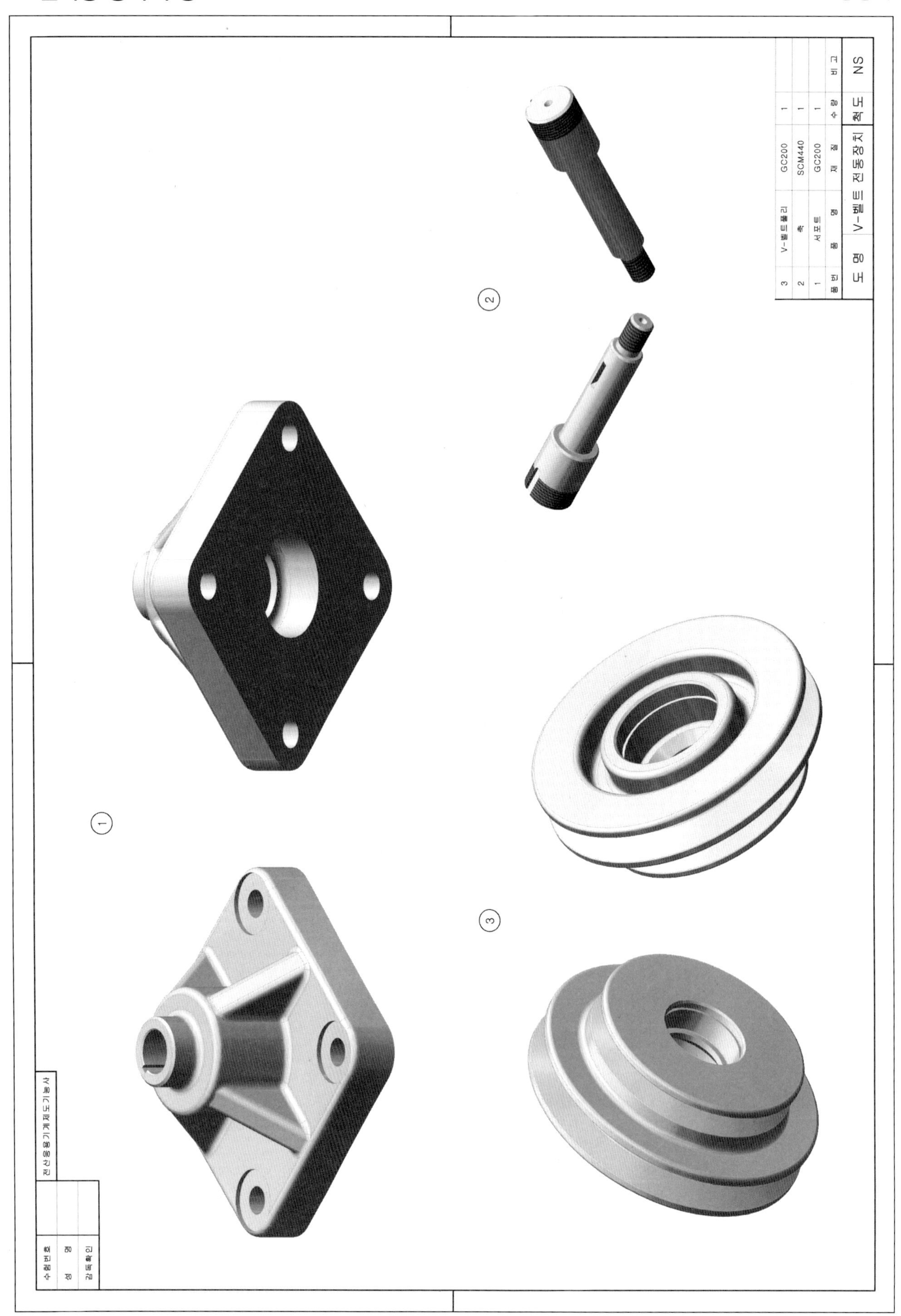
3 V-벨트풀리 GC200 1
2 축 SCM440 1
1 서포트 GC200 1
품번 품명 재질 수량 비고
도명 V-벨트 전동장치 척도 NS
①
②
③
전산응용기계제도기능사
수험번호
성명
감독확인

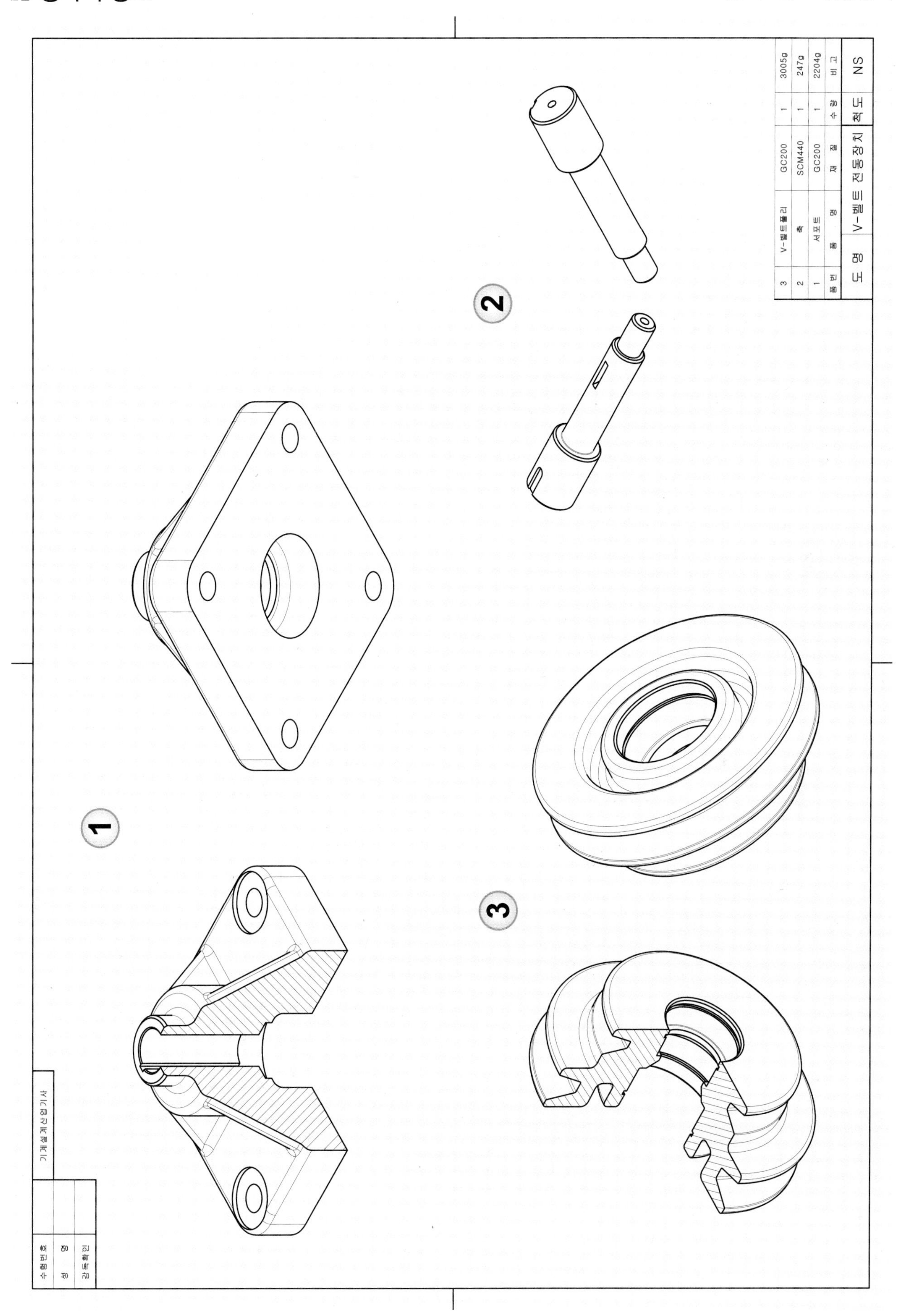
3 V-벨트풀리 GC200 1 3005g
2 축 SCM440 1 247g
1 서포트 GC200 1 2204g
품번 품명 재질 수량 비고
도명 V-벨트 전동장치 척도 NS
1
2
3
기계설계산업기사
수험번호
성명
감독확인

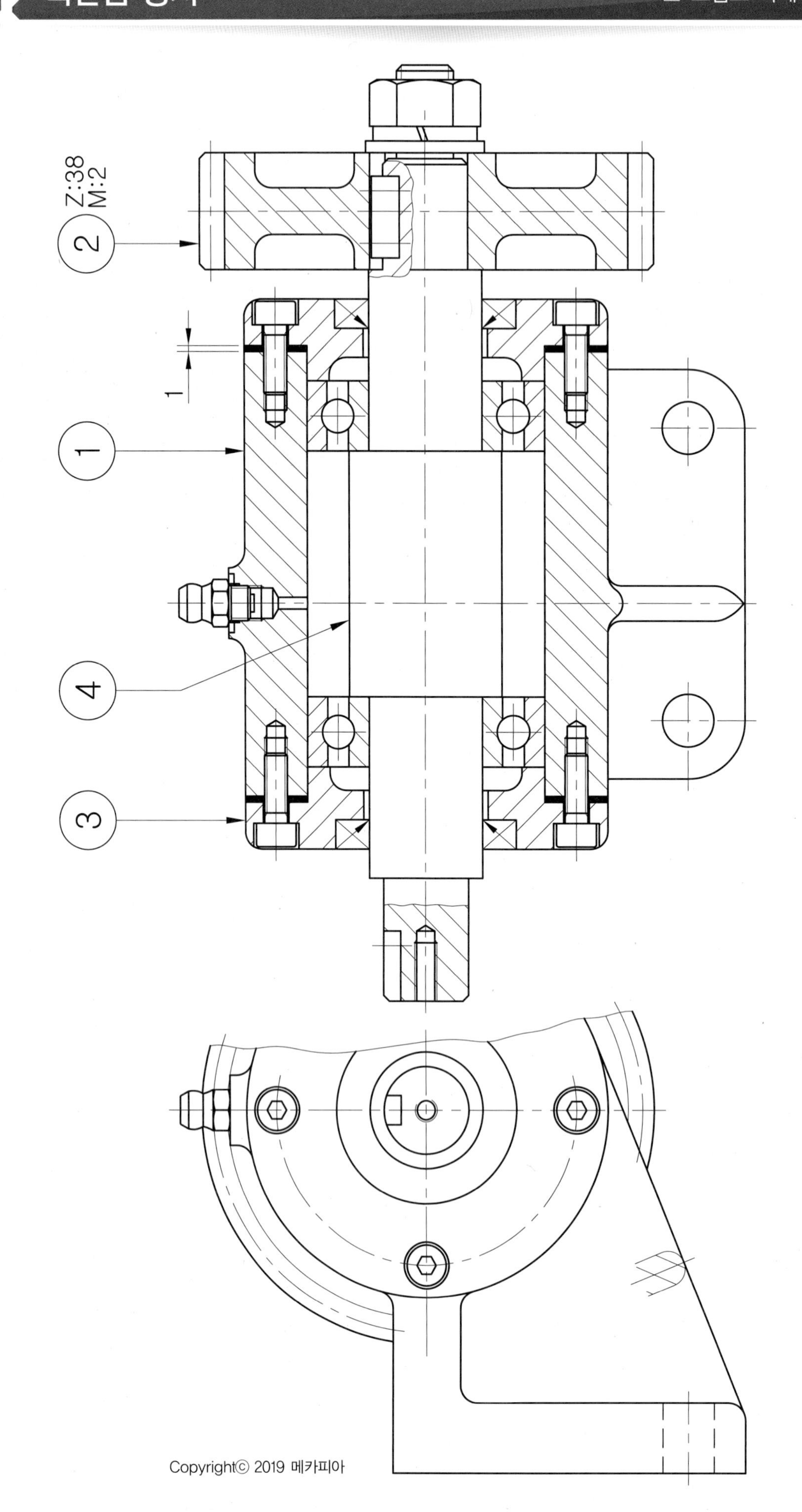
Z:38
M:2
2
1
1
4
3

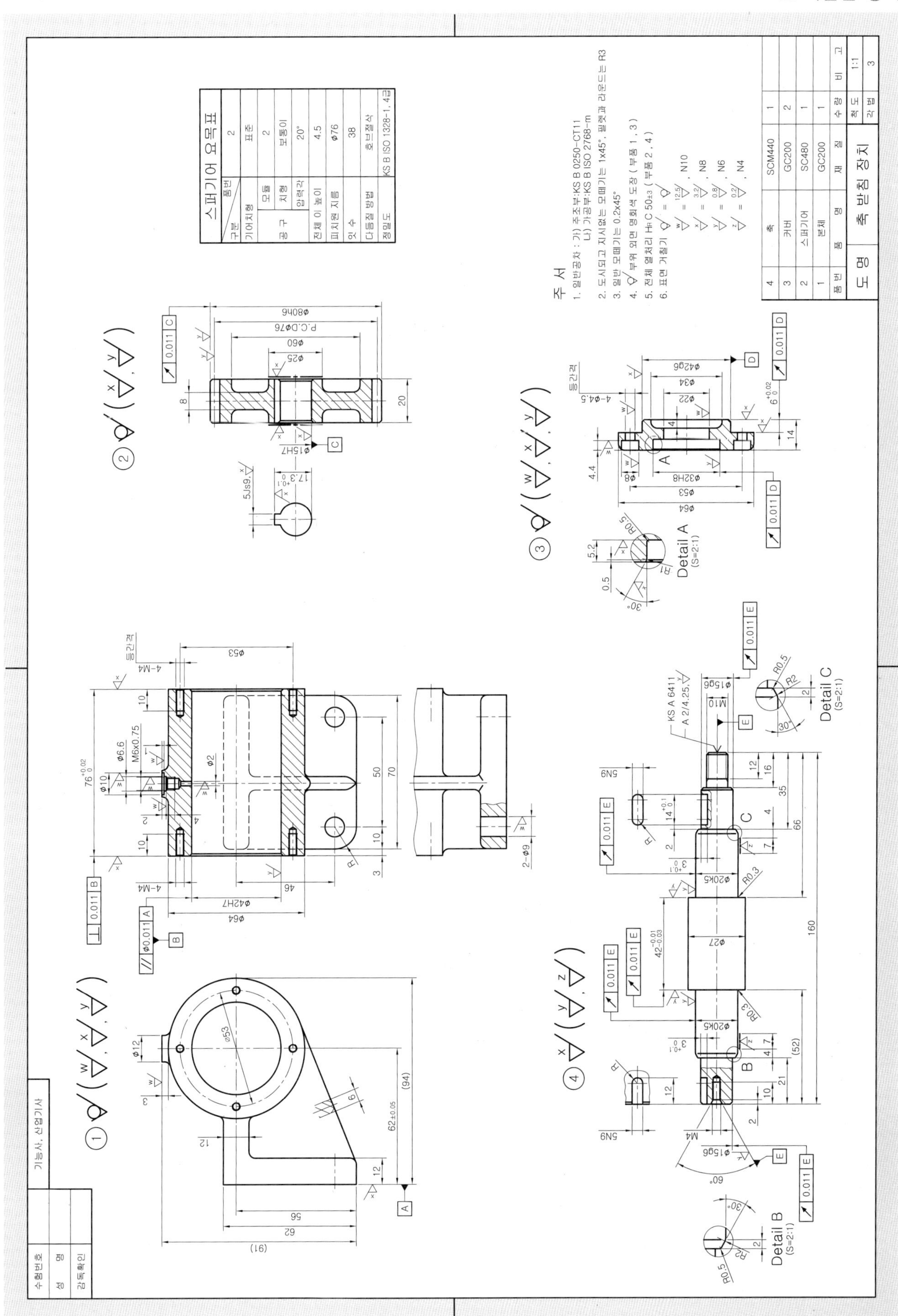
스퍼기어 요목표
구분 품번 2
기어치형 표준
공구 모듈 2
치형 보통이
압력각 20°
전체 이 높이 4.5
피치원 지름 φ76
잇 수 38
다듬질 방법 호브절삭
정밀도 KS B ISO 1328-1, 4급
주 서
1. 일반공차 : 가) 주조부:KS B 0250-CT11
나) 가공부:KS B ISO 2768-m
2. 도시되고 지시없는 모떼기는 1x45°, 필렛과 라운드는 R3
3. 일반 모떼기는 0.2x45°
4. 부위 외면 명회색 도장 (부품 1, 3)
5. 전체 열처리 HRC 50±3 (부품 2, 4)
6. 표면 거칠기
4 축 SCM440 1
3 커버 GC200 2
2 스퍼기어 SC480 1
1 본체 GC200 1
품번 품명 재질 수량 비고
도명 축 받침 장치
척도 1:1
각법 3
Detail A (S=2:1)
Detail B (S=2:1)
Detail C (S=2:1)
KS A 6411 A 2/4.25
수험번호
성 명
감독확인
기능사, 산업기사

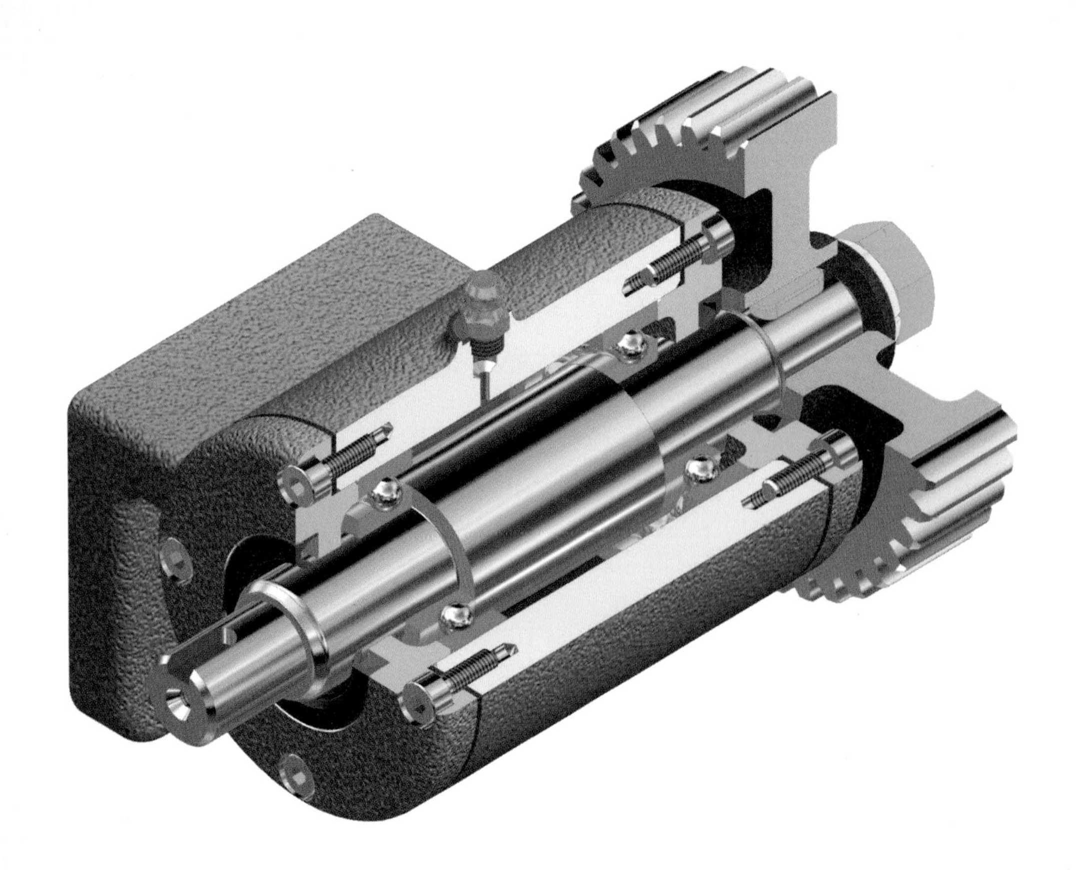

렌더링 분해 등각 구조도

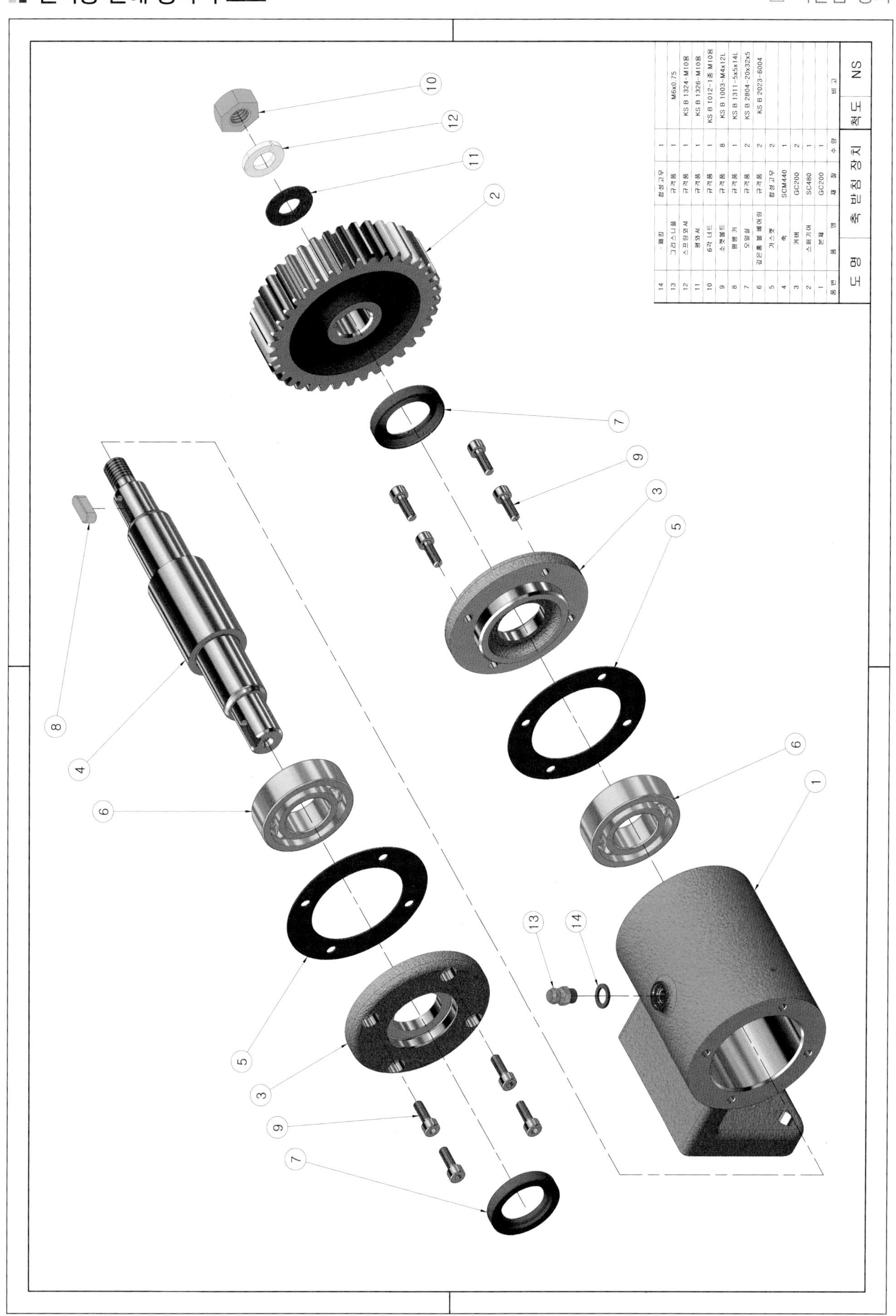

품번	품명	재질	수량	비고
14	패킹	합성고무	1	
13	그리스니플	규격품	1	M6x0.75
12	스프링와셔	규격품	1	KS B 1324-M10용
11	평와셔	규격품	1	KS B 1326-M10용
10	6각 너트	규격품	1	KS B 1012-1종 M10용
9	소켓볼트	규격품	8	KS B 1003-M4x12L
8	평행 키	규격품	1	KS B 1311-5x5x14L
7	오일실	규격품	2	KS B 2804-20x32x5
6	깊은홈 볼 베어링	규격품	2	KS B 2023-6004
5	가스켓	합성고무	2	
4	축	SCM440	1	
3	커버	GC200	2	
2	스퍼기어	SC480	1	
1	본체	GC200	1	

도명	축 받침 장치	척도	NS

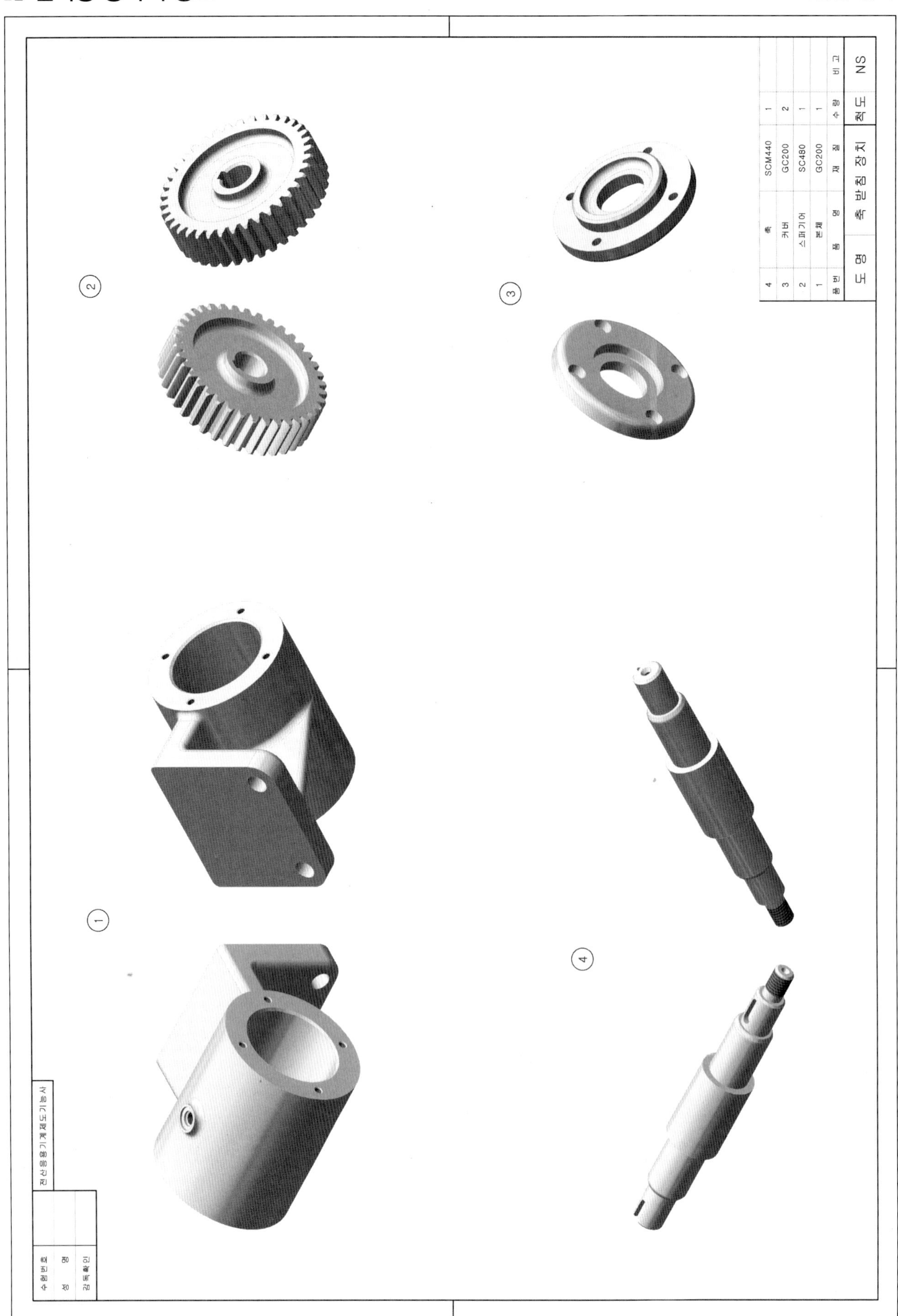

4 축 SCM440 1
3 커버 GC200 2
2 스퍼기어 SC480 1
1 본체 GC200 1
품번 품명 재질 수량 비고
도명 축 받침 장치 척도 NS
전산응용기계제도기능사
수험번호
성명
감독확인
①
②
③
④

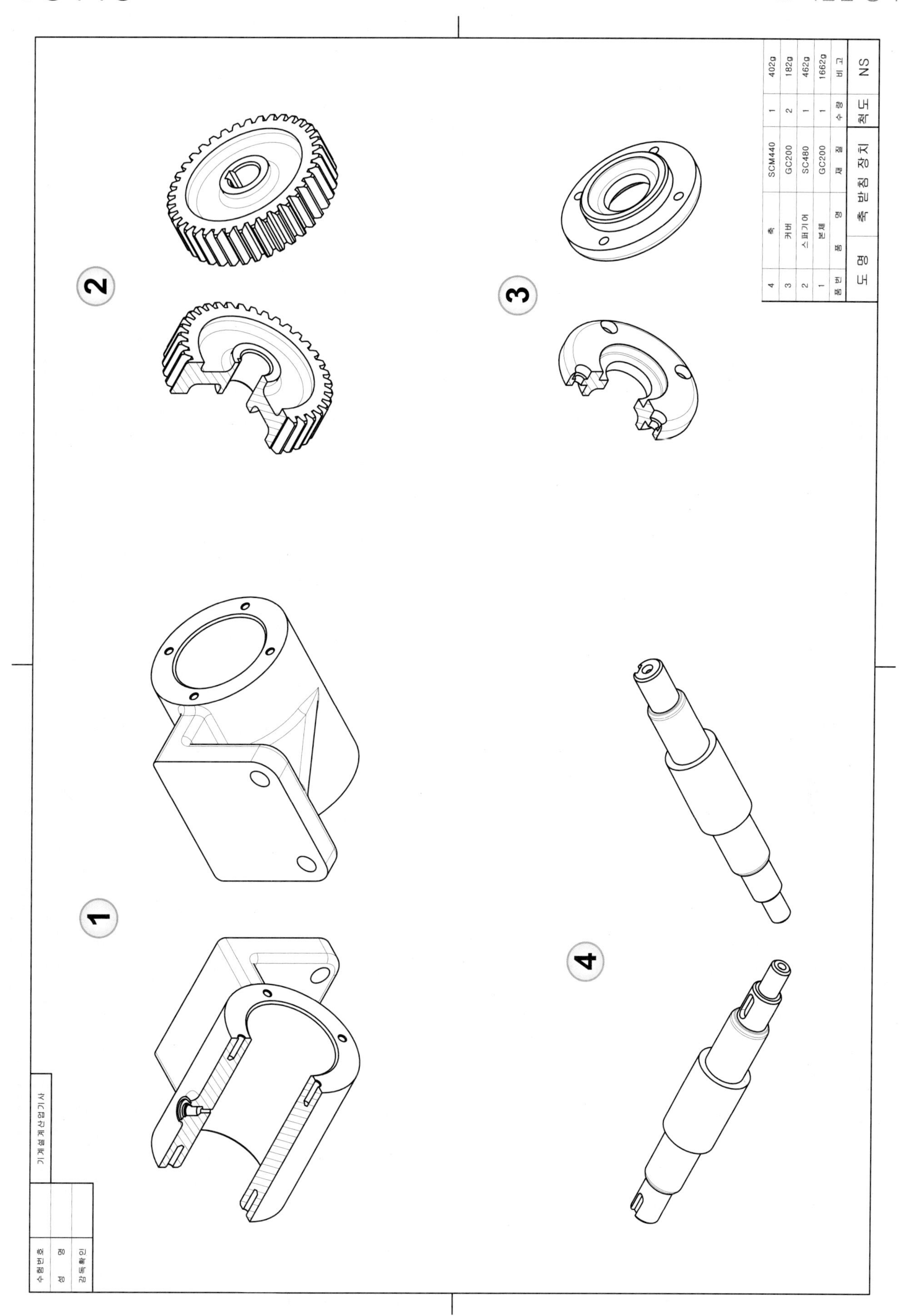

품 번	품 명	재 질	수 량	비 고
4	축	SCM440	1	402g
3	커버	GC200	2	182g
2	스퍼기어	SC480	1	462g
1	본체	GC200	1	1662g
도 명	축 받침 장치		척 도	NS

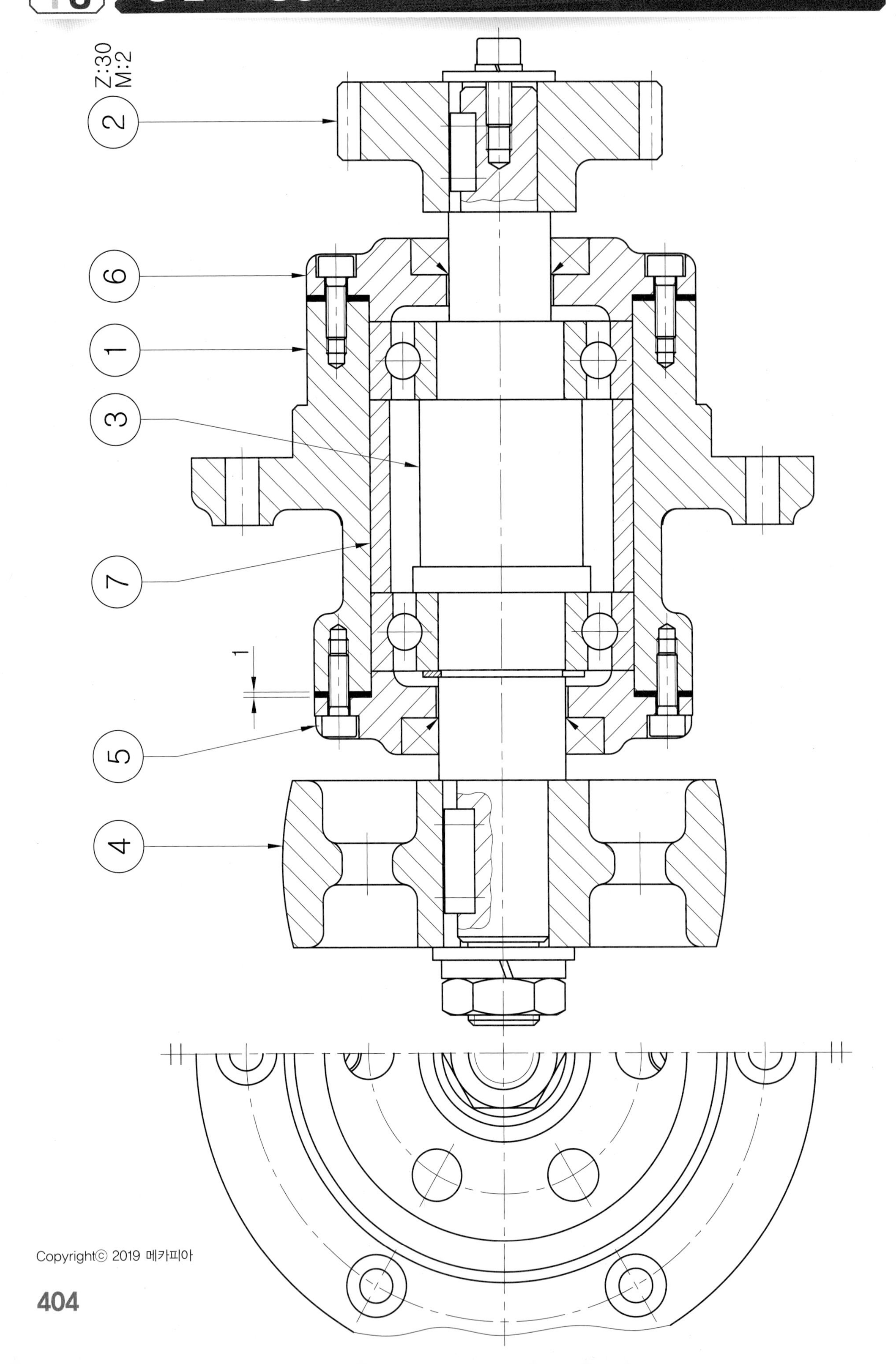
Z:30
M:2
2
6
1
3
7
1
5
4

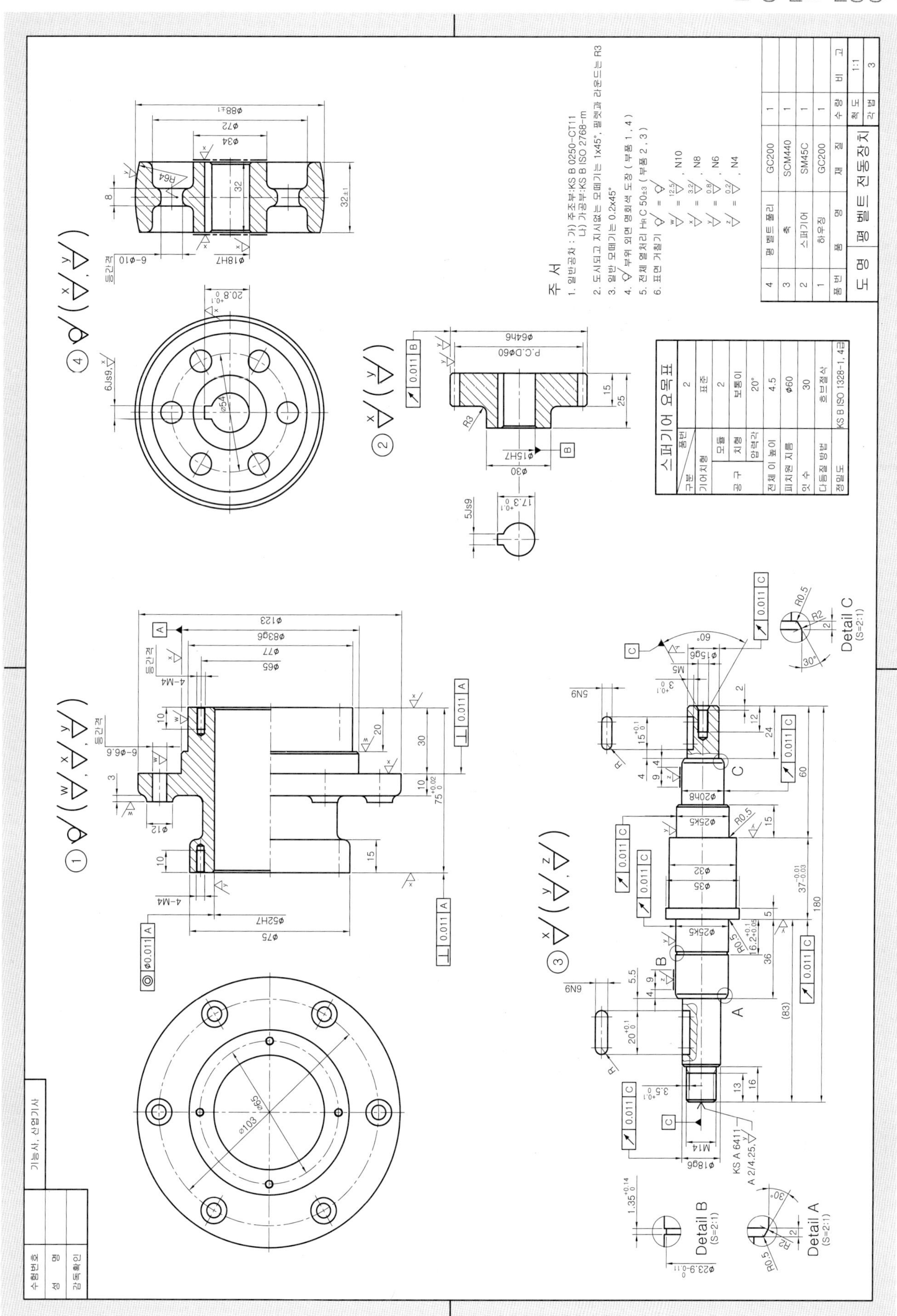

구분 \ 품번		2
기어치형		표준
공구	모듈	2
	치형	보통이
	압력각	20°
전체 이 높이		4.5
피치원 지름		φ60
잇 수		30
다듬질 방법		호브절삭
정밀도		KS B ISO 1328-1, 4급

품번	품 명	재 질	수량	비 고
4	평 벨트 풀리	GC200	1	
3	축	SCM440	1	
2	스퍼기어	SM45C	1	
1	하우징	GC200	1	

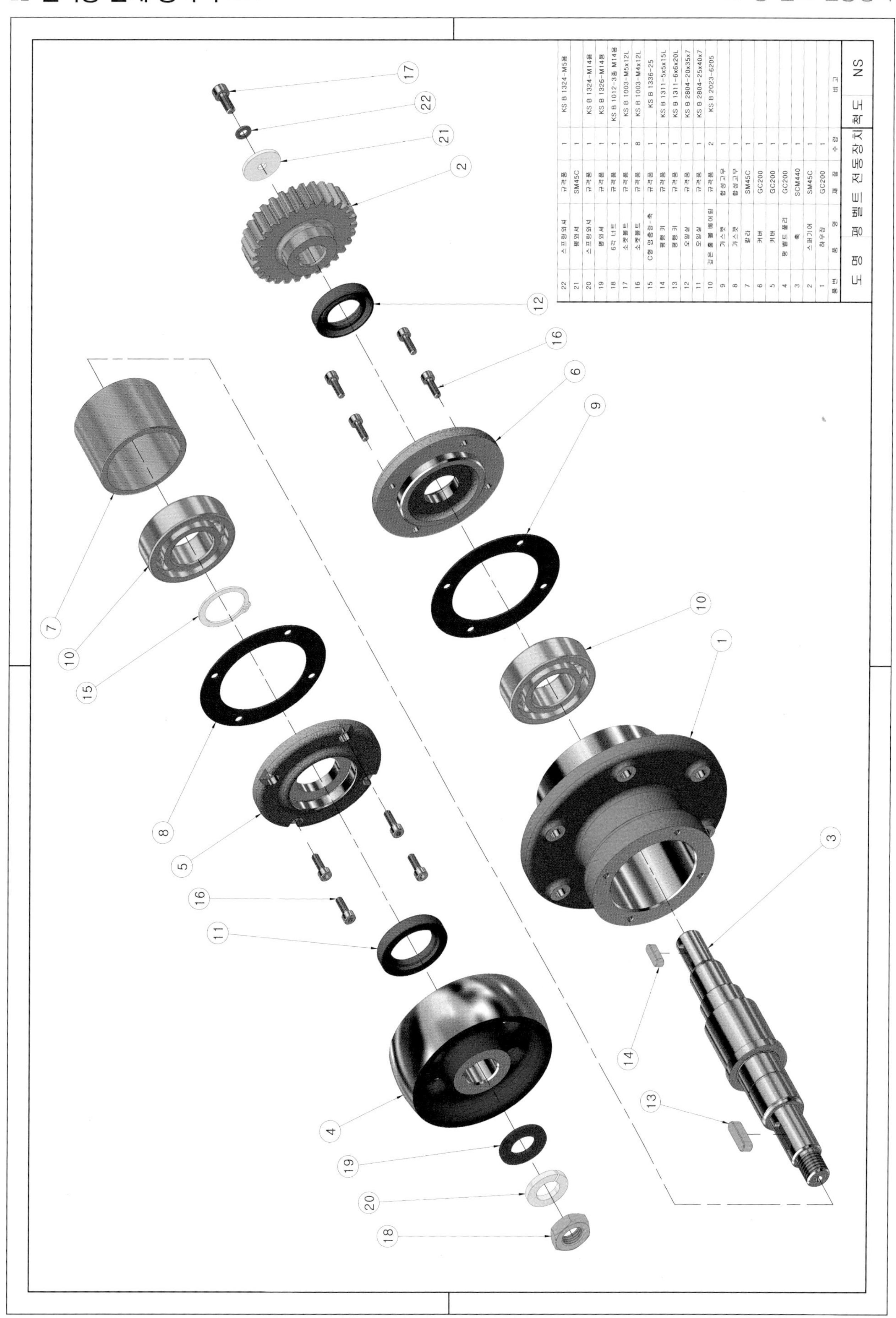

품번	품명	재질	수량	비고
22	스프링와셔	규격품	1	KS B 1324-M5용
21	평와셔	SM45C	1	
20	스프링와셔	규격품	1	KS B 1324-M14용
19	평와셔	규격품	1	KS B 1326-M14용
18	6각 너트	규격품	1	KS B 1012-3종 M14용
17	소켓볼트	규격품	1	KS B 1003-M5x12L
16	소켓볼트	규격품	8	KS B 1003-M4x12L
15	C형 멈춤링-축	규격품	1	KS B 1336-25
14	평행 키	규격품	1	KS B 1311-5x5x15L
13	평행 키	규격품	1	KS B 1311-6x6x20L
12	오일실	규격품	1	KS B 2804-20x35x7
11	오일실	규격품	1	KS B 2804-25x40x7
10	깊은 홈 볼 베어링	규격품	2	KS B 2023-6205
9	가스켓	합성고무	1	
8	가스켓	합성고무	1	
7	칼라	SM45C	1	
6	커버	GC200	1	
5	커버	GC200	1	
4	평 벨트 풀리	GC200	1	
3	축	SCM440	1	
2	스퍼기어	SM45C	1	
1	하우징	GC200	1	

도명	평 벨트 전동장치	척도	NS

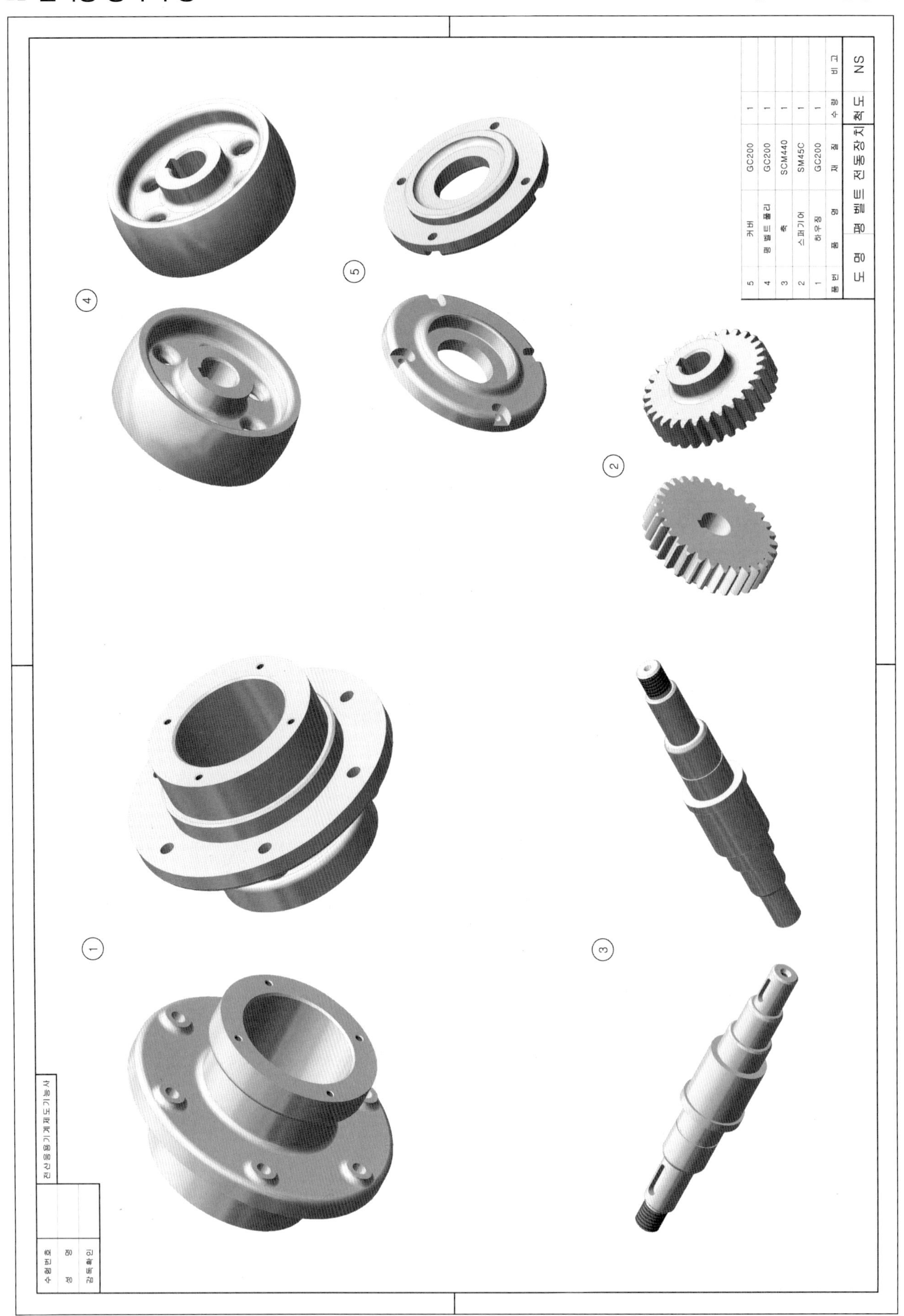
5 커버 GC200 1
4 평 벨트 풀리 GC200 1
3 축 SCM440 1
2 스퍼기어 SM45C 1
1 하우징 GC200 1
품번 품명 재질 수량 비고
도명 평 벨트 전동장치 척도 NS
① ② ③ ④ ⑤
전산응용기계제도기능사
수험번호
성명
감독확인

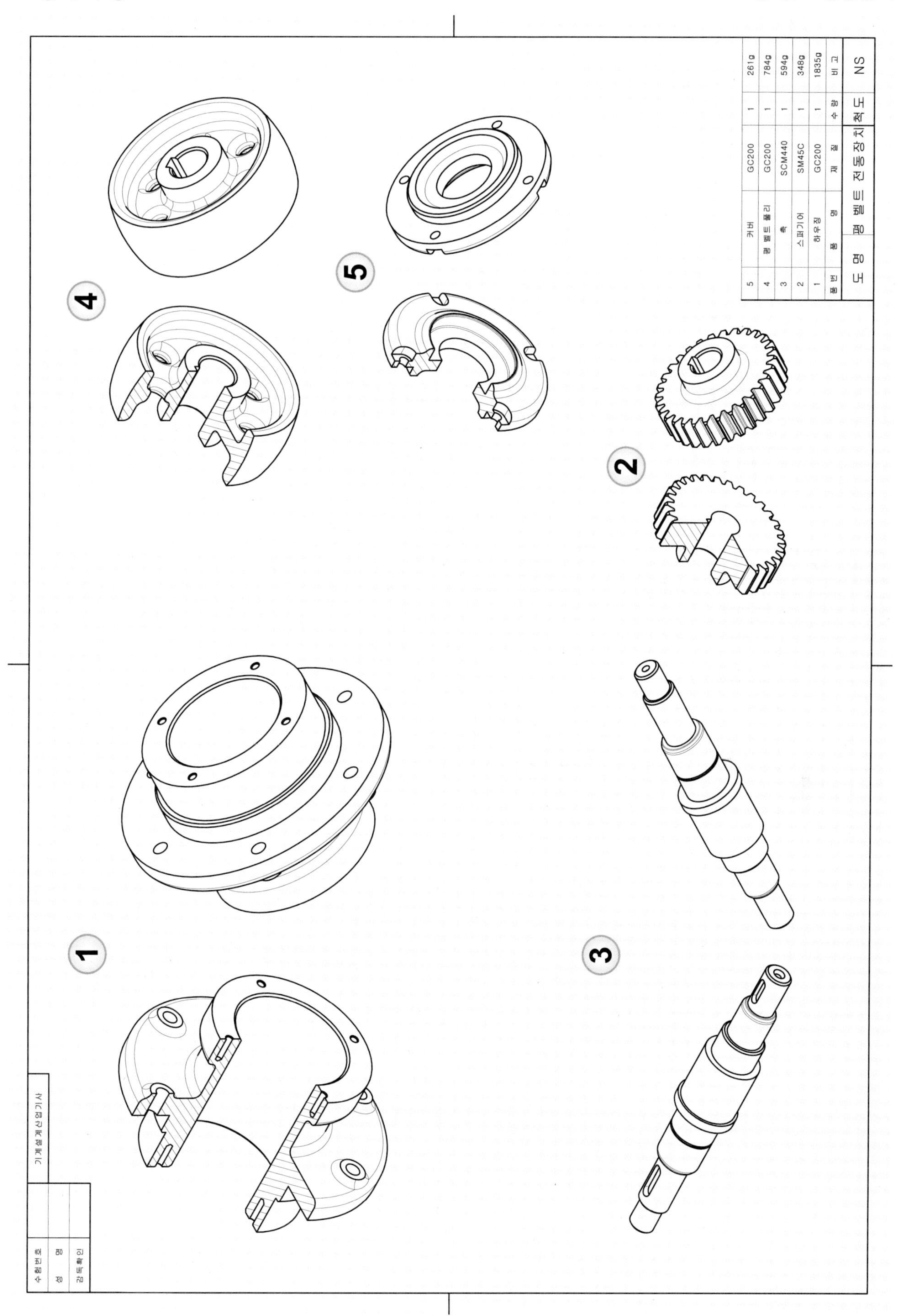
5 커버 GC200 1 261g
4 평벨트 풀리 GC200 1 784g
3 축 SCM440 1 594g
2 스퍼기어 SM45C 1 348g
1 하우징 GC200 1 1835g
품번 품명 재질 수량 비고
도명 평 벨트 전동장치
척도 NS
기계설계산업기사
수험번호
성명
감독확인
1
2
3
4
5

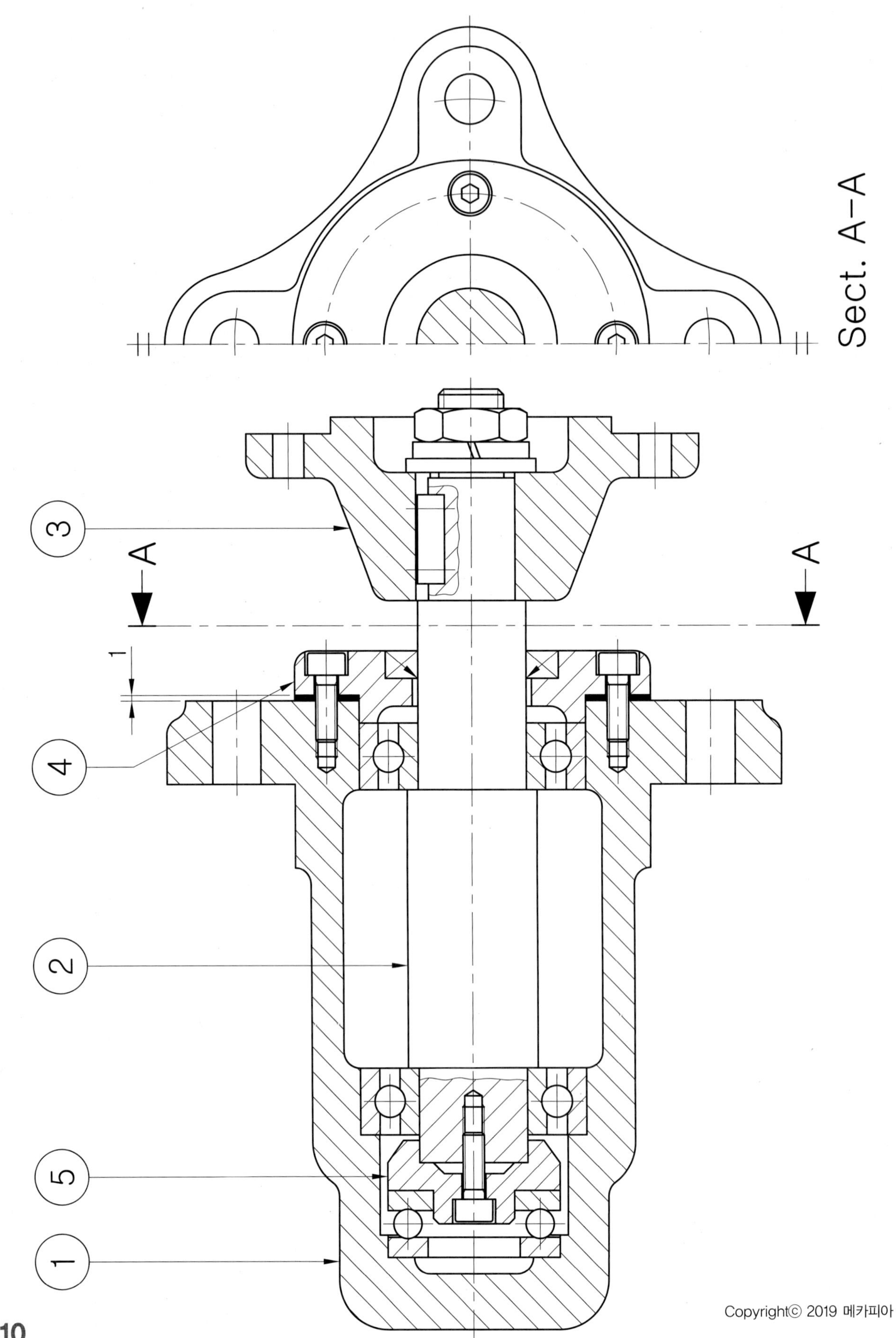
Sect. A-A
A
A
1
1
2
3
4
5

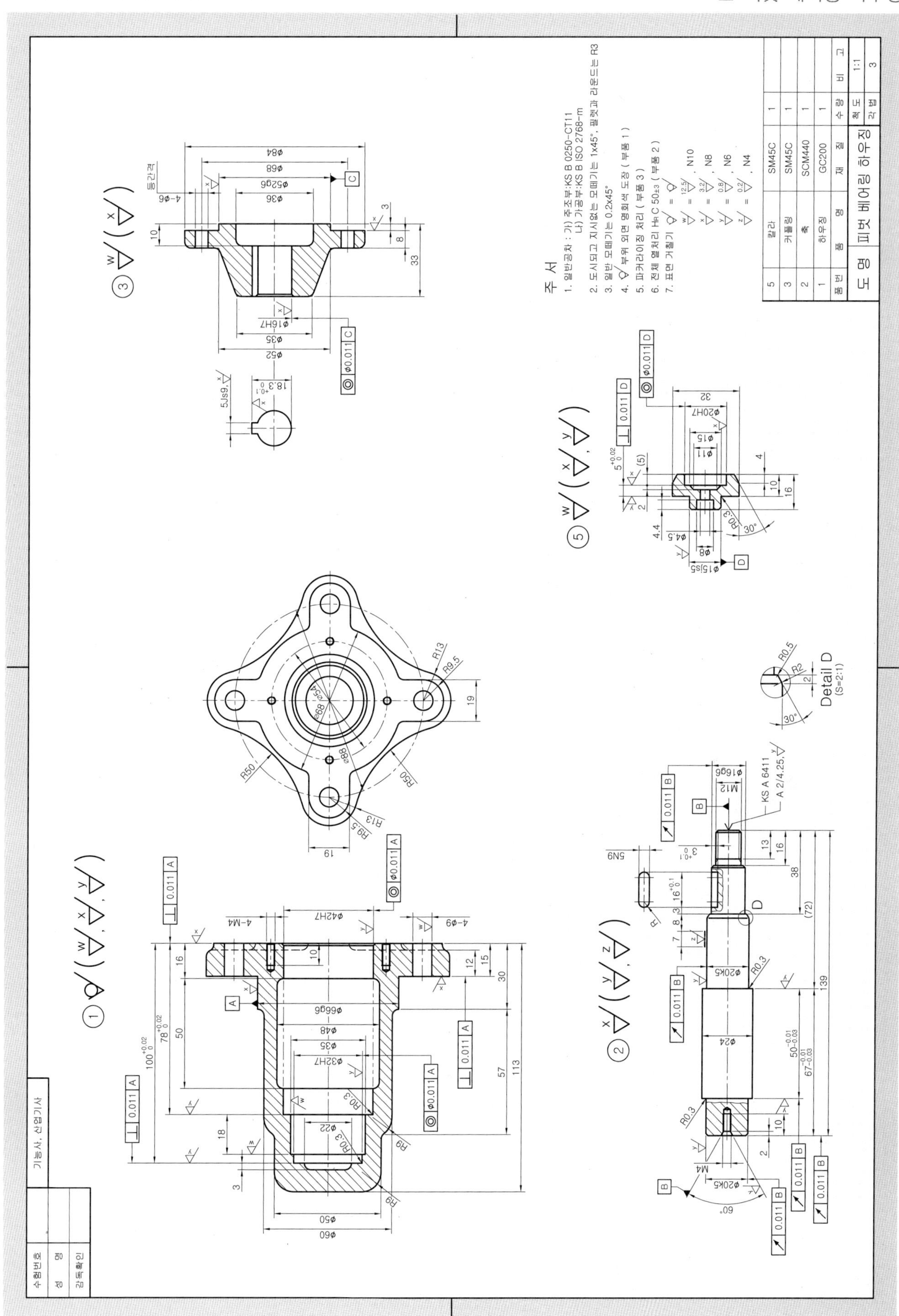

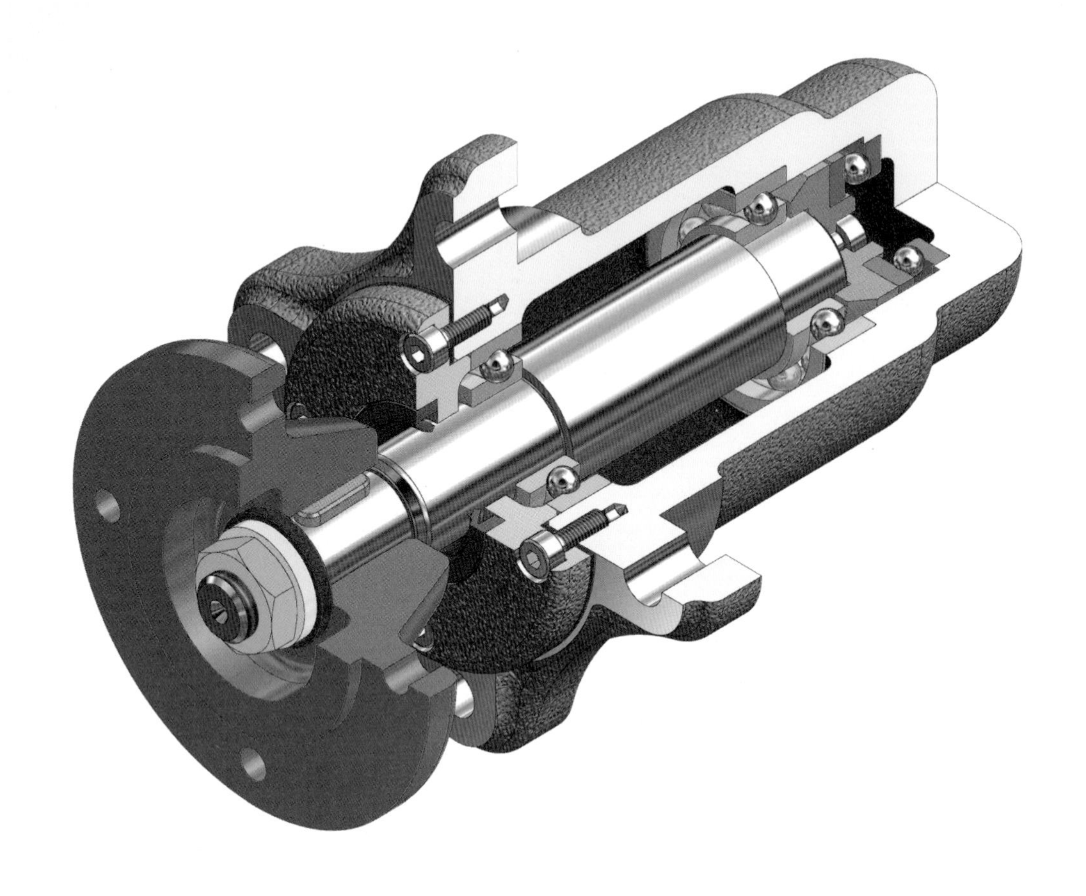

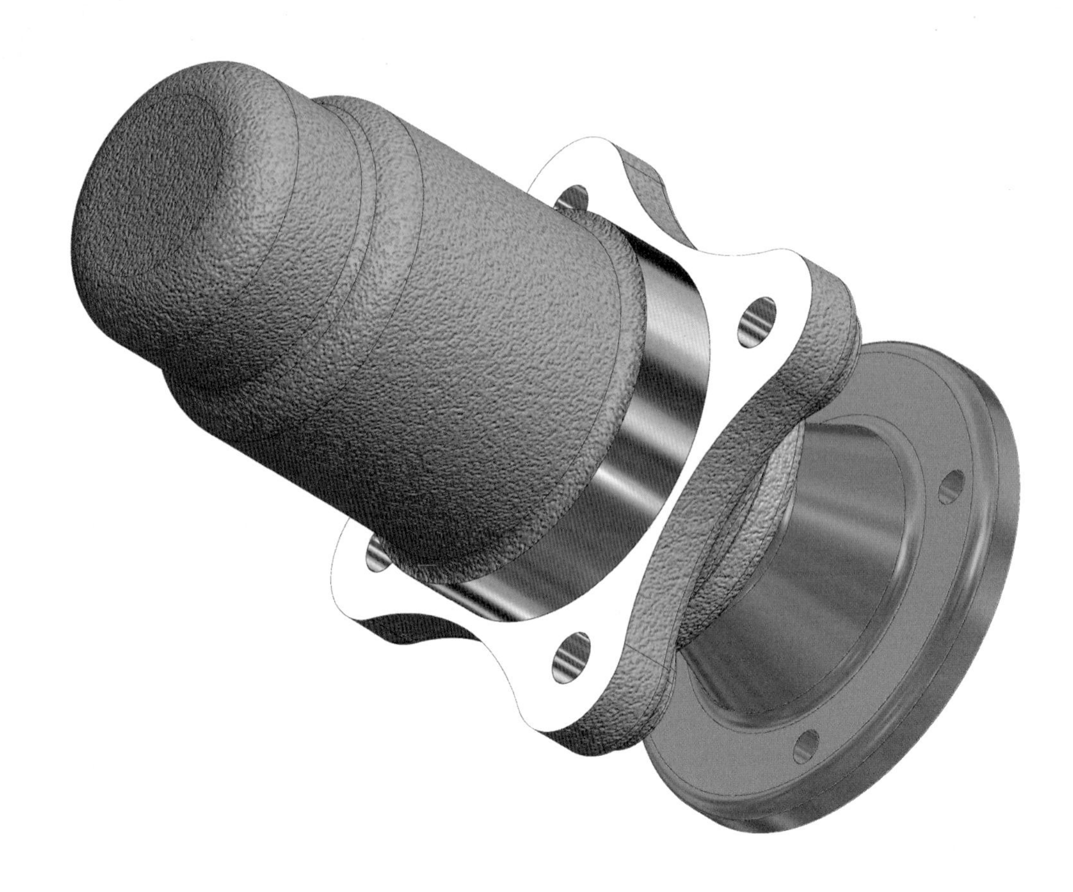

■ 렌더링 분해 등각 구조도

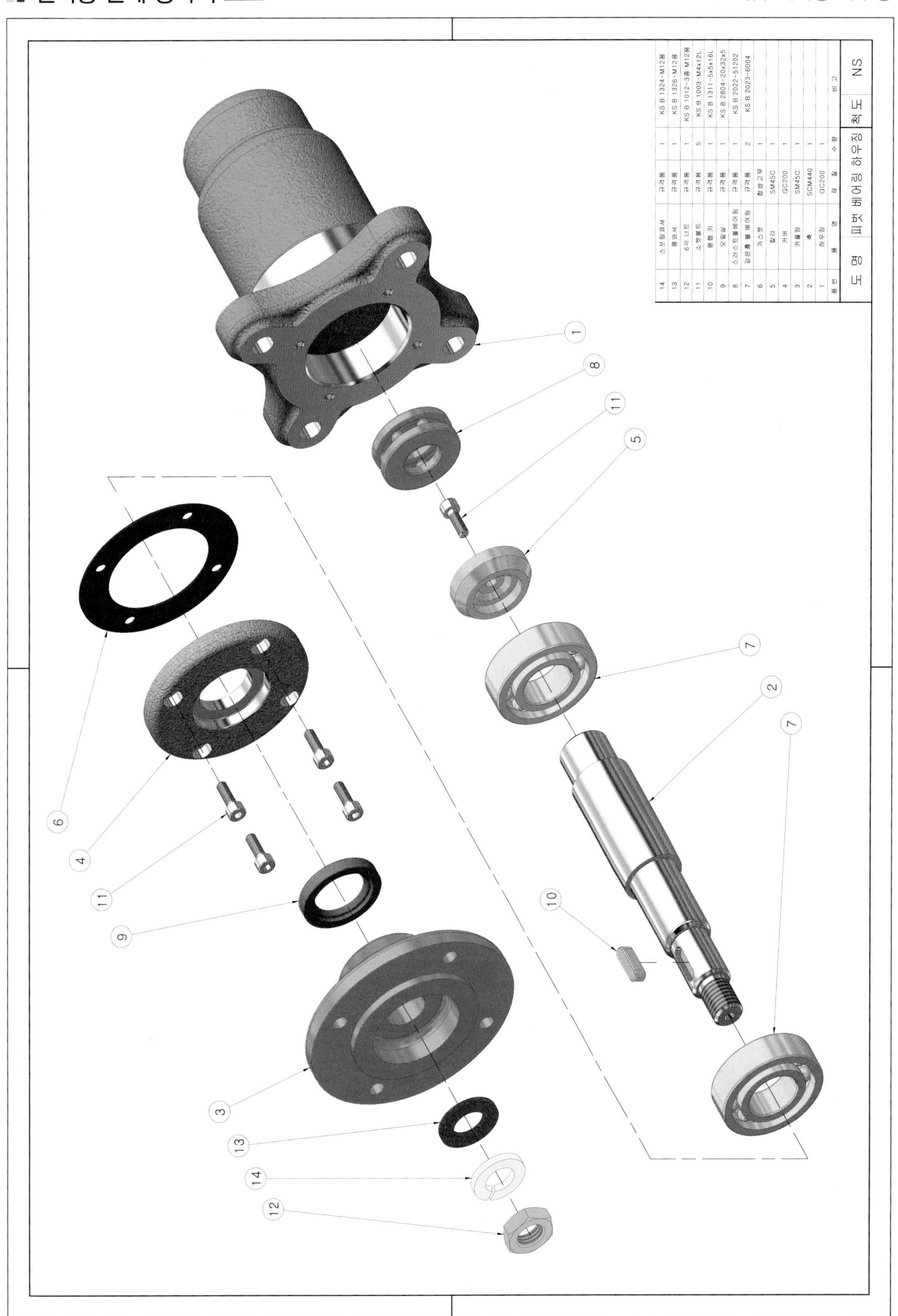

품번	품명	재질	수량	비고
14	스프링와셔	규격품	1	KS B 1324-M12용
13	평와셔	규격품	1	KS B 1326-M12용
12	6각 너트	규격품	1	KS B 1012-3종 M12용
11	소켓볼트	규격품	5	KS B 1003-M4x12L
10	평행 키	규격품	1	KS B 1311-5x5x16L
9	오일실	규격품	1	KS B 2804-20x32x5
8	스러스트볼베어링	규격품	1	KS B 2022-51202
7	깊은홈 볼 베어링	규격품	2	KS B 2023-6004
6	가스켓	합성고무	1	
5	칼라	SM45C	1	
4	커버	GC200	1	
3	커플링	SM45C	1	
2	축	SCM440	1	
1	하우징	GC200	1	
도 명	피벗 베어링 하우징		척 도	NS

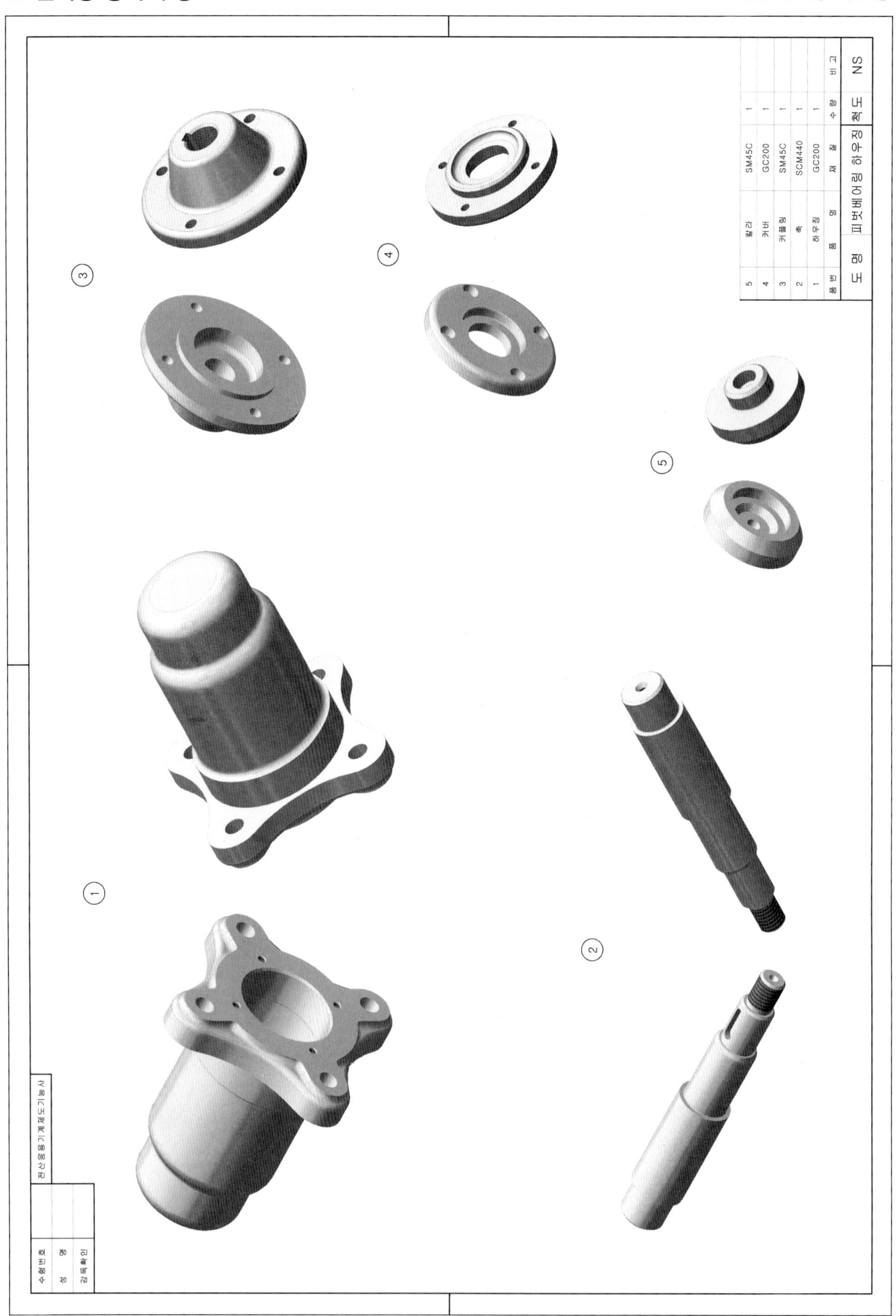

5 칼라 SM45C 1
4 커버 GC200 1
3 커플링 SM45C 1
2 축 SCM440 1
1 하우징 GC200 1
품번 품명 재질 수량 비고
도 명 피벗 베어링 하우징 척도 NS
수험번호
성 명
감독확인
전산응용기계제도기능사

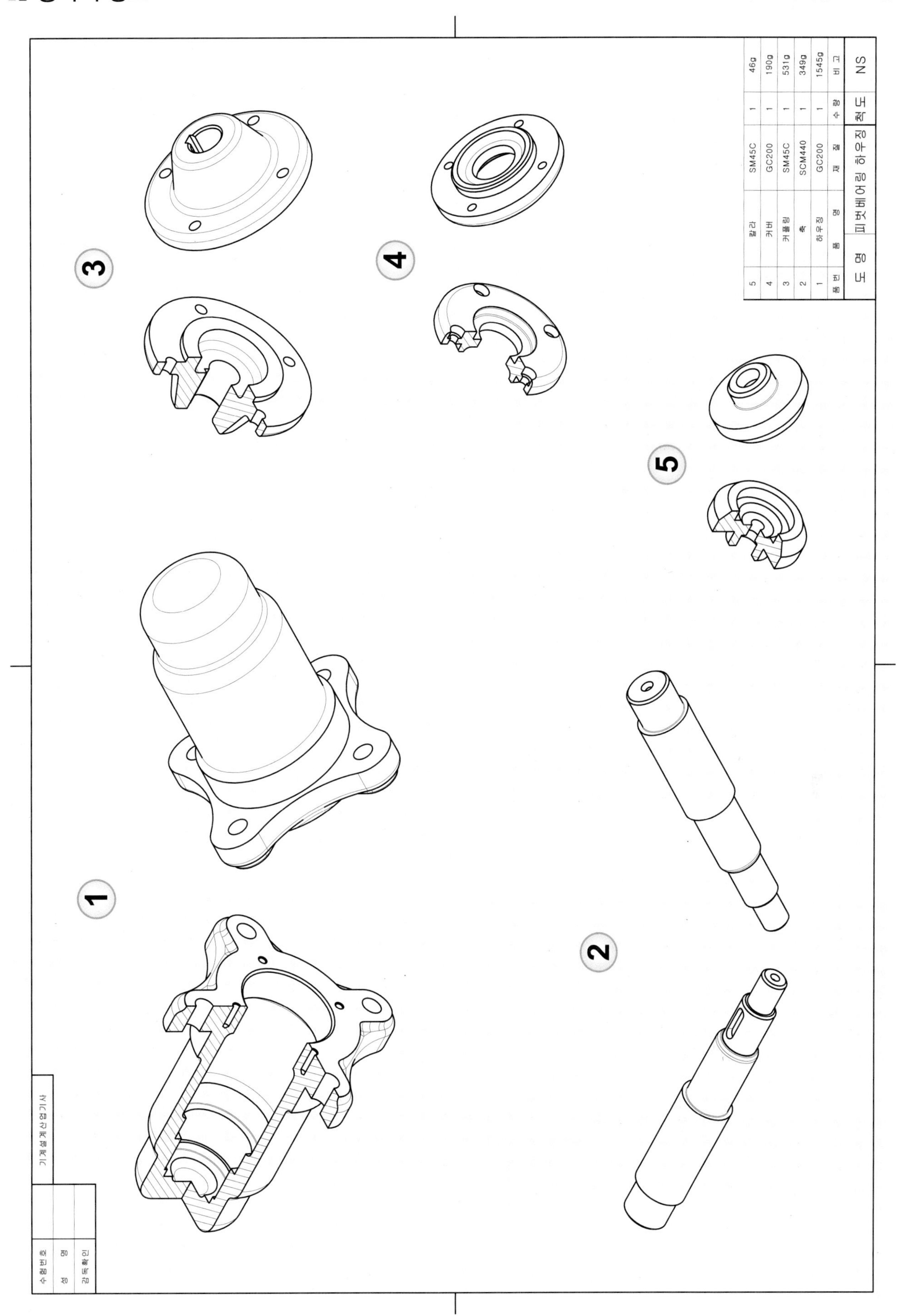
5 칼라 SM45C 1 46g
4 커버 GC200 1 190g
3 커플링 SM45C 1 531g
2 축 SCM440 1 349g
1 하우징 GC200 1 1545g
품번 품명 재질 수량 비고
도명 피벗베어링 하우징 척도 NS
기계설계산업기사
수험번호
성명
감독확인
1
2
3
4
5

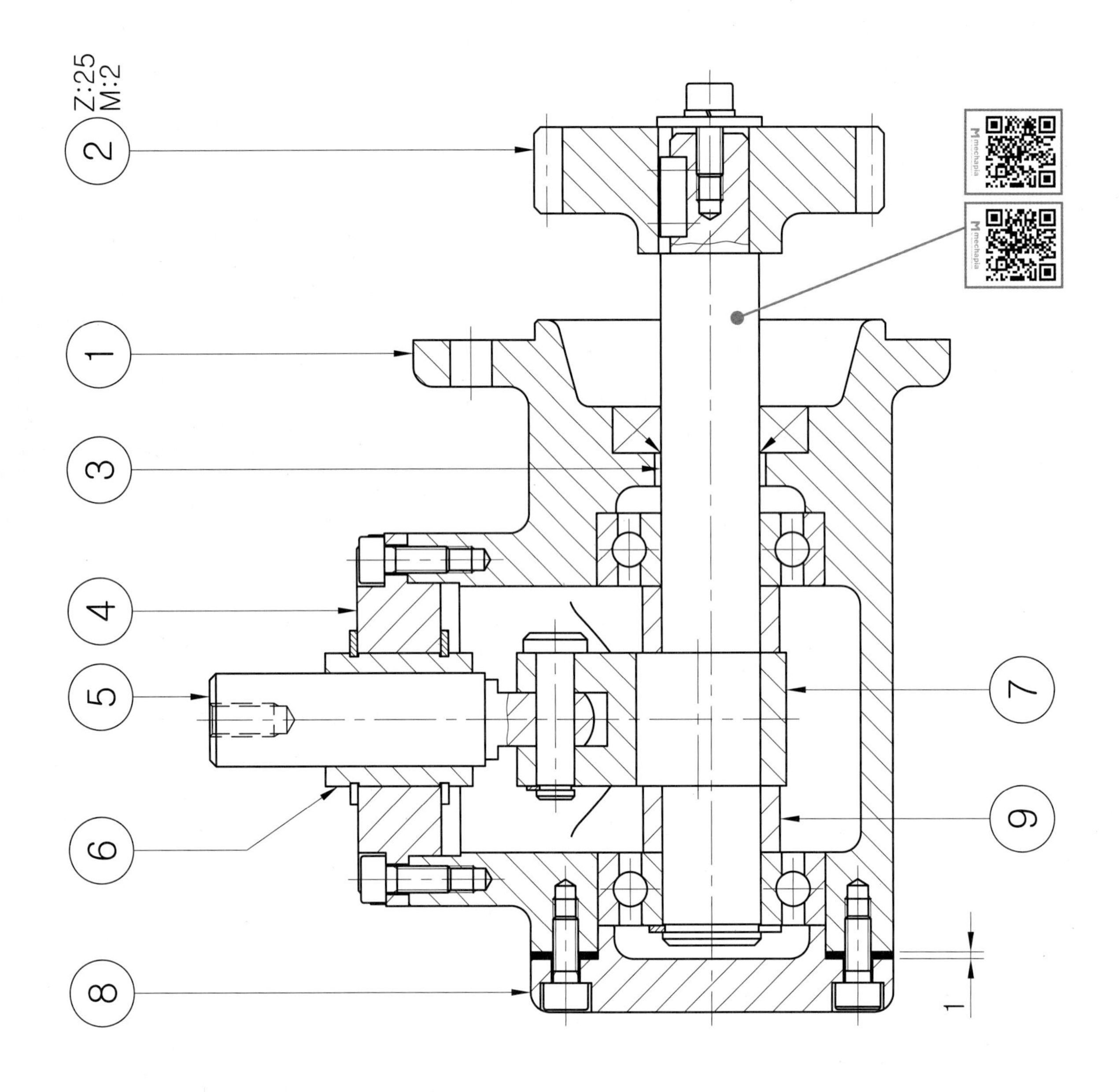
Z:25
M:2
2
1
3
4
5
6
8
7
9
1

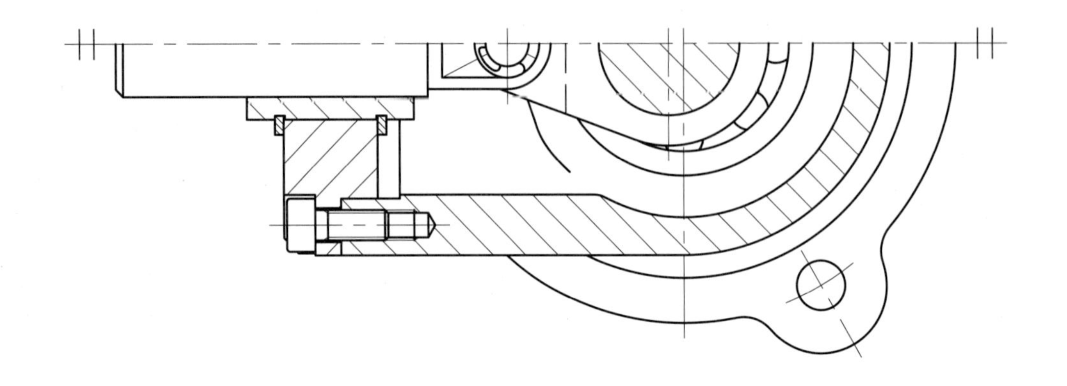

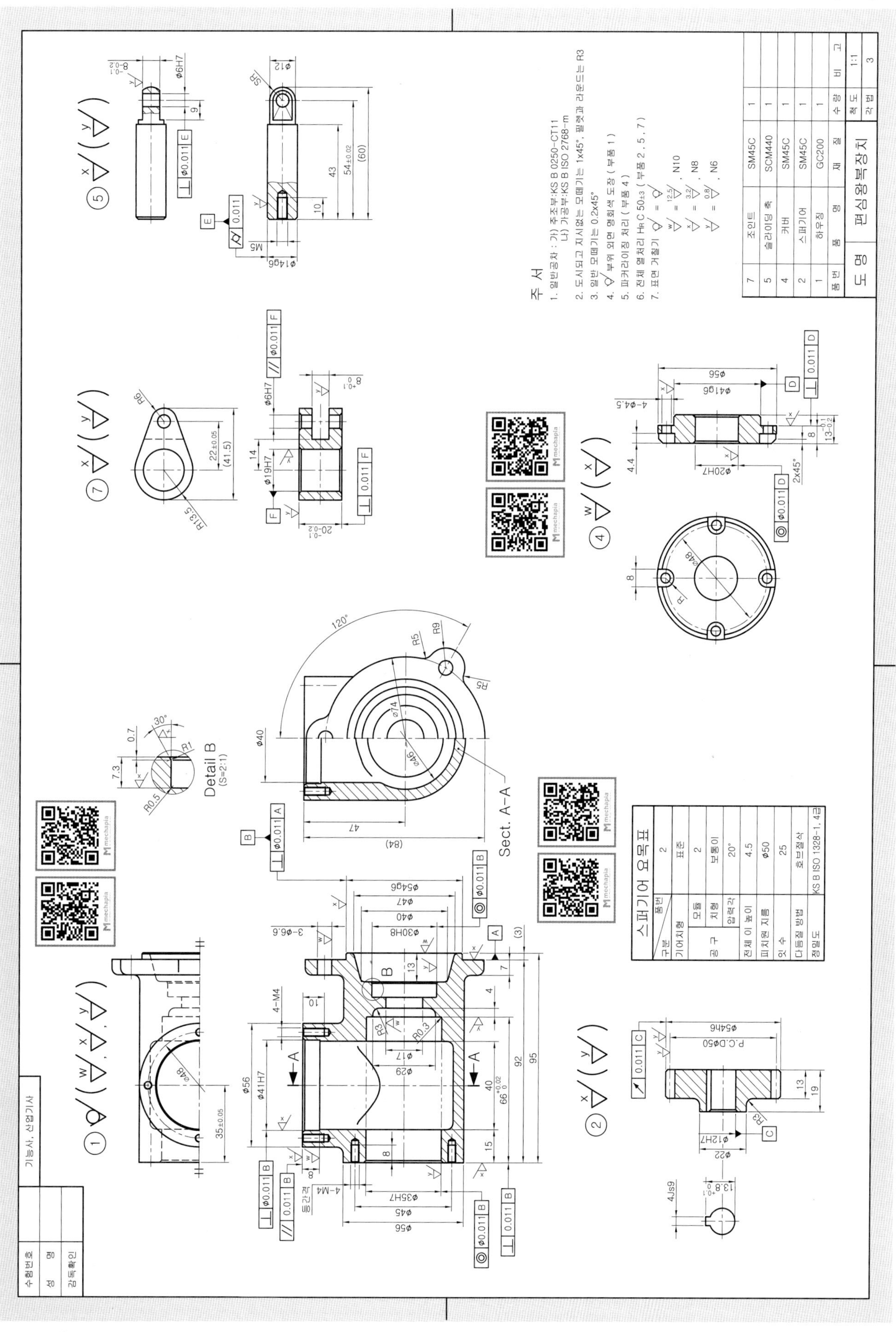
주 서
1. 일반공차 : 가) 주조부:KS B 0250-CT11
나) 가공부:KS B ISO 2768-m
2. 도시되고 지시없는 모떼기는 1x45°, 필렛과 라운드는 R3
3. 일반 모떼기는 0.2x45°
4. 부위 외면 명회색 도장 (부품 1)
5. 파커라이징 처리 (부품 4)
6. 전체 열처리 HRC 50±3 (부품 2, 5, 7)
7. 표면 거칠기
7 조인트 SM45C 1
5 슬라이딩 축 SCM440 1
4 커버 SM45C 1
2 스퍼기어 SM45C 1
1 하우징 GC200 1
품번 품명 재질 수량 비고
도명 편심왕복장치
척도 1:1
각법 3
스퍼기어 요목표
기어치형 표준
모듈 2
치형 보통이
압력각 20°
전체 이 높이 4.5
피치원 지름 Ø50
잇 수 25
다듬질 방법 호브절삭
정밀도 KS B ISO 1328-1, 4급
Sect. A-A
Detail B (S=2:1)
기능사, 산업기사
수험번호
성 명
감독확인

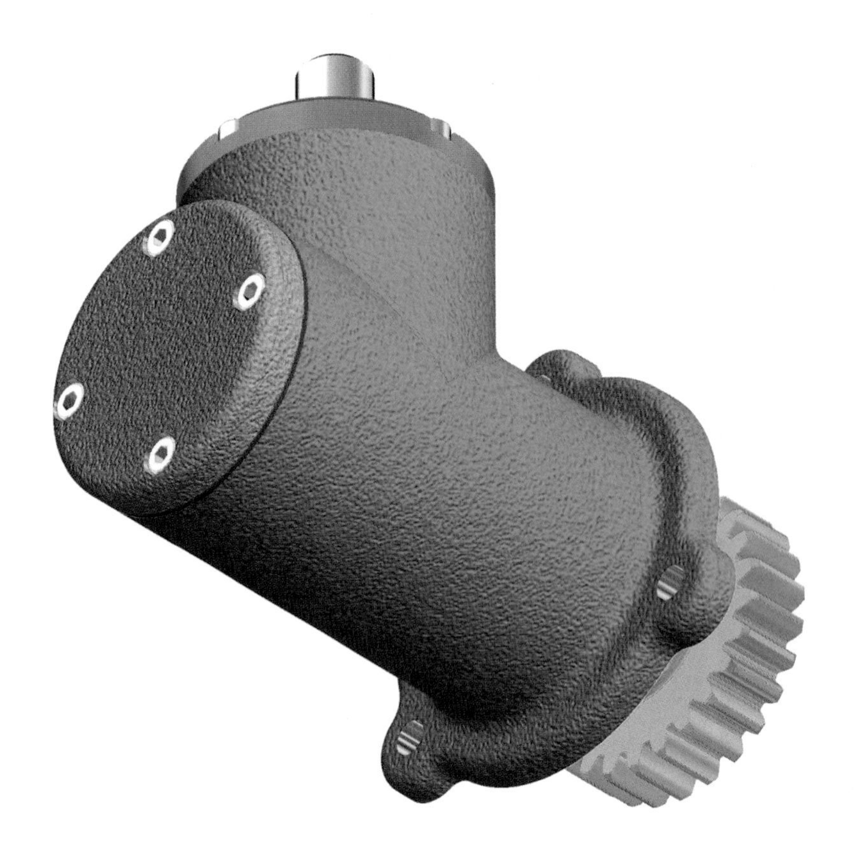

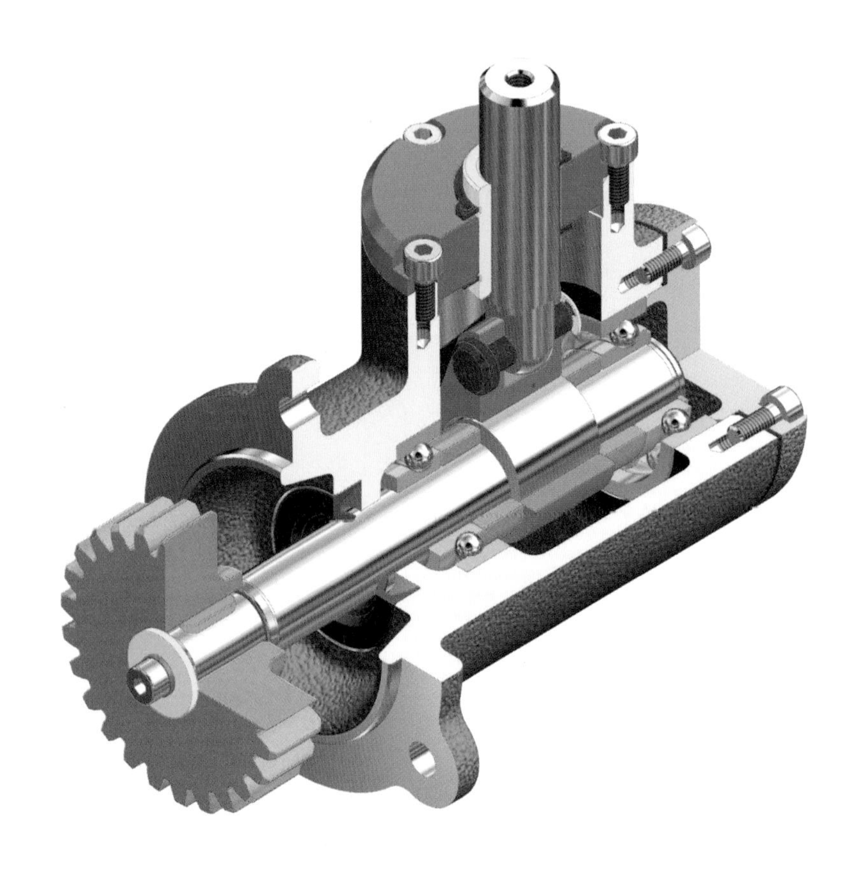

렌더링 분해 등각 구조도

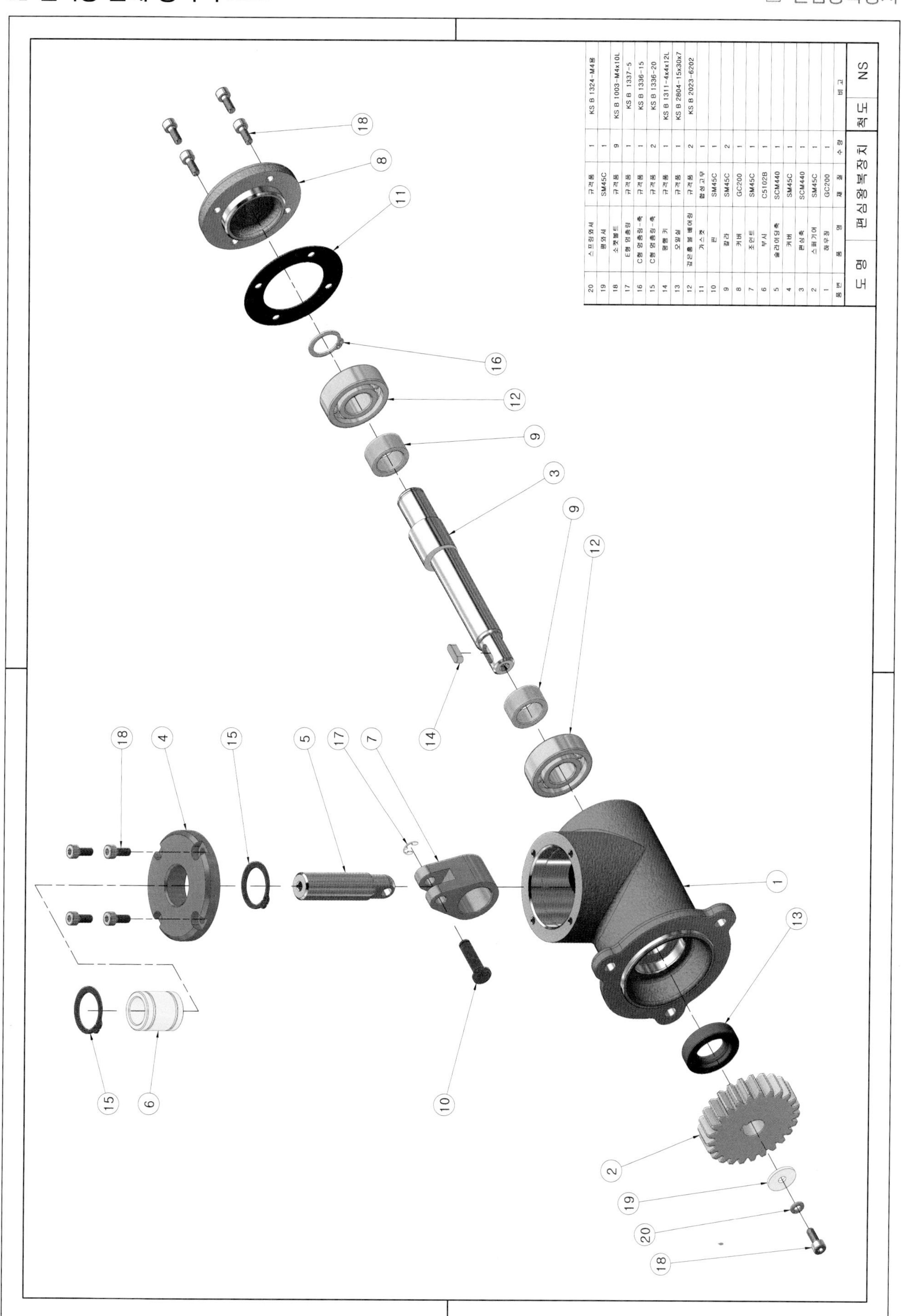

품번	품명	재질	수량	비고
20	스프링와셔	규격품	1	KS B 1324-M4용
19	평와셔	SM45C	1	
18	소켓볼트	규격품	9	KS B 1003-M4x10L
17	E형 멈춤링	규격품	1	KS B 1337-5
16	C형 멈춤링-축	규격품	1	KS B 1336-15
15	C형 멈춤링-축	규격품	2	KS B 1336-20
14	평행 키	규격품	1	KS B 1311-4x4x12L
13	오일실	규격품	1	KS B 2804-15x30x7
12	깊은홈 볼 베어링	규격품	2	KS B 2023-6202
11	가스켓	합성고무	1	
10	핀	SM45C	1	
9	칼라	SM45C	2	
8	커버	GC200	1	
7	조인트	SM45C	1	
6	부시	C5102B	1	
5	슬라이딩축	SCM440	1	
4	커버	SM45C	1	
3	편심축	SCM440	1	
2	스퍼기어	SM45C	1	
1	하우징	GC200	1	

도명	편심왕복장치	척도	NS

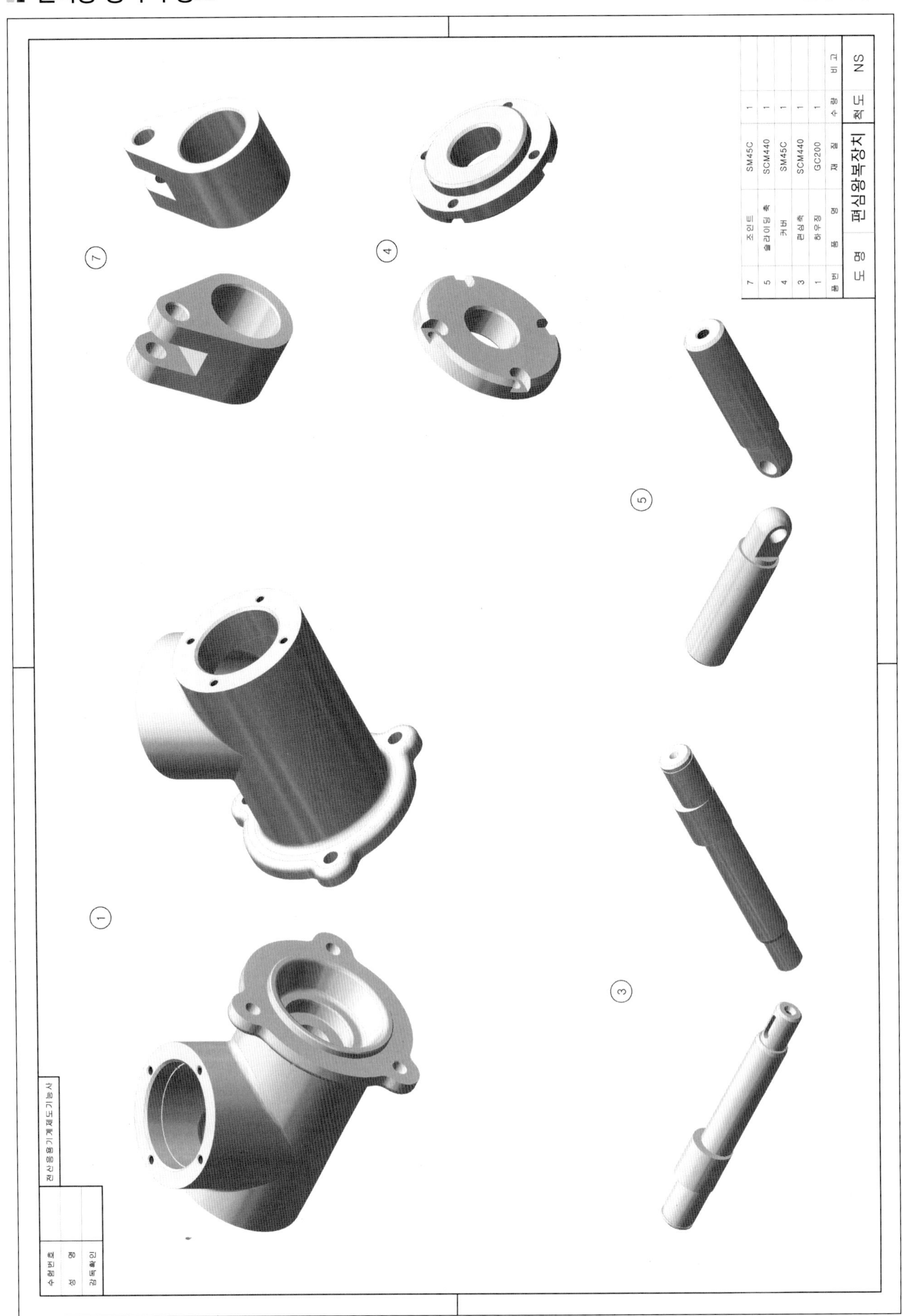
7
조인트
SM45C
1
5
슬라이딩 축
SCM440
1
4
커버
SM45C
1
3
편심축
SCM440
1
1
하우징
GC200
1
품번
품명
재질
수량
비고
도명
편심왕복장치
척도
NS
전산응용기계제도기능사
수험번호
성명
감독확인
7
4
5
1
3

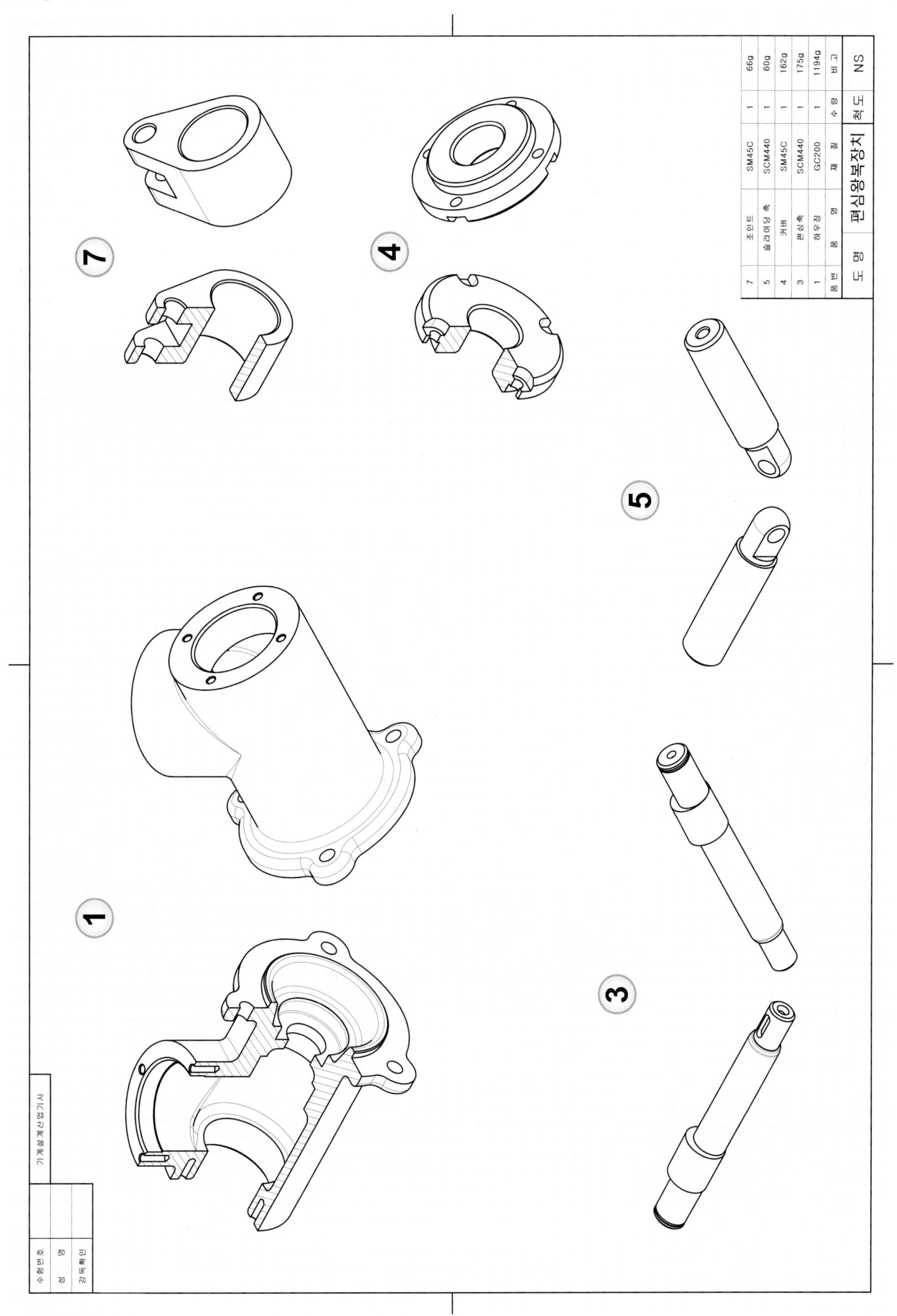
7
4
5
1
3
7 조인트 SM45C 1 66g
5 슬라이더딩 축 SCM440 1 60g
4 커버 SM45C 1 162g
3 편심축 SCM440 1 175g
1 하우징 GC200 1 1194g
품번 품명 재질 수량 비고
도명 편심왕복장치 척도 NS
기계설계산업기사
수험번호
성명
감독확인

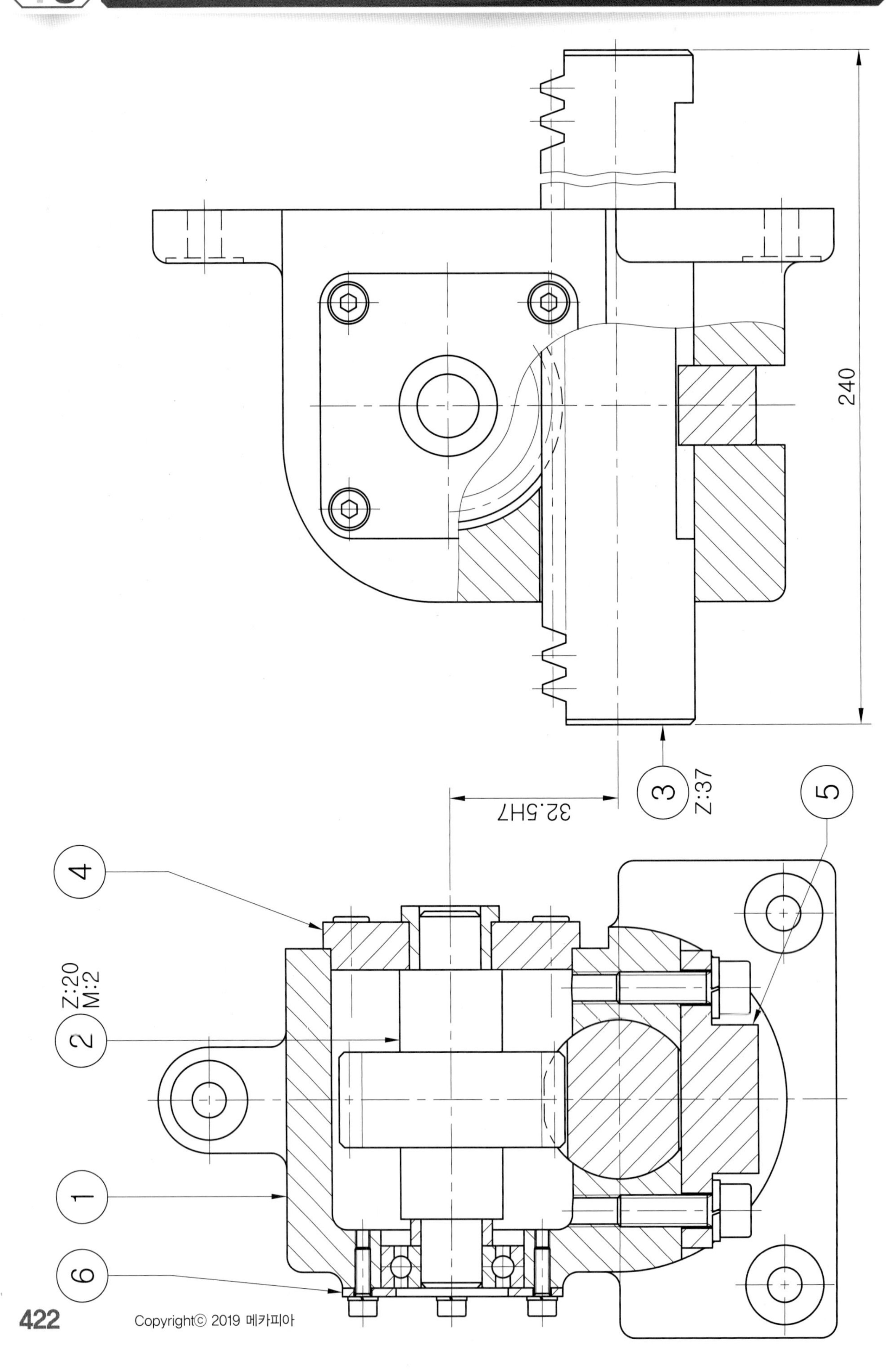
240
32.5H7
3
Z:37
5
4
2
Z:20
M:2
1
6

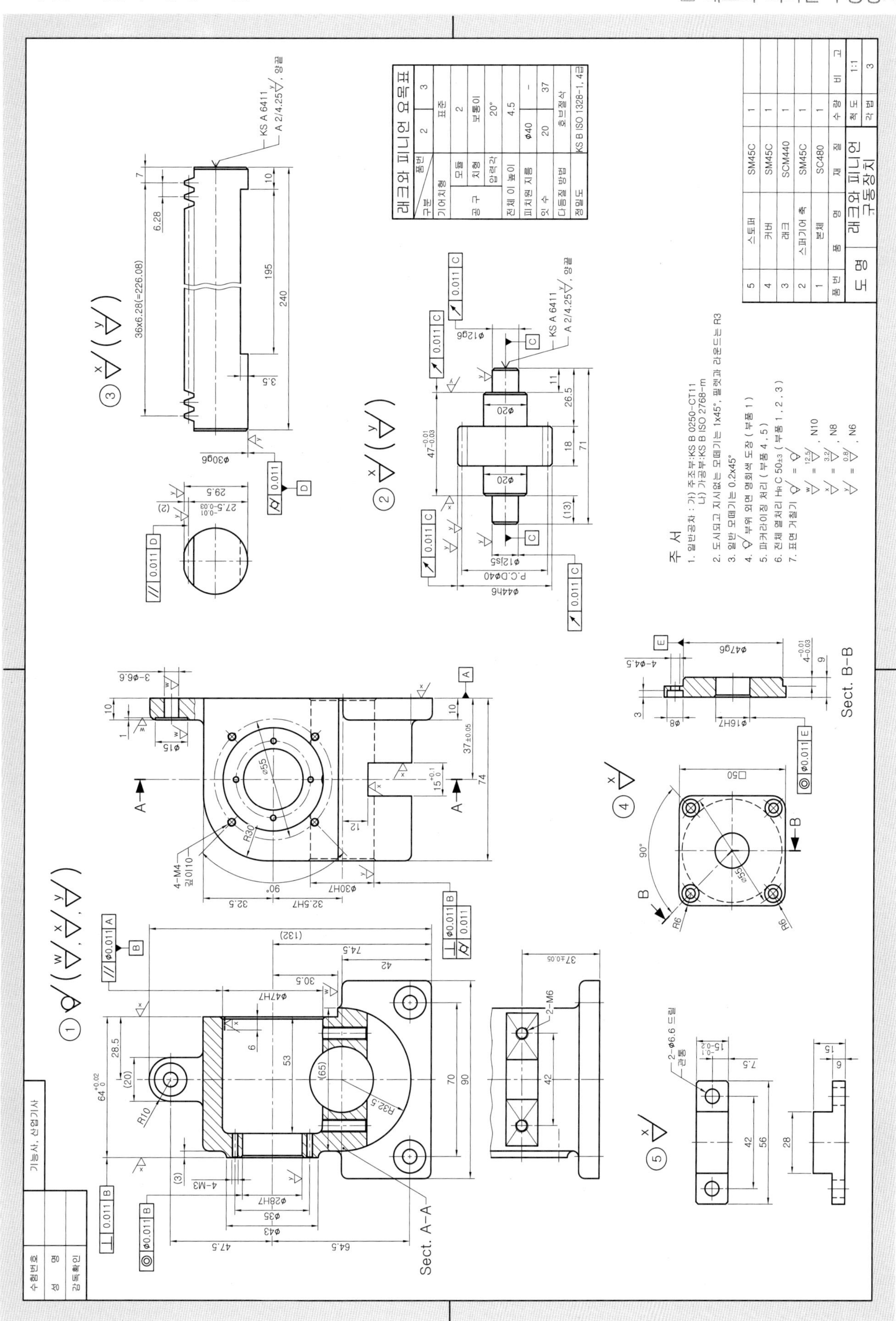
래크와 피니언 요목표
구분 품번 2 3
기어치형 표준
공구 모듈 2
치형 보통이
압력각 20°
전체 이 높이 4.5
피치원 지름 Φ40 -
잇 수 20 37
다듬질 방법 호브절삭
정밀도 KS B ISO 1328-1, 4급
주 서
1. 일반공차 : 가) 주조부:KS B 0250-CT11
나) 가공부:KS B ISO 2768-m
2. 도시되고 지시없는 모떼기는 1x45°, 필렛과 라운드는 R3
3. 일반 모떼기는 0.2x45°
4. 부위 외면 명회색 도장 (부품 1)
5. 파커라이징 처리 (부품 4, 5)
6. 전체 열처리 HRC 50±3 (부품 1, 2, 3)
7. 표면 거칠기
5 스토퍼 SM45C 1
4 커버 SM45C 1
3 래크 SCM440 1
2 스퍼기어 축 SM45C 1
1 본체 SC480 1
품번 품명 재질 수량 비고
도명 래크와 피니언 구동장치
척도 1:1
각법 3
Sect. A-A
Sect. B-B
기능사, 산업기사
수험번호
성명
감독확인

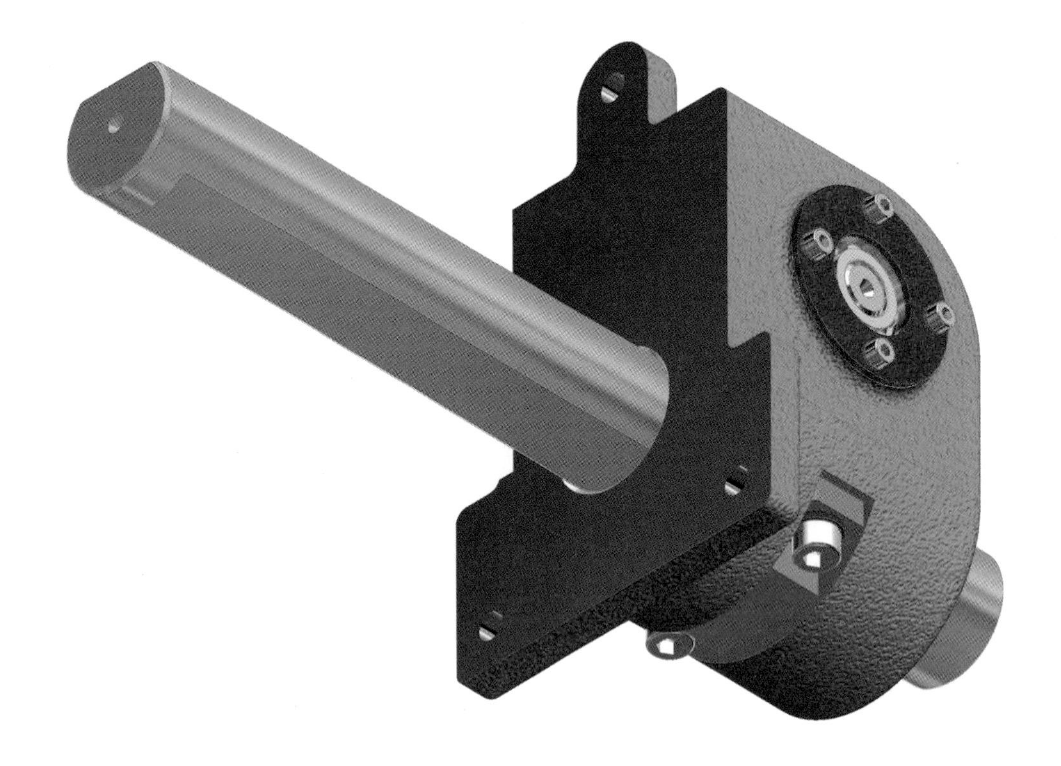

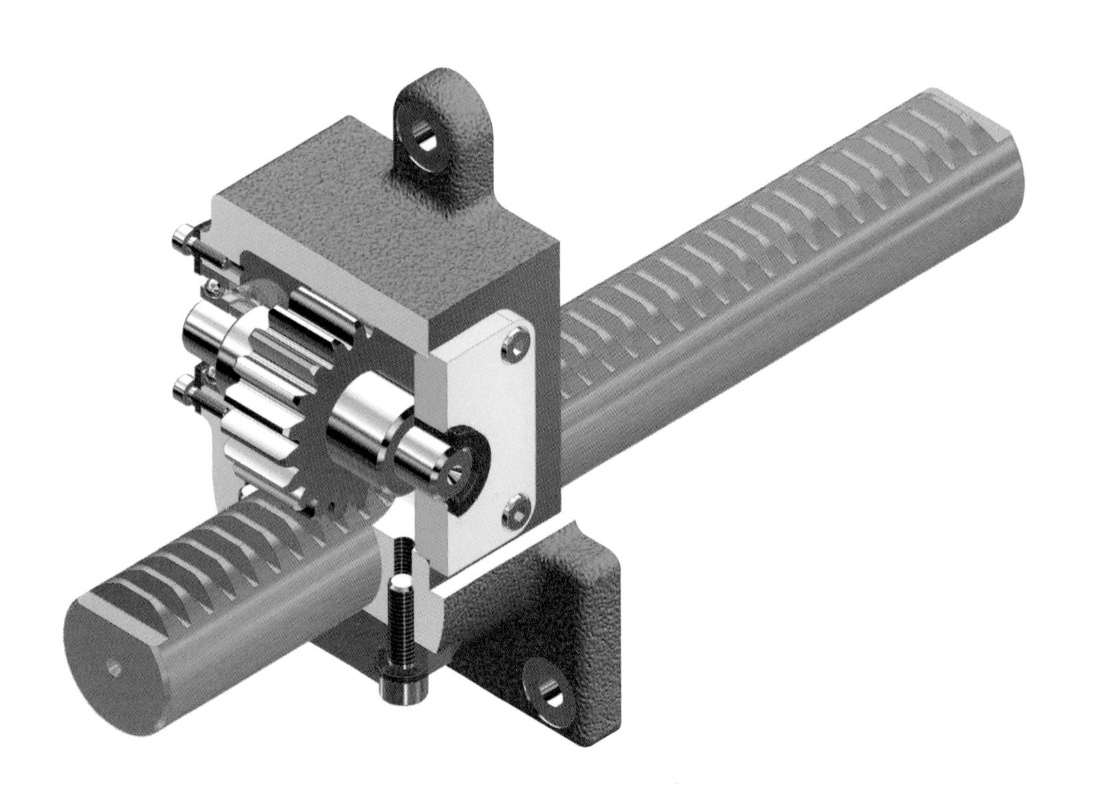

렌더링 분해 등각 구조도

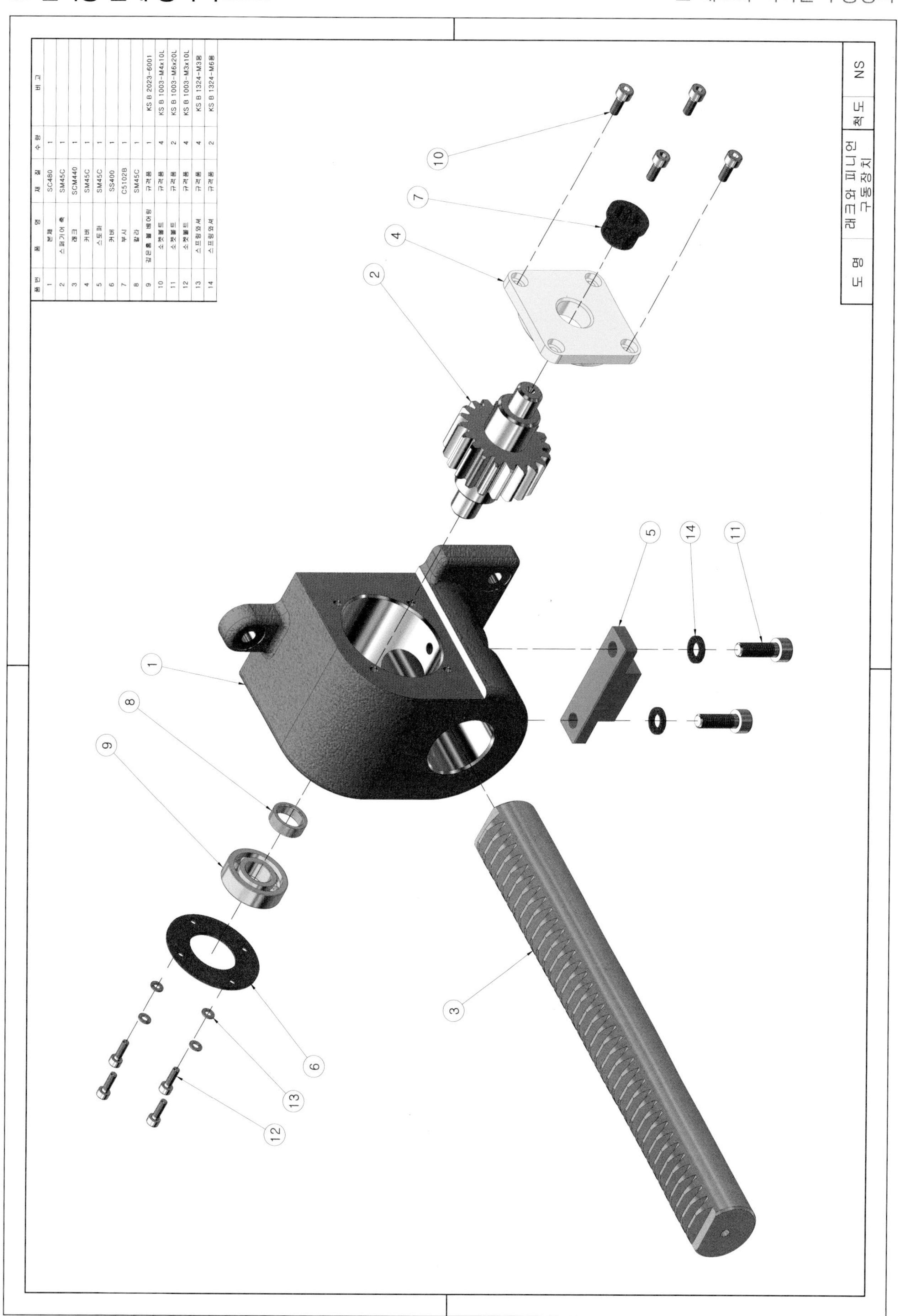

품번	품 명	재 질	수 량	비 고
1	본체	SC480	1	
2	스퍼기어 축	SM45C	1	
3	래크	SCM440	1	
4	커버	SM45C	1	
5	스토퍼	SM45C	1	
6	커버	SS400	1	
7	부시	C5102B	1	
8	칼라	SM45C	1	
9	깊은홈 볼 베어링	규격품	1	KS B 2023-6001
10	소켓볼트	규격품	4	KS B 1003-M4x10L
11	소켓볼트	규격품	2	KS B 1003-M6x20L
12	소켓볼트	규격품	4	KS B 1003-M3x10L
13	스프링와셔	규격품	4	KS B 1324-M3용
14	스프링와셔	규격품	2	KS B 1324-M6용

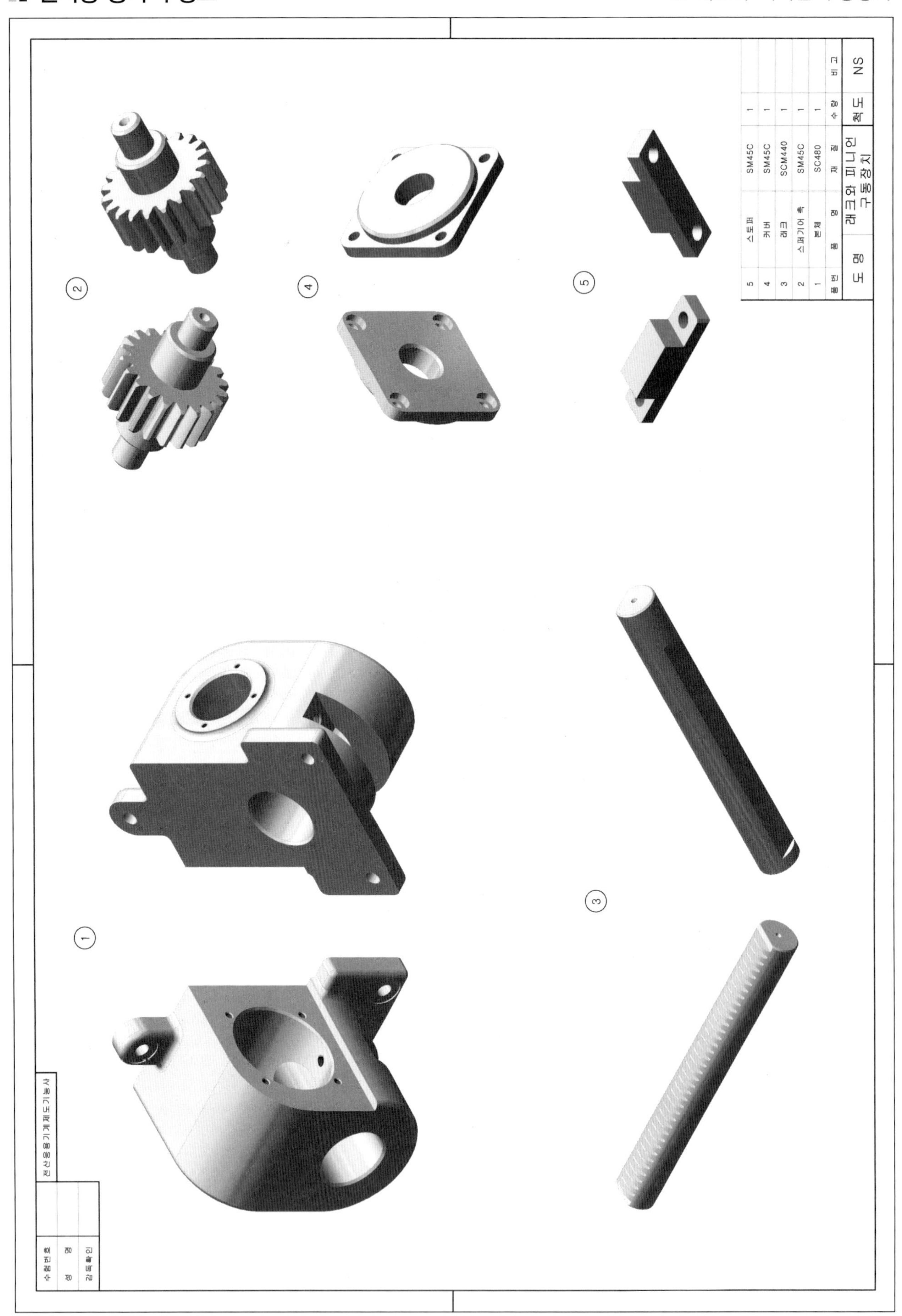
5 스토퍼 SM45C 1
4 커버 SM45C 1
3 래크 SCM440 1
2 스퍼기어 축 SM45C 1
1 본체 SC480 1
품번 품명 재질 수량 비고
도명 래크와 피니언 구동장치
척도 NS
①
②
③
④
⑤

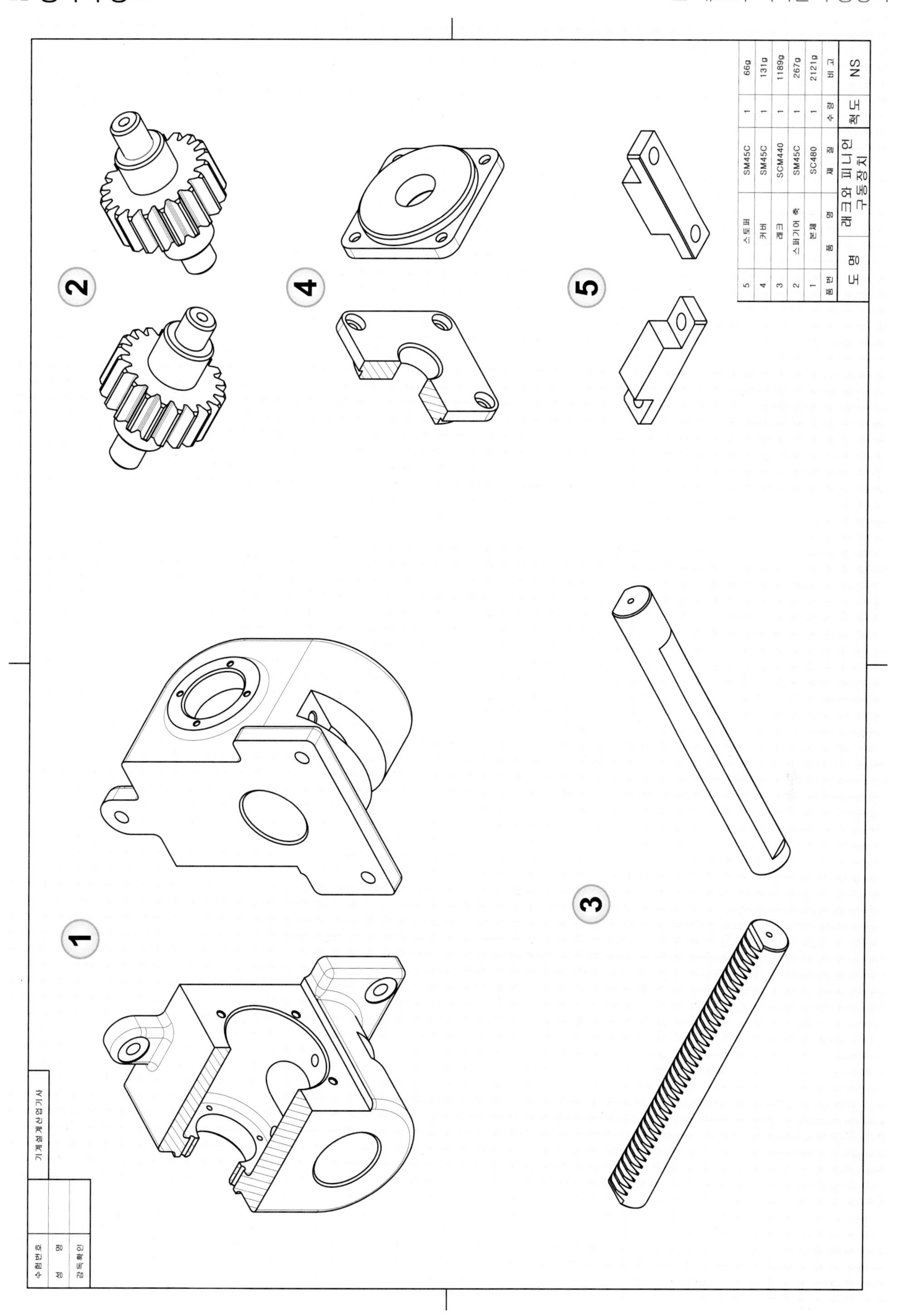
1
2
3
4
5
5 스토퍼 SM45C 1 66g
4 커버 SM45C 1 131g
3 래크 SCM440 1 1189g
2 스퍼기어 축 SM45C 1 267g
1 본체 SC480 1 2121g
품번 품명 재질 수량 비고
도명 래크와 피니언 구동장치 척도 NS
기계설계산업기사
수험번호
성명
감독확인

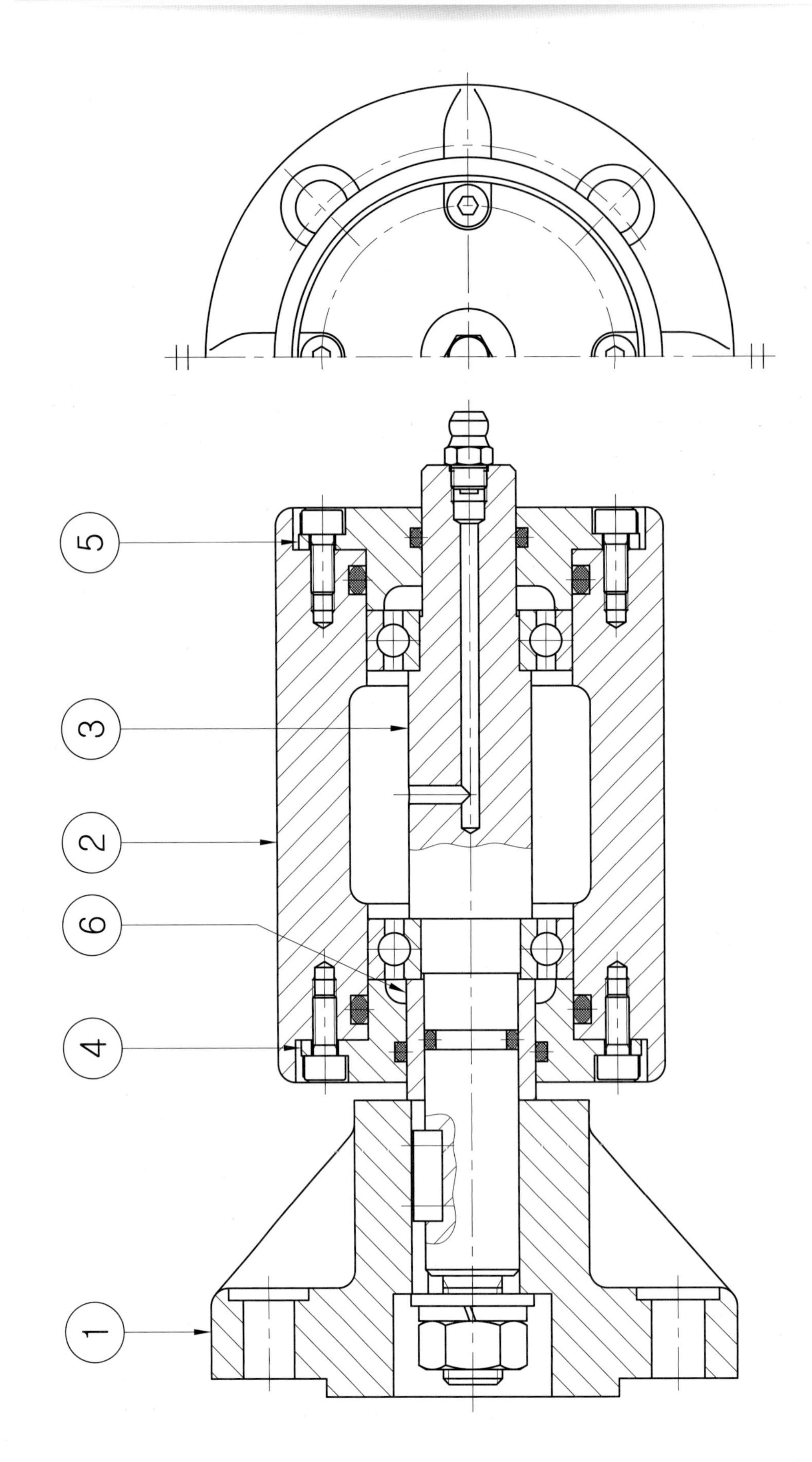
5
3
2
6
4
1

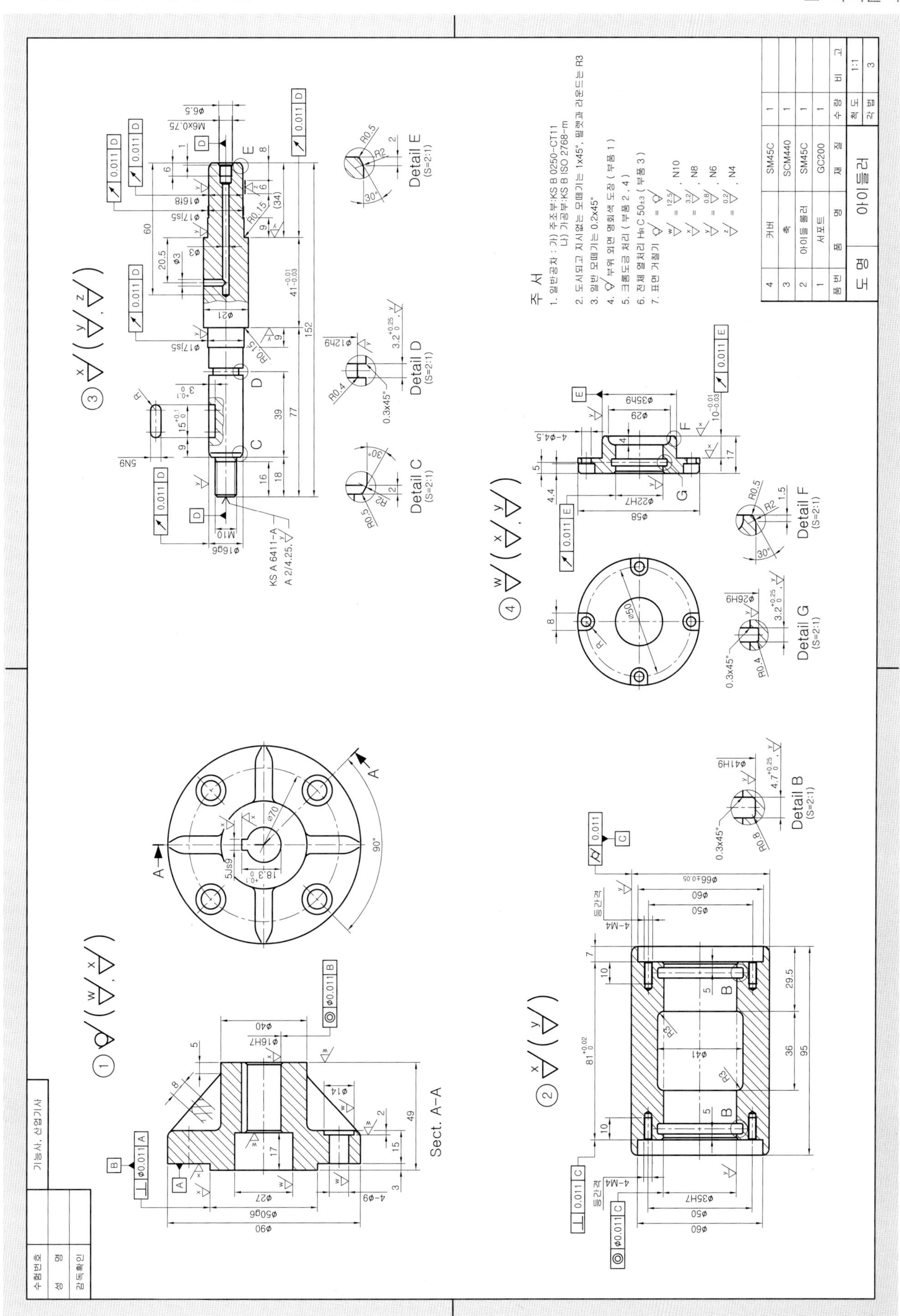
주 서
1. 일반공차 : 가) 주조부:KS B 0250-CT11
나) 가공부:KS B ISO 2768-m
2. 도시되고 지시없는 모떼기는 1x45°, 필렛과 라운드는 R3
3. 일반 모떼기는 0.2x45°
4. 부위 외면 명회색 도장 (부품 1)
5. 크롬도금 처리 (부품 2, 4)
6. 전체 열처리 HRC 50±3 (부품 3)
7. 표면 거칠기
4 커버 SM45C 1
3 축 SCM440 1
2 아이들 롤러 SM45C 1
1 서포트 GC200 1
품번 품명 재질 수량 비고
도명 아이들러
척도 1:1
각법 3
Sect. A-A
Detail B (S=2:1)
Detail C (S=2:1)
Detail D (S=2:1)
Detail E (S=2:1)
Detail F (S=2:1)
Detail G (S=2:1)
수험번호
성명
감독확인
기능사, 산업기사

렌더링 분해 등각 구조도

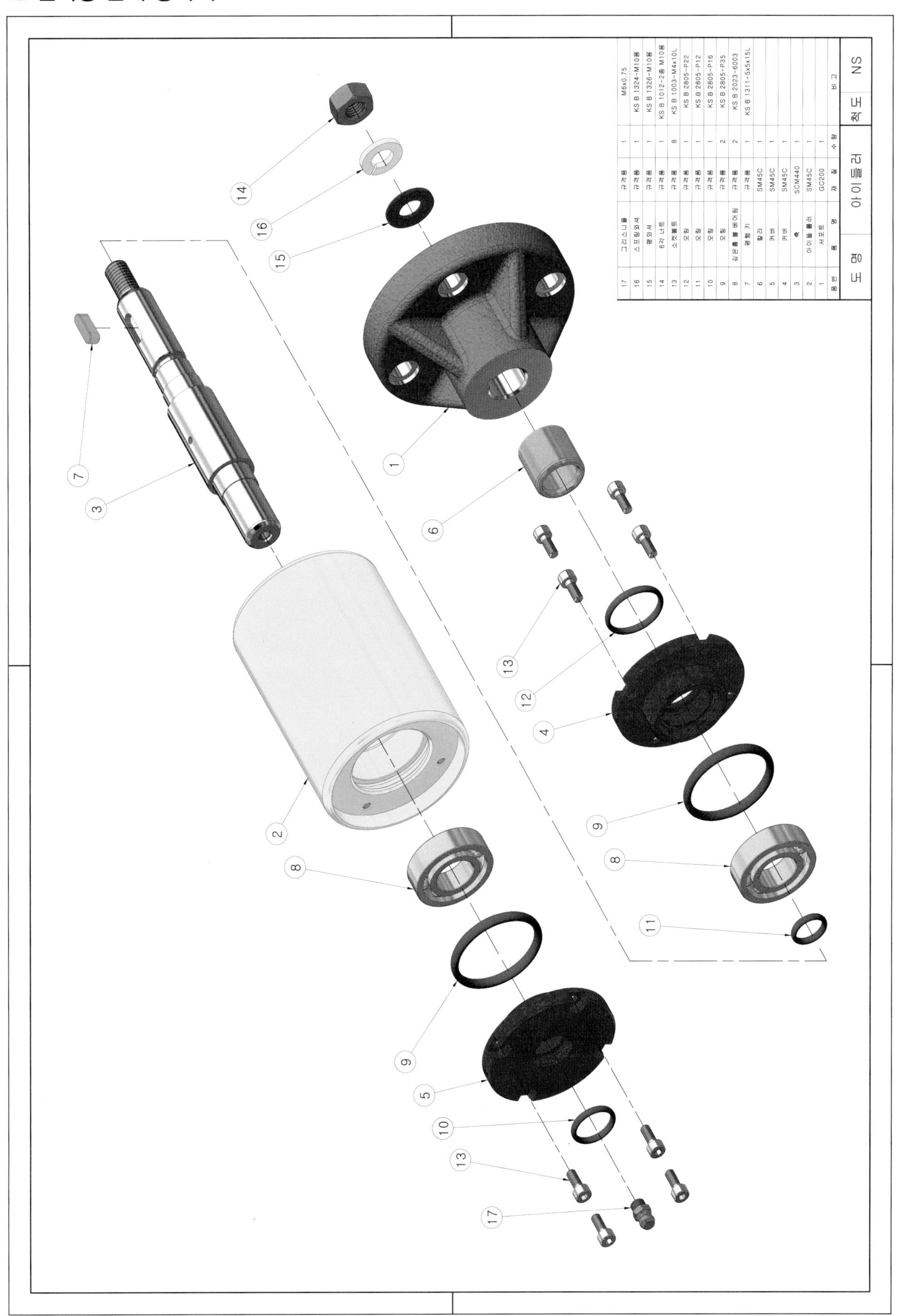

품번	품명	재질	수량	비고
17	그리스니플	규격품	1	M6x0.75
16	스프링와셔	규격품	1	KS B 1324-M10용
15	평와셔	규격품	1	KS B 1326-M10용
14	6각 너트	규격품	1	KS B 1012-2종 M10용
13	소켓볼트	규격품	8	KS B 1003-M4x10L
12	오링	규격품	1	KS B 2805-P22
11	오링	규격품	1	KS B 2805-P12
10	오링	규격품	1	KS B 2805-P16
9	오링	규격품	2	KS B 2805-P35
8	깊은홈 볼 베어링	규격품	2	KS B 2023-6003
7	평행 키	규격품	1	KS B 1311-5x5x15L
6	칼라	SM45C	1	
5	커버	SM45C	1	
4	커버	SM45C	1	
3	축	SCM440	1	
2	아이들 롤러	SM45C	1	
1	서포트	GC200	1	

도 명	아이들러	척 도	NS

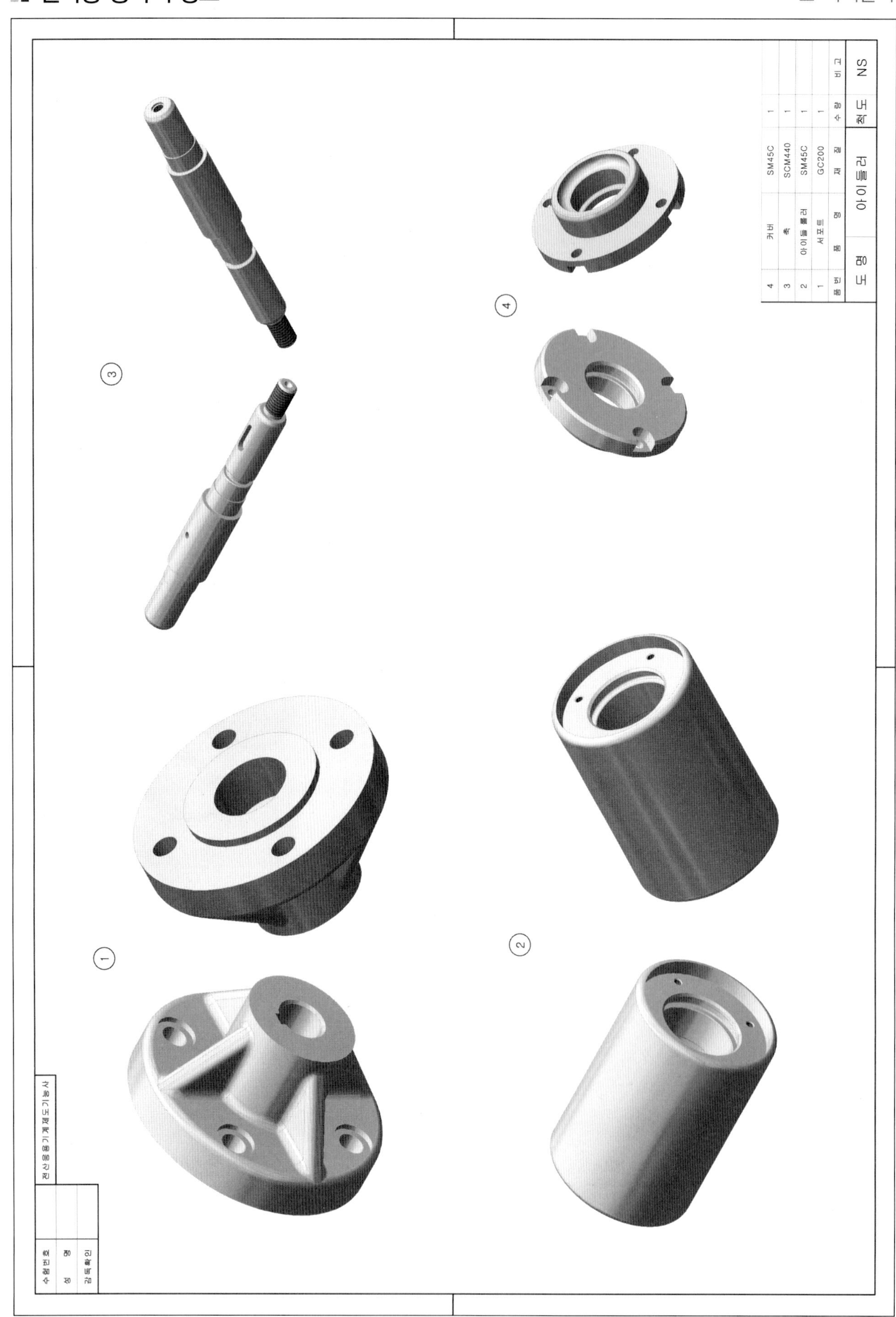
1
2
3
4
4 커버 SM45C 1
3 축 SCM440 1
2 아이들롤러 SM45C 1
1 서포트 GC200 1
품번 품명 재질 수량 비고
도명 아이들러 척도 NS
전산응용기계제도기능사
수험번호
성명
감독확인

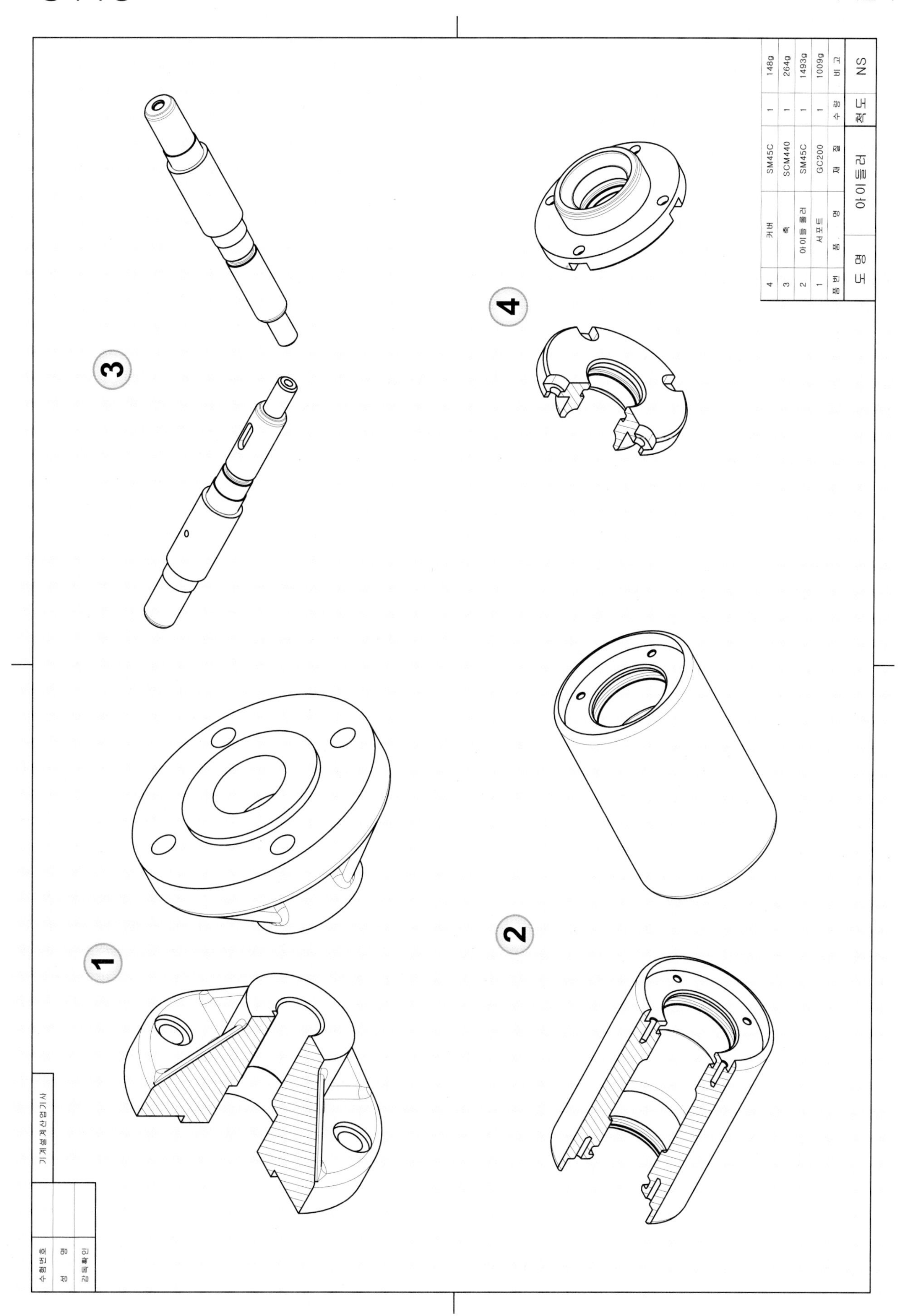

4 커버 SM45C 1 148g
3 축 SCM440 1 264g
2 아이들 롤러 SM45C 1 1493g
1 서포트 GC200 1 1009g
품번 품명 재질 수량 비고
도명 아이들러 척도 NS
1
2
3
4
기계설계산업기사
수험번호
성명
감독확인

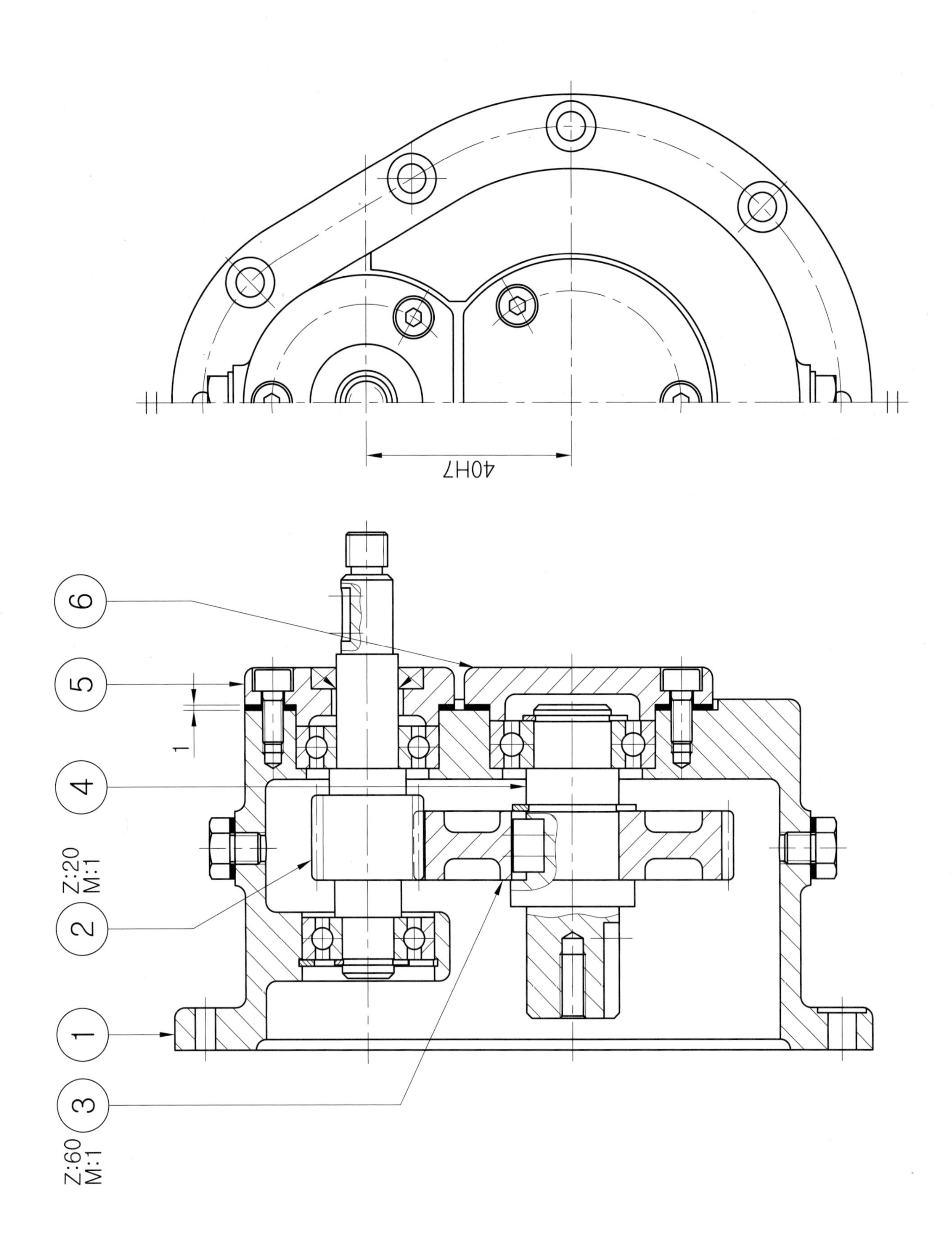
40H7
6
5
1
4
Z:20
M:1
2
1
3
Z:60
M:1

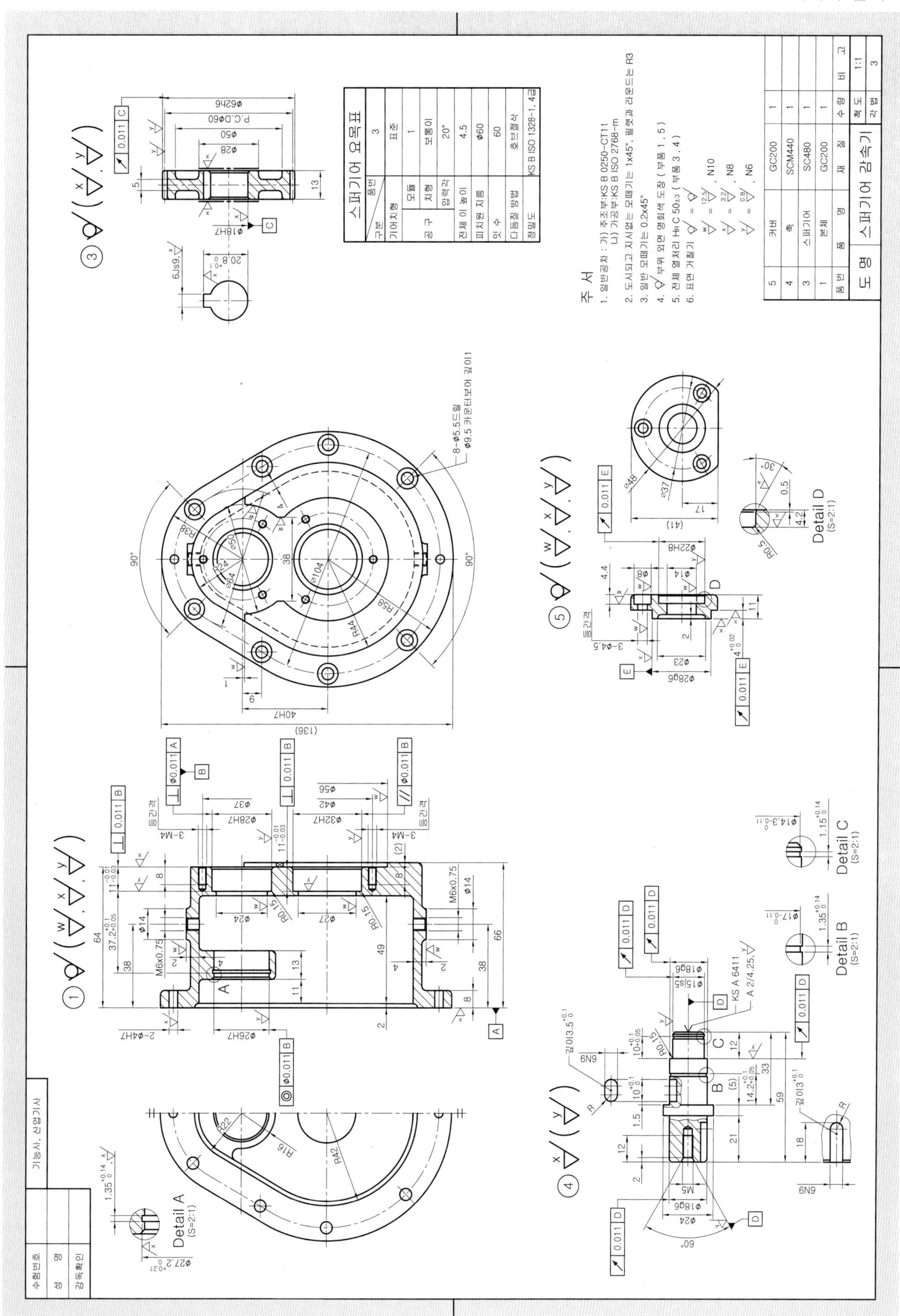
Detail A
(S=2:1)
Detail B
(S=2:1)
Detail C
(S=2:1)
Detail D
(S=2:1)
스퍼기어 요목표
주 서
스퍼기어 감속기

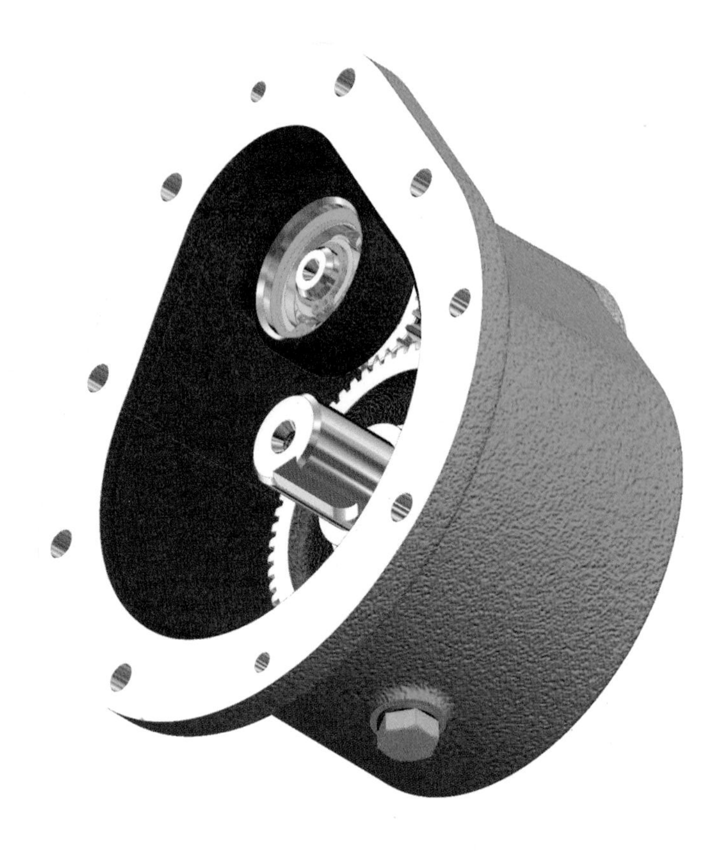

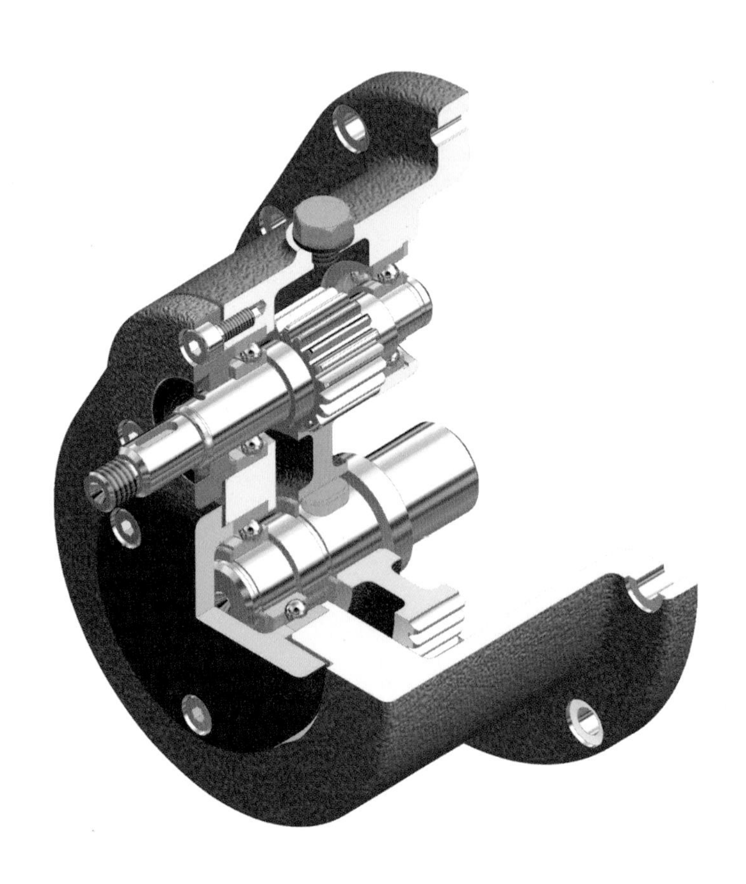

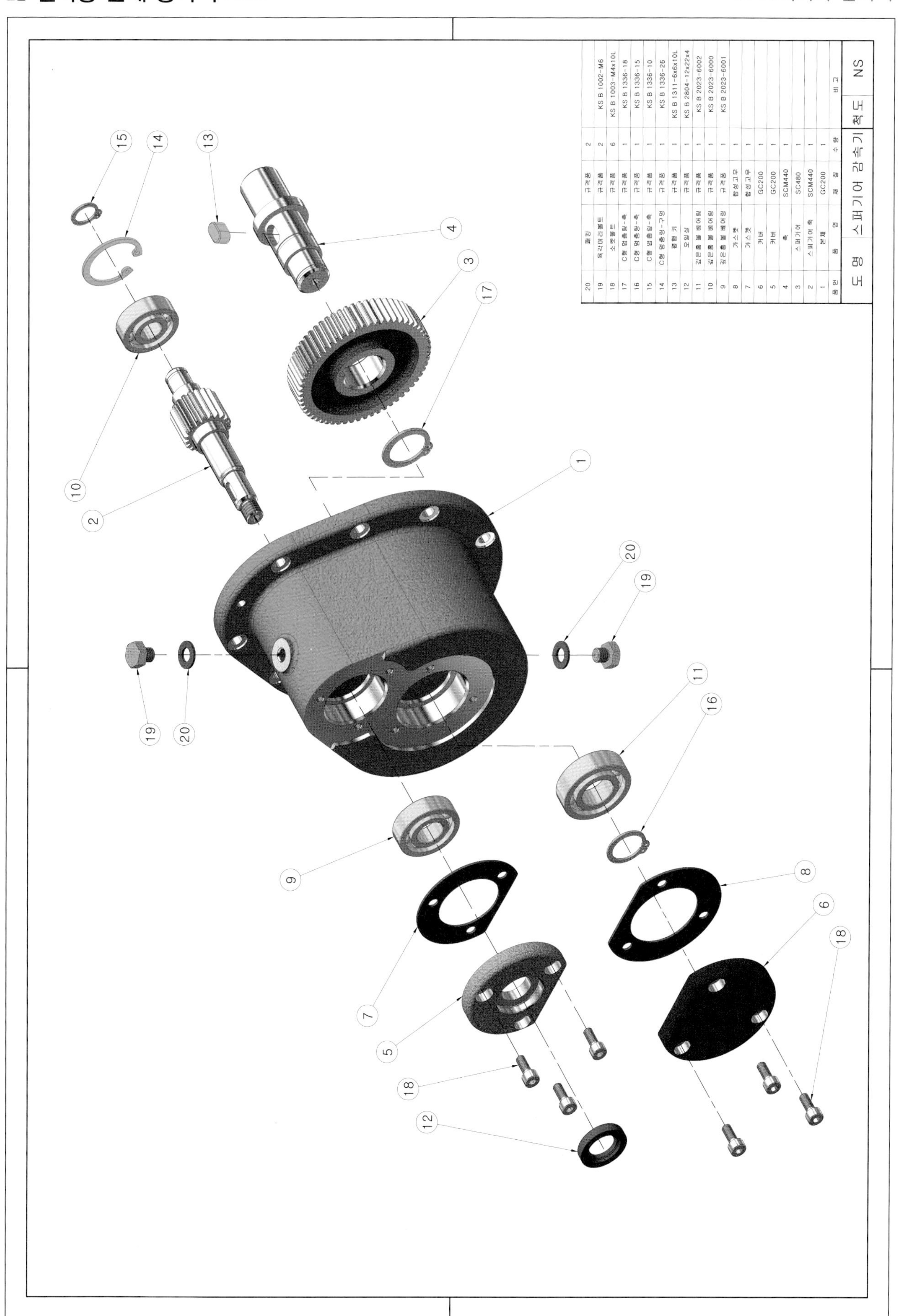

품번	품명	재질	수량	비고
20	패킹	규격품	2	
19	육각머리볼트	규격품	2	KS B 1002-M6
18	소켓볼트	규격품	6	KS B 1003-M4x10L
17	C형 멈춤링-축	규격품	1	KS B 1336-18
16	C형 멈춤링-축	규격품	1	KS B 1336-15
15	C형 멈춤링-축	규격품	1	KS B 1336-10
14	C형 멈춤링-구멍	규격품	1	KS B 1336-26
13	평행 키	규격품	1	KS B 1311-6x6x10L
12	오일실	규격품	1	KS B 2804-12x22x4
11	깊은홈 볼 베어링	규격품	1	KS B 2023-6002
10	깊은홈 볼 베어링	규격품	1	KS B 2023-6000
9	깊은홈 볼 베어링	규격품	1	KS B 2023-6001
8	가스켓	합성고무	1	
7	가스켓	합성고무	1	
6	커버	GC200	1	
5	커버	GC200	1	
4	축	SCM440	1	
3	스퍼기어	SC480	1	
2	스퍼기어 축	SCM440	1	
1	본체	GC200	1	

도 명	스퍼기어 감속기	척도	NS

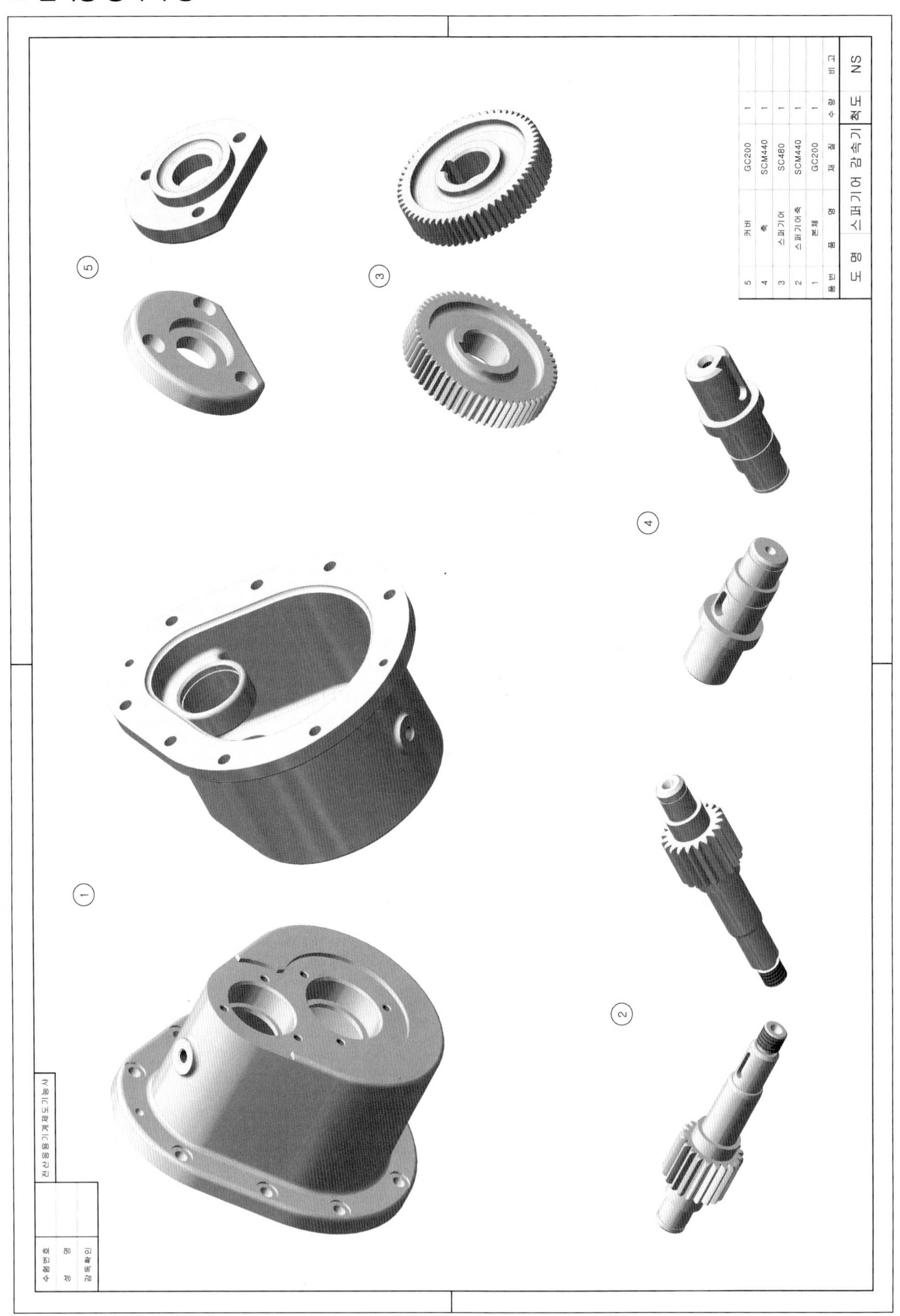
5 커버 GC200 1
4 축 SCM440 1
3 스퍼기어 SC480 1
2 스퍼기어축 SCM440 1
1 본체 GC200 1
품번 품명 재질 수량 비고
도명 스퍼기어 감속기 척도 NS
전산응용기계제도기능사
수험번호
성명
감독확인
①
②
③
④
⑤

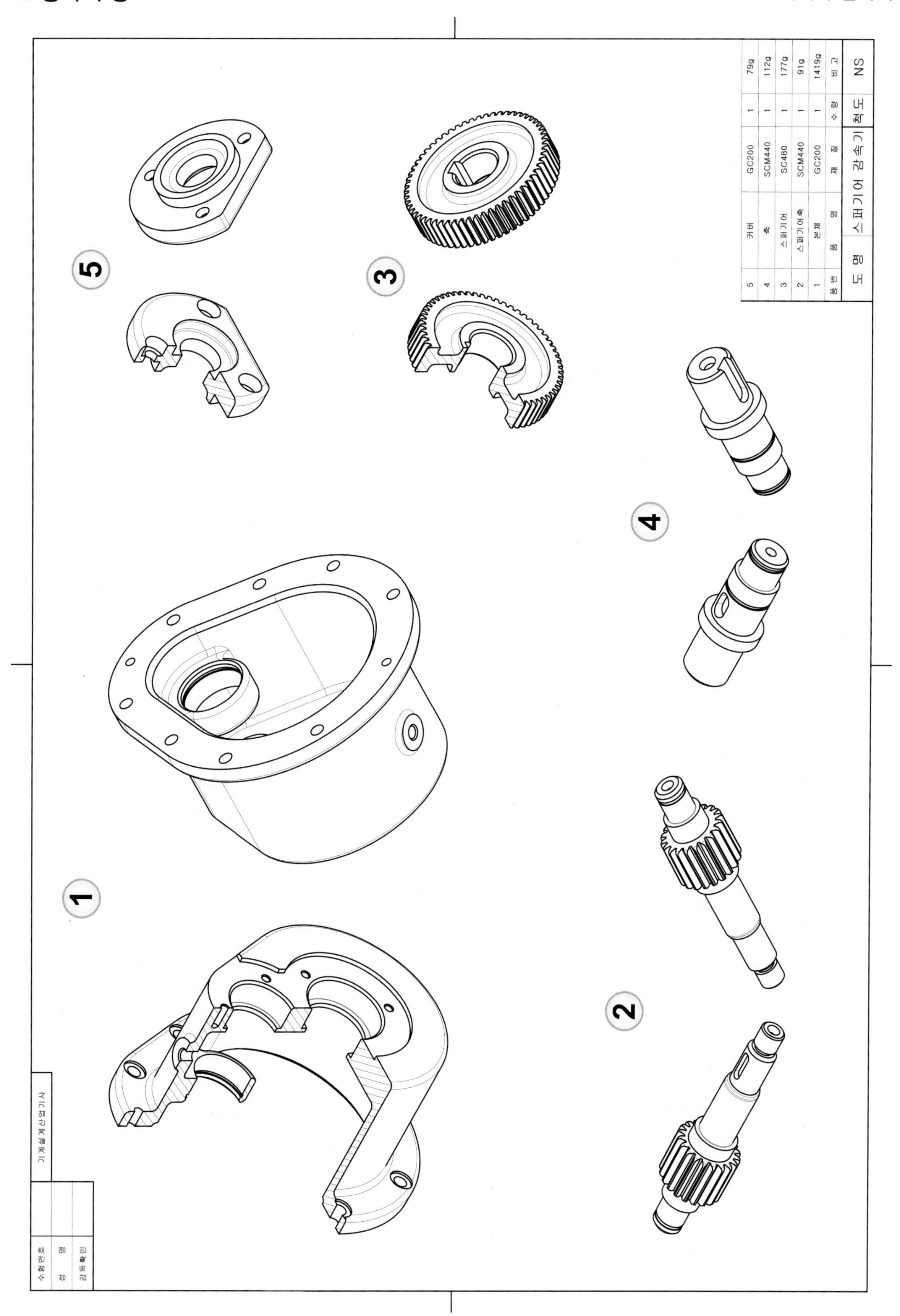
5
4
3
2
1
5 커버 GC200 1 79g
4 축 SCM440 1 112g
3 스퍼기어 SC480 1 177g
2 스퍼기어축 SCM440 1 91g
1 본체 GC200 1 1419g
품번 품명 재질 수량 비고
도명 스퍼기어 감속기 척도 NS
기계설계산업기사
수험번호
성명
감독확인

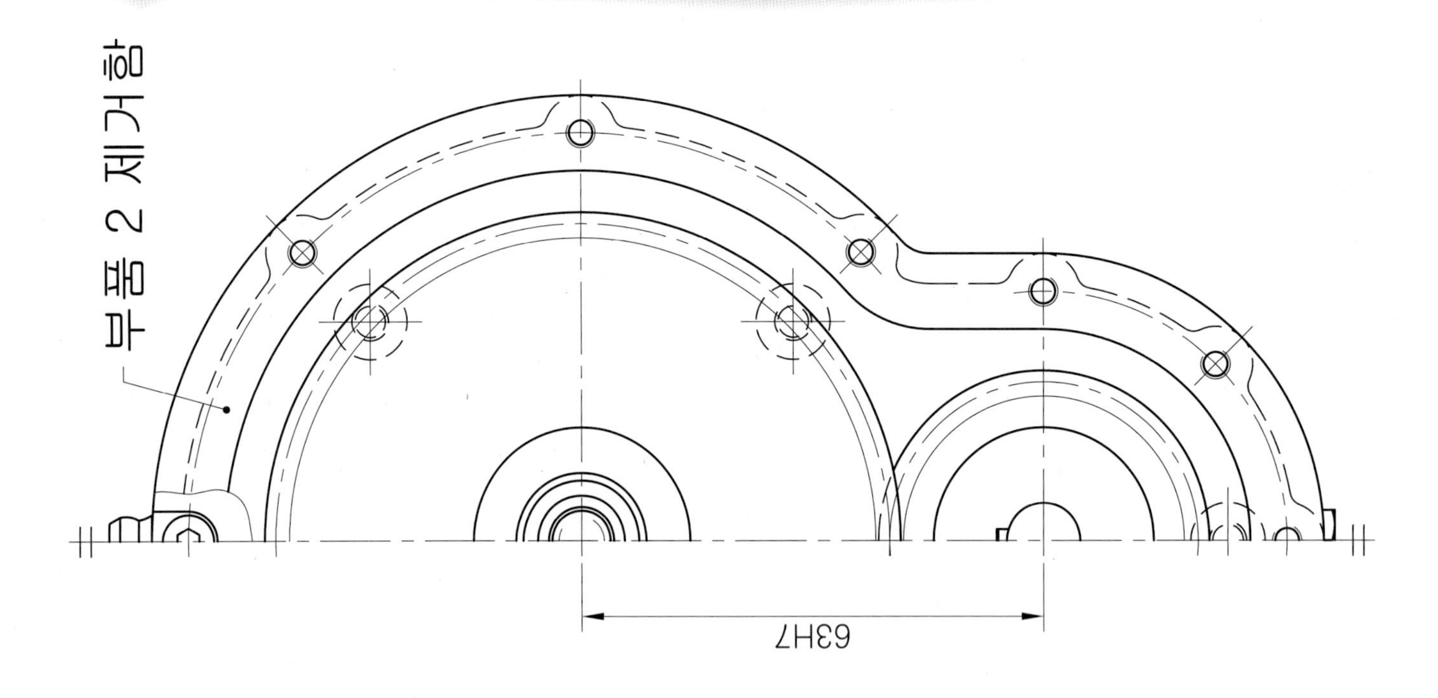
부품 2 제거함
63H7

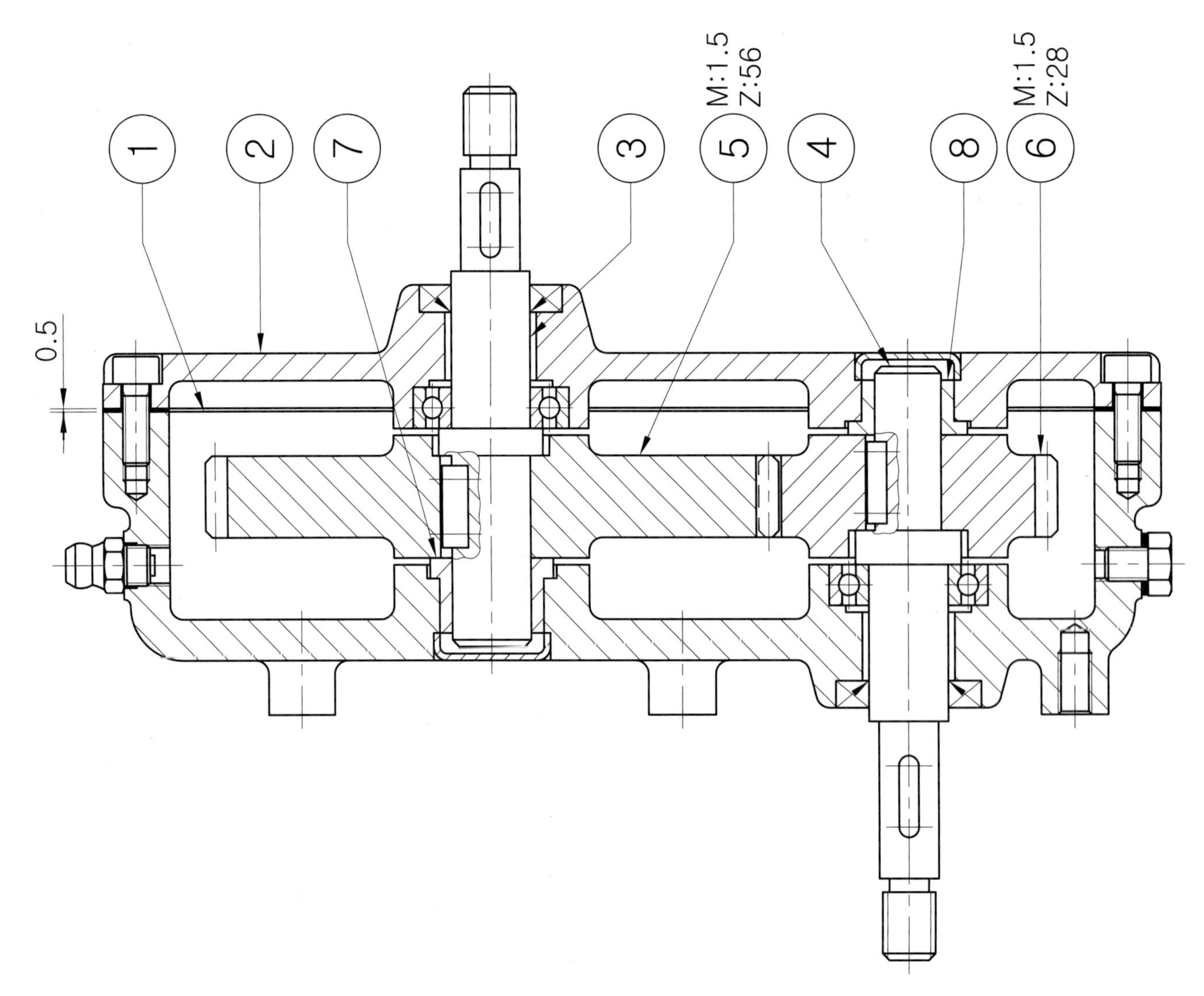
0.5
1
2
7
3
5
M:1.5
Z:56
4
8
6
M:1.5
Z:28

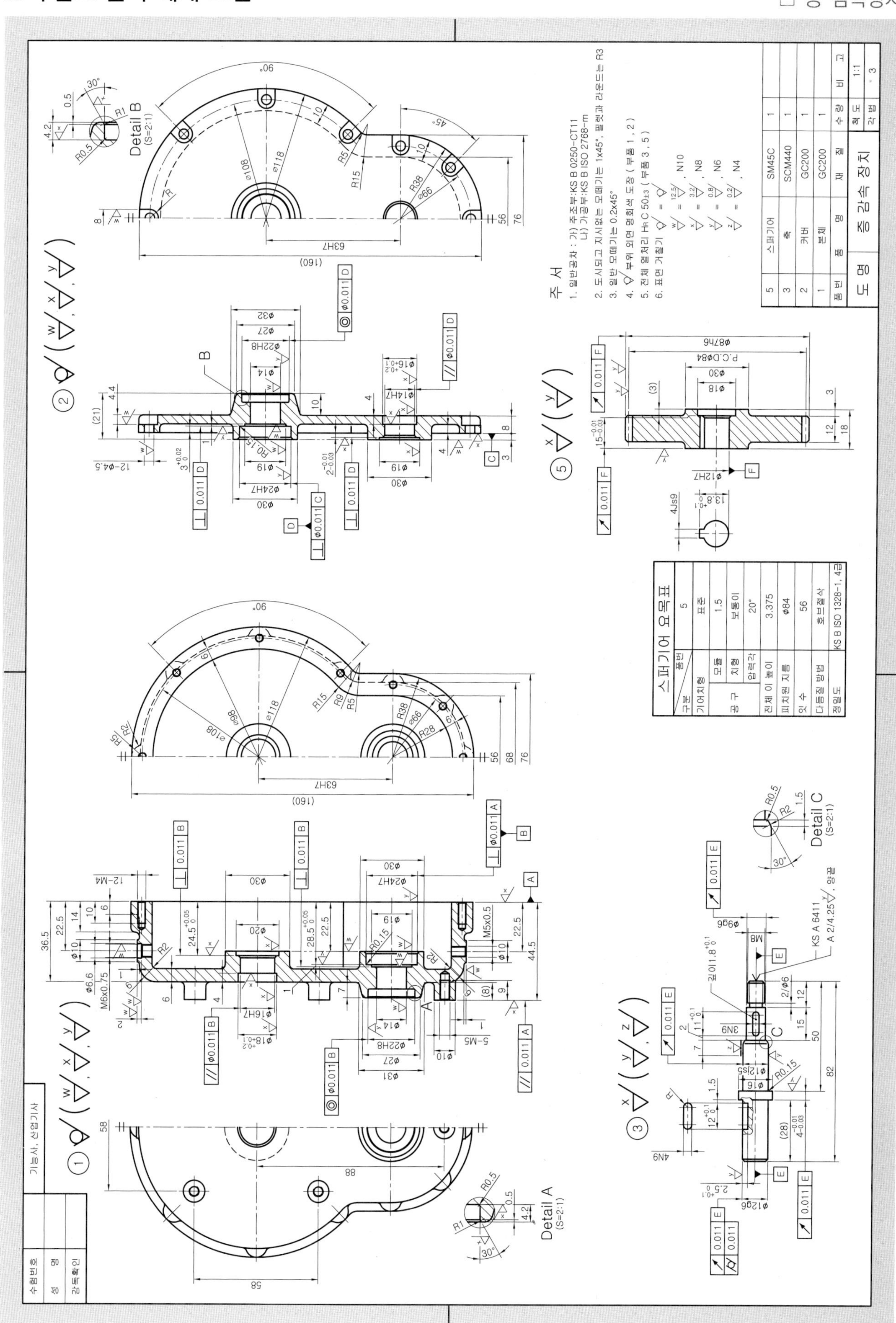

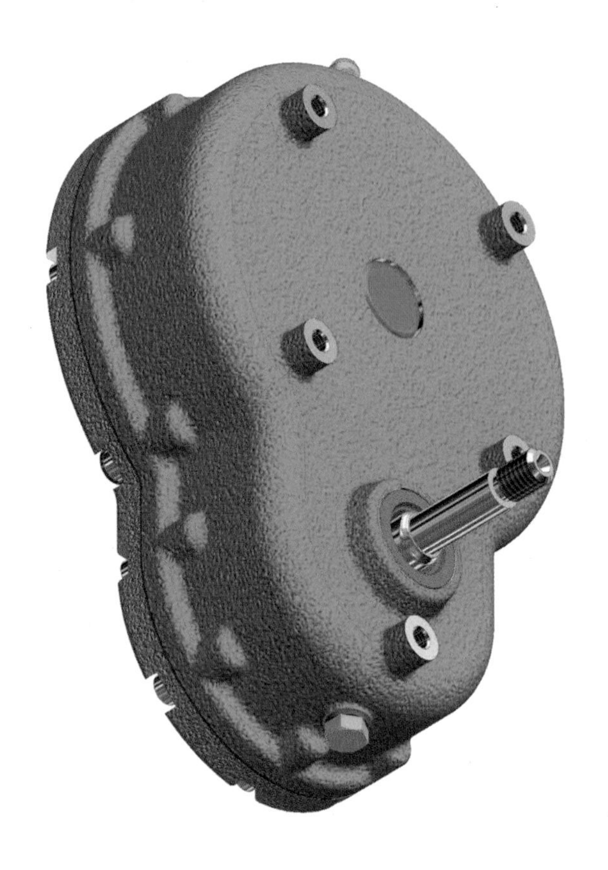

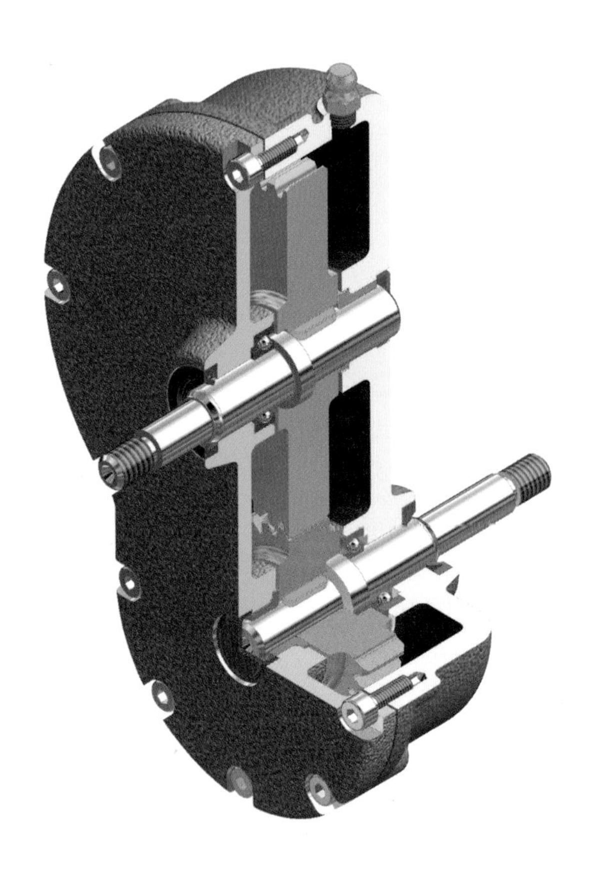

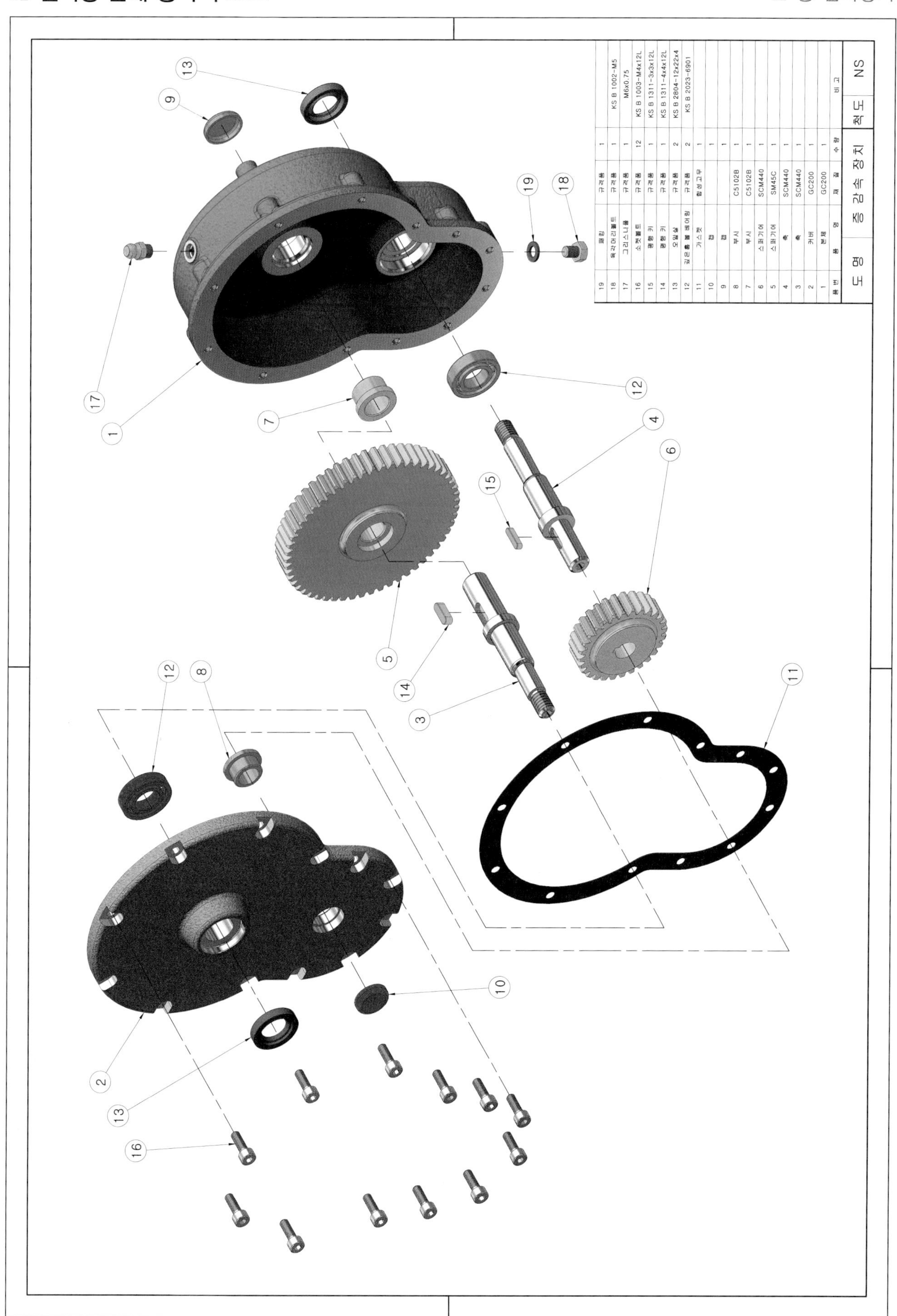

품번	품명	재질	수량	비고
19	패킹	규격품	1	
18	육각머리볼트	규격품	1	KS B 1002-M5
17	그리스니플	규격품	1	M6x0.75
16	소켓볼트	규격품	12	KS B 1003-M4x12L
15	평행 키	규격품	1	KS B 1311-3x3x12L
14	평행 키	규격품	1	KS B 1311-4x4x12L
13	오일실	규격품	2	KS B 2804-12x22x4
12	깊은홈 볼 베어링	규격품	2	KS B 2023-6901
11	가스켓	합성고무	1	
10	캡		1	
9	캡		1	
8	부시	C5102B	1	
7	부시	C5102B	1	
6	스퍼기어	SCM440	1	
5	스퍼기어	SM45C	1	
4	축	SCM440	1	
3	축	SCM440	1	
2	커버	GC200	1	
1	본체	GC200	1	

도명	증 감속 장치	척도	NS

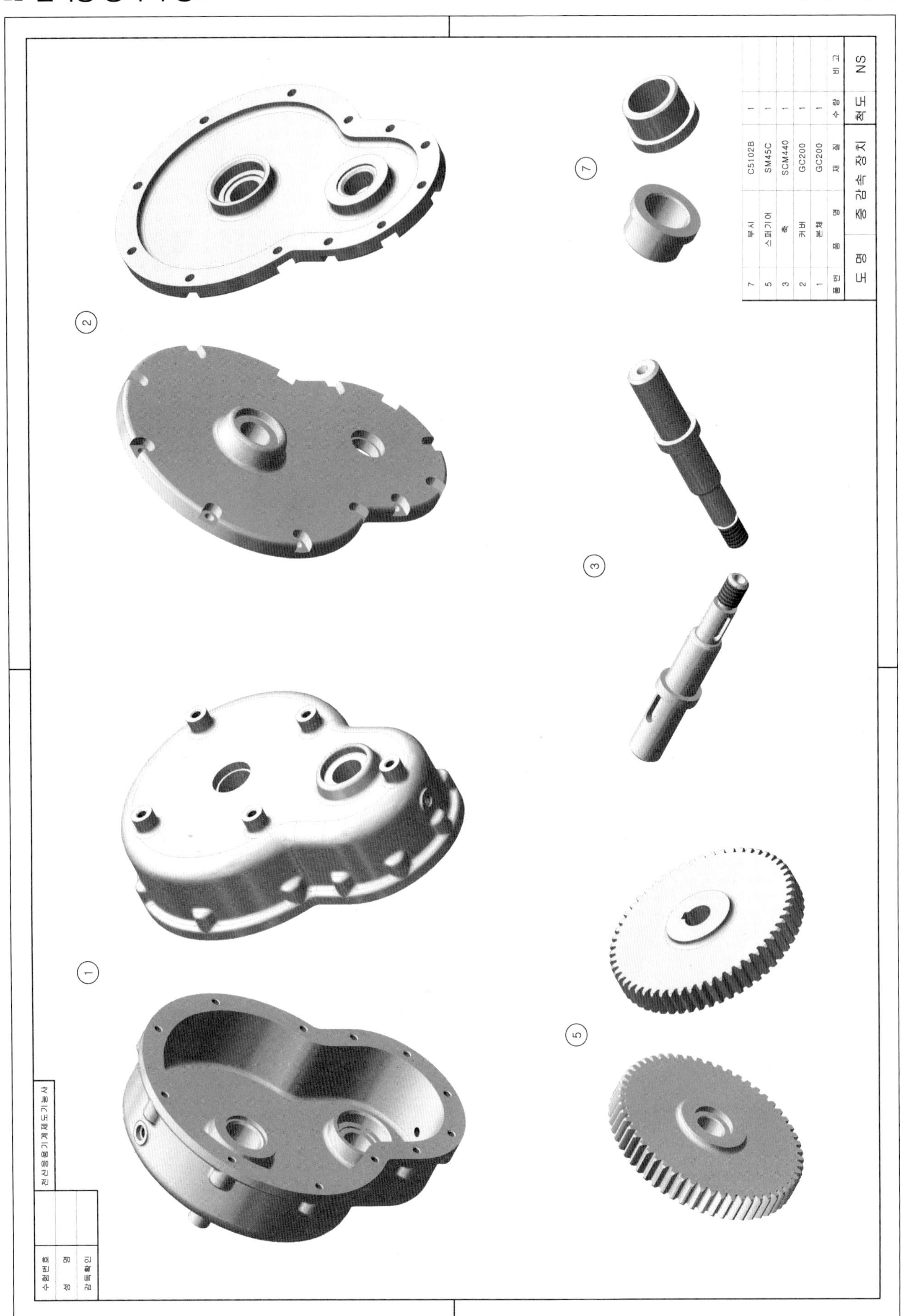

7 부시 C5102B 1
5 스퍼기어 SM45C 1
3 축 SCM440 1
2 커버 GC200 1
1 본체 GC200 1
품번 품명 재질 수량 비고
도명 증 감속 장치 척도 NS
2
7
3
1
5
수험번호
성명
감독확인
전산응용기계제도기능사

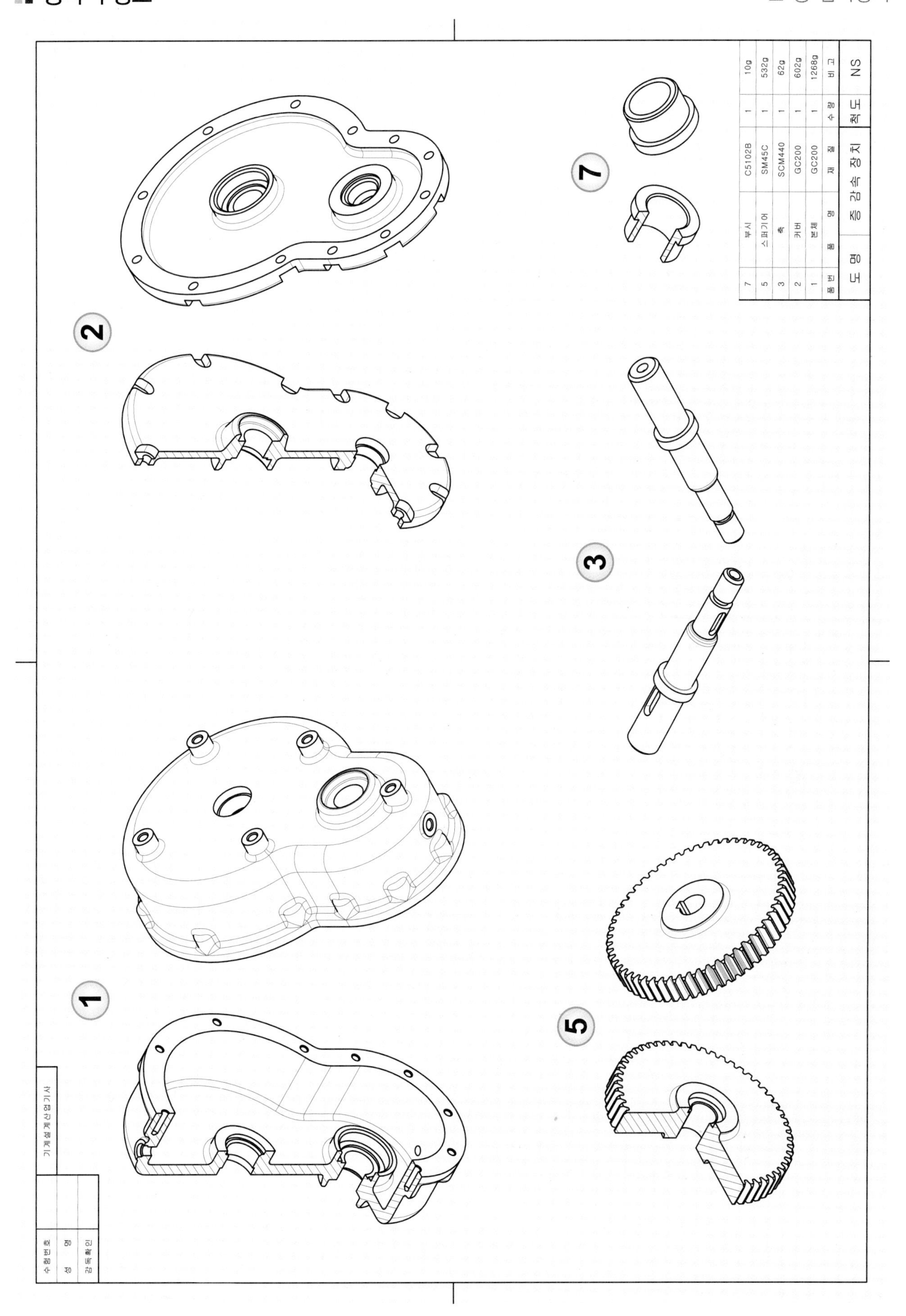
7 부시 C5102B 1 10g
5 스퍼기어 SM45C 1 532g
3 축 SCM440 1 62g
2 커버 GC200 1 602g
1 본체 GC200 1 1268g
품번 품 명 재 질 수 량 비 고
도 명 증 감속 장치 척 도 NS
기계설계산업기사
수험번호
성 명
감독확인
1
2
3
5
7

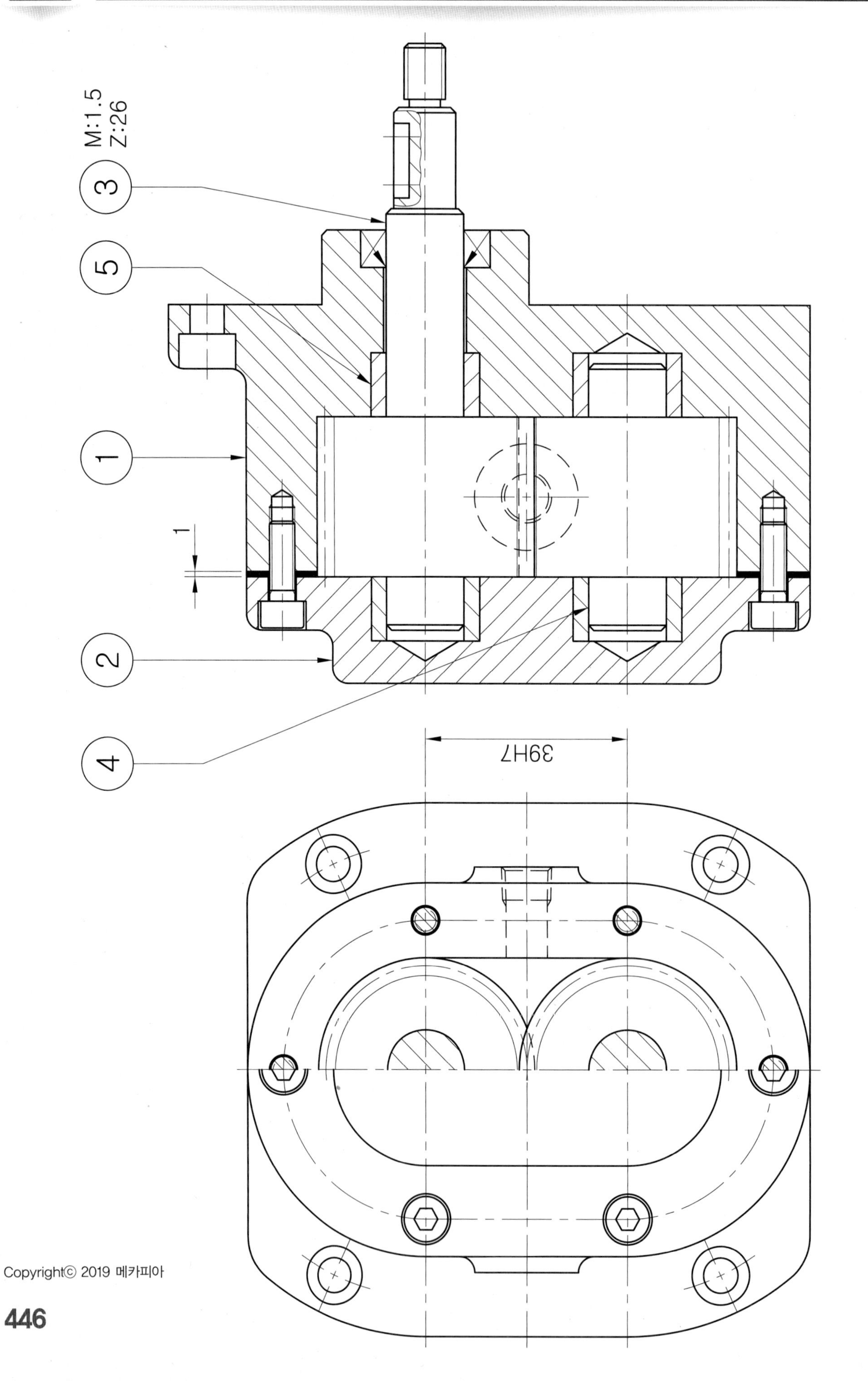
M:1.5
Z:26
3
5
1
1
2
4
39H7

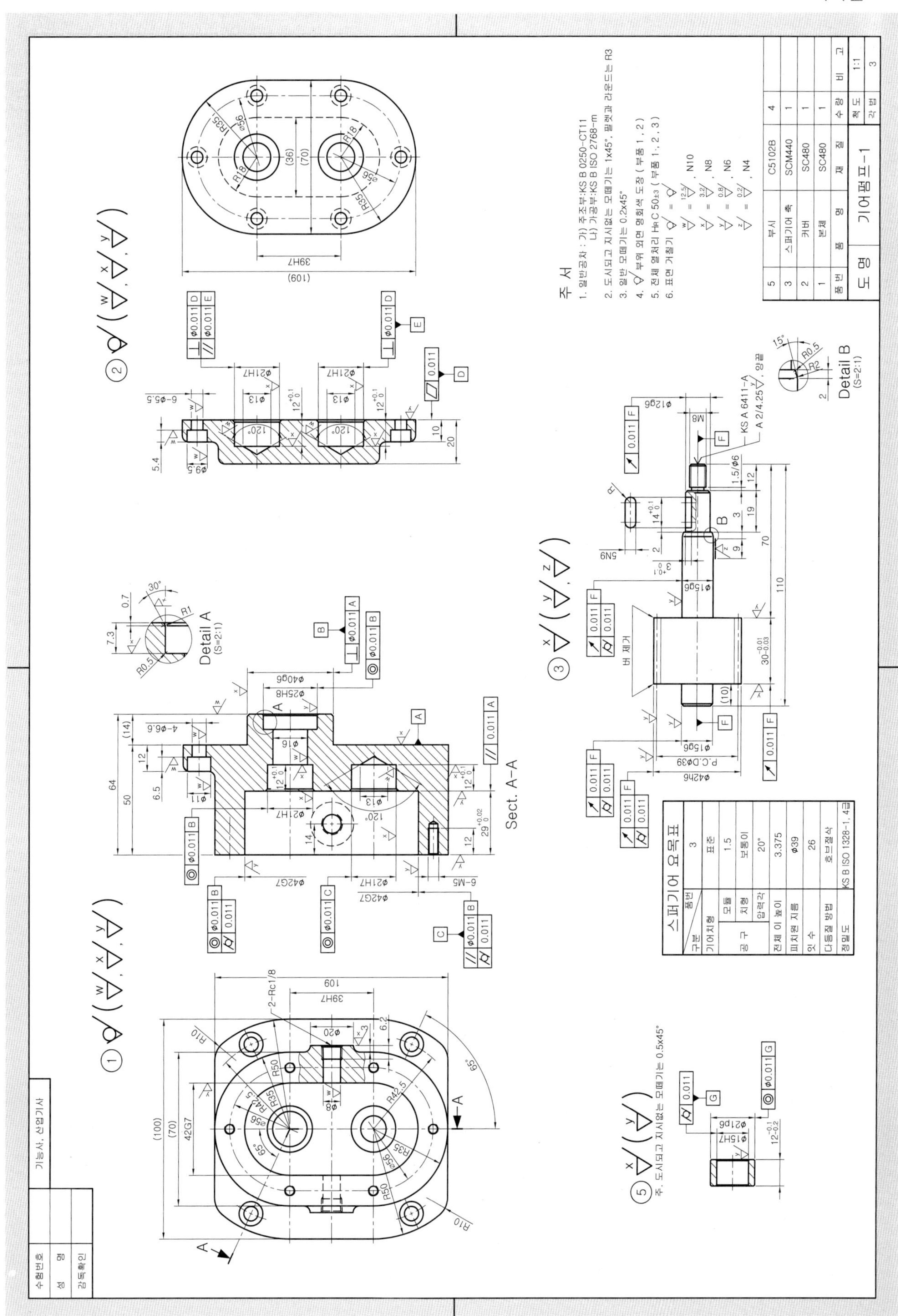

렌더링 분해 등각 구조도

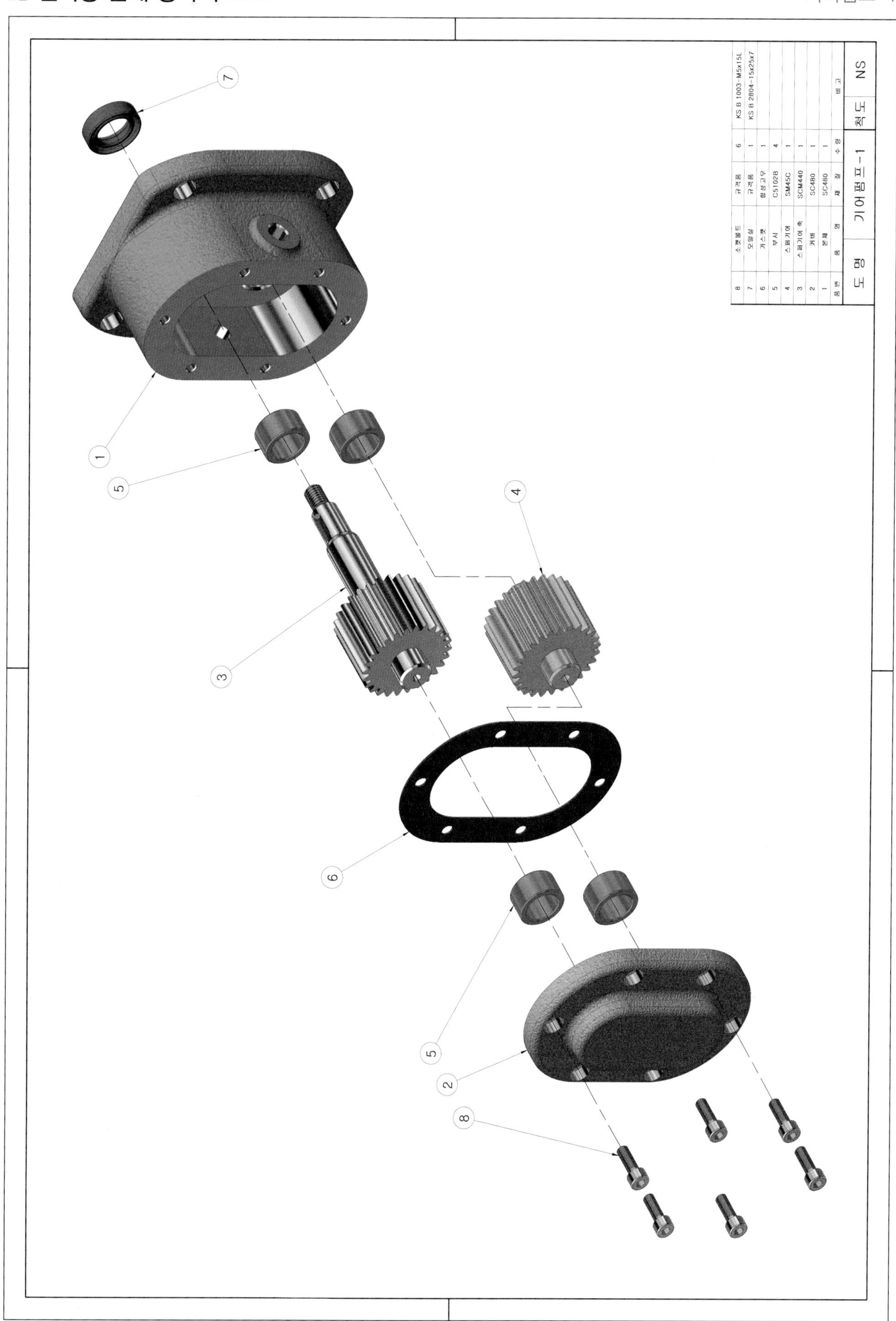

품번	품 명	재 질	수량	비 고
8	소켓볼트	규격품	6	KS B 1003-M5x15L
7	오일실	규격품	1	KS B 2804-15x25x7
6	가스켓	합성고무	1	
5	부시	C5102B	4	
4	스퍼기어	SM45C	1	
3	스퍼기어 축	SCM440	1	
2	커버	SC480	1	
1	본체	SC480	1	

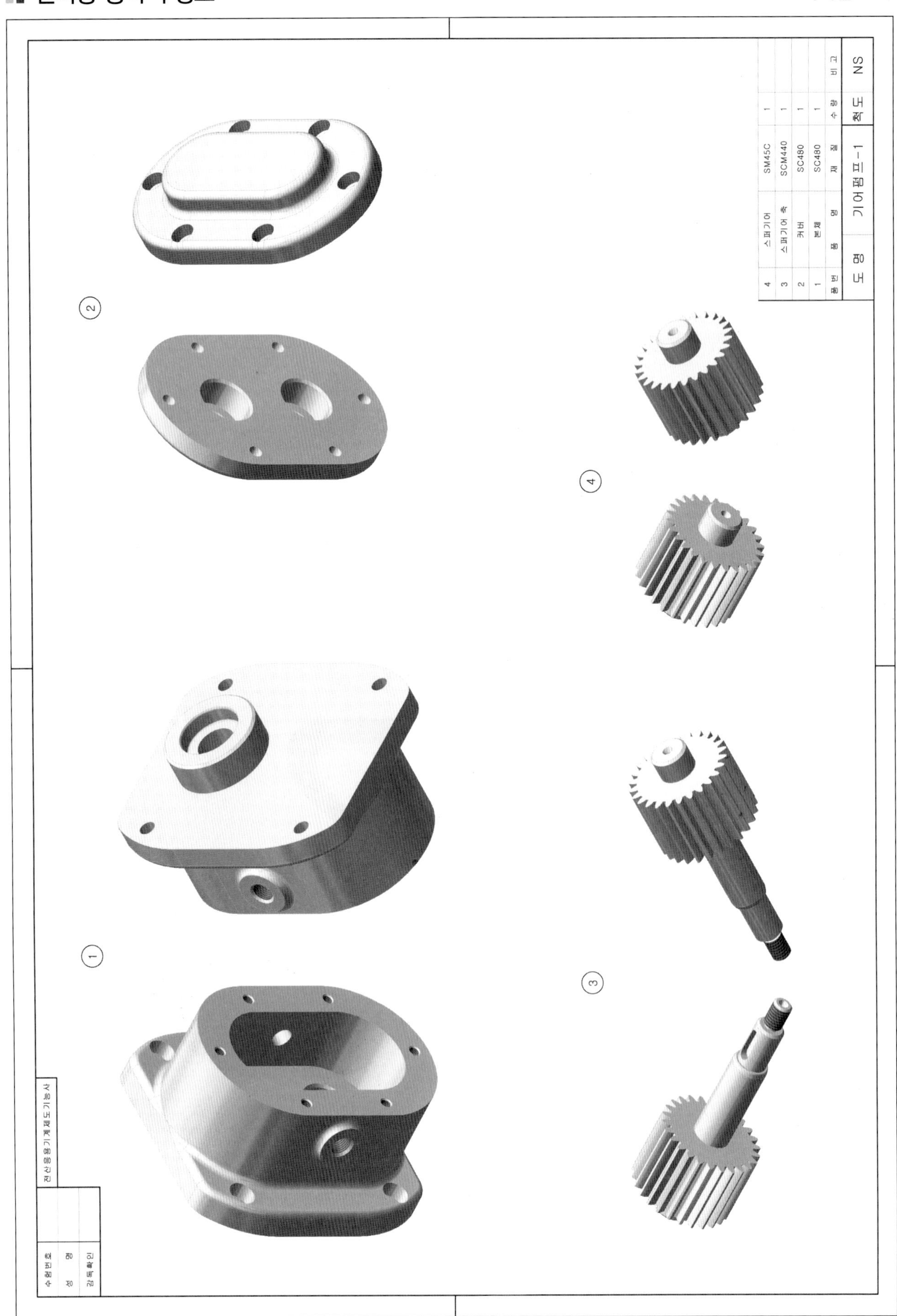
4 스퍼기어 SM45C 1
3 스퍼기어 축 SCM440 1
2 커버 SC480 1
1 본체 SC480 1
품번 품 명 재 질 수량 비 고
도 명 기어펌프-1 척도 NS
수험번호
성 명
감독확인
전산응용기계제도기능사
①
②
③
④

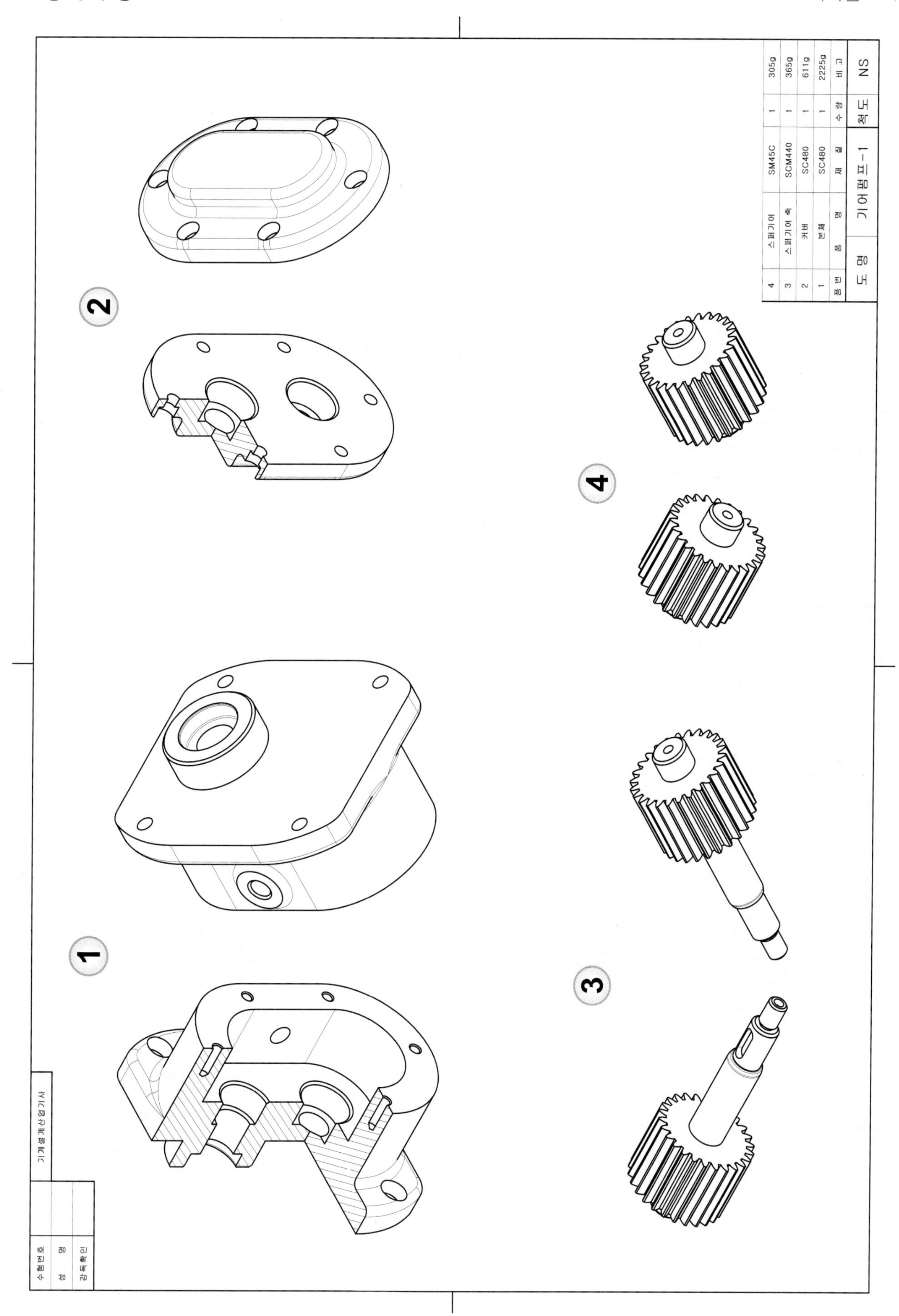
2
4
1
3
품번	품명	재질	수량	비고
4	스퍼기어	SM45C	1	305g
3	스퍼기어 축	SCM440	1	365g
2	커버	SC480	1	611g
1	본체	SC480	1	2225g
도명 기어펌프-1 척도 NS
기계설계산업기사
수험번호
성명
감독확인

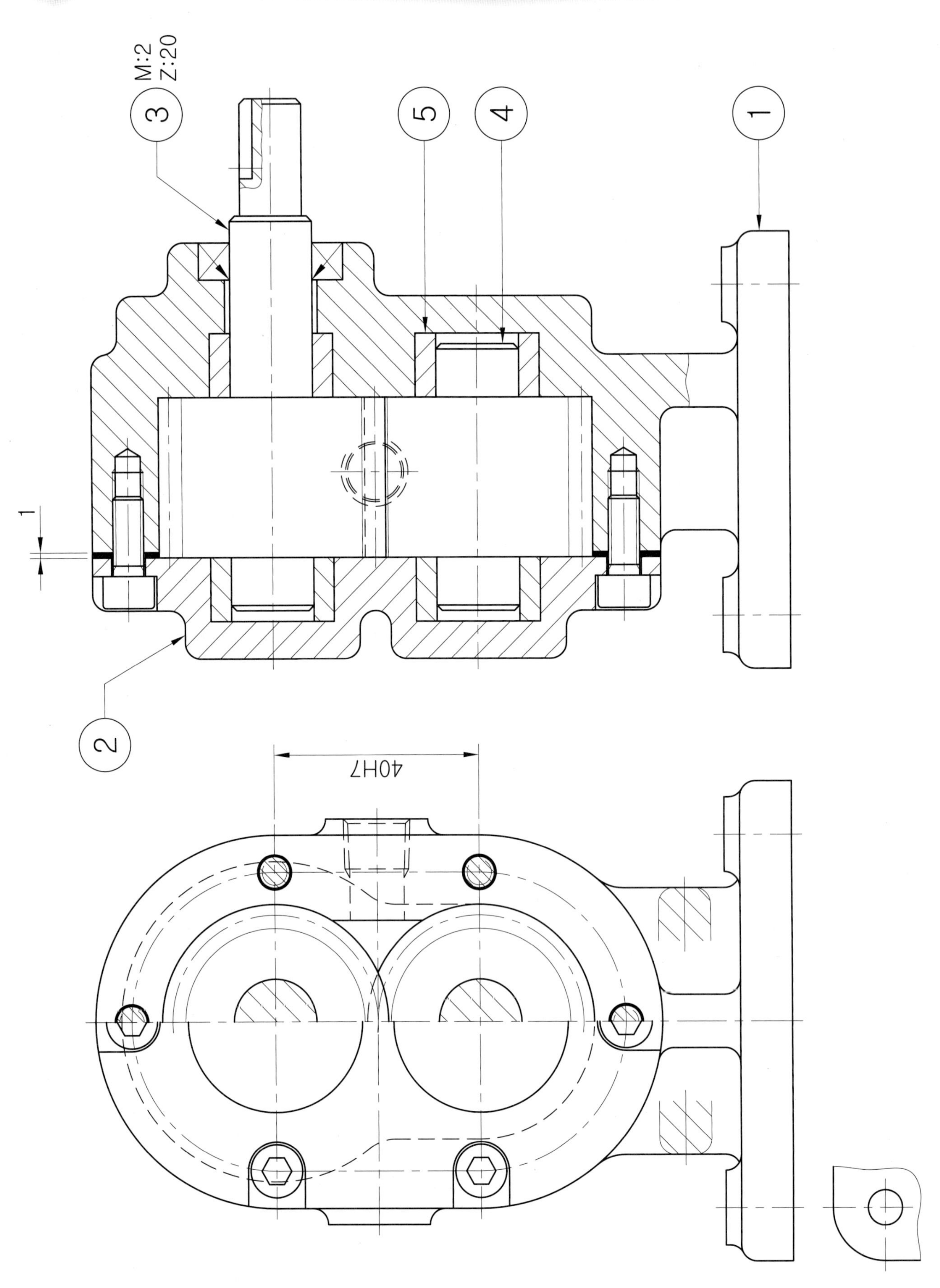
M:2
Z:20
3
5
4
1
2
1
40H7

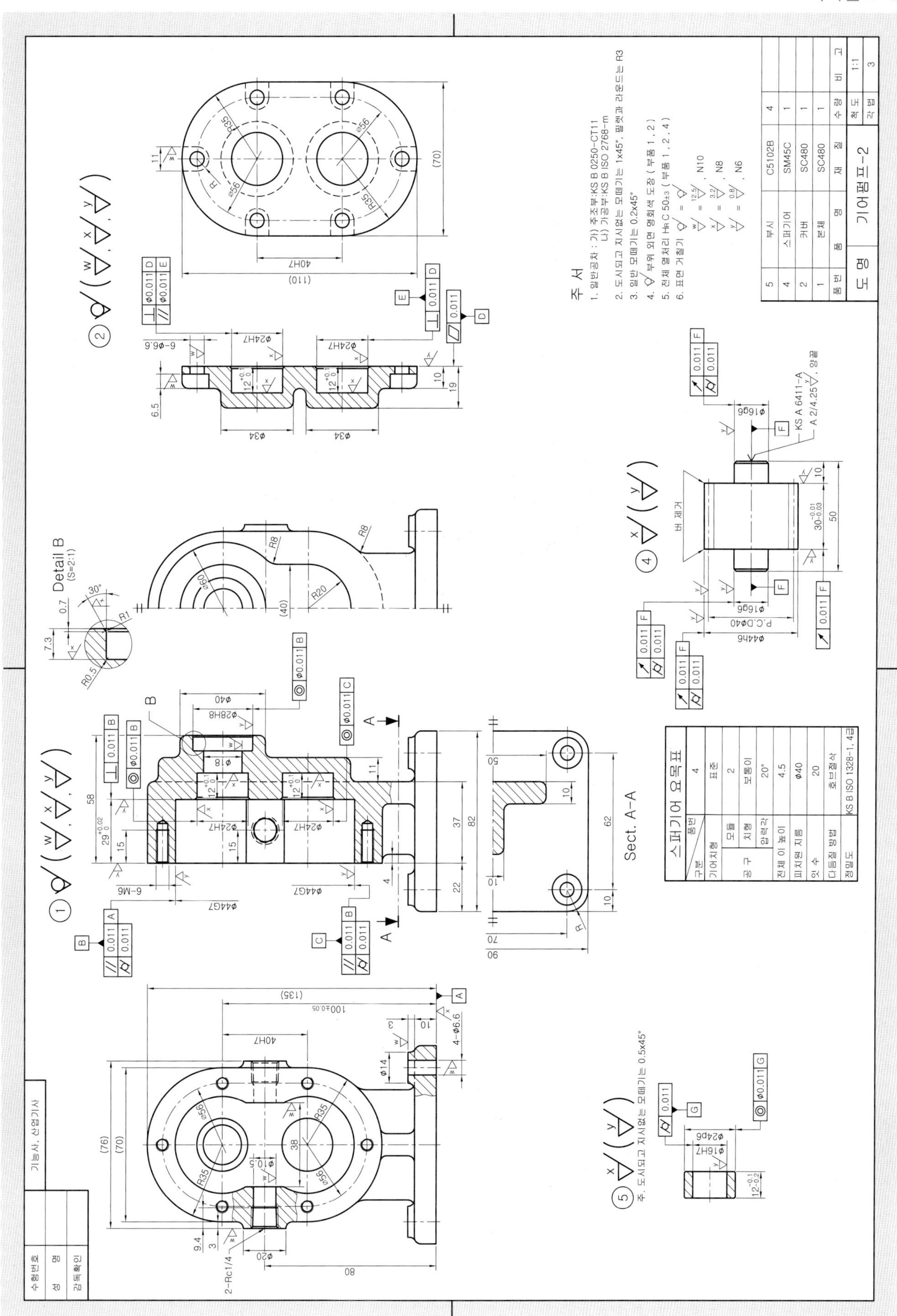
주 서
1. 일반공차 : 가) 주조부:KS B 0250-CT11
나) 가공부:KS B ISO 2768-m
2. 도시되고 지시없는 모떼기는 1x45°, 필렛과 라운드는 R3
3. 일반 모떼기는 0.2x45°
4. 부위 외면 명회색 도장 (부품 1, 2)
5. 전체 열처리 HRC 50±3 (부품 1, 2, 4)
6. 표면 거칠기
N10
N8
N6
스퍼기어 요목표
기어치형 표준
모듈 2
치형 보통이
압력각 20°
전체 이 높이 4.5
피치원 지름 Φ40
잇 수 20
다듬질 방법 호브절삭
정밀도 KS B ISO 1328-1, 4급
5 부시 C5102B 4
4 스퍼기어 SM45C 1
2 커버 SC480 1
1 본체 SC480 1
품번 품명 재질 수량 비고
도명 기어펌프-2 척도 1:1 각법 3
Detail B (S=2:1)
Sect. A-A
주. 도시되고 지시없는 모떼기는 0.5x45°
기능사, 산업기사
수험번호
성 명
감독확인

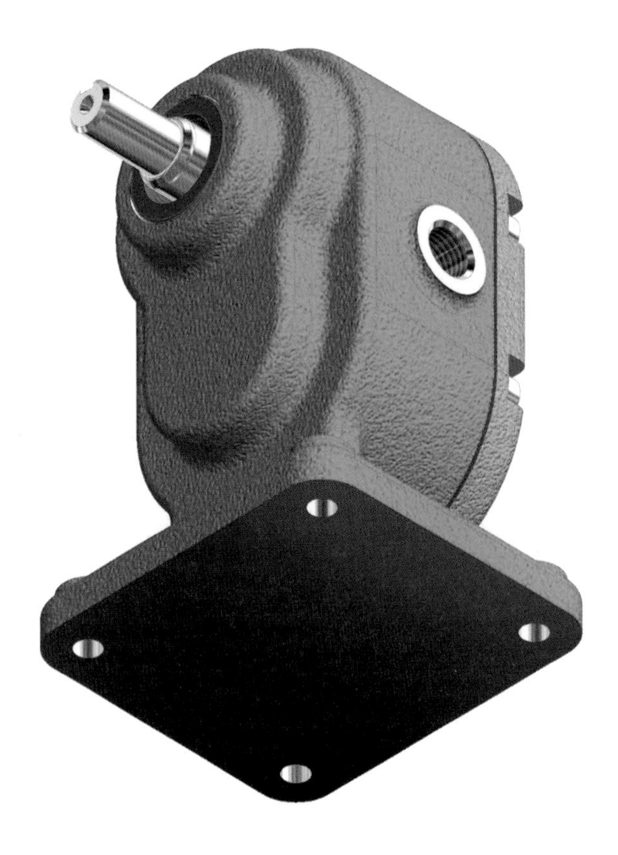

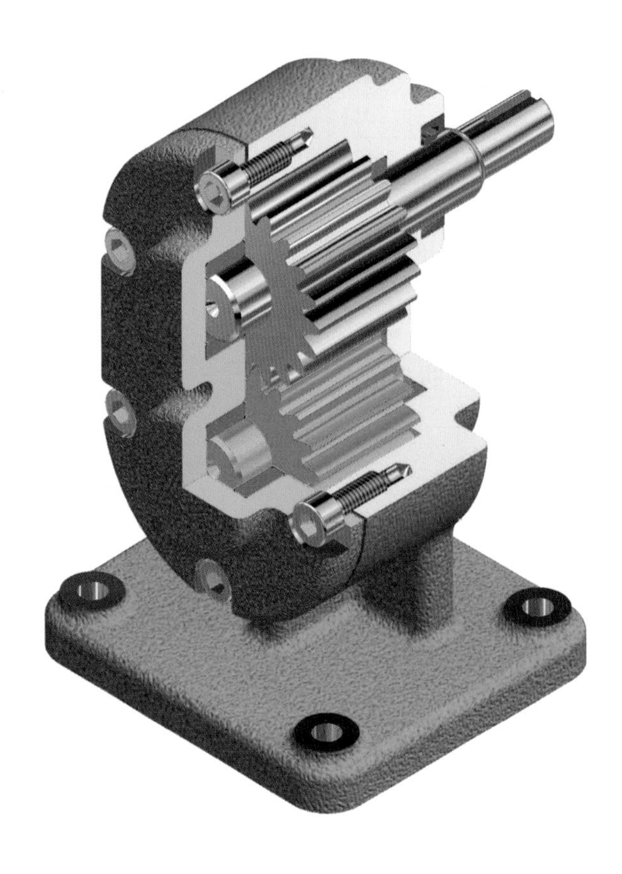

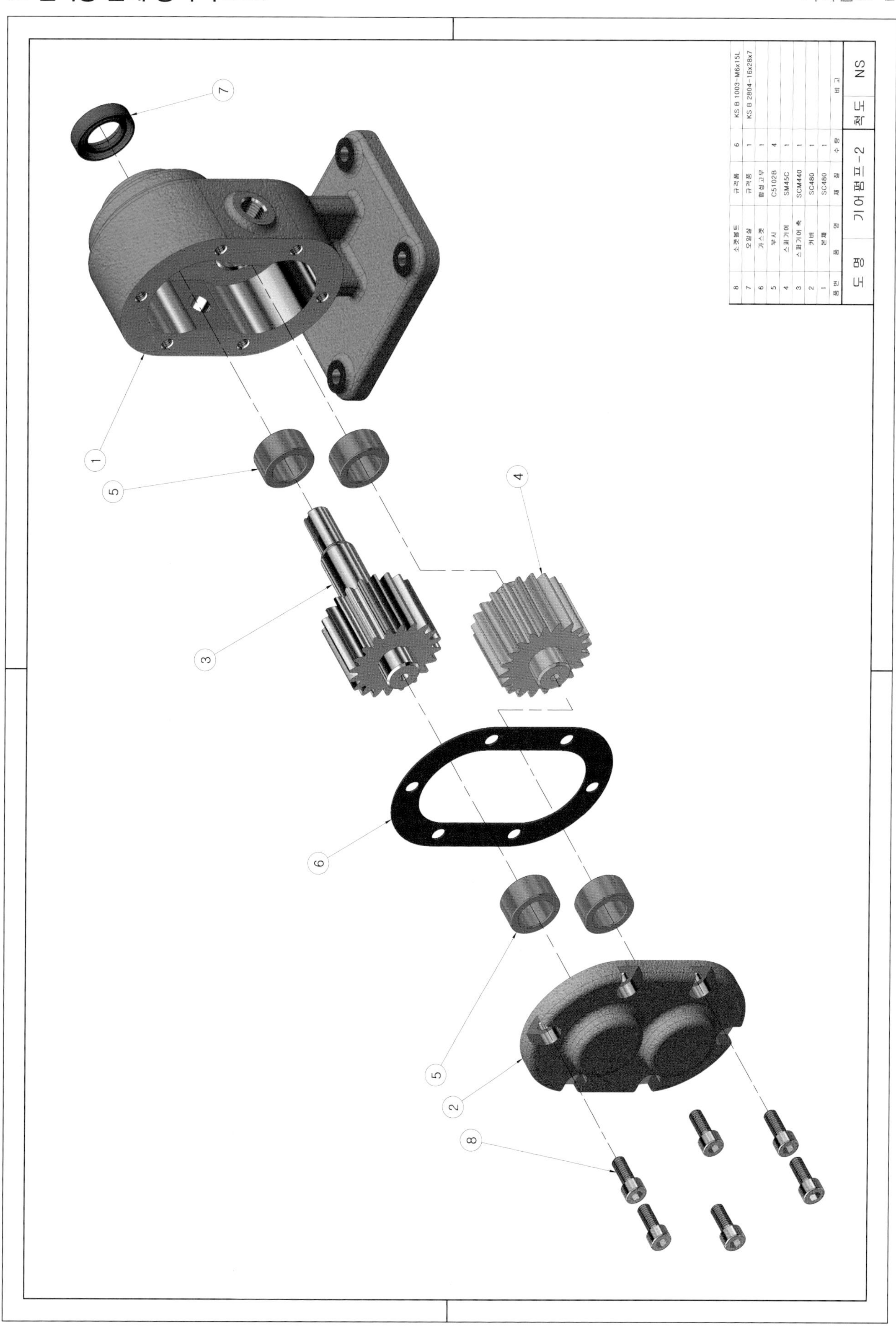

8 소켓볼트 규격품 6 KS B 1003-M6x15L
7 오일실 규격품 1 KS B 2804-16x28x7
6 가스켓 합성고무 1
5 부시 C5102B 4
4 스퍼기어 SM45C 1
3 스퍼기어 축 SCM440 1
2 커버 SC480 1
1 본체 SC480 1
품번 품명 재질 수량 비고
도명 기어펌프-2 척도 NS
1
2
3
4
5
6
7
8

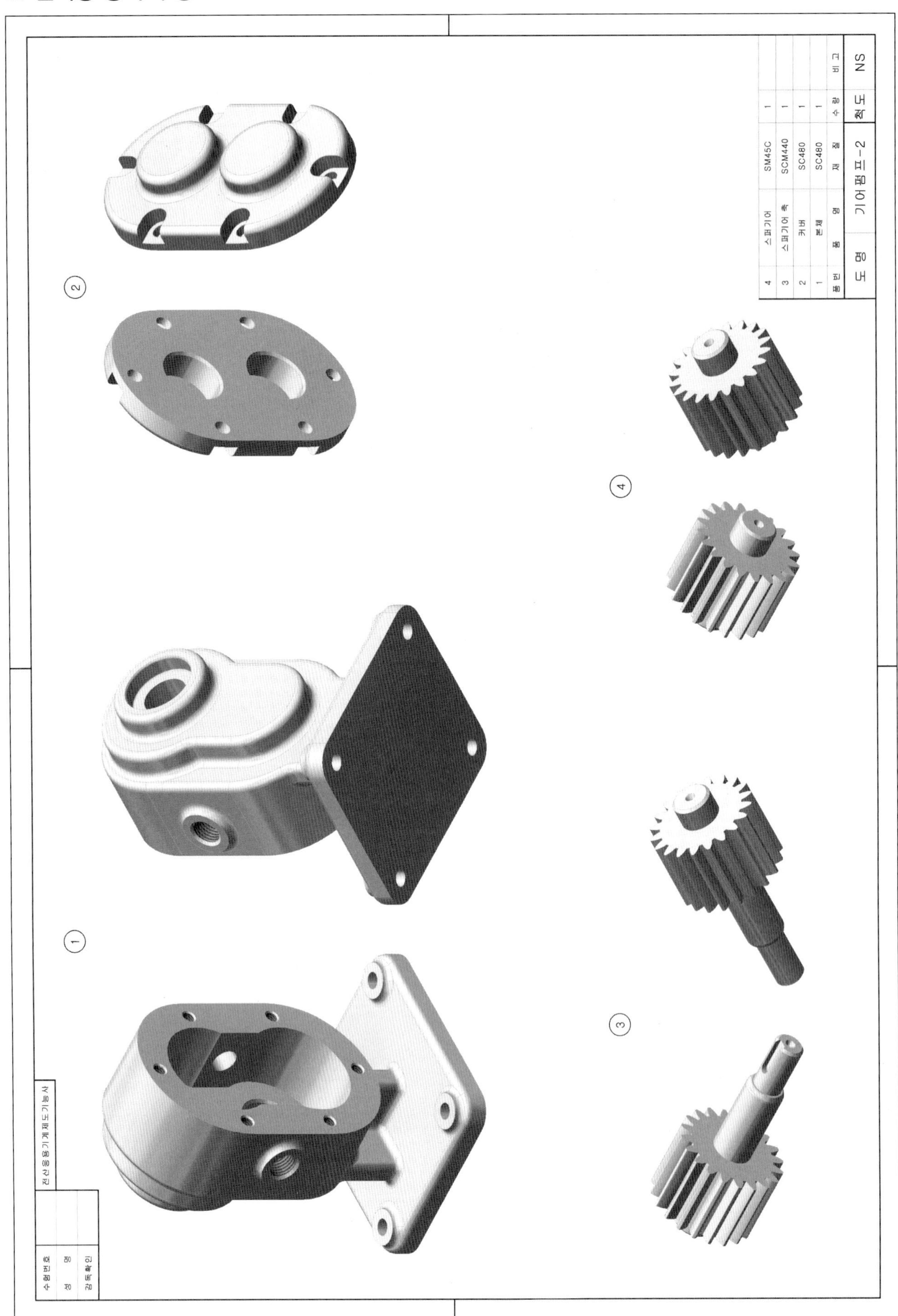

4 스퍼기어 SM45C 1
3 스퍼기어 축 SCM440 1
2 커버 SC480 1
1 본체 SC480 1
품번 품명 재질 수량 비고
도명 기어펌프-2 척도 NS
①
②
③
④
전산응용기계제도기능사
수험번호
성명
감독확인

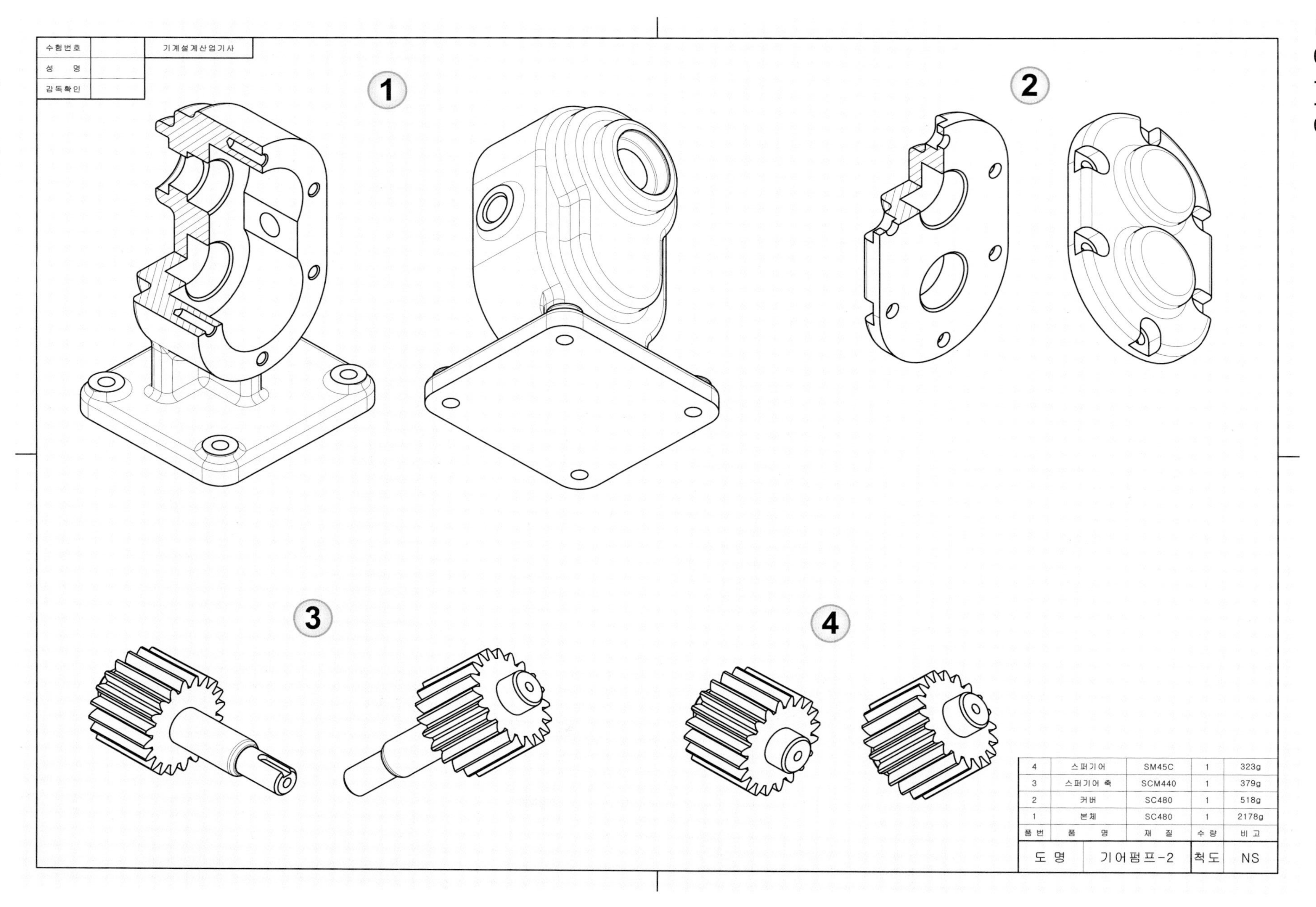

품번	품 명	재 질	수 량	비 고
4	스퍼기어	SM45C	1	323g
3	스퍼기어 축	SCM440	1	379g
2	커버	SC480	1	518g
1	본체	SC480	1	2178g
도 명	기어펌프-2		척 도	NS

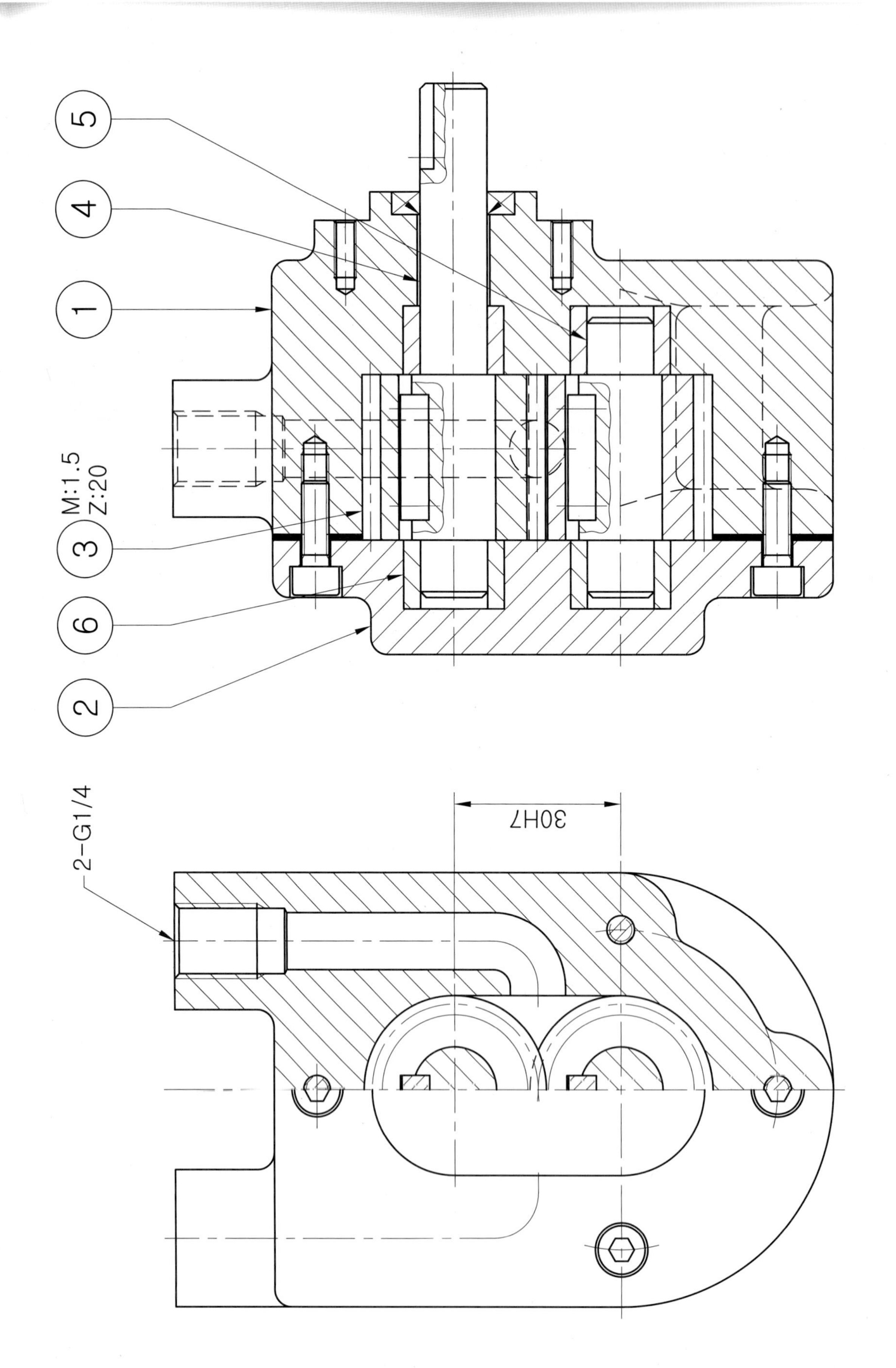
5
4
1
M:1.5
Z:20
3
6
2
2-G1/4
30H7

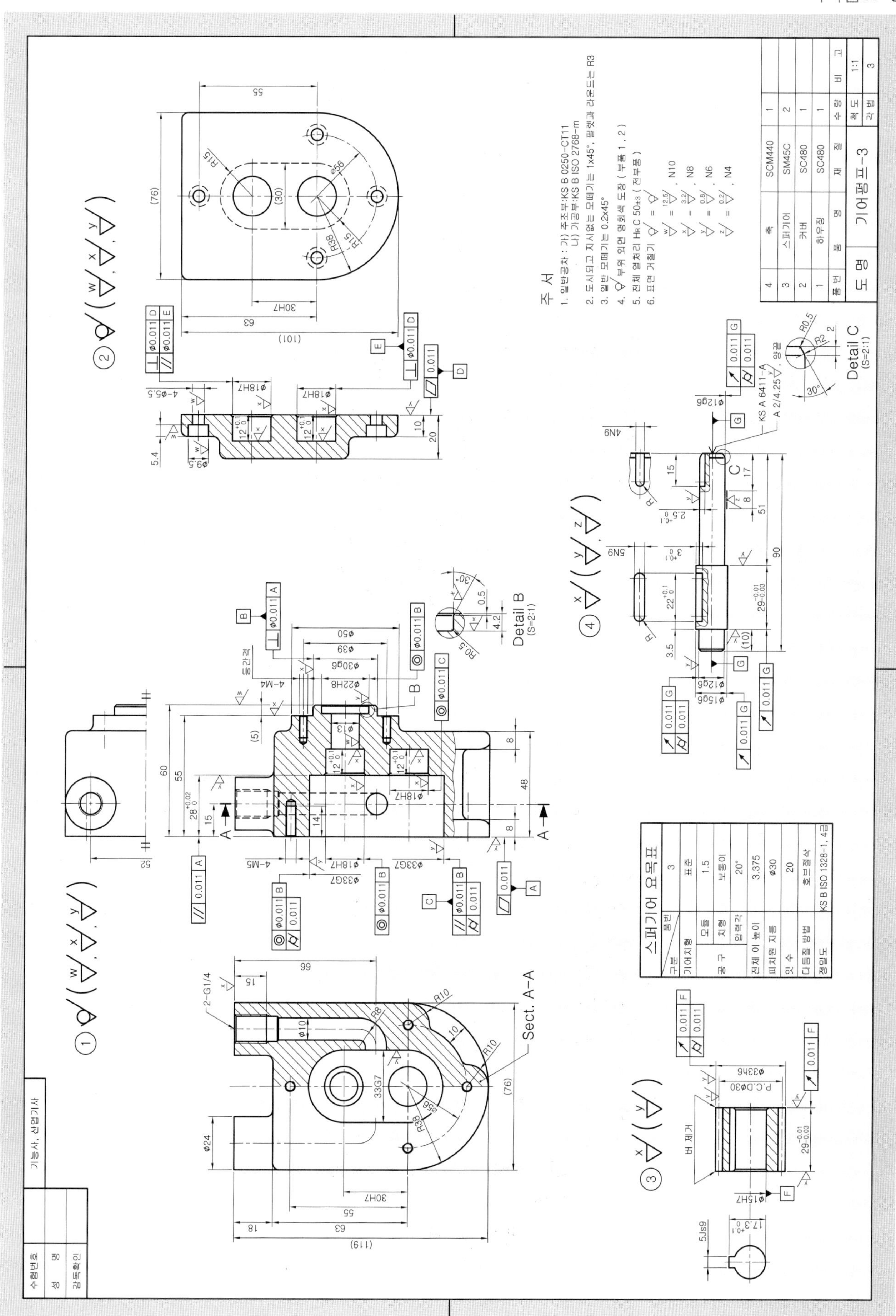
Sect. A-A
Detail B (S=2:1)
Detail C (S=2:1)
주 서
1. 일반공차 : 가) 주조부:KS B 0250-CT11
나) 가공부:KS B ISO 2768-m
2. 도시되고 지시없는 모떼기는 1x45°, 필렛과 라운드는 R3
3. 일반 모떼기는 0.2x45°
4. 부위 외면 명회색 도장 (부품 1, 2)
5. 전체 열처리 HRC 50±3 (전부품)
6. 표면 거칠기
w = 12.5, N10
x = 3.2, N8
y = 0.8, N6
z = 0.2, N4
스퍼기어 요목표
구분 / 품번: 3
기어치형: 표준
공구 모듈: 1.5
치형: 보통이
압력각: 20°
전체 이 높이: 3.375
피치원 지름: Φ30
잇 수: 20
다듬질 방법: 호브절삭
정밀도: KS B ISO 1328-1, 4급
4 축 SCM440 1
3 스퍼기어 SM45C 2
2 커버 SC480 1
1 하우징 SC480 1
품번 품명 재질 수량 비고
도 명 기어펌프-3
척도 1:1
각법 3
수험번호
성 명
감독확인
기능사, 산업기사

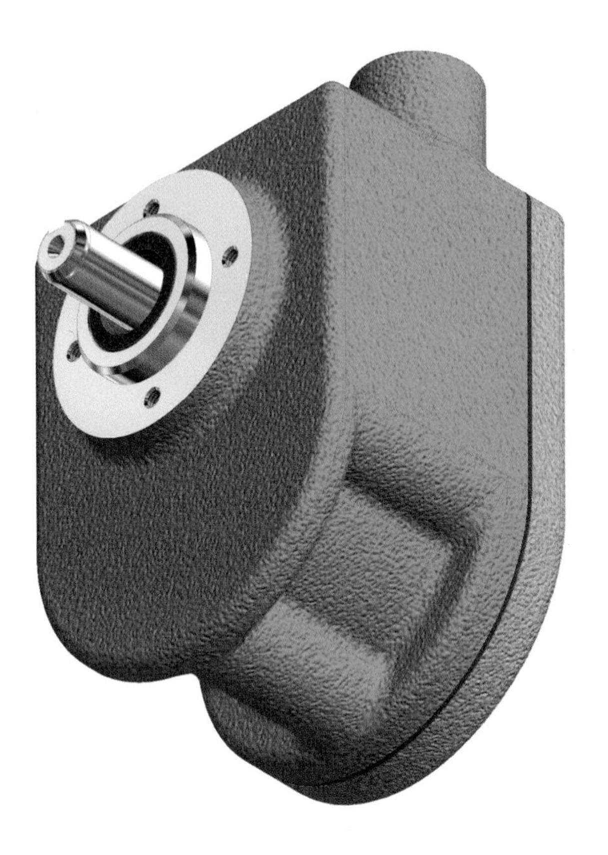

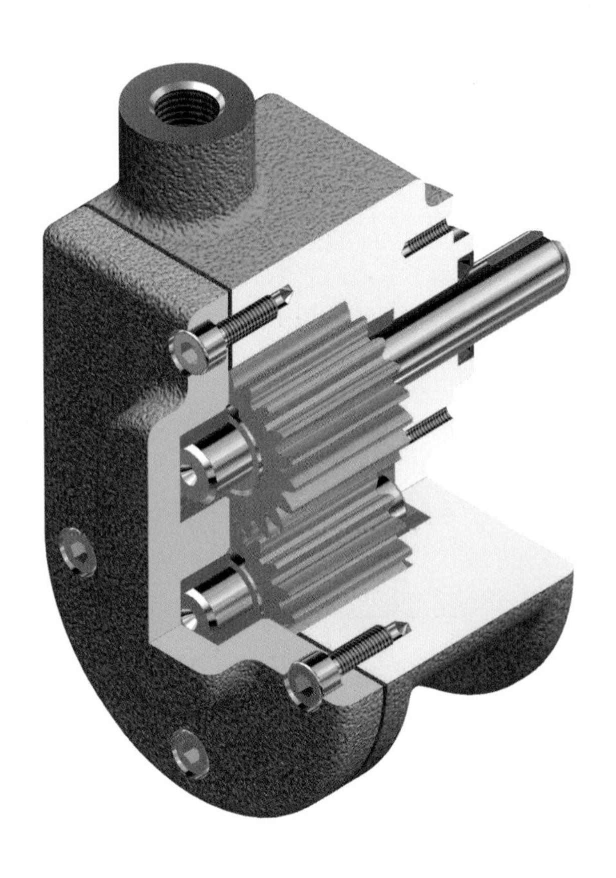

렌더링 분해 등각 구조도

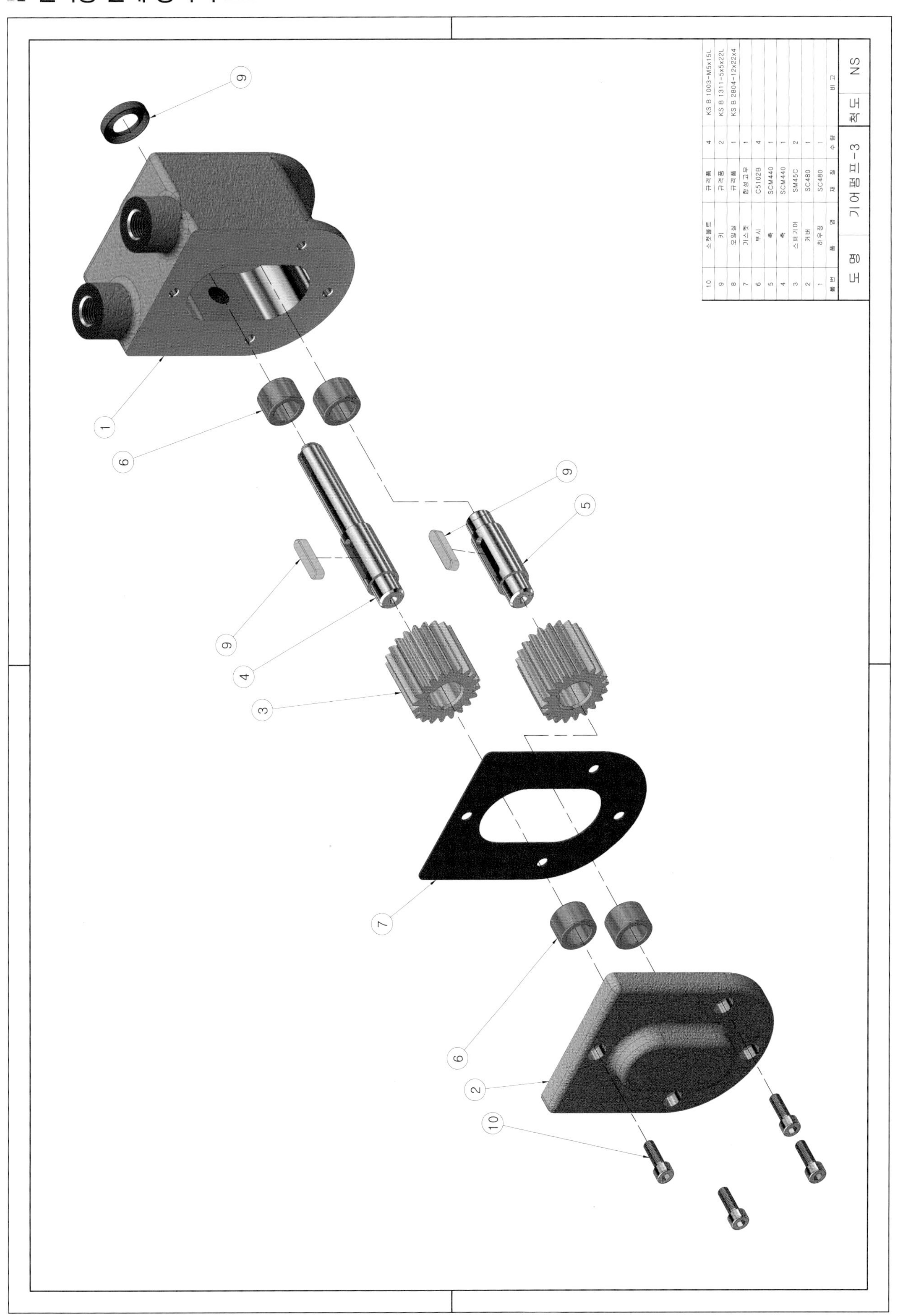

품번	품명	재질	수량	비고
10	소켓볼트	규격품	4	KS B 1003-M5x15L
9	키	규격품	2	KS B 1311-5x5x22L
8	오일실	규격품	1	KS B 2804-12x22x4
7	가스켓	합성고무	1	
6	부시	C5102B	4	
5	축	SCM440	1	
4	축	SCM440	1	
3	스퍼기어	SM45C	2	
2	커버	SC480	1	
1	하우징	SC480	1	

도명	기어펌프-3	척도	NS

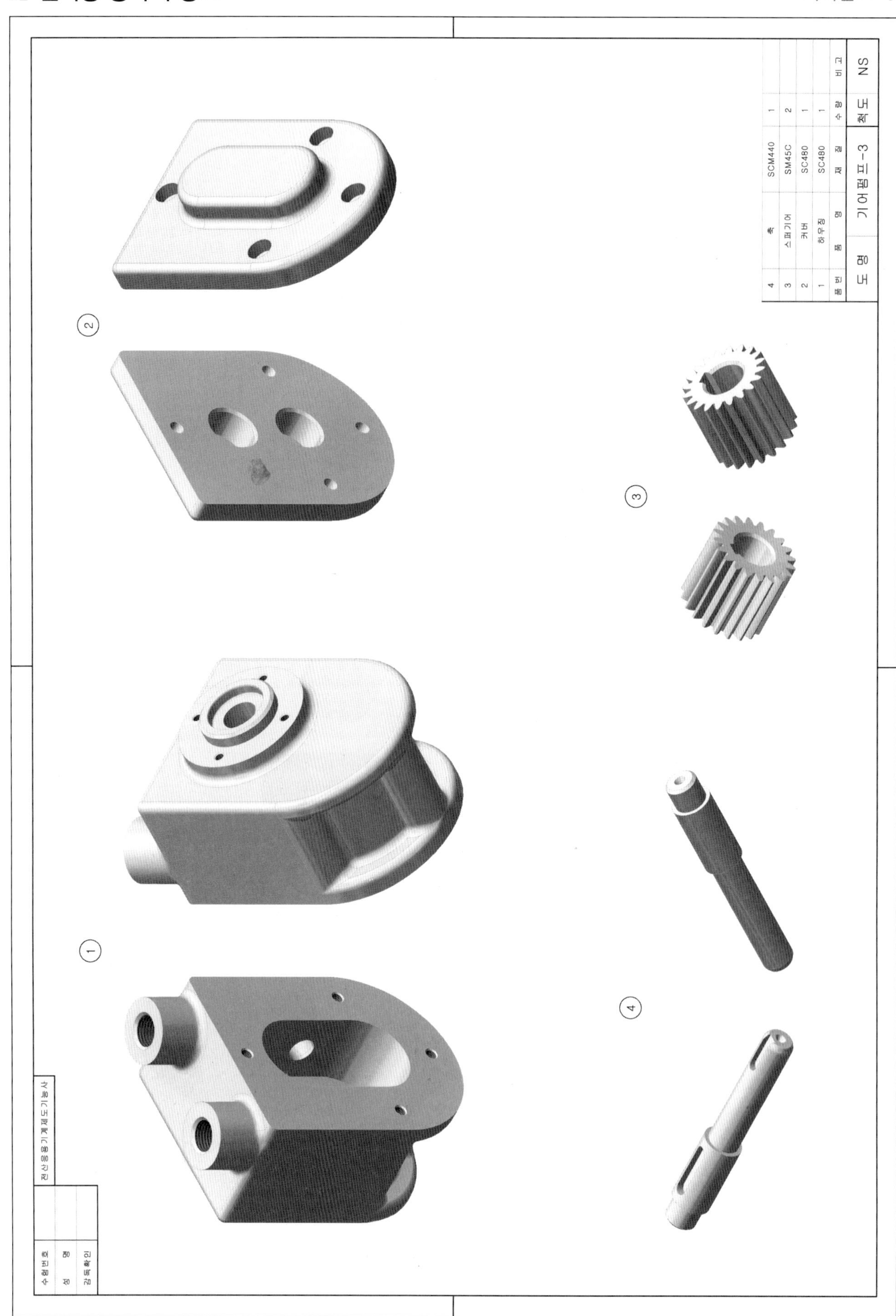
4 축 SCM440 1
3 스퍼기어 SM45C 2
2 커버 SC480 1
1 하우징 SC480 1
품번 품명 재질 수량 비고
도명 기어펌프-3 척도 NS
전산응용기계제도기능사
수험번호
성명
감독확인
①
②
③
④

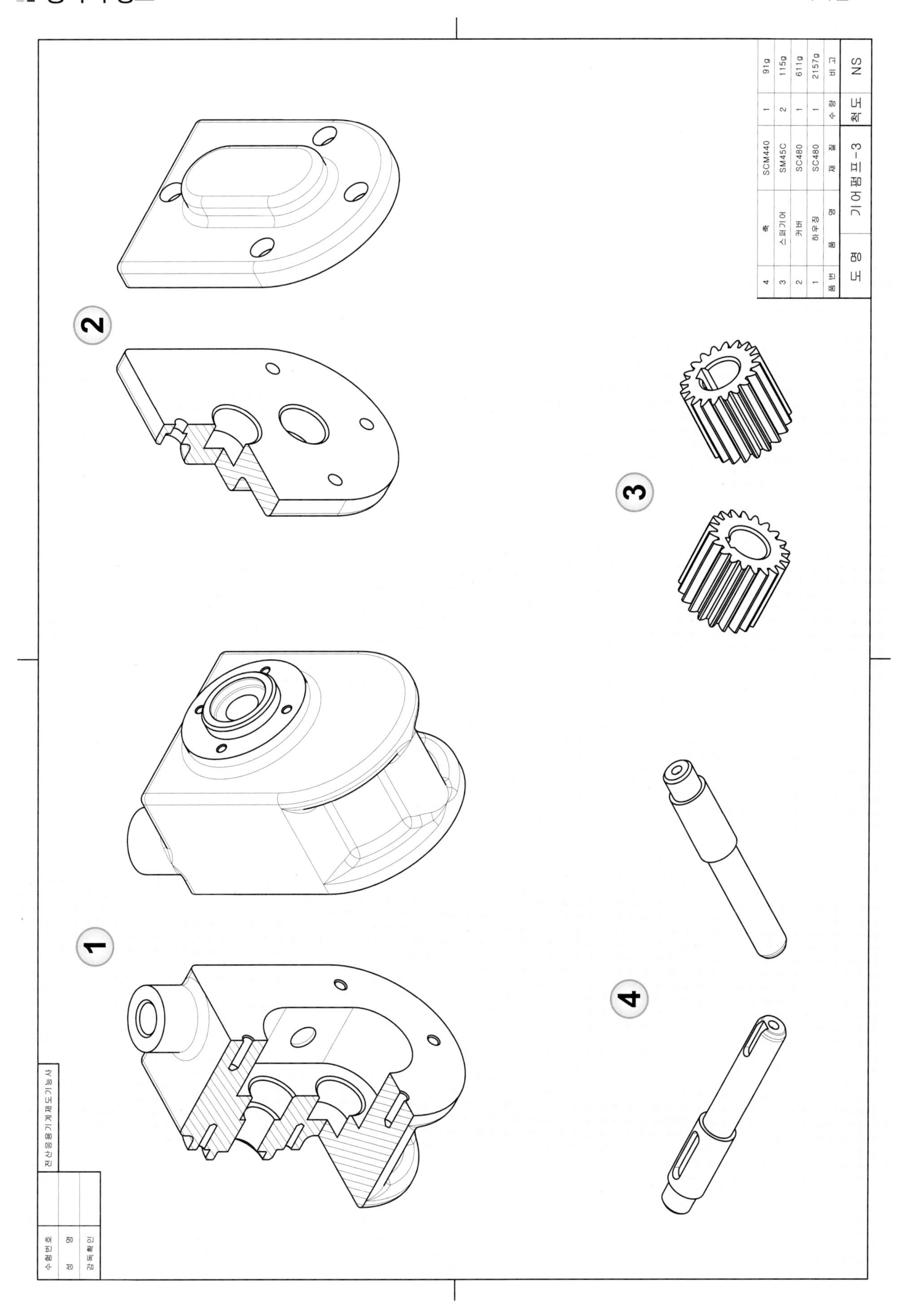
4 축 SCM440 1 91g
3 스퍼기어 SM45C 2 115g
2 커버 SC480 1 611g
1 하우징 SC480 1 2157g
품번 품명 재질 수량 비고
도명 기어펌프-3 척도 NS
전산응용기계제도기능사
수험번호
성명
감독확인
1
2
3
4

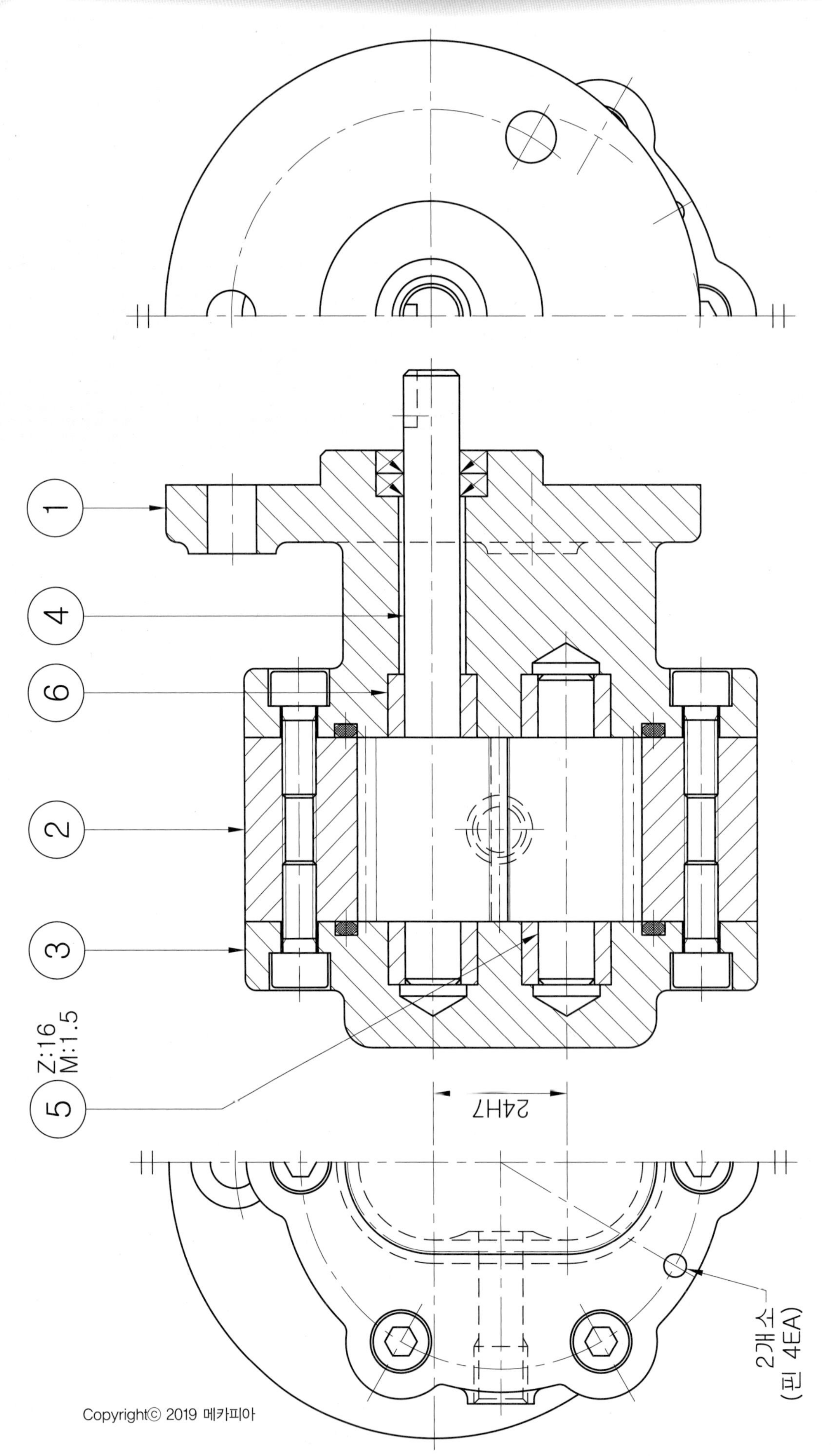
1
4
6
2
3
5
Z:16
M:1.5
24H7
2개소
(핀 4EA)

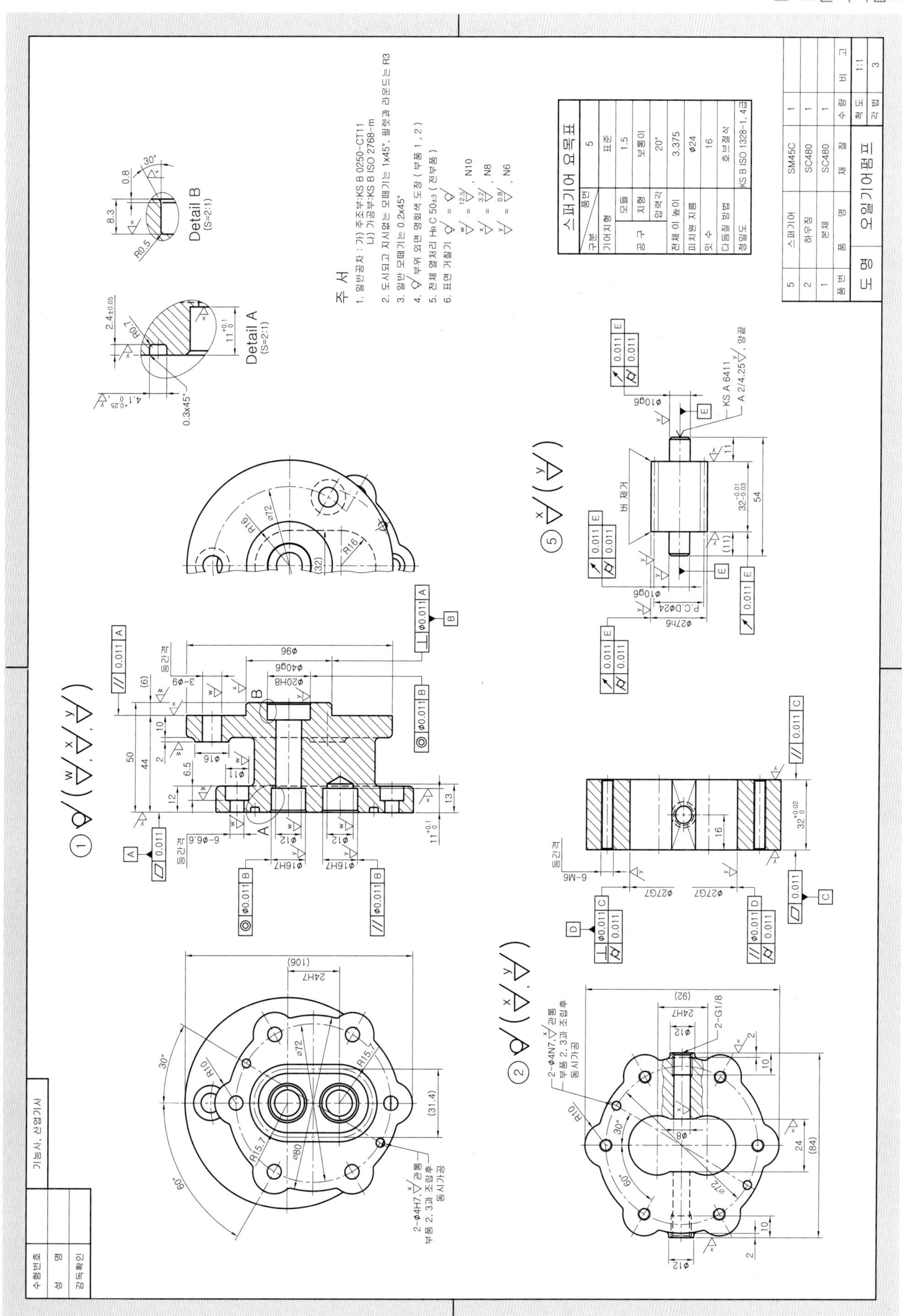
주 서
1. 일반공차 : 가) 주조부:KS B 0250-CT11
나) 가공부:KS B ISO 2768-m
2. 도시되고 지시없는 모떼기는 1x45°, 필렛과 라운드는 R3
3. 일반 모떼기는 0.2x45°
4. 부위 외면 명회색 도장 (부품 1, 2)
5. 전체 열처리 HRC 50±3 (전부품)
6. 표면 거칠기
스퍼기어 요목표
구분 품번 5
기어치형 표준
공구 모듈 1.5
치형 보통이
압력각 20°
전체 이 높이 3.375
피치원 지름 Φ24
잇 수 16
다듬질 방법 호브절삭
정밀도 KS B ISO 1328-1, 4급
Detail A (S=2:1)
Detail B (S=2:1)
5 스퍼기어 SM45C 1
2 하우징 SC480 1
1 본체 SC480 1
품번 품 명 재 질 수 량 비 고
도 명 오일기어펌프 척도 1:1 각법 3
수험번호 성 명 감독확인
기능사, 산업기사

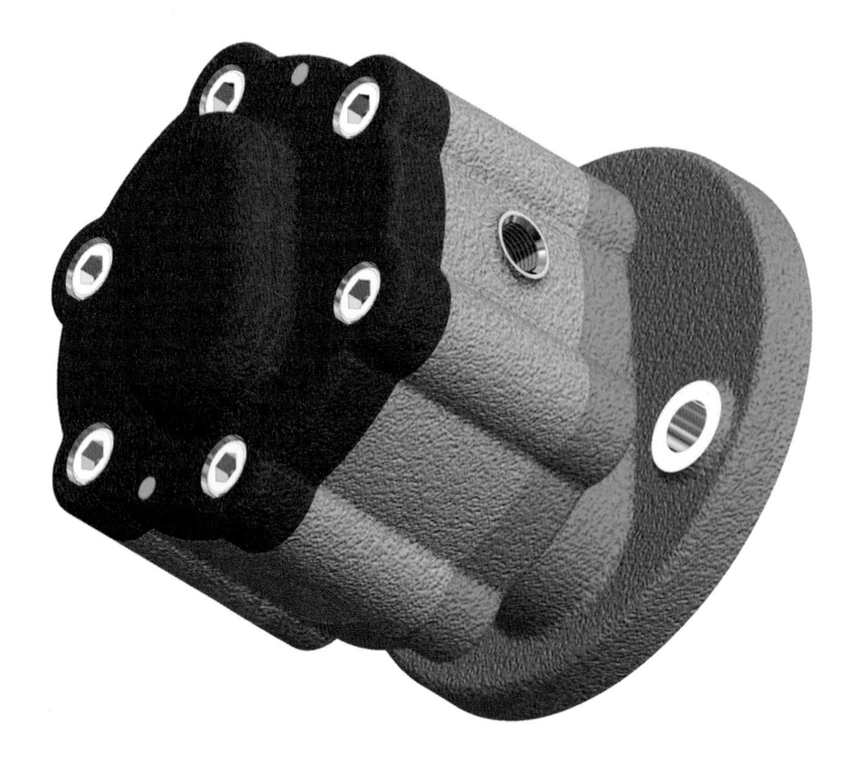

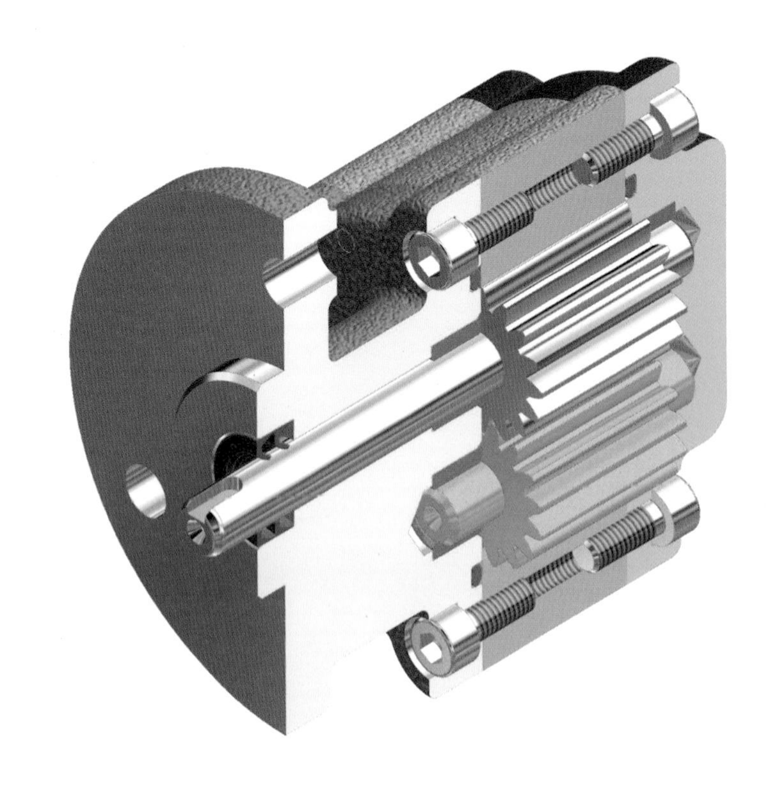

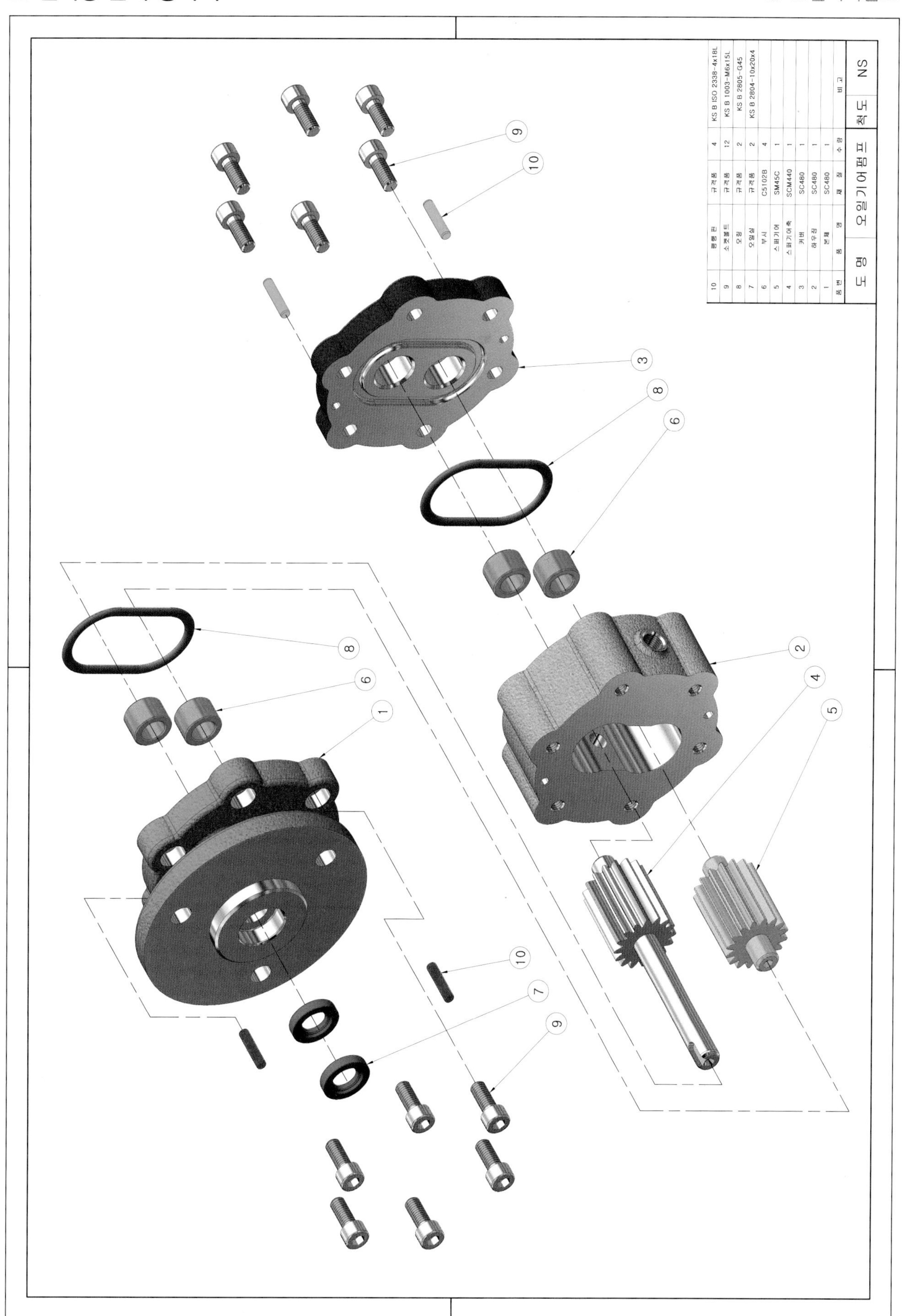

품번	품명	재질	수량	비고
10	평행 핀	규격품	4	KS B ISO 2338-4x18L
9	소켓볼트	규격품	12	KS B 1003-M6x15L
8	오링	규격품	2	KS B 2805-G45
7	오일실	규격품	2	KS B 2804-10x20x4
6	부시	C5102B	4	
5	스퍼기어	SM45C	1	
4	스퍼기어축	SCM440	1	
3	커버	SC480	1	
2	하우징	SC480	1	
1	본체	SC480	1	

도명	오일기어펌프	척도	NS

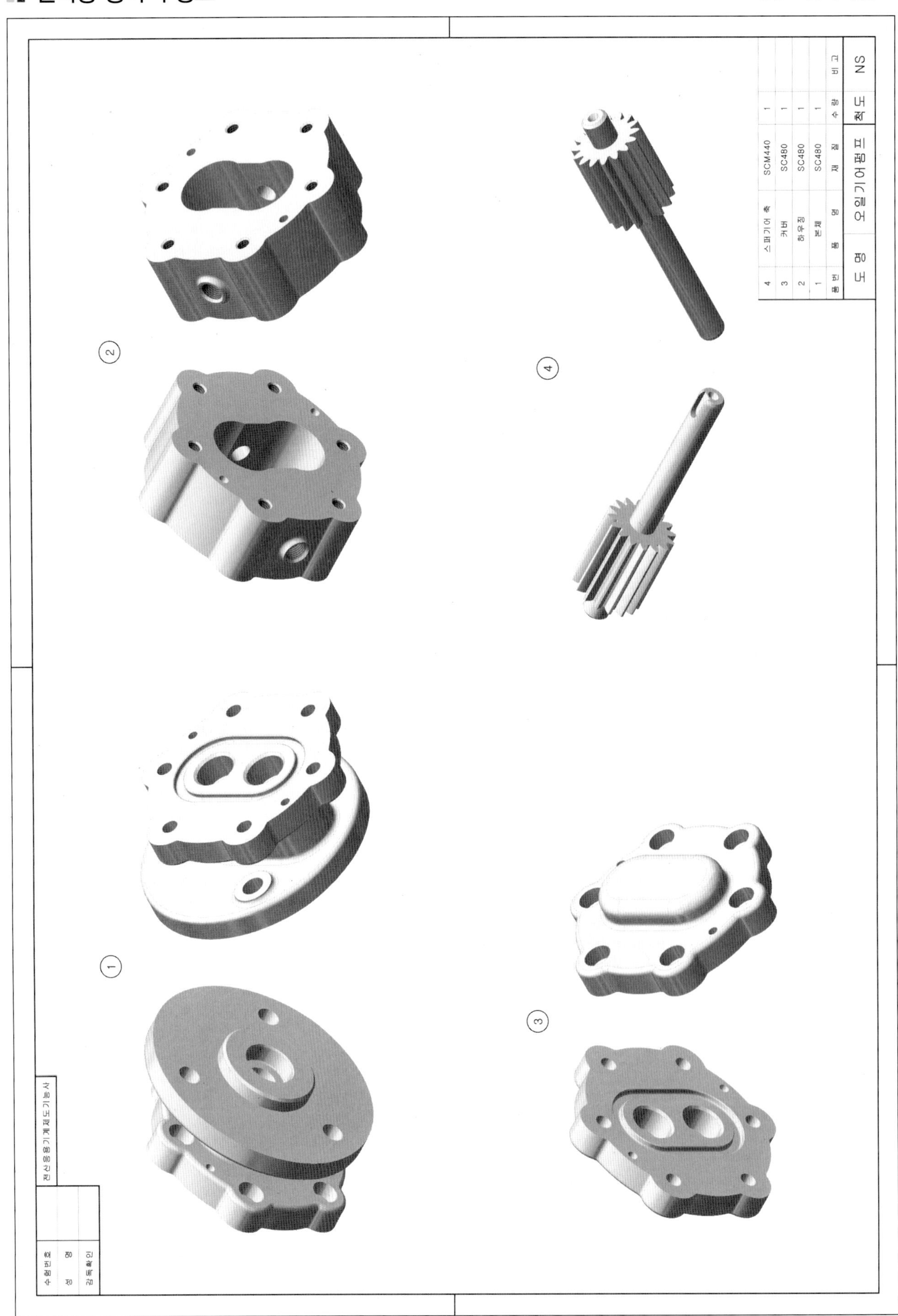
품번
품명
재질
수량
비고
4
스퍼기어 축
SCM440
1
3
커버
SC480
1
2
하우징
SC480
1
1
본체
SC480
1
도명
오일기어펌프
척도
NS
①
②
③
④
전산응용기계제도기능사
수험번호
성명
감독확인

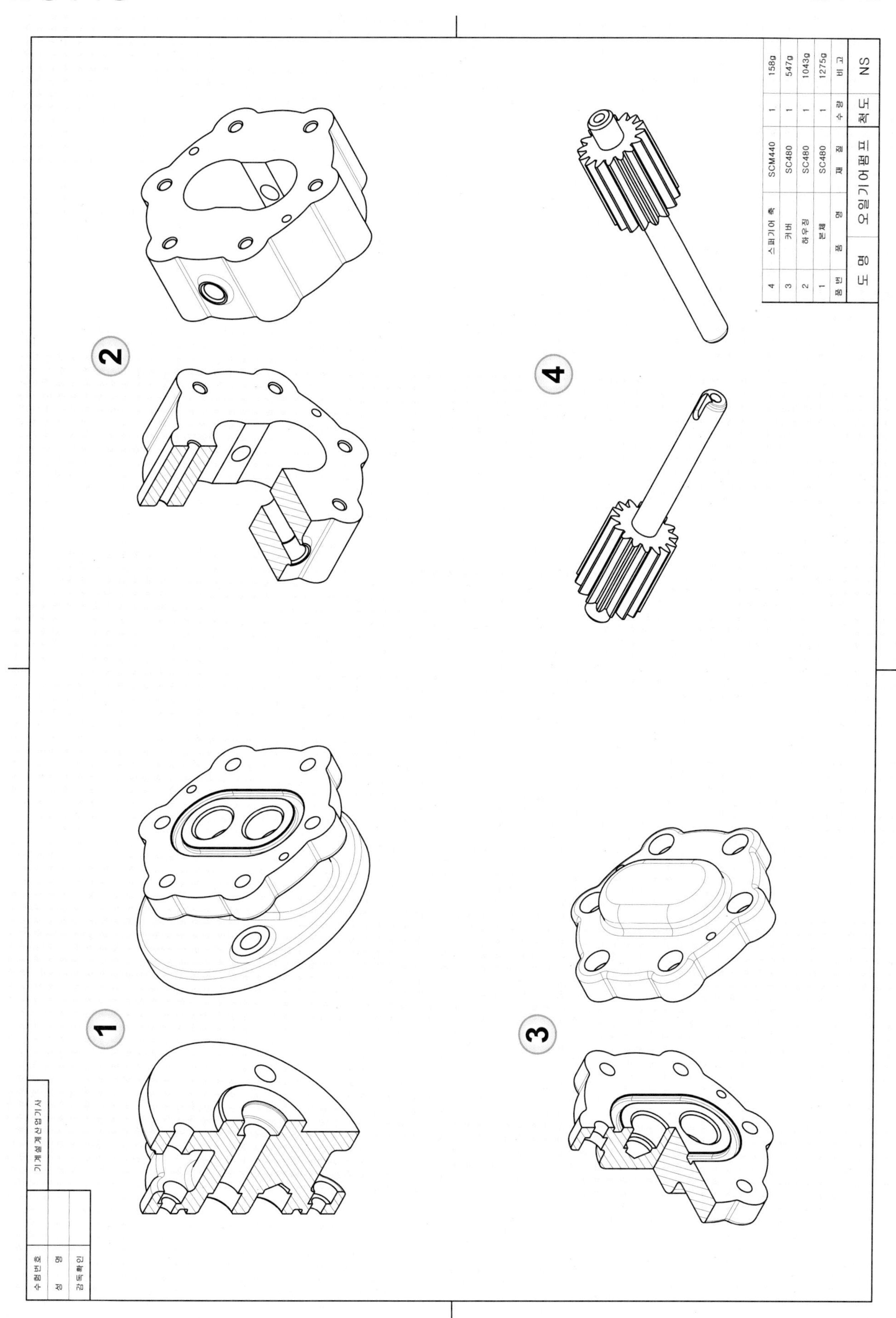

품번	품 명	재 질	수 량	비 고
4	스퍼기어 축	SCM440	1	158g
3	커버	SC480	1	547g
2	하우징	SC480	1	1043g
1	본체	SC480	1	1275g

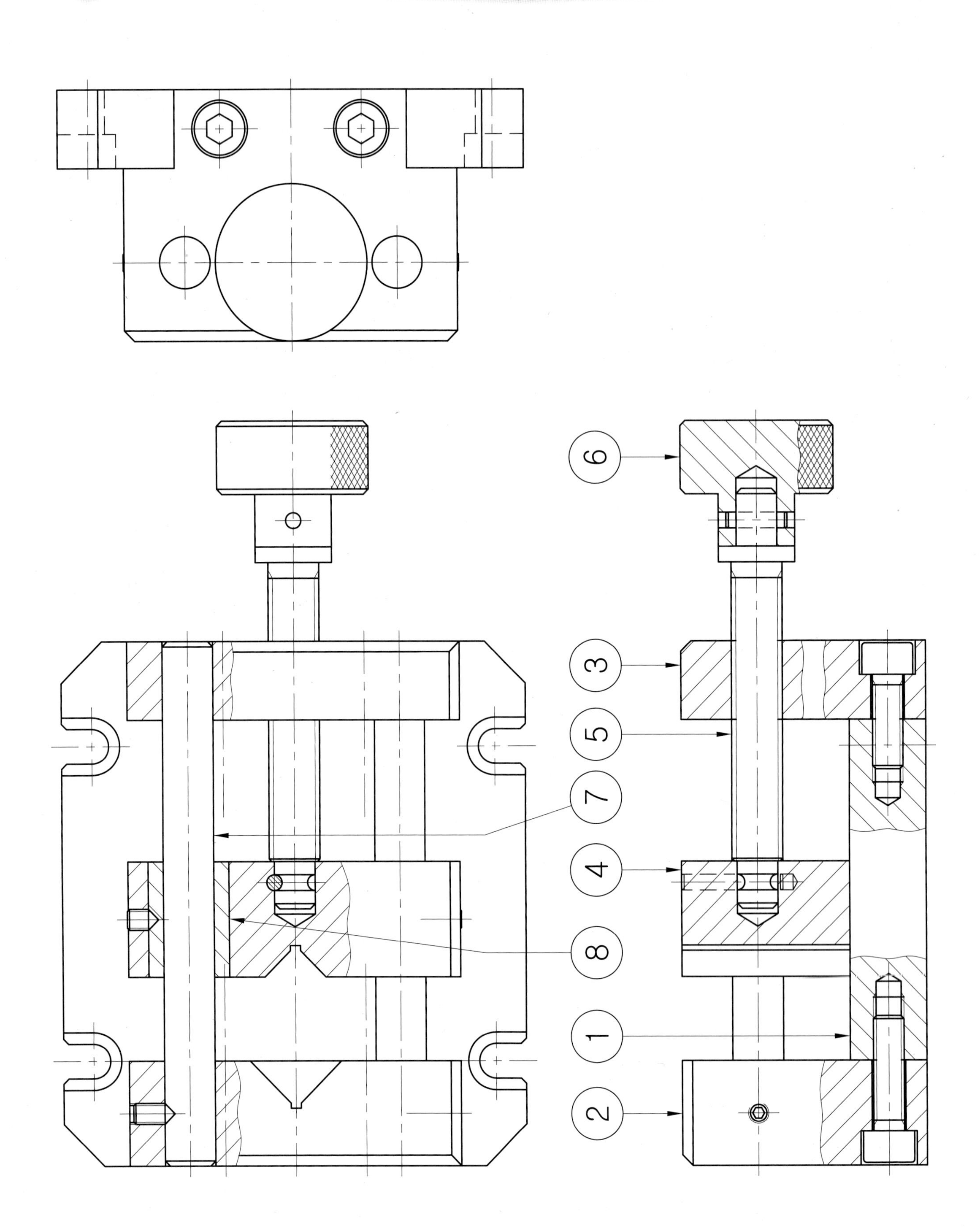
6
3
5
7
4
8
1
2

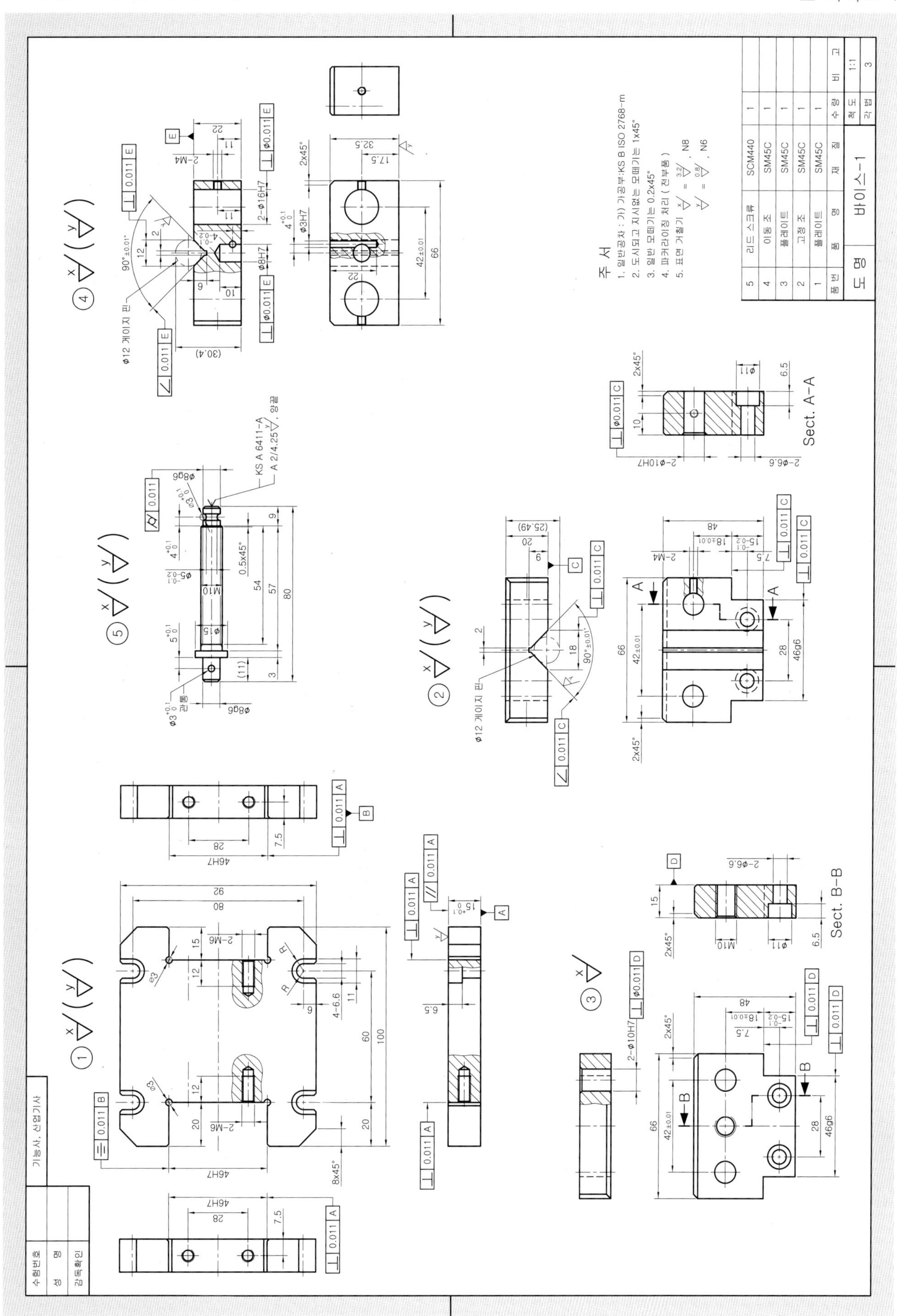

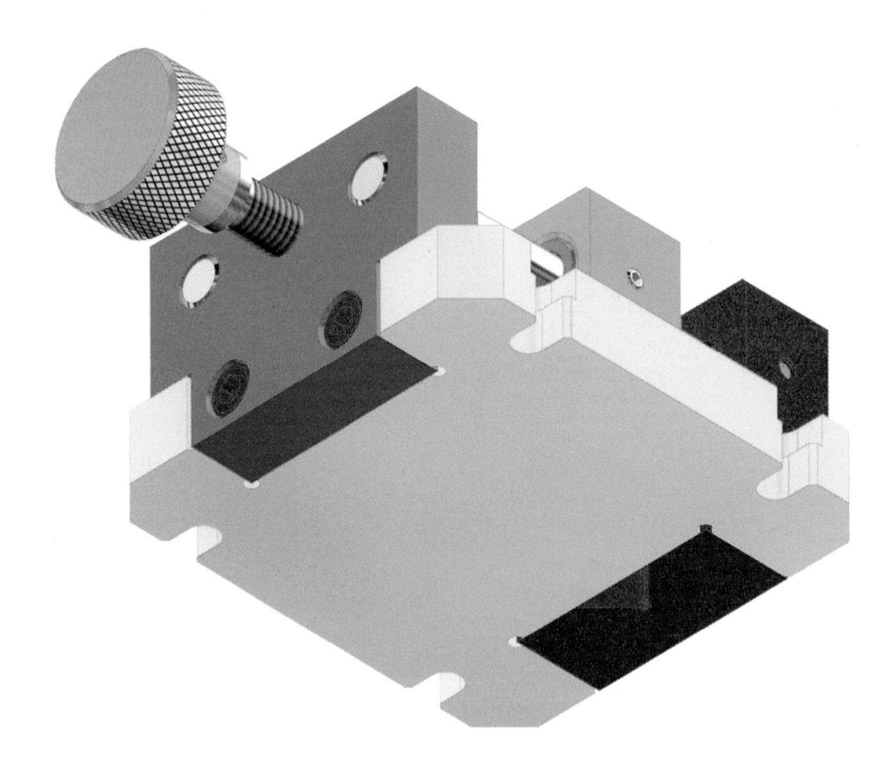

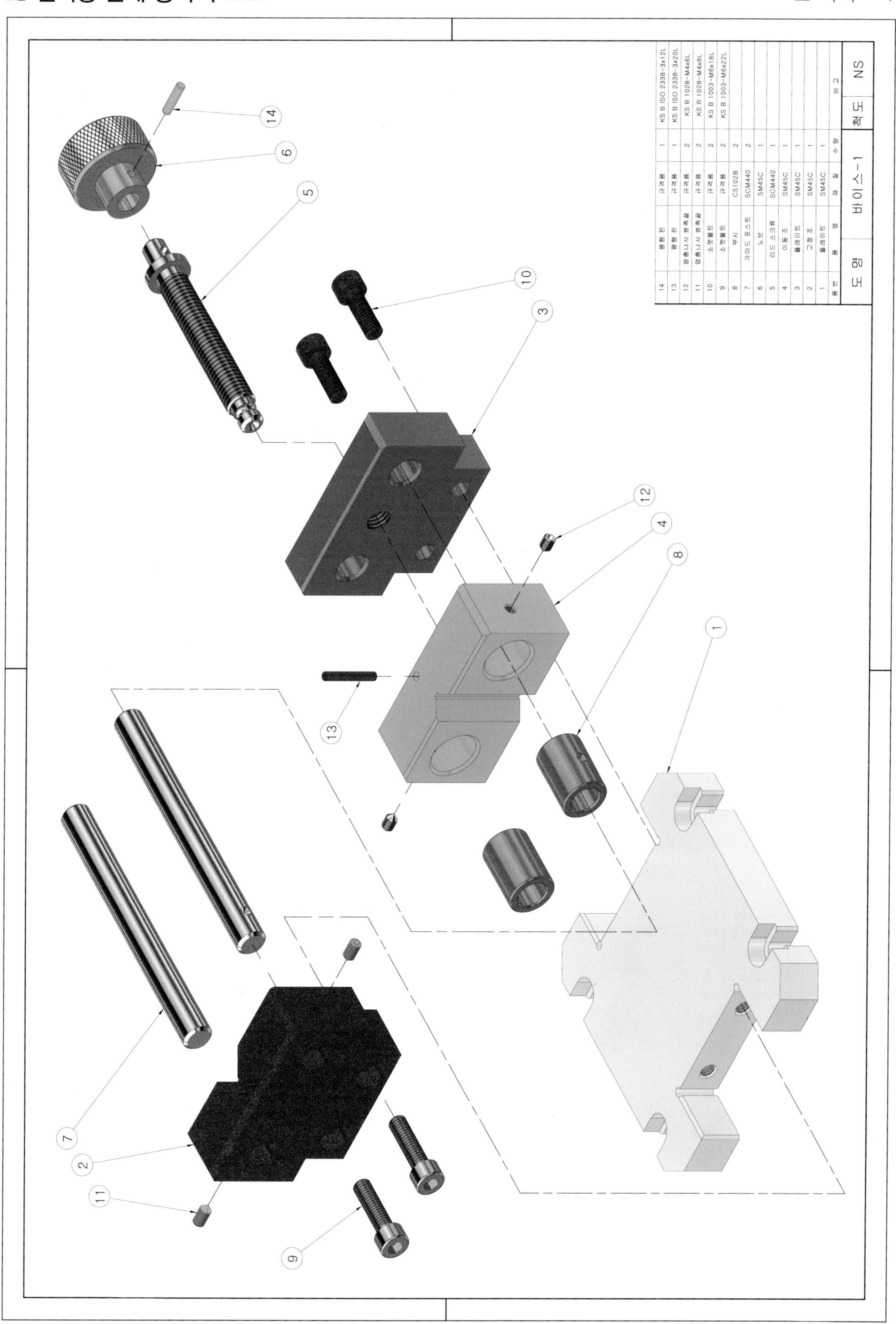

품번	품명	재질	수량	비고
14	평행 핀	규격품	1	KS B ISO 2338-3x12L
13	평행 핀	규격품	1	KS B ISO 2338-3x20L
12	멈춤나사 뾰족끝	규격품	2	KS B 1028-M4x6L
11	멈춤나사 뾰족끝	규격품	2	KS B 1028-M4x8L
10	소켓볼트	규격품	2	KS B 1003-M6x18L
9	소켓볼트	규격품	2	KS B 1003-M6x22L
8	부시	C5102B	2	
7	가이드 포스트	SCM440	2	
6	노브	SM45C	1	
5	리드 스크류	SCM440	1	
4	이동 조	SM45C	1	
3	플레이트	SM45C	1	
2	고정 조	SM45C	1	
1	플레이트	SM45C	1	

도 명	바이스-1	척 도	NS

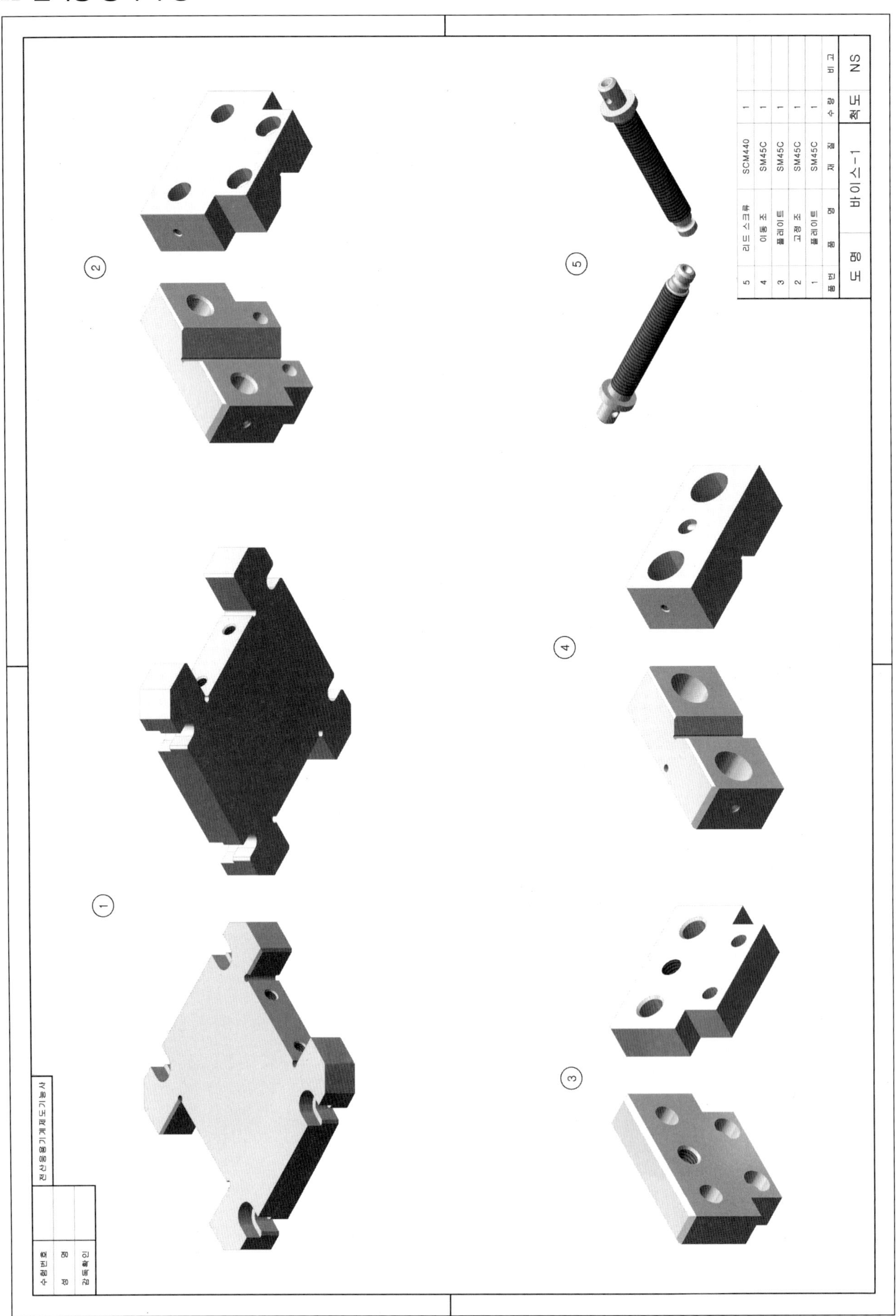
①
②
③
④
⑤
5 리드 스크류 SCM440 1
4 이동 조 SM45C 1
3 플레이트 SM45C 1
2 고정 조 SM45C 1
1 플레이트 SM45C 1
품번 품 명 재 질 수 량 비 고
도 명 바이스-1 척 도 NS
전산응용기계제도기능사
수험번호
성 명
감독확인

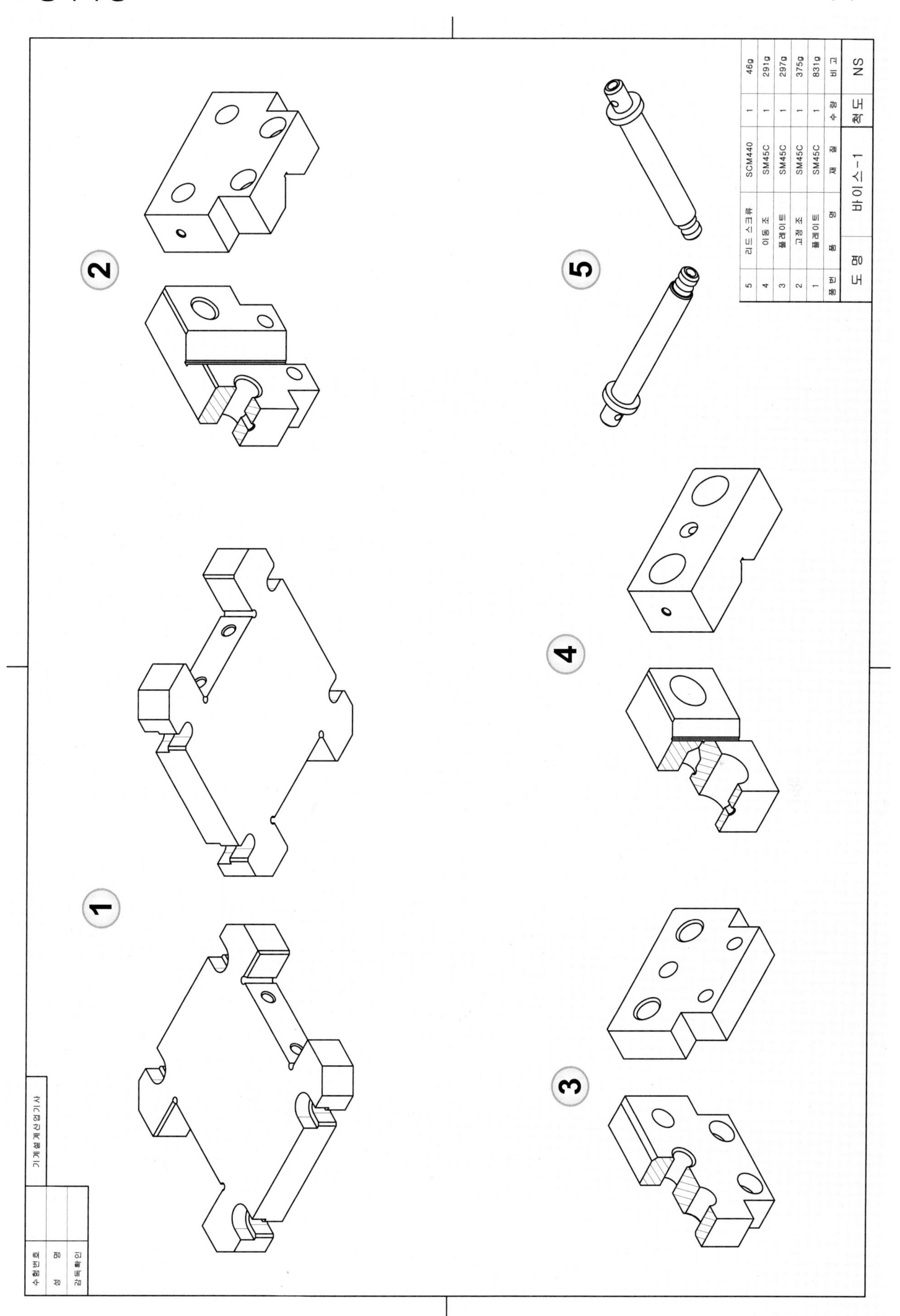
5 리드 스크류 SCM440 1 46g
4 이동 조 SM45C 1 291g
3 플레이트 SM45C 1 297g
2 고정 조 SM45C 1 375g
1 플레이트 SM45C 1 831g
품번 품명 재질 수량 비고
도명 바이스-1 척도 NS
기계설계산업기사
수험번호
성명
감독확인
1
2
3
4
5

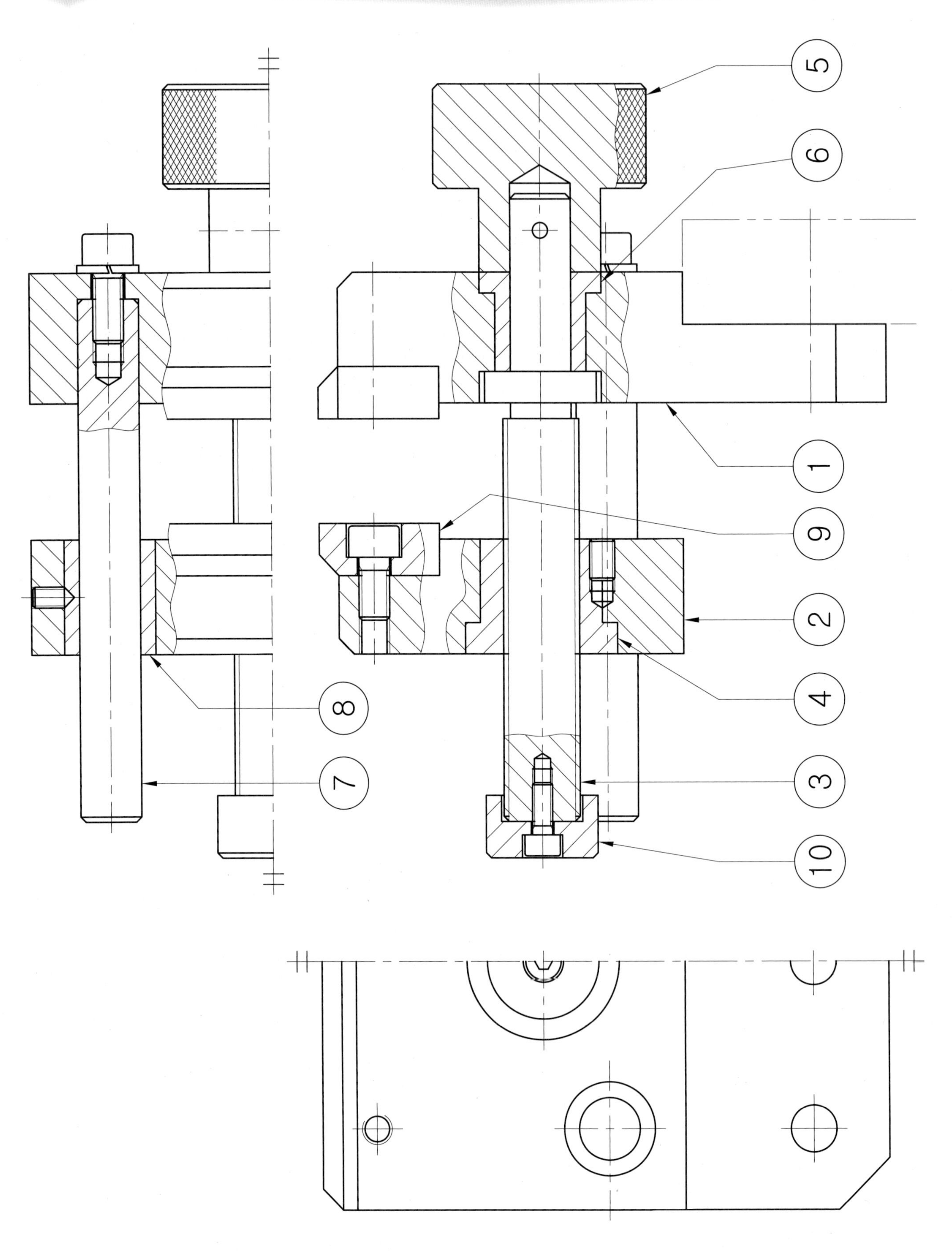
5
6
1
9
2
4
3
10
8
7

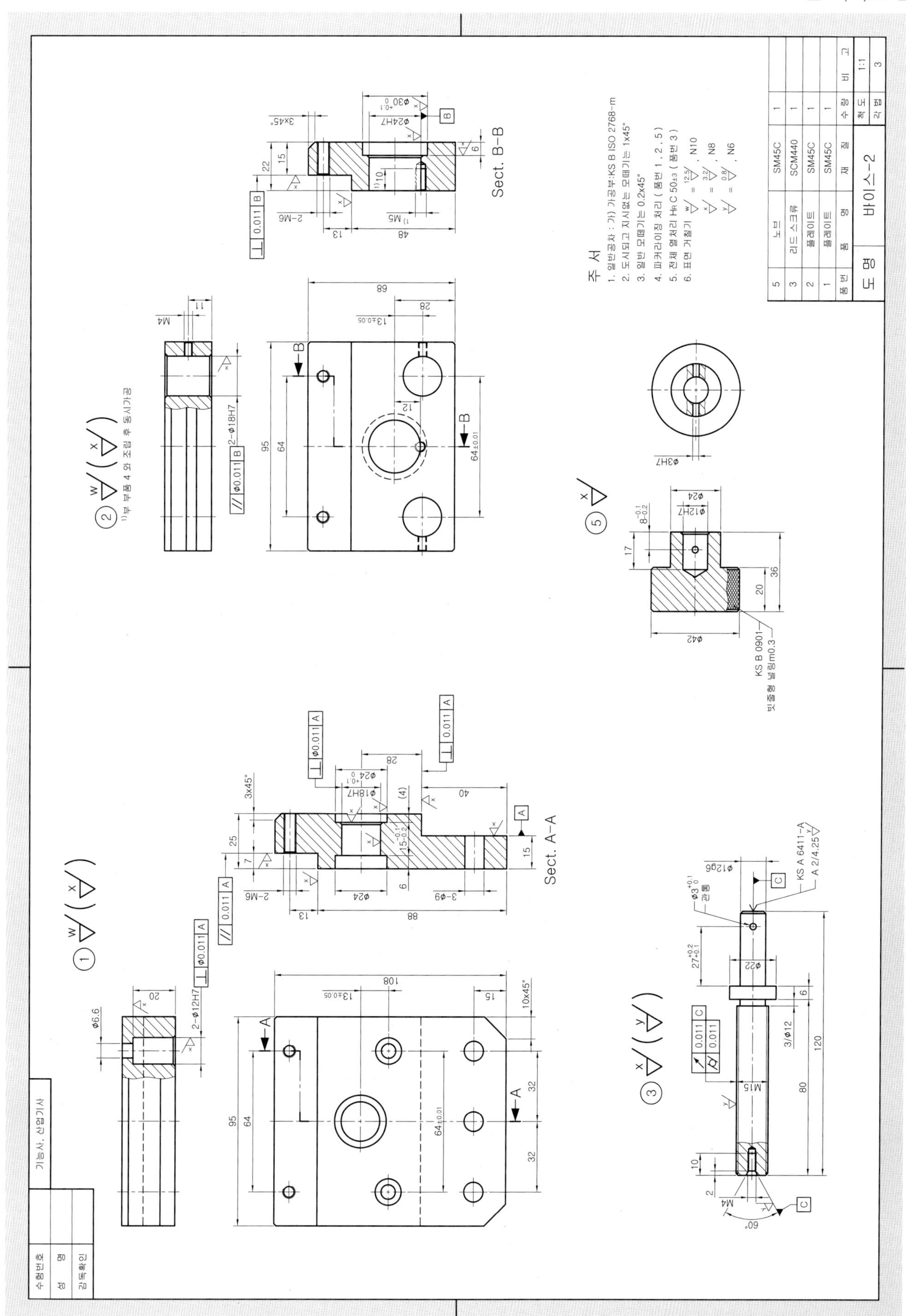
Sect. A-A
Sect. B-B
주 서
1. 일반공차 : 가) 가공부:KS B ISO 2768-m
2. 도시되고 지시없는 모떼기는 1x45°
3. 일반 모떼기는 0.2x45°
4. 파커라이징 처리 (품번 1 , 2 , 5)
5. 전체 열처리 HRC 50±3 (품번 3)
6. 표면 거칠기
5 노브 SM45C 1
3 리드 스크류 SCM440 1
2 플레이트 SM45C 1
1 플레이트 SM45C 1
품번 품명 재질 수량 비고
도명 바이스-2
척도 1:1
각법 3
수험번호
성 명
감독확인
기능사, 산업기사

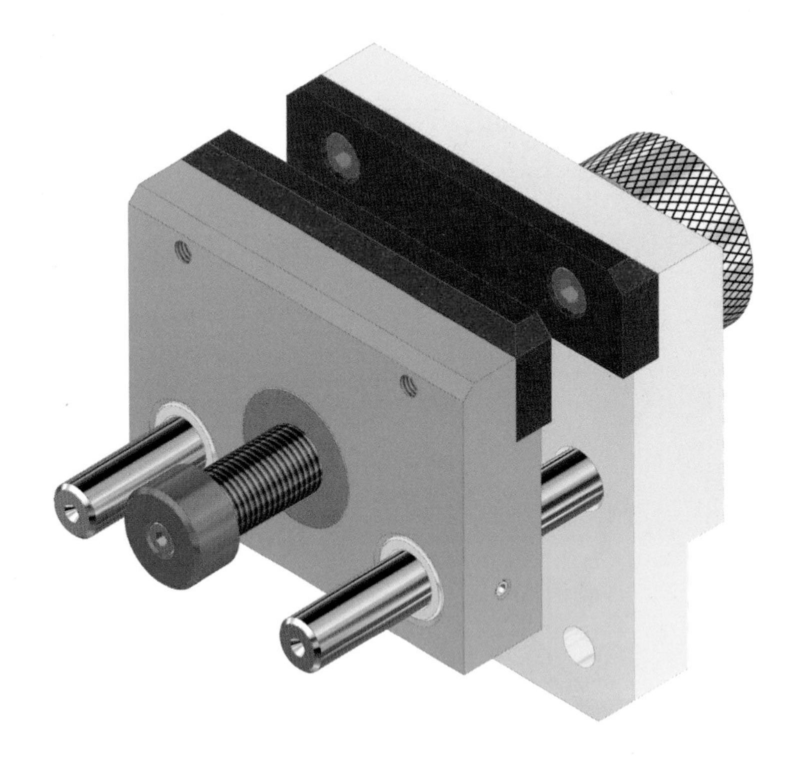

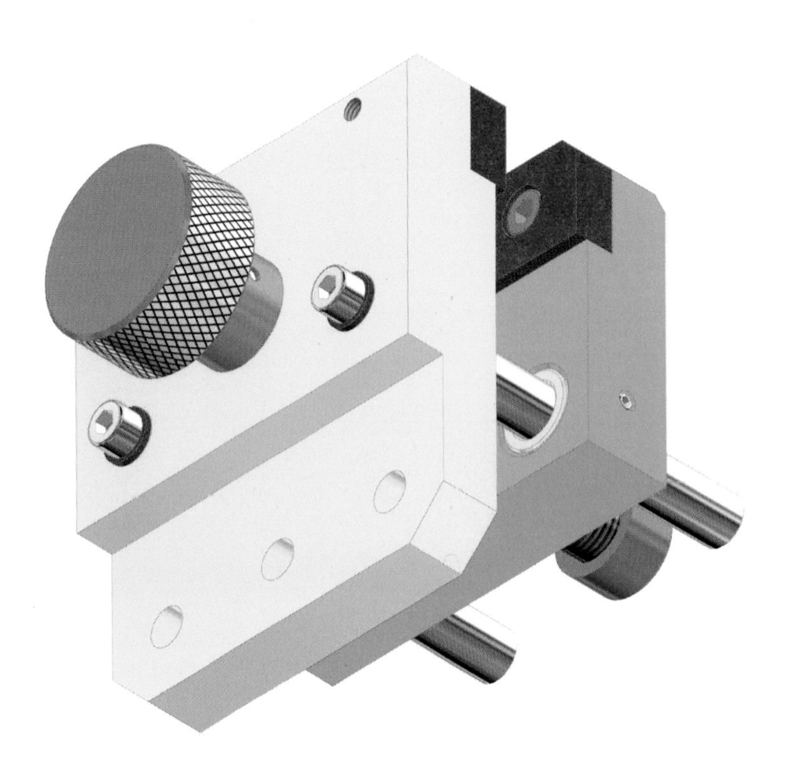

렌더링 분해 등각 구조도

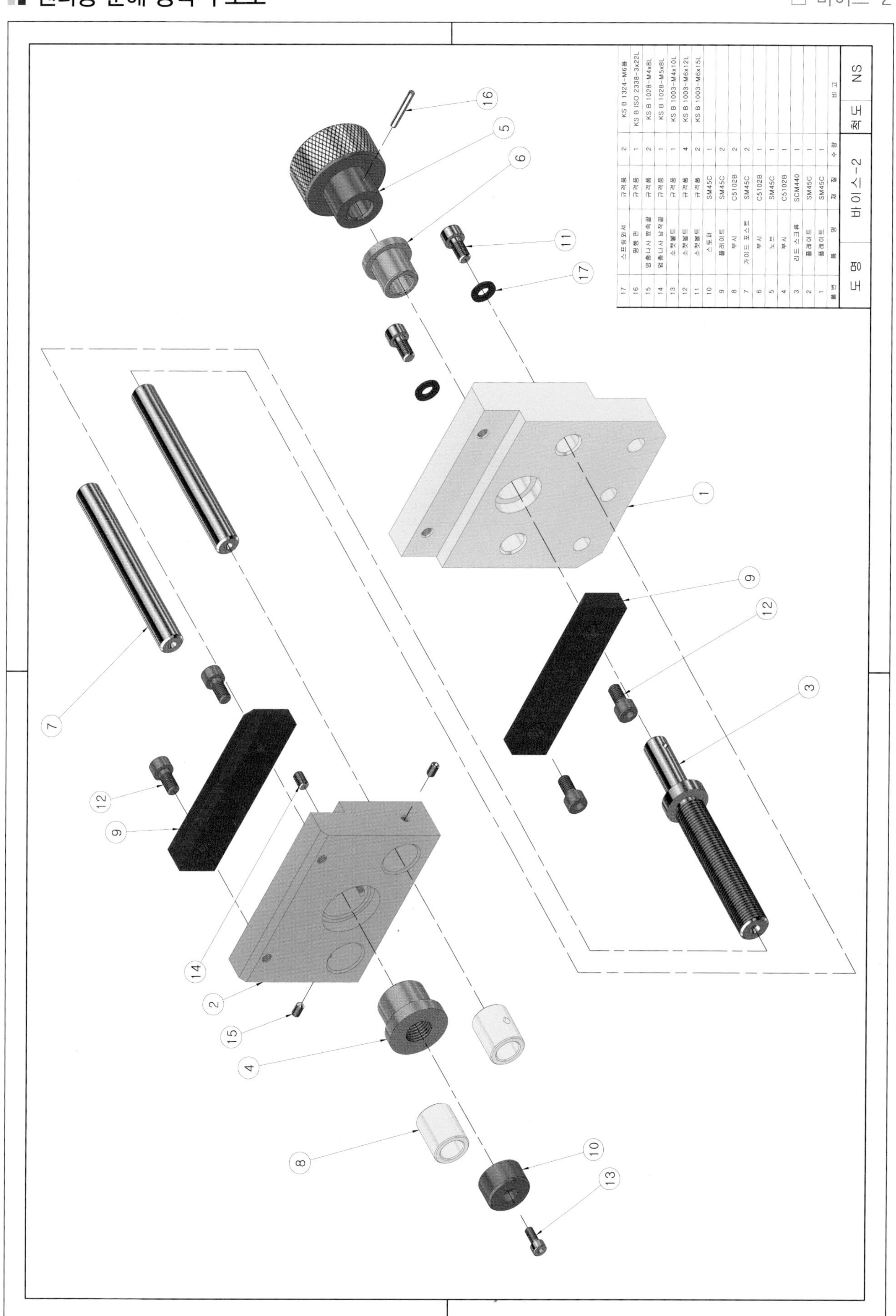
17 스프링와셔 규격품 2 KS B 1324-M6용
16 평행 핀 규격품 1 KS B ISO 2338-3x22L
15 멈춤나사 평족끝 규격품 2 KS B 1028-M4x8L
14 멈춤나사 납작끝 규격품 1 KS B 1028-M5x8L
13 소켓볼트 규격품 1 KS B 1003-M4x10L
12 소켓볼트 규격품 4 KS B 1003-M6x12L
11 소켓볼트 규격품 2 KS B 1003-M6x15L
10 스토퍼 SM45C 1
9 플레이트 SM45C 2
8 부시 C5102B 2
7 가이드 포스트 SM45C 2
6 부시 C5102B 1
5 노브 SM45C 1
4 부시 C5102B 1
3 리드 스크류 SCM440 1
2 플레이트 SM45C 1
1 플레이트 SM45C 1
품번 품 명 재 질 수 량 비 고
도 명 바이스-2 척도 NS

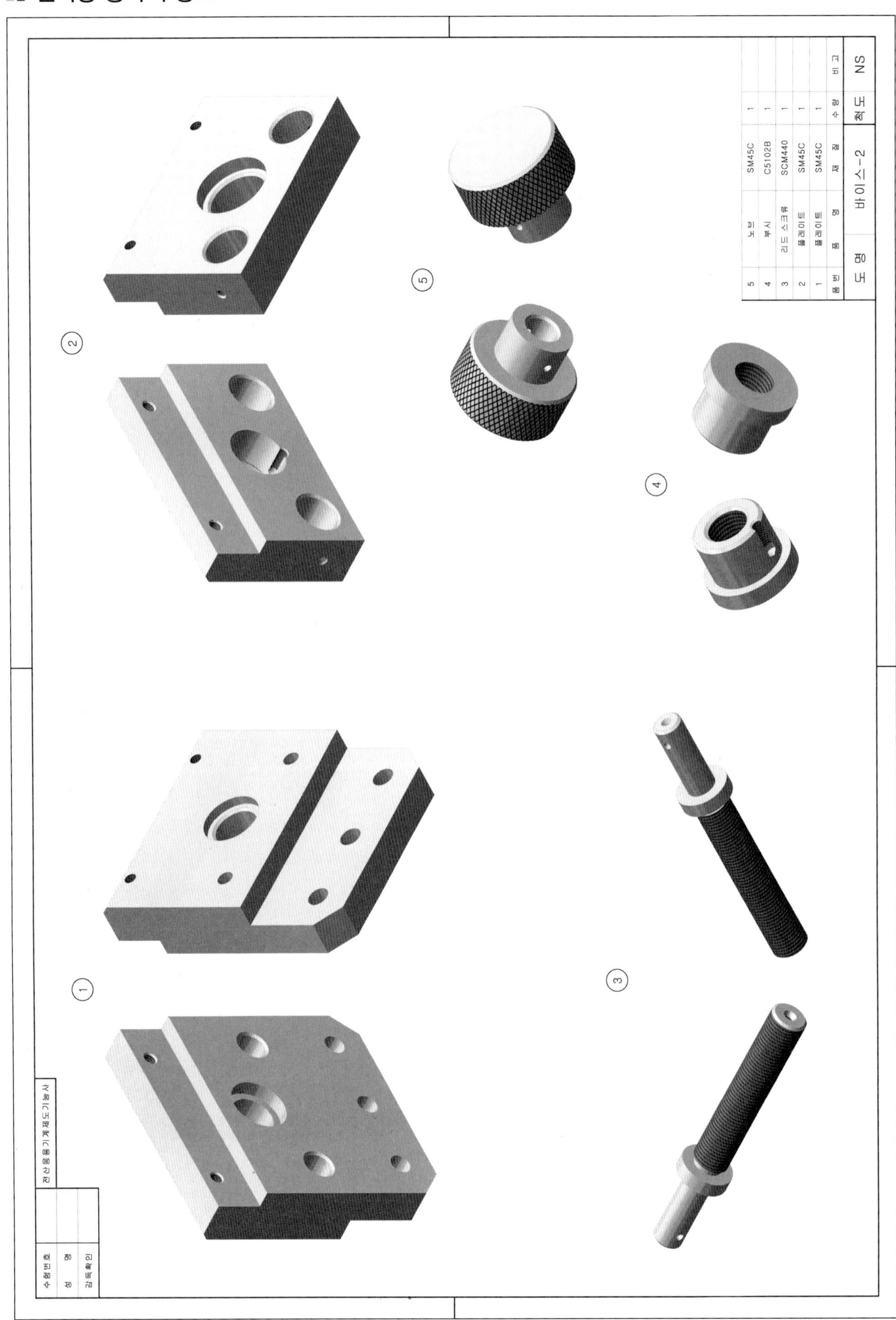
5 노브 SM45C 1
4 부시 C5102B 1
3 리드 스크류 SCM440 1
2 플레이트 SM45C 1
1 플레이트 SM45C 1
품번 품명 재질 수량 비고
도명 바이스-2 척도 NS
전산응용기계제도기능사
수험번호
성명
감독확인
1
2
3
4
5

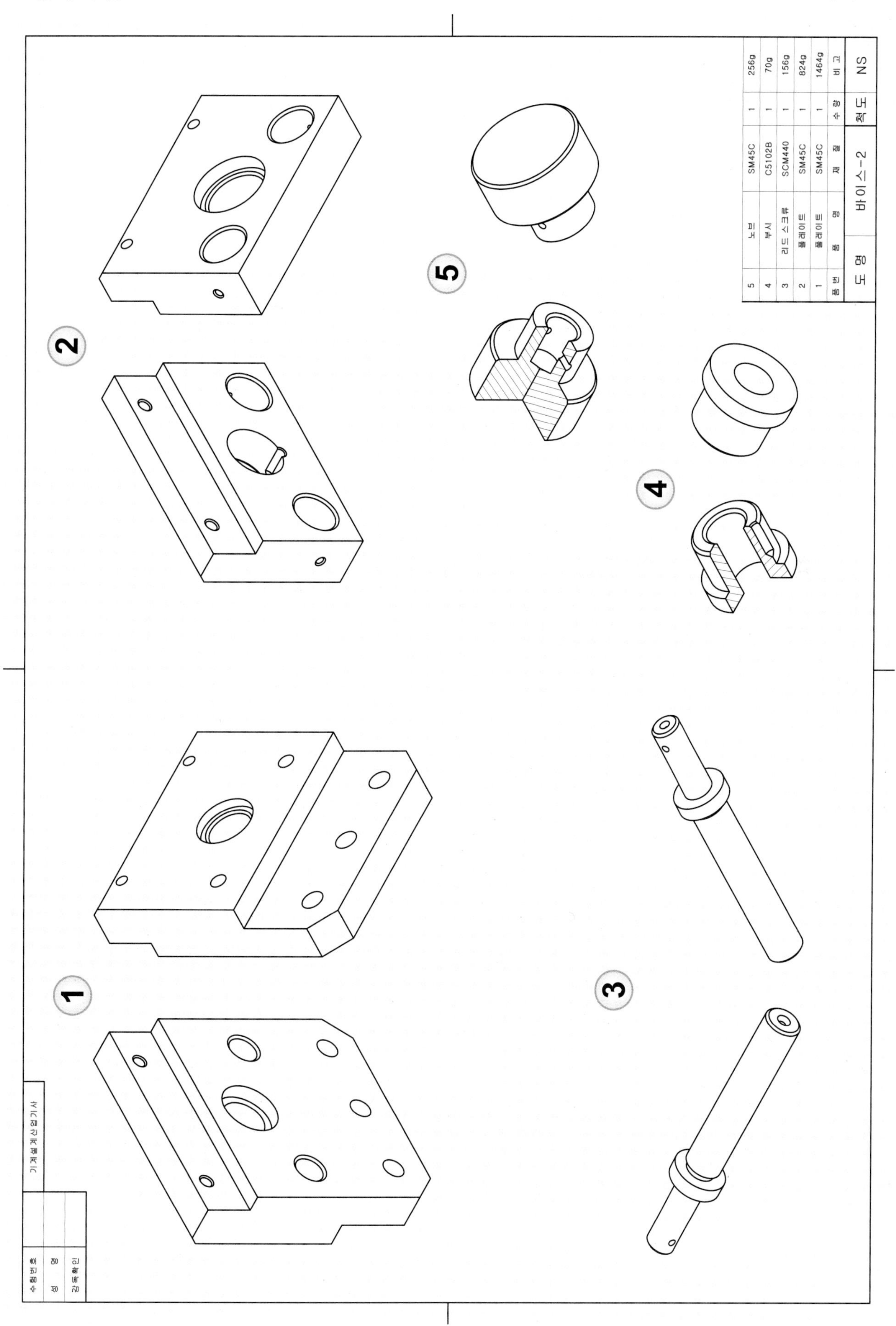
5 노브 SM45C 1 256g
4 부시 C5102B 1 70g
3 리드 스크류 SCM440 1 156g
2 플레이트 SM45C 1 824g
1 플레이트 SM45C 1 1464g
품번 품명 재질 수량 비고
도명 바이스-2 척도 NS
기계설계산업기사
수험번호
성명
감독확인
1
2
3
4
5

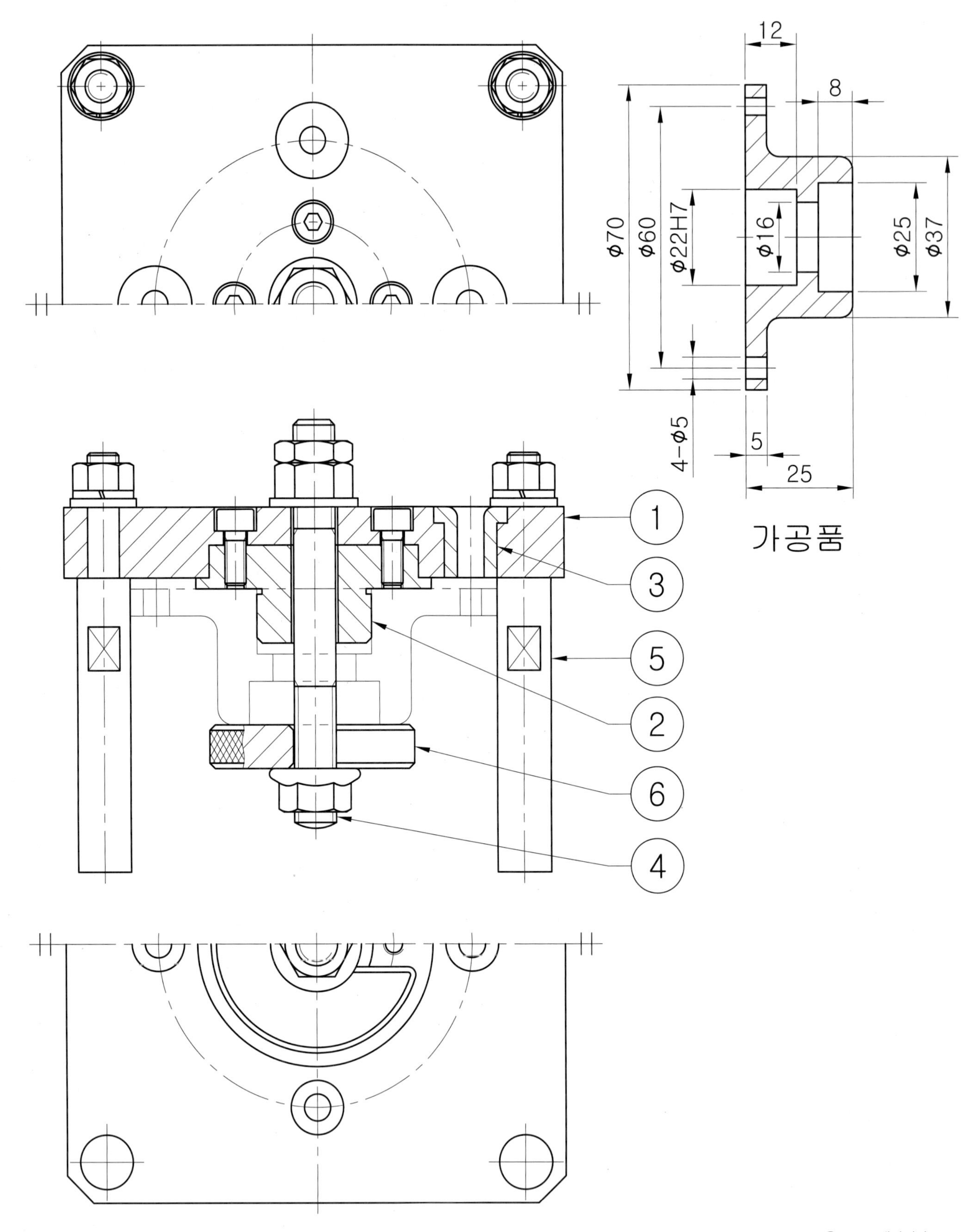
12
8
φ70
φ60
φ22H7
φ16
φ25
φ37
4-φ5
5
25
가공품
1
3
5
2
6
4

부품도 풀이 예제 도면

□ 드릴지그-1

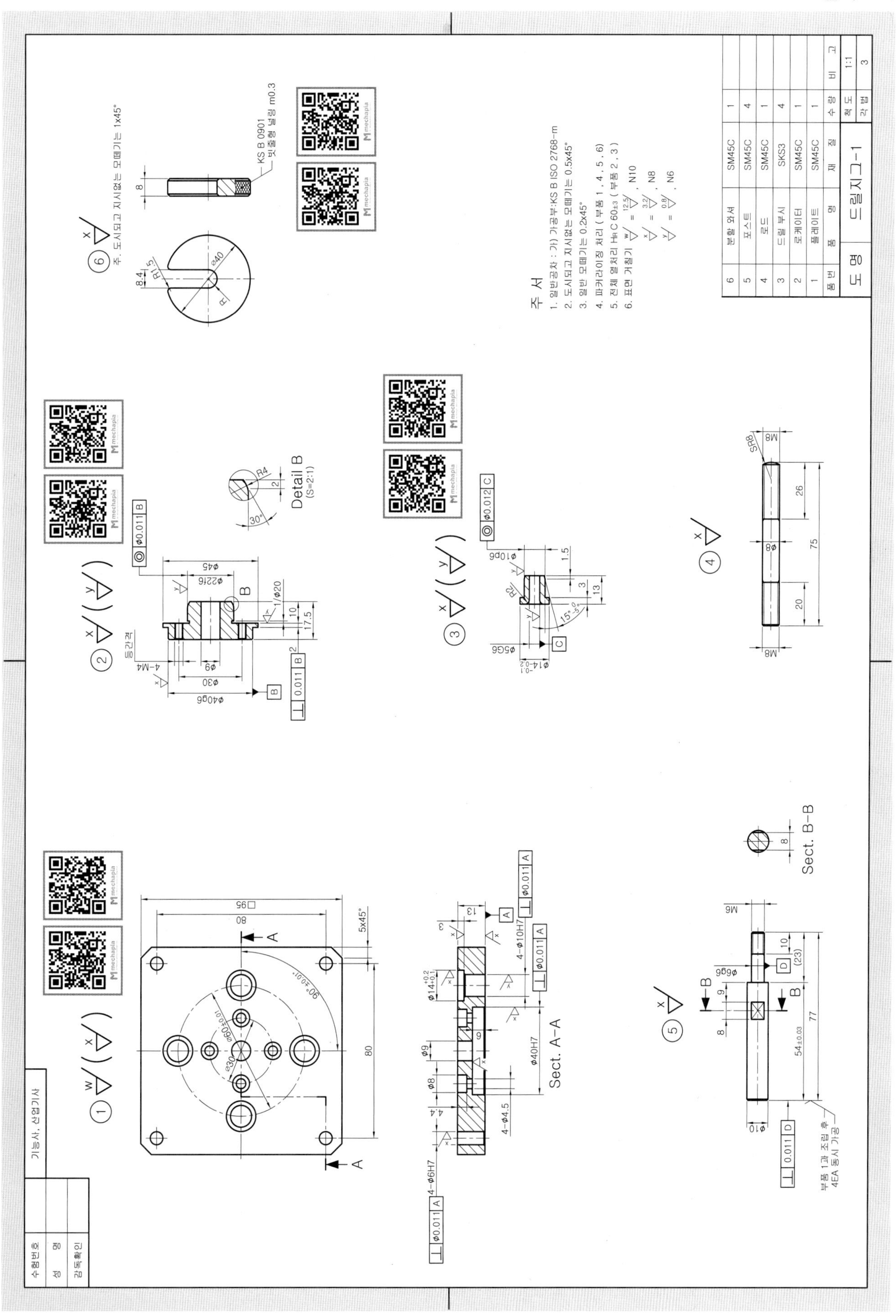

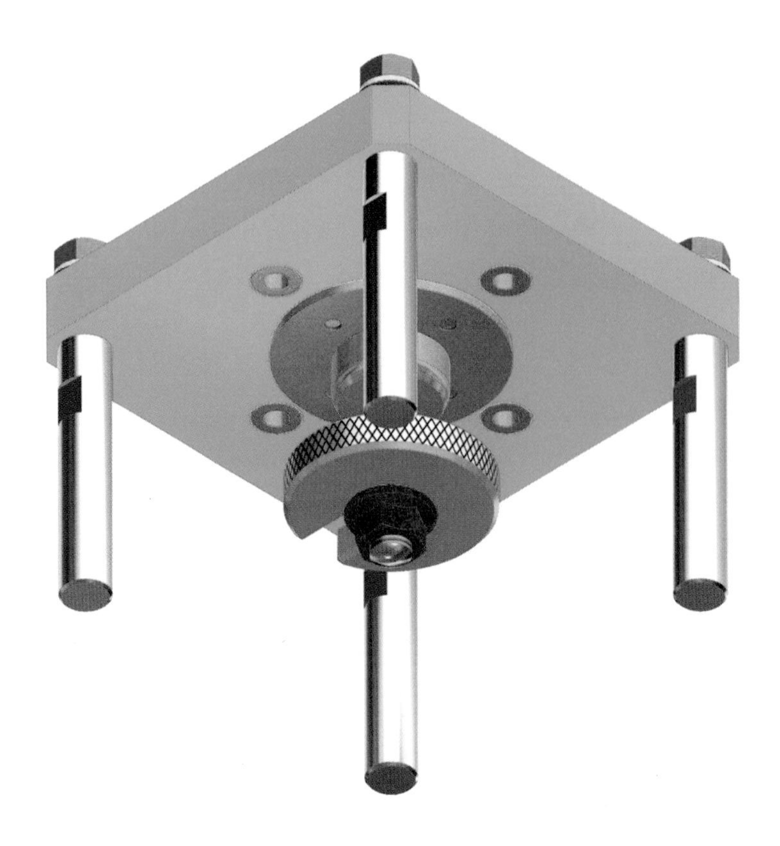

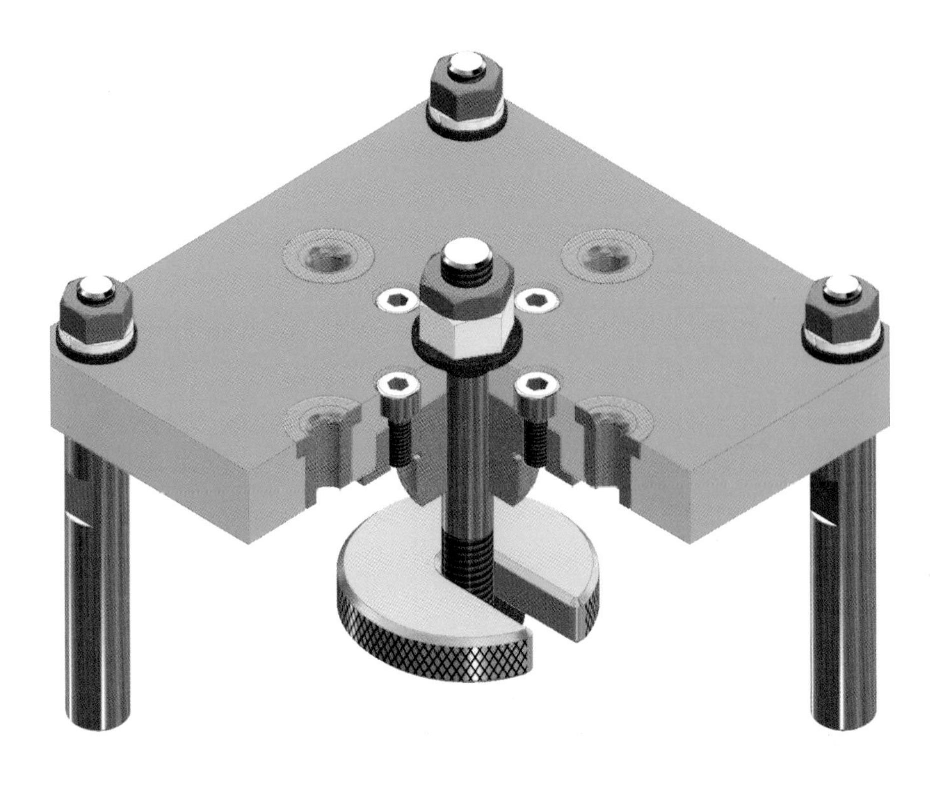

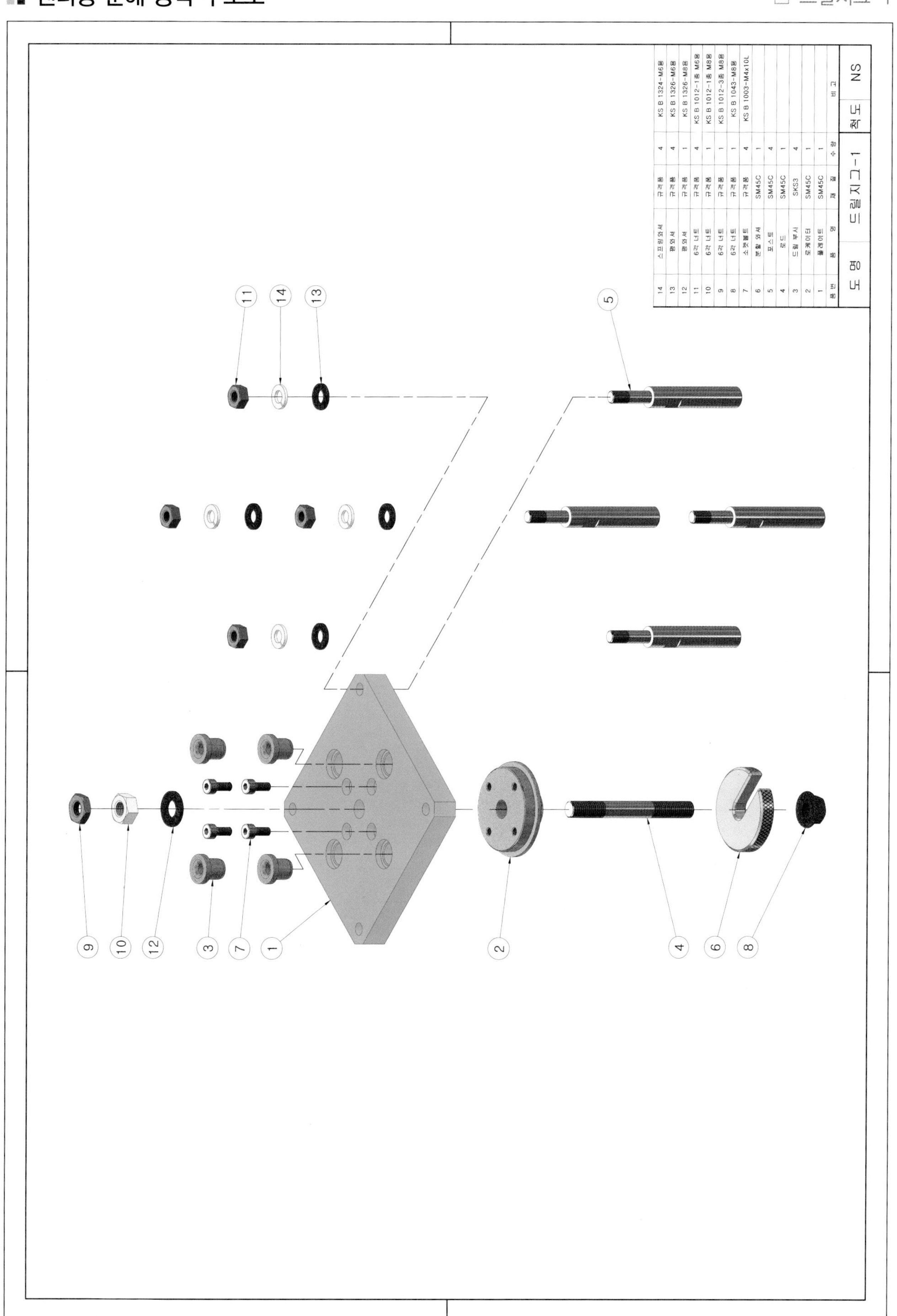

품번	품 명	재 질	수 량	비 고
14	스프링와셔	규격품	4	KS B 1324-M6용
13	평와셔	규격품	4	KS B 1326-M6용
12	평와셔	규격품	1	KS B 1326-M8용
11	6각 너트	규격품	4	KS B 1012-1종 M6용
10	6각 너트	규격품	1	KS B 1012-1종 M8용
9	6각 너트	규격품	1	KS B 1012-3종 M8용
8	6각 너트	규격품	1	KS B 1043-M8용
7	소켓볼트	규격품	4	KS B 1003-M4x10L
6	분할 와셔	SM45C	1	
5	포스트	SM45C	4	
4	로드	SM45C	1	
3	드릴 부시	SKS3	4	
2	로케이터	SM45C	1	
1	플레이트	SM45C	1	

도 명	드릴지그-1	척 도	NS

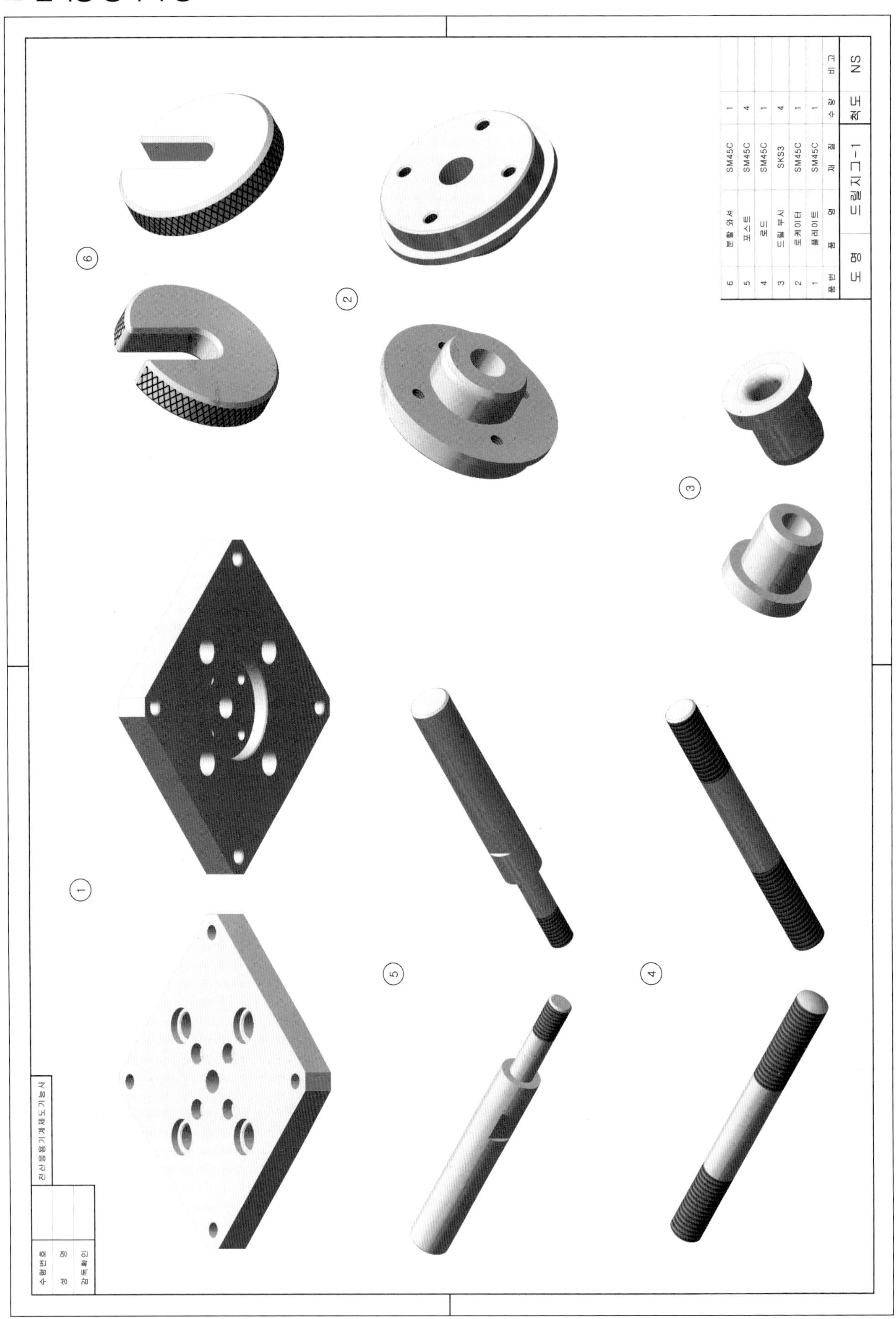
6 분할 와셔 SM45C 1
5 포스트 SM45C 4
4 로드 SM45C 1
3 드릴 부시 SKS3 4
2 로케이터 SM45C 1
1 플레이트 SM45C 1
품번 품명 재질 수량 비고
도명 드릴지그-1 척도 NS
수험번호
성명
감독확인
전산응용기계제도기능사
1
2
3
4
5
6

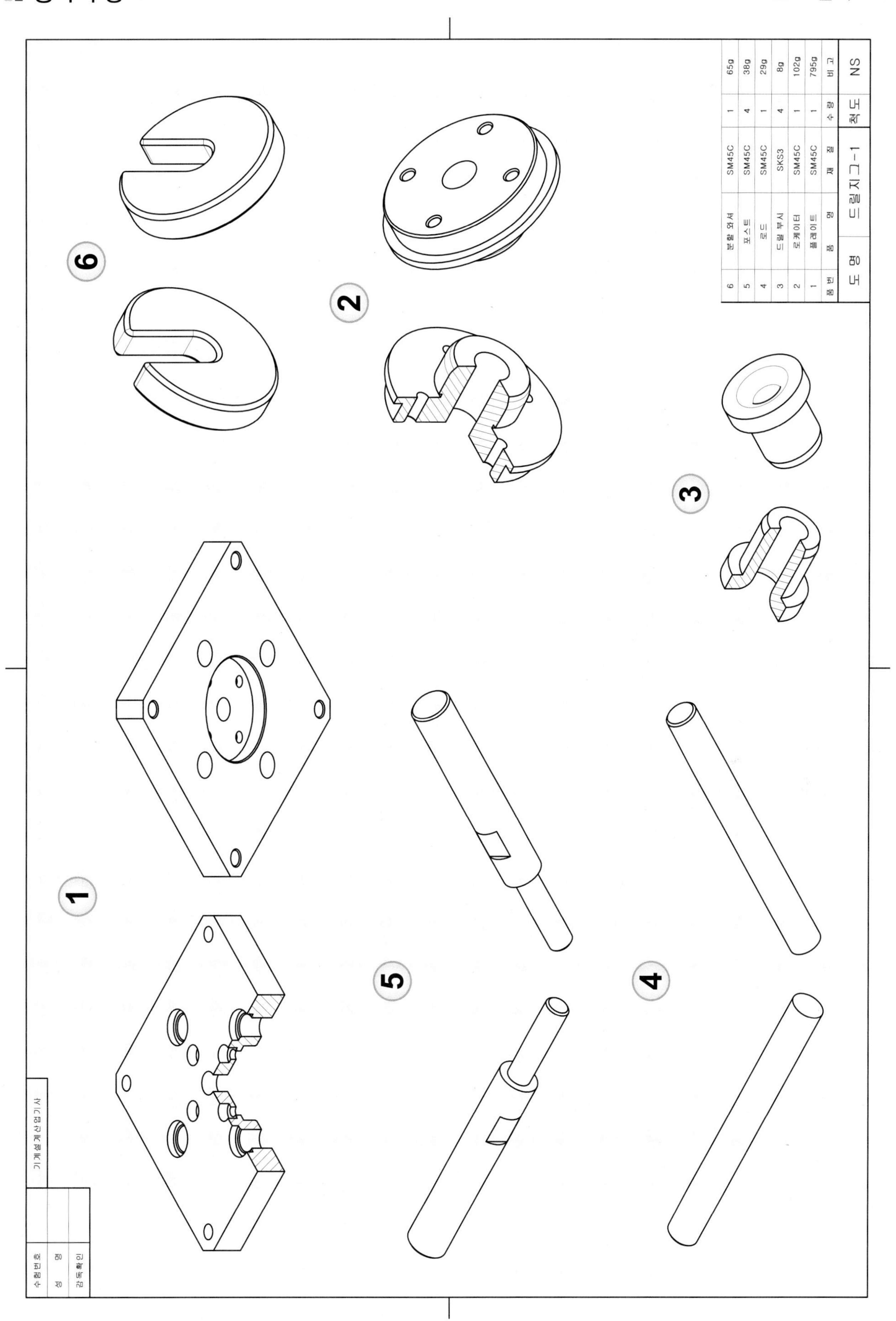
6
분할 와셔
SM45C
1
65g
5
포스트
SM45C
4
38g
4
로드
SM45C
1
29g
3
드릴 부시
SKS3
4
8g
2
로케이터
SM45C
1
102g
1
플레이트
SM45C
1
795g
품번
품명
재질
수량
비고
도명
드릴지그-1
척도
NS
기계설계산업기사
수험번호
성명
감독확인
1
2
3
4
5
6

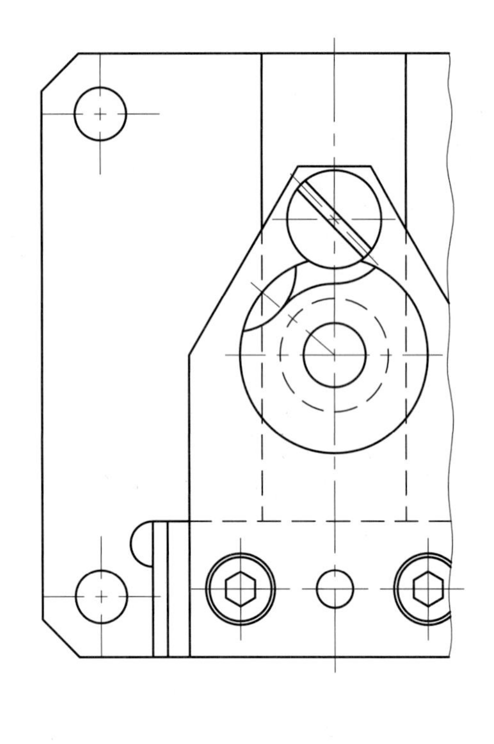

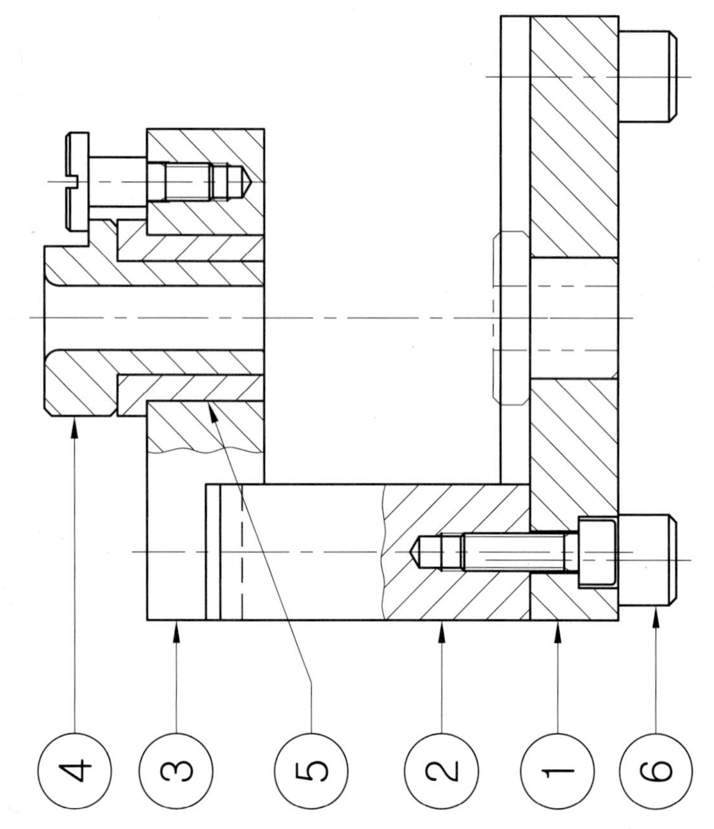
4
3
5
2
1
6

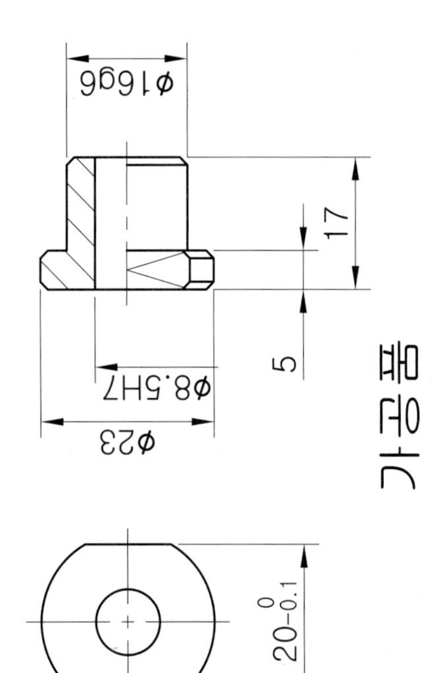
φ16g6
17
5
φ8.5H7
φ23
가공품
20 0 -0.1

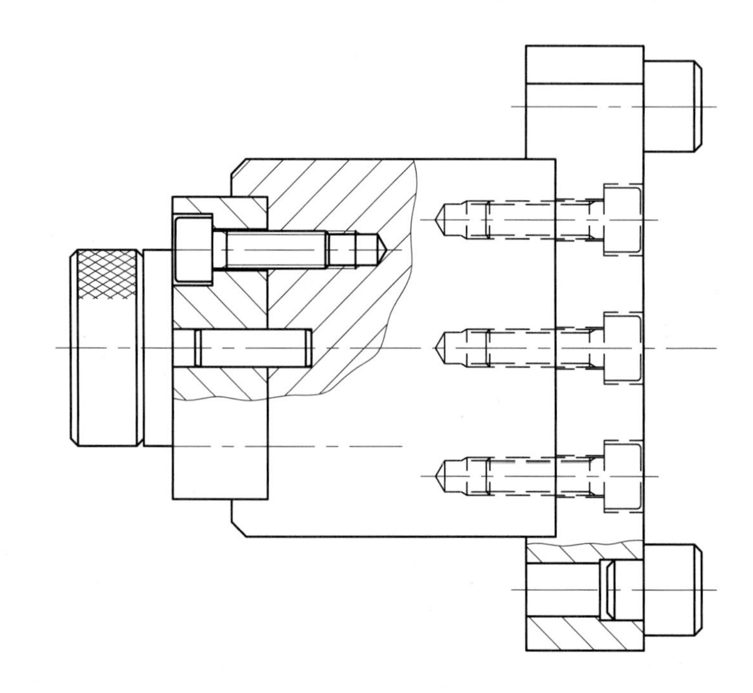

부품도 풀이 예제 도면

□ 드릴지그-2

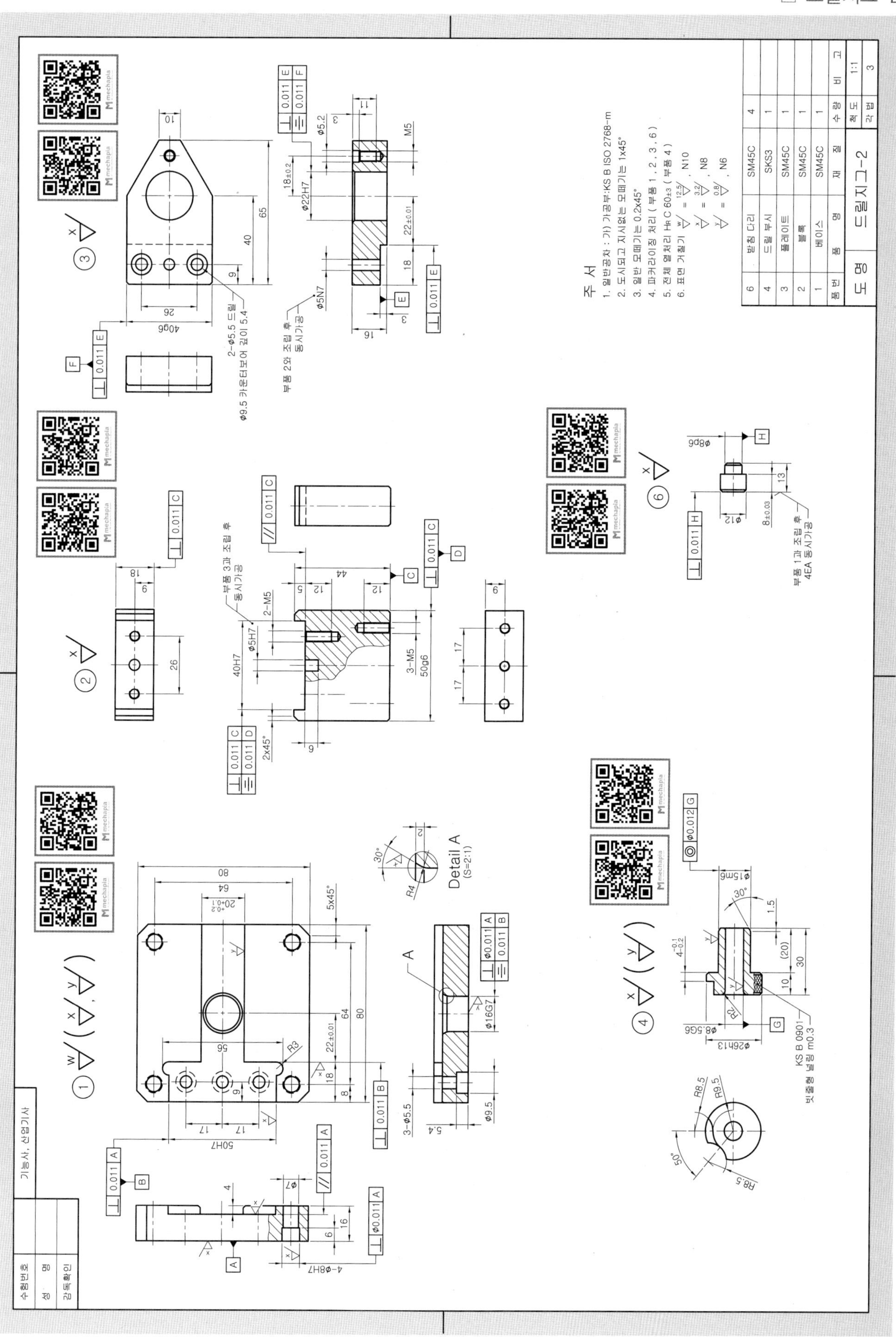

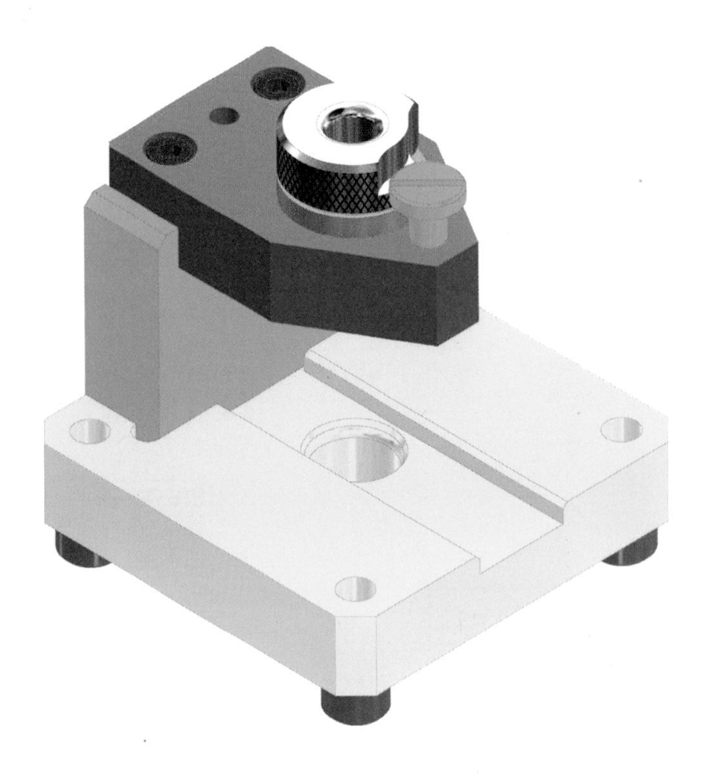

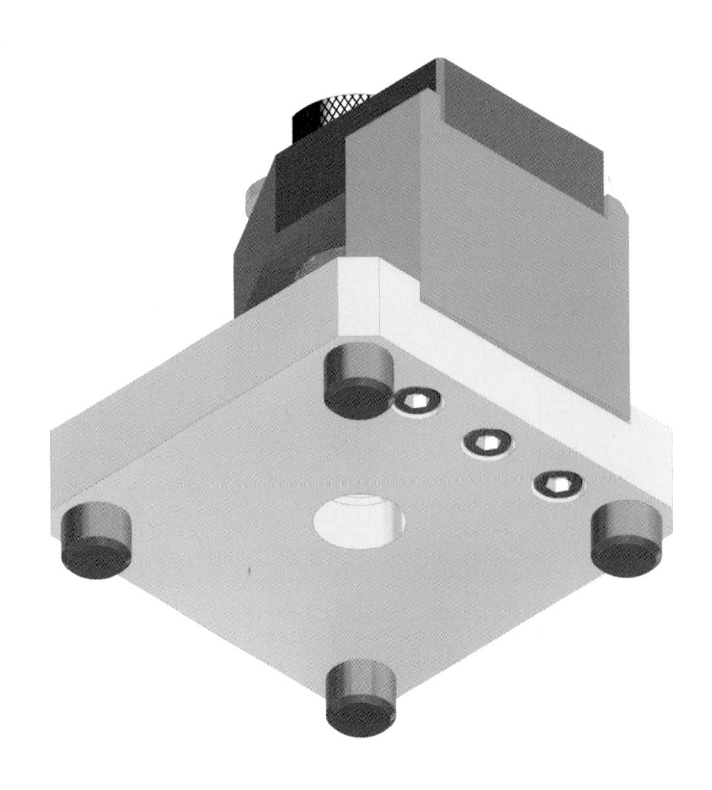

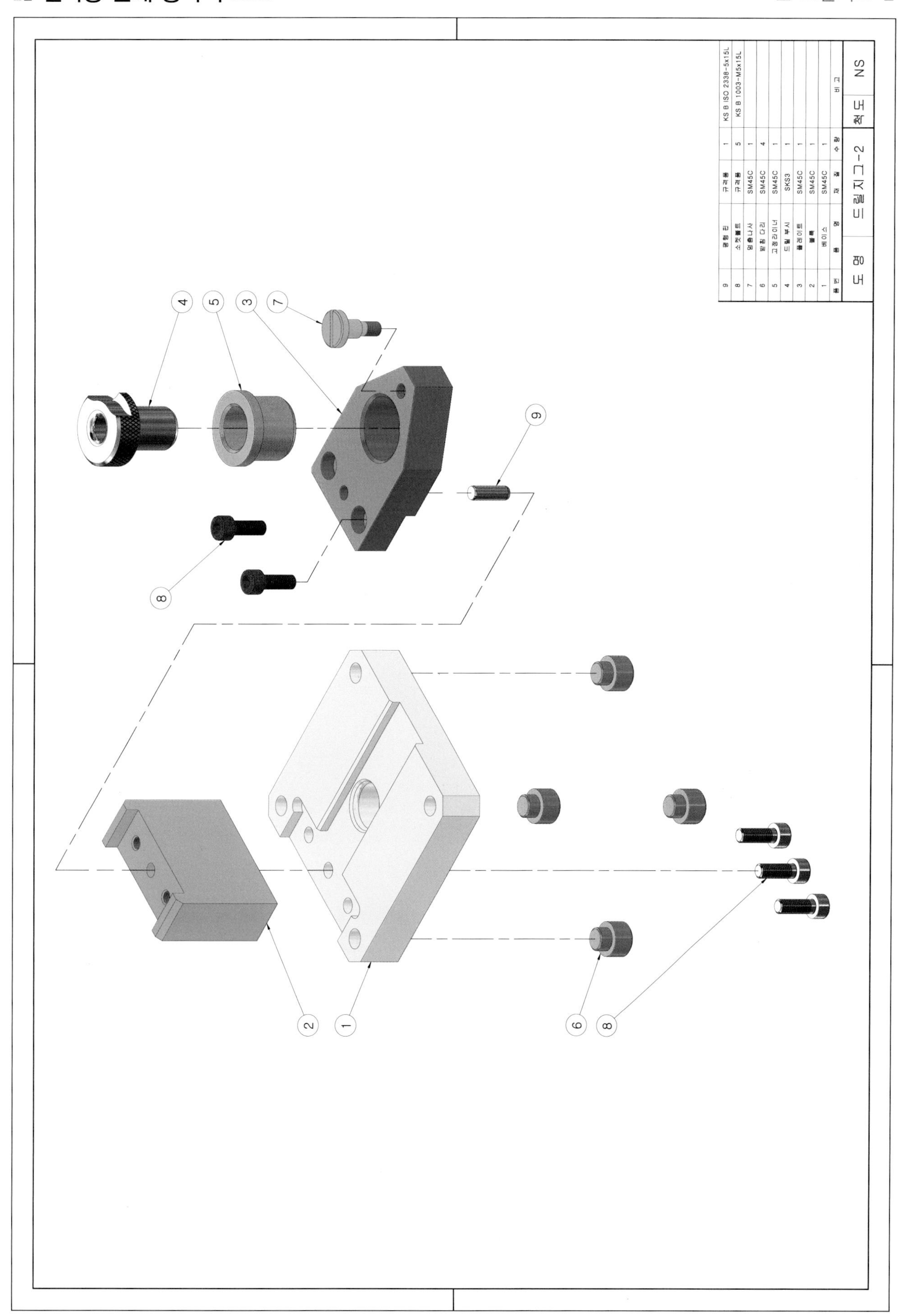

품번	품명	재질	수량	비고
9	평행 핀	규격품	1	KS B ISO 2338-5x15L
8	소켓볼트	규격품	5	KS B 1003-M5x15L
7	멈춤나사	SM45C	1	
6	받침 다리	SM45C	4	
5	고정라이너	SM45C	1	
4	드릴 부시	SKS3	1	
3	플레이트	SM45C	1	
2	블록	SM45C	1	
1	베이스	SM45C	1	

도명	드릴지그-2	척도	NS

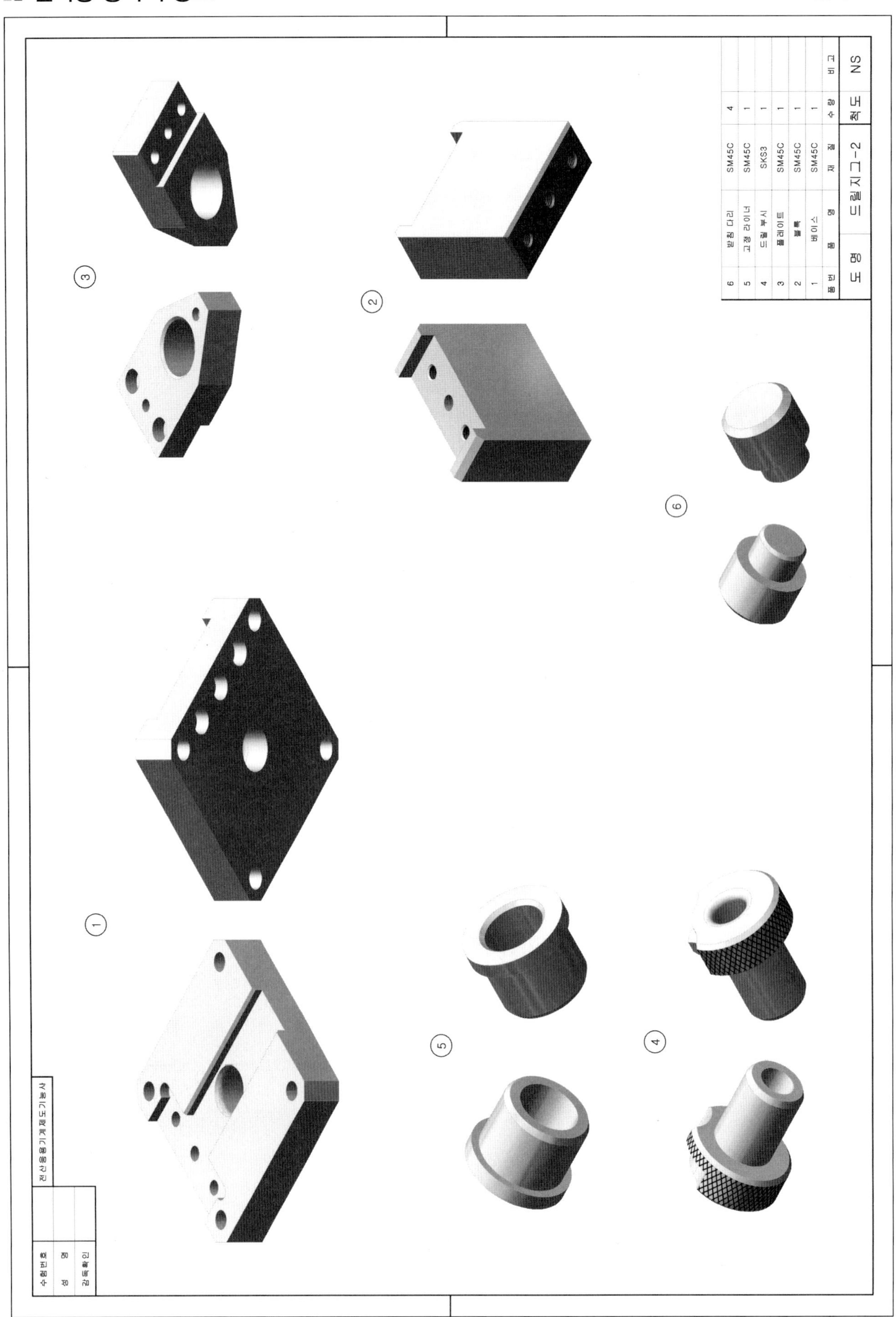

품번	품 명	재 질	수 량	비 고
6	받침 다리	SM45C	4	
5	고정 라이너	SM45C	1	
4	드릴 부시	SKS3	1	
3	플레이트	SM45C	1	
2	블록	SM45C	1	
1	베이스	SM45C	1	
도 명	드릴지그-2		척 도	NS

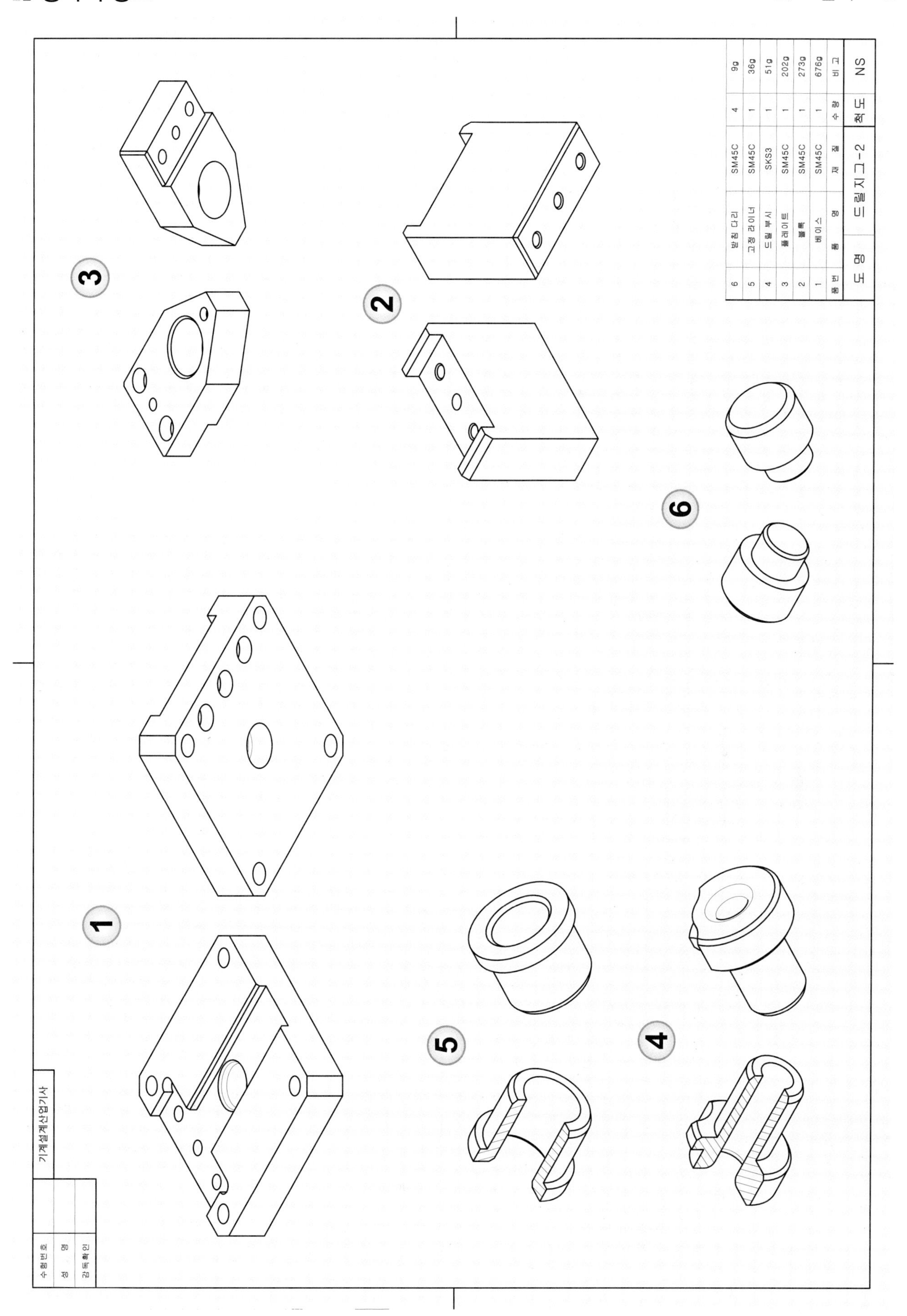

6 받침 다리 SM45C 4 9g
5 고정 라이너 SM45C 1 36g
4 드릴 부시 SKS3 1 51g
3 플레이트 SM45C 1 202g
2 블록 SM45C 1 273g
1 베이스 SM45C 1 676g
품번 품명 재질 수량 비고
도명 드릴지그-2 척도 NS
기계설계산업기사
수험번호
성명
감독확인
1
2
3
4
5
6

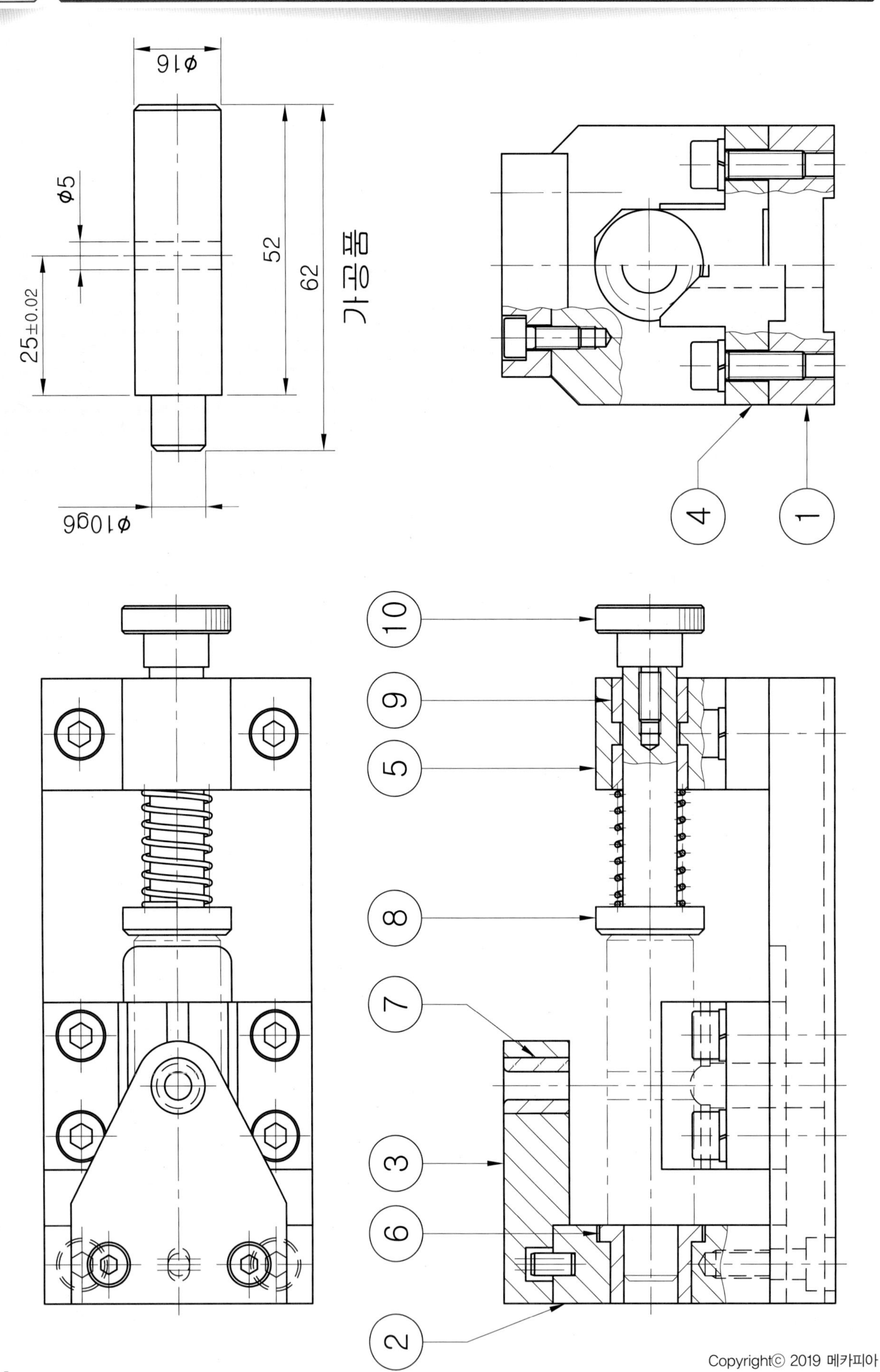
ϕ16
ϕ5
52
62
25±0.02
가공품
ϕ10g6
1
2
3
4
5
6
7
8
9
10

부품도 풀이 예제 도면

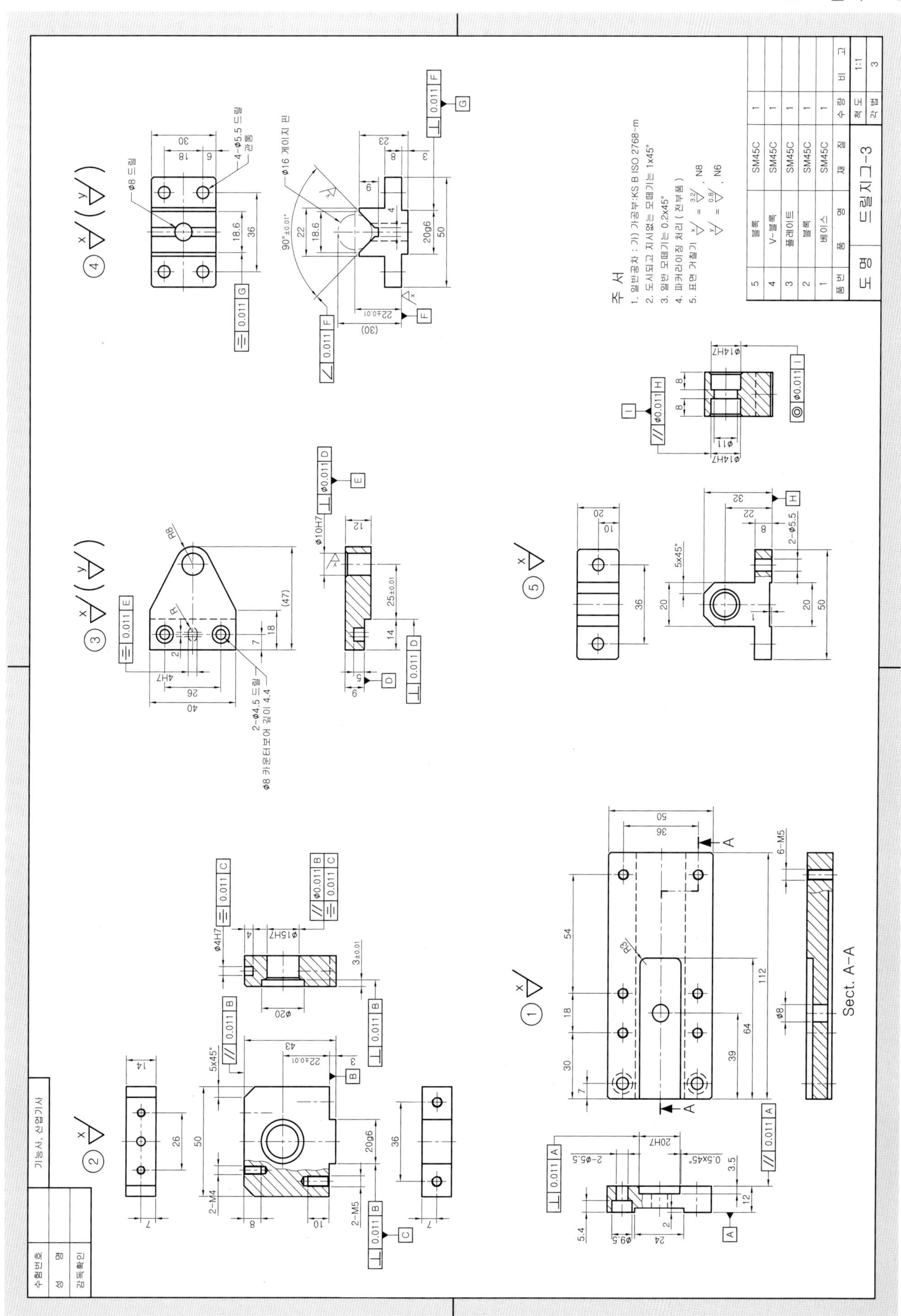
주 서
1. 일반공차 : 가) 가공부:KS B ISO 2768-m
2. 도시되고 지시없는 모떼기는 1x45°
3. 일반 모떼기는 0.2x45°
4. 파커라이징 처리 (전부품)
5. 표면 거칠기 x/ = 3.2/, N8
y/ = 0.8/, N6
5 블록 SM45C 1
4 V-블록 SM45C 1
3 플레이트 SM45C 1
2 블록 SM45C 1
1 베이스 SM45C 1
품번 품명 재질 수량 비고
척도 1:1
각법 3
도명 드릴지그-3
수험번호
성명
감독확인
기능사, 산업기사

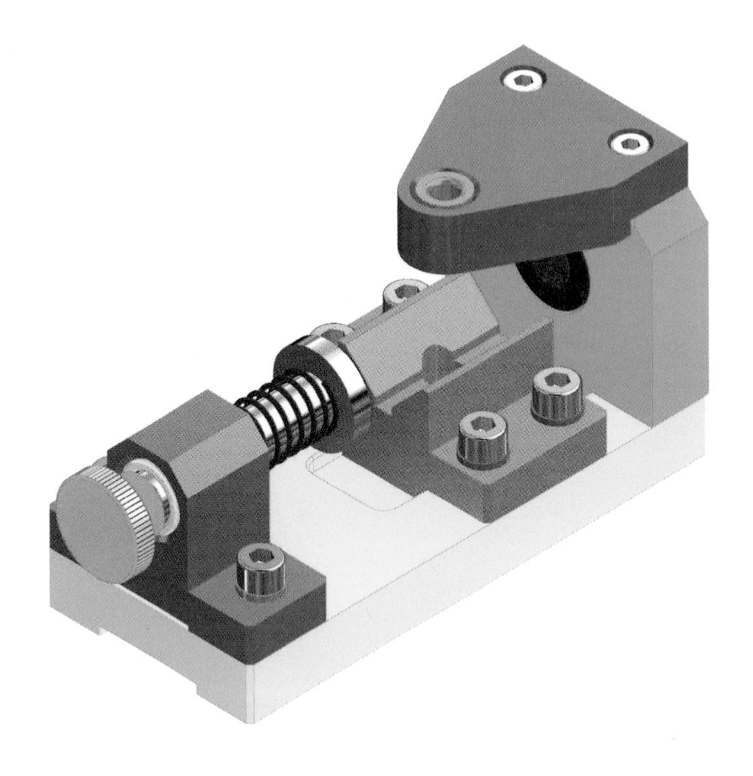

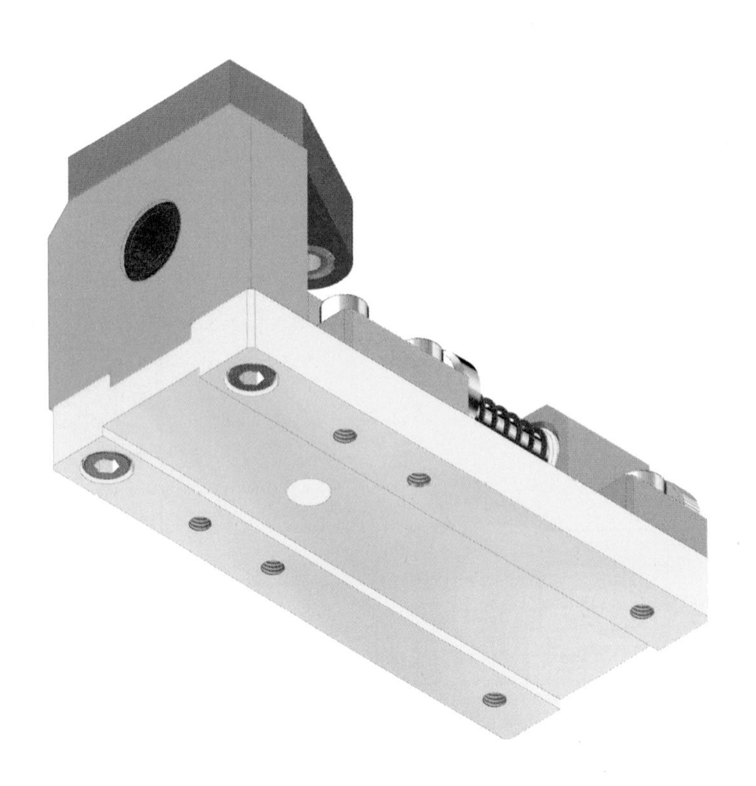

렌더링 분해 등각 구조도

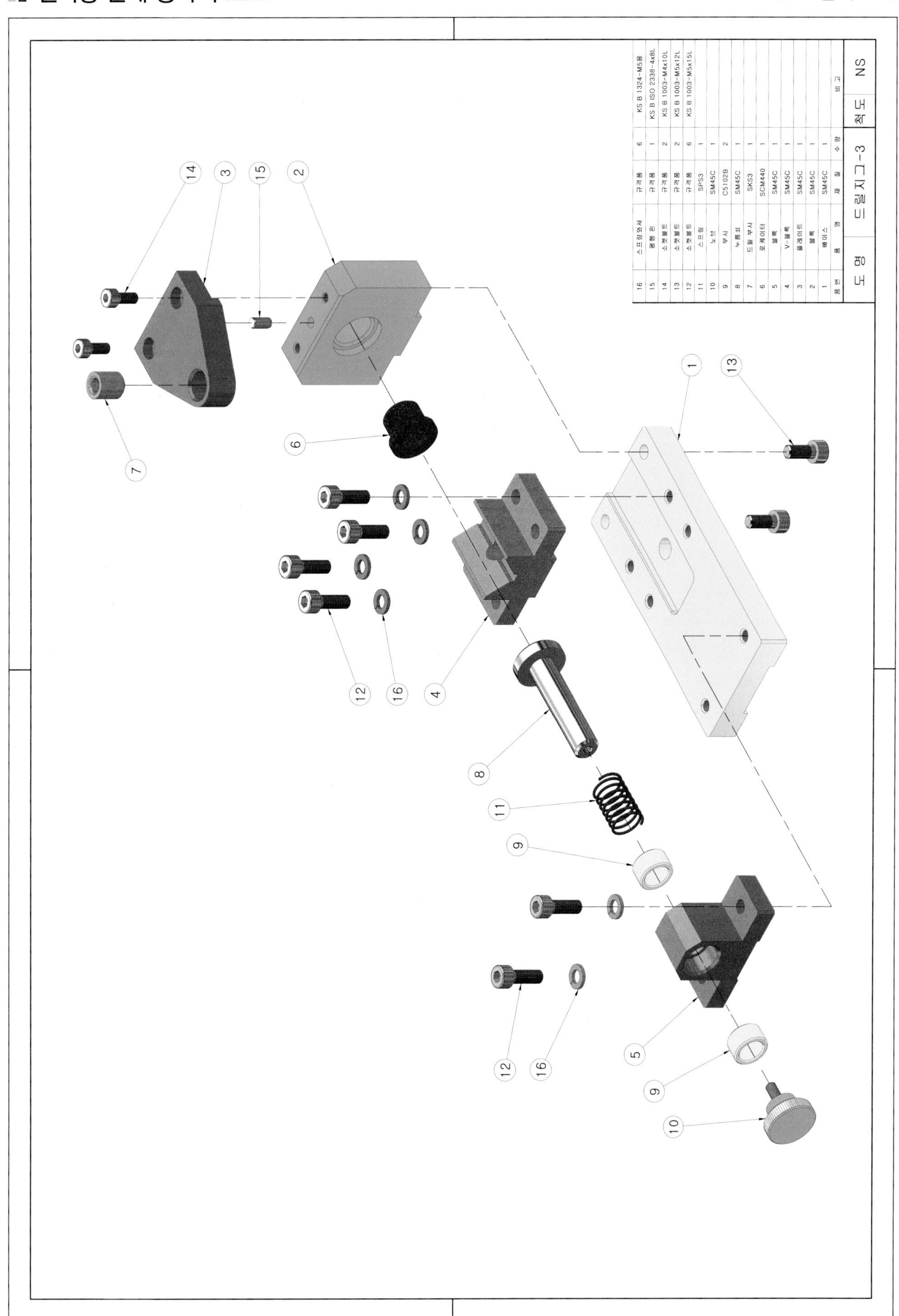

품번	품 명	재 질	수 량	비 고
16	스프링와셔	규격품	6	KS B 1324-M5용
15	평행 핀	규격품	1	KS B ISO 2338-4x8L
14	소켓볼트	규격품	2	KS B 1003-M4x10L
13	소켓볼트	규격품	2	KS B 1003-M5x12L
12	소켓볼트	규격품	6	KS B 1003-M5x15L
11	스프링	SPS3	1	
10	노브	SM45C	1	
9	부시	C5102B	2	
8	누름쇠	SM45C	1	
7	드릴 부시	SKS3	1	
6	로케이터	SCM440	1	
5	블록	SM45C	1	
4	V-블록	SM45C	1	
3	플레이트	SM45C	1	
2	블록	SM45C	1	
1	베이스	SM45C	1	

도 명	드릴지그-3	척 도	NS

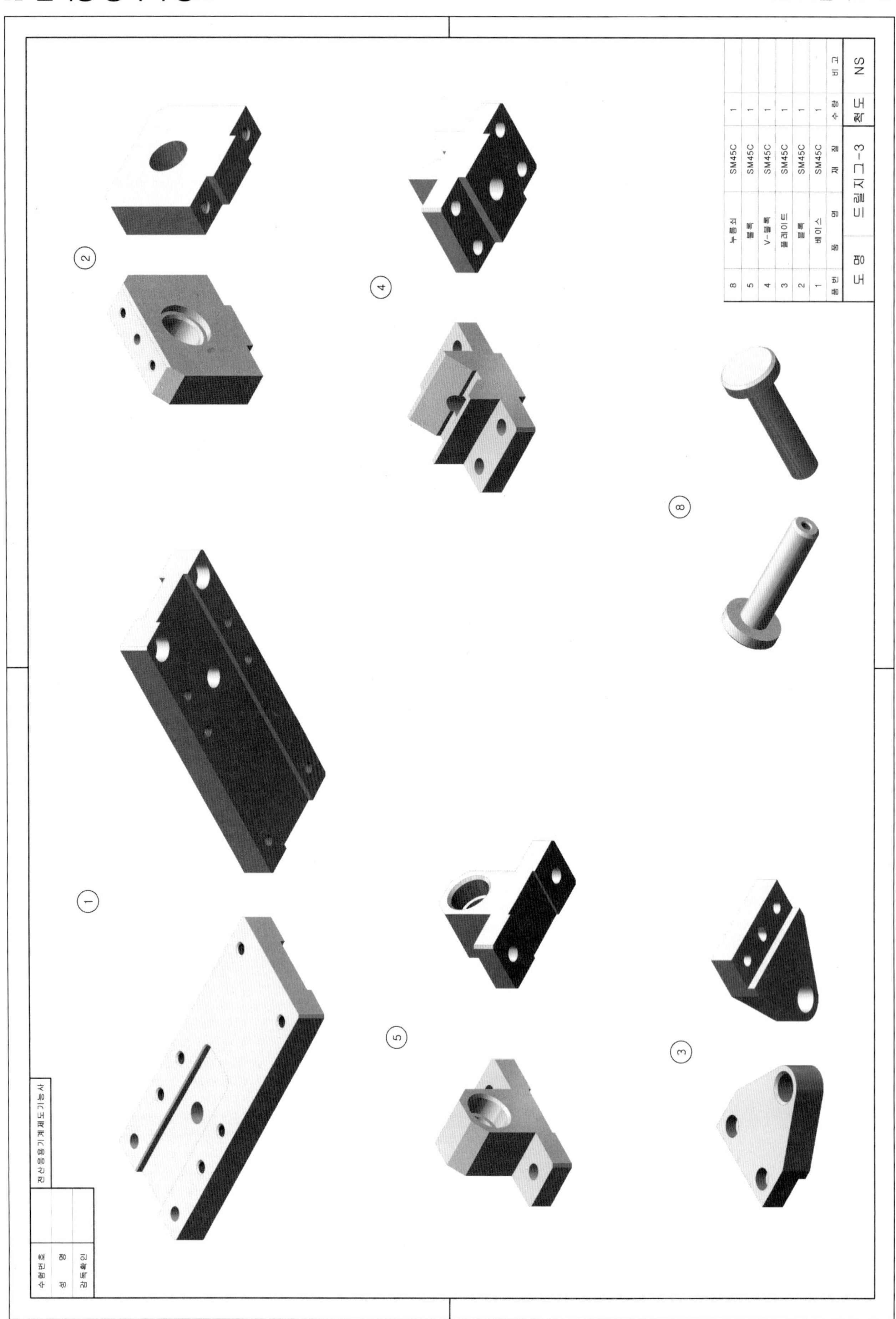
8 누름쇠 SM45C 1
5 블록 SM45C 1
4 V-블록 SM45C 1
3 플레이트 SM45C 1
2 블록 SM45C 1
1 베이스 SM45C 1
품번 품명 재질 수량 비고
도명 드릴지그-3 척도 NS
전산응용기계제도기능사
수험번호
성명
감독확인

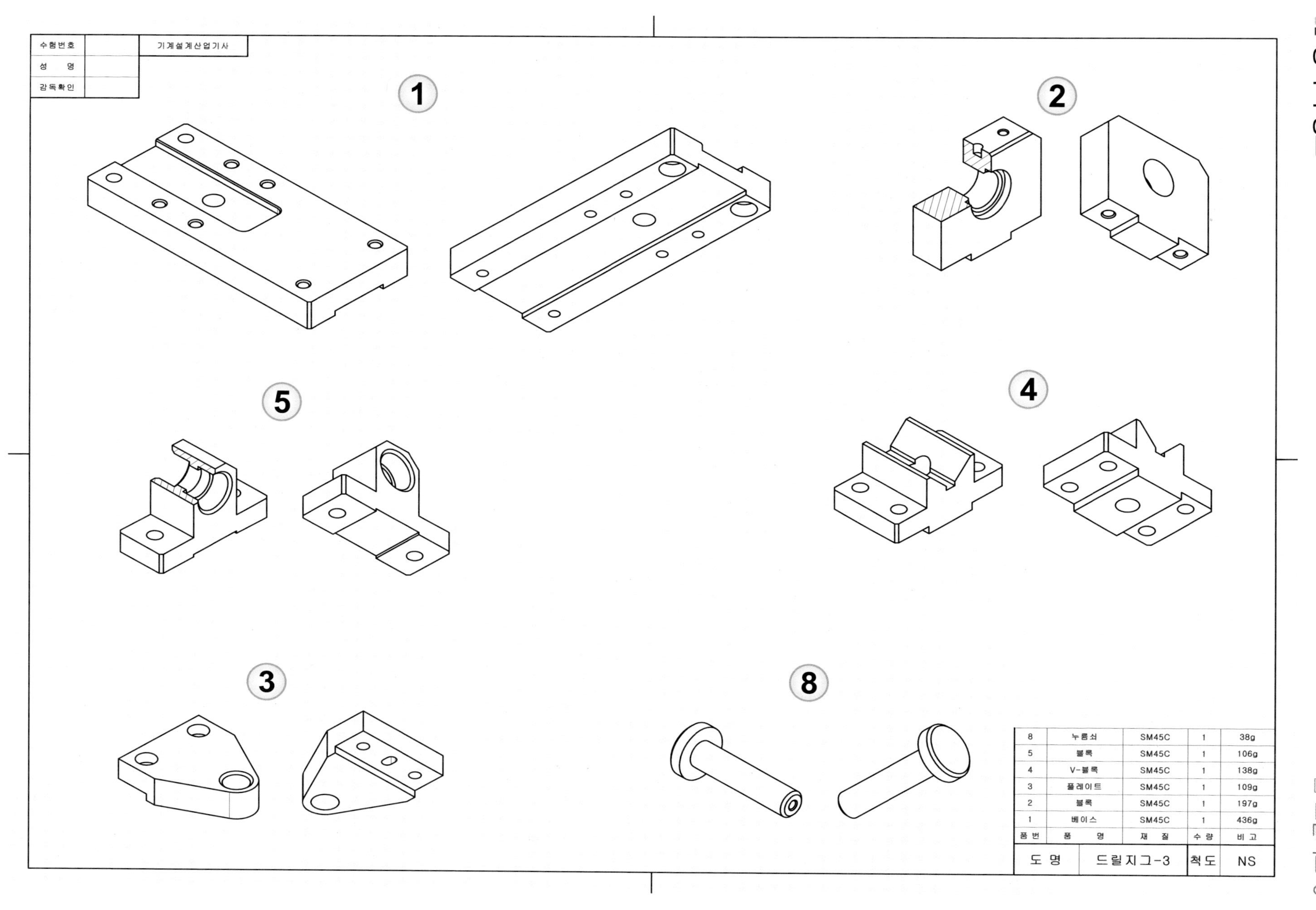

품번	품 명	재 질	수 량	비 고
8	누름쇠	SM45C	1	38g
5	블록	SM45C	1	106g
4	V-블록	SM45C	1	138g
3	플레이트	SM45C	1	109g
2	블록	SM45C	1	197g
1	베이스	SM45C	1	436g
도 명	드릴지그-3		척 도	NS

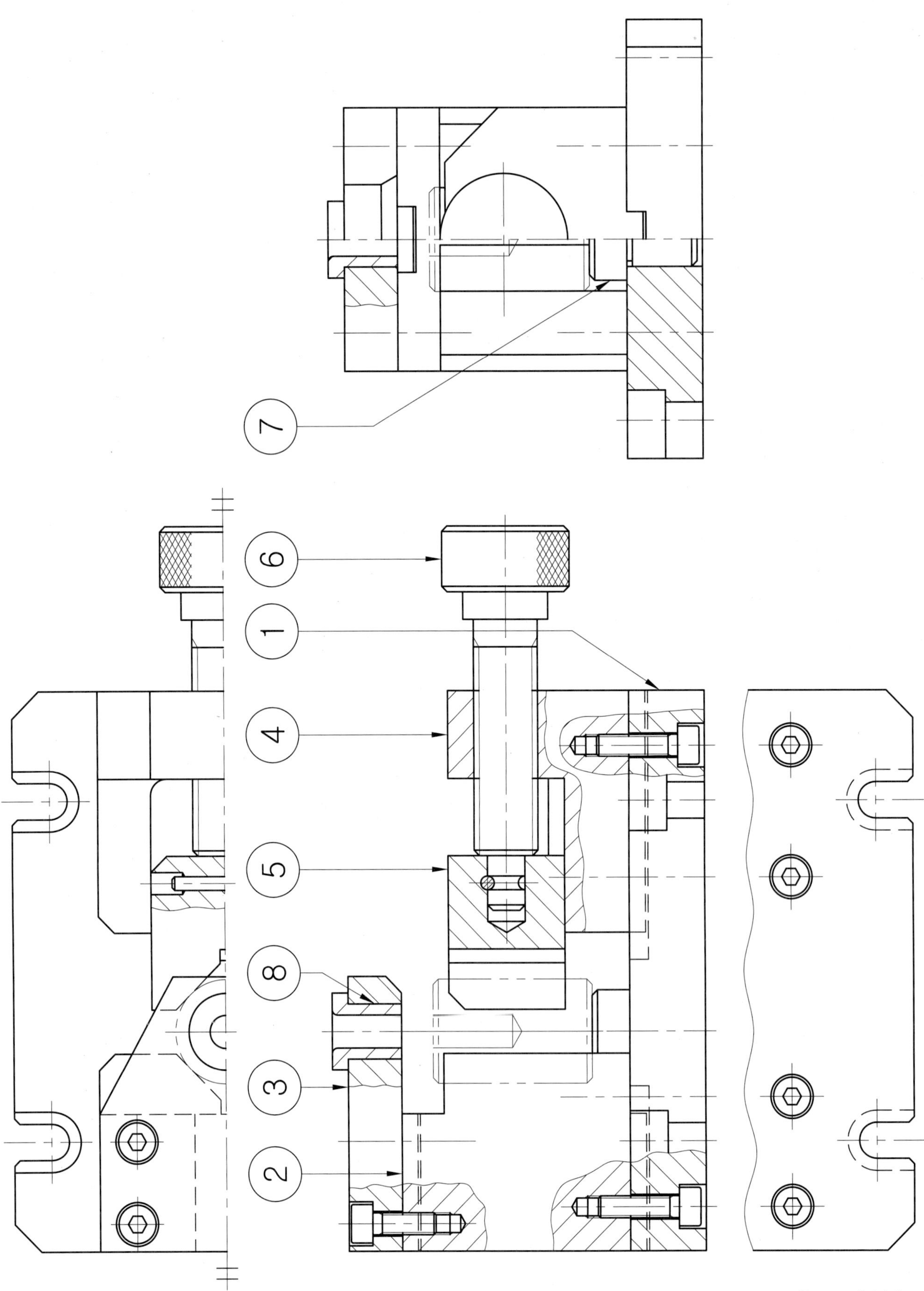
7
6
1
4
5
8
3
2

부품도 풀이 예제 도면

□ 드릴지그-4

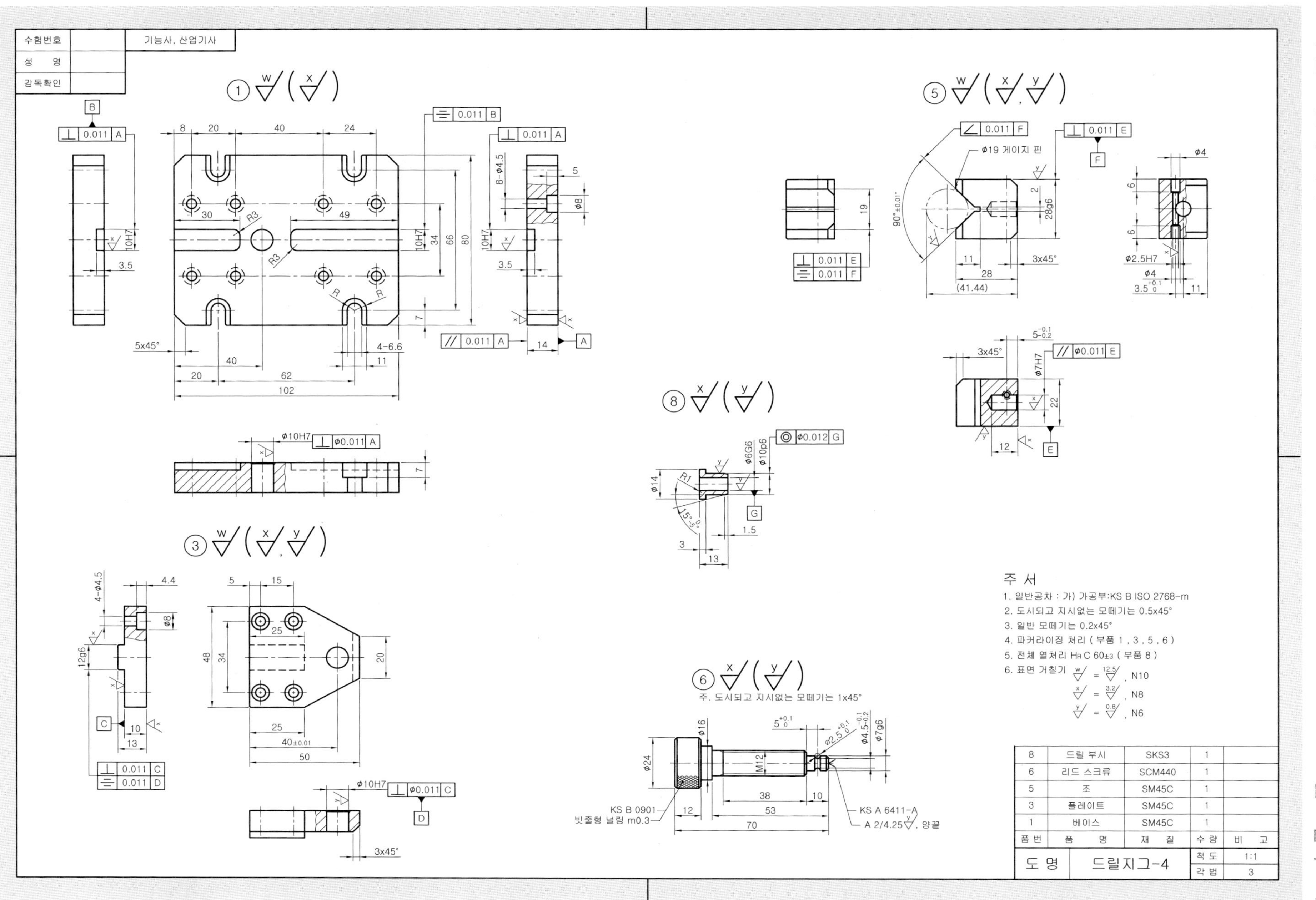

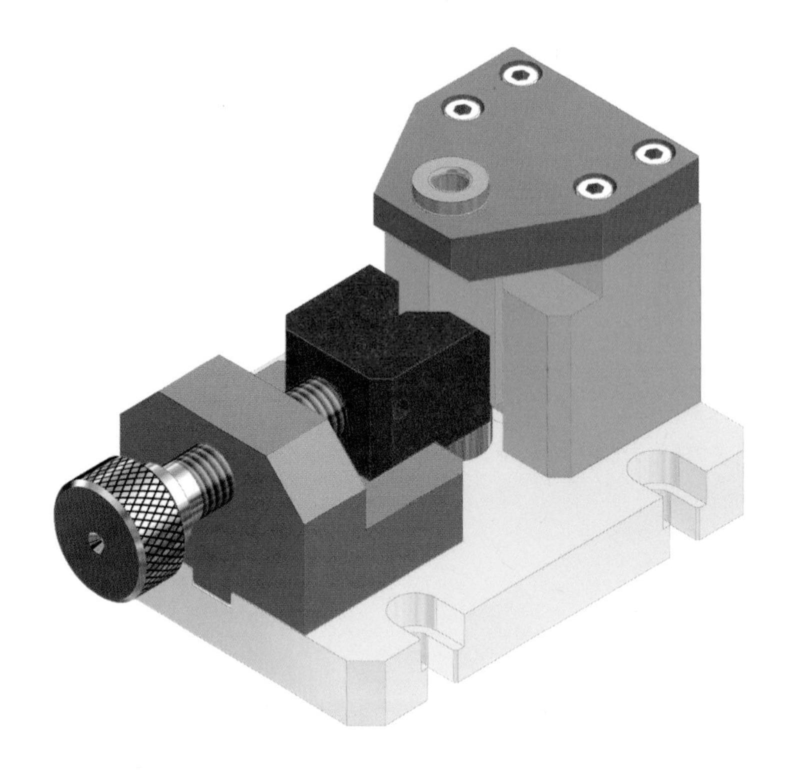

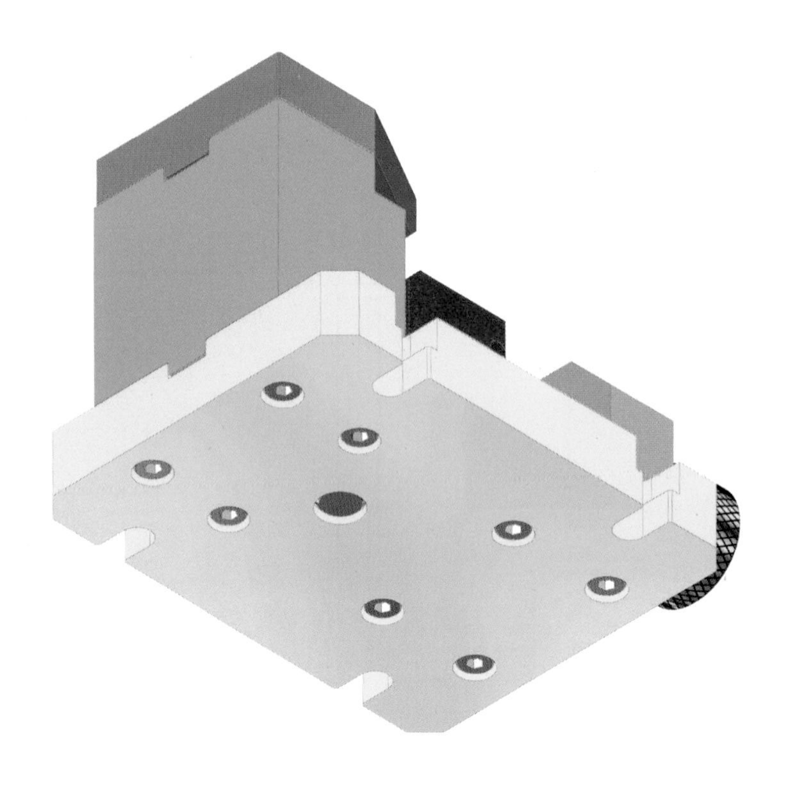

■ 렌더링 분해 등각 구조도

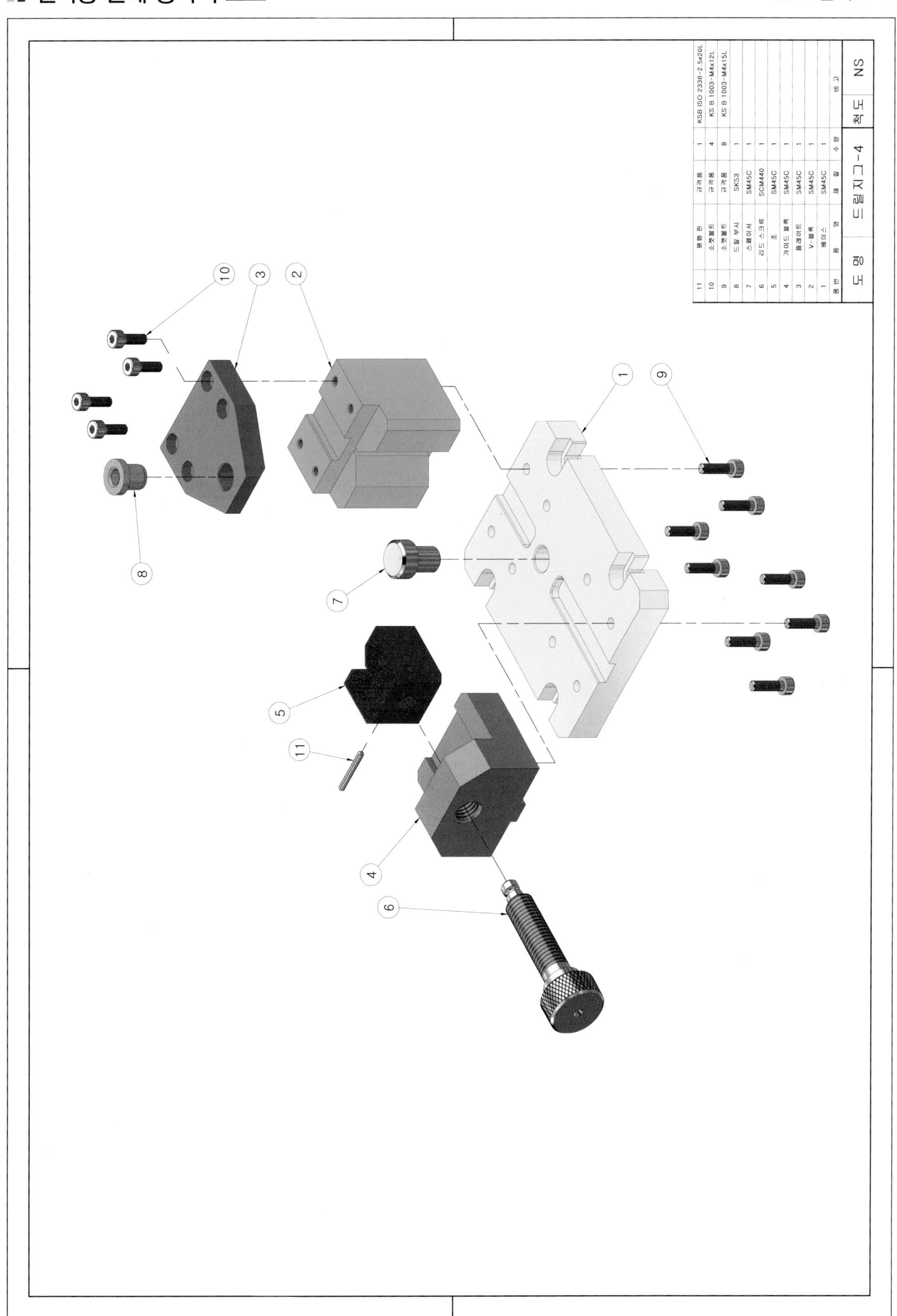

품번	품명	재질	수량	비고
11	평행 핀	규격품	1	KSB ISO 2338-2.5x20L
10	소켓볼트	규격품	4	KS B 1003-M4x12L
9	소켓볼트	규격품	8	KS B 1003-M4x15L
8	드릴 부시	SKS3	1	
7	스페이서	SM45C	1	
6	리드 스크류	SCM440	1	
5	조	SM45C	1	
4	가이드 블록	SM45C	1	
3	플레이트	SM45C	1	
2	V-블록	SM45C	1	
1	베이스	SM45C	1	

도 명	드릴지그-4	척 도	NS

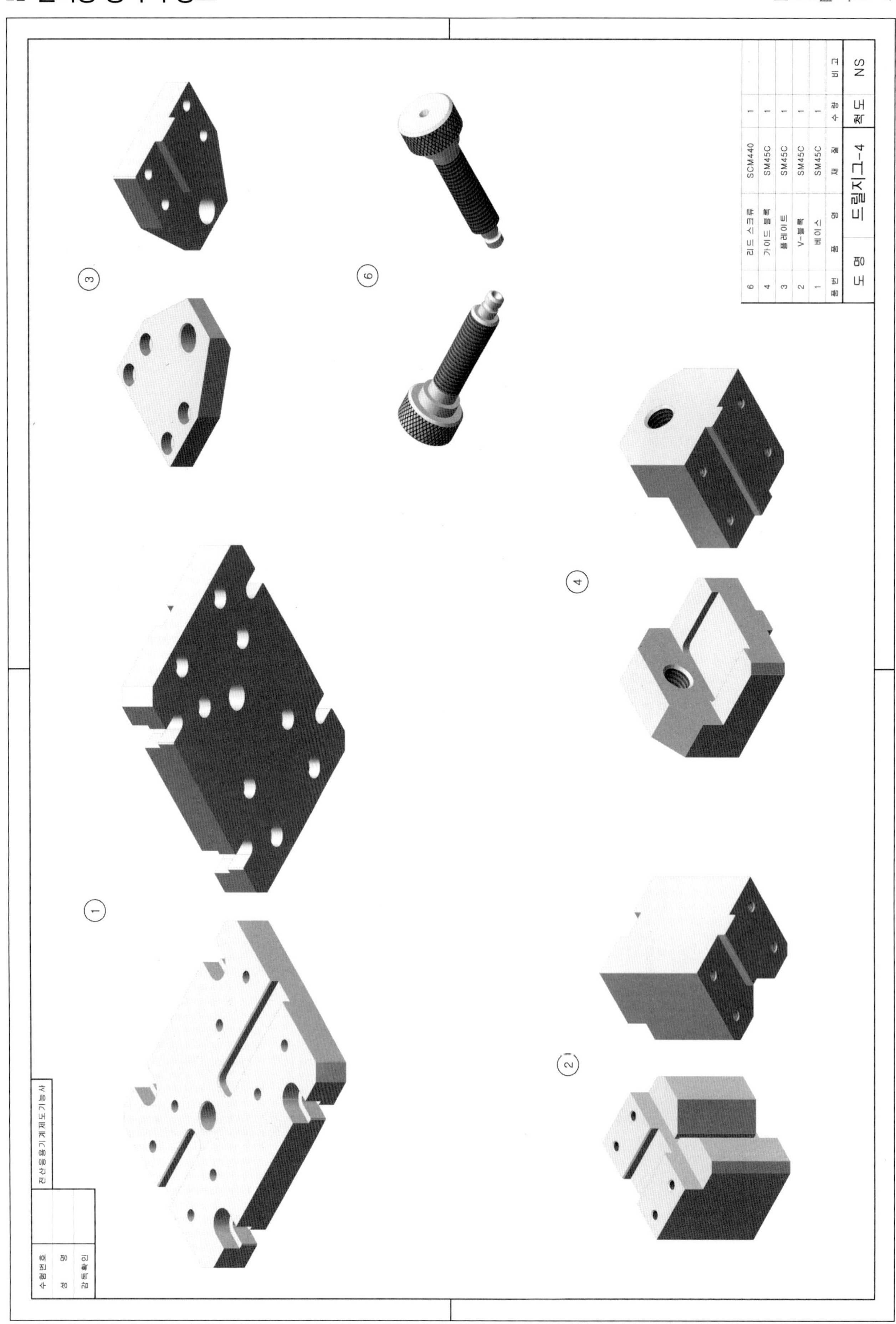

6 리드 스크류 SCM440 1
4 가이드 블록 SM45C 1
3 플레이트 SM45C 1
2 V-블록 SM45C 1
1 베이스 SM45C 1
품번 품명 재질 수량 비고
도명 드릴지그-4 척도 NS
전산응용기계제도기능사
수험번호
성명
감독확인
①
②
③
④
⑥

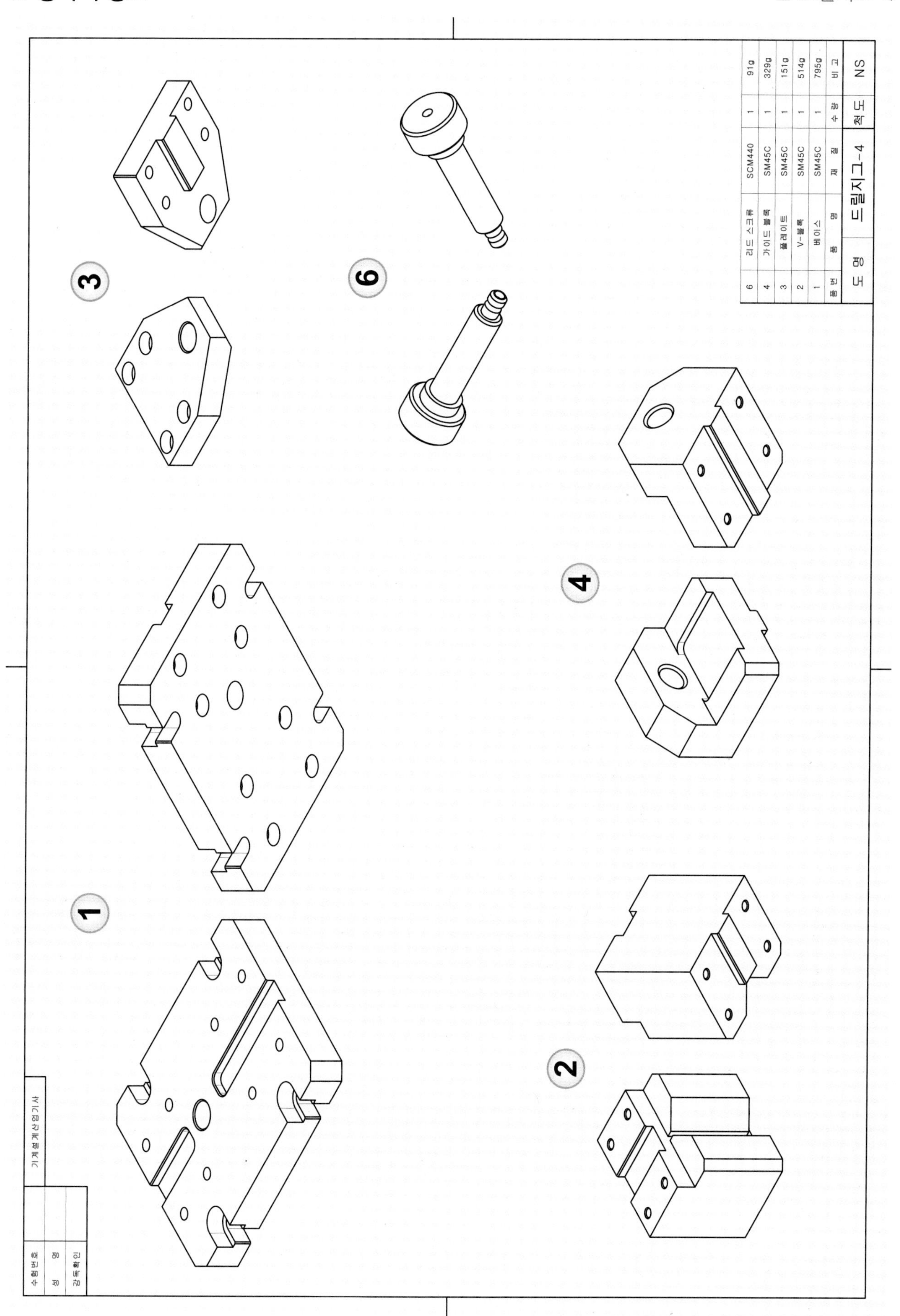

품번	품 명	재 질	수 량	비 고
6	리드 스크류	SCM440	1	91g
4	가이드 블록	SM45C	1	329g
3	플레이트	SM45C	1	151g
2	V-블록	SM45C	1	514g
1	베이스	SM45C	1	795g
도 명	드릴지그-4		척 도	NS

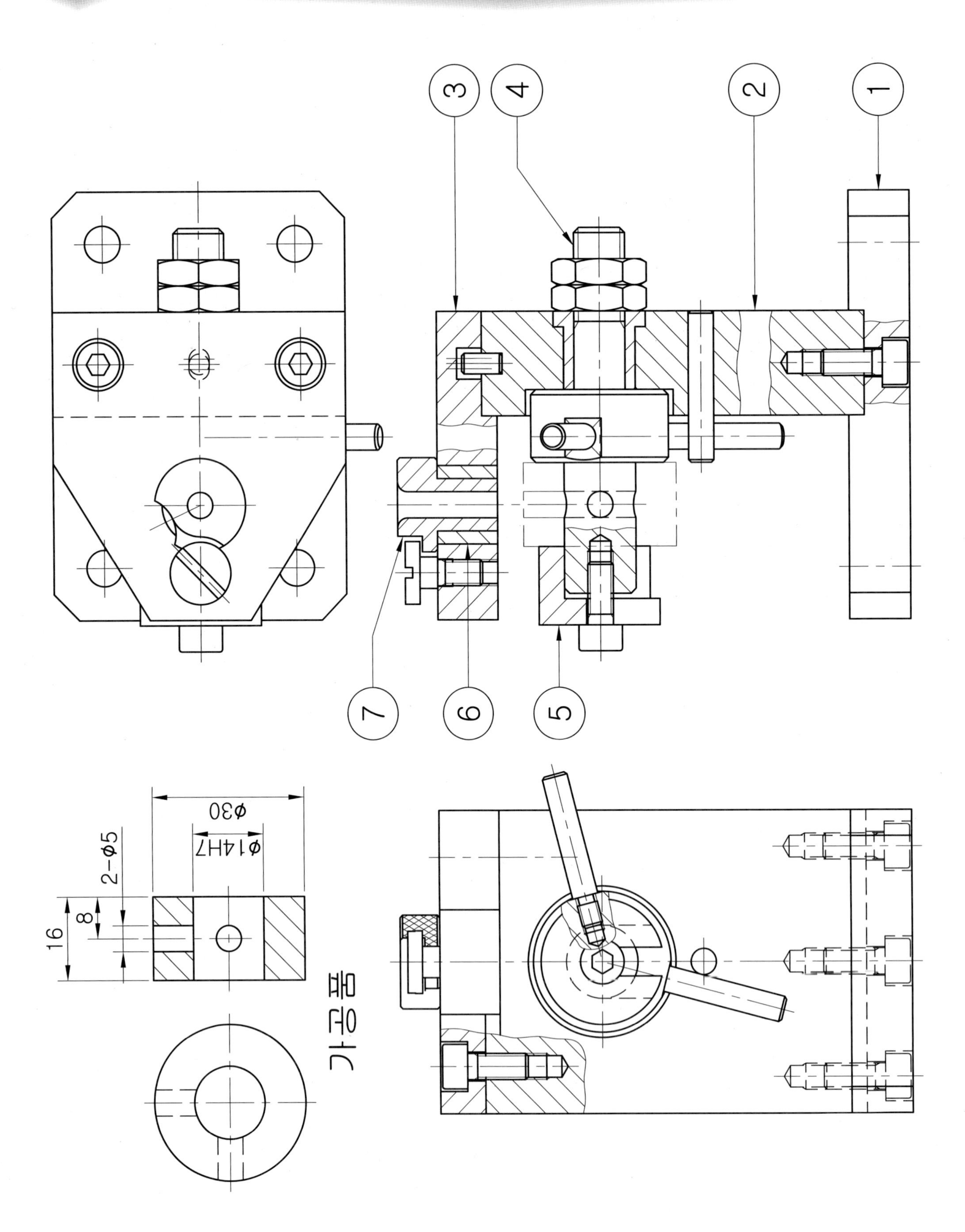
1
2
3
4
5
6
7
φ30
φ14H7
2-φ5
16
8
가공품

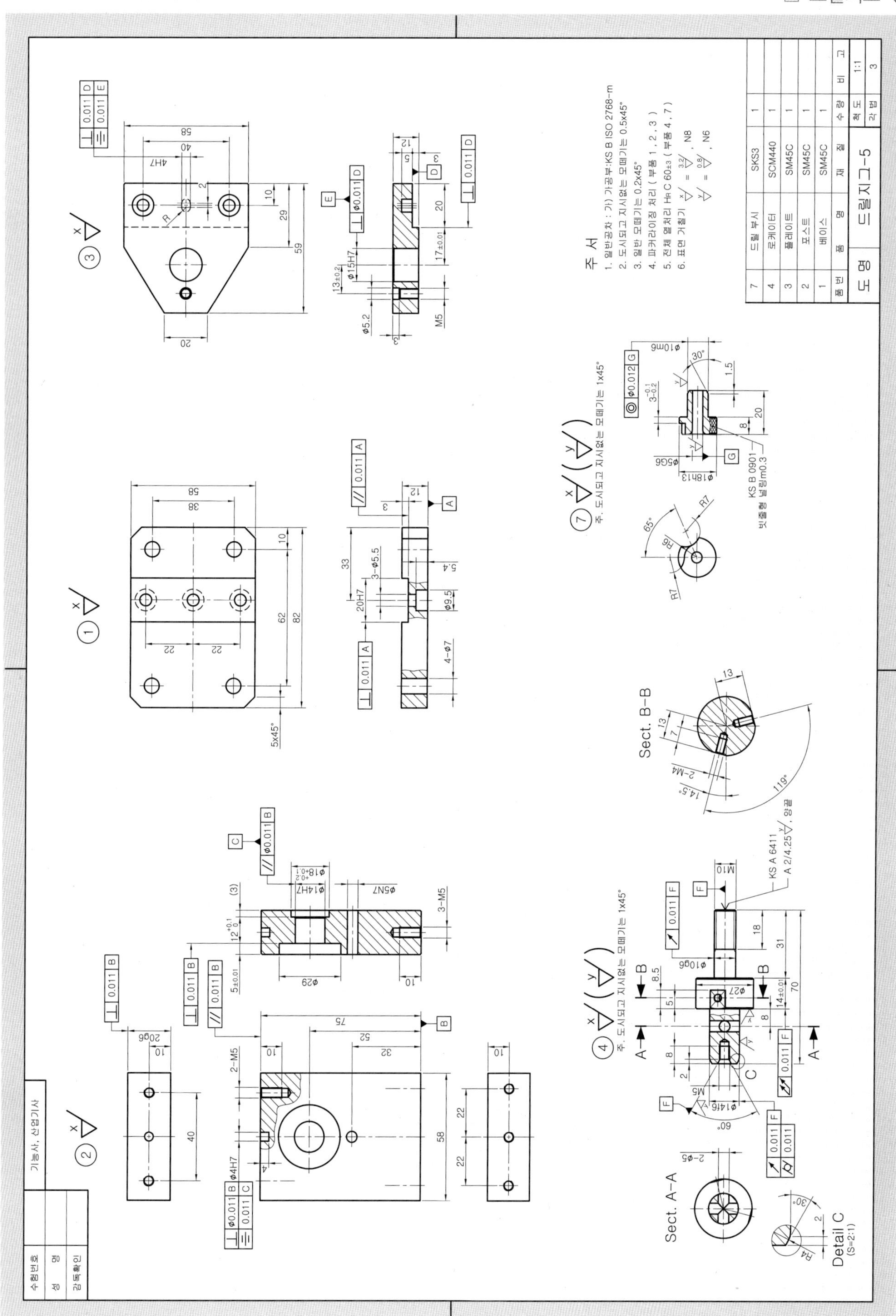
주 서
1. 일반공차 : 가) 가공부:KS B ISO 2768-m
2. 도시되고 지시없는 모떼기는 0.5x45°
3. 일반 모떼기는 0.2x45°
4. 파커라이징 처리 (부품 1 , 2 , 3)
5. 전체 열처리 HRC 60±3 (부품 4 , 7)
6. 표면 거칠기
7 드릴 부시 SKS3 1
4 로케이터 SCM440 1
3 플레이트 SM45C 1
2 포스트 SM45C 1
1 베이스 SM45C 1
품번 품명 재질 수량 비고
도명 드릴지그-5 척도 1:1 각법 3
Sect. A-A
Sect. B-B
Detail C (S=2:1)
수험번호 성명 감독확인
기능사, 산업기사

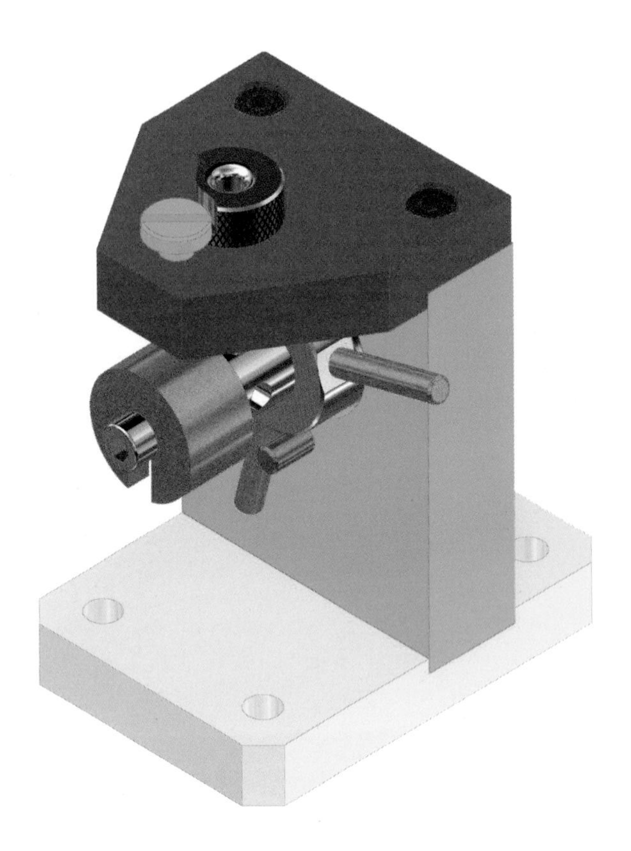

렌더링 분해 등각 구조도

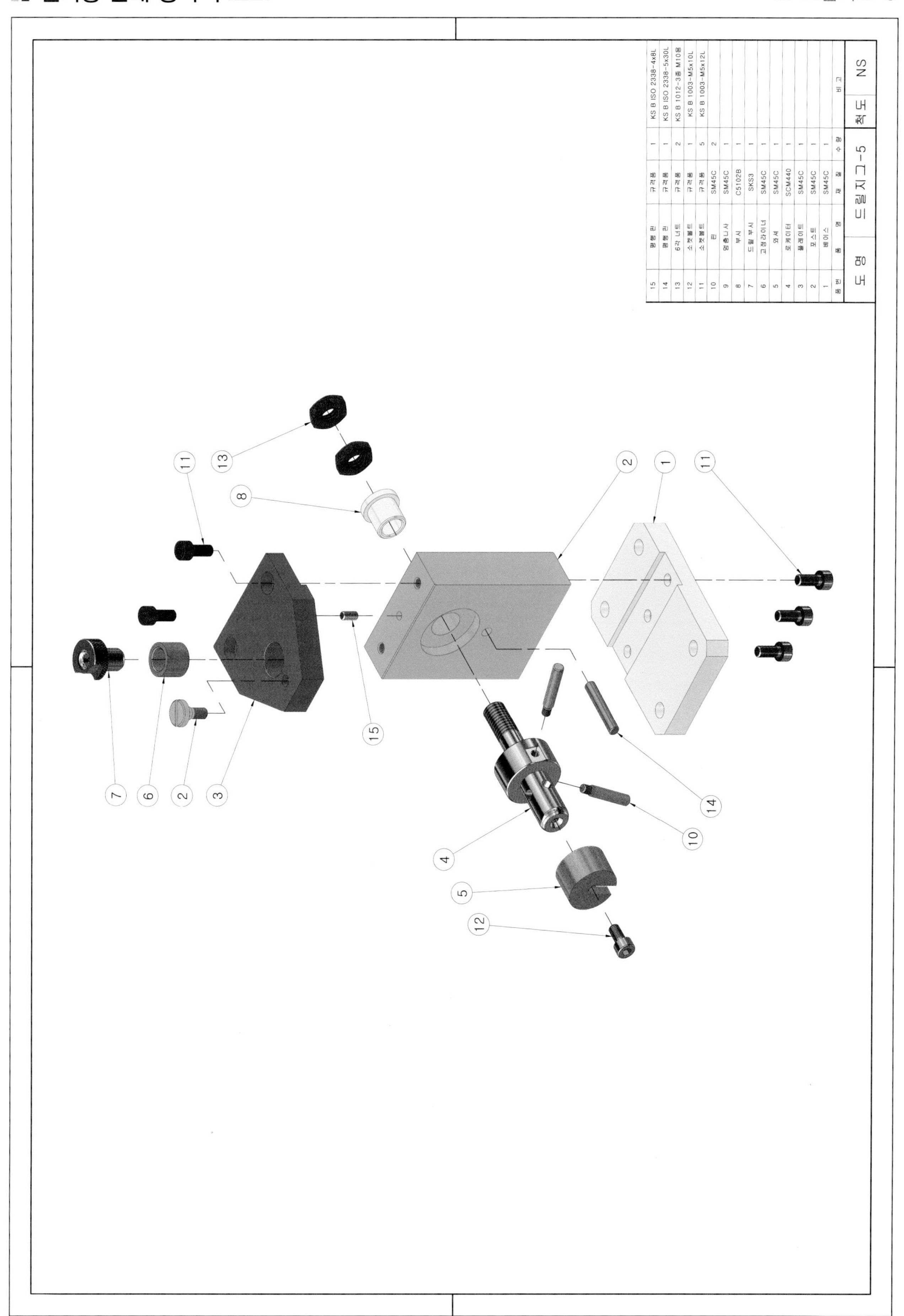

품번	품 명	재 질	수 량	비 고
15	평행 핀	규격품	1	KS B ISO 2338-4x8L
14	평행 핀	규격품	1	KS B ISO 2338-5x30L
13	6각 너트	규격품	2	KS B 1012-3종 M10용
12	소켓볼트	규격품	1	KS B 1003-M5x10L
11	소켓볼트	규격품	5	KS B 1003-M5x12L
10	핀	SM45C	2	
9	멈춤나사	SM45C	1	
8	부시	C5102B	1	
7	드릴 부시	SKS3	1	
6	고정라이너	SM45C	1	
5	와셔	SM45C	1	
4	로케이터	SCM440	1	
3	플레이트	SM45C	1	
2	포스트	SM45C	1	
1	베이스	SM45C	1	

도 명	드릴지그-5	척 도	NS

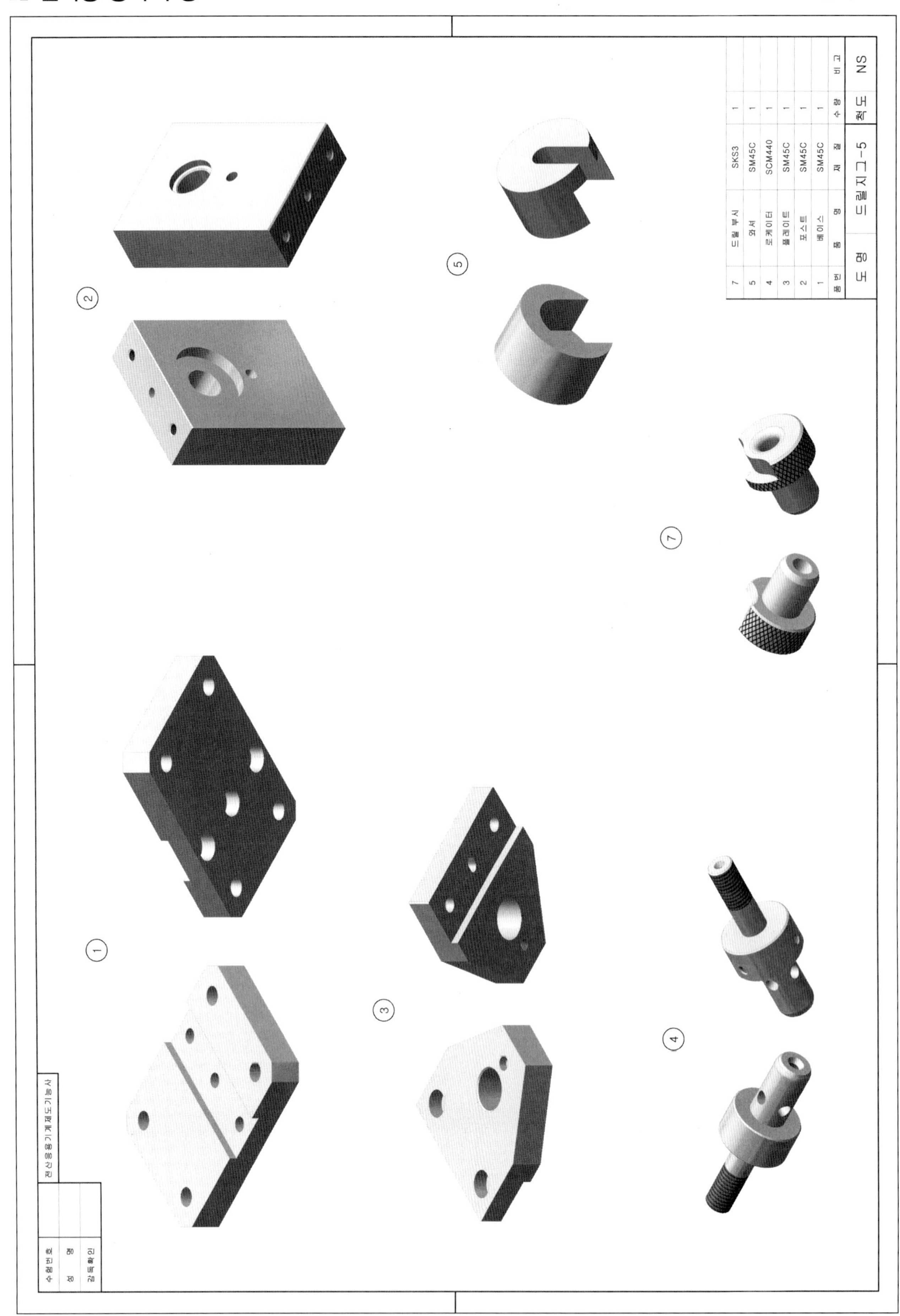
7 드릴 부시 SKS3 1
5 와셔 SM45C 1
4 로케이터 SCM440 1
3 플레이트 SM45C 1
2 포스트 SM45C 1
1 베이스 SM45C 1
품번 품명 재질 수량 비고
도명 드릴지그-5
척도 NS
전산응용기계제도기능사
수험번호
성명
감독확인

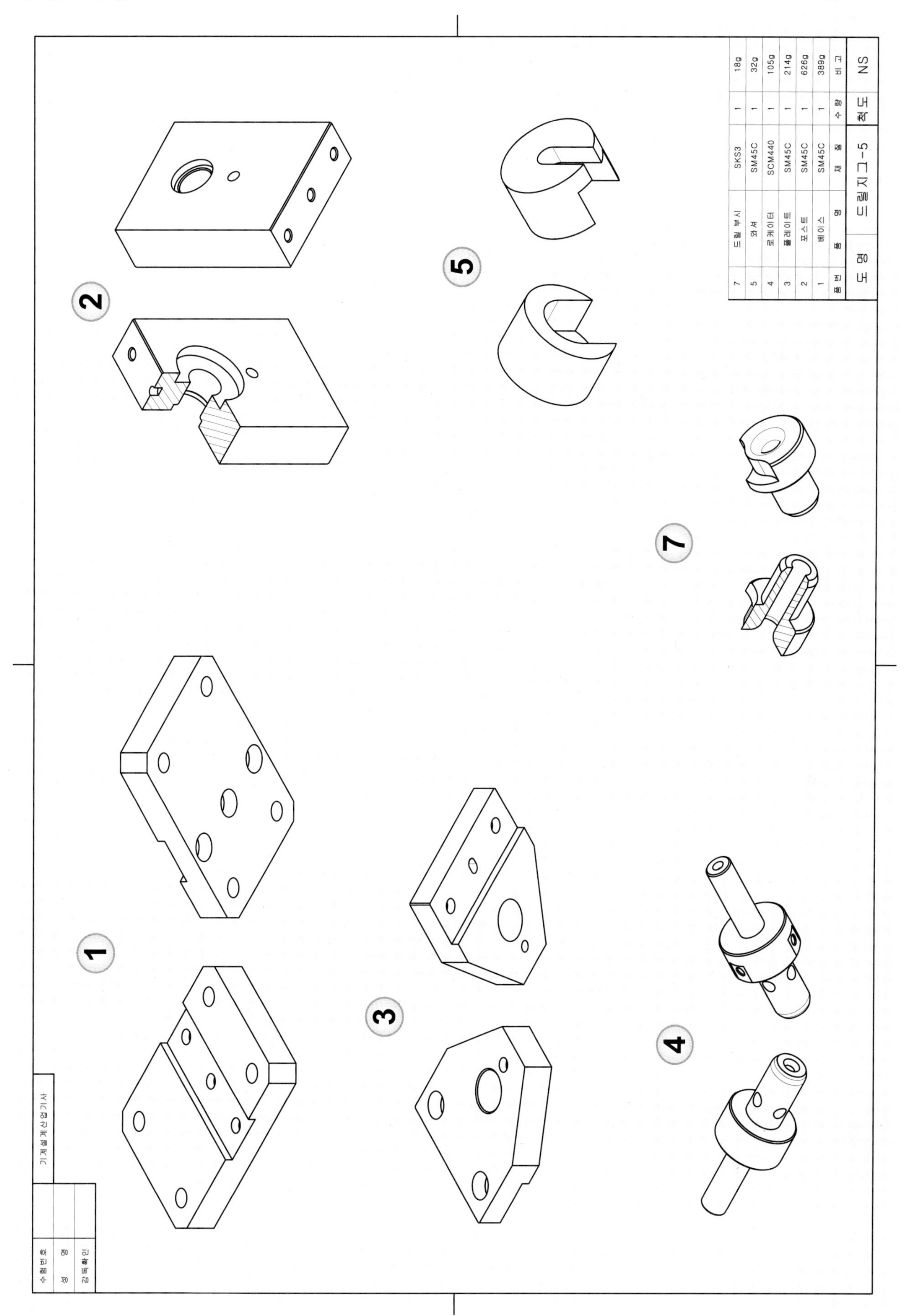
7 드릴 부시 SKS3 1 18g
5 와셔 SM45C 1 32g
4 로케이터 SCM440 1 105g
3 플레이트 SM45C 1 214g
2 포스트 SM45C 1 626g
1 베이스 SM45C 1 389g
품번 품명 재질 수량 비고
도명 드릴지그-5 척도 NS
기계설계산업기사
수험번호
성명
감독확인
1
2
3
4
5
7

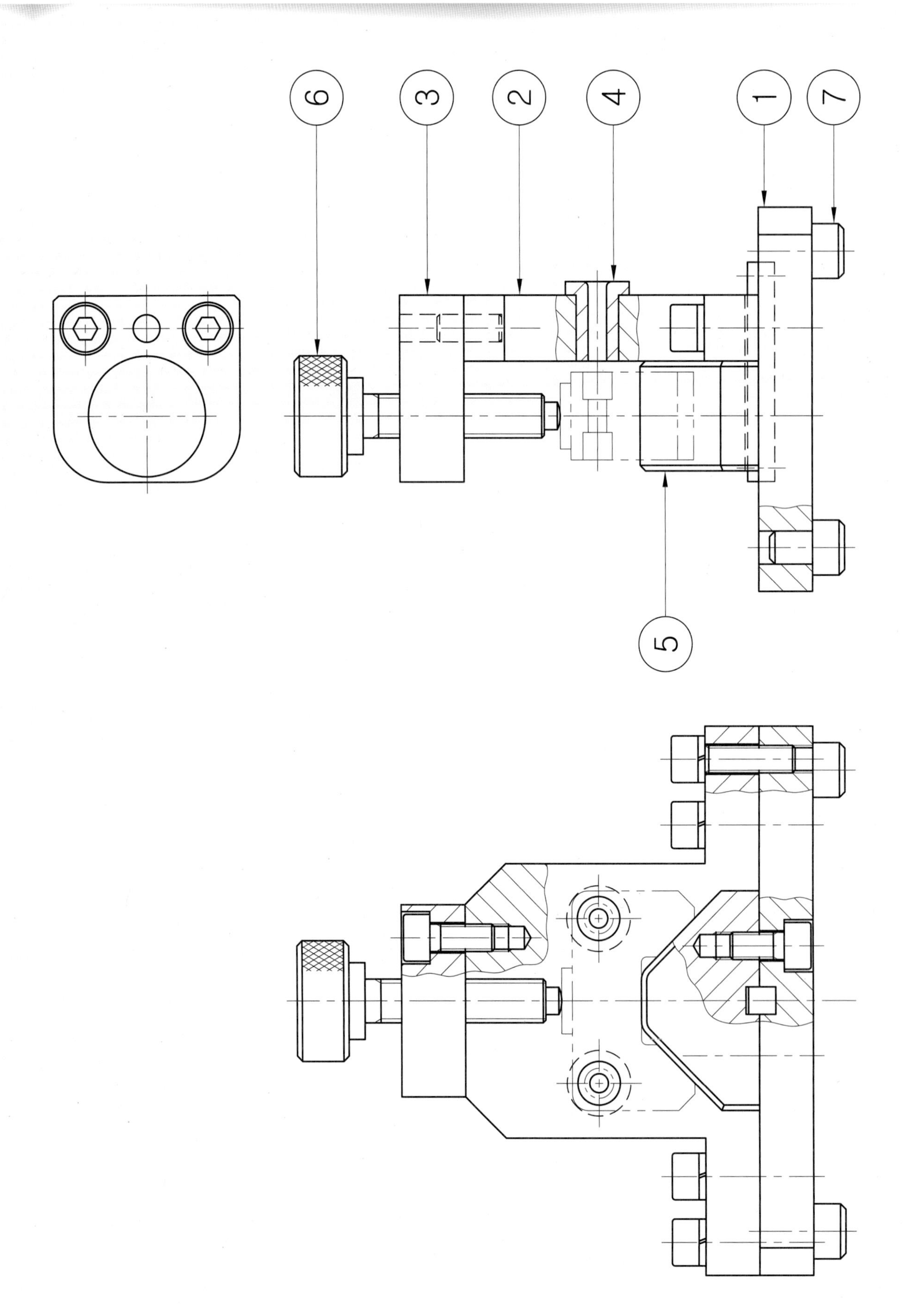
6
3
2
4
1
7
5

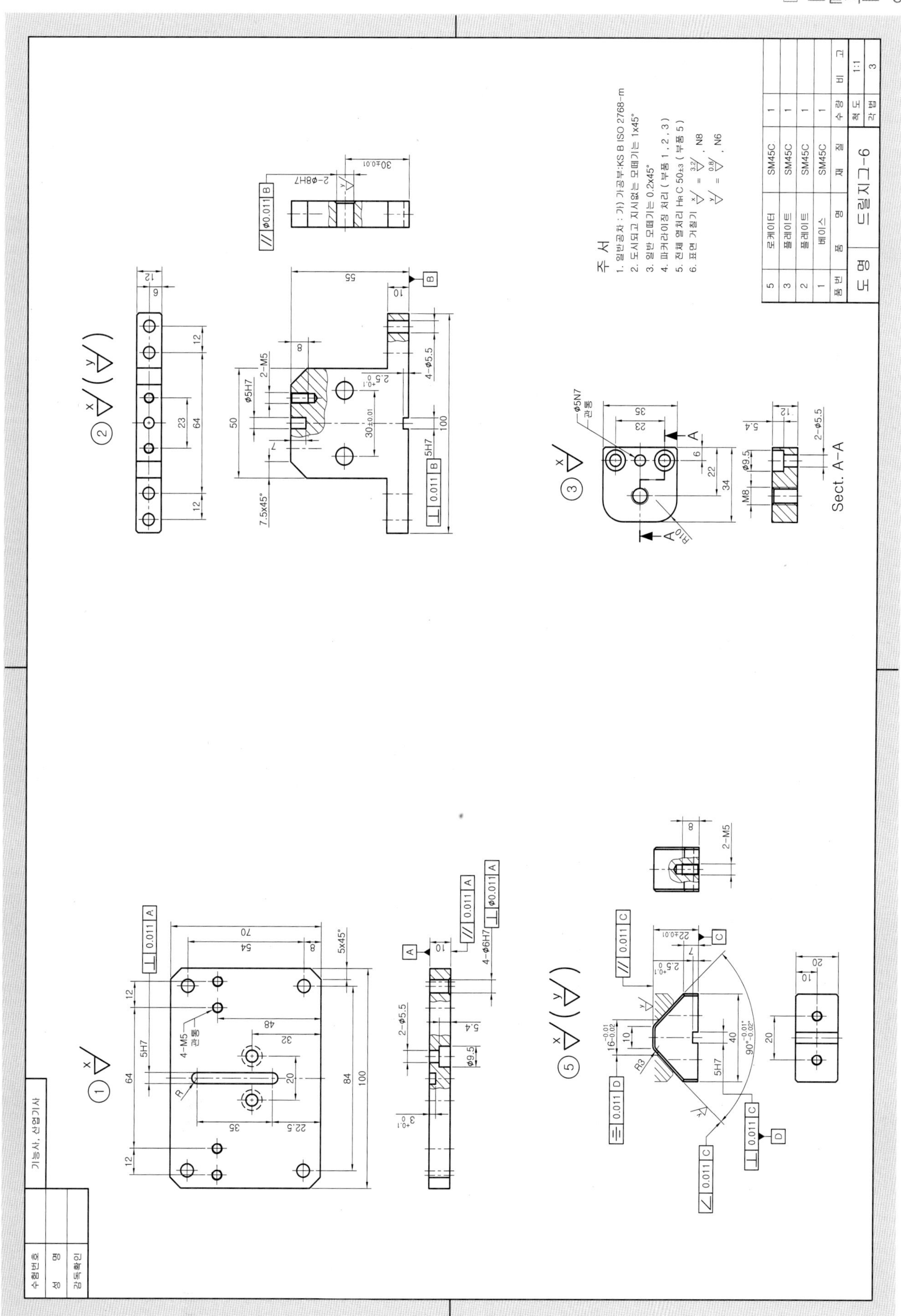

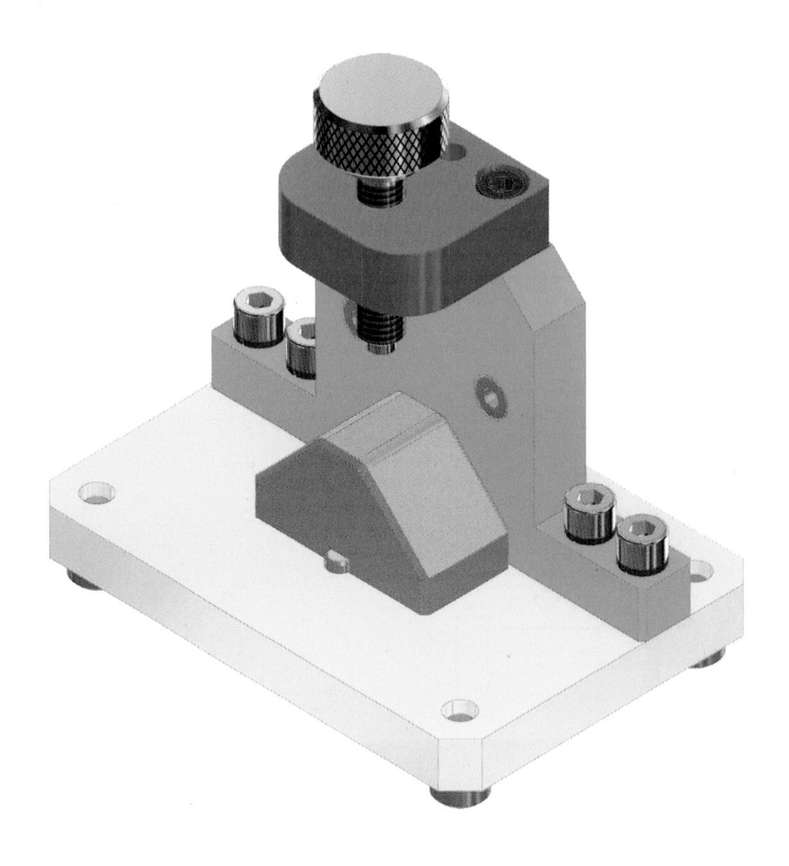

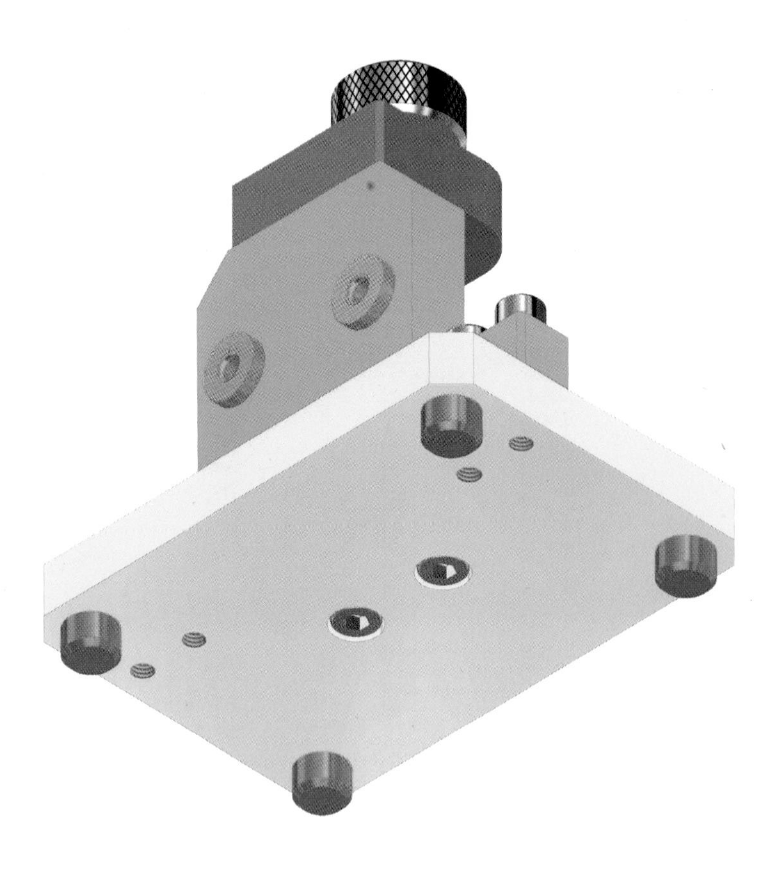

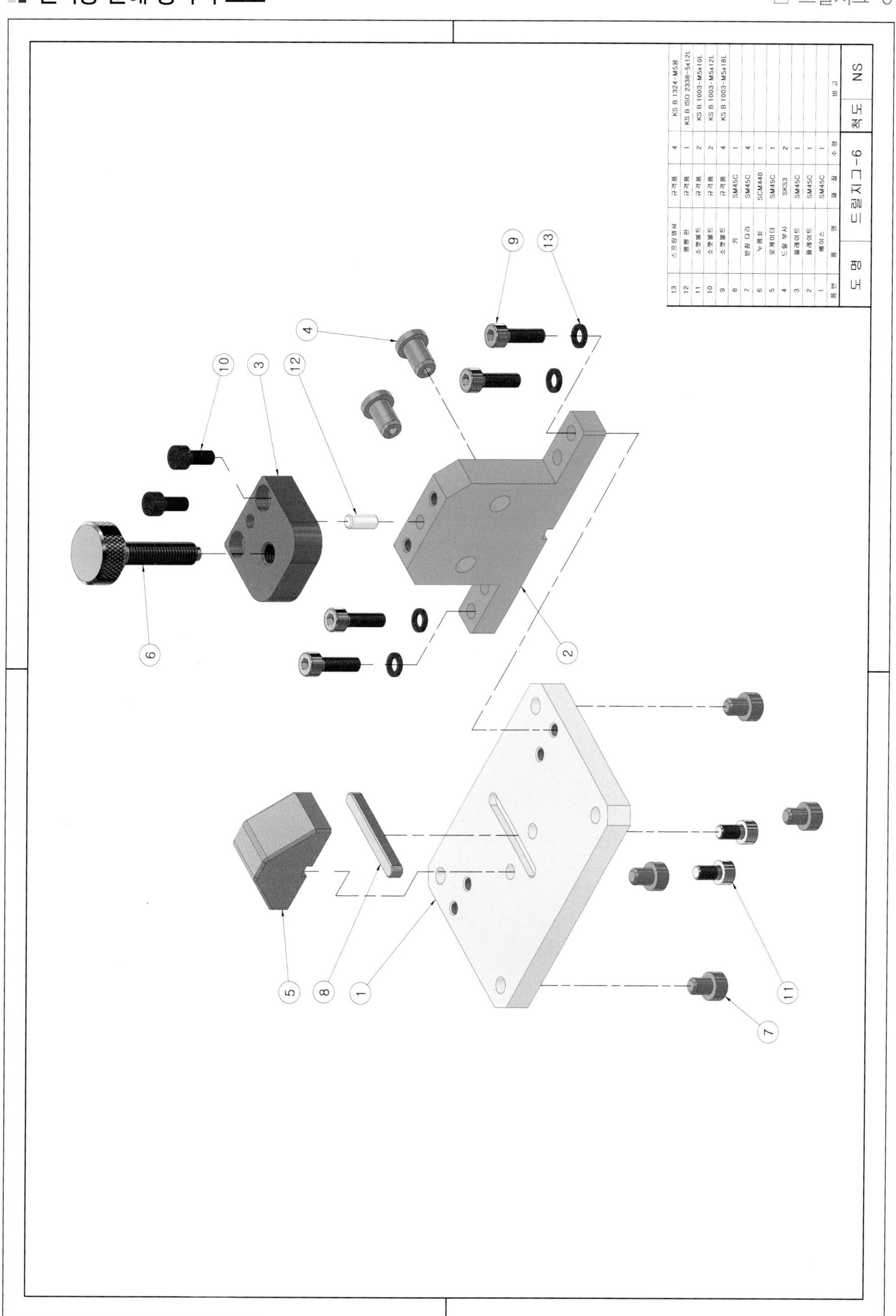

품번	품명	재질	수량	비고
13	스프링와셔	규격품	4	KS B 1324-M5용
12	평행 핀	규격품	1	KS B ISO 2338-5x12L
11	소켓볼트	규격품	2	KS B 1003-M5x10L
10	소켓볼트	규격품	2	KS B 1003-M5x12L
9	소켓볼트	규격품	4	KS B 1003-M5x18L
8	키	SM45C	1	
7	받침 다리	SM45C	4	
6	누름쇠	SCM440	1	
5	로케이터	SM45C	1	
4	드릴 부시	SKS3	2	
3	플레이트	SM45C	1	
2	플레이트	SM45C	1	
1	베이스	SM45C	1	

도 명	드릴지그-6	척도	NS

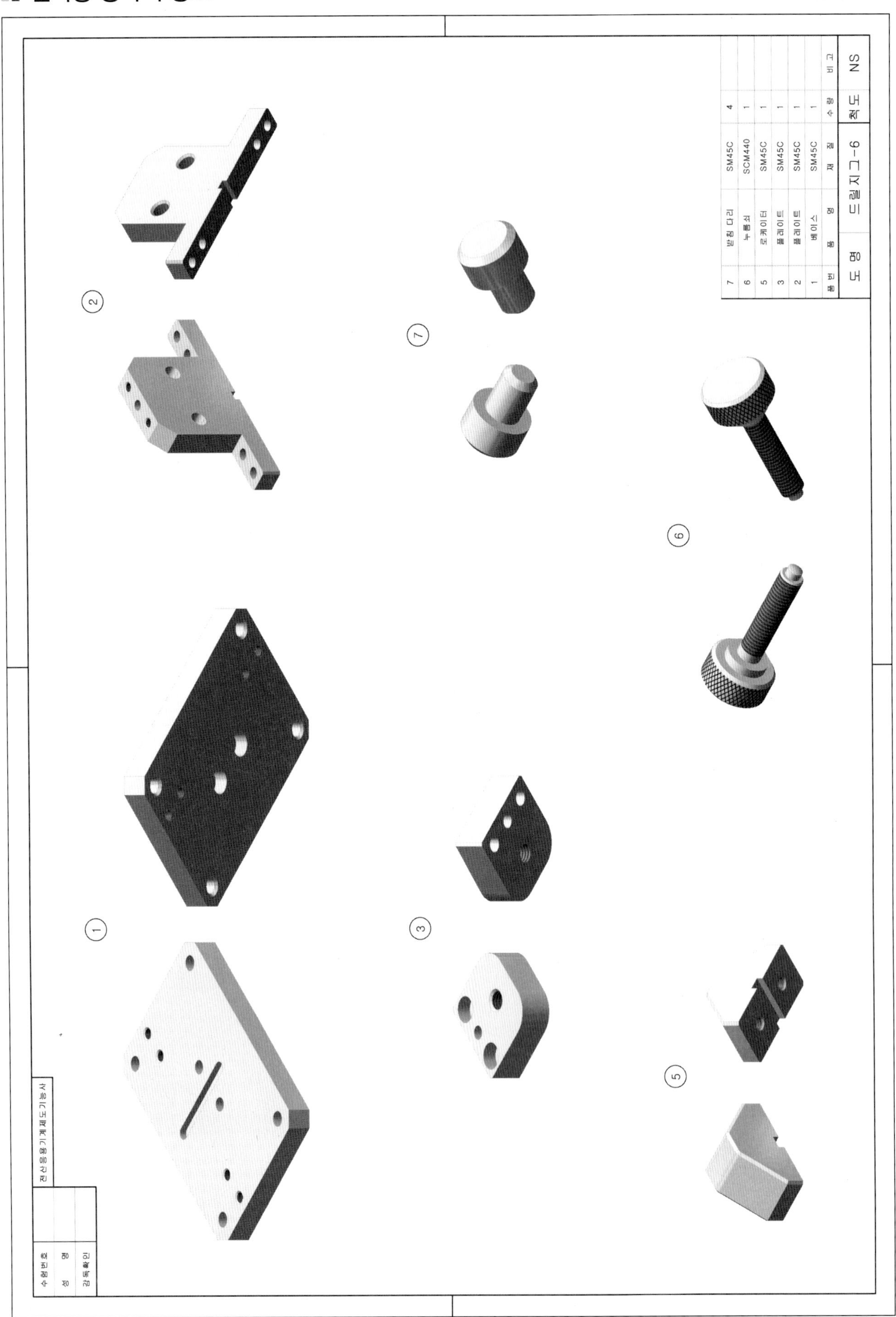

7 받침 다리 SM45C 4
6 누름쇠 SCM440 1
5 로케이터 SM45C 1
3 플레이트 SM45C 1
2 플레이트 SM45C 1
1 베이스 SM45C 1
품번 품명 재질 수량 비고
도명 드릴지그-6 척도 NS
전산응용기계제도기능사
수험번호
성명
감독확인
①
②
③
⑤
⑥
⑦

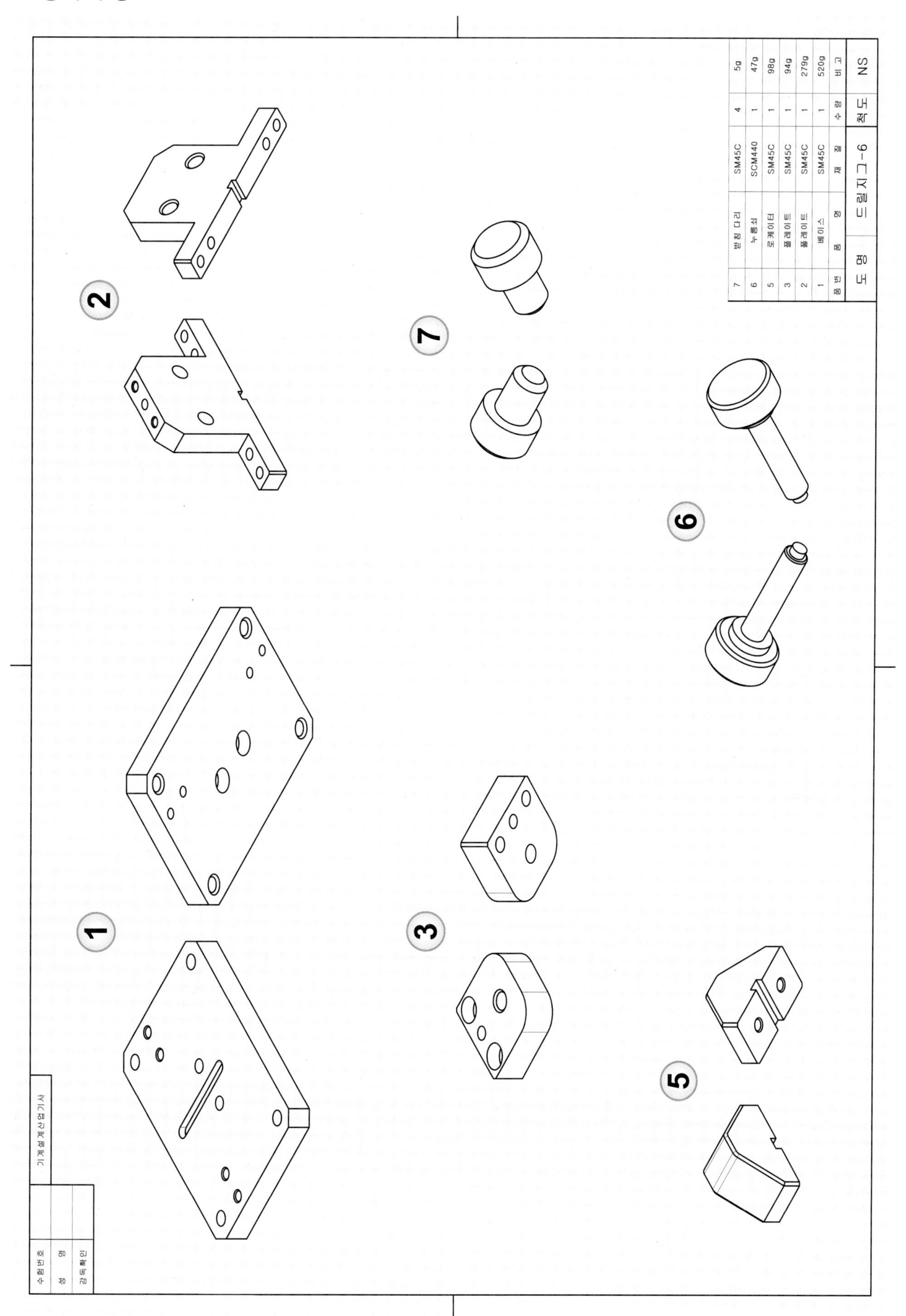
7 받침 다리 SM45C 4 5g
6 누름쇠 SCM440 1 47g
5 로케이터 SM45C 1 98g
3 플레이트 SM45C 1 94g
2 플레이트 SM45C 1 279g
1 베이스 SM45C 1 520g
품번 품 명 재 질 수 량 비 고
도 명 드릴지그-6 척도 NS
1
2
3
5
6
7
기계설계산업기사
수험번호
성 명
감독확인

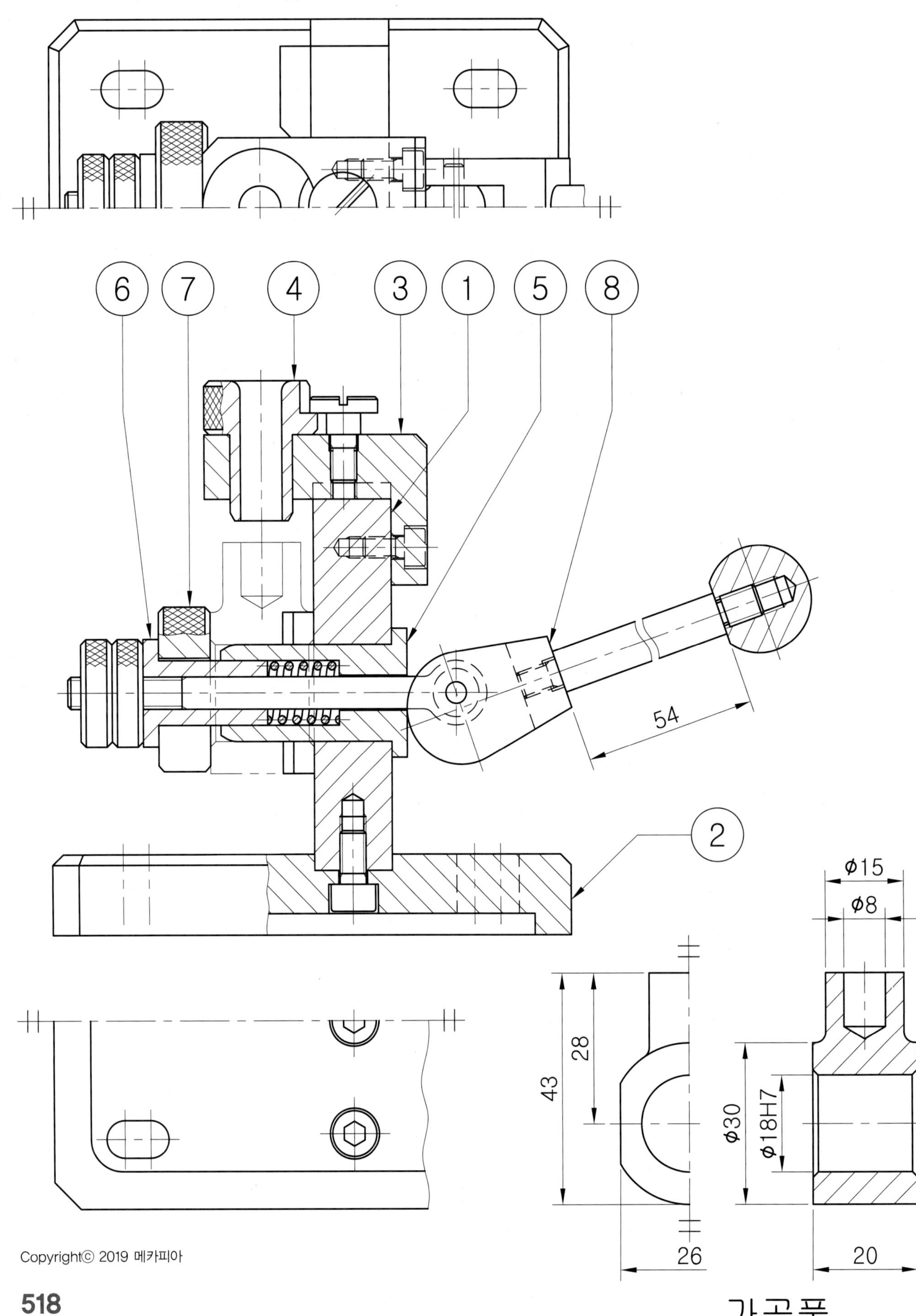

가공품

■■ 부품도 풀이 예제 도면

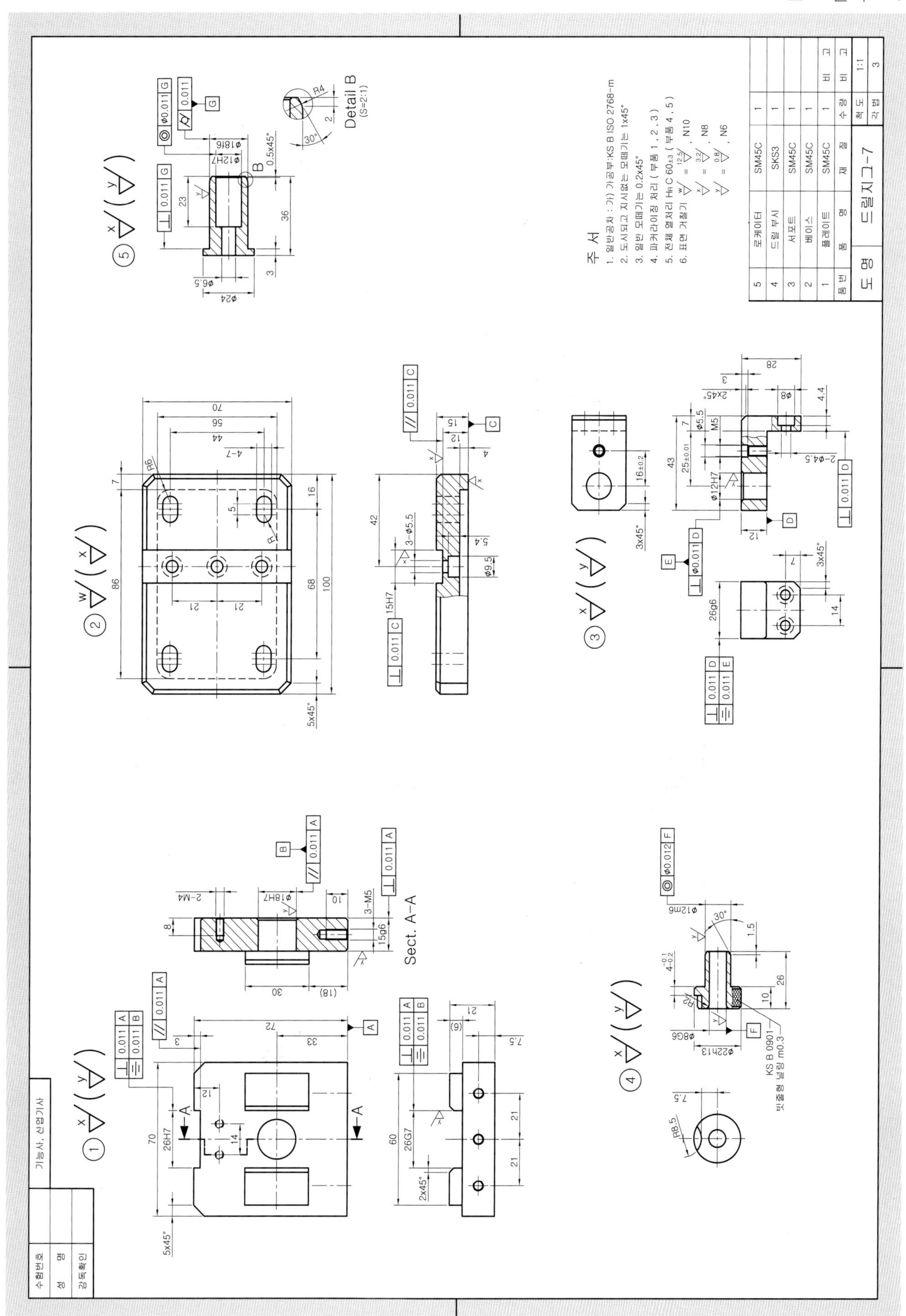
수험번호
성명
감독확인
기능사, 산업기사
Sect. A-A
Detail B
(S=2:1)
KS B 0901
빗줄형 널링 m0.3
주 서
1. 일반공차 : 가) 가공부:KS B ISO 2768-m
2. 도시되고 지시없는 모떼기는 1x45°
3. 일반 모떼기는 0.2x45°
4. 파커라이징 처리 (부품 1, 2, 3)
5. 전체 열처리 HRC 60±3 (부품 4, 5)
6. 표면 거칠기
N10
N8
N6
5 로케이터 SM45C 1
4 드릴 부시 SKS3 1
3 서포트 SM45C 1
2 베이스 SM45C 1
1 플레이트 SM45C 1
품번 품명 재질 수량 비고
도명 드릴지그-7 척도 1:1 각법 3

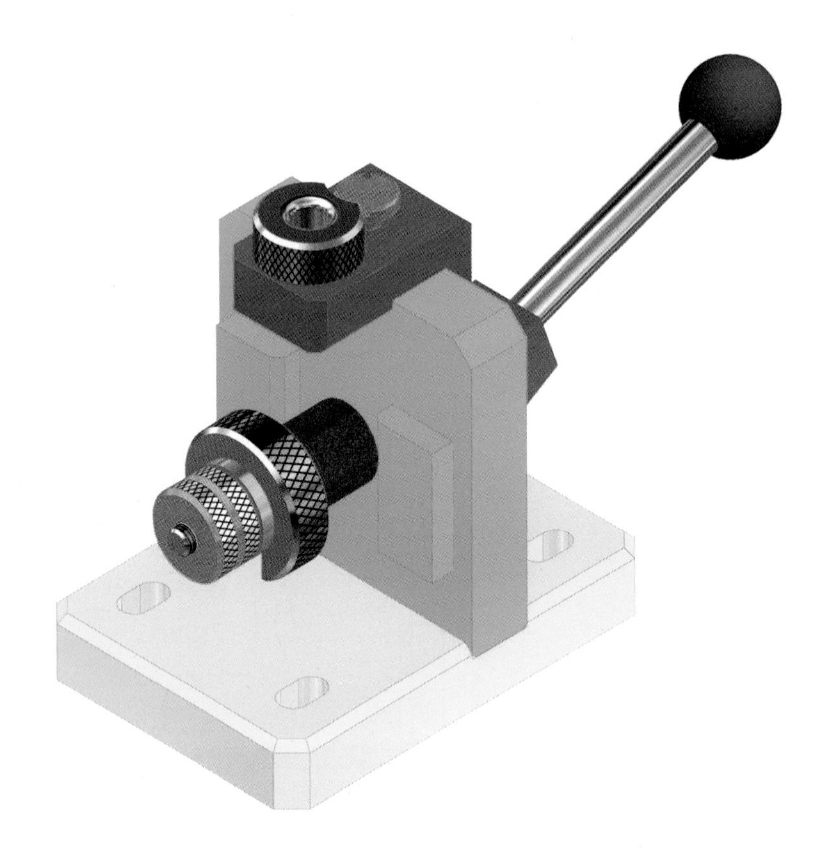

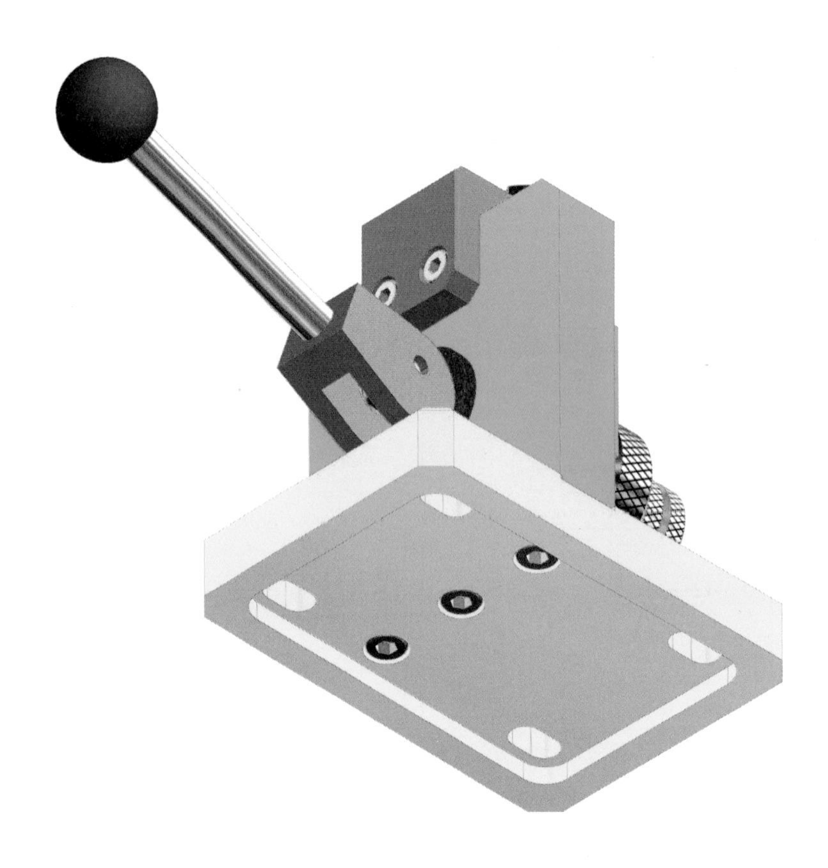

■ 렌더링 분해 등각 구조도

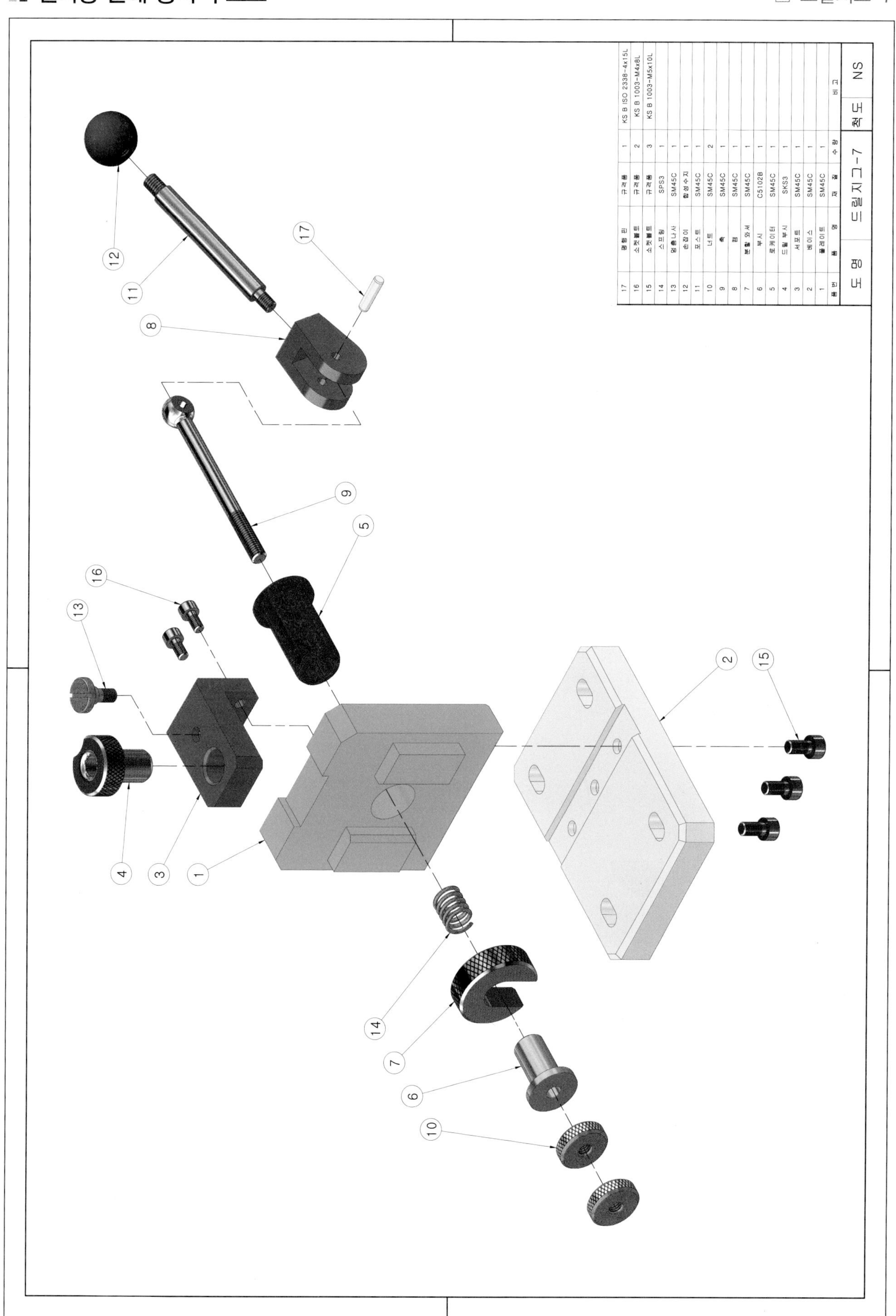

품번	품명	재질	수량	비고
17	평행 핀	규격품	1	KS B ISO 2338-4x15L
16	소켓볼트	규격품	2	KS B 1003-M4x8L
15	소켓볼트	규격품	3	KS B 1003-M5x10L
14	스프링	SPS3	1	
13	멈춤나사	SM45C	1	
12	손잡이	합성수지	1	
11	포스트	SM45C	1	
10	너트	SM45C	2	
9	축	SM45C	1	
8	캠	SM45C	1	
7	분할 와셔	SM45C	1	
6	부시	C5102B	1	
5	로케이터	SM45C	1	
4	드릴 부시	SKS3	1	
3	서포트	SM45C	1	
2	베이스	SM45C	1	
1	플레이트	SM45C	1	

도 명	드릴지그-7	척도	NS

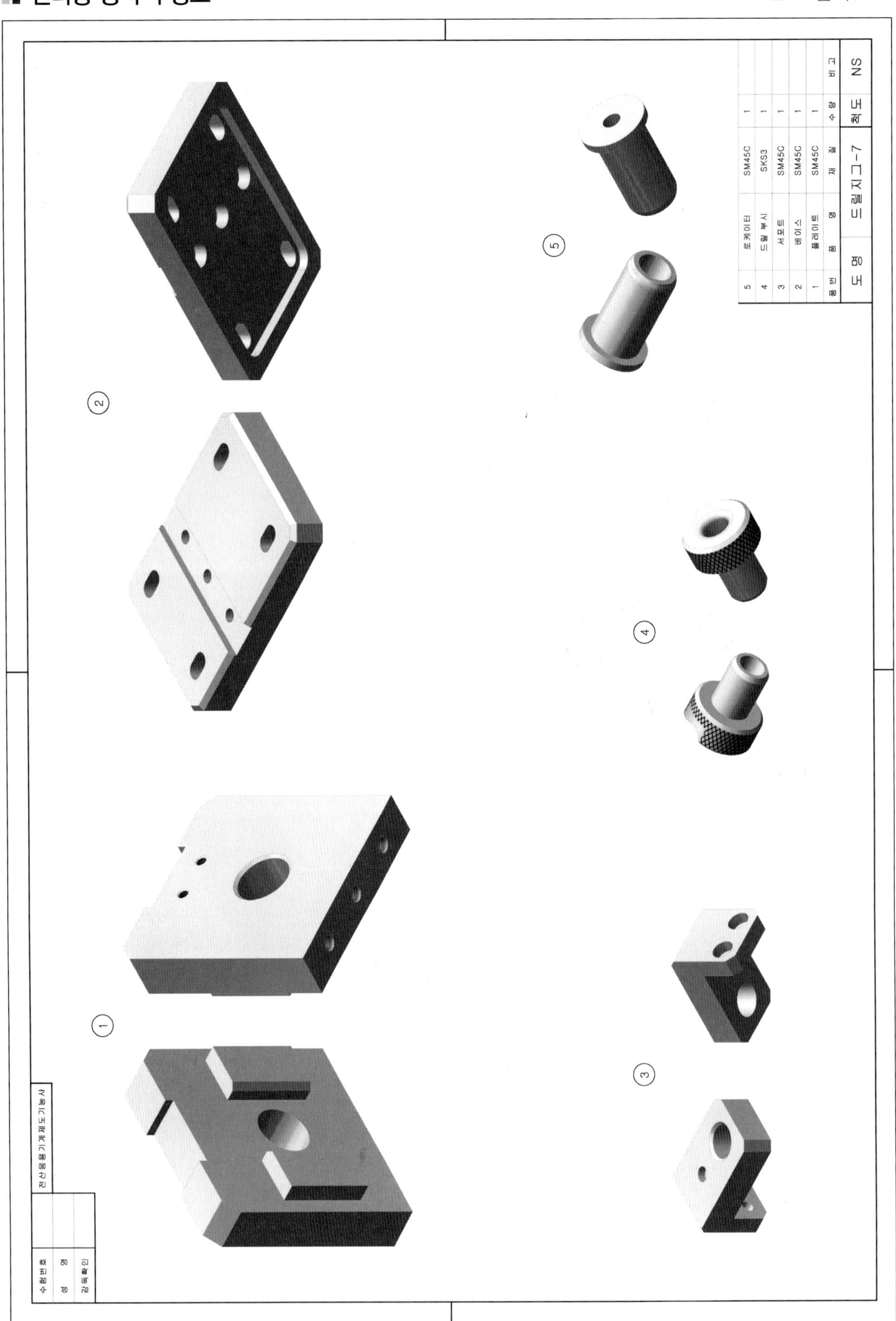

5 로케이터 SM45C 1
4 드릴 부시 SKS3 1
3 서포트 SM45C 1
2 베이스 SM45C 1
1 플레이트 SM45C 1
품번 품명 재질 수량 비고
도명 드릴지그-7 척도 NS
①
②
③
④
⑤
수험번호
성명
감독확인
전산응용기계제도기능사

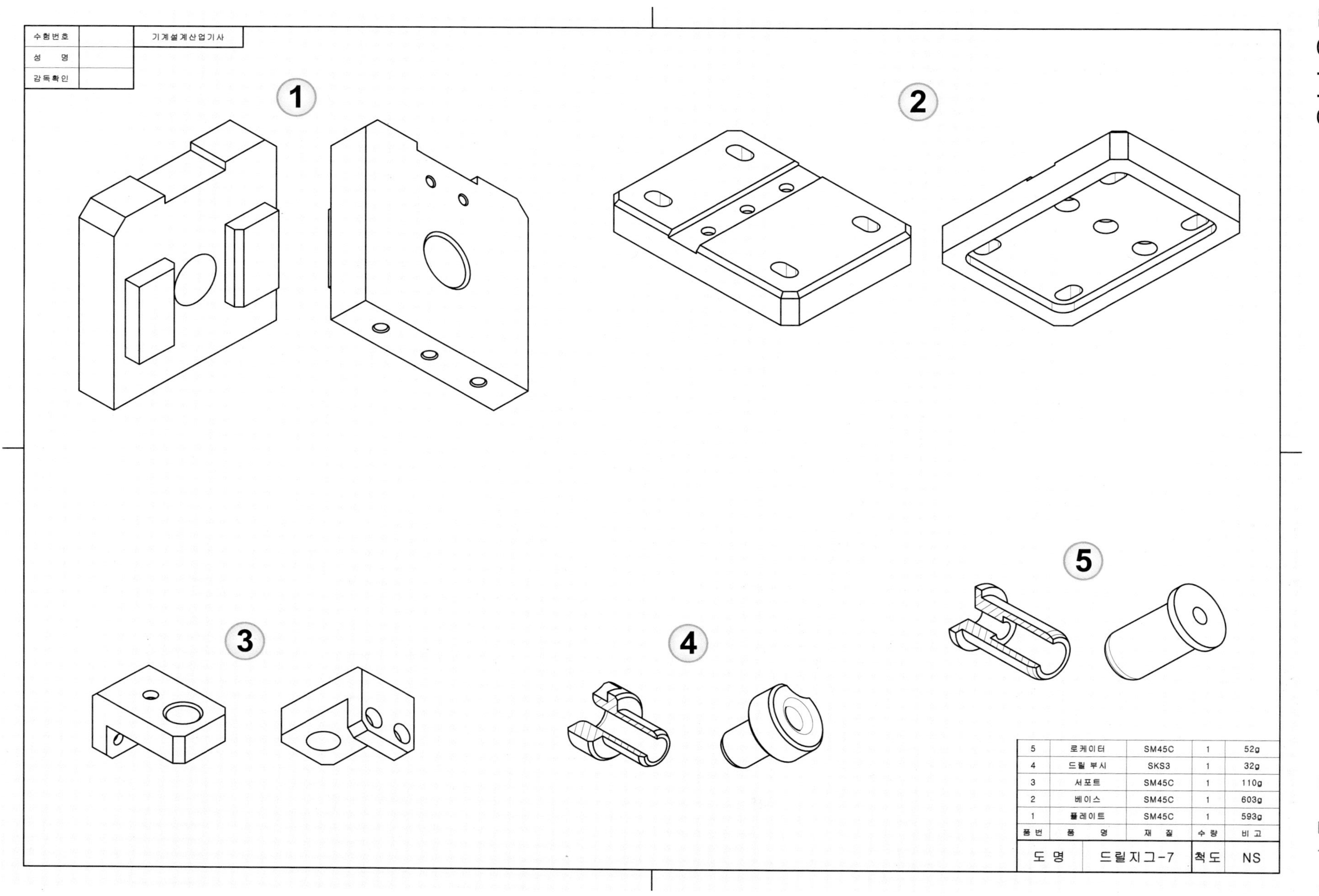

품번	품 명	재 질	수 량	비 고
5	로케이터	SM45C	1	52g
4	드릴 부시	SKS3	1	32g
3	서포트	SM45C	1	110g
2	베이스	SM45C	1	603g
1	플레이트	SM45C	1	593g
도 명	드릴지그-7		척 도	NS

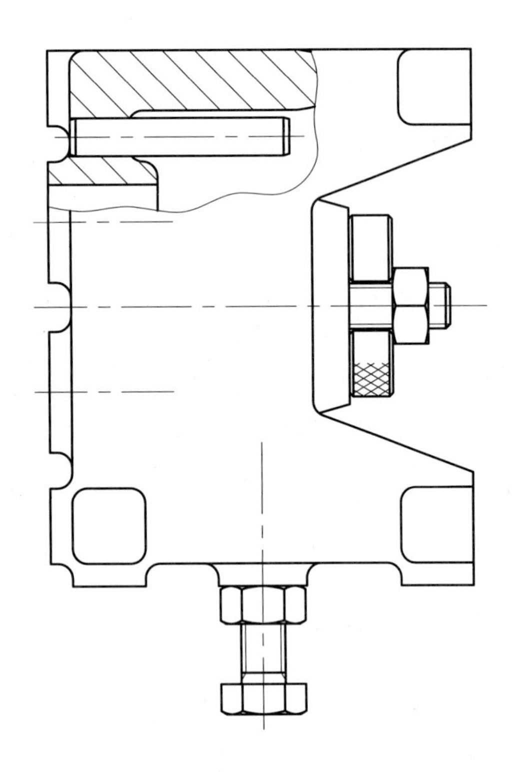

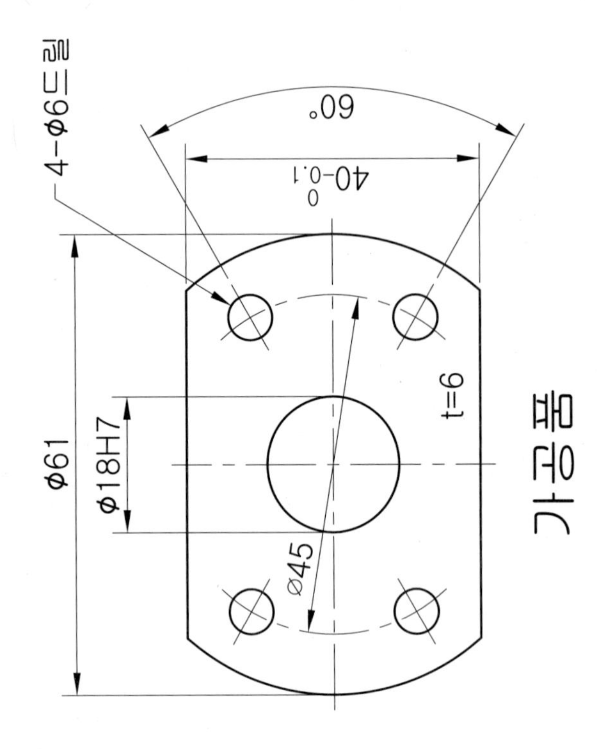
4-φ6드릴
60°
$40^{\ 0}_{-0.1}$
φ61
φ18H7
φ45
t=6
가공품

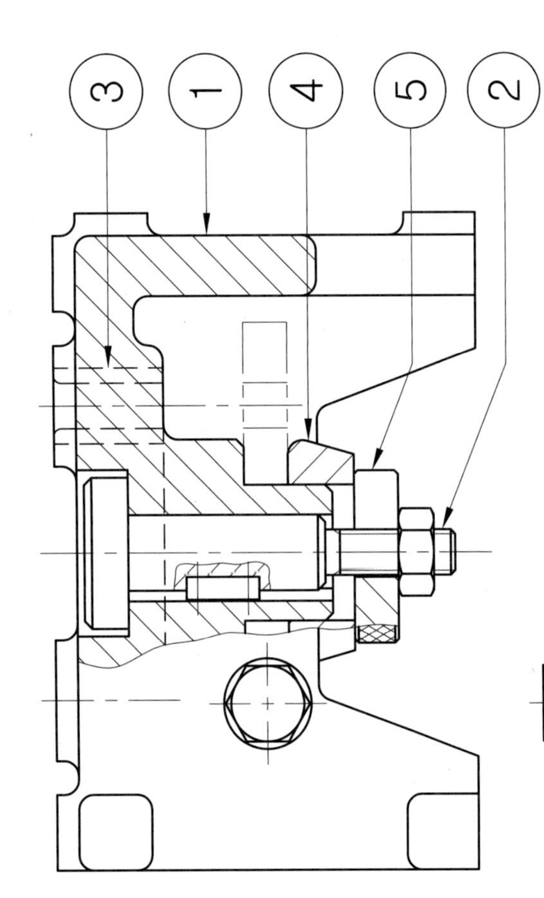
3
1
4
5
2

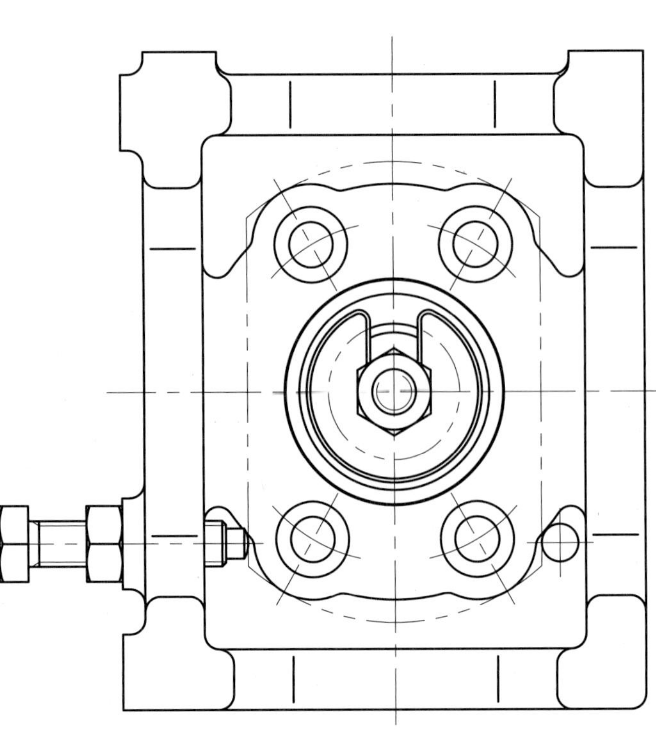

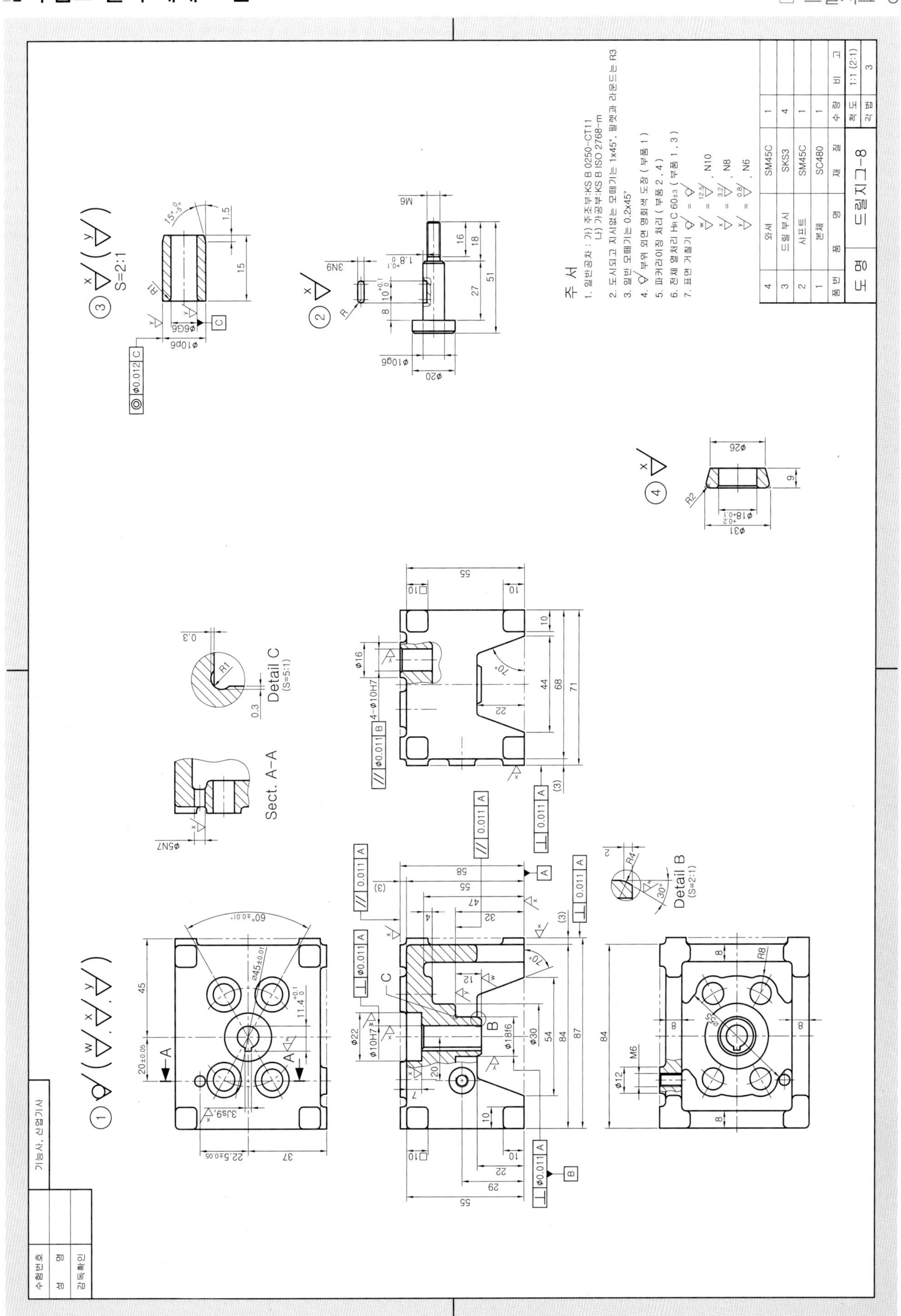
주 서
1. 일반공차 : 가) 주조부:KS B 0250-CT11
나) 가공부:KS B ISO 2768-m
2. 도시되고 지시없는 모떼기는 1x45°, 필렛과 라운드는 R3
3. 일반 모떼기는 0.2x45°
4. 부위 외면 명회색 도장 (부품 1)
5. 파커라이징 처리 (부품 2 , 4)
6. 전체 열처리 HRC 60±3 (부품 1 , 3)
7. 표면 거칠기
N10
N8
N6
4 와셔 SM45C 1
3 드릴 부시 SKS3 4
2 샤프트 SM45C 1
1 본체 SC480 1
품번 품명 재질 수량 비고
도명 드릴지그-8
척도 1:1 (2:1)
각법 3
Detail C (S=5:1)
Sect. A-A
Detail B (S=2:1)
S=2:1
수험번호
성명
감독확인
기능사, 산업기사

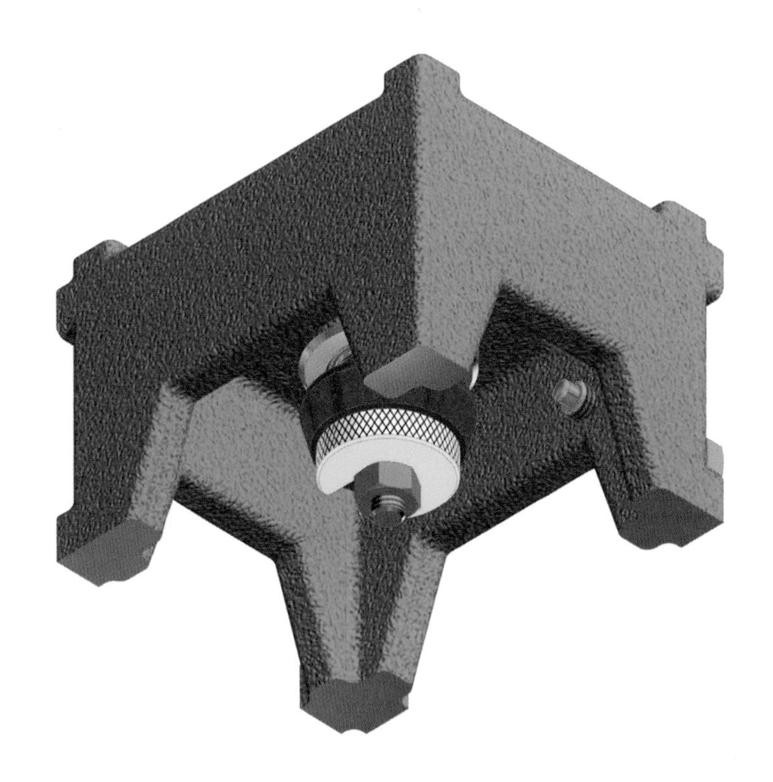

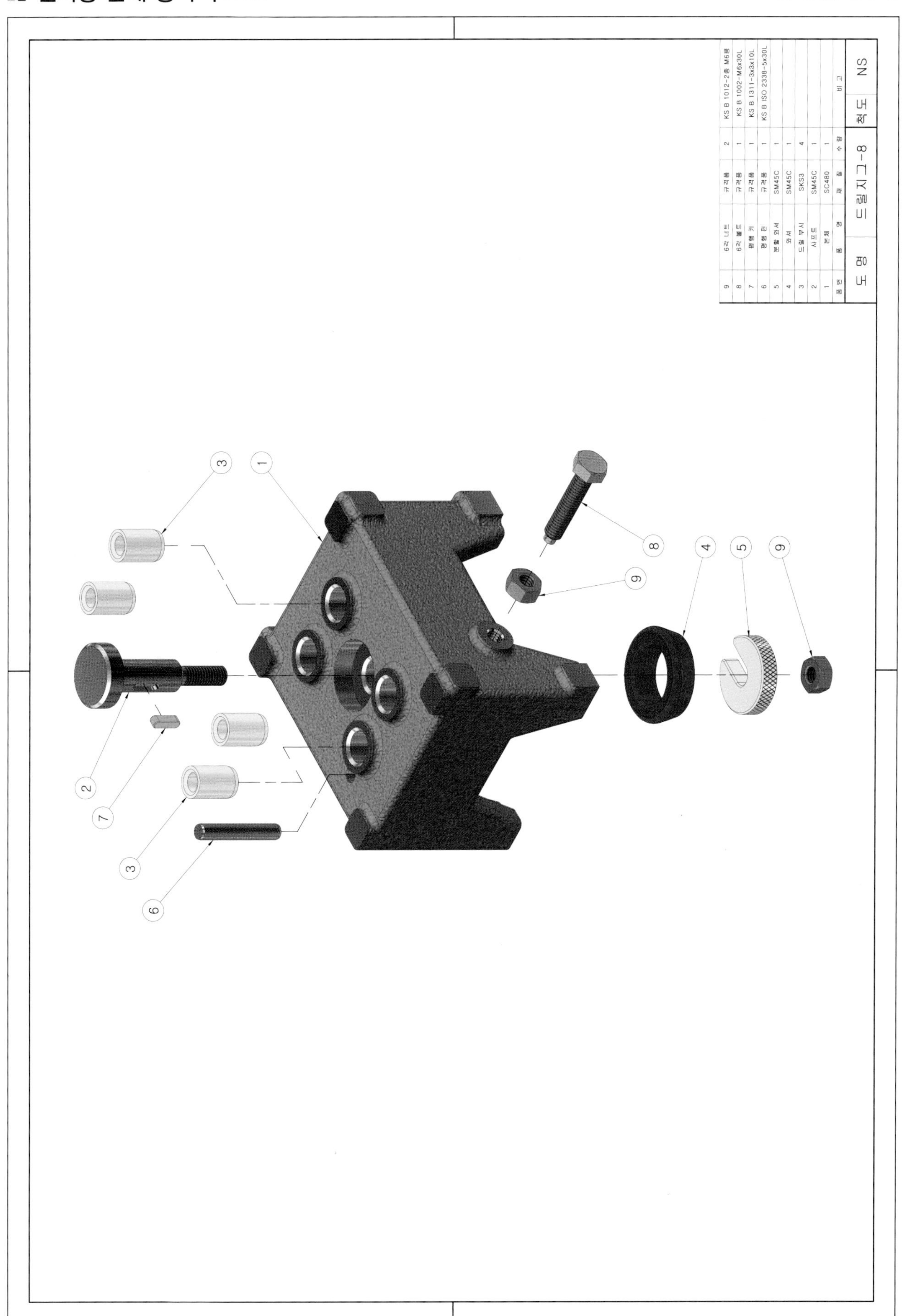

품번	품 명	재 질	수 량	비 고
9	6각 너트	규격품	2	KS B 1012-2종 M6용
8	6각 볼트	규격품	1	KS B 1002-M6x30L
7	평행 키	규격품	1	KS B 1311-3x3x10L
6	평행 핀	규격품	1	KS B ISO 2338-5x30L
5	분할 와셔	SM45C	1	
4	와셔	SM45C	1	
3	드릴 부시	SKS3	4	
2	샤프트	SM45C	1	
1	본체	SC480	1	

도 명	드릴지그-8	척 도	NS

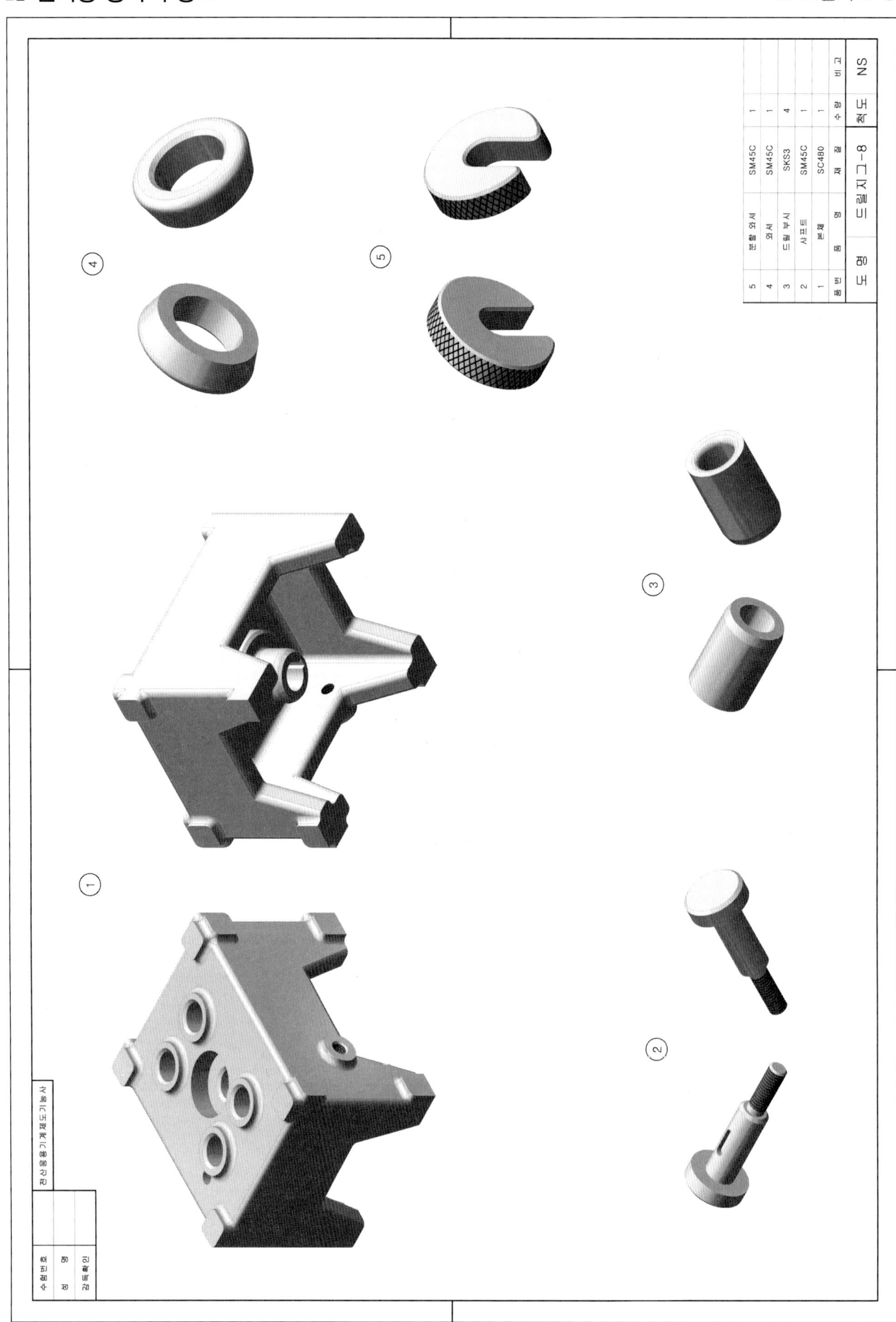

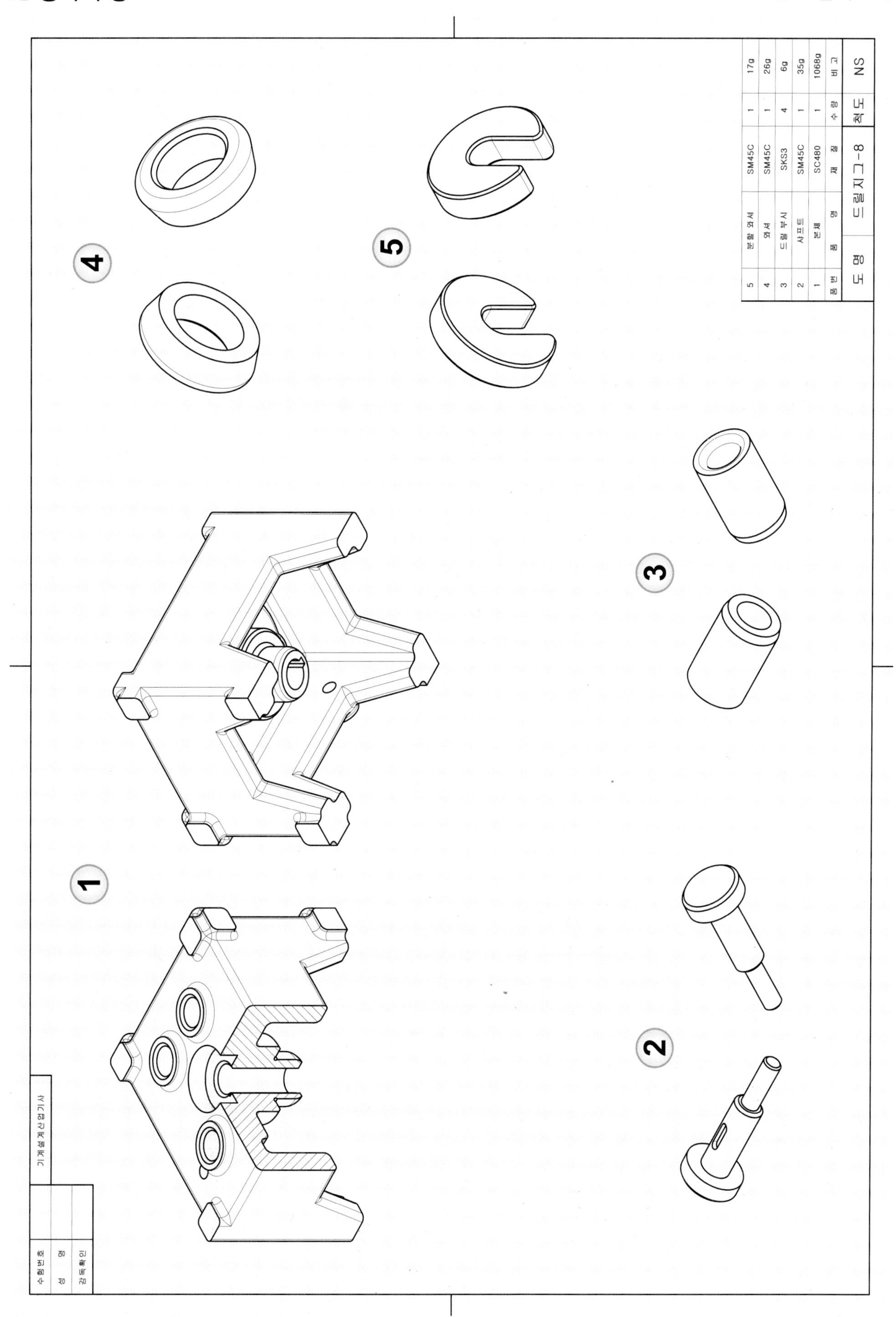
5 분할 와셔 SM45C 1 17g
4 와셔 SM45C 1 26g
3 드릴 부시 SKS3 4 6g
2 샤프트 SM45C 1 35g
1 본체 SC480 1 1068g
품번 품명 재질 수량 비고
도명 드릴지그-8 척도 NS
1
2
3
4
5
수험번호
성명
감독확인
기계설계산업기사

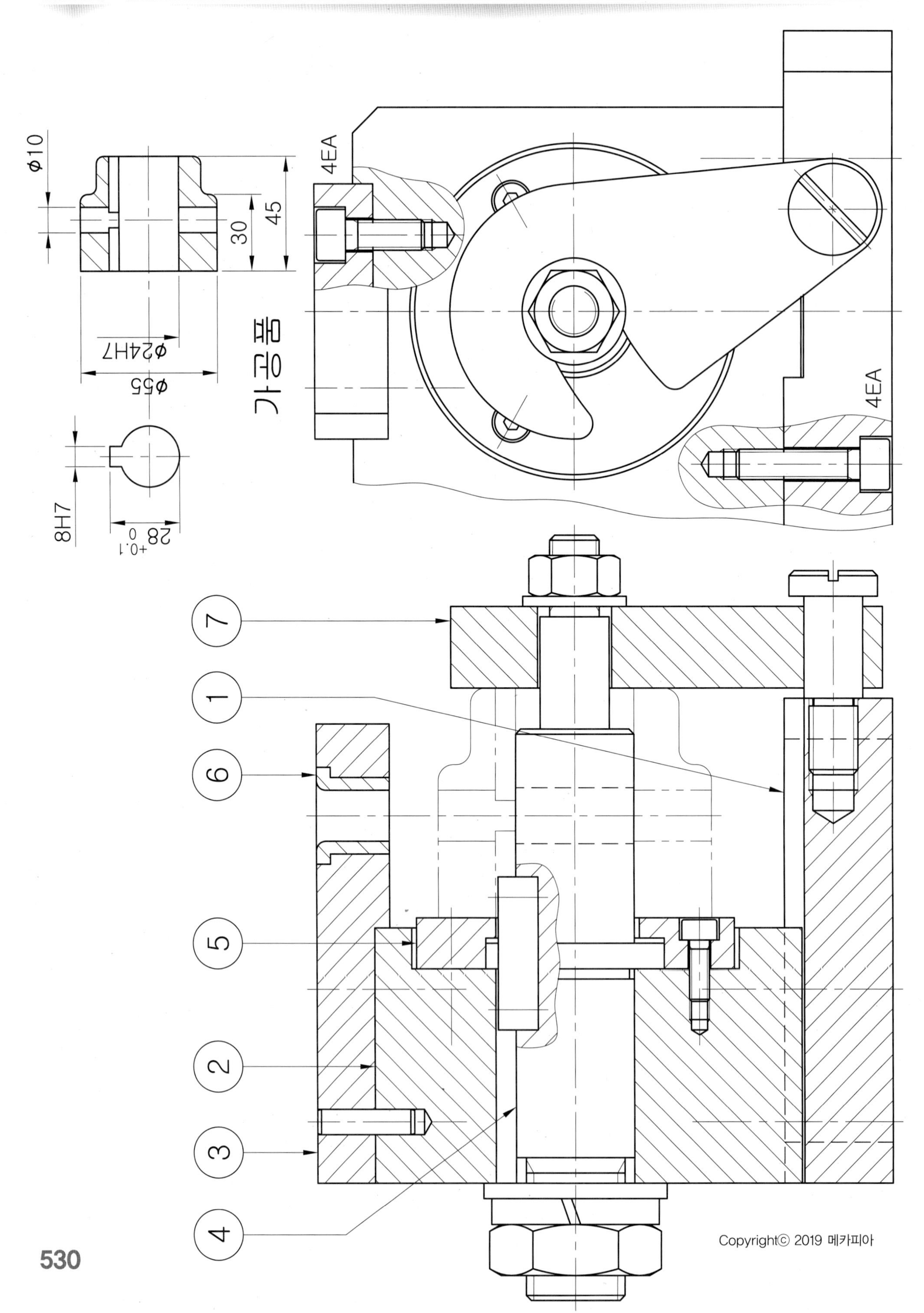
가공품
4EA
4EA
φ10
30
45
φ24H7
φ55
8H7
28 +0.1 0
1
2
3
4
5
6
7

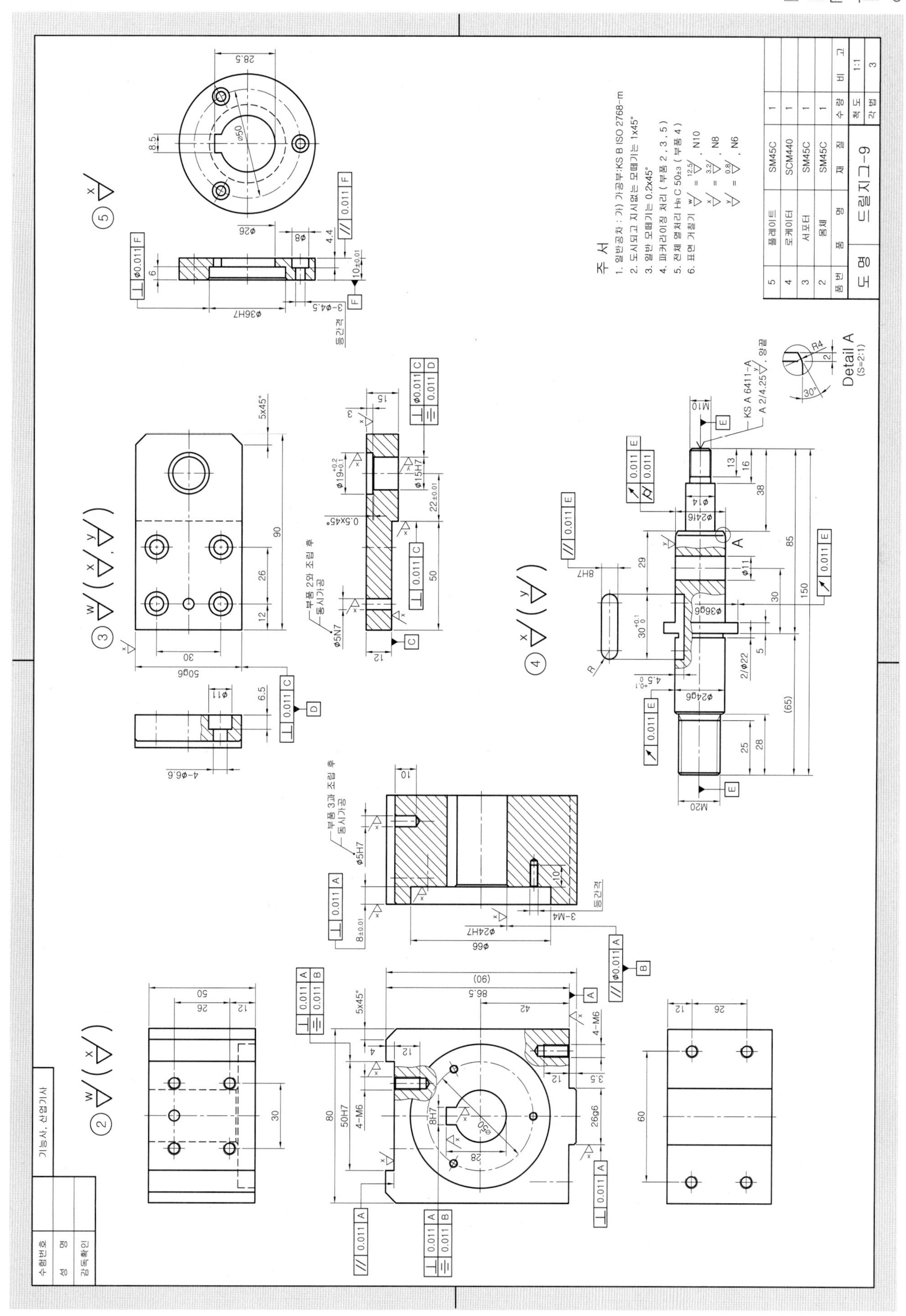
주 서
1. 일반공차 : 가) 가공부:KS B ISO 2768-m
2. 도시되고 지시없는 모떼기는 1x45°
3. 일반 모떼기는 0.2x45°
4. 파커라이징 처리 (부품 2, 3, 5)
5. 전체 열처리 HRC 50±3 (부품 4)
6. 표면 거칠기
5 플레이트 SM45C 1
4 로케이터 SCM440 1
3 서포터 SM45C 1
2 몸체 SM45C 1
품번 품 명 재 질 수량 비 고
도 명 드릴지그-9
척도 1:1
각법 3
Detail A
(S=2:1)
수험번호
성 명
감독확인
기능사, 산업기사

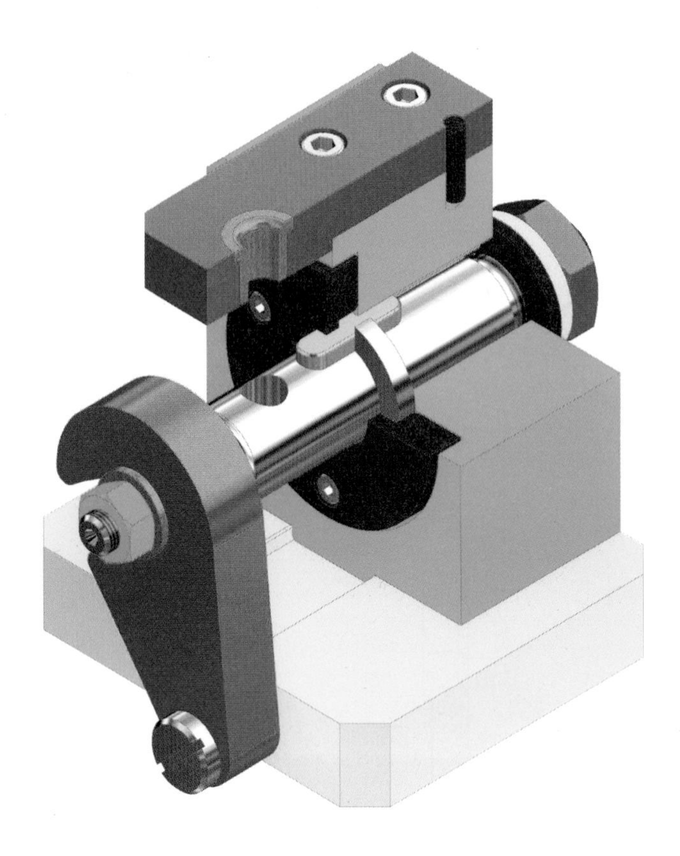

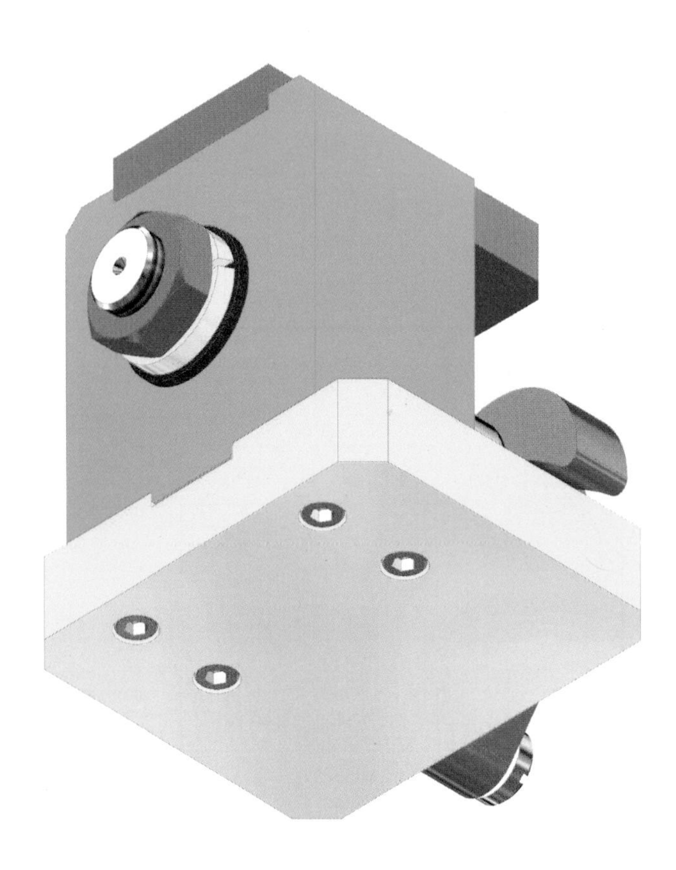

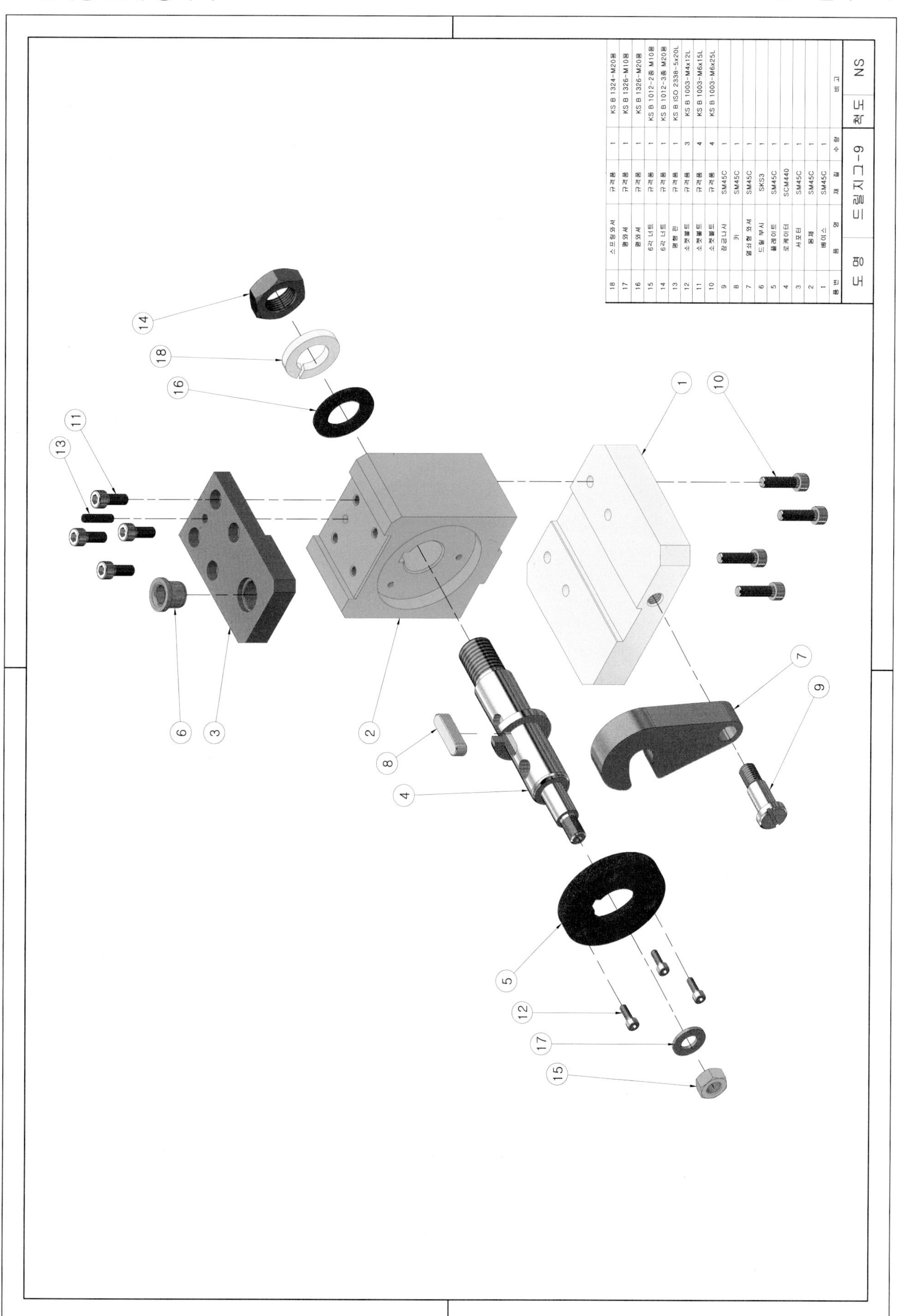
18 스프링와셔 규격품 1 KS B 1324-M20용
17 평와셔 규격품 1 KS B 1326-M10용
16 평와셔 규격품 1 KS B 1326-M20용
15 6각 너트 규격품 1 KS B 1012-2종 M10용
14 6각 너트 규격품 1 KS B 1012-3종 M20용
13 평행 핀 규격품 1 KS B ISO 2338-5x20L
12 소켓볼트 규격품 3 KS B 1003-M4x12L
11 소켓볼트 규격품 4 KS B 1003-M6x15L
10 소켓볼트 규격품 4 KS B 1003-M6x25L
9 잠금나사 SM45C 1
8 키 SM45C 1
7 열쇠형 와셔 SM45C 1
6 드릴 부시 SKS3 1
5 플레이트 SM45C 1
4 로케이터 SCM440 1
3 서포터 SM45C 1
2 몸체 SM45C 1
1 베이스 SM45C 1
품번 품명 재질 수량 비고
도명 드릴지그-9
척도 NS

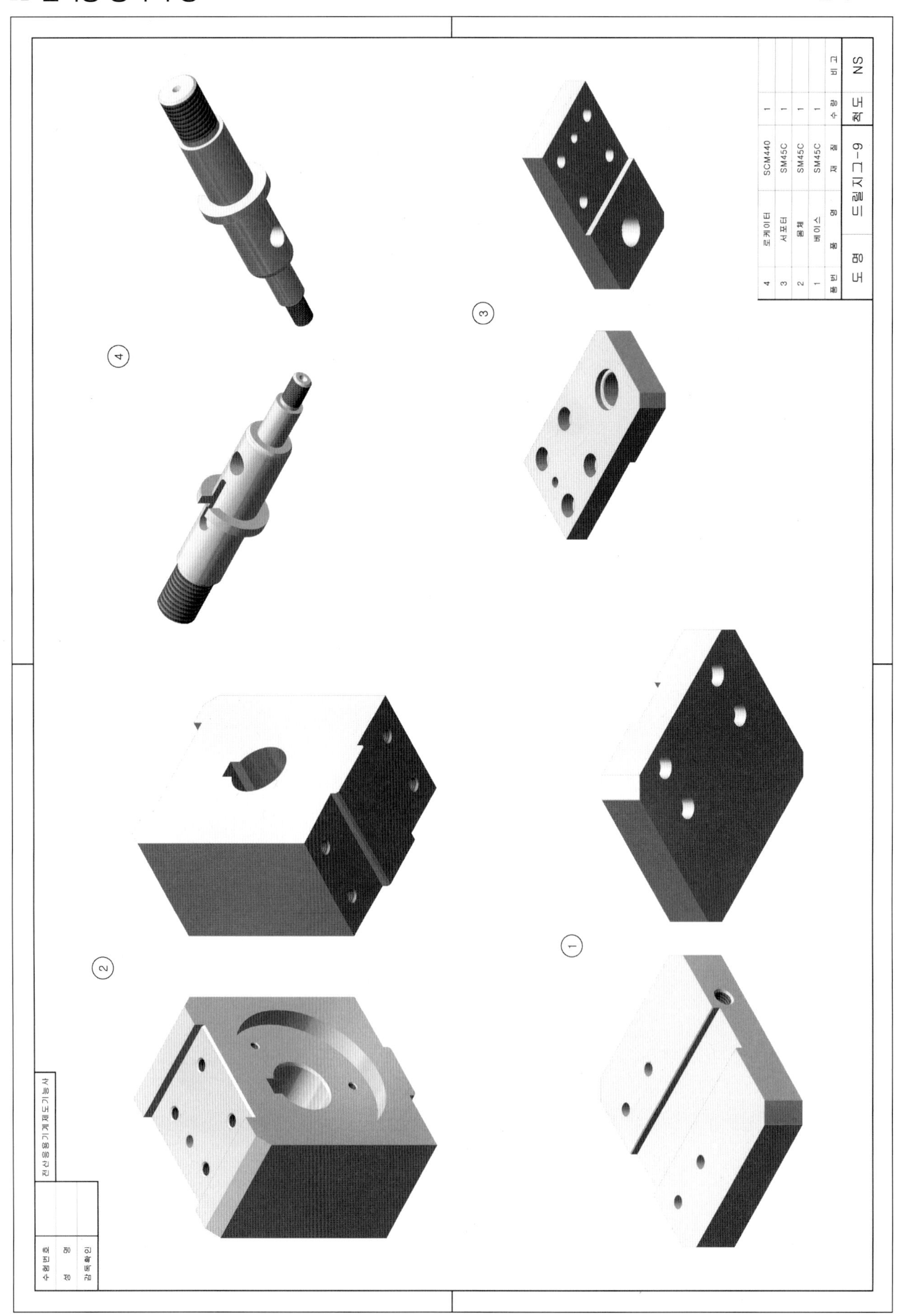
4 로케이터 SCM440 1
3 서포터 SM45C 1
2 몸체 SM45C 1
1 베이스 SM45C 1
품번 품명 재질 수량 비고
도명 드릴지그-9 척도 NS
전산응용기계제도기능사
수험번호
성명
감독확인
①
②
③
④

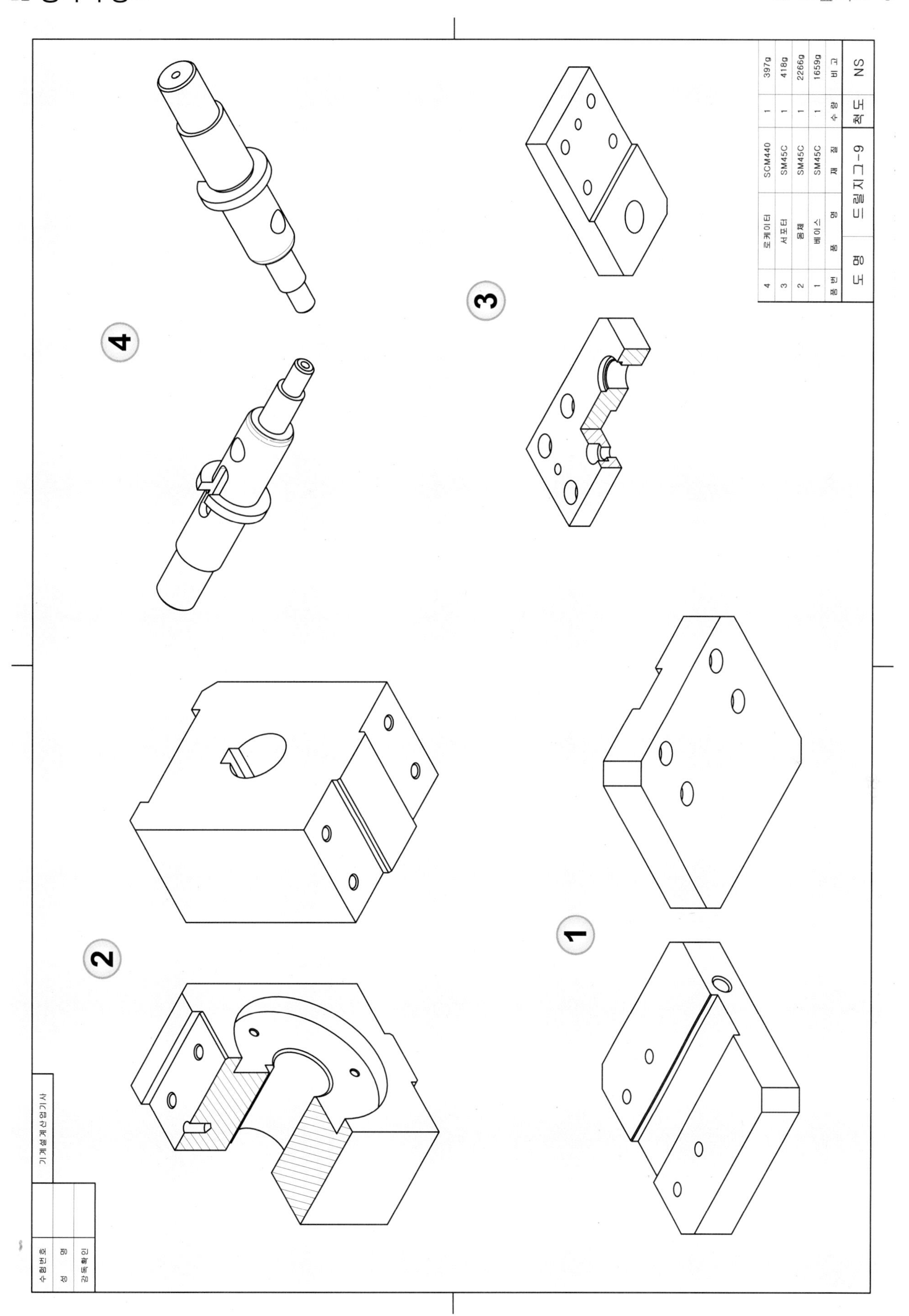
4 로케이터 SCM440 1 397g
3 서포터 SM45C 1 418g
2 몸체 SM45C 1 2266g
1 베이스 SM45C 1 1659g
품번 품명 재질 수량 비고
도명 드릴지그-9 척도 NS
수험번호
성명
감독확인
기계설계산업기사
1
2
3
4

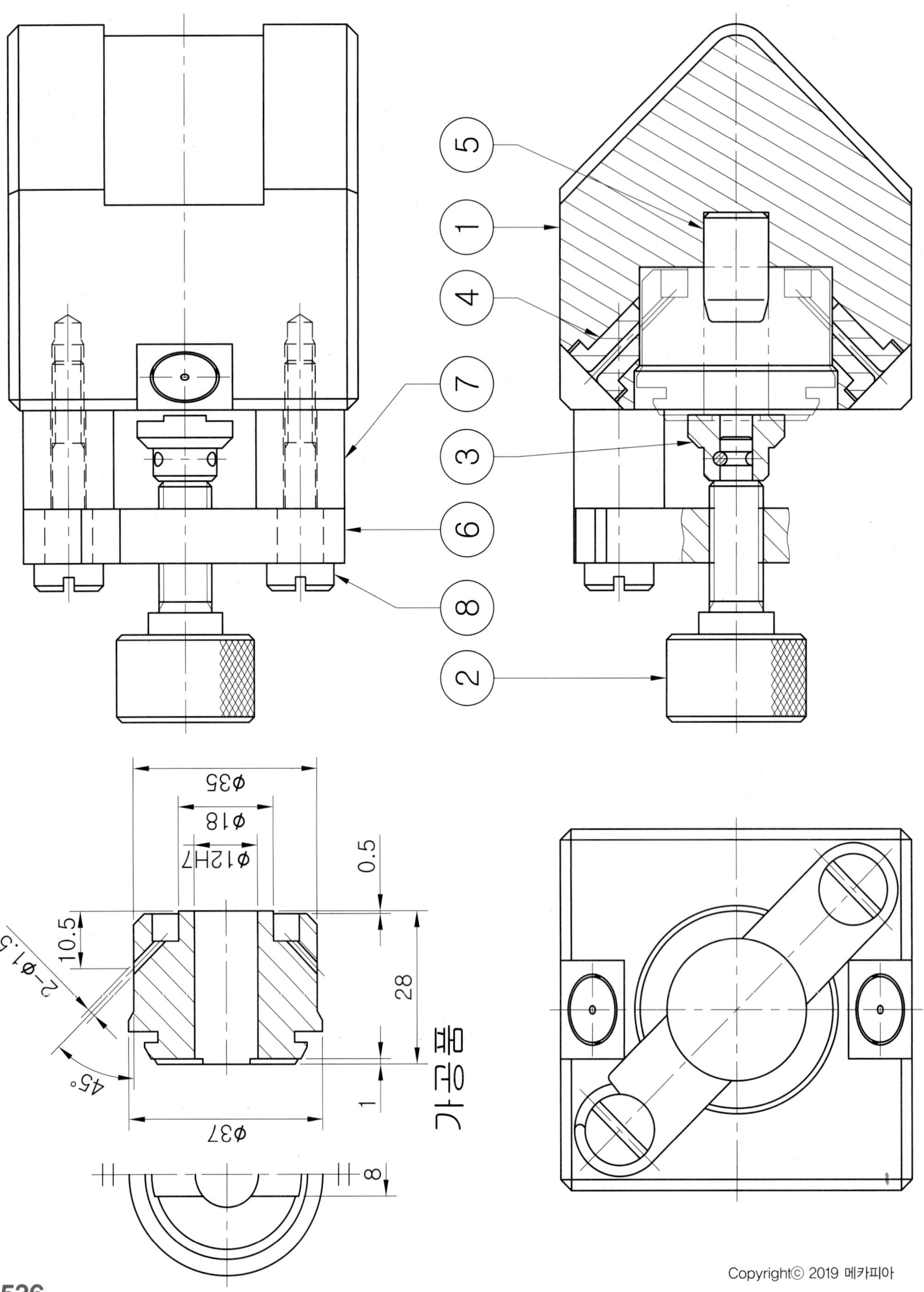
5
1
4
7
3
6
8
2
φ35
φ18
φ12H7
0.5
10.5
2-φ1.5
28
가공품
45°
1
φ37
8

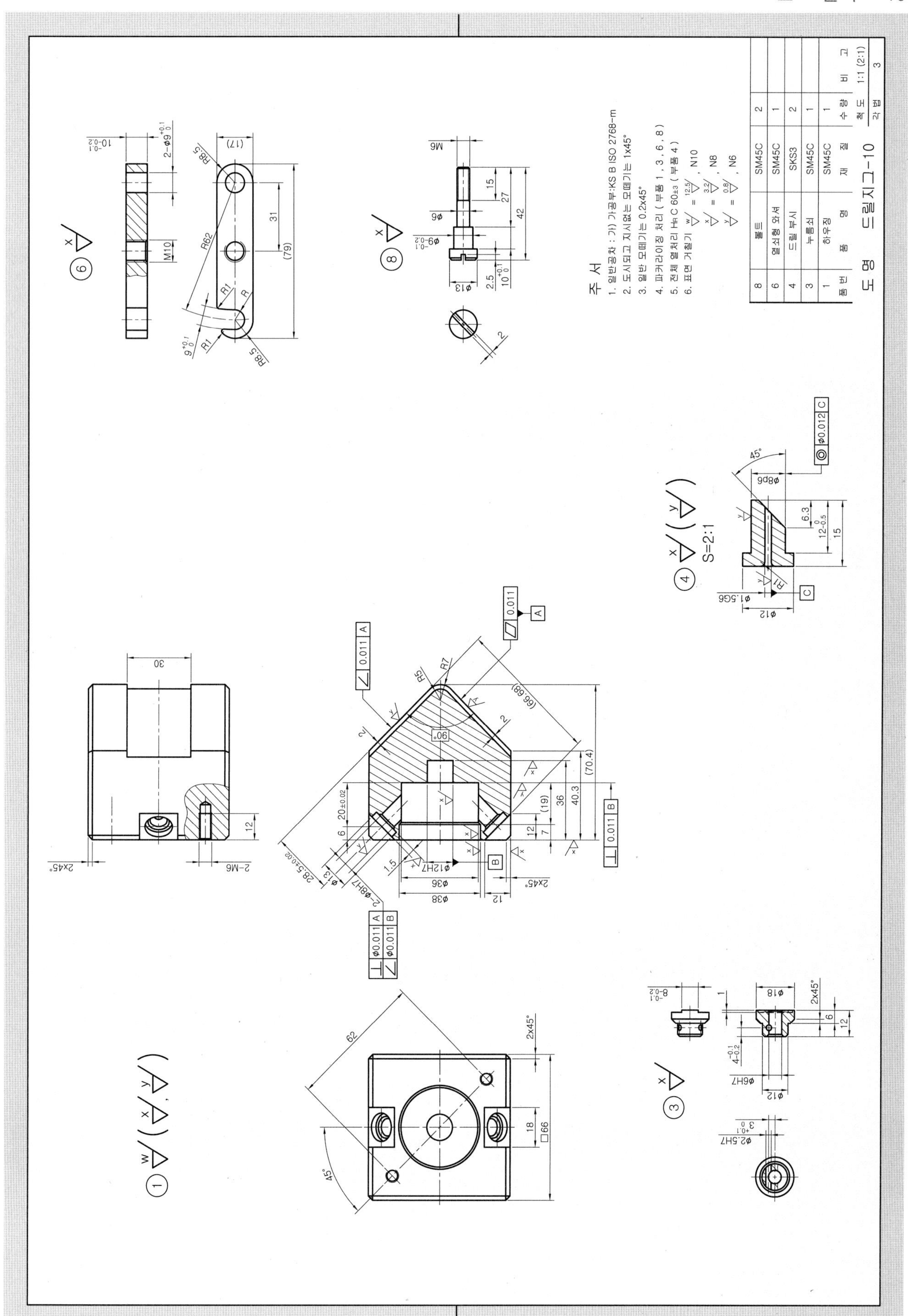
주 서
1. 일반공차 : 가) 가공부:KS B ISO 2768-m
2. 도시되고 지시없는 모떼기는 1x45°
3. 일반 모떼기는 0.2x45°
4. 파커라이징 처리 (부품 1, 3, 6, 8)
5. 전체 열처리 HRC 60±3 (부품 4)
6. 표면 거칠기
8 볼트 SM45C 2
6 열쇠형 와셔 SM45C 1
4 드릴 부시 SKS3 2
3 누름쇠 SM45C 1
1 하우징 SM45C 1
품번 품명 재질 수량 비고
척도 1:1 (2:1)
각법 3
도명 드릴지그-10
S=2:1

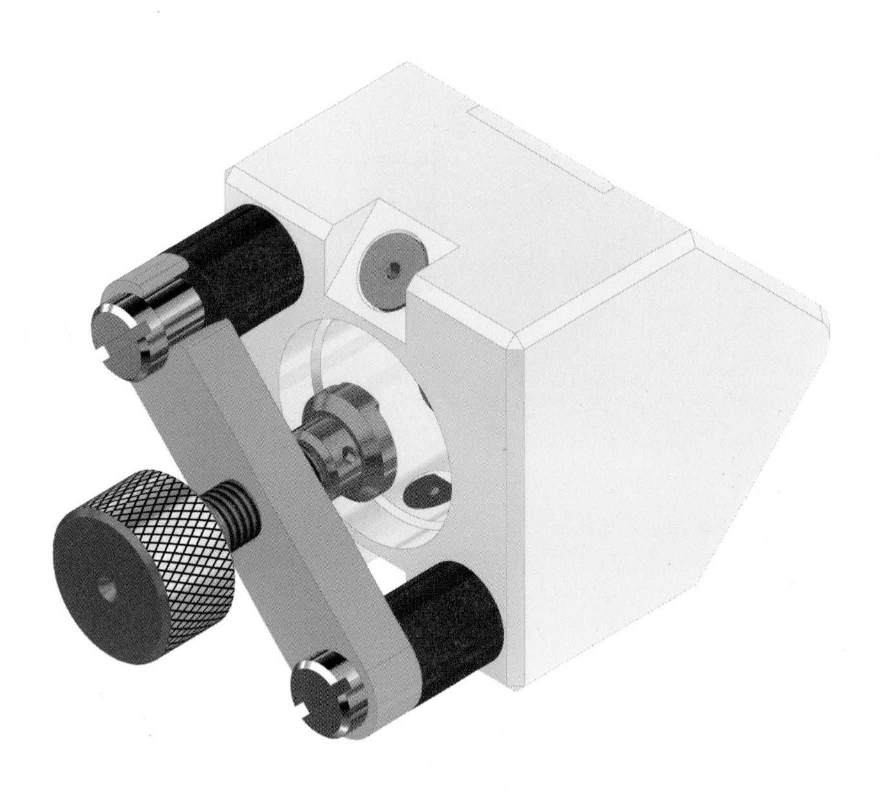

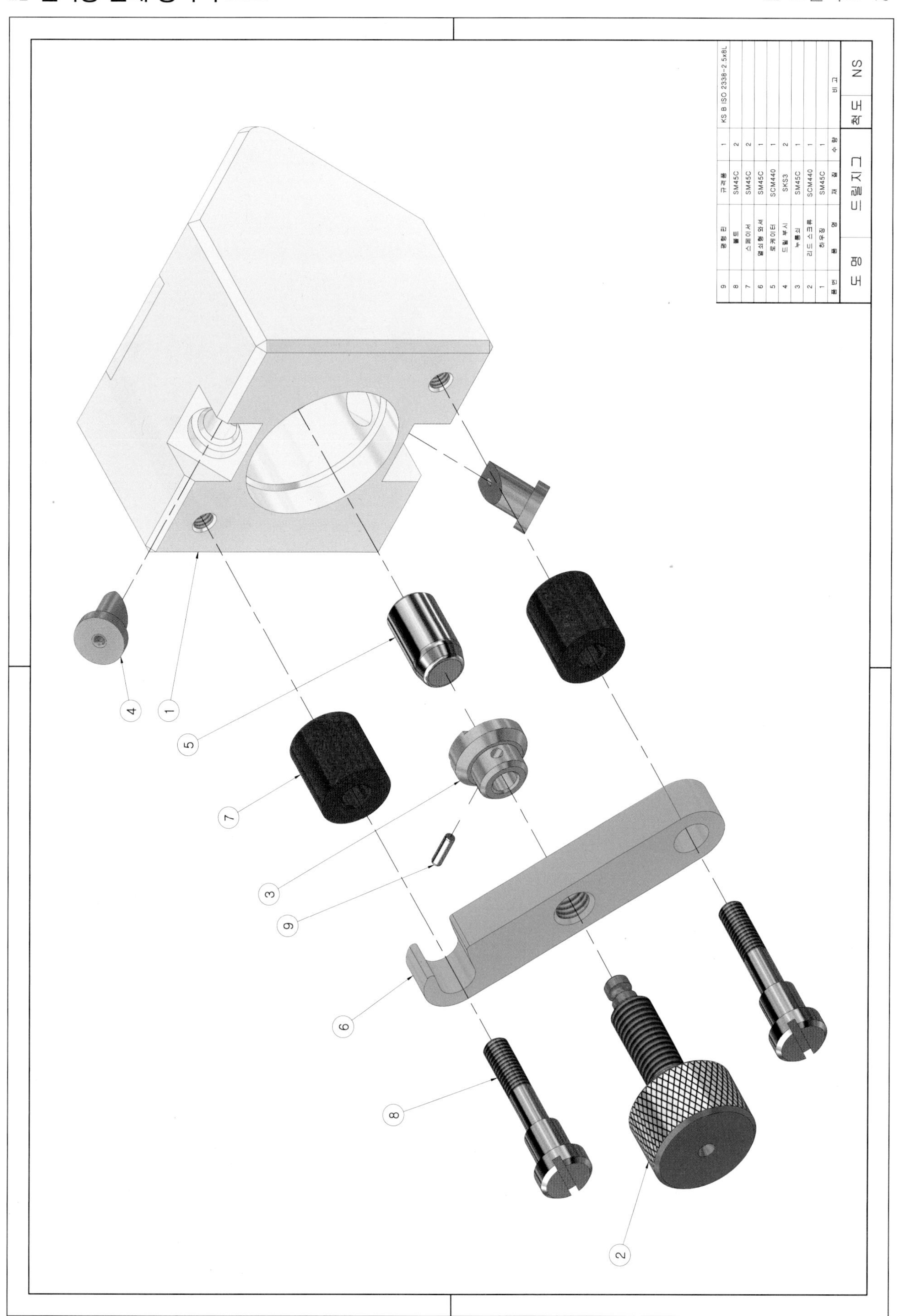

품번	품명	재질	수량	비고
9	평행 핀	규격품	1	KS B ISO 2338-2.5x8L
8	볼트	SM45C	2	
7	스페이서	SM45C	2	
6	열쇠형 와셔	SM45C	1	
5	로케이터	SCM440	1	
4	드릴 부시	SKS3	2	
3	누름쇠	SM45C	1	
2	리드 스크류	SCM440	1	
1	하우징	SM45C	1	

도명	드릴지그	척도	NS

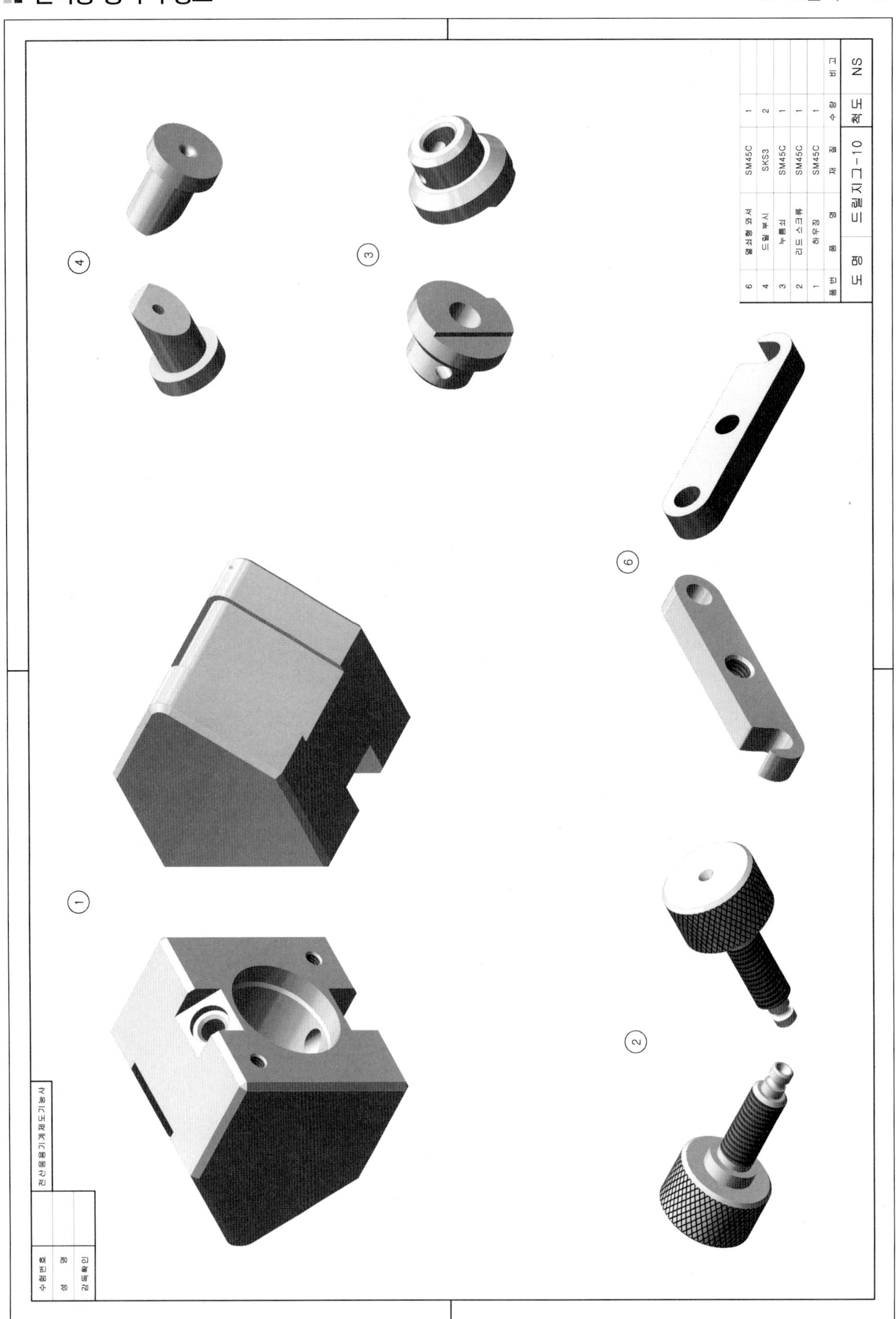
④
③
①
⑥
②
6 열쇠형 와셔 SM45C 1
4 드릴 부시 SKS3 2
3 누름쇠 SM45C 1
2 리드 스크류 SM45C 1
1 하우징 SM45C 1
품번 품명 재질 수량 비고
도명 드릴지그-10 척도 NS
전산응용기계제도기능사
수험번호
성명
감독확인

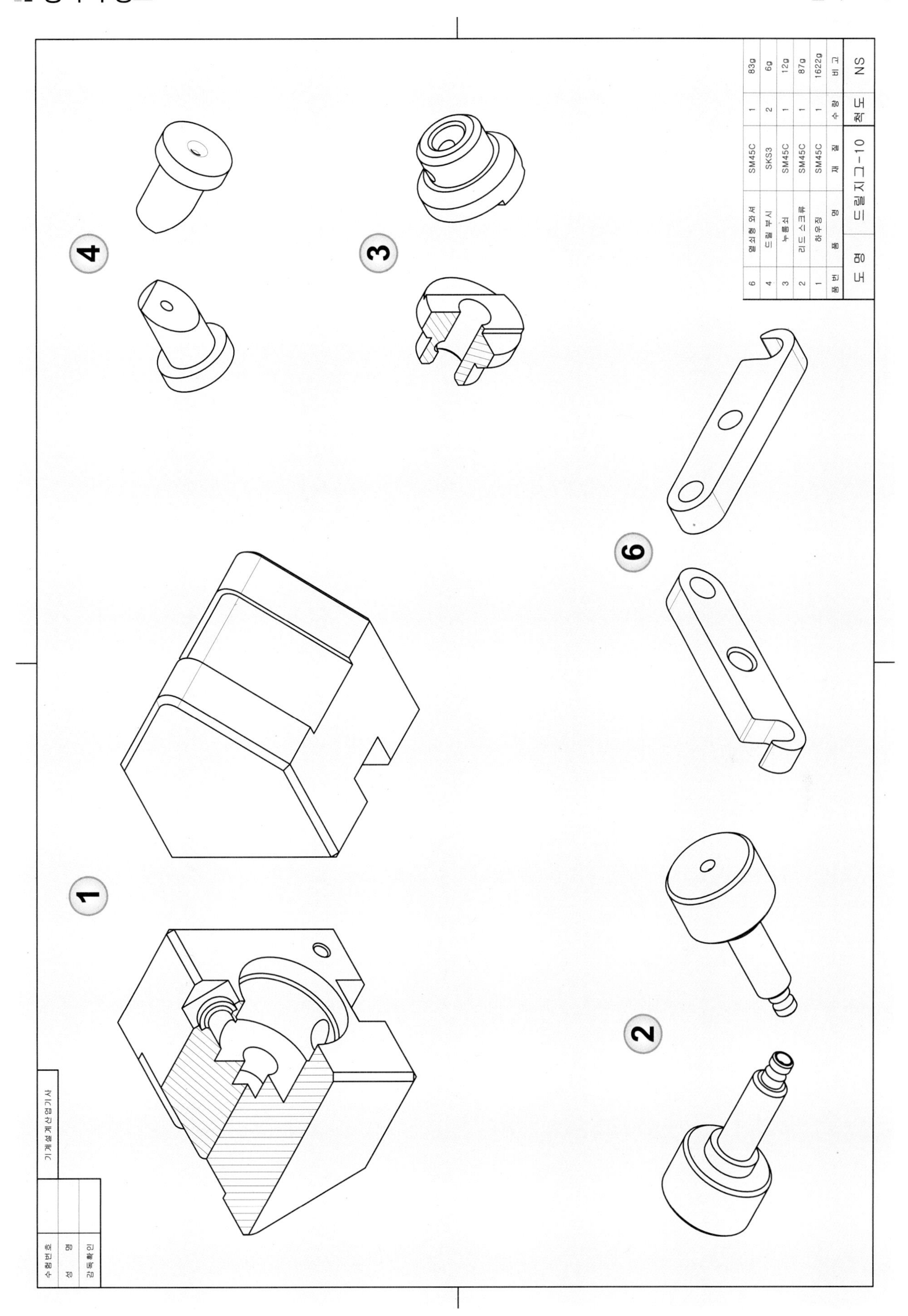
4
3
1
6
2
6 열쇠형 와셔 SM45C 1 83g
4 드릴 부시 SKS3 2 6g
3 누름쇠 SM45C 1 12g
2 리드 스크류 SM45C 1 87g
1 하우징 SM45C 1 1622g
품번 품 명 재 질 수 량 비 고
도 명 드릴지그-10 척 도 NS
기계설계산업기사
수험번호
성 명
감독확인

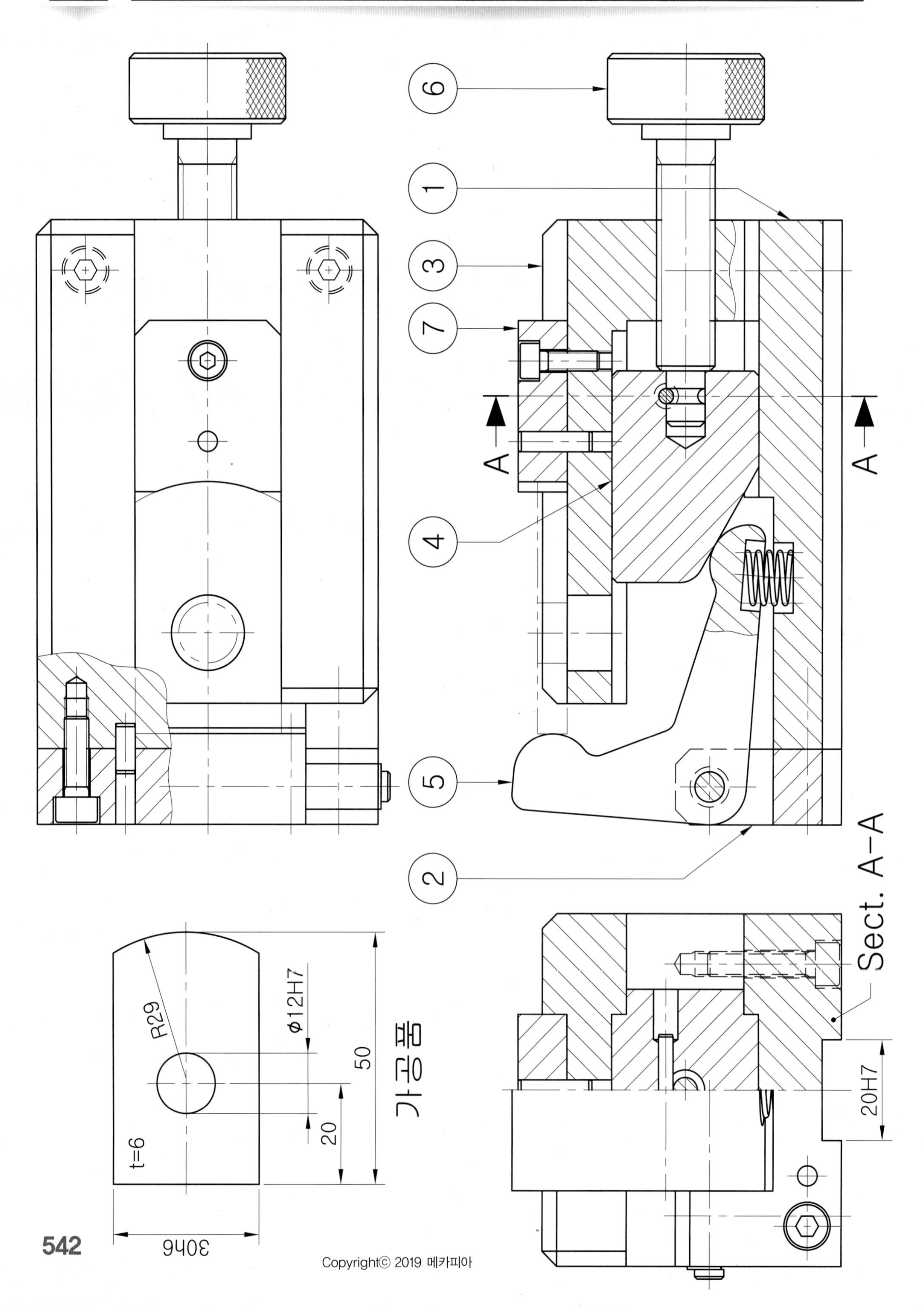
6
1
3
7
4
5
2
A
A
Sect. A-A
20H7
R29
ϕ12H7
50
20
t=6
30h6
가공품

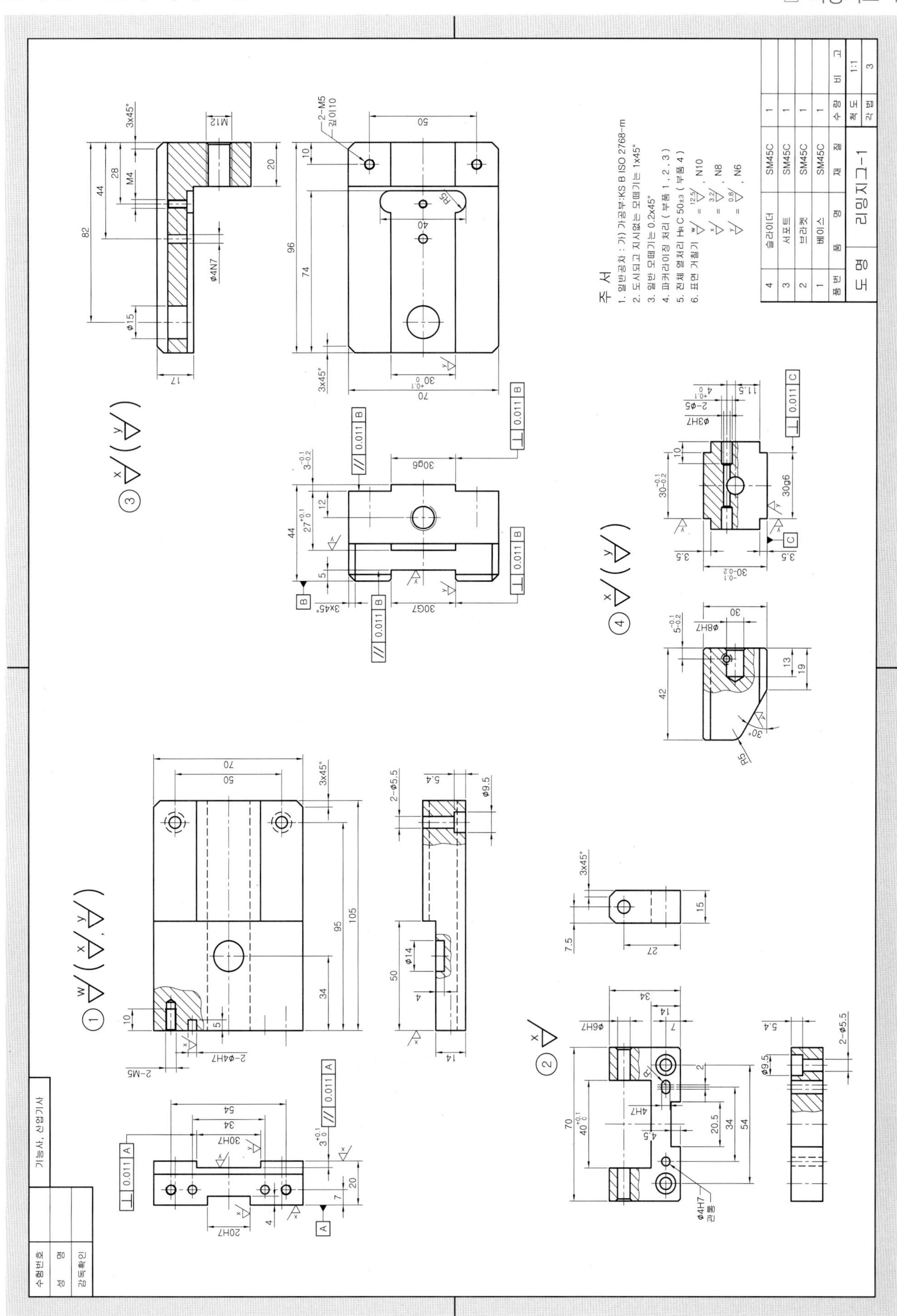
주 서
1. 일반공차 : 가) 가공부:KS B ISO 2768-m
2. 도시되고 지시없는 모떼기는 1x45°
3. 일반 모떼기는 0.2x45°
4. 파커라이징 처리 (부품 1, 2, 3)
5. 전체 열처리 HRC 50±3 (부품 4)
6. 표면 거칠기
N10
N8
N6
4 슬라이더 SM45C 1
3 서포트 SM45C 1
2 브라켓 SM45C 1
1 베이스 SM45C 1
품번 품명 재질 수량 비고
도명 리밍지그-1
척도 1:1
각법 3
수험번호
성명
감독확인
기능사, 산업기사

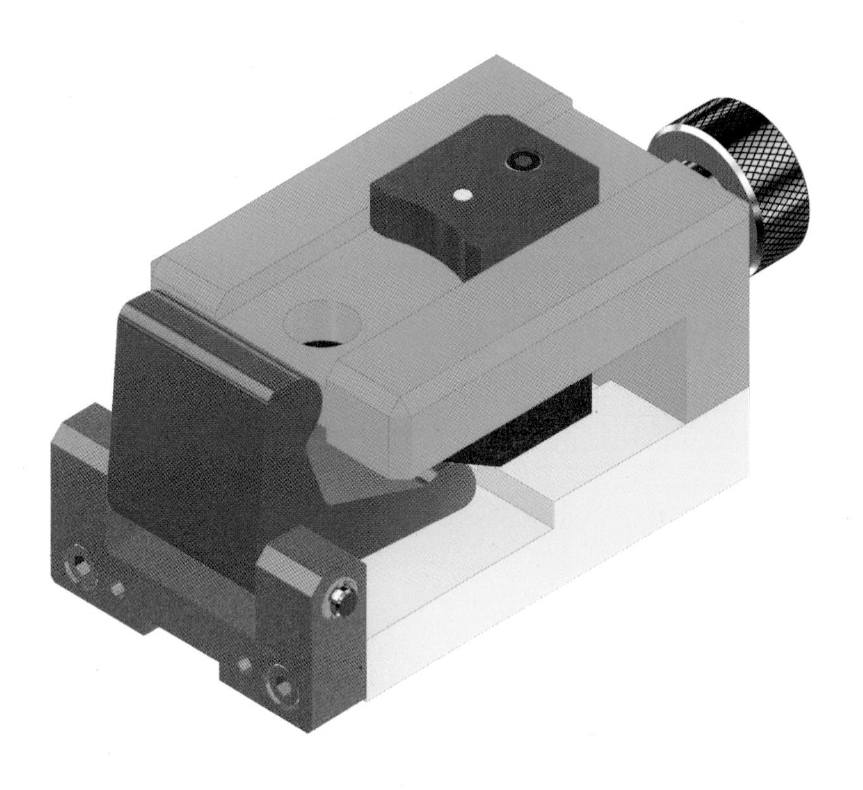

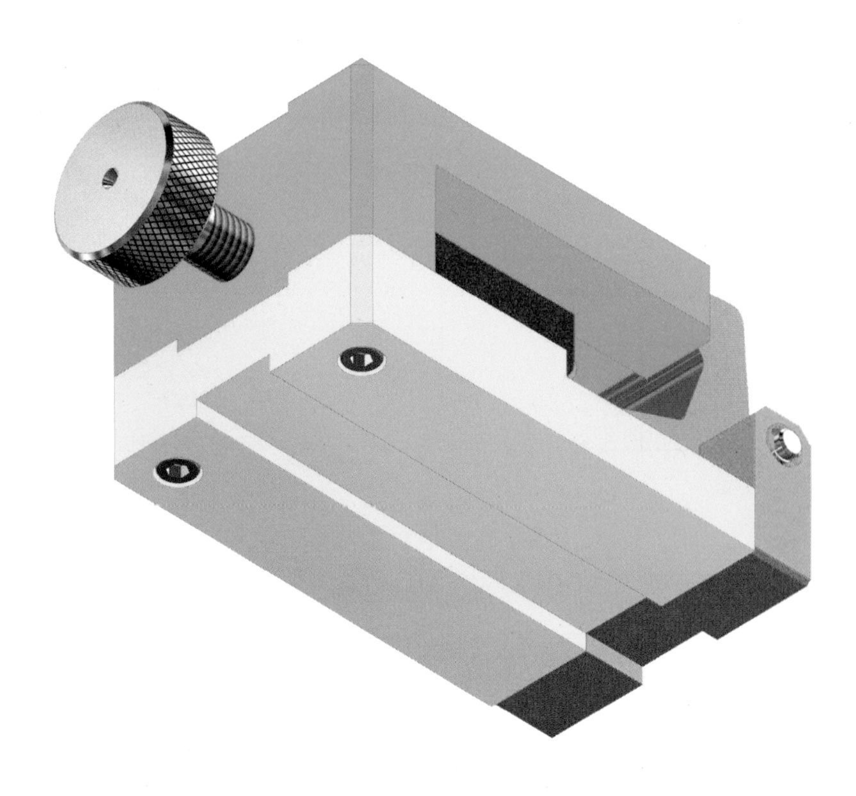

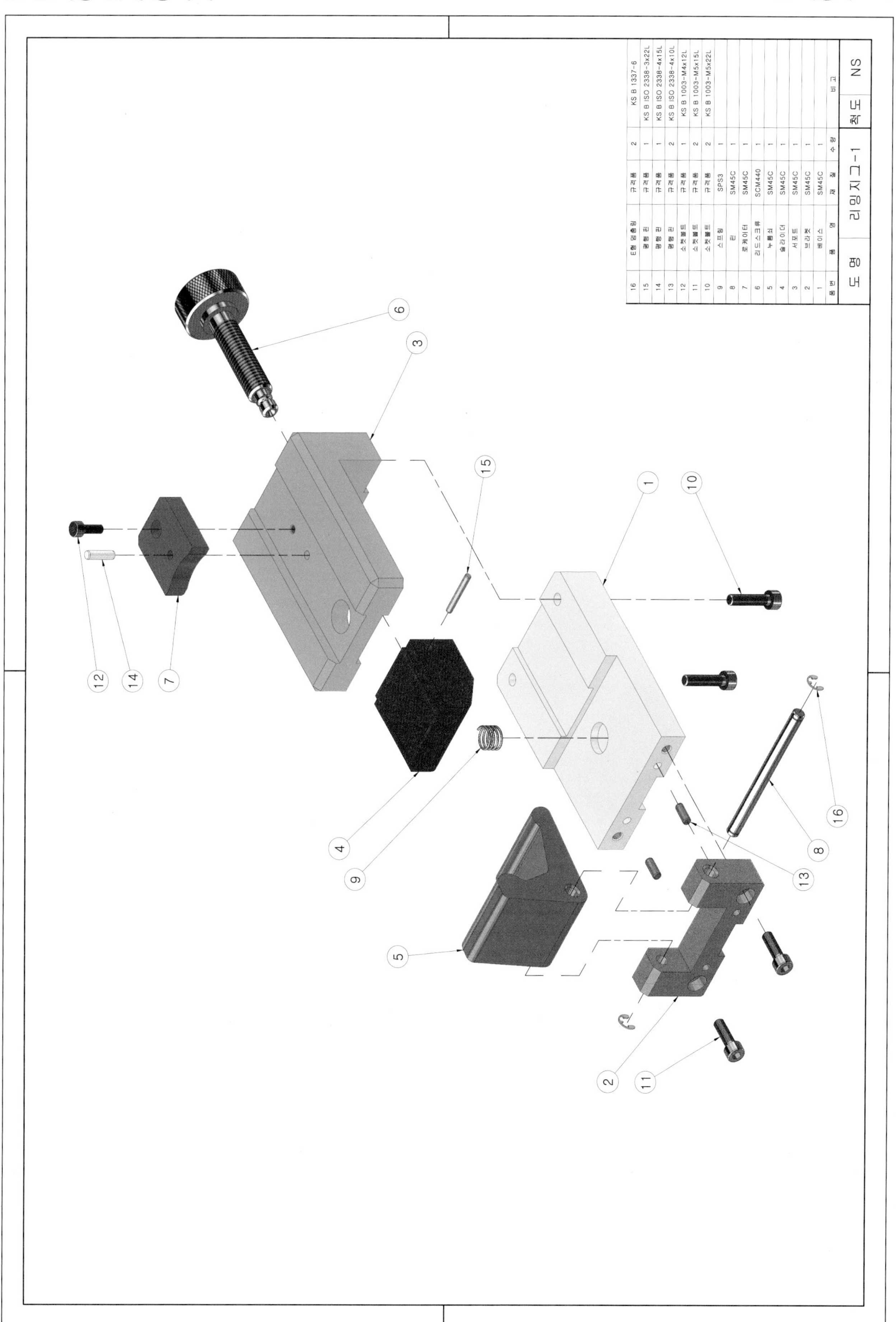

품번	품명	재질	수량	비고
16	E형 멈춤링	규격품	2	KS B 1337-6
15	평행 핀	규격품	1	KS B ISO 2338-3x22L
14	평행 핀	규격품	1	KS B ISO 2338-4x15L
13	평행 핀	규격품	2	KS B ISO 2338-4x10L
12	소켓볼트	규격품	1	KS B 1003-M4x12L
11	소켓볼트	규격품	2	KS B 1003-M5x15L
10	소켓볼트	규격품	2	KS B 1003-M5x22L
9	스프링	SPS3	1	
8	핀	SM45C	1	
7	로케이터	SM45C	1	
6	리드스크류	SCM440	1	
5	누름쇠	SM45C	1	
4	슬라이더	SM45C	1	
3	서포트	SM45C	1	
2	브라켓	SM45C	1	
1	베이스	SM45C	1	

도명	리밍지그-1	척도	NS

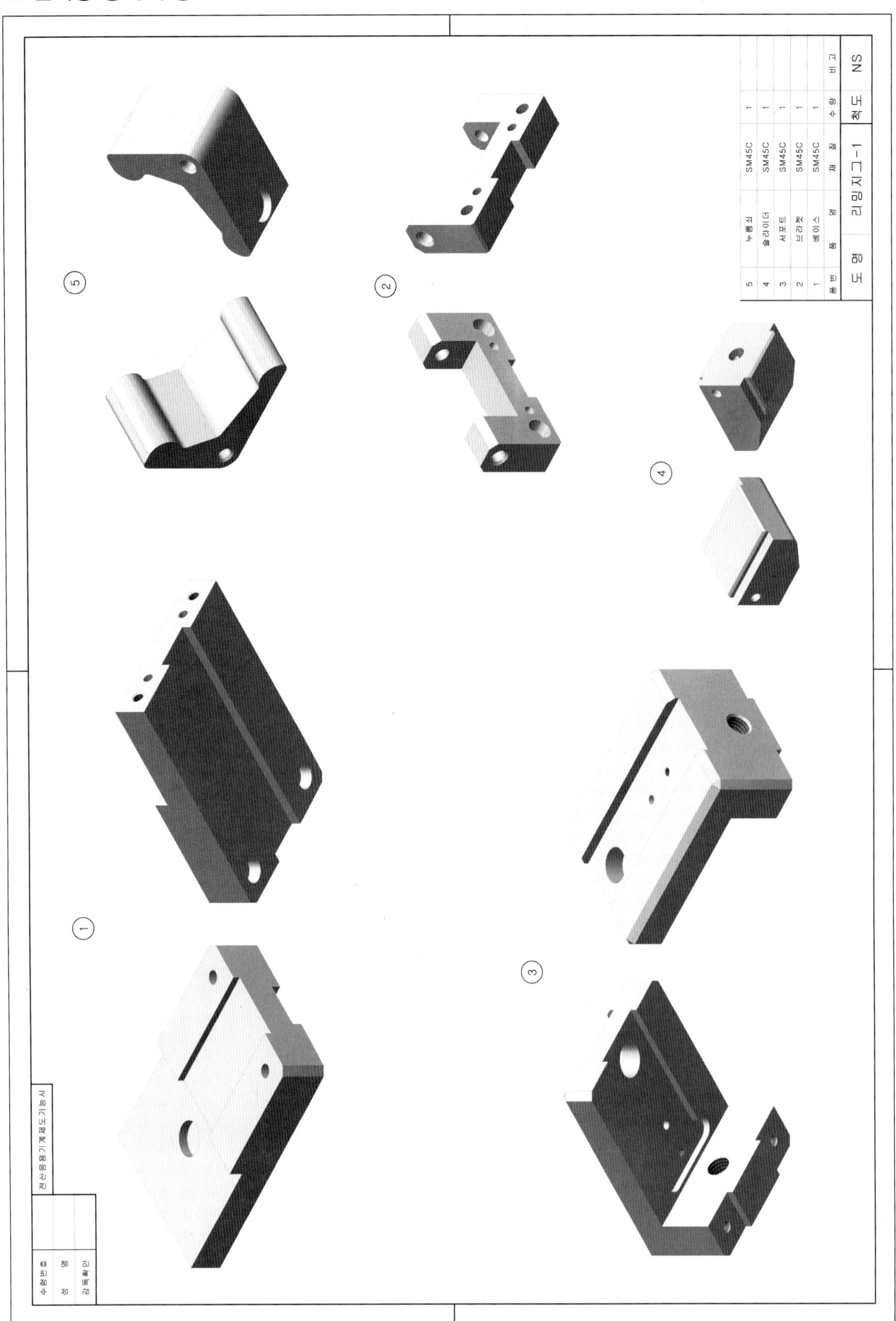
5 누름쇠 SM45C 1
4 슬라이더 SM45C 1
3 서포트 SM45C 1
2 브라켓 SM45C 1
1 베이스 SM45C 1
품번 품명 재질 수량 비고
도명 리밍지그-1 척도 NS
전산응용기계제도기능사
수험번호
성명
감독확인

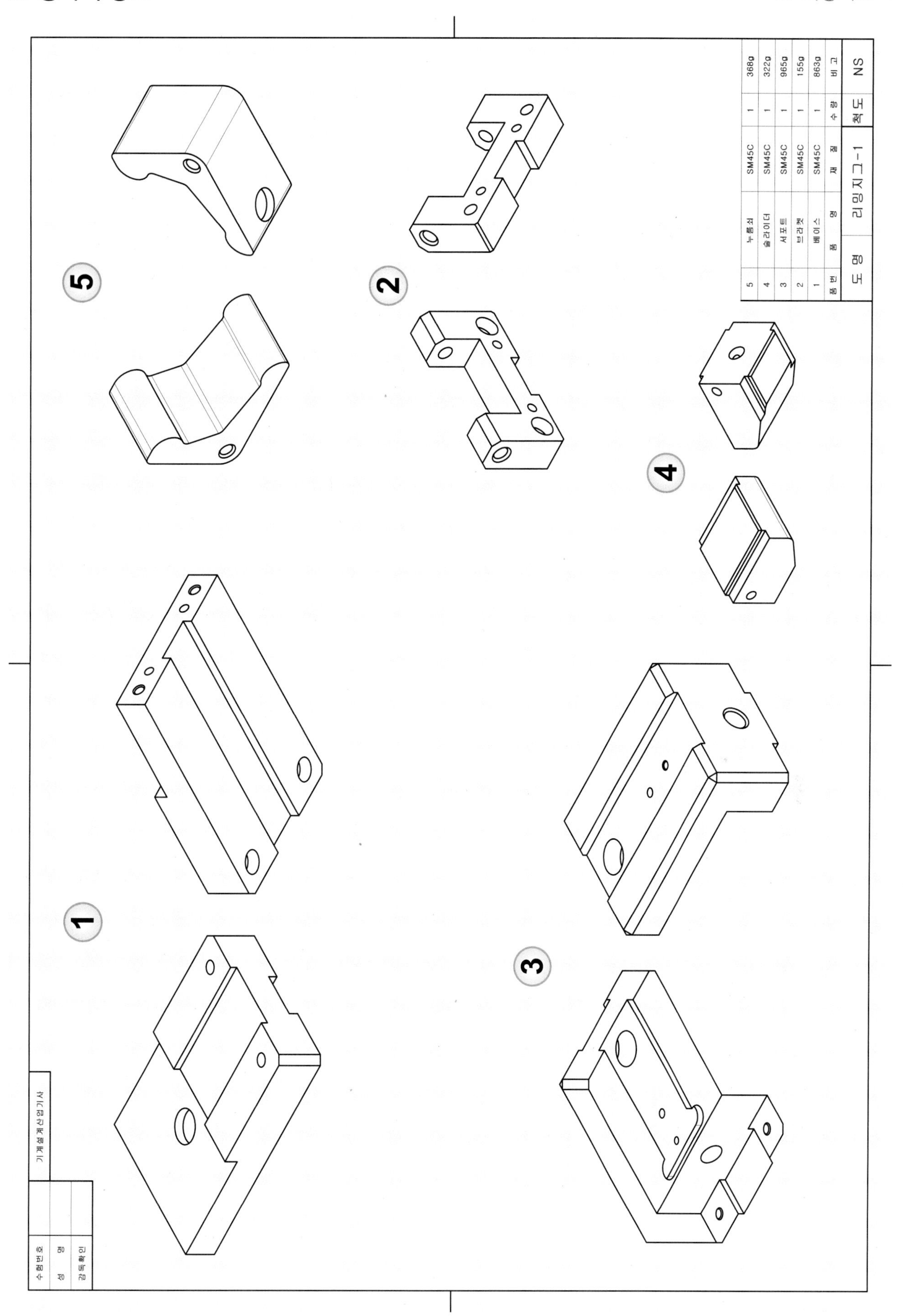
5 누름쇠 SM45C 1 368g
4 슬라이더 SM45C 1 322g
3 서포트 SM45C 1 965g
2 브라켓 SM45C 1 155g
1 베이스 SM45C 1 863g
품번 품명 재질 수량 비고
도명 리밍지그-1 척도 NS
수험번호
성 명
감독확인
기계설계산업기사
1
2
3
4
5

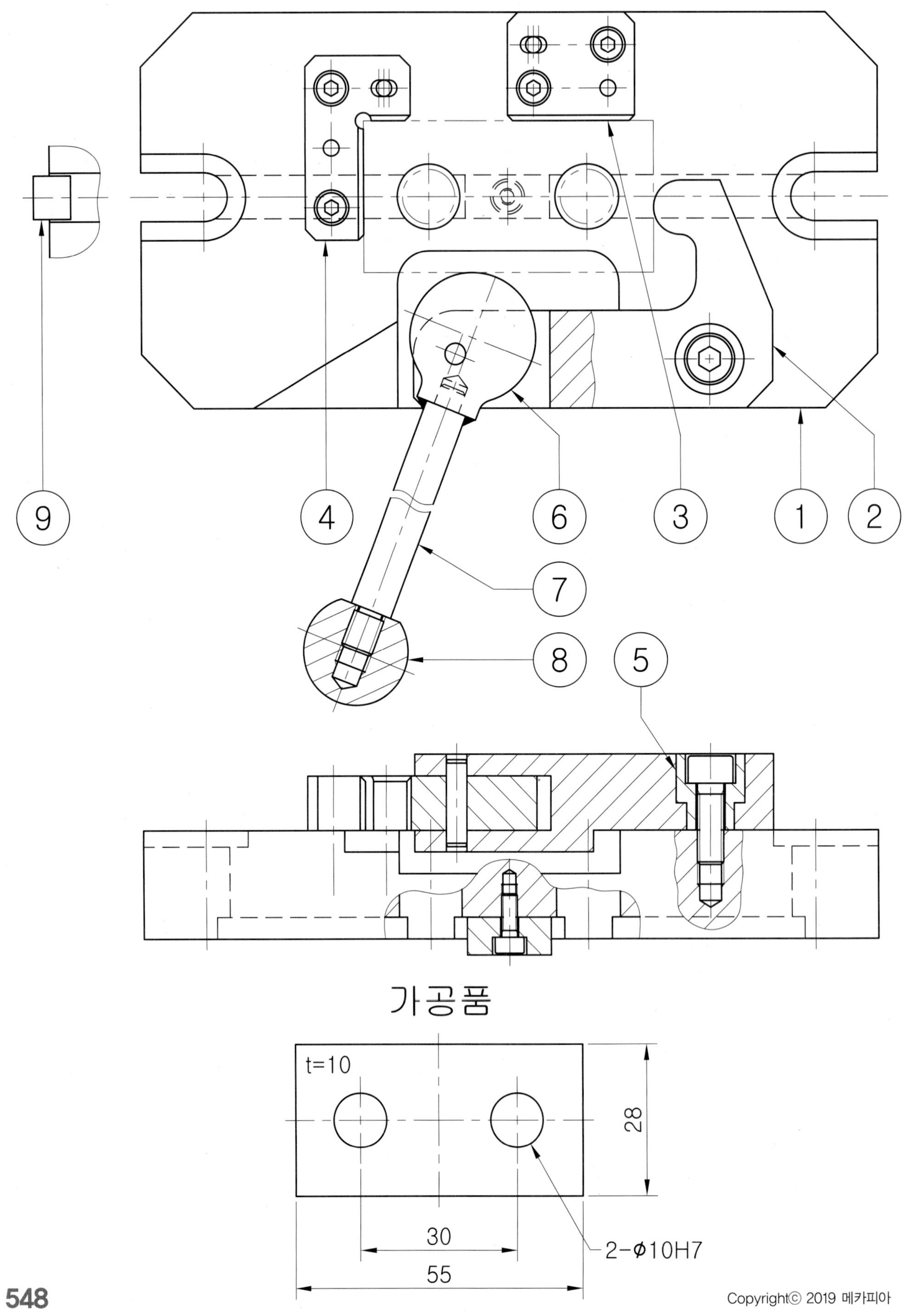
9
4
6
3
1
2
7
8
5
가공품
t=10
28
30
55
2-Φ10H7

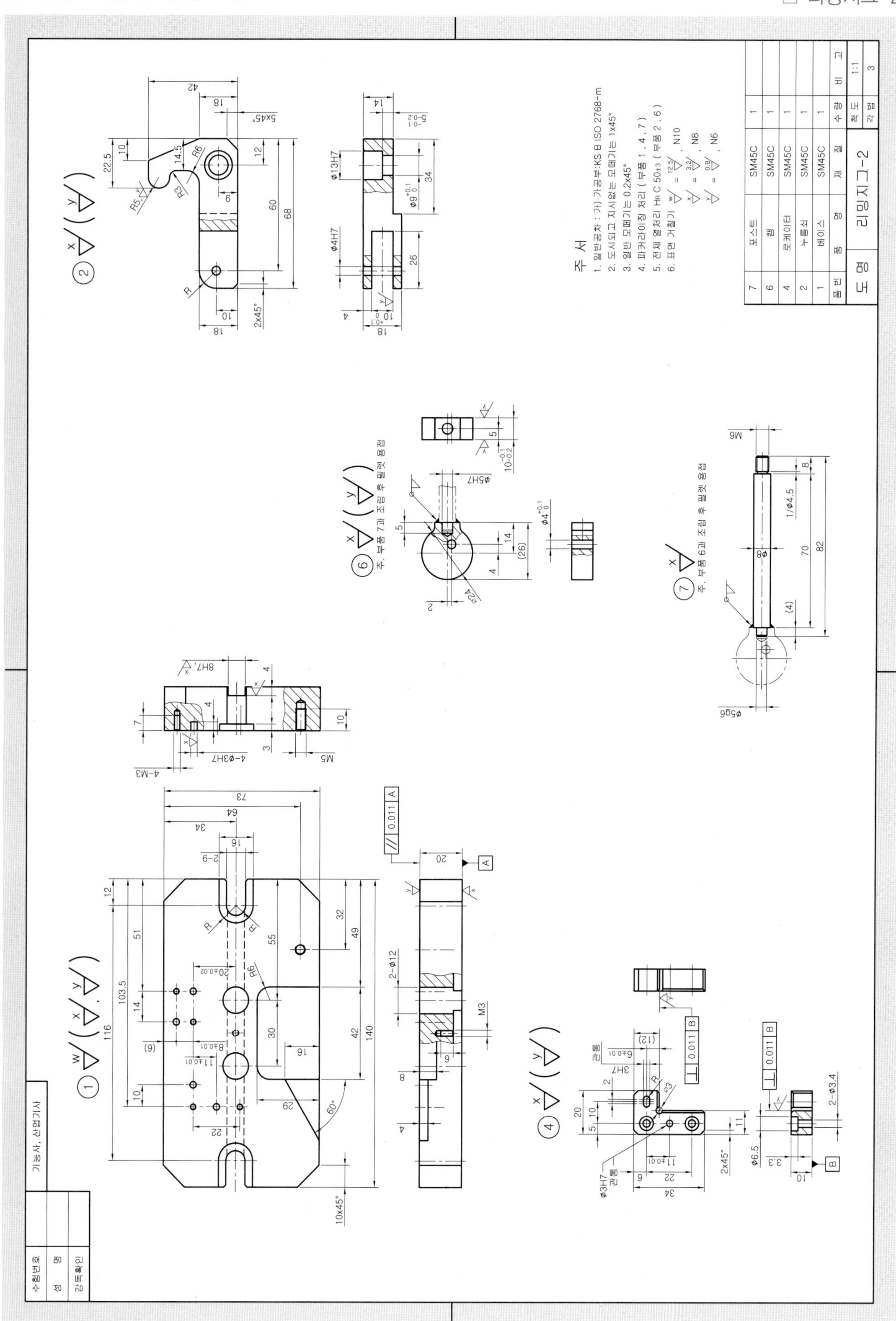

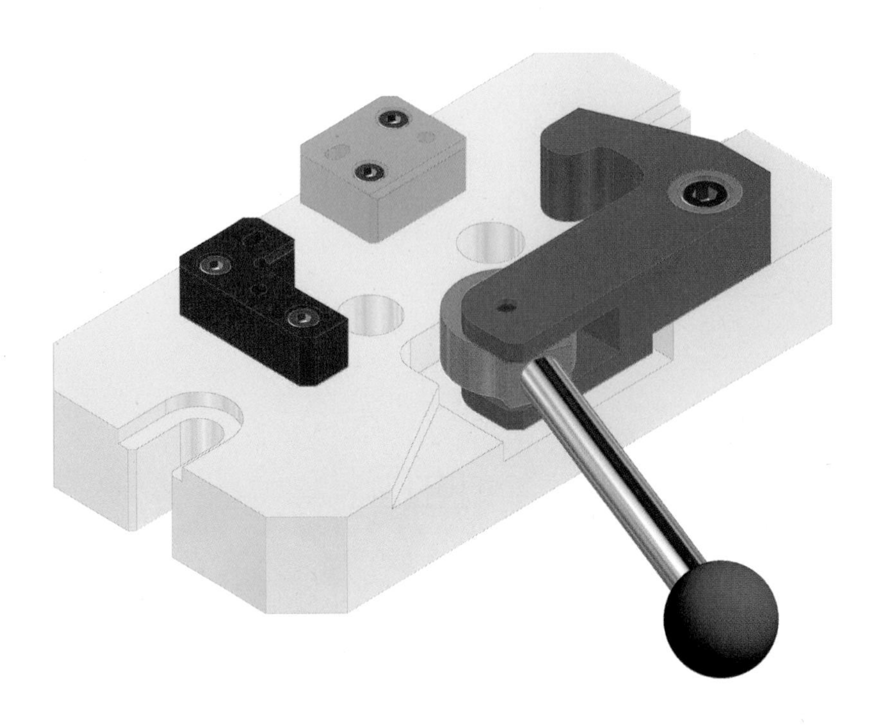

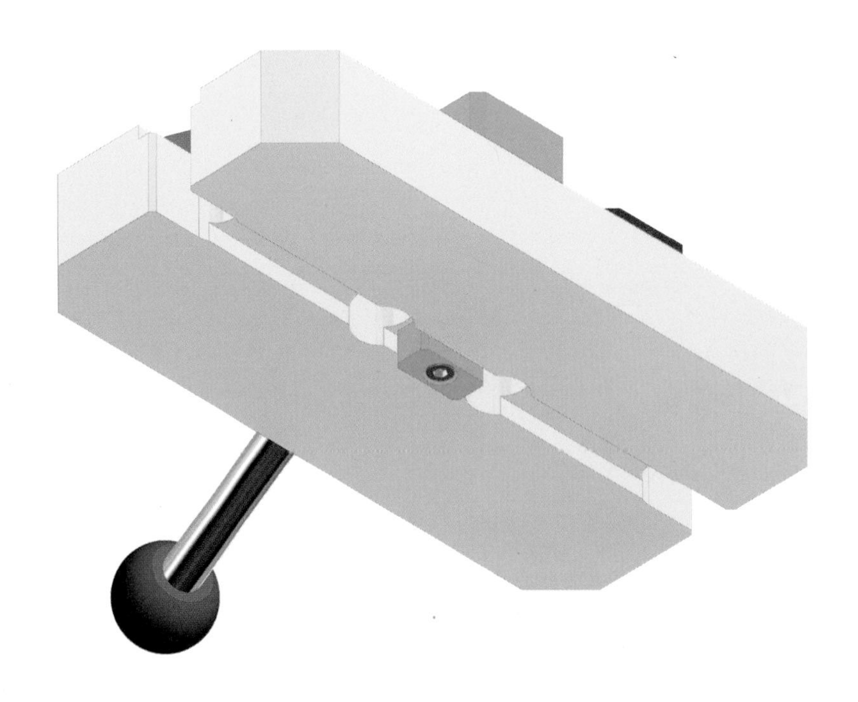

■ 렌더링 분해 등각 구조도

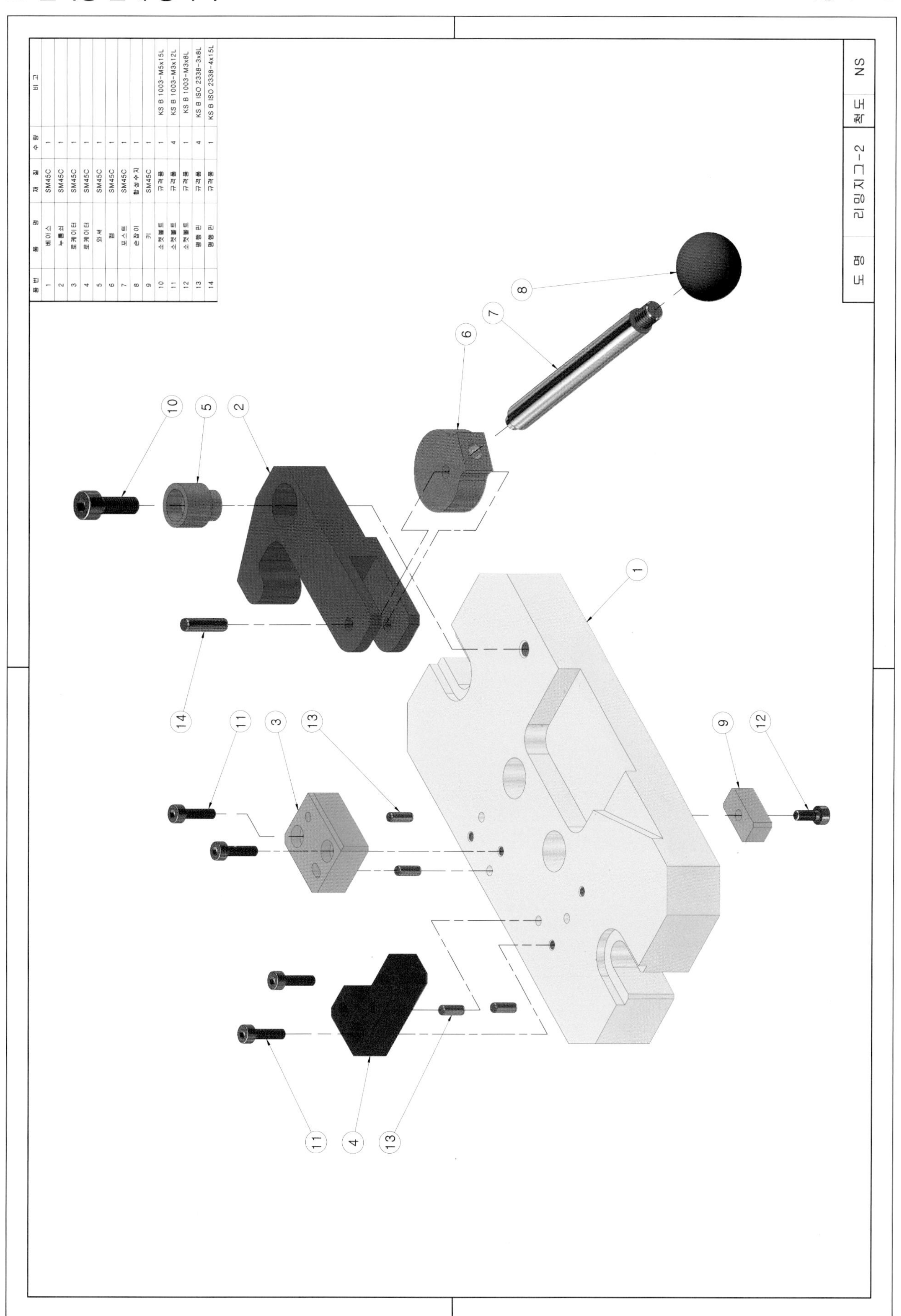

품번	품 명	재 질	수 량	비 고
1	베이스	SM45C	1	
2	누름쇠	SM45C	1	
3	로케이터	SM45C	1	
4	로케이터	SM45C	1	
5	와셔	SM45C	1	
6	캠	SM45C	1	
7	포스트	SM45C	1	
8	손잡이	합성수지	1	
9	키	SM45C	1	
10	소켓볼트	규격품	1	KS B 1003-M5x15L
11	소켓볼트	규격품	4	KS B 1003-M3x12L
12	소켓볼트	규격품	1	KS B 1003-M3x8L
13	평행 핀	규격품	4	KS B ISO 2338-3x8L
14	평행 핀	규격품	1	KS B ISO 2338-4x15L

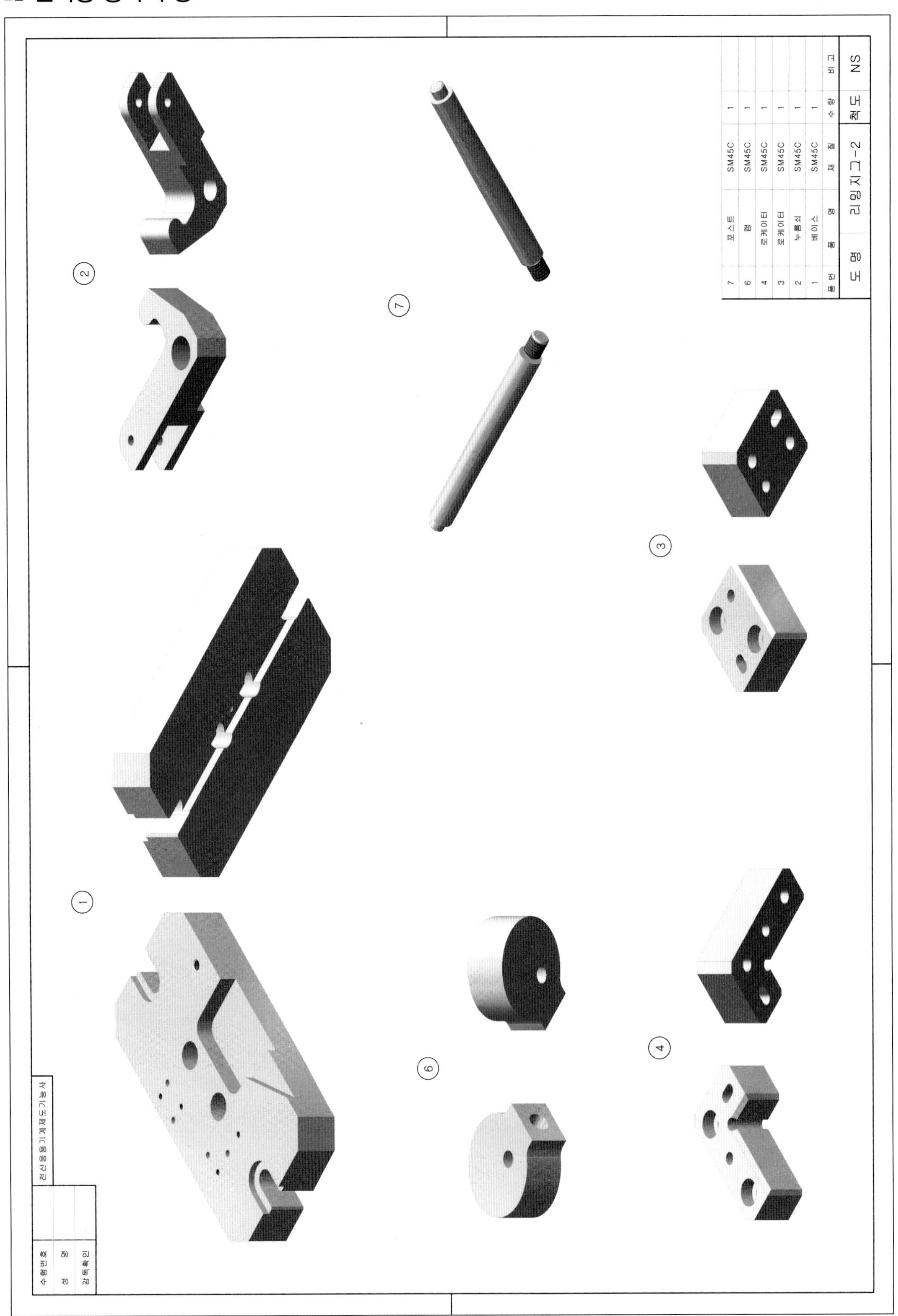
② ⑦ ① ③ ⑥ ④
7 포스트 SM45C 1
6 캠 SM45C 1
4 로케이터 SM45C 1
3 로케이터 SM45C 1
2 누름쇠 SM45C 1
1 베이스 SM45C 1
품번 품 명 재 질 수 량 비 고
도 명 리밍지그-2 척 도 NS
수험번호
성 명
감독확인
전산응용기계제도기능사

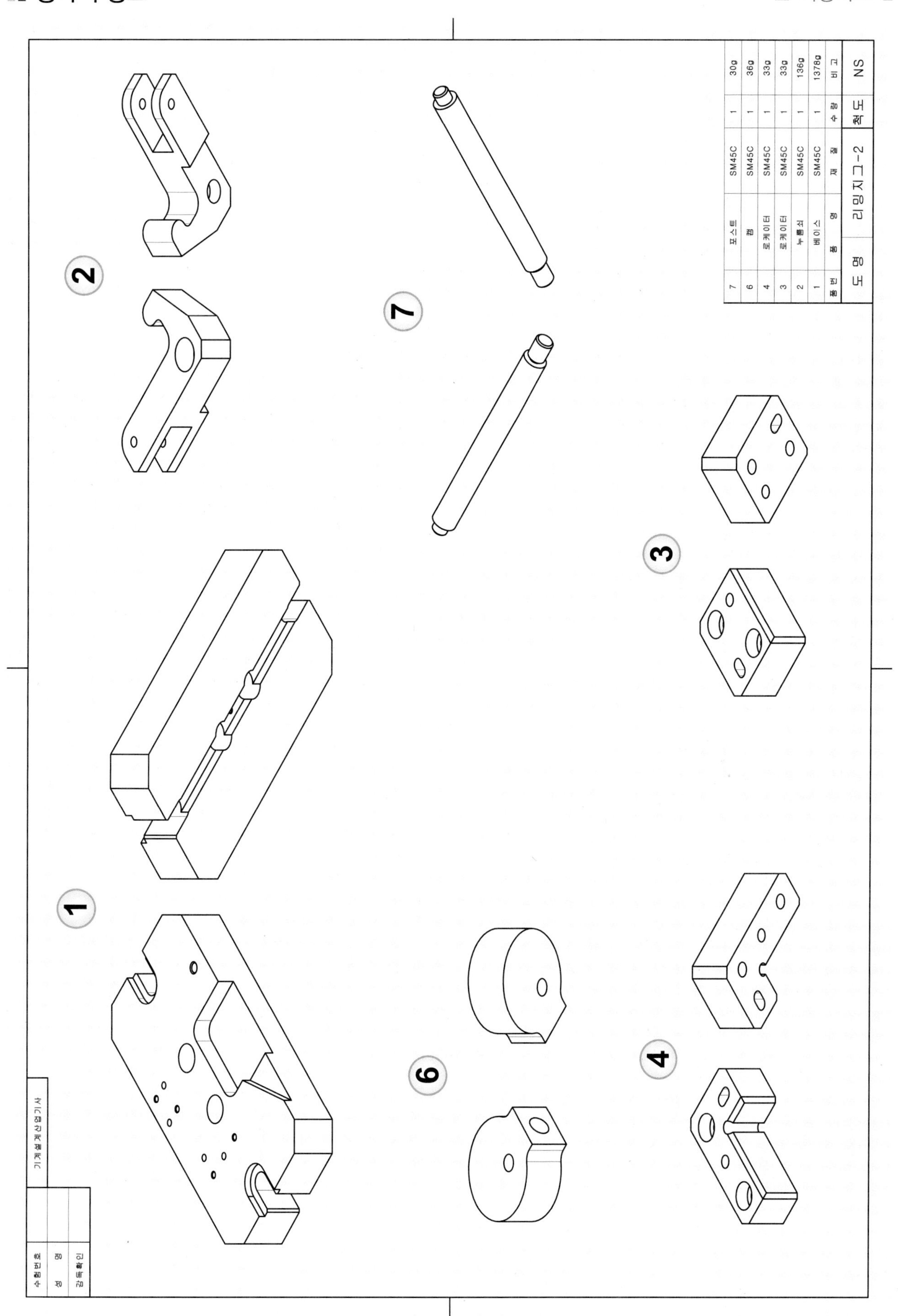

품번	품 명	재 질	수 량	비 고
7	포스트	SM45C	1	30g
6	캠	SM45C	1	36g
4	로케이터	SM45C	1	33g
3	로케이터	SM45C	1	33g
2	누름쇠	SM45C	1	136g
1	베이스	SM45C	1	1378g
도 명	리밍지그-2		척 도	NS

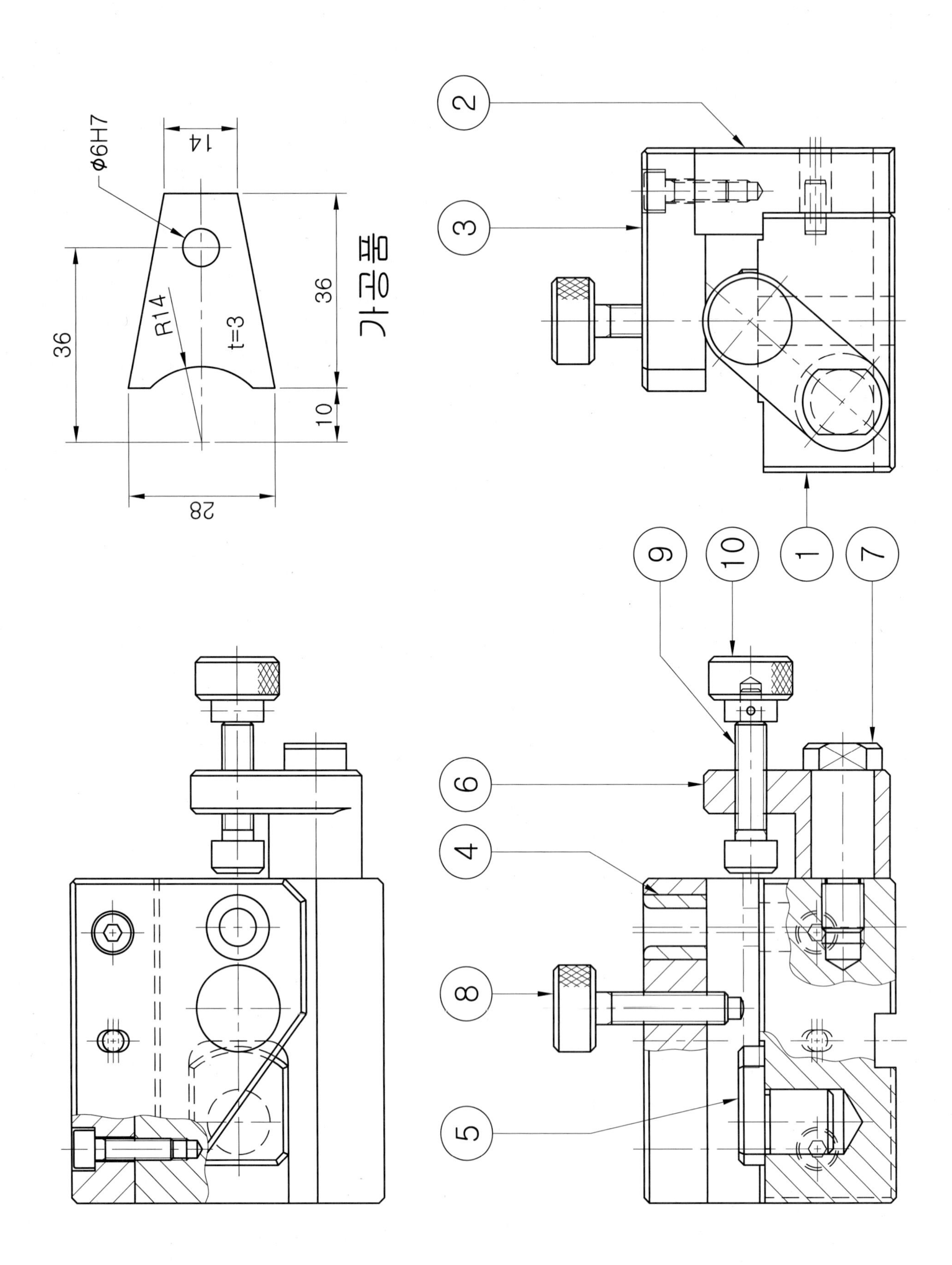
φ6H7
14
36
R14
t=3
36
10
28
가공품
2
3
9
10
1
7
6
4
8
5

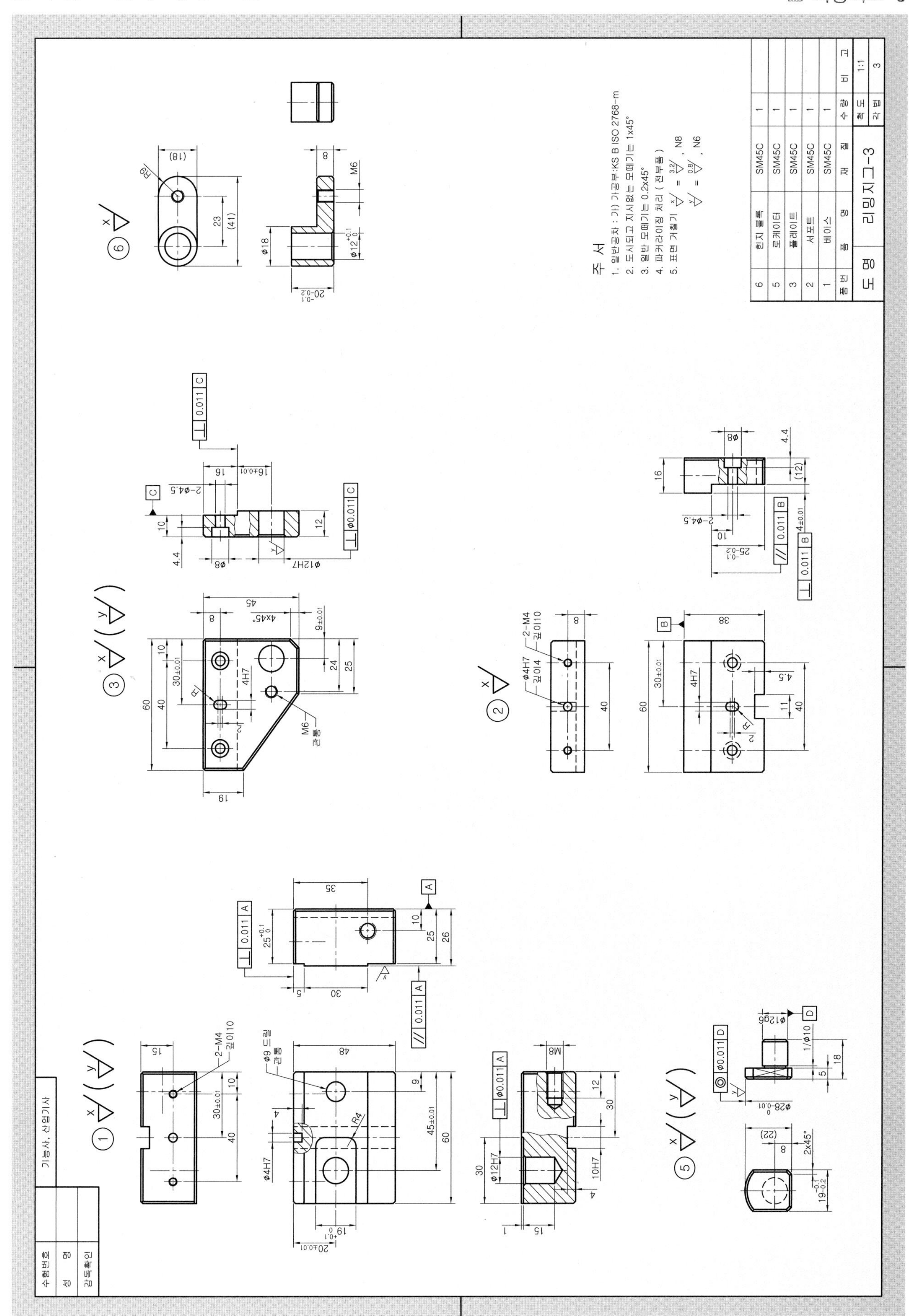

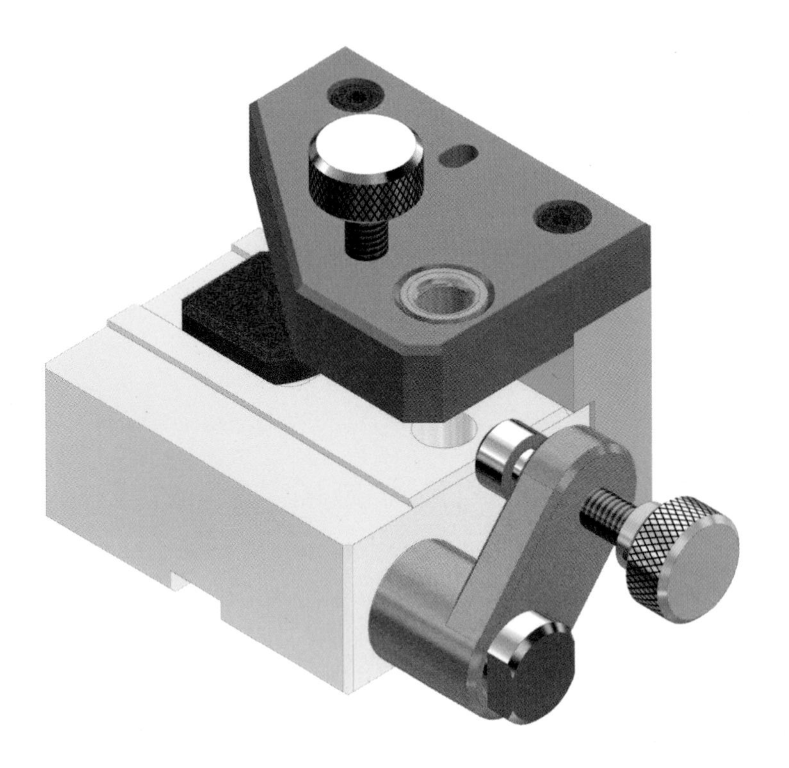

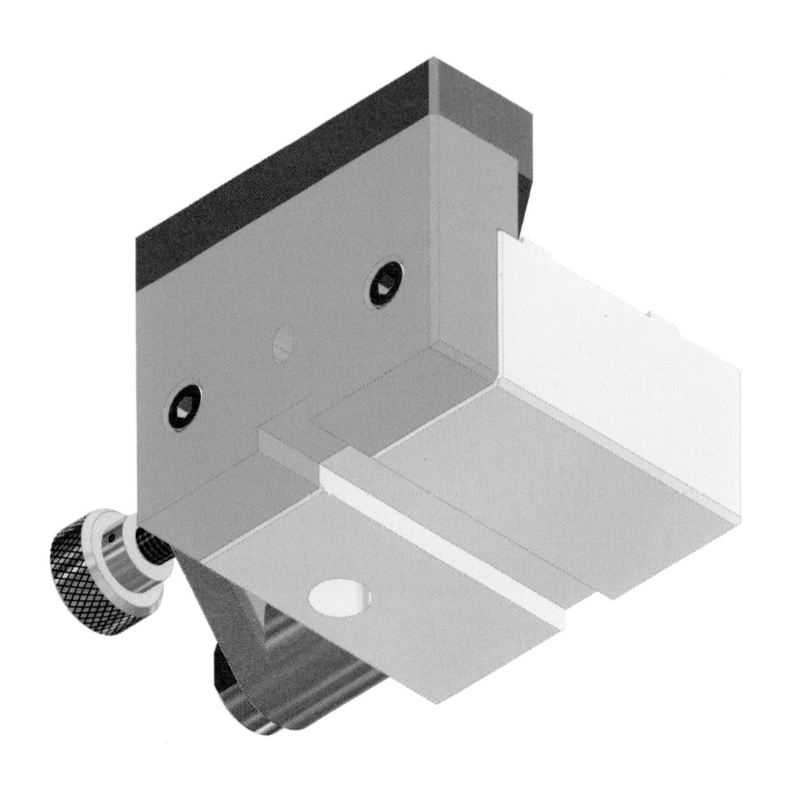

렌더링 분해 등각 구조도

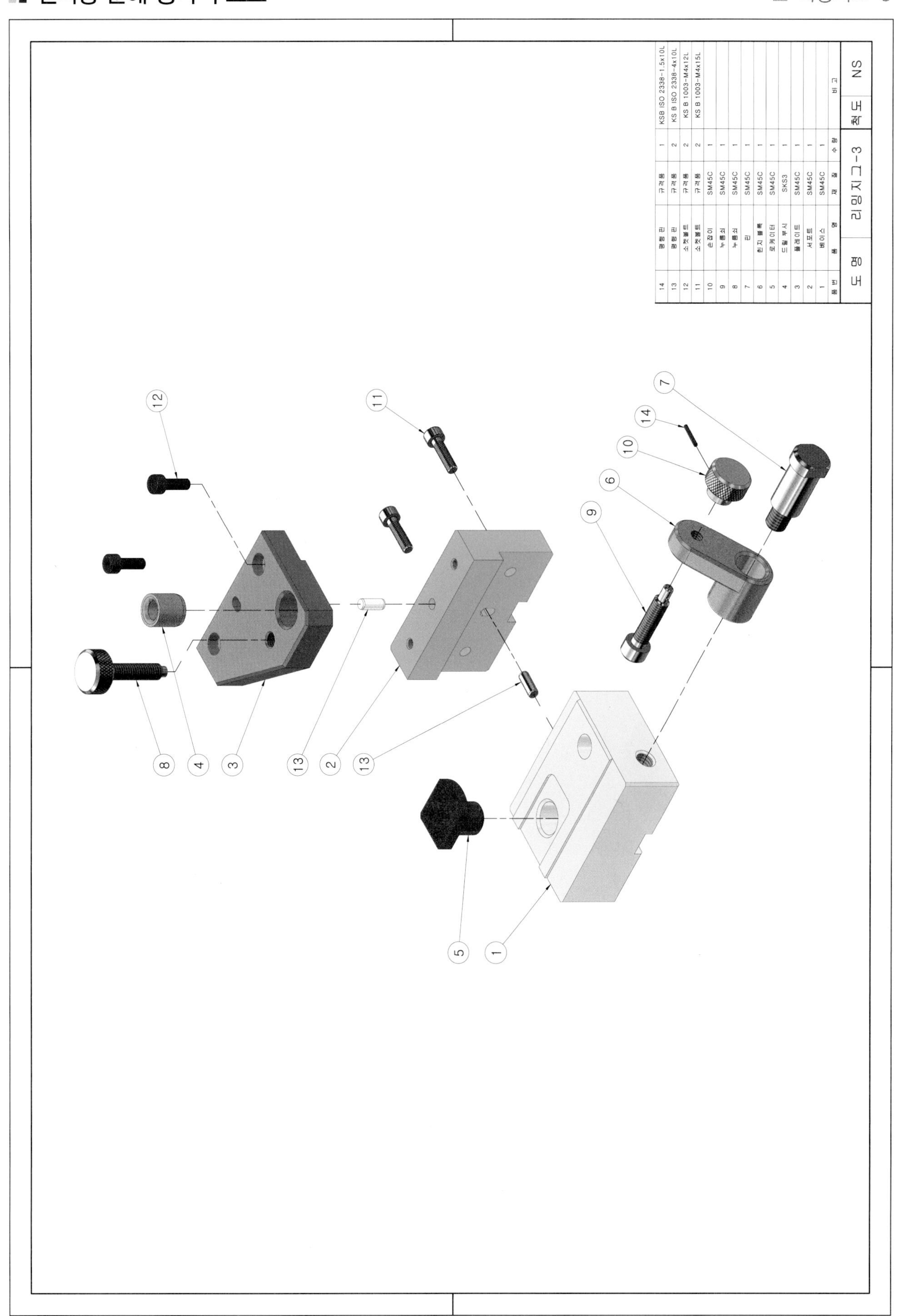
14 평행 핀 규격품 1 KSB ISO 2338-1.5x10L
13 평행 핀 규격품 2 KS B ISO 2338-4x10L
12 소켓볼트 규격품 2 KS B 1003-M4x12L
11 소켓볼트 규격품 2 KS B 1003-M4x15L
10 손잡이 SM45C 1
9 누름쇠 SM45C 1
8 누름쇠 SM45C 1
7 핀 SM45C 1
6 힌지 블록 SM45C 1
5 로케이터 SM45C 1
4 드릴 부시 SKS3 1
3 플레이트 SM45C 1
2 서포트 SM45C 1
1 베이스 SM45C 1
품번 품명 재질 수량 비고
도명 리밍지그-3 척도 NS

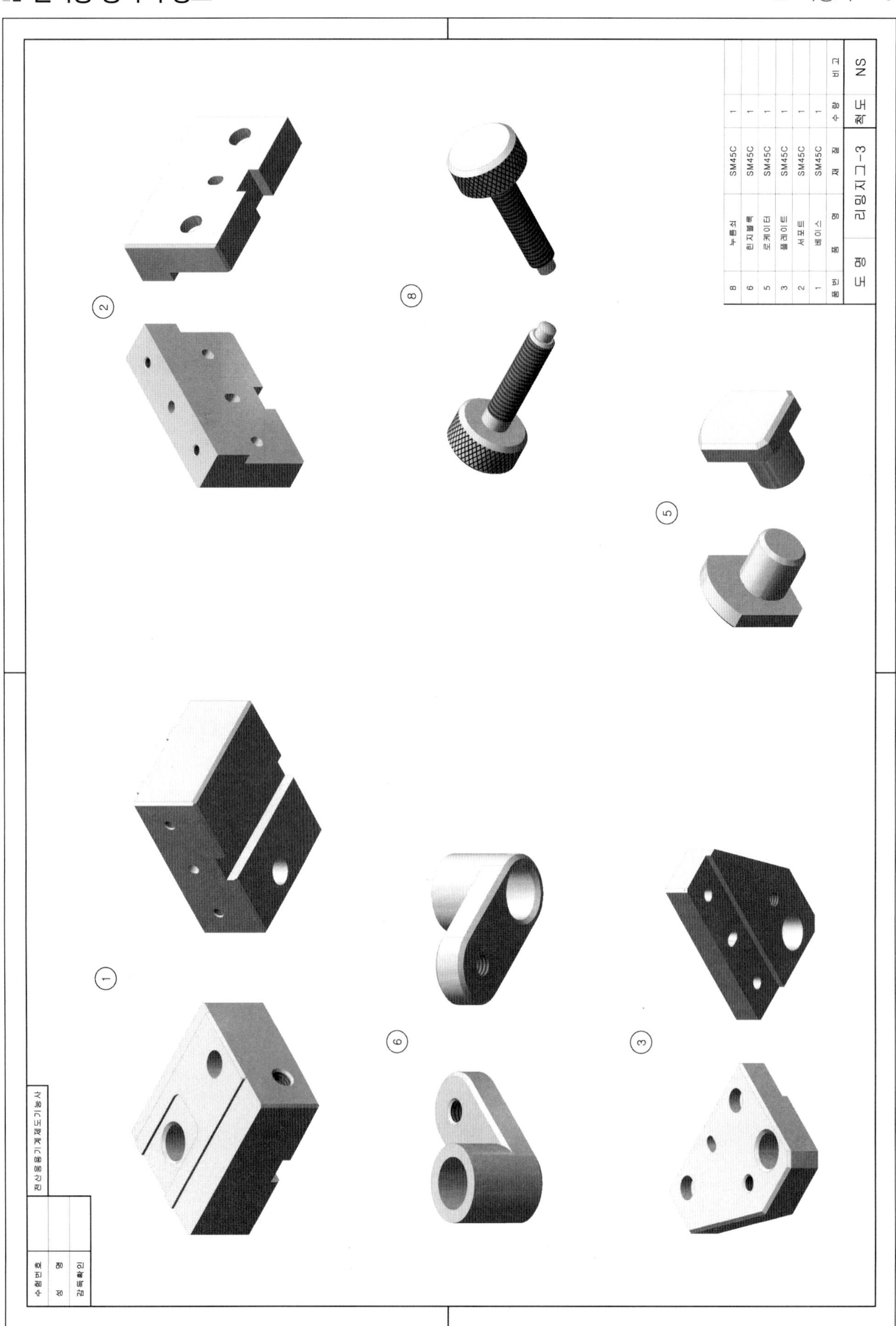
8 누름쇠 SM45C 1
6 힌지블록 SM45C 1
5 로케이터 SM45C 1
3 플레이트 SM45C 1
2 서포트 SM45C 1
1 베이스 SM45C 1
품번 품명 재질 수량 비고
도명 리밍지그-3 척도 NS
전산응용기계제도기능사
수험번호
성명
감독확인
①
②
③
⑤
⑥
⑧

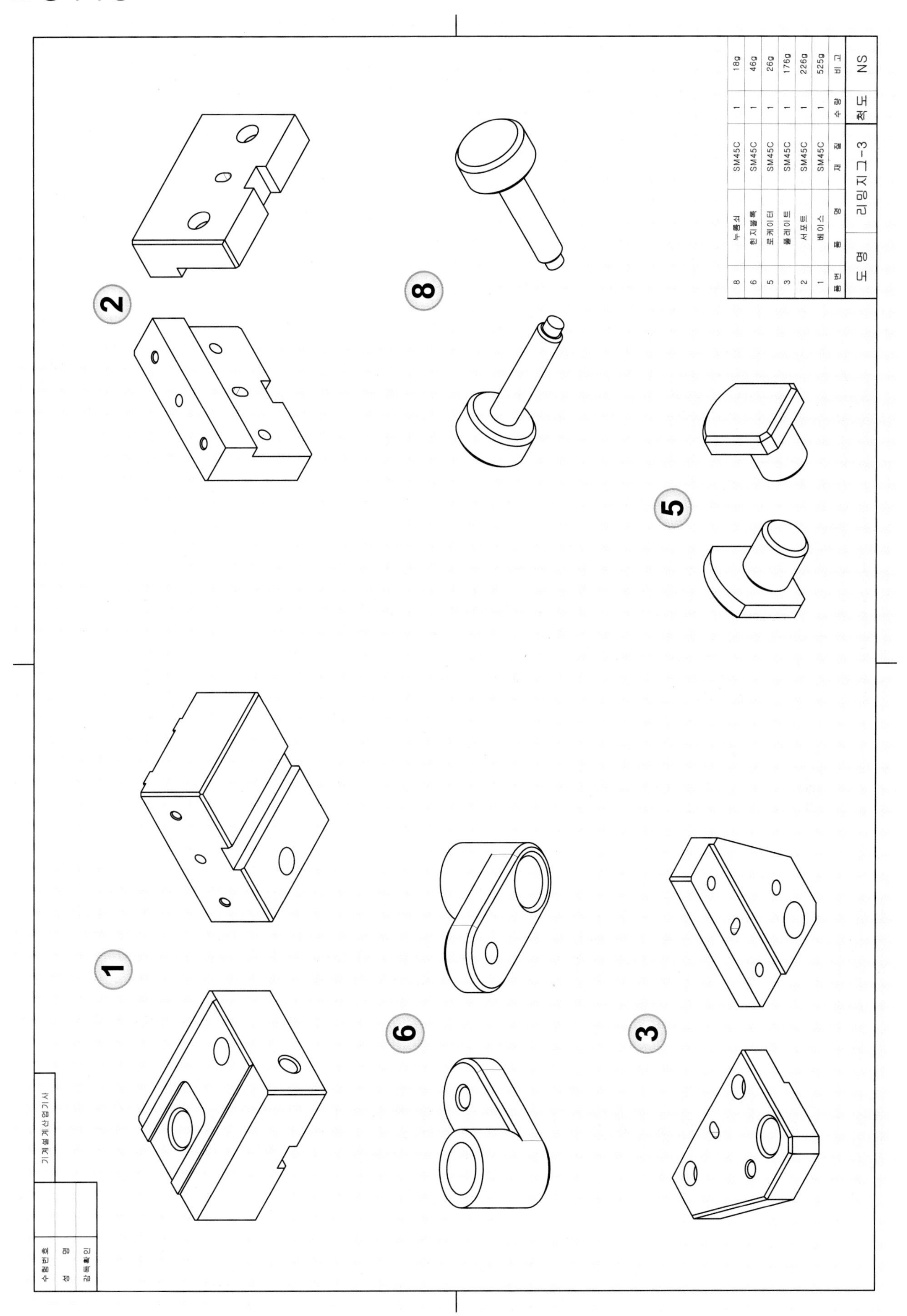
8 누름쇠 SM45C 1 18g
6 힌지블록 SM45C 1 46g
5 로케이터 SM45C 1 26g
3 플레이트 SM45C 1 176g
2 서포트 SM45C 1 226g
1 베이스 SM45C 1 525g
품번 품명 재질 수량 비고
도명 리밍지그-3 척도 NS
수험번호
성명
감독확인
기계설계산업기사
1
2
3
5
6
8

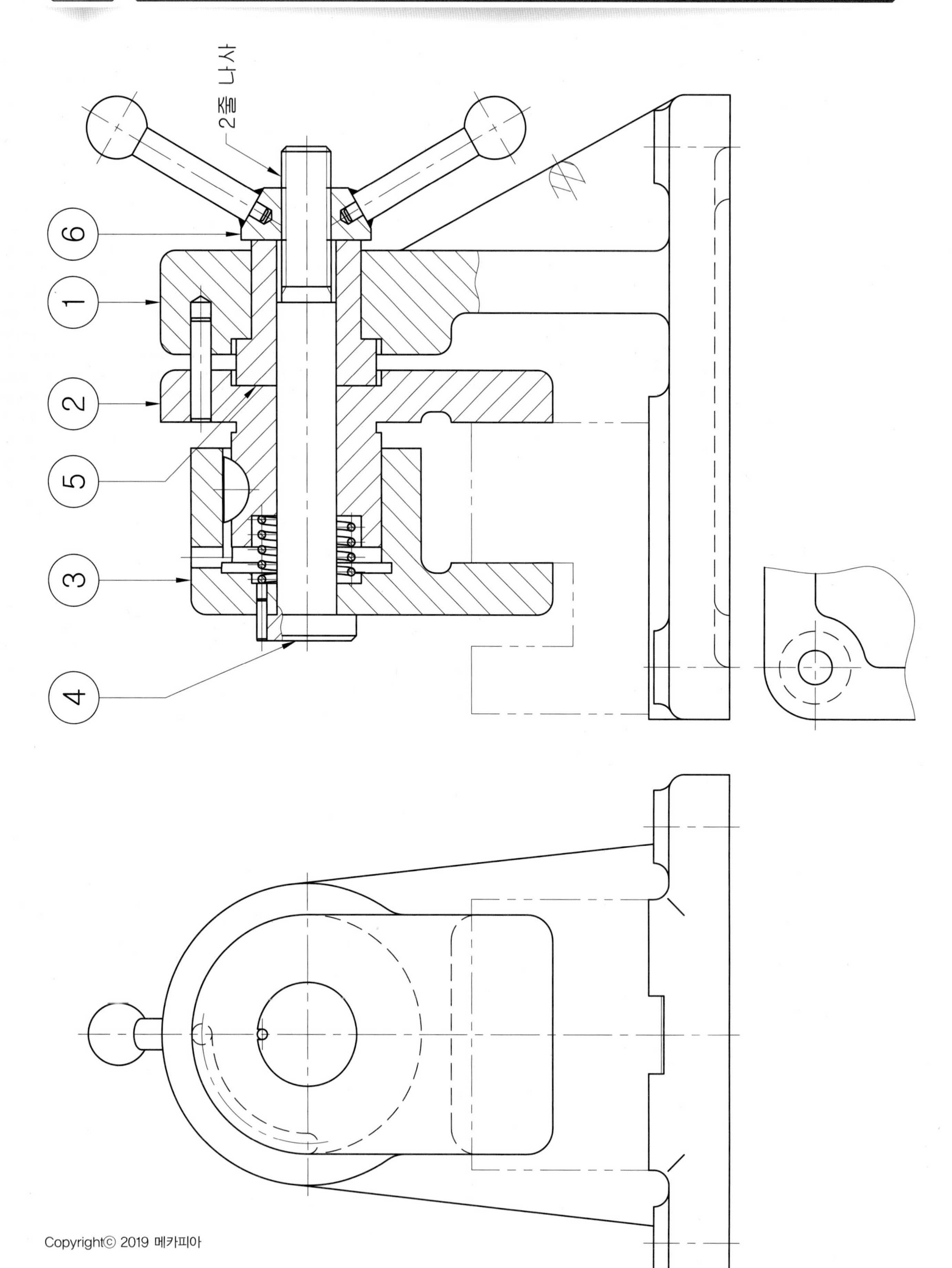
2줄 나사
6
1
2
5
3
4

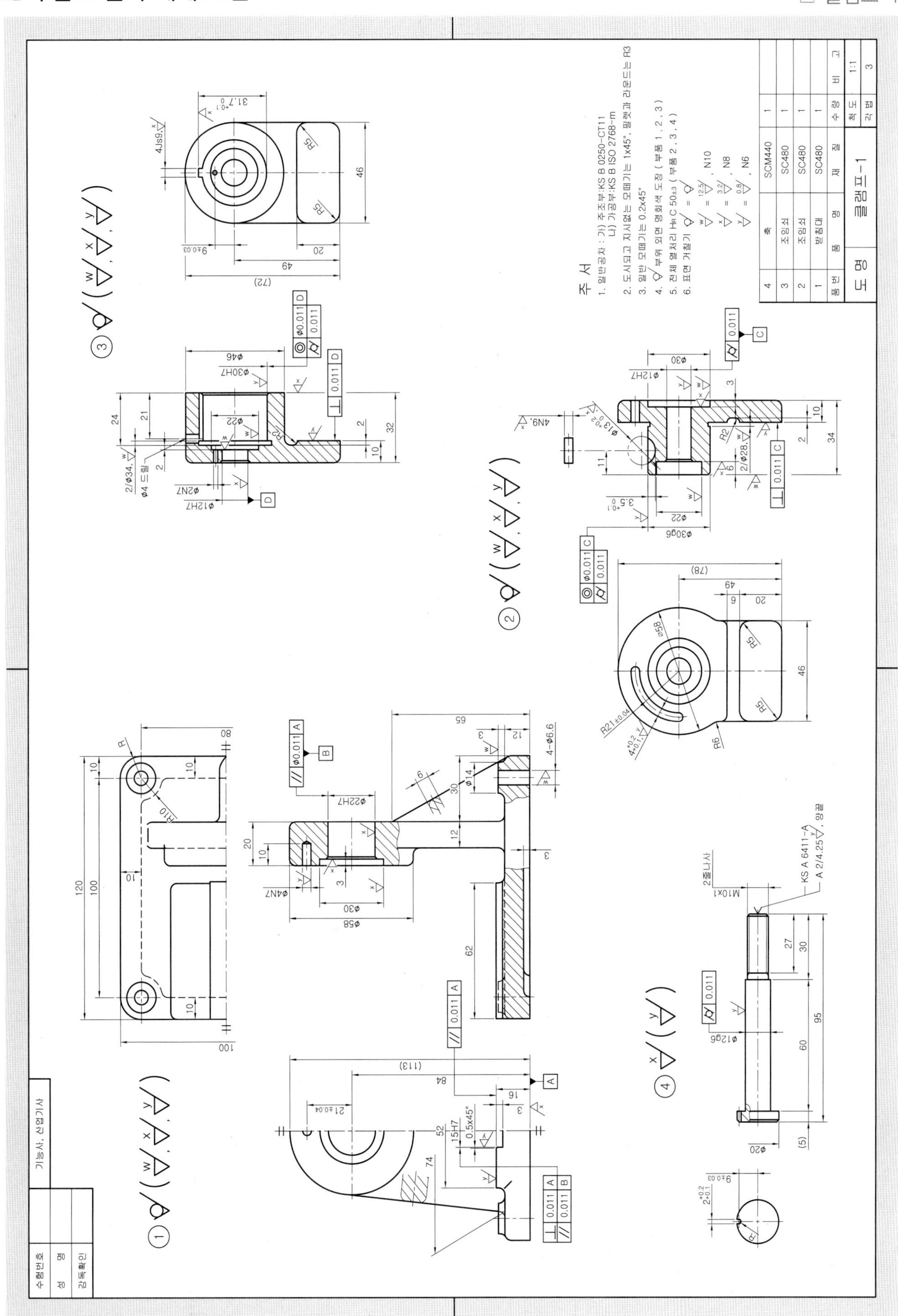
주 서
1. 일반공차 : 가) 주조부:KS B 0250-CT11
나) 가공부:KS B ISO 2768-m
2. 도시되고 지시없는 모떼기는 1x45°, 필렛과 라운드는 R3
3. 일반 모떼기는 0.2x45°
4. 부위 외면 명회색 도장 (부품 1, 2, 3)
5. 전체 열처리 HRC 50±3 (부품 2, 3, 4)
6. 표면 거칠기
4 축 SCM440 1
3 조임쇠 SC480 1
2 조임쇠 SC480 1
1 받침대 SC480 1
품번 품 명 재 질 수 량 비 고
도 명 클램프-1
척도 1:1
각법 3
수험번호
성 명
감독확인
기능사, 산업기사

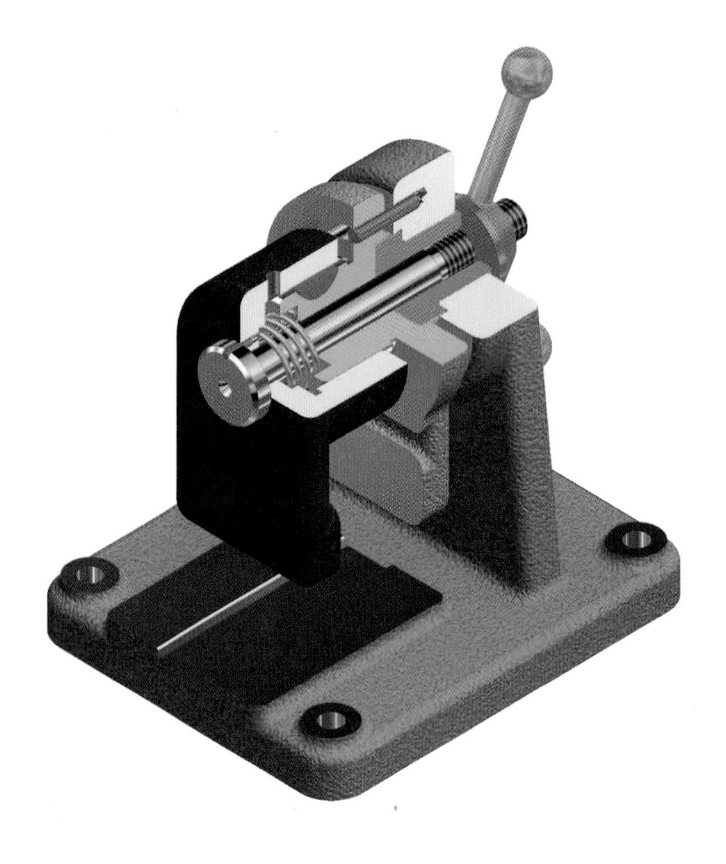

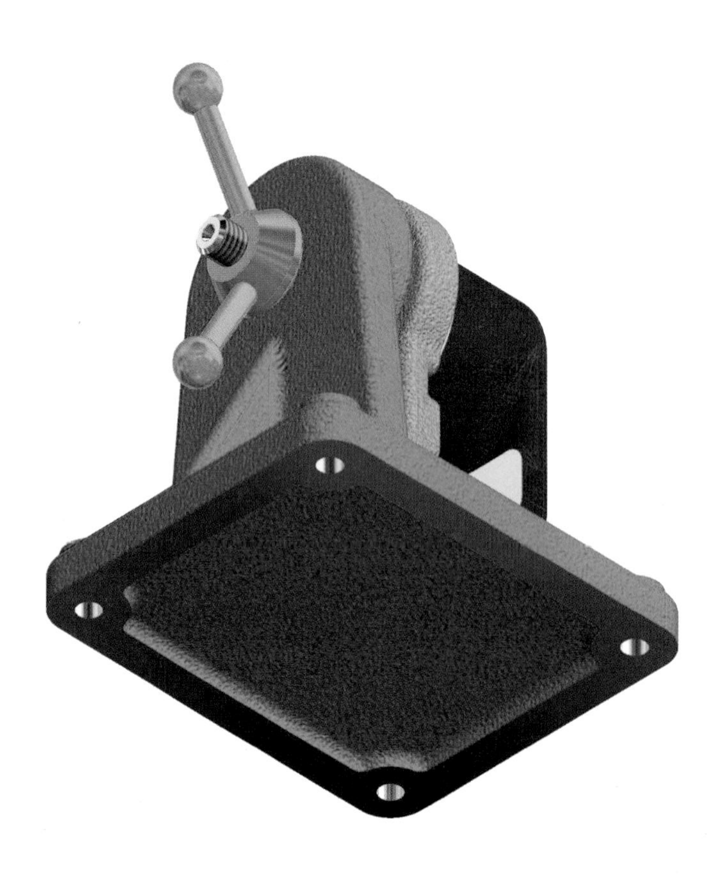

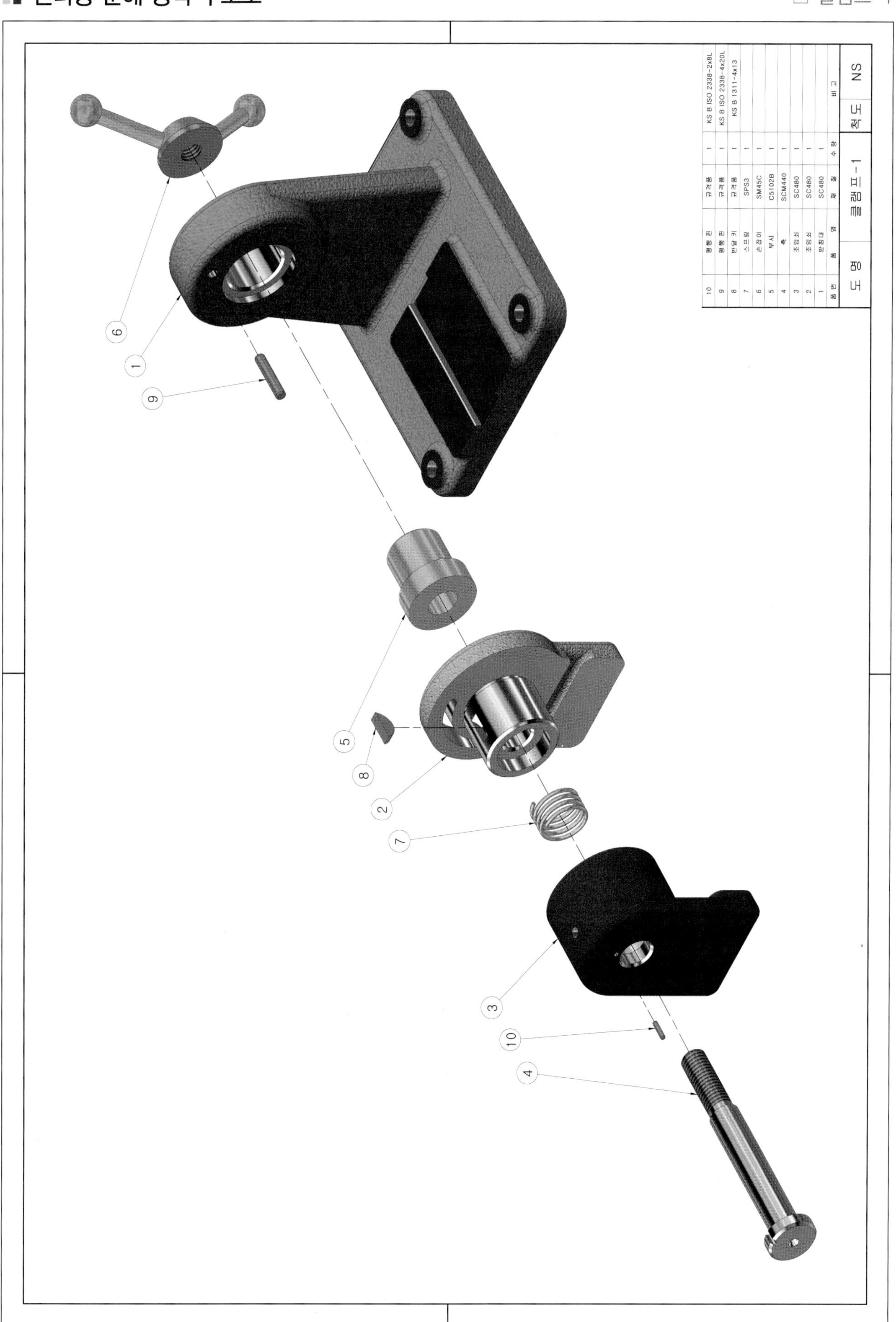

품번	품 명	재 질	수 량	비 고
10	평행 핀	규격품	1	KS B ISO 2338-2x8L
9	평행 핀	규격품	1	KS B ISO 2338-4x20L
8	반달 키	규격품	1	KS B 1311-4x13
7	스프링	SPS3	1	
6	손잡이	SM45C	1	
5	부시	C5102B	1	
4	축	SCM440	1	
3	조임쇠	SC480	1	
2	조임쇠	SC480	1	
1	받침대	SC480	1	
도 명	클램프-1		척 도	NS

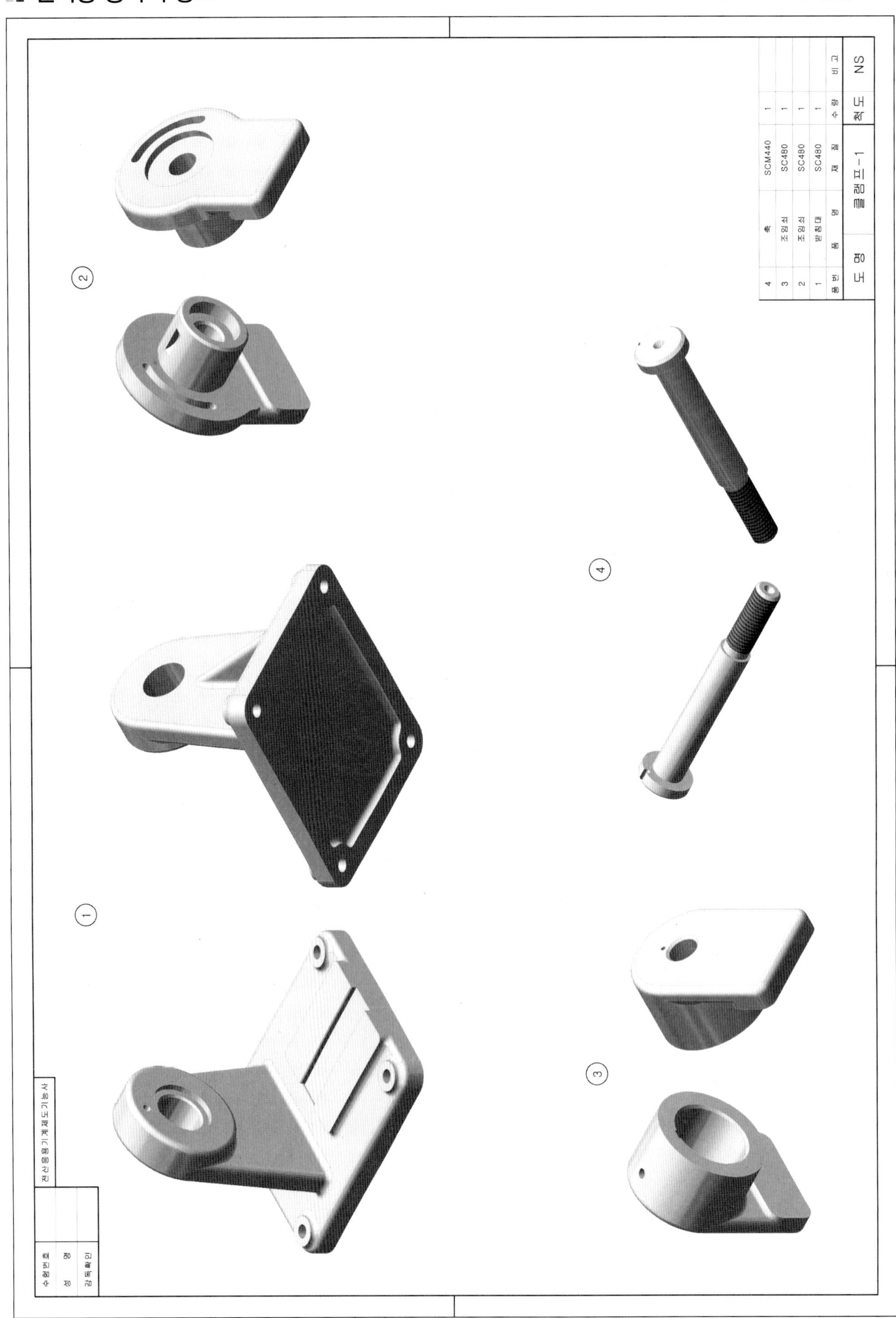
4 축 SCM440 1
3 조임쇠 SC480 1
2 조임쇠 SC480 1
1 받침대 SC480 1
품번 품명 재질 수량 비고
도명 클램프-1 척도 NS
전산응용기계제도기능사
수험번호
성명
감독확인
①
②
③
④

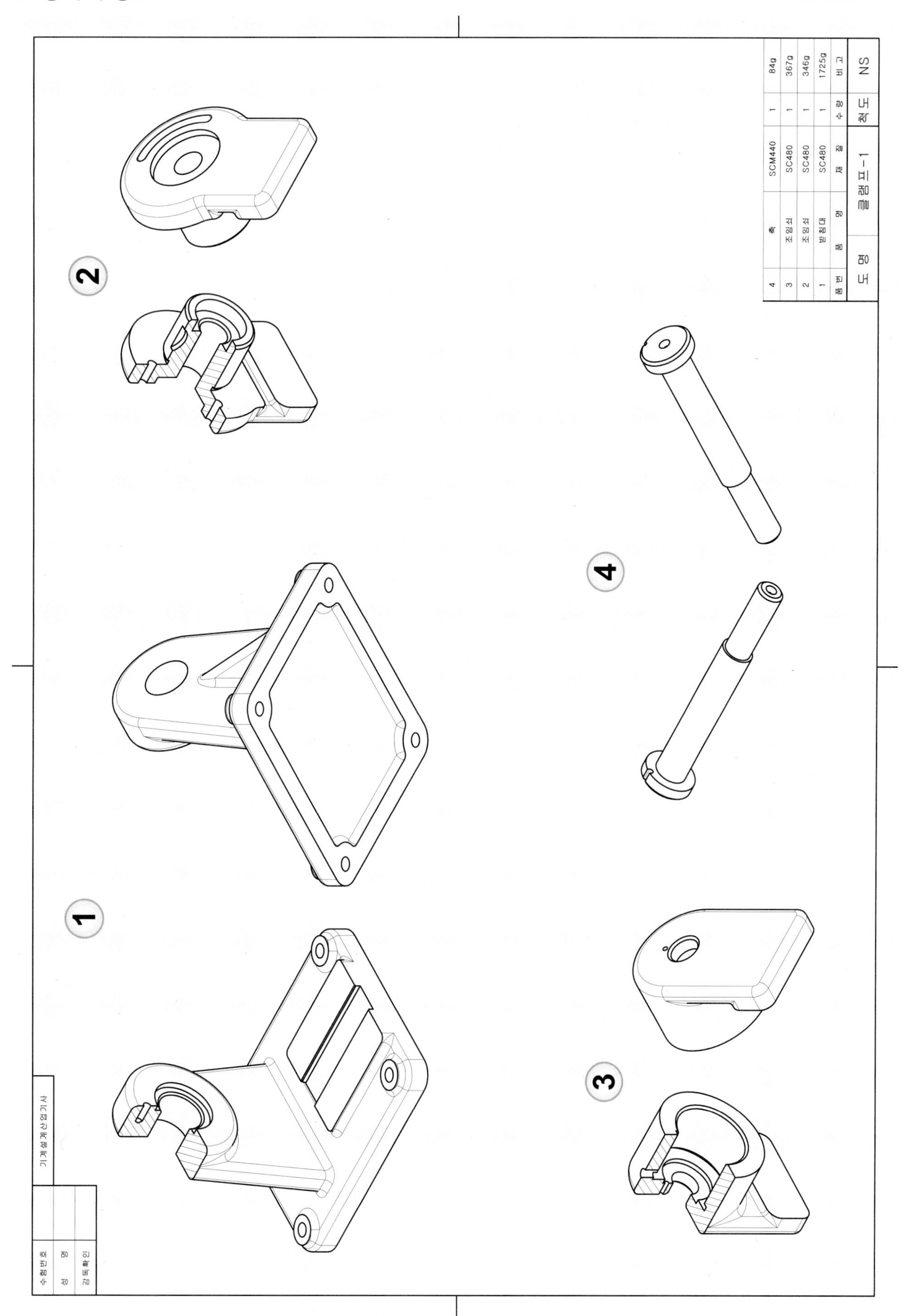
4 축 SCM440 1 84g
3 조임쇠 SC480 1 367g
2 조임쇠 SC480 1 346g
1 받침대 SC480 1 1725g
품번 품명 재질 수량 비고
도명 클램프-1 척도 NS
1
2
3
4
수험번호
성명
감독확인
기계설계산업기사

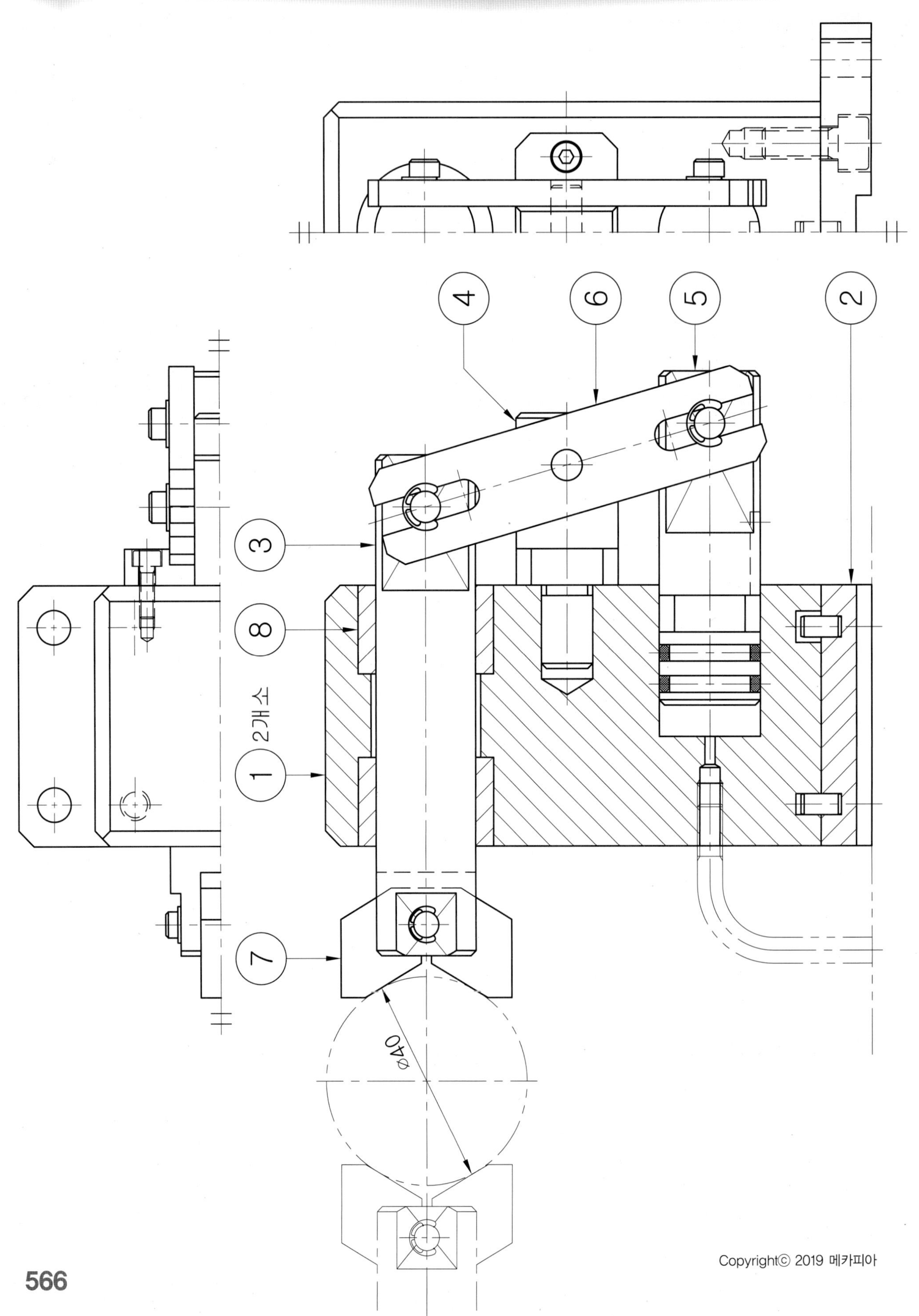
4
6
5
2
3
8
2개소
1
7
φ40

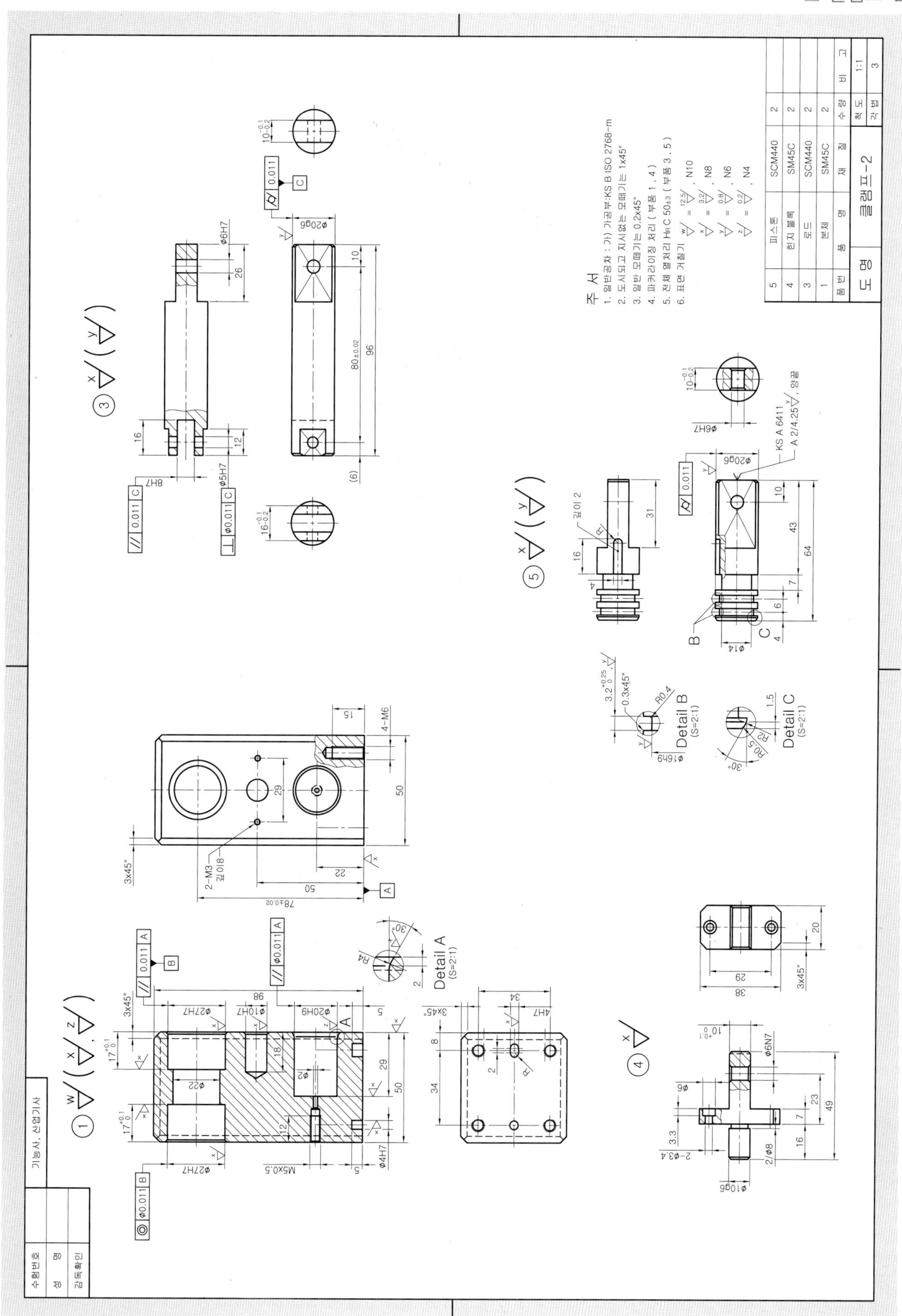
주 서
1. 일반공차 : 가) 가공부:KS B ISO 2768-m
2. 도시되고 지시없는 모떼기는 1x45°
3. 일반 모떼기는 0.2x45°
4. 파커라이징 처리 (부품 1 , 4)
5. 전체 열처리 HRC 50±3 (부품 3 , 5)
6. 표면 거칠기
5 피스톤 SCM440 2
4 힌지 블록 SM45C 2
3 로드 SCM440 2
1 본체 SM45C 2
품번 품명 재질 수량 비고
도명 클램프-2
척도 1:1
각법 3
Detail A (S=2:1)
Detail B (S=2:1)
Detail C (S=2:1)
수험번호
성명
감독확인
기능사, 산업기사

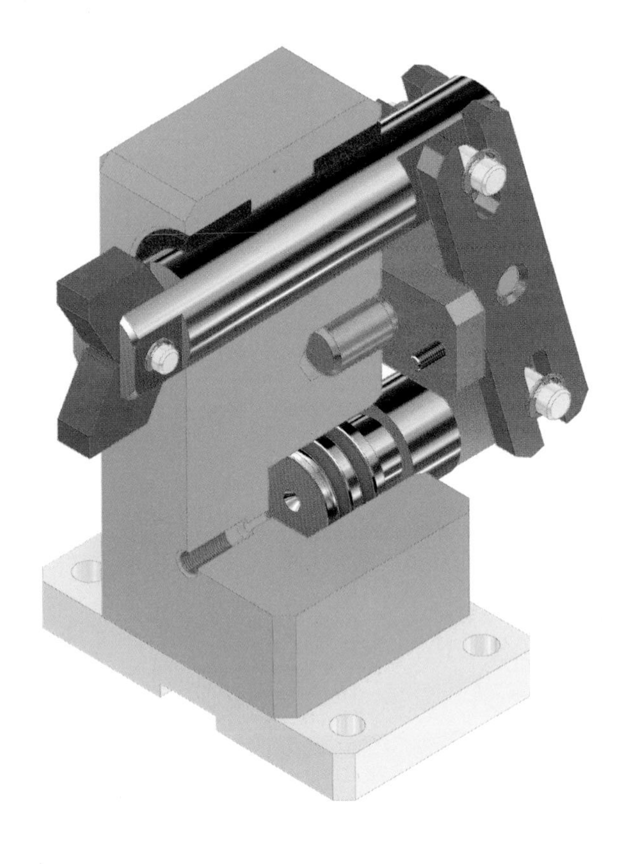

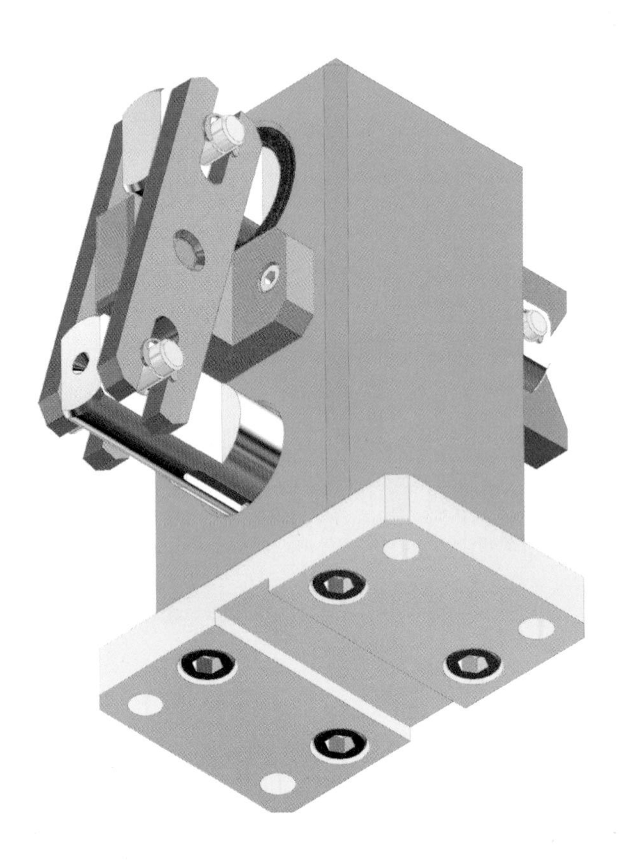

렌더링 분해 등각 구조도

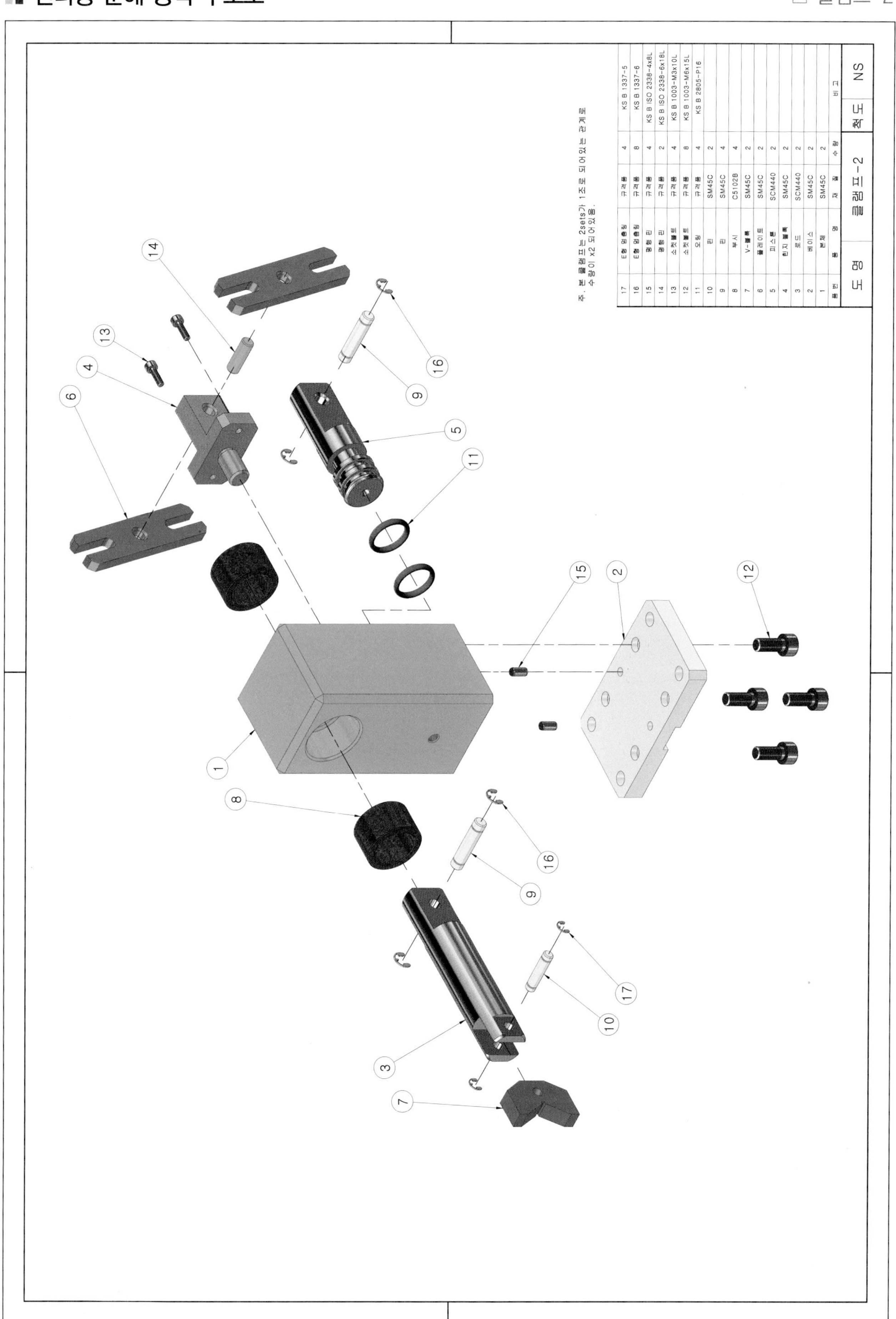

품번	품 명	재 질	수 량	비 고
17	E형 멈춤링	규격품	4	KS B 1337-5
16	E형 멈춤링	규격품	8	KS B 1337-6
15	평행 핀	규격품	4	KS B ISO 2338-4x8L
14	평행 핀	규격품	2	KS B ISO 2338-6x18L
13	소켓볼트	규격품	4	KS B 1003-M3x10L
12	소켓볼트	규격품	8	KS B 1003-M6x15L
11	오링	규격품	4	KS B 2805-P16
10	핀	SM45C	2	
9	핀	SM45C	4	
8	부시	C5102B	4	
7	V-블록	SM45C	2	
6	플레이트	SM45C	2	
5	피스톤	SCM440	2	
4	힌지 블록	SM45C	2	
3	로드	SCM440	2	
2	베이스	SM45C	2	
1	본체	SM45C	2	

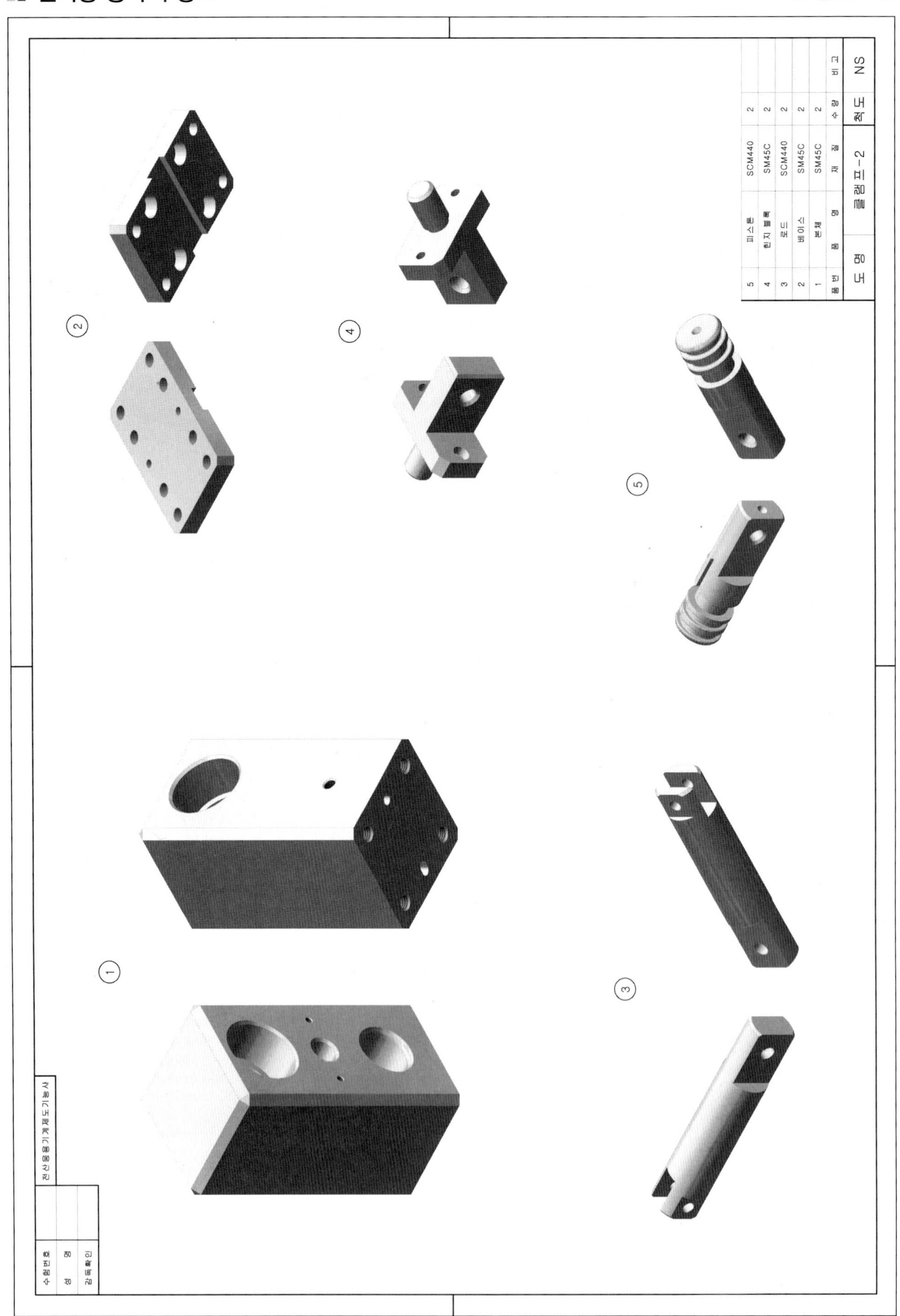
5 피스톤 SCM440 2
4 힌지블록 SM45C 2
3 로드 SCM440 2
2 베이스 SM45C 2
1 본체 SM45C 2
품번 품명 재질 수량 비고
도명 클램프-2 척도 NS
전산응용기계제도기능사
수험번호
성명
감독확인
①
②
③
④
⑤

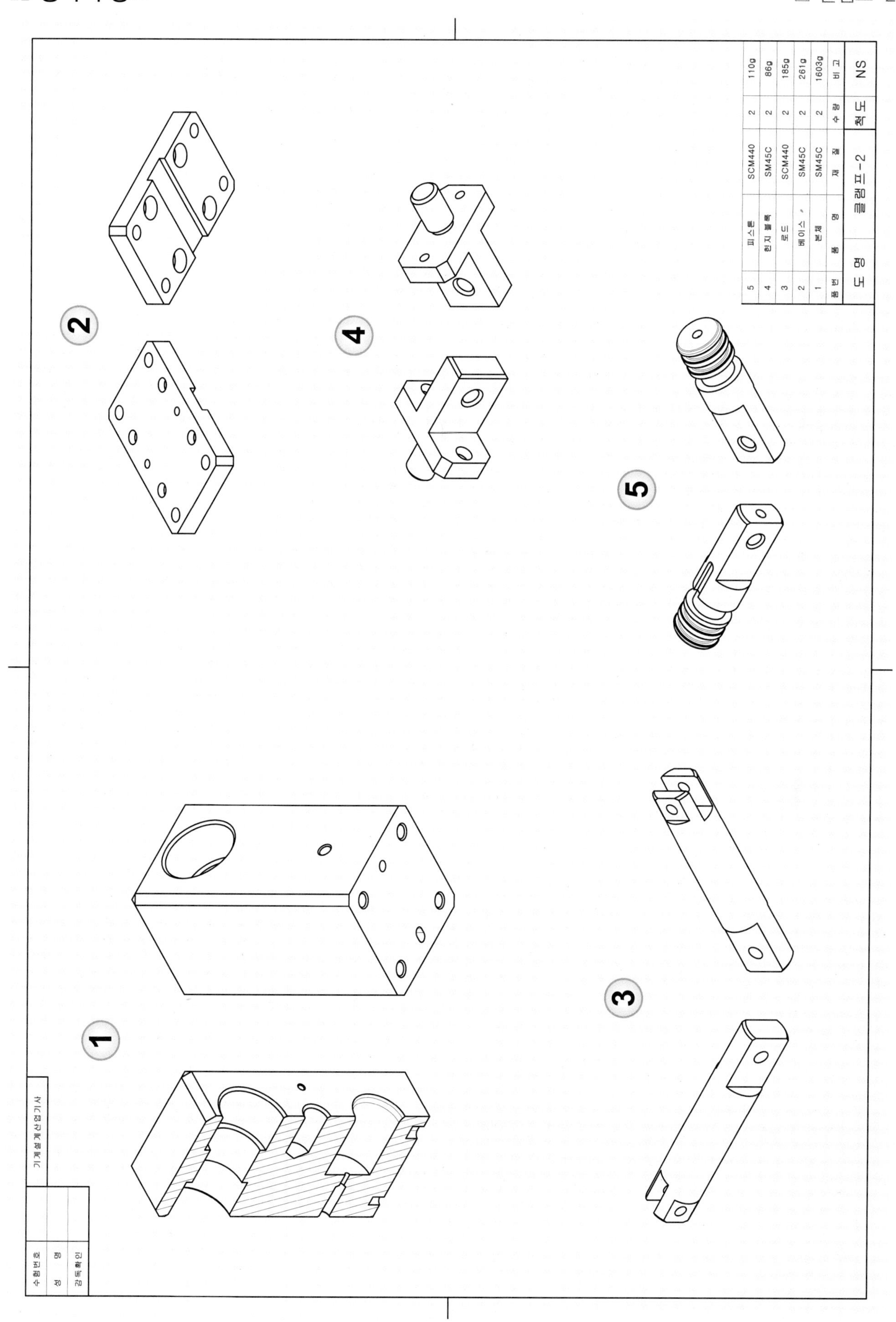
5 피스톤 SCM440 2 110g
4 힌지 블록 SM45C 2 86g
3 로드 SCM440 2 185g
2 베이스 SM45C 2 261g
1 본체 SM45C 2 1603g
품번 품명 재질 수량 비고
도명 클램프-2 척도 NS
기계설계산업기사
수험번호
성명
감독확인
1
2
3
4
5

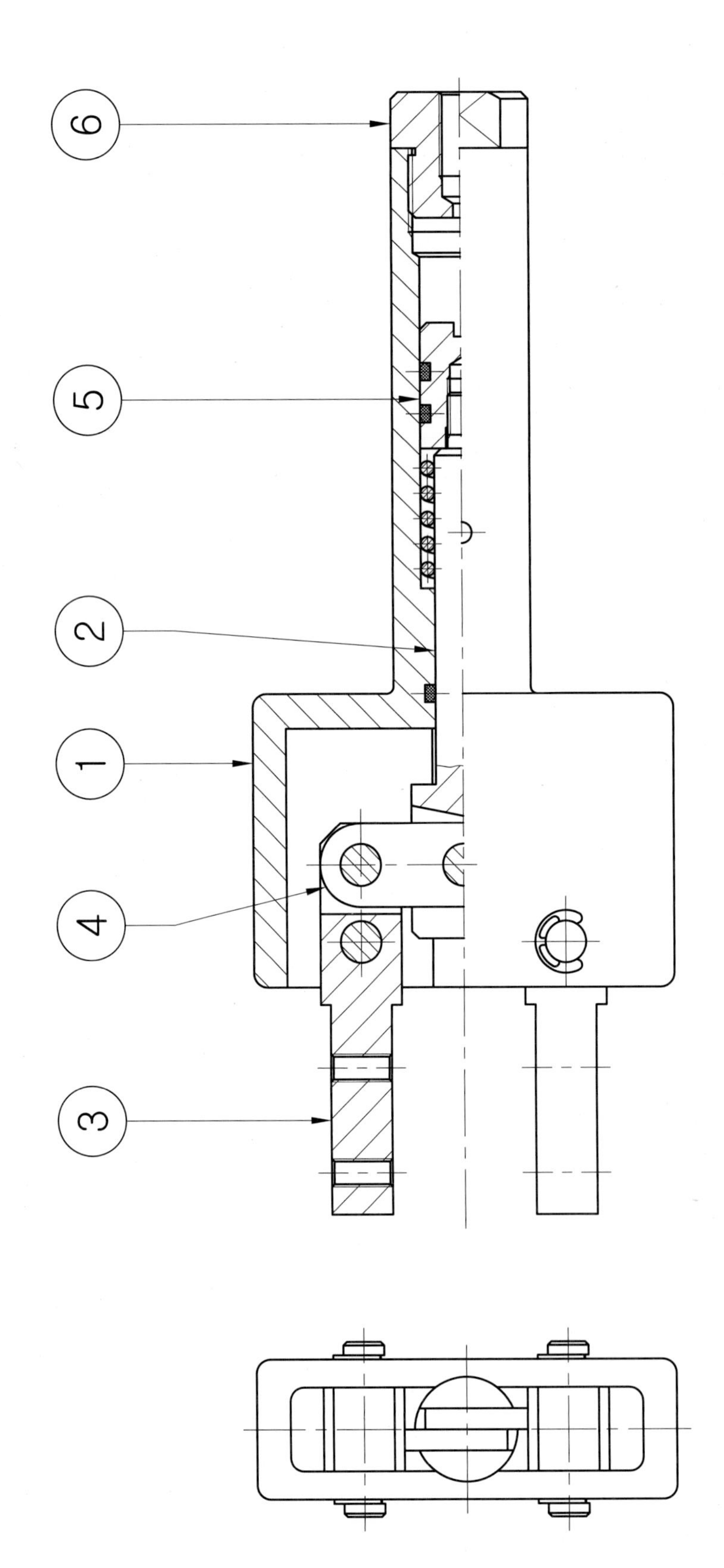
6
5
2
1
4
3

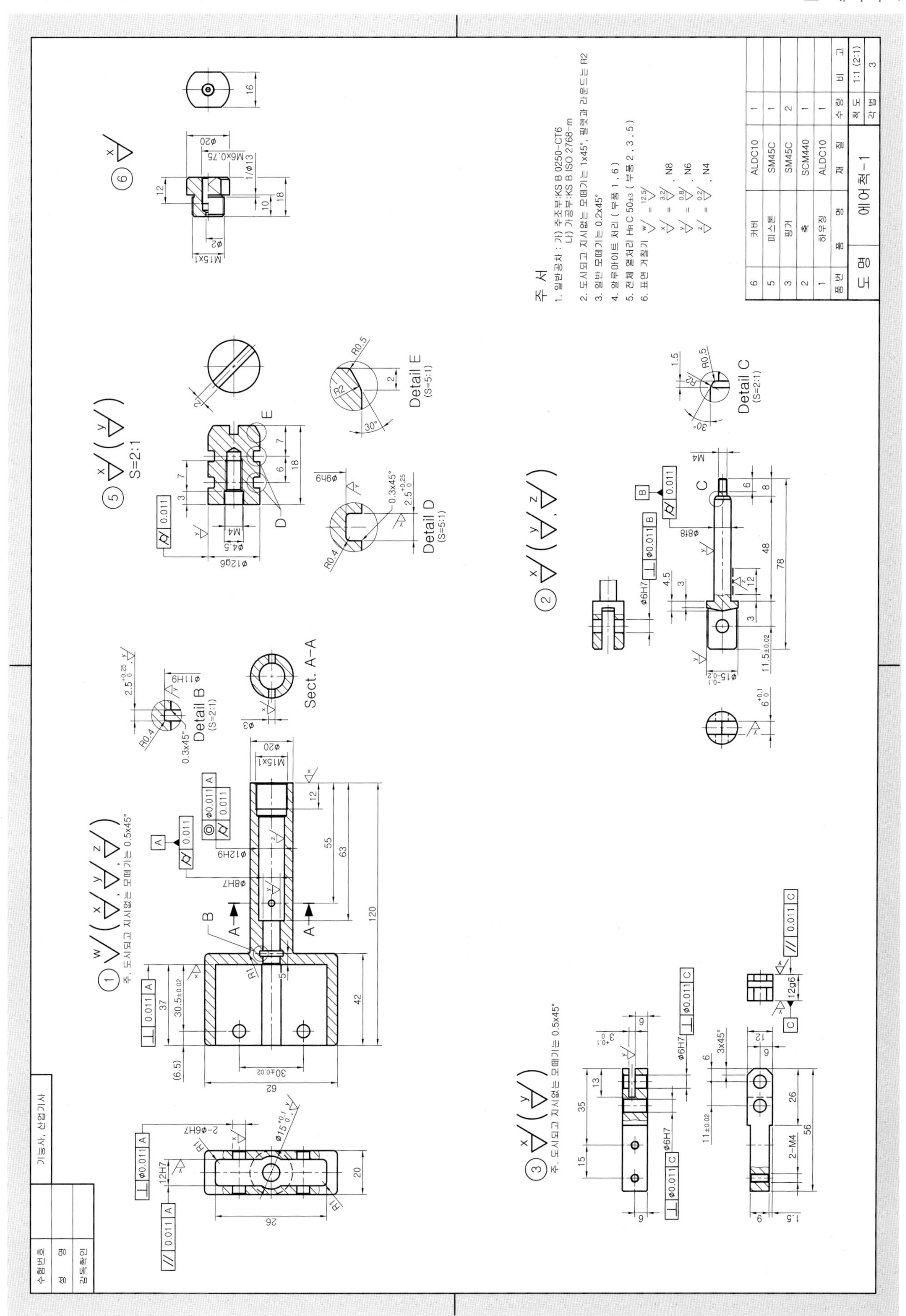
주 서
1. 일반공차 : 가) 주조부:KS B 0250-CT6
나) 가공부:KS B ISO 2768-m
2. 도시되고 지시없는 모떼기는 1x45°, 필렛과 라운드는 R2
3. 일반 모떼기는 0.2x45°
4. 알루마이트 처리 (부품 1, 6)
5. 전체 열처리 HRC 50±3 (부품 2, 3, 5)
6. 표면 거칠기
Detail B (S=2:1)
Sect. A-A
Detail D (S=5:1)
Detail E (S=5:1)
Detail C (S=2:1)
S=2:1
주. 도시되고 지시없는 모떼기는 0.5x45°
하우징
커버
피스톤
축
ALDC10
SM45C
SCM440
도 명
에어척-1
척 도
1:1 (2:1)
각 법
3
수험번호
성 명
감독확인
기능사, 산업기사

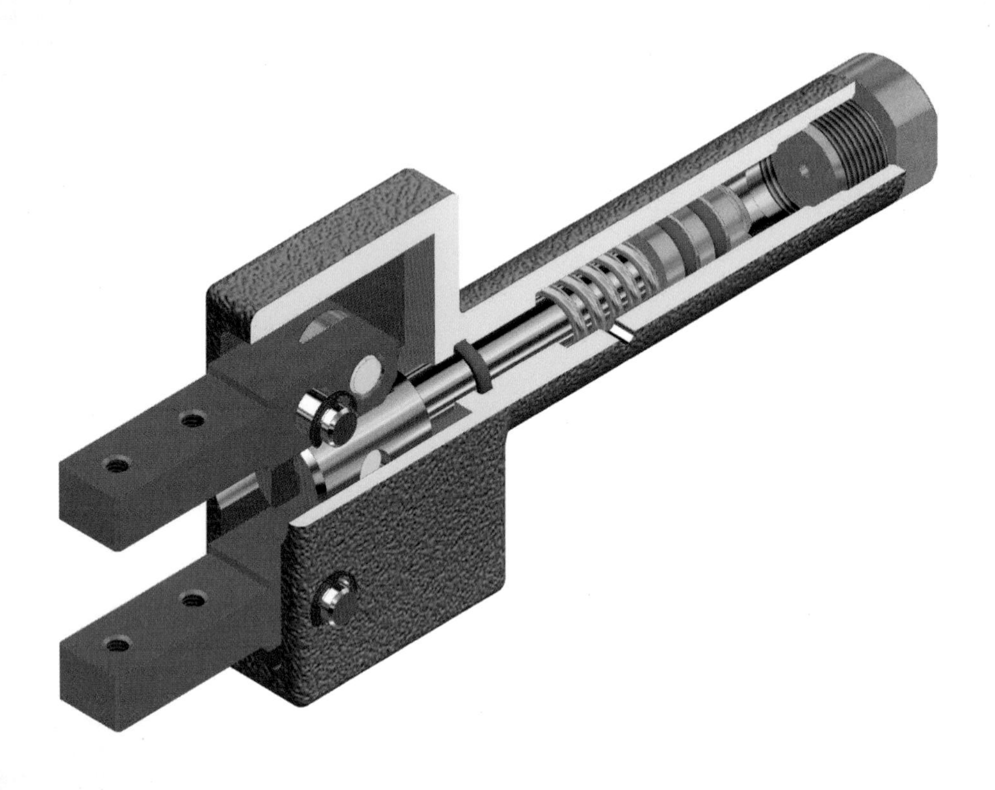

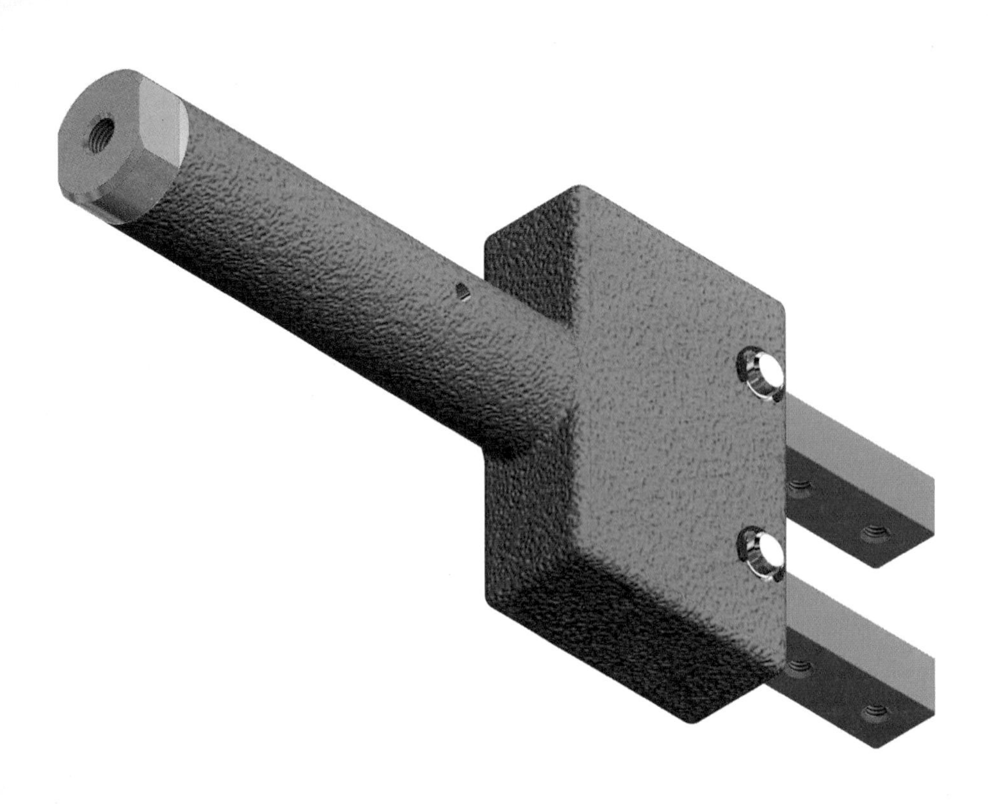

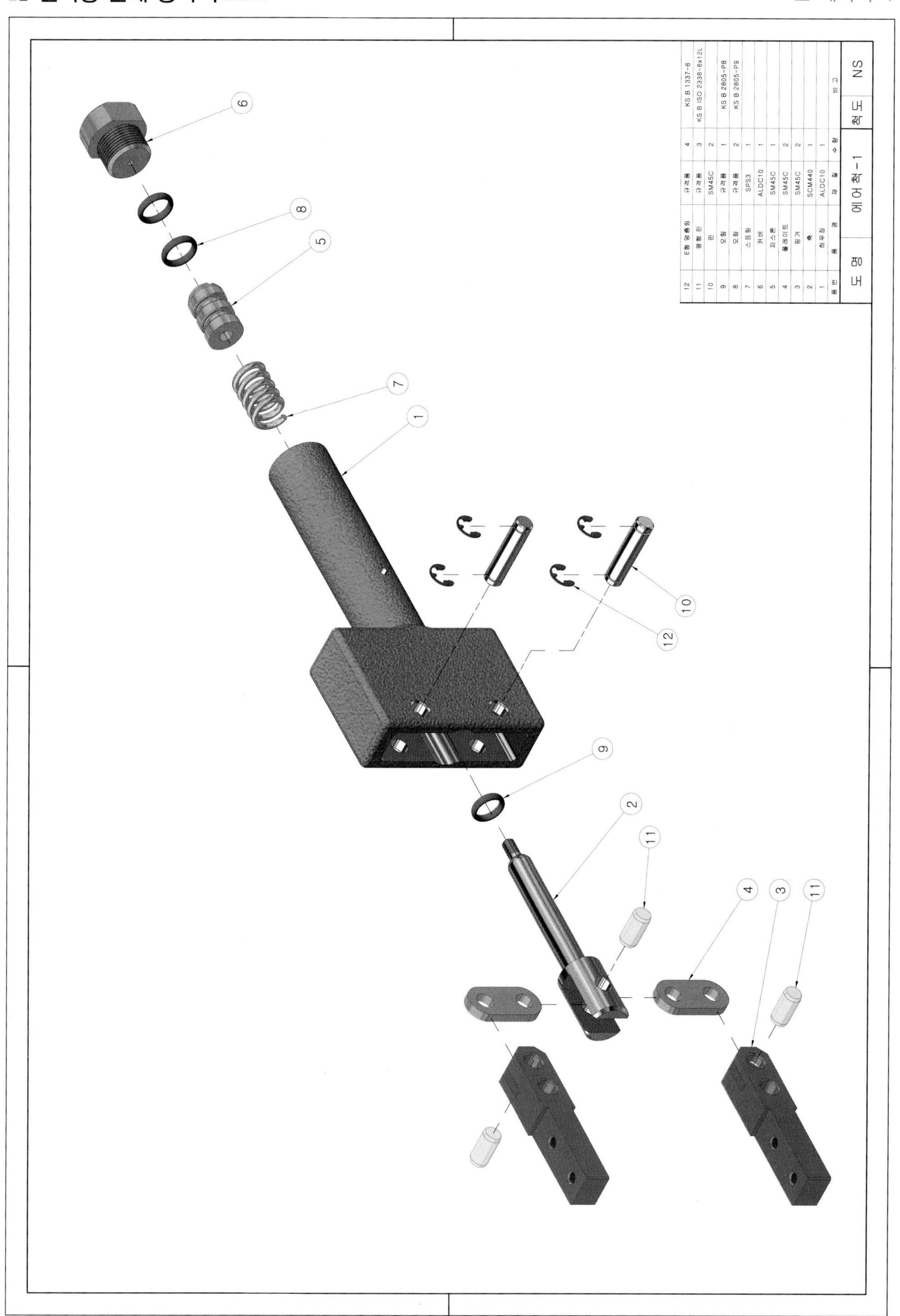

품번	품명	재질	수량	비고
12	E형 멈춤링	규격품	4	KS B 1337-6
11	평행 핀	규격품	3	KS B ISO 2338-6x12L
10	핀	SM45C	2	
9	오링	규격품	1	KS B 2805-P8
8	오링	규격품	2	KS B 2805-P9
7	스프링	SPS3	1	
6	커버	ALDC10	1	
5	피스톤	SM45C	1	
4	플레이트	SM45C	2	
3	핑거	SM45C	2	
2	축	SCM440	1	
1	하우징	ALDC10	1	

도 명	에어척-1	척 도	NS

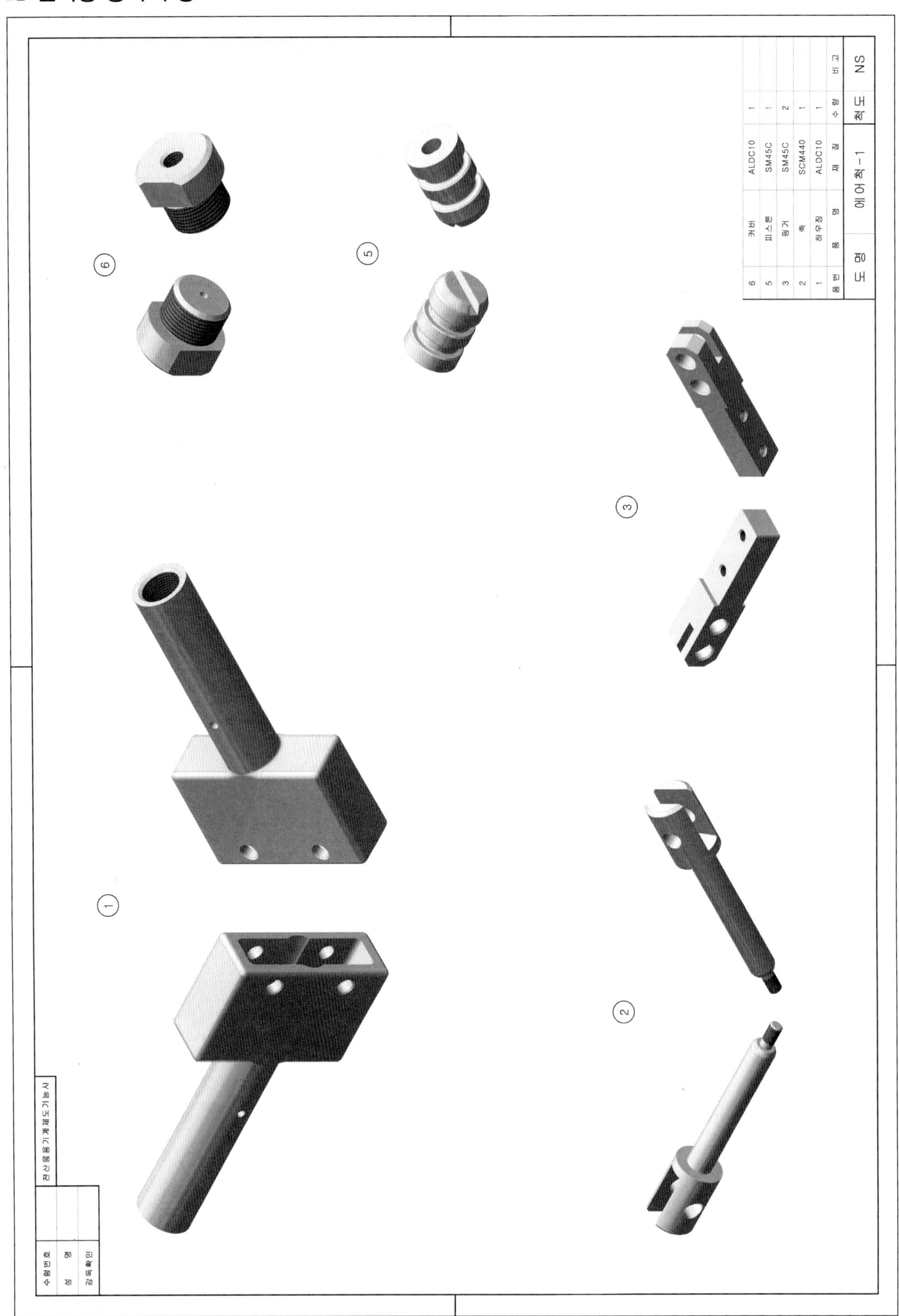

품번	품 명	재 질	수 량	비 고
6	커버	ALDC10	1	
5	피스톤	SM45C	1	
3	핑거	SM45C	2	
2	축	SCM440	1	
1	하우징	ALDC10	1	
도 명	에어척-1		척 도	NS

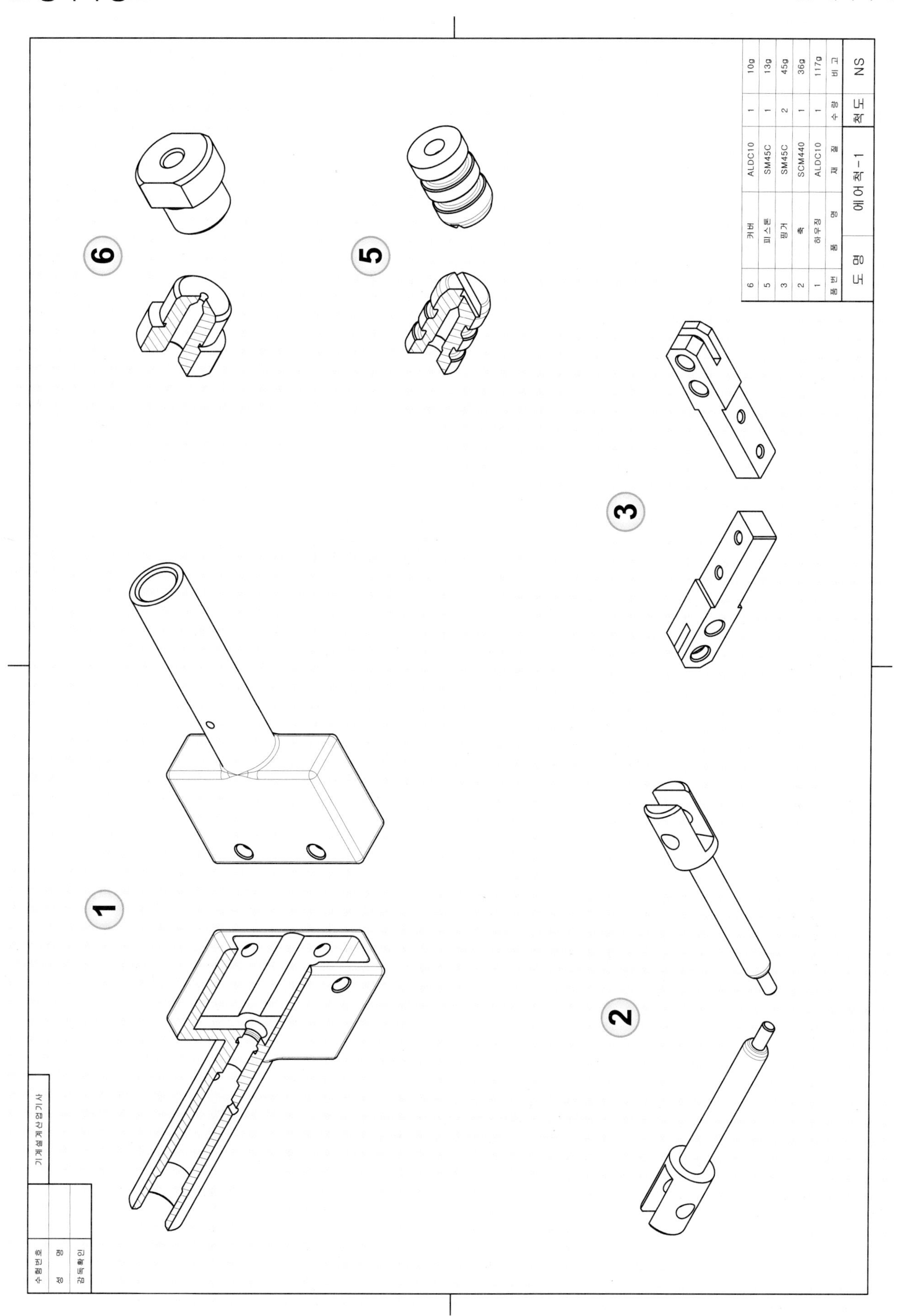
6
5
3
2
1
6 커버 ALDC10 1 10g
5 피스톤 SM45C 1 13g
3 핑거 SM45C 2 45g
2 축 SCM440 1 36g
1 하우징 ALDC10 1 117g
품번 품명 재질 수량 비고
도명 에어척-1 척도 NS
기계설계산업기사
수험번호
성명
감독확인

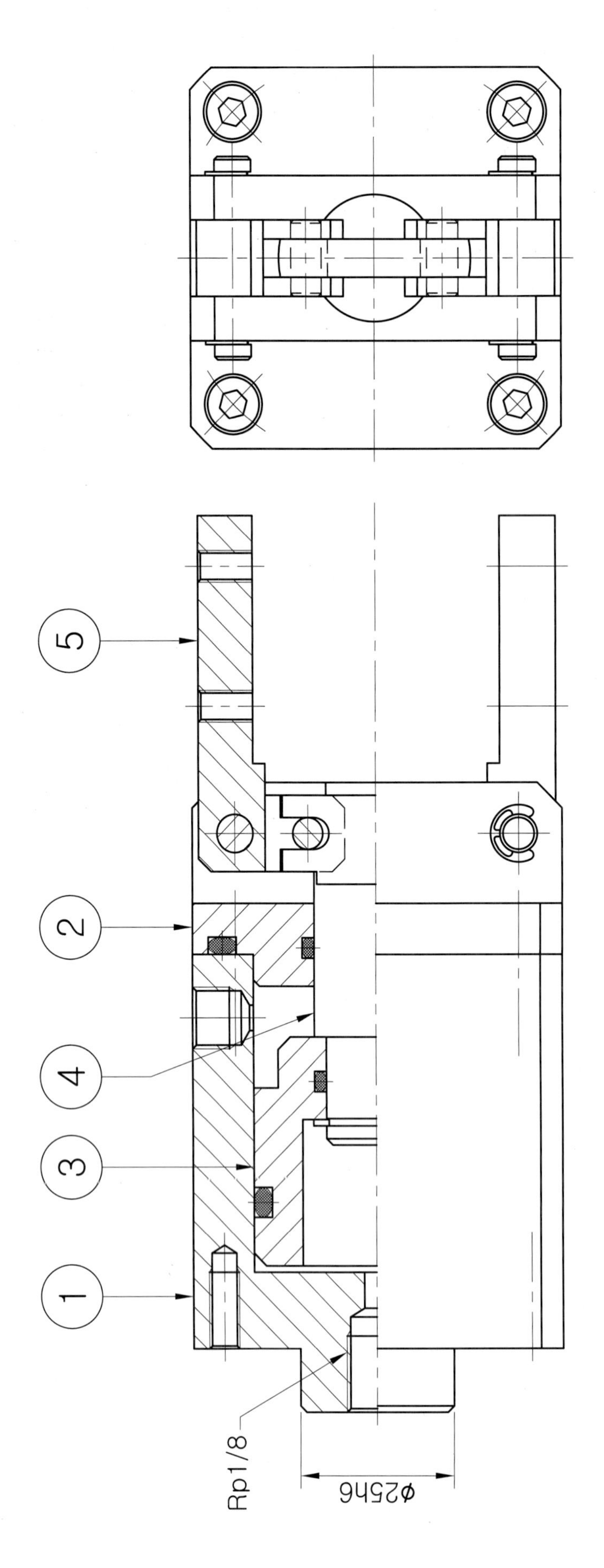
5
2
4
3
1
Rp1/8
φ25h6

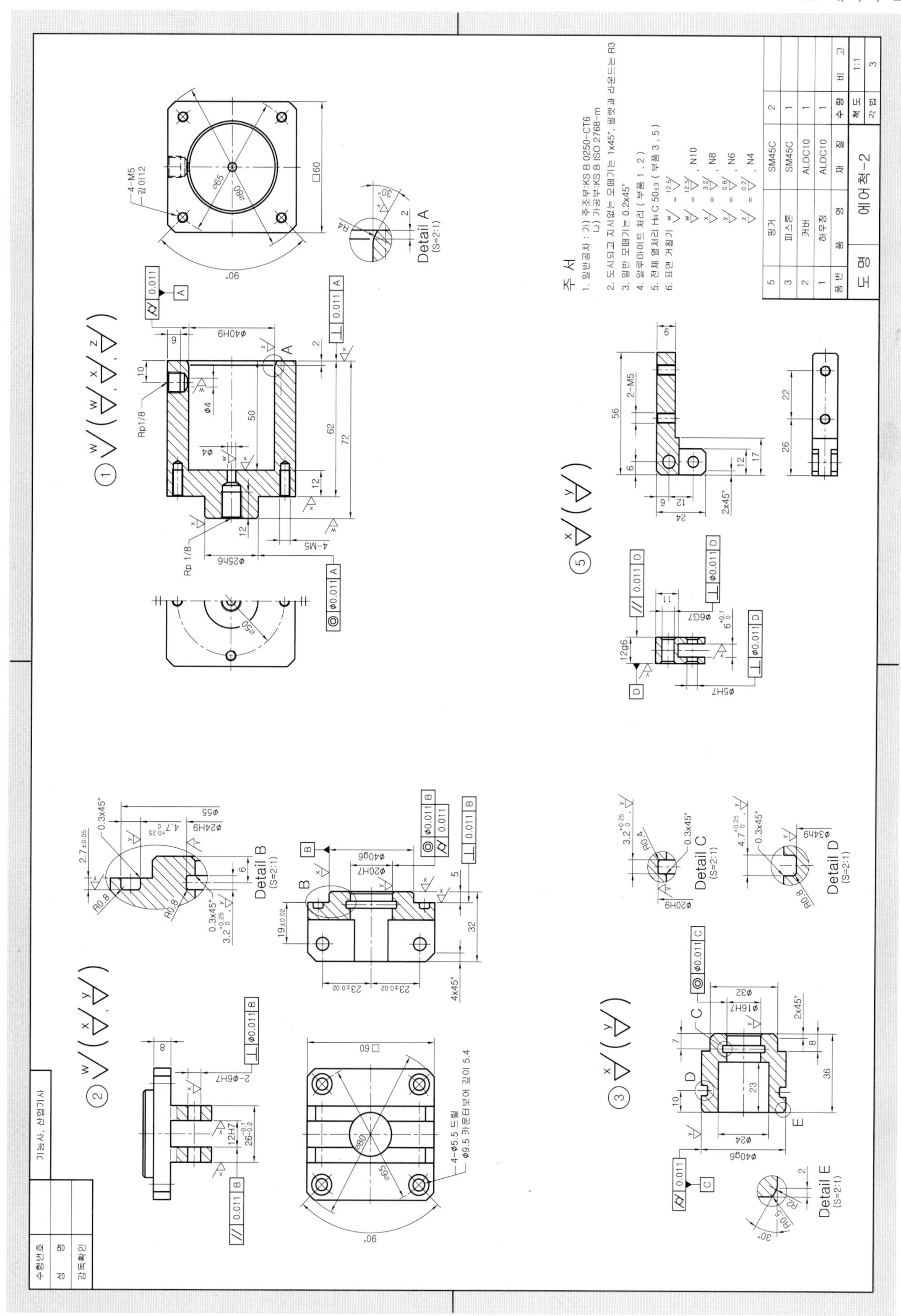
주 서
1. 일반공차 : 가) 주조부:KS B 0250-CT6
나) 가공부:KS B ISO 2768-m
2. 도시되고 지시없는 모떼기는 1x45°, 필렛과 라운드는 R3
3. 일반 모떼기는 0.2x45°
4. 알루마이트 처리 (부품 1, 2)
5. 전체 열처리 HRC 50±3 (부품 3, 5)
6. 표면 거칠기
5 핑거 SM45C 2
3 피스톤 SM45C 1
2 커버 ALDC10 1
1 하우징 ALDC10 1
품번 품명 재질 수량 비고
도명 에어척-2
척도 1:1
각법 3
Detail A (S=2:1)
Detail B (S=2:1)
Detail C (S=2:1)
Detail D (S=2:1)
Detail E (S=2:1)
수험번호
성명
감독확인
기능사, 산업기사

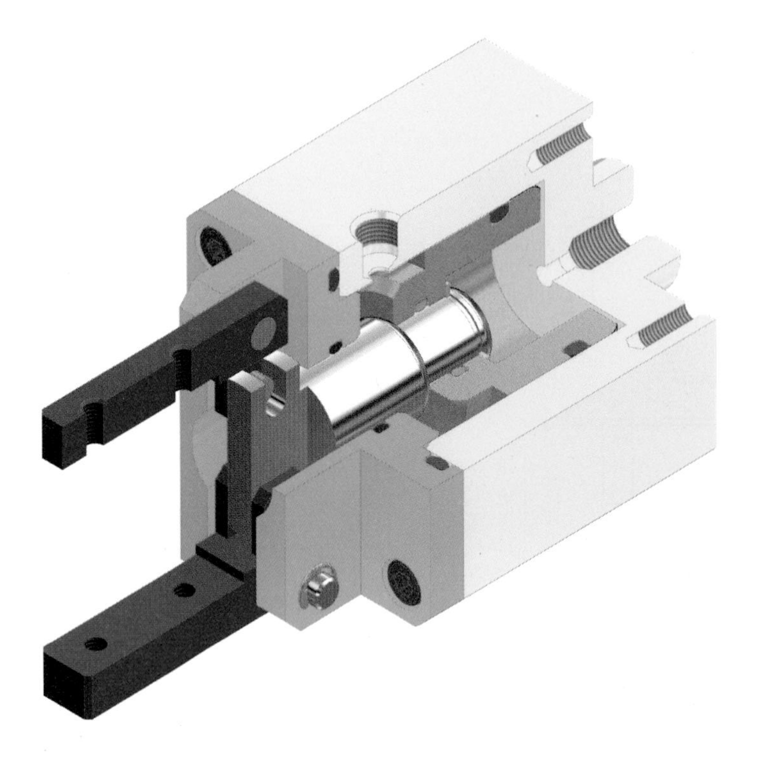

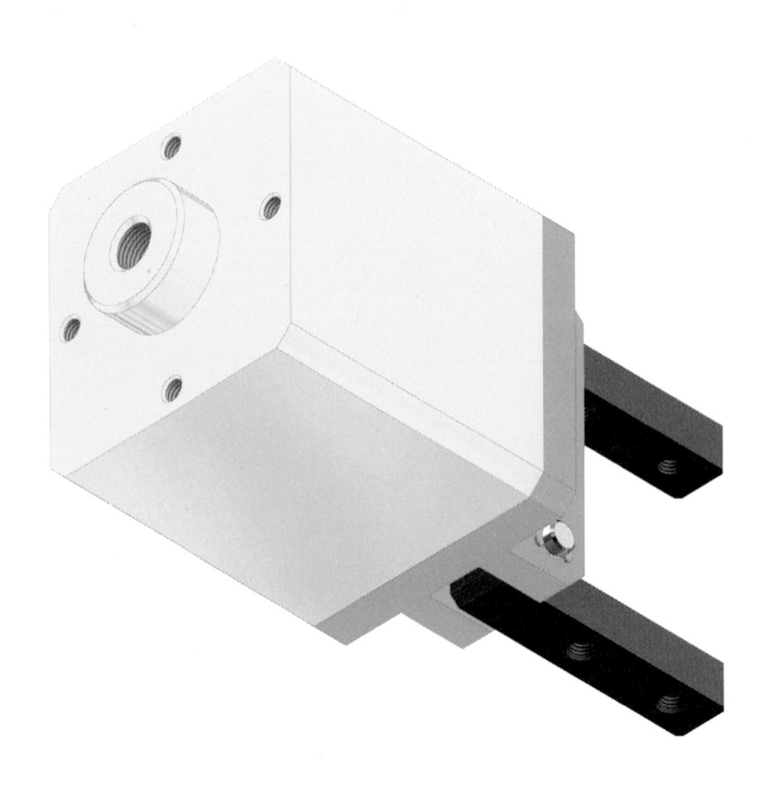

렌더링 분해 등각 구조도

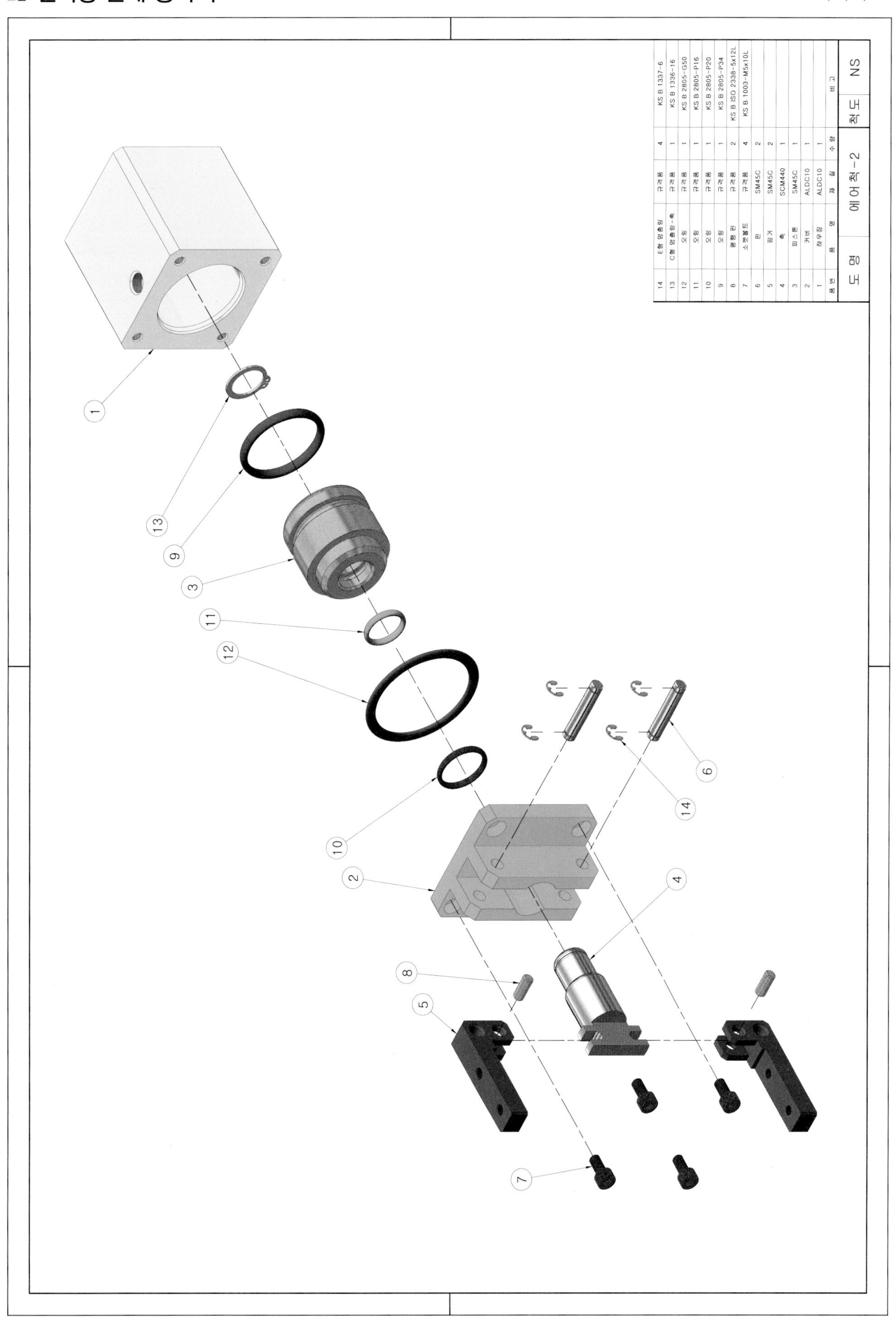

품번	품명	재질	수량	비고
14	E형 멈춤링	규격품	4	KS B 1337-6
13	C형 멈춤링-축	규격품	1	KS B 1336-16
12	오링	규격품	1	KS B 2805-G50
11	오링	규격품	1	KS B 2805-P16
10	오링	규격품	1	KS B 2805-P20
9	오링	규격품	1	KS B 2805-P34
8	평행 핀	규격품	2	KS B ISO 2338-5x12L
7	소켓볼트	규격품	4	KS B 1003-M5x10L
6	핀	SM45C	2	
5	핑거	SM45C	2	
4	축	SCM440	1	
3	피스톤	SM45C	1	
2	커버	ALDC10	1	
1	하우징	ALDC10	1	

도 명	에어척-2	척 도	NS

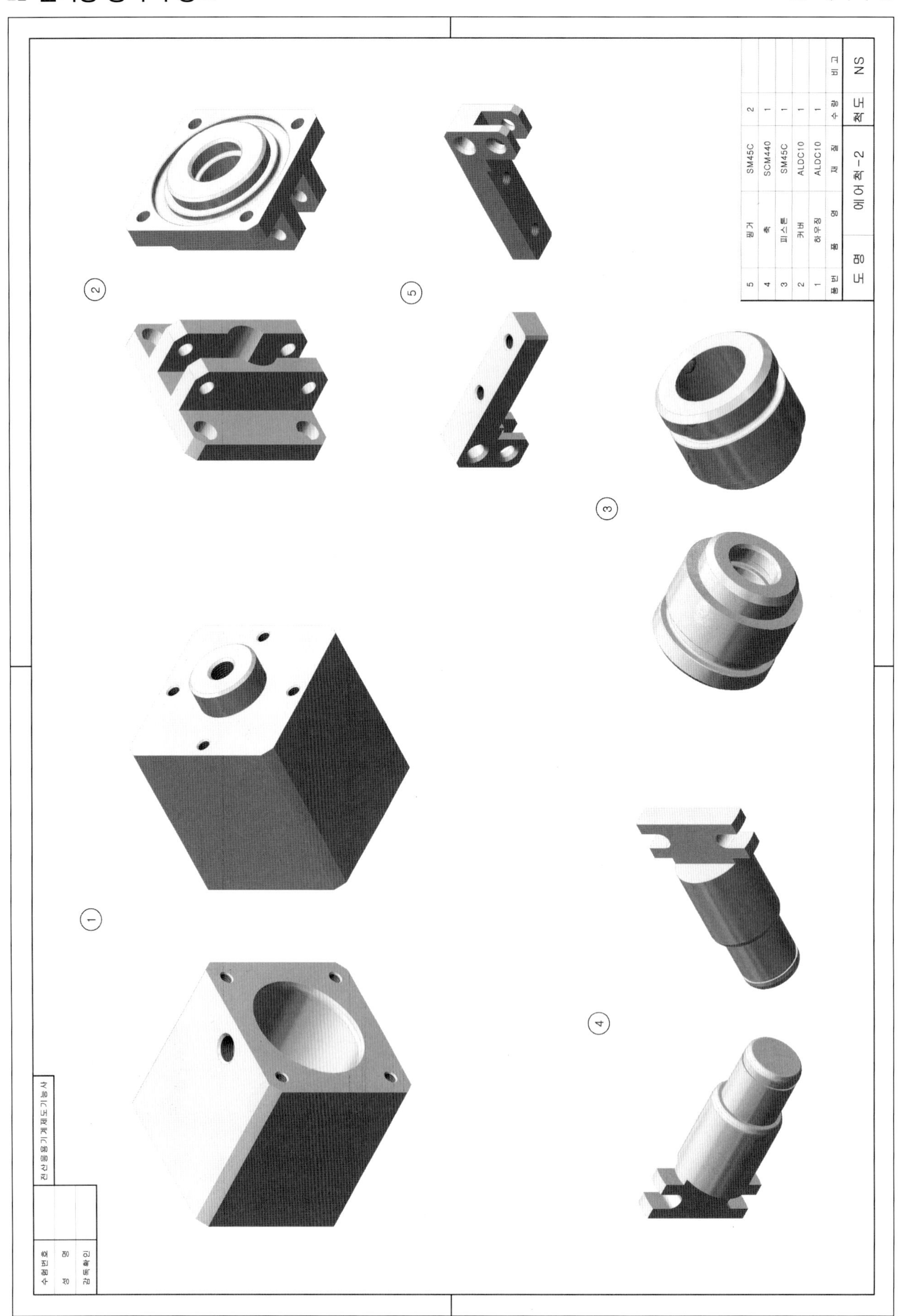

품번	품 명	재 질	수량	비 고
5	링거	SM45C	2	
4	축	SCM440	1	
3	피스톤	SM45C	1	
2	커버	ALDC10	1	
1	하우징	ALDC10	1	
도 명	에어척-2		척 도	NS

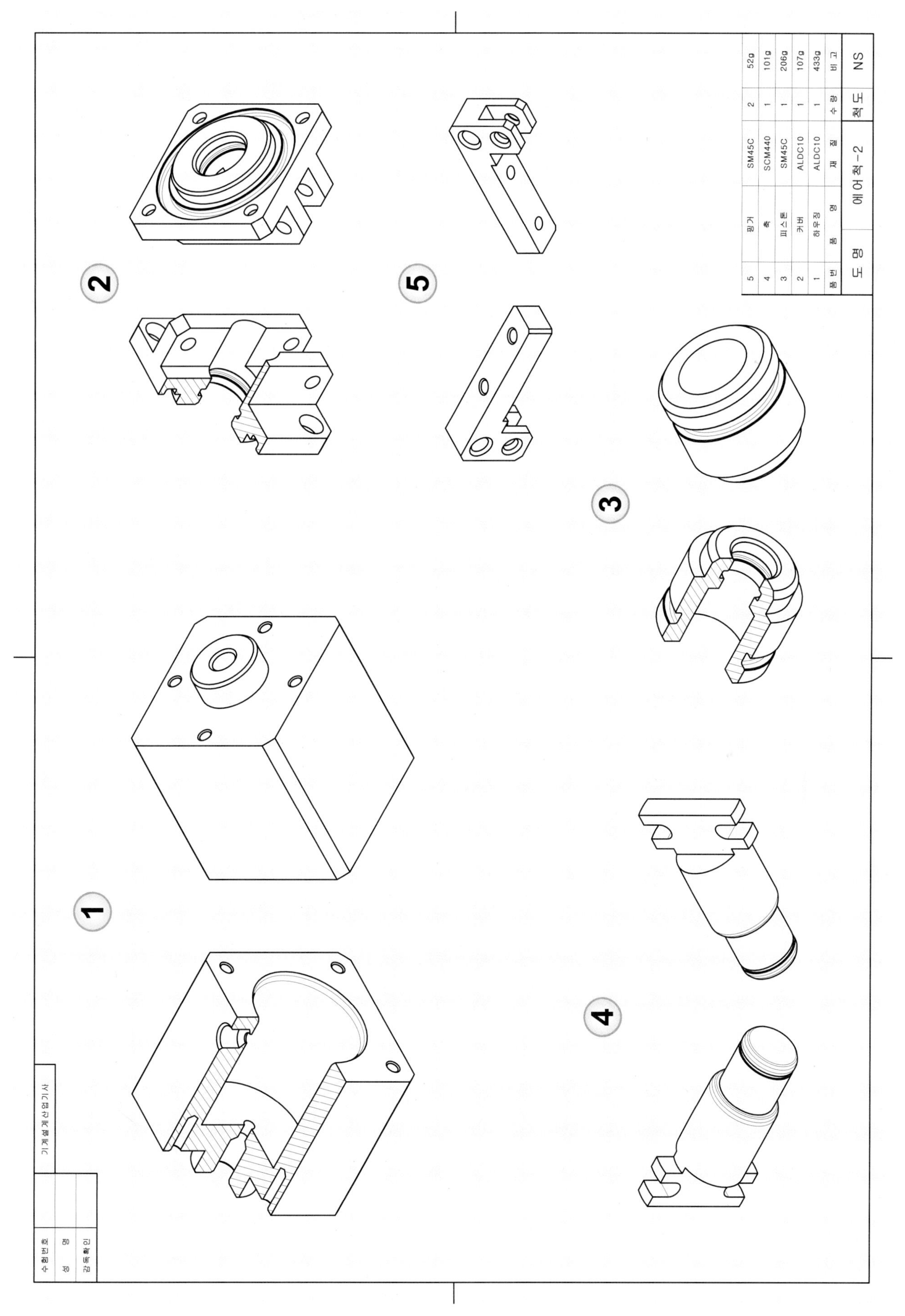
5 핑거 SM45C 2 52g
4 축 SCM440 1 101g
3 피스톤 SM45C 1 206g
2 커버 ALDC10 1 107g
1 하우징 ALDC10 1 433g
품번 품명 재질 수량 비고
도명 에어척-2 척도 NS
기계설계산업기사
수험번호
성명
감독확인
1
2
3
4
5

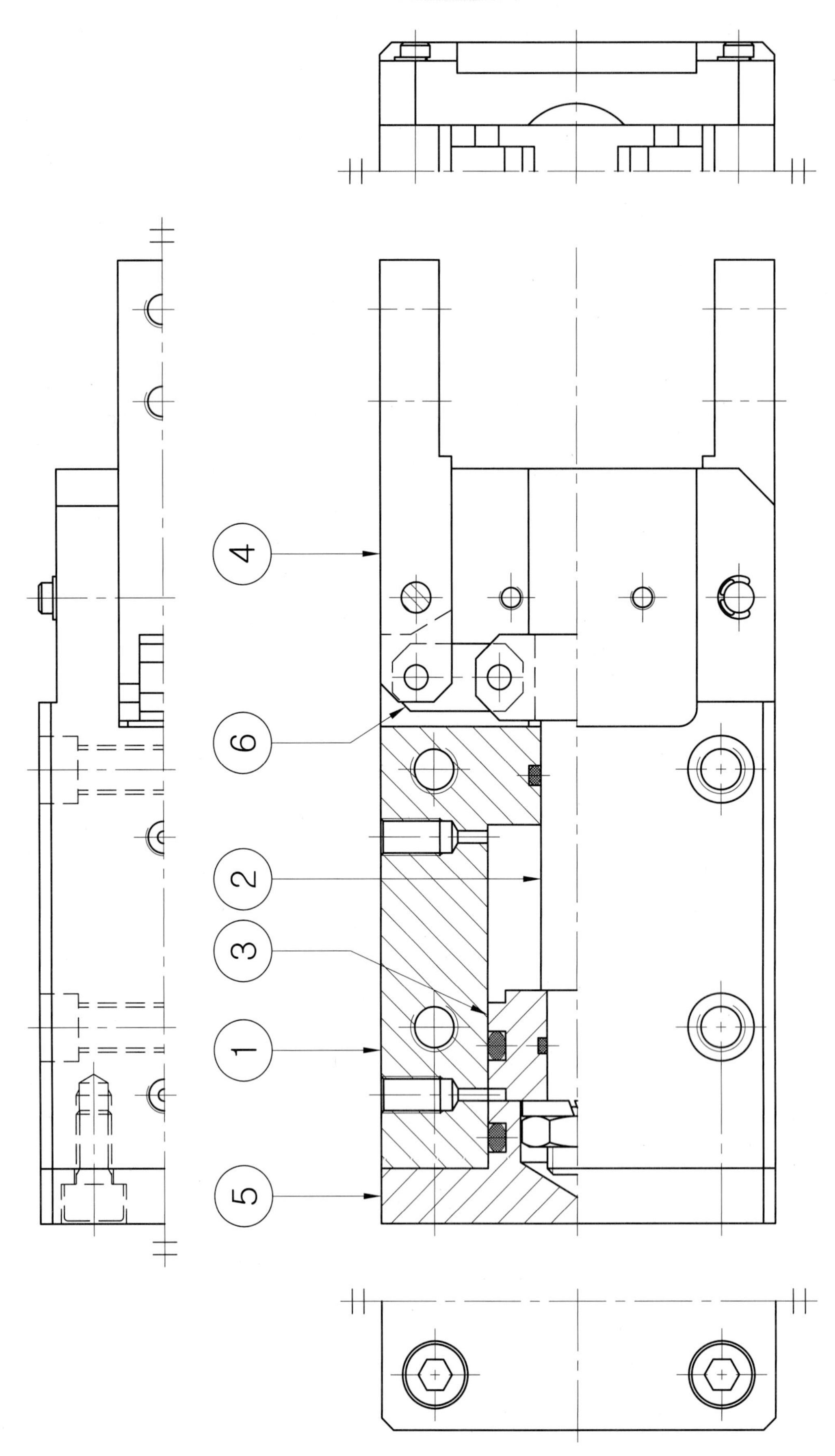
4
6
2
3
1
5

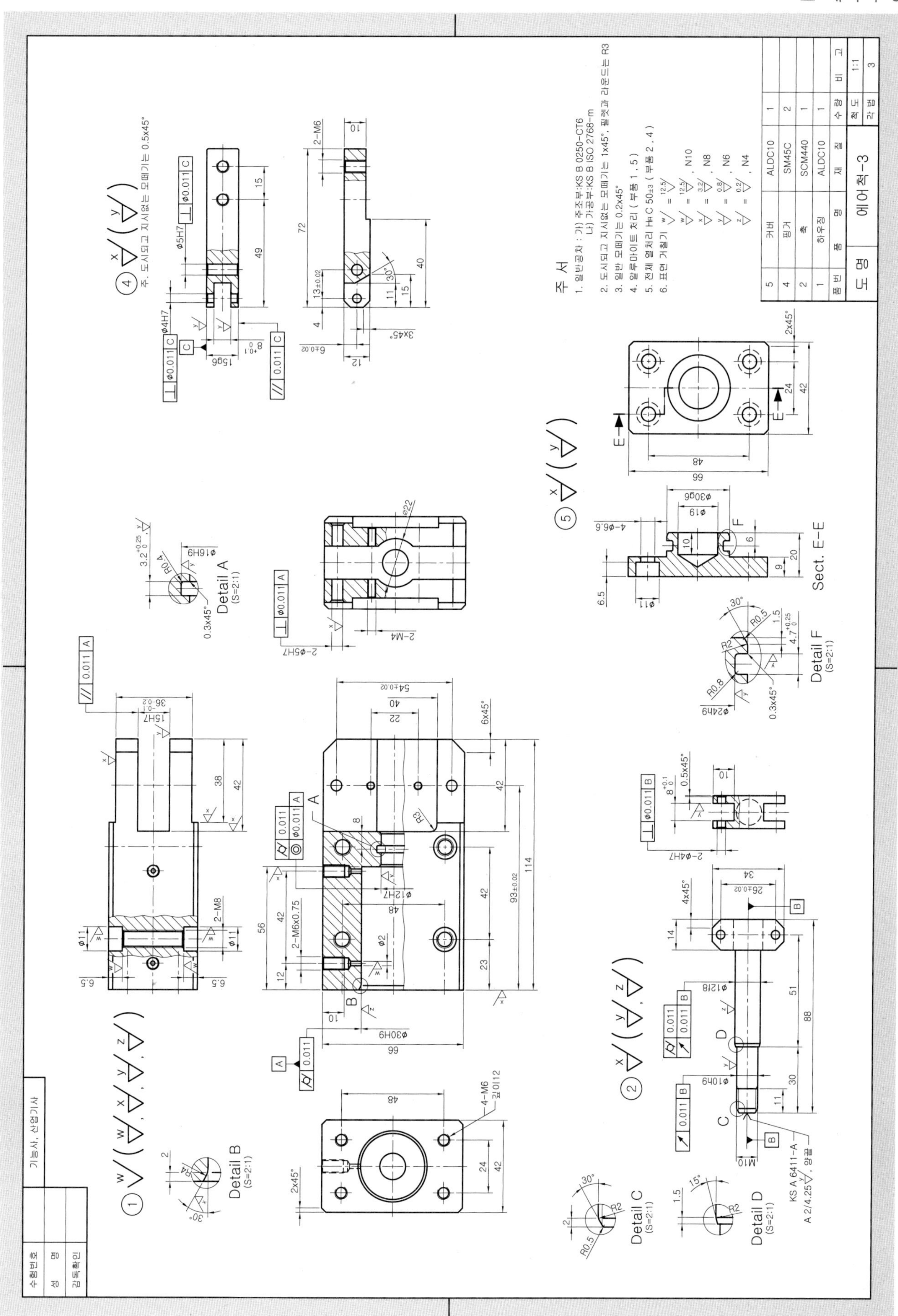
주 서
1. 일반공차 : 가) 주조부:KS B 0250-CT6
나) 가공부:KS B ISO 2768-m
2. 도시되고 지시없는 모떼기는 1x45°, 필렛과 라운드는 R3
3. 일반 모떼기는 0.2x45°
4. 알루마이트 처리 (부품 1, 5)
5. 전체 열처리 HrC 50±3 (부품 2, 4)
6. 표면 거칠기
N10
N8
N6
N4
5 커버 ALDC10 1
4 핑거 SM45C 2
2 축 SCM440 1
1 하우징 ALDC10 1
품번 품명 재질 수량 비고
도명 에어척-3 척도 1:1 각법 3
수험번호 성명 감독확인
기능사, 산업기사
Detail A (S=2:1)
Detail B (S=2:1)
Detail C (S=2:1)
Detail D (S=2:1)
Detail F (S=2:1)
Sect. E-E
주. 도시되고 지시없는 모떼기는 0.5x45°

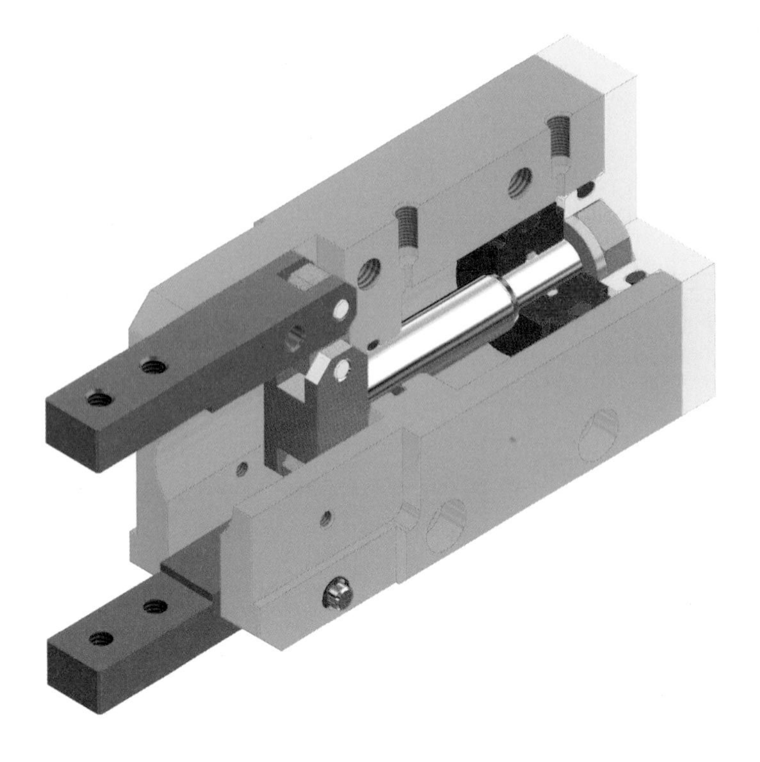

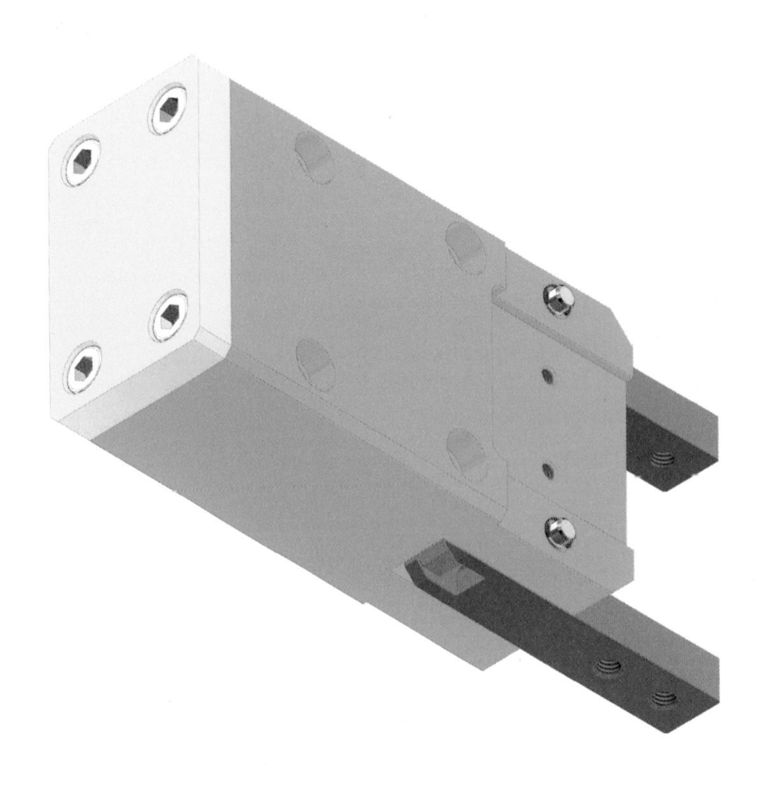

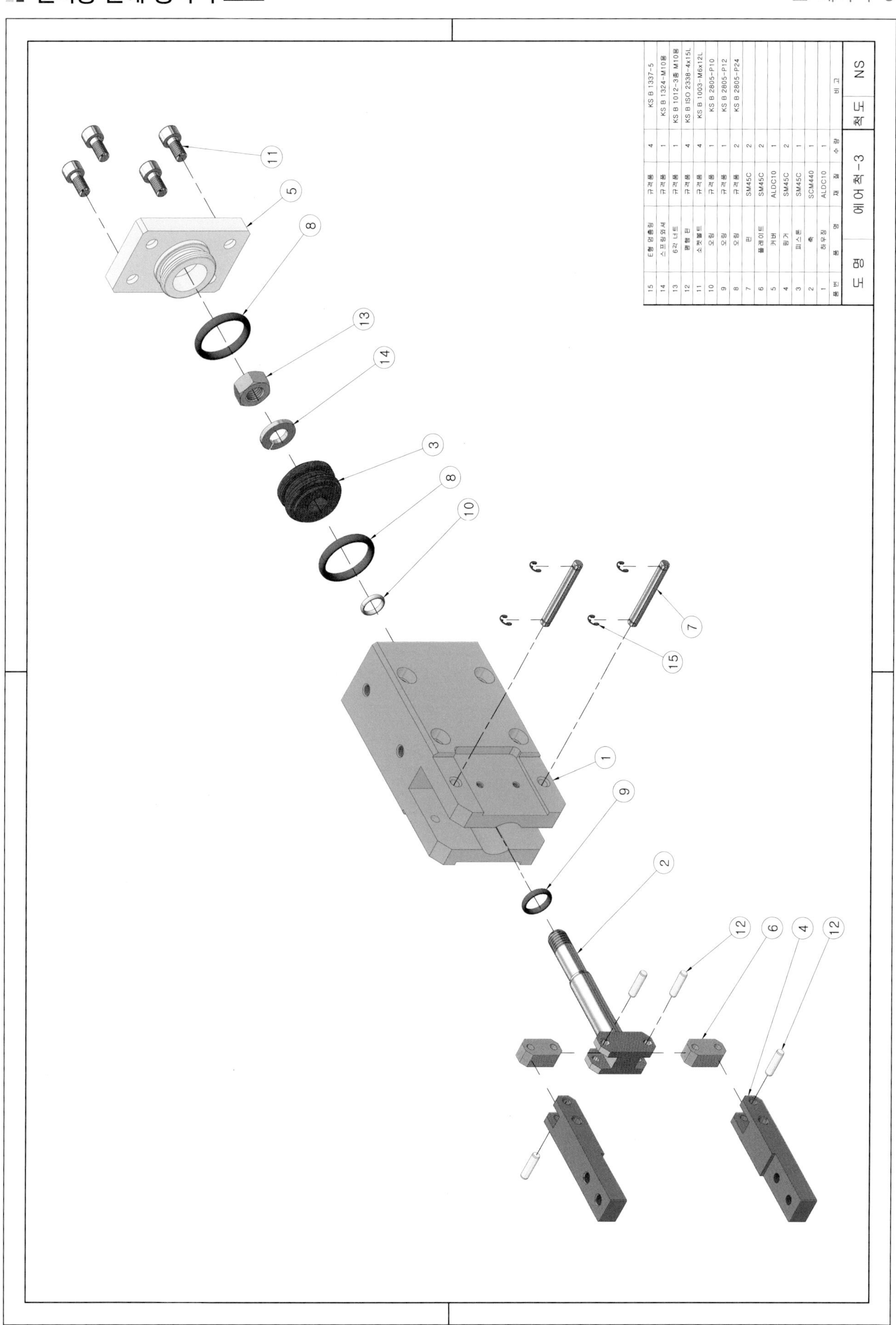

품번	품명	재질	수량	비고
15	E형 멈춤링	규격품	4	KS B 1337-5
14	스프링와셔	규격품	1	KS B 1324-M10용
13	6각 너트	규격품	1	KS B 1012-3종 M10용
12	평행 핀	규격품	4	KS B ISO 2338-4x15L
11	소켓볼트	규격품	4	KS B 1003-M6x12L
10	오링	규격품	1	KS B 2805-P10
9	오링	규격품	1	KS B 2805-P12
8	오링	규격품	2	KS B 2805-P24
7	핀	SM45C	2	
6	플레이트	SM45C	2	
5	커버	ALDC10	1	
4	핑거	SM45C	2	
3	피스톤	SM45C	1	
2	축	SCM440	1	
1	하우징	ALDC10	1	

도 명	에어척-3	척 도	NS

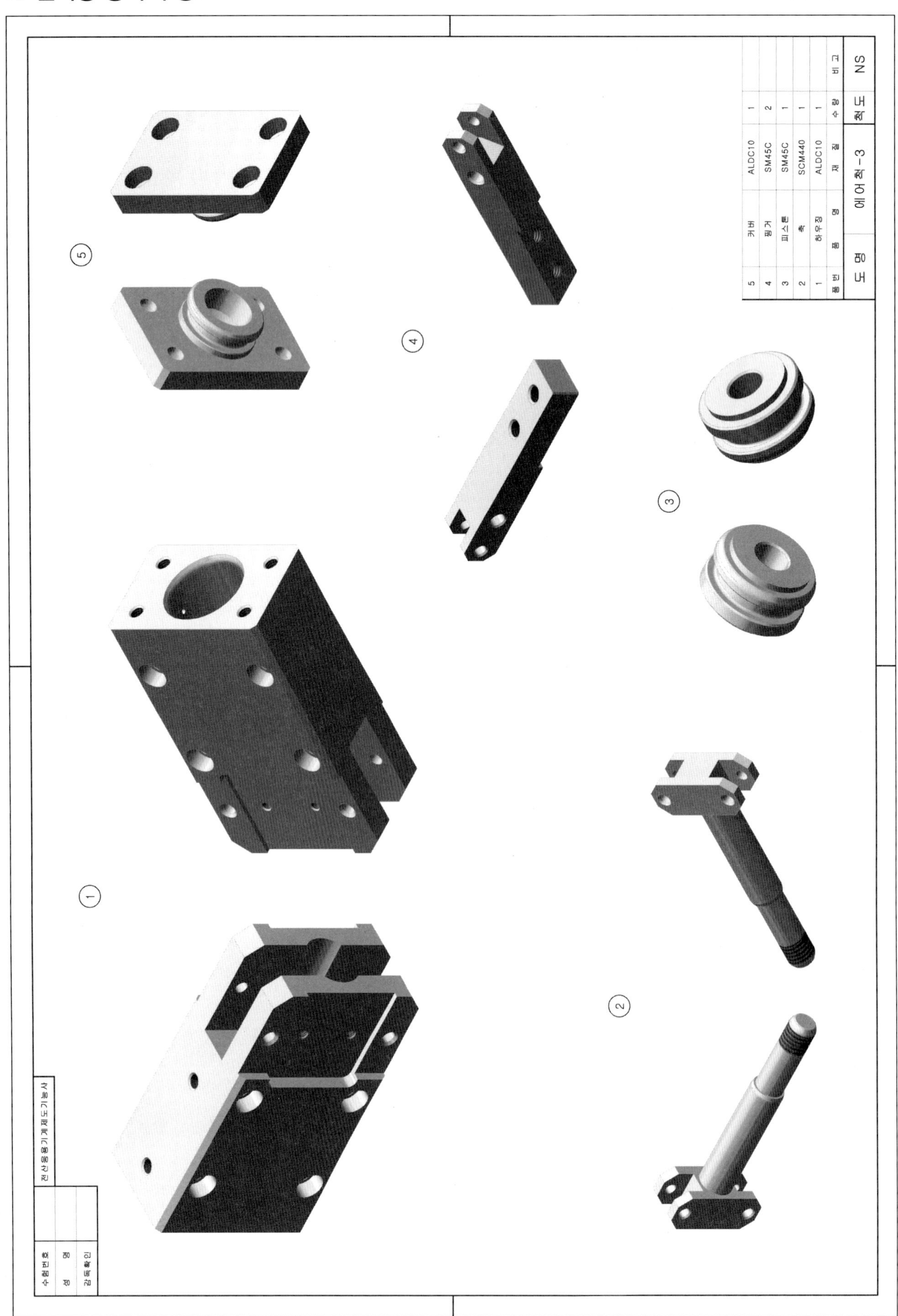

5 커버 ALDC10 1
4 핑거 SM45C 2
3 피스톤 SM45C 1
2 축 SCM440 1
1 하우징 ALDC10 1
품번 품명 재질 수량 비고
도명 에어척-3 척도 NS
전산응용기계제도기능사
수험번호
성명
감독확인

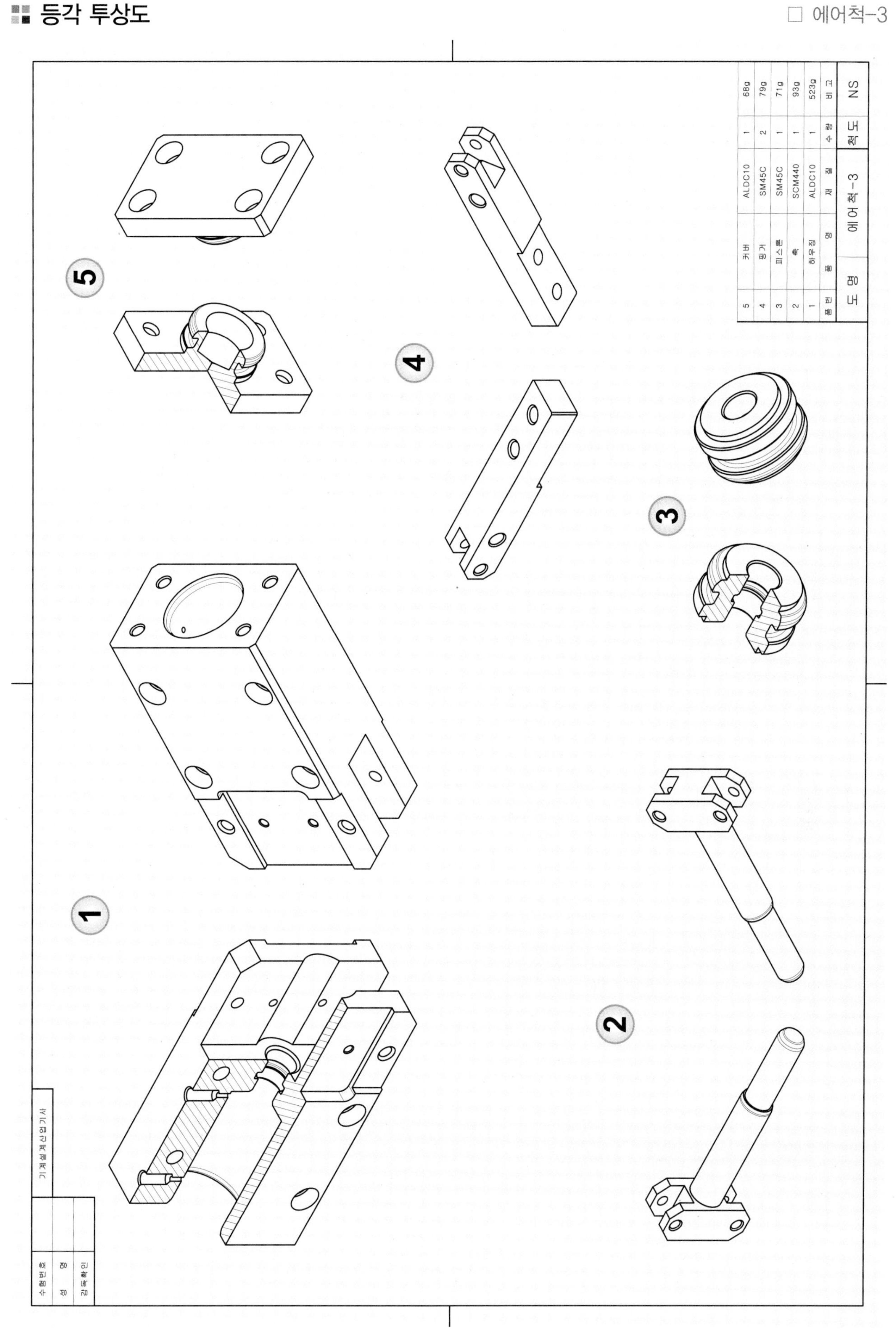
5
4
3
2
1
5 커버 ALDC10 1 68g
4 핑거 SM45C 2 79g
3 피스톤 SM45C 1 71g
2 축 SCM440 1 93g
1 하우징 ALDC10 1 523g
품번 품명 재질 수량 비고
도명 에어척-3 척도 NS
기계설계산업기사
수험번호
성명
감독확인

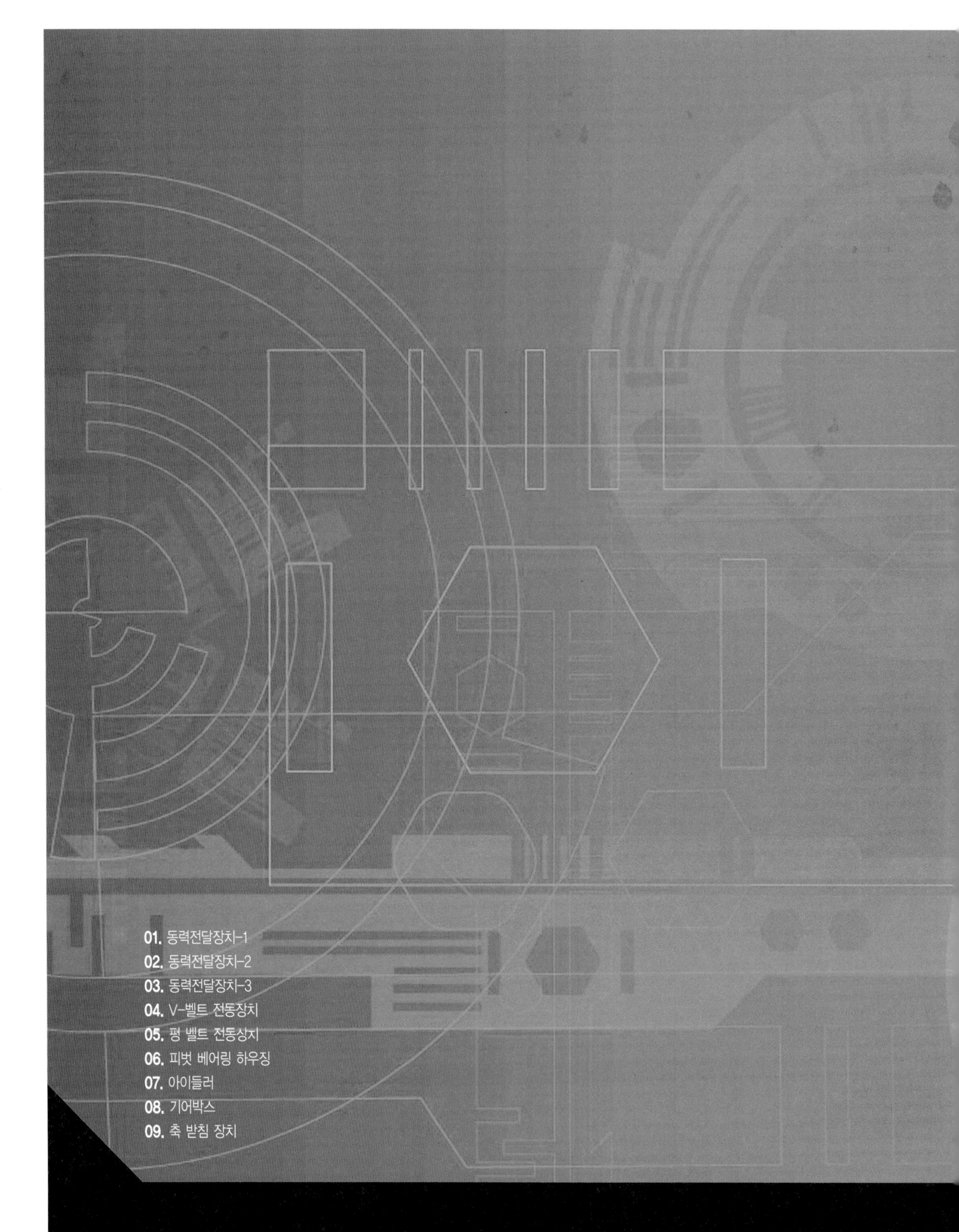

PART 10

기계설계산업기사 실기 과제도면 설계 변경 작업 예시

설계 변경 조건에 따른 예시 답안은
웹하드나 도서출판 메카피아 네이버 카페에서 확인하실 수 있습니다.

■ **웹하드 http://www.webhard.co.kr**

• 아이디 : mechapia • 비밀번호 : mecha1234

■ **도서출판 메카피아 네이버 카페**

• http://www.mechabooks.co.kr

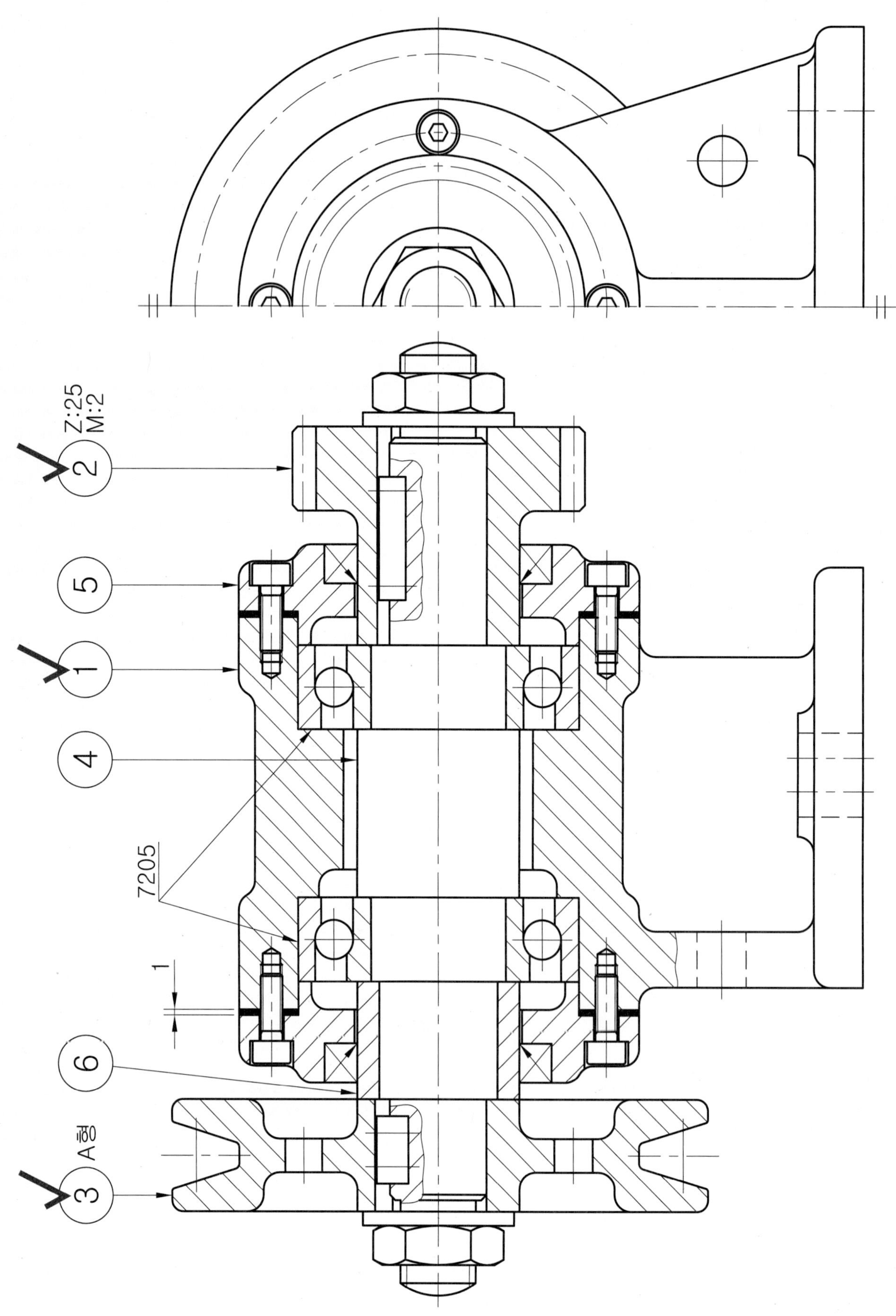
Z:25
M:2
2
5
1
4
7205
1
6
A형
3

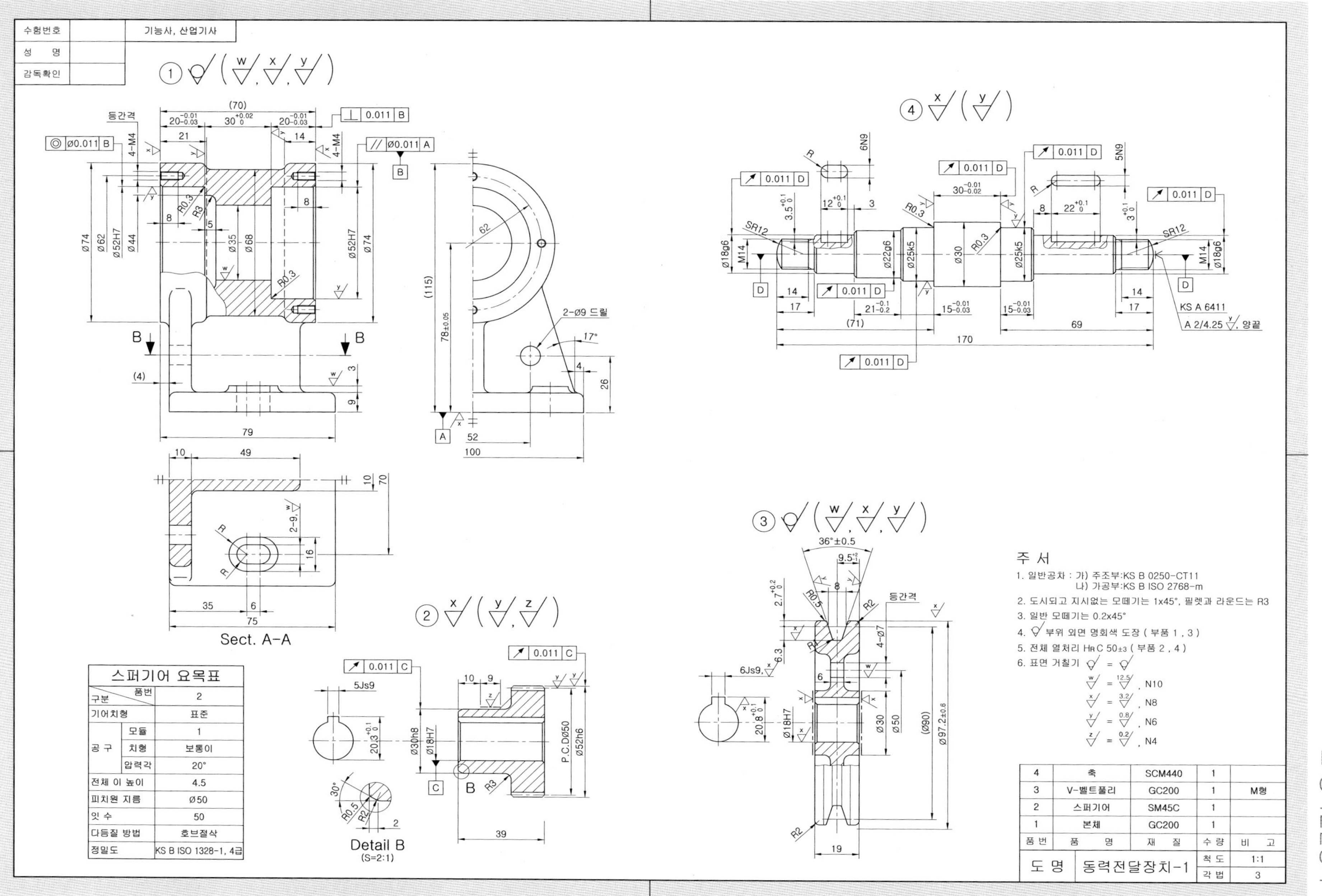
수험번호
성 명
감독확인
기능사, 산업기사
주 서
1. 일반공차 : 가) 주조부:KS B 0250-CT11
나) 가공부:KS B ISO 2768-m
2. 도시되고 지시없는 모떼기는 1x45°, 필렛과 라운드는 R3
3. 일반 모떼기는 0.2x45°
4. 부위 외면 명회색 도장 (부품 1 , 3)
5. 전체 열처리 HRC 50±3 (부품 2 , 4)
6. 표면 거칠기
N10
N8
N6
N4
4 축 SCM440 1
3 V-벨트풀리 GC200 1 M형
2 스퍼기어 SM45C 1
1 본체 GC200 1
품번 품명 재질 수량 비고
도명 동력전달장치-1
척도 1:1
각법 3
스퍼기어 요목표
구분 품번 2
기어치형 표준
공구 모듈 1
치형 보통이
압력각 20°
전체 이 높이 4.5
피치원 지름 Ø50
잇 수 50
다듬질 방법 호브절삭
정밀도 KS B ISO 1328-1, 4급
Sect. A-A
Detail B
(S=2:1)
2-Ø9 드릴
KS A 6411
A 2/4.25, 양끝

1. 변경 사항

	현 행	변 경
과 제 명	부품도 및 모델링도 작업	설계 변경 작업 및 부품도/모델링도 작업
작업 시간	5시간	5시간 30분
적용 시기	2018년 기사 2회 실기시험까지	2018년 기사 3회 실기시험부터

2. 주요 작업 내용

□ 설계 변경 작업(변경 사항)

1. 조립도 형식의 문제 도면을 보고 주어진 설계 변경 조건에 따라 설계 변경 작업을 실시합니다.

설계 변경 조건(예)
• ①번 부품에 적용된 #7205 앵귤러 볼 베어링을 #6205 깊은 홈 볼 베어링으로 설계 변경시 수정되어야 하는 관련 부품이 있다면 변경하시오. • ②번 부품에서 모듈 M:2를 M:1로 변경하고 PCD는 50으로 변경하시오. • ③번 부품의 A형 V-벨트풀리를 M형 V-벨트풀리로 변경하시오.

2. 설계 변경 대상 부품이 변경될 경우 관련되는 다른 부품 역시 조건에 맞도록 설계 변경이 수반되어야 합니다.
3. 설계 변경 요구조건과 관계되는 항목만 설계 변경을 실시하며 그 외 관련이 없는 부분은 설계 변경하지 않아야 합니다.

□ 부품도/모델링도 작업(기존 작업과 동일)

1. 문제에서 지시한 부품에 대하여 설계 변경 사항을 반영한 후 2D 부품도 및 3D 모델링도 작업을 실시합니다.
2. 기능과 동작을 이해하여 투상도, 치수, 치수공차, 끼워맞춤 공차 등 한국산업표준(KS)에 따라 도면을 작성합니다.
3. 3D 모델링도는 형상을 잘 나타내는 등각축을 잡아서 각 부품당 2개의 View를 나타내며, 이 때 음영 및 렌더링 처리를 하여 표현합니다.
4. 그 외 지시되지 않은 사항은 기계 설계 및 KS 제도법을 기준으로 문제지 요구사항에 따라 2장(2D 부품도, 3D 모델링도)의 도면을 작성하여 제출합니다.

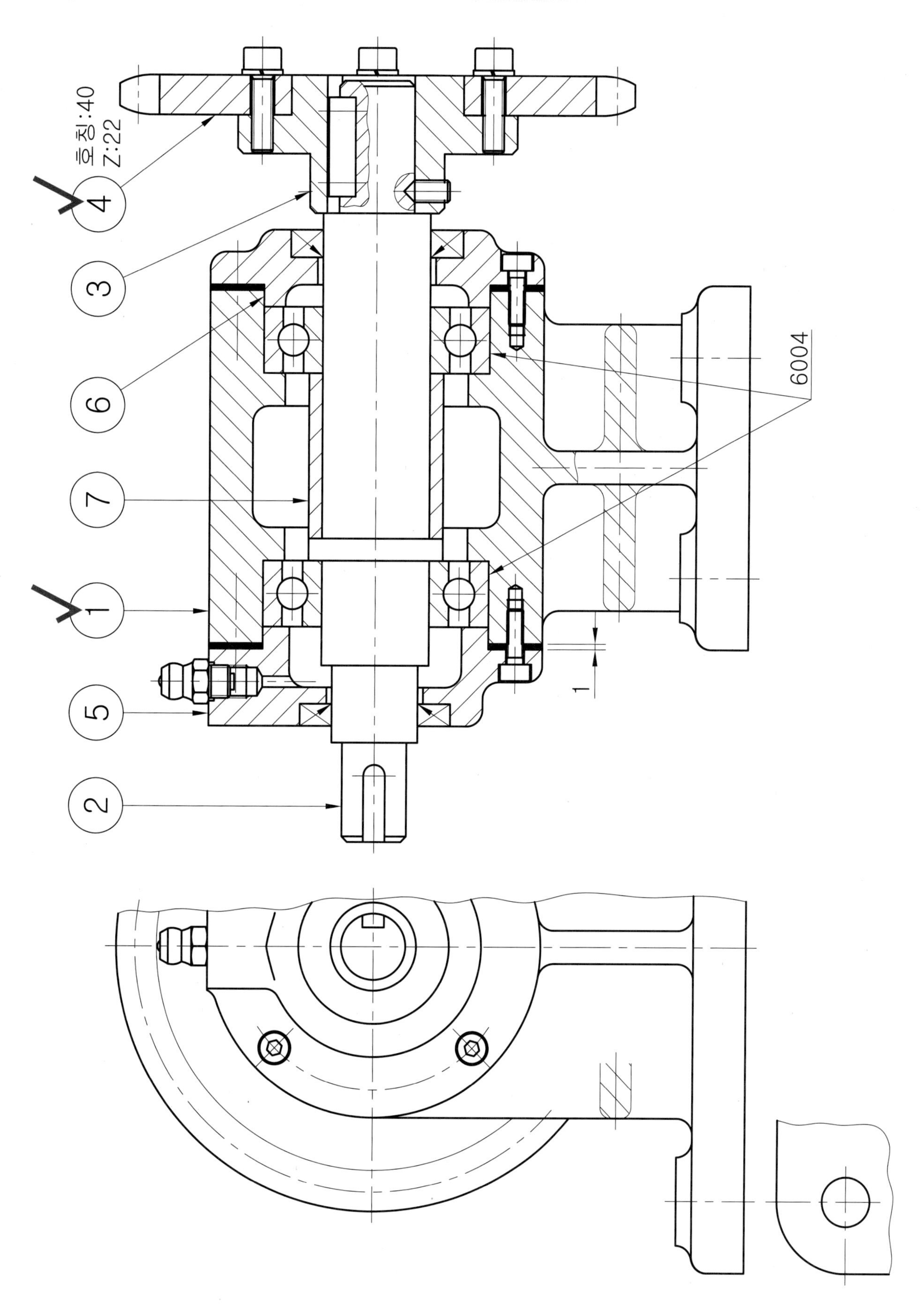
호칭:40
Z:22
4
3
6
7
1
5
2
6004
1

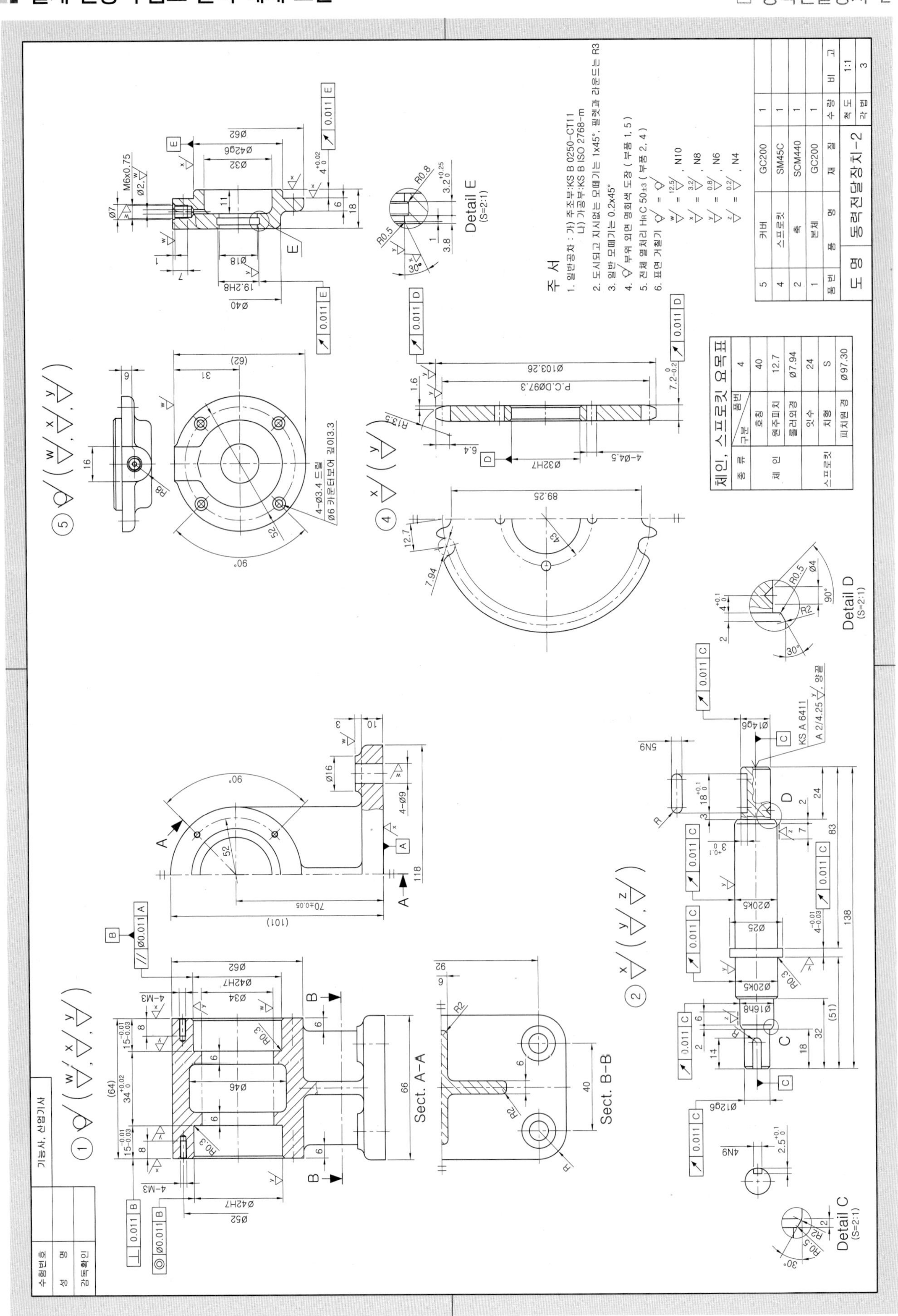
주 서
1. 일반공차 : 가) 주조부:KS B 0250-CT11
나) 가공부:KS B ISO 2768-m
2. 도시되고 지시없는 모떼기는 1x45°, 필렛과 라운드는 R3
3. 일반 모떼기는 0.2x45°
4. 부위 외면 명회색 도장 (부품 1, 5)
5. 전체 열처리 HRC 50±3 (부품 2, 4)
6. 표면 거칠기
체인, 스프로킷 요목표
체인 호칭 40
원주피치 12.7
롤러외경 Ø7.94
스프로킷 잇수 24
치형 S
피치원 경 Ø97.30
5 커버 GC200 1
4 스프로킷 SM45C 1
2 축 SCM440 1
1 본체 GC200 1
품번 품명 재질 수량 비고
척도 1:1
각법 3
도명 동력전달장치-2
Detail C (S=2:1)
Detail D (S=2:1)
Detail E (S=2:1)
Sect. A-A
Sect. B-B
수험번호
성 명
감독확인
기능사, 산업기사

1. 변경 사항

	현 행	변 경
과 제 명	부품도 및 모델링도 작업	설계 변경 작업 및 부품도/모델링도 작업
작업 시간	5시간	5시간 30분
적용 시기	2018년 기사 2회 실기시험까지	2018년 기사 3회 실기시험부터

2. 주요 작업 내용

□ **설계 변경 작업**(변경 사항)

1. 조립도 형식의 문제 도면을 보고 주어진 설계 변경 조건에 따라 설계 변경 작업을 실시합니다.

설계 변경 조건(예)
• ⑤번 부품에 설계 적용된 오일실을 오링으로 변경하시오. • ④번 부품의 잇수 Z를 '22'에서 '24'로 변경하시오.

2. 설계 변경 대상 부품이 변경될 경우 관련되는 다른 부품 역시 조건에 맞도록 설계 변경이 수반되어야 합니다.
3. 설계 변경 요구조건과 관계되는 항목만 설계 변경을 실시하며 그 외 관련이 없는 부분은 설계 변경하지 않아야 합니다.

□ **부품도/모델링도 작업**(기존 작업과 동일)

1. 문제에서 지시한 부품에 대하여 설계 변경 사항을 반영한 후 2D 부품도 및 3D 모델링도 작업을 실시합니다.
2. 기능과 동작을 이해하여 투상도, 치수, 치수공차, 끼워맞춤 공차 등 한국산업표준(KS)에 따라 도면을 작성합니다.
3. 3D 모델링도는 형상을 잘 나타내는 등각축을 잡아서 각 부품당 2개의 View를 나타내며, 이 때 음영 및 렌더링 처리를 하여 표현합니다.
4. 그 외 지시되지 않은 사항은 기계 설계 및 KS 제도법을 기준으로 문제지 요구사항에 따라 2장(2D 부품도, 3D 모델링도)의 도면을 작성하여 제출합니다.

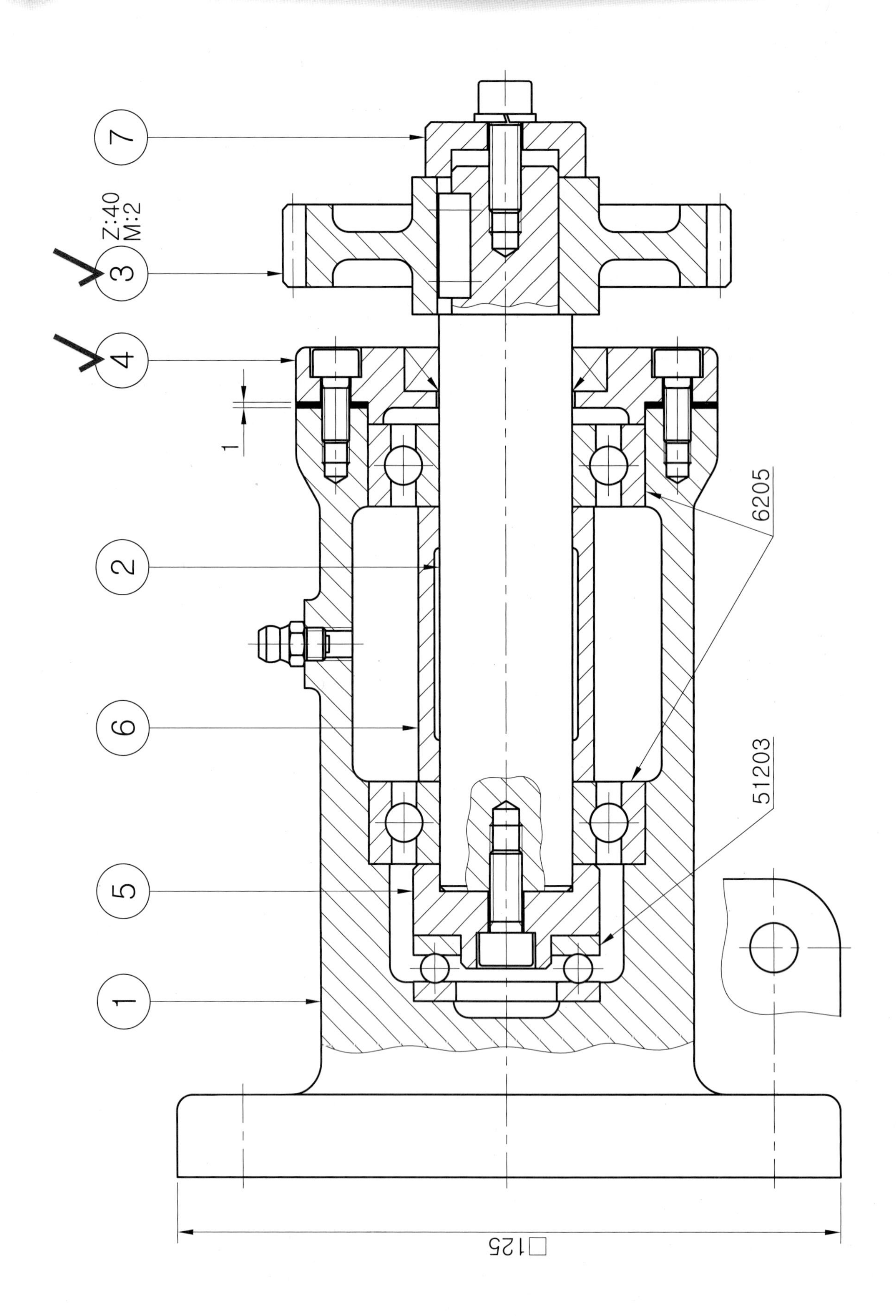
7
Z:40
M:2
3
4
1
2
6
5
1
6205
51203
□125

■ 설계 변경 부품도 풀이 예제 도면

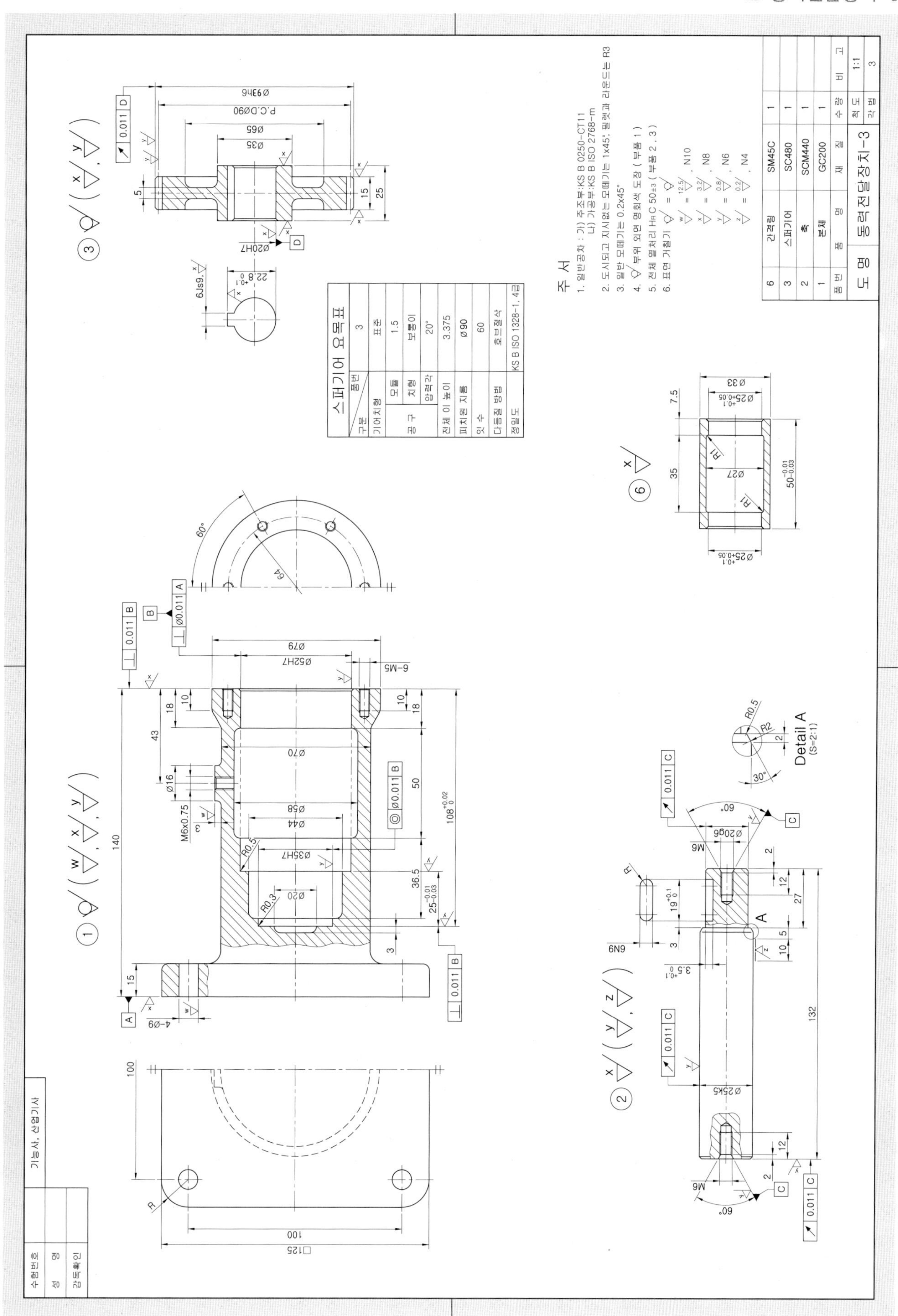

1. 변경 사항

	현 행	변 경
과 제 명	부품도 및 모델링도 작업	설계 변경 작업 및 부품도/모델링도 작업
작업 시간	5시간	5시간 30분
적용 시기	2018년 기사 2회 실기시험까지	2018년 기사 3회 실기시험부터

2. 주요 작업 내용

□ **설계 변경 작업**(변경 사항)

1. 조립도 형식의 문제 도면을 보고 주어진 설계 변경 조건에 따라 설계 변경 작업을 실시합니다.

설계 변경 조건(예)

- ③번 부품에서 모듈을 '1.5'로, PCD를 '90'으로 변경하시오.
- ④번 부품의 볼트 체결 구멍을 '4개소'에서 '6개소'로 변경하시오.

2. 설계 변경 대상 부품이 변경될 경우 관련되는 다른 부품 역시 조건에 맞도록 설계 변경이 수반되어야 합니다.
3. 설계 변경 요구조건과 관계되는 항목만 설계 변경을 실시하며 그 외 관련이 없는 부분은 설계 변경하지 않아야 합니다.

□ **부품도/모델링도 작업**(기존 작업과 동일)

1. 문제에서 지시한 부품에 대하여 설계 변경 사항을 반영한 후 2D 부품도 및 3D 모델링도 작업을 실시합니다.
2. 기능과 동작을 이해하여 투상도, 치수, 치수공차, 끼워맞춤 공차 등 한국산업표준(KS)에 따라 도면을 작성합니다.
3. 3D 모델링도는 형상을 잘 나타내는 등각축을 잡아서 각 부품당 2개의 View를 나타내며, 이 때 음영 및 렌더링 처리를 하여 표현합니다.
4. 그 외 지시되지 않은 사항은 기계 설계 및 KS 제도법을 기준으로 문제지 요구사항에 따라 2장(2D 부품도, 3D 모델링도)의 도면을 작성하여 제출합니다.

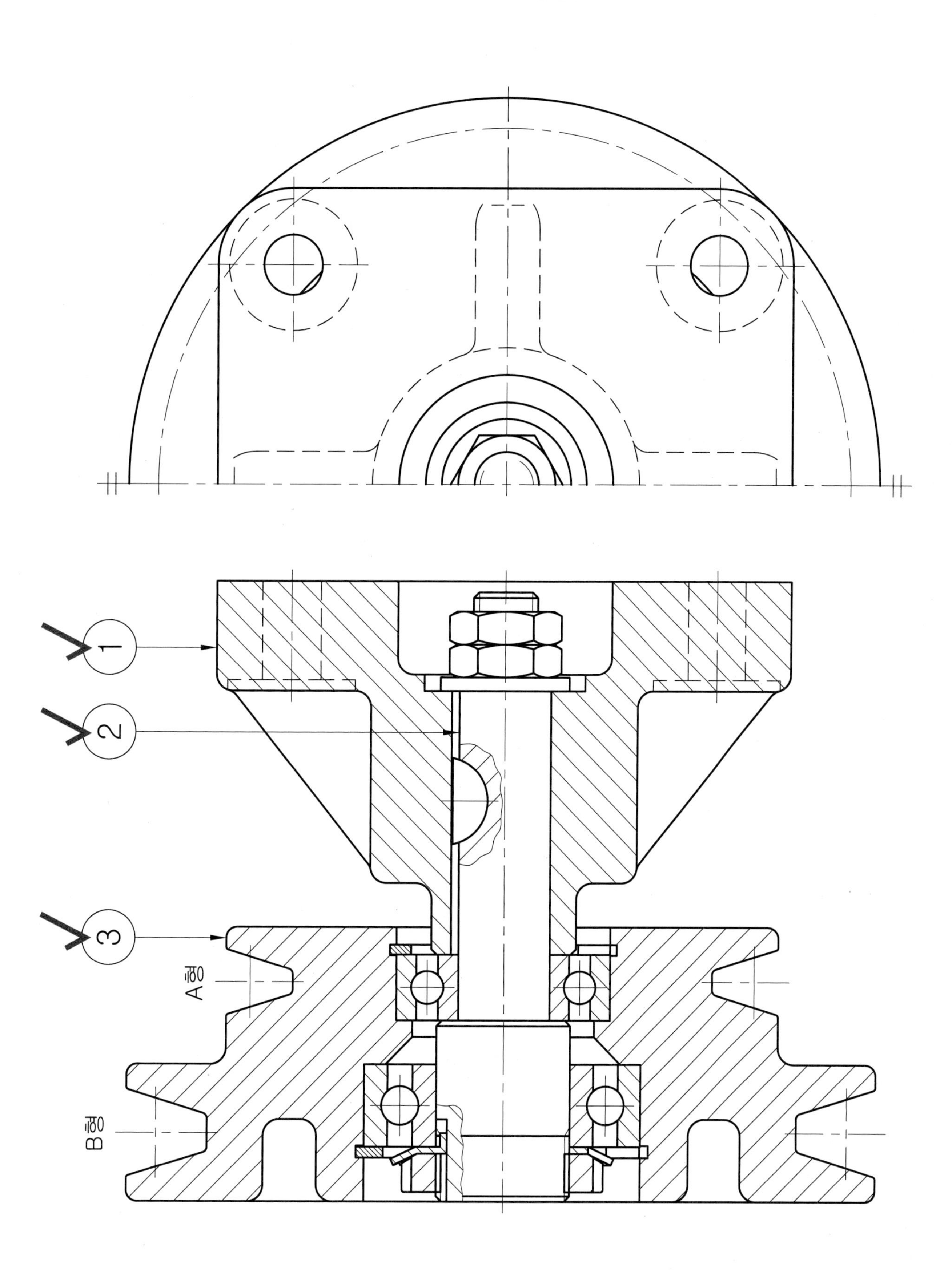
1
2
3
A형
B형

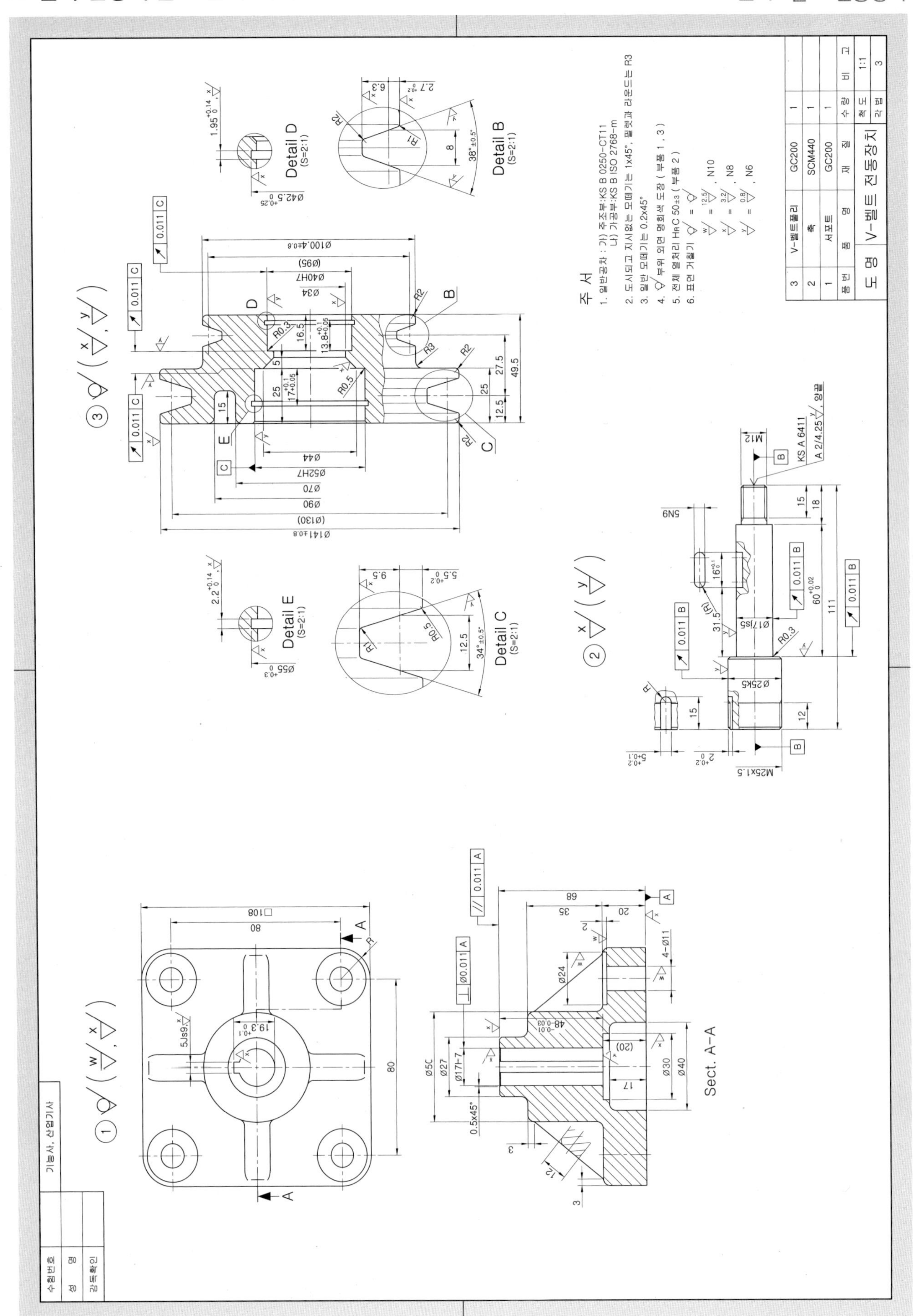
주 서
1. 일반공차 : 가) 주조부:KS B 0250-CT11
나) 가공부:KS B ISO 2768-m
2. 도시되고 지시없는 모떼기는 1x45°, 필렛과 라운드는 R3
3. 일반 모떼기는 0.2x45°
4. 부위 외면 명회색 도장 (부품 1, 3)
5. 전체 열처리 HRC 50±3 (부품 2)
6. 표면 거칠기
N10
N8
N6
3 V-벨트풀리 GC200 1
2 축 SCM440 1
1 서포트 GC200 1
품번 품명 재질 수량 비고
도명 V-벨트 전동장치
척도 1:1
각법 3
Detail D (S=2:1)
Detail B (S=2:1)
Detail E (S=2:1)
Detail C (S=2:1)
Sect. A-A
수험번호
성명
감독확인
기능사, 산업기사

1. 변경 사항

	현 행	변 경
과 제 명	부품도 및 모델링도 작업	설계 변경 작업 및 부품도/모델링도 작업
작업 시간	5시간	5시간 30분
적용 시기	2018년 기사 2회 실기시험까지	2018년 기사 3회 실기시험부터

2. 주요 작업 내용

□ 설계 변경 작업(변경 사항)

1. 조립도 형식의 문제 도면을 보고 주어진 설계 변경 조건에 따라 설계 변경 작업을 실시합니다.

설계 변경 조건(예)

- ①번 부품과 ②번 부품에 체결된 '반달키'를 '평행키' 보통형 규격으로 변경하시오.
  (단, 키의 길이는 10mm(양쪽 둥근형)로 한다.)
- ③번 부품의 A형 V-벨트풀리를 M형 V-벨트풀리로 변경하시오.

2. 설계 변경 대상 부품이 변경될 경우 관련되는 다른 부품 역시 조건에 맞도록 설계 변경이 수반되어야 합니다.
3. 설계 변경 요구조건과 관계되는 항목만 설계 변경을 실시하며 그 외 관련이 없는 부분은 설계 변경하지 않아야 합니다.

□ 부품도/모델링도 작업(기존 작업과 동일)

1. 문제에서 지시한 부품에 대하여 설계 변경 사항을 반영한 후 2D 부품도 및 3D 모델링도 작업을 실시합니다.
2. 기능과 동작을 이해하여 투상도, 치수, 치수공차, 끼워맞춤 공차 등 한국산업표준(KS)에 따라 도면을 작성합니다.
3. 3D 모델링도는 형상을 잘 나타내는 등각축을 잡아서 각 부품당 2개의 View를 나타내며, 이 때 음영 및 렌더링 처리를 하여 표현합니다.
4. 그 외 지시되지 않은 사항은 기계 설계 및 KS 제도법을 기준으로 문제지 요구사항에 따라 2장(2D 부품도, 3D 모델링도)의 도면을 작성하여 제출합니다.

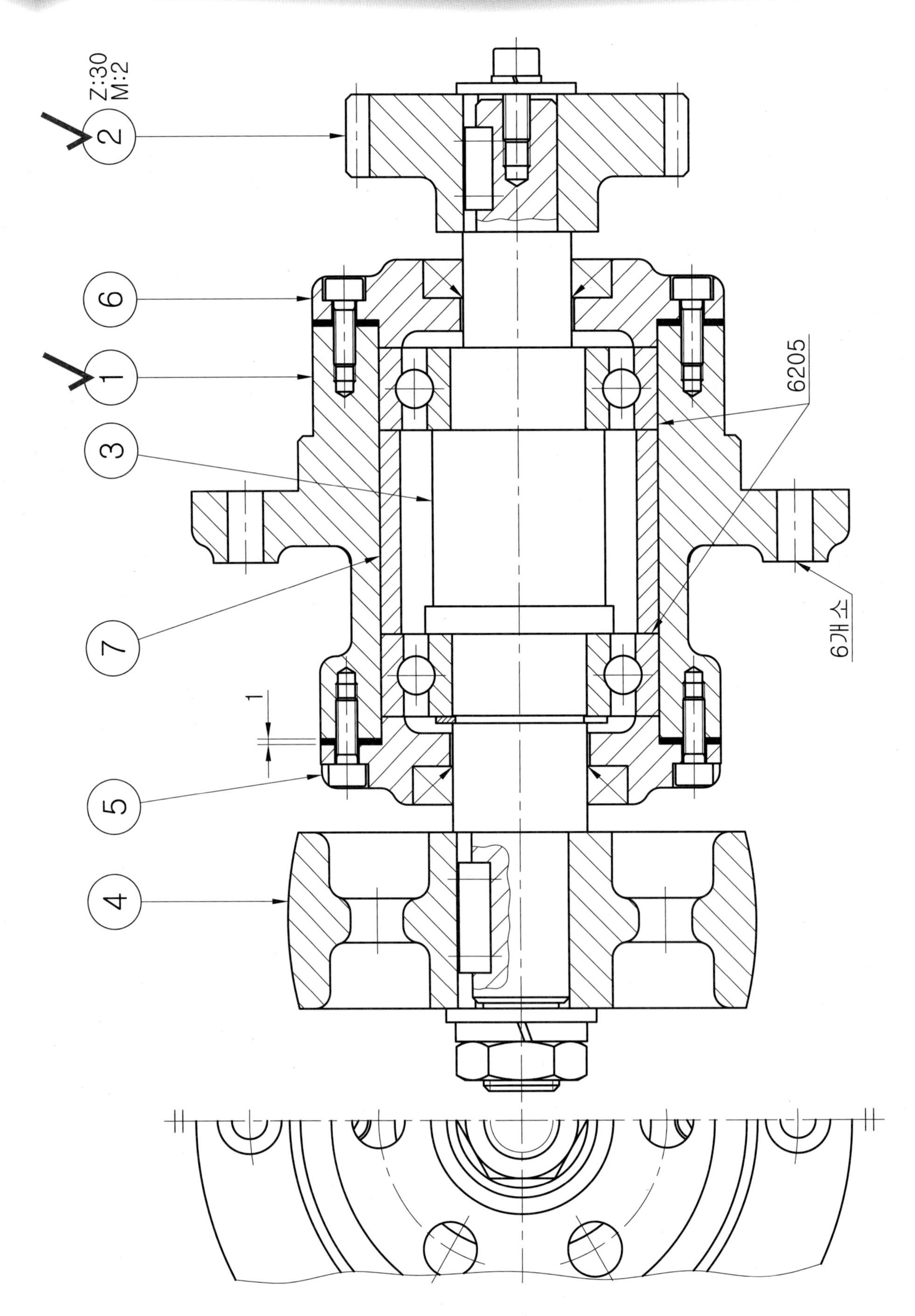
Z:30
M:2
2
6
1
3
7
5
4
6205
6개 소
1

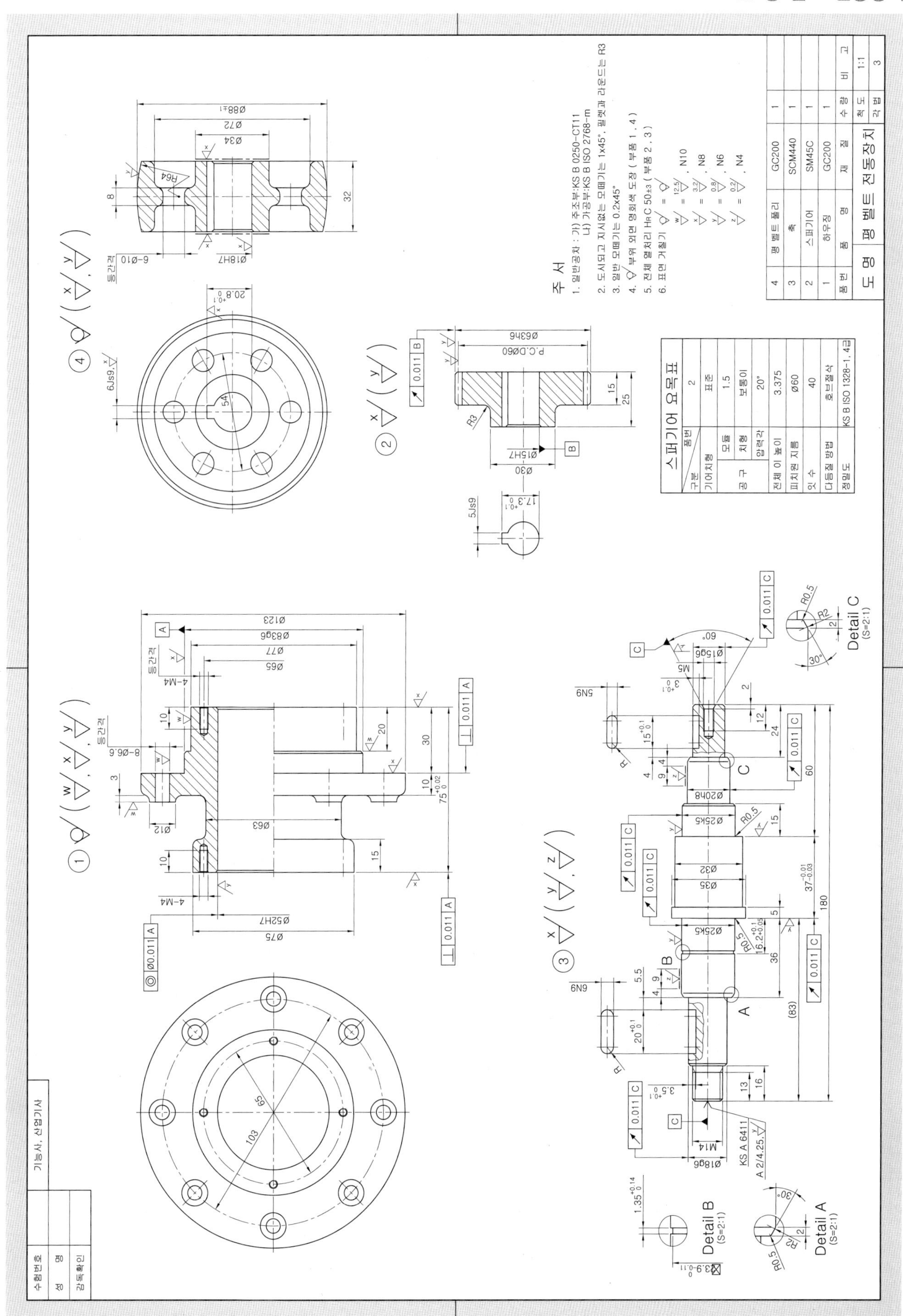
주 서
1. 일반공차 : 가) 주조부:KS B 0250-CT11
나) 가공부:KS B ISO 2768-m
2. 도시되고 지시없는 모떼기는 1x45°, 필렛과 라운드는 R3
3. 일반 모떼기는 0.2x45°
4. 부위 외면 명회색 도장 (부품 1, 4)
5. 전체 열처리 HRC 50±3 (부품 2, 3)
6. 표면 거칠기
스퍼기어 요목표
구분 품번 2
기어치형 표준
공구 모듈 1.5
치형 보통이
압력각 20°
전체 이 높이 3.375
피치원 지름 Ø60
잇 수 40
다듬질 방법 호브절삭
정밀도 KS B ISO 1328-1, 4급
4 평 벨트 풀리 GC200 1
3 축 SM440 1
2 스퍼기어 SM45C 1
1 하우징 GC200 1
품번 품명 재질 수량 비고
도명 평 벨트 전동장치 척도 1:1 각법 3
Detail A (S=2:1)
Detail B (S=2:1)
Detail C (S=2:1)
수험번호
성 명
감독확인
기능사, 산업기사

1. 변경 사항

	현 행	변 경
과 제 명	부품도 및 모델링도 작업	설계 변경 작업 및 부품도/모델링도 작업
작업 시간	5시간	5시간 30분
적용 시기	2018년 기사 2회 실기시험까지	2018년 기사 3회 실기시험부터

2. 주요 작업 내용

□ **설계 변경 작업**(변경 사항)

1. 조립도 형식의 문제 도면을 보고 주어진 설계 변경 조건에 따라 설계 변경 작업을 실시합니다.

설계 변경 조건(예)
• ①번 부품의 볼트 체결 구멍을 '6개소'에서 '8개소'로 변경하시오. • ②번 부품에서 모듈을 '1.5'로 잇수를 '40'으로 변경하시오.

2. 설계 변경 대상 부품이 변경될 경우 관련되는 다른 부품 역시 조건에 맞도록 설계 변경이 수반되어야 합니다.
3. 설계 변경 요구조건과 관계되는 항목만 설계 변경을 실시하며 그 외 관련이 없는 부분은 설계 변경하지 않아야 합니다.

□ **부품도/모델링도 작업**(기존 작업과 동일)

1. 문제에서 지시한 부품에 대하여 설계 변경 사항을 반영한 후 2D 부품도 및 3D 모델링도 작업을 실시합니다.
2. 기능과 동작을 이해하여 투상도, 치수, 치수공차, 끼워맞춤 공차 등 한국산업표준(KS)에 따라 도면을 작성합니다.
3. 3D 모델링도는 형상을 잘 나타내는 등각축을 잡아서 각 부품당 2개의 View를 나타내며, 이 때 음영 및 렌더링 처리를 하여 표현합니다.
4. 그 외 지시되지 않은 사항은 기계 설계 및 KS 제도법을 기준으로 문제지 요구사항에 따라 2장(2D 부품도, 3D 모델링도)의 도면을 작성하여 제출합니다.

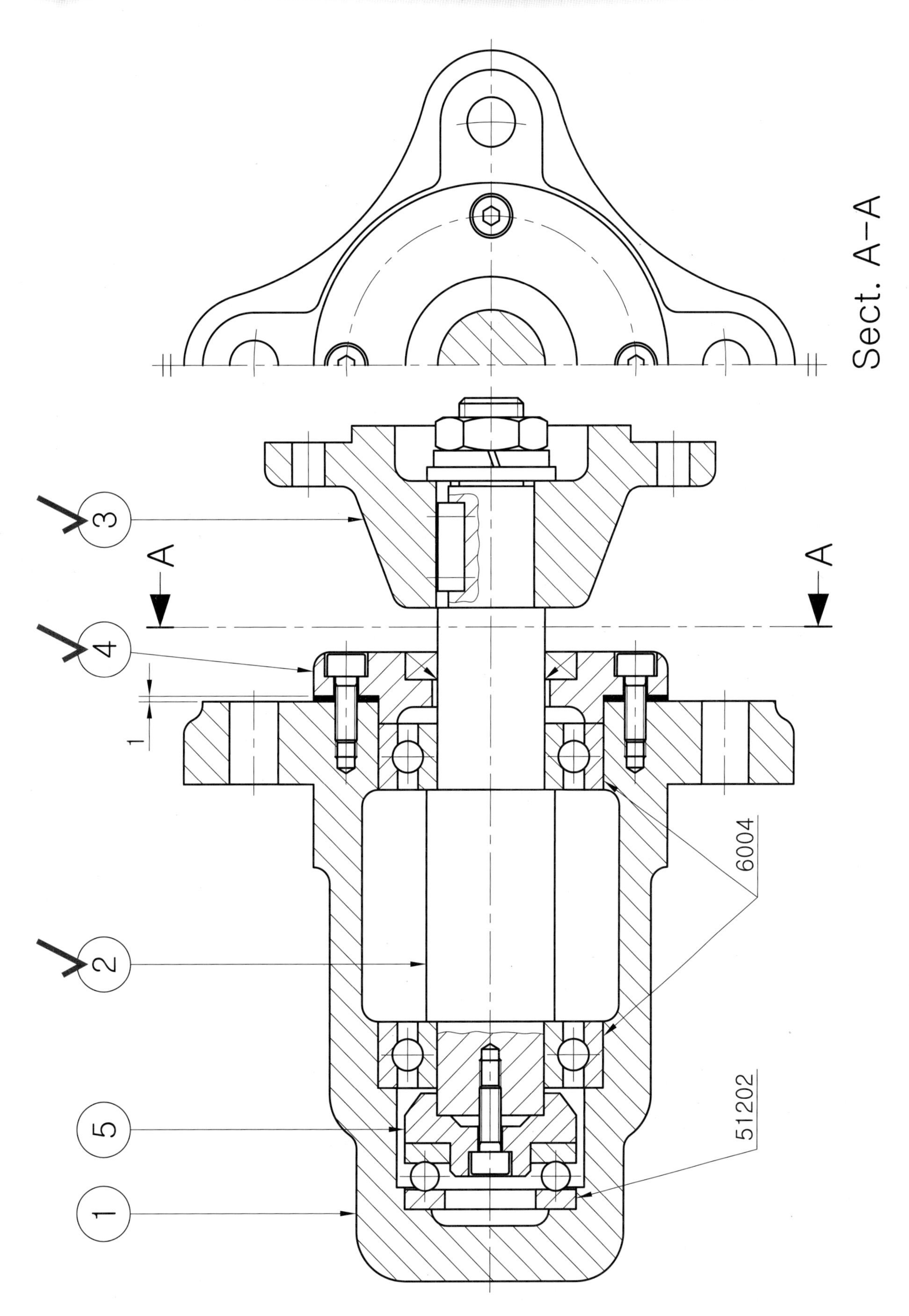
Sect. A-A
A
A
3
4
2
5
1
6004
51202

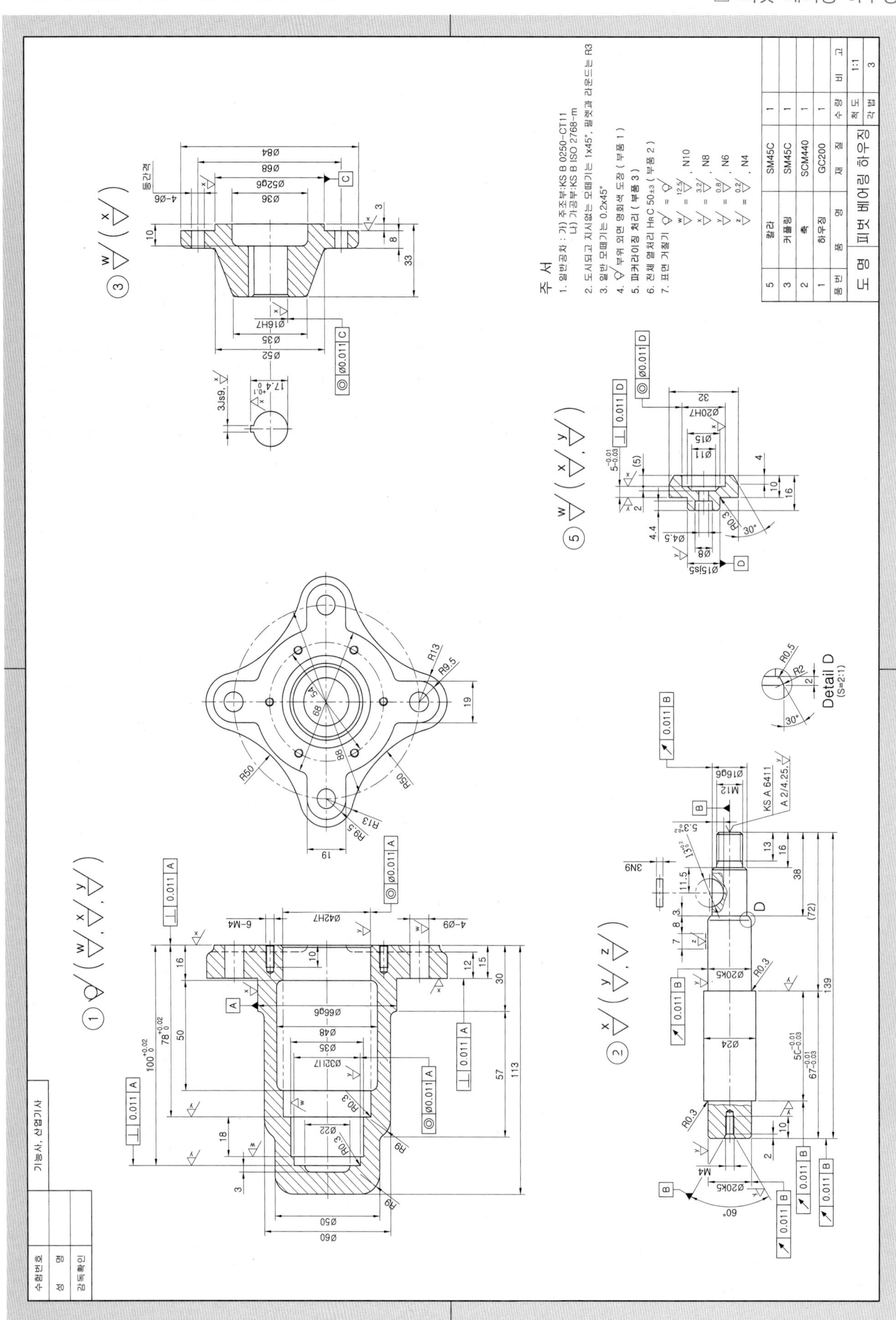
주 서
1. 일반공차 : 가) 주조부:KS B 0250-CT11
나) 가공부:KS B ISO 2768-m
2. 도시되고 지시없는 모떼기는 1x45°, 필렛과 라운드는 R3
3. 일반 모떼기는 0.2x45°
4. 부위 외면 명회색 도장 (부품 1)
5. 파커라이징 처리 (부품 3)
6. 전체 열처리 HRC 50±3 (부품 2)
7. 표면 거칠기
w = 12.5, N10
x = 3.2, N8
y = 0.8, N6
z = 0.2, N4
5 칼라 SM45C 1
3 커플링 SM45C 1
2 축 SCM440 1
1 하우징 GC200 1
품번 품명 재질 수량 비고
도명 피벗 베어링 하우징
척도 1:1
각법 3
Detail D (S=2:1)
기능사, 산업기사
수험번호
성명
감독확인

1. 변경 사항

	현 행	변 경
과 제 명	부품도 및 모델링도 작업	설계 변경 작업 및 부품도/모델링도 작업
작업 시간	5시간	5시간 30분
적용 시기	2018년 기사 2회 실기시험까지	2018년 기사 3회 실기시험부터

2. 주요 작업 내용

□ 설계 변경 작업(변경 사항)

1. 조립도 형식의 문제 도면을 보고 주어진 설계 변경 조건에 따라 설계 변경 작업을 실시합니다.

설계 변경 조건(예)
• ②번 부품과 ③번 부품에 체결된 '평행키'를 '반달키'로 변경하시오. • ④번 부품의 볼트 조립부 결합 개소를 '4개'에서 '6개'로 변경하시오.

2. 설계 변경 대상 부품이 변경될 경우 관련되는 다른 부품 역시 조건에 맞도록 설계 변경이 수반되어야 합니다.
3. 설계 변경 요구조건과 관계되는 항목만 설계 변경을 실시하며 그 외 관련이 없는 부분은 설계 변경하지 않아야 합니다.

□ 부품도/모델링도 작업(기존 작업과 동일)

1. 문제에서 지시한 부품에 대하여 설계 변경 사항을 반영한 후 2D 부품도 및 3D 모델링도 작업을 실시합니다.
2. 기능과 동작을 이해하여 투상도, 치수, 치수공차, 끼워맞춤 공차 등 한국산업표준(KS)에 따라 도면을 작성합니다.
3. 3D 모델링도는 형상을 잘 나타내는 등각축을 잡아서 각 부품당 2개의 View를 나타내며, 이 때 음영 및 렌더링 처리를 하여 표현합니다.
4. 그 외 지시되지 않은 사항은 기계 설계 및 KS 제도법을 기준으로 문제지 요구사항에 따라 2장(2D 부품도, 3D 모델링도)의 도면을 작성하여 제출합니다.

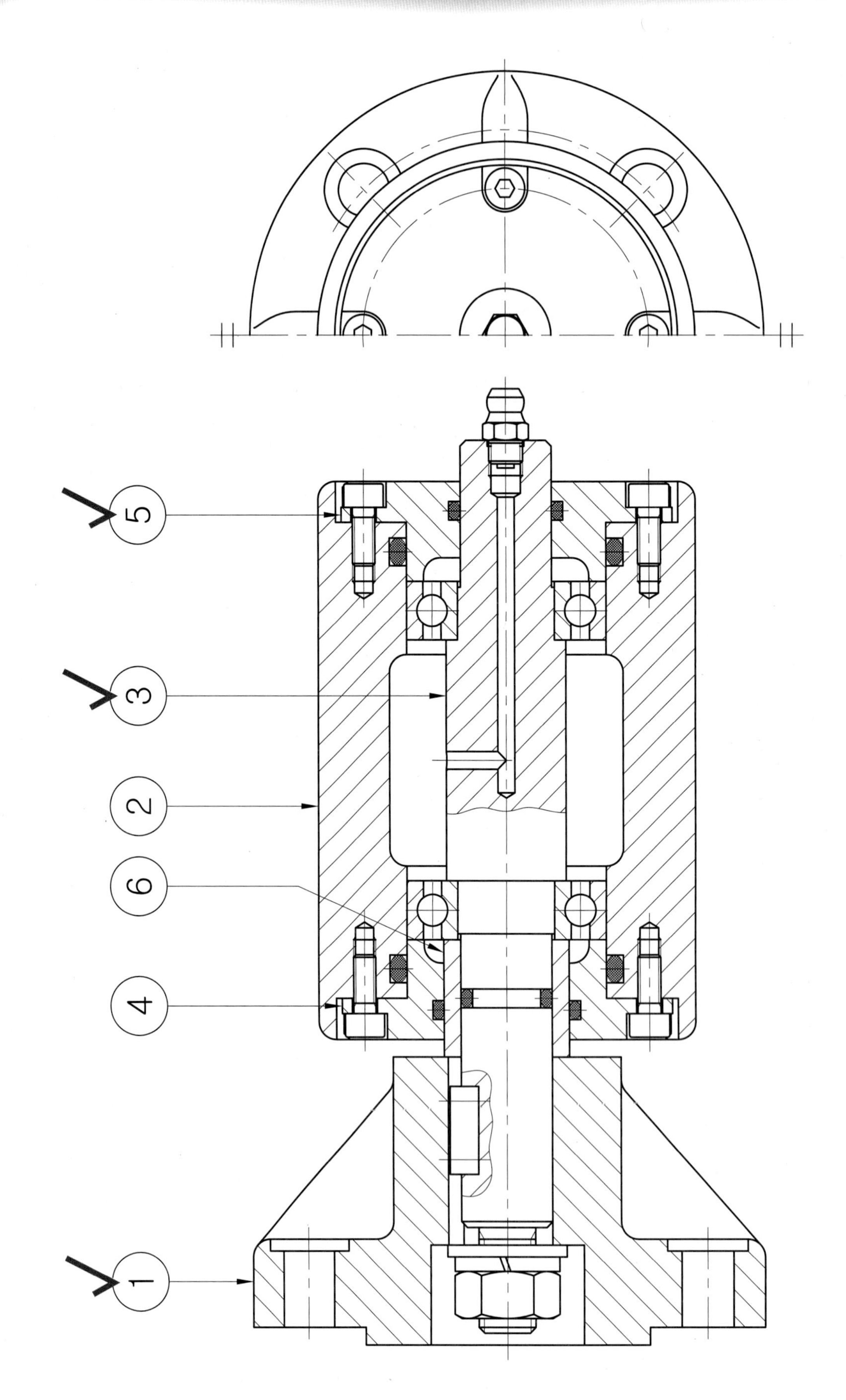
5
3
2
6
4
1

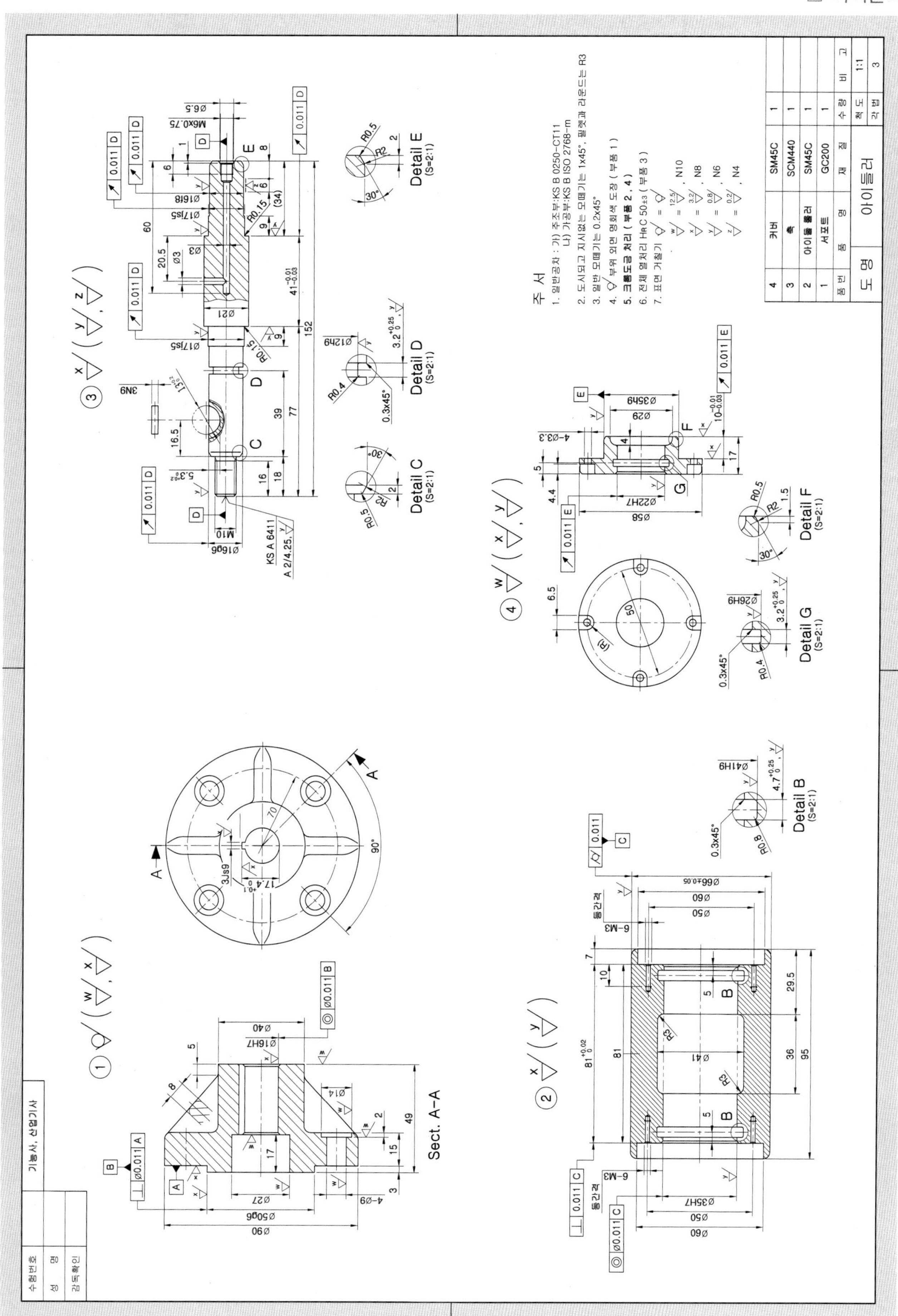
주 서
1. 일반공차 : 가) 주조부:KS B 0250-CT11
나) 가공부:KS B ISO 2768-m
2. 도시되고 지시없는 모떼기는 1x45°, 필렛과 라운드는 R3
3. 일반 모떼기는 0.2x45°
4. 부위 외면 명회색 도장 (부품 1)
5. 크롬도금 처리 (부품 2, 4)
6. 전체 열처리 HRC 50±3 (부품 3)
7. 표면 거칠기
4 커버 SM45C 1
3 축 SCM440 1
2 아이들 롤러 SM45C 1
1 서포트 GC200 1
품번 품명 재질 수량 비고
도명 아이들러
척도 1:1
각법 3
Sect. A-A
Detail B (S=2:1)
Detail C (S=2:1)
Detail D (S=2:1)
Detail E (S=2:1)
Detail F (S=2:1)
Detail G (S=2:1)
수험번호
성명
감독확인
기능사, 산업기사

1. 변경 사항

	현 행	변 경
과 제 명	부품도 및 모델링도 작업	설계 변경 작업 및 부품도/모델링도 작업
작업 시간	5시간	5시간 30분
적용 시기	2018년 기사 2회 실기시험까지	2018년 기사 3회 실기시험부터

2. 주요 작업 내용

□ 설계 변경 작업(변경 사항)

1. 조립도 형식의 문제 도면을 보고 주어진 설계 변경 조건에 따라 설계 변경 작업을 실시합니다.

설계 변경 조건(예)
• ①번 부품과 ③번 부품에 체결된 '평행키'를 '반달키'로 변경하시오. • ④번과 ⑤번 부품에 체결된 볼트를 'M3' 규격으로 변경하고, 볼트 결합 개소를 '6개'로 변경하시오.

2. 설계 변경 대상 부품이 변경될 경우 관련되는 다른 부품 역시 조건에 맞도록 설계 변경이 수반되어야 합니다.
3. 설계 변경 요구조건과 관계되는 항목만 설계 변경을 실시하며 그 외 관련이 없는 부분은 설계 변경하지 않아야 합니다.

□ 부품도/모델링도 작업(기존 작업과 동일)

1. 문제에서 지시한 부품에 대하여 설계 변경 사항을 반영한 후 2D 부품도 및 3D 모델링도 작업을 실시합니다.
2. 기능과 동작을 이해하여 투상도, 치수, 치수공차, 끼워맞춤 공차 등 한국산업표준(KS)에 따라 도면을 작성합니다.
3. 3D 모델링도는 형상을 잘 나타내는 등각축을 잡아서 각 부품당 2개의 View를 나타내며, 이 때 음영 및 렌더링 처리를 하여 표현합니다.
4. 그 외 지시되지 않은 사항은 기계 설계 및 KS 제도법을 기준으로 문제지 요구사항에 따라 2장(2D 부품도, 3D 모델링도)의 도면을 작성하여 제출합니다.

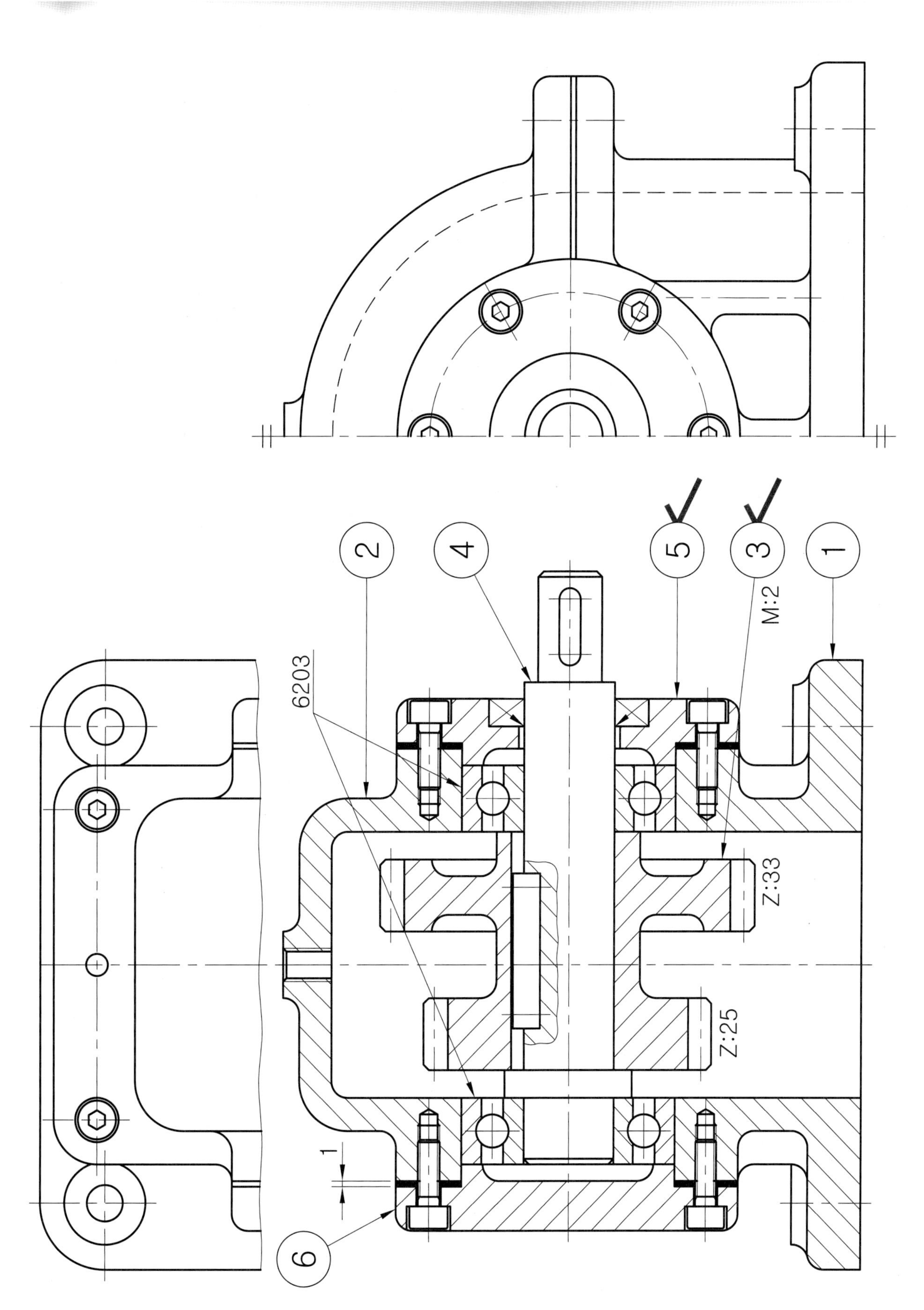
2
4
5
3
1
M:2
6203
Z:33
Z:25
1
6

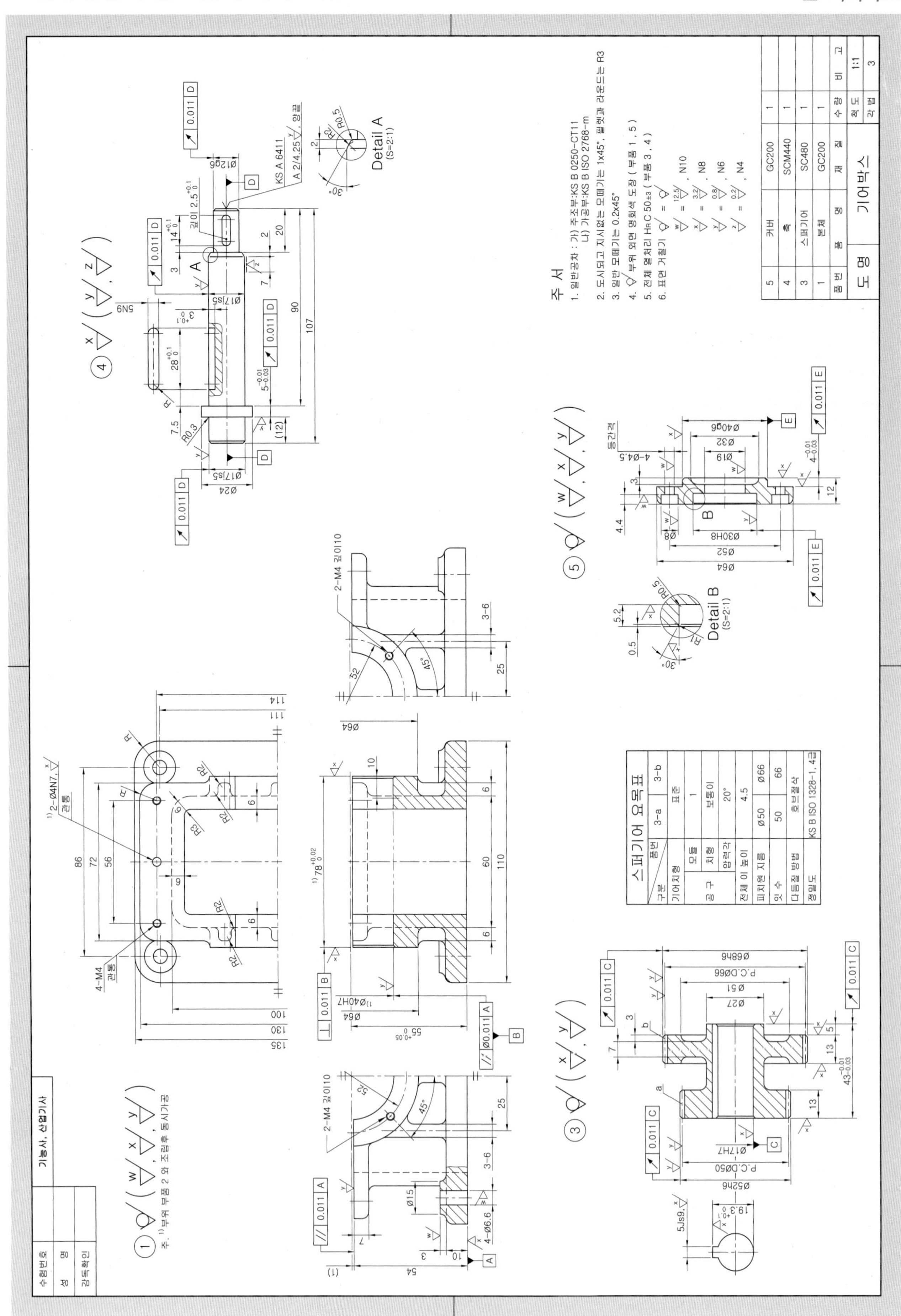
주 서
1. 일반공차 : 가) 주조부:KS B 0250-CT11
나) 가공부:KS B ISO 2768-m
2. 도시되고 지시없는 모떼기는 1x45°, 필렛과 라운드는 R3
3. 일반 모떼기는 0.2x45°
4. 부위 외면 명회색 도장 (부품 1, 5)
5. 전체 열처리 HRC 50±3 (부품 3, 4)
6. 표면 거칠기
스퍼기어 요목표
Detail A
(S=2:1)
Detail B
(S=2:1)
도 명
기어박스
척 도
1:1
각 법
3
5 커버 GC200 1
4 축 SCM440 1
3 스퍼기어 SC480 1
1 본체 GC200 1
품 번 품 명 재 질 수 량 비 고
수험번호
성 명
감독확인
기능사, 산업기사

1. 변경 사항

	현 행	변 경
과 제 명	부품도 및 모델링도 작업	설계 변경 작업 및 부품도/모델링도 작업
작업 시간	5시간	5시간 30분
적용 시기	2018년 기사 2회 실기시험까지	2018년 기사 3회 실기시험부터

2. 주요 작업 내용

□ 설계 변경 작업(변경 사항)

1. 조립도 형식의 문제 도면을 보고 주어진 설계 변경 조건에 따라 설계 변경 작업을 실시합니다.

설계 변경 조건(예)
• ⑤번 부품의 볼트 체결 구멍을 '6개소'에서 '4개소'로 변경하시오. • ③번 부품의 모듈 M을 '1'로 변경하시오. (단, 잇수 25 → 50, 33 → 66으로 한다.)

2. 설계 변경 대상 부품이 변경될 경우 관련되는 다른 부품 역시 조건에 맞도록 설계 변경이 수반되어야 합니다.
3. 설계 변경 요구조건과 관계되는 항목만 설계 변경을 실시하며 그 외 관련이 없는 부분은 설계 변경하지 않아야 합니다.

□ 부품도/모델링도 작업(기존 작업과 동일)

1. 문제에서 지시한 부품에 대하여 설계 변경 사항을 반영한 후 2D 부품도 및 3D 모델링도 작업을 실시합니다.
2. 기능과 동작을 이해하여 투상도, 치수, 치수공차, 끼워맞춤 공차 등 한국산업표준(KS)에 따라 도면을 작성합니다.
3. 3D 모델링도는 형상을 잘 나타내는 등각축을 잡아서 각 부품당 2개의 View를 나타내며, 이 때 음영 및 렌더링 처리를 하여 표현합니다.
4. 그 외 지시되지 않은 사항은 기계 설계 및 KS 제도법을 기준으로 문제지 요구사항에 따라 2장(2D 부품도, 3D 모델링도)의 도면을 작성하여 제출합니다.

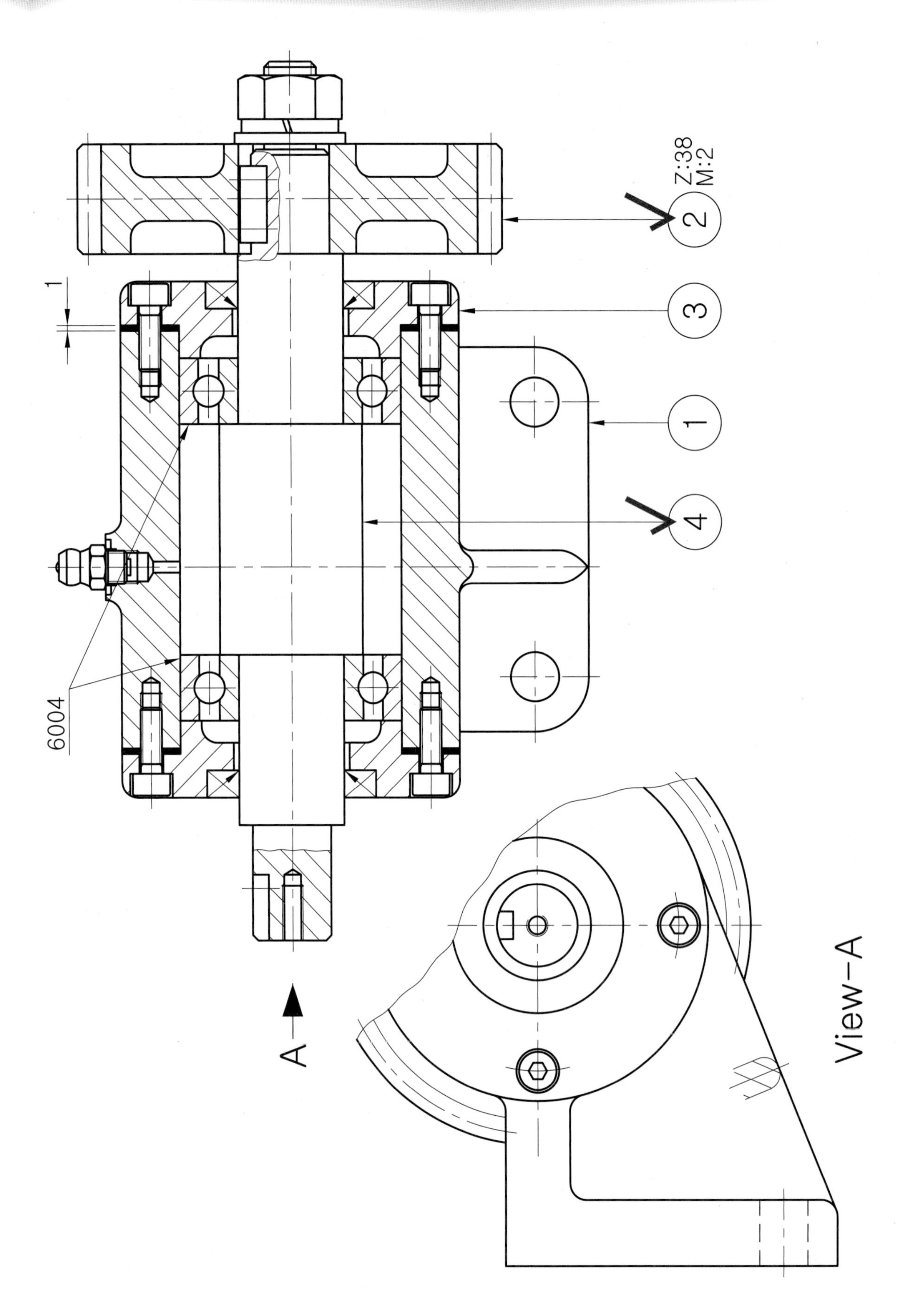
Z:38
M:2
2
3
1
4
1
6004
A
View-A

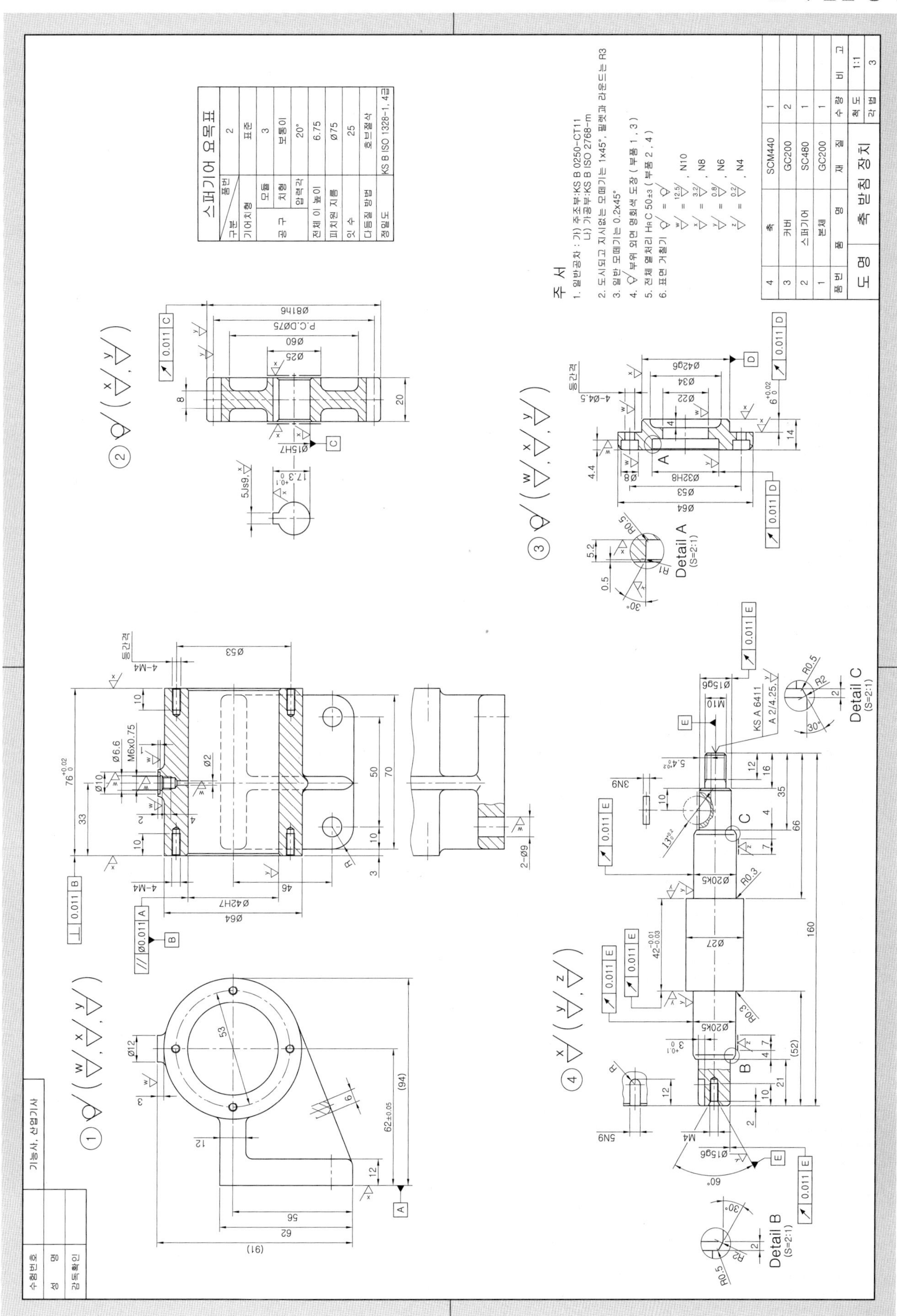
스퍼기어 요목표
구분 / 품번 | 2
기어치형 | 표준
공구 | 모듈 | 3
치형 | 보통이
압력각 | 20°
전체 이 높이 | 6.75
피치원 지름 | Ø75
잇 수 | 25
다듬질 방법 | 호브절삭
정밀도 | KS B ISO 1328-1, 4급
주 서
1. 일반공차 : 가) 주조부:KS B 0250-CT11
나) 가공부:KS B ISO 2768-m
2. 도시되고 지시없는 모떼기는 1x45°, 필렛과 라운드는 R3
3. 일반 모떼기는 0.2x45°
4. 부위 외면 명회색 도장 (부품 1, 3)
5. 전체 열처리 HRC 50±3 (부품 2, 4)
6. 표면 거칠기
4 | 축 | SCM440 | 1
3 | 커버 | GC200 | 2
2 | 스퍼기어 | SC480 | 1
1 | 본체 | GC200 | 1
품번 | 품명 | 재질 | 수량 | 비고
도명 | 축 받침 장치 | 척도 | 1:1
각법 | 3
Detail A (S=2:1)
Detail B (S=2:1)
Detail C (S=2:1)
수험번호
성 명
감독확인
기능사, 산업기사

1. 변경 사항

	현 행	변 경
과 제 명	부품도 및 모델링도 작업	설계 변경 작업 및 부품도/모델링도 작업
작업 시간	5시간	5시간 30분
적용 시기	2018년 기사 2회 실기시험까지	2018년 기사 3회 실기시험부터

2. 주요 작업 내용

□ 설계 변경 작업(변경 사항)

1. 조립도 형식의 문제 도면을 보고 주어진 설계 변경 조건에 따라 설계 변경 작업을 실시합니다.

설계 변경 조건(예)
• ②번 부품의 모듈을 '3', 잇수를 '25'로 변경하시오. • ②번 부품과 ④번 부품에 체결된 '평행키'를 '반달키'로 변경하시오.

2. 설계 변경 대상 부품이 변경될 경우 관련되는 다른 부품 역시 조건에 맞도록 설계 변경이 수반되어야 합니다.
3. 설계 변경 요구조건과 관계되는 항목만 설계 변경을 실시하며 그 외 관련이 없는 부분은 설계 변경하지 않아야 합니다.

□ 부품도/모델링도 작업(기존 작업과 동일)

1. 문제에서 지시한 부품에 대하여 실계 변경 사항을 반영한 후 2D 부품도 및 3D 모델링도 작업을 실시합니다.
2. 기능과 동작을 이해하여 투상도, 치수, 치수공차, 끼워맞춤 공차 등 한국산업표준(KS)에 따라 도면을 작성합니다.
3. 3D 모델링도는 형상을 잘 나타내는 등각축을 잡아서 각 부품당 2개의 View를 나타내며, 이 때 음영 및 렌더링 처리를 하여 표현합니다.
4. 그 외 지시되지 않은 사항은 기계 설계 및 KS 제도법을 기준으로 문제지 요구사항에 따라 2장(2D 부품도, 3D 모델링도)의 도면을 작성하여 제출합니다.

01. 기능검정 과제 분석 및 작업 방법
02. 전산응용기계제도기능사 실기시험 변경 안내(2018~2020년)
03. 기계설계산업기사 실기시험 변경 안내(2018~2020년)
04. 일반기계기사 실기 출제 기준(최신 실기시험 변경 기준 반영)
05. 기계설계산업기사 실기 출제 기준(최신 실기시험 변경 기준 반영)
06. 개인 PC 사용 CAD 프로그램 활용 관련 안내
07. 전산응용기계제도기능사 실기 요구사항 예
08. 기계설계산업기사 실기 요구사항 예
09. 기능사, 산업기사, 기사 작업형 실기 시험 채점 기준 예시(2D 부품도)
10. 작업형 실기 시험 채점 기준 예시(3D 렌더링 등각 투상도)

Appendix 부록

과제 분석 방법과 실기시험 출제 기준

한국산업인력공단에서 공고하는 기계분야 국가 기술자격 종목별 출제기준 및 채점기준 등에 관한 상세한 정보들을 알아보고, 필기 및 실기시험을 준비하는 데 있어 참고할 수 있기를 바란다.

■ 주요 학습내용 및 목표

- 작업형 실기시험 출제기준의 이해
- 도면 작성 및 제출시 유의사항 숙지

Lesson

01 기능검정 과제 분석 및 작업 방법

가. 도면 분석 및 이해

1. 작동 이해
   요구사항 및 조립 도면을 보고 부품의 기능과 작동을 이해한다. (이때는 작업하지 않는 부품도 모두 이해한다)
2. 투상 이해
   각 부품의 투상(형상)을 이해한다. (정면도, 우/좌측면도, 평면도 및 저면도 등을 비교하며...)
3. 주요 치수 및 공차
   도면에 표기 되어 있는 치수를 포함하여 작동, 조립에 관한 치수 및 공차를 이해한다.
4. 규격품 정리
   베어링, 오일실, 오링, 키, 핀 등의 기계요소 부품들을 과제도면 기준으로 KS기계제도 규격(PDF)에서 찾아 정리한다.
5. 재질 및 표면처리
   기계의 작동 및 각 부품의 기능과 용도에 맞는 재질선정과 표면처리(열처리, 도장) 방법을 정리한다.
6. 주요 형상기하 공차
   기계의 작동 및 특징에 맞도록 형상기하 공차를 정리한다.
7. 부품의 투상 방법
   각 부품의 정투상도(6면도 기준)를 결정하고, 각 부품의 단면도, 확대도, 부분 투상도 등을 정리한다.
8. 시간 관리
   위와 같이 도면을 이해하였다면 시간의 안배를 결정하고, 조정/관리 할 수 있도록 체크한다.

나. 3D 모델링 작업

1. 형상을 파악한 각 부품을 한 부분씩 나누어 3D 모델링을 한다.
2. 모델링이 완료되었으면 형상을 확인하여 모따기와 필렛을 작업한다.
3. 형상의 누락 및 오작업이 없는지 확인/검토 한다.
4. 각 부품마다 하나씩 위와 같이 작업한다.

다. 등각 투상도(3D) 작업 (3차원 모델링도)

1. 부품의 형상 및 특징을 가장 잘 표현해 주는 Angle에서의 등각 투상도를 결정한다.
2. 기능사의 경우 등각 투상도를 렌더링 처리하여 나타내고 산업기사의 경우 등각 투상도를 모서리선 또는 렌더링 처리하여 나타낸다.
3. 산업기사의 경우 제품의 특징이 잘 나타나도록 단면하여 나타낸다(요구사항에 준한다).
4. 부품의 크기와 유사하게 1:1 크기 또는 도면 크기에 알맞게 배치하여 나타낸다.

라. 부품도(2D) 작업

1. 도면의 분석에서 정리한 것과 같이 각 부품의 투상도(6면도 및 단면도, 확대도, 부분 투상도 등)를 작업 및 배열 한다.
2. 각 부품 별로 치수의 기준면을 결정하고 부품의 특징과 목적 및 가공 공정에 맞도록 치수를 기입한다.
3. 부품조립 및 가공 공정에 맞도록 주요공차 및 표면거칠기를 기입한다.
4. 가공과 기능에 알맞는 주요 형상기하 공차를 기입한다.
5. 도면의 크기에 맞추어 부품별로 확실하게 구분이 되도록 도면을 배치 및 정리한다.
6. 표면처리(열처리, 도장), 부품의 명칭, 재질 및 수량 등을 표제란에 기입한다.

마. 자체 도면 검도

도면 검도 요령 의거 또는 상기 내용을 기준으로 도면을 검도한다.

전산응용기계제도기능사 실기시험 변경 안내(2018~2020년)

1. 변경 사항

	현 행	변 경
과 제 명	부품도 및 모델링도 작업	부품도 및 모델링도 작업 – 질량 해석 추가
작업 시간	5시간	5시간
적용 시기	2018년 기능사 2회 실기시험까지 (산업수요 맞춤형 고등학교 및 특성화 고등학교 등 필기시험 면제자 검정 포함)	2018년 기능사 3회 실기시험부터

2. 주요 작업 내용

□ 부품도 및 모델링도 작업

1. 조립도 형식의 문제도면에서 지시한 부품에 대해 2D 부품도 및 3D 모델링도 작업을 실시합니다.
2. 기능과 동작을 이해하여 투상도, 치수, 치수공차, 끼워맞춤 공차 등 한국산업표준(KS)에 따라 도면을 작성합니다.
3. 3D 모델링도는 형상을 잘 나타내는 등각축을 잡아서 각 부품당 2개의 렌더링 등각 투상도를 나타내며, 이 때 음영 및 렌더링 처리를 하여 표현합니다.
   – 여기서 3D 모델링도의 부품란 비고에 주어진 밀도 조건에 따른 질량을 산출하여 기입합니다. (질량해석 추가)
4. 그 외 사항은 기계 설계 및 KS 제도법을 기준으로 문제지 요구사항에 따라 2장(2D 부품도, 3D 모델링도)의 도면을 작성하여 제출합니다.

Lesson

03 기계설계산업기사 실기시험 변경 안내(2018 ~ 2020년)

1. 변경 사항

	현 행	변 경
과 제 명	부품도 및 모델링도 작업	설계 변경 작업 및 부품도/모델링도 작업
작업 시간	5시간	5시간 30분
적용 시기	2018년 기사 2회 실기시험까지	2018년 기사 3회 실기시험부터

2. 주요 작업 내용

□ **설계 변경 작업**(변경 사항)

1. 조립도 형식의 문제 도면을 보고 주어진 설계 변경 조건에 따라 설계 변경 작업을 실시합니다.

설계 변경 조건(예)
• 베어링 사양을 XXXX에서 YYYY로 변경하시오. • 도면에서 'A'부 치수를 'XX'에서 'YY'로 변경하시오. • 기어의 잇수를 'XX'에서 'YY'로 변경하시오. • 'A'번 부품의 볼트 조립부 결합 개소를 'X'개에서 'Y'개로 변경하시오.

2. 설계 변경 대상 부품이 변경될 경우 관련되는 다른 부품 역시 조건에 맞도록 설계 변경이 수반되어야 합니다.
3. 설계 변경 요구조건과 관계되는 항목만 설계 변경을 실시하며 그 외 관련이 없는 부분은 설계 변경하지 않아야 합니다.

□ **부품도/모델링도 작업**(기존 작업과 동일)

1. 문제에서 지시한 부품에 대하여 설계 변경 사항을 반영한 후 2D 부품도 및 3D 모델링도 작업을 실시합니다.
2. 기능과 동작을 이해하여 투상도, 치수, 치수공차, 끼워맞춤 공차 등 한국산업표준(KS)에 따라 도면을 작성합니다.
3. 3D 모델링도는 형상을 잘 나타내는 등각축을 잡아서 각 부품당 2개의 View를 나타내며, 이 때 음영 및 렌더링 처리를 하여 표현합니다.
4. 그 외 지시되지 않은 사항은 기계 설계 및 KS 제도법을 기준으로 문제지 요구사항에 따라 2장(2D 부품도, 3D 모델링도)의 도면을 작성하여 제출합니다.

일반기계기사 실기 출제 기준(최신 실기시험 변경 기준 반영)

○ 직무분야 : 기계	○ 자격종목 : 일반기계기사	○ 적용기간 : 2019. 1. 1~2021. 12. 31

○ **직무내용** : 재료역학, 기계열역학, 기계유체역학, 기계재료 및 유압기기, 기계제작법 및 기계동력학 등 기계에 관한 지식을 활용하여 일반기계 및 구조물을 설계, 견적, 제작, 시공, 감리 등과 관련된 업무 수행

○ **수행준거** :
1. 기계설계 기초지식을 활용할 수 있다.
2. 체결용, 전동용, 제어용 기계요소 및 유체 기계요소를 설계할 수 있다.
3. 설계조건에 맞는 계산 및 견적을 할 수 있다.
4. CAD S/W를 이용하여 CAD도면을 작성할 수 있다.

○ **실기검정방법** : 복합형　　○ **시험시간** : 필답형 : 2시간, 작업형 : 5시간 정도

실기 과목명	주요 항목	세부 항목	세세 항목
일반기계 설계실무	1. 일반기계요소의 설계	1. 기계요소설계하기	1. 단위, 규격, 끼워맞춤, 공차 등을 활용하여 기계설계에 적용할 수 있다. 2. 나사, 키, 핀, 코터, 리벳 및 용접이음 등의 체결용 요소를 설계할 수 있다. 3. 축, 축이음, 베어링, 마찰차, 캠, 벨트, 체인, 로우프, 기어 등의 전동용 요소를 설계할 수 있다. 4. 브레이크, 스프링, 플라이휠 등의 제어용 요소를 설계할 수 있다. 5. 펌프, 밸브, 배관 등 유체기계요소를 설계할 수 있다. 6. 요소부품재질을 선정할 수 있다.
		2. 설계 계산하기	1. 선정된 기계요소부품에 의하여, 관련된 설계변수들을 선정할 수 있다. 2. 계산의 조건에 적절한 설계계산식을 적용할 수 있다. 3. 설계 목표물의 기능과 성능을 만족하는 설계변수를 계산 할 수 있다. 4. 부품별 제원 및 성능곡선표, 특성을 고려하여 설계계산에 반영할 수 있다. 5. 표준 운영절차에 따라, 설계계산 프로그램 또는 장비를 설정하고, 결과를 도출할 수 있다.
	2. 일반기계 실무	1. 조립도, 구조물 및 부속장치설계하기	1. 조립도, 구조물 및 부속장치를 설계할 수 있다.
		2. 기계설비 견적하기	1. 기계설비 견적을 할 수 있다.

실기 과목명	주요 항목	세부 항목	세세 항목
일반기계 설계실무	3. 기계제도 (CAD) 작업	1. CAD를 이용한 도면 작성하기	1. CAD를 이용하며, KS규격에 맞는 부품 제작도를 작성할 수 있다. 2. 표준 운영절차에 따라 요구되는 형상을 2D 또는 3D로 구현할 수 있다. 3. 작성된 2D 또는 3D 도면을 KS규격에 규정한 도면 작성법에 의하여 정확하게 기입되었는가를 확인할 수 있다. 4. 부품 간 기구학적 간섭을 확인하고, 오류발생 시 수정할 수 있다.
		2. 도면출력 및 데이터 관리하기	1. 요구되는 데이터 형식에 맞도록 저장할 수 있다. 2. 프린터, 플로터 등 인쇄장치를 이용하여 도면을 출력할 수 있다 3. CAD 데이터 형식에 대하여 각각의 용도 및 특성을 파악하고 이를 변환할 수 있다. 4. 작업된 도면의 용도 및 활용성을 파악하고 분류하여 저장할 수 있다.
		3. CAD 장비의 운영	1. CAD 프로그램을 설치하고 출력장치를 사용하여, CAD 장비를 운영할 수 있다.

Lesson 05 기계설계산업기사 실기 출제 기준(최신 실기시험 변경 기준 반영)

○ 직무분야 : 기계	○ 자격종목 : 기계설계산업기사	○ 적용기간 : 2018. 7. 1~2020. 12. 31

○ **직무내용** : 주로 CAD 시스템을 이용하여 기계도면을 작성하거나 수정, 출도를 하며 부품도를 도면이 형식에 맞게 배열하고, 단면 형상의 표시 및 치수 노트를 작성 또한 컴퓨터를 이용한 부품의 전개도, 조립도, 구조도 등을 설계하며, 생산 관리, 품질 관리, 설비 관리 등의 직무를 수행

○ **수행준거** : 1) CAD 소프트웨어를 이용하여 산업 규격에 적합하고 도면의 형식에 맞는 부품도를 작성하고 출력할 수 있다.
2) CAD 소프트웨어를 이용하여 모델링 작업 및 설계 검증(질량 해석 등)을 할 수 있다.
3) 제시된 기계의 특성에 맞는 부품의 제작 및 조립에 필요한 내용(치수, 공차, 가공 기호 등)을 표기할 수 있다.

○ **실기검정방법** : 작업형 ○ **시험시간** : 5시간 30분 정도

실기 과목명	주요 항목	세부 항목	세세 항목
기계설계실무	1. 설계관련 정보 수집 및 분석	1. 정보 수집하기	1. 설계에 관련된 다양한 정보 원천을 확보할 수 있어야 한다.
		2. 정보 분석하기	1. 설계관련 정보들을 체계적으로 해석, 또는 분석하고 적용할 수 있어야 한다.
	2. 설계관련 표준화 제공	1. 소요자재목록 및 부품 목록 관리하기	1. 주어진 도면으로부터 정확한 소요 자재 목록 및 부품 목록을 작성할 수 있어야 한다.
	3. 도면해독	1. 도면 해독하기	1. 부품의 전체적인 조립 관계와 각 부품별 조립 관계를 파악할 수 있어야 한다. 2. 도면에서 해당 부품의 주요 가공 부위를 선정하고, 주요 가공 치수를 결정할 수 있어야 한다. 3. 가공 공차에 대한 가공 정밀도를 파악하고, 그에 맞는 가공 설비 및 치공구를 결정할 수 있어야 한다. 4. 도면에서 해당 부품에 대한 재질 특성을 파악하여 가공 가능성을 결정할 수 있어야 한다.
	4. 형상(3D/2D) 모델링	1. 모델링 작업 준비하기	1. 사용할 CAD 프로그램의 환경을 효율적으로 설정할 수 있어야 한다.
		2. 모델링 작업하기	1. 이용 가능한 CAD 프로그램의 기능을 사용하여 요구되는 형상을 설계로 완벽하게 구현할 수 있어야 한다. 2. 모델링의 수정 및 편집을 용이하게 할 수 있어야 한다. 3. 관련 산업 표준을 준수하여 모델링을 할 수 있어야 한다. 4. 영역, 길이, 각도, 공차, 지시 등 모델링에 관련된 추가적인 정보를 도출하고 생성할 수 있어야 한다.

실기 과목명	주요 항목	세부 항목	세세 항목
기계설계실무	5.모델링 종합 평가	1. 모델링 데이터 확인하기	1. 부품 간 상호 결합 상태를 검증할 수 있어야 한다.
		2. 부품의 어셈블리 하기 (ASSEMBLY)	1. 모든 부품(PART)을 누락 없이 정확한 위치에 조립할 수 있어야 한다.
	6. 설계도면 작성	1. 설계사양과 구성요소 확인하기	1. 설계 입력서를 검토하여 주요 치수가 정확히 선정이 되었는지 확인할 수 있어야 한다.
		2. 도면 작성하기	1. 부품 상호간 기구학적 간섭을 확인하여 오류 발생 시 수정할 수 있어야 한다. 2. 레이아웃도, 부품도, 조립도, 각종 상세도 등 일반 도면을 작성할 수 있어야 한다.
		3. 도면 출력 및 데이터 관리하기	1. 요구되는 데이터 형식에 맞도록 저장하거나 출력할 수 있어야 한다. 2. 프린터, 플로터 등 인쇄 장치의 설치와 출력도면 영역 설정으로 실척 및 축(배)척으로 출력할 수 있어야 한다. 3. CAD 데이터 형식에 대하여 각각의 용도 및 특성을 파악하고 이를 변환할 수 있어야 한다. 4. 작업된 도면의 용도 및 활용성을 파악하고 분류하여 저장할 수 있어야 한다.
	7. 요소부품 재질 검토 (재료열처리)	1. 열처리 방안 선정하기	1. 제품의 수명 및 생산량에 따른 소재별 부품의 강도, 경도, 변형 중요도에 따라 강성을 결정할 수 있어야 한다. 2. 소재의 열처리 특성에 따라 열처리 방안을 선정할 수 있어야 한다. 3. 가공성 개선을 위하여 가공의 중간 공정으로 열처리 방안을 선정할 수 있어야 한다.
	8. 설계검증	1. 설계검증 준비하기	1. 조립에 필요한 단품의 데이터의 오류를 확인하고, 수정할 수 있어야 한다.
		2. 공학적 검증하기	1. 구성품의 질량, 응력, 변위량 등을 CAD 소프트웨어 등을 이용하여 계산하고 검증할 수 있어야 한다.
		3. 설계 변경하기	1. 설계 요구사항에 따라 각 부품을 수정하여 재설계할 수 있어야 한다.

Lesson
06 개인 PC 사용 CAD 프로그램 활용 관련 안내

개인 PC를 사용한 CAD 프로그램 활용 실기시험 응시와 관련, 공정한 국가기술자격 시험을 위하여 아래와 같이 사전 안내를 드리오니 수험자께서는 양지하시어 협조해 주시기 바랍니다.

○ 만약 시험장에 사용하려는 CAD 소프트웨어가 없을 경우 본인이 지참(정품 CAD 소프트웨어 또는 개인 PC)하여 사용할 수 있으나, 호환성 및 설치, 출력 등으로 인해 발생되는 모든 관련사항은 수험자의 책임입니다.

- 본인 지참 시 시험 시작 전에 시험장 PC에 S/W 설치를 하거나 감독위원에게 개인 PC 검수를 받으셔야 시험을 응시할 수 있습니다.
- 개인 PC 지참시 PC 내용에는 CAD 파일 등 부정행위와 관련된 어떤 파일도 있어서는 안되며, 시험 전에 포맷 후 CAD 소프트웨어와 PDF Viewer 만을 설치하여 시험장에 오시기 바라며, 검수 결과 포맷이 이루어지지 않았을 시 시험장의 PC를 사용하여야 합니다.
- 특히 시험장 출력용 PC에 사용을 원하는 CAD 소프트웨어가 없을 경우 PDF 파일 형태로 출력한 후 종이로 출력해야 하오니 이 점 양지하시어 시험을 준비하시기 바랍니다.
- 이 때 폰트 깨짐 등의 문제가 발생할 수 있기 때문에 CAD 사용 환경 등을 충분히 숙지하시기 바랍니다.

○ 제도 작업에 필요한 KS 관련 데이터는 시험장에서 파일 형태로 제공되므로 기타 데이터와 관련된 노트 또는 서적을 열람하면 부정행위자로 처리됩니다.

○ 미리 작성된 Part program(도면, 단축 키 셋업 등) 또는 Block(도면양식, 표제란, 부품란, 요목표, 주서 및 표면 거칠기 비교표 등)을 사용할 경우 부정행위자로 처리됩니다.

○ 수험자가 원할 경우 수험자 개인이 사용하는 마우스, 키보드는 지참하여 사용하실 수 있습니다.

- 다만, 설치나 호환성 관련 문제가 있을 경우 전적으로 수험자 책임이오니 양지하시기 바랍니다.

국가기술자격 실기시험문제 (예)

응시종목	전산응용기계제도기능사	도 명	도면참조

비번호 :

※ 시험시간 : [○ 표준 시간 : 5 시간]

1. 요구사항

※ 지급된 재료 및 시설을 이용하여 다음 (1)의 부품도(2D) 제도, (2)의 렌더링 등각 투상도(3D) 제도를 순서에 관계없이, 다음의 요구사항들에 의해 제도하시오.

(1) 부품도(2D) 제도

A) 주어진 문제의 조립도면에 표시된 부품번호 (① , ② , ③ , ④)의 부품도를 CAD 프로그램을 이용하여 A2 용지에 척도는 1:1로 투상법은 제3각법으로 제도하시오.

B) 각 부품들의 형상이 잘 나타나도록 투상도와 단면도 등을 빠짐없이 제도하고, 설계 목적에 맞는 가공을 하여 기능 및 작동을 할 수 있도록 치수 및 치수공차, 끼워 맞춤 공차와 기하 공차 기호, 표면거칠기 기호, 표면처리, 열처리, 주서 등 부품 제작에 필요한 모든 사항을 기입하시오.

C) 제도 완료 후 지급된 A3(420×297) 크기의 용지(트레이싱지)에 수험자가 직접 흑백으로 출력하여 확인하고 제출하시오.

(2) 렌더링 등각 투상도(3D) 제도

A) 주어진 문제의 조립도면에 표시된 부품번호 (②, ③)의 부품을 파라메트릭 솔리드 모델링을 하고 모양과 윤곽을 알아보기 쉽도록 뚜렷한 음영, 렌더링 처리를 하여 A3 용지에 제도하시오.

B) 음영과 렌더링 처리는 아래 그림과 같이 형상이 잘 나타나도록 등각 축 2개를 정해 척도는 NS로 실물의 크기를 고려하여 제도하시오.(단, 형상은 단면하여 표시하지 않는다.)

C) 제도 완료 후, 지급된 A3(420×297) 크기의 용지(트레이싱지)에 수험자가 직접 흑백으로 출력하여 확인하고 제출하시오.

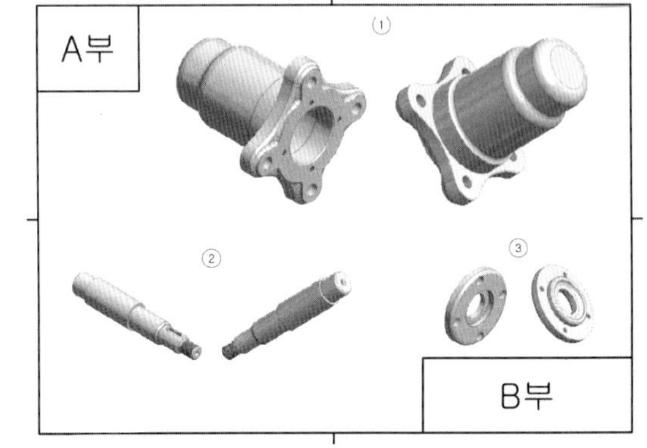

응시종목	전산응용기계제도기능사	도 명	도면참조

(3) 부품도 제도, 렌더링 등각 투상도 제도-공통

A) 도면의 크기별 한계설정(Limits), 윤곽선 및 중심마크 크기는 다음과 같이 설정하고, a와 b의 도면의 한계선 (도면의 가장자리 선)이 출력되지 않도록 하시오.

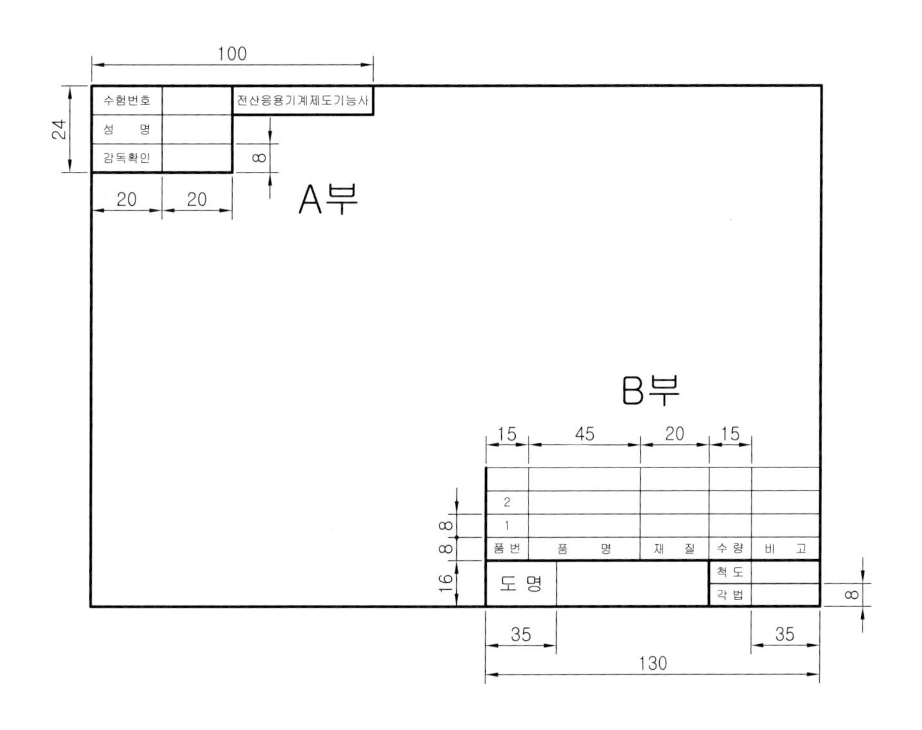

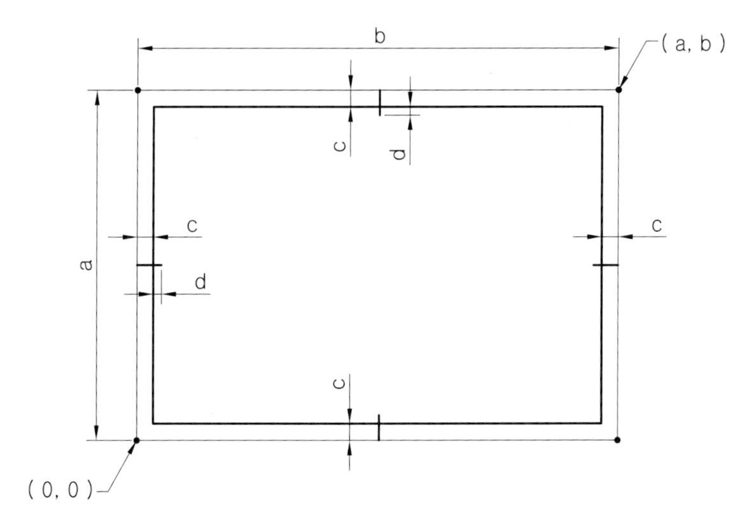

구 분	도면의 한계		중심 마크	
기호 / 도면크기	a	b	c	d
A2(부품도)	420	594	10	5
A3(렌더링 등각 투상도)	297	420	10	5

응시종목	전산응용기계제도기능사	도 명	도면참조

B) 문자, 숫자, 기호의 크기, 선 굵기는 다음 표에서 지정한 용도별 크기를 구분하는 색상을 지정하여 제도하시오.

문자, 숫자, 기호의 높이	선 굵기	지정 색상(color)	용 도
7.0mm	0.70mm	청(파란)색(Blue)	윤곽선, 표제란과 부품란의 윤곽선, 중심마크 등
5.0mm	0.50mm	초록(Green), 갈색(Brown)	외형선, 부품번호, 개별주서 등
3.5mm	0.35mm	황(노란)색(Yellow)	숨은선, 치수와 기호, 일반주서 등
2.5mm	0.25mm	흰색(White), 빨강(Red)	해치선, 치수선, 치수보조선, 중심선, 가상선 등

※ 위 표는 AutoCAD 프로그램 상에서 출력을 용이하게 위한 설정이므로 다른 프로그램을 사용할 경우 위 항목에 맞도록 문자, 숫자, 기호의 크기, 선 굵기를 지정하시기 바랍니다.

※ 출력 과정에서 문자, 숫자, 기호의 크기 및 선 굵기 등이 옳지 않을 경우 감점이나 혹은 채점 대상 제외가 될 수 있으니 이 점 참고하시기 바랍니다.

C) 아라비아 숫자, 로마자는 컴퓨터에 탑재된 ISO 표준을 사용하고, 한글은 굴림 또는 굴림체를 사용하시오.

2. 수험자 유의사항

※ 다음 유의사항을 고려하여 요구사항을 완성하시오.

1) 제공한 KS 데이터에 수록되지 않은 제도 규격이나 데이터는 과제로 제시된 도면을 기준으로 제도하거나 ISO규격과 관례에 따르시오.
2) 주어진 문제의 조립도면에서 표시되지 않은 제도규격은 지급한 KS규격 데이터에서 선정하여 제도하시오.
3) 주어진 문제의 조립도면에서 치수와 규격이 일치하지 않을 때는 해당 규격으로 제도하시오.
4) 마련한 양식의 A부 내용을 기입하고 시험위원의 확인 서명을 받아야 하며, B부는 수험자가 작성 하시오.
5) 수험자에게 주어진 문제는 수험번호를 기재하여 반드시 제출하시오.
6) 시작 전 바탕화면에 본인 비번호 폴더를 생성한 후 이 폴더에 비번호를 파일명으로 하여 작업 내용을 저장하고 시험 종료 후 하드디스크의 작업내용은 삭제하시오.
7) 정전 또는 기계고장으로 인한 자료손실을 방지하기 위하여 10분에 1회 이상 저장(save)하시오.
8) 수험자는 제공된 장비의 안전한 사용과 작업 과정에서 안전수칙을 준수하시오.

응시종목	전산응용기계제도기능사	도 명	도면참조

9) 다음 사항에 대해서는 채점 대상에서 제외하니 특히 유의하시기 바랍니다.

A) 기권

(1) 수험자 본인이 수험 도중 기권 의사를 표시한 경우

B) 실격

(1) 미리 작성된 Part program(도면, 단축 키 셋업 등) 또는 Block(도면양식, 표제란, 부품란, 요목표, 주서 및 표면 거칠기 비교표 등)을 사용한 경우

(2) 채점 시 도면 내용이 다른 수험자와 일부 또는 전부가 동일한 경우

(3) 파일로 제공한 KS 데이터에 의하지 않고 지참한 노트나 서적을 열람한 경우

(4) 수험자의 장비조작 미숙으로 파손 및 고장을 일으킨 경우

C) 미완성

(1) 시험시간 내에 작품을 제출하지 아니한 경우

(2) 수험자의 직접 출력시간이 20분을 초과한 경우

(3) 요구한 부품도, 렌더링 등각 투상도 중에서 1개라도 투상도가 제도되지 않은 경우

D) 기 타

(1) 도면크기(윤곽선)와 내용이 일치하지 않은 도면

(2) 각법이나 척도가 요구사항과 맞지 않은 도면

(3) KS 제도규격에 의해 제도되지 않았다고 판단된 도면

(4) 지급된 용지(트레이싱지)에 출력되지 않은 도면

(5) 끼워 맞춤공차 기호를 부품도에 기입하지 않았거나 아무 위치에 지시하여 제도한 도면

(6) 끼워 맞춤 공차의 구멍 기호(대문자)와 축 기호(소문자)를 구분하지 않고 지시한 도면

(7) 기하공차 기호를 부품도에 기호를 기입하지 않았거나 아무 위치에 지시하여 제도한 도면

(8) 표면거칠기 기호를 부품도에 기호를 기입하지 않았거나 아무 위치에 지시하여 제도한 도면

(9) 조립상태로 제도하여 기본 지식이 없다고 판단된 경우

※ 출력은 사용하는 CAD프로그램으로 출력하는 것이 원칙이나, 출력에 애로사항이 발생할 경우 pdf 파일로 변환하여 출력하는 것도 무방합니다.

※ 공개과제로 제시한 주요 요구사항 및 수험자 유의사항은 KS 규격 변경, 출제 기준 변경 등에 따라 실제 시험 문제에서는 다소 달라질 수 있음을 알려드립니다.

국가기술자격 실기시험문제 (예)

응시종목	기계설계산업기사	도 명	도면참조

비번호 :

※ 시험시간 : [○ 표준 시간 : 5시간 30분]

1. 요구사항

※ 다음의 요구사항을 시험시간 내에 완성하시오.

(1) 2차원 부품도 작업

A) 지급된 조립 도면에서 부품 ①, ②, ③, ④ 번 부품 제작도를 CAD 프로그램을 이용하여 제도 하시오.

B) 제도는 제3각법에 의해 A2 크기 도면의 윤곽선 (아래2-6 참조) 영역 내에 1:1로 제도하시오.

C) 부품제작도는 과제의 기능과 동작을 정확히 이해하여 투상도, 치수, 치수 공차와 끼워맞춤 공차 기호, 기하공차 기호, 표면거칠기 기호 등 부품 제작에 필요한 모든 사항을 기입하시오.

D) 제도는 지급한 KS 데이터를 참고하여 제도하고, 규정되지 아니한 내용은 과제 도면을 기준으로 하여 통상적인 KS규격 및 ISO규격과 관례에 따르시오.

E) 도면에 아래 양식에 맞추어 좌측상단 A부에 수험번호, 성명을 먼저 작성하고, 오른쪽 하단 B부에는 표제란과 부품란을 작성한 후 부품 제작도를 제도하시오.

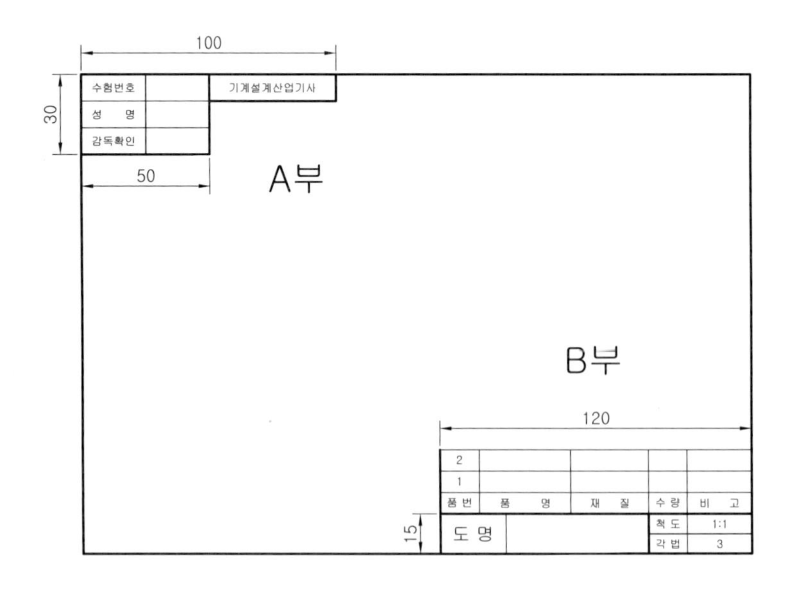

F) 출력은 지급된 용지(A3 용지)에 본인이 직접 흑백으로 출력하여 제출하시오.

응시종목	기계설계산업기사	도 명	도면참조

(2) 3차원 모델링도 작도

A) 지급된 조립 도면에서 부품 ②, ③ 번 부품을 솔리드 모델링 후 흑백으로 출력시 형상이 잘 나타나도록 등각투상도로 나타내시오.

- 등각투상도를 렌더링 처리하여 나타내어도 무방합니다.
  (단, 출력시 형상이 잘 나타나도록 색상 및 그 외 사항을 적절히 지정하며, 렌더링시에는 단면부 해칭 처리는 하지 않습니다.)

B) 도면의 크기는 A2로 하며 윤곽선 영역 내에 적절히 배치하도록 합니다.

C) 척도는 NS로 A3로 출력시 형상이 잘 나타나도록 실물의 형상과 배치를 고려하여 임의로 합니다.

D) 부품마다 실물의 특징이 가장 잘 나타나는 등각축을 2개 선택하여 등각 이미지를 2개씩 나타내시오.

E) 좌측상단 A부에 수험번호, 성명을 먼저 작성하고, 오른쪽 하단 B부에는 표제란과 부품란을 작성한 후 모델링도 작업을 하시오.

F) 부품란의 "비고"에는 모델링한 모든 부품의 질량을 g단위로 소수점 첫째자리에서 반올림하여 기입하시기 바랍니다.

- 질량 계산시 한쪽단면(1/4단면) 처리한 상태에서 질량을 계산하지 않도록 주의하시기 바랍니다.
  (모델이 완전한 형상에서 질량을 계산해야 함.)
- 질량은 3차원 모델링도 비고란에 기입하며, 재질과 상관없이 비중을 7.85로 하여 계산하시기 바랍니다.

[3차원 모델링도 작업 예시]

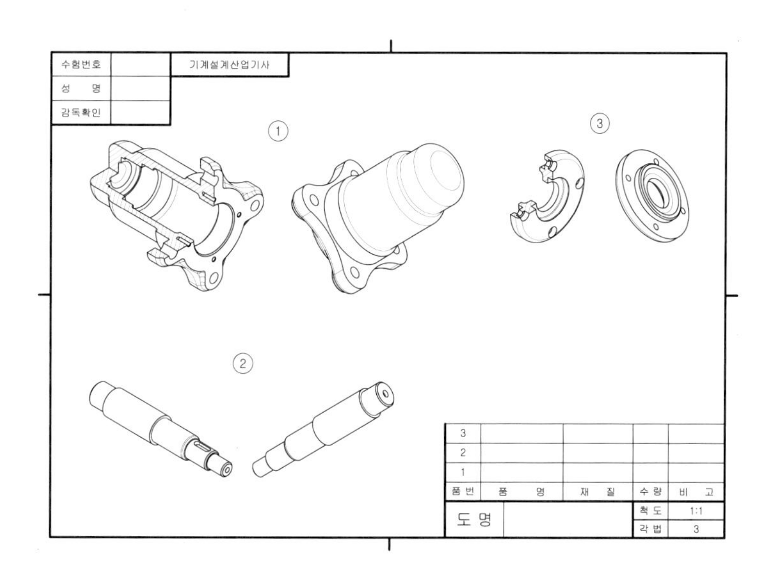

G) 출력은 등각투상도로 나타낸 도면을 지급된 용지에 본인이 직접 흑백으로 출력하여 제출합니다.

응시종목	기계설계산업기사	도 명	도면참조

2. 수험자 유의사항

1) 미리 작성된 Part program 또는 Block은 일체 사용할 수 없습니다.

2) 시작 전 바탕화면에 본인 비번호로 폴더를 생성한 후 이 폴더에 비번호를 파일명으로 하여 작업 내용을 저장하고, 시험을 종료한 후 하드디스크의 작업 내용은 삭제하시기 바랍니다.

3) 출력물을 확인하여 다른 수험자와 동일 작품이 발견될 경우 모두 부정 행위로 처리됩니다.

4) 정전 또는 기계고장으로 인한 자료 손실을 방지하기 위하여 10분에 1회 이상 저장(save)하시기 바랍니다.

5) 제도 작업에 필요한 KS 데이터는 지급한 KS 데이터 파일을 참조하시고, 지참한 KS 규격집이나, 투상도가 수록되어 있는 노트 및 서적 등은 열람하지 못합니다.

6) 도면의 한계와 선의 굵기와 문자의 크기를 구분하기 위한 색상을 다음과 같이 정합니다.

A) 도면의 한계설정 (Limits)

a와 b의 도면의 한계선(도면의 가장자리 선)은 출력되지 않도록 합니다.

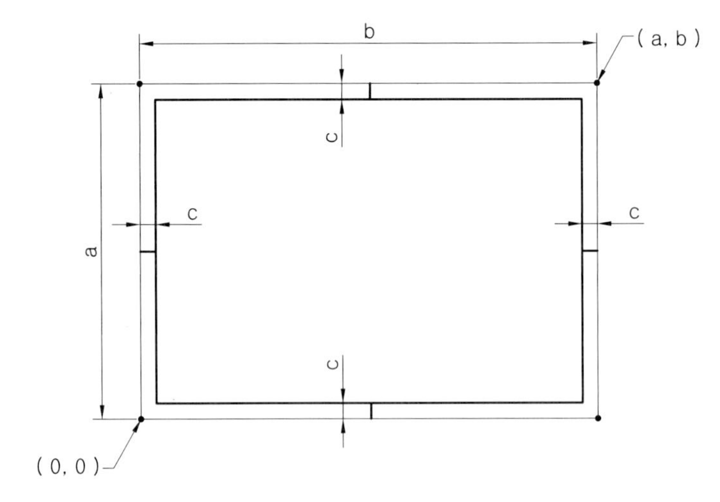

구분	도면의 한계		중심마크
	a	b	c
도면크기 (A2)	420	594	10

B) 선 굵기와 문자, 숫자 크기 구분을 위한 색상 지정

선 굵기	색상(Color)	용 도
0.35mm	초록색(Green)	윤곽선, 외형선, 부품번호, 개별주서 등
0.25mm	노란색(Yellow)	숨은선, 치수, 문자, 기호 일반주서 등
0.18mm	흰색(White), 빨강(Red)	치수(보조)선, 해칭선, 가상선, 중심선 등

C) 사용 문자의 크기는 7.0, 5.0, 3.5, 2.5 중 적절한 것을 사용함.

7) 과제에 표시되지 않은 표준부품은 지급한 KS 데이터에서 적당한 것을 선정하여 해당 규격으로 제도하고, 도면의 치수와 규격이 일치하지 않을 때에도 해당 규격으로 제도합니다.

8) 좌측상단 A부에 감독위원 확인을 받아야 하며, 안전 수칙을 준수해야 합니다.

응시종목	기계설계산업기사	도 명	도면참조

9) 표제란 위에 있는 부품란에는 각 도면에서 제도하는 해당 부품만 기재합니다.

10) 작업이 끝나면 제공된 USB에 바탕화면의 비번호 폴더 전체를 저장하고, 출력시는 시험 위원이 USB를 삽입한 후 수험자 본인이 시험위원 입회하에 직접 출력하며, 출력 소요 시간은 시험 시간에서 제외합니다.

11) 장비 조작 미숙으로 인해 파손 및 고장을 일으킬 염려가 있거나 출력 시간이 20분을 초과할 경우 시험위원 합의하에 실격 처리합니다. (단, 출력 횟수는 2회로 제한합니다.)

12) 다음 사항에 해당하는 작품은 채점 대상에서 제외됩니다.

A) 시험시간 내에 1개의 부품(2D, 3D)이라도 제도되지 않은 작품
  - 2차원 부품도 작업과 3차원 모델링도 작업에서 제시한 모든 부품이 설계, 제도되어야 하며, 하나라도 누락되면 채점 대상에서 제외

B) 요구한 각법을 지키지 않고 제도한 작품

C) 요구한 척도를 지키지 않고 제도한 작품

D) 요구한 도면 크기에 제도되지 않아 제시한 출력 용지와 크기가 맞지 않은 작품

E) 지급된 용지에 출력되지 않은 작품

F) 끼워맞춤 공차 기호를 기입하지 않았거나 아무 위치에 기입하여 제도한 작품

G) 기하공차 기호를 기입하지 않았거나 아무 위치에 기입하여 제도한 작품

H) 표면거칠기 기호가 기입되지 않았거나 아무 위치에 기입하여 제도한 작품

I) 2D 부품도나 3D 등각도 중 하나라도 제출하지 않은 작품

J) KS 제도 통칙을 준수하지 않고 제도한 작품

13) 지급된 시험 문제는 비번호 기재 후 반드시 제출합니다.

14) 출력은 사용하는 CAD 프로그램 상에서 출력하는 것이 원칙이나, 출력에 애로사항이 발생할 경우 pdf 파일로 변환하여 출력하는 것도 무방합니다.
  - 이 경우 폰트 깨짐 등의 현상이 발생될 수 있으니 이점 유의하여 CAD 사용 환경을 적절히 설정하여 주시기 바랍니다.

기능사, 산업기사, 기사 작업형 실기 시험 채점 기준 예시(2D 부품도)

순번	주요 항목	세부 채점 항목	항목 별 채점 기준 예	배점	종합 배점
1	투상도 선택과 배열	올바른 투상법과 투상도 수의 선택	① 제3각법에 의한 정투상 및 합리적인 투상도 수의 선택 ② 투상이 되어야 할 투상도(보조, 회전, 부분, 국부 투상도 상세/확대도 등) 도시 ③ 합리적인 투상도의 배치 및 방향 • 감점 포인트 : 누락 및 불량 1개소당 3점 감점	15	30
		올바른 단면도법 선택과 단면도시	① 올바른 단면도법의 선정 ② 부품 형상에 따른 전단면, 부분단면, 회전, 조합단면 등의 단면 도시 • 감점 포인트 : 누락 및 불량 1개소당 2점 감점	8	
		상관선 도시 및 투상선의 누락	① 상관선 불량 도시 ② 투상선 누락 및 오류 도시 • 감점 포인트 : 누락 및 오류시 1개소당 1점 감점	7	
2	치수 기입	중요 치수	① 조립 및 기능과 관련된 중요치수 • 감점 포인트 : 틀리거나 누락 2개소당 1점 감점	5	15
		일반 치수	① 전체치수, 참고치수 ② 조립도와 상이한 치수 • 감점 포인트 : 틀리거나 누락 2개소당 1점 감점	5	
		치수 누락	① 제작시 계산이 어려운 치수 누락 • 감점 포인트 : 누락 2개소당 1점 감점	5	
3	치수공차 및 끼워맞춤 공차 기호	치수공차	① 조립과 기능에 필요한 치수공차 누락 ② 조립과 기능에 불필요한 치수공차 남발 • 감점 포인트 : 틀리거나 누락 2개소당 1점 감점	4	10
		끼워맞춤 공차기호	① 구멍과 축의 끼워맞춤 관계 치수 ② 끼워맞춤별 공차 기호 • 감점 포인트 : 틀리거나 누락 2개소당 1점 감점	4	
		치수공차, 끼워맞춤 공차 기호의 누락	① 상호 끼워맞춤 및 치수 공차가 필요한 부위 ② 축과 구멍의 끼워맞춤공차 기호 ③ 조립과 연관된 중요 치수공차 • 감점 포인트 : 누락 2개소당 1점 감점	2	
4	기하공차기호	올바른 데이텀 선정	① 가공과 측정 기준 고려한 데이텀 선정 ② 올바른 데이텀 기호 도시 및 방향 • 감점 포인트 : 틀리거나 누락 2개소당 1점 감점	4	10
		기하공차 기호적용의 적절성	① 부품의 형상과 기능에 알맞은 기하공차 선정 • 감점 포인트 : 틀리거나 누락 2개소당 1점 감점	4	
		기하공차 기호 누락	① 가공 부위에 따른 기하공차 적용 • 감점 포인트 : 누락 2개소당 1점 감점	2	

순번	주요 항목	세부 채점 항목	항목 별 채점 기준 예	배점	종합 배점
5	표면거칠기 기호	기하공차 기호 적용 부위	① 데이텀 선정면 기하공차 적용 ② 축과 베어링 등의 중요 기계요소 결합부 ③ 지그 부시 등의 결합부 등 주요 부위 • 감점 포인트 : 틀리거나 누락 2개소당 1점 감점	4	10
		중요 작동 및 기능부	① 정밀한 작동을 요구하는 기능부 ② 가공법에 따른 올바른 기호 기입 • 감점 포인트 : 틀리거나 누락 2개소당 1점 감점	4	
		표면거칠기 기호의 누락	① 품번 옆에 표면거칠기 기호 표시 ② 부품도에 필요한 표면거칠기 기호의 누락 • 감점 포인트 : 표면거칠기 기호 누락 3개소당 1점 감점	2	
6	재료선택과 열처리	기능과 가공에 부합한 재료 선정	① 주물품과 기계 가공품의 구분 ② KS규격에 준한 재료의 선정 • 감점 포인트 : 틀리거나 누락 1개소당 1점 감점	4	7
		재료에 따른 올바른 표면처리(열처리) 적용	① 해당 표면처리가 가능한 재료의 선정 ② 해당 열처리가 가능한 재료의 선정 ③ 기능상 불필요한 열처리 선정 • 상 : 3점 감점, 중 : 2점 감점, 하 : 1점 감점	3	
7	주서, 표제란 및 부품란	확대도(상세도)의 척도 지시	① KS규격에서 규정한 척도로 도시 • 감점 포인트 : 틀리거나 누락 1개당 1점 감점	2	8
		조립도와 맞는 부품 수량 기입	① 조립도와 알맞은 부품 수량 • 감점 포인트 : 틀리거나 누락 1개당 1점 감점	3	
		올바른 주서 기입 내용	① 조립도 및 부품도에 준한 주서 작성 • 상 : 3점 감점, 중 : 2점 감점, 하 : 1점 감점	3	
8	도면 배치와 외관	각 부품의 균형있는 배치	• 상 : 5점 감점, 중 : 3점 감점, 하 : 1점 감점	5	10
		선의 용도에 맞는 선굵기 적용	• 상 : 3점 감점, 중 : 2점 감점, 하 : 1점 감점	3	
		용도에 맞는 문자 크기 및 굵기	• 상 : 2점 감점, 하 : 1점 감점	2	

※ 상 : 전부 맞은 경우, 중 : 틀린 곳이 2개 이내인 경우, 하 : 틀린 곳이 4개 이내인 경우

Lesson 10 작업형 실기 시험 채점 기준 예시(3D 렌더링 등각 투상도)

순번	주요 항목	항목 별 채점 기준	배점	종합 배점
1	3차원 형상 투상	(　)번 부품은 올바른 투상으로 솔리드 모델링 하였는가?	1	3
		(　)번 부품은 올바른 투상으로 솔리드 모델링 하였는가?	1	
		(　)번 부품은 올바른 투상으로 솔리드 모델링 하였는가?	1	
2	부품 질량	(　)번 주어진 비중에 따른 부품의 질량은 정확한가?	1	3
		(　)번 주어진 비중에 따른 부품의 질량은 정확한가?	1	
		(　)번 주어진 비중에 따른 부품의 질량은 정확한가?	1	
3	형상 편집	(　)번 부품의 모따기 형상은 올바르게 모델링 하였는가?	1	2
		(　)번 부품의 라운드 형상은 올바르게 모델링 하였는가?	1	
4	3차원 배치	각 부품의 형상이 잘 나타나도록 배치하였는가?	2	3
		음영과 렌더링 처리는 주어진 요구사항을 준수하였는가?	1	
5	표제란 및 부품란	표제란 및 부품란은 올바르게 작성하였는가?	1	2
		질량은 렌더링 등각 투상도 부품란의 비고에 반올림하여 기입하였는가?	1	
	도면 배치와 외관	투상선은 용도에 맞는 굵기를 선택하여 출력하였는가?	1	2
		지급된 용지 크기에 맞게 출력하였는가?	1	

※ [주] 위 채점기준은 예시이며, 해당 국가기술자격검정의 채점 기준에 따라 차이가 있을 수 있다.